CHEMIE UND TECHNOLOGIE
DER FETTE
UND FETTPRODUKTE

HERAUSGEGEBEN VON

DR. H. SCHÖNFELD

ZUGLEICH ZWEITE AUFLAGE DER

TECHNOLOGIE DER FETTE UND ÖLE

VON G. HEFTER

VIERTER BAND

SEIFEN
UND SEIFENARTIGE STOFFE

WIEN

VERLAG VON JULIUS SPRINGER

1939

SEIFEN UND SEIFENARTIGE STOFFE

BEARBEITET VON

C. BERGELL-BERLIN, A. CHWALA-WIEN, M. DITTMER-RHEINGÖNHEIM, W. FREYTAG-NÜRNBERG, H. GÄBLER-HELMSTEDT, O. GERHARDT-INNSBRUCK, G. O. HEYER-HAMBURG, R. HUETER-ROSSLAU, M. KEHREN-M. GLADBACH. E. KÖHLER-BUDAPEST, R. KRINGS-BERLIN, H. KRÖPER-HEIDELBERG, L. LASCARAY-VITORIA, A. MARTINA-WIEN, L. PANDY-BUDAPEST, H. SCHÖNFELD-LONDON, C. SIEBERT-BERLIN, O. E. STEUER-BAD HOMBURG, J. STOCKHAUSEN-KREFELD, B. THOMAS-KONSTANZ, K. WÄSCHER-KREFELD

MIT 170 ABBILDUNGEN IM TEXT

WIEN
VERLAG VON JULIUS SPRINGER
1939

ISBN 978-3-7091-5270-6 ISBN 978-3-7091-5418-2 (eBook)
DOI 10.1007/978-3-7091-5418-2

SOFTCOVER REPRINT OF THE HARDCOVER 1ST EDITION 1939

Inhaltsverzeichnis.

Erster Teil.

Theoretisches.

Zweiter Teil.

Die Fabrikation der Seifen.

Dritter Teil.

Waschhilfsmittel, Seifenersatzstoffe und synthetische seifenartige Stoffe.

Erster Teil.

Theoretisches.

I. Anion- und Kationaktivität von Seifen und seifenartigen Stoffen.

Von A. CHWALA, Wien, und A. MARTINA, Wien.

A. Begriffsbestimmung.

Unter „*Seifen*“ versteht man gewöhnlich nur die wasserlöslichen Alkalisalze höhermolekularer Fettsäuren. Die Darstellung der Fettalkoholsulfonate und der Salze echter höhermolekularer Alkylsulfonsäuren bzw. deren Abkömmlinge, wie z. B. die Igepone (vgl. Bd. II, S. 366ff., 390ff.) im großtechnischen Maßstabe, hat zu Untersuchungen über das chemisch-physikalische und kolloidchemische Verhalten derartiger, zum Teil bereits längere Zeit bekannter Verbindungen geführt.

Das Ergebnis solcher Arbeiten[1] war die Erkenntnis, daß das Verhalten einer homologen Reihe der fettsauren Alkalisalze in wäßrigen Dispersionen, z. B. das immer stärkere Hervortreten der kolloidchemischen und kapillaraktiven Eigenschaften mit steigendem Molekulargewicht bei gleichzeitiger steter Minderung des Elektrolytverhaltens sowie der Löslichkeit, der Grenzlaugenkonzentration usw., nahezu im gleichen Maße wieder auftritt, wenn der hydrophobe Alkyl- (Fett-) Rest statt an die Carboxylalkaligruppe (—COONa) an einen andersartigen hydrophilen Rest, z. B. die $—OSO_3Na$- oder SO_3Na-Gruppe gebunden ist.

Der Ersatz der Carboxylalkaligruppe durch die wasseraffine Schwefelsäureester- bzw. Sulfonsäuregruppe ist auf den seifenartigen Charakter der Fettalkoholsulfonate und Alkylsulfonate ohne wesentlichen Einfluß. Dies ist auch dann der Fall, wenn die löslichmachenden Gruppen mit dem Alkylrest nicht direkt, sondern mittels Brückengliedern, die auch Sauerstoff-, Schwefel- oder Stickstoffatome enthalten können, verbunden sind. Ähnliches gilt ferner für die Phosphorsäureester der Fettalkohole sowie für die höhermolekularen fettaromatischen Sulfonsäuren. Auch die Salze höhermolekularer Amine bzw. deren Abkömmlinge (Ammoniumverbindungen) weisen gleiches Verhalten auf.

Derartige Verbindungen, die aus einem höhermolekularen hydrophoben Alkyl- (Fett-) Rest und einer wasseraffinen, salzbildenden hydrophilen Gruppe bestehen, verhalten sich in wäßrigen Dispersionen grundsätzlich gleichartig. Sie zeigen alle typischen Eigenheiten der gewöhnlichen Seife, sind also *seifenähnlich*. Die gewöhnliche Seife ist nur ein Glied aus der Gesamtheit seifenartiger Stoffe.

Die jüngste Entwicklung der Chemie seifenartiger nichtionogener Produkte hat die Forderung des Salzcharakters als wesentliches Merkmal für das Auftreten seifenähnlicher Eigenschaften überflüssig werden lassen.

Die allgemeinste Fassung des Begriffes der *Seifen* bzw. der *seifenartigen*

---

[1] REYCHLER: Kolloid-Ztschr. **12**, 279 (1913). — HUETER: Melliands Textilber. **13**, 83 (1932).

Stoffe, die allen bis jetzt bekannten Verbindungen mit Seifencharakter gerecht wird, wäre etwa folgende:

Seifen bzw. seifenartige Körper sind höhermolekulare Stoffe mit meist kettenförmigem (geradlinigem oder verzweigtem, gesättigtem oder ungesättigtem) Kohlenwasserstoff- (Alkyl-, Fett-) Rest, der aus 10—30 Kohlenstoffatomen aufgebaut ist, aber auch Heteroatome (O, N, S, P) aufweisen kann und vielfach, aber nicht immer, endständig (extern) die löslichmachende Gruppe ionogener oder nichtionogener Natur enthält.

Im ersten Fall vermitteln die ionogenen Anziehungs- und Dispergierkräfte der salzbildenden Gruppe, z. B. COONa, SO_3Na, OSO_3Na, SO_3H, $\equiv$N—Ac u. dgl., im letzteren die nichtionogenen Bindungs- (Restvalenz-) Kräfte wasseraffiner Molekülstellen, z. B. gehäufte Hydroxylgruppen, die Löslichkeit derartiger Substanzen in Wasser.

Obwohl der Sammelbegriff „Seifen"[1] nach neuerer Erkenntnis viele Verbindungen mit seifenähnlichen Eigenschaften umfaßt, sollen im folgenden, dem gegenwärtigen Sprachgebrauch entsprechend unter Seife schlechtweg nur die Alkalisalze höhermolekularer Fettsäuren verstanden werden. Man könnte letztere zur näheren Unterscheidung von anderen Körpern mit Seifencharakter als „Carboxylalkaliseifen" bezeichnen.

Das Verhalten der wäßrigen Dispersion ist für die Zuordnung zu den ionogenaktiven und zu den nichtionogenaktiven Seifen und seifenartigen Stoffen von grundlegender Wichtigkeit. Die typischen Eigenheiten der Seifen, nämlich die Grenz- und Oberflächenaktivität, das Schaum-, Netz-, Wasch-, Dispergier- und Schutzkolloidvermögen treten nur in Gegenwart von Wasser, also in den Hydrosolen auf. Es wird gezeigt werden, daß die spezifischen Merkmale durch den besonderen *Lösungszustand* der Seifen in Abhängigkeit von der funktionellen Molekülbauart hervorgerufen werden. Die Theorie der Hydrosole von Seifen und seifenähnlichen Stoffen hat in den letzten Jahren auf Grund zahlreicher Arbeiten wichtige und durchgreifende Erweiterungen erfahren. Wenn es auch derzeit noch nicht möglich ist, ein lückenloses Bild aller in Seifendispersionen — insbesondere unter Berücksichtigung des Grenzflächengeschehens — vor sich gehenden Vorgänge zu geben, so ermutigen anderseits gerade die neuesten Ergebnisse zu einer umfassenden Darstellung des Feinbaues und der kolloidchemischen Wechselwirkungen von Seifenhydrosolen bzw. wäßriger Dispersionen seifenartiger Körper und der sich daraus ergebenden Beziehungen zum Verhalten in der Praxis.

Man unterscheidet:

Ionogenaktive Seifen und seifenähnliche Produkte,
nichtionogenaktive Waschmittel.

B. Die Stellung der ionogenaktiven Seifen und seifenartigen Stoffe in kolloidchemischer Beziehung.

Die Gesamtheit der Körper mit Seifencharakter nimmt eine interessante Mittelstellung zwischen den kristalloiden und den kolloiden Stoffen ein. Die wasserfreien, ionogenaktiven Seifen und seifenähnlichen Produkte besitzen ein regelmäßiges Kristallgitter; sie zeigen Kristallcharakter. Ihre wäßrigen Dispersionen verhalten sich je nach der Konzentration verschieden. Sieht man von den sehr verdünnten Lösungen ab, wo vorzugsweise molekular- bzw. ionogen-

[1] Er würde die gewöhnlichen Seifen und die seifenähnlichen Produkte beinhalten.

disperse Anteile vorhanden sind, so zeigen mittelkonzentrierte Hydrosole derartiger Stoffe (0,1—0,01 n) Eigenschaften, die, wie die elektrolytische Dissoziation, die Ausbildung von Ionen, die den elektrischen Strom befördern (elektrische Leitfähigkeit), an die der Elektrolyte erinnern. Gleichzeitig verhalten sich diese Dispersionen bei Dialysevorgängen (Diffundieren durch halbdurchlässige Membranen) wie die klassischen Kolloide. Man bezeichnet deshalb solche Stoffe, die gleichzeitig Kolloid- und Elektrolyteigenschaften aufweisen, als *Kolloidelektrolyte*[1].

Man versteht darunter Körper, die infolge der Anwesenheit salzbildender Gruppen unter dem dispergierenden Einfluß der Wassermoleküle ganz oder teilweise in Ionen zerfallen; die fehlende Affinität des anderen (hydrophoben) Molekülteiles zu Wasser bewirkt eine bemerkenswerte Metastabilität derartiger ionogener Systeme, die sich unter gewissen Bedingungen durch einen Zusammenschluß (Aggregierung) der großdimensionierten Einzelionen zu einem größeren Komplex von allseits kolloiden Ausmaßen bemerkbar macht. Hierbei ist zu berücksichtigen, daß die Seifen und seifenartigen Substanzen zufolge der langgestreckten Fettkette bereits in einer Dimensionsrichtung in den kolloiden Zustandsbereich fallen.

Die Seifen und seifenähnlichen Verbindungen gehören, neben den höhermolekularen Farbbasen und Farbsäuren, zu den technisch wichtigsten Kolloidelektrolyten[2].

Die Betonung des Elektrolytcharakters bei den einzelnen seifenartigen Kolloidelektrolyten hängt von der Art der löslichmachenden, hydrophilen, salzbildenden Gruppe und von der Größe des Fettrestes ab.

Mit zunehmender Kohlenstoffatomzahl im hydrophoben Kohlenwasserstoffrest sinkt die durch die wasserlösliche Gruppe bedingte Hydrophilie seifenartiger Stoffe. Die natürlichen Fettstoffe, die bis in die jüngste Zeit die einzige Grundlage für die Industrie der Seifen und seifenartigen Produkte abgaben, besitzen überwiegend ein Kohlenstoffskelett von 12—18 Kohlenstoffatomen im Molekül. Der Kohlenwasserstoffrest bildet also das Gerüst der Seifen und seine Länge bestimmt neben der salzbildenden Gruppe funktionell den Charakter der wäßrigen Dispersion. Man bezeichnet eine durch Aneinanderreihung von gleichartigen Atomen gebildete fadenförmige Struktur als „Hauptvalenzkette".

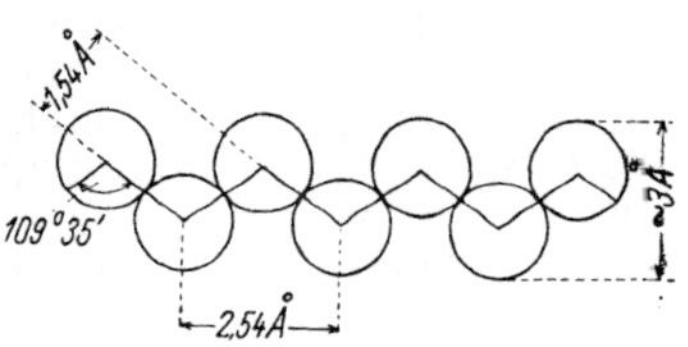

Abb. 1. Anordnung der Kohlenstoffatome in aliphatischen, gesättigten Verbindungen.

Die Anordnung der einzelnen Kohlenstoffatome in der Hauptvalenzkette höhermolekularer Seifen ist nach röntgenographischen Untersuchungen gleich der, wie man sie in Paraffinen, in höhermolekularen Alkoholen, Aminen und in den Fettsäuren antrifft. Sie liegen in einer Ebene und bilden, wie Abb. 1 zeigt, eine zickzackförmige Linie.

Der wahre Abstand zweier Kohlenstoffatome in aliphatischen Verbindungen beträgt 1,54 Å. In der Richtung der Kettenhauptachse ist er wegen des

[1] Dieser Ausdruck wurde zuerst von DUCLAUX [Journ. Chim. physique **5**, 29 (1907); **7**, 405 (1909)] gebraucht; vgl. auch MALFITANO [C. R. hebd. Séances Acad. Sci. **140**, 1245 (1905); **148**, 1045 (1909)] und W. B. HARDY [Proceed. Roy. Soc. London, (A) **86**, 634 (1912)]. Er wurde dann von MCBAIN [Journ. chem. Soc. London **101**, 2042 (1912); **105**, 417, 957 (1914); **113**, 825 (1918)] sowie von W. PAULI u. E. VALKO [Elektrochemie der Kolloide, Wien, 1929] in teilweise übertragenem Sinne übernommen und wesentlich vertieft.

[2] STEWART u. BUNBURY: Trans. Faraday Soc. **31**, 208 (1935). — CHWALA: Österr. Chemiker-Ztg. **38**, 2 (1935); **40**, 39, 270, 599 (1937).

Winkels von 109° 35′ zwischen je zwei Kohlenstoffatomen, wodurch die zickzackförmige Struktur bewirkt wird, bloß 1,27 Å.[1] Der gegenseitige Abstand der parallel zueinander liegenden Hauptvalenzketten ist etwa 3,7 Å (vgl. hierzu Bd. I, S. 52).

In einer homologen Reihe nimmt die Dimension zwischen aufeinanderfolgenden Gliedern derselben in der Richtung der Kettenhauptachse — unter Berücksichtigung, daß Reihen mit gerader und ungerader Kohlenstoffatomzahl getrennt betrachtet werden — um 2,54 Å zu.

Die Länge der Hauptvalenzketten in den Seifen hängt von der Anzahl der Kohlenstoffatome im Fettrest ab und schwankt innerhalb von etwa 18—25 Å.[2]

Von bestimmendem Einfluß auf die Elektrolyteigenschaften der Verbindungen mit Seifencharakter ist die löslichmachende Gruppe. Ist dieselbe fähig, elektrolytisch zu dissoziieren, so werden, wie dies bei den bekannten klassischen Elektrolyten der Fall ist, Ionen entstehen. Besitzt infolge dieser Dissoziation das den Fettrest tragende Ion (Fettkettenion) eine negative Ladung, also Anioncharakter, so spricht man von einem *anionaktiven* Kolloidelektrolyt („*Anionseifen*"). Ist umgekehrt das den Fettrest aufweisende Ion (Fettkettenion) mit einer positiven Ladung versehen, so bezeichnet man diese Kolloidelektrolyte als *kationaktiv* („*Kationseifen*").

Wir unterscheiden deshalb:

1. Anionaktive seifenartige Kolloidelektrolyte.
2. Kationaktive seifenartige Kolloidelektrolyte.

Hingegen erscheint die von HARTLEY (vgl. S. 17) gewählte Klassifizierung als „Paraffinkettensalze" zu einschränkend, da sich die aromatisch aufgebauten Hilfsmittel, vor allem aber alle modernen ionogenaktiven seifenartigen Stoffe mit modifizierter Hauptvalenzkette, dieser Bezeichnungsart entziehen.

Die stoffliche Unterteilung der anion- und kationaktiven seifenartigen Kolloidelektrolyte ergibt:

1. *Anionaktive Kolloidelektrolyte.*

$(R\cdot COO)^- Me^+$	gewöhnliche Seifen (Carboxylalkaliseifen);
$(R\cdot O\cdot SO_3)^- Me^+$	Salze von Fettschwefelsäureestern (Ölsulfonate und Fettalkoholsulfonate);
$(R\cdot SO_3)^- Me^+$	Salze höhermolekularer, echter Sulfonsäuren (Alkyl-, Aryl- und Aralkylsulfonate);
$(R\cdot S\cdot SO_3)^- Me^+$	Alkylthiosulfate;
$(R\cdot O\cdot PO_3)^{--}\ 2\,Me^+$	Alkylphosphate;
$\left(\begin{matrix}R\cdot O\\ R\cdot O\end{matrix}\!>\!P_2O_7\right)^{--} 2\,Me^+$	Alkylpyrophosphate.

Hierin bedeuten: R einen längeren, aliphatischen Rest mit 12—18 Kohlenstoffatome; R kann auch, wie beispielsweise bei den alkylierten Naphthalinsulfonsäuren, ein höhermolekularer, kombiniert aliphatisch-aromatischer Rest sein; Me = Alkali, beispielsweise Natrium, Kalium, Ammonium oder Amine.

2. *Kationaktive Kolloidelektrolyte.*

$R—\overset{III}{N}(R_1R_2)\cdot HAc$	Aminverbindungen (Aminsalze);
$[R—\overset{V}{N}(R_1R_2R_3)]^+Ac^-$	Ammoniumverbindungen;
$[R—\overset{IV}{S}(R_1R_2)]^+Ac^-$	Sulfoniumverbindungen;
$[R—\overset{V}{P}(R_1R_2R_3)]^+Ac^-$	Phosphoniumverbindungen.

[1] MARK u. POHLAND: Ztschr. Krystallogr. Mineral. **64**, 113 (1927). — MORSE: Physic. Rev. **31**, 304 (1928).

[2] Genauere Angaben werden bei der Besprechung der einzelnen Kolloidelektrolyte gemacht.

Hierin bedeutet: R einen längeren, meist aliphatischen Rest mit etwa 12 bis 18 Kohlenstoffatomen; R_1, R_2, R_3 sind niedermolekulare Alkyle (z. B. CH_3, C_2H_5 usw.), Aralkyle (z. B. $CH_2—C_6H_5$) bzw. Aryle (z. B. C_6H_5, C_5H_5N); R_1 und R_2 können bei den dreiwertigen Stickstoffverbindungen — Aminen — auch Wasserstoff sein.

Ac^- bedeutet ein niedermolekulares Anion, meist Chlor-, Brom- oder Schwefelsäureionen. In alkalischen Lösungen ist Ac ein Hydroxylion.

C. Kolloidzustand der Lösungen von Anion- und Kationseifen.

Die Anion- und Kationseifen besitzen einen längeren Kohlenwasserstoffrest — Paraffinkette, Polymethylenkette — mit der meist am Ende desselben befindlichen ionogenen Gruppe. Die Affinität zum Wasser ist in beiden Molekülteilen ganz verschieden. Die nach dem Abdissoziieren des Gegenions im Verband der Paraffinkette verbliebene, meist endständige ionogene Stelle ($—COO^-$, $—OSO_3^-$, $—SO_3^-$, $\equiv N^+$ usw.) wird von den polarisierten Wassermolekülen leicht und vollständig hydratisiert; sie ist hydrophil. Hingegen zeigt die Polymethylenkette keinerlei Verwandtschaft zum Wasser; sie ist hydrophob. Der durch diesen eigenartigen polaren Aufbau der seifenartigen Stoffe bewirkte Dualismus ihrer im selben Molekül bzw. in jedem Fettkettenion auftretenden, entgegengesetzten Eigenschaften ergibt ein Wechselspiel der hydrophilen und hydrophoben Wirkung, die von der Kettenlänge, Art der hydrophilen Gruppe, Konzentration und Temperatur der wäßrigen Seifendispersion abhängt.

Hierbei verhalten sich die Anion- und Kationseifen unabhängig von der Ladung ihrer Ionen grundsätzlich gleichartig. Es bestehen nur graduelle, quantitative Unterschiede in obigen Beziehungen, die durch die verschiedene Kettenlänge des hydrophoben Fettrestes und durch die Art der hydratisierenden ionogenen Gruppe bestimmt werden.

Es soll nochmals darauf verwiesen werden, daß hierfür in erster Linie die Länge des hydrophoben Kohlenwasserstoffrestes maßgeblich ist. Die verschiedenen, ionogenen, anion- und kationaktiven Gruppen vermögen die Löslichkeitsverhältnisse, wie eingangs erwähnt, erst in zweiter Linie zu beeinflussen; vgl. auch S. 27.

Der Einfluß der Hydrophilie und Hydrophobie, als antagonistisch wirkende Krafttendenzen betrachtet, auf den Kolloidzustand wird verständlich, wenn die quantitativen Vorgänge, die sich hierbei abspielen, berücksichtigt werden. Bei den hochmolekularen, langkettigen, auf Fettbasis aufgebauten Anion- und Kationseifen kommen in wäßrigen Dispersionen vorzugsweise zwei Kräftekategorien zur Geltung:

a) Die interionischen Bindungskräfte. (Elektrovalenz.) Sie treten dort auf, wo entgegengesetzt geladene Komponenten, die *Ionen*, d. h. Atome oder Atomgruppen, die Elektronen aufgenommen oder abgegeben haben, zu Verbindungen von Salzcharakter zusammentreten. Dies ist bei den Anion- und Kationseifen, die sämtlich eine salzbildende Gruppe enthalten, der Fall. Die nach Art der COULOMBschen Kräfte wirkenden, interionischen Bindungskräfte finden wir sowohl in den festen Kristallen der seifenartigen Stoffe als auch in deren wäßrigen Dispersionen. Die Anion- und Kationseifen werden in Gegenwart von Wasser elektrolytisch dissoziiert. Die Bildungswärme der Ionen beträgt hierbei etwa 50—150 kcal/Mol, woraus das starke Lösungsbestreben der ionogenaktiven, seifenartigen Kolloidelektrolyte entnehmbar ist. Die zwischenionischen Bindungskräfte (Elektrovalenzen) sind der Größenordnung nach die am stärksten wirksamen Kräfte in wäßrigen Dispersionen von Anion- und Kationseifen. Sie haben aber nur einen sehr kleinen Wirkungsbereich von etwa 0,5—1,5 Å. Diese Feststellung ist für das spätere Verständnis der entgegengesetzt wirksamen Tendenzen der Hydrophobie und Hydrophilie in wäßrigen Lösungen seifenartiger Kolloidelektrolyte von Wichtigkeit.

Die interionischen Bindungskräfte sind für die Elektrolyteigenschaften der Anion- und Kationseifen von größter Bedeutung. Sie haben die elektrische Leitfähigkeit, den Stromtransport und die elektrolytische Aktivität im Gefolge; ferner sind sie von bestimmendem Einfluß für das osmotische Verhalten der seifenartigen Kolloidelektrolyte.

b) Die intermolekularen Anziehungskräfte. (Restvalenzkräfte, van der Waalssche Kräfte.) Diese treten zwischen den vom Wasser nicht hydratisierten hydrophoben Hauptvalenzketten (Kohlenwasserstoffresten) der Anion- und Kationseifen auf. Die zwischenmolekularen Anziehungskräfte, die jede Polymethylenkette ausstrahlt, sind von der Art der van der Waalsschen Kräfte. Sie zeigen in Form freier Oberflächenenergie das Bestreben, durch Wechselwirkung und Absättigung mit den Restvalenzkräften benachbarter Fettreste niedere Potentialwerte zu erreichen. Dies wird in den festen Kristallen der Anion- und Kationseifen durch streng parallele Anordnung der einzelnen Moleküle (bzw. Doppelmoleküle) in Form eines regelmäßigen Kristallgitters verwirklicht. Wäßrige Dispersionen der seifenartigen Kolloidelektrolyte bilden in Berührung mit Grenzflächen mehr oder minder dichtgepackte monomolekulare Filme, die ebenfalls parallel angeordnete Hauptvalenzketten aufweisen. In wäßrigen Dispersionen besitzen die zwischenmolekularen Anziehungskräfte gleichfalls das Bestreben, die freie Oberflächenenergie zu vermindern, was bei den Anion- und Kationseifen zur Ausbildung verschieden aggregierter Zustandssysteme führt. Diese Neigung zur Aggregation der Fettkettenionen wird durch den Abstoßungsdruck, den die Wassermoleküle auf die nichthydratationsfähigen Polymethylenketten ausüben, begünstigt. Es kommt unter Umständen zu Gebilden, die mehr oder minder agglomerierte Fettkettenionen enthalten und die man als „Mizellen“ (vgl. S. 12) bezeichnet. Man faßt deshalb zuweilen die anion- und kationaktiven, aggregierbaren Kolloidelektrolyte unter dem Sammelbegriff „Mizellkolloide“ zusammen.

Die durch Aggregation von Fettkettenionen entstandenen „Mizellen“ sind streng von dem „Micell“ Naegelis (1879) nativer Fasern zu unterscheiden.

Die zwischenmolekularen Anziehungskräfte machen oft nur ungefähr den zehnten Teil der ionischen Bindungskräfte aus. Durch Einführung von starke Restvalenzkräfte aufweisenden Gruppen kann der Gesamtenergiegehalt wesentlich erhöht werden. Der Wirkungsbereich der van der Waalsschen Kräfte ist hingegen bedeutend größer als bei den interionischen Bindungskräften (ca. 20 bis 30 Å).

Die Anziehungskräfte zwischenmolekularer Natur sind bestimmend für die Kolloideigenschaften der seifenartigen Kolloidelektrolyte. Ihre Verstärkung oder Schwächung, etwa durch Vergrößerung oder Verkleinerung der Länge der hydrophoben Kohlenwasserstoffkette, beeinflußt im gleichen Sinn den Kolloidcharakter.

Der Beginn des seifenartigen Habitus ist bei einem Alkylrest mit ungefähr 8 Kohlenstoffatomen zu erkennen. In jenem Ausmaße, wie die Praxis der seifenartigen Stoffe das Auftreten kolloidchemischer Eigenschaften erfordert, ist dies allerdings erst bei etwa 12 Kohlenstoffatomen im Alkylrest festzustellen.

Man erkennt bereits an Hand des kurz skizzierten, entgegengesetzt gerichteten Verhaltens der dispergierend wirkenden interionischen Kräfte und der aggregierend wirkenden zwischenmolekularen Restvalenzkräfte die Grundzüge der Kräftekomponenten, die das Verhalten der seifenartigen Kolloidelektrolyte in wäßrigen Dispersionen bestimmen.

1. Geschichtliches.

Den kolloiden Charakter wäßriger Seifenlösungen erkannte als erster KRAFFT[1]. Auch wurde die Hydrolyse der Seifen, deren Bedeutung er vielfach überschätzte, von ihm näher untersucht.

Die klassischen Anschauungen über den Aggregationszustand wäßriger Dispersionen der gewöhnlichen Seifen verdanken wir McBAIN und Mitarbeitern[2]. Aus Messungen der Äquivalentleitfähigkeit (Λ)[3] und aus osmotischen Bestimmungen mittels der Dampfdruck-, Gefrierpunkt- und Taupunktmethode konnte er in experimentell umfassender Weise eine für damals lückenlose, geschlossene Darstellung des Verteilungszustandes wäßriger Lösungen von Seifen geben, die erst in der letzten Zeit eine wesentliche Vertiefung erfuhr.

2. Mizelltheorie McBAINS.

In der Abb. 2 sind in Form eines Diagramms die Konzentrationsabhängigkeiten der Äquivalentleitfähigkeit (Λ) und der osmotischen Aktivität, als „osmotischer Koeffizient" (k) charakterisiert, von verschiedenen Seifen dargestellt. Vergleichsweise verläuft die Λ/c-Kurve von Kaliumchlorid als Vertreter eines gewöhnlichen, starken Elektrolyten linear monoton abfallend.

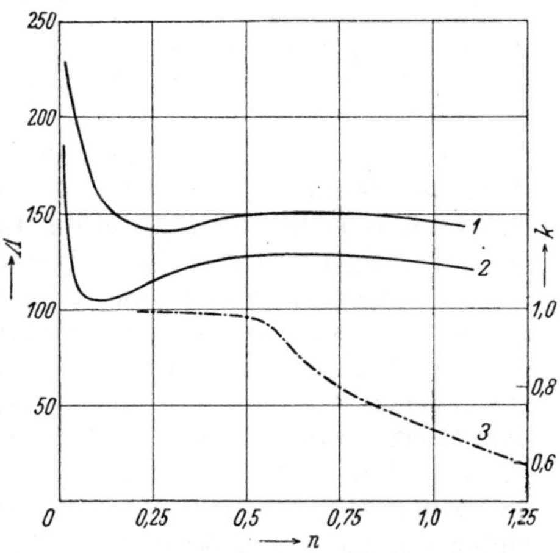

Abb. 2. Äquivalentleitfähigkeit/Konzentration-Kurven von Kaliumlaurat (Kurve *1*) und Kaliumpalmitat (Kurve *2*) bei 90° C und Kurve des osmotischen Koeffizienten (Schaulinie *3*) von Kaliumcaprylat. Nach Mc BAIN.

Die Äquivalentleitfähigkeit/Konzentration- (Λ/c-) Kurven der Abb. 2 gelten für Kaliumlaurat ($C_{11}H_{23}COOK$) und Kaliumpalmitat ($C_{15}H_{31}COOK$) bei 90°. Der Gang der osmotischen Aktivität mit veränderlicher Konzentration wurde durch Änderungen des „osmotischen Koeffizienten" (k), d. i. der Quotient aus beobachteter und der für einen starken Elektrolyten nach der klassischen Dissoziationstheorie ARRHENIUS' zu erwartenden Gefrierpunktserniedrigung in Funktion von der Konzentration charakterisiert. Die entsprechende Kurve *3* wurde für Kaliumcaprylat, $C_7H_{15}COOK$ gefunden. Für die Kurve „osmotischer Koeffizient"/Konzentration wurde

[1] Ber. dtsch. chem. Ges. **27**, 1747 (1894); **28**, 2566 (1895); **29**, 1328 (1896); **32**, 1584 (1899).

[2] McBAIN u. TAYLOR: Ber. dtsch. chem. Ges. **43**, 2, 321 (1909); Ztschr. physik. Chem. A **76**, 179 (1911). — BOWDEN: Journ. chem. Soc. London **99**, 191 (1911). — McBAIN, CORNISH u. BOWDEN: Journ. chem. Soc. London **101**, 2042 (1912). — McBAIN: Trans. Faraday Soc. **9**, 99 (1913); Kolloid-Ztschr. **12**, 256 (1913). — McBAIN u. TAYLOR: Journ. chem. Soc. London **115**, 1300 (1919). — McBAIN, LAING u. TITLEY: Journ. chem. Soc. London **115**, 1279 (1919). — McBAIN: Seifensieder-Ztg. **46**, 137 (1919). — McBAIN u. SALMON: Proceed. Roy. Soc., London, A **97**, 56 (1920); Journ. Amer. chem. Soc. **42**, 426 (1920). — McBAIN u. LAING: Journ. chem. Soc. London **121**, 621 (1922). — McBAIN u. BOWDEN: Journ. chem. Soc. London **123**, 2417 (1923). — McBAIN in R. H. BOGUES: „Colloid Behaviour", Bd. 1, S. 410. New York. 1924. — McBAIN: Journ. physical Chem. **30**, 239 (1926); Internat. critic. Tables **5**, 446 (1929); Journ. Amer. chem. Soc. **57**, 1916 (1935). — McBAIN u. SEARLES: Journ. physical Chem. **40**, 493 (1936).

[3] Die ersten Leitfähigkeitsversuche an Seifenlösungen dürften von KAHLENBERG u. SCHREINER [Ztschr. physikal. Chem. **27**, 552 (1898)] und DENHARDT (Dissertation Erlangen, Leipzig, 1898, zitiert nach E. LEDERER, „Kolloidchemie der Seifen", Dresden und Leipzig, 1932) durchgeführt worden sein.

deshalb Kaliumcaprylat gewählt, weil nur bei dieser Substanz osmotische Untersuchungen auch in sehr verdünnten Lösungen mit genügender Genauigkeit durchgeführt wurden. Bei längerkettigen Seifen, z. B. Kaliumlaurat, Kaliumpalmitat usw., ist die Gefrierpunktserniedrigung in Lösungen unter 0,1 n (ca. 30 g/l) sehr gering und infolge der Versuchsfehler ungenau und nicht mehr exakt meßbar. Wegen der verschiedenen Kettenlänge des Kaliumcaprylates, des Kaliumlaurates und des Kaliumpalmitates decken sich die Konzentrationen, bei welchen einerseits die osmotische Aktivität stark abzufallen und anderseits das steile Absinken der Äquivalentleitfähigkeitskurven beginnt, nicht. Der naheliegende Vergleich einer Λ/c-Kurve mit einer k/c-Kurve beim Kaliumcaprylat ist nicht angängig, da dieses, wie die starken Elektrolyte, einen praktisch linearen Abfall der Äquivalentleitfähigkeit mit steigender Konzentration besitzt.

Trotzdem ist rein qualitativ aus der Gegenüberstellung der Äquivalentleitfähigkeit/Konzentration-Kurve und der „osmotischer Koeffizient"/Konzentration-Kurve bei Seifen mit selbst verschiedener Kettenlänge ersichtlich, daß die osmotische Aktivität ungefähr bei gleichen Konzentrationen abzusinken beginnt, wo auch der steile Abfall der Äquivalentleitfähigkeit mit steigender Konzentration bis zur Ausbildung eines Minimums einhergeht.

Den im Vergleich zu gewöhnlichen Elektrolyten abnormalen Verlauf der Äquivalentleitfähigkeit und den Gang der Kurve des osmotischen Koeffizienten bei veränderlicher Konzentration führte McBain auf die Anwesenheit verschiedenartiger Systeme in wäßrigen Dispersionen der Seifen zurück.

Aus den Kurven *1* und *2* der Abb. 2 ersieht man, daß in 0,01 n- bis 0,1 n- bzw. 0,15 n-Lösungen gewöhnlicher Seifen die Äquivalentleitfähigkeit mit zunehmender Konzentration stark sinkt und einen Minimalwert erreicht. Im gleichen Konzentrationsbereich wird die osmotische Aktivität (bei steigender Konzentration) fortgesetzt erniedrigt. Nach McBain bilden sich hierbei aus den Fettsäureanionen und den Alkaliionen undissoziierte Seifenmoleküle. Die Alkalisalze der höheren Fettsäuren zeigen das Verhalten eines einfachen, partiell dissoziierten Elektrolyten. Dadurch wird die Anzahl der Ionen, die für den Stromtransport maßgebend sind, verringert, die Leitfähigkeit sinkt. Hierbei verschwinden nicht sämtliche Ionen — Fettsäureanionen und Alkaliionen —, sondern es bildet sich ein Dissoziationsgleichgewicht mit einer Minimalmenge an ionogen dispersen Seifen aus. Aus diesem Grunde bleibt eine bestimmte Mindestäquivalentleitfähigkeit auch nach der teilweisen Rückbildung undissoziierter Seifenmoleküle bestehen. Durch die Verringerung der Ionen wird ferner im Sinne der klassischen Dissoziationstheorie auch die osmotische Aktivität verkleinert.

Nach Ansicht von McBain sollten sich im Gebiet von 0,01—0,15 n (ca. 3 bis 50 g/l) vorzugsweise Fettsäureanionen, Alkaliionen und undissoziierte Seifenmoleküle ausbilden.

Im Konzentrationsintervall von etwa 0,1—0,5 n (ca. 30—150 g/l) zeigt die Äquivalentleitfähigkeit/Konzentration-Kurve der Seifen[1] im Vergleich zu jener bei gewöhnlichen 1,1wertigen Elektrolyten einen abnormalen Gang.

Die Λ/c-Kurve sinkt bei 1,1wertigen Elektrolyten mit zunehmender Konzentration von einem Maximalwert Λ_∞ (bei unendlicher Verdünnung) linear monoton ab. Dieses Verhalten gilt für wäßrige Lösungen binärer Elektrolyte. Hingegen besitzen manche derselben in organischen Lösungsmitteln ebenfalls Anomalien im Gang der Äquivalentleitfähigkeit mit veränderlicher Konzentration, wie sie sogleich besprochen werden.

Nach dem Erreichen eines Minimalwertes der Äquivalentleitfähigkeit steigt die Λ/c-Kurve mit weiter zunehmender Konzentration wieder an und bildet bei etwa 0,4—0,5 n-Seifenlösungen (ca. 150 g/l) ein flaches Maximum. Diesen

[1] Dies gilt nicht nur für die Salze höhermolekularer Fettsäuren, sondern für alle Anion- und Kationseifen.

Wiederanstieg der Äquivalentleitfähigkeit, der eines der eigentümlichsten Merkmale der Seifen und, wie noch später ausgeführt, auch aller Anion- und Kationseifen ist, führte McBain auf die Ausbildung einer sog. *ionischen Mizelle* zurück. Nach seiner Auffassung treten die mit den Alkaliionen noch nicht zu undissoziierten, nicht agglomerierten Seifenmolekülen wiedervereinigten Fettsäureanionen zu Aggregaten zusammen, die aus mehreren, etwa 10 oder mehr Fettsäureanionen bestehen und dementsprechend größere Wertigkeit zeigen; sie sind polyvalent. Die Fettsäureanionen behalten in diesen Aggregaten, die die ionischen Mizellen vorstellen, ihren ionogenen Charakter weiter bei.

Die ionische Mizelle ist nach McBain von kugeliger Gestalt. Die Fettsäureanionen sind darin so angeordnet, daß die hydrophoben Paraffinketten sich im Innern, die ionogenen $COO^{\ominus}$-Gruppen an der Oberfläche des kugeligen Gebildes befinden[1]. Die ionische Mizelle ist von polarisierten Wassermolekülen umgeben und vollkommen hydratisiert. Die abdissoziierten, kleindimensionierten Gegenionen befinden sich in der Nähe der Oberfläche der kugeligen Mizelle[2]. Abb. 3 zeigt dies in Form einer Skizze.

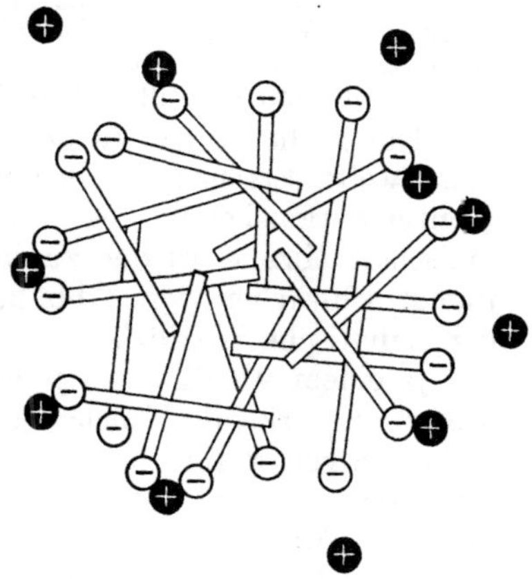

Abb. 3. Anordnung der Fettkettenionen (Fettsäureanionen ⊖) und Gegenionen (Alkalikationen ⊕) in einer Seifenmizelle. Nach McBain.

Durch die Einführung des Begriffes der mehrwertigen ionischen Mizelle konnte McBain den zunächst überraschenden Wiederanstieg der Äquivalentleitfähigkeit/Konzentration-Kurve ab deren Minimum mit zunehmender Konzentration erklären. Er folgerte den Wiederanstieg aus der Stokesschen Formel

$$u = \frac{z \cdot e}{6 \pi \eta r},$$

worin u die Beweglichkeit (Wanderungsgeschwindigkeit), z die Wertigkeit und r den Halbmesser des Ions, e die Elementarladung und η die Zähigkeit des Mediums bedeuten. Bei der Aggregation der einfachen langkettigen Seifenanionen zur ionischen Mizelle bleibt e konstant; η ändert sich nur wenig. Hingegen steigt die Wertigkeit, wenn n Seifenanionen zur polyvalenten, ionischen Mizelle agglomerieren, auf das n-fache. Der Radius der ionischen Mizelle vergrößert sich im Hinblick auf die großdimensionierten Seifenanionen bei der Bildung der kugeligen Mizelle auf das $\sqrt[3]{n}$-fache. Die Beweglichkeit der ionischen Mizelle bei den Seifen[3] erhöht sich nach dem Stokesschen Gesetz auf das $\frac{n}{\sqrt[3]{n}} = n^{\frac{2}{3}}$-fache der Beweglichkeit ihrer Bausteine. Die ionischen, mehrwertigen Mizellen besitzen eine größere Ladungsdichte als die sie zusammensetzenden einfachen, nicht aggregierten Fettsäureanionen aufweisen.

---

[1] Dieser Aufbau entspricht am besten den Kräftekategorien, die zwischen den großdimensionierten Ionen der Anion- und Kationseifen herrschen (vgl. S. 7). Die intermolekularen Kohäsivkräfte suchen die hydrophoben Fettketten einander zu nähern, während sich die gleichsinnig geladenen $COO^{\ominus}$-Gruppen gegenseitig abstoßen. Beide Kräftetendenzen kommen gut in der kugeligen Gestalt zur Auswirkung (vgl. Abb. 3).

[2] Sie bilden dort infolge der interionischen Bindungskräfte eine Ionenwolke (Ionenschwarm, Ionenatmosphäre).

[3] Es soll betont werden, daß ganz ähnliche Überlegungen auch für die übrigen Anion- und Kationseifen gelten. Darauf wird S. 17 zurückgekommen.

Die exakten quantitativen Beziehungen zwischen der Wanderungsgeschwindigkeit einfacher, zur ionischen, mehrwertigen Mizelle assoziierter Fettsäureanionen gemäß der STOKESschen Formel konnten wegen verschiedener Störungsmomente nicht zur Gänze verwirklicht werden. Gleichwohl scheinen sie eine gut begründete Vorstellung zur Deutung des abnormalen Wiederanstieges der Λ/c-Kurve nach dem Minimalwert derselben zu geben.

Man erkennt, daß das bei den seifenartigen Stoffen — im Vergleich zu starken, 1,1wertigen Elektrolyten — abnormale Verhalten der Äquivalentleitfähigkeit mit veränderlicher Konzentration durch die Assoziierfähigkeit der großdimensionierten, langen Fettkettenionen zu größeren Aggregaten, die den ionischen Charakter beibehalten, verursacht wird. Die langkettigen Ionen der Anion- und Kationseifen reichen zwar in einer Dimensionsrichtung an den Beginn des Kolloidbereiches heran, besitzen aber unter bestimmten Voraussetzungen (S. 16) das Benehmen der gewöhnlichen, kleindimensionierten Elektrolytionen. Die ionische Mizelle, die man nach MCBAIN als ein kugeliges Aggregationsgebilde der langkettigen Seifenionen auffassen muß, zeigt in allen drei Richtungen des Koordinatensystems Dimensionen, die dem kolloiden Zustandsbereich zuzuordnen sind. Infolge ihres gleichzeitigen ionischen und kolloiden Charakters bezeichnet man derartige elektrisch geladene Aggregate (Mizellen) als *Kolloidionen*. Die seifenartigen Stoffe, deren großdimensionierte, langkettige Ionen die Neigung aufweisen, zu ionischen Mizellen zu assoziieren, nennt man deshalb gelegentlich auch *Mizellkolloide* (vgl. S. 8).

Durch die Annahme der mehrwertigen ionischen Mizelle konnte MCBAIN eine zweite Erscheinung der Seifenhydrosole befriedigend erklären. In jenem Konzentrationsbereich, wo die Äquivalentleitfähigkeit infolge Bildung der ionischen Mizelle wieder zunimmt, wird die osmotische Aktivität fortgesetzt immer schwächer (vgl. Abb. 2, Kurve *3*). In 0,01—0,1 n-Seifenlösungen sinkt der osmotische Koeffizient wegen der Wiedervereinigung von Fettsäureanionen mit je einem Alkaliion zu je einem undissoziierten Seifenmolekül, wodurch die osmotisch wirkende Teilchenanzahl verringert wird. Im Bereich der ionischen, mehrwertigen Mizelle wird die Zahl der osmotisch aktiven Teilchen durch die Aggregierung der Fettsäureanionen zu größeren Aggregationsgebilden, den ionischen Mizellen, weiter verkleinert. Mit zunehmender Konzentration vergrößert sich die ionische Mizelle durch fortwährende Anlagerung (Assoziation) von einfachen Fettsäureanionen immer mehr, so daß der osmotische Koeffizient im Gegensatz zur Äquivalentleitfähigkeit auch bei der Bildung der Mizellen einen mit steigender Konzentration weiterhin sinkenden Gang aufweist.

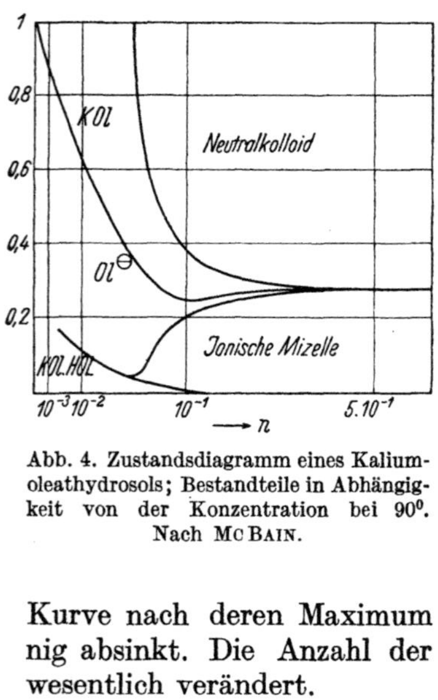

Abb. 4. Zustandsdiagramm eines Kaliumoleathydrosols; Bestandteile in Abhängigkeit von der Konzentration bei 90°. Nach MCBAIN.

Die ionische mehrwertige Mizelle besitzt infolge ihrer allseits in den kolloiden Zustandsbereich fallenden Dimensionen kleineren osmotischen Druck, hingegen wegen ihrer relativ höheren Ladungsdichte vergleichsweise größere Beweglichkeit in einem elektrischen Feld als die einfachen, nicht aggregierten, langkettigen Ionen der seifenartigen Stoffe (MCBAIN).

Als letzte Phase wäßriger Dispersionen gewöhnlicher Seifen sollen sich nach MCBAIN in Konzentrationen über 0,4—0,5 n-Lösungen *Neutralkolloid*teilchen durch Assoziierung einfacher, undissoziierter Seifen*moleküle* bilden. Allerdings besitzen auch die „Neutralkolloidteilchen" noch elektrolytisch dissoziierte Seifenanteile, da die Äquivalentleitfähigkeit/Konzentration-Kurve nach deren Maximum in etwa 0,4—0,5 n-Seifenlösungen nur mehr wenig absinkt. Die Anzahl der ionogen aktiven Teilchen wird also nicht mehr wesentlich verändert.

Aus den besprochenen experimentellen Daten konnte McBain ein Zustandsdiagramm für die Seifen in wäßrigen Dispersionen aufstellen, das die Einordnung der Seifenanionen, undissoziierten Seifenmoleküle, ionischen Mizellen und Neutralkolloidanteile in übersichtlicher Weise enthält. Die Abb. 4 zeigt beispielsweise das Zustandsdiagramm eines Kaliumoleathydrosols.

Die einzelnen Phasen der Kaliumoleatdispersion werden von den Kurvenzügen begrenzt. Um die Zusammensetzung der Kaliumoleatlösung bei einer bestimmten Konzentration zu ermitteln, zieht man bei dieser eine Ordinatenlinie, die die einzelnen Kurvenzüge verschiedentlich schneidet. Das Längenverhältnis der Strecke, in die die Ordinate durch die einzelnen Schnittpunkte mit den Schaulinien geteilt wird, gibt ein Maß für den Gehalt an einfachen, nicht assoziierten Ionen, undissoziierten Molekülen, Mizellen bzw. Neutralkolloidteilchen. Das mit KOl·HOl gekennzeichnete Gebiet umschließt den Bereich der sog. „sauren Seifen". Sie stellen Assoziationsprodukte der durch hydrolytische Spaltung (Dissoziation) entstandenen freien Fettsäuren mit neutralen, undissoziierten Seifenmolekülen vor (vgl. auch S. 94).

Aus dem Zustandsdiagramm für Kaliumoleat, das grundsätzlich und in vielen Einzelheiten für sämtliche Seifen gilt, ist ersichtlich, daß in $^1/_{10}$ n-Lösung (ca. 30 g/l) neben ionischen Mizellen hauptsächlich undissoziierte Kaliumoleatmoleküle und deren Assoziationsprodukte, die Neutralkolloidteilchen, vorliegen. In $^1/_{100}$ n-Lösung (ca. 3 g/l) sind neben saurer Seife nur Oleationen, die entsprechende Menge Kaliumionen und undissoziierte Kaliumoleatmoleküle, hingegen keine Mizellen und Neutralkolloidanteile vorhanden. Aus dem Zustandsdiagramm McBains für die Seifen geht ein Umstand hervor, der oft nicht genügend berücksichtigt wird. Nach der McBainschen Auffassung wären bei den in der Praxis angewendeten Seifenkonzentrationen (0,5—5 g/l Seife, mit einem Gehalt von etwa 50—60 v. H. Fettsäure) nur einfache Seifenanionen und Moleküle als aktive Teilchen bei den Waschvorgängen kolloidchemisch wirksam. Diese Annahme ist befremdlich und mit der modernen Darstellung des Grenzflächengeschehens, das u. a. eine der wichtigsten Voraussetzungen bei den kolloidchemischen Prozessen ist, nicht in Einklang zu bringen (vgl. S. 36).

Die Untersuchungen McBains an fettsauren Alkalisalzen wurden nur in verhältnismäßig konzentrierten Lösungen durchgeführt. Als verdünnteste Dispersionen gewöhnlicher Alkaliseifen benutzte er 0,01 n-Lösungen (~ 2—3 g/l). In noch verdünnteren Seifenlösungen tritt weitgehende Hydrolyse auf. Die entstehenden, leicht beweglichen Hydroxylionen führen zu einem starken Ansteigen der Äquivalentleitfähigkeit, die nicht der der Seifenionen entspricht und von diesen, wie Ekwall[1] gezeigt hat, unabhängig ist. In Abb. 5 ist die durch die Hydroxylionen bewirkte Anomalie der Λ/c-Kurve für Natriummyristat ($C_{13}H_{27}COONa$) dargestellt.

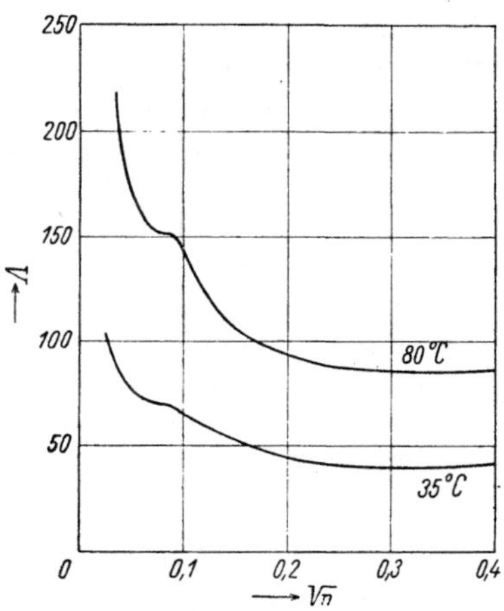

Abb. 5. Äquivalentleitfähigkeit/Konzentration-Kurven für Natriummyristat bei 35° und 80°. Nach Ekwall.

Man sieht, wie in sehr verdünnten, beispielsweise 0,01 n-Seifenlösungen und darunter die Äquivalentleitfähigkeit einen unregelmäßigen Gang und

[1] Ztschr. physikal. Chem., A **161**, 204 (1932).

schließlich einen überaus steilen Anstieg infolge des Auftretens von Hydroxylionen mit großer Eigenleitfähigkeit aufweist.

Es sei besonders auf den kurzen Stillstand der mit zunehmender Verdünnung weiterhin ansteigenden Äquivalentleitfähigkeit/Konzentration-Kurve in Konzentrationen um 0,005 n hingewiesen. Die Bedeutung dieses Verhaltens der Λ/c-Kurve wird später (S. 16) eingehend erörtert. Ekwall nimmt ebenso wie McBain an, daß die Bildung der ionischen Mizelle aus den langkettigen, assoziationsfähigen Seifenionen erst beim Minimum der Λ/c-Kurve, also etwa in 0,1 n-Seifenlösungen beginnt und mit steigender Konzentration im Gebiete des Wiederanstieges der Äquivalentleitfähigkeit weiter fortschreitet.

Der Mißstand der Hydroxylionenentwicklung infolge Hydrolyse der Seifen und die damit einhergehende starke Beeinflussung der Äquivalentleitfähigkeit tritt bei den unhydrolysierbaren Anion- und Kationseifen nicht auf. Die Bestimmung der Λ/c-Kurve bei der Cetylsulfonsäure und bei Alkylsulfonaten in den Arbeiten Reychlers[1] sowie McBains und seiner Schule[2] ergaben keine wesentlichen Fortschritte in der Auffassung über die Aggregationszustände der Seifen und der seifenartigen, langkettigen Stoffe.

Die Äquivalentleitfähigkeit/Konzentration-Kurve derselben zeigt einen ganz ähnlichen Verlauf, wie dies in Abb. 2 gebracht wurde.

Die Äquivalentleitfähigkeit erreicht bei den höhermolekularen, aliphatischen Sulfonsäuren („*Wasserstoffseifen*") in verdünnteren Lösungen als bei den gewöhnlichen Seifen ihr Minimum. Dieses liegt beispielsweise bei der Myristylsulfonsäure in 0,031 n-Lösungen (8,6 g/l). Oberhalb der Konzentration von 0,1—0,2 n (20—40 g/l) sind nach McBain bei dieser Sulfonsäure ionische Mizellen und aufgeladene Neutralteilchen vorhanden.

McBain zog aus diesem Verhalten die gleichen Schlüsse wie bei den gewöhnlichen Seifen. Demnach sollten sich seiner Auffassung entsprechend beim ersten steilen Abfall der Äquivalentleitfähigkeit/Konzentration-Kurve in sehr verdünnten Lösungen aus den einfachen Ionen der seifenartigen Körper die undissoziierten neutralen Seifenmoleküle unter Verminderung der elektrolytisch und osmotisch aktiven Teilchen bilden. Beim Minimalwert der Λ/c-Kurve sollte auch bei den Alkylsulfonsäuren und Alkylsulfonaten, wie bei den gewöhnlichen Seifen die Bildung der ionischen Mizelle gemäß der Stokesschen Formel eintreten. Die Assoziation der einfachen, langkettigen Seifenionen zur ionischen Mizelle nimmt auch bei jenen mit weiter zunehmender Konzentration fortwährend zu, bis der Wiederanstieg der Λ/c-Kurve einen maximalen Wert erreicht.

Das Zustandsdiagramm der Alkylsulfonsäuren und Alkylsulfonate wäre im Sinne McBains ganz ähnlich dem der gewöhnlichen Seifen darzustellen. In verdünnten, praktisch wichtigen Konzentrationen von 1—5 g je Liter sollten nur einfache Seifenionen und undissoziierte, nicht aggregierte unhydrolysierbare Anionseifenmoleküle vorliegen. Die gleichen Bedenken, die gegen eine solche Darstellung bei den Alkalisalzen höhermolekularer Fettsäuren vorgetragen wurden, müssen auch im vorliegenden Falle geäußert werden.

D. Die Aggregationszustände seifenartiger Stoffe.

Einen wesentlichen Anstoß erfuhr die moderne Auffassung des Kolloidzustandes der Anion- und Kationseifen durch eine Arbeit Lottermosers und

[1] Bull. Soc. chim. Belg. **26**, 193 (1912); **27**, 110, 113, 217, 300 (1913); Kolloid-Ztschr. **12**, 277 (1913); **13**, 252 (1913).

[2] Norris: Journ. chem. Soc. London **121**, 2161 (1922). — McBain u. Williams: Journ. Amer. chem. Soc. **55**, 2250 (1933). — McBain u. Betz: Journ. Amer. chem. Soc. **57**, 1905, 1909, 1913 (1935). — McBain: Journ. Amer. chem. Soc. **57**, 1916 (1935). — McBain u. Wilson: Journ. Amer. chem. Soc. **58**, 379 (1936). — Reed u. Tartar: Journ. Amer. chem. Soc. **58**, 322 (1936).

PUESCHELS[1] über die Schwefelsäureester höhermolekularer Fettalkohole mit 12—18 Kohlenstoffatomen. Zum Unterschied von den Arbeiten MC BAINS und seiner Schule wurden die verschiedenen Fettalkoholsulfonate auch in sehr verdünnten Lösungen, bis zu 0,0001 n, auf ihr konduktives Verhalten geprüft. Die beiden Autoren konnten in Konzentrationen über 0,1 n die Befunde MC BAINS auch bei den Fettalkoholsulfonaten zur Gänze bestätigen, wie dies aus Abb. 6 hervorgeht, worin der Verlauf der Äquivalentleitfähigkeit mit veränderlicher Konzentration verschiedener Fettalkoholsulfonate mit 12 bis 18 Kohlenstoffatomen in der Hauptvalenzkette dargestellt ist.

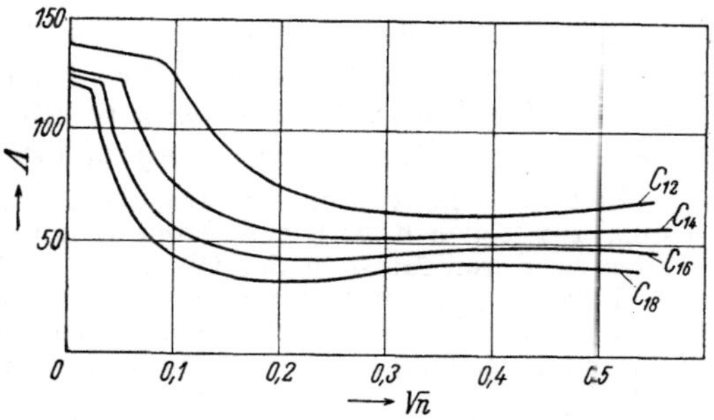

Abb. 6. Äquivalentleitfähigkeit/Konzentration-Schaulinien von Fettalkoholsulfonaten mit 12—18 C-Atomen im Fettrest bei 60°. Nach LOTTERMOSER und PUESCHEL.

Die Λ/c-Kurve der Fettalkoholsulfonate weist, wie bei den gewöhnlichen Seifen und Alkylsulfonaten in Konzentrationen über 0,1 n ein Minimum und mit steigender Konzentration einen Wiederanstieg bis zu einem flach verlaufenden Höchstwert auf.

Eine genauere Erörterung erfordert der Gang der Äquivalentleitfähigkeitskurve in sehr verdünnten Lösungen. Trägt man die Äquivalentleitfähigkeit in einem Koordinatensystem gegen die Quadratwurzel der molaren Konzentration auf (Quadratwurzelgesetz von KOHLRAUSCH), so erhält man, wie in Abb. 6 gezeigt, in verdünntesten Fettalkoholsulfonatlösungen bis zu einem Konzentrationsbereiche von 0,0001 n bis ca. 0,004 n (etwa 0,04 bis 1 g/l) ein lineares, monotones Absinken der Äquivalentleitfähigkeit. Dieses Verhalten ist typisch für starke, 1,1wertige Elektrolyte, die nach der modernen Dissoziationstheorie (SUTHERLAND, BJERRUM, DEBYE und HUECKEL sowie ONSAGER) vollständig dissoziiert sind.

Die theoretische Beziehung für die Abnahme des Äquivalentleitvermögens mit zunehmender Konzentration gibt die nachstehende Formel von DEBYE und HUECKEL sowie ONSAGER:

$$\lambda_\infty - \lambda_v = \left[\frac{0{,}817 \,.\, 10^6}{(D \,.\, T)^{\frac{3}{2}}} \,.\, z^2 \,.\, \lambda_\infty + \frac{82{,}0 \,.\, z}{(D \,.\, T)^{\frac{1}{2}} \,.\, \eta}\right] \cdot \sqrt{c}\,,$$

worin λ_∞ und λ_v die Äquivalentleitfähigkeiten bei unendlicher Verdünnung und bei der Verdünnung v, c die Konzentration, T die absolute Temperatur, D die Dielektrizitätskonstante und η die innere Reibung (Viskosität) des Lösungsmittels bedeuten.

Von KOHLRAUSCH wurde rein empirisch gefunden, daß sich die Äquivalentleitfähigkeit in sehr hohen Verdünnungen in Übereinstimmung mit der modernen Dissoziationstheorie proportional der Quadratwurzel (Quadratwurzelgesetz) und bei mittleren Verdünnungen proportional der Kubikwurzel (Kubikwurzelgesetz) der molaren Konzentration ändert. Die Leitfähigkeitsuntersuchungen an Kation- und Anionseifen sind deshalb von den einzelnen Autoren verschiedentlich, teils nach dem Quadratwurzelgesetz (EKWALL, HARTLEY, HOWELL und ROBINSON usw.), teils nach dem Kubikwurzelgesetz (LOTTERMOSER) ausgewertet worden. In vorliegender Abhandlung wurden zum besseren Vergleich alle Diagramme mit Ausnahme der Abb. 2 einheitlich nach dem Quadratwurzelgesetz dargestellt. In Abb. 2 wurde der ursprüngliche Maßstab MC BAINS — überhaupt nur die Konzentration als Abszisse aufzutragen — beibehalten, da die Untersuchungen dieses Autors vorzugsweise in konzentrierteren Lösungen angestellt wurden und dort der von MC BAIN benutzte Maßstab eine bessere Übersicht ergibt.

Die moderne Dissoziationstheorie nimmt an, daß die Elektrolyte in wäßrigen Lösungen stets vollständig in Ionen zerfallen, während nach der klassischen Dis-

[1] LOTTERMOSER u. PUESCHEL: Kolloid-Ztschr. **63**, 175 (1933).

soziationstheorie von ARRHENIUS (1887) nur eine partielle elektrolytische Spaltung vorliegt. Der Dissoziationsgrad hängt nach ARRHENIUS von der Konzentration der Elektrolytlösung ab und erreicht seinen Maximalwert — 100%ige Dissoziation — erst in unendlicher Verdünnung.

Die Ursache dafür, daß trotz völliger Dissoziation die Äquivalentleitfähigkeit bei der Verdünnung v kleiner ist als bei unendlicher Verdünnung, mithin die Aktivität bei steigender Konzentration abnimmt, ist die elektrostatische Wirkung der entgegengesetzten Ionenladungen aufeinander, die man als interionische Kräfte bezeichnet (vgl. S. 7).

In sehr verdünnten Lösungen sind die Fettalkoholsulfonate und ebenso die anderen Anion- und Kationseifen vollkommen in einfache, nicht aggregierte, langkettige und hydratisierte Seifenionen (Fettkettenionen) sowie in kleindimensionierte Gegenionen zerfallen; sie sind ionogendispers.

Daß in sehr verdünnten Lösungen seifenartiger Stoffe nur einfache, nicht assoziierte Teilchen vorliegen, kann ferner — unabhängig vom Leitfähigkeitsverhalten — durch Messung der Oberflächenspannung ermittelt werden.

LECOMTE DE NOÜY[1] fand beim Natriumoleat in Konzentrationen von 4,4-, 2,8- und 2,4 . 10^{-6} n drei Oberflächenspannungsminima, die er durch verschiedene Anordnung der Lage einfacher, nicht aggregierter Natriumoleatteilchen an den Grenzflächen gemäß den verschiedenen Dimensionen des Seifenkristalls in der a-, b- und c-Achse (vgl. S. 44) erklärt (s. diesbezüglich auch J. VALLÉE[2]). Zu einem ähnlichen Befund gelangten ferner WASHBURN und BERRY[3].

Im Gegensatz zu den Angaben von DE NOÜY sowie WASHBURN und BERRY konnte CASSEL[4], allerdings nur *ein* Minimum der Oberflächenspannung in sehr verdünnten Natriumoleatlösungen feststellen. Auch dieser Autor erklärt dieses Minimum durch Auftreten von einfachen, nicht aggregierten Seifenionen bzw. von Fettsäuremolekülen, die durch Hydrolyse entstanden sind, an der Grenzfläche Luft-Seifenlösung.

Der Befund LOTTERMOSERS und PUESCHELS ist ein wichtiger Fortschritt zur modernen Auffassung der Aggregationszustände seifenartiger Stoffe. Er wurde durch das Auffinden einer weiteren Anomalie der Λ/c-Kurve ergänzt. LOTTERMOSER und PUESCHEL konnten experimentell zeigen, daß die Äquivalentleitfähigkeit/Konzentration-Kurve bei den Fettalkoholsulfonaten in Konzentrationen, die der Kettenlänge der verwendeten Fettalkoholsulfonate umgekehrt proportional sind und für die einzelnen Präparate folgende Werte annehmen:

$C_{12}H_{25}OSO_3Na$	etwa	0,006—0,008 n,
$C_{14}H_{29}OSO_3Na$	„	0,002—0,0025 n,
$C_{16}H_{33}OSO_3Na$	„	0,0006—0,0008 n,
$C_{18}H_{35}OSO_3Na$	„	0,0003 n,

eine plötzliche Änderung ihres linearen Charakters bei steigender Konzentration erfährt. Bei diesen, für das Verhalten der Äquivalentleitfähigkeit *kritischen Konzentrationen* weist die Λ/c-Kurve einen Knickpunkt auf und fällt mit weiter zunehmender Konzentration bis zum Erreichen eines Minimalwertes steil ab.

Dieser eigenartige, zuerst[5] von LOTTERMOSER und PUESCHEL bestimmte Verlauf der Λ/c-Kurve in Fettalkoholsulfonatlösungen unter 0,01 n wurde in der Zwischenzeit auch für andere, nicht hydrolysierbare Anion- und Kationseifen gefunden.

---

[1] Philos. Magazine **48**, 664 (1924); „Equilibres superficiels des solutions colloidales". Paris. 1929.

[2] Rev. gén. Matières colorantes, Teinture etc. **40**, 313 (1936); Bulletin der Internationalen Föderation textilchemischer und koloristischer Vereine, S. 5. Basel. 1936.

[3] Journ. Amer. chem. Soc. **57**, 975 (1935).

[4] Journ. Amer. chem. Soc. **57**, 175, 2009 (1935).

[5] Die Untersuchungen EKWALLS (S. 13, Abb. 5) lassen bereits einen ähnlichen Effekt bei den gewöhnlichen Seifen erkennen, der allerdings durch die in diesem Konzentrationsbereiche verstärkt auftretende Hydrolyse unter Bildung leicht beweglicher Hydroxylionen und den dadurch bedingten großen Anstieg der Äquivalentleitfähigkeit sehr verschleiert wird.

HARTLEY und Mitarbeiter wiesen den geschilderten Gang der Äquivalentleitfähigkeit in sehr verdünnten Lösungen des kationaktiven Cetylpyridiniumchlorids bzw. -bromids sowie Cetyltrimethylammoniumbromids[1] und der anionaktiven Cetylsulfonsäure[2] nach. HOWELL und ROBINSON[3] bestätigten die Befunde von LOTTERMOSER und PUESCHEL für Fettalkoholsulfonate. In einer kürzlich erschienenen Arbeit von LOTTERMOSER und FROTSCHER[4] wurde das Auftreten der für den Knickpunkt der Äquivalentleitfähigkeit kritischen Konzentration bei verschiedenen Alkylpyridiniumchloriden experimentell ermittelt.

Aus diesen Untersuchungen, die später noch ausführlich besprochen werden, ergeben sich bei den genannten Verbindungen, die in der Tabelle 1 zusammengestellten jeweils kritischen Konzentrationen für die sprunghafte Änderung der Λ/c-Kurve.

Tabelle 1. Kritische Konzentration bei gewöhnlichen Seifen, Fettalkoholsulfonaten, Salzen echter Sulfonsäuren, Alkylpyridiniumsalzen und Trimethylammoniumsalzen. Temperatur 60°.

Fettrest R	Kohlenstoffatome im Fettrest	Art der mit dem Fettrest verbundenen hydrophilen, ionogenen Gruppe				
		R_1—COONa[5]	R—OSO_3Na[6]	R—SO_3Na[7]	 R—N—Br[8]	R | $(CH_3)_3$N—Br[9]
Dodecyl- . . .	12	—	0,008 n	—	0,008 n	—
Tetradecyl- .	14	—	0,0025 n	—	0,0025 n	—
Hexadecyl- .	16	—	0,0009 n	0,0006 n	0,0008 n	0,0009 n
Octadecyl- .	18	ca. 0,0005 n	0,00035 n	—	0,0003 n	—

Das bereits öfters betonte, grundsätzlich gleichartige physikalisch-chemische Verhalten der auf einen längeren Fettrest aufgebauten Anion- und Kationseifen ermöglicht einen gesamten Überblick über die funktionellen Beziehungen zwischen den einzelnen Aggregationszuständen der seifenartigen Stoffe und eine gemeinsame Diskussion der hier obwaltenden Verhältnisse.

Die Folgerungen, die aus dem bei den einzelnen seifenartigen Kolloidelektrolyten qualitativ gleichen Verlauf der Äquivalentleitfähigkeit/Konzentration-Kurve von den betreffenden Forschern jeweils gezogen wurden, decken sich allerdings nicht. Man erhält den besten Eindruck der neueren, zum Teil noch auseinandergehenden und im Fluß befindlichen Ansichten über den Aggregationszustand wäßriger Dispersionen der Anion- und Kationseifen, wenn die verschiedenen Auffassungen getrennt behandelt werden.

Bekanntlich gründete McBAIN seine Aussagen über den Feinbau von Seifenlösungen auf die Kombination osmotischer Messungen mit elektrischen Untersuchungen. Letztere fußen auf der klassischen Dissoziationstheorie der partiellen elektrolytischen Dissoziation von ARRHENIUS. Den mit zunehmender Verdünnung

[1] HARTLEY u. MOILLIET: Proceed. Roy. Soc., London, A **140**, 141 (1933). — HARTLEY, DREW u. COLLIE: Trans. Faraday Soc. **30**, 648 (1934). — MALSCH u. HARTLEY: Ztschr. physikal. Chem., A **170**, 321 (1934). — HARTLEY: Trans. Faraday Soc. **31**, 31 (1935). — MURRAY u. HARTLEY: Trans. Faraday Soc. **31**, 183 (1935). — MOILLIET, COLLIE, ROBINSON u. HARTLEY: Trans. Faraday Soc. **31**, 120 (1935). — MURRAY: Trans. Faraday Soc. **31**, 206 (1935). — HARTLEY, COLLIE u. SAMIS: Trans. Faraday Soc. **32**, 795 (1936). — HARTLEY: „Aqueous Solutions of Paraffin Chain Salts". Paris. 1936.

[2] HARTLEY: Journ. Amer. chem. Soc. **58**, 2347 (1936).

[3] HOWELL u. ROBINSON: Proceed. Roy. Soc., London, A **155**, 386 (1936).

[4] LOTTERMOSER u. FROTSCHER: Kolloidchem. Beih. **45**, 303 (1937).

[5] Gewöhnliche Seifen.

[6] Fettalkoholsulfonate (Alkylsulfate).

[7] Alkylsulfonate.

[8] Alkylpyridiniumsalze.

[9] Trimethylalkylammoniumsalze.

steilen Anstieg der Λ/c-Kurve in Seifenlösungen unter 0,1 n erklärte er durch die teilweise elektrische Aufspaltung der Seifenmoleküle in einfache Ionen bzw. umgekehrt den Abfall der Λ/c-Kurve mit steigender Konzentration bis zum Minimum durch die partielle Bildung undissoziierter Moleküle der Seifen.

Die Ergebnisse seiner neueren Arbeiten über nichthydrolysierbare, seifenartige Stoffe, wie beispielsweise Cetylsulfonsäure, deutet McBAIN mit geringfügigen Modifikationen ebenfalls im Sinne der klassischen Dissoziationstheorie.

Den mit steigender Konzentration wieder einsetzenden Anstieg der Äquivalentleitfähigkeit/Konzentration-Kurve nach deren Minimum bei gleichzeitigem weiteren Sinken der osmotischen Wirksamkeit führt McBAIN, wie früher dargelegt (S. 11), auf die Bildung einer leicht beweglichen ionischen Mizelle, die durch Assoziation der langkettigen, großdimensionierten Seifenanionen entsteht, zurück.

EKWALL[1] sowie LOTTERMOSER und PUESCHEL[2] geben ganz ähnliche Erklärungen für das von ihnen gefundene Verhalten der Seifen bzw. Fettalkoholsulfonate. Sie nehmen wie McBAIN an, daß die Λ/c-Kurve nach deren Knickpunkt durch teilweise Bildung undissoziierter Seifen bzw. Fettalkoholsulfonatmoleküle den steilen Abfall erfährt.

Nach dem Erreichen eines Minimalwertes steigt die Λ/c-Kurve wegen des Auftretens einer ionischen Mizelle im Sinne McBAINS wieder an, um einen Höchstwert zu erreichen und dann infolge Entstehens aufgeladener Molekülaggregate wieder flach abzusinken.

Neu war in dieser Folge der verschiedenen Aggregationszustände seifenartiger Kolloidelektrolyte der experimentelle Nachweis eines Stadiums vollständig ionogen gespaltener Anion- und Kationseifen durch LOTTERMOSER und PUESCHEL.

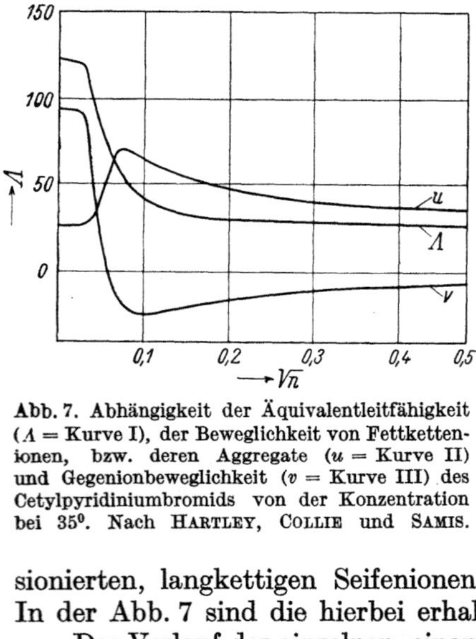

Abb. 7. Abhängigkeit der Äquivalentleitfähigkeit (Λ = Kurve I), der Beweglichkeit von Fettkettenionen, bzw. deren Aggregate (u = Kurve II) und Gegenionbeweglichkeit (v = Kurve III) des Cetylpyridiniumbromids von der Konzentration bei 35°. Nach HARTLEY, COLLIE und SAMIS.

Von größerer Wichtigkeit für den gegenwärtigen Stand unserer Kenntnisse wäßriger Dispersionen der Anion- und Kationseifen sind die Arbeiten von HARTLEY und Mitarbeitern.

HARTLEY, COLLIE und SAMIS (s. S. 17) bestimmten beim Cetylpyridiniumbromid

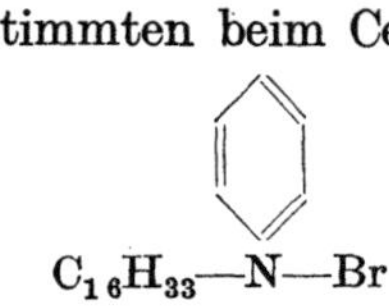

bzw. Cetyl-trimethylammoniumbromid

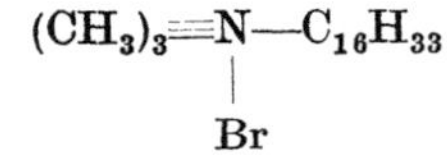

neben dem Verlauf der Äquivalentleitfähigkeit mit veränderlicher Konzentration die Beweglichkeiten[3] der großdimensionierten, langkettigen Seifenionen und der kleindimensionierten Gegenionen. In der Abb. 7 sind die hierbei erhaltenen Ergebnisse gebracht.

Der Verlauf der einzelnen, einander entsprechenden Kurven I bis III stimmt bei beiden Kationseifen — Cetylpyridiniumbromid und Cetyl-trimethylammoniumbromid — praktisch völlig überein. Die aus Abb. 7 ersichtlichen Kurvenzüge gelten für Cetylpyridiniumbromid.

Betrachten wir zunächst die Λ/c-Kurve (I). In den verdünntesten Lösungen

[1] A. a. O. S. 13. [2] A. a. O. S. 15.

[3] Ähnliche Untersuchungen (Überführungszahlen bzw. Wanderungsgeschwindigkeiten der Fettsäureanionen und Kationen) an gewöhnlichen Seifen wurden von McBAIN u. BOWDEN [Journ. chem. Soc. London **123**, 2417 (1923)] für Kaliumoleat und -laurat, von HOLROYD u. RHODES [Journ. chem. Soc. London **115**, 1279 (1919)] für Kaliumoleat und von LAING [Journ. physical Chem. **28**, 673 (1924)] für Natriumoleat in Konzentrationen von 0,2—1,0 n durchgeführt. Die Beweglichkeiten bei der Cetylsulfonsäure sind von HARTLEY [Trans. Faraday Soc. **32**, 805 (1936)] bestimmt worden.

bis zu einer Kationseifenkonzentration von 0,00075 bis 0,0009 n zeigt die Äquivalentleitfähigkeit mit steigender Konzentration einen linearen Gang. Bei der kritischen Konzentration in dem eben angegebenen Konzentrationsbereich tritt plötzlich ein starker Abfall der Äquivalentleitfähigkeit auf, wenn die Konzentration der Kationseife weiter erhöht wird. Sie sinkt rasch auf etwa die Hälfte ihres Wertes bei unendlicher Verdünnung und bleibt dann nahezu konstant. Der Wiederanstieg der Λ/c-Kurve mit weiter zunehmender Konzentration ist aus dem Diagramm nicht ersichtlich, da das untersuchte Konzentrationsintervall hierfür zu klein ist. Übrigens ist gerade bei Alkylpyridiniumsalzen dieser Anstieg nur schwach und bei den höchsten Gliedern der homologen Reihe ausgeprägt (vgl. S. 27).

Einen interessanten Gang zeigen die Beweglichkeiten der großdimensionierten, langkettigen Seifenionen (organische, ionogene Radikale[1]) — Kurve II — und der kleindimensionierten Gegenionen (Kurve III).

Bei der kritischen Konzentration, wo der steile Abfall der Äquivalentleitfähigkeit mit abnehmender Verdünnung einsetzt, beginnt die vorher fast konstante Beweglichkeit der Fettkettenionen plötzlich stark zu steigen. Sie erreicht in einer etwa 0,05 n Cetylpyridiniumbromidlösung ihren Höchstwert und klingt dann wieder langsam ab. Die Gegenionbeweglichkeit (Kurve III), die in verdünntesten Lösungen ebenfalls nahezu konstant ist, wird nach Überschreiten der kritischen Konzentration bei weiterer Konzentrationserhöhung außerordentlich stark verringert und erreicht sogar negative Werte.

Hartley kommt auf Grund seiner Messungsergebnisse zu dem Schluß, daß die Bildung der *ionischen Mizelle* bereits bei der für den Knickpunkt der Λ/c-Kurve kritischen Konzentration und nicht, wie McBain annimmt, beim Äquivalentleitfähigkeitsminimum einsetzt.

In dem Konzentrationsbereiche zwischen 0,0003—0,005 n und 0,08—0,2 n, wo nach der von McBain und Lottermoser angewandten klassischen Theorie der unvollständigen Dissoziation starker Elektrolyte die einfachen Ionen der Anion- und Kationseifen mit ihrem undissoziierten Molekül im Gleichgewicht stehen sollten, treten nach der Auffassung Hartleys die einfachen, langkettigen, assoziationsfähigen Ionen seifenartiger Stoffe (Fettkettenionen) zu ionischen Mizellen (Aggregaten) zusammen.

Wie erinnerlich, hat McBain der Wiederanstieg der Äquivalentleitfähigkeit nach deren Minimum — bei zunehmender Konzentration — und die dabei weiterhin sinkende osmotische Aktivität Anlaß zur Annahme der ionischen Mizelle gegeben, wobei er sich auf die Folgerungen, die sich aus der Stokesschen Formel (S. 11) ergeben, stützte. Darnach sollte die Ladungsdichte der im Mizellverband vereinigten Fettkettenionen größer sein als im nichtaggregierten Einzelzustand. Diese Erscheinung bezeichnet man als Stokesschen Effekt. Es müßte hierdurch nach McBain die Äquivalentleitfähigkeit *steigen*, während Hartley die Mizellbildung und damit die Steigerung der Fettkettenionenbeweglichkeit infolge des Stokeschen Effektes (vgl. S. 11) gerade im Bereiche des starken Äquivalentleitfähigkeits*abfalles* annimmt. Diese divergierenden Ansichten werden durch die Anwendung der modernen Theorie vollständiger elektrolytischer Dissoziation auf Kolloidelektrolyte durch Hartley verursacht[2].

[1] Die Bezeichnung „organische, ionogene Radikale" (Hartley und Moilliet) soll zum Ausdruck bringen, daß die Beweglichkeit des ionogenen Seifenrestes, im besonderen Falle des Cetylpyridiniumrestes bzw. Cetyl-trimethylammoniumrestes, ohne Rücksicht auf seinen Aggregationszustand (Einzelionen, ionische Mizellen, aufgeladene Neutralteilchen u. dgl.) gemessen wurde.

[2] Vgl. insbesondere Hartley u. Robinson: Proceed. Roy. Soc., London, A **134**, 20 (1931). — Moilliet, Collie, Robinson u. Hartley: Trans. Faraday Soc. **31**, 120 (1935). — Hartley: Trans. Faraday Soc. **31**, 31 (1935).

Durch das unter Beibehaltung ihres ionogenen Charakters stattfindende Zusammentreten assoziationsfähiger Fettkettenionen zur ionischen Mizelle tritt nach der STOKESschen Regel auf jeden Fall Erhöhung der Ladungsdichte ein. Es entstehen durch die Anreicherung elektrischer Ladung in den ionalen Aggregaten polyvalente Mizellen mit Kraftfeldern hoher Feldstärke, wodurch die sonst mehr oder minder frei beweglichen, kleindimensionierten Gegenionen stark in ihrer Bewegungsfreiheit beschränkt werden. Nach der Theorie völliger Dissoziation liegen die starken Elektrolyte in wäßrigen Lösungen zur Gänze als Ionen vor, wobei jedes einzelne Ion von einem Schwarm entgegengesetzt geladener, hydratisierter Ionen umgeben ist (Ionenwolke, Ionenschwarm, Ionenatmosphäre). Die Anwendung dieser Theorie auf wäßrige Dispersionen von Kolloidelektrolyten ergibt ähnliche Vorstellungen über deren Aufbau. Unterhalb der jeweiligen kritischen Konzentration sind nur einfache, hydratisierte Ionen seifenartiger Kolloidelektrolyte — Fettkettenionen und Gegenionen — vorhanden, die sich gegenseitig in Form von Ionenwolken umgeben. Die Assoziation der einfachen Fettkettenionen zur ionischen Mizelle nach Überschreiten der kritischen Konzentration führt zu Aggregaten, deren an der Oberfläche befindliche, gehäufte ionische Ladungen örtlich stärkere Anziehungs- (interionische) Kräfte auf die Gegenionen als die nicht aggregierten Fettkettenionen ausüben. Die Folge davon ist eine bedeutend vergrößerte, interionische Bindung der Gegenionen an die ionische Mizelle (diffuse Doppelschicht), ohne daß es hierbei unbedingt zu einer völligen Neutralisation und Bildung undissoziierter Moleküle der Anion- und Kationseifen kommen muß.

Mit steigender Annäherung der Gegenionen an die mehrwertige ionische Mizelle werden einzelne derselben der Mizelloberfläche so nahe kommen und von den entgegengesetzten Ladungen der Mizelle interionisch so fest gebunden und statisch festgehalten werden, daß ein bei der Elektrolyse angelegtes elektrisches Feld normaler Feldstärke (1 V/cm) sie nicht mehr voneinander zu trennen vermag. Die interionisch gebundenen Gegenionen inaktivieren einen Teil der Ladungen in der Mizelle und nehmen selbst am Stromtransport nicht mehr teil, wodurch die Äquivalentleitfähigkeit und die Gegenionbeweglichkeit sinken.

Die zur ionischen Mizelle aggregierten Fettkettenionen verhalten sich im Verein mit den interionisch von der Mizelle festgehaltenen Gegenionen wie undissoziierte Molekeln. In beiden Fällen halten elektrostatische Kräfte die Ionen zusammen (vgl. S. 7). Der Unterschied zwischen interionisch gebundenen Ionenpaaren und undissoziierten Molekülen ist folgender:

Beim inter*ionischen* Assoziationsvorgang[1] nähern sich die hydratisierten Gegenionen stetig den ebenfalls hydratisierten, umgekehrt geladenen vielwertigen ionischen Mizellen, bis die Anziehungskraft zwischen beiden gemäß dem COULOMBschen Gesetz so groß geworden ist, daß sie sich nicht mehr unabhängig voneinander bewegen können. Eine gegenseitige Deformation der Elektronenschalen beider Ionengattungen findet hierbei nicht statt. Ebenso halten sie ihr Hydratwasser — Schichten polarisierter Wassermoleküle — nach wie vor fest. Der Zusammentritt der Ionen zu undissoziierten Molekeln erfordert hingegen einen Energieaufwand, um das unter Energiegewinn (Hydratationswärme) beim Lösungsvorgang gebundene Hydratwasser wieder abzuspalten. Diese zur Dehydratisierung notwendige Energie liefert die bei der Molekülbildung freiwerdende Deformationsenergie.

Die interionische Bindung der Gegenionen an die mehrwertige ionische Mizelle ergibt demnach eine Vereinigung hydratisierter, nicht deformierter Fettkettenionen

---

[1] Er ist streng von der durch inter*molekulare* Kohäsiv- (Restvalenz-) Kräfte bewirkten Assoziation großdimensionierter Fettkettenionen zur ionischen Mizelle zu unterscheiden. Bei dieser treten gleichgeladene Ionen im Mizellverband zusammen. Bei der interionischen Assoziation gelangen die COULOMBschen Anziehungskräfte entgegengesetzt geladener Ionen zur Wirkung.

und Gegenionen. Die undissoziierten Seifenmoleküle[1] *stellen dagegen eine Vereinigung nichthydratisierter, stark deformierter Ionen vor.*

Nichtdissoziierte Seifenmoleküle werden sich aus ihren Ionen nur dann bilden können, wenn die bei der Annäherung und Deformation der Ionen gewinnbare Arbeit größer ist als die für die Dehydratisierung der Ionen notwendige.

Man sieht, unter welchen Bedingungen die moderne Dissoziationstheorie vollständiger ionogener Spaltung in die Folgerungen der klassischen Theorie unvollständigen ionalen Zerfalls überleitet. Von diesem Gesichtspunkte aus sind die verschiedenen Ansichten über die Aggregationszustände wäßriger Seifenlösungen zu betrachten.

Nach diesen Ausführungen ist es verständlich, wieso HARTLEY das mit abnehmender Verdünnung steile Absinken der Λ/c-Kurve nach dem Überschreiten der kritischen Konzentration nicht durch teilweise Bildung von elektrisch neutralen, undissoziierten Seifenmolekülen erklärt, sondern dafür das Auftreten von ionischen Mizellen, die infolge hoher Ladungsdichte starke, zwischenionische Bindungskräfte auf die Gegenionen ausüben, verantwortlich macht. Die Gegenionbindung kann bei entsprechender gegenseitiger Annäherung der ionischen Mizellen und Gegenionen derart stark werden, daß die interionisch in ihrer Beweglichkeit inaktivierten Gegenionen von den ionischen Mizellen festgehalten und an die gleiche Elektrode wie diese herangebracht werden[2], wodurch die Gegenionbeweglichkeit unter Umständen negative Werte erreichen kann.

Auf diese Weise sinkt die Anzahl der für die Leitfähigkeit maßgeblichen elektrischen Teilchen. Der Anteil der Gegenionen am Stromtransport wird immer kleiner und sogar negativ. Damit stimmt der experimentell gefundene Gang der Gegenionbeweglichkeit mit veränderlicher Konzentration (Abb. 7, Kurve III) völlig überein.

Der sekundäre Effekt der interionischen Gegenionbindung an die ionische vielwertige Mizelle und damit im Gefolge der Äquivalentleitfähigkeitsabfall überwiegen nach HARTLEY bei weitem den primären Einfluß der durch die Mizellbildung im Sinne der STOKESschen Formel hervorgerufenen Vergrößerung der spezifischen Ladung, woraus MCBAIN einen Äquivalentleitfähigkeitsanstieg folgerte.

Daß tatsächlich nur die zwischenionische Bindung der Gegenionen an die ionische Mizelle das starke Sinken der Äquivalentleitfähigkeit nach dem Überschreiten der kritischen Konzentration bewirkt, konnte HARTLEY durch Untersuchungen über die Abhängigkeit der Äquivalentleitfähigkeit von der Feldstärke (WIEN-Effekt[3]) an Cetylpyridiniumchlorid feststellen[4].

Bei der Leitfähigkeitsbestimmung werden gewöhnlich nur geringe Spannungen — einige Volt/cm — an die Elektroden angelegt, wodurch die starken interionischen Attraktionskräfte zwischen den ionischen Mizellen und den Gegenionen nicht überwunden werden können.

Durch die Verwendung hoher Feldstärken von einigen hunderttausend Volt/cm werden den Ionen sehr große Geschwindigkeiten erteilt, die bis zu 100 cm/sec betragen können, während sich die Wanderungsgeschwindigkeiten bei gewöhnlichen Verhältnissen (1 Volt/cm) um etwa 10^{-3} cm/sec bewegen. Die Ausbildung einer Ionenwolke infolge der interionischen Anziehungskräfte benötigt im allgemeinen etwa 10^{-8} sec (Relaxationszeit). In dieser Zeit legen die Ionen seifenartiger Stoffe unter dem

---

[1] Diese sollten im Sinne der ARRHENIUSschen Theorie der partiellen, elektrolytischen Dissoziation im Gebiete des enormen Äquivalentleitfähigkeitsabfalles nach Überschreiten der kritischen Konzentration aus den Fettkettenionen und Gegenionen nach der Auffassung MCBAINS und LOTTERMOSERS entstehen.

[2] So werden beispielsweise nach HARTLEY, COLLIE und SAMIS in 0,002 n-Lösungen von Cetylpyridiniumbromid die Bromgegenionen, statt zur Anode zu wandern, durch die positiv geladene Mizelle zur Kathode mitgerissen. Vgl. Abb. 7, S. 18.

[3] MALSCH u. WIEN: Ann. Physik **83**, 305 (1927). — WIEN: Ann. Physik **83**, 327 (1927); Physikal. Ztschr. **28**, 834 (1927); Ann. Physik **85**, 795 (1928); (5), **1**, 400 (1929).

[4] MALSCH u. HARTLEY: Ztschr. physikal. Chem., A **170**, 321 (1934).

Einfluß der außerordentlich hohen Feldstärke einen Weg von etwa 10^{-6} cm zurück. Die Dicke einer Ionenwolke ist der Größenordnung nach etwa 0,3—0,5 . 10^{-6} cm. Die Ionen der Anion- und Kationseifen, bzw. die aus den einfachen Fettkettenionen durch Aggregation entstandenen ionischen Mizellen (Kolloidionen) wandern in der Zeit, die zum Aufbau der Ionenatmosphäre notwendig ist, um den doppelten bis dreifachen Wert der Ionenschichtdicke. Unter diesen Umständen kann sich in einem elektrischen Feld mit hoher Feldstärke kaum mehr eine Ionenwolke ausbilden, bzw. erfolgt eine sehr starke Deformierung des Ionenschwarmes.

Mißt man deshalb die Äquivalentleitfähigkeit wäßriger Lösungen von Anion- und Kationseifen in Konzentrationen, wo die Mizellbildung nach HARTLEY bereits begonnen hat, bei sehr hohen Feldstärken, dann wird der sekundäre, interionische Bindungseffekt weitgehend aufgehoben. Bei genügender Feldstärke des bei der Leitfähigkeitsbestimmung angelegten elektrischen Kraftfeldes erhalten die Gegenionen und die ionischen Mizellen ihre ursprüngliche Bewegungsfreiheit wieder. Durch das Überwinden der interionischen Attraktionskräfte muß dann der primäre STOKESsche Effekt (Erhöhung der spezifischen Ladung durch Aggregationsbildung aus den Fettkettenionen) eine Steigerung der Mizellbeweglichkeit und eine Erhöhung der Äquivalentleitfähigkeit bewirken, was auch experimentell bestätigt werden konnte.

Die Abb. 8 zeigt den Gang der Äquivalentleitfähigkeit von Cetylpyridiniumchlorid in Funktion von der Konzentration bei einer Feldstärke von 1 V/cm und bei 200000 V/cm. Die Λ/c-Kurve weist bei gewöhnlichen Feldstärken die bereits bekannte Kurvenform, insbesondere den steilen Abfall der Äquivalentleitfähigkeit nach Überschreiten der kritischen Konzentration bei abnehmender Verdünnung auf. Bei 200 kV/cm tritt im Konzentrationsgebiet unterhalb der kritischen Konzentration ein sehr kleiner WIEN-Effekt, d. h. Leitfähigkeitssteigerung unter dem Einfluß der hohen Feldstärke des angelegten elektrischen Kraftfeldes auf. Der hierbei beobachtete WIEN-Effekt ist von derselben Größenordnung wie der bei starken Elektrolyten beobachtete (normaler WIEN-Effekt); λ_∞ wird hierbei nicht überschritten. Bei der kritischen Konzentration beginnt dann die Λ/c-Kurve stark anzusteigen. Im Konzentrationsintervall von etwa 1—2 . 10^{-3} Mol. Cetylpyridiniumchlorid je Liter übersteigen die gemessenen Äquivalentleitfähigkeitswerte beträchtlich die bei unendlicher Verdünnung erhaltenen[1]. Es ist ein grundsätzlich neuer Effekt, der bei den gewöhnlichen Elektrolyten nicht vorhanden ist, zu beobachten. Der Leitfähigkeitsanstieg über λ_∞ wird nach HARTLEY im Sinne der STOKESschen Regel (S. 11) durch die Anwesenheit polyvalenter Ionen, die durch Zusammentritt der Fettkettenionen zur ionischen Mizelle entstehen, hervorgerufen. Wirken also die Trennungskräfte des an die Elektroden angelegten elektrischen Kraftfeldes von hoher Feldstärke den zwischenionischen Bindungskräften entgegen, dann ist der primäre STOKESsche Effekt der Leitfähigkeits*steigerung* infolge Entstehens ionischer Aggregate bereits in jenem Konzentrationsintervall, das bei gewöhnlichen Verhältnissen durch den Knickpunkt der Λ/c-Kurve und deren Minimum begrenzt ist, wobei die Äquivalentleitfähigkeit mit zunehmender Konzentration rasch *abfällt*, festzustellen.

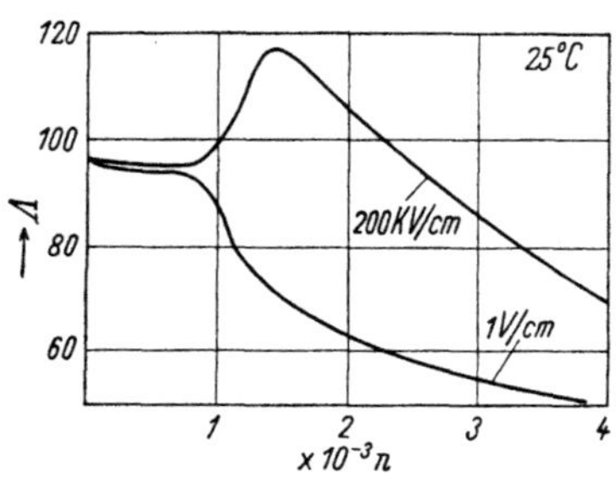

Abb. 8. Die Abhängigkeit der Äquivalentleitfähigkeit von der Konzentration bei der Feldstärke von 1 V/cm und von 200000 V (200 KV)/cm. Temperatur 25°. Nach MALSCH und HARTLEY.

[1] Steigt die Konzentration und damit die gegenseitige Annäherung der ionischen Mizellen und der Gegenionen noch weiter an, so sinkt selbst bei einer Feldstärke von 200 kV/cm infolge der dann doch auftretenden zwischenionischen Bindung der Chlorgegenionen an die vielwertige Mizelle die Äquivalentleitfähigkeit.

Nach Erreichen ihres Minimums nimmt die Äquivalentleitfähigkeit mit weiter steigender Konzentration, wie mehrfach ausgeführt, wieder zu. Gleichzeitig sinkt die Beweglichkeit der ionischen Mizellen, während die Gegenionbeweglichkeit wieder größer wird (vgl. Abb. 7, Kurve II und III). Dieses Verhalten ist nach HARTLEY auf eine Abgabe der von der ionischen Mizelle interionisch gebundenen Gegenionen und nicht auf eine Erhöhung der elektrolytischen Beweglichkeit der assoziierten Fettkettenionen[1] — wie dies McBAIN folgerte — zurückzuführen. Im Gegenteil, die Überführungszahlen der zu ionischen Mizellen aggregierten Fettkettenionen sinken nach dem Erreichen eines Höchstwertes mit zunehmender Konzentration sowohl bei Anion- als auch Kationseifen[2].

Die Ursache und der Mechanismus der Gegenionenabgabe aus der ionischen Mizelle ist allerdings noch nicht völlig geklärt (vgl. S. 29).

Zu einer anderen Auffassung des Aggregationszustandes wäßriger Sole von anion- und kationaktiven, seifenartigen Kolloidelektrolyten gelangten HOWELL und ROBINSON in ihrer bereits zitierten Arbeit[3].

Sie ermittelten die Äquivalentleitfähigkeit von Dodecyl- und Hexadecylnatriumsulfat ($C_{12}H_{25}OSO_3Na$ und $C_{16}H_{33}OSO_3Na$) bei verschiedenen Temperaturen. Ihre Befunde decken sich, wie aus Abb. 9 hervorgeht, gut mit den Messungen LOTTERMOSERS und PUESCHELS; insbesondere wurde der Knickpunkt der Λ/c-Kurve, deren Minimum bei sinkender Verdünnung und der darauffolgende Wiederanstieg zu einem Maximalwert als Funktion von der Konzentration bestätigt.

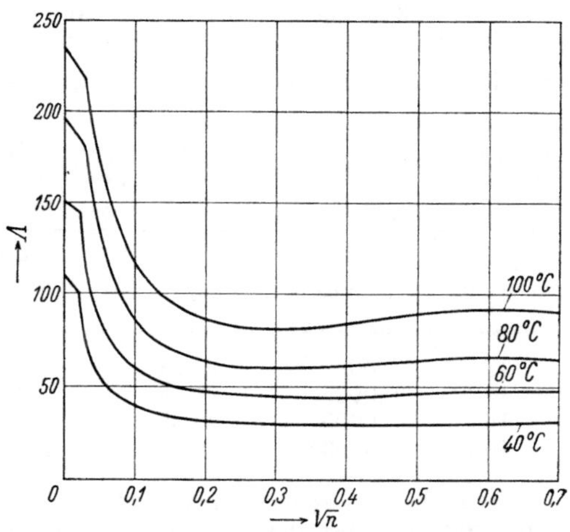

Abb. 9. Äquivalentleitfähigkeit von Hexadecylsulfat in Funktion von der Konzentration bei verschiedenen Temperaturen. Nach HOWELL und ROBINSON.

Dagegen leiten HOWELL und ROBINSON aus ihren Messungsergebnissen Erklärungen ab, die eine Art Kompromiß zwischen den Ansichten McBAINS und HARTLEYS und eine interessante Bereicherung der Kenntnisse über die verschiedenen, ionogenen Zustandssysteme langkettiger Anion- und Kationseifen darstellen.

In Verdünnungen unterhalb der kritischen Konzentration sind die seifenartigen Kolloidelektrolyte auch nach HOWELL und ROBINSON vollständig in die assoziationsfähigen Fettkettenionen und kleindimensionierten Gegenionen zerfallen, die sich gemäß der modernen Dissoziationstheorie unabhängig voneinander bewegen. Bei der kritischen Konzentration ist die gegenseitige Entfernung der Fettkettenionen nicht mehr groß genug, um die gegenseitige Anziehung der hydrophoben Alkylreste infolge intermolekularer Attraktions- (Kohäsiv-) Kräfte zu verhindern. HOWELL und ROBINSON konnten zeigen, daß die dadurch hervorgerufene, gegenseitige Behinderung der großdimensionierten Fettkettenionen in Beziehung zum Rotationsvolumen stehen, das die Fettkettenionen in wäßrigen Dispersionen beanspruchen.

---

[1] Etwa durch weitergehende Aggregation zu noch mehrwertigeren ionischen Mizellen.
[2] Diese Verringerung der Beweglichkeit der aggregierten Fettkettenionen tritt auch in jenen Konzentrationsintervallen ein, wo die Λ/c-Kurve wieder ansteigt.
[3] A. a. O. S. 17.

Unter „Rotationsvolumen“ soll jene kugelige Sphäre verstanden werden, die ein langgestrecktes Fettkettenion im Raume einnimmt, wenn die hydrophobe Hauptvalenzkette um die fix gedachte, hydratisierte, endständige ionogene Gruppe nach allen Seiten schwingt (vgl. auch S. 36).

Aus der LOSCHMIDTschen Zahl[1] und der Normalität einer Lösung seifenähnlicher Verbindungen kann der gegenseitige Abstand zwischen den Fettkettenionen berechnet werden. So zeigt beispielsweise Octadecylsulfat ($C_{18}H_{37}OSO_3Na$) nach Tab. 1, S. 17 den Knickpunkt der Λ/c-Kurve in 0,00035 n-Lösungen.

Die Anzahl der Fettkettenionen in 1 l der Octadecylsulfatlösung ist dann: $6,06 \cdot 10^{23} \cdot 0,00035$; die in 1 cm³: $6,06 \cdot 10^{20} \cdot 0,00035 = 2,12 \cdot 10^{17}$.

Die Zahl der Fettkettenionen errechnet sich längs 1 cm zu

$$\sqrt[3]{2,12 \cdot 10^{17}} = 5,96 \cdot 10^5.$$

Der mittlere Abstand zwischen zwei Fettkettenionen (Distanz) ist dann

$$\frac{1}{5,96 \cdot 10^5}\,\text{cm} = 167,9\,\text{Å}.$$

Die Eigenlänge der langgestreckten Fettkettenionen (l) ist hierbei noch nicht berücksichtigt worden. Wie S. 6 gezeigt, ist der Abstand zweier Kohlenstoffatome in der Richtung der Kettenhauptachse 1,27 Å; beim Octadecylsulfat mit 18 Kohlenstoffatomen ist l demnach 22,86 Å. Dieser Wert muß vom mittleren Abstand (Distanz) zwischen zwei Fettkettenionen in Abzug gebracht werden, um die nur von Wassermolekülen erfüllte „freie Distanz“ ($d - l$) zu erhalten. Es errechnet sich $d - l$ zu $167,9 - 22,9 = 145$ Å. Das Rotationsvolumen (l^3) der Octadecylkette ist $(22,86)^3$ Å³, d. i. 11940 Å³. In der Tab. 2 sind der mittlere Abstand (d), die freie Distanz ($d - l$), das Rotationsvolumen (l^3) und der Quotient $\frac{(d - l)}{l^3}$ zusammengestellt.

Tabelle 2. Abstände der Fettkettenionen bei der kritischen Konzentration der Λ/c-Kurve bei Alkylnatriumsulfaten. Temperatur 60°. (Nach HOWELL und ROBINSON.)

Länge der Fettkette	Kritische Konzentration n	Kettenlänge l Å	Mittlere Distanz d Å	Freie Distanz $d - l$ Å	Rotationsvolumen l^3 Å³	$\frac{d-l}{l^3}$
12	0,008	15,24	59,1	43,7	3538	0,0124
14	0,0025	17,78	87,1	69,3	5623	0,0123
16	0,0009	20,32	122,4	102,1	8401	0,0121
18	0,00035	22,86	167,9	145,0	11950	0,0121

Während zwischen der Hauptvalenzkettenlänge der Fettkettenionen und dem mittleren Abstand bzw. der freien Distanz keinerlei Proportionalität besteht, ist die freie Distanz dem jeweiligen Rotationsvolumen proportional.

Die assoziierbaren Fettkettenionen verhalten sich sonach nur dann wie Ionen gewöhnlicher Elektrolyte, wenn der freie Raum zwischen ihnen größer als das durch die Rotation der Hauptvalenzkette beanspruchte Volumen ist.

Bei der kritischen Konzentration der Λ/c-Kurve ist die gegenseitige Entfernung der einzelnen Fettkettenionen dem bei allseitiger Bewegungsfreiheit benötigten Raum proportional. Mit zunehmender Konzentration werden die stets in Bewegung befindlichen Fettkettenionen in ihrer Rotationsmöglichkeit behindert. Es bildet sich nach HOWELL und ROBINSON im Gebiete der plötzlichen und schroffen Änderung der Äquivalentleitfähigkeit

[1] Diese gibt bekanntlich die Anzahl Moleküle ($6,06 \cdot 10^{23}$) in einem Grammäquivalent irgendeines Stoffes an. Bei vollständigem Zerfall der Moleküle in 1,1wertige Ionen gibt die LOSCHMIDTsche Zahl gleichzeitig die Anzahl der Anionen und Kationen an. Eine 1 n-Lösung einer Kation- oder Anionseife entwickelt bei völliger Spaltung in die Einzelionen, wie es in verdünntesten Lösungen bis zur kritischen Konzentration tatsächlich der Fall ist, $6,06 \cdot 10^{23}$ Fettkettenionen und ebensoviel Gegenionen.

in Funktion von der Konzentration ein loses „Netz- oder Haufwerk" von Fettkettenionen aus. Das Haufwerk der in der freien Rotation behinderten Fettkettenionen schließt mechanisch einen Teil der Kolloidelektrolytlösung samt den darin befindlichen Gegenionen von der Gesamtlösung ab. Mit zunehmender Konzentration sind je Raumeinheit immer mehr Fettkettenionen vorhanden, deren gegenseitige Störung in der allseitigen, freien Rotation immer größer wird. Das dabei stets dichter werdende „Haufwerk" beansprucht einen immer wachsenden Anteil der Kolloidelektrolytlösung; schließlich ist die ganze wäßrige Dispersion der Anion- oder Kationseifen mit dem lose zusammenhängenden „Netzwerk" aus den Fettkettenionen durchsetzt.

Die Anordnung der letzteren in dem Netzwerk ist eine mehr oder minder willkürliche, da an eine festere, gegenseitige Bindung der langkettigen Seifenionen durch Restvalenzkräfte wegen des noch immer sehr großen Abstandes — 3- bis 7mal größer als die Eigenkettenlänge — nicht zu denken ist. Anderseits ist die Bindung doch groß genug, um die Bewegungsfreiheit der Gegenionen empfindlich einzuschränken und bei genügender Dichte des Haufwerkes sogar nahezu vollständig aufzuheben. Howell und Robinson erklären das mit zunehmender Konzentration nach dem Knick der Λ/c-Kurve auftretende Absinken der Gegenionbeweglichkeit durch die mechanische Behinderung der kleindimensionierten, im Netzwerk der langkettigen Fettkettenionen eingeschlossenen Gegenionen bei ihrer Wanderung im elektrischen Feld. Anderseits ist die Erhöhung der Fettkettenionbeweglichkeit nach den beiden Autoren darauf zurückzuführen, daß die Fettkettenionen sich nicht mehr unabhängig voneinander bewegen. Jedes im angelegten elektrischen Feld wandernde Fettkettenion nimmt je nach der Dichte des Haufwerkes einen mehr oder minder großen Teil der übrigen, mit ihm lose zusammenhängenden Fettkettenionen mit, wodurch in der Zeiteinheit mehr Fettkettenionen, bzw. deren lose Aggregate an der Elektrode entladen werden als bei völlig frei beweglichen Fettkettenionen. Überdies werden durch das Netzwerk die eingeschlossenen Gegenionen mitgerissen, so daß die Gegenionbeweglichkeit sogar negative Werte annehmen kann (vgl. Abb. 7 und 10).

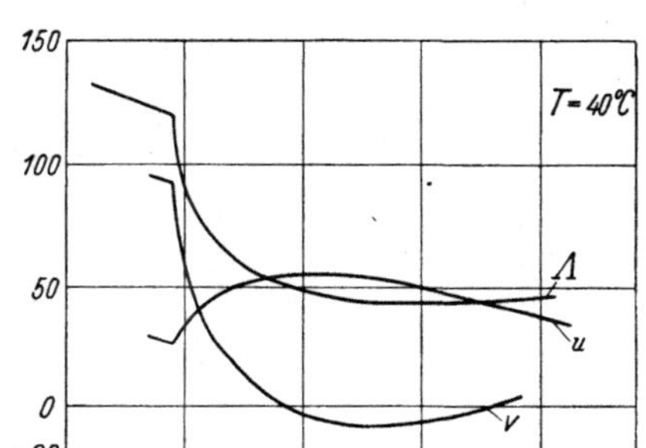

Abb. 10. Äquivalentleitfähigkeit (Λ), Beweglichkeit der Fettkettenionen, bzw. deren Aggregate (u) und Gegenionbeweglichkeit (v) von Silberdodecylsulfat in Funktion von der Konzentration bei 40°. Nach Howell und Warne.

Der bereits in Abb. 7 für Cetylpyridiniumbromid gezeigte Gang der Fettkettenion- und Gegenionbeweglichkeit in Funktion von der Konzentration wurde von Howell und Warne[1] für Dodecylsilbersulfat ($C_{12}H_{25}OSO_3Ag$) bestätigt. Die Abb. 10 zeigt die Äquivalentleitfähigkeit (Λ), Fettkettenionbeweglichkeit, bzw. Beweglichkeit der ionischen Aggregate (organische, ionogene Radikale) (u) und die Gegenionbeweglichkeit (v) bei veränderlicher Konzentration für Dodecylsilbersulfat.

Es ist daraus zu entnehmen, wie nach der kritischen Konzentration die Fettkettenionbeweglichkeit mit steigender Konzentration zunimmt, einen maximalen Wert erreicht und dann wieder leicht fällt. Die Beweglichkeit der Silbergegenionen sinkt — immer in der Richtung steigender Konzentration betrachtet — beim Knickpunkt der Λ/c-Kurve überaus steil ab, erreicht sogar negative Werte und nimmt nach

[1] Proceed. Roy. Soc., London, A **160**, 440 (1937).

Durcheilen eines Minimums wieder zu. Dieses Verhalten entspricht vollständig demjenigen des Cetylpyridiniumbromids gemäß Abb. 7.

Den Wiederanstieg der Äquivalentleitfähigkeit nach dem Minimum führen HOWELL und ROBINSON sowie HOWELL und WARNE auf die Bildung einer ionischen Mizelle im Sinne MCBAINS zurück. Bei genügender gegenseitiger Annäherung der Fettkettenionen entstehen aus dem losen Netzwerk — Vormizelle[1] — die dichter gepackten, ionischen Mizellen. Die Anordnung der langkettigen Seifenionen ist in diesen von höherer Ordnung als bei dem mehr oder minder willkürlich aufgebauten losen Netzwerk. Man kann sich die Mizelle etwa parallel ausgerichtet oder in Form einer Kugel denken. Hierdurch steigt, wie bereits MCBAIN aus der STOKESschen Formel ableitete, die Äquivalentleitfähigkeit wieder an. HOWELL und ROBINSON konnten zeigen, daß der Beginn der Mizellbildung in einfacher Weise mit der Hauptvalenzkettenlänge zusammenhängt.

Berechnet man analog wie S. 24 angegeben den gegenseitigen Abstand (Distanz = d) und die freie Distanz ($d - l$) der Fettkettenionen bei der Konzentration, wo die Λ/c-Kurve ein Minimum aufweist und mit weiter sinkender Verdünnung wieder leicht ansteigt, so erhält man für die homologe Reihe der Fettalkoholsulfonate ($C_xH_{2x+1}OSO_3Na$) die in Tabelle 3 zusammengestellten Resultate.

Tabelle 3. Abstände der Fettkettenionen beim Bildungsbeginn der ionischen Mizelle bei 60°. Nach HOWELL und ROBINSON.

Anzahl der C-Atome in der Hauptvalenzkette	Konzentration n	Kettenlänge l Å	Mittlere Distanz d Å	Freie Distanz $d-l$ Å	$\frac{d}{l}$
12	0,054	15,24	31	15,7	2,03
14	0,036	17,78	36	18,2	2,02
16	0,023	20,32	41	20,7	2,02
18	0,017	22,86	45	22,1	1,98

Tabelle 4. Distanzkoeffizient d/l für Anion- und Kationseifen bei verschiedenen Temperaturen.

Temperatur °C	Carboxylalkaliseife	Alkylsulfate	Alkylsulfonate	Alkylpyridiniumchloride
20	—	2,4	—	—
30	—	2,3	2,3	—
40	—	2,2	—	—
50	—	2,1	—	—
60	—	2,0	—	—
70	—	1,9	—	—
80	—	1,8	—	—
90	1,46	1,7	1,67	1,42
100	—	1,6	—	—

Es besteht Proportionalität zwischen den mittleren Abständen (Distanz) sowie der freien Distanz der Fettkettenionen und deren Hauptvalenzkettenlänge. Der Quotient $\frac{d}{l}$ (Distanzkoeffizient) beträgt bei 60° etwa 2 und ist von der Temperatur und der Art der ionogenen Gruppe etwas abhängig, wie aus Tabelle 4 hervorgeht. Sie enthält die Angaben für den Distanzkoeffizienten bei Seifen, Fettalkoholsulfonaten (Alkylsulfaten), Alkylsulfonaten und Alkylpyridiniumchloriden bei verschiedenen Temperaturen[3].

Die ionische Mizelle tritt dann auf, wenn die Fettkettenionen seifenartiger

[1] Proceed. Roy. Soc., London, A **160**, 440 (1937).

[2] CHWALA u. MARTINA: Österr. Chemiker-Ztg. **40**, 270 (1937); damit soll die enge Beziehung des Haufwerkes als Vorstadium der eigentlichen Mizelle angedeutet werden.

[3] Für die als Vertreter der Kationseifen gewählten Alkylpyridiniumsalze ist der entsprechende Koeffizient von den Autoren dieses Abschnittes nach den Messungsergebnissen von LOTTERMOSER und FROTSCHER, die noch eingehend behandelt werden, berechnet worden. Er entspricht etwa dem für gewöhnliche Seifen.

Kolloidelektrolyte[1] in wäßrigen Dispersionen ungefähr jenen gegenseitigen Abstand haben, der dem ihrer eigenen Kettenlänge entspricht.

Mit sinkender Temperatur tritt bereits bei etwas größerer Entfernung Mizellbildung ein. Umgekehrt sind bei höherer Temperatur die gegenseitigen Abstände der Fettkettenionen im Falle des Zusammentretens zur ionischen Mizelle kleiner als bei 60°. Ganz allgemein kann man sagen: In der Kälte entstehen die ionischen Mizellen in verdünnteren und in der Hitze in konzentrierteren Lösungen.

Zum anderen erkennt man, daß für den Beginn der Mizellbildung in erster Linie die Länge der Hauptvalenzkette entscheidet. Die verschiedene, ionogene Stärke anion- und kationaktiver Gruppen bewirkt bei gleichem Kohlenwasserstoffrest verhältnismäßig geringe Veränderungen der kritischen Konzentration und der Lage des Äquivalentleitfähigkeitsminimums; vgl. S. 7.

Einen weiteren Beitrag zur Theorie seifenartiger Kolloidelektrolyte haben Lottermoser und Frotscher in ihrer bereits zitierten Arbeit[2] über Leitfähigkeits- und Potentialmessungen einer homologen Alkylpyridiniumchloridreihe

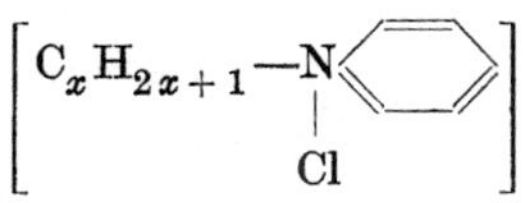

gegeben.

Die Ergebnisse der Leitfähigkeitsmessungen bei 60°, die sie erhielten, sind in Abb. 11 dargestellt.

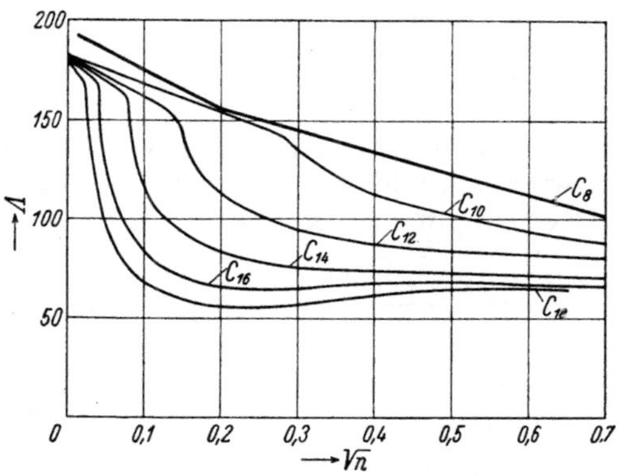

Abb. 11. Äquivalentleitfähigkeit/Konzentration-Schaulinien von Alkylpyridiniumchloriden mit 8—18 C-Atomen im Kohlenwasserstoffrest bei 60°. Nach Lottermoser und Frotscher.

Man entnimmt daraus den gleichen Gang der Äquivalentleitfähigkeit in Funktion von der Temperatur, wie er bei allen anderen Anion- und Kationseifen auftritt (vgl. auch Abb. 7).

Insbesondere ist der Knickpunkt der Λ/c-Kurve und bei den Gliedern mit mehr als 14 Kohlenstoffatomen in der Hauptvalenzkette auch der Wiederanstieg der Äquivalentleitfähigkeit mit steigender Konzentration bis zu einem flachen Maximum deutlich ausgeprägt.

Eine Ausnahme davon macht nur das Octylpyridiniumchlorid, das noch nicht in den Rahmen der seifenartigen Kolloidelektrolyte fällt (vgl. auch S. 8).

Wendet man die von Howell und Robinson benutzte Rechnungsart zur Ermittlung der Beziehung zwischen freier Distanz und Rotationsvolumen im Knickpunkt der Λ/c-Kurve auf die homologe Reihe der Alkylpyridiniumchloride an, so erhält man die in Tabelle 5 zusammengefaßten Resultate.

Tabelle 5. Abstände der Fettkettenionen von Alkylpyridiniumchloriden bei der kritischen Konzentration der Λ/c-Kurve. Temperatur 60°.[3]

Anzahl der C-Atome in der Hauptvalenzkette	Kritische Konzentration n	Kettenlänge l Å	Mittlere Distanz d Å	Freie Distanz $d—l$ Å	Rotationsvolumen l^3 Å³	$\frac{d-l}{l^3}$
10	0,03	12,70	38,1	26,4	2048	0,0128
12	0,008	15,24	59	43,8	2538	0,0124
14	0,0025	17,78	87	69,2	5623	0,0123
16	0,0008	20,32	127	106,3	8400	0,0127
18	0,0003	22,86	176,4	153,5	11950	0,0128

[1] Bzw. der zu Vormizellen aggregierten Fettkettenionen (organische, ionogene Radikale).
[2] Kolloidchem. Beih. 45, 303 (1937).
[3] Berechnet von den Verfassern dieses Abschnittes.

Die gegenseitigen Abstände der Alkylpyridiniumionen beim Knickpunkt der Λ/c-Kurve sind genau wie bei den Fettalkoholsulfonaten direkt proportional dem Rotationsvolumen.

In ähnlicher Weise sind die Abstände der Alkylpyridiniumionen beim Beginn der Mizellbildung in einfacher Beziehung mit der Hauptvalenzkettenlänge, wie aus Tabelle 6 zu entnehmen ist.

Tabelle 6. Abstände der Fettkettenionen von Alkylpyridiniumchloriden beim Bildungsbeginn der ionischen Mizelle. Temperatur 60°[1].

Anzahl der C-Atome in der Hauptvalenzkette	Konzentration	Kettenlänge l Å	Mittlere Distanz d Å	Freie Distanz $d-l$ Å	$\frac{d}{l}$
14	0,1	17,78	25,5	7,7	1,43
16	0,07	20,32	28,7	8,4	1,41
18	0,05	22,68	32,1	9,4	1,42

Die ionischen Mizellen — im Sinne McBAINS — bilden sich bei den Alkylpyridiniumchloriden in höherer Konzentration als bei den stark elektrolytisch betonten Alkylsulfaten und Alkylsulfonaten. Die kationaktiven Alkylpyridiniumsalze entsprechen in dieser Hinsicht etwa den gewöhnlichen Seifen.

Durch die Bestimmung der Chlorionenaktivität in Funktion von der Konzentration erhielten LOTTERMOSER und FROTSCHER eine weitere Möglichkeit zur Kennzeichnung des ionogen aktiven Zustands seifenartiger Kolloidelektrolyte.

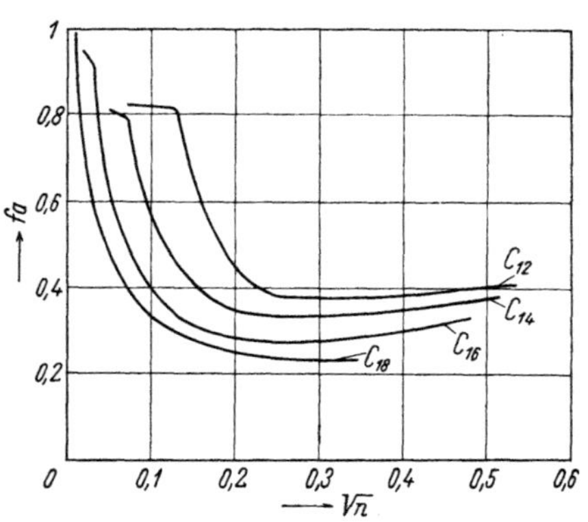

Abb. 12. Aktivitätskoeffizienten der Chlorgegenionen (f_a) von Alkylpyridiniumchloriden mit 12—18 C-Atomen im Fettrest bei 60°. Nach LOTTERMOSER und FROTSCHER.

In der Abb. 12 ist der Gang des Aktivitätskoeffizienten (f_a) für die Chlorionen einer homologen Reihe von Alkylpyridiniumchloriden mit veränderlicher Konzentration als f_a/c-Kurven dargestellt.

Alle f_a/c-Kurven zeigen ein den Λ/c-Kurven ganz ähnliches Verhalten. In sehr verdünnten Lösungen weisen sie einen Knickpunkt auf, sinken dann mit zunehmender Konzentration bis zu einem Minimalwert steil ab, um hierauf wieder leicht anzusteigen. Der Wiederanstieg der f_a/c-Kurven bei zunehmender Konzentration findet sogar bei den Gliedern mit 10 und 12 Kohlenstoffatomen im Fettrest statt, bei welchen die Λ/c-Kurven, wie aus Abb. 11 bezüglich der Leitfähigkeit der Alkylpyridiniumchloride hervorgeht, diese Erscheinung nicht aufweisen.

Der eigenartige Gang der f_a/c-Kurve, der dem der Λ/c-Kurve völlig entspricht, wurde schon früher von LOTTERMOSER und PUESCHEL[2] für die $Ag^{\cdot}$-Aktivität von Silberdodecylsulfat ($C_{12}H_{25}OSO_3Ag$) erhalten.

In Abb. 13 ist dies dadurch zum Ausdruck gebracht, daß neben der Λ/c-Kurve noch die f_a/c-Kurve für Silberdodecylsulfat in das Diagramm eingezeichnet wurde. Man kann daraus entnehmen, daß die f_a/c-Kurve bei derselben Konzentration wie die Λ/c-Kurve ihren Knickpunkt besitzt. Ebenso ist der weitere Verlauf der beiden Kurven wie das Absinken bis zum Minimum und der Wiederanstieg einander völlig adäquat.

Die Erklärung, die LOTTERMOSER und FROTSCHER für das Verhalten der Λ/c-Kurve und f_a/c-Kurve geben, weicht erheblich von jener HARTLEYS und

[1] Berechnet von den Verfassern dieses Abschnittes.
[2] Kolloid-Ztschr. **63**, 175 (1933).

Mitarbeiter sowie Howell und Robinson ab. Nach Lottermoser und Frotscher sind die seifenartigen Kolloidelektrolyte in verdünntesten Lösungen bis zum Knickpunkt der Λ/c-Kurve in Einzelionen — Fettkettenionen und Gegenionen — zerfallen. Beim Knickpunkt beginnt die Aggregation zu aufgeladenen „Neutralkolloiden“. Diese bestehen aus neutralen, aggregierten Seifenmolekülen, die entweder durch oberflächliche Adsorption von Ionen oder durch oberflächliche elektrolytische Dissoziation an den Randnetzebenen ihre freie Ladung erhalten. Der größte Teil der Neutralkolloidteilchen ist aus assoziierten neutralen Molekülen zusammengesetzt; die Ladung ist im Verhältnis zur Masse und zur Größe der Teilchen klein, ihre Beweglichkeit also gering, weshalb die Äquivalentleitfähigkeit nach dem Knickpunkt der Λ/c-Kurve mit weiter zunehmender Konzentration schroff abfällt.

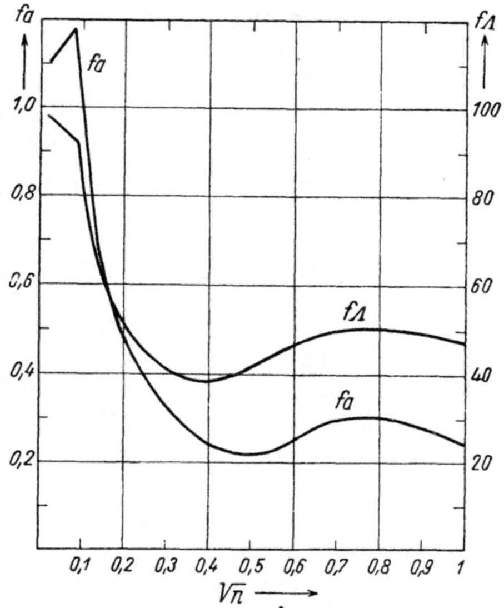

Abb. 13. Abhängigkeit der Äquivalentleitfähigkeit (Λ) und der Silberionaktivität (f_a) des Silberdodecylsulfats von der Konzentration bei 60°. Nach Lottermoser und Pueschel.

Diese Ansicht steht im Widerspruch mit den Befunden von Hartley, Howell und Warne, die eine Erhöhung der Überführungszahlen, bzw. eine Beweglichkeitssteigerung der Fettkettenionen beim Knickpunkt der Λ/c-Kurve feststellten. Der Äquivalentleitfähigkeitsabfall nach dem Knickpunkt der Λ/c-Kurve mit zunehmender Konzentration wird vielmehr durch die überaus starke Verminderung der Gegenionaktivität, sei es durch Bildung neutraler Moleküle oder durch interionische Bindung der Gegenionen an die Mizellen, die durch Aggregation der Fettkettenionen entstanden sind, oder schließlich durch mechanische Hemmung der Gegenionen infolge der losen Fettkettenionenaggregate (Haufwerk, Vormizelle) hervorgerufen.

Den Wiederanstieg der Äquivalentleitfähigkeit und der Gegenionaktivität nach deren Minimum — stets in der Richtung zunehmender Konzentration betrachtet — definieren Lottermoser und Frotscher im Sinne McBains durch Ausbildung einer ionischen Mizelle. Da nach der klassischen Dissoziationstheorie der Wiederanstieg der Gegenionaktivität durch die Bildung einer ionischen Mizelle von gesteigerter Beweglichkeit im Sinne McBains (s. S. 11) nicht hervorgerufen werden kann, geben Lottermoser und Frotscher eine neue Erklärung für die ionische Mizelle, die sich wesentlich von der McBains unterscheidet.

Zunächst kommen sie, wie oben gezeigt, zu dem Schluß, daß die ionische Mizelle von geringerer Beweglichkeit als die nicht aggregierten, sie zusammensetzenden Fettkettenionen sein muß, während gerade McBain aus dem Leitfähigkeitsanstieg nach deren Minimum auf die Bildung einer beweglicheren Mizelle, als sie den einfachen, nicht aggregierten Fettkettenionen zukommt, gemäß der Stokesschen Formel schloß.

Weiters nehmen Lottermoser und Frotscher an, daß bei der Aggregation der Fettkettenionen zur ionischen Mizelle im Gebiete des Wiederanstieges der Λ/c-Kurve mit zunehmender Konzentration die Einzelladungen der Fettkettenionen infolge sterischer Einflüsse bedeutend an Wirksamkeit auf die entsprechenden Gegenionen verlieren. Letztere zeigen, weil nunmehr nur ein Teil der ihre

Beweglichkeit hemmenden Coulombschen Anziehungskräfte auf sie einwirken, gesteigerte Beweglichkeit, die nicht nur die durch die Bildung der ionischen Mizellen bedingte Leitfähigkeitsverminderung wettmacht, sondern darüber hinaus die Äquivalentleitfähigkeit über deren Minimalwert steigert. Lottermoser und Frotscher stützen ihre Erklärung auf das Ergebnis ihrer Bestimmungen der Gegenionaktivität. Es muß aber darauf verwiesen werden, daß die mit der Steigerung der Gegenionaktivität identische Gegenionabgabe, wie sie Hartley aus seinen experimentellen Befunden folgerte, vollkommen der Erklärungsweise Hartleys entspricht (vgl. S. 23).

E. Der kolloiddisperse, sog. Elektroneutralkolloidanteil.

Es ist noch der Gang der Leitfähigkeit/Konzentration-Kurve, wie er sich außerhalb des Bereiches der nicht aggregierten Fettkettenionen und der ionischen Mizelle ergibt, zu besprechen. In Abb. 2 wurde gezeigt, daß die Äquivalentleitfähigkeit nach ihrem Minimum mit weiter steigender Konzentration ein schwach ausgeprägtes Maximum erreicht und sich hierauf nur mehr unwesentlich ändert. Wird die Lösung mit weiteren Mengen der Anion- oder Kationseifen angereichert, so wird hierdurch der Gehalt an elektrolytisch abdissoziierten Ionen bzw. an ionischen Mizellen nicht verändert.

Neben einfachen Fettkettenionen und ionischen Mizellen sind die seifenartigen Kolloidelektrolyte in höheren Konzentrationen vorzugsweise in einem elektrisch wenig betonten, kolloiden Zustand vorhanden. Man bezeichnet diesen Seifenanteil als „*Neutralkolloid*". Die elektrolytisch dissoziierten Seifenanteile genügen offenbar, um den vielfach größeren Neutralkolloidanteil in feiner Zerteilung stabil zu erhalten.

Die kolloidverteilten neutralen Anteile der Seifen und seifenartigen Stoffe können je nach der angewandten Theorie der unvollständigen und vollständigen elektrolytischen Dissoziation als nichtdissoziierte Seifenmoleküle, bzw. als Ionenagglomerate mit stark deformierten Elektronenschalen (vgl. S. 20) aufgefaßt werden. Sie liegen in kristallinem oder halbkristallinem (mesomorphem bzw. smektischem) Zustand vor. Die Dispergierung erfolgt durch elektrolytische Dissoziation der in den Randnetzebenen befindlichen ionogenen Gruppen, bzw. durch eine Adsorption arteigener Fettkettenionen. Im ersten Falle bleibt der mit der Hauptvalenzkette verbunden gebliebene Teil der salzbildenden Gruppe im Kristallgitterverband. Das kleindimensionierte Gegenion dissoziiert ab und umgibt die aufgeladenen, kristallinen Anion- bzw. Kationseifen mit einer diffusen Ionenwolke. Im zweiten Falle lagern sich die Fettkettenionen seifenartiger Kolloidelektrolyte ähnlich wie an artfremden Grenzflächen an den Kristallbegrenzungsflächen der Anion- und Kationseifen an. Durch die interionische Bindung der Gegenionen an die adsorbierten Fettkettenanionen bzw. -kationen bildet sich um den Gesamtkomplex eine Gegenionenwolke aus.

F. Zusammenfassung.

Wie man aus den vorangehenden Ausführungen entnehmen kann, ist es gegenwärtig noch unmöglich, den Aggregationszustand der Anion- und Kationseifen in eindeutiger Weise darzustellen. Die Versuchsergebnisse Hartleys und Mitarbeiter sowie von Howell und Robinson und Howell und Warne und schließlich von Lottermoser und Pueschel bzw. Lottermoser und Frotscher ergeben ein umfangreiches Material, das einen genaueren Einblick in die verschieden ionogenaktiven Zustände der seifenartigen Kolloidelektrolyte ermöglicht. Wenn auch die Ansichten der neueren Bearbeiter dieses Gebietes untereinander noch nicht übereinstimmen, so sind doch fraglos die Versuchsergebnisse miteinander in guter und korrespondierender Beziehung. Es soll deshalb im nachstehenden der Versuch gemacht werden, die für die Praxis der Anion- und Kationseifen notwendige einheitliche Darstellungsweise unter Berücksichtigung der verschiedenen bisher vorliegenden Arbeiten zu bringen.

Betrachtet man den Verlauf der Λ/c-Kurve, der f_a/c-Kurve sowie die Kation- und Anionbeweglichkeit mit veränderlicher Konzentration, so sind aus den erhaltenen Kurvenscharen deutlich vier Phasen verschieden ionogenaktiver Zustände der seifenartigen Kolloidelektrolyte ersichtlich.

Erstes Stadium. Beginnt man von den verdünntesten Lösungen in der Richtung fortwährend zunehmender Konzentration, so erhält man zunächst den Zustandsbereich vollkommen in Fettkettenionen und Gegenionen dissoziierter Anion- und Kationseifen. Die gegenseitigen Entfernungen der beiden Ionengattungen sind so groß, daß sowohl die interionischen als auch intermolekularen Bindungskräfte (Restvalenzkräfte von der Art der VAN DER WAALschen Kräfte) nicht in Wirksamkeit treten. Es verhalten sich deshalb die Anion- und Kationseifen in diesem Stadium wie starke, vollständig dissoziierte 1,1-wertige Elektrolyte. Diese erste Phase des Lösungszustandes seifenartiger Kolloidelektrolyte wird einerseits begrenzt von der unendlichen Verdünnung, anderseits von einer solchen Konzentration, wo das Rotationsvolumen der langdimensionierten Fettkettenionen, das zur freien Beweglichkeit derselben notwendig ist, nicht mehr ohne Beeinträchtigung erhalten bleibt (kritische Konzentration).

Zweites Stadium. Ist der gegenseitige Abstand der Fettkettenionen infolge der Konzentrationserhöhung so groß geworden, daß die Fettkettenionen nicht nach allen Seiten hin im Raume frei schwingen können, so beginnen sie sich gegenseitig zu stören, was in den Zustandsbereich der beginnenden Aggregation anion- und kationaktiver seifenartiger Kolloidelektrolyte überführt. Über den dabei herrschenden Feinbau wäßriger Anion- und Kationseifendispersionen sind die verschiedenen Meinungen der jeweiligen Bearbeiter noch nicht in Einklang zu bringen. Zweifellos bilden sich hierbei Aggregate kolloider Dimensionen aus, die elektrische Ladungen tragen und aus den assoziierten Fettkettenionen bestehen. Die innere Ordnung dieser Aggregate, die HARTLEY als ionische Mizellen, HOWELL und ROBINSON als „Haufwerk" sowie LOTTERMOSER und FROTSCHER als geladene „Neutralkolloide" bezeichnen, ist verhältnismäßig klein, d. h. durch einfache Verdünnung ist leicht Desaggregation bewirkbar. Da die in der Praxis verwendeten Anion- und Kationseifen vorzugsweise in solchen Konzentrationen benutzt werden, die am Beginne dieses zweiten Stadiums liegen, ist die relative Unbeständigkeit dieser von den Verfassern dieses Abschnittes als „Vormizellen"[1] benannten Aggregationen wegen ihres Überganges in einfache, nicht assoziierte Ionen wichtig.

---

[1] CHWALA u. MARTINA: Österr. Chemiker-Ztg. **40**, 270 (1937); vgl. auch S. 26. Es soll hier nochmals darauf verwiesen werden, daß die gewählte Bezeichnung „Vormizelle" nicht eine besondere Art der ionischen Mizelle darstellen will. Vielmehr soll dadurch lediglich zum Ausdruck kommen, daß die in diesem Konzentrationsintervall auftretenden ionischen Aggregate sehr labil sind und in Berührung mit Grenzflächen wieder leicht in die einzelnen Fettkettenionen zerfallen. Ob sich bei der Bildung der „Vormizelle" zunächst zwei Fettkettenionen zu bimolekularen Seifenionen vereinen [THIESSEN u. TRIEBEL: Ztschr. physikal. Chem., A **156**, 309, 437 (1931); THIESSEN u. SPYCHALSKI: Ztschr. physikal. Chem., A **156**, 435 (1931)], die unter weiterer Aufnahme von Fettkettenionen zu großen Gebilden assoziieren, oder ob mehr oder weniger lose

Drittes Stadium. Es reicht vom Minimum der Λ/c- und f_a/c-Kurve bis zum Maximum des leichten Wiederanstieges der Äquivalentleitfähigkeit bzw. der Gegenionaktivität. Gerade in diesem Gebiete widersprechen sich die Ansichten der einzelnen Bearbeiter, und es ist derzeit nicht möglich, diese verschiedenartigen Auffassungen auch nur halbwegs zu vereinen. Für die Praxis ist aber dieser Bereich des Kolloidzustandes der Anion- und Kationseifen wegen der verhältnismäßig hohen Konzentration derartiger Hydrosole nicht mehr in dem Maße wichtig, wie das erste und zweite Stadium des Lösungszustandes anion- und kationaktiver, seifenartiger Kolloidelektrolyte. Sicher ist nur, daß sich dichter gepackte, aufgeladene Aggregate ausbilden, die man im Sinne MC BAINS als ionische Mizellen bezeichnen kann. Ihr Aufbau ist von größerer und stabilerer Ordnung als die der „Vormizellen".

Hierbei treten schon geordnete Kristallgitterstrukturen auf; vgl. S. 42. Die gegenseitige Annäherung der hydrophoben Fettketten ist bereits so groß, daß die zwischenmolekularen Bindungskräfte zur Wirksamkeit gelangen und eine mehr oder minder große Regelmäßigkeit der Fettkettenanordnung bewirken. Zum andern verursachen die interionischen Bindungskräfte der sich ebenfalls stark genäherten Fettkettenionen und Gegenionen gegenseitig starke Deformationserscheinungen ihrer Elektronenschalen, wodurch der Charakter neutraler, undissoziierter Moleküle immer mehr hervortritt.

Viertes Stadium. Es reicht vom Maximum des Wiederanstieges der Λ/c-Kurve bis zu den höchsten Konzentrationen. Neben ionischen Mizellen sind größtenteils aufgeladene Neutralteilchen, d. h. Anion- und Kationseifenmoleküle, die entweder oberflächlich dissoziiert oder durch oberflächliche Adsorption von Fettkettenionen aufgeladen sind, vorhanden. Die Teilchen sind bereits so groß, daß sie die Kristallstruktur der Anion- und Kationseifen zeigen. Für die Praxis des Waschens, wie überhaupt der Grenzflächenvorgänge, ist dieses Stadium unwichtig; für Emulgier- und Dispergiervorgänge besitzt es wegen der großen Schutzkolloideigenschaften Bedeutung, da die Zerteilung fester und flüssiger Körper (Pigmente, Fette und Öle) am besten in relativ konzentrierten Emulgatormischungen vor sich geht[1].

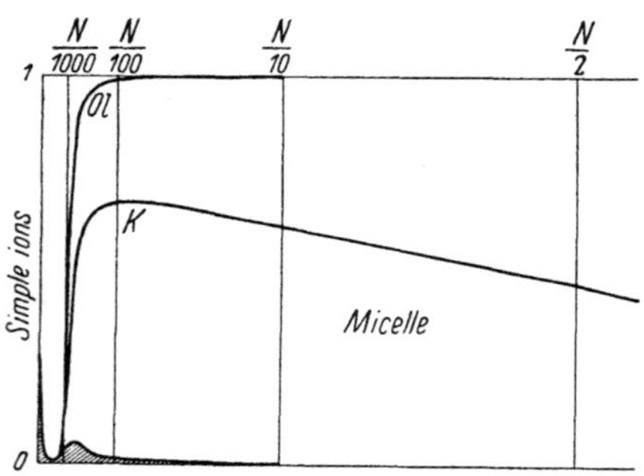

Abb. 14. Zustandsdiagramm von Anion- und Kationseifen nach moderner Auffassung. Bestandteile eines Kaliumoleathydrosols in Abhängigkeit von der Konzentration bei 90°. Nach HARTLEY.

Die Tabelle 7 bringt eine übersichtliche Darstellung der Konzentrationsabhängigkeit einzelner Zustandsbereiche verschiedener ionogenaktiver, seifenartiger Kolloidelektrolyte bei 60°.

Man kann auch nach HARTLEY[2] diese Verhältnisse in einem Zustandsdiagramm veranschaulichen; Abb. 14 zeigt dies für ein Kaliumoleathydrosol. Das Gebiet der Fettsäureanionen (simple ions) wird von der Ordinate im Nullpunkt, der mit *Ol* bezeichneten Schaulinie und von der Begrenzungskurve der sauren Seifen umgeben. Das Gebiet der Aggregationen ist mit „Mizelle" be-

---

Haufwerke (HOWELL u. ROBINSON: s. S. 17) entstehen, kann noch nicht mit Sicherheit gesagt werden. Wie aber S. 37 gezeigt wird, ist gerade dieser kolloide Zustandsbereich der Anion- und Kationseifen für die Praxis von größter Bedeutung, so daß dessen Hervorheben vom kolloidchemischen Gesichtspunkte aus seine Berechtigung hat.

[1] Ebenso ist dieses Stadium für den Verseifungsprozeß (vgl. S. 167) von großer Bedeutung.

[2] A. a. O. S. 17.

zeichnet, während das des „Neutralkolloides“ durch die Kurvenäste *Ol* und *K* umschlossen wird. Die schraffierte Fläche gibt den Bereich der sog. sauren Seifen an.

Beim Vergleich mit Abb. 4 erkennt man als wesentlichsten Fortschritt gegenüber dem alten Zustandsdiagramm McBains (s. S. 12) das Hervortreten kolloider Anteile in verdünnten Lösungen (10^{-2}—10^{-3} n). Diese Erscheinung steht mit der Tatsache, daß in der Praxis, insbesondere von den modernen synthetischen Anion- und Kationseifen, vielfach nur 0,1—0,3 g je Liter (= 10^{-3} n, berechnet auf 100%ige Substanz) verwendet werden und sich diese Hydrosole als stark kapillaraktiv erweisen, in bester Übereinstimmung.

Die einzelnen Zustandsstadien der Seifenhydrosole bilden nicht etwa Phasengleichgewichte aus. Vielmehr besteht ein gleitender Übergang zwischen allen vier Systemen. Unterhalb der kritischen Konzentration sind allerdings nur einfache Fettkettenionen und Gegenionen anwesend. In konzentrierteren Lösungen sind neben noch nicht aggregierten Fettkettenionen ionogenaktive „Vormizellen“, Mizellen und elektrisch aufgeladene Neutralkolloidanteile vorhanden. Man kann diesen Lösungszustand allgemein durch folgende Gleichgewichtsschemata darstellen.[2]

Das gesamte, wäßrig disperse System der Anion- und Kationseifen kann, wenn von den hydrolysierbaren gewöhnlichen Seifen abgesehen wird, die infolge der Ausbildung undissoziierter Fettsäuren und Hydroxylionen eine Komplikation bedeuten, in die summarische Formel

$$x\,S\,G\,.\,y\,S^{y} + y\,G \qquad (1)$$

gekleidet werden. Hierbei bedeuten *SG* den neutralen, nichtdissoziierten, kristallinen oder halbkristallinen Anteil der Anion- bzw. Kationseifen (Elektroneutralteil, undissoziierte Moleküle), *S* die an die Neutralkolloidteile angelagerten Fettkettenionen[3], *G* die abdissoziierten Gegenionen, die die aufgeladenen

Tabelle 7. Zustandsbereich verschiedener ionogenaktiver seifenartiger Kolloidelektrolyte. Temperatur 60°.

Ionogenaktiver Zustand	Gewöhnliche Carboxylkaliseifen n	Fettalkoholsulfonate n	Alkylsulfonate n	Alkylpyridiniumsalze n
Einzelionen	$< 10^{-2}$—10^{-3} [1]	$< 3 \cdot 10^{-3}$—$3 \cdot 10^{-4}$	$< 2 \cdot 10^{-3}$—$2 \cdot 10^{-4}$	$< 5 \cdot 10^{-3}$—$4 \cdot 10^{-4}$
Vormizellen	10^{-2}—10^{-3} bis $1{,}5 \cdot 10^{-1}$—$6 \cdot 10^{-2}$	$3 \cdot 10^{-3}$—$2 \cdot 10^{-4}$ bis $8 \cdot 10^{-2}$—$3 \cdot 10^{-2}$	$2 \cdot 10^{-3}$—$2 \cdot 10^{-4}$ bis $4 \cdot 10^{-2}$—$1 \cdot 10^{-2}$	$5 \cdot 10^{-3}$—$4 \cdot 10^{-4}$ bis $1 \cdot 10^{-1}$—$4 \cdot 10^{-2}$
Mizellen	$1{,}5 \cdot 10^{-1}$—$6 \cdot 10^{-2}$ bis 1,0—0,5	$8 \cdot 10^{-2}$—$4 \cdot 10^{-2}$ bis 0,6—0,25	$4 \cdot 10^{-2}$—$1 \cdot 10^{-2}$ bis 0,5—0,15	$1 \cdot 10^{-1}$—$4 \cdot 10^{-2}$ bis 0,7—0,3
Aufgeladene Neutralteilchen	$>$ 1,0—0,5	$>$ 0,6—0,25	$>$ 0,5—0,15	$>$ 0,7—0,3

[1] Wegen der in diesen Konzentrationen bereits stark auftretenden Hydrolyse lediglich geschätzt.

[2] Unter der Voraussetzung, die für seifenartige Stoffe auch zutrifft, daß bei der elektrolytischen Dissoziation nur einwertige Ionen entstehen.

[3] Bzw. die an den Randnetzebenen dissoziierten Ionen der Seifen und seifenähnlichen Körper.

Kristalle seifenartiger Kolloidelektrolyte in Form einer Ionenwolke umgeben, x und y Verhältniszahlen, die die Menge an Neutralteil und ionogenem Teil angeben.

Je nach der Art der elektrischen Ladung der Fettkettenionen (S) besitzen die aufgeladenen Teilchen der Kation- oder Anionseifen eine positive ($\oplus$) oder negative ($\ominus$) Ladung.

Der Übergang zur ionischen Mizelle aus dem halbkristallinen Zustand vollzieht sich nach der allgemeinen Gleichung

$$[x\,S\,G\,.\,y\,S]^{y\oplus[\ominus]} + y\,G^{\ominus[\oplus]} \rightleftharpoons z\,[m\,S_M]^{m\oplus[\ominus]} + z\,m\,G^{\ominus[\oplus]}. \qquad (2)$$

Hierin bedeuten S_m die aus m einfachen, nichtaggregierten Fettkettenionen (S) bestehende, m-wertige Mizelle, G wie in Gleichung (1) die Gegenionen und z die Anzahl der entstandenen ionischen Mizellen[1].

Die Mizelle steht über ihr Zwischenstadium der sog. Vormizelle, das sich nur durch ein veränderliches z bemerkbar macht, mit den einfachen Fettkettenionen und Gegenionen wie folgt in Beziehung.

$$z\,[m\,S_M]^{m\oplus[\ominus]} + z\,m\,G^{\ominus[\oplus]} \rightleftharpoons z\,m\,S^{\oplus[\ominus]} + z\,m\,G^{\ominus[\oplus]}. \qquad (3)$$

Die Gleichgewichtsvorgänge nach (1), (2) und (3) werden durch Temperatursteigerung und durch Konzentrationsverminderung nach rechts verschoben, führen also schließlich zur vollständigen Ausbildung von nichtaggregierten Fettkettenionen und Gegenionen. Anderseits sind in einer Seifenlösung beliebiger Konzentration — die aber größer als die kritische Konzentration sein muß — stets eine Anzahl Fettkettenionen, ionischer Mizellen und Neutralteile vorhanden, die untereinander durch Gleichgewichtseinstellungen verbunden sind. Das Wechselspiel zwischen den Gleichgewichten liefert bei Verbrauch der einfachen Ionen oder der ionischen Mizelle stets die mengenmäßig verringerten Teilchen nach (vgl. S. 36).

Die durch die verschiedenen Gleichgewichtseinstellungen geregelten Zustandssysteme seifenartiger Stoffe werden bei den gewöhnlichen Seifen durch die Hydrolyse derselben gestört. Dies gilt insbesondere in sehr verdünnten Lösungen, wo die Hydrolyse ein beträchtliches Ausmaß erreicht. Die modernen anion- und kationaktiven Fettstoffe, wie die Fettalkoholsulfonate, die Fettalkoholphosphorsäureester, die Salze der höher molekularen Alkylsulfonsäuren sowie die Ammonium-, Phosphonium-, Sulfonium- und Pyridiniumverbindungen hydrolysieren auch in den verdünntesten Lösungen nicht. Für letztere trifft obige schematische Darstellung vollkommen zu.

Obwohl die prinzipielle Übereinstimmung des Mizellaufbaues kationaktiver und anionaktiver Kolloidelektrolyte sichergestellt ist, bestehen zwischen den einzelnen Vertretern derselben quantitative Unterschiede.

So weisen die für die Praxis sehr wichtigen anionaktiven Seifenstoffe, wie die gewöhnlichen Seifen, Fettalkoholsulfonate und höhermolekularen Alkylsulfonate in dieser Reihenfolge immer betonteren Elektrolytcharakter auf[2].

Die Mizelle enthält immer weniger nichtaggregierte Einzelionen. Die folgende Schätzung — für eine Temperatur von 60° — über die Agglomerierung dürfte einigermaßen zutreffen.

---

[1] Hierbei ist $x + y = z\,.\,m$.

[2] Beispielsweise sind die freien Alkylsulfonsäuren zu 95% elektrolytisch gespalten.

Anionseife	Einzelionen in der Mizelle[1]
Gewöhnliche Seifen:	
gesättigt	25—35
ungesättigt	15—25
Fettalkoholsulfonate	4—10
Alkylsulfonate[2]	3—6

Das Gleichgewicht ist bei den neueren synthetischen Waschmitteln zugunsten der Kleinmizellen und der nichtaggregierten, einfachen Ionen verschoben. Die Fettalkoholsulfonate und Alkylsulfonate unterscheiden sich von der gewöhnlichen Seife außer durch ihre betonteren Elektrolyteigenschaften noch durch einen viel gleichmäßigeren und höheren Dispersitätsgrad. Die Ausbildung nur wenig aufgeladener Neutralteile tritt bei ihnen zurück. Die Bedeutung dieser Erscheinung auf die Waschwirkung verschiedener Textilfasern, wie Protein- und Cellulosefasern, wird Seite 61 ausgeführt.

G. Mizelle und Grenzflächenaktivität.

Die Wichtigkeit der Mizellbildung für die Grenzflächenvorgänge, wie etwa Wasch-, Netz- und Dispergierprozesse wurde bereits mehrfach gestreift. Man ist heute der Auffassung, daß der ionischen Mizelle *an sich* keine oder nur eine untergeordnete Bedeutung bei Grenzflächengeschehen zukommt. Die Träger der grenzflächenaktiven Wirkung sind die einfachen, nichtagglomerierten Ionen seifenartiger Stoffe[3].

Wir vermögen noch keine sicheren Angaben über den Zustand, in welchem sich die einfachen Seifenionen in wäßriger Lösung befinden, zu machen. Es ist unwahrscheinlich, daß sie sich in der gleichen, gestreckten Form, wie im Kristallit der festen seifenartigen Stoffe vorfinden.

Die Ausbildung starrer, gestreckter Fadenmoleküle in Lösungen ist bei seifenartigen Stoffen schon deshalb unwahrscheinlich, weil die die einzelnen Kohlenstoffglieder verbindenden Valenzen gewinkelt sind und überdies jede einzelne C—C-Bindung mehr oder weniger frei drehbar ist. Über die wahrscheinlichste Gestalt fadenförmiger Moleküle in Lösungen und über die Deformierung der Teilchen lyophiler Kolloide sind in der letzten Zeit einige wichtige Untersuchungen durchgeführt worden[4].

Kuhn fand bei der statistischen Ermittlung der wahrscheinlichsten Gestalt fadenförmiger Moleküle, deren Kettengliederzahl N sei, die Beziehung

$$W_{(r)}\, dr = \left(\frac{1}{b \cdot \sqrt{2\pi N}}\right)^3 \cdot e^{\frac{-r^2}{2Nb^2}} \cdot 4\pi r^2\, dr, \tag{1}$$

worin W die Wahrscheinlichkeit darstellt, daß der Molekülendpunkt innerhalb eines Abstandes r bis $r + dr$ vom Molekülanfangspunkt ist. Die Größe b ist im Falle

[1] Entsprechend m (Aggregierungszahl) der allgemeinen Ableitung.

[2] Z. B. Igepon T.

[3] Die früher vielfach vertretene Ansicht, daß die durch Hydrolyse der Seife entstandene freie Fettsäure der eigentlich grenzflächenaktive Bestandteil sei, ist nach dem Auffinden der modernen, nicht hydrolysierenden Anion- und Kationseifen nicht mehr haltbar.

[4] Kuhn: Kolloid-Ztschr. **62**, 269 (1933); **68**, 2 (1934); **76**, 258 (1936); Ztschr. physikal. Chem., A **161**, 1, 427 (1932); A **175**, 1 (1935); Naturwiss. **24**, 24, 346 (1936); Ztschr. angew. Chem. **49**, 858 (1936). — Haller: Kolloid-Ztschr. **56**, 257 (1931); **61**, 26 (1932). — E. Guth u. H. Mark: Monatsh. Chem. **65**, 93 (1934); Ergebn. exakt. Naturwiss. **12**, 115 (1933). — E. Guth: Kolloid-Ztschr. **74**, 147 (1936). — Guth u. Sinha: Kolloid-Ztschr. **74**, 266 (1936). — N. K. Adam: Trans. Faraday Soc. **29**, 90 (1933). — Langmuir: Journ. chem. Phys. **1**, 775 (1933).

eines Valenzwinkels von 110°, wie er bei den seifenartigen Stoffen auf Paraffinbasis vorkommt,

$$b = l\sqrt{\frac{2}{3}},$$

worin l den Abstand zwischen zwei Kohlenstoffatomen bedeutet (vgl. Abb. 1).

Der Mittelwert für r, der einen Anhaltspunkt für die durchschnittliche Länge eines vollständig solvatisierten Fadenmoleküls gibt, errechnet sich aus Gleichung (1) zu

$$r_{\text{mittel}} = \frac{2\sqrt{2}}{\sqrt{\pi}} \cdot b\sqrt{N} = K\sqrt{N}. \tag{2}$$

Der wahrscheinlichste mittlere Abstand des Anfangspunktes vom Endpunkte eines N-gliedrigen Fadenmoleküls ist somit proportional der Quadratwurzel aus der Kettengliederanzahl N.

Für seifenartige Körper, die rund 20 Kohlenstoffatome enthalten, ergibt sich der wahrscheinlichste Abstand des Molekülendpunktes vom Anfangspunkte zu ungefähr 45% der Gesamtmoleküllänge im gestreckten Zustande, wie er im festen Kristallit vorliegt. Die meisten der Anion- und Kationseifen haben eine Moleküllänge von etwa 20—25 Å. Mithin beträgt die durchschnittliche Länge der nichtaggregierten Fettkettenionen etwa 8—10 Å. Wir müssen uns diese Fettkettenionen als sehr verwickelte, knäuelartige Gebilde vorstellen, die keine konstante Gestalt aufweisen, sondern sich in fortwährender Umbildung (Rotation, vgl. S. 24) befinden.

In Berührung mit einer festen Grenzphase — Fasermaterial, Schmutzteilchen oder Haut — tritt, wie experimentell sichergestellt ist, eine Orientierung und Parallelausrichtung zu einer meist monomolekularen Schicht ein[1].

Die Messungen der Dicke solcher Schichten ergaben fast durchwegs eine Größe 20—30 Å, die nur durch die gestreckte Form der Moleküle seifenartiger Stoffe erklärt werden kann. Anderseits ist gerade diese Größenordnung von 20—30 Å ein Zeichen, daß die Mizelle als solche kaum an den Grenzflächen angelagert wird, da die Größenverhältnisse derselben, wie S. 12 angegeben, sich davon merklich unterscheiden.

Die Bedeutung der Ausbildung der ionischen Mizelle und insbesondere deren lockeres Vorstadium für derartige kolloidchemische Vorgänge liegt vielmehr darin, daß sie an Stellen grenzflächenaktiven. Geschehens, wo die Einzelionen der Anion- bzw. Kationseifen unter orientierter Adsorption verbraucht werden, rasch die nichtaggregierten Einzelionen nachliefert. Hierzu befähigt sie, wie wir gesehen haben, die größere Beweglichkeit (s. Überführungszahlenmessungen) und vor allem die Kompaktheit, die es gestattet, gleich eine Vielzahl Einzelionen an solche Stellen nachzuliefern, wo dieselben benötigt werden[2].

Daß diese Auffassung richtig ist, geht aus dem Vergleich der Λ/c-Kurve sowie der Konzentrationsabhängigkeit der Überführungszahlen der Seifenionen mit der Oberflächenspannung/Konzentration-(σ/c-)Kurve hervor.

In Abb. 15 sind die von Lottermoser und Stoll[3] erhaltenen maximalen Herabsetzungen der Oberflächenspannungen von Fettalkoholsulfonaten in Abhängigkeit

---

[1] Langmuir: Journ. Amer. chem. Soc. **38**, 2221 (1916); **39**, 1848 (1917); Proceed. National Acad. Sciences, Washington **3**, 251 (1917). — Harkins, Davies u. Clark: Journ. Amer. chem. Soc. **39**, 354, 541 (1917). — N. K. Adam: Proceed. Roy. Soc., London, A **101**, 452 (1922); A **120**, 473 (1928); A **126**, 366, 526 (1930; Journ. physical. Chem. **29**, 87 (1925); Trans. Faraday Soc. **29**, 90 (1933); The Physics and Chemistry of Surfaces. Oxford. 1930. — Harkins u. Gans: Journ. physical Chem. **36**, 86 (1932). — Held u. Samochwalov: Kolloid-Ztschr. **72**, 13 (1935). — Held u. Khainsky: Kolloid-Ztschr. **76**, 26 (1936).

[2] Es werden durch den Mizellverband in der gleichen Zeit mehr Einzelionen transportiert, als auf Grund der Beweglichkeit der Summe aller Einzelionen zu erwarten wäre (vgl. auch S. 25).

[3] Lottermoser u. Stoll: Kolloid-Ztschr. **63**, 49 (1933).

von der Konzentration dargestellt. — Man entnimmt der Abbildung, daß der Knickpunkt der Λ/c-Kurve, durch einen senkrechten Strich kenntlich gemacht, und der Beginn des steilen Anstieges der Beweglichkeit der Fettschwefelsäureesterionen mit dem Oberflächenspannungsminimum praktisch zusammenfällt.

Das Maximum der Grenzflächenaktivität liegt am Übergang der ionischen Mizelle bzw. „Vormizelle" zu den einfachen Fettkettenionen. Daß das Minimum der σ/c-Kurve nicht mit dem Knickpunkt der Λ/c-Kurve völlig zusammenfällt, sondern sich etwas in der Richtung der beginnenden Mizellbildung verschiebt, dürfte auf die Gleichgewichtseinstellung zwischen ionischer Mizelle und den nichtagglomerierten Fettkettenionen zurückzuführen sein. Es ist wichtig festzustellen, daß dieses Gleichgewicht sich in Konzentrationen ausbildet, die bei allen auf Grenzflächengeschehen beruhenden Vorgängen der Praxis Verwendung finden.

Die Bildung einer ionischen Mizelle ist nicht allein deshalb bedeutungsvoll, weil sie die Nachlieferung der eigentlich grenzflächenaktiven einfachen Seifenionen besorgt, sondern weil sie das Heranbringen von kapillaraktiven Ionen an die

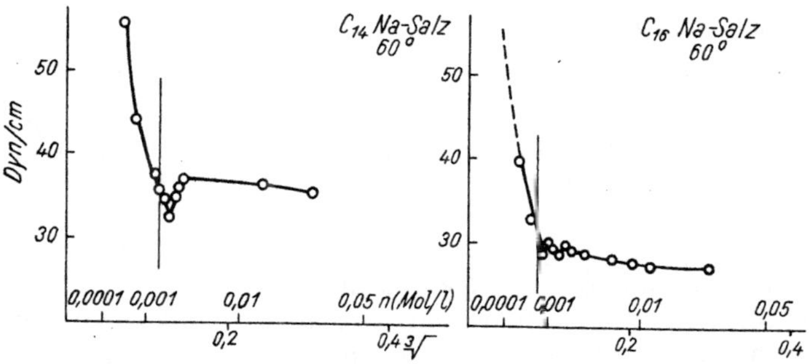

Abb. 15. Verlauf der Oberflächenspannung (σ) von Tetradecyl- und Hexadecylnatriumsulfat in Funktion von der Konzentration (σ/c-Schaulinien) bei 60°. Der Knickpunkt der Λ/c-Kurve ist durch einen senkrechten Strich gekennzeichnet. Nach LOTTERMOSER und STOLL.

Grenzfläche und das Anreichern der Anion- und Kationseifen an derselben überhaupt erst ermöglicht. Wären die seifenartigen Stoffe in wäßrigen Lösungen nur ionogen verteilt, so würden die Seifenionen infolge ihres hohen osmotischen Druckes die Tendenz haben, in die Lösung zu wandern[1]. Eine Anreicherung an Grenzflächen wäre undenkbar, im Gegenteil, es würde eine Konzentrationsverschiebung, wenn nur einfache Fettkettenionen vorlägen, in gegensinniger Weise auftreten. Durch die Bildung der ionischen Mizelle entstehen Aggregationen der langkettigen Einzelionen zu Gebilden mit kleinem osmotischem Druck. Im Gleichgewicht mit den Einzelionen werden die Mizellen das Bestreben haben, an die Oberfläche oder allgemein an Grenzflächen zu wandern. Da die Rückbildung der Mizelle zu den Einzelionen sehr leicht erfolgt, entstehen in Berührung mit der Grenzfläche ohne weiteres kapillaraktive, einfache Fettkettenionen. Werden letztere zum Aufbau einer Grenzflächenschicht verbraucht, so zerfallen infolge Störung des Gleichgewichtes weitere Mizellen in Einzelionen.

Die Metastabilität der ionischen Mizelle in Verbindung mit ihrer hohen Beweglichkeit und ihrer Neigung, aus der Lösung heraus zu wandern, sind die unmittelbaren Ursachen jener Eigenschaften, die wir bei hochmolekularen aliphatischen Verbindungen auf Paraffinbasis antreffen und die sich als Wasch-, Reinigungs-, Netz-, Dispergier- usw. -fähigkeit praktisch äußern (vgl. S. 59).

---

[1] WALKER: Journ. chem. Soc. London **119**, 1521 (1921).

H. Einfluß der Ladungsart auf das kolloidchemische Verhalten der Kolloidelektrolyte.

Die vorstehenden Ausführungen befassen sich mit dem allgemeinen Aufbau der Anion- und Kationseifen. Andeutungsweise wurde das Verhalten in Berührung mit Grenzflächen gestreift. Es ist nun auf die Eigenladung der kolloiddispersen Teilchen der seifenartigen Stoffe und auf die daraus resultierende Wechselwirkung mit den gleichfalls geladenen Grenzflächen der Textilfasern, Schmutz-, Pigment- u. dgl. Teilchen näher einzugehen.

Es sei gleich vorausgeschickt, daß die meisten Textilfasern sowie Schmutz-, Staub- und Pigmentteilchen negativ geladen oder leicht negativ aufladbar sind. Durch diese Sachlage wird das gegenseitige elektrische Verhalten mit den seifenartigen Kolloidelektrolyten nur mehr von deren Ladungsart, also von der Anion- bzw. Kationwirkung ihrer aktiven Teilchen abhängen.

1. Anionaktivität. In Berührung mit neutralen oder alkalischen Lösungen anionaktiver, seifenartiger Stoffe zeigen die negativ geladenen Textilfasern, beispielsweise Wolle, Baumwolle, Kunstseide usw. keine nennenswerte elektrische Affinität zu den Anionseifen.

Hingegen werden die säurebeständigen Anionseifen, wie Ölsulfonate, Fettalkoholsulfonate, höhermolekulare Alkylsulfonsäuren, durch Proteinfasern aus sauren Flüssigkeiten, insbesondere in der Hitze, *chemisch* gebunden. Hierbei erfolgt keine Adsorption, sondern ein regelrechter Einbau in das Eiweißgerüst der Proteine. Die entstandene, salzartige Verbindung zwischen den Aminogruppen der Eiweißstoffe und den Säuren der Anionseifen ist durch Behandeln mit Wasser nicht mehr spaltbar[1].

Die gleichsinnige Ladung der Fasern und der Anionseifen verhindert eine wesentliche Anreicherung der letzteren an den Fasern.

Die Textilfasern entwickeln wegen ihrer relativ großen Oberfläche starke Restvalenz- und Kapillarkräfte, die die Schmutz-, Staub-, Fett-, Eiweiß- u. dgl. Teilchen oberflächlich und in den submikroskopischen Kanälen festhalten.

Sind die anhaftenden Fremdkörperchen genügend klein, so nehmen die Kapillar- und Restvalenzkräfte gemäß der Beziehung (WI. OSTWALD)

$$p = \frac{2\,\sigma}{r}\ \text{Dyn/cm}^2$$

(p = Kapillarkraft, σ = Grenzflächenspannung, r = Kapillar- bzw. Teilchendurchmesser) recht beträchtliche Werte an, die u. U. 100—300 at betragen können.

Werden derartig beschmutzte Textilien in Lösungen höhermolekularer, seifenartiger Kolloidelektrolyte gebracht, so werden deren Ionen an der großen inneren Oberfläche der Schmutzteilchen adsorbiert und bilden dort eine mehr oder minder festhaftende, monomolekulare, bis höchstens einige Molekülschichten dicke Hülle. Die Ionen der Anionseifen lagern sich bei genügender Konzentration der wäßrigen Lösungen wie in den festen Seifenkristallen parallel zueinander.

In monomolekularen Schichten nehmen die seifenartigen Stoffe pro Molekül eine maximale Flächenbedeckung von 20,6 $Å^2$ ein. Dieser Wert stimmt gut mit dem röntgenographisch bestimmten Molekülquerschnitt der festen seifenartigen Stoffe überein. So ist der Querschnitt einer Polymethylenkette in β-Natriumstearat[2] nach den in Tabelle 8 zusammengefaßten Angaben $\frac{7,8 \times 5,33}{2} = 20,3\ Å^2$. Da das β-Natriumstearat zur Grundfläche unter einem Winkel von $62,4^0$ geneigt ist, errechnet sich der wahre Molekülquerschnitt — senkrecht zur Kettenhauptachse — zu $20,3\ Å^2 \times \sin 62,4$, d. i. ungefähr 18,5 $Å^2$. Derselbe Wert ergibt sich direkt aus dem

[1] FRIEDRICH u. KESSLER: Melliands Textilber. **14**, 78 (1933). — NEVILLE u. JEANSON: Journ. physical Chem. **37**, 1000 (1933).

[2] Bezüglich α- und β-Seifen vgl. S. 43.

Querschnitt der Elementarzelle des α-Natriumstearats, nämlich $\frac{8{,}04 \times 9{,}24}{4} =$ $= 18{,}57\ \text{Å}^2$, da dessen Moleküle senkrecht zur Grundfläche stehen.

Daraus ist zu folgern, daß die Hauptvalenzketten polar gebauter, höhermolekularer Substanzen vom Typus der Seifen in Oberflächenfilmen parallel angeordnet und zur Grundfläche unter einem Winkel von ca. 60^0 geneigt sind.

Der hydrophobe Fettrest ist der Oberfläche der Schmutzteilchen, die hydrophilen, solvatationsfähigen $—COO^{\ominus}$-, $—O—SO_3^{\ominus}$-, $—SO_3^{\ominus}$-Gruppen den Wassermolekülen zugekehrt. Letztere umgeben sich dann mit polarisierten Wassermolekülen. Den Vorgang bezeichnet man als polare Ausrichtung. Auf diese Weise entsteht ein nach außen hin negativ geladenes Schmutzteilchen, wie dies Abb. 16 darstellt.

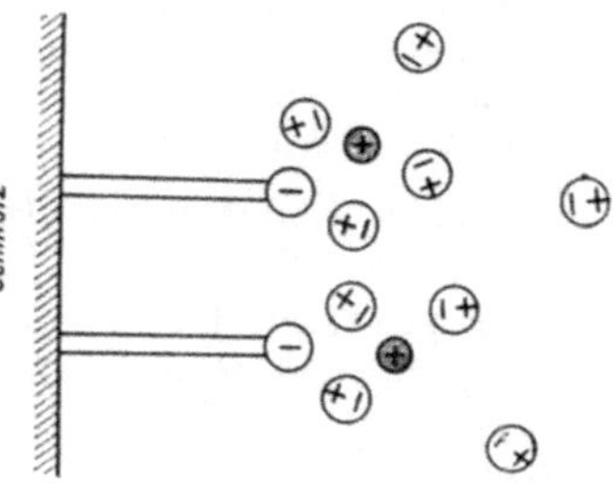

Abb. 16. Negative Aufladung einer Schmutzgrenzfläche durch Anlagerung von Fettkettenanionen ($\ominus$). Sie sind von abdissoziierten Gegenionen ($\oplus$) und von polarisierten Wassermolekülen ($\pm$) umgeben.

Die Aufladung kann beträchtliche Werte erreichen. Nach Urbain und Jensen[1] ist die Ladung von Paraffinölteilchen in reinem Wasser 0,086 V, in einer Lösung, die 1 g Natriumoleat im Liter enthält, hingegen 0,151 V.

Der gleiche Ladungssinn der Schmutzteilchen und der Faseroberfläche bewirkt ein gegenseitiges Abstoßen, bzw. ein Aufheben der starken Kapillar- und Restvalenzkräfte des Fasermaterials. Die Schmutzteilchen sind nun durch mechanische und physikalisch-chemische Maßnahmen, wie Reiben des Textilmaterials, Bewegung der Flotte, Schaumwirkung u. dgl. von den Textilien entfernbar. Dies ist in kurzen Zügen und unter Verzicht auf nähere Einzelheiten das Wesentliche des *Waschvorganges* bei ionogenen Seifen.

Wir erkennen daraus, daß die Anionseifen wegen der Anlagerungsmöglichkeit von negativ geladenen Ionen, die der Fasereigenladung gleichsinnig sind, vorzugsweise als Wasch-, Reinigungs- und Emulgiermittel Verwendung finden.

In bezug auf die Waschwirkung[2] bestehen zwischen den einzelnen anionaktiven seifenartigen Produkten graduelle Unterschiede.

Die elektrolytisch betonteren Fettalkoholsulfonate, bzw. höhermolekularen Alkylsulfonate und deren Abkömmlinge besitzen für beschmutzte Wolle (Schweißwolle) und Wollwaren bessere Waschwirkung als Seife.

Offenbar hängt dies damit zusammen, daß die Wolle als Proteinfaser selbst starke elektrische Kraftfelder in den CONH-Gruppen besitzt, die in Form von Restvalenzkräften die Schmutzteilchen binden. Die aufladende Wirkung der Fettalkoholsulfate und der Salze echter, höhermolekularer Sulfonsäuren ist zweifellos größer als die der Seife[3], so daß die Spannungsdifferenz zwischen aufgeladenen Schmutzteilchen und der gleichsinnig geladenen Wollfaser erheblich werden kann.

Hingegen sprechen die Cellulosefasern, Baumwolle, Kunstseide, Leinen u. dgl. wegen der Ausbildung nur schwacher Restvalenzkräfte und wegen des Mangels örtlich konzentrierter ionischer Ladungen weniger auf starke Kolloidelektrolyte an.

Größere Affinitäten zur Cellulosefaser besitzen Kolloide von länglichem Bau, deren Restvalenzkraftfeld möglichst über das ganze Molekül verteilt und von der Art der van der Waalsschen Kräfte ist. Dies ist beispielsweise in den hochmoleku-

[1] Journ. physical Chem. **40**, 821 (1936). Vgl. Chem. Ztrbl. **1937** I, 464.

[2] Wir wollen darunter die Gesamtheit der Erhöhung des Weißgehaltes, der Verringerung des Fett- und Kalkgehaltes, die Berücksichtigung des optimalen p_H, der Waschzeit und der Temperatur- sowie Konzentrationsabhängigkeit des Wascheffektes verstehen. Es gibt bis heute keine Möglichkeit, durch eine *Einzel*charakterisierung die Waschwirkung hinreichend zu kennzeichnen (vgl. auch S. 61).

[3] S. 34.

laren, zur Assoziation neigenden substantiven Farbstoffen[1] durch gehäufte Azogruppen ($R—N = N—R_1$) oder bei den modernen Polyoxyalkyläthern der Fettstoffe durch die vielen Sauerstoffätherbrücken der Fall.

Die Grundformel solcher Verbindungen, etwa auf Äthylenoxydbasis, ist folgende: $R—(OC_2H_4)_xOC_2H_4OH$.

In ähnlicher Weise wirken die gröber dispersen Teilchen der gewöhnlichen Seifen. Sie sind wegen der an sich kleineren elektrolytischen Dissoziation der Carboxylalkaligruppe schwächere Elektrolyte als die Fettalkoholschwefelsäureester oder die höhermolekularen Alkylsulfonate. Überdies ist die Aggregationsfähigkeit bei den Seifen stärker ausgeprägt als bei den eben erwähnten Kolloidelektrolyten (s. S. 35). Es resultieren deshalb Aggregate mit 15—35 und noch mehr Seifenmolekülen, die schwächer ionogen und über das ganze Aggregationsgebilde geladen sind. Sie erfüllen die Bedingungen, die für die Wechselwirkung mit dem ebenfalls örtlich schwachen, aber ausgedehnten Kraftfeld der Restvalenzkräfte verschiedener Cellulosefasern notwendig sind. Tatsächlich konnte die Seife bei der Wäsche von Cellulosefasern (Weißwäsche) nicht durch die modernen synthetischen Waschmittel ersetzt werden[2].

2. Kationaktivität. Im Gegensatz zu den Anionseifen umgeben die Kationseifen die Oberflächen von feindispersen Schmutz- und Pigmentteilchen mit einer positiven Hülle monomolekularer Schichten der seifenartigen Stoffe. Die Hauptvalenzketten der Kationseifen sind darin wie bei den Anionseifen parallel ausgerichtet. Die polare Orientierung — Fettrest an der Grenze der Schmutz-, Fett- und Ölteilchen und hydratisierende, aufladende Gruppe, z. B.

, $\overset{V}{\equiv N}{}^{\oplus}$, $\overset{IV}{\equiv S}{}^{\oplus}$ usw.

von polarisierten Wassermolekülen umgeben — tritt auch bei den Oberflächenfilmen kationaktiver seifenartiger Stoffe auf.

Die nach außen hin durch die Adsorption von höher molekularen Kationen positiv aufgeladenen Schmutz-, Pigment-, Fett- u. dgl. Teilchen werden von den entgegengesetzt geladenen Textilfasern angezogen. Die Kationseifen besitzen deshalb im allgemeinen keine Waschwirkung. Im Gegenteil, sie fixieren sogar feinst verteilte Körperchen aus wäßrigen Dispersionen an den Textilfasern.

Hingegen können Schmutz- und Pigmentteilchen in Spezialfällen von positiv geladenen Textilfasern, was etwa durch Umladung mit Aluminium- oder Thalliumsalzen bewerkstelligt werden kann, durch Kationseifen in Form eines dem Waschen analogen Vorganges entfernt werden.

Ein praktisch wichtigerer Einzelfall ist die saure Wollwäsche (vgl. S. 63). Die normalerweise negativ geladene Wolle nimmt infolge des amphoteren Charakters der Proteinfasern in wäßrigen Lösungen, deren p_H kleiner als 3,5 ist, eine deutlich positive Eigenladung an. Durch kationaktive Fettkettenionen positiv aufgeladene Schmutzteilchen werden dann von der ebenfalls positiv geladenen Wollfaser abgestoßen. Allerdings ist die Waschwirkung der Kationseifen in solchen Sonderfällen bei weitem geringer als die der Anionseifen unter normalen Waschbedingungen bei negativer Aufladung. Die zur Erzielung eines gleichen Wascheffektes erforderliche Menge einer Kationseife ist etwa 10—15mal größer als die einer Anionseife.

J. Anionaktive Kolloidelektrolyte.

Die anionaktiv wirkenden Kolloidelektrolyte dienen, wie bereits ausgeführt, hauptsächlich als Wasch- und Reinigungsmittel. Gehört doch die Seife zu den am längsten bekannten Kolloidelektrolyten überhaupt und war lange Zeit die einzige Vertreterin dieser Klasse von Kolloiden. Erst das Auffinden von Fettschwefelsäure-

[1] Bekanntlich besitzen die hochdispersen, stark geladenen Wollfarbstoffe kaum Affinität zur Cellulose. [2] NÜSSLEIN: Melliands Textilber. 18, 248 (1937).

estern, die in reiner Form zuerst von RUNGE (1834) hergestellt wurden, erweiterte die Kenntnis von den anionaktiven Stoffen. Die 1864 von CRUM gefundene Darstellung von Fettschwefelsäureestern des Rizinusöles beherrschte bis in die jüngste Vergangenheit in mannigfachen Variationen das Feld der anionaktiven, höhermolekularen Kolloidelektrolyte. Erst in der jüngsten Zeit wurden neuartige synthetische Hilfsstoffe erzeugt, die teilweise die Funktionen der Seife in verbesserter Form übernahmen, teilweise auch ganz anderen Verwendungszwecken dienen.

Die allgemeine Kennzeichnung des Dissoziationsvorganges eines anionaktiven Kolloidelektrolyten und die Entwicklung von anionaktiven Kolloidionen zeigt nachstehende Gleichung (1):[1]

$$\mathrm{Ac\,Ka} \rightleftharpoons \mathrm{Ac}^{\ominus} + \mathrm{Ka}^{\oplus}. \tag{1}$$

Hierbei ist die weitaus überwiegende Masse — meist 80—90 v. H. des Gesamtgewichtes — in dem anionaktiven Kolloidion ($\mathrm{Ac}^{\ominus}$) vereinigt und der Rest in dem meist von Natrium- bzw. Kaliumion gebildeten Kation ($\mathrm{Ka}^{\oplus}$) enthalten.

Es werden deshalb die den Fettrest enthaltenden Anionen infolge ihres großen elektrochemischen Äquivalentgewichtes und der bereits in den Beginn des Kolloidbereiches fallenden Länge der Hauptvalenzkette (2—$2{,}5 \cdot 10^{-7}$ cm = = 2—2,5 mμ) leichter adsorbierbar sein als die Alkaliionen. Sie lagern sich an noch nicht dissoziierte Neutralteilchen der Anionseifen an und erteilen denselben eine ihrer Eigenladung entsprechende elektrische Aufladung. Teilweise findet auch Agglomerierung zu größeren Verbänden statt. Diese Vorgänge treten besonders in der Kälte und in relativ konzentrierteren Lösungen auf. In der Wärme verschiebt sich aus noch zu besprechenden Gründen das Dissoziationsgleichgewicht zugunsten der ionischen Aufspaltung, was rein äußerlich in der besseren und feindisperseren Lösung der Seifen und seifenartigen Stoffe in der Wärme zum Ausdruck kommt.

Wenn auch das eben skizzierte Schema der kolloiden Lösung bei allen anionaktiven Seifen anzutreffen ist, so findet man bemerkenswerte graduelle Unterschiede im Ausmaß der Dissoziation, Assoziation und Adsorption, was vor allem von der Art und von der Solvatisierfähigkeit der anionaktiven Gruppe abhängt. Ferner spielt hierbei der chemische Aufbau der Hauptvalenzkette — gesättigte und ungesättigte Fettderivate — eine gewisse Rolle. Hierzu kommt, daß bei den modernen anionaktiven Waschmitteln die Hauptvalenzkette durch den synthetisch arbeitenden Chemiker mannigfache Veränderungen erfahren hat, die den Lösungsvorgang nicht unbeträchtlich beeinflussen.

Nach den heute in der Praxis anzutreffenden Verbindungen sind die im vorliegenden Aufsatz zu beschreibenden anionaktiven Stoffe zu unterteilen:

a) Gewöhnliche Seifen.
b) Schwefelsäureester (O-Sulfonate):
   1. Auf Basis von pflanzlichen Ölen und Fetten.
   2. Auf Basis von höhermolekularen Fettalkoholen.
c) Salze höhermolekularer Alkylsulfonsäuren (C-Sulfonate, „echte“ Sulfonsäuren).

Sie liegen bei den technisch wichtigen Produkten meist in Form sog. Fettsäurekondensationsprodukte vor.

---

[1] Hierbei ist angenommen worden, was auch für die meisten Seifen und seifenartigen Verbindungen zutrifft, daß bei der Dissoziation nur einwertige Ionen entstehen.

a) Gewöhnliche Seifen.

Man versteht unter Seifen schlechthin die Alkalisalze höhermolekularer Fettsäuren. In der Technik werden fast stets die Alkalisalze von Fettsäure-*gemischen* als Seifen bezeichnet. Unabhängig davon enthalten alle gewöhnlichen Seifen als polare, hydratisierbare Gruppe die Carboxyl-Alkaligruppe. Den apolaren, hydrophoben, nichtsolvatisierbaren Rest stellt die 12—18 Kohlenstoffatome umfassende Hauptvalenzkette (Fettrest) vor. Wir erkennen einen streng polaren Aufbau der Seifenmoleküle. Die Folgerungen aus dieser Konstitution auf die kolloidchemischen Vorgänge in den wäßrigen Dispersionen wurden eingehend erörtert. Sie werden noch besser verständlich, wenn der molekulare Feinbau der festen Seifen dargestellt wird. Die Erkenntnisse, die hierbei und bei der Quellung der festen Seifen als erstes Stadium der Lösung gewonnen werden, ermöglichen ein tieferes Eindringen in die Probleme der wäßrigen Seifendispersionen.

α) Molekularer Feinbau der Seifen.

Für die Aufklärung des Feinbaues von Seifen liefert die röntgenographische Untersuchungsmethodik die wertvollsten Ergebnisse. Unterstützt werden dieselben durch ergänzende Untersuchungen chemisch-physikalischer Natur (P. A. THIESSEN und Mitarbeiter, A. MUELLER u. a.[1]).

Die Grundlage der Seifen sind die höhermolekularen Fettsäuren. Es ist zu erwarten, daß die bei diesen beobachteten Erscheinungen[2], wenn auch in modifizierter Form, bei den Alkalisalzen der Fettsäuren wieder auftreten. Dies ist auch tatsächlich der Fall.

Die Seifen bilden, wie die entsprechenden Carbonsäuren, im festen Zustand Doppelmoleküle.

Die Bildung von Doppelmolekülen findet bei allen langkettigen aliphatischen Verbindungen mit endständiger aktiver Gruppe, also mit Dipolcharakter, statt. Ebenso sind aromatische Verbindungen mit Dipolanlagen zu Doppelmolekülen vereinigt.

---

[1] PIPER u. GRINDLEY: Proceed. physical Soc., London **35**, 269 (1923). — PIPER, BROWN u. DYMENT: Journ. chem. Soc. London **127**, 1194 (1925). — PIPER, MALKIN u. AUSTIN: Journ. chem. Soc. London **128**, 2310 (1926). — PIPER: Journ. chem. Soc. London **135**, 234 (1929). — MUELLER u. SHEARER: Journ. chem. Soc. London **123**, 3156 (1923). — SHEARER: Proceed. Roy. Soc., London, A **108**, 655 (1925). — MUELLER: Proceed. Roy. Soc., London, A **114**, 542 (1927); A **120**, 437 (1928); A **124**, 317 (1929); A **127**, 417 (1930); A **138**, 514 (1932); Journ. chem. Soc. London **123**, 2043 (1923); **127**, 599 (1925); Nature **116**, 45 (1925); Trans. Faraday Soc. **25**, 347 (1929); Ztschr. Krystallogr. Mineral. **70**, 386 (1929). — HENGSTENBERG: Ztschr. Krystallogr. Mineral. **67**, 583 (1928). — BRILL u. MEYER: Ztschr. Krystallogr. Mineral. **67**, 570 (1928). — MEYER: Ztschr. angew. Chem. **41**, 935 (1928); Kolloid-Ztschr. **53**, 8 (1930). — THIESSEN: Kolloid-Ztschr. **46**, 350 (1928). — THIESSEN u. ZSIGMONDY: Kolloid-Ztschr. **47**, 97 (1929). — THIESSEN u. TRIEBEL: Ztschr. anorgan. allg. Chem. **179**, 267 (1929); Ztschr. physikal. Chem., A **156**, 309 (1931). — THIESSEN: Ztschr. physikal. Chem., A **156**, 457 (1931). — THIESSEN u. SPYCHALSKI: Ztschr. physikal. Chem., A **156**, 435 (1931). — THIESSEN u. EHRLICH: Ztschr. physikal. Chem., B **19**, 299 (1932); A **165**, 453 (1933); A **165**, 463 (1933). — THIESSEN u. v. KLENCK: Ztschr. physikal. Chem., A **174**, 335 (1935). — THIESSEN u. STAUFF: Ztschr. physikal. Chem., A **176**, 397 (1936); A **177**, 398 (1936); Angew. Chem. **49**, 167 (1936). — THIESSEN, STAUFF u. WITTSTADT: Angew. Chem. **49**, 640 (1936). — THIESSEN: Fette u. Seifen **43**, 149 (1936); Naturwiss. **24**, 763 (1936). — BRILL: Angew. Chem. **49**, 643 (1936). — HALLE: Kolloid-Ztschr. **56**, 77 (1931). — BRILL u. HALLE: Angew. Chem. **48**, 785 (1935). — THIESSEN: Angew. Chem. **51**, 318 (1938).

[2] S. Bd. I, S. 52ff. „Der molekulare Aufbau der Fettsäuren".

Der Zusammenhang zweier Moleküle bei den Fettsäuren und Seifen durch die Carboxyl- bzw. Carboxyl-Alkaligruppe ist analog zur dimolekularen Assoziation der Monocarbonsäuren in Lösungen, z. B. von Benzoesäure.

In Wasser und Benzol löst sich Benzoesäure infolge ihres Dipolcharakters unter Assoziierung zu Doppelmolekülen wie folgt auf:

Wasser

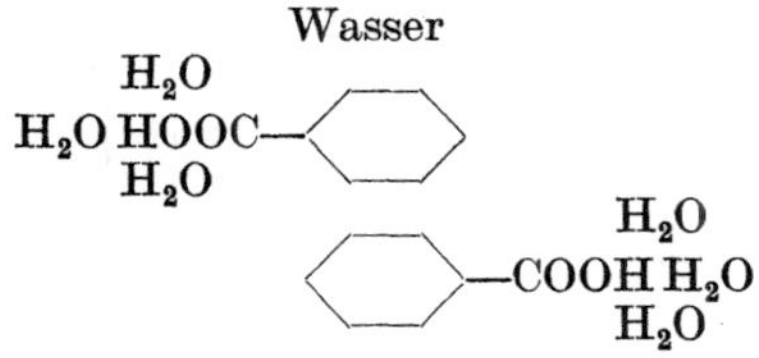

Benzol

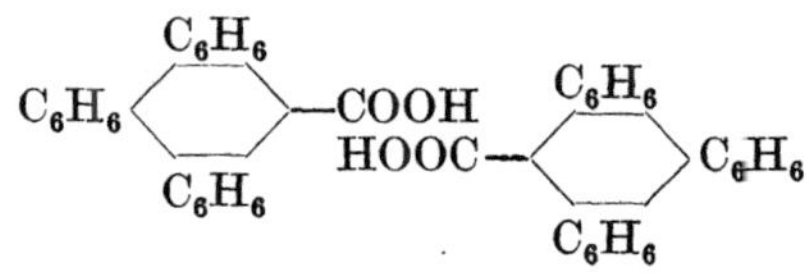

Im ersten Falle sind nur die Carboxylgruppen, im letzteren nur der Benzolring solvatisiert. Hingegen löst sich Benzoesäure in Alkohol, der sowohl eine hydrophile als auch hydrophobe Gruppe enthält und die Carboxylgruppe *und* den Benzolring solvatisiert, monomolekular auf.

Alkohol

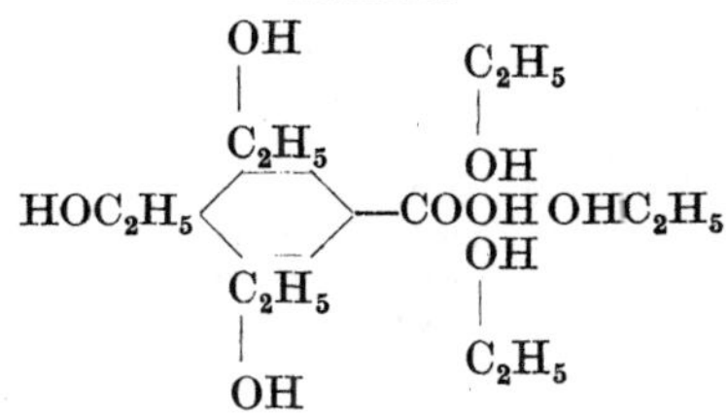

Im Gegensatz zu den Polymethylenderivaten mit polarer aktiver Gruppe besitzen die Polymethylenderivate mit symmetrisch verteilten aktiven Gruppen von der allgemeinen Formel X—R—X (X = aktive Gruppen, R = höhermolekularer Fettrest), wie beispielsweise die Dicarbonsäuren, einfache Molekülschichten.

Die Seifen erleiden beim Erhitzen auf Temperaturen, die ungefähr den Schmelztemperaturen der ihnen zugrunde liegenden freien Fettsäuren entsprechen, Veränderungen. Diese Zustandsänderung wird „Genotypie“ (THIESSEN) genannt. Hierbei wechselt sprunghaft die Dielektrizitätskonstante und die optische Doppelbrechung.

Die Ursache der genotypischen Umwandlung beruht auf gerichteten Schwingungen der langen Molekülketten. Die freien Fettsäuren erleiden beim Schmelzvorgang einen völligen Bruch ihres Kristallgitters. Liegen die gleichen Fettsäuren in ihren Carboxyl-Alkaliverbindungen, also in den Seifen, vor, so besteht bei der Schmelztemperatur der korrespondierenden Fettsäure nach wie vor das Bestreben, den Kristallverband zu sprengen. Infolge der großen, zwischenionischen Attraktionskräfte der Carboxyl-Alkaligruppen ist dies nicht möglich. Hingegen ist die Vergrößerung der Schwingungsamplitude der langen Hauptvalenzketten mit zunehmender Temperatur, vor allem über dem Schmelzpunkt der Fettsäure, auch bei den Seifen so groß, daß weitgehende physikalische Änderungen damit einhergehen, obwohl der Kristallverband völlig erhalten bleibt. Die genotypischen Veränderungen besitzen einen namhaften Einfluß auf den Lösungsvorgang und auf die Lösungsaktivität (S. 47).

Läßt man Natriumstearat, -palmitat oder -myristat bei gewöhnlicher Temperatur aus absolutem Äthylalkohol kristallisieren, so erhält man die labile α-Form obiger Seifen in rhombischen Kristallen. Werden die trockenen α-Seifen erwärmt, so erleidet die instabile α-Modifikation eine monotrope Umwandlung in die stabile β-Form, die monoklin kristallisiert.

Diese Umwandlung einer labilen Seifenform in eine stabile ist streng von den eben erwähnten genotypischen Umwandlungen zu trennen. Bei letzteren — wie aus den späteren Ausführungen leicht ersichtlich — wird die Kristallgestalt nicht verändert. Die Seifen liegen hierbei stets in der β-Form vor, weil die genotypischen Veränderungen erst beim Schmelzpunkt der korrespondierenden freien Fettsäuren vor sich gehen, während, wie noch ausgeführt, die monotrope Umwandlung der Seifen aus einer labilen in eine stabile Form weit unter der Schmelztemperatur der entsprechenden freien Fettsäure eintritt.

Sowohl bei der α- als auch bei der β-Form weist die große Gitterkonstante der Elementarzelle auf Doppelmoleküle im Kristallgitter hin. Die Dimensionen des Elementarkörpers von α-Na-Palmitat und -Stearat sowie vom β-Na-Palmitat und -Stearat nach P. A. THIESSEN und J. STAUFF sind in der Tabelle 8 zusammengefaßt.

Tabelle 8. Gitterkonstanten der Elementarzellen von Seifenkristallen in Å (10^{-8} cm). Nach THIESSEN und STAUFF.

Seife	Gitterkonstanten der Elementarzelle			Neigungswinkel β	Länge des Doppelmoleküls, berechnet aus $\frac{c}{\sin\beta}$	Umwandlungstemperatur zwischen α- und β-Form	Genotypische Umwandlungstemperatur
	a	*b*	*c*				
α-Na-Palmitat	8,06	9,24	47,7	90°	47,7	42° C	64° C
β-Na-Palmitat	7,83	5,40	42,10	62,4°	48		
α-Na-Stearat	8,04	9,24	51,77	90°	51,77	52° C	71° C
β-Na-Stearat	7,80	5,33	46,10	62,4°	52,2		

Der Schmelzpunkt der Palmitinsäure beträgt 62°, der der Stearinsäure 69°. Wie man sieht, erfolgt das Einsetzen der für die Genotypie charakteristischen Schwingungen etwas oberhalb der Schmelztemperatur der zugehörigen freien Fettsäuren. Offenbar hemmen die stark polarisierenden und mit großen Attraktionskräften versehenen Carboxylalkaligruppen den Beginn der Schwingungen.

Die doppelte Kettenlänge der Stearinsäure ist 48,84 Å; der Atomradius des Natriums 1,89 Å. Die Addition würde für die gesamte doppelte Kettenlänge des Natriumstearats 52,62 Å ergeben. Gegenüber dem gefundenen Wert von 51,77 Å ermittelt sich eine Differenz von rund 0,9 Å. Möglicherweise liegt das Natriumatom mit seinem Mittelpunkt nicht in der Verlängerung der Kettenhauptachse oder ist durch Polarisationseffekte erheblich deformiert worden.

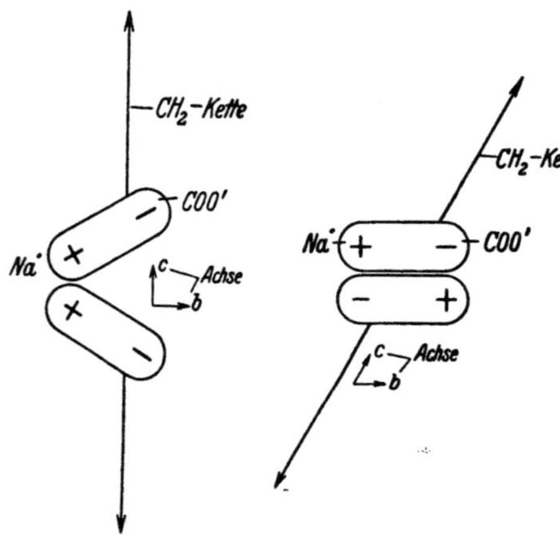

Rhombische α-Form. Monokline β-Form.

Abb. 17. Schematische Darstellung der polaren COONa-Gruppen, wie sie sich bei der rhombischen (α) und bei der monoklinen (β) Form gegenüberstehen. Nach THIESSEN und STAUFF.

Das Vorliegen zweier verschieden stabiler Modifikationen höhermolekularer fettsaurer Salze läßt sich unter Berücksichtigung der Bindungsverhältnisse wie folgt erklären:

Die Carboxylalkaligruppe stellt infolge Ionenbindung zwischen dem Alkaliatom und der Carboxylgruppe einen Dipol dar, in welchem das Alkaliatom die positive und die Carboxylgruppe die negative Ladung aufweisen.

Zu der Bindung der Polymethylenketten durch Restvalenzkräfte VAN DER WAALSscher Natur parallel zu den Hauptvalenzketten kommt die Ionenbindung innerhalb der Carboxylalkaligruppen. Die polaren elektrovalenten Bindungskräfte zwischen benachbarten Carboxylalkaligruppen sind größer als die seitlichen Zusammenhaltekräfte parallel gelagerter Seifenmoleküle; sie verursachen die Ausbildung von Doppelmolekülen. Dies ist der Grundtyp der rhombischen α-Modifikation gewöhnlicher Seifen.

In der β-Form treten ähnliche Erscheinungen auf. Infolge gegenseitiger Verdrehung der Seifenmoleküle im Doppelmolekül kommt es zur Ausbildung eines völlig ausgeglichenen Quadrupols, wodurch eine sehr starke polare Bindung in der Richtung der Kettenhauptachse bewirkt wird, was eine große Stabilität der Seifenmoleküle in der monoklinen β-Modifikation ergibt.

In Abb. 17 sind diese Verhältnisse in der rhombischen (α-) Modifikation und in der monoklinen (β-) Form im Doppelmolekül der Seifen schematisch dargestellt.

Wie ersichtlich, sind die Doppelmoleküle im Kristallgitter bei den α-Seifen senkrecht zur Grundfläche, bei den β-Seifen hingegen unter einem Winkel von $\beta = 62^0$ angeordnet.

Man sieht auch deutlich, daß die monoklinen Seifen infolge der gegenseitigen Absättigung der ionischen Bindungskräfte unter Quadrupolbildung die stabilere Form darstellen müssen. Tatsächlich ist die Stabilität so stark, daß eine Rückumwandlung der β- in die α-Form, etwa durch Abkühlen unter den Umwandlungspunkt, nicht mehr möglich ist.

Die beiden Modifikationen der Seifen aus gesättigten Fettsäuren (Stearate, Palmitate, Myristate, Laurate usw.) unterscheiden sich außer der verschiedenen Kristallgestalt und dem verschiedenen Energiegehalt durch die Anzahl der Moleküle im Elementarkörper. Derselbe enthält bei den α-Seifen 8, bei den β-Seifen nur 4 Moleküle. Die Packung der Moleküle in der Elementarzelle ist in der β-Form weniger dicht als in der α-Form. Wie aus Tabelle 8 hervorgeht, ist die Elementarzelle bei der β-Modifikation kleiner als bei der α-Modifikation.

Die Ursache der monotropen Umwandlung der instabilen rhombischen Seifen in die stabile, monokline Form können nur Rotationsschwingungen sein[1].

Mit steigender Temperatur wachsen die Amplituden der Rotationsschwingungen, wodurch sich die Doppelmoleküle der Seifen gegenseitig immer stärker verdrehen. Ist der Grad dieser Verdrehung genügend groß, so springen die Moleküle im Doppelmolekülverband in die energieärmere und stabile β-Form über.

Hierbei kann man sich die Stabilität der β-Seifen durch eine mehr oder minder starre ringförmige Bindung der beiden Carboxylalkaligruppen vorstellen, wodurch ein weiteres, gegenseitiges Verdrehen der Hauptvalenzketten verhindert wird. Für die nichtneutralisierten aliphatischen Carbonsäuren ist das Bestehen eines achtgliedrigen, ebenen Ringes mit der Konfiguration

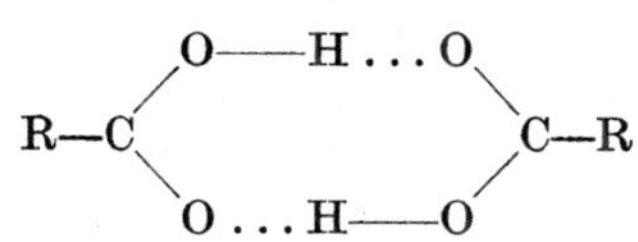

der durch „Wasserstoffbindung" zusammengehalten wird, erwiesen[2].

Wie bereits erwähnt, ist die Umwandlung des Systems der α-Seifen in β-Seifen im Gegensatz zur genotypischen Umwandlung irreversibel. Daß überhaupt die α-Form erhalten wird, ist deshalb, außer von der Kristallisationstemperatur, noch von der Art des Lösungsmittels abhängig. Aus Äthylalkohol kristallisiert bei gewöhnlicher Temperatur, wie angegeben, die α-Form aus. Der Äthylalkohol besitzt ein beträchtliches Dipolmoment und vermag sich — wahrscheinlich unter Assoziations- und Solvatationserscheinungen — zwischen die einzelnen Seifenmoleküle zu drängen. Bei der Kristallisation verhindern die als Solvatationsflüssigkeit die Carboxylalkaligruppen umgebenden Alkoholmoleküle die Ausbildung eines dichten Quadrupols, wie er die Voraussetzung zur Ausbildung der β-Form wäre. Die Gitterbildung kommt vorzugsweise durch die seitlichen Restvalenzkräfte zustande.

Ganz ähnliche Verhältnisse haben wir bei den unpolaren Paraffinen, deren Gitter beim Kristallisieren aus Lösungen infolge Fehlens einer aktiven Gruppe nur

---

[1] Solche Rotationsschwingungen wurden für Paraffine und höhermolekulare Fettsäuren in der Tat nachgewiesen. Bernal: Ztschr. Krystallogr. Mineral. **83**, 153 (1932); Müller: Proceed. Roy. Soc. London (A) **138**, 514 (1932).

[2] Latimer u. Rodebush: Journ. Amer. chem. Soc. **42**, 1419 (1920). — Pauling u. Brockway: Proc. Nat. Acad. Sci. U. S. A. **20**, 336 (1934)). — Gillette u. Sherman: Journ. Amer. chem. Soc. **58**, 1135 (1936).

durch Molkohäsionskräfte gebildet werden kann. Die Paraffine kristallisieren aus ihren Lösungen wie die α-Form der Seifen im rhombischen System.

Aus einem Lösungsmittel mit nicht polaren Molekülen, beispielsweise aus Benzol, worin die Alkaliseifen allerdings nur sehr wenig löslich sind, entstehen stets Seifenkristalle des monoklinen Systems (β-Form), da die Carboxylalkaligruppe durch das hydrophobe Lösungsmittel nicht solvatisiert wird und sich beim Kristallisieren leicht vollständige Quadrupole ausbilden können.

Wie die Verhältnisse beim Kristallisieren der Seifen aus wäßrigen Lösungen sind, ist noch nicht genauer untersucht. Da Wasser ein noch größeres Dipolmoment als Alkohol besitzt und die hydrophobe Hauptvalenzkette nicht solvatisiert, ist anzunehmen, daß die Seife aus wäßrigen Dispersionen bei Temperaturen unter dem Umwandlungspunkt ebenfalls in der α-Form kristallisiert.

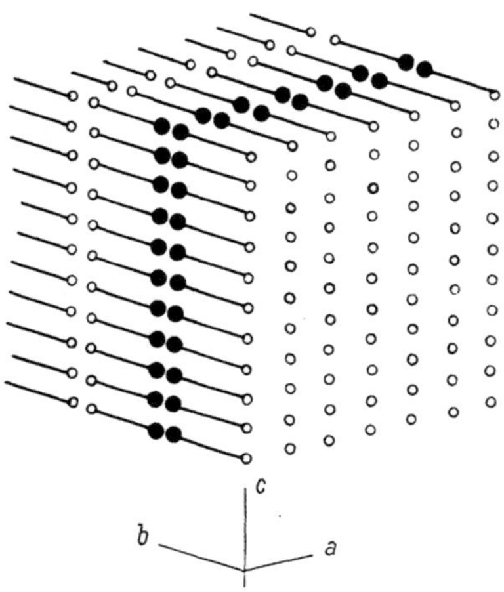

Abb. 18. Anordnung der Seifendoppelmoleküle in Seifenkristalliten; c verläuft in der Richtung der Kristallhauptachse. Senkrecht dazu sind die Seifenmoleküle angeordnet. ● deutet die Carboxylalkaligruppe, ○ die Methylgruppe an, die miteinander durch die strichförmig charakterisierte Polymethylenkette verbunden sind. Nach Thiessen.

Eine etwas gesonderte Stellung nehmen die Alkalisalze von ungesättigten Fettsäuren, vorzugsweise Ölsäure, ein. Sie sind, wie die Seifen auf Basis gesättigter Fettsäuren, in den Seifenkristallen in Form von Doppelmolekülen angeordnet. Die Hauptvalenzkette ist im Kristallverband vollständig gestreckt, eine Winkelung an der Doppelbindung tritt nicht ein.

Infolge des niederen Schmelzpunktes der Ölsäure (14°) ist das Verhalten der Alkalioleatseifen in wäßrigen Lösungen graduell von dem der gesättigten Seifen unterschieden. Da ihre Verwendung selbst bei Zimmertemperatur (20 bis 25°) schon über dem Schmelzpunkt der Ölsäure liegt, zeigen die Oleatseifen die genotypischen Erscheinungen, wie sie auch bei den gesättigten Seifen auftreten, in verstärktem Maße. Ihre Lösungstension, die Beweglichkeit der kolloiddispersen Teilchen müssen deshalb im Vergleich zu den Alkalisalzen gesättigter Fettsäuren größer sein.

In den Seifenkristallen liegen die Doppelmoleküle *senkrecht* zur Kristallhauptachse. Dies steht im Gegensatz zu der bei hochmolekularen Fadenmolekülen sonst üblichen Anordnung *parallel* zur Hauptachse des makrokolloiden Gebildes. Die seitlichen Begrenzungsflächen sind, wie in Abb. 18 dargestellt, durch die hydrophoben Methylgruppen besetzt.

Aus diesem Grunde ist die Löslichkeit kompakter fester Seifen in Wasser gering. Erst wenn die Wassermoleküle zu den solvatationsfähigen Carboxylalkaligruppen leicht diffundieren können, tritt Quellung und schließlich Lösung ein.

β) *Seifen in wäßrigen Dispersionen.*

(Der Übergang der festen, kristallinen Seifen in den Gel- bzw. Solzustand.)

Das erste Stadium der Dispergierung im Wasser ist die Quellung. Löst man Seifen, z. B. Natriumstearat oder Natriumpalmitat in der Wärme zu einer klaren Lösung und läßt hierauf erkalten, so erhält man aus nicht zu verdünnten Lösungen Seifenhydrogele. Es hat sich gezeigt, daß diese Gele kristalline Seifenteilchen enthalten, die die gleichen Interferenzen wie die festen, nichtsolvatisierten Seifen aufweisen.

Diese Befunde wurden von THIESSEN und SPYCHALSKI[1] bei Natriummyristatgelen mit 20 v. H. Wasser und von THIESSEN, STAUFF und WITTSTADT[1] bei Natriumpalmitatgelen mit 80 v. H. Wasser erhalten.

Sogar in einem nur 7%igen Natriumstearatgel, das also 93 v. H. Wasser enthält, ist nach den röntgenographischen Untersuchungen von BRILL[1] die kristalline Struktur der Seifen erhalten geblieben.

Die Seifenhydrogele bestehen sonach aus normalen Seifenkristallen, zwischen die das Wasser eingetreten ist. Es ist deshalb wahrscheinlich, daß die Seifen auch im Solzustande, zumindest teilweise, kristalliner Natur sind. Dies konnte tatsächlich durch Untersuchungen von THIESSEN und SPYCHALSKI gezeigt werden, die auch bei Seifenhydrosolen das dreidimensionale Gitter der normalen trockenen Seife fanden.

Die Kristallite in den wäßrigen Seifendispersionen besitzen mehr oder minder großen Dispersitätsgrad. In konzentrierten, wäßrigen Systemen, insbesondere in der Kälte und bei den Seifen auf Basis gesättigter Fettsäuren erreichen die Kristallite sogar makroskopische Größe. Sie sind dann der röntgenographischen Auswertung selbst bei Wassergehalten von 80—95 v. H. zugänglich.

In der Hitze sind die Seifenkristallite äußerst fein im Wasser dispergiert. Im Ultramikroskop sind keine Lichtbeugungszentren, vor allem in verdünnten Lösungen (1—5 g pro Liter), mehr sichtbar.

Dies trifft allerdings nur dann zu, wenn die Seifenlösung peinlichst unter Ausschluß von Staubteilchen u. dgl. und in destilliertem Wasser bereitet wurde. Ebenso muß die Luftkohlensäure möglichst ausgeschlossen werden, da sich unter ihrem Einfluß Fettsäuren ausbilden, die in dem Seifensol gröber dispergiert enthalten sind und im Ultramikroskop aufscheinen.

Trotzdem sind nur wenig wirklich molekular gelöste Seifenteilchen vorhanden. Der weitaus überwiegende Anteil der Seifen liegt im hochdispersen Kolloidzustand und in Form ionischer Mizellen vor.

Der Übergang der zunächst makroskopisch sichtbaren, grob dispersen Seifenkristallite in einen sehr fein dispersen, ultramikroskopisch nicht mehr auflösbaren Verteilungszustand hängt eng mit der genotypischen Umwandlung der Seifenmoleküle zusammen. Die Peptisation in der Hitze zu klaren, durchsichtigen Seifensolen und das Wiederauskristallisieren der Kristallite beim Erkalten ist, wie die Genotypie, reversibel.

Es wurde bereits von KRAFFT[2] darauf verwiesen, daß man klare Seifenlösungen — insbesondere in konzentrierteren Lösungen, wie etwa in 10%igen Seifenlösungen — nur bei Temperaturen erhält, die über dem Schmelzpunkt der korrespondierenden Fettsäure liegen. Man bezeichnet diese Temperatur auch als sog. Trübungspunkt (KRAFFT-Punkt)[3].

Die Ausscheidung von Natriumstearat beginnt aus 20%iger Lösung bei 69°, aus 10%iger bei 67° und aus 1%iger bei 60°. Der Schmelzpunkt der Stearinsäure beträgt 69°.

Aus den bisherigen Ausführungen ist die Erklärung für dieses Verhalten leicht abzuleiten. Es wurde gezeigt, daß sich die Seifenmoleküle im genotypischen Umwandlungspunkt, der praktisch mit dem Schmelzpunkt der der Seife entsprechenden Fettsäure zusammenfällt, in einem besonderen Schwingungszustand befinden. Es herrscht, wie beim Schmelzvorgang der freien Fettsäure, das Bestreben, das Kristallgitter zu sprengen und wie bei der geschmolzenen Fettsäure in einen mehr oder minder ungeordneten Zustand überzugehen. Demgegenüber

---

[1] Vgl. auch S. 42, Anm. 1.

[2] KRAFFT u. WIGLOW: Ber. dtsch. chem. Ges. 28, 2566, 2573 (1895).

[3] In der Praxis wurde für die gleiche Erscheinung der Ausdruck „Titer" geprägt.

wirken die starken zwischenionischen Kohäsionskräfte der Carboxylalkaligruppen entsprechend dem hohen Schmelzpunkt der Seifen — etwa 240 bis 280° — erhaltend auf den Kristallcharakter. Die langen Polymethylenketten kommen zwar in verstärkte Schwingung, der Kristall bleibt aber selbst bei Kochtemperatur des Lösungswassers (100°) völlig erhalten.

Das allgemeine Schema für den Quellungs- und Lösungszustand gewöhnlicher Seifen, etwa dem Natriumstearat, ergibt folgende Beziehungen:

$$[x\,C_{17}H_{35}COONa \cdot y\,C_{17}H_{35}COO]^{y\ominus} + y\,Na^{\oplus}. \quad (1)$$

$$[x\,C_{17}H_{35}COONa \cdot y\,C_{17}H_{35}COO]^{y\ominus} + y\,Na^{\oplus} \rightleftharpoons z\,[m\,C_{17}H_{35}COO]^{m\ominus} + z\,m\,Na^{\oplus}. \quad (2)$$

$$z\,[m\,C_{17}H_{35}COO]^{m\ominus} + z\,m\,Na^{\oplus} \rightleftharpoons z\,m\,C_{17}H_{35}COO^{\ominus} + z\,m\,Na^{\oplus}. \quad (3)$$

b) Seifenartige Produkte[1].

Die Unbeständigkeit der gewöhnlichen Seifen gegen Säuren und gegen die Härtebildner des Wassers sind allgemein bekannt und mit ein Grund, daß man unablässig bestrebt ist, an der Verbesserung und an dem zweckentsprechenden Ersatz der Seifen zu arbeiten. Die Bemühungen, die Seifen als solche zu veredeln, scheinen in der letzten Zeit von Erfolg gekrönt zu sein. Bemerkenswerterweise wird hierbei die Carboxylgruppe im Gegensatz zu den Fettsäurekondensationsprodukten[2] und Fettalkoholsulfonaten[5] nicht verändert. Der Eingriff erfolgt vielmehr in der Polymethylenkette selbst.

Oxyfettsäuren, z. B. Ricinolsäure, Oxystearinsäure u. dgl., deren Hydroxylgruppe sich etwa in der Mitte der Hauptvalenzkette und weit entfernt von der endständigen Carboxylgruppe befindet, sind, wie die gewöhnlichen, hochmolekularen Fettsäuren, in Wasser unlöslich. Ihre Alkalisalze werden in gleicher Weise wie die der gewöhnlichen Fettsäuren durch Kalk- und Magnesiumsalze gefällt.

Befindet sich hingegen die Hydroxylgruppe oder eine andere hydrophile Gruppe in der α-Stellung, also benachbart zur Carboxylgruppe, so sind diese Fettsäuren in Wasser beträchtlich löslich. Ihre Alkalisalze sind in hartem Wasser von 10—20° DH. beständig[4].

In diese Gruppe gehört auch das „Medialan" (I. G. Farbenindustrie A. G.). Es stellt ein Produkt auf Basis einer modifizierten Carboxylalkaliseife dar und dürfte der Gruppe der sogenannten Sarkoside gemäß seiner Formel

$$\begin{array}{l} C_{17}H_{33}CON\text{—}CH_2COONa \\ \qquad\quad\;\;| \\ \qquad\quad CH_3 \end{array}$$

angehören. Es besitzt im Gegensatz zu gewöhnlichen Seifen eine gewisse Säure- und Kalkbeständigkeit. In der Walke übertrifft es infolge seines starken Filzvermögens die gewöhnliche Walkseife erheblich[5].

---

[1] Über die gewöhnlichen Seifen wird an anderer Stelle (S. 68 ff.) berichtet.

[2] Bei den Fettsäurekondensationsprodukten wird die Carboxylgruppe durch einen kurzen, die eigentlich löslichmachende Gruppe tragenden Rest blockiert (s. Bd. II, S. 392).

[3] Bei den Fettalkoholsulfonaten wird durch katalytische Reduktion die Carboxylgruppe in die Alkoholgruppe umgesetzt, die ihrerseits durch Behandeln mit Schwefelsäure sulfoniert wird (s. Bd. II, S. 366).

[4] E. P. 455310 und E. P. 456142.

[5] Nüsslein: Melliands Textilber. 18, 248 (1937).

c) Schwefelsäureester.

(O-Sulfonate.)

α) *Auf Basis der Öle und Fette.*

(Interne Schwefelsäureester.)

Neben der Seife waren die Ölsulfonate in Form der sogenannten Türkischrotöle lange Zeit die praktisch wichtigsten Vertreter der anionaktiven, seifenartigen Fettstoffe.

Untersuchungen über den molekularen Feinbau der Ölsulfonate liegen nicht vor. Dies darf bei der Undefiniertheit der meisten sulfonierten Öle und Fette, die aus einer Vielzahl von einander sehr ähnlichen Einzelstoffen bestehen, nicht wundernehmen. Die Verwandtschaft mit den Seifen läßt allerdings eine grundsätzlich ähnliche Konfiguration in den kompakten Ölsulfonaten voraussehen[1].

Das kolloidchemische Verhalten der türkischrotölartigen Verbindungen wird durch das Vorhandensein von zwei anionaktiven, hydrophilen Gruppen, nämlich der Carboxylalkali- und der Schwefelsäureestergruppe, bestimmt. Die Löslichkeit in Wasser ist deshalb sehr groß und sind 70—80%ige Lösungen noch flüssig und vollkommen klar. Die ionische Mizelle besteht nur aus wenigen aggregierten Ionen und ist zweifellos kleiner als die der Seifen.

Die türkischrotölartigen Produkte besitzen infolge der internen Schwefelsäureestergruppe an sich eine gewisse Beständigkeit gegen die Härtebildner des Wassers. In hartem Wasser und in Gegenwart von Seife vermögen sie jedoch nicht die Ausflockung von Kalkseifen, außer in wenigen Fällen („Hydrosan", Chemische Fabrik Pfersee G. m. b. H. [früher R. Bernheim]; „Intrasol", Chem. Fabrik Stockhausen & Co.), zu verhindern.

Die durch die Anionaktivität begründete Waschwirkung ist im Vergleich zu der der gewöhlichen Seifen weniger ausgeprägt.

β) *Auf Basis höhermolekularer Fettalkohole*[2].

Die Fettalkoholsulfonate geben wie die gewöhnlichen Seifen und Ölsulfonate anionaktiv geladene Ionen und Mizellen. Die S. 33 angegebene allgemeine Formulierung des Zerteilungszustandes von Mizellkolloiden ergibt für Fettalkoholsulfonate, beispielsweise Natriumdodecylsulfat:

$$[x\,C_{12}H_{25}SO_4Na\cdot y\,C_{12}H_{25}SO_4]^{y\ominus} + y\,Na^{\oplus}. \qquad (1)$$

$$[x\,C_{12}H_{25}SO_4Na\cdot y\,C_{12}H_{25}SO_4]^{y\ominus} + y\,Na^{\oplus} \rightleftharpoons z\,[m\,C_{12}H_{25}SO_4]^{m\ominus} + z\,.\,m\,Na^{\oplus}. \qquad (2)$$

$$z\,[m\,C_{12}H_{25}SO_4]^{m\ominus} + z\,.\,m\,Na^{\oplus} \rightleftharpoons z\,.\,m\,C_{12}H_{25}SO_4^{\ominus} + z\,.\,m\,Na^{\oplus}. \qquad (3)$$

Genauere Arbeiten über den Molekülfeinbau der Fettalkoholsulfonate sind bisher nicht bekanntgeworden. Zweifellos besteht aber weitgehende Analogie zum Molekülfeinbau der gewöhnlichen Seifen[3].

---

[1] Vgl. diesbezüglich W. Seck [Angew. Chem. **49**, 203 (1936)], der übereinstimmende Interferenzen für Oxystearinsäure und den Schwefelsäureester der Oxystearinsäure fand. Wenn auch die *absoluten* Zahlenangaben in dieser Arbeit wegen technischer Mängel der Untersuchungsmethodik [Nichtabblenden des Primärstrahles, s. Thiessen, Stauff u. Wittstadt: Angew. Chem. **49**, 640 (1936) und Brill: ebenda **49**, 643 (1936)] einer strengen Kritik nicht standhalten, sind die *relativen* Beobachtungswerte eine einigermaßen sichere Basis für die Ähnlichkeit der Konfiguration der Fettschwefelsäureester mit den gewöhnlichen Seifen.

[2] Ausführliche Angaben über deren Herstellung s. Bd. II, S. 366ff.

[3] Vgl. W. Seck: A. a. O.

Über die Mizelle und die Gleichgewichtseinstellung mit den Einzelionen wurde bereits S. 35ff. und 33 berichtet. Die Bildung der eigentlich grenzflächenaktiven Fettalkoholsulfonationen geht schon in sehr verdünnten Lösungen vor sich. Gleichzeitig ist die maximale Herabsetzung der Oberflächenspannung bei Fettalkoholsulfonaten größer als bei den gewöhnlichen Seifen.

Deshalb besitzen die Fettalkoholsulfonate selbst in Lösungen von bloß 0,3—0,5 g pro Liter ausgezeichnetes Waschvermögen für vorzugsweise Wolle und Wollwaren[1].

Die Fettalkoholsulfonate sind in mäßig hartem Wasser beständig; in sehr hartem Wasser, etwa 40—60° DH., bilden sie Flocken.

Die dispergierende Wirkung der Fettalkoholsulfate auf Kalkseifen ist bei gemeinsamer Verwendung von Seife und im Vergleich zu letzterer mengenmäßig unterschüssigen Fettalkoholsulfonaten in hartem Wasser nur gering[2].

Eine Ausnahme hiervon bildet das „Gardinol KD" (Böhme Fettchemie G. m. b. H.), das ein Disulfonat des Octadecandiols[3]

$$\begin{array}{l} CH_3(CH_2)_7CH—CH_2(CH_2)_7CH_2OSO_3Na \\ \qquad\qquad\quad | \\ \qquad\qquad OSO_3Na \end{array}$$

darstellt und das sich als Dispergiermittel für frisch gefällte Kalkseifen, bzw. als wirksames Schutzkolloid gegen Kalkseifenausflockungen, sofern es bereits beim Entstehen der Kalkseife anwesend ist, bewährt hat[4].

Kennzeichnend für den ganzen Vorgang der Kalkseifendispergierung ist die Voraussetzung, daß die Menge des Peptisators im Vergleich zum Kalkseifengewicht nur einen geringen Teilbetrag, etwa 10—40 v. H., ausmacht. Sind gleiche oder sogar noch größere Mengen Fettalkoholsulfonate oder auch gewöhnliche Seifen in bezug auf Kalkseife vorhanden, so ist unter allen Umständen eine feine Zerteilung der Kalkseife gewährleistet.

d) Salze höhermolekularer Alkylsulfonsäuren.

(Fettsäurekondensationsprodukte.)

Die Salze einfacher Alkylsulfonsäuren (RSO_3Na), deren kolloidelektrolytisches Verhalten auf S. 14 beschrieben wurde, haben in der Praxis bisher keinen Eingang gefunden.

Hingegen sind die von F. GÜNTHER[5] gefundenen alkylierten aromatischen Sulfonsäuren bzw. deren Salze, z. B. isopropylnaphthalinsulfosaures Natrium bzw. Mono- und Disulfonate des Mono- und Diisopropyl- sowie Mono- und Diisobutylnaphthalins, die unter den Namen Nekale und Leonile (I. G. Farbenindustrie A. G.) in den Handel kommen, wichtige Hilfsmittel, vorzugsweise ausgezeichnete Netzmittel[6].

Infolge des Fehlens einer längeren Fettkette mit ihrem ausgedehnten Restvalenzkraftfeld neigen die alkylierten Naphthalinsulfonate nur wenig zur Aggregierung. Die ionische Mizelle tritt merklich erst in höheren Konzentrationen (1—3 g/l) auf und kann nur aus wenigen, einfachen Ionen — vielleicht 2 bis 5 — gebildet sein. Die Folge davon ist ein rasches Eindringen in die Faserkapillaren und submikroskopischen Kanäle unter gleichzeitiger Luftverdrängung (Netz-

---

[1] Vgl. auch S. 61.

[2] MÜNCH: Melliands Textilber. **15**, 417, 558 (1934); Angew. Chem. **47**, 425 (1934). — LINDNER: Melliands Textilber. **15**, 416, 557 (1934); **16**, 782 (1935); Monatsschr. f. Text.-Ind. **50**, 65, 94, 120, 145 (1935).

[3] Daneben dürfte dieses Präparat nicht unbeträchtliche Mengen echter Sulfonsäuren enthalten.

[4] KUCKERTZ: Angew. Chem. **49**, 273 (1936); vgl. Bd. II, S. 410.

[5] D.R.P. 336558.

[6] Vgl. Bd. II, S. 404.

vermögen). Anderseits nimmt die Netzfähigkeit mit sinkender Konzentration sehr rasch ab[1].

Dies ist auf die dann fast vollständige ionische Aufspaltung zurückzuführen. Die Einzelionen besitzen bei an sich großer Grenzflächenaktivität infolge zu geringer Wanderungsgeschwindigkeit nur beschränkte Anreicherungsmöglichkeiten, so daß nach dem ersten Verbrauch der einfachen, nichtaggregierten Ionen zur polaren Ausrichtung an der Grenzfläche (S. 36) die Nachlieferung derselben ungenügend ist.

Die Anwendung der alkylierten aromatischen Sulfonsäuren und deren Salze ist u. a. aus diesem Grunde eine beschränkte.

Größte Bedeutung besitzen die Abkömmlinge der höhermolekularen Alkylsulfonate in Form der sog. Fettsäurekondensationsprodukte als moderne Wasch-, Netz- und Reinigungsmittel (Näheres s. Bd. II, S. 392). In bezug auf ihre Elektrolytaktivität verhalten sich die synthetischen Fettsäurekondensationsprodukte einander ziemlich ähnlich. Es genügt deshalb eine zusammenfassende Behandlung derselben.

Die einzelnen Fettsäurekondensationsprodukte auf Basis echter Sulfonsäuren sind folgende:

Igepon AP (I. G. Farbenindustrie A. G.): $C_{17}H_{33}COOC_2H_4SO_3Na$,
Igepon T (I. G. Farbenindustrie A. G.): $C_{17}H_{33}CON(CH_3)C_2H_4SO_3Na$;
Melioran F 6 (Oranienburger Chemische Fabrik A. G.): $C_{15}H_{31}COC_6H_4SO_3Na$;
Ultravon W (Ges. für Chemische Industrie in Basel)

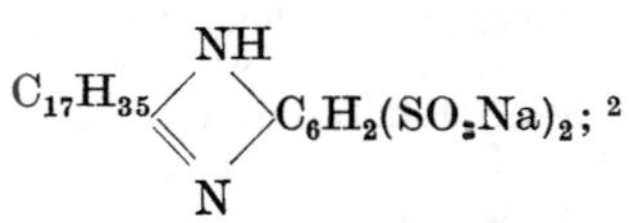

Neopol T (Chem. Fabrik Stockhausen & Cie.).

Infolge der großen Ähnlichkeit des Elektrolytcharakters bei den Fettsäurekondensationsprodukten auf Basis von Sulfonsäuren erübrigt sich eine ausführliche Behandlung der Zustandssysteme der verschieden dispersen Verteilungsformen[3]. Im nachfolgenden sind dieselben beim wichtigsten Vertreter dieser Klasse, dem Igepon T, näher erläutert.

$$[x\,C_{17}H_{33}CON(CH_3)C_2H_4SO_3Na \cdot y\,C_{17}H_{33}CON(CH_3)C_2H_4SO_3]^{y\ominus} + y\,Na^{\oplus}. \quad (1)$$

$$[x\,C_{17}H_{33}CON(CH_3)C_2H_4SO_3Na \cdot y\,C_{17}H_{33}CON(CH_3)C_2H_4SO_3]^{y\ominus} + y\,Na^{\oplus} \rightleftharpoons$$
$$\rightleftharpoons z\,[m\,C_{17}H_{33}CON(CH_3)C_2H_4SO_3]^{m\ominus} + z\,m\,Na^{\oplus}. \quad (2)$$

$$z\,[m\,C_{17}H_{33}CON(CH_3)C_2H_4SO_3]^{m\ominus} + z\,m\,Na^{\oplus} \rightleftharpoons$$
$$\rightleftharpoons z\,m\,C_{17}H_{33}CON(CH_3)C_2H_4SO_3^{\ominus} + z\,m\,Na^{\oplus}. \quad (3)$$

Die anderen Fettsäurekondensationsprodukte bilden formelmäßig ganz ähnliche Gleichgewichtssysteme.

Neben der guten Waschwirkung, vorzugsweise für Wolle, weisen die Fettsäurekondensationsprodukte eine weitere, praktisch sehr wichtige Eigenschaft

---

[1] LANDOLT: Melliands Textilber. 9, 759 (1928).

[2] Das Ultravon K ist das Monosulfonat des gleichen Grundkörpers, nämlich des Heptadecylbenzimidazols der Formel:

Es dient als Kalkseifendispergator in heißen Bädern.

[3] Vgl. S. 33.

auf. Sie vermögen die aus Seife und Calcium- bzw. Magnesiumsalzen eben gebildete Calcium- oder Magnesiumseifen in feinst disperser Verteilung zu erhalten, wenn sie vor oder gleichzeitig mit der Seife dem harten Wasser zugesetzt werden.

Die kolloidchemischen Vorgänge sind hierbei unter Berücksichtigung des Kolloidelektrolytverhaltens nachstehende:

Zunächst erfolgt auch in Gegenwart des peptisierenden Elektrolytkolloids, im besonderen Falle der hoch kalkbeständigen Fettsäurekondensationsprodukte, die Fällung der Erdalkaliseifen.

Bezeichnet man die Anionen der gewöhnlichen Seifen, deren Kalksalze ausfallen, mit $S_f^{\ominus}$, so vollzieht sich der Vorgang des Ausflockens unlöslicher Kalkseife wie folgt:

$$2\,S_f^{\ominus} + Ca^{\oplus\oplus} \rightarrow Ca\,S_{f2}\downarrow. \qquad \text{(a)}$$

An der Oberfläche der eben gebildeten Kalkseifenteilchen werden die Ionen und aufgeladenen Neutralteile der peptisatorisch wirkenden, kalkbeständigen Fettsäurekondensationsprodukte adsorbiert und bilden eine elektrisch geladene Schicht aus. Werden die Anionen der aufladenden seifenartigen Produkte mit $P^{\ominus}$, deren Gegenionen mit $G^{\oplus}$ und deren undissoziierte, kristalline oder halbkristalline Neutralteilchen mit PG bezeichnet, so ergibt sich folgende schematische Darstellung[1]:

$$x\,Ca\,S_{f2} + y\,PG + z\,P^{\ominus} + z\,G^{\oplus} \rightleftharpoons [x\,Ca\,S_{f2}\,y\,PG \cdot z\,P]^{z\ominus} + z\,G^{\oplus}. \qquad \text{(b)}$$

Man entnimmt daraus, daß außer den eigentlich aufladenden Ionen des Peptisators, in unserem Falle der kalkbeständigen Fettsäurekondensationsprodukte, noch die an sich peptisatorisch unwirksamen, nicht dissoziierten Teilchen der Peptisatorsubstanz an der Oberfläche der Kalkseifenteilchen anhaften. Die erste Adsorptionsschichte wird aber nur von den Fettkettenanionen gebildet. Die weitere Anlagerung größerer hydratisierter Gebilde festigt die primäre Adsorptionsschichte; sie ist im Sinne einer Schutzkolloidwirkung aufzufassen.

Die Peptisation der Kalkseifen durch elektrolytisch wirkende, anionaktive seifenartige Produkte wird um so besser sein, je geringer der nicht dissoziierte Peptisatoranteil (y) ist und je größere Werte die ionogene Aufspaltung, gemessen durch (z), erreicht. Eine bestimmte Menge seifenartiger Dispergator wird mit steigendem Zerfall in die aktiven Seifeneinzelionen immer wirkungsvoller oder, was dasselbe bedeutet, zum Erzielen des gleichen Peptisationseffektes benötigt man, auf das Gewicht unlöslicher Kalkseifen bezogen, immer weniger Dispergator. Anderseits entwickelt auch ein schwächer betonter Kolloidelektrolyt, beispielsweise die gewöhnliche Seife, in größeren Mengen — wieder berechnet auf das Gewicht der Kalkseife — genügend Seifenanionen, um eine befriedigende Aufladung und Stabilisierung der unlöslichen, frisch gefällten Kalkseife herbeizuführen. Es ist deshalb möglich, mit überschüssiger, gewöhnlicher Seife ihre eigenen Kalkseifen zu dispergieren (vgl. S. 50).

Wieviel von den einzelnen anionaktiven, seifenartigen Kolloidelektrolyten zur Peptisation von 100 Teilen Kalkseife verbraucht wird, ersieht man aus der folgenden Zusammenstellung:

Anionseifen	Verbrauch an Peptisator in Prozent vom Gewicht gewöhnlicher Seife zur restlosen Peptisation der Kalkseife in Wasser von 20° DH
Gewöhnliche Seife	ca. 70—100 v. H.
Fettalkoholsulfonate	„ 50—60 „
Fettalkoholdisulfonate[2]	„ 35—40 „
Fettsäurekondensationsprodukte	„ 15—20 „

[1] FRISCH u. VALKÓ: Chem.-Ztg. **50**, **333** (1926).
[2] Die meist beträchtliche Mengen echter Sulfonsäuren enthalten.

Das Verhältnis des Neutralteiles y (Gleichung b) ist in der gleichen Reihenfolge bei den einzelnen Anionseifen etwa 7 : 4 : 2 : 1. Umgekehrt ist das ionale Wirkungsverhältnis (z), beginnend bei den Fettsäurekondensationsprodukten, in der Richtung zu den gewöhnlichen Seifen etwa $1 : {}^1/_2 : {}^1/_5 : {}^1/_7$. Man erkennt aus dem Mindestverbrauch an Peptisator bei den auf Sulfonsäuren aufgebauten Fettsäurekondensationsprodukten die, im Vergleich zu den anderen Anionseifen, am stärksten ausgeprägte ionische Aktivität. Dies stimmt auch mit deren kleinsten Mizellgröße (S. 35) überein.

Ein weiteres, sog. Fettsäurekondensationsprodukt, das allerdings kein Abkömmling einer höhermolekularen Alkylsulfonsäure ist, vielmehr chemisch den abgewandelten gewöhnlichen Seifen zuzuordnen wäre, jedoch wegen der äußeren Ähnlichkeit seines Verhaltens am zweckmäßigsten in die vorhergehend beschriebene Klasse eingeteilt wird, ist das Lamepon A (Chemische Fabrik Landshoff & Meyer, Grünau) $C_{17}H_{33}CONHR_1 \cdot (CONHR_2)_xCOONa$.

Es ist ein Kondensationsprodukt aus Ölsäurechlorid und Natriumlysalbinat. Das Lamepon A vereinigt die Eigenschaften der langen Polymethylenkette der Fettstoffe mit jenen der gehäuften, hydrophilen CONH-Gruppen der Eiweiß-(Polypeptid-)kette. Es besitzt eine endständige, ionogene Carboxylalkaligruppe. Der dadurch bedingte Elektrolytcharakter des Lamepon A ist durch die Eiweißkette stark modifiziert worden. Die Carboxylalkaligruppe ist nicht mehr allein der solvatationsfähige, löslichmachende Pol. Die CONH-Gruppen entwickeln, wie bei den Eiweißstoffen Leim, Gelatine, Albumin u. dgl. bei an sich kleinen Restvalenzkräften — rund 10000 kal/Mol — infolge der Vielzahl der hydratationsfähigen Molekülstellen große Lösungstendenz. In der Tat sind 30—40%ige Lamepon-A-Lösungen in kaltem Wasser flüssig und völlig klar.

Der Eiweißrest überwiegt sogar den Einfluß der Carboxylalkaligruppe. Das Lamepon A ist im Gegensatz zu den gewöhnlichen Seifen kalkbeständig. Die Kalkbeständigkeit ist so groß, daß in Gegenwart von gewöhnlicher Seife in hartem Wasser die Ausfällung der unlöslichen Erdalkaliseife vollständig vermieden wird. Im Gegensatz zu den Fettsäurekondensationsprodukten auf Basis stark elektrolytisch wirkender Alkylsulfonsäuren ist das Peptisationsvermögen für eben gebildete Kalkseife auf sein großes Schutzkolloid- und Umhüllungsvermögen im Sinne der klassischen Schutzwirkung der Eiweißstoffe zurückzuführen.

Das Lamepon A kann überhaupt nicht mehr vollständig den ionogen-aktiven Kolloidelektrolyten zugeordnet werden. Es bildet ein Bindeglied zu den überaus interessanten, für die modernste Entwicklung der synthetischen Wasch- und Textilhilfsmittelpräparate so wichtig gewordenen Stoffen, die keine ionogenen Gruppen enthalten, sondern durch Anhäufung schwach solvatisierbarer, wasseraffiner und mit geringen Restvalenzkräften versehenen Molekülstellen vollständige Löslichkeit des hydrophoben Hauptvalenzkettensystems aufweisen (vgl. S. 58).

K. Kationaktive Kolloidelektrolyte.

Die Kenntnisse über die kationaktiven, positiv aufgeladenen Kolloide auf Basis von Fettstoffen sind geschichtlich betrachtet von ungleich kürzerer Dauer als die über die entsprechenden anionaktiven Stoffe.

Krafft[1] hat als erster die seifenähnlichen Eigenschaften höhermolekularer Aminsalze, beispielsweise des Cetylaminhydrochlorids $C_{16}H_{33}NH_2 \cdot HCl$, erkannt.

---

[1] Ber. dtsch. chem. Ges. 29, 1330 (1896).

Die Weiterentwicklung dieses Gebietes verdanken wir REYCHLER[1]. Er beobachtete auch den — im Vergleich zu den gewöhnlichen Seifen — entgegengesetzten Ladungssinn der in wäßrigen Dispersionen befindlichen, elektrisch geladenen Teilchen solcher seifenähnlicher Stoffe, z. B. des Trimethylcetylammoniumbromids:

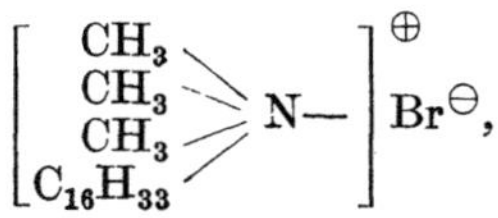

oder des Triäthylcetylammoniumcetylsulfonats:

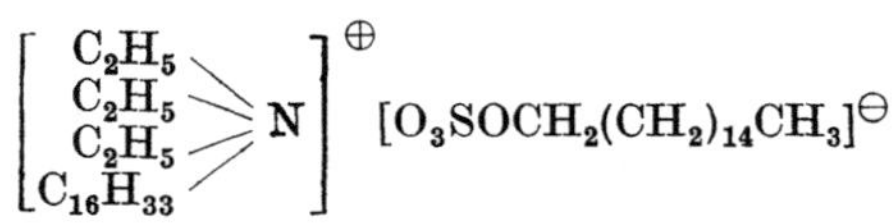

und bezeichnete deshalb dieselben mit dem wenig glücklichen Namen „invertierte Seifen“[2], der durch die moderne und zutreffendere Bezeichnung „Kationseifen“ vorteilhaft ersetzt wurde.

Praktische Anwendung besaßen die damals (1913) untersuchten Verbindungen nicht. Erst seit 1923 finden wir in der Praxis kationaktive Hilfsmittel, die von der Ges. für Chemische Industrie in Basel in den Handel gebracht wurden und später erläutert werden.

Die elektrolytische Dissoziation der kationaktiven Kolloidelektrolyte nach der Gleichung

$$\mathrm{Ka\,Ac} \rightleftharpoons \mathrm{Ka}^{\oplus} + \mathrm{Ac}^{\ominus} \quad (1)$$

ergibt die hochmolekularen Kationen ($Ka^{\oplus}$), die den weitaus größten Teil der Masse der Kationseifen aufweisen und die verhältnismäßig wenig Masse besitzenden, kleindimensionierten Anionen ($Ac^{\ominus}$). Bei Grenzflächenvorgängen wird die infolge der bereits in den Beginn des Kolloidbereiches fallende Eigengröße der hochmolekularen Kationen (20—25Å), höhere Adsorbierbarkeit der positiv geladenen Fettkettenionen und somit eine elektrische Aufladung mit positiven Vorzeichen bewirken.

Anderseits vermögen sich die langkettigen Einzelionen der Kationseifen aneinander anzulagern und bilden dann eine kationaktive Mizelle (S. **11**). Statt an artfremden Grenzflächen kann die Anlagerungsfähigkeit der hochmolekularen Kationen auch an den Begrenzungsflächen der noch nicht dissoziierten Kationseifenkristalle zur Wirkung gelangen und diese unter örtlicher Aufladung an den Adsorptionsstellen peptisieren. Wir erhalten genau wie bei den Anionseifen alle in dem allgemeinen Zustandssystem 1 bis 3 (S. 33) angegebenen Übergänge der einzelnen Verteilungsstadien.

Es wurde bereits S. 7 auf die Kongruenz der Elektrolytaktivität bei den Anion- und Kationseifen aufmerksam gemacht. Dies muß auch in der formalistischen Behandlungsweise der verschiedenen Zustandsstadien der Kationseifenhydrosole zum Ausdruck kommen.

Die großdimensionierten positiv geladenen Fettkettenionen der Kationseifen reagieren mit ebenfalls großdimensionierten Anionen von anionaktiven Kolloid-

---

[1] Bull. Soc. chim. Belg. **26**, 193 (1912); **27**, 113 (1913); Kolloid-Ztschr. **12**, 277 (1913); **13**, 255 (1913); Seifensieder-Ztg. **40**, 851 (1913); **41**, 809 (1914).

[2] Diese Bezeichnungsart sollte an die Drehungssinnumkehrung des polarisierten Lichtes beim Invertzucker erinnern. Bekanntlich besitzt dieser im Vergleich zum rechtsdrehenden, nichthydrolysierten Disaccharid (Rohrzucker) eine entgegengesetzte Ablenkung des polarisierten Lichtes nach links.

elektrolyten (Anionseifen, Farbstoffen usw.) nach streng stöchiometrischen Verhältnissen unter Salzbildung[1]. Die entstandenen Salze sind wegen ihres relativ großen Molekulargewichtes meist wasserunlöslich.

Die Kationseifen werden deshalb in der Praxis wegen ihrer fällenden und fixierenden Wirkung zum Verbessern der Wasser- und teilweise auch der Waschechtheit sowie zur Erhöhung der Naßbügel- und Schweißechtheit substantiver Färbungen u. dgl. verwendet[2].

Es können sogar Pigmente, wie sie in den Mattierungsmitteln vorkommen, auf der Faser fixiert werden[3].

Ebenso fällen gewisse Anionen mit geringem Äquivalentgewicht, z. B. $ClO_4^{\ominus}$, besonders aber mehrwertige Anionen, wie $Fe[(CN)_6]^{4\ominus}$; letztere können in Form von Kaliumferrocyanid wegen der Quantitativität der Fällung zur analytischen Bestimmung von Kationseifen dienen[4].

Infolge der positiven Ladung der großdimensionierten Kationen seifenartiger Stoffe reagieren dieselben nicht mit den kleindimensionierten gewöhnlichen Kationen. Die Kationseifen sind deshalb im Gegensatz zu vielen Anionseifen vollkommen metallsalzbeständig. Man kann sie daher als Netzmittel oder Dispergatoren in metallsalzhaltigen Flotten, z. B. in Imprägnierungsflotten u. dgl., benutzen.

Die seifenartigen, höhermolekularen, kationaktiven Körper können nach chemischen Gesichtspunkten unterteilt werden:

Kationseifen in Form hochmolekularer Basen mit drei- und fünfwertigem Stickstoff

a) aliphatischer Natur,
b) cyclischer oder heterocyclischer Natur.

Daneben kommen — allerdings bisher nur in Vorschlägen des Patentschrifttums und ohne praktische Bedeutung — in Betracht: Kationseifen in Form der Salze hochmolekularer Basen mit vierwertigem Schwefel bzw. fünfwertigem Phosphor oder Antimon.

α) Kationseifen in Form aliphatischer hochmolekularer Basen mit drei- und fünfwertigem Stickstoff.

Die in diese Klasse gehörigen, von der Ges. für Chemische Industrie in Basel 1923[5] gefundenen Vertreter der Kationseifen waren die ersten, praktisch wichtigen kationaktiven Kolloidelektrolyte.

Sie leiten sich vom Ölsäurediäthylaminoäthylamid[6] einer höhermolekularen Base der Formel $C_{17}H_{33}CONHC_2H_4N(C_2H_5)_2$ ab und kommen als deren Salze unter dem Namen „*Sapamin*" in den Handel.

Sapamin A (Acetat): $C_{17}H_{33}CONHC_2H_4N(C_2H_5)_2 \cdot CH_3COOH$;
Sapamin CH (Chlorhydrat): $C_{17}H_{33}CONHC_2H_4N(C_2H_5)_2 \cdot HCl$;

---

[1] CHWALA, MARTINA u. BECKE: Melliands Textilber. **17**, 583 (1936); vgl. hierzu S. 57.

[2] Hierbei wird allerdings meist der Farbton verändert und die Lichtechtheit vermindert.

[3] GÖTTE: Kolloid-Ztschr. **64**, 331 (1933); Melliands Textilber. **17**, 236 (1936). — BERTSCH: Angew. Chem. **47**, 424 (1934); **48**, 52 (1935).

[4] LOTTERMOSER u. STEUDEL: Kolloid-Ztschr. **83**, 37 (1938).

[5] D. R. P. 464142, 567921, 582101; E. P. 294582, 363918; F. P. 657974, 725637; A. P. 2004476.

[6] HARTMANN u. KÄGI: Ztschr. angew. Chem. **41**, 127 (1928).

Sapamin MS (mit Dimethylsulfat quarterniert):

$$C_{17}H_{33}CONHC_2H_4N(C_2H_5)_2\begin{matrix} \diagup CH_3 \\ \diagdown SO_4CH_3 \end{matrix}$$

Sapamin BCH (mit Benzylchlorid quarterniert):

$$C_{17}H_{33}CONHC_2H_4N(C_2H_5)_2\begin{matrix} \diagup Cl \\ \diagdown CH_2C_6H_5 \end{matrix}$$

Sapamin A und CH sind Aminsalze, also nicht laugebeständig; hingegen besitzen Sapamin MS und BCH als Ammoniumverbindungen (S. 6) vollständige Resistenz gegen Alkalien.

Ein weiteres, hochmolekulares Amin mit dreiwertigem Stickstoff ist das Solidogen B (I. G. Farbenindustrie A. G.), ein Nachbehandlungsmittel für substantive Farbstoffe auf Basis amidierten Paraffins[1].

Hierher gehört auch das Sandofix (Chem. Fabrik vorm. Sandoz), ein Umsetzungsprodukt von Chlorhydrinen, z. B. Glycerindichlorhydrin, mit niedermolekularen Aminen, z. B. Äthylendiamin, Monoäthanolamin u. dgl.[2].

β) Kationseifen in Form cyclischer und heterocyclischer hochmolekularer Stickstoffbasen.

Sie leiten sich vorzugsweise von Basen mit fünfwertigem Stickstoff ab. Praktische Bedeutung haben die sog. Pyridiniumsalze, z. B. Dodecylpyridiniumsulfat, bzw. -bisulfat:

$$C_{12}H_{25}—N—SO_4H$$

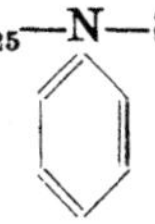

(Böhme Fettchemie G. m. b. H.) und Cetylpyridiniumbromid:

$$C_{16}H_{33}—N—Br$$

(Imperial Chemical Industries Ltd.) erhalten. Sie dienen unter dem Namen Repellat (Böhme Fettchemie G. m. b. H.) bzw. Fixanol (Imperial Chemical Industries Ltd.) zur Erhöhung der Wasserechtheit substantiver Färbungen[3], ferner als Lissolamin A und V (Imperial Chemical Industries Ltd.) zum Abziehen von Küpen- und Naphtholfärbungen[4]. Weitere Anwendung fanden die Alkyl-Pyridiniumsalze, z. B. das schon angegebene Dodecylpyridiniumsulfat, als wichtige Komponenten in substantiv aufziehenden, kationaktiven Mattierungsmitteln, z. B. im Radium-Mattine T 53 (Böhme Fettchemie G. m. b. H.)[5].

---

[1] Z. B. aus Trichlorparaffin und Ammoniak (vgl. A. P. 2061860).

[2] F. P. 805742; E. P. 464921; Schweiz. P. 191564 (Chem. Fabrik vorm. Sandoz).

[3] F. P. 793182 (Böhme Fettchemie G. m. b. H.); Schweiz. P. 173257—261 (Böhme Fettchemie G. m. b. H.); F. P. 748510 (Imperial Chemical Industries Ltd.); E. P. 379396 (Imperial Chemical Industries Ltd.).

[4] F. P. 752728 (Imperial Chemical Industries Ltd.).

[5] E. P. 424672 (Böhme Fettchemie G. m. b. H.); Schweiz. P. 175323 (Böhme Fettchemie G. m. b. H.); Österr. P. 142884 (Böhme Fettchemie G. m. b. H.).

Schließlich kommen unter der Bezeichnung Sapamin KW (Ges. für Chemische Industrie in Basel), Lyofix DE (Ges. für Chemische Industrie in Basel) und Solidogen BSE (I. G. Farbenindustrie A. G.) Nachbehandlungsmittel für substantive Farbstoffe in den Handel, die zwar den hochmolekularen Stickstoffbasen (Amin- und Ammoniumverbindungen) zuzuordnen sind, deren nähere Konstitution aber bisher nicht mit Sicherheit bekannt ist.

Ein neues, wichtiges kationaktives Erzeugnis ist das Velan PF (Imperial Chemical Industries Ltd.). Gemäß seiner Formel

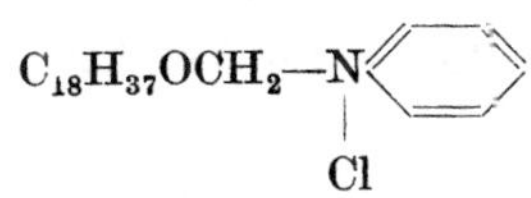

stellt es das Octadecyloxymethylpyridiniumchlorid vor. In Berührung mit Cellulosefasern zerfällt es in der Hitze unter Abspaltung von Pyridin und Salzsäure nach der Gleichung

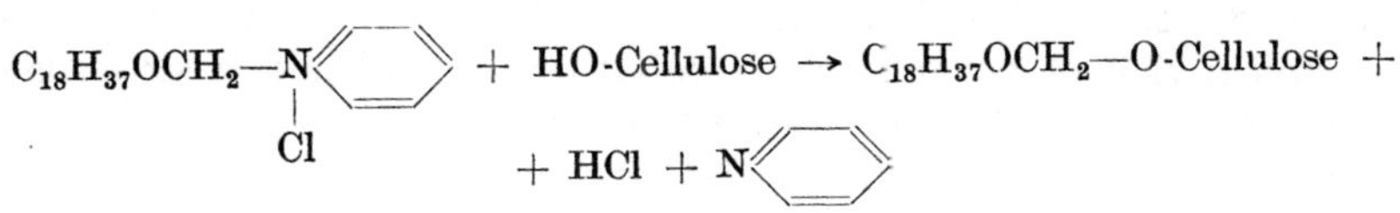
(2)

und bildet den Octadecyloxymethyläther der Cellulose, der in die Klasse der säureempfindlichen Acetale einzureihen ist. Dadurch erhalten Cellulosefasern, aber auch Proteinfasern, eine porös-wasserdichte Ausrüstung[1].

Die positiv aufgeladenen, kristallinen und halbkristallinen Neutralteilchen, ionischen Mizellen oder einfachen, nichtaggregierten Kolloidionen — beispielsweise beim Dodecylpyridiniumbromid — stehen miteinander durch die beiden Gleichgewichte (s. S. 33) in Verbindung.

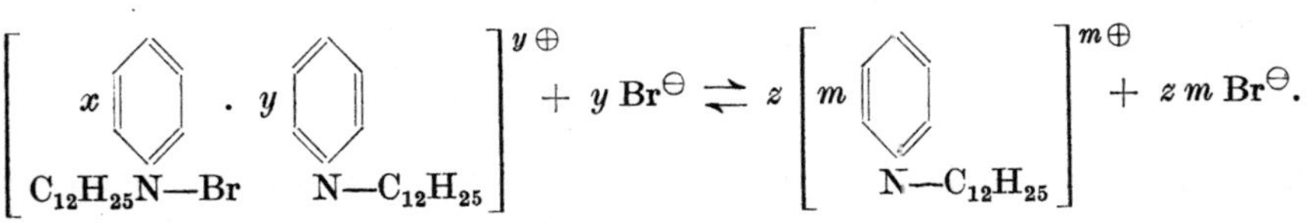
(3)

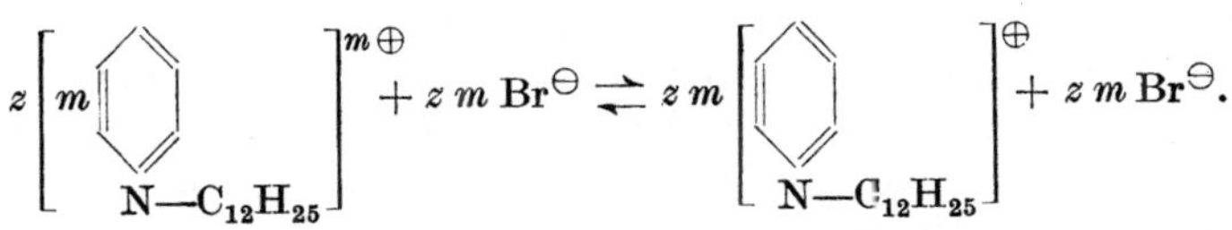
(4)

Für die anderen kationaktiven, vorbeschriebenen Stoffe gilt sinngemäß das gleiche Schema.

In Reaktion mit großdimensionierten Anionen, beispielsweise von Anionseifen, tritt dann durch Wechselwirkung mit den nach (4) gebildeten Kationen Fällung gemäß folgender Gleichung ein[2]:

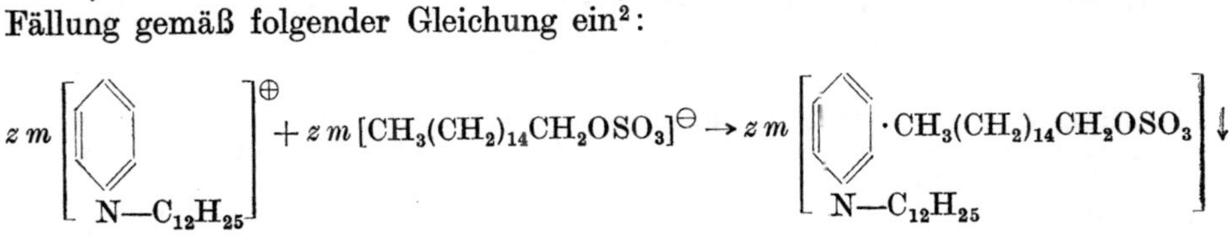
elektroneutral

[1] E. P. 466817, 475119; F. P. 819945 (Imperial Chemical Industries Ltd.).
[2] Vgl. CHWALA, MARTINA u. BECKE: S. S. 55.

Die höhermolekularen, tertiären Sulfonium- bzw. quarternären Phosphoniumverbindungen verhalten sich in wäßrigen Lösungen wie kationaktive Stoffe, besitzen aber bisher nur patentrechtliches Interesse, obwohl die verschiedenartigsten Anwendungen vorgeschlagen wurden[1].

L. Nichtionogene Stoffe mit Seifencharakter.

Neben den anion- und kationaktiven Kolloidelektrolyten sind in der letzten Zeit Waschmittel entwickelt worden, die trotz Fehlens jeglicher ionogenen Gruppe durch Häufung von hydrophilen, wasseraffinen Stellen in der Hauptvalenzkette ähnliche und teils neuartige Effekte im Vergleich zu den Kolloidelektrolyten entfalten.

In gewissem Sinne stellt das Fettsäure-Eiweiß-Kondensationsprodukt Lamepon A (Chemische Fabrik Grün, Landshoff & Meyer) einen Übergang von den elektrolytischen Anion- und Kationseifen zu den neuartigen, lyophilen, seifenartigen Stoffen her (vgl. S. 53).

Bei den modernen, von der I. G. Farbenindustrie A. G. herausgebrachten Wasch- und Textilhilfsmitteln dienen als löslichmachende, solvatisierbare Molekülstellen vielfach gehäufte Sauerstoffätherbrücken[2] und Hydroxylgruppen. Zweifellos wirken die -O-Gruppen infolge ihrer Nebenvalenzen als Oxoniumverbindungen anziehend auf die Wassermoleküle.

In der Hitze werden die Oxoniumverbindungen instabil. Deshalb leidet die Löslichkeit und Emulgierkraft dieser Stoffe in der Wärme. Es treten Trübungen auf, die aber keine Zersetzung anzeigen, sondern beim Wiederabkühlen vollkommen verschwinden. Sie sind lediglich der Ausdruck der verminderten Solvatationsfähigkeit (Wasseraffinität).

Die hier in Frage kommenden Verbindungen bauen sich nach dem nachstehenden allgemeinen Schema durch Anlagerung von Äthylenoxyd an reaktionsfähige Wasserstoffatome — beispielsweise in Hydroxyl- oder in Aminogruppen — wie folgt auf:

$$ROH + x\,C_2H_4O \rightarrow R\,(C_2H_4O)_xC_2H_4OH,$$

$$RNH_2 + x\,C_2H_4O \rightarrow RNH\,(C_2H_4O)_xC_2H_4OH.$$

Je nach der Natur des Restes R kann man zwei große Gruppen derartiger lyophiler Mizellkolloide erkennen. Die eine entsteht durch Anlagerung von Äthylenoxyd an höhermolekulare Alkohole (z. B. aus natürlichen Fettsäuren durch Reduktion erhalten) oder Amine; ihre einzelnen Vertreter unterscheiden sich untereinander durch die verschiedene Größe des Fettrestes sowie durch die verschiedene Anzahl von angelagerten Äthylenoxydmolekülen.

In diese Gruppe gehören[3]:

Emulphore (I. G. Farbenindustrie A. G.);
Peregal O und OK (I. G. Farbenindustrie A. G.);
Palatinechtsalz O (I. G. Farbenindustrie A. G.);
Leonil O (I. G. Farbenindustrie A. G.);
Diazopon A (I. G. Farbenindustrie A. G.).

---

[1] Z. B.: E. P. 436592, 437273 (Imperial Chemical Industries Ltd.); E. P. 438508 (I. G. Farbenindustrie A. G.); F. P. 782143 (I. G. Farbenindustrie A. G.); F. P. 779096 (Böhme Fettchemie G. m. b. H.).

[2] Meist in Form von Poly-Oxy-Alkylätherverbindungen. D. R. P. 544291.

[3] SCHÖLLER: Melliands Textilber. **15**, 357 (1934); **18**, 234 (1937); **19**, 57 (1938). — VALKÓ: Trans. Faraday Soc. **31**, 230, 254 (1935); Österr. Chemiker-Ztg. **40**, 465 (1937). — SCHWEN: Melliands Textilber. **13**, 485 (1932); **14**, 22 (1933). — D. R. P. 548201, 605973; F. P. 713426, 717427, 727202, 752831.

Die zweite Gruppe unterscheidet sich von der soeben erwähnten dadurch, daß ihre Glieder vollständig synthetisierte hydrophobe Hauptvalenzketten, die nicht mehr auf natürlicher Fettbasis entwickelt wurden, enthalten[1].

In diese Gruppe gehören:

Igepal C (I. G. Farbenindustrie A. G.),
Igepal W (I. G. Farbenindustrie A. G.),
Igepal L (I. G. Farbenindustrie A. G.),
Igepal F (I. G. Farbenindustrie A. G.).

M. Die allgemeinen Verhältnisse beim Waschen mit grenzflächenaktiven ionogenen und nichtionogenen Waschmitteln.

Die allgemeinen Verhältnisse beim Waschen von Textilien hängen — neben den jeweiligen spezifischen Anforderungen, die durch die Faserart, den Schmutz und durch die Waschvorrichtung bedingt sind — in erster Linie von den Waschmitteln selbst ab. Bestimmend hierfür ist der ionogen- bzw. nichtionogenaktive Charakter der Waschmittelteilchen. Daneben muß das p_H der Waschflotte und die Einwirkung der in derselben vorhandenen Stoffe, vor allem die Härtebildner des Wassers, auf den Verlauf des Waschens Berücksichtigung finden. Es sind demnach zu unterscheiden:

a) Allgemeine Gesichtspunkte beim Waschen mit ionogen-aktiven Waschmitteln.

b) Allgemeine Gesichtspunkte beim Waschen mit nichtionogen-aktiven Waschmitteln.

c) Das Waschen in sauren Flotten.

d) Das Waschen in hartem Wasser.

a) Allgemeine Gesichtspunkte beim Waschen mit ionogen-aktiven Waschmitteln.

Es wurde auf S. 39 gezeigt, daß nur die anionaktiven, seifenartigen Kolloidelektrolyte als typische Waschmittel angesprochen werden können. Die kationaktiven Seifen laden hingegen die Schmutzteilchen positiv auf, wodurch diesen eine zu den vorzugsweise negativ geladenen Gewebefasern entgegengesetzte Ladung erteilt wird; dadurch werden die Schmutzteilchen vom Textilgut angezogen, dort festgehalten und förmlich fixiert. Die Kationseifen zeigen deshalb in den weitaus überwiegenden Fällen keine Waschwirkung. Nur dann, wenn auch die Fasern positiv aufgeladen sind, ist es in Sonderfällen (Reychler[2] und Evans[3]) möglich, daß kationaktive, seifenartige Kolloidelektrolyte z. B. bei der sauren Wäsche von amphoteren Proteinfasern (Wolle), Waschvermögen besitzen.

Die Anion- und Kationseifen unterscheiden sich demgemäß grundsätzlich in ihrem grenzflächenaktiven Verhalten, was für die Waschvorgänge von ausschlaggebender Bedeutung ist. Sie beeinflussen die den Grenzflächen innewohnende positive oder negative Eigenladung, indem sie diese vergrößern oder vermindern, bzw. unter Umständen sogar eine der ursprünglichen Ladung ent-

[1] Nüsslein: Melliands Textilber. **18**, 248 (1937) **19**, 582 (1938); vgl. F. P. 798728.
[2] Reychler: Kolloid-Ztschr. **12**, 277 (1913); **13**, 252 (1913); Bull. Soc. chim. Belg. **26**, 193 (1912); **27**, 110 (1913); Seifensieder-Ztg. **40**, 851 (1913); **41**, 809 (1914).
[3] Evans: Journ. Soc. Dyers Colourists **51**, 233 (1935).

gegengesetzt gerichtete bewirken (Umladung)[1]. Da nur anionaktive Seifen (gewöhnliche Seifen, Fettalkoholsulfonate, Fettsäurekondensationsprodukte) für das Waschen normalerweise in Betracht kommen, ist es wichtig, zu erinnern, daß die Anwesenheit negativ geladener Fettkettenionen bzw. ionischer Mizellen für einen praktisch befriedigenden Verlauf des Waschprozesses maßgeblich ist. Der Grad der negativen Aufladung der Fasergrenzflächen durch Adsorption von anionaktiven Fettkettenionen ist vom p_H abhängig.

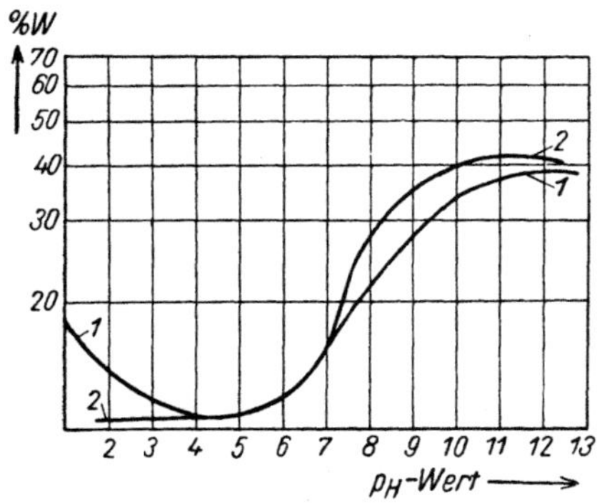

Abb. 19. Waschkraft von 1 g Natriumstearat im Liter, ausgedrückt durch den prozentualen Weißgehalt (%W) in Abhängigkeit vom p_H-Wert, Temperatur 60°. Nach Goette.

Bekanntlich zeigen die anionaktiven gewöhnlichen Seifen nur in alkalischen Flotten ein Waschvermögen. Werden Seifen durch puffernde Zusätze auf p_H 7 gebracht, so sinkt, wie aus Versuchen von Goette[2] hervorgeht, die Waschaktivität sehr stark. Im sauren p_H-Bereich tritt Fettsäureabscheidung ein, die ihrerseits beschmutzend auf das Textilgut wirkt, wie dies aus Abb. 19, die die von Goette erhaltenen Versuchsresultate beim Waschen von künstlich beschmutzter Baumwolle mittels Natriumstearat in Abhängigkeit vom p_H-Wert der Waschflotte bringt, hervorgeht.

Kurve *1* bedeutet hierbei den Weißgehalt künstlich beschmutzter Baumwolle, der beim Waschen mit Wasser mit verschiedenem p_H, und Kurve *2*, den der beim Waschen unter Zusatz von 1 g Natriumstearat im Liter erhalten wird. Man sieht, daß bei den gewöhnlichen Seifen nur in alkalischer Umgebung ein Wascheffekt erzielbar ist. In sauren Flotten sinkt der Weißgehalt infolge Adsorption freier Fettsäuren durch die Baumwolle in Gegenwart von 1 g Natriumstearat im Liter unter jenen, den man mit reinem Wasser gleichen p_H-Wertes erhält.

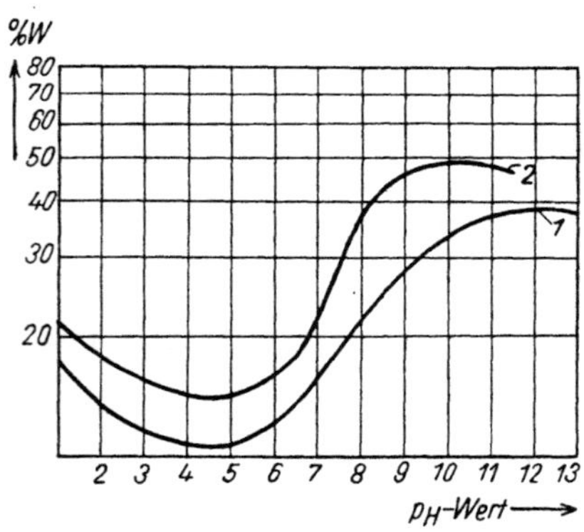

Abb. 20. Waschkraft von 1 g Octadecylnatriumsulfat (Stearinalkohol-natriumsulfonat) im Liter, ausgedrückt durch den prozentualen Weißgehalt (% W) in Abhängigkeit vom p_H-Wert. Temperatur 60°. Nach Goette.

Neben den kalk- und säureunbeständigen gewöhnlichen Seifen kommen nunmehr auch säurebeständige Anionseifen, nämlich die Alkylsulfonate und Alkylsulfate (Fettalkoholsulfonate[3]) in den Handel. Es war interessant festzustellen, wie das Waschvermögen dieser Stoffe vom p_H beeinflußt wird. Die ersten derartigen Versuche verdanken wir ebenfalls Goette. Er untersuchte quantitativ das Waschvermögen höhermolekularer Fettalkoholsulfonate in durch Puffersubstanzen auf bestimmte p_H-Werte eingestellte Waschflotten. Als Testanschmutzung wurde wieder künstlich verunreinigtes Baumwollgewebe benutzt. Im Gegensatz zu den Seifen waschen die höhermolekularen Fettalkoholsulfonate — das gleiche gilt im übrigen auch für die höhermolekularen, einfachen oder abgewandelten

[1] Die Umladung negativ geladener Textilfasern, etwa mittels kationaktiver, seifenartiger Kolloidelektrolyte, ist, wie bereits ausgeführt, für den Waschvorgang schädlich. [2] Goette: Kolloid-Ztschr. **64**, 222, 327, 331 (1933).
[3] Vgl. Bd. II, S. 366 und 390.

Alkylsulfonate, beispielsweise die sog. Fettsäurekondensationsprodukte — Baumwolle selbst in stark sauren Flotten. Die von GOETTE erhaltenen Versuchsresultate bringt Abb. 20.

Hierbei bedeutet die Kurve *1* den Weißgehalt künstlich beschmutzter Baumwolle, der beim Waschen mit Wasser in Abhängigkeit vom p_H erhalten wird. Kurve *2* stellt den Weißgehalt der gleichen Baumwolle nach dem Waschen mit 1 g des Natriumsalzes des Stearinalkoholsulfonates im Liter dar. Wie ersichtlich, entwickeln die säurebeständigen, anionaktiven Waschmittel im ganzen p_H-Bereich ihre Waschaktivität. Es sind deutlich zwei Maximalwerte des Aufhellungseffektes zu ersehen. Der eine befindet sich in verhältnismäßig stark saurer, der andere in leicht alkalischer Lösung. Allerdings ist auch bei den säurebeständigen Anionseifen die optimale Waschkraft in alkalischen Bädern anzutreffen.

Das günstigste p_H beim Waschen von Baumwolle scheint nach den übereinstimmenden Versuchen von RHODES und BASCOM[1] und GOETTE bei p_H 10,7 zu liegen.[2] Einer zu allgemeinen Erweiterung dieses optimalen p_H-Wertes für alle Waschvorgänge und Faserarten, wie dies in der letzten Zeit vielfach geschieht — vgl. z. B. LINDNER[3] — soll hier nicht das Wort geredet werden. Es scheint, daß Wolle günstiger bei p_H 9—10 gewaschen wird, wie man dies aus Versuchen von REUMUTH[4] folgern kann. Beim Waschen von Wolle empfiehlt es sich überhaupt, das p_H der Waschflotte möglichst so zu halten, daß das Bad nur schwach alkalisch reagiert[5]. Anderseits soll das p_H beim Waschen von Wolle mit säurebeständigen Anionseifen nicht zu sauer sein, da, wie REUMUTH zeigte, der Reinigungseffekt in solchem Falle stark zurückgeht. Jedenfalls ist ein Maximal-Waschwert, wie ihn GOETTE[6] bei seinen Waschversuchen von Baumwolle im stark sauren p_H-Bereiche gefunden hat, bei Wolle nicht festzustellen. Zur Erklärung dieses eigenartigen Verhaltens beim Waschen von Wolle in sauren Flotten gibt die Wechselwirkung der elektrischen Ladungen des Fasermaterials und der dispergierten Schmutzteilchen, insbesondere die Veränderungen des elektrokinetischen Grenzflächenpotentials im sauren p_H-Intervall befriedigende Auskunft. Es wird später darauf zurückgekommen.

Einige Bemerkungen sind bezüglich des absoluten Wasch- und Reinigungsvermögens gewöhnlicher Seifen und sog. synthetischer Seifen (Alkylsulfonate und Fettalkoholsulfonate) notwendig. Eine entscheidende Angabe über den Waschwert irgendeines Waschmittels ist bei der Fülle der kolloidchemischen Möglichkeiten und der praktischen Anwendungsverhältnisse ohne nähere Kenntnis der Einzelanforderungen nicht möglich. Die Fettalkoholsulfonate und Fettsäurekondensationsprodukte besitzen beim Waschen von Wolle und Wollwaren zweifellos höhere Waschaktivität als die Seifen. Da sie neutral reagieren, wird die Wollfaser mehr geschont und die Wollqualität besser erhalten. Wenn man gleichen Entfettungs- und Aufhellungsgrad dem Vergleiche zwischen Seifen und synthetischen Waschmitteln zugrunde legt, so kann man nach FRANZ[7] sagen, daß zur Erzielung des gleichen Wascheffektes beim Waschen (Vorappretieren) von Wolle mittels Fettalkoholsulfonate und Fettsäurekondensationsprodukte nur ein Drittel bis ein Fünftel der ansonst notwendigen Seifenmenge

---

[1] RHODES u. BASCOM: Ind. engin. Chem. **23**, 778 (1931).

[2] Neuere Versuche von RHODES u. WYNN [Ind. engin. Chem. **29**, 56 (1937)] ergaben, daß der beste Wascheffekt bei p_H 9,66 erzielt wird.

[3] LINDNER: Chem.-Ztg. **61**, 753 (1937).

[4] REUMUTH: Ztschr. ges. Textilind. **34**, 283, 422 (1931).

[5] Über das Waschen der Wolle in sauren Bädern, insbesondere beim isoelektrischen Punkt (p_H = 4,9, ELOED) [ELOED u. SILVA: Ztschr. physikal. Chem., A **137**, 142 (1928); ELOED u. PIEPER: Ztschr. angew. Chem. **41**, 16 (1928); ELOED u. REUTTER: Melliands Textilber. **19**, 67 (1938)] vgl. S. 63.

[6] GOETTE: a. a. O.

[7] FRANZ: Melliands Textilber. **16**, 277 (1935).

aufzuwenden ist. Bezüglich der Reinigungskraft für Textilwaren aus Cellulosefasern sind die Angaben des Schrifttums einander widersprechend. GOETTE findet, daß die synthetischen Waschmittel auch bei Baumwolle besser waschen als gewöhnliche Seifen, was BRASS[1] bestätigt. LOTTERMOSER und FLAMMER[2] finden im Gegensatze hierzu, daß das Waschvermögen der Seifen für beschmutzte Baumwolle von den Fettalkoholsulfonaten bestenfalls erreicht wird. Die Praxis (Haushaltwäsche, Dampf- oder Maschinenwäscherei) lehrt, daß die synthetischen Waschmittel die gewöhnlichen Seifen bei der Wäsche von Baumwolle und Leinen nicht ersetzen können[3]. Die Lösungen der ersteren sind zu feindispers; es mangelt ihnen das typische Schutzkolloid- und Einhüllungsvermögen der Alkalisalze höhermolekularer Fettsäuren, das unter den extrem strengen Bedingungen der Weißwäscherei (Flottenverhältnis 1 : 3 bis 1 : 5; Kochtemperatur) für den Ausfall der Wäsche, insbesondere für die Peptisation und Inlösunghalten bereits emulgierter Schmutzteilchen unbedingt erforderlich ist.

In Anbetracht der im Verhältnis zur Seife derzeit noch relativ hohen Preise synthetisch aufgebauter Anionseifen ist ihre alleinige Verwendung oft nicht rationell, selbst wenn man berücksichtigt, daß von ihnen nur ein Bruchteil der sonst benutzten Seifenmenge benötigt wird. Man wendet sie daher meist in Gemeinschaft mit gewöhnlichen Seifen an. Dabei kommt die hohe Kalkbeständigkeit und das Kalkseifendispergiervermögen der synthetischen Anionseifen besonders wertvoll zur Geltung. Die gleichzeitige Mitverwendung von Fettsäurekondensationsprodukten und gewisser Fettalkoholsulfonate in Seifenflotten verhindert bei Benutzung harten Wassers das Ausfallen grobflockiger Kalkseifen; hierauf wird noch später zurückgekommen.

Zusammenfassend kann bezüglich des Waschvermögens synthetischer Anionseifen festgestellt werden, daß die Seife in gewissen Zweigen des textilen Waschens, vor allem in der Weißwäscherei, noch nicht verdrängt werden konnte, daß sie aber durch die genannten Anionseifen zur Reinigung von Wolle und Wollwaren (Vorappretur) sowie bei der Hauswäsche von wollenen Bekleidungsstücken mit Vorteil ersetzt werden kann. Im großen und ganzen ist die überragende Stellung gewöhnlicher Seife als Universalwaschmittel trotz ihrer vielen Fehler und entgegen den vielfach geäußerten Erwartungen bisher unerschüttert geblieben. Durch die neuesten Bestrebungen, die Darstellung höhermolekularer Fettsäuren aus Kohle[4] oder Mineralöl-Kohlenwasserstoffen wirtschaftlich zu gestalten, wird die Stellung der gewöhnlichen Seife eher noch gestärkt.

b) Allgemeine Gesichtspunkte beim Waschen mit nicht ionogen-aktiven Waschmitteln.

Diese modernste Gruppe von grenzflächenaktiven Waschmitteln besitzt, wie S. 58 gezeigt, keine die Löslichkeit in Wasser bewirkende salzbildende Gruppe. Der Lösungsprozeß wird vielmehr durch die intermediäre Ausbildung von gehäuften Hydroxylgruppen an den koordinativ ungesättigten Sauerstoffbrücken, der als Polyätheralkohole aufzufassenden Verbindungen bewirkt. Bei den Fettsäurepolyglycerinestern[5] und Glukosiden[6] dienen freilich die Hydroxylgruppen des Polyglycerin- bzw. Glukoserestes direkt als wasseraffine Stellen.

---

[1] BRASS: Monatsschr. f. Textilind., H. 2 u. 3 (1933).
[2] LOTTERMOSER u. FLAMMER: Kolloidchem. Beih. **45**, 359 (1937).
[3] NÜSSLEIN: Melliands Textilber. **18**, 248 (1937). — FRANZ: Angew. Chem. **50**, 467 (1937).
[4] IMHAUSEN: Fette u. Seifen **44**, 411 (1937); Chem.-Ztg. **61**, 1007 (1937). — WIETZEL: Angew. Chem. **51**, 531 (1938). — F. P. 818796.
[5] E. P. 439435.
[6] SCHMALTZ: Kolloid-Ztschr. **71**, 234 (1935).

Im Gegensatz zu den anionaktiven, seifenartigen Kolloidelektrolyten besitzen die kolloiden Teilchen nicht ionogenaktiver Mizellkolloide keine wesentliche Eigenladung. Sie beeinflussen deshalb bei ihrer Anreicherung an Grenzflächen das elektrokinetische Grenzflächenpotential nur in geringem Maße. Ihre Waschaktivität kommt vielmehr dadurch zustande, daß die hydrophoben Kohlenwasserstoffreste sich an den Schmutzteilchen orientiert anreichern, während die hydratisierten Molekülstellen dem Wasser zugekehrt sind und eine stark hydratisierte, von polarisierten Wassermolekülen erfüllte Schicht um jedes Schmutzteilchen bilden. Die aus den adsorbierten nichtionogenen Waschmittelteilchen aufgebaute Zwischenschicht, deren eine, dem Schmutz zugewandte Seite hydrophob ist, während die andere, dem Wasser zugekehrte Begrenzungsfläche wasseraffine Kräfte entwickelt, vermindert die große Grenzflächenspannung zwischen Schmutz und Wasser und ermöglicht dadurch die Dispergierung desselben.

Infolge des Mangels einer salzbildenden ionogen-aktiven Gruppe sind die nichtionogenen Waschmittel, z. B. die Igepale, Leonil O[1] gegen die Einwirkung der Härtebildner des Wassers oder gegen andere Metallsalze vollkommen unempfindlich. Da sie ebenso gegen Säuren und Laugen beständig sind, zeigen die Lösungen derartiger Verbindungen sowohl in hartem Wasser als auch in sauren Flotten gutes Waschvermögen.

c) Das Waschen in sauren Flotten.

Das Waschen im sauren p_H-Bereiche besitzt in manchen Fällen gewisse Vorteile. Unecht gefärbte Textilwaren, die in alkalischen Seifenbädern stark zum „Bluten" neigen, flecken in neutraler oder schwach saurer Umgebung weniger aus. Die Wolle besitzt nach SPEAKMAN[2] im p_H-Gebiet 4—7,5 die größte Widerstandskraft gegenüber äußeren Zugbeeinflussungen. Es wäre nach einem Vorschlag von ELOED[3] denkbar, daß beim Waschen der Wolle im isoelektrischen Punkt (p_H 4,9) die beste Erhaltung ihrer Reißfestigkeit und Elastizität, die beim Waschen in alkalischen Bädern stets mehr oder weniger vermindert werden, möglich ist. Versuche mit den säurebeständigen, synthetischen anionaktiven Waschmitteln in sauren Flotten, wodurch die entsprechenden Alkylsulfonsäuren bzw. Fettalkoholschwefelsäureester — man bezeichnet diese auch mit dem Namen „Wasserstoffseifen"[4] — frei werden, zeigten, daß es immerhin möglich ist, Wolle oder Baumwolle in schwach sauren Flotten mit synthetischen Wasserstoffseifen zu waschen. In stark sauren Bädern ist hingegen eine Wäsche von Wolle[5] mit Wasserstoffseifen, vor allem in der Wärme, nicht möglich. Einerseits werden die Wasserstoffseifen von den Aminogruppen der Salzbindeglieder zwischen den Polypeptidketten, die im stärker sauren Milieu — insbesondere in der Hitze — aufgespalten werden, chemisch gebunden[6]. Zum anderen werden die Schmutzteilchen von den Fettketten-Anionen der Wasserstoffseifen negativ aufgeladen, während die Wollsubstanz in stark sauren Flotten

[1] In diese Klasse gehört auch das Peregal O, das neben guter Egalisierwirkung beachtliches Waschvermögen, insbesondere für Mineralöl, besitzt.

[2] SPEAKMAN u. HIRST: Trans. Faraday Soc. 28, 152 (1932).

[3] ELOED u. SILVA: Ztschr. physikal. Chem., A 137, 142 (1928). — ELOED u. PIEPER: Ztschr. angew. Chem. 41, 16 (1928). — ELOED u. REUTTER: Melliands Textilber. 19, 67 (1938).

[4] Vgl. S. 14.

[5] Baumwolle ist wegen der Empfindlichkeit der Cellulose gegen Säure in stark sauren Waschflotten nicht waschbar.

[6] FRIEDRICH u. KESSLER: Melliands Textilber. 14, 78 (1933). — NEVILLE u. JEANSON: Journ. physical Chem. 37, 1000 (1933). — SCHÖLLER: Melliands Textilber. 19, 57 (1938). Vgl. auch WILLIAMS, BROWN und OAKLEY: Wetting and Detergency, London 1937.

($p_H < 3{,}5$) an sich positive Eigenladung aufweist. Es kommt zur Anziehung der entgegengesetzt geladenen und bereits emulgierten Schmutzteilchen durch die Wollfaser, was ein Wiederaufziehen des schon dispergierten Schmutzes durch die Wolle zur Folge hat.

Ganz anders verhalten sich hierbei die nicht ionogen-aktiven Mizellkolloide, die infolge der fehlenden salzbildenden Gruppe nicht elektrisch dissoziieren und deshalb den dispergierten Schmutzteilchen keine starke negative Aufladung erteilen. In der Tat eignet sich beispielsweise das Leonil O vorzüglich zum Waschen in stark sauren Bädern. Die Waschkraft ist hierbei so stark, daß sogar ein gleichzeitiges Waschen und Färben in den Bereich der Möglichkeit gerückt ist.

Um ein Bild von der Waschaktivität nichtionogener Waschmittel in sauren Flotten zu geben, ist die Entfettung einer mit Mineralöl imprägnierten Wolle beim Waschen mit Leonil O bzw. Igepon T in Tabelle 9 angegeben.

Tabelle 9. Entfettung eines mit 5% Mineralöl imprägnierten Wollgewebes mit Leonil O bzw. Igepon T bei Kochtemperatur. Flottenverhältnis 1:50, 10% Waschmittel, auf Wolle gerechnet.

Waschmittel	Entfettung in Prozent: Neutrale Flotte	Entfettung in Prozent: Unter Zusatz von 0,4 g Schwefelsäure im Liter
Leonil O	30	91
Igepon T	12	2

Man sieht, wie Leonil O bzw. Igepon T in neutralen Bädern nur ungenügend Mineralöl aus der Wolle entfernen. Hingegen ist der Wascheffekt beim nichtionogen-aktiven Leonil O in sauren Flotten gut, während Igepon T überhaupt nicht mehr wäscht. Es wird im sauren Milieu als höhermolekulare Anionseife von der Wollfaser wie ein Farbstoff aufgenommen und festgehalten, so daß es seine Waschkraft nicht entfalten kann.

Ein abschließendes Urteil über den Wert der sauren Wäsche kann jedoch daraus nicht abgeleitet werden. Neben dem reinen Wascheffekt muß noch auf Eigenschaften, die durch den Waschvorgang der Ware erteilt werden, wie offener, weicher Griff, Fehlen stark verfilzter Wollfäden u. dgl. gesehen werden. Nach FRANZ[1] erhält die Wolle durch das Waschen in sauren Bädern einen ungewohnt harten, leeren Griff. Auch soll beim nachfolgenden Verarbeiten auf der Krempelmaschine und beim Verziehen der daraus hergestellten Kammzüge das Rendement weniger günstig ausfallen als bei alkalisch gewaschener Wolle. Nach FRANZ und SPEAKMAN dürfte dies darauf zurückzuführen sein, daß die Cystinbindeglieder durch Säure im Gegensatz zur Einwirkung von Alkalien nicht angegriffen oder gelockert werden, so daß die Salzbindeglieder zwischen den parallel liegenden Polypeptidketten allein die bei mechanischen Beanspruchungen der Wollfaser auftretenden Kräftespannungen aufnehmen müssen. Dadurch bliebe die Wollfaser den mechanischen Angriffen gegenüber zwar an sich widerstandsfähiger, weicht aber weniger elastisch den örtlich starken Zug- und Dehnungskräften aus, wodurch es häufiger zum Bruch und zur Verminderung der Wollfaserqualität kommt. SCHOELLER[2] und ELOED[3] stehen allerdings auf dem Standpunkt, daß die Wolle bei der Reinigung in schwach sauern Bädern nicht nur schonender gewaschen werden kann als in alkalischen Flotten, sondern daß auch die Erhaltung der Warenqualität beachtenswert und bei sachgemäßer Weiterverarbeitung keinerlei Einbußen im Rendement und in der äußeren Beschaffen-

[1] FRANZ: Melliands Textilber. **16**, 277 (1935).
[2] SCHOELLER: Melliands Textilber. **19**, 57 (1938).
[3] ELOED u. SILVA: Ztschr. physikal. Chem., A **137**, 142 (1928). — ELOED u. PIEPER: Ztschr. angew. Chem. **41**, 16 (1928). — ELOED u. REUTTER: Melliands Textilber. **19**, 67 (1938).

heit des Textilgutes zu bemerken ist. In der Tat konnte sich das Waschen von Wolle im sauren p_H-Bereich einstweilen nur insofern durchsetzen, als man beispielsweise derartige Verbindungen wegen ihrer gleichzeitigen Egalisierwirkung auf saure Wollfarbstoffe den Färbebädern zusetzt und damit eine gleichmäßigere Ausfärbung und ein gewisses Reinigungsvermögen auf in der Wolle zurückgebliebene Fettreste erzielt[1].

d) Das Waschen in hartem Wasser.

Das für die Waschprozesse verwendete Wasser ist fast niemals rein. Neben anderen Verunreinigungen enthält es stets mehr oder minder große Mengen von Kalk- und Magnesiumsalzen, die man als Härtebildner bezeichnet. Die gewöhnlichen Seifen bilden unlösliche Calcium- und Magnesiumsalze der höhermolekularen Fettsäuren; sie sind also unbeständig gegen die Härtebildner des Wassers. Es entwickeln deshalb die Seifen nur in weichem Wasser oder künstlich enthärtetem Wasser ihr bestes Waschvermögen. In hartem Wasser bilden sich die unlöslichen Calcium- und Magnesiumseifen, die in schmierigen, groben Flocken ausfallen und von der Textilware bzw. vom Waschgut förmlich filtriert werden. Sie geben dem Textilgut einen unansehnlichen, harten Griff und verschleiern die Farben; auf Weißwaren neigen sie zum Vergilben, wodurch der Weißgehalt beim Lagern zurückgeht.

Um diesem Mißstand zu begegnen, wird in mittleren und größeren Textilfabriken das Wasser künstlich enthärtet und von den Calcium- bzw. Magnesiumsalzen praktisch vollkommen befreit. Die Enthärtung kann nach dem Kalk-Soda-Verfahren oder nach dem Basenaustauschverfahren geschehen. Bei ersterem wird die fällende Wirkung einer kombinierten Einwirkung von Calciumhydroxyd und Natriumcarbonat auf Ca- und Mg-Ionen benutzt, um diese aus dem Wasser zu entfernen. Es bilden sich hierbei kristalline Niederschläge, die infolge der großen Verdünnung nach der Regel von P. P. von Weinmarn[2] zunächst kolloid verteilt entstehen und sich erst später um Kristallisationskeime zu größeren, sich rascher absetzenden Kristallen umwandeln. Demgemäß benötigt das Kalk-Soda-Verfahren verhältnismäßig große Apparate; überdies ist die Enthärtung nicht vollkommen. Das Basenaustauschverfahren (auch Permutitverfahren genannt) benutzt die bindende Kraft verschiedener natürlicher oder künstlicher Zeolithe für Calcium- und Magnesium-Ionen. Die Regenerierung findet durch Behandlung mit konzentrierter Kochsalzlösung statt. Die Enthärtung ist nahezu vollkommen; das die Permutitanlage verlassende Wasser zeigt einen Härtegrad von etwa 0,05 bis 0,08° DH.

Vielfach ist es nicht möglich, großapparative Enthärtungsanlagen, die verhältnismäßig erhebliche Investitionskosten erfordern, zur Enthärtung von Rohwasser zu verwenden. Man begnügt sich zuweilen mit einem einfachen Sodazusatz zum harten Wasser. Hierbei muß festgestellt werden, daß der Sodazusatz grundsätzlich *vor* dem Seifenzusatz und zweckmäßig in der Hitze geschehen muß. Nur auf diesem Wege ist ein beträchtlicher Umsatz der Soda mit den Härtebildnern des Wassers möglich. Verwendet man die Soda *gleichzeitig* mit der Seife, so ist die Enthärtungswirkung gering. Die Bildungsgeschwindigkeit der unlöslichen Calcium- und Magnesiumseifen ist sehr groß, so daß selbst in Gegenwart von Soda und in der Hitze stets ein sehr beträchtlicher Teil der Alkalisalze höhermolekularer Fettsäuren in die für den Waschprozeß wertlosen Alkali- und Magnesiumseifen übergeführt wird.

---

[1] Vgl. aber Nüsslein: Melliands Textilber. **19**, 582 (1938). — Hansawerke: Melliands Textilber. **19**, 587 (1938).

[2] P. P. v. Weinmarn: Die Allgemeinheit des Kolloidzustandes. Dresden. 1925.

Die Unbeständigkeit gewöhnlicher Seifen gegen die Härtebildner des Wassers kommt nicht so sehr in der eigentlichen Waschflotte als beim nachfolgenden Spülprozeß zum Vorschein. Die in der Waschflotte ursprünglich angesetzte Seifenmenge reicht meist aus, um die an sich nicht verhinderbare Umsetzung derselben mit den vorhandenen Calcium- und Magnesiumsalzen während des Waschens zwar nicht zu vermeiden, aber die entstandenen unlöslichen Metallseifen in feinster Dispersion kolloidal zu erhalten. Die Seifen besitzen nämlich, sofern sie im Überschuß vorhanden sind, Dispergierwirkung auf ihre eben gebildeten, noch hydratisierten Calcium- und Magnesiumseifen. Dies gilt nur für die in statu nascendi entstehenden Erdalkaliseifen. Beim Verdünnen während des Spülens, wo große Calcium- und Magnesiumsalzmengen durch das Spülwasser in das Waschbad gebracht werden, findet weitere Umsetzung der noch vorhandenen Seifenmengen mit den Härtebildnern statt, wodurch die zur Dispergierung der Erdalkaliseifen notwendigen Seifen verbraucht werden. Letztere fallen in groben Flocken aus und bilden leicht schmierige Flecken auf dem Textilgut.

Einen wichtigen Fortschritt der auf kolloidchemischen Grundsätzen beruhenden Variante zur Vermeidung der Schäden, die durch die Härtebildner des Wassers bei Verwendung von kalkunbeständiger gewöhnlicher Seife verursacht werden, bedeutet das Auffinden der synthetischen gegen die Härtebildner beständigen Waschmittel. Sie besitzen neben ihrer Waschkraft ein ausgeprägtes Dispergiervermögen für eben entstehende, noch hydratisierte Calcium- und Magnesiumseifen und verhindern das Aggregieren und Ausflocken derselben. Dies gilt streng nur dann, wenn derartige Mittel vor der Seife oder spätestens gleichzeitig mit der Seife dem harten Wasser zugesetzt werden. Bereits ausgeflockte oder gar getrocknete Erdalkaliseifen können durch die synthetischen Waschmittel nicht mehr in feinste kolloide Verteilung gebracht werden. Das günstige Verhalten synthetischer Anionseifen kommt vor allem beim Spülprozeß, wo erst recht die Gefahr der Erdalkaliseifenbildung herrscht, vorteilhaft zur Geltung. Infolge der hohen, eigenen Kalkbeständigkeit bewirken auch stöchiometrisch vielfach überschüssige Mengen von Calcium- und Magnesiumionen keinerlei Ausflockung der durch die synthetischen Waschmittel feindispergierten Erdalkaliseifenteilchen. Dies gilt sowohl für die anionaktiven seifenartigen Kolloidelektrolyte, insbesondere für Fettsäurekondensationsprodukte (Igepon T, Lamepon A, Ultravon K, Neopol T usw.) als auch für die nichtionogen-aktiven Mizellkolloide auf Basis höhermolekularer Polyätheralkohole (Igepal C, Igepal W, Leonil O, Peregal O u. dgl.). Vor allem besitzen letztere ein Kalkseifendispergiervermögen, das bisher unübertroffen ist. Dies ist auf ihr gutes Schutzkolloidvermögen sowie auf ihre absolute Unempfindlichkeit gegen Metallsalze wegen des Fehlens salzbildender Gruppen zurückzuführen.

Die zur Dispergierung eben entstehender, noch hydratisierter Erdalkaliseifen notwendigen Mengen von Anionseifen (Igepon T, Lamepon A, Gardinol KD) bzw. nichtionogenen, seifenartigen Mizellkolloiden (Peregal O, Igepal C) in Wasser von 20 DH. bringt Tabelle 10, die deutlich die Überlegenheit nichtionogener Kalkseifendispergatoren zeigt.

Tabelle 10. Kolloiddispergierung von Erdalkaliseifen; anzuwendende Dispergatormengen in Prozent vom Seifengewicht zur Verhinderung des Ausfallens grobflockiger Kalk-Magnesia-Seifen. Temperatur 30° C, Härte des Wassers 20° DH.

Kalkseifendispergator	Anzuwendende Menge Dispergator in Prozent vom Seifengewicht
Gardinol KD	40
Lamepon A	21
Igepon T	16
Peregal O	14
Igepal C	11—12

Der kolloidchemische Vorgang beim Dispergieren eben entstehender, hydratisierter Calcium-Magnesium-Seifen durch anionaktive Kolloidelektrolyte bzw. nichtionogen-aktive Mizellkolloide beruht auf einer Anreicherung der Fettkettenionen bzw. nichtdissoziierter Moleküle an der Oberfläche der Erdalkaliseifenteilchen. Die hydrophoben Kohlenwasserstoffreste sind hierbei zur ebenfalls hydrophoben Grenzfläche der Erdalkaliseifen zugekehrt, vielleicht sogar in das Metallseifengerüst oberflächlich eingebaut. Die hydrophilen, ionogenen Gruppen der Fettkettenionen bzw. die hydratisierten Molekülstellen der Mizellkolloide sind dem Wasser zugewandt und binden infolge wasseraffiner Kräfte die polarisierten Wassermoleküle.

Ein gänzlich anderer Weg zur Vermeidung von Kalkseifenschäden wurde in jüngster Zeit durch die Verwendung solcher Mittel beschritten, die die Ionen der Härtebildner koordinativ in einem Anionkomplex binden. Hierzu sind anhydrische Phosphate, beispielsweise Natriumhexametaphosphat ($Na_6P_6O_{18}$)[1, 2], und Natriumpolyphosphate, z. B. das Natriumtripolyphosphat und das Natriumtetrapolyphosphat[3], geeignet. Sie binden die Härtebildner, beispielsweise Calciumionen, wie folgt koordinativ ab:

Natriumhexametaphosphat

$$Na_2[Na_4(PO_3)_6] + Ca^{\cdot\cdot} \rightarrow Na_2[Na_2Ca(PO_3)_6] + 2\,Na^{\cdot}.$$

Natriumtripolyphosphat

$$Na[Na_4P_3O_{10}] + Ca^{\cdot\cdot} \rightarrow Na[Na_2CaP_3O_{10}] + 2\,Na^{\cdot}.$$

Natriumtetrapolyphosphat

$$Na_2[Na_4P_4O_{13}] + Ca^{\cdot\cdot} \rightarrow Na_2[Na_2CaP_4O_{13}] + 2\,Na^{\cdot}.$$

Unter der Bezeichnung Trilon A und Trilon B sind von der I. G. Farbenindustrie A. G.[4] zwei ähnlich wirkende Produkte in den Handel gebracht worden. Sie sind auf Basis von Aminopolycarbonsäuren aufgebaut. Dem Trilon A dürfte das Natriumsalz der Aminotrimethylcarbonsäure (Nitrilotricarbonsäure) von der Formel $N(CH_2COONa)_3$, dem Trilon B das Natriumsalz der Äthylendiamintetramethylcarbonsäure von der Formel $(NaOOCCH_2)_2N\cdot CH_2\cdot CH_2\cdot N(CH_2COONa)_2$ zugrunde liegen.

Die koordinative Komplexbindung der Erdalkaliionen durch die Aminopolycarbonsäuren geschieht durch die Hauptvalenz-Absättigung zweier Wasserstoffe der Carboxylgruppen sowie durch die Nebenvalenz-Bindung durch Stickstoffatome. In der Tat ist die Beständigkeit derartiger Komplexverbindungen so groß, daß sie auch in der Kochhitze im Gegensatz zu den Komplexverbindungen anhydrischer Phosphate nicht aufgespalten werden. Die

---

1 E. P. 378345, 425001, 424677, 424959, 428961, 448608; F. P. 756761, 786332; D. R. P. 571738, 580233; A. P. 1956515, 2032173; Schweiz. P. 173420, 175808. — Volz: Melliands Textilber. **16**, 780 (1935). — Steiner: Melliands Textilber. **17**, 507, 587, 660 (1936). — Lindner: Melliands Textilber. **17**, 861, 935 (1936).

2 Es kommt mit einem Gehalt von etwa 10% Natriumpyrophosphat unter dem Namen *Calgon* in den Handel.

3 Fleitmann u. Henneberg: Liebigs Ann. **65**, 325 (1848). — Ülsmann: Liebigs Ann. **118**, 100 (1861). — Schwarz: Ztschr. anorgan. allg. Chem. **9**, 253 (1895). — Stange: Ztschr. anorgan. allg. Chem. **12**, 444 (1896). — Parravano u. Calcagni: Ztschr. anorgan. allg. Chem. **65**, 1 (1910). — Herbst: Dtsch. Färberztg. **72**, 351 (1936). — Huber: Ztschr. anorgan. allg. Chem. **230**, 123 (1936); Angew. Chem. **50**, 323 (1937). — Hedrich: Chem.-Ztg. **61**, 793 (1937). — Andress u. Wüst: Ztschr. anorgan. allg. Chem. **237**, 113 (1938). — E. P. 436235, 437128, 441474, 447467; A. P. 2019665/6, 2031827, 2059570; F. P. 818116, 822584; Schweiz. P. 191212, 191558.

4 I. G. Farbenindustrie A. G.: E. P. 474518; Schweiz. P. 190986.

Verhinderung der Erdalkaliseifenschäden durch Trilon A und vorzugsweise durch Trilon B ist wesentlich wirksamer als durch die zuerst genannten Stoffe. Entsprechend diesen theoretischen Befunden haben sich die Trilone bei gewissen Spezialvorgängen — etwa beim „Seifen“ von Küpen — und Naphtholfärbungen in Gegenwart von Fettalkoholsulfonaten, Fettsäurekondensationsprodukten oder Igepalen ausgezeichnet bewährt.

II. Die Eigenschaften der Seifen.

Von **L. LASCARAY**, Vitoria.

Einleitung.

Die Entwicklung des Begriffes der gewöhnlichen Seifen (Alkalisalze der höhermolekularen Fettsäuren) als Teil der Gesamtheit der Verbindungen mit Seifencharakter wurde im Abschnitt I besprochen. Es genügt deshalb, hier nur noch auf den Begriff der technischen Seifen zurückzukommen. Die allgemeine, kolloidchemische Definition anion- und kationaktiver seifenartiger Kolloidelektrolyte reicht für die Charakterisierung der technischen Seifen oft nicht aus. Diese Seifen enthalten meist kleine Elektrolytmengen, welche keineswegs nur eine Unreinheit sind, sondern als gewünschte Bestandteile im Produkt auftreten und gewisse besondere Eigenschaften bei den gewöhnlichen Seifen, wie Härte, Plastizität, Haltbarkeit usw., mitbedingen. Ein mehr oder minder großer

Tabelle 11. Name, Formel und Molargewicht der wichtigsten fettsauren Alkalisalze.

Name	Formel	Molargewicht		
		Na-Salz	K-Salz	NH_4-Salz
Gesättigte Salze:				
Formiat	$M \cdot CHO_2$ [1]	68	84	63
Acetat	$M \cdot C_2H_3O_2$	82	98	77
Propionat	$M \cdot C_3H_5O_2$	96	112	91
Butyrat	$M \cdot C_4H_7O_2$	110	126	105
Valerianat	$M \cdot C_5H_9O_2$	124	140	119
Caproat	$M \cdot C_6H_{11}O_2$	138	154	133
Önanthat	$M \cdot C_7H_{13}O_2$	152	168	147
Caprylat	$M \cdot C_8H_{15}O_2$	166	182	161
Pelargonat (Nonylat)	$M \cdot C_9H_{17}O_2$	180	196	175
Caprinat	$M \cdot C_{10}H_{19}O_2$	194	210	189
Laurat	$M \cdot C_{12}H_{23}O_2$	222	238	217
Myristat	$M \cdot C_{14}H_{27}O_2$	250	266	245
Palmitat	$M \cdot C_{16}H_{31}O_2$	278	294	273
Stearat	$M \cdot C_{18}H_{35}O_2$	306	322	301
Arachidat	$M \cdot C_{20}H_{39}O_2$	334	350	329
Behenat	$M \cdot C_{22}H_{43}O_2$	362	378	357
Lignocerat	$M \cdot C_{24}H_{47}O_2$	390	406	385
Cerotat	$M \cdot C_{26}H_{51}O_2$	418	434	413
Ungesättigte Salze:				
Physeterat	$M \cdot C_{16}H_{29}O_2$	276	292	271
Oleat, Elaidat	$M \cdot C_{18}H_{33}O_2$	304	320	299
Erucat, Brassidat	$M \cdot C_{22}H_{41}O_2$	360	376	355
Linoleat, Stearolat	$M \cdot C_{18}H_{31}O_2$	302	318	297
Linolenat	$M \cdot C_{18}H_{29}O_2$	300	316	295
Ricinoleat	$M \cdot C_{18}H_{33}O_3$	320	336	315

[1] M bedeutet ein Alkalimetall.

Elektrolytgehalt muß als normaler Bestandteil technischer Seifen angesehen werden. Anderseits sind die technischen Seifen niemals aus einem einzigen fettsauren Salz aufgebaut, sondern stellen Mischungen der Alkalisalze verschiedener gesättigter und ungesättigter Fettsäuren dar. Außerdem wird bei technischen Seifen die unterste Grenze der Kohlenstoffatomzahl im Fettrest mit 12 anzusehen sein. *Technische Seifen sind also Mischungen hydratisierter, elektrolythaltiger Alkalisalze höhermolekularer Fettsäuren, deren Kohlenstoffatomzahl vorzugsweise zwischen 12 bis 18 liegt.*

Die wichtigsten Alkalisalze der Fettsäuren sind in Tabelle 11 zusammengestellt. Zur besseren Übersicht sind darin auch Angaben über Formel und Molekulargewicht der Alkalisalze von niedermolekularen aliphatischen Carbonsäuren angegeben, welche nicht als Seifen zu bezeichnen sind.

A. Physikalische Eigenschaften der Seifen.

a) Der Schmelzpunkt der reinen fettsauren Alkalisalze.

Die Seifen als solche, d. h. die hydratisierten Alkalisalze der Fettsäuren, besitzen keinen typischen Schmelzpunkt. Sie bilden Gallerten, welche unter dem Einfluß einer Temperaturerhöhung in flüssige Systeme übergehen. Die Temperatur aber, bei welcher sich dieser Vorgang abspielt, ist stark vom Wasser- und Elektrolytgehalt der Seife abhängig.

Ein wirklicher Schmelzpunkt kann nur bei den reinen wasserfreien fettsauren Salzen bestimmt werden. Diese Bestimmung stößt allerdings auf Schwierigkeiten, weil die Zersetzungstemperatur der Salze sehr nahe an ihrem Schmelzpunkt liegt. Dazu kommt noch, daß die absolute Wasserfreiheit des Untersuchungsmaterials gar nicht leicht zu erreichen ist. Die Seife hält die letzten Spuren Wassers außerordentlich fest und das Vorhandensein solcher kleiner Wassermengen genügt, um den Schmelzpunkt stark herunterzudrücken.

Die ersten Schmelzpunktsbestimmungen der Natriumsalze stammen von F. KRAFFT[1] und sind in der Tabelle 12 angegeben.

Tabelle 12. Schmelzpunkte fettsaurer Natriumsalze.

Natriumlaurat	ca. 255—260°
Natriummyristat	„ 250°
Natriumpalmitat	„ 270°
Natriumstearat	„ 260°
Natriumoleat	„ 232—235°
Natriumelaidat	„ 225—227°
Natriumerukat	„ 230—235°
Natriumbrassidat	„ 245—248°

In neuerer Zeit sind von N. N. GODBOLE und K. A. JOSHI[2] die Schmelzpunkte der Natrium- und Kaliumseifen höhermolekularer Fettsäuren bestimmt worden (Tabelle 13).

Die Kaliumsalze scheinen nach diesen Untersuchungen etwas niedriger zu schmelzen als die entsprechenden Natriumsalze. Die Unterschiede sind aber nicht groß.

Tabelle 13. Schmelzpunkte fettsaurer Natrium- und Kaliumsalze.

	Natriumsalz	Kaliumsalz
Caproat	225—235°	218—228°
Caprylat	222—230°	200—210°
Palmitat	258—267°	247—250°
Stearat	255—272°	255—260°
Oleat	230—235°	215—225°

Vor kurzem hat H. A. R. KAUFEL[3] die Schmelzpunkte der Seifen der völlig reinen Fettsäuren nachgeprüft. Reines Natriumpalmitat schmolz bei 270°, Zersetzung trat aber schon bei 240° ein und bei 270° lief der braune Sirup zusammen. Kaliumpalmitat schmilzt nach KAUFEL bei 252—254° und

[1] Ber. dtsch. chem. Ges. **32**, 1598 (1899).
[2] Allg. Öl- u. Fett-Ztg. **27**, 77 (1930).
[3] Dissertation. Hannover. 1936.

färbt sich leicht schon bei 240°. Natriumlaurat schmilzt bei 242—244° zu einer farblosen durchsichtigen Masse und zersetzt sich erst oberhalb des Schmelzpunktes. Ähnlich verhält sich das bei 210—212° schmelzende Kaliumlaurat. Natriumoleat schmolz bei 248—250° unter leichter Verfärbung, Kaliumoleat unter Zersetzung bei ca. 235°.

b) Die Hygroskopizität der Seifen.

α) *Der Vorgang der Wasseraufnahme aus der Luft.*

Die fettsauren Alkalisalze nehmen Wasser auf, wenn sie der feuchten Luft ausgesetzt sind. Die Erscheinung verläuft in zwei Stufen: Die Luftfeuchtigkeit wird zuerst von der Oberfläche des Salzes adsorbiert; sie dringt dann unter Quellung in das Innere des Kristalls ein. Der erste Teil der Erscheinung kann als eine gewöhnliche Adsorption eines Dampfes durch einen festen Körper aufgefaßt werden. Der adsorbierte Dampf wird an der Oberfläche des Adsorbens verdichtet, so daß der zweite Teil der Erscheinung die gewöhnliche Quellung einer Seife in Wasser ist (s. S. 122).

Während diese Wasseradsorption, wie jede reine Adsorption, auf einen Gleichgewichtszustand hinzielt, welcher für ein bestimmtes Salz nur von der Temperatur und dem Dampfdruck des Wassers abhängt, ist die Quellung an keine Grenze gebunden, weil die Seifen *unbegrenzt quellbare Gele* sind, d. h. flüssiges Wasser unbegrenzt aufnehmen. In einem fortwährend mit Wasser vollgesättigten Luftraum wird daher das Adsorptionsgleichgewicht stetig durch die Quellung zerstört, und die Wasseraufnahme wird sich bis zum Zerfließen der Seife fortsetzen.

In einer ungesättigten Atmosphäre hat die Erscheinung ein Ende, wenn der Dampfdruck des Seifengels, welcher mit fortschreitender Wässerung steigt, denjenigen des Luftraumes erreicht. Von diesem Augenblick an kann eine Wasseraufnahme nicht mehr stattfinden. Diese Grenze, welche von der Temperatur und der Luftfeuchtigkeit abhängt, ist für reines Natriumstearat bei konstanter Temperatur und verschiedenem Feuchtigkeitsgrade von J. R. KATZ[1] und von E. KRATZ[2] gemessen worden. Das Verhältnis zwischen aufgenommener Wassermenge und Feuchtigkeitsgrad kann durch eine S-förmige Kurve, wie Kurve *OABC* der Abb. 21, dargestellt werden. Der untere Ast *OA* der Kurve hat die Form einer *Adsorptionsisotherme*; die Wasseraufnahme ist zuerst stark, verringert sich aber mit fortschreitender Erhöhung des Feuchtigkeitsgrades, bis man in dem fast senkrechten Teil *AB* der Kurve eine Art *Adsorptionssättigung* erreicht, denn große Änderungen des Feuchtigkeitsgrades bedingen sehr kleine Änderungen der aufgenommenen Wassermenge. Diesem ersten Teil der Kurve entspricht also eine fast reine Adsorption, ohne daß sich der Einfluß der Quellung stark bemerkbar macht. Erst von Punkt *B* ab, längs von *BC*, zeigt sich die Bindung des Wassers im Inneren der Seife, die eigentliche Quellung, in immer steigendem Maße, so daß im fast waagerechten Ast der Kurve kleine Änderungen des Feuchtigkeitsgrades sehr starke Änderungen der aufgenommenen Wasser-

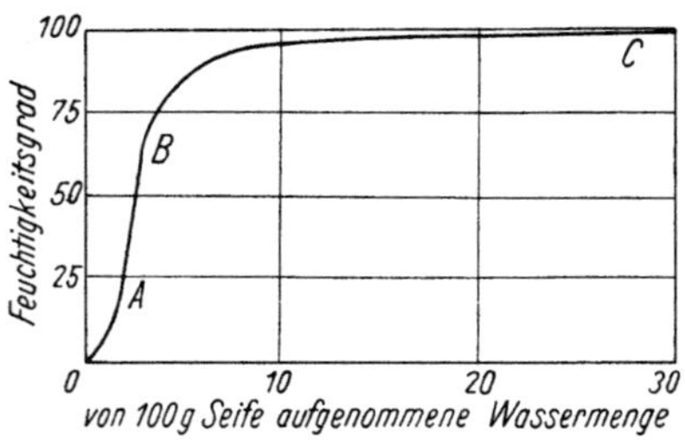

Abb. 21. Maximale Wasseraufnahme von Natriumstearat.

---

[1] Kolloidchem. Beih. 9, 1 (1917). [2] Ztschr. Dtsch. Öl-Fettind. 44, 25 (1924).

menge hervorrufen. Die Kurve erreicht asymptotisch die Abszissenachse, wie es einem unbegrenzt quellbaren Gel entspricht.

Das Gleichgewicht bei konstanter Temperatur und konstantem Feuchtigkeitsgrad ist *reversibel*, d. h. man gelangt zum gleichen Endresultat durch Entwässerung eines wasserreichen oder durch Wässerung eines trockenen Gels. Gewisse Ergebnisse von E. KRATZ scheinen trotzdem die nicht ganz einwandfrei bewiesene Existenz von Hysteresiserscheinungen zu zeigen.

Die Hygroskopizität der technischen Seifen läßt sich zuweilen beobachten. Bekannt ist, daß Kalinatronseifen an der feuchten Luft viel leichter Wasser aufnehmen und feucht werden als Natronseifen. Eine an der Luft aufbewahrte Seife wird Wasser aufnehmen oder abgeben, je nach ihrem Wassergehalt und der Luftfeuchtigkeit. In der Tabelle 14 wird, nach E. L. LEDERER[1], für verschiedene Seifen der Feuchtigkeitsgrad angegeben, bei welchem Gleichgewicht herrscht, d. h. weder Wasseraufnahme noch Wasserabgabe stattfindet.

Tabelle 14. Feuchtigkeitsgrad der Seifen im Gleichgewichtszustand.

Art der Seifen	Fettsäuregehalt (in Prozenten)	Feuchtigkeitsgrad (in Prozenten)
Pilierte Seifen	80	87
Kernseifen	66	96,5
,, ...	60	97,5

Wie sich aus diesen Zahlen ergibt, ist nur in außerordentlich feuchten Räumen die Hygroskopizität der Kernseifen zu merken.

β) *Die Geschwindigkeit der Feuchtigkeitsaufnahme.*

Die vorstehenden Ausführungen beziehen sich auf das endgültige Gleichgewicht, das erst nach längerer Zeit, nach Wochen oder sogar Monaten, erreicht wird. Die *Geschwindigkeit* der Wasseraufnahme von Seifen in feuchter Luft ist nämlich um so geringer, je mehr man sich dem Gleichgewichte nähert. Die Außerachtlassung dieser Tatsache kann zu der falschen Annahme von Hysteresiserscheinungen führen. N. N. GODBOLE und K. A. JOSHI[2] haben die Geschwindigkeit der Wasseraufnahme einiger reiner fettsaurer Salze gemessen. Abb. 22 zeigt, im Falle des Natriumstearats, die allgemeine parabolische Form dieser Kurven.

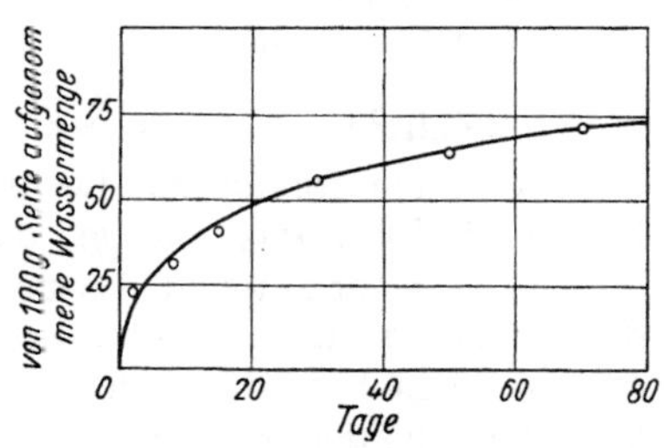

Abb. 22. Geschwindigkeit der Wasseraufnahme von Natriumstearat.

γ) *Verschiedene Einflüsse auf die Hygroskopizität der Seifen.*

Man findet im Schrifttum keine experimentellen Daten über den Einfluß der *Temperatur* auf die Hygroskopizität der Seifen. Bedenkt man, daß sowohl die Adsorption wie die Quellung exothermische Vorgänge sind, so kann nach dem Prinzip von LE CHATÉLIER-VAN'T HOFF gefolgert werden, daß eine Temperaturerniedrigung die Hygroskopizität der Seifen herabsetzen muß.

Auch die *Art des Metalls* übt auf die Hygroskopizität einen Einfluß aus. Kaliumseifen sind hygroskopischer als Natriumseifen, wie aus Versuchen von C. STIEPEL, M. H. FISCHER[3] und N. N. GODBOLE und K. A. JOSHI hervorgeht. Der Einfluß der *Fettsäure* ist nicht so deutlich. Nach M. H. FISCHER erhöht sich

---

[1] Ztschr. Dtsch. Öl-Fettind. **46**, 519 (1926); Ztschr. angew. Chem. **39**, 1007 (1926).
[2] Allg. Öl- u. Fett-Ztg. **27**, 77 (1930).
[3] C. STIEPEL: Fette, Öle, Wachse usw., S. 100. Leipzig. 1911. — M. H. FISCHER: Seifen und Eiweißstoffe, S. 124. 1922.

die Hygroskopizität beim Aufsteigen in der homologen Reihe[1], während C. STIEPEL und N. N. GODBOLE und K. A. JOSHI zu dem entgegengesetzten Ergebnis kommen. Oleate sind immer hygroskopischer als Stearate.

c) Die Löslichkeit der Seifen.

1. Löslichkeit der fettsauren Alkalisalze in Wasser.

Der Mechanismus der Quellung und des Gel-Sol-Überganges bei den gewöhnlichen Seifen in wäßrigem Medium wurde S. 46 behandelt. Die Natur dieser kolloiden Lösungen, ihr Kolloidfeinbau und die daraus folgenden Eigenschaften wurden dort näher erörtert. Vor allem wurde auf den Mizellcharakter der kolloiden Seifenlösungen hingewiesen.

In der Tat waren es die gewöhnlichen Alkalisalze der Fettsäuren, an denen die Eigenschaften und das Verhalten der sog. „Mizellkolloide" zuerst studiert wurden. Die Mizellgröße ist bei den Seifen wie bei allen Anion- und Kationseifen einerseits von der Länge und dem Aufbau der Fettkette, andererseits von der Art des Gegenions, im Falle der Seifen des Metallions, abhängig. Bekannt ist, daß Ammoniumseifen „löslicher" als Kaliumseifen und diese ihrerseits wieder „löslicher" als Natriumseifen sind. Der Ausdruck „löslicher" bedeutet hier „aus kleineren Mizellen bestehend".

Ebenso beruht die eigenartige, von J. MIKUMO[2] beobachtete Wirkung, die leichtlösliche, kleinmolekulare Seifen auf die Löslichkeit großmolekularer Seifen (C_{16}—C_{18}) ausüben, auf einer Veränderung der Mizellen. Wird z. B. zu einer Lösung von Natriumstearat in der Wärme etwas Natriumlaurat zugesetzt, so beobachtet man nach dem Filtrieren der auf 20° langsam abgekühlten Lösung, daß das Filtrat einen kleineren Hundertsatz Gesamtseife enthält, als wenn kein Laurat zugesetzt worden wäre. Führt man denselben Versuch bei 50° durch, so erhält man ein gesamtseifenreicheres Filtrat als ohne Lauratzusatz. Es bilden sich wahrscheinlich gemischte Mizellen von Natriumlaurat und -stearat, deren Eigenschaften hauptsächlich in bezug auf den Einfluß der Temperatur auf ihre Größe andere sind als die der Mizellen der reinen Einzelseifen.

2. Löslichkeit fettsaurer Alkalisalze in organischen Lösungsmitteln.

Von allen organischen Lösungsmitteln, absolute Wasserfreiheit vorausgesetzt, ist *Äthylalkohol* das einzige, das fettsaure Alkalisalze in merklichen Mengen auflöst. Die erhaltenen Lösungen sind „wahre", „echte" oder molekulare, denn das aus der Siedepunktserhöhung berechnete Molekulargewicht ist im Rahmen des Verhaltens der Elektrolytlösungen normal (s. S. 82). Bei der Abkühlung scheiden sich aus den alkoholischen Lösungen kristalline Flocken aus, ohne daß eine Gallertbildung stattfindet.

Der Zusatz von Wasser ändert die Natur der Lösung; mit zunehmendem Wassergehalt treten die kolloidchemischen Eigenschaften immer stärker hervor. Warme, klare Lösungen fettsaurer Salze im wäßrigen Alkohol werden bei der Abkühlung zuerst opaleszierend und gelatinieren alsdann unter Bildung halbdurchscheinender, elastischer Gallerten. Es genügen bereits kleine Wassermengen, um die Gallertbildung in der Kälte zu veranlassen.

Tabellen 15 und 16 geben eine Zusammenfassung der Angaben verschiedener Beobachter über die Löslichkeit einiger fettsaurer Alkalisalze in absolutem und wasserhaltigem Alkohol.

---

[1] Die Werte von M. H. FISCHER sind mit denen anderer Beobachter deswegen nicht direkt vergleichbar, weil FISCHERs Angaben sich auf 1 Mol Seife und nicht wie üblich auf 1 g beziehen. Werden FISCHERs Werte auf 1 g Substanz umgerechnet, so erhält man sehr unregelmäßige Werte, aus denen sich trotzdem eine größere Hygroskopizität der höheren Glieder ergibt.

[2] Journ. Soc. chem. Ind. Japan, Suppl. **33**, 367 B (1930).

Tabelle 15. Löslichkeit verschiedener fettsaurer Salze in wasserfreiem Alkohol.

Salz	Temperatur in °C	100 g Alkohol lösen g	Beobachter
Natriumstearat	10	0,2004	E. M. CHEVREUL[1]
Kaliumstearat	10	0,432	E. M. CHEVREUL[1]
„	78	15	E. M. CHEVREUL[1]
Ammoniumpalmitat	20	1,8	P. FALCIOLA[2]
„	40	5,7	P. FALCIOLA[2]
Ammoniumstearat	40	2,3	P. FALCIOLA[2]
Ammoniumoleat	10	74	P. FALCIOLA[2]
Lithiumlaurat	18	0,525	PARTHEIL u. FERIÉ[3]
Lithiummyristat	18	0,231	PARTHEIL u. FERIÉ[3]
Lithiumpalmitat	18	0,100	PARTHEIL u. FERIÉ[3]
Lithiumstearat	18	0,0515	PARTHEIL u. FERIÉ[3]
Lithiumoleat	18	1,14	PARTHEIL u. FERIÉ[3]

Tabelle 16. Löslichkeit verschiedener fettsaurer Salze in wäßrigem Alkohol.

Salz	Temperatur in °C	100 g Alkohol		Beobachter
		von Gew.-Proz.	lösen g	
Natriumstearat	79	90	5	E. M. CHEVREUL[1]
Kaliumstearat	66	90	10	E. M. CHEVREUL[1]
Kaliumpalmitat	22	95	1,4	J. FREUNDLICH[4]
Kaliumoleat	22	95	46,5	J. FREUNDLICH[4]
Ammoniumpalmitat	20	75	5	P. FALCIOLA[2]
„	20	50	5,5	P. FALCIOLA[2]
„	40	75	17	P. FALCIOLA[2]
„	40	50	7,3	P. FALCIOLA[2]
Ammoniumstearat	40	75	5,8	P. FALCIOLA[2]
„	40	50	3,5	P. FALCIOLA[2]
Ammoniumoleat	20	75	9,5	P. FALCIOLA[2]

Die Löslichkeit der wasserfreien fettsauren Alkalisalze in anderen organischen Lösungsmitteln ist sehr gering. *Äthyläther, Aceton, Benzin* lösen nur Spuren davon, wenn sie absolut wasserfrei sind. Durch Wasserzusatz nimmt die Löslichkeit erheblich zu.

Nach J. W. McBAIN und W. L. McCLATCHIE[5] sind Natriumlaurat und Kaliumpalmitat im heißen und kalten *Xylol* unlöslich und zeigen darin nur geringe Quellung; im selben Lösungsmittel sind Natriumpalmitat, Kaliumoleat, Natriumstearat, -oleat und -erukat bei 25° unlöslich, quellen aber bei 100° unter Bildung elastischer Gele, die beim Abkühlen wieder schrumpfen. Natriumpalmitat ist beim Siedepunkt in *Äthylmethylketon, Benzylacetat* und *Benzaldehyd* wenig löslich, in *Butylnitrit, Buttersäure* und *Acetophenon* ist es bei Zimmertemperatur unlöslich oder wenig löslich, dagegen löslich zu mindest 2 v. H. beim Siedepunkt dieser Lösungsmittel. In *Chloracetaldehyd, Paraffinöl* und *Amylvalerat* ist Natriumpalmitat beim Siedepunkt löslich, und bei der Abkühlung auf Zimmertemperatur bilden sich Gele; auch in *Diamyläther, o-Dichlorbenzol, Brombenzol, Benzol, Toluol* und *Xylol* quillt es beim Erwärmen zu gallertartigen Massen an, die beim Erkalten wieder schrumpfen.

3. Löslichkeit organischer Substanzen in Seifenlösungen.

Im Gegensatz zur geringen Löslichkeit fettsaurer Alkalisalze in organischen Lösungsmitteln besitzen die Seifen, und hauptsächlich die konzentrierten Seifen-

[1] Recherches chimiques sur les corps gras d'origine animale. Paris. 1823.
[2] Gazz. chim. Ital. **40**, 217, 425 (1910/11).
[3] Arch. Pharmaz. u. Ber. Dtsch. pharmaz. Ges. **241**, 545 (1904).
[4] Chem. Umschau Fette, Öle, Wachse, Harze **15**, 133 (1908).
[5] Journ. physical Chem. **36**, 2567 (1932).

lösungen, die Fähigkeit, organische Substanzen, die sonst in Wasser unlöslich oder sehr wenig löslich sind, in beträchtlichen Mengen aufzulösen.

Diese Eigenschaft steht ohne Zweifel mit der inneren Struktur der Seifenlösungen in Zusammenhang, d. h. mit dem Vorhandensein von Seifenmizellen, und es wäre denkbar, sie durch eine Auflösung der organischen Substanz im Innern der Mizelle zu erklären, dank der Verwandtschaft, die zwischen den langen Kohlenwasserstoffketten der Seifenmizelle und der organischen Substanz besteht[1].

Die Fähigkeit, organische Substanzen aufzulösen, steht für nicht zu wasserarme Seifen im umgekehrten Verhältnis zu ihrem Wassergehalt. Konzentrierte Seifenlösungen lösen organische Substanzen leichter als verdünnte. Beim Verdünnen von konzentrierten Lösungen scheidet sich zum Teil die organische Substanz als milchige Trübung aus und ein Teil der Seife wird oft von dem sich trennenden Körper mitgeschleppt. Es scheint, als ob durch die Aufnahme der organischen Substanz die Seifenmizelle einen Teil ihrer Wasseraffinität oder, wie man kolloidchemisch sagt, ihrer *Hydrophilie* eingebüßt hätte. Diese verminderte Hydrophilie der Seifenmizelle wird bei kleinen Wassermengen noch ausreichen, um das ganze Wasser ohne Homogenitätsstörung festzuhalten; beim Verdünnen wird sie nicht mehr genügen, um alle Seifenmizellen in Lösung zu halten.

Vor allem sind *Fettsäuren* in konzentrierten Seifenlösungen löslich. Es sei hier wegen der Ähnlichkeit zwischen Harz und Fettsäuren an den in der Papierfabrikation verwendeten *Harzleim* erinnert, der eine auch in der Kälte vollständig durchsichtige Auflösung von Abietinsäure in Harzseife im Verhältnis von 1 : 2 darstellt. Auch die gewöhnlichen Fettsäuren lösen sich in Seifenlösungen auf und geben, wenn sie sich durch Verdünnen der Lösung ausscheiden, zur Bildung der sog. „sauren Seifen" Anlaß[2]. Es ist also nicht möglich, daß sich aus Seifenlösungen reine Fettsäuren durch Hydrolyse ausscheiden. Die hydrolytisch abgespaltenen Fettsäuren bleiben, wenn die Hydrolyse nicht zu groß ist, in der Seifenmizelle gelöst oder scheiden sich als „saure Seifen" aus.

Auch *Fette* und *Öle* lösen sich in Seifenlösungen, worauf S. U. PICKERING[3] hingewiesen hat. Diese Lösungsfähigkeit, die hauptsächlich in *konzentrierten* Seifenlösungen auftritt, ist von der Emulgierungsfähigkeit *verdünnter* Seifenlösungen (s. S. 143) durchaus zu unterscheiden. Bei der technischen Verseifung der Fette mit Alkalien spielt die Löslichkeit der Fette im konzentrierten Seifenleim eine wichtige Rolle (s. S. 167).

Tabelle 17. Löslichkeit der Kresole in 100 cm³ verschiedener 15%iger Seifenlösungen bei 27,5°.

	Na-Valerianat	Na-Stearat	Na-Oleat
o-Kresol	40 cm³	71,4 cm³	74 cm³
m-Kresol ...	0,5 „	—	—
p-Kresol	31 „	77,1 cm³	49 cm³

Von anderen organischen Flüssigkeiten lösen sich *Phenole* in großen Mengen in Seifenlösungen, wie Tabelle 17 aus Versuchen von C. ENGLER und E. DIECKHOFF[4] stammend, zeigt.

Die aufgelöste Kresolmenge wächst also mit dem Molekulargewicht der Seife und sinkt mit der Temperatur. Technische Wichtigkeit hat die Auflösung von *hydrierten Phenolen*, wie *Hexalin* (Cyclohexanol) und *Methylhexalin* (Methylcyclohexanol) in Seifen erlangt. Diese Substanzen lösen sich in konzentrierten Seifenlösungen in sehr großen Mengen. Aber auch in verdünnten Seifenlösungen beträgt die aufgelöste Menge ein Mehrfaches des Seifengehaltes.

---

[1] Vgl. S. 8 u. 11. [2] Vgl. S. 94.

[3] Journ. chem. Soc. London **111**, 86 (1917).

[4] C. ENGLER u. E. DIECKHOFF: Arch. Pharmaz. u. Ber. Dtsch. pharmaz. Ges. **230**, 561 (1892). — Vgl. auch S. JENČIČ: Kolloid-Ztschr. **42**, 69 (1927). — E. ANGELESCU u. D. M. POPESCU: Kolloid-Z. **51**, 247, 336 (1930). — E. ANGELESCU u. V. CIORTAN: Kolloid-Ztschr. **82**, 164, 304 (1938).

Die Löslichkeit der *Kohlenwasserstoffe* in Seifen ist geringer als die der oben genannten Substanzen; sie ist trotzdem beträchtlich. In der Tabelle 18 wird nach C. ENGLER und E. DIECKHOFF die Löslichkeit verschiedener Kohlenwasserstoffe in Seifenlösungen angegeben.

Tabelle 18. Löslichkeit von aromatischen Kohlenwasserstoffen in 100 cm^3 verschiedener Seifenlösungen bei Zimmertemperatur.

	Na-Acetat kalt gesätt.	Na-Butyrat 50%	Na-Iso-valerianat 50%	Na-Palmitat[1] 10%	Na-Stearat[1] 10%	Na-Oleat 10%	Na-Stearat 10% + 10 cm^3 Phenol
Benzol	0,1 cm^3	1,6 cm^3	3,6 cm^3	1,8 cm^3	1,6 cm^3	10 cm^3	9,2 cm^3
Toluol	2 Tropfen	0,8 „	2,4 „	1,3 „	1,5 „	9,6 „	13,9 „
Xylol	1 „	0,5 „	1,2 „	1,4 „	1,0 „	7,4 „	37,0 „
Terpentinöl .	1 „	0,4 „	0,7 „	0,4 „	0,8 „	7,0 „	101 „

Auch andere hochmolekulare Kohlenwasserstoffe, wie *Tetralin* (Tetrahydronaphthalin) und *Dekalin* (Dekahydronaphthalin) lösen sich gut in Seifen und werden technisch in der Seifenfabrikation verwendet[2].

Die Gegenwart von Fettsäuren oder von Phenolen erhöht sehr stark die Löslichkeit der Kohlenwasserstoffe in Seifenlösungen. In der letzten Spalte der Tabelle 18 ist die Löslichkeit von Kohlenwasserstoffen in einer 10%igen Natriumstearatlösung angegeben, welche für jede 100 cm^3 10 cm^3 Phenol enthält. Der Vergleich dieser Zahlen mit denen der 5. Spalte der Tabelle zeigt die große Löslichkeitserhöhung, welche der Phenolzusatz verursacht.

d) Das spezifische Gewicht der Seifen.

Über das spezifische Gewicht der *fettsauren Alkalisalze* in absolut wasserfreiem Zustande liegen keine Angaben vor; es wäre aber interessant, über dessen Größe Anhaltspunkte zu haben, besonders im Hinblick auf die Erklärung der weiter unten zu besprechenden Anomalien des spezifischen Gewichtes der Seifenlösungen. Wenn man bedenkt, daß das spezifische Gewicht der gesättigten Fettsäuren — die zwei ersten Glieder, Ameisensäure und Essigsäure, ausgenommen — kleiner als 1 ist und sich beim Aufsteigen in der homologen Reihe fortwährend vermindert, kommt man zum wahrscheinlichen Schluß, daß auch die Dichten der fettsauren Salze mit der Verlängerung ihrer Kohlenwasserstoffketten sich verringern und daß die hohen Glieder der Reihe spezifisch *leichter* als Wasser sind. Zu dieser Annahme wird man außerdem ermächtigt durch die von J. W. MCBAIN, Frl. E. C. V. CORNISH und R. CH. BOWDEN[3] und Frl. E. C. V. CORNISH[4] gemachte Beobachtung, daß Natriumstearat- und -palmitatlösungen spezifisch *leichter* als Wasser von derselben Temperatur sind, Natriummyristat-, -laurat- und -acetatlösungen dagegen *schwerer*, und daß die Dichtenunterschiede im Verhältnis zu ihrer Lage in der homologen Reihe stehen (s. Tabelle 19).

Gegenstand eingehender Untersuchungen betreffs ihres spezifischen Gewichtes sind die *Seifenlösungen* gewesen. Wie nach den eben gemachten Annahmen zu erwarten ist, besitzen selbst die konzentrierten Seifenlösungen spezifische Gewichte, die wenig vom Wasserwert abweichen, und bei gleicher Konzentration vermindert sich die Dichte beim Aufsteigen in der homologen Reihe. Der Gang

[1] Unter schwacher Erwärmung.
[2] Vgl. auch A. S. C. LAWRENCE: Trans. Faraday Soc. **33**, 815 (1937).
[3] Journ. chem. Soc. London **101**, 2042 (1912).
[4] Ztschr. physikal. Chem. **76**, 210 (1911).

Tabelle 19. Spezifisches Gewicht von Natriumseifenlösungen bei 90°, bezogen auf Wasser von 4° ($d_{4^0}^{90^0}$ des Wassers 0,9653).

Gew.-Norm.	0,01 n	0,05 n	0,1 n	0,2 n	0,5 n	1 n
Laurat	0,9660	0,9668	0,9669	0,9678	0,9693	0,9711
Palmitat	0,9655	0,9655	0,9654	0,9658	0,9638	0,9625
Stearat	0,9639	0,9621	0,9629	0,9631	0,9599	—

Tabelle 20. Spezifisches Gewicht von Natriumseifenlösungen bei 20°, bezogen auf Wasser von 4° ($d_{4^0}^{20^0}$ des Wassers 0,9982)[1].

Gew.-Norm.	0,02 n	0,1 n	0,2 n	0,25 n	0,5 n
Palmitat	—	1,0001	1,0019	—	1,0067
Oleat	0,9983	0,9998	1,0010	1,0023	—

Tabelle 21. Spezifisches Gewicht von Kaliumcaprylatlösungen bei 25°, bezogen auf Wasser von 4° ($d_{4^0}^{25^0}$ des Wassers 0,99707)[2].

Gew.-Norm.	$d_{4^0}^{25^0}$	Gew.-Norm.	$d_{4^0}^{25^0}$
0,0915	1,00065	0,6569	1,01867
0,1632	1,00340	0,8616	1,02345
0,3272	1,00935	1,041	1,02727
0,3969	1,01163	1,582	1,03796
0,5109	1,01494	2,213	1,04806

Tabelle 22. Spezifisches Gewicht von Kaliumseifenlösungen bei 90°, bezogen auf Wasser von 90° [3].

Gew.-Norm.	0,5 n	1,0 n	2,0 n
Acetat	1,0223	1,0453	—
Butyrat	1,0212	1,0398	—
Caproat	1,0175	1,0333	—
Caprylat	1,0136	1,0249	—
Caprinat	1,0102	1,0180	—
Laurat	1,0069	1,0112	1,0189
Myristat	1,0041	1,0067	—
Palmitat	1,0016	1,0029	—
Stearat	0,9993	—	—

Tabelle 23. Spezifisches Gewicht von Kaliumseifenlösungen bei 20°, bezogen auf Wasser von 4° ($d_{4^0}^{20^0}$ des Wassers 0,9982)[1].

Gew.-Norm.	0,1 n	0,2 n	0,333 n	0,4 n	0,5 n
Palmitat	1,0009	1,0035	1,0073	—	1,0114
Oleat	—	1,0018	1,0039	1,0053	1,0066

des spezifischen Gewichtes mit der Konzentration zeigt keine besonderen Eigentümlichkeiten; das spezifische Gewicht steigt meist linear, wenn auch diese Regelmäßigkeit sich nicht immer bestätigt. Kaliumseifen sind schwerer als Natriumseifen. Die Tabellen 19 bis 23 geben eine Auswahl der wichtigsten Ergebnisse über das spezifische Gewicht von Seifenlösungen.

Einige numerische Werte der spezifischen Gewichte sehr konzentrierter Seifenlösungen, wie sie die *technischen Seifen* darstellen, sind in der Tabelle 24 zusammengestellt.

Besondere Erwähnung verdienen einige Anomalien des spezifischen Gewichtes, welche die technischen Kernseifen zeigen. Die Konzentration an fettsaurem Salz dieser Seifen liegt je nach dem Trocknungsgrad zwischen 70 und 90 v. H. Bei solchen Systemen, in denen die Wassermenge im Verhältnis zur Salzmenge klein ist, muß die *Quellungskontraktion* berücksichtigt werden, welche, wie später gezeigt werden wird (s. S. 123), immer auftritt, wenn wasserfreies fettsaures Salz und Wasser in Berührung kommen. Wegen dieser Kontraktion ist das Volumen der Seife immer *kleiner* als die Summe der Volumina von Wasser und fettsaurem Salz. Die Wasserbindung durch die Seife ist mithin

[1] E. ANGELESCU u. D. M. POPESCU: Kolloid-Ztschr. **51**, 247 (1930).
[2] D. G. DAVIES u. CH. R. BURY: Journ. chem. Soc. London **1930**, 2263.
[3] H. M. BUNBURY u. H. E. MARTIN: Journ. chem. Soc. London **105**, 417 (1914).

Tabelle 24. Spezifische Gewichte von technischen Seifen bei Zimmertemperatur.

Seife	Spez. Gew.	Beobachter
Kernseife in Form erstarrt . .	1,044	E. L. LEDERER[1]
Dieselbe in Platten gekühlt .	1,068	E. L. LEDERER[1]
Pilierte Seife, aus der vorigen hergestellt	1,099	E. L. LEDERER[1]
Kernseife, 10 v. H. Harz . . .	1,049	L. LASCARAY[2]
„ , 15 v. H. „ . . .	1,058	L. LASCARAY[2]
„ , 20 v. H. „ . . .	1,055	L. LASCARAY[2]
Trankernseife	1,034	F. KNORR[3]
Marseiller Seife	1,031	F. KNORR[3]
Terpentinkernseife	1,038	F. KNORR[3]
Gefüllte Kernseife	1,124	F. KNORR[3]
Eschweger Seife	1,123	F. KNORR[3]

so stark, daß es scheint, als ob sich beide Substanzen gegenseitig durchdringen würden. Auf folgenden Umstand ist bei diesem Vorgang besondere Aufmerksamkeit zu lenken: Die Quellungskontraktion pro Gramm gebundenen Wassers ist groß bei der zuerst aufgenommenen Wassermenge und vermindert sich allmählich mit fortschreitender Hydratation, bis sie in sehr verdünnten Lösungen so klein ist, daß sie vernachlässigt werden kann. Die oben erwähnte Eigentümlichkeit der wasserfreien höheren fettsauren Salze, ein spezifisches Gewicht zu haben, das nahe an dem des Wassers liegt, hat zur Folge, daß bei der Bindung der ersten Wassermengen die große Kontraktion, die zuerst auftritt, eine Erhöhung des spezifischen Gewichtes der Seife über den Wert der einzelnen Bestandteile hinaus verursacht. Wird die aufgenommene Wassermenge weiter erhöht, so vermindert sich der Einfluß der Quellungskontraktion, und das spezifische Gewicht sinkt nach Erreichung eines Maximums und nähert sich asymptotisch dem Wasserwert. Die Form der Spezifisches-Gewicht-Konzentration-Kurve bringt Abb. 23. So kann es vorkommen, daß Seifen mit 10—20 v. H. Wassergehalt ein verhältnismäßig hohes, über dem Wasserwert liegendes spezifisches Gewicht besitzen, trotzdem das wasserfreie Salz leichter als Wasser ist.

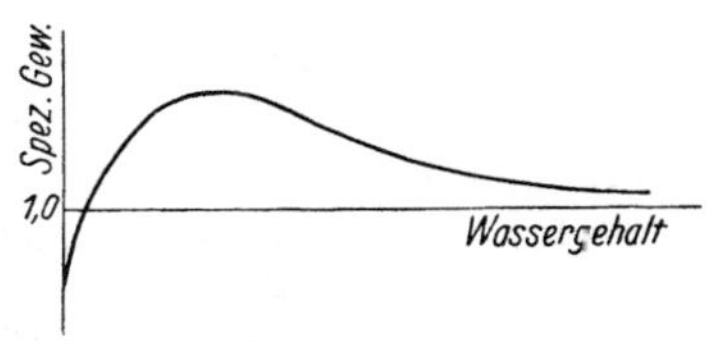

Abb. 23. Abhängigkeit des spezifischen Gewichtes einer Seife von ihrem Wassergehalt.

Eine Bestätigung dieser theoretischen Betrachtungen findet sich in den Angaben von W. KRISTEN[4] über die Veränderung des spezifischen Gewichtes der technischen Seifen beim Eintrocknungsprozeß. Die Kurve[5] wird in diesem Fall in der umgekehrten Richtung durchlaufen, d. h. das spezifische Gewicht der Seifen erhöht sich bei der Eintrocknung schneller, als es dem Wasserverlust entspricht, und sinkt nach Erreichung eines Maximums bis zu dem Wert des fettsauren Salzes. Der erste Teil dieser Kurve, die übernormale Erhöhung des spezifischen Gewichtes, ist von W. KRISTEN durch nicht zu weitgehende Trocknung an der Luft von Kernseifenstücken mit 30 v. H. ursprünglichem Wassergehalt direkt beobachtet worden. Der absinkende Ast der Kurve kann auch aus KRISTENS Angaben erschlossen werden, denn das spezifische Gewicht der Rinde des Seifenstückes, d. h. des Teiles, der am stärksten ausgetrocknet war, zeigte sich in einigen Fällen *niedriger* als dasjenige des nur schwach ausgetrockneten inneren Teiles.

e) Die Brechungsindizes von Seifenlösungen.

Die Seifenlösungen besitzen einen Brechungsindex, der sich wenig von dem des Wassers unterscheidet. Es wird hier diese Eigenschaft behandelt, weil sie

[1] Kolloidchemie der Seifen, S. 13. 1932. [2] Seifensieder-Ztg. **53**, 812 (1926).
[3] Seifensieder-Ztg. **40**, 32 (1918). [4] Seifensieder-Ztg. **53**, 812 (1926).
[5] Die Form der Kurve in Abb. 23 ist keine ausschließliche Eigenschaft von Seifen oder von kolloiden Lösungen. Auch molekulare Lösungen sehr wassergieriger Substanzen, wie Essigsäure, Schwefelsäure usw., zeigen ein Maximum des spezifischen Gewichtes bei kleinen Wasserkonzentrationen.

Tabelle 25. Brechungsindizes von Seifenlösungen bei 70°.

c	n_C	n_D	n_F
Na-Palmitat			
2,89	1,32721	1,32935	1,33335
3,37	1,32870	1,33050	1,33456
4,52	1,32964	1,33147	1,33567
5,23	1,33107	1,33293	1,33697
6,47	1,33266	1,33455	1,33873
7,21	1,33371	1,33549	1,33965
8,68	1,33606	1,33777	1,34203
Na-Stearat			
2,42	1,32685	1,32855	1,33255
2,84	1,32745	1,32921	1,33328
3,57	1,32865	1,33042	1,33464
4,49	1,32948	1,33132	1,33532
Na-Oleat			
3,88	1,32878	1,33078	1,33491
4,97	1,33035	1,33223	1,33648
6,92	1,33322	1,33503	1,33929
10,04	1,33803	1,33985	1,34366
12,68	1,34162	1,34351	1,34782
14,90	1,34502	1,34715	1,35145
17,75	1,34876	1,35122	1,35530
K-Palmitat			
3,3	1,32761	1,32935	1,33355
3,82	1,32855	1,33034	1,33450
4,73	1,32996	1,33162	1,33579
5,62	1,33107	1,33277	1,33702
6,63	1,33262	1,33424	1,33843
7,57	1,33403	1,33564	1,34000
9,15	1,33582	1,33762	1,34181
0	1,32347	1,32522	1,32953

eventuell in Fällen, wo die gewöhnlichen Analysenmethoden versagen[1], für die Konzentrationsbestimmung von Seifenlösungen dienen kann.

In der nebenstehenden Tabelle 25 sind die Refraktionsindizes verschiedener Seifenlösungen bei 70° nach Untersuchungen von J. LIFSCHITZ und J. BRAND[2] angegeben. In dieser Tabelle bedeutet *c* die prozentuale Seifenkonzentration und *n* den Refraktionsindex für die Spektrallinien *C*, *D* und *F*, welche zu den Wellenlängen 656, 589 bzw. 486 mμ gehören.

Der Refraktionsindex ist annähernd der Seifenkonzentration proportional, und es zeigen sich kleine und wenig charakteristische Unterschiede zwischen den Lösungen verschiedener Seifen bei gleicher Konzentration.

Zu ähnlichen Ergebnissen kommen L. F. HOYT und A. VERWIEBE, welche unter Anwendung eines Zeißschen Eintauchrefraktometers die Konzentration von Kaliumseifenlösungen bis 20 v. H. Seifengehalt bei Zimmertemperatur bestimmen, mit einem Fehler von nur 0,05 v. H. Auf die Neutralität der Seife muß besonders geachtet werden. Ein Überschuß von Alkali ergibt zu hohe Werte (20,30 v. H. anstatt 19,84 v. H. bei 0,27 v. H. KOH Überschuß), ein Überschuß von Fettsäure ergibt zu kleine Werte (20,62 v. H. anstatt 20,80 v. H. bei 0,71 v. H. freie Fettsäure).

B. Elektrochemische Eigenschaften.

Der Kolloidelektrolytcharakter wäßriger Lösungen von fettsauren Alkalisalzen ist im Rahmen der Anion- und Kationaktivität seifenartiger Kolloidelektrolyte angeführt worden.

Demgemäß kann man die Alkaliseifen als mittelstarke Elektrolyte mit den charakteristischen Eigenschaften dieser Substanzen ansehen. Sie erleiden in wäßrigen Lösungen elektrolytische Dissoziation und zeigen deshalb gute elektrische Leitfähigkeit. Ferner weisen sie die durch den Elektrolytcharakter der Seifenlösungen bedingten, bekannten Anomalien der osmotischen Aktivität, die in der Beeinflussung der Dampfdruck-, Gefrierpunktserniedrigung und Siedepunktserhöhung augenfällig wird, auf.

---

[1] J. W. McBAIN u. W. J. JENKINS: Journ. chem. Soc. London **121**, 2325 (1922). — L. F. HOYT u. A. VERWIEBE: Journ. Ind. engin. Chem. **18**, 581 (1926).

[2] Kolloid-Ztschr. **22**, 133 (1918).

a) Die osmotische Aktivität von Seifenlösungen.

1. Die Bedeutung der osmotischen Aktivität bei Alkaliseifen.

Nach den klassischen Begriffen der elektrolytischen Dissoziation versteht man unter osmotischer Aktivität einer Lösung die Summe der osmotischen Wirkungen aller im Lösungszustand befindlichen Einzelteilchen ohne Rücksicht auf deren Größe. Es werden also sowohl die einfachen Ionen oder Moleküle wie komplexe Molekülaggregate oder Ionenaggregate (agglomerierte Fettkettenionen = ionische Mizelle) erfaßt. Die Kenntnis der osmotischen Aktivität einer Lösung läßt auf ihren Assoziations- oder Dissoziationsgrad schließen.

Die Seifen, als Kolloidelektrolyte, besitzen die Eigentümlichkeit, daß sie gleichzeitig als Kolloid assoziert, als Elektrolyt aber dissoziert sind. Die Wechselwirkung dieser beiden Einflüsse, je nach Konzentration, C-Kettenlänge usw., kann an Hand der osmotischen Aktivität der Seifenlösungen verfolgt werden.

2. Die Bestimmungsmethoden der osmotischen Aktivität von Seifen.

Die nächstliegende Methode zur Bestimmung der osmotischen Aktivität von Seifenlösungen scheint die Messung ihres osmotischen Druckes zu sein. Für die Praxis ist diese Methode vielfach unbequem und auch ungenau, weshalb man zu anderen, meist indirekten Methoden, die auf Vorgängen beruhen, die mit der osmotischen Aktivität im engen Zusammenhange stehen, gegriffen hat. Als solche kommen in Betracht: Die Bestimmung der Siedepunktserhöhung, Gefrierpunkts-, Dampfdruck- und Taupunktserniedrigung.

Die ersten Untersuchungen in dieser Richtung wurden von F. KRAFFT und seinen Mitarbeitern[1] ausgeführt. Ihre Siedepunktsmessungen einer großen Reihe von Seifenlösungen halten allerdings einer strengen Kritik nicht stand. Ähnliches gilt für die Messungen der Siedepunktserhöhungen von A. SMITS[2].

Die Methoden der Gefrierpunktserniedrigung wurden von L. KAHLENBERG u. E. SCHREINER[3] für sehr verdünnte Lösungen von Natriumoleat angewandt.

Die direkte Messung des osmotischen Druckes von Seifenlösungen ist von A. R. MOORE und E. PARKER[4] zur Kennzeichnung des Lösungszustandes benutzt worden.

Die Methode der Dampfdruckerniedrigung zur Untersuchung von Lösungen niedermolekularer Seifen (C_7—C_9) haben C. F. MÜLLER V. BLUMENCRON[5] in Form der sog. „Mitführungsmethode“ [6] angewendet.

Alle diese Untersuchungen ergaben, daß die Seifen in wäßrigen Lösungen, insbesondere bei höheren Konzentrationen, zur Assoziation neigen. Die Bestimmungen sind allerdings vielfach ungenau und mit methodischen Fehlern behaftet.

Das einzige Verfahren, welches gestattet, richtige und reproduzierbare Zahlen zu erhalten, ist die von J. W. McBAIN und C. S. SALMON[7] benutzte „*Taupunktsmethode*“[8]. Man bestimmt hierbei jene Temperatur, bei welcher der von einer Flüssigkeit erzeugte, gesättigte Dampf sich auf einer glatten Oberfläche gerade als Tau niederzuschlagen anfängt. Diese Temperatur stimmt mit der Siedetemperatur der Flüssigkeit bei dem partiellen Druck ihres gesättigten Dampfes überein. Wird anstatt einer einheitlichen Flüssigkeit eine Lösung

[1] F. KRAFFT u. STERN: Ber. Dtsch. chem. Ges. **27**, 1747 (1894). — F. KRAFFT u. WIGLOW: Ber. Dtsch. chem. Ges. **28**, 2566 (1895); **29**, 1328 (1896).
[2] Ztschr. physikal. Chem. **39**, 407 (1902); **45**, 608 (1903).
[3] Ztschr. physikal. Chem. **27**, 552 (1898).
[4] Amer. Journ. Physiol. **7**, 261 (1902).
[5] Ztschr. Dtsch. Öl-Fettind. **42**, 139 (1922).
[6] OSTWALD-LUTHER: Physikochemische Messungen, 3. Aufl., S. 289. 1910.
[7] Journ. Amer. chem. Soc. **42**, 426 (1920).
[8] CUMMING: Trans. chem. Soc. **95**, 1772 (1909).

untersucht, so ergibt sich, daß zu der bekannten Dampfdruckerniedrigung, welche das Lösungsmittel durch die Gegenwart der gelösten Substanz erfährt, eine entsprechende Taupunktserniedrigung gehört.

Tabelle 26. Siedepunktserhöhung von Natriumseifenlösungen bei 90°.

Gew.-Norm.	Behenat	Stearat	Palmitat	Myristat	Laurat	Caprylat	Acetat	Nicht-elektrolyt
0,2	0,09	0,11	0,13	0,14	0,15	0,17	—	0,10
0,5	0,11	0,18	0,20	0,24	0,28	0,37	0,45	0,24
0,75	—	0,22	0,24	0,28	0,32	0,50	—	0,36
1,0	0,09	0,23	0,25	0,29	0,34	0,62	0,84	0,48
1,5	—	0,18	0,22	0,27	0,33	—	—	0,72
2,0	0,11	0,19	0,50	—	—	—	1,38	0,97
3,0	—	0,30	1,23	—	—	—	2,32	1,45

Tabelle 26 gibt eine Zusammenstellung der von McBain und Salmon für Natriumseifen bei 90° erhaltenen Ergebnisse. In Abb. 24 sind die entsprechenden Werte von Kaliumseifen bei 90° abgebildet. Die Natriumseifen zeigen einen ähnlichen Verlauf.

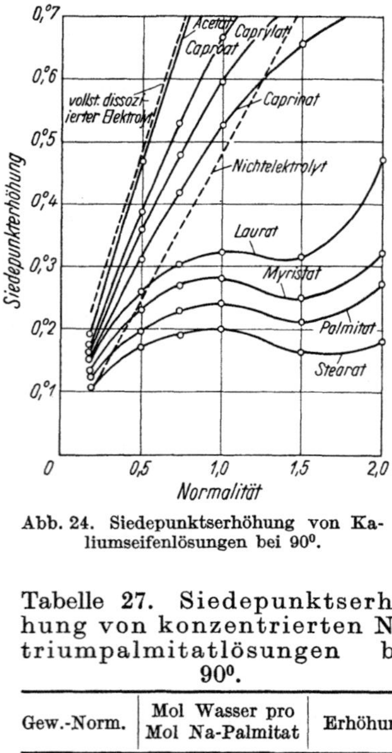

Abb. 24. Siedepunktserhöhung von Kaliumseifenlösungen bei 90°.

Tabelle 27 zeigt einige Werte für die Siedepunktserhöhung von Natriumpalmitatlösungen bei sehr hohen Konzentrationen.

Die erste der zwei in Abb. 24 gestrichelt eingezeichneten Linien bezieht sich auf das theoretische Verhalten eines binären, vollständig dissoziierten Elektrolyten, die zweite Strichellinie auf die eines Nichtelektrolyten. Die Betrachtung der Abbildung zeigt, daß vom Acetat bis zum Caprinat die zugehörigen Kurven für die meisten der untersuchten Konzentrationen zwischen den zwei gestrichelten Linien verlaufen; sie entfernen sich um so mehr von der Kurve des vollständig dissoziierten Elektrolyten, je höher das Molekulargewicht und die Konzentration der benutzten Seife ist. Die Assoziation macht sich vom Laurat an in starker Weise bemerkbar; die Kurven der höhermolekularen Seifen entfernen sich vom normalen Verlauf immer mehr. Sie zeigen in einer Konzentration von ca. 1 n ein Maximum, durchschreiten in 1,5 n-Lösungen einen Minimalwert und nehmen mit steigender Konzentration wieder zu.

Tabelle 27. Siedepunktserhöhung von konzentrierten Natriumpalmitatlösungen bei 90°.

Gew.-Norm.	Mol Wasser pro Mol Na-Palmitat	Erhöhung
3,0	18,49	1,23
4,22	13,15	1,32
8,12	6,83	2,64
12,56	4,42	4,26
14,29	3,88	4,72

3. Die „osmotisch wirksame Konzentration“, der osmotische Koeffizient und der Aktivitätskoeffizient von Seifenlösungen.

Nach der klassischen Dissoziationstheorie versteht man unter „osmotisch wirksamer Konzentration“ die Summe der Konzentrationen aller Einzelteilchen, welche osmotisch wirken. Aus den Werten der Tabelle 26 ist die osmotisch wirksame Konzentration verschiedener Natriumseifen bei 90° berechnet und in der Tabelle 28 zusammengestellt.

Wird die osmotisch wirksame Konzentration durch die Gesamtkonzentration der Lösung dividiert, so erhält man den osmotischen Koeffizienten der Lösung, auch van't Hoffscher Faktor (i) genannt. Die osmotischen Koeffizienten verschie-

Tabelle 28. „**Osmotisch wirksame Konzentration**" von **Natriumseifen** bei 90°.

Gew.-Norm.	Behenat	Stearat	Palmitat	Myristat	Laurat	Caprylat	Acetat
0,2	0,19	0,23	0,27	0,29	0,33	0,35	—
0,5	0,23	0,37	0,41	0,50	0,58	0,77	0,93
0,75	—	0,46	0,50	0,58	0,66	1,04	—
1,0	0,19	0,48	0,52	0,60	0,70	1,28	1,74
1,5	—	0,37	0,46	0,56	0,68	—	—
2,0	0,23	0,39	1,04	—	—	—	2,86
3,0	—	0,62	2,25	—	—	—	4,80

dener Kaliumseifen sind in Abb. 25 dargestellt. Die beiden waagerecht gestrichelten Linien stellen hierbei den Verlauf der i/c-Kurve bei undissoziierten Nichtelektrolyten und vollständig dissoziierten, binären Elektrolyten dar. Ein osmotischer Koeffizient unter 1 zeigt also Assoziation an. Die Assoziation der Seifen nimmt, wie aus Abb. 25 hervorgeht, mit zunehmendem Molekulargewicht immer mehr zu. Die Assoziation wird durch sinkende Temperatur vergrößert, wie aus Tabelle 29 ersichtlich ist. Es sind darin die osmotischen Koeffizienten einiger Kaliseifenlösungen bei 0° nach J. W. McBain[1] angegeben.

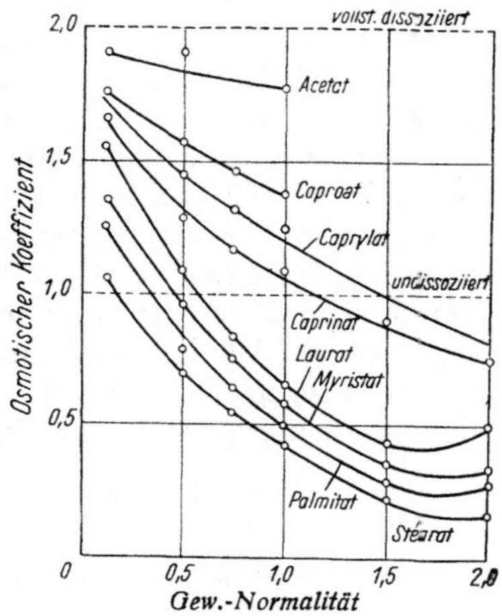

Abb. 25. Osmotischer Koeffizient von Kaliumseifenlösungen bei 90°.

Ein Vergleich der Kali- und Natronseifen ergibt, daß die ersteren stärker assoziiert sind als die Natronseifen.

Nach der modernen Dissoziationstheorie starker Elektrolyte ist der Aktivitätskoeffizient ein Maß für die Wirksamkeit der in Lösung befindlichen Ionen und undissoziierten Moleküle[2]. Stark verdünnte Lösungen besitzen einen Aktivitätskoeffizienten 1. Mit zunehmender Konzentration wird der Aktivitätskoeffizient stetig kleiner als 1. Der Beginn der Assoziation zeigt sich durch ein sprunghaftes Absinken des Wertes für den Aktivitätskoeffizienten, wie dies aus Tabelle 30 nach Berechnungen von M. Randall, J. W. McBain und A. S. White[3] hervorgeht.

Tabelle 29. „**Osmotische Koeffizienten**" **einiger Kaliumseifenlösungen bei 0°.**

Gew.-Norm.	Caprylat	Laurat	Oleat
0,1	—	0,94	0,49
0,2	1,95	0,66	0,31
0,5	—	0,40	0,30
1,0	1,37	0,40	—
2,0	0,85	0,20	—

Die osmotische Aktivität von Seifenlösungen wird durch Zusatz größerer Mengen von Elektrolyten oder von freien Fettsäuren stark vermindert,

Tabelle 30. **Aktivitätskoeffizienten von Kaliumseifenlösungen bei 90°.**

	Seifenkonzentration in Gew.-Norm.									
	0,01	0,02	0,05	0,1	0,2	0,3	0,4	0,5	0,8	1,0
Acetat	0,902	0,871	0,821	0,778	0,734	—	—	0,696	—	0,699
Caproat	0,902	0,871	0,820	0,778	0,733	—	—	0,601	—	0,451
Caprylat	0,902	0,871	0,820	0,778	0,728	—	—	0,542	—	0,379
Caprinat	0,902	0,871	0,820	0,778	0,723	0,651	0,525	0,466	0,362	0,317
Laurat	0,902	0,871	0,820	0,776	0,703	0,592	0,446	0,383	0,265	0,217
Myristat	0,902	0,871	0,819	0,772	0,681	0,562	0,397	0,337	0,228	0,185
Palmitat	0,902	0,871	0,819	0,769	0,641	0,474	0,356	0,296	0,196	0,159
Stearat	0,902	0,871	0,818	0,760	0,606	0,419	0,329	0,274	0,175	0,139

[1] Seifensieder-Ztg. **46**, 182 (1919).

[2] G. N. Lewis u. M. Randall: Thermodynamics and the free energy of chemical substances. New York. 1923. (Ins Deutsche übersetzt von O. Redlich. Wien. 1927.)

[3] Journ. Amer. chem. Soc. **48**, 2517 (1926).

weil die Löslichkeit der Seife, d. h. der Dispersitätsgrad der kolloiden Teilchen, durch solche Zusätze erniedrigt wird. Nach J. W. MC BAIN, M. TAYLOR und M. E. LAING[1] genügt ein solcher Überschuß von Palmitinsäure, daß das Verhältnis von Palmitat zum Natrium 5 : 4 ist, um in einer Natriumpalmitatlösung die osmotische Aktivität derselben fast zum Verschwinden zu bringen. Ebenso verringert der Zusatz relativ kleiner Mengen Natronlauge die osmotische Aktivität und vermehrt die Assoziation (vgl. S. 85).

4. Die osmotische Aktivität fettsaurer Salze in wasserfreiem Alkohol.

Die Eigentümlichkeit fettsaurer Alkalisalze, nur in wäßrigen Lösungen die charakteristischen Eigenschaften der „Seifen" zu besitzen, geht besonders daraus hervor, daß das osmotische Verhalten der Lösungen fettsaurer Salze in wasserfreiem Alkohol ein durchaus normales Gepräge zeigt, wie dies schon von F. KRAFFT[2] festgestellt wurde. M. E. LAING und J. W. MC BAIN[3] haben bei späteren Messungen der Siedepunktserhöhung von Natriumoleat- und -palmitatlösungen im absoluten Äthylalkohol gefunden, daß die ermittelten Molekulargewichte etwas kleiner als die theoretisch errechneten Werte sind. Die Erklärung ergibt sich durch die Annahme einer elektrolytischen Dissoziation der Seifen im absoluten Alkohol, die beim Palmitat 28 v. H. und beim Oleat 7 v. H. betragen würde. Hingegen ist kein Anzeichen einer Assoziation zu ersehen, wie dies aus den Versuchsergebnissen, die in Tabelle 31 zusammengestellt sind, ersichtlich ist.

Tabelle 31. Siedepunktserhöhung von Natriumoleat- und -palmitatlösungen in wasserfreiem Alkohol.

Natriumoleat. Theor. Mol-Gew. 304,3			Natriumpalmitat. Theor. Mol-Gew. 278,3		
Konz. n	Erhöhung °C	Mol-Gew. berechnet	Konz. n	Erhöhung °C	Mol-Gew. berechnet
0,078	0,092	297	0,048	0,072	207
0,14	0,169	290	0,055	0,079	222
0,22	0,291	271	0,073	0,105	220

b) Die elektrische Leitfähigkeit der Seifen.

1. Die Leitfähigkeit geschmolzener, fettsaurer Salze.

Wasserfreie, geschmolzene, fettsaure Salze der Alkalimetalle verhalten sich in bezug auf Leitfähigkeit des elektrischen Stromes durchaus normal. Die von S. S. BHATNAGAR und Mitarbeitern[4] ausgeführten Bestimmungen zeigen, daß die Leitfähigkeit der geschmolzenen Natrium- oder Kaliumsalze der Fettsäuren mit der Temperatur steigt, bis bei einer bestimmten Temperatur ein Grenzwert erreicht wird, der auch bei weiterer Temperaturerhöhung unverändert bleibt. Dieses Verhalten ist typisch für die Abhängigkeit der Leitfähigkeit gewöhnlicher geschmolzener Elektrolyte von der Temperatur; es beruht auf einer durch die Temperaturerhöhung verursachten Vergrößerung der ionischen Dissoziation des Salzes, bis die vollständige Dissoziation beim Grenzwert der Leitfähigkeit erreicht wird.

2. Die Leitfähigkeit wäßriger Seifenlösungen.

Entgegen dem Verhalten geschmolzener fettsaurer Alkalisalze zeigen ihre wäßrigen Lösungen, wie schon S. 9 ff. ausführlich gezeigt, einen abnormalen

[1] Journ. chem. Soc. London **121**, 621 (1922).
[2] Berl. Ber. **32**, 1584 (1899).
[3] Kolloid-Ztschr. **35**, 18 (1924).
[4] S. S. BHATNAGAR u. M. PRASAD: Kolloid-Ztschr. **34**, 193 (1924). — S. S. BHATNAGAR, M. PRASAD u. B. SINGH: Kolloid-Ztschr. **38**, 218 (1926).

Gang der Λ/c-Kurve. Diese Anomalie ist nicht allein auf die gewöhnlichen Seifen beschränkt, sondern gilt ganz allgemein für alle Anion- und Kationseifen, deren wäßrige Lösungen Mizellcharakter zeigen. Die Erklärung hierfür wurde S. 11 gegeben. Es erübrigt sich deshalb, hier nochmals auf diese Verhältnisse einzugehen (vgl. auch S. 14 und Abb. 26).

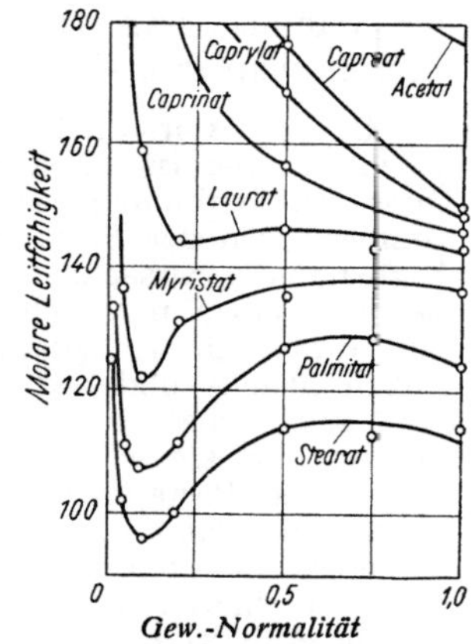

Abb. 26. Molekulare Leitfähigkeit von Kaliumseifenlösungen bei 90°.

Einige besondere Fälle, die bei den Seifen wichtig sind, werden hier angeführt. Ammoniumseifen zeigen in bezug auf die Λ/c-Kurve ein von den Natrium- und Kaliumseifen einigermaßen abweichendes Verhalten. F. GOLDSCHMIDT und L. WEISSMANN[1] haben die Leitfähigkeit der Ammoniumseifen des Palmkernöles gemessen und fanden niedrigere Leitfähigkeitswerte als bei den entsprechenden Natrium- oder Kaliumsalzen. Minima oder Maxima sind bei der Λ/c-Kurve der Ammoniumseifen des Palmkernöles von diesen beiden Forschern nicht festgestellt worden[2].

Bei Mischungen verschiedener Alkaliseifen zeigt sich nach J. KURZMANN[3] die Eigentümlichkeit, daß die Leitfähigkeit höher ist als die Summe der Leitfähigkeit der Einzelkomponenten. Allerdings scheint dies nur bei gewöhnlicher Temperatur zu gelten. Bei 90° ist nach dem gleichen Verfasser die Leitfähigkeit einer Mischung von Kaliumlaurat und -oleat kleiner als das arithmetische Mittel der Leitfähigkeiten der Bestandteile.

3. Der Einfluß der Gelatinierung auf die Leitfähigkeit der Seifen.

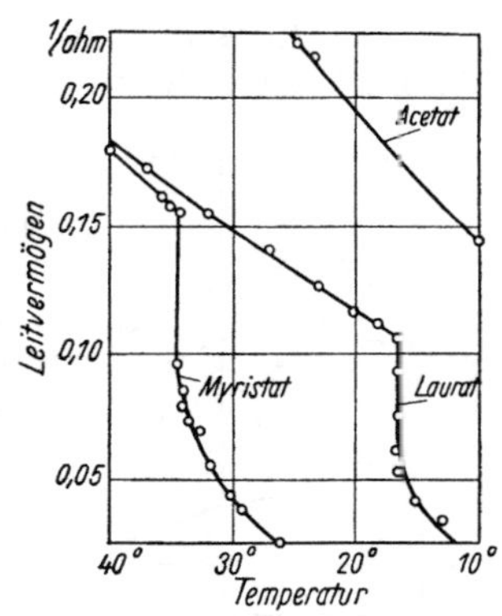

Abb. 27. Leitvermögen von 0,5 n-Natriumseifenlösungen im Erstarrungsgebiet.

Die Angaben des Schrifttums über den Einfluß der Gelatinierung auf die Leitfähigkeit von Seifenlösungen scheinen sich zunächst zu widersprechen. Der Grund dafür ist der, daß man bei Seifenlösungen zwei vollkommen verschiedene Arten des Erstarrens unterscheiden muß (s. S. 119), je nachdem, ob sich klare, transparente Gallerten oder undurchsichtige Flocken bilden. Bei der ersten Art, der eigentlichen Gelatinierung, findet keine bedeutende und vor allen Dingen keine sprunghafte Änderung der Struktur der Lösung statt. Durch die Unbeweglichkeit der großen, an der Stromleitung nicht teilnehmenden Mizellen wird die Leitfähigkeit der Seifenlösung nicht beeinflußt, wie dies M. E. LAING und J. W. McBAIN[4] bei Natriumpalmitat- und -oleatlösungen fanden. C. F. MÜLLER v. BLUMENCRON[5] zeigte dagegen, daß die durch Auspressen einer erstarrten Natriumcaprinatgallerte erhaltene Flüssigkeit eine kleinere Leitfähigkeit als die des Gels besaß, woraus er schließt, daß auch das feste Gel an der Strom-

---

[1] Ztschr. Elektrochem. **18**, 380 (1912); Kolloid-Z. **12**, 18 (1913).

[2] Allerdings sind bei den Lauraten (die den Palmkernseifen zugrunde liegen) die Anomalien der Λ/c-Kurve an sich weniger ausgeprägt als bei den höheren Gliedern der Fettsäurereihe. Vgl. diesbezüglich auch S. 8.

[3] Kolloidchem. Beih. **5**, 427 (1914).

[4] Journ. chem. Soc. London **117**, 1506 (1920).

[5] Ztschr. Dtsch. Öl-Fettind. **42**, 140, 172 (1922).

leitung teilnimmt. Es muß allerdings hervorgehoben werden, daß beim Auspressen der intermizellaren Flüssigkeit ein Teil der mittelgroßen Seifenmizellen, die noch genügend ionogene Stellen besitzen, um an der Stromleitung teilzunehmen, vom Gel zurückgehalten wurden. Die untersuchte intermizellare Flüssigkeit war also wahrscheinlich von anderer Zusammensetzung als die wirkliche intermizellare Flüssigkeit des Gels.

Bei der zweiten Art des Erstarrens von Seifenlösungen, die durch Flockenbildung gekennzeichnet ist, erleidet dagegen die Leitfähigkeit sprunghafte Veränderungen. Diese Flockenbildung ähnelt sehr einer Koagulation. Sie wird durch das Zusammentreten der Bestandteile der Seifenlösung zu größeren, wenig hydratisierten Aggregaten verursacht, die zufolge ihrer geringeren Hydratation nicht in Lösung bleiben können und sich als Flocken ausscheiden. Die Struktur der Seifenlösung wird durch die Koagulation tiefgehend verändert. Einerseits vereinigen sich die großen Mizell- und sog. Neutralkolloidanteile zu Partikeln von mikroskopischen oder sogar makroskopischen Dimensionen (Kristallite). Zum andern werden dadurch die kleineren und mittelgroßen Mizellen immobilisiert und mitgerissen. Gerade die Bestandteile, welche die Leitfähigkeit der Lösung bedingen (Fettkettenionen, ionische Mizellen und Gegenionen), werden durch die Koagulation gebunden, wodurch die Leitfähigkeit sinkt. In der Tat konnte M. H. FISCHER[1] ein solches Verhalten bei der Koagulation von 0,5 n-Natriumseifenlösungen feststellen, wie aus Abb. 27 hervorgeht. Die Kurven der Abb. 27 zeigen die Abhängigkeit des Leitvermögens der Seifenlösungen von der Temperatur. Im Augenblick der Erstarrung weist die Λ/t-Kurve einen plötzlichen Knick auf. Die Leitfähigkeit sinkt ungemein steil ab und wird zufolge der Immobilisierung der beweglichen ionogenaktiven Teile durch das Erstarren praktisch null. Ein ähnliches Verhalten zeigen auch die Versuche von A. REYCHLER[2] und K. ARNDT und P. SCHIFF[3].

4. Die Temperaturabhängigkeit der Leitfähigkeit.

Die Leitfähigkeit von Seifenlösungen erhöht sich mit der Temperatur[4]. Abb. 28, nach Bestimmungen von J. W. MCBAIN, E. C. V. CORNISH und R. C. BOWDEN, zeigt die Temperaturabhängigkeit der molekularen Leitfähigkeit von Natriummyristatlösungen. Die allgemeine Form der Kurve und die Lage des Minimums bleibt bei allen Temperaturen erhalten, während sich das Maximum bei Sinken der Temperatur zu den höheren Konzentrationen verschiebt. Versuche von R. DENNHARDT bestätigen dieses Verhalten.

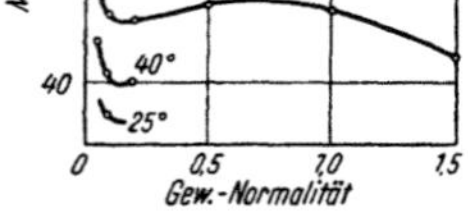

Abb. 28. Molekulare Leitfähigkeit des Natriummyristats bei verschiedenen Temperaturen.

Quantitativ ist der Temperaturkoeffizient der Leitfähigkeit von Seifenlösungen im Vergleich mit dem anderer Elektrolyte abnorm hoch, was sich durch den mizellaren Aufbau der Seifenlösungen erklärt. In der Tabelle 32 werden nach J. KURZMANN „Verhältniszahlen" der Leitfähigkeit, d. h. die Verhältnisse der Leitfähigkeit bei zwei verschiedenen Temperaturen, für zwei Kaliumseifen, Laurat und Oleat, angegeben.

Durch Konzentrationserhöhung nehmen die Verhältniszahlen ab. In der letzten Spalte der Tabelle 32 sind die Verhältniszahlen des Kaliumhydroxyds als Beispiel eines normalen Elektrolyts mitgeteilt; die zugehörigen Werte sind stets kleiner als die der Seifen.

---

[1] Kolloid-Ztschr. **34**, 140, (1924).
[2] Bull. Soc. chim. Belg. **26**, 193 (1912).
[3] Kolloidchem. Beih. **6**, 201 (1914).
[4] R. DENNHARDT: Dissertation. Erlangen, Leipzig. 1898. — J. W. MCBAIN, E. C. V. CORNISH u. R. C. BOWDEN: Journ. chem. Soc. London **101**, 2042 (1912). — J. KURZMANN: Kolloidchem. Beih. **5**, 427 (1914). — K. ARNDT u. P. SCHIFF: Kolloidchem. Beih. **6**, 201 (1914).

Tabelle 32. „Verhältniszahlen" der Leitfähigkeit bei verschiedenen Temperaturen.

Temperaturverhältnis	Kaliumlaurat					Kaliumoleat				Kalilauge
	0,05 n	0,2 n	0,375 n	0,6 n	1,0 n	0,05 n	0,2 n	0,375 n	0,6 n	1,0 n
90°/60°	1,54	1,45	1,41	1,40	1,37	1,46	1,45	1,43	1,43	1,31
90°/45°	2,00	1,84	1,77	1,68	1,71	1,93	1,85	1,83	1,78	1,54
90°/20°	3,23	3,04	2,90	2,77	2,61	3,18	3,14	3,10	2,96	2,22

5. Die Wirkung von Zusätzen auf die Leitfähigkeit der Alkaliseifen.

In mäßigen Mengen erhöhen Elektrolyte die Leitfähigkeit der Alkaliseifen, doch ist die Leitfähigkeit des elektrolythaltigen Seifensols kleiner als die Summe der Eigenleitfähigkeit der Seife und der des zugesetzten Elektrolyts[1]. Bei hohem Elektrolytzusatz, besonders bei alkalischen Elektrolyten, ist die Leitfähigkeit der binären Mischung sogar kleiner, als die des Elektrolyts allein.

Die Wirkung von alkalischen Elektrolyten kann auf eine Zurückdrängung der Hydrolyse und ab einer gewissen Konzentration auf eine Verringerung des Dispersitätsgrades der Seife zurückgeführt werden, da die gebildete Neutralseife größere kolloide Teilchen umfaßt. Gleichzeitig findet eine die Leitfähigkeit der Lösung verringernde Ionenadsorption, hauptsächlich von Hydroxylionen, durch die großen Seifenmizellen statt (vgl. S. 93). Abweichend hiervon verhalten sich die Ammoniumseifen. Setzt man Ammoniak zu, so wird die Leitfähigkeit zunächst gesteigert; nach Erreichen eines Maximalwertes sinkt sie wieder ab. Ammonchlorid verursacht hingegen ein stetes Absinken der Leitfähigkeit und bewirkt schließlich die Ausflockung der Ammoniumseife.

Fettsäurezusatz verursacht ein rasches Sinken der Leitfähigkeit, weil die Fettsäure die Hydrophilie der Seifenmizellen erniedrigt und deren weitere Assoziation begünstigt. Nach J. W. McBain, M. Taylor und M. E. Laing (s. S. 82) genügt ein solcher Zusatz von Palmitinsäure zu einer Natriumpalmitatlösung, daß das Verhältnis Palmitat zu Natrium 5:4 ist, um die Leitfähigkeit der Seifenlösung nahezu vollständig aufzuheben.

c) Die Hydrolyse und die hydrolytische Alkalität von Seifenlösungen.

1. Der heutige Stand der Frage der Hydrolyse von Seifenlösungen.

Obgleich schon Chevreul vor mehr als 100 Jahren auf die alkalische Reaktion der Seifenlösungen hinwies, ist die genaue Bestimmung der Höhe der Seifenhydrolyse ein Problem, das trotz der beträchtlichen Arbeit, welche für deren Aufklärung geleistet wurde, noch nicht gelöst ist.

Die ersten Arbeiten zur Hydrolysenbestimmung der Seifen beruhten auf der Trennung der hydrolytischen Fettsäuren oder auf der Titration des freien Alkalis. Diese Verfahren waren für diesen Zweck vollkommen ungeeignet, weil nach dem Massenwirkungsgesetz durch die Entfernung eines der Hydrolysenprodukte das Gleichgewicht im Sinne der Neubildung des verschwundenen Stoffes verschoben wurde. So kamen F. Krafft und H. Wiglow[2] durch mehrmaliges warmes Ausschütteln einer Natriumpalmitatlösung mit Toluol, wodurch die ganze Palmitinsäure quantitativ ausgeschüttelt wurde, zu der falschen Folgerung einer 100%igen Hydrolyse.

Die zahlreichen in den letzten 20 Jahren über die Seifenhydrolyse veröffentlichten Untersuchungen haben zwar unsere Kenntnis dieser wichtigen Eigenschaft näher an die Wirklichkeit gerückt und uns besonders über die

[1] K. Arndt u. P. Schiff: S. S. 84. — J. W. McBain, M. Taylor u. M. E. Laing: Journ. chem. Soc. London 121, 621 (1922). — W. Prosch: Ztschr. Dtsch. Öl-Fettind. 42, 434 (1922).

[2] Ber. dtsch. chem. Ges. 28, 2566 (1895).

praktischen Folgen der Hydrolyse unterrichtet, sie sind aber trotzdem an den Kern des Problems — die Bestimmung der genauen Höhe der Seifenhydrolyse — noch nicht angelangt. Die für diese neuen Untersuchungen benutzten Verfahren begnügen sich fast durchwegs mit der Bestimmung der Alkalität der Seifenlösung und berechnen daraus die Hydrolyse unter der Annahme, daß die beobachtete Alkalität ein direktes Maß des Hydrolysengrades liefert. Weiter unten wird gezeigt, daß diese für molekulare Lösungen alkalisch hydrolysierbarer Salze berechtigte Annahme für die mizellaren Seifenlösungen nicht erlaubt ist. Aus diesem Grunde ist heute die wirkliche Höhe der Seifenhydrolyse noch unbekannt.

2. Der theoretische Verlauf der Hydrolyse der niederen Seifen.

Als Folge der schwachen Dissoziationskonstante der Fettsäuren und der starken elektrolytischen Dissoziation der fettsauren Salze sind die Seifenlösungen hydrolysiert, d. h. sie besitzen eine alkalische Reaktion und enthalten gleichzeitig, in noch nicht vollständig geklärter Form, der Alkalität äquivalente Mengen undissoziierter Fettsäure.

Für die ersten Glieder der homologen Seifenreihe — solange die Löslichkeit der entsprechenden Fettsäuren groß genug ist, um ihre Dissoziationskonstante mit genügender Genauigkeit messen zu können — scheint die Berechnung der Hydrolyse theoretisch möglich nach der Formel:

$$\frac{K_s}{K_w} = \frac{(1-x)}{x^2 \cdot c}. \qquad (1)$$

Hier bedeuten: K_s die Dissoziationskonstante der in Betracht kommenden Fettsäure, K_w die Ionisationskonstante des Wassers, c die Molarkonzentration und x den hydrolysierten Anteil. C. F. MÜLLER v. BLUMENCRON[1] hat Formel (1) für die ersten Natriumseifen bis zum Nonylat angewendet und ist zu folgenden Ergebnissen gekommen:

Tabelle 33. Alkalität und Hydrolyse der niederen Natriumseifen bei 25°.

c n	Caproat		Önanthat		Caprylat		Nonylat	
	OH'-Konz. n	Hydrol. in Prozent	OH'-Konz. n	Hydrol. in Prozent	OH'-Konz. n	Hydrol. in Prozent	OH'-Konz. n	Hydrol. in Prozent
3,3	$4,5.10^{-5}$	0,0015	$4,8.10^{-5}$	0,0016	$4,9.10^{-5}$	0,0016	—	—
2	$3,7.10^{-5}$	0,0018	$3,9.10^{-5}$	0,0019	$4,0.10^{-5}$	0,0020	$4,5.10^{-5}$	0,0022
1	$2,6.10^{-5}$	0,0026	$2,8.10^{-5}$	0,0027	$2,8.10^{-5}$	0,0028	$3,2.10^{-5}$	0,0032
0,5	$1,9.10^{-5}$	0,0037	$1,9.10^{-5}$	0,0039	$2,0.10^{-5}$	0,0040	$2,2.10^{-5}$	0,0045
0,25	$1,3.10^{-5}$	0,0052	$1,4.10^{-5}$	0,0055	$1,4.10^{-5}$	0,0056	$1,6.10^{-5}$	0,0063
0,125	$9,2.10^{-6}$	0,0074	$9,7.10^{-6}$	0,0078	$9,9.10^{-6}$	0,0079	$1,1.10^{-5}$	0,0089
0,062	$6,8.10^{-6}$	0,0109	$6,9.10^{-6}$	0,0110	$7,0.10^{-6}$	0,0112	$7,9.10^{-6}$	0,013
0,031	$4,6.10^{-6}$	0,0147	$4,9.10^{-6}$	0,0156	$5,0.10^{-6}$	0,0159	$5,6.10^{-6}$	0,018
0,015	$3,3.10^{-6}$	0,0209	$3,4.10^{-6}$	0,0220	$3,5.10^{-6}$	0,0224	$3,9.10^{-6}$	0,025
0,0075	$2,4.10^{-6}$	0,0296	$2,4.10^{-6}$	0,0311	$2,5.10^{-6}$	0,0317	$2,8.10^{-6}$	0,036
0,0038	$1,6.10^{-6}$	0,0418	$1,7.10^{-6}$	0,0441	$1,8.10^{-6}$	0,0449	$2,0.10^{-6}$	0,051
0,0019	$1,2.10^{-6}$	0,0592	$1,2.10^{-6}$	0,0623	$1,2.10^{-6}$	0,0634	$1,4.10^{-6}$	0,072
0,0008	$8,2.10^{-7}$	0,0837	$8,6.10^{-7}$	0,0881	$8,8.10^{-7}$	0,0897	$1,0.10^{-6}$	0,101

In der Tabelle 33 ist als Alkalität die OH-Ionenkonzentration in Gewichtsnormalität angegeben und die Hydrolyse in Prozent — d. h. der 100fache Wert für Formel (1) — berechnet. Tabelle 33 zeigt, daß bei den niedrigen Seifen die Hydrolyse gering ist und sich ein wenig erhöht, wenn das Molekulargewicht

[1] Ztschr. Dtsch. Öl-Fettind. **42**, 102 (1922).

der Seife steigt. Beim Verdünnen einer Seifenlösung wird die OH-Ionenkonzentration erniedrigt, die prozentuale Hydrolyse dagegen erhöht.

Das beschriebene theoretische Verfahren für die Hydrolysenbestimmung von Seifen ist nicht einwandfrei und die erhaltenen Ergebnisse können nicht als sicher gelten. Formel (1) kann nur auf Lösungen angewendet werden, in denen alle teilnehmenden oder sich bildenden Produkte molekular gelöst sind und in ihrem Lösungszustand sich einander nicht beeinflussen. Die Tatsache, daß die in Tabelle 33 zusammengestellten Salze schon Seifencharakter tragen, zeigt, daß diese Lösungen nicht als vollständig molekular angesehen werden können. Ein Teil des Salzes verbleibt in Form von kolloiden Teilchen und bildet mehr oder minder große Mizellen. Die Hydrolysenwerte, besonders der höheren und konzentrierteren Seifen der Tabelle 33, sind also als ungenau zu betrachten.

3. Die Hydrolyse der Seifenmizellen; die Membranhydrolyse.

Die Hydrolyse einer Seifenmizelle verläuft in vollkommen anderer Weise als die Hydrolyse eines Seifenmoleküls. Die elektrolytische Dissoziation einer Seifenmizelle spaltet einen Teil der Seifenmoleküle in Fettsäureanionen und Alkalikationen. Während die letzteren frei beweglich sind, vermögen die ersteren, deren elektrische Ladung an der langen Kohlenwasserstoffkette hängt, nicht sich vom Gerüst der Mizelle zu trennen. Die Anionen bleiben also in ihrer Lage fixiert, während die Kationen nach dem Innern der Flüssigkeit frei diffundieren. Das beschriebene System ähnelt einer Zelle, die von einer „halbdurchlässigen“ Membran umhüllt wäre, welche den Kationen freien Durchgang bietet und die Anionen zurückhält. Für solche Systeme hat F. G. DONNAN[1] die sog. Theorie der *Membrangleichgewichte* aufgestellt. Handelt es sich z. B. um eine Natriumseife und ist eine Seifenmizelle durch das Symbol NaR dargestellt, so läßt sich der Anfangszustand des Systems in folgender Weise formulieren:

Membran

innen		außen
$Na^{\cdot}$	R'	H_2O
c	c	

Die linke Seite dieses Schemas stellt die Seifenmizelle dar, die vertikale Linie die halbdurchlässige Membran und die rechte Seite die intermizellare Flüssigkeit. c ist die Ionenkonzentration von $Na^{\cdot}$ und R'. Um die Berechnungen möglichst einfach zu gestalten, wird vorausgesetzt — was sicher nur bei sehr kleinen Mizellen zutrifft —, daß die Seife in der Mizelle vollständig dissoziiert ist und daß die Außen- und Innenvolumina gleich groß sind. Die freie Beweglichkeit der $Na^{\cdot}$-Ionen veranlaßt sie, durch die Membran hindurchzugehen, während die R'-Ionen in der linken Seite des Schemas zurückgehalten bleiben. Das elektrische Gleichgewicht der Lösung fordert, daß gleichzeitig mit den $Na^{\cdot}$-Ionen eine äquivalente Menge von aus dem Wasser herrührenden OH'-Ionen nach rechts mitdiffundiert. Wenn x die Menge der aus der Mizelle diffundierten $Na^{\cdot}$-Ionen bedeutet, kann der Zustand des Systems in diesem Augenblick in folgender Weise dargestellt werden:

Membran

innen			außen	
$Na^{\cdot}$	$H^{\cdot}$	R'	$Na^{\cdot}$	OH'
$(c - x)$	x	c	x	x
	$\underbrace{\qquad\qquad}_{HR}$			

[1] Ztschr. Elektrochem. **17**, 572 (1911).

Es ergibt sich daraus, daß, während die intermizellare Flüssigkeit alkalisch reagiert, die Mizelle sauer wird. Durch die Membran wird also die Lösung hydrolysiert, und diese *Membranhydrolyse* hat als Besonderheit, daß sie von der Dissoziationskonstante der Säure HR *unabhängig* ist.

Der im letzten Schema dargestellte Zustand ist noch nicht der endgültige. Die Fettsäure ist wenig dissoziiert oder schwer löslich. Die Membranhydrolyse wird dadurch stark gesteigert. Der Endzustand des Systems wird folgender sein:

		innen		Membran	außen	
HR	$Na^{\cdot}$	R'	OH'	|	$Na^{\cdot}$	OH'
y	$(c-x)$	$(c-y)$	$(y-x)$	|	x	x

Die Berechnung des thermodynamischen Gleichgewichts dieses Systems führt zur Bestimmung des Wertes von x nach der Gleichung:

$$x = \sqrt[3]{\frac{K_w}{K_s} \cdot c^2} \,. \tag{2}$$

Diese Formel gibt für die Berechnung der Hydrolyse von Seifenmizellen höhere Hydrolysenwerte als Formel (1).

Wenn auch obige Berechnungen, wie überhaupt die DONNANsche Theorie der Membrangleichgewichte in ihrer einfachen Form auf Seifenmizellen nur mit Vorsicht anzuwenden ist, weil die gemachten Voraussetzungen — Mizellarstruktur der ganzen gelösten Seife, gleiche Phasenvolumina, vollständige Dissoziation — nicht absolut zutreffen, so zeigen sie wenigstens qualitativ, daß die Mizellarstruktur die Hydrolyse der Seifenlösungen verstärkt. Die Werte der Tabelle 33 müssen also als unterste Grenze der Hydrolyse betrachtet werden.

4. Die Unterscheidung zwischen Hydrolysengrad und hydrolytischer Alkalität.

Bei molekulargelösten alkalisch hydrolysierbaren Stoffen besteht eine direkte Beziehung zwischen der hydrolytischen Alkalität und dem Hydrolysengrad, so daß dieser durch die Bestimmung ersterer berechnet werden kann. Eine solche einfache Berechnung ist auch für Seifen von der Mehrzahl der sich mit dieser Frage beschäftigten Forscher durchgeführt worden. Zwei wichtige Einwände sind gegen eine solche Anwendung molekularer Gesetze auf kolloide Seifenlösungen zu erheben.

1. Die durch Versuche ermittelte Alkalität der Seifenlösungen stellt nur *die Alkalität der intermizellaren Flüssigkeit* dar. In einer Seifenlösung, besonders in einer konzentrierten, ist das Volumen der Seifenmizellen nicht zu vernachlässigen, zumal diese Mizellen hochhydratisiert sind. Die intermizellare Flüssigkeit füllt also nur einen Bruchteil des gesamten Lösungsvolums aus und die hydrolytisch abgespaltenen OH-Ionen befinden sich in dieser Flüssigkeit in einer höheren Konzentration, als wenn sie im ganzen Lösungsvolumen verteilt wären. Man könnte denken, mittels der Zahlen der Hydratation der Seifen das Mizellvolumen und daraus das der intermizellaren Flüssigkeit zu berechnen. Doch sind unsere Kenntnisse über die Wasserbindung an Seifenmizellen zu unsicher, um darauf eine präzise Berechnung aufstellen zu können.

2. Mit Bestimmtheit ist bewiesen (s. S. 93), daß Seifenmizellen OH-Ionen adsorbieren. Schon die Betrachtung des 3. Schemas der Membrangleichgewichte (s. oben) lehrt, daß OH-Ionen im Innern der Mizelle entstehen und zurückgehalten werden. Aber auch OH-Ionen aus der intermizellaren Lösung können

von der Mizelle angezogen und festgehalten werden. Durch diese Adsorption erniedrigt sich die OH-Ionenkonzentration der intermizellaren Flüssigkeit. Die Größe der OH-Ionenadsorption durch die Seifenmizellen ist zahlenmäßig mit Eindeutigkeit nicht zu bestimmen. Ähnelt die OH-Ionenbindung einer gewöhnlichen Adsorption, so ist zu erwarten, daß sie nach der allgemeinen Adsorptionsisotherme in verdünnten Lösungen relativ am stärksten ist. Da auch der Hydrolysengrad ein relativer Begriff ist, gibt die Berechnung der Hydrolyse aus der beobachteten Alkalität in den verdünntesten Lösungen die ungenauesten Werte. Gerade in solchen Lösungen kann ohne großen Fehler das Volumen der intermizellaren Flüssigkeit gleich dem gesamten Lösungsvolumen gesetzt werden. Es bleibt als Fehlerquelle nur die konzentrationserniedrigende Wirkung der OH-Ionenadsorption bestehen. *In verdünnten Lösungen liefert also die Berechnung der Hydrolyse aus der beobachteten Alkalität zu niedrige Werte.*

Weniger leicht zu überblicken ist die Beziehung zwischen aktueller Alkalität und Hydrolyse in konzentrierten Seifenlösungen, da sich gleichzeitig die Wirkung der Volumverkleinerung der intermizellaren Flüssigkeit und der Hydroxylionenadsorption geltend macht. Da nach der Adsorptionsisotherme die Adsorption aus konzentrierten Lösungen relativ kleiner ist als aus verdünnten, wird in solchen Lösungen der konzentrationserhöhenden Wirkung der Wasserbindung an die ionischen Mizellen die größte Wichtigkeit zukommen. *In konzentrierten Seifenlösungen ergibt die aus der beobachteten Alkalität berechnete Hydrolyse demgemäß zu hohe Werte.*

Zusammenfassend kann gesagt werden, daß infolge der zwei antagonistischen Wirkungen der Wasser- und Hydroxylionenadsorption die bisher im Schrifttum bekanntgemachten Zahlen bezüglich des Hydrolysengrades der Seifen fehlerhaft sind. In konzentrierten Lösungen ist die Hydrolyse wahrscheinlich klein, in verdünnten hingegen stark.

Für das Studium der Struktur der Seifenlösungen ist diese Feststellung wichtig, da die Hydrolyse bei der Bildung der Seifenmizellen einen bedeutenden Einfluß ausübt. Für die meisten technischen Anwendungen bei Alkaliseifen ist dagegen die Kenntnis des tatsächlichen Hydrolysengrades nicht maßgebend, sondern nur die der hydrolytischen Alkalität. Die zahlreichen Untersuchungen über die Bestimmung dieser Größe sind also in dieser Hinsicht immer noch wertvoll.

5. Die Messung der hydrolytischen Alkalität von Seifenlösungen.

Die Alkalität von Seifenlösungen kann nicht durch einfache Titration ermittelt werden, da sich hierbei das Hydrolysengleichgewicht in der Richtung der Hydroxylionen verschiebt und schließlich sämtliches Alkali erfaßt würde. J. W. McBain und seine Mitarbeiter haben deshalb solche Verfahren zur Bestimmung der aktuellen Alkalität benutzt, die das Hydrolysengleichgewicht nicht beeinflussen.

Diese Methoden sind folgende:

1. Messung der elektromotorischen Kraft der Kette:

$$\mathrm{Pt, H_2}\ (90^0\,\mathrm{C},\ 234\,\mathrm{mm}) \mid \mathrm{NaOH}\ (90^0\,\mathrm{C}) \mid 0{,}1\,\mathrm{n\text{-}KCl}\ (90^0\,\mathrm{C}) \mid 0{,}1\,\mathrm{n\text{-}KCl}\ (16^0\,\mathrm{C}) \mid \mathrm{Hg_2Cl_2, Hg}\ (16^0\,\mathrm{C}),$$

die von der Hydroxylionenkonzentration der Natriumhydroxydlösung abhängt. Verwendet man an Stelle des Natriumhydroxydes eine Lösung der zu untersuchenden Seife, so entsteht eine bestimmte elektromotorische Kraft, aus der nach J. W. McBain und H. E. MARTIN[1] die Hydroxylionenkonzentration der Seifenlösung berechnet werden kann. Störend wirkt hierbei das Auftreten eines Diffusionspotentials.

2. Messung der katalytischen Beschleunigung des Zerfalles von Nitrosotriacetonamin, der durch Hydroxylionen begünstigt wird. Wie aus der Gleichung:

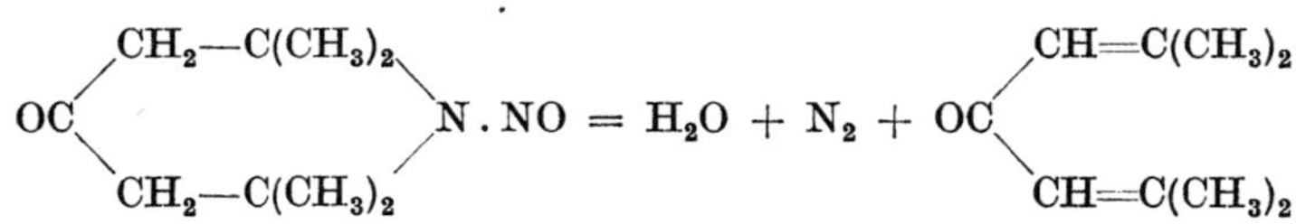

ersichtlich, werden die Hydroxylionen von der Reaktion nicht verbraucht. Die Reaktionsgeschwindigkeit kann aus dem Volumen des entstehenden Stickstoffs festgestellt werden. Sie ist proportional der Hydroxylionenkonzentration und kann nach MC BAIN und TH. R. BOLAM[2] zur Bestimmung der Alkalität von Seifenlösungen dienen. In konzentrierten Seifenlösungen werden allerdings die Angaben wegen der Löslichkeit der Amine in den Seifenmizellen unsicher.

3. Durch Ultrafiltration unter Druck (Membranfilter) können die Hydroxylionen von den kolloidgelösten Bestandteilen der Seifenlösungen abgetrennt und im Filtrat titrimetrisch bestimmt werden. J. W. MC BAIN und W. J. JENKINS[3] benutzten diese Methode der Ultrafiltration kalter Natriumlaurat- und Oleatlösungen durch Kolloidiummembranfilter von 9 mμ Porendurchmesser zur Bestimmung der Hydroxylionenkonzentration in Seifenlösungen. Gegen diese Methode ist einzuwenden, daß zwischen den Seifenmizellen und der intermizellaren Flüssigkeit ein Gleichgewicht bezüglich der Aufteilung der Hydroxylionen besteht, das durch die Ultrafiltration stark verändert werden kann.

4. Die einfachste und bequemste Methode zur Ermittlung der Alkalität scheint die Anwendung geeigneter Indikatoren zu sein. Allerdings liefern nur wenige einigermaßen brauchbare Resultate, so beispielsweise Alizaringelb G (Hydroxylionenkonzentration 0,003—0,0005 n) und Phenolphthalein (0,0008—0,0001 n). Thymolblau (0,0007—0,0001 n) kann ebenfalls verwendet werden, aber der Farbumschlag ist nicht sehr deutlich; o-Kresolphthalein ist dem Phenolphthalein gleichwertig. Für sehr verdünnte Seifenlösungen kann auch Phenolrot (unter 0,0001 n) Anwendung finden. J. W. MC BAIN und K. HAY[4] haben nach der Indikatormethode gearbeitet; als Pufferlösungen dienten die nach SOERENSEN und PALITZSCH[5] bereiteten Glycin/NaOH- und Borax/Borsäure-Lösungen bei 20°.

Die Bestimmung der Hydroxylionenkonzentration durch Farbstoffindikatoren in Gegenwart höhermolekularer seifenartiger Kolloidelektrolyte leidet, wie G. S. HARTLEY[6] für Cetylpyridiniumbromid, Cetyltrimethylammoniumjodid und Natriumcetylsulfonat, sowie SMITH und JONES[7] für die Natriumsalze des sulfonierten Laurin- und Oleinalkohols gezeigt haben, an grundsätzlichen Fehlern[8].

---

[1] Journ. chem. Soc. London **105**, 957 (1914).

[2] J. W. MC BAIN u. TH. R. BOLAM: Journ. chem. Soc. London **113**, 825 (1918). — F. C. BEDDLE u. TH. R. BOLAM: Journ. Soc. chem. Ind. **40**, 27 (1921).

[3] Journ. chem. Soc. London **121**, 2325 (1922). — Vgl. auch W. LEETEN: Ztschr. Dtsch. Öl-Fettind. **43**, 50 (1923).

[4] J. W. MC BAIN u. K. HAY: Journ. chem. Soc. London **1929**, 589. — Auf der Indikatormethode beruhen ferner die Bestimmungen anderer Forscher, wie H. JANISTYN: Seifensieder-Ztg. **58**, 791 (1931). — J. STOCKHAUSEN u. F. KESSLER: Seifensieder-Ztg. **59**, 539 (1932). — W. BLEYBERG u. H. LETTNER: Chem. Umschau Fette, Öle, Wachse, Harze **39**, 241 (1932). — K. PFAFF: Seifensieder-Ztg. **62**, 961 (1935). — B. LUSTIG u. F. SCHMERDA: Fette u. Seifen **44**, 51 (1937).

[5] SOERENSEN: Biochem. Ztschr. **21**, 131 (1909). — PALITZSCH: Biochem. Ztschr. **70**, 333 (1915). — Vgl. auch MICHAELIS: Die Wasserstoffionenkonzentration. Berlin. 1922. — KOLTHOFF: Der Gebrauch der Farbstoffindikatoren. Berlin. 1926. — MISLOWITZER: Die Bestimmung der Wasserstoffionenkonzentration. Berlin. 1928. — JÖRGENSEN: „Wasserstoffionenkonzentration" in Wissenschaftliche Forschungsberichte, Bd. 34. Dresden u. Leipzig. 1935. — KOLTHOFF: „Säure-Basenindicatoren." Berlin. 1932. — CLARK: „The determination of hydrogenions." Baltimore. 1928.

[6] Trans. Faraday Soc. **30**, 444 (1934).

[7] Journ. physical Chem. **38**, 243 (1934).

[8] Wie weit dadurch die Versuchsergebnisse MC BAINS ungünstig beeinflußt werden, ist nicht ohne weiteres anzugeben. Nach HARTLEY können bei der Indikatormethode unter Umständen Fehler entstehen, die eine ganze ±-Einheit der p_H-Skala betragen.

5. J. W. McBain und M. Eaton[1] verwendeten zur Bestimmung des Hydrolysengrades die analytische Erfassung der hydrolytisch gebildeten Fettsäuren. Wird die Seifenlösung mit einem organischen Lösungsmittel geschüttelt, so kann aus dem Verteilungsverhältnis auf die ursprüngliche Konzentration freier, hydrolytisch abgespaltener Fettsäure in der Seifenlösung geschlossen werden. Die Methode verspricht in bezug auf die Bestimmung des wirklichen Hydrolysengrades keinen besseren Erfolg als die früher geschilderten. Der Zustand der Fettsäure in einer Seifenlösung ist wegen der adsorptiven Bindung derselben an die Seifenmizellen ein anderer als in reinem Wasser, so daß das Gleichgewicht, welches sich beim Ausschütteln mit Benzol zwischen der mizellaren Bindungskraft der Seifenmizellen und der Lösungskraft des Benzols einstellt, nicht dem ursprünglichen Hydrolysengleichgewicht entspricht. Überdies wird durch die partielle Entfernung der hydrolytisch abgespaltenen Fettsäure das Hydrolysengleichgewicht an sich bereits verändert.

6. Die modernste Art der Bestimmung des Hydrolysengrades von Seifenlösungen (ganz allgemein die Ermittlung des p_H-Wertes höhermolekularer Anion- und Kationseifen) ist die elektrometrische Messung der Wasserstoffionenkonzentration. Hierbei ist der Elektrodenauswahl größte Sorgfalt beizumessen. Die Platin/Wasserstoff-Elektrode liefert, wie vielfach[2] festgestellt wurde, unbrauchbare Werte. Die Chinhydronelektrode ist in alkalischen Lösungen nicht verwendbar. Hingegen haben sich die Antimon/Antimonoxyd-[3] und die Glaselektrode[4] bewährt. Durch die Verwendung von Elektronenröhren ist eine einfache und sofortige Ablesung der p_H-Werte praktisch ohne Verbrauch der die EMK liefernden Ionen (der Gitterstrom moderner Geräte beträgt bei richtiger Handhabung bloß 10^{-9} A) möglich. Allerdings kann auch auf diesem Wege nur die aktuelle Wasserstoffionenkonzentration, bzw. die Konzentration der Hydroxylionen ohne Rücksicht auf die Adsorption der letzteren an der Oberfläche der ionischen Seifenmizelle erfaßt werden.

6. Die Messungsergebnisse.

Die Ergebnisse vorbesprochener Untersuchungen sind in den folgenden Tabellen zusammengefaßt. Absichtlich wird im folgenden der Ausdruck „Hydrolysengrad" vermieden und durch den Ausdruck „Alkalitätsgrad" ersetzt. Damit soll die Anzahl Hydroxylionen der intermizellaren Flüssigkeit verstanden werden, die 100 Moleküle Seife liefern.

In *verdünnten Lösungen*, in denen die Seife vollständig molekular bzw. ionogen gelöst ist, hängt der Alkalitätsgrad nur vom Molekulargewicht ab. Je höher eine Seife in der homologen Reihe steht, desto stärker ist ihre Alkalität. K- und Na-Salze verhalten sich in dieser Hinsicht fast identisch. Das Oleat ist wegen seiner größeren Löslichkeit weniger alkalisch als das Stearat und ungefähr ebenso stark wie das Palmitat, wie folgende Tabelle 34 zeigt.

---

[1] Journ. chem. Soc. London **1928**, 2166.

[2] Held u. Khainsky: Kolloid-Ztschr. **76**, 26 (1936). — Lottermoser u. Ghose: Kolloidchem. Beih. **45**, 254 (1937). — Lottermoser u. Flammer: Kolloidchem. Beih. **45**, 359 (1937). — Kratz: Kolloid-Ztschr. **80**, 36 (1937).

[3] Lottermoser u. Ghose: A. a. O. — Lottermoser u. Flammer: A. a. O. — Kolthoff u. Harting: Rec. Trav. chim. Pays-Bas **44**, 113 (1925). — Roberts u. Fenwick: Journ. Amer. chem. Soc. **50**, 3125 (1928). — Shukov u. Awsejewitch: Ztschr. Elektrochem. **35**, 349 (1929). — Britton u. Robinson: Journ. chem. Soc. London **1933**, 458.

[4] Haber u. Klemmsiewicz: Ztschr. physikal. Chem. **67**, 385 (1909). — Hughes: Journ. chem. Soc. London **1928**, 491. — Hughes, McInnes u. Dole: Journ. Amer. chem. Soc. **52**, 29 (1930). — G. B. Ellis u. S. J. Kiehl: Journ. Amer. chem. Soc. **57**, 2135 (1935). — K. Schwabe: Ztschr. Elektrochem. angew. physik. Chem. **41**, 681 (1935); **42**, 147 (1936). — Held u. Khainsky: A. a. O. — Kratz: A. a. O.

Tabelle 34. Hydrolytische Alkalität von 0,01 n-Seifenlösungen bei 90⁰.

	Kaliumseife		Natriumseife	
	OH-Konz. n	Alkalitätsgrad in Prozent	OH-Konz. n	Alkalitätsgrad in Prozent
Laurat	0,00029	2,9	0,00025	2,5
Myristat ...	0,00033	3,3	0,00045	4,5
Palmitat ...	0,00074	7,4	0,00075	7,5
Oleat	0,00081	8,1	0,00086	8,6
Stearat	0,0015	15,0	0,0013	13,0
Behenat ...	—	—	0,0029	29,0

Tabelle 35. Hydrolytische Alkalität von 0,5 n-Seifenlösungen bei 90⁰.

	Kaliumseife		Natriumseife	
	OH-Konz. n	Alkalitätsgrad in Prozent	OH-Konz. n	Alkalitätsgrad in Prozent
Laurat	0,0034	0,68	0,0030	0,6
Myristat ...	0,00123[1]	0,31	0,00092[1]	0,23
Palmitat ...	0,0012	0,24	0,0010	0,2
Oleat	0,0012[1]	0,3	—	—
Stearat	0,0012[1]	0,3	0,0010	0,2

Tabelle 36. Hydrolytische Alkalität von 0,1 n-Seifenlösungen bei 90⁰.

	Kaliumseife		Natriumseife	
	OH-Konz. n	Alkalitätsgrad in Prozent	OH-Konz. n	Alkalitätsgrad in Prozent
Laurat	0,00174	1,74	0,0015	1,5
Myristat ...	0,00123	1,23	0,00123	1,23
Palmitat ...	0,00172	1,72	0,0018	1,8
Oleat	0,00168	1,68	0,00094	0,94
Stearat	0,00172	1,72	0,0011	1,1

Tabelle 37. Hydrolytische Alkalität von 0,0005 n-Seifenlösungen bei 90⁰.

	Kaliumseife		Natriumseife	
	OH-Konz. n	Alkalitätsgrad in Prozent	OH-Konz. n	Alkalitätsgrad in Prozent
Palmitat ...	0,00013	26	0,00012—0,00007	24—14
Oleat	0,00011	22	0,00011	22
Stearat	0,00038	76	—	—

In *konzentrierten Lösungen* ist die Seife kolloid gelöst und die Alkalität geringer. Die höheren Seifen sind in solchen Lösungen am wenigsten alkalisch, wie die Zahlen der Tabelle 35 beweisen.

Die OH-Ionenkonzentration einer Seifenlösung geht also beim Wasserzusatz durch ein Maximum und fällt dann ab. Laurat, welches bei einer höheren Konzentration als Palmitat oder Stearat in molekularer Lösung bleibt, erreicht das Maximum erst bei 0,8 n-Lösung. Bei Zimmertemperatur erreicht Laurat das Alkalitätsmaximum bei 0,2 n-Lösung.

In *mittleren Konzentrationen* sind alle Seifen fast gleich stark alkalisch, wie die Betrachtung der Tabelle 36 lehrt.

In *sehr verdünnten Lösungen* ist die OH-Ionenkonzentration klein und trotzdem die prozentuale Alkalität oder der Alkalitätsgrad sehr stark.

Temperaturerhöhung verstärkt die Alkalität, was mit der allen Seifen gemeinsamen Regel übereinstimmt, daß eine Temperaturerhöhung eine ähnliche Wirkung ausübt wie eine Konzentrationserniedrigung. Die Temperaturwirkung ist in verdünnten Lösungen gering, in konzentrierten stärker. Nach W. BLEYBERG und H. LETTNER (s. S. 90) steigt der Alkalitätsgrad von 0,25%igen Cocosölseifen beim Erwärmen von 20 auf 90⁰ um das 8fache, die von Sojaölseife um das 20fache. Die Alkalität verstärkt sich auch, wenn die Lösung infolge Ausflockung der Seife heterogen wird.

[1] Bei 0,4 n-Seifenkonzentration.

Versuche mit *technischen Seifen* (vgl. Tab. 38) ergeben, daß Cocosölseife am wenigsten, Rasierseife am stärksten alkalisch ist. Dieses Ergebnis steht im Einklang mit den Zahlen der Tabelle 34, wonach die niedrig molekularen Seifen weniger alkalisch sind als die höheren.

Tabelle 38. Hydrolytische Alkalität von Lösungen technischer Seifen bei 90° (OH-Ionenkonzentration).

Art der Seife	Seifenkonzentration		
	1 v. H.	0,5 v. H.	0,1 v. H.
Cocosölseife	0,00031	0,00021	0,00005
Olivenölseife	0,00073	0,00060	0,00018
Toiletteseife	0,00076	0,00060	0,00024
Kaltgerührte Seife	0,00108	0,00080	0,00030
Kernseife	—	0,00077	—
Talgharzseife	—	0,00079	—
Teerseife	—	0,00082	—
Rasierseife	—	0,00094	—

Tabelle 39 gibt eine Zusammenstellung der p_H-Werte technischer Seifen nach Messungen von K. Pfaff (s. S. 90).

Tabelle 39. p_H-Werte von Lösungen technischer Seifen.

Art der Seife	Konz. in Prozent	p_H Wert
Cocosölseifen	0,25	8,8—9,0
Flüssige Haarwaschseifen	1,0	8,6—9,1
Haushaltseifen	0,25	9,0—9,6
Medizinische Seifen	0,25	9,1—9,5
Seifenflocken	0,25	9,1—9,7
Pilierte Feinseifen	0,25	9,2—9,7
Seifenpulver	0,5	9,3—9,4
Transparentseifen	0,25	9,4—9,7
Stangenrasierseifen	0,25	9,4 bis über 9,8
Rasierseifencremes	0,5	9,4 „ „ 9,8

7. Die Wirkung von Zusätzen auf die Alkalität von Seifenlösungen.

Jede Hydrolyse wird durch den *Zusatz eines der Hydrolysenprodukte* zurückgedrängt. In Einklang damit zeigt Tabelle 40, nach Versuchen von J. W. McBain und H. E. Martin (s. S. 90), wie NaOH- und Palmitinsäurezusätze den Alkalitätsgrad von Natriumpalmitatlösungen vermindern. Der „relative" Alkalitätsgrad ist unter Abzug der Alkalität des zugesetzten Natriumhydroxydes berechnet worden.

Tabelle 40. Einfluß des Zusatzes der Hydrolysenprodukte auf die Alkalität einer 0,1 n-Natriumpalmitatlösung bei 90°.

NaOH-Zusatz, proz. Überschuß von $Na^{\cdot}$-Ionen	OH-Konz. (Vol.-Norm.)	Relativer Alkalitätsgrad in Prozent	Palmitinsäure-Zusatz, proz. Überschuß von Fettsäureionen	OH-Konz. (Vol.-Norm.)
0	0,00136	1,28	0	0,00136
1	0,00188	0,96	1	0,00109
2	0,00234	0,58	5	0,00063
3	0,00265	0,07	16,7	0,00026
6	0,00512	(— 0,13)	33,3	0,00023
10	0,00780	(— 0,71)	100	0,00024
100	0,0828	(+ 0,54)	—	—

Tabelle 40 zeigt, daß ein *Zusatz von NaOH*, welcher einem Überschuß von Na-Ionen von 3—4 v. H. entspricht, die eigene Alkalität der Seifenlösung vollkommen zurückdrängt. Die negativen Werte des Alkalitätsgrades bedeuten ferner, daß die gesamte Alkalität kleiner ist als die, welche dem NaOH-Zusatz allein entspricht. Im allgemeinen zeigt sich, daß die nach NaOH-Zusatz beobachteten OH-Ionenkonzentrationen kleiner sind als die Summe der OH-Ionenkonzentrationen der ursprünglichen Seifenlösung und des NaOH-Zusatzes. *Es findet also in der Seifenmizelle eine OH-Ionenadsorption statt*[1, 2]. Als praktische Folge ergibt

[1] Zu ähnlichen Ergebnissen kommen W. Bleyberg u. H. Lettner: S. S. 90, sowie B. Tjutjunnikow u. N. Kassjanowa: Allg. Öl- u. Fett-Ztg. **31**, 276 (1934).

[2] Die Seifen stellen somit *Puffersubstanzen* dar, die Alkaliüberschüsse innerhalb gewisser Grenzen unschädlich machen. Zum anderen wird beim Waschen

sich, daß ein kleiner Alkaliüberschuß in einer technischen Seife die Alkalität der mit dieser Seife bereiteten Lösungen sehr wenig erhöht[1].

Tabelle 40 zeigt weiters, daß auch *die Fettsäure* die Alkalität zurückdrängt, ohne sie aber ganz zum Verschwinden zu bringen. Selbst in Gegenwart beträchtlicher Fettsäureüberschüsse[2] sind die Seifenlösungen alkalisch. Dieses scheinbar sonderbare Verhalten wird dadurch bedingt, daß die Fettsäure sich ausschließlich mit den Seifenmizellen vereinigt. Die beobachtete Alkalität ist dagegen die der intermizellaren Flüssigkeit.

Alkalisch reagierende Salze, wie Natriumcarbonat, Wasserglas usw., haben auf die Alkalität von Seifenlösungen eine ähnliche Wirkung wie NaOH. Nach Untersuchungen von B. TJUTJUNNIKOW und N. KASSJANOWA kann die OH-Ionenkonzentration einer gemischten Lösung von Seife und Soda *kleiner* sein als die OH-Ionenkonzentration der Sodalösung allein. Ähnliche Erscheinungen beobachtet man bei Wasserglaszusätzen.

Von den *neutralen Elektrolyten* verursachen diejenigen, welche mit der Seife ein *gemeinsames Ion* besitzen, eine Zurückdrängung der Hydrolyse und daher der Alkalität. So wird durch *NaCl-Zusatz* die Alkalität von Natriumpalmitatlösungen erniedrigt, solange die Lösung homogen ist. Ähnliche Wirkungen haben, nach Untersuchungen von J. W. McBAIN und R. BUCKINGHAM[2] andere Elektrolyte, wie Natriumbromid, -sulfat, -carbonat, -nitrat und -wolframat. Bei größerem Elektrolytzusatz macht sich die koagulierende Wirkung des Salzes dadurch erkennbar, daß die Alkalität ein Minimum erreicht und bei weiterem Elektrolytzusatz wieder steigt.

8. Der Zustand der hydrolytischen Fettsäure in Seifenlösungen. Die Bildung von sauren Seifen.

Der Zustand der hydrolytischen Fettsäure ist in sehr starkem Maße von der Konzentration der Seifenlösung abhängig.

In *freier Form* tritt die Fettsäure nur in sehr verdünnten Seifenlösungen auf, in welchen das Assoziationsbestreben noch so gering ist, daß die Seife in einzelne Moleküle zerteilt vorliegt. Die wenig wasserlöslichen Fettsäuren scheiden sich ab und verursachen die Trübung sehr verdünnter Seifenlösungen[3].

Oberhalb einer gewissen Konzentration, von P. EKWALL[4] „Grenzkonzentration" genannt, verschwindet die Trübung und mit ihr die Fettsäure als freie Säure aus der Lösung. Die hydrolytische Fettsäure tritt mit der Neutralseife zu Verbindungen ein, die *„saure Seifen"* genannt werden. Tabelle 41 gibt einige Werte der Grenzkonzentration bei Temperaturen von 20 und 80°.

Tabelle 41. „Grenzkonzentrationen", oberhalb denen die freie Fettsäure wegen der Bildung von saurer Seife verschwindet.

Seife	Temperatur	
	20° n	80° n
Natriumlaurat . .	0,006—0,0065	—
Natriummyristat	0,0011—0,0014	0,0015
Natriumpalmitat	0,0002—0,0003	0,0002—0,0003
Natriumstearat .	0,0002—0,0003	0,00038—0,00056
Natriumoleat . . .	0,00070—0,00078	0,0012—0,0016

mit Seife und Soda, bzw. während des nachfolgenden Spülens mit weichem Wasser die Alkalität des Bades länger erhalten als beim Waschen mit synthetischen Waschmitteln (Anionseifen) und der gleichen Menge Soda.

[1] Die Alkalität einer technischen Seife soll aber deswegen nicht zu hoch getrieben werden. Man darf nicht vergessen, daß beim Waschen die Seife mit der Haut in unmittelbare Berührung kommt.

[2] Journ. chem. Soc. London 129, 2679 (1927).

[3] P. EKWALL: Kolloid-Ztschr. 77, 320 (1936).

[4] Kolloid-Ztschr. 80, 77 (1937).

Die Frage, ob den sauren Seifen eine bestimmte stöchiometrische Zusammensetzung zuzuordnen ist oder ob sie sog. „Adsorptionsverbindungen", Gemische oder feste Lösungen von Fettsäure in Seife sind, ist vielfach umstritten.

Die Existenz stöchiometrisch wohldefinierter *wasserfreier* saurer Alkalisalze hochmolekularer Fettsäuren ist von verschiedenen Autoren zweifellos bewiesen. J. W. McBain und Mitarbeiter[1] erhielten durch Zusammenschmelzen von wasserfreiem, fettsaurem Alkalisalz und freier Fettsäure nach dem Erkalten Produkte aus der Reihe saurer Salze höhermolekularer Fettsäuren, deren Formeln und Zersetzungstemperaturen in Tabelle 42 zusammengestellt sind. Darin bedeuten L, P, St und Ol die Radikale der Laurin-, Palmitin-, Stearin- und Ölsäure.

Tabelle 42. Zersetzungstemperaturen einiger wasserfreier saurer Salz eder höhermolekularen Fettsäuren.

Formel	Zersetzungstemperatur °C
KL·HL	91,3
NaP·HP	74,2
2 NaP·HP	91,1
NaSt·2 HSt	80
2 NaSt·HSt	97
KOl·HOl	47

Wie ersichtlich, ist keines dieser Salze über 100° beständig. Bei der Zersetzungstemperatur zerfallen sie in Fettsäure und neutrales Salz. Andere Autoren, wie J. W. McBain und A. Stewart, P. Ekwall und Th. Malkin[2] sind zur Herstellung ähnlicher saurer Salze durch gemeinsames Lösen von neutralem, fettsaurem Salz und Fettsäure in warmem Alkohol und Erkaltenlassen der Mischung oder durch partielles Neutralisieren alkoholischer Lösungen höhermolekularer Fettsäuren mit alkoholischem Kaliumhydroxyd und Kristallisierenlassen des Gemisches geschritten. Aus diesen Untersuchungen geht hervor, daß von den Natriumsalzen die sauren Seifen der drei Reihen 2 Na Salz·1 Fettsäure, 1 NaSalz·1 Fettsäure und 1 NaSalz·2 Fettsäure existenzfähig sind, von den Kaliumsalzen bis jetzt aber nur die der einen Reihe 1 KSalz·1 Fettsäure nachgewiesen worden sind. Aus alkoholischen Lösungen entstehen die Verbindungen vom Typus 1 NaSalz·1 Fettsäure; aus dem geschmolzenen Zustande dagegen scheinen sich Verbindungen vom Typus 1 NaSalz·2 Fettsäure bzw. 2 NaSalz·1 Fettsäure leichter zu bilden. Offen bleibt die Frage, ob diesen wasserfreien Salzen die Bezeichnung „saure Seifen" zuzuschreiben ist, zumal der Begriff „Seife" an die Hydratation gebunden ist.

Die Existenz stöchiometrischer saurer Seifen in *wäßrigen Seifenlösungen* ist wieder von der Konzentration abhängig. Oberhalb der Grenzkonzentration und nach einem klaren Zwischengebiet zeigen die Seifenlösungen eine neue Trübung[3]. In diesem zweiten Trübungsgebiet treten feste Abscheidungen auf, welche von der Hydrolyse herrühren. Unter mikroskopischer Betrachtung[4] erscheinen die Abscheidungen als banden-, schuppen- und tafelförmige Kristalle. Getrocknet, zerfallen sie beim Erwärmen unter teilweisem Schmelzen bei etwa 17° oberhalb des Schmelzpunktes der Fettsäure. Erst bei höheren Temperaturen entsteht eine klare homogene Schmelze. In ihrer Mutterlösung suspendiert, erfahren die Kristalle beim Erwärmen eine Umwandlung, etwa 10° unterhalb des Schmelz-

[1] J. W. McBain u. M. C. Field: Journ. physical Chem. **37**, 675 (1933); Journ. chem. Soc. London **1933**, 920. — J. W. McBain u. A. Stewart: Journ. chem. Soc. London **1933**, 924.

[2] J. W. McBain u. A. Stewart: Journ. chem. Soc. London **1927**, 1392. — P. Ekwall u. W. Mylius: Ber. dtsch. chem. Ges. **62**, 1080, 2687 (1929). — Th. Malkin: Ber. Dtsch. chem. Ges. **63**, 1807 (1930). — P. Ekwall: Acta Acad. Aboensis math. phys. **7**, Nr. 8, 1 (1933).

[3] P. Ekwall: Kolloid-Ztschr. **77**, 320 (1936).

[4] P. Ekwall: s. S. 94.

punktes der Fettsäure, welche sich makroskopisch durch das Verschwinden des deutlich kristallinen Aussehens, mikroskopisch durch das Erscheinen eines anisotrop-flüssigen Gebildes erkennbar macht. Der Vorgang ist reversibel. Bei den höheren Seifen können in den Abscheidungen neben den Kristallen der sauren Seifen auch Flocken neutraler Seife vorkommen.

Die analytische Untersuchung der abfiltrierten Abscheidungen hat gezeigt, daß sie genau die Zusammensetzung einer sauren Seife vom Typus 1 Seife-1 Fettsäure besitzen. So konnte P. EKWALL in den Abscheidungen einer 0,0015 n-Natriumpalmitatlösung einen Na-Gehalt von 4,31 v. H, finden, während die theoretische Zusammensetzung des sauren Natriumpalmitats 1 NaP · 1 HP 4,30 v. H. Na entspricht. Bei zwei Natriummyristatlösungen von den Konzentrationen 0,009 n und 0,003 n waren die Na-Gehalte der Abscheidungen 4,77 bzw. 4,9 v. H. gegen 4,81 v. H. des sauren Myristats 1 NaMy · 1 HMy. In derselben Weise enthielten die Abscheidungen einer Natriumstearatlösung 3,81 v. H. Na, während das saure Stearat 1 NaSt · 1 HSt theoretisch 3,89 v. H. Na enthält.

Dem zweiten Trübungsgebiet folgt bei noch höheren Seifenkonzentrationen ein nochmaliges Klarwerden der Lösung. Die Abscheidungen verschwinden und die saure Seife tritt in kolloider Auflösung ein. Eine direkte analytische Bestimmung der Zusammensetzung der sauren Seifen ist nicht mehr möglich.

Man ist deshalb auf Grund der Veränderung verschiedener physikalischer Eigenschaften darauf angewiesen, Rückschlüsse und Vermutungen über den Zustand der Fettsäure in wäßrigen Seifenlösungen zu ziehen. So haben J. W. McBAIN, M. TAYLOR und M. E. LAING[1] durch Beobachtung der Wirkung von Palmitinsäurezusätzen zu Natriumpalmitatlösungen auf deren Leitfähigkeit und osmotische Aktivität die Bildung von sauren Seifen angenommen, deren Zusammensetzung von 2 NaP·HP in NaP·HP übergeht. J. W. McBAIN und A. STEWART[2] haben beim fortschreitenden Zusatz von Ölsäure zu nicht zu verdünnten Kaliumoleatlösungen ein fast lineares, schnelles Fallen der spezifischen Leitfähigkeit beobachtet, bis die Zusammensetzung 2 KOl·HOl erreicht ist; bei weiterem Zusatz von Ölsäure erfolgt nur mehr eine sehr langsame Abnahme. Sie folgern daraus die Bildung der sauren Seife 2 KOP·HOP. P. EKWALL[3] neigt zur Annahme der Bildung saurer Seifen der Zusammensetzung 2 NaMy·HMy und NaMy·2 HMy, wenn man zu wäßrigen Natriummyristratlösungen Myristinsäure zusetzt.

Er kommt u. a. zu dieser Schlußfolgerung auf Grund seiner Versuche über die konduktometrische Titration von Seifenlösungen mit Salzsäure. Die Ergebnisse von P. EKWALL konnten von A. LOTTERMOSER und PATZENHAUER[4] im allgemeinen bestätigt werden. Die bei der konduktometrischen Titration festgestellten Knickpunkte der Titrationskurve, die zur Annahme der Existenz von sauren Seifen führten, wurden bei der potentiometrischen Titration von Carboxylalkaliseifen nach A. LOTTERMOSER und A. K. GHOSE[5] mittels einer Antimonelektrode[6] in guter Übereinstimmung mit den Befunden von EKWALL wiedergefunden.

Der heutige Stand unserer Kenntnisse über den Zustand der hydrolytischen Fettsäure in Seifenlösungen kann nach obiger Betrachtung in folgender Weise

[1] Journ. chem. Soc. London **121**, 621 (1922).
[2] Journ. chem. Soc. London **1933**, 928.
[3] Acta Acad. Aboensis math. phys. **7**, Nr. 7, 1 (1933); Kolloid-Ztschr. **45**, 291 (1928); Ztschr. physikal. Chem., A **161**, 196 (1932).
[4] PATZENHAUER: Diplomarbeit. Dresden. 1931.
[5] Kolloidchem. Beih. **45**, 254 (1937).
[6] In Seifenlösungen versagen die Platin/Wasserstoff- bzw. Chinhydronelektroden; vgl. S. 91. — Vgl. aber P. EKWALL: Kolloid-Ztschr. **84**, 284 (1938).

geschildert werden: In freier Form kommt Fettsäure nur in sehr verdünnten Lösungen vor, in allen anderen, oberhalb der für jede Seife charakteristischen „Grenzkonzentration", erscheint sie in Verbindung mit Neutralseife als „saure Seife". Die sauren Seifen wäßriger Seifenlösungen besitzen eine wohldefinierte stöchiometrische Zusammensetzung nur dann, wenn sie sich aus verdünnten Lösungen oberhalb der Grenzkonzentration abscheiden. Sie entsprechen dann der Formel 1 Seife · 1 Fettsäure. In konzentrierteren Lösungen bleibt die Fettsäure in kolloider Auflösung mit der Neutralseife gebunden. Die Verbindung ist wahrscheinlich nicht einfach stöchiometrisch, sondern auch adsoptiver Natur, so daß man heute über die genaue Zusammensetzung der „sauren Seifen" aus konzentrierten Seifenlösungen nichts Bestimmtes aussagen kann.

9. Die Hydrolyse alkoholischer Seifenlösungen.

In alkoholischer Lösung sind die Alkaliseifen viel weniger hydrolysiert als in reinem Wasser. Dies wird bedingt einerseits durch die viel kleinere Dielektrizitätskonstante des Alkohols, welche eine geringere elektrolytische Dissoziation verursacht, anderseits durch die nichtkolloide Natur alkoholischer Lösungen der fettsauren Salze.

In der analytischen Praxis wird von dieser Eigenschaft des Alkohols häufig Gebrauch gemacht, um die freie Alkalität der technischen Seifen zu bestimmen. Die Angaben verschiedener Autoren über die Alkoholmenge, die gebraucht werden muß, um die Hydrolyse praktisch vollkommen zurückzudrängen, weichen stark voneinander ab. Nach KANITZ[1] genügen 40 v. H. Äthylalkohol oder 15 v. H. Amylalkohol, während D. HOLDE[2] die Anwendung von mindestens 80 v. H. Äthylalkohol vorschlägt. Es ist zu berücksichtigen, daß die anzuwendende Alkoholkonzentration vom Molekulargewicht der Seife abhängig ist. S. v. SCHAPRINGER[3] führt an, daß der stärkeren Hydrolyse höherer Glieder der Alkaliseifen auch eine höhere Alkoholkonzentration zur Zurückdrängung der Hydrolyse entsprechen muß. Tabelle 43 gibt die anzuwendende Alkoholkonzentration, die die Hydrolyse von Seifen noch vollkommen zurückdrängt, für verschiedene Natriumseifen an.

Tabelle 43. Alkoholkonzentration, welche die Hydrolyse der Seifen vollkommen zurückdrängt.

Seife	Alkoholgehalt in Prozent
Natriumlaurat	67
Natriummyristat	75
Natriumpalmitat	84
Natriumstearat	95

d) Die Struktur von Seifenlösungen.

Der kolloidchemische Aufbau der Alkaliseifenlösungen ist S. 33 im Rahmen der Besprechung der allgemeinen Konstitution wäßriger Dispersionen von anion- und kationaktiven, seifenartigen Kolloidelektrolyten erörtert worden. Bezüglich der typischen Verhältnisse bei den Alkalisalzen höhermolekularer Fettsäuren soll hier nochmals kurz auf die Theorie von McBAIN[4] eingegangen werden.

Wie S. 11 angeführt, bilden die Anion- und Kationseifen in wäßrigen Lösungen sog. ionische Mizellen aus. Diese muß man sich bei den Seifen aus stark hydratisierten Fettsäureanionen gebildet denken. Ihre Zusammensetzung könnte etwa nach der Formel

$$R_a^{a(-)} \cdot (H_2O)\,b \tag{1}$$

wiedergegeben werden. Darin bedeutet R das Fettsäureanion, a die Anzahl Fett-

[1] Berl. Ber. **36**, 403 (1910). [2] Ztschr. Elektrochem. **16**, 436 (1910).
[3] Dissertation. Karlsruhe. 1911.
[4] Siehe J. W. McBAIN, M. E. LAING u. A. F. TITLEY: Journ. chem. Soc. London **115**, 1279 (1919). — J. W. McBAIN u. C. S. SALMON: Journ. Amer. chem. Soc. **42**, 426 (1920); Proceed. Roy. Soc., London, A **97**, 44 (1920).

säureanionen[1], die sich unter gegenseitiger Anziehung von b Wassermolekülen zusammengelagert haben; der Exponent a (—) gibt an, daß das Teilchen (ionische Mizelle) a negative Ladungen trägt. Es ist sehr wahrscheinlich, daß in der Mizelle noch etwas undissoziierte Seife vorhanden ist. Die Formel einer solchen aus ionogenen und elektroneutralen Anteilen bestehenden Mizelle wäre dann:

$$(NaR)_c \cdot R_a^{a(-)} \cdot (H_2O)\, b \qquad (2)$$

Erhöht man die Konzentration einer Seifenlösung, so wird ihre elektrolytische Dissoziation zurückgedrängt. In sehr konzentrierten Lösungen kann angenommen

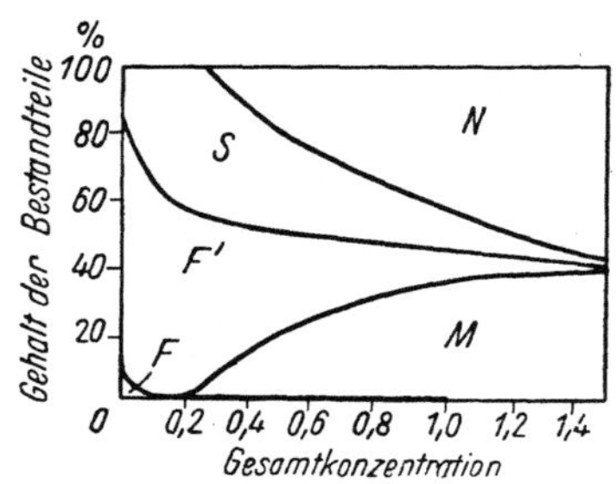

Abb. 29. Gleichgewichte in Kaliumlauratlösungen.

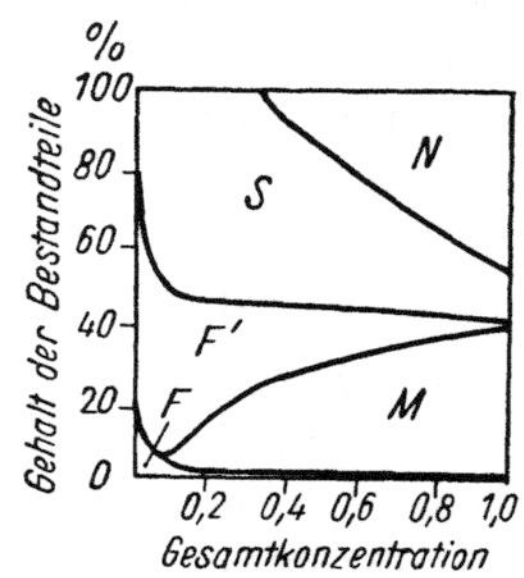

Abb. 30. Gleichgewichte in Kaliummyristatlösungen.

werden, daß die Seife zum größeren Teil aus neutralen (aber durch Adsorption von ionogenaktiven Anteilen aufgeladenen) Mizellen besteht, etwa von der Formel

$$(NaR)_c \cdot (H_2O)_b. \qquad (3)$$

In sehr verdünnten Seifenlösungen wird die ionische Mizelle durch Formel (1) wiedergegeben. Bei Konzentrationserhöhung ändert sich allmählich die Zusammensetzung in der Richtung zu Formel (2) und in sehr konzentrierten Seifenlösungen wird endlich Formel (3) erreicht.

Die Hydrolyse verändert die Zusammensetzung der ionischen Mizelle bei den höhermolekularen fettsauren Alkalisalzen, während bei einer Reihe von Anion- und

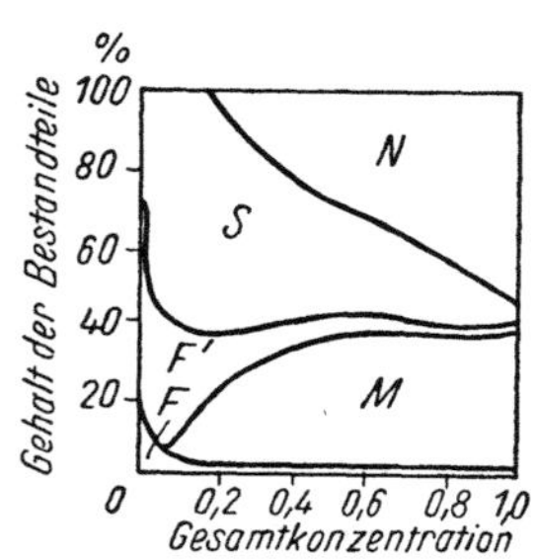

Abb. 31. Gleichgewichte in Kaliumpalmitatlösungen.

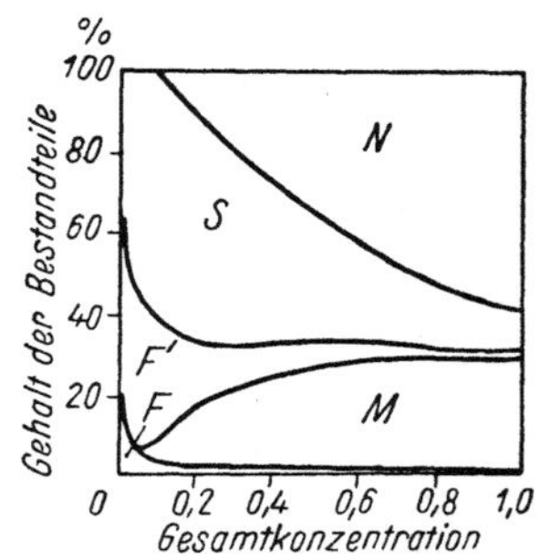

Abb. 32. Gleichgewichte in Kaliumstearatlösungen.

Kationseifen, welche gemäß S. 14 ein Hydrolysierungsvermögen nicht besitzen, eine Hydrolysenbeeinflussung natürlich nicht stattfinden kann. Ein Teil der Fettsäureanionen wird zur Bildung der freien, hydrolytisch abgespaltenen Fettsäure (HR) verbraucht, während eine entsprechende Menge von Hydroxylionen auftritt. Eine teilweise hydrolysierte und Neutralseifenanteile aufweisende Mizelle wird demnach etwa folgende Zusammensetzung zeigen:

$$(NaR)_c\,(HR)_d\,R_{a-d}^{(a-d)(-)}\,(OH)_d^{d(-)} \cdot (H_2O)_{b-d} \qquad (4)$$

Exponent „d" gibt die Anzahl der OH-Ionen an.

Diese formalistische Auffassung der Konstitution von Seifenlösungen kann auch in Form von Kurven nach den Berechnungen von MC BAIN und Mitarbeitern[2] dargestellt werden. Abb. 29, 30, 31 und 32 zeigen die Gleichgewichtsdiagramme

[1] Nach MC BAIN ist $a = 5$—10.

[2] International Critical Tables, Bd. 5, S. 448. 1929.

zwischen ionischen Mizellen, sog. Neutralkolloid, einfachen, undissoziierten Seifenmolekülen und Fettsäureanionen für die Kaliumsalze der Laurin-, Myristin-, Palmitin- und Stearinsäure an. Für jede Konzentration ist die Summe aller fettsäurehaltigen Komponenten 100 v. H. und durch die Gesamthöhe des Diagramms dargestellt. Zieht man bei einer beliebigen Konzentration eine Ordinate, so gibt das Verhältnis der Strecken, in welche die Ordinate geteilt wird, eine Aussage über die Zusammensetzung der polydispersen Seifenlösung bei der betreffenden Konzentration. Die zu den verschiedenen Bestandteilen gehörenden Gebiete sind hierbei durch folgende Buchstaben bezeichnet. N = Neutralkolloid, S = einfache Seifenmoleküle, F′ = einfache Fettsäureionen, F = „saure Seife" und M = ionische Mizelle. Die Kaliumionen sind in gleicher Menge vorhanden wie die Summe aus freien, nichtassoziierten Fettsäureanionen und aus den zur ionischen Mizelle agglomerierten Fettsäureanionen. Die Unsicherheit der Grenzlage zwischen den einzelnen Feldern ist von McBain auf ungefähr 10 v. H. geschätzt worden, doch wird ausdrücklich auf die modernere Auffassung von Hartley[1], S. 19, verwiesen. Dieser Autor hat das Zustandsdiagramm der seifenartigen Stoffe in Vergleich zu McBain wesentlich verändert und vertieft.

Es muß noch darauf verwiesen werden, daß bei den Seifen ebenso wie bei den anderen Anion- und Kationseifen die einzelnen Zustandsstadien wäßriger Dispersionen in Form reversibler Gleichgewichte untereinander in Verbindung stehen. Es werden demnach bezüglich der Größe und Zusammensetzung der kolloiden Teilchen stetige Übergänge herrschen. Die Seifenlösungen sind polydispers und enthalten gleichzeitig und im Gleichgewicht Mizellen von allen möglichen Größen, von den einfachen Seifenmolekülen bis zu den größten kolloiden Komplexen, wobei je nach den äußeren Bedingungen jede Mizellart durch eine größere oder kleinere Anzahl vertreten sein kann. Aber nicht nur die Größe der Teilchen, auch ihre Zusammensetzung kann variieren. Wahrscheinlich sind nur die „äußeren" Seifenmoleküle der Mizelle elektrolytisch dissoziiert, während die inneren unverändert bleiben[2]. Dies gilt insbesondere für die sog. aufgeladenen Neutralkolloidteilchen. Der Hydrolysengrad, der bei den Alkaliseifen ein neues Moment bezüglich des Aufbaues der Kolloidteilchen bringt, ist vorzugsweise von der Konzentration abhängig. Offenbar werden die an der Oberfläche der Mizelle sitzenden Moleküle in erster Linie zur Hydrolyse neigen.

C. Kolloidchemische Eigenschaften.

Die kolloide oder nichtkolloide Natur der Seifenlösungen ist im Anfang der wissenschaftlichen Erforschung der Seifen der Gegenstand einer sehr lebhaften Auseinandersetzung gewesen. Die von F. Krafft als Beweis der kolloiden Natur der Seifen ausgeführten Bestimmungen der Siedepunktserhöhung ihrer Lösungen wurden später von J. W. McBain und C. S. Salmon als fehlerhaft erwiesen (s. S. 79). Inzwischen war der kolloide Zustand der Seifenlösungen durch eine Fülle von Untersuchungen und Eigenschaften so klar bewiesen, daß man heute bei den Lösungen der fettsauren Alkalisalze Kolloid- und Seifencharakter als gleichwertige Begriffe betrachtet.

Schon die Untersuchung der Seifenlösungen unter dem *Ultramikroskop* zeigt unter bestimmten Bedingungen das Vorhandensein von submikroskopischen Teilchen. Daneben sind alle typischen Eigenschaften der Kolloidlösungen bei den Seifen zu finden. Seifenlösungen lassen sich *dialysieren* und *ultrafiltrieren*; sie besitzen eine anomal hohe *Viskosität*, die auf eine starke *Wasserbindung* hindeutet; Konzentrationserhöhung oder Temperaturerniedrigung können zur *Gelatinierung* der Lösung unter Bildung typischer *Seifengele* führen, wozu unter Um-

[1] Aqueous Solutions of Paraffin-chain Salts. Paris. 1936.

[2] Nach Thiessen [P. A. Thiessen u. R. Spychalski: Ztschr. physikal. Chem., A **156**, 435 (1931). — P. A. Thiessen: Naturwiss. **24**, 763 (1936); Fette u. Seifen **43**, 149 (1936)] bleibt hierbei der Kristallcharakter bis in nicht zu verdünnte Lösungen erhalten. — Vgl. auch P. A. Thiessen, J. Stauff u. W. Wittstadt: Angew. Chem. **49**, 640 (1936). — R. Brill: Angew. Chem. **49**, 643 (1936). — P. A. Thiessen: Angew. Chem. **51**, 318 (1938).

ständen winzige Seifenmengen genügen[1]; endlich können Seifenlösungen durch hohe Elektrolytkonzentrationen *ausgesalzen*, d. h. durch Salzzugabe den Hauptteil des Lösungsmittels ausscheiden[2].

a) Die Ultramikroskopie von Seifenlösungen.

Die klaren Seifenlösungen erscheinen unter dem Ultramikroskop optisch leer. Die verdünnten und getrübten Lösungen lassen, je nach ihrem Trübungsgrad, größere oder kleinere Teilchen erkennen[3]. Schon A. Mayer, G. Schaeffer und E. F. Terroine[4] hatten ultramikroskopisch das Aussehen verschiedener Seifenlösungen beobachtet. Die niedrigmolekularen fettsauren Salze bis zum Caproat lieferten optisch leere Lösungen, während die Seifen vom Caproat bis zum Laurat ultramikroskopische Suspensionen, Palmitat und Oleat submikroskopische und mikroskopische Suspensionen und Stearat nur mikroskopisch auflösbare Suspensionen erkennen ließen. Die Autoren geben allerdings keine Angaben über die Konzentration der verwendeten Seifenlösungen. Daß die Suspensionen aus den hydrolytischen Zersetzungsprodukten der Seifen bestanden, läßt sich daraus schließen, daß durch Alkalizusatz ihre Teilchengröße verringert wird.

Konzentrierte Lösungen lassen bisweilen im Gesichtsfeld des Ultramikroskops fadenförmige Teilchen erkennen. Diese bestehen nicht aus Hydrolysenprodukten, sondern rühren von einer Übersättigung der Lösung an Seife her. Oft sind die Teilchen kristallin, wie z. B. die von R. Zsigmondy und W. Bachmann[5] zuerst beschriebenen milchigen Trübungen, die beim Abkühlen von mittelkonzentrierten Palmitat- und Stearatlösungen zwischen 95 und 75° je nach der Konzentration auftreten. Sie erweisen sich unter dem Ultramikroskop als ein Gewimmel feiner Kriställchen, kristalliner Blättchen oder amorpher Lamellen. Diese Gebilde bleiben längere Zeit vor der Erstarrung das einzige ultramikroskopische Charakteristikum solcher Seifenlösungen. Sie befinden sich in ständiger zweidimensionaler Brownscher Bewegung, deren Lebhaftigkeit von der Viskosität der Lösung abhängt. Man beobachtet von Zeit zu Zeit, wenn ein kristallines Teilchen mit einem Faden in Berührung kommt, daß es daran hängen bleibt und dann eine eindimensionale Brownsche Bewegung längs des Fadens ausführt. Zuweilen kann das Teilchen sich von selber befreien. Im weiteren Verlauf der Abkühlung nimmt die Zahl jener kristallinen Teilchen schnell zu, und sie hindern sich gegenseitig in ihrer Brownschen Bewegung.

Unter gekreuzten Nicols am Ultramikroskop betrachtet, zeigen die Seifenlösungen die Erscheinung der *Strömungsdoppelbrechung*[6], d. h. einer durch die Bewegung erzeugten Doppelbrechung. Aus dieser Erscheinung ist auf das Vorhandensein von langgestreckten Teilchen zu schließen. Reine Natriumoleatlösungen haben eine schwache negative Doppelbrechung. Natriumstearatlösungen sind positiv strömungsdoppelbrechend, und die Doppelbrechung wächst proportional mit dem Stearatgehalt. Besonders stark positiv doppelbrechend sind

---

[1] Natriumarachidat bildet bei 18° Gele, welche 99,1 v. H. Wasser enthalten. M. H. Fischer: Seifen und Eiweißstoffe, S. 17. 1922.

[2] Wegen ihrer technischen Bedeutung wird die Aussalzung der Seifen in einem anderen Abschnitt, S. 179, behandelt.

[3] Über Trübungserscheinungen in Seifenlösungen vgl. P. Ekwall: Kolloid-Ztschr. **77**, 320 (1936).

[4] Compt. rend. Acad. Sciences **145**, 918 (1907); **146**, 484 (1908).

[5] Kolloid-Z. **11**, 145 (1912). — Vgl. auch Darke, McBain u. Salmon: Proceed. Roy. Soc., London, A **98**, 395 (1921). — Thiessen: Kolloid-Z. **46**, 350 (1928).

[6] H. Zocher: Ztschr. physikal. Chem. **98**, 293 (1921). — H. Freundlich u. H. Jores: Kolloidchem. Beih. **22**, 31 (1926).

die gemischten Lösungen, die neben Natriumoleat auch Stearat oder Palmitat enthalten. Durch Erhitzen wird die Doppelbrechung geringer, verschwindet schließlich ganz und tritt beim Abkühlen wieder auf. Unter der Einwirkung der Kohlensäure der Luft geht die positive Doppelbrechung in eine negative über, welche beim Erwärmen nicht verschwindet. Sie beruht wahrscheinlich auf der Bildung kleiner Mengen unlöslicher Fettsäure.

Besonders mannigfach ist das Aussehen der *Seifengele* unter dem Mikroskop und Ultramikroskop. Die dabei beobachteten Strukturen werden später, zusammen mit den Eigenschaften der Seifengele studiert werden (s. S. 118).

b) Diffusion, Dialyse und Ultrafiltration in Seifenlösungen.

In einer Seifenlösung bestehen in Gleichgewicht molekulare, ionogene und kolloide Bestandteile. Die ionogendispersen Teilchen sind vor allem Na-Ionen, dann die durch Hydrolyse entstehenden OH-Ionen und die Fettsäureionen; molekulardispers sind einzelne undissoziierte Seifenmoleküle. Die kolloiddispersen Teilchen sind die Seifenmizellen, samt der von diesen adsorbierten hydrolytisch abgespaltenen Fettsäure und den Na- bzw. OH-Gegenionen. Eine Trennung der molekular- von den kolloiddispersen Bestandteilen einer Seifenlösung tritt bei drei verschiedenen Vorgängen, die miteinander verwandt sind: die Diffusion, die Dialyse und die Ultrafiltration, auf.

Durch *Diffusion* wandern bekanntlich die feindispersen Teilchen einer molekularen oder kolloiden Lösung in das reine Dispersionsmittel, wenn sie mit diesem überschichtet oder irgendwie in Berührung gebracht ist; diese Wanderung setzt sich fort, solange ein Konzentrationsunterschied besteht. Die Diffusionsgeschwindigkeit ist um so kleiner, je größer die diffundierenden Teilchen sind. Bei dem Vorgang der Diffusion einer Seifenlösung erfolgt also die Wanderung der verschiedenen Bestandteile, je nach ihrer Größe, mit verschiedener Geschwindigkeit. Es ergibt sich dadurch eine Trennung der molekularen schnelldiffundierenden, von den kolloiden langsam diffundierenden Anteilen.

Noch schärfer wird die Trennung, wenn man eine Seifenlösung durch eine Pergament- oder Kollodiummembran in Wasser *dialysiert*. Die Membran läßt die molekulardispersen Bestandteile ungehindert hindurchgehen, sie hält aber die kolloiddispersen zurück. Der kleine, aber immerhin meßbare osmotische Druck der kolloiddispersen Teilchen der Seifenlösung verursacht einen gleichzeitigen Durchgang von Wassermolekülen von der Außenseite zur Lösung, wodurch diese verdünnt wird. Schon aus diesem Grunde kann die Zusammensetzung der im Dialysator verbleibenden Seifenlösungen nach beendeter Dialyse der ursprünglichen Konstitution, selbst in bezug auf kolloiddisperse Bestandteile nicht entsprechen.

Gründlicher kann die Sichtung von molekularen und kolloiden Teilchen durch *Ultrafiltration* unter Druck erreicht werden. Die Trennung erfolgt auch, wie bei der Dialyse, durch eine halbdurchlässige Membran, aber an der Außenseite befindet sich kein Wasser, und die Energie, welche die molekulardispersen Teilchen durch die Membran hindurchdrückt, ist nicht, wie bei den vorherbesprochenen Vorgängen, die kinetische Energie der Teilchen, sondern der auf die Lösung ausgeübte Druck.

So einfach diese Trennungen beim ersten Blick erscheinen, so verwickelt zeigen sie sich bei Seifenlösungen für eine quantitative Ermittlung ihrer Zusammensetzung an molekularen und kolloiden Bestandteilen. Folgende zwei Ursachen stören den Verlauf dieser Erscheinungen und verändern die Ergebnisse:

1. Zwischen den molekular- und den kolloiddispersen Bestandteilen einer Seifenlösung besteht ein Gleichgewicht. Für jede Seife, jede Temperatur und jede Konzentration gibt es eine bestimmte Verteilung des festen Stoffes zwischen den verschiedenen Dispersitätsgraden und -formen. Wird ein oder mehrere der am Gleichgewicht teilnehmenden Stoffe entfernt, so muß sich, nach dem Massenwirkungsgesetz, das Gleichgewicht zugunsten der Bildung der entfernten Stoffe verschieben. Bei den Trennungsvorgängen, die hier betrachtet werden, muß sich der Dispersitäts- und der Dissoziationsgrad der zurückgebliebenen Seifenmizellen erhöhen, derjenige der abdiffundierten Bestandteile sich dagegen erniedrigen.

2. Die Trennung der Na-Ionen von den mit Fettsäureionen beladenen Seifenmizellen muß eine Verschärfung der Hydrolyse zur Folge haben, ein Vorgang, der dem der vorher besprochenen Membranhydrolyse (s. S. 87) ähnelt. Durch diese „Trennungshydrolyse" wird der molekulardisperse Anteil stärker alkalisch, der kolloiddisperse Anteil stärker sauer als in der ursprünglichen Lösung. Man wird also aus der gemessenen Alkalität der „Außenflüssigkeit" keinen Rückschluß auf die Alkalität der ungetrennten Lösung ziehen können, eine Bemerkung, die schon früher bezüglich die Besprechung der Messungsmethoden der Alkalität von Seifenlösungen gemacht wurde (s. S. 88). Die verstärkte Bildung hydrolytisch abgespaltener Fettsäure, die mit den Seifenmizellen in Verbindung tritt und deren Löslichkeit herabsetzt, kann bei stark vorwärtsgetriebener Hydrolyse, wie dies z. B. bei dialytischen Trennungen der Fall ist, alle anderen Wirkungen übertreffen und zur Koagulation der gesamten Seife führen.

Wegen dieser störenden Einflüsse der Gleichgewichtsverschiebung und der Trennungshydrolyse kann aus den Zahlen von Diffusion, Dialyse oder Ultrafiltration keine quantitative Folgerung über die Zusammensetzung der ursprünglichen Lösung gezogen werden.

α) *Diffusion.*

Um von der Wirkung der Trennungshydrolyse frei zu sein, haben Fr. M. E. LAING u. McBAIN[1] die Diffusionskoeffizienten von Kaliumlaurat und Natriumoleat in einer 0,0015 n-Natriumhydroxydlösung gemessen. Die Lösungen waren mit einer „Glasmembran" aus Jenaer porösem Glas von ca. 2,5 μ Porendurchmesser getrennt, welche der ganzen Seifenmenge freien Durchtritt erlaubte. Die Diffusionskoeffizienten in cm/Tag von Natriumoleatlösungen bei 25° sind in der Tabelle 44 zusammengestellt.

Tabelle 44. Diffusionskoeffizienten von Natriumoleatlösungen bei 25°.

Gew.-Norm	Diff.-Koeff. cm/Tag	Gew.-Norm	Diff.-Koeff. cm/Tag
0,0250	0,461	0,098	0,322
0,0253	0,496	0,150	0,265
0,0456	0,388	0,300	0,217
0,0490	0,365	0,376	0,214
0,0503	(0,368)	0,500	0,229

Durch Extrapolieren der Werte der Tabelle 44 berechnen Fr. M. E. LAING u. McBAIN den Diffusionskoeffizienten einer unendlich verdünnten Lösung des Natriumoleats zu 0,731. Derselbe Wert einer unendlich verdünnten Lösung von Natriumchlorid ist ca. 1,19. Selbst in extrem verdünnter Lösung diffundieren also die Seifen fast nur halb so schnell wie gewöhnliche Elektrolyte.

Ein weiterer Unterschied ergibt sich in dem Einfluß der Konzentration auf den Diffusionskoeffizienten. Während die Diffusionskoeffizienten gewöhnlicher Elektrolyte annähernd konstant sind und durch Konzentrationserhöhung nur sehr langsam sinken (Diffusionskoeffizient einer 0,5 n-NaCl-Lösung = 1,08, gegen 1,19 einer unendlich verdünnten), verkleinern sich die Zahlen der Tabelle 44 schon bei geringen Konzentrationserhöhungen sehr schnell. Dieses Sinken des Diffusions-

[1] Journ. Amer. chem. Soc. **55**, 545 (1933).

koeffizienten der Seifenlösungen ist also ein qualitatives Maß für die Bildung von Seifenmizellen[1].

β) *Dialyse.*

Mehr als bei den zwei anderen hier behandelten Vorgängen zeigt sich bei der Dialyse von Seifenlösungen die Wirkung der Hydrolyse. Wenn man, wie es bei dialytischen Vorgängen meist geschieht, die dialysierten Produkte fortwährend entfernt, kann die dialytische Hydrolyse keinen Gleichgewichtszustand erreichen und schreitet ununterbrochen fort. Die erste Folge davon ist, daß die Stabilität der Seifenlösung vermindert wird. Die zuerst klare Lösung trübt sich bald, trotzdem die Seifenkonzentration sich stetig vermindert. Die Trübung rührt von der hydrolytisch abgespaltenen Fettsäure her, welche von den Seifenmizellen adsorbiert wird und deren Löslichkeit herabsetzt. Die fettsäurehaltigen, wenig hydrophilen Seifenmizellen vereinigen sich zu komplexen Aggregaten, deren Volumen sich ständig vermehrt, bis die ganze Seife sich als grobe Flocken von „saurer Seife" abscheidet.

Solche Erscheinungen sind von F. Bottazzi und C. Victorow[2] bei der Dialyse einer technischen Seife durch Pergament- oder Viskoseschläuche praktisch beobachtet worden. Im Anfang der Dialyse geht etwas molekulardisperse Seife durch die Membran durch; diese Seifendiffusion endet bald, wahrscheinlich, weil die einfachen Seifenmoleküle oder die kleinen Mizellen unter dem Einfluß der Hydrolyse zuerst angegriffen werden und in Fettsäure zerfallen oder von anderen teilweise zersetzten Mizellen festgehalten werden. Mit fortschreitender Dialyse wird die zuerst klare Lösung opaleszent, trübe und zuletzt makroskopisch heterogen. Es bilden sich drei Schichten: eine obere, aus Fettsäuretröpfchen gebildete, eine untere, aus den assoziierten hydrolytisch zersetzten Mizellen bestehende und eine Mittelschicht, die eine Suspension von feinen Fettsäuretröpfchen und Mizellenrückständen darstellt. Die ultramikroskopische Verfolgung der Dialyse gestattet in der zuerst optisch leeren Lösung die Beobachtung des Erscheinens der ersten Submikronen, deren Anzahl sich bei fortschreitender Dialyse vermehrt.

In neuerer Zeit sind von H. Kröper[3] Dialysierversuche an verdünnten Lösungen der Kaliseifen der gesättigten, höhermolekularen Fettsäuren durch halbdurchlässige Cellophanmembranen ausgeführt worden. Im Einklang mit den obigen Betrachtungen zeigen die Versuche von H. Kröper, daß die Seifen um so leichter dialysieren, je kleiner ihr Molekulargewicht ist. So geht Kaliumlaurat bei den gewählten Konzentrationen ungehindert durch die Membran über, während Kaliummyristat zur Hälfte zurückgehalten wird. Palmitat und Stearat dialysieren nur zum geringen Teil. Die Anwesenheit von Doppelbindungen und Hydroxylgruppen im Molekül begünstigt die Dialysierfähigkeit. Die dialytische Hydrolyse ist um so stärker, je geringer die Dialysierfähigkeit ist. Auch Abscheidungen von sauren Seifen wurden von H. Kröper bei fortschreitender Dialyse, besonders bei den Seifen der höhermolekularen gesättigten Fettsäuren, beobachtet.

Durch *Alkalizusatz* wird die hydrolytische Zersetzung einer dialysierten Seifenlösung zurückgedrängt. Die zuerst trübe Lösung klärt sich. Das Alkali ruft also die dialytischen Vorgänge in entgegengesetzter Richtung hervor, indem es nicht nur die freie Fettsäure neutralisiert, sondern die groben Mizellaggregate wieder zerlegt. Von dieser *peptisierenden Wirkung* des Alkalis wird im folgenden noch oft die Rede sein.

γ) *Ultrafiltration.*

Die Möglichkeit der Trennung der dispersen Bestandteile einer Seifenlösung durch Ultrafiltration hat bereits früh die Aufmerksamkeit der Forscher auf ein solches Verfahren gelenkt. Schon die Versuche von A. Mayer, G. Schäffer und E. F. Terroine[4] zeigten, daß die wäßrigen Lösungen fettsaurer Alkalisalze bis zum Valerianat durch eine Kollodiummembran rückstandlos hindurchgingen, die von Caprylat bis Palmitat nur partiell filtrierten und Stearatlösungen vollkommen unfiltrierbar waren. Diese Ergebnisse stehen mit der Erhöhung des Kolloidcharakters der Seife beim Aufsteigen in der homologen Seifenreihe in Übereinstimmung.

---

[1] Ein ähnliches Absinken des Diffusionskoeffizienten wäßriger Seifenlösungen bei zunehmender Konzentration wurde auch von Jander u. Weitendorf [Angew. Chem. **47**, 197 (1934)] festgestellt. Diese Autoren nehmen mit Thiessen u. Triebel [Ztschr. physikal. Chem., A **156**, 309, 437 (1931)] im kritischen Punkt (vgl. S. 16) die Bildung von bimolekularen Seifenanionen, die sich dann bei weiterer Konzentrationserhöhung noch stärker agglomerieren, an.

[2] Atti R. Accad. Lincei (Roma), Rend. (5), **19**, I, 659 (1910).

[3] Fette u. Seifen **44**, 298 (1937).

[4] Compt. rend. Acad. Sciences **145**, 918 (1907).

Quantitative Untersuchungen über die Ultrafiltration von Natriumseifen mittlerer Fettsäuren (C_8 bis C_{10}) sind von C. F. MÜLLER V. BLUMENCRON[1] mittels Ultrafilter nach DE HAËN ausgeführt worden. Die Lösungen wurden im Apparat bei einem Druck von 30 at filtriert. Jeder Versuch wurde so ausgeführt, daß die Hälfte der auf das Filter gegossenen Flüssigkeit filtriert, das Filtrat und der Rückstand analysiert und das Verhältnis $\frac{\text{Konzentrat des Rückstandes}}{\text{Konzentrat des Filtrats}}$ berechnet wurde. Die Ergebnisse sind in der folgenden Tabelle zusammengestellt.

Tabelle 45. Ultrafiltration von niedrigmolekularen Natriumseifenlösungen.

Seife	Konzentration n	Konzentration g/l	Temperatur °C	Druck at	Filtrationsdauer für 10 cm³ in Stunden	Konz. des Filtrats g/l	Konz. des Rückstandes g/l	Konz. des Rückstandes/Konz. Filtrat
					9-Stunden-Filter bei 13°.			
Caprylat	1	116	12	30	2,8	131,8	185,8	1,41
Nonylat	1	180	13	30	5,4	114,2	222,6	1,95
Caprinat	1	194	13	30	9,3	66,9	276,3	4,13
					11-Stunden-Filter bei 13°.			
Nonylat	0,125	22,5	16	30	1,2	14,2	30,8	2,16
„	0,25	45,0	15	30	1,2	21,4	68,7	3,21
„	0,5	90,1	13	30	1,7	38,7	131,8	3,40
„	1	180	13	30	5,3	54,3	276,5	5,10
„	2	360	13	75	In 5 Stunden nur wenige Tropfen abfiltriert; Rückstand war zu Gel erstarrt.			

Aus den Zahlen dieser Tabelle ergibt sich auch, daß beim Aufsteigen in der homologen Reihe oder beim Erhöhen der Konzentration der Kolloidcharakter der Seifen immer stärker hervortritt.

Zu ähnlichen Ergebnissen bei Seifen höheren Molekulargewichtes sind W. PROSCH[2] mit Natriumlaurat und J. W. MCBAIN und W. J. JENKINS[3] mit Kaliumlaurat und Natriumoleat bei 12—18° gekommen. MCBAIN und JENKINS verwenden Membranfilter nach BECHHOLD, aus Papierfilter Nr. 575 von SCHLEICHER und SCHÜLL und 3- bis 15%ige Lösungen von Kollodium in Eisessig hergestellt, deren Porendurchmesser von weniger als 9 mμ bis 450 mμ variiert. Tabelle 46 gibt die mit Membranfiltern von 9 mμ Porendurchmesser erhaltenen Ergebnisse wieder.

Tabelle 46. Ultrafiltration von Seifenlösungen bei 12—18° durch Membranfilter von 9 mμ Porendurchmesser.

Kaliumlaurat: Ursprüngliche Konzentration n	Kaliumlaurat: Konz. des Filtrats n	Kaliumlaurat: Konz. des Rückstandes n	Natriumoleat: Ursprüngliche Konzentration n	Natriumoleat: Konz. des Filtrats n	Natriumoleat: Konz. des Rückstandes n
0,01	0,01	0,00	0,01	0,01	0,00
0,210	0,042	0,15	0,144	0,001	0,143
0,313	0,044	0,269	0,188	0,001	0,187
0,493	0,046	0,447	0,227	0,001	0,226
0,679	0,052	0,627	0,349	0,0015	0,347
0,808	0,052	0,756	0,450	0,002	0,448
1,000	0,054	0,946	0,558	0,002	0,556

Durch Änderung der Porendurchmesser kommen MCBAIN und JENKINS zu dem Ergebnis, daß beim Natriumoleat der Durchmesser der großen, wenig hydratisierten Mizellen zwischen 75 und 450 mμ liegt, während die ionischen Mizellen einen Durch-

[1] Ztschr. Dtsch. Öl-Fettind. **42**, 171 (1922).
[2] Ztschr. Dtsch. Öl-Fettind. **42**, 450 (1922).
[3] Journ. chem. Soc. London **121**, 2325 (1922).

messer unter 15, jedoch über 9 mμ besitzen. Mit einer Größe unter 9 mμ gibt es nur die molekulardispersen Bestandteile der Lösung. Beim Kaliumlaurat erleiden alle Dimensionen eine Verschiebung nach kleineren Werten, so daß auch die Neutralteilchen kleiner als 15 mμ sind. Die Größe der Teilchen einer Seifenlösung ist also in sehr hohem Grade von der Länge der Polymethylenkette ihrer Moleküle abhängig.

Wie unsicher jedoch die Ultrafiltrationszahlen sind, zeigt z. B. ein Vergleich der Filtrationsergebnisse derselben 1 n-Natriumnonylatlösung mit zwei wenig verschiedenen Filtern, einem 9- und einem 11-Stunden-Filter in Tabelle 45. Der Filterrückstand ist mit dem ersten Filter nach 5stündiger Filtration ungefähr 2,5mal so seifenreich wie bei ähnlichen Versuchen mit dem zweiten Filter.

c) Die Viskosität der Seifenlösungen.

1. Die Ursachen der anomalen Viskosität der Seifenlösungen.

Die Seifenlösungen, welche in verdünntem Zustande eine Viskosität besitzen, die sich von der des reinen Wassers sehr wenig unterscheidet, erfahren eine sehr starke Viskositätserhöhung, wenn die Konzentration steigt. Diese Erscheinung ist auf das Zusammentreffen folgender Umstände zurückzuführen:

1. Bekanntlich bedingt die einfache *Erhöhung der Teilchengröße* einer Kolloidlösung, vorausgesetzt, daß die Teilchenzahl sich nicht ändert, eine Viskositätserhöhung, was wahrscheinlich davon herrührt, daß mit dem Teilchendurchmesser die Häufigkeit der Zusammenstöße der Teilchen vermehrt wird und infolgedessen die Flüssigkeitsschichten einen stärkeren Widerstand überwinden müssen, um über die benachbarten Schichten zu gleiten. A. EINSTEIN hat eine Formel aufgestellt, welche es ermöglicht, die Viskosität einer Suspension von kugelförmigen und starren Teilchen zu berechnen, wenn das Gesamtvolumen der Teilchen bekannt ist, und wenn zwischen ihnen selbst oder zwischen ihnen und dem Lösungsmittel eine gegenseitige Wirkung nicht stattfindet. Die EINSTEINsche Formel lautet:

$$\eta = \eta_0 (1 + 2{,}5\,\varphi).$$

η ist die Viskosität der Suspension, η_0 die des Lösungsmittels und φ das Teilchenvolumen in dem Einheitsvolumen der Lösung, d. h. das, was man die Volumenkonzentration der dispersen Phase nennen kann. Bei den Seifenlösungen tritt bekanntlich durch Konzentrationserhöhung eine Vergrößerung der Teilchen ein. Schon aus diesem Grunde ist also nach der EINSTEINschen Formel eine parallele Viskositätserhöhung zu erwarten. Allerdings zeigt die Anwendung dieser Formel für Seifenlösungen, daß, ungeachtet der Schwierigkeit der Berechnung von φ, die Übereinstimmung nur für verdünnte Lösungen genügend ist, in konzentrierten dagegen die beobachtete Viskosität durch Konzentrationserhöhung viel schneller steigt, als es die EINSTEINsche Formel fordert. Es müssen also noch andere Ursachen zur Viskositätserhöhung von Seifenlösungen beitragen.

2. Wenn man die Bedingungen betrachtet, die zur Aufstellung obiger Formel geführt haben, nämlich kugelförmige Gestalt und Starrheit der Teilchen und Abwesenheit einer Wirkung zwischen den Teilchen oder zwischen diesen und dem Lösungsmittel, so wird man erkennen, daß keine dieser Bedingungen bei Seifenlösungen erfüllt ist. Auf die *Teilchenform* bezügliche mikroskopische und ultramikroskopische Beobachtungen (s. S. 121) beweisen, daß die Seifenmizellen keineswegs eine kugelförmige, sondern mit Vorliebe eine in die Länge gezogene Gestalt annehmen. Diese Form würde die Teilchenbewegung begünstigen, wenn die Lösung sich in parallelen Schichten bewegte und wenn die Mizellen in jeder Schicht ihre Längendimension in der Richtung der Bewegung hätten; sie wird dagegen ein Hindernis sein, wenn, wie wahrscheinlich, die Teilchenanordnung, wenigstens im Anfang der Bewegung, unregelmäßig ist, oder wenn die Bewegung

plötzliche Richtungsänderungen aufweist. Die gestreckte Form der Seifenmizelle bedingt also höhere Viskosität als die nach der EINSTEINschen Formel berechnete.

3. Zwischen dem Wasser und den Seifenmizellen bestehen *gegenseitige Wirkungen*, welche keineswegs zu vernachlässigen sind, weil sie bekanntlich den Seifencharakter bedingen. Wassermoleküle werden von den Seifenmizellen in großen Mengen adsorbiert, eine Erscheinung, die J. W. MCBAIN durch die Erhöhung des elektrostatischen Potentials beim Zusammentreten mehrerer Moleküle zu einer Mizelle erklärt. Die Seifenmizelle wird von einer Wasserhülle umgeben sein, welche sie bei ihrer Bewegung mitschleppt und die ihr scheinbares Volumen vergrößert. Diese hydratisierten Mizellen werden also bei ihrer Bewegung einen größeren Widerstand finden, als wenn sie wasserfrei wären. Die Hydratation erhöht also auch die Viskosität einer Seifenlösung über den von der EINSTEINschen Formel geforderten Wert hinaus.

4. Die Mizellen können sich auch *gegenseitig beeinflussen*, besonders wenn sie, wie bei konzentrierten Seifenlösungen, sehr nahe aneinander liegen. Nach WO. OSTWALD[1] bestehen in Lösungen vom Typus der Seifenlösungen Wirkungen zwischen den Teilchen, welche eine *Struktur* erzeugen, lange bevor die Gelatinierung der Lösung erfolgt. Die Mizellen werden also durch die gegenseitigen Wirkungen (zwischenmolekulare Restvalenzkräfte) mit benachbarten Teilchen in ihren relativen Bewegungen gebremst, was eine *Strukturviskosität* verursacht, welche sich zu den anderen schon genannten Ursachen der anomalen Viskosität der Seifenlösungen addiert.

5. Eine andere Forderung der EINSTEINschen Formel, daß die Teilchen *starr* seien, ist bei Seifenlösungen nicht erfüllt. Die Seifenmizellen können keinesfalls als starr gelten, weil sie von einer nur wenig widerstandsfähigen Wasserhülle bedeckt sind, deren Dicke oft ein Mehrfaches von ihrer eigenen Größe beträgt. Die Außenform der Mizelle wird durch die mehr oder weniger intime Berührung mit benachbarten Teilchen oder mit irgendeinem Hindernis geändert. Wenn die Lösung in Bewegung kommt, wird zuerst eine Art Anpassung der Form der Wasserhülle zur Bewegung eintreten. Die Mizellen werden die Form anstreben, welche der Bewegung den kleinsten Widerstand bietet und die Viskosität wird von der mehr oder weniger vollständigen Erreichung dieser idealen Form abhängen, aber jedenfalls kleiner sein, als wenn die Teilchen starr wären.

2. Die Abhängigkeit der Viskosität von Seifenlösungen von ihrer Fließgeschwindigkeit.

Die Viskosität von Seifenlösungen besitzt die Eigentümlichkeit, daß sie *abhängig ist von der Geschwindigkeit*, mit welcher sich die Lösung bewegt. Es ist bekannt, daß solange die Bewegung in parallelen Schichten — *laminar* — erfolgt, die Viskosität normaler Flüssigkeiten konstant und unabhängig von der Fließgeschwindigkeit bleibt. Für solche Flüssigkeiten gilt das HAGEN-POISEUILLEsche Gesetz, welches für die Bewegung von Flüssigkeiten in einem zylindrischen Rohr lautet:

$$\eta = \frac{\pi r^4 p}{8 v l},$$

wo η die Viskosität, r der Radius des Rohres, l dessen Länge, p der Druck, welche die Bewegung der Flüssigkeit erzeugt, und v das in der Zeiteinheit ausgeflossene Flüssigkeitsvolumen bedeuten. Von einer Geschwindigkeit an, welche durch die REYNOLDsche Zahl charakterisiert wird, fließt die Flüssigkeit nicht mehr laminar, sondern *turbulent*. Diese Bewegungsart ist durch Wirbelbildung gekenn-

[1] Kolloid-Ztschr. **43**, 190 (1928).

zeichnet, welche der Strömung einen gewissen Widerstand entgegensetzt, so daß die scheinbare Viskosität der Lösung um so größer ist, je schneller, d. h. je turbulenter die Flüssigkeit fließt. Das Kennzeichnende der Seifenlösungen ist, daß sie kein Gebiet der Anwendung der HAGEN-POISEUILLEschen Gesetze besitzen, d. h. daß sie, selbst bei geringen Geschwindigkeiten, niemals laminar, sondern immer turbulent strömen, so daß man bei Viskositätsangaben von Seifenlösungen immer die Geschwindigkeit angeben muß, bei welcher die einzelnen Messungen vorgenommen worden sind. Eingehende Studien sind über *Ammoniumoleat*, besonders von E. HATSCHEK und R. S. JANE sowie von WO. OSTWALD und Mitarbeitern ausgeführt worden[1].

Abb. 33 zeigt, nach Angaben von WO. OSTWALD gezeichnet, die Veränderung der Viskosität einer 0,0096 n-Ammoniumoleatlösung mit ihrer Fließgeschwindigkeit. In derselben Abbildung sind zum Vergleich die zugehörigen Kurven einer 43%igen Glycerinlösung und des Wassers als normaler Flüssigkeiten aufgenommen worden. Die Betrachtung der Abbildung lehrt, daß die Viskosität des Wassers bei der Erhöhung der Fließgeschwindigkeit ständig zunimmt, weil mit der benutzten Apparatur das Wasser auch bei den niedrigsten Geschwindigkeiten turbulent strömt. 43%ige Glycerinlösung besitzt einen kurzen, waagerechten HAGEN-POISEUILLEschen Kurvenast, bei welchem die Viskosität unabhängig von der Fließgeschwindigkeit ist; bei höherer Geschwindigkeit wird auch die Strömung turbulent. Ammoniumoleatlösung zeigt dagegen eine charakteristische V-förmige Kurve; bei kleinen Geschwindigkeiten sinkt die Viskosität mit der Erhöhung der Fließgeschwindigkeit, erreicht ein Minimum und steigt wieder mit wachsender Geschwindigkeit. Ein geradliniger, der Abszissenachse paralleler HAGEN-POISEUILLEscher Kurvenast wird bei diesen Lösungen nicht beobachtet.

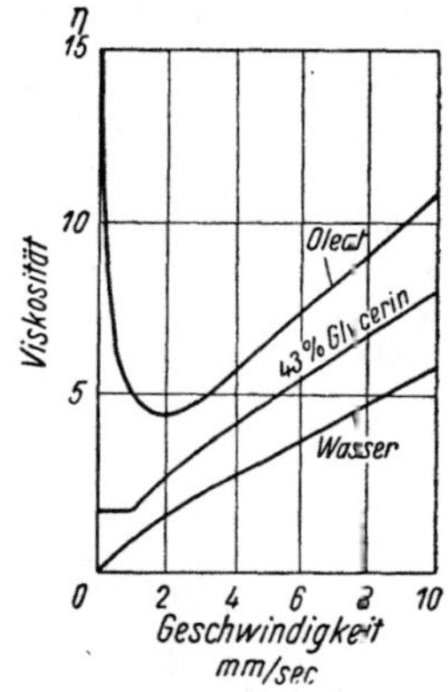

Abb. 33. Abhängigkeit der Viskosität von der Fließgeschwindigkeit.

Das anomale Verhalten der Seifenlösungen kann in der verlängerten Mizellenform und in der Deformierbarkeit ihrer Wasserhülle seine Erklärung finden. Im Ruhezustand sind die Mizellen wahllos in der Lösung verteilt und gleichmäßig mit Wassermolekülen umhüllt. Die intermizellaren Kräfte bedingen eine gewisse *Struktur* der Lösung. Wenn solche Lösungen zum Fließen gebracht werden, so ist die Struktur zuerst ein Hindernis für die Bewegung, weil ein Teil der anzuwendenden Kraft zur Überwindung dieser Struktur, zur Orientierung der Mizellen und zum Zusammendrücken der Wasserhüllen verbraucht werden wird. Bei kleinen Geschwindigkeiten wird die kinetische Energie der Lösung nicht ausreichen, um diese Umbildungen in der Lösung vollständig durchzuführen. Die Lösung fließt also, ohne daß die für die Strömung günstigste Orientierung der Mizellen erreicht sei; die scheinbare Viskosität ist anomal hoch. Diese durch die Struktur der Lösung bedingte *Strukturviskosität* wird erniedrigt, wenn die Fließgeschwindigkeit steigt und demzufolge die Struktur der Lösung sich abbaut. Bei weiterer Geschwindigkeitserhöhung wird die Strömung turbulent, so daß nach dem Durchlauf eines Minimums die Viskosität wieder steigt. Zu bemerken ist noch, daß durch die gestreckte Form der Seifenmizelle die Turbulenzerscheinungen begünstigt werden. Ammoniumoleat sollte also das Turbulenzgebiet eher erreichen als Glycerinlösungen; wahrscheinlich sind aber die Struktur- und Turbulenzgebiete in dem untersten Teil der Kurve überlagert.

---

[1] E. HATSCHEK u. R. S. JANE: Kolloid-Ztschr. **38**, 33 (1926). — WO. OSTWALD u. R. AUERBACH: Ebenda **38**, 261 (1926). — E. HATSCHEK: Ebenda **38**, 259 (1926). — E. N. DA C. ANDRADE u. J. W. LEWIS: Ebenda **38**, 260 (1926). — WO. OSTWALD, R. AUERBACH u. Frl. I. FELDMANN: Ebenda **43**, 155 (1927). — WO. OSTWALD: Ebenda **43**, 190, 210 (1927).

3. Die Elastizität von Seifenlösungen.

In Zusammenhang mit den intermizellaren Kräften, welche die Strukturviskosität verursachen, steht die Eigentümlichkeit vieler Seifenlösungen, *elastisch* zu sein. Daß gewisse Seifenlösungen eine deutliche Elastizität besitzen, ist durch verschiedene Methoden bewiesen worden.

E. HATSCHEK[1] zeigte z. B., daß, wenn man einer Ammoniumoleatlösung, welche durch Zusatz einiger Tropfen Ölsäure zu einer größeren Menge verdünnten Ammoniaks erzeugt wird, eine rotierende Bewegung durch gelindes Schwenken erteilt und dann das Gefäß still hält, die Lösung zur Ruhe kommt, wie sich an den zahlreichen, darin suspendierten Luftbläschen verfolgen läßt; sie verharrt jedoch nicht darin wie eine normale Flüssigkeit, sondern rotiert in der entgegengesetzten Richtung zurück. Dieses Zurückschnellen erstreckt sich häufig auf einen Bogen von 180° und darüber.

H. FREUNDLICH und W. SEIFRIZ[2] zeigten das Vorhandensein elastischer Eigenschaften in Seifenlösungen durch mikroskopische Beobachtung der Bewegung eines in der Lösung suspendierten Nickelteilchens, wenn es während kurzer Zeit von einem Elektromagnet angezogen wird. In normalen, obgleich sehr viskosen Flüssigkeiten, wie Gelatine, bewegt sich das Teilchen langsam zu dem Magnet, bleibt aber in Ruhe auf der Stelle, wo es sich befindet, sobald der Strom ausgeschaltet wird. In gewissen Seifenlösungen dagegen springt das Teilchen beim Ausschalten des Stromes in seine Anfangslage zurück. Wird das Teilchen der Magnetwirkung zu lange ausgesetzt oder liegt sie ihm zu nahe, so kann es vorkommen, daß die Elastizitätsgrenze überschritten wird und das Teilchen unlösbar an den Magnet gebunden bleibt.

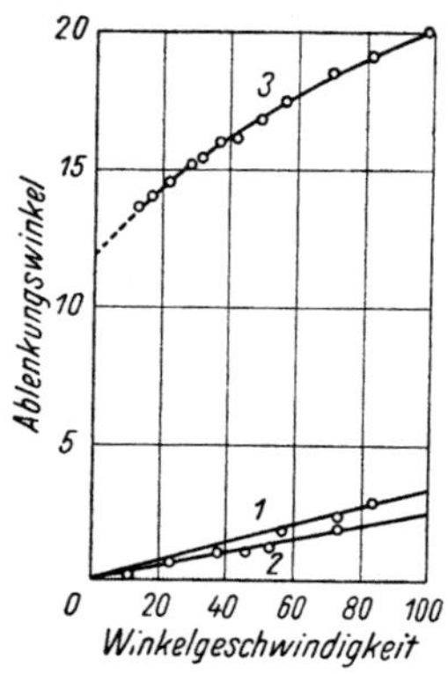

Abb. 34. Änderung des Ablenkungswinkels mit der Umdrehungsgeschwindigkeit.

Auch mit dem COUETTEschen Viskosimeter kann die Elastizität der Seifenlösungen bewiesen werden. Bei diesem Apparat wird der zu messenden Flüssigkeit eine rotierende Bewegung erteilt und dann der Ablenkungswinkel gemessen, den ein Zylinder erleidet, der in der Lösung an einem Torsionsdraht hängt[3]. Bei einer normalen Flüssigkeit ist der Ablenkungswinkel proportional der Umdrehungsgeschwindigkeit und wird Null, wenn die Geschwindigkeit sinkt. In Abb. 34, welche die Änderung des Ablenkungswinkels mit der Umdrehungsgeschwindigkeit darstellt, gehören die Geraden 1 und 2 zu normalen Flüssigkeiten. Gewisse Seifenlösungen folgen nicht der erwähnten Proportionalität. Die zu einer binären Lösung von 0,1 v. H. Natriumstearat und 0,44 v. H. Natriumoleat gehörende Kurve 3 der Abb. 34 ist nicht ganz geradlinig, sondern etwas nach der Abszissenachse konkav gebogen, und, was noch wichtiger ist, sie verläuft nicht zum Nullpunkt, sondern zu einem höher gelegenen Punkt der Ordinatenachse. Dieses Verhalten bedeutet, daß der innere Zylinder um eine bestimmte Ablenkung mitgerissen sein muß, um die elastischen Kräfte, welche anscheinend zwischen Zylinder und Flüssigkeit wirken, zu überwinden. Ob das auf der Ordinatenachse in Abb. 34 durch Verlängerung der Kurve 3 geschnittene Stück gerade die *Fließelastizität* der Lösung darstellt, wie H. FREUNDLICH annimmt, oder ob der Verlauf der Kurve auch von anderen nichtelastischen Wirkungen abhängt, mag dahingestellt bleiben.

Es scheint plausibel, die Ursache der elastischen Erscheinungen in den gegenseitigen Kräften zu suchen, welche zwischen den Mizellen nicht zu verdünnter Seifenlösungen wirken, und welche die Vorstufe der Gelatinierung darstellen. Diese Kräfte schaffen in der Seifenlösung eine bestimmte Anordnung ihrer Bestandteile, d. h. eine *Struktur*, und setzen jeder Veränderung derselben einen großen Widerstand entgegen. Wenn eine nicht zu starke Deformation stattfindet, wird die Lösung von dem Augenblick an, in dem die störende Wirkung verschwindet, durch das Spiel der intermizellaren elastischen Kräfte wieder in ihre

[1] Kolloid-Ztschr. **37**, 25 (1925). [2] Ztschr. physikal. Chem. **104**, 233 (1923).
[3] H. FREUNDLICH u. H. JORES: Kolloid-Z. **36**, 241 (1925); Kolloidchem. Beih. **22**, 16 (1926). — H. FREUNDLICH, H. NEUKIRCHER u. H. ZOCHER: Kolloid-Ztschr. **38**, 43 (1926).

ursprüngliche Struktur zurückgeführt. Wird aber die Deformation so stark, daß die Elastizitätsgrenze überschritten und die intermizellaren Kräfte überwunden sind, dann wird die Lösung gezwungen sein, der Bewegung zu folgen; der Widerstand gegen diese Bewegung wird sich in einer Erhöhung der scheinbaren Viskosität abspiegeln. Diese Hypothese wird durch den Umstand gestützt, daß gerade die Seifenlösungen, welche unter dem Ultramikroskop oder sogar unter dem Mikroskop fadenförmige Teilchen zeigen, am deutlichsten elastische Eigenschaften besitzen. Kurve 1 und 2 in Abb. 33 beziehen sich auf 0,1%ige Natriumstearat- bzw. 0,54%ige Natriumoleatlösungen bei 13°. Keine von beiden Lösungen zeigt im Ultramikroskop auflösbare Teilchen und keine ist auch durch elastische Eigenschaften ausgezeichnet. Das zu Kurve 3 gehörende elastische Gemisch von Natriumstearat und Natriumoleat läßt dagegen unter dem Ultramikroskop eine große Zahl von fadenförmigen, sehr langen Teilchen erkennen. Nach H. FREUNDLICH und H. JORES[1] sind die Natriumoleatlösungen bis 2 v. H., die verdünnten Natriumstearatlösungen bis zu 0,1 v. H., die Natriumricinoleatlösungen bis 1,06 v. H., die Natriumstearolatlösungen bis 0,21 v. H. und die Mischungen Laurat-Oleat, Stearolat-Oleat und Erukat-Oleat unelastisch. Die konzentrierten Natriumstearatlösungen (über 0,25 v. H.) und die Mischungen Oleat-Stearat, Oleat-Palmitat und Ricinoleat-Stearat zeigen dagegen Elastizität. Bei allen diesen Lösungen trifft die Erscheinung der Elastizität zusammen mit der ultramikroskopischen Beobachtung von fadenförmigen Teilchen, welche besonders leicht in den zuletzt genannten Mischungen auftreten.

4. Einfluß der mechanischen Vorbehandlung auf die Viskosität von Seifenlösungen.

Wie bei anderen kolloiden Lösungen hat die mechanische Vorbehandlung einen sehr bemerkenswerten Einfluß auf die Viskosität der Seifenlösungen. Besonders weitgehend ist dieser Einfluß bei Ammoniumoleatlösungen untersucht worden. E. HATSCHEK und R. S. JANE (s. S. 107) fanden, und Wo. OSTWALD und seine Mitarbeiter bestätigten, daß gelindes Umrühren einer Ammoniumoleatlösung unter Umständen ihre Viskosität ein wenig erhöhen kann, energisches Umrühren dagegen immer eine starke Viskositätsabnahme verursacht. Wenn man von der ersten Wirkung absieht[2], ist der Einfluß der mechanischen Vorbehandlung auf die Viskosität mit den Eigenschaften der technischen Kernseifen vergleichbar, durch Schlagen weicher zu werden, eine Erscheinung, welche auch einige Ähnlichkeit mit der Verflüssigung gewisser fester Gele durch Schütteln hat, was mit dem Namen *Thixotropie* bezeichnet wird. Eine mögliche Erklärung des Einflusses der mechanischen Vorbehandlung auf die Viskosität wäre die bleibende Zerstörung der Struktur (Lyosphären bzw. Hydratationshülle) der Seifenlösung und die daraus sich ergebende größere Bewegungsfreiheit der Seifenmizellen[3].

---

[1] Kolloidchem. Beih. **22**, 16 (1926).

[2] Wegen der besonderen Herstellungsart der Ammoniumoleatlösungen — Eintropfenlassen von Ölsäure in eine verdünnte Ammoniaklösung und Verteilung des an der Oberfläche gebildeten Ammoniumoleats durch gelindes Schwenken in der Flüssigkeit, unter Vermeidung jeglichen Umrührens — ist es möglich, daß die Viskositätszunahme, die beim leichten Umrühren beobachtet wird, von einer unvollkommenen Homogenität der ursprünglichen Lösung herrührt.

[3] Ein thixotropes Verhalten ist von V. N. SAVVINA (Vsesoyuz. Nauch.-Issledovatel. Inst. Zhirov. Soap Manuf. **1937**, 82, Ref. durch Chem. Abstracts 20. 2. 38, 1504) in Natriumoleat- und Natriumstearatlösungen nachgewiesen worden.

5. Die Messungen der Viskosität von Seifenlösungen.

Aus den obigen Betrachtungen über den Einfluß der Fließgeschwindigkeit auf die Viskosität einer Seifenlösung ergibt sich die Unmöglichkeit, einer bestimmten Seifenlösung eine gewisse Viskosität zuzuschreiben. Zu jeder Geschwindigkeit wird eine verschiedene Viskosität gehören. Nun ist die Fließgeschwindigkeit einer Flüssigkeit in einem zylindrischen Rohr nicht in allen Punkten gleich. In der Mitte des Rohres hat sie ihren höchsten Wert, und dicht an den Wänden ist sie gleich Null. Es entsteht also von der Mitte bis zum Rande des Rohres ein für jedes Rohr und jede Flüssigkeit charakteristisches *Geschwindigkeitsgefälle*. Mehr als von der mittleren Geschwindigkeit der Flüssigkeit hängt die Viskosität von der Art dieses Geschwindigkeitsgefälles ab. Die Viskosität wird also auch bei gleicher mittlerer Geschwindigkeit, je nach dem zu ihrer Messung angewendeten Verfahren und je nach den Dimensionen des verwendeten Apparats, verschiedene Größe haben. Bei den im folgenden beschriebenen Viskositätsmessungen von Seifenlösungen fehlen jegliche Angaben über das Geschwindigkeitsgefälle, bei welchem die Ergebnisse erhalten wurden. Es ist begreiflich, daß solche Messungen nur einen geringen Wert besitzen; denn selbst die Versuche derselben Reihe sind nicht miteinander vergleichbar, weil man nicht weiß, zu welchen Punkten der V-förmigen Viskosität-Geschwindigkeits-Kurve auf Abb. 33 sie gehören. Man muß also diese Ergebnisse als nur ein annäherndes Bild von dem wirklichen Verhalten der Viskosität der Seifenlösungen werten.

Die Erhöhung des Seifencharakters *beim Aufsteigen in der homologen Reihe* erscheint deutlich, wenn man die Viskositäten der verschiedenen Glieder der Reihe vergleicht. Für die Natriumsalze mittlerer Fettsäuren, bei welchen die Seifeneigenschaften sich zu zeigen anfangen, gibt es Angaben bei Zimmertemperatur von C. F. MÜLLER v. BLUMENCRON[1], deren graphische Darstellung in Abhängigkeit von der Konzentration Abb. 35 zeigt. Die Viskositätswerte beziehen sich auf Wasser als Einheit. Über Seifen von höherem Molekulargewicht gibt es zahlreiche Angaben, wie die von F. D. FARROW[2] über Natriumpalmitat bei 70°, von J. KURZMANN[3] über Kaliumlaurat, -myristat und -oleat, von N. A. JAJNIK und K. S. MALIK[4] über Natriumpalmitat und -stearat, von M. HIROSE[5] über binäre und ternäre Mischungen von Natriumseifen bei verschiedenen Temperaturen und von J. WEICHHERZ und HJ. SAECHTLING[6] über Natriumoleatlösungen bei verschiedenen Temperaturen. Aus den oben angeführten Gründen wird hier davon abgesehen, die numerischen Werte dieser Versuche anzugeben. Aus ihnen ergibt sich, daß die Viskosität beim Erhöhen des Molekulargewichtes der Seifen stark vergrößert wird. Das Oleat hat eine geringere Viskosität als das Stearat.

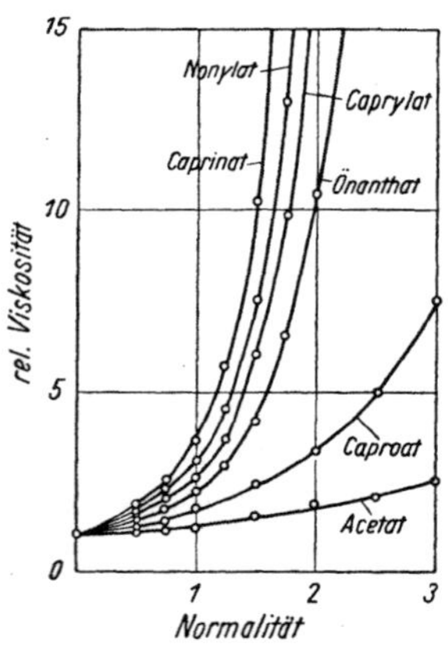

Abb. 35. Viskosität der niederen Natriumseifen bei Zimmertemperatur.

Durch *Konzentrationserhöhung* steigt die Viskosität zunächst langsam, dann aber immer rascher, bis man schließlich eine fast senkrechte Kurve erhält; es werden praktisch unendlich große Werte erreicht, die bis zur Gelatinierung der Lösung hinaufreichen. Für diese Abhängigkeit der Viskosität von

[1] Ztschr. Dtsch. Öl-Fettind. **42**, 102 (1922). [2] Journ. chem. Soc. London **101**, 347 (1912).
[3] Kolloidchem. Beih. **5**, 427 (1914). [4] Kolloid-Ztschr. **36**, 322 (1925).
[5] Journ. Soc. chem. Ind. Japan, Suppl.-Bd. **31**, 143 B (1928).
[6] Kolloid-Ztschr. **60**, 192 (1932).

der Konzentration hat man verschiedene Formeln anzuwenden versucht. Es ist schon gesagt worden, daß die EINSTEINsche Formel sich nicht bewährt. Nach Berechnungen von K. S. MALIK[1] trifft die logarithmische Formel von ARRHENIUS:

$$\log \frac{\eta}{\eta_0} = K . c,$$

wo η und η_0 die Viskositäten von Lösung und Lösungsmittel, c die Konzentration und K eine Konstante sind, für Natriumstearat und -palmitatlösungen bei 60° und 80° auffallend gut zu, was auch von B. L. CLARKE[2] bestätigt worden ist. Für Natriumoleat, besonders bei Zimmertemperatur oder nahe am Siedepunkte ist die Übereinstimmung nicht so befriedigend.

6. Einfluß der Temperatur auf die Viskosität von Seifenlösungen.

Der *Temperaturkoeffizient* der Viskosität von Seifenlösungen hat je nach dem Zustand der Lösung verschiedene Werte. In verdünnten Lösungen ist die Wirkung der Temperatur auf die Viskosität ungefähr von gleicher Größenordnung wie für Wasser. Nur wenn die Lösung nahe an der Gelatinierung ist, zeigt sich ihre Viskosität für Temperaturänderungen sehr empfindlich, was die nahe Verwandtschaft beweist, die zwischen der Viskosität einer Seifenlösung und ihrem kolloiden Charakter besteht. In der Abb. 36, nach Angaben von J. WEICHHERZ und HJ. SAECHTLING (s. oben) gezeichnet, sind Viskosität-Konzentrations-Kurven von Natriumoleat bei verschiedenen Temperaturen dargestellt. Die vertikale Entfernung der zur gleichen Konzentration gehörenden Punkte bleibt bei wechselnder Konzentration in verdünnten Lösungen fast unverändert, in konzentrierten Lösungen dagegen gehen die Punkte sehr stark auseinander.

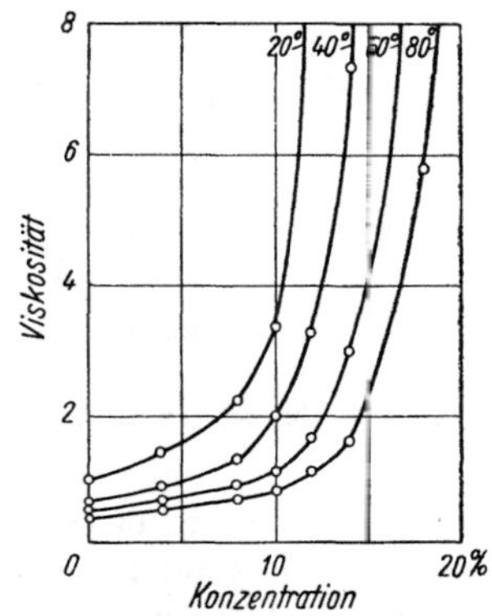

Abb. 36. Viskosität von Natriumoleatlösungen bei verschiedenen Temperaturen.

7. Die Wirkung von Elektrolyten auf die Viskosität von Seifenlösungen.

Sehr interessant und charakteristisch ist der Einfluß von Elektrolyten auf die Viskosität. Zahlreiche übereinstimmende Untersuchungen zeigen[3], daß der Zusatz eines Elektrolyten zu einer Seifenlösung zuerst, wenn die Elektrolytkonzentration klein ist, eine Abnahme der Viskosität verursacht, welche bald ein Minimum erreicht; bei weiterem Elektrolytzusatz nimmt die Viskosität schnell zu, bis sehr hohe, der Gelatinierung nahe Werte erreicht werden. Abb. 37 zeigt nach Versuchen von F. D. FARROW die Änderung der Viskosität einer 0,25 n-Natriumpalmitatlösung bei 70° durch NaOH-Zusatz. Die Ordinaten stellen die Viskosität in Poisen dar, die Abszissen die Anzahl der Mole von zugesetztem NaOH pro 100 Molen Seife. Ähnliche Wirkung haben Natrium- oder Kaliumchlorid. Die Elektrolytwirkung ist um so stärker, d. h. das Minimum der

[1] Kolloid-Ztschr. **39**, 322 (1926).
[2] Medd. K. Vetenskapsakad. Nobelinst. **6**, Nr. 1 (1922).
[3] J. LEIMDÖRFER: Seifensieder-Ztg. **37**, 985 (1910). — A. MAYER, G. SCHAEFFER u. E. F. TERROINE: Compt. rend. Acad. Sciences **145**, 918 (1907); **146**, 484 (1908). — F. D. FARROW: S. S. 110. — F. GOLDSCHMIDT u. L. WEISSMANN: Ztschr. Elektrochem. **18**, 380 (1912); Kolloid-Ztschr. **12**, 18 (1913). — J. KURZMANN: S. S. 110. — W. PROSCH: Ztschr. Dtsch. Öl-Fettind. **42**, 433 (1922). — Frl. A. M. KING: Journ. Soc. chem. Ind. **41**, 147 T (1922). — D. N. CHAKRAVARTI u. N. R. DHAR: Kolloid-Ztschr. **42**, 124 (1927).

Kurve wird mit um so weniger Elektrolyt erreicht, je höher die Seifenkonzentration ist. Temperaturerhöhung verschiebt das Minimum in die Richtung höherer Elektrolytkonzentrationen, so daß Konzentrationen, welche bei tiefer

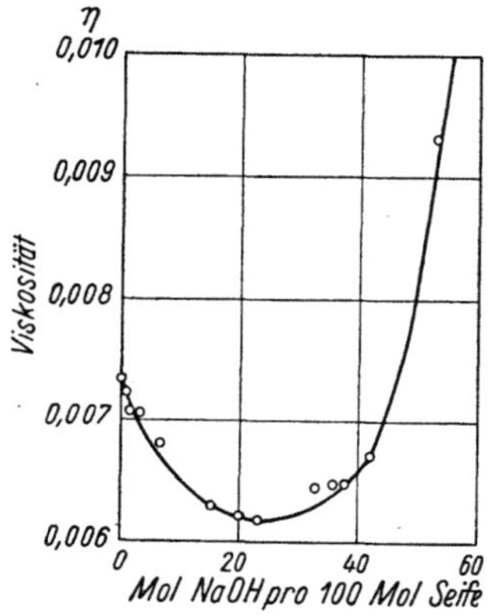

Abb. 37. Einfluß von Elektrolyten auf die Viskosität.

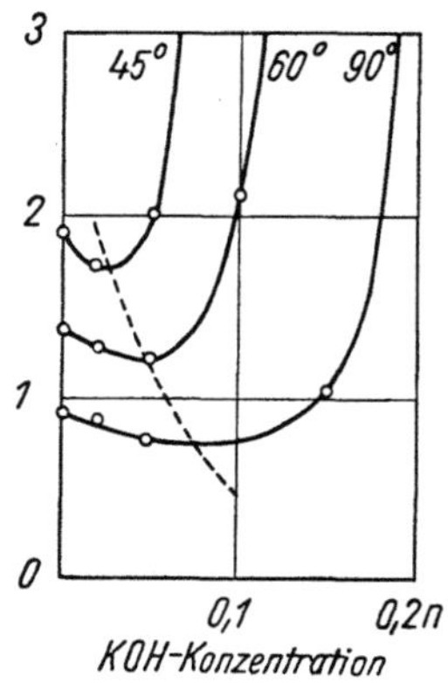

Abb. 38. Änderung des Viskositätsminimums mit der Temperatur.

Temperatur viskositätserhöhend wirken, bei hoher Temperatur die Viskosität erniedrigen. Besonders deutlich wird dieses Verhalten nach Abb. 38, welche die Ergebnisse J. KURZMANNS mit einer 0,375 n-Kaliumoleatlösung und KOH-Zusätzen bei verschiedenen Temperaturen bringt. In dieser Abbildung sind durch eine gestrichelte Linie die Viskositätsminima verbunden worden, um die Verschiebung nach rechts bei Temperaturerhöhung deutlicher hervorzuheben. Bemerkt sei, daß das beschriebene Verhalten der Viskosität bei Elektrolytzusatz nicht ausschließlich eine Eigenschaft der Seifenlösungen ist; sie kommt auch anderen kolloiden Lösungen zu. Schon H. WOUDSTRA[1] zeigte ein analoges Verhalten der Eisenhydroxydsole, und in jüngerer Zeit ist es auch von N. R. DHAR und seinen Mitarbeitern[2] bei mehr als 30 hydrophilen Solen und von M. S. DUNNIN und F. M. SCHEMJAKIN[3] sogar bei Leinsamensuspensionen beobachtet worden.

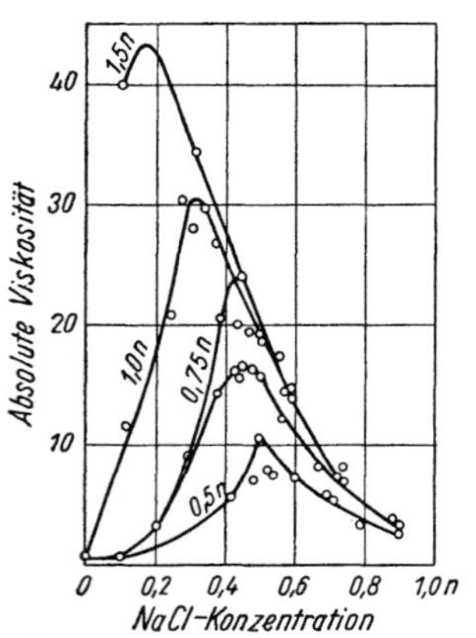

Abb. 39. Einfluß von Natriumchlorid auf die Viskosität von Natriumpalmitatlösungen bei 81°.

Ein weiteres bemerkenswertes Verhalten zeigen die Seifen bei Zusatz noch größerer Elektrolytmengen. Es ist schon gezeigt worden, daß mit gewissen Seifenlösungen die Gelatinierung schon bei mäßigen Elektrolytkonzentrationen erreicht wird, so daß die Viskositätsmessungen nicht weiter getrieben werden können. Wenn das nicht zutrifft, beobachtet man mit zunehmender Elektrolytkonzentration das Erreichen eines *Maximums* und dann nach Durchlauf desselben ein nochmaliges Sinken der Viskosität bis zu tiefen, fast in der Höhe des ersten Minimums liegenden Werten[4] ehe die Grenze der Heterogenität erreicht

[1] Kolloid-Ztschr. **8**, 73 (1911).
[2] D. N. CHAKRAVARTI u. N. R. DHAR: Kolloid-Ztschr. **42**, 124 (1927). — N. R. DHAR, D. N. CHAKRAVARTI u. M. N. CHAKRAVARTI: Kolloid-Ztschr. **44**, 225 (1928). — N. R. DHAR u. S. GHOSH: Kolloid-Ztschr. **48**, 43 (1929). [3] Kolloid-Ztschr. **45**, 146 (1928).
[4] Frl. A. M. KING: S. S. 111. — J. W. MCBAIN, H. J. WILLAVOYS u. H. HEIGHINGTON: Journ. chem. Soc. London **129**, 2689 (1927). — NONAKA: Journ. Soc. chem. Ind. Japan, Suppl.-Bd. **30**, 62 B (1927).

wird. Noch größere Elektrolytzusätze bewirken die Aussalzung der Seife. Abb. 39 zeigt aus Versuchen von J. W. McBain, H. J. Willavoys und H. Heighington die Änderung der Viskosität von Natriumpalmitatlösungen verschiedener Konzentrationen durch größere NaCl-Zusätze. Das Viskositätsminimum bei niedrigen Elektrolytkonzentrationen ist in diesen Kurven nicht berücksichtigt. Wie man sieht, hängt die Lage des Maximums von der Seifenkonzentration ab in dem Sinne, daß um so niedrigere Elektrolytkonzentrationen es hervorrufen, je höher die Seifenkonzentration ist.

Verschiedene Hypothesen sind aufgestellt worden, um die Elektrolytwirkung auf die Viskosität zu erklären, ohne daß die Frage vollkommen geklärt wäre. Sicher ist, daß eine Zurückdrängung der Hydrolyse die Ursache des Viskositätsminimums nicht sein kann; nicht nur, weil auch Neutralsalze, wie Chloride usw., Viskositätsminima hervorrufen, sondern auch weil andere hydrophile Sole, bei welchen von einer Hydrolyse nicht gesprochen werden kann, ebenfalls durch Elektrolytzusatz Viskositätsminima zeigen. Denkt man an den engen Parallelismus, welcher bei hydrophilen Solen zwischen der Viskosität und dem Hydratationsgrad besteht, dann scheint es logisch zu sein, anzunehmen, daß die durch kleine Elektrolytmengen bewirkte Viskositätsabnahme von einer *Dehydratisierung* der Seifenmizellen hervorgebracht wird. Wie diese Verminderung der Wasserbindungsfähigkeit erfolgt, ist noch nicht mit genügender Sicherheit geklärt. Nach J. W. McBain[1] wird die Hydratation einer Seifenmizelle durch die Dampfdruckerniedrigung, welche der Elektrolytzusatz bedingt, sehr stark beeinflußt. K. C. Sen[2], N. Dhar und Mitarbeiter nehmen dagegen an, daß die Dehydratisierung der Seifenmizellen von einer Elektrolytadsorption an der Mizelle und der daraus folgenden Erhöhung ihrer elektrischen Ladung herrührt. Gegen diese letztere Erklärungsweise kann eingewendet werden, daß gerade die Erhöhung des elektrostatischen Potentials einer Mizelle ihre Hydratation erhöht. Eine rein osmotische Erklärung der wasserentziehenden Wirkung von Elektrolytzusätzen ist möglich: Die Seifenmizellen können als konzentrierte Seifenlösungen angesehen werden, welche in einer halbdurchlässigen Membran eingeschlossen sind (s. S. 87). Nach der Donnanschen Theorie des Membrangleichgewichtes wird in Gegenwart kleiner Elektrolytkonzentrationen die Membran für den Elektrolyt praktisch undurchlässig. Der Elektrolyt wird also einen osmotischen Druck gegen die Membran ausüben und infolgedessen eine partielle Dehydratisierung der Mizelle hervorrufen. Die *Viskositätszunahme* nach dem Minimum wird gewöhnlich einer beginnenden Koagulation zugeschrieben, die mit einer Mizellenaggregation anfängt. Diese Mizellenaggregate enthalten immer okkludiertes Wasser und haben daher ein scheinbar größeres Volumen, als ihnen in Wirklichkeit zukommt; die Viskosität wird entsprechend erhöht. Nach dem *Viskositätsmaximum* zeigt sich wieder die wasserentziehende Wirkung des Elektrolyts auf die Seifenmizellen. Die kolloiden Teilchen schrumpfen zusammen unter Wasserabscheidung und diese viskositätserniedrigende Wirkung überragt den viskositätserhöhenden Einfluß der Aggregation. Anschließend daran findet die Abscheidung der Seife in Kern und Unterlauge statt.

Auch für die Bestimmung des Einflusses von Elektrolyten auf die Viskosität gilt im Prinzip dasselbe, was im Anfang dieses Kapitels bezüglich des absoluten Wertes der Viskositätsmessungen von Seifenlösungen gesagt wurde. Die Abhängigkeit der Viskosität von dem Geschwindigkeitsgefälle bedingt, daß man nicht ohne weiteres berechtigt ist, die Punkte der Abb. 35 und 36 durch eine stetige Linie zu verbinden. Eine genauere Übersicht über den Einfluß von Elektrolyten auf die Viskosität von Seifenlösungen würde man gewinnen durch vollständige Messungen von Kurven für jede Elektrolytkonzentration in Funktion vom Geschwindigkeitsgefälle, wie in der Abb. 33. Es wäre sehr wichtig für die Erklärung des Einflusses von Elektrolyten auf die Konstitution von Seifenlösungen, daß Versuche in dieser Richtung unternommen würden.

---

[1] J. W. McBain u. M. Taylor: Journ. chem. Soc. London **115**, 1300 (1919).
[2] Kolloid-Ztschr. **38**, 253 (1926).

d) Die Gelbildung in Seifenlösungen.

1. Die Wasserbindung von Seifen.

Über die Wasserbindung in Seifen, wie über die Wasserbindung hydrophiler Kolloide im allgemeinen, ist bisher keine befriedigende Theorie aufgestellt worden, welche alle Einzelheiten des Vorganges zusammenfaßt. Nach dem vorliegenden experimentellen Material scheinen mehrere Ursachen zusammenzuwirken. Die wichtigsten Kräfte, welche bei der Wasserbindung von Kolloiden auftreten, sind darnach chemische Kräfte, Restvalenzkräfte und elektrostatische Anziehungskräfte. Von diesen möglichen Ursachen der Wasserbindung in Seifenlösungen spielen die elektrostatischen Anziehungskräfte eine sehr wichtige Rolle.

Die Grundannahme der elektrostatischen Anziehungstheorie der Wasserbindung ist, daß Ionen aus wäßrigen Lösungen, dank ihrer Ladung, Wassermoleküle in großer Zahl anziehen und binden. Auf diese Weise umgeben sie sich mit einer Wasserhülle, die um so stärker ist, je höher die elektrische Ladung und je kleiner der Ionendurchmesser ist. In einer verdünnten Seifenlösung, in welcher der Dispersitätsgrad bis zu den einzelnen Molekülen geht, ist das fettsaure Salz fast vollständig in seine Ionen gespalten. Diese sind durch Wasserhüllen voneinander getrennt und da die Lösung verdünnt ist, gibt es noch zwischen den Ionen *freies Wasser*, das aus Wassermolekülen besteht, die von keiner Kraft angezogen sind. In dieser Hinsicht ist eine verdünnte Seifenlösung der eines starken Elektrolyten durchaus ähnlich, und die Erfahrung lehrt in der Tat, daß solche verdünnte Seifenlösungen sich durch keine Besonderheiten von Lösungen gewöhnlicher Elektrolyte unterscheiden (vgl. S. 16).

Die Abweichung vom allgemeinen Verhalten der Elektrolyte und das Erscheinen des Seifencharakters treten bekanntlich in Seifenlösungen bei der kritischen Konzentration (s. S. 16) auf. Der Unterschied zu gewöhnlichen Elektrolyten besteht in der starken Neigung der Fettsäureionen zur Aggregation. Durch das Fehlen einer Wasseraffinität in den langen Polymethylenketten haben diese die Neigung, sobald die Konzentration steigt, sich zusammenzulagern, um die Berührungsfläche mit dem Wasser möglichst zu verkleinern. Die gebildeten Seifenmizellen haben eine elektrische Ladung, welche in erster Annäherung gleich der Summe der Ladungen der assoziierten Fettsäureionen angenommen werden kann. Der Durchmesser des Seifenteilchens ist aber nicht in demselben Verhältnis gestiegen. Für kugelförmige Teilchen lehrt eine einfache Rechnung, daß durch die Aggregation der Durchmesser der Teilchen nur im Verhältnis der Kubikwurzel der Ladungszunahme steigt. Das Seifenteilchen erzeugt also ein sehr kräftiges Anziehungsfeld und die Wasserbindung wird dadurch stark vermehrt (vgl. auch S. 11).

Die elektrostatische Anziehungskraft, wie die anderen Anziehungskräfte, welche die Wasserbindung verursachen, beschränkt sich nicht auf eine bestimmte Anzahl von Wassermolekülen, d. h. z. B. auf eine monomolekulare oder bimolekulare Lage. Die anziehende Wirkung erstreckt sich vielmehr auf alle in der Nachbarschaft der Mizelle liegenden Wassermoleküle, wobei die Größe der anziehenden Kraft mit der Erhöhung des Abstandes rasch absinkt. Die in unmittelbarer Nähe der Mizelle befindlichen Moleküle sind durch starke Kräfte angezogen, die in einem gewissen Abstand liegenden dagegen nur lose gebunden und können sich leicht von der Mizelle trennen. Das Wasser erscheint also an den Seifenmizellen als in Form von *diffusen Wasserhüllen* gebunden (vgl. auch S. 20).

2. Die Gelatinierung der Seifenlösungen.

Die Seifenlösungen, hauptsächlich die der Natriumseifen, besitzen die charakteristische Eigenschaft vieler hydrophiler Kolloide durch Konzentrationssteigerung „fest“ zu werden, d. h. zu *gelatinieren*. Die Gelatinierung ist an den Vorgang der Wasserbindung im Kolloid eng gebunden. Man kann sich die Erscheinung des Gelatinierens dieser Lösungen etwa folgendermaßen vorstellen:

Wenn die Konzentration einer Seifenlösung allmählich gesteigert wird, nimmt auch die Größe der Seifenmizellen und damit die Dicke ihrer diffusen Wasserhüllen zu. Gleichzeitig verringert sich die verfügbare Wassermenge, so daß bald der Augenblick eintritt, in dem das vorhandene Wasser nicht mehr ausreicht, um die Bindungsfähigkeit der Seifenmizellen abzusättigen. Die in unmittelbarer Nähe der Mizellen befindlichen Wassermoleküle werden nur noch von einzelnen Mizellen angezogen, aber die entfernteren werden gleichzeitig eine Bindung seitens mehrerer Mizellen erleiden. Die Lösung kann noch flüssig bleiben, wenn diese gemeinsame Teilnahme an der Wasserbindung nicht sehr stark ausgebildet ist. Die Seifenmizellen werden aber dabei ihre absolute Freiheit eingebüßt haben und durch schwache *intermizellare Kräfte* gebunden sein. Diese Kräfte erzeugen eine *Struktur* in der Lösung, welche die schon besprochenen Viskositätsanomalien der Seifenlösungen bedingen (s. S. 106). Wird die Seifenkonzentration noch weiter erhöht, so werden die Seifenmizellen nähergerückt und die intermizellaren Kräfte verstärkt. Die Viskosität steigt, bis der Augenblick eintritt, in dem die Lösung nicht mehr fließt; die *Gelatinierung* ist erreicht.

Der Gelatinierungspunkt ist nicht wie jeder Erstarrungspunkt eindeutig bestimmt. Man sagt, eine Lösung fließt nicht, wenn die das Fließen verursachende Kraft schwächer ist als die Kraft, welche die freiesten Moleküle der Lösung bindet. Wenn, wie bei Seifenlösungen diese Bindung elastischer Natur ist, muß eine bestimmte Kraft ausgeübt werden, um eine dauernde Deformation hervorzubringen. So erklärt es sich, daß eine zum Teil geronnene Seifenlösung, die in einem weiten Rohr noch leicht fließt, in einem engen Rohr vollkommen erstarrt scheint.

Das Gelatinierungsvermögen verschiedener Natriumseifen ist experimentell von M. H. FISCHER und Mitarbeitern[1] gemessen worden, indem zu einem Gramm sorgfältig getrockneter Natriumseife so lange Wasser hinzugesetzt wurde, bis die in einem heißen Wasserbade erhaltene Lösung bei Abkühlung auf 18° nicht mehr zu einem Gel erstarrte. Es wurde also angenommen, daß, sobald nur eine „Lösung“ der Seife oder eine solche mit freiem Lösungsmittel bei der gegebenen Temperatur (18°) resultierte, die Grenzen des Wasserbindungsvermögens überschritten worden waren. Das Ergebnis eines derartigen Versuches zeigt Tabelle 47.

Tabelle 47. Gelatinierungsvermögen verschiedener Natriumseifen bei 18°.

Seife	1 g Seife nimmt Wasser auf	Seife	1 g Seife nimmt Wasser auf	Seife	1 g Seife nimmt Wasser auf
Formiat	0	Caprylat	1 cm^3	Arachidat	111 cm^3
Acetat	0	Caprinat	2,5 „	Oleat	3,3 „
Propionat	0	Laurat	18 „	Elaidat	30 „
Butyrat	0	Myristat	48 „	Erukat	60 „
Valerianat	0	Palmitat	72 „	Linoleat	3,3 „
Caproat	?	Stearat	88 „		

Die niedrigsten Glieder der Essigsäurereihe „binden“ — in dem angedeuteten Sinne — überhaupt kein Wasser. Sie liefern bloß „echte“ Lösungen. Natriumcaproat löst sich auch „echt“ auf, liefert jedoch bei langsamem Eindampfen

[1] M. H. FISCHER, G. M. MCLAUGHLIN u. M. O. HOOKER: Kolloidchem. Beih. **15**, 1 (1922); **16**, 99 (1922). — Vgl. auch M. H. FISCHER: Seifen und Eiweißstoffe, S. 10. 1922.

nicht mehr ein kristallines Produkt, sondern ein schellackartiges. Das Natriumcaproat kann demnach unter den Seifen dieser Reihe als die erste angesehen werden, welche imstande ist, etwas Wasser zu binden. Natriumcaprylat liefert leicht echte Lösungen, doch mit richtig gewählter Wassermenge bildet es bei 18° ein schönes Gel. Die Wassermenge pro Gramm Seife darf dabei 1 cm³ nicht überschreiten. Natriumcaprinat bildet noch mit 2,5 cm³ Wasser pro Gramm Seife ein festes Gel. Das Wasserbindungsvermögen der weiteren Glieder dieser Reihe steigt gewaltig an. In der Reihe der höhermolekularen Säuren zeigen die Seifen der höheren Fettsäuren ein stärkeres Gelatinierungsvermögen als jene der niedrigeren. Natriumlinoleat verhält sich dem Natriumoleat durchaus ähnlich. Die Alkalimetalle bilden folgende Reihe von abnehmendem Wasserbindungsvermögen ihrer Seifen: $NH_4 > K > Na > Li$

3. Verschiedene Gelatinierungsweisen.

Außer durch Konzentrationserhöhung kann die Gelatinierung einer Seifenlösung auf verschiedene Weise erreicht werden.

Zuerst wohl durch *Temperaturerniedrigung*, im Einklang mit der Viskositätserhöhung, welche beim Sinken der Temperatur von Seifenlösungen eintritt. Zu jeder Seifenkonzentration gehört eine Gelatinierungstemperatur, wenn man auch, aus den oben erwähnten Gründen, dieser Temperatur nicht die Bedeutung einer Erstarrungstemperatur beilegen kann. Tabelle 48 gibt einige Gelatinierungstemperaturen verschiedener Natriumseifen bei wechselnden Konzentrationen an.

Tabelle 48. Gelatinierungstemperaturen verschiedener Natriumseifen.

Seife	Konzentration	Erstarrungstemperatur °C	Verflüssigungstemperatur °C	Seife	Konzentration in Prozent	Erstarrungstemperatur °C
Nonylat	3 n	13—14	38	Laurat	6	26
	2 n	10—11	27—28		4	20
	1,5 n	— 1	12—13		3	15
	1 n	unter 0	—		1	9
Caprinat	2 n	16	26	Palmitat	6	52
	1,5 n	3—4	18		3	48
	1 n	2—3	12—13		1	43
	0,75 n	unter 0	—		0,5	38

Die Werte auf der linken Seite dieser Tabelle sind aus Versuchen von Müller v. Blumencron entnommen; die auf der rechten Seite stammen aus Untersuchungen von W. Prosch[1]. Tabelle 48 zeigt, daß die Gelatinierungstemperatur durch Konzentrationserniedrigung sehr stark sinkt. Beim Aufsteigen in der homologen Reihe nimmt die Gelatinierungstemperatur in beträchtlicher Weise zu.

Zu den Werten auf der linken Seite der Tabelle 48 sind die Verflüssigungstemperaturen der einmal gebildeten Gele beigefügt worden. Ersichtlich ist die beträchtliche Spanne, welche zwischen der Erstarrungs- und der Verflüssigungstemperatur besteht. Solche bei Gelen sehr häufige *Hysteresiserscheinungen* hängen hauptsächlich von der Abkühlungs- bzw. Erwärmungsgeschwindigkeit ab, d. h. von der Zeit, während welcher das Gel bei einer nahe an der Umwandlung liegenden Temperatur gehalten wird; zu den bekannten Variabeln Konzentration und Temperatur muß also die Zeit als dritte Variable hinzugefügt werden. Banerji und S. Ghosh[2] haben die Hysteresis verschiedener Seifenlösungen bei der Sol-Gel-Sol-Umwandlung bestimmt, indem sie den Unterschied zwischen Erstarrungs- und Wiederverflüssigungs-

[1] C. F. Müller v. Blumencron: Ztschr. Dtsch. Öl-Fettind. **42**, 102 (1922). — W. Prosch: Ebenda **42**, 450 (1922).
[2] Ztschr. anorgan. allg. Chem. **194**, 304 (1930).

temperatur maßen, wenn beide Umwandlungen in einer bestimmten Zeit erfolgten. Sie fanden, daß die Hysteresis fast verschwindet, wenn beide Erscheinungen genügend langsam getrieben werden oder wenn man durch Impfen oder Rühren für die Beschleunigung der Erstarrung sorgt.

Die Gelatinierung einer Seifenlösung kann auch durch *Austrocknung* der Lösung erfolgen. Von E. L. LEDERER[1] ist die Gewichtsabnahme gemessen worden, die eine 80 v. H. Wasser enthaltende Seifenlösung durch Austrocknung erleidet. Die Ergebnisse dieser Versuche sind in Abb. 40 abgebildet. Solange die Lösung flüssig bleibt, verläuft die Kurve geradlinig, wie bei der Austrocknung einer normalen Lösung. Wenn die Seifenlösung gelatiniert, macht die Kurve einen abgerundeten Knick und wird flacher. Die Austrocknung des Gels verläuft also langsamer als die der Lösung, entsprechend der stärkeren Bindung des Wassers durch das Gel.

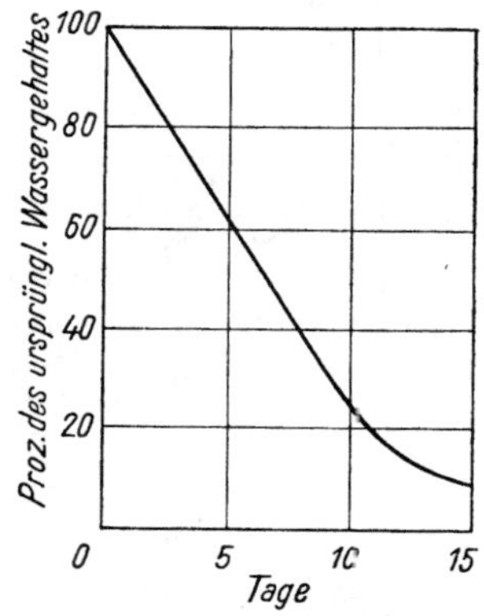

Abb. 40. Vertrocknungskurve einer 80%igen Seife.

Man kann endlich durch *Elektrolytzusatz* zu einem Seifengel gelangen, ohne seine Konzentration oder Temperatur zu verändern. Elektrolytzusätze zu einer Seifenlösung bedingen bekanntlich (s. S. 111) nach einer vorübergehenden Erniedrigung der Viskosität eine sehr starke Erhöhung derselben. Diese Viskositätserhöhung kann unter Umständen bis zur Gelatinierung führen. Systematische Untersuchungen über die Wirkung verschiedener Elektrolyte auf die Gelatinierung einer 0,2 n-Natriumstearatlösung sind von E. ANGELESCU und D. M. POPESCU[2] ausgeführt worden. Die Gelatinierungstemperaturen der elektrolythaltigen Lösungen sind in Tabelle 49 zusammengestellt.

Tabelle 49. Gelatinierungstemperaturen von 0,2 n-Natriumstearatlösungen bei Zusatz von Elektrolyten (Gelatinierungstemperatur ohne Elektrolyt 47,5°).

Konzentration des Elektrolyts	$NaCl$[3]	$NaBr$	NaJ	$NaNO_3$	$NaCNS$	Na-Acetat[3]
	in Celsiusgraden					
0,05	52,4	54,6	54,3	50,7	53,4	52,9
0,075	56,1	55,6	59,3	55,0	55,4	56,9
0,100	60,0	59,6	64,2	57,0	60,5	60,9
0,125	63,9	62,0	68,0	59,8	68,0	64,8
0,150	67,6	64,6	73,2	63,6	70,0	68,6
0,200	—	—	—	69,2	—	—

Konzentration des Elektrolyts	KCl[3]	KBr	KJ	KNO_3	$KCNS$	K-Acetat
	in Celsiusgraden					
0,05	49,4	49,7	48,1	45,4	53,0	50,2
0,075	51,8	50,7	47,7	45,4	53,8	52,0
0,100	53,0	51,9	49,2	47,4	56,9	53,4
0,125	56,0	53,0	53,4	51,5	58,0	57,6
0,150	60,0	56,3 ?	56,5	55,6	63,0	59,0
0,200	—	55,6	60,5	62,0	63,1	62,0

Mit Ausnahme des Kaliumnitrats in kleinen Konzentrationen erhöhen alle Elektrolyte die Gelatinierungstemperatur der Seifenlösung. Kaliumsalze sind

[1] Kolloid-Ztschr. **55**, 41 (1931). [2] Kolloid-Ztschr. **66**, 175 (1934).
[3] Werte durch Extrapolation nach den Angaben der Verfasser berechnet.

weniger wirksam als Natriumsalze, was wohl auf die Bildung des elektrolytempfindlichen Kaliumstearats beruht. Die Anionen bilden folgende Reihe abnehmender Wirksamkeit:

$$J > CNS > Cl > \text{Acetat} > Br > NO_3$$

Die Erhöhung der Gelatinierungstemperatur erweist sich ungefähr proportional der molekularen Konzentration des Elektrolyten. Nur bei niedrigen Elektrolytkonzentrationen sind die Temperaturerhöhungen geringer als die, welche die einfache Proportionalität fordert. Wahrscheinlich reicht bei solchen niedrigen Konzentrationen die Elektrolytmenge nicht aus, um ihre Wirkung auf die ganze Seife voll zu entfalten.

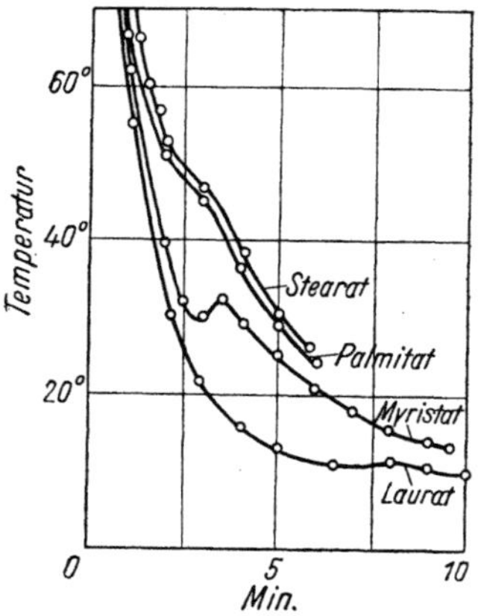

Abb. 41. Abkühlungskurven von 0,5 n-Natriumseifenlösungen.

4. Die Gelatinierungswärme.

Die Gelatinierung findet unter Wärmeentwicklung statt. M. H. FISCHER[1] hat die Abkühlungskurven einiger Natriumseifen durch Messung des Temperaturabfalls, den ein gegebenes Volumen verschiedener warmer Seifenlösungen beim Eintauchen in einen Kaltwasserthermostaten von 6° und großer Wärmekapazität erfährt, bestimmt. In Abb. 41 sind die Ergebnisse dieser Messungen bei vier 0,5 n-Lösungen verschiedener Natriumseifen angegeben. Das Wesentliche an den Kurven ist der Knick, den jede von ihnen an der Stelle aufweist, wo die Gelatinierung beginnt. Dieser Knick ist das Anzeichen dafür, daß die Lösung während der Gelatinierung Wärme aufgenommen hat. Zu ähnlichen Ergebnissen sind auch andere Beobachter, wie A. LOTTERMOSER und W. MATTHAES, E. ANGELESCU und D. M. POPESCU und E. L. LEDERER[2] gekommen.

e) Die Eigenschaften der Seifengele.

1. Mechanische Eigenschaften.

Die Seifengele unterscheiden sich von den Seifenlösungen (Solen) zunächst durch ihre *Formbeständigkeit.* Diese Eigenschaft ist durch die Anziehung bedingt, welche die Wassermoleküle der Hydrathülle der Seifenmizellen gleichzeitig von mehreren benachbarten Mizellen erfahren. Diese Anziehung bindet die Mizellen eines Gels zusammen, ohne daß sie in unmittelbarer Berührung zu sein brauchen. Die gesamte Anzahl der Mizellen braucht auch nicht gebunden zu werden. Es genügt, wenn die größeren Mizellen starr sind, um dem System die mechanischen Eigenschaften eines Gels zu geben, in dessen Innern die kleineren Mizellen ihre Bewegungsfreiheit beibehalten, wie z. B. aus Leitfähigkeitsmessungen folgt (s. S. 83).

Die Bildung der Seifengele durch allmähliche Steigerung der Viskosität einer Seifenlösung legt beim ersten Blick den Schluß nahe, daß die Steifigkeit der Gele von ihrer hohen Viskosität herrühre. Ein Gel unterscheidet sich von einer hochviskosen Lösung durch das Vorhandensein von *Elastizität* im Gel. Eine nur

---

[1] Kolloid-Ztschr. **46**, 359 (1928).

[2] A. LOTTERMOSER u. W. MATTHAES: Ztschr. physikal. Chem. **141**, 129 (1929). — E. ANGELESCU u. D. M. POPESCU: Kolloid-Ztschr. **51**, 342 (1930); **66**, 175 (1934). — E. L. LEDERER: Kolloid-Ztschr. **57**, 16 (1931).

viskose Lösung behält immer die Eigenschaften einer Flüssigkeit. Die kleinste darauf einwirkende Kraft erzeugt eine bleibende Deformation; von der Viskosität hängt lediglich die Schnelligkeit ab, mit welcher die bleibende Deformation eintritt. Ein Seifengel ändert unter dem Einfluß einer nicht zu starken Kraft auch seine Form; die Deformation ist aber keine bleibende, und wenn die wirkende Kraft aufhört, erlangt das Gel wieder seine ursprüngliche Form. Um eine bleibende Deformation in einem Gel hervorzurufen, muß die Größe der wirkenden Kraft einen Mindestbetrag überschreiten, welche die *Elastizitätsgrenze* des Gels heißt[1].

In den technischen Seifen ist die mechanisch wichtigste Eigenschaft die Härte. Sie ist auf die Anziehung direkter zwischenmolekularer Kräfte zurückzuführen, die in den konzentrierten Seifenhydrogelen zwischen den einzelnen Mizellen auftreten. Durch Temperatur, Konzentration, Abkühlungsdauer und Elektrolytgehalt kann die Struktur des Gels in vielfacher Weise geändert werden; dementsprechend ist die Härte eine variable Größe.

Verschiedene, rein empirische Methoden sind vorgeschlagen worden, um die Härte der Seifen zu messen. Dies kann beispielsweise durch die Bestimmung der Gewichtsbelastung, die nötig ist, um ein Seifenstück von bestimmten Ausmaßen mit einem Stahldraht oder mit einem Messer innerhalb einer gewissen Zeit zu durchschneiden[2], oder durch Messung der Eindringungstiefe eines aus bestimmter Höhe fallenden kugeligen oder kegeligen Fallkörpers von bestimmtem Gewicht[3] erfolgen. Die auf diese Weise erhaltenen Zahlen haben nur einen relativen Wert.

2. Verschiedene Arten von Seifengelen.

Ein Seifengel, in dem nur anziehende Wirkungen zwischen den Mizellen und den Wassermolekülen auftreten, ist praktisch schwer herzustellen. Man kann solche Gele durch vorsichtige und langsame Abkühlung von Seifenlösungen erhalten. Sie sind klar und durchsichtig, zeigen unter dem Mikroskop oder Ultramikroskop keinerlei Teilchen und besitzen dieselbe Leitfähigkeit, Dampfdruckerniedrigung, Lichtbrechung u. dgl. wie eine gleich konzentrierte, flüssige Seifenlösung, von der sie sich nur durch die mechanischen Eigenschaften unterscheiden. Zu dieser Art von Gelen gehören die durchsichtigen Seifengallerten von M. E. LAING und J. W. MCBAIN[4].

Durch Temperaturerniedrigung wird auf die Seifenmizellen außer der Erhöhung ihrer Hydratation noch eine andere Wirkung ausgeübt, nämlich eine verstärkte Aggregation. Geht die Temperaturerniedrigung sehr langsam vor sich und wird jede mechanische Erschütterung vermieden, so kann es vorkommen, daß die zunehmende höhere Viskosität ein Hindernis für die weitere Aggregation der Mizellen bildet. Man erhält ein Gel, das nur aus kleinen amikroskopischen Mizellen besteht. Es ist durchsichtig und sehr beständig, da es sich in einem ähnlichen Zustande befindet wie eine übersättigte Salzlösung. Wird das Gel gerührt, so vereinigen sich die Mizellen trotz der hohen Viskosität zu Flocken und man erhält Gele, die undurchsichtig sind und eine unter dem Ultramikroskop oder sogar unter dem Mikroskop leicht erkennbare Struktur besitzen. Die Eigenschaften dieser Gele, wie osmotische Aktivität, Leitfähigkeit, Lichtbrechung u. dgl.,

---

[1] In Wirklichkeit ist dies nur bedingt richtig. Unter dem Einfluß einer lange wirkenden Kraft, welche die Elastizitätsgrenze des Gels nicht überschreitet, können unter Umständen bleibende Deformationen erzeugt werden. Die Betrachtung dieses Falles überschreitet jedoch die Grenzen dieses Werkes.

[2] F. MERKLEN: Die Kernseifen, S. 65. 1907. — BÄTZ bzw. THÖRL: Dissertationen. Karlsruhe. 1918.

[3] J. STEZENKO: Öl-Fett-Ind. (russ.: Masloboino Shirowoje Djelo) **12** (1926); Ref. Seifensieder-Ztg. **54**, 184 (1927).

[4] Journ. chem. Soc. London **117**, 1506 (1920).

weichen von denen der ursprünglichen Seifenlösung stark ab. Man bezeichnet sie wegen ihrer Herstellungsweise, die einer Koagulation ähnelt, *Koagele*. Zu ihnen gehören die Gerinnsel von LAING und MCBAIN sowie die technischen Hartseifen.

Die Grenzen, zwischen welchen das Natriumoleat als Gel, Koagel oder flüssige Lösung beständig ist, wurden von LAING und MCBAIN untersucht. Ein 0,4 n-Gel

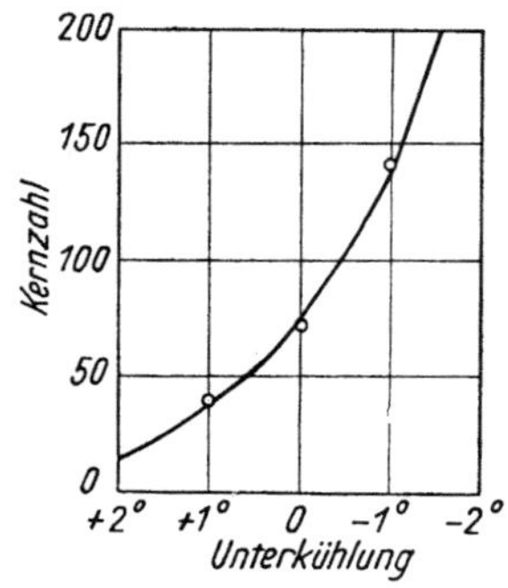

Abb. 42. Abhängigkeit der Kernzahl von der Unterkühlung.

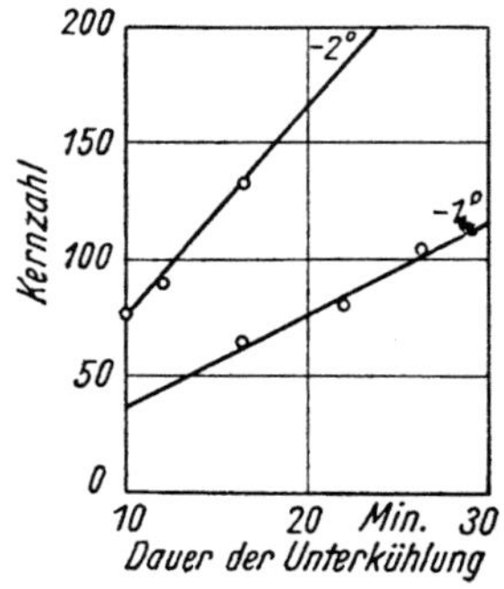

Abb. 43. Abhängigkeit der Kernzahl von der Dauer der Unterkühlung.

kann nicht bei 0°, oder ein 0,4 n-Koagel nicht über 23° erhalten werden. Ein 0,6 n-Gel oder ein 0,6 n-Sol können nicht unter 6°, ein 0,6 n-Koagel nicht über 23° bestehen. Ein 0,4 n- oder 0,6 n-Gel wird bei 25° rasch verflüssigt. 0,2 n- und 0,4 n-Gele wurden durch vorsichtige Erwärmung der Koagele erhalten.

Die Bildungsbedingungen von Natriumoleat-Koagelen sind von P. A. THIESSEN und seinen Mitarbeitern[1] untersucht worden. Wenn eine Natriumoleatlösung, deren Konzentration zwischen 12 und 18% liegt, abgekühlt wird, steigt ihre Viskosität stark an und man erhält schließlich ein klares, durchsichtiges Gel. Wird dann dieses Gel auf eine Temperatur nahe bei 0° C abgekühlt, so erscheinen nach einiger Zeit

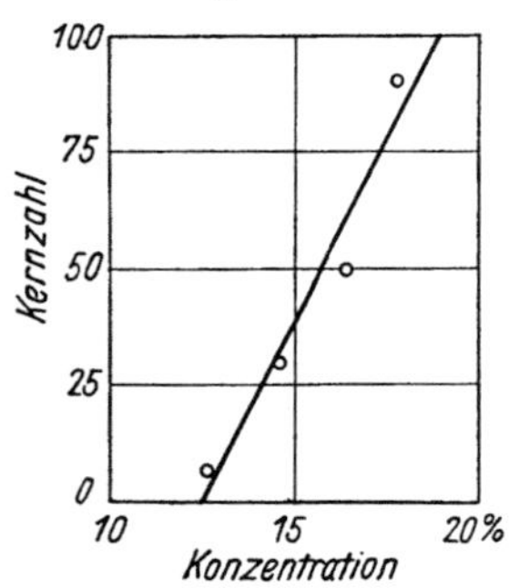

Abb. 44. Abhängigkeit der Kernzahl von der Seifenkonzentration.

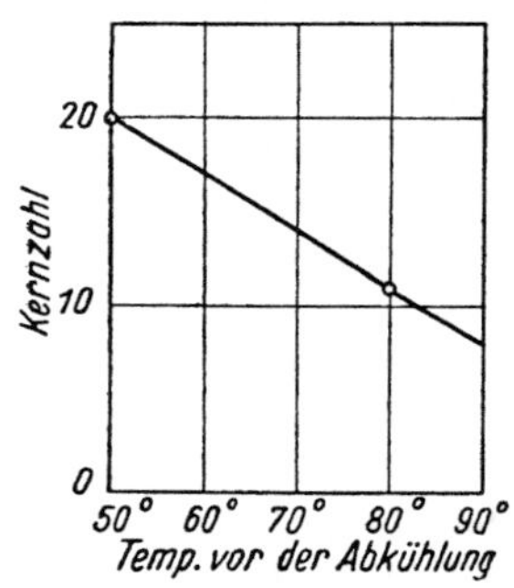

Abb. 45. Abhängigkeit der Kernzahl von der thermischen Vorbehandlung.

charakteristische, undurchsichtige, weiße Kugeln, die langsam an Zahl und Größe zunehmen. Die Kerne sind in einer glasklaren, gallertartigen Grundmasse eingebettet und erinnern auffallend an die Kristallisationskerne, die bei der Unterkühlung gewisser monomerer Schmelzen auftreten. Bei dieser niedrigen Temperatur ist die Wachstumsgeschwindigkeit der Seifenkerne sehr klein. Um sie zu erhöhen, werden die Gele nochmals auf etwa 12—15° erhitzt. Die Zahl der gebildeten Kerne hängt von verschiedenen Umständen ab, wie Tiefe und Dauer der Unterkühlung, Seifenkonzentration und Temperatur der Lösung vor der Abkühlung, welche von P. A. THIESSEN experimentell studiert worden sind. Seine Ergebnisse betreffen eine 12,9%ige Lösung und sind in den Abb. 42 bis 45 dargestellt. Abb. 42 zeigt den Ein-

[1] P. A. THIESSEN: Kolloid-Ztschr. **46**, 350 (1928). — P. A. THIESSEN u. E. TRIEBEL: Ztschr. anorgan. allg. Chem. **179**, 267 (1929).

fluß der Tiefe der Unterkühlung. Zwischen $+ 2^0$ und $- 2^0$ erhöht sich die Zahl der gebildeten Kerne um so mehr, je niedriger die Unterkühlungstemperatur ist. Abb. 43 zeigt, daß bei gleichbleibender Unterkühlungstemperatur die Kernzahl sich auch mit der Dauer der Unterkühlung erhöht. In der Abb. 44 ist der Einfluß der Konzentration der Natriumoleatlösung dargestellt. Die Kurve ist eine Gerade, d. h. die Kernzahl ist ungefähr der Konzentration proportional. Endlich gibt Abb. 45 bei sonst gleichen äußeren Bedingungen den Einfluß der Temperatur der Lösung vor der Abkühlung wieder. Man ersieht daraus, daß die Kernbildung durch eine hohe Temperatur vor der Abkühlung erschwert wird, was wohl davon herrührt, daß in einer warmen Seifenlösung die Mizellen kleiner und daher von der Aggregation entfernter vorgebildet sind als in einer kalten Lösung, und daß sie bei rascher Abkühlung nicht wachsen können.

Das Studium der Bildungsbedingungen der Koagele hat eine große praktische Bedeutung, weil die technischen Seifen typisch konzentrierte Koagele sind. Wenn die von P. A. Thiessen bei den relativ verdünnten Natriumoleatlösungen beobachteten Regelmäßigkeiten auf die konzentrierten Lösungen der technischen Seifen anwendbar sind, wird eine schnelle Abkühlung, wie die auf einer Kühlpresse erzeugte, die Bildung von zahlreichen Kristallisationskernen begünstigen, welche sich unter Bildung eines widerstandsfähigen Gerüstes verfilzen werden. Die erhaltene Seife wird glatt und sehr hart sein. Diese Schlußfolgerungen sind in der Tat von der Praxis bestätigt worden.

3. Optisch nachweisbare Strukturen in Seifengelen.

Die klaren und durchsichtigen Seifengele lassen im Ultramikroskop keine Struktur nachweisen; sie sind optisch leer. Man kann bisweilen bei gealterten Gelen das Auftreten von Fäden und kristallinen Nadeln beobachten, welche in Zahl und Größe allmählich wachsen. Sie bezeugen die Umwandlung des Gels in das Koagel.

Viel häufiger ist die Bildung des Koagels durch Abkühlung einer warmen Seifenlösung beobachtet worden[1]. Die ultramikroskopische Betrachtung der weißen und undurchsichtigen Koagele zeigt, daß sie sich aus zahllosen, verfilzten submikroskopischen Fäden aufbauen. Hierbei besteht ein Unterschied zwischen den Koagelen der Kalium- und Natriumseifen. Die Koagele der Natriumseifen sind aus langen Fäden gebildet; die Länge derselben kann oft mehrere Zentimeter betragen, ihre Dicke ist aber nur ultramikroskopisch. Die Fäden sind meist verfilzt und bilden dann unregelmäßige Massen. Sie können aber auch wie beim Natriumpalmitat gerichtet und zu ganzen Fädengarben vereinigt sein. Natriumstearatkoagele besitzen gekörnte Fäden, d. h. diese bestehen aus Stricheln oder Punkten; vielfach sind sie spiralförmig oder von kleineren Fäden überlagert.

Die Koagele der Kaliumseifen sind aus kurzen und feinen Fäden gebildet, die im Gegensatz zu den Koagelen der Natriumseifen nur einige Hundertstelmillimeter lang sind. Sie zeigen die Neigung, sich unter Bildung von V-förmig gelagerten Fäden zu vereinen. Neben den Fäden treten auch lamellare Kriställchen, welche die stabilere Form der Kaliumseifenkoagele darstellen, auf. Beim Altern gehen nämlich die Fäden allmählich in unzählige Kristallblättchen von wechselnden, mannigfaltigen Konturen über.

Zwischen dem kristallinen Fadenwerk enthalten die Seifenkoagele eine viskose anisotrope, leicht deformierbare Masse eingebettet. Die anisotropen Bestandteile dieser viskosen Flüssigkeit besitzen eine höhere Hydratation als die Seifenfäden, weil die letzteren sich durch Temperaturerhöhung auflösen und in

[1] R. Zsigmondy u. W. Bachmann: Kolloid-Ztschr. **11**, 145 (1912). — W. F. Darke, J. W. McBain u. C. S. Salmon: Proceed. Roy. Soc., London, A **98**, 395 (1921). — K. Maclennan: Journ. Soc. chem. Ind. **42**, 393 T (1923).

Form von anisotropen Massen erscheinen. Diese Umwandlung findet in Abwesenheit genügender Wassermengen oder in Gegenwart von Salz, welches die Fäden unlöslich macht, nicht statt.

Diese anisotrope Masse bildet ein typisches Beispiel des *mesomorphen Zustandes* der Materie, und zwar des „*smektischen*" Zustandes. Die mesomorphen Gebilde sind im allgemeinen plastische oder viskose Massen, welche durch ihre Anisotropie gekennzeichnet sind und früher deswegen als „*flüssige Kristalle*" bezeichnet wurden. Spätere Studien haben gezeigt, daß diese Bezeichnung irrig ist, weil die Moleküle der Mesokörper nicht wie Kristalle in festgesetzten Gittern mit konstanter Orientierung und konstanten Abständen angeordnet sind, sondern eine Orientierung nur in der Richtung der Längenachse des Moleküls erhalten, während die Richtung der beiden dazu senkrechten Achsen willkürlich ist und von Molekül zu Molekül variiert. Der Mesozustand liegt also zwischen dem amorphen und dem kristallinen Zustand. Bei den „smektischen" Stoffen, die einen besonderen Fall des mesomorphen Zustandes darstellen, sind die Abstände zwischen den Molekülen in der ausgezeichneten Richtung untereinander identisch. Die Materie in „smektischen" Stoffen ist in äquidistanten, parallelen Schichten angeordnet. In der Achsenrichtung normal zu den Schichten erscheint die smektische Phase als *fest*, in allen dazu senkrechten Richtungen als *flüssig*.

Röntgenographische Untersuchungen haben gezeigt, daß die Entfernung der parallelen Schichtungen smektischer Seifenkoagele ungefähr die Länge eines Seifendoppelmoleküls beträgt[1]. Es handelt sich also um eine Orientierung von *Molekülen* und *nicht von Molekülaggregaten*. Die Unterscheidung ist wichtig, weil sie zeigt, daß in anisotropen Seifenkoagelen die ganze Menge des fettsauren Salzes nicht in Form von Seifenmizellen besteht, sondern daß ein Teil davon als Doppelmoleküle trotz der hohen Konzentration des Gels vorhanden ist und wahrscheinlich in der dieses Gel bildenden Seifenlösung auch vorhanden war (vgl. auch S. 31, Fußnote 1 sowie S. 103, Fußnote 1).

Seifenfäden und smektische Seifenmasse sind die wichtigsten Bestandteile der Handelsseifen. Die gewöhnlichen *Kernseifen* bestehen hauptsächlich aus verfilzten Fäden, die ein sehr widerstandsfähiges Gerüstwerk bilden und verantwortlich sind für die Härte, aber auch für die Undurchsichtigkeit der Kernseifen. Erwärmt man diese auf 60—90°, so verschwinden die Fäden allmählich und die Seife wird durchsichtig. Bei 80—100° erhält man eine smektische Flüssigkeit. Beim Abkühlen bilden sich wieder die Fäden. Die *Schmierseifen* sind in der Hauptsache aus smektischer Masse und isotropem Seifengel gebildet und zeigen eine schwache Neigung zur Fadenbildung. Der mesomorphe Zustand verschwindet nicht beim Erhitzen, selbst bis auf 90—100°; aber die Anisotropie der Schmierseifen verstärkt sich durch Erwärmen und wird durch Abkühlen wieder schwächer. Die smektische Flüssigkeit hat denselben Refraktionsindex wie das isotrope Seifengel.

4. Quellungserscheinungen in Seifengelen.

Aus den vorangehenden Betrachtungen ergibt sich, daß eine der wichtigsten Bedingungen der Gelbildung das Vorhandensein von Wassermolekülen in einer Zahl ist, welche die Wasserbindungsfähigkeit der Seifenmizellen nicht sättigt. Wenn nun ein Seifengel mit Wasser in Berührung gebracht wird, zeigt sich seine unvollständige Wasserbindung in der Neigung, Wasser unter Volumsvergrößerung aufzunehmen. Diese Erscheinung wird *Quellung* genannt.

[1] Diese Entfernung beträgt z. B. für Kaliumoleatkoagele 4,4 mμ, während die Doppelmoleküle des *Natrium*oleats eine Länge von 4,3 mμ haben (s. S. 44).

Zum Unterschied von dem Verhalten der Gelatine und anderer Gele sind die Seifengele *unbegrenzt quellbar*, und wenn Wasser in genügender Menge zur Verfügung steht, löst sich das Gel vollständig auf, und das Endergebnis ist nicht ein Gel, sondern eine Seifenlösung (Seifensol). Mit der Erhöhung der Hydratation der Seifenmizellen findet während der Quellung von Seifengelen eine *Peptisation* oder Zerteilung der Mizellen statt.

Obgleich das Gelvolumen während der Quellung sich vergrößert, ist das Gesamtvolumen *kleiner* als die Summe der Volumina von ungequollenem Gel und aufgenommener Wassermenge. Es findet während der Quellung eine *Kontraktion* statt, welche beweist, daß das Wasser von der Seife stark gebunden wird. Die *Quellungskontraktion* ist um so größer, je wasserärmer die Seife ist; sie wird durch fortschreitende Quellung verkleinert. Auf die Existenz der Quellungskontraktion sind einige Anomalien des spezifischen Gewichtes der Seifen zurückzuführen (vgl. S. 76).

Die Quellung verläuft unter Wärmeentwicklung. Die *Quellungswärme* ist von E. L. LEDERER[1] für gepulverte Kernseifen gemessen worden. Seine Ergebnisse findet man in Tabelle 50, wo c der Wassergehalt der Seife in Gramm pro Kilogramm bedeutet.

Tabelle 50. Quellungswärme von gepulverten Kernseifen.

c	Quellungswärme
40,0	2,4
62,3	1,8
84,8	1,6
121,3	1,3
396,6	1,3

Die Zahlen dieser Tabelle zeigen, daß die Seifen eine um so größere Quellungswärme besitzen, je kleiner ihr Wassergehalt ist. Mit der Quellungswärme steht anscheinend die sog. „Selbsterhitzung" der Seifen im Zusammenhang, welche manchmal beim Lagern von Seifenspänen mit verschiedenem Feuchtigkeitsgehalt beobachtet worden ist.

In Gegenwart von Salzlösungen verläuft die Quellung durchaus anders als in Gegenwart von reinem Wasser. Das Salz vermindert die Wasserbindungsfähigkeit der Seife und wenn die Salzkonzentration genügend hoch ist, kann geradezu eine Umkehrung des Vorganges eintreten und statt einer Wasseradsorption eine Vertrocknung oder, wie man sagt, eine *Entquellung* der Seife beobachtet werden.

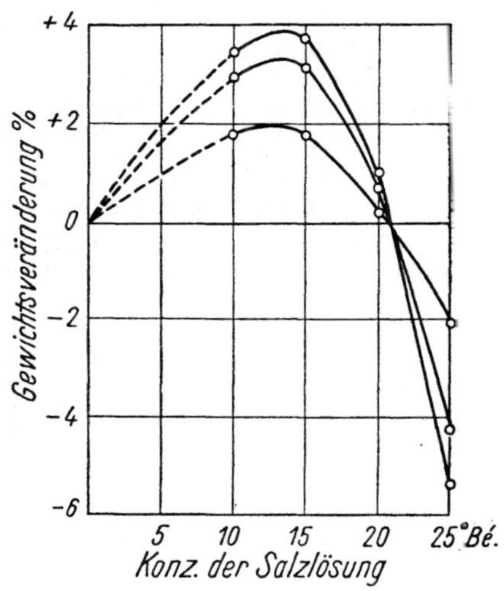

Abb. 46. Gewichtsveränderung von Seifen in Kochsalzlösungen.

Von F. MERKLEN[2] sind die Gewichtsänderungen gemessen worden, die ein Stück marmorierter Marseiller Seife erleidet, wenn es in Salzlösungen verschiedener Konzentrationen gelegt wird. Um die Ergebnisse von MERKLEN deutlicher hervorzuheben, sind sie in Abb. 46 graphisch dargestellt. Jede Kurve gibt die prozentuale Gewichtsänderung in Abhängigkeit von der Konzentration der Salzlösung nach bestimmten Zeiten wieder. Die Werte über der waagerechten Nullinie bedeuten Gewichtserhöhungen, d. h. Quellung der Seife, die unter dieser Linie befindlichen Gewichtserniedrigungen, d. h. Entquellung der Seife. Die Betrachtung dieser Abbildung zeigt, daß in verdünnten Salzlösungen die Seife Wasser aufnimmt, daß nach dem Durchlauf eines Maximums[3] bei weiterer Erhöhung der Salzkonzentration die aufgenommene Wasser-

[1] Ztschr. angew. Chem. **37**, 750 (1924); **39**, 1007 (1926); Seifensieder-Ztg. **51**, 779 (1924); Kolloid-Ztschr. **55**, 41 (1931). [2] Die Kernseifen, S. 35. 1907.

[3] Die Existenz eines Maximums erklärt sich durch die Auflösung der Seife in den verdünnten Seifenlösungen.

menge sinkt, bis die Kurven die Nullinie schneiden und die Adsorption negativ wird, d. h. die Seife gibt der Lösung ihr Wasser unter Entquellung zurück. Zu bemerken ist, daß alle Kurven die Nullinie in demselben Punkt schneiden. Das bedeutet, daß man eine Salzlösung finden kann, mit welcher die Seife im Gleichgewicht ist, d. h. weder Quellung noch Entquellung erleidet. Für den Fall der Abb. 46 ist die Gleichgewichtskonzentration des Natriumchlorids annähernd 21° Bé.

Von größerer praktischer Bedeutung als die Quellung ist die Entquellung an der Luft, d. h. die *Vertrocknung* der Seifen. E. L. LEDERER[1] hat eine Theorie der Entquellung von Seifenstücken ausgearbeitet, indem er diese Erscheinung einer Diffusion von Wassermolekülen vom Innern des Stückes zur Peripherie gleichsetzt. Die Theorie stimmt mit den experimentellen Ergebnissen gut überein. Wie bei der Diffusion gibt es für jede Seife einen charakteristischen Entquellungskoeffizienten, den E. L. LEDERER *Permanationskoeffizient* nennt. Er stellt die Flüssigkeitsmenge dar, welche in der Zeiteinheit beim Konzentrationsgefälle 1 durch die Querschnittseinheit wandert. Dieser Koeffizient hat sich als annähernd proportional der Wasserkonzentration der Seife und der Temperatur und weiterhin als abhängig von der Natur der Seife und vor allem von deren Herstellungsart erwiesen.

Tabelle 51. Permanationskoeffizienten von Seifen.

	Na-Seife	K-Seife
Caproat ..	0,295	0,305
Caprylat .	0,187	0,310
Palmitat..	0,040	0,030
Stearat...	0,082	0,115
Oleat.....	0,117	0,190

Die Permanationskoeffizienten verschiedener reiner Seifen sind von E. L. LEDERER aus Hygroskopizitätsmessungen von N. N. GODBOLE und K. A. JOSHI (s. S. 71) berechnet worden. Ihre Werte gibt Tabelle 51 an.

Obgleich man diesen Zahlen keinen allzugroßen absoluten Wert beimessen soll, lehrt doch ihre relative Betrachtung, daß unter sonst gleichen Bedingungen die Vertrocknung beim Aufsteigen in der homologen Reihe abnimmt und bei den Natriumseifen stärker als bei den Kaliumseifen ist, was in Übereinstimmung mit M. H. FISCHERs Ergebnissen über die Gelatinierung der Seifen steht (s. S. 115).

Die Abkühlungsart der Seife scheint auf die Größe des Permanationskoeffizienten einen starken Einfluß auszuüben. Von E. L. LEDERER wurden aus demselben Sud Proben entnommen, die in verschieden langen Zeiten gekühlt wurden. Die Messungen gaben folgende Werte des Permanationskoeffizienten:

Dauer der Kühlung	48	12	1	$^1/_4$	Stunden
Permanationskoeffizient ...	0,576	0,486	0,371	0,244	mm²/Tag

Die in einer Viertelstunde abgekühlte Seife wurde mit Eis bei 0° gehalten. Man ersieht aus diesen Ergebnissen, daß bei gleichem Wassergehalt eine Seife um so schwerer trocknet, je schneller sie gekühlt wird.

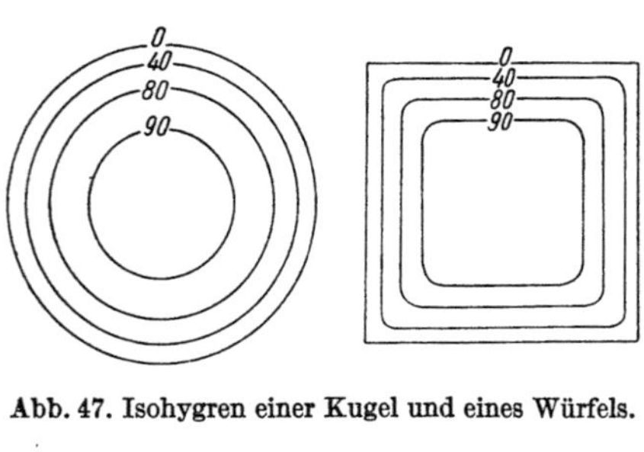

Abb. 47. Isohygren einer Kugel und eines Würfels.

Die interessanteste Anwendung der LEDERERschen Theorie ist die Berechnung des örtlichen Verlaufs der Quellung. Abb. 47 stellt, nach LEDERER, *Isohygren* zweier Seifensorten von Kugel- bzw. Würfelform dar, d. h. Kurven, die im Innern des Seifenstückes zu demselben Feuchtigkeitsgrad gehören. Die bei den Isohygren angefügten Zahlen bedeuten den Prozentgehalt des Wassers an dieser Stelle, bezogen auf die ursprüngliche Konzentration. Man erkennt, daß die Verteilung des Wassers im Innern eines getrockneten Seifenstückes unregelmäßig

[1] Ztschr. angew. Chem. **37**, 750 (1924); **39**, 1007 (1926); Seifensieder-Ztg. **51**, 779 (1924); Ztschr. Dtsch. Öl-Fettind. **46**, 519 (1926); Kolloid-Ztschr. **44**, 108 (1928); **55**, 41 (1931).

ist. Das Zentrum wird von der Vertrocknung fast nicht berührt; an den Rändern dagegen bildet sich eine Kruste von vertrockneter Seife, zu welcher ein kleiner Permanationskoeffizient gehört und die infolgedessen ein Hindernis für die weitere Austrocknung bildet. Die in Abb. 47 dargestellte Verteilung des Wassers besteht natürlich nur, solange das Seifenstück der Vertrocknung ausgesetzt ist. Wenn diese unterbrochen ist — z. B. durch Paraffinierung, aber auch, wie in der Praxis geschieht, durch Verpacken in Kisten — wird das Wasser vom Innern zur Peripherie hinausdiffundieren, bis alle Punkte wieder denselben Feuchtigkeitsgrad annehmen. Die oberflächliche Trocknung eines Seifenstückes, die ihm ein besseres Aussehen geben soll, ist also illusorisch, wenn das Stück längere Zeit in geschlossenen Kisten lagern muß.

f) Die „Phasen“-Gleichgewichte in Seifenlösungen.

Die Seifen können, je nach ihrer Konzentration und Temperatur, in verschiedenen Formen auftreten. Außer den isotropen oder höchstens Strömungsdoppelbrechung zeigenden verdünnten Seifenlösungen, von denen bisher am meisten die Rede war, gibt es noch bei hoher Temperatur *mesomorphe* Seifengebilde von großer technischer Wichtigkeit, weil sie die hauptsächlichen Systeme sind, mit welchen der Seifentechniker zu tun hat. Diese Seifenlösungen sind die „geschliffene Kernseife“, die sich im oberen Teil des Siedekessels nach Absetzen des Leimniederschlages als homogene Flüssigkeit abscheidet und die „middle Soap“ von J. W. McBain und G. M. Langdon[1], welche bei begangenem Fehler während der Seifenherstellung als dicke, schwer wiederzulösende Klumpen erscheint und deswegen im folgenden als „*Klumpseife*“ bezeichnet werden wird.

Beide Seifenlösungen sind in der Hitze plastische, klare, durchsichtige Flüssigkeiten und zeigen die Erscheinung der Doppelbrechung, wenn sie zwischen gekreuzten Nicols betrachtet werden. Sie sind typische *smektische* Seifenmassen (s. S. 122), deren optischen Eigenschaften zwischen denen einer kristallinen Masse und einer amorphen Flüssigkeit stehen. Unter dem Mikroskop zeigen sie eine stetige Struktur, mit keinen Anzeichen von Teilchen oder Fasern. Sie sind nicht als Gele, sondern einfach als hochviskose Flüssigkeiten anzusehen, denn sie besitzen keine Elastizität und folgen langsam der Einwirkung jeder Deformation ohne Rücksprung in die ursprüngliche Form, wenn die deformierende Kraft aufhört.

Geschliffene Kernseife und Klumpseife unterscheiden sich voneinander durch Aussehen, Viskosität und Zusammensetzung. Luftblasenfreie Klumpseife erscheint in auffallendem Licht von dunklerer Farbe, sie besitzt immer eine niedrigere Seifenkonzentration, hat aber eine viel höhere Viskosität. Beide Seifensysteme sind miteinander und mit den isotropen Seifenlösungen von angepaßter Zusammensetzung vollständig unmischbar.

Auch andere Seifenformen können *im festen Zustande* in Seifenlösungen vorkommen, nämlich die Seifengele, die in vorigen Abschnitten behandelt wurden und die lamellaren Kristalle, die besonders oft in Kaliumseifenlösungen auftreten.

Alle diese Gebilde werden von J. W. McBain[2] als „Phasen“ bezeichnet und die Gleichgewichte, welche sie veranlassen, an Hand der Phasenregel in ihrer gewöhnlichen Form behandelt. McBain unterscheidet zwischen fünf verschiedenen, zwei festen und drei flüssigen Seifenphasen:

---

[1] Journ. chem. Soc. London **127**, 852 (1925).

[2] Vgl. die zusammenfassende Darstellung von J. W. McBain in Alexanders Colloid Chemistry, S. 137, 1926, und die von J. W. McBain, L. H. Lazarus u. A. V. Pitter in Ztschr. physikal. Chem. **147**, 87 (1930).

1. Die lamellaren wasserfreien Seifenkristalle.
2. Das mit kristallinen Fasern durchsetzte Koagel („curd soap"), auch „geronnener Kern" genannt.
3. Die smektische geschliffene Kernseife.
4. Die smektische Klumpseife.
5. Die gewöhnliche isotrope Seifenlösung.

Die durchsichtigen Seifengallerten von Frl. M. E. LAING und J. W. McBAIN (s. S. 119) sind nicht als besondere Phase zu betrachten, denn sie sind isotrop und haben dieselben Eigenschaften wie gleichkonzentrierte flüssige isotrope Seifenlösungen. Sie stellen somit einen besonderen Zustand dieser letzten Phase dar, welcher sich allein durch die mechanischen Eigenschaften auszeichnet.

Gegen die McBAINsche Auffassung der verschiedenen Seifengebilde als einfache Phasen und gegen die zu weitgehende Anwendung der Phasenregel auf die Entmischungen dieser Systeme haben Wo. OSTWALD und H. ERBRING[1] verschiedene Bedenken geäußert: Die *Konodenbeziehung*[2] gilt streng genommen nicht für Seifenentmischungen, denn die Zusammensetzungen der abgeschiedenen Schichten liegen durchweg außerhalb der Entmischungskurven. Dreiphasige Seifensysteme sind experimentell über ein größeres Temperaturintervall beständig gefunden worden, während sie phasentheoretisch eigentlich nur bei einer Temperatur existenzfähig sein sollten. Die Abweichungen werden von Wo. OSTWALD und H. ERBRING durch die Wirkung neuer Variablen, wie Dispersitäts- und Hydratationsgrad, erklärt, die in kolloiden Lösungen auftreten und die Gleichgewichte beeinflussen.

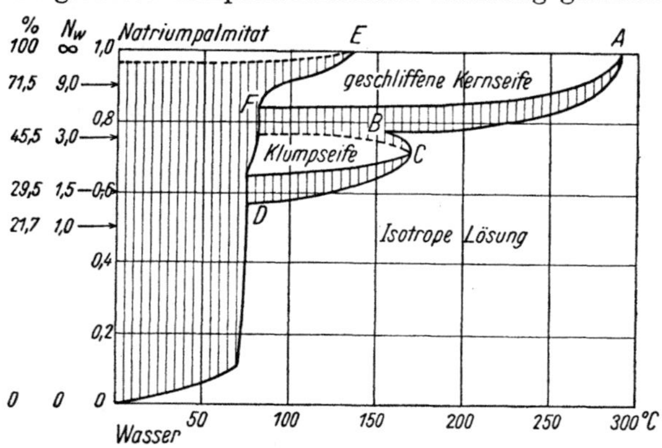

Abb. 48. Gleichgewichte Natriumpalmitat—Wasser zwischen 0° und 300° C.

Die Diskussion über die Auffassung kolloider Systeme als einfache Phasen und über die Anwendbarkeit der Phasenregel auf kolloide Entmischungen steht noch offen[3]. Ohne hier auf diese Diskussion einzugehen, muß nur bemerkt werden, daß für Seifenlösungen die Abweichungen vom regelrechten Verhalten nur gering sind. Die Auffassung der Seifenentmischungen als Phasengleichgewichte besitzt anderseits praktische Wichtigkeit, weil sie in einfacher und übersichtlicher Weise von den Verhältnissen in den in Entmischung begriffenen Seifenlösungen Auskunft gibt. Unter freiwilligem Verzicht auf die absolute Genauigkeit der mitgeteilten Ergebnisse wird also im folgenden von der McBAINschen Darstellung der Phasengleichgewichte in Seifenlösungen Gebrauch gemacht.

Zwischen den fünf verschiedenen Seifenphasen, welche die zwei Komponenten Seife und Wasser bilden können, bestehen nach McBAIN wahre reversible Gleichgewichte, für welche die Phasenregel anwendbar ist. In Abb. 48 sind als Beispiel alle stabilen Systeme von Natriumpalmitat und Wasser zwischen 0° und 300°[4]

[1] Kolloidchem. Beih. **31**, 291 (1930).
[2] Eine Lösung innerhalb der Mischungslücke entmischt sich in zwei Komponenten, deren Zusammensetzung beide auf der Entmischungskurve liegen müssen. Alle drei Punkte liegen dabei auf einer Geraden, die man *Konode* nennt. Alle diejenigen Punkte, die auf derselben Geraden liegen, entmischen sich in die gleichen Komponenten.
[3] Vgl. hierüber E. H. BUCHNER in ALEXANDERS Colloid Chemistry, S. 126, 1926, und Wo. OSTWALD u. R. KÖHLER: Kolloid-Ztschr. **43**, 131 (1927).
[4] Die Versuche über 100° sind natürlich in geschlossenen Röhren unter dem entsprechenden Dampfdruck ausgeführt worden.

ausgehend von reinem Wasser bis zu wasserfreiem Natriumpalmitat dargestellt. Die Abszisse zeigt Grade, die Ordinate gibt die Seifenkonzentration an, und zwar in drei verschiedenen Maßstäben, nämlich in „Fraktionen" aus der Beziehung $\frac{N_w}{N_w + 1}$ berechnet, wobei N_w die Zahl Grammäquivalente Natriumpalmitat auf 1 g Wasser bedeutet, in Gewichtnormalitäten N_w und in Prozenten Natriumpalmitat. Der obere Teil des Diagramms stellt reines Natriumpalmitat dar, der untere reines Wasser.

Aus der Abbildung ersieht man, daß bei hinreichend hoher Temperatur alle Gemische von Natriumpalmitat und Wasser durch ein einziges isotropes Flüssigkeitsgebiet dargestellt werden. Bei Zimmertemperatur ist dagegen Natriumpalmitat sehr wenig löslich, so daß durch Abkühlung von konzentrierten Seifenlösungen ein mehr oder weniger wasserreicher Niederschlag von Kernfasern entsteht, der eine verdünnte Seifenlösung eingeschlossen enthält. Die Kurve *ABCD* grenzt die isotropen Lösungen von den smektischen Phasen ab. Die heterogenen Gebiete, wo beide Phasen koexistieren, sind durch parallele Linien gekennzeichnet, die notwendig senkrecht sind, da die Phasen in Gleichgewicht auf gleicher Temperatur sich befinden. Geschliffene Kernseife kann nur über 80° bestehen. Ihre Seifenkonzentration muß über 3,5 N_w (50 v. H.) liegen. Klumpseife ist nur zwischen 75° und 170° und mit Seifenkonzentrationen von 1,3 N_w (26 v. H.) bis 5,4 N_w (60 v. H.) existenzfähig. Unter 75° erstarren fast alle Lösungen zu einem wasserhaltigen festen Kern.

Wasserfreies Natriumpalmitat scheint nach McBain zwei Schmelzpunkte zu besitzen, einen bei 134° (Punkt *E*), bei welchem doppelbrechende, zähe, geschliffene Kernseife erhalten wird, und einen zweiten bei 290° (Punkt *A*), bei welchem die Seife in die isotrope bewegliche Flüssigkeit übergeht. Indessen scheint es fraglich, ob absolut wasserfreies Natriumpalmitat zwei solche Schmelzpunkte zeigen kann, denn die Bildung des smektischen geschliffenen Seifenkerns ist eng an das Vorhandensein von Wasser verknüpft. Die Kurve *EF* soll also wahrscheinlich bis Punkt *A* reichen und Punkt *E* soll mit Punkt *A* zusammentreffen. Die abweichenden Ergebnisse von McBain sind anscheinend durch den Wassergehalt (2,65 und 3,2 v. H.) der verwendeten Natriumpalmitatpräparate bedingt.

Qualitativ ähnliche Zweikomponentendiagramme sind für andere Seifen aufgestellt worden[1]. Die Unterschiede liegen nur in der Lage und Ausdehnung der zu den verschiedenen Phasen gehörenden Felder.

Der *Zusatz eines Elektrolyten* erzeugt eine neue Phase, es sei denn, der Elektrolyt fällt selber aus, wenn er in hinreichendem Überschuß hinzugefügt wird. In dem Dreikomponentensystem ändert sich jedoch die Zusammensetzung jeder Phase. Die entstehenden Gleichgewichte haben technische Bedeutung, denn zu ihnen gehören diejenigen, welche im Seifenkessel beim Aussalzen der Seifen auftreten. Aus diesem Grunde werden die Gleichgewichte in den Systemen Seife—Wasser—Elektrolyt in einem späteren Teil dieses Werkes bei der Besprechung der Theorie der Aussalzung behandelt (s. S. 179).

D. Kapillarchemische Eigenschaften.

Die bisher beschriebenen Erscheinungen der Seifenlösungen haben keinen direkten Zusammenhang mit den wichtigsten Eigenschaften, welche die Anwendung der Seifen als Waschmittel ermöglichen. Die schon beschriebenen Eigenschaften spielen sich in der ganzen Lösung ab und werden von jedem Teil derselben getragen. So sind z. B. die Leitfähigkeit, die Hydrolyse, die Wasserbindungsfähigkeit Eigenschaften jeder einzelnen Seifenmizelle. Es gibt nun eine Reihe von Erscheinungen in Seifenlösungen, die mit der Waschwirkung

[1] Für Kaliumoleat: J. W. McBain u. W. J. Elford: Journ. chem. Soc. London **1926**, 421; für Kaliumlaurat: J. W. McBain u. M. C. Field: Journ. physical Chem. **30**, 1545 (1926).

in innigstem Zusammenhang stehen, welche sich *nur* an einer besonderen Stelle der Lösung zeigen, nämlich an der Trennungsfläche mit dem abgrenzenden Medium. Diese Eigenschaften stehen mit dem Grenzflächengeschehen in enger Beziehung, und es erscheint deswegen passend, sie unter der allgemeinen Bezeichnung „*kapillarchemische Eigenschaften*" zu vereinigen.

Drei Fälle sind zu unterscheiden, je nachdem das abgrenzende Medium gasförmig, flüssig oder fest ist. Wenn das abgrenzende Medium ein *Gas* ist, z. B. Luft, so ist eine interessante kapillarchemische Größe der Betrag der Spannung, welche an der Grenzfläche Lösung—Luft entsteht, d. i. die *Oberflächenspannung*; sie wird von den Seifen in charakteristischer Weise beeinflußt. In Zusammenhang damit steht die *Schaumfähigkeit* der Seifenlösungen. Bei Berührung mit einer nicht mischbaren *Flüssigkeit*, z. B. Öl, entsteht ebenfalls eine *Grenzflächenspannung*, deren Wert von der Seife verändert wird und zu ihrer *Emulgierungsfähigkeit* in Beziehung steht. Man sollte zuletzt den Fall betrachten, in dem das abgrenzende Medium ein *fester Körper* ist, und gleichfalls von einer Grenzflächenspannung Seifenlösung—fester Körper sprechen. Leider gibt es bis heute keine direkte Möglichkeit, die Größe dieser Spannung zu messen, so daß Angaben über ihre Größe bei Seifenlösungen nicht bekannt sind. Die *stabilisierende und peptisierende Wirkung auf Suspensionen* stellt aber eine wichtige kapillarchemische Eigenschaft der Seifenlösungen in Berührung mit fein verteilten festen Körpern dar. Aus dem Zusammenwirken aller dieser kapillarchemischen Eigenschaften endlich ergibt sich *die Waschwirkung* als die wichtigste und verwickeltste Eigenschaft der Seifen.

a) Die Oberflächenspannung der Seifenlösungen.

Die gewöhnlichen Seifen gehören, wie die große Gruppe der Anion- und Kationseifen, zu der Klasse der kapillaraktiven Stoffe, weil sie die Eigenschaft besitzen, selbst in geringen Konzentrationen die Oberflächenspannung des Wassers stark zu erniedrigen. Während reines Wasser eine relativ hohe Oberflächenspannung von etwa 73 Dyn/cm bei 20° C besitzt, hat bei derselben Temperatur eine 0,03 n-Lösung von Natriumlaurat eine Oberflächenspannung von nur 24 Dyn/cm. Es genügen also kleine Seifenmengen, um die Oberflächenspannung des Wassers um 60—65 v. H. zu erniedrigen.

Diese Erniedrigung der Oberflächenspannung kommt dadurch zustande, daß an der Flüssigkeitsoberfläche, wo ein Teil der elektromagnetischen Attraktionssphäre, die jedes Wassermolekül mit relativ großer Ausdehnung umgibt, aus der Oberfläche herausragt und die Restvalenzkräfte nur unsymmetrisch und teilweise kompensiert werden, eine Kraftkomponente resultiert, die nur mehr gegen das Innere der Flüssigkeit gerichtet ist und die die an der Flüssigkeitsoberfläche befindlichen Moleküle in das Innere der Flüssigkeit hineinzuziehen trachtet. Dieser Kraft stellen sich die Kohäsionskräfte der im Innern befindlichen Moleküle entgegen. Aus der Summe dieser Kräftegleichgewichte entsteht eine tangential wirkende Komponente, die man als Oberflächenspannung (σ) bezeichnet; sie kommt nur in einer sehr dünnen Schicht der Flüssigkeitsoberfläche zur Auswirkung. Beim Wasser beträgt diese etwa $0{,}6 \cdot 10^{-8}$ cm. Es sieht so aus, als ob die Flüssigkeit von einer äußerst dünnen, die Flüssigkeit unter Spannung haltenden Haut überzogen wäre. Löst man im Wasser grenzflächenaktive Stoffe, z. B. Seifen auf, so findet eine Anreicherung von Seife an der Oberfläche der Lösung statt. Die Zusammensetzung einer wäßrigen Dispersion von Seifen ist an der Grenzfläche nicht identisch mit jener im Innern der Flüssigkeit. Nach GIBBS[1]

[1] Thermodynamische Studien, ins Deutsche übersetzt von WI. OSTWALD. Leipzig. 1892.

besteht eine wichtige thermodynamische Beziehung zwischen der Konzentration der gelösten Substanz in der Grenzfläche (c_1), in der Lösung (c) und der Oberflächenspannung (σ)

$$c_1 = -\frac{c}{R\,T} \cdot \frac{d\sigma}{d\,c}.$$

R bedeutet hierbei die allgemeine Gaskonstante und T die absolute Temperatur. Es ist daraus ersichtlich, daß die Anreicherung eines kapillaraktiven Stoffes an der Oberfläche die Oberflächenspannung erniedrigt, und zwar um so stärker, als die Konzentration des kapillaraktiven Stoffes in der Zwischenphase größer ist als in dessen Lösung. Die Erniedrigung der Oberflächenspannung ist eine Folge des Energiegewinnes, der durch den Ersatz der starken Restvalenzkräfte der Wassermoleküle durch die zwischenmolekularen Anziehungskräfte zwischen den einzelnen Fettketten der Seifenanionen erhalten wird. Nach den Anschauungen von I. Langmuir[1] und W. D. Harkins[2] ist die Anreicherung (Adsorption) der Seifen in der Oberflächenschicht vom heteropolaren Aufbau des Seifenmoleküls bedingt. Die an der Oberfläche befindlichen Seifenmoleküle bzw. Fettsäureanionen erhalten eine bestimmte Anordnung, die man als gerichtete (orientierte) Adsorption bezeichnet. Die hydrophobe Fettkette ragt mehr oder weniger aus dem Wasser heraus; die hydrophile salzbildende Carboxylalkaligruppe bleibt hingegen — von polarisierten Wassermolekülen umgeben — der Wasserseite zugekehrt. Das Seifenmolekül erhält eine aufgerichtete Stellung in der Oberfläche. Die dichte Zusammenlagerung vieler Seifenmoleküle bildet an der Trennungsfläche Luft—Seifenlösung eine dünne Seifenschicht, sozusagen einen Film mit quasi-festen Eigenschaften. Die Dicke einer solchen kompakten monomolekularen Seifenschicht ist etwa 2—2,5 mμ.

Über die Natur der das Oberflächenhäutchen bildenden Bestandteile bei Seifenlösungen sind verschiedene Ansichten aus der Literatur entnehmbar. Nach F. G. Donnan, H. W. Hillyer und P. Lecomte du Noüy[3] besteht die Oberflächenschicht aus Seifenmolekülen. J. Perrin, J. F. Carrière und A. S. C. Lawrence[4] nehmen hingegen an, daß die Grenzfläche ausschließlich aus Molekülen der hydrolytisch abgespaltenen Fettsäure gebildet wird (vgl. S. 16 und S. 133, Fußnote 1). Daß Fettsäure an dem Aufbau der Grenzflächenschicht beteiligt ist, hat schon Spring[5] bei seinen grundlegenden Untersuchungen über die Waschwirkung der Alkaliseifen erkannt durch die Feststellung, daß die Seife an Grenzflächen von Ruß, Ton usw. „saure“ Adsorptionsverbindungen bildet. Vor kurzem konnten Neville und Harris[6] beweisen, daß beim Zerschäumen einer 0,25%igen Lösung von Olivenölseife der Schaum saurer reagierte als die ursprüngliche Seifenlösung, während der Rückstand immer alkalischer wurde. Nach E. E. Walker und M. E. Laing[7] ist die Oberfläche von neutralen oder sauren Seifenmizellen besetzt, doch haben die Versuchsergebnisse von Lang-

---

[1] Journ. Amer. chem. Soc. **38**, 2246 (1916); **39**, 1848 (1917).

[2] Harkins, Brown u. Davies: Journ. Amer. chem. Soc. **39**, 354 (1917). — Harkins, Davies u. Clark: Journ. Amer. chem. Soc. **39**, 541 (1917). — Vgl. auch Reychler: Bull. Soc. chim. Belg. **26**, 193 (1912); **27**, 113 (1913); Kolloid-Ztschr. **12**, 277 (1913); **13**, 252 (1913). — Hardy: Proceed. Roy. Soc. London, A **86**, 634 (1912).

[3] Donnan: Ztschr. physikal. Chem. **31**, 42 (1899). — Hillyer: Journ. Amer. chem. Soc. **25**, 511 (1903). — Lecomte du Noüy: Philos. Magazine **48**, 664, 672 (1924).

[4] Perrin: Ann. Phys. (9), **10**, 160 (1918). — Carriere: Chem. Umschau Fette, Öle Wachse, Harze **34**, 57 (1927). — Lawrence: Journ. physical Chem. **34**, 263 (1930); Nature **125**, 970 (1930); Soap Films. London. 1929.

[5] Kolloid-Ztschr. **4**, 161 (1909); **6**, 11, 109, 164 (1910).

[6] Bur. Stand. Res. **14**, 765 (1935); Amer. Dyestuff Reporter **24**, 312 (1935).

[7] Walker: Journ. chem. Soc. London **119**, 1521 (1921). — Laing: Proceed. Roy. Soc., London, A **109**, 28 (1925).

MUIR und HARKINS (s. S. 129) sowie ADAM[1] die *monomolekulare* Oberflächenbesetzung sehr wahrscheinlich gemacht (vgl. auch S. 36).

Die Zusammensetzung der Oberflächenschicht ist also qualitativ und quantitativ von der der Lösung verschieden. Das Gleichgewicht, das in der Masse der Lösung zwischen den verschiedenen Bestandteilen besteht, wird an der Oberfläche durch die verschiedene Anreicherungsfähigkeit der einzelnen Komponenten verändert. Beispielsweise wird die Hydrolyse im Oberflächenhäutchen einen andern Wert haben als im Innern der Lösung. Die kleinere Löslichkeit der Fettsäuren in Wasser bedingt einen höheren Verteilungsgrad zugunsten der oberflächlichen Anreicherung. Hierdurch wird das Seifenhäutchen saurer als die kompakte Seifenlösung, was mit der oben erwähnten Tatsache, daß Seifenschaum stets saurer reagiert als die zurückbleibende Lösung, gut übereinstimmt. Die Adsorption der Alkaliseifen an der Oberfläche erfolgt nicht augenblicklich. Es muß eine gewisse Zeit verstreichen, damit sie vollständig wird. Daher ist die Oberflächenspannung einer frischen Oberfläche wegen der zunächst noch geringeren Adsorption von kapillaraktiven Teilchen größer als die einer älteren. Man unterscheidet deshalb zwischen dynamischer und statischer Oberflächenspannung. Die erste bezieht sich auf eine im Bildungszustand befindliche Oberfläche; ihr Wert ist also veränderlich. Die zweite ergibt einen konstanten Wert für die vollkommen ausgebildete Oberfläche. Die Adsorptionsgeschwindigkeit ist im allgemeinen groß. Oft genügen Bruchteile von einer Sekunde, um Adsorptionssättigung zu erreichen. Nur in sehr verdünnten Lösungen verläuft die Adsorption langsamer, einerseits wegen des hierbei stark auftretenden Hydrolysengleichgewichtes, das selbst einige Zeit zur Einstellung benötigt, anderseits auch deshalb, weil die nahe an der Oberfläche liegenden Flüssigkeitsschichten schnell an kapillaraktiven Seifenteilchen verarmen, ehe Adsorptionssättigung erreicht wird und eine Zudiffundierung der letzteren aus dem Innern der Lösung an sich eine gewisse Zeit erfordert. Der Hauptteil der Angaben über Oberflächenspannung von Seifenlösungen bezieht sich auf statische Spannungen (wie sie beispielsweise nach der Ringabreißmethode erhalten werden). Die Werte der stalagmometrischen Messungen in sehr verdünnten Lösungen sind wegen der Langsamkeit der Gleichgewichtseinstellung im allgemeinen als etwas zu hoch anzusehen.

1. Der Einfluß der Natur der Seifen auf ihre Oberflächenaktivität.

Für die Lösungen homologer kapillaraktiver Stoffe gilt bekanntlich die TRAUBEsche Regel, welche besagt, daß die Oberflächenaktivität stark und regelmäßig mit dem Aufsteigen in der homologen Reihe zunimmt, wobei man, um die gleiche Erniedrigung der Oberflächenspannung zu erzielen, von jedem höher stehenden Homologen eine etwa dreimal kleinere Konzentration braucht als von dem vorangehenden[2]. Die TRAUBEsche Regel wird auch von seifenverwandten Stoffen, wie den Fettsäuren, befolgt. Die Seifen selbst zeigen dagegen das bemerkenswerte Verhalten, daß sie nicht einmal *qualitativ* der TRAUBEschen Regel gehorchen. Wie bei vielen anderen Seifeneigenschaften nimmt die Kapillaraktivität beim Aufsteigen in der homologen Seifenreihe zuerst zu, erreicht ein Maximum und sinkt dann bei den hochmolekularen Seifen wieder. Dieses von L. LASCARAY[3] bei Natriumseifen beobachtete Verhalten ist in der Abb. 49 graphisch abgebildet. Die Abbildung zeigt die Änderung der Oberflächenspannung

---

[1] Proceed. Roy. Soc., London, A **101**, 452 (1922); A **120**, 473 (1928); A **126**, 366, 526 (1930); Journ. physical Chem. **29**, 87 (1925); Kolloid-Ztschr. **57**, 125 (1931); Trans. Faraday Soc. **29**, 90 (1933); The Phys. and Chem. of Surfaces. Oxford. 1930.

[2] FREUNDLICH: Kapillarchemie, S. 80. 1930.

[3] Kolloid-Ztschr. **34**, 73 (1924).

mit der Kohlenstoffzahl der Seife bei 20°. Die Kurven sind *Isomolaren* der Oberflächenspannung, d. h. Kurven gleicher molarer Konzentration bei den verschiedenen Gliedern. Als Bezug der Spannungserniedrigung ist die Oberflächenspannung des Wassers durch die waagerechte, gestrichelte Gerade dargestellt. Die Betrachtung der Abbildung zeigt, daß die ersten Glieder der Reihe, wie Formiat und Acetat, *kapillarinaktiv* sind. Die Kapillaraktivität zeigt sich erst beim Propionat und nimmt beim Aufsteigen in der homologen Reihe zuerst langsam, dann schneller zu. Bei 20° wird das Minimum der Oberflächenspannung beim Myristat erreicht, so daß die höheren Homologen, wie Palmitat, Stearat und Cerotat, einen Wiederanstieg der Spannung zeigen.

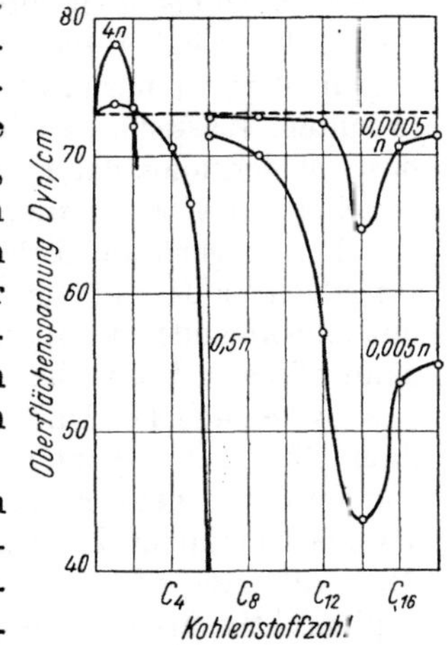

Abb. 49. Isomolaren der Oberflächenspannung bei den Natriumseifen der Essigsäurereihe. Temperatur 18°.

Zahlreiche Untersuchungen mit verschiedenen Meßmethoden haben das Ergebnis von L. LASCARAY bestätigt. In der Tabelle 52 ist eine Zusammenstellung der bekanntesten Ergebnisse verschiedener Forscher über die maximale Oberflächenaktivität in der homologen gesättigten Seifenreihe gegeben.

Tabelle 52. Maximale Oberflächenaktivität in der gesättigten Seifenreihe.

Temperatur °C	Seife	Beobachter	Methode
		Natriumseifen.	
20	Myristat	L. LASCARAY	Stalagmometermethode
		A. LOTTERMOSER u. W. TESCH[4]	,,
30	,,	TH. MADSEN[5]	Ringabreißmethode
		N. N. GODBOLE u. SADGOPAL[6]	Stalagmometermethode
50	,,	TH. MADSEN	Ringabreißmethode
		LOTTERMOSER u. SCHLADITZ[7]	,,
60	Palmitat	E. E. WALKER[8]	Stalagmometermethode
65	,,	LOTTERMOSER u. TESCH	,,
75	,, [1]	TH. MADSEN	Ringabreißmethode
90	Stearat	TH. MADSEN	,,
		LOTTERMOSER u. SCHLADITZ	,,
99	,,	TH. MADSEN	,,
		Kaliumseifen.	
30	Laurat[2]	TH. MADSEN	Ringabreißmethode
	Myristat	GODBOLE u. SADGOPAL	Stalagmometermethode
50	,, [3]	TH. MADSEN	Ringabreißmethode
75	Palmitat	TH. MADSEN	,,
90	Stearat	TH. MADSEN	,,
20—70	,,	LOTTERMOSER u. GIESE[9]	,, [10]
		Lithiumseifen.	
20—70	Myristat	LOTTERMOSER u. GIESE	Ringabreißmethode[10]

[1] Stearat, über eine Konzentration von 0,0035 n.
[2] Myristat, über eine Konzentration von 0,004 n.
[3] Palmitat, über eine Konzentration von 0,01 n. [4] Kolloidchem. Beih. **34**, 339 (1931).
[5] Detergent action and surface activity of soap solutions. Kopenhagen. 1930.
[6] Kolloid-Ztschr. **75**, 193 (1936). [7] Kolloid-Ztschr. **63**, 295 (1933); **64**, 44 (1933).
[8] Journ. chem. Soc. London **119**, 1521 (1921). [9] Kolloid-Ztschr. **73**, 155, 276 (1935).
[10] Unter Ausschluß des CO_2.

Bei Betrachtung dieser Tabelle bemerkt man, daß eine Temperatursteigerung die maximale Kapillaraktivität zu den höheren Homologen verschiebt. Dieses Ergebnis steht mit der in der Wäschereipraxis bekannten Tatsache, daß Seifen, denen höhermolekulare, gesättigte Fettsäuren (Palmitin- und Stearinsäure) zugrunde liegen, nur in warmem Wasser ihre volle Wirksamkeit erreichen, während in kaltem Wasser die Seifen auf Basis höhermolekularer, ungesättigter (Ölsäure) bzw. niedermolekularer, gesättigter Fettsäuren (Cocosölfettsäuren) am besten waschen, in Übereinstimmung.

Ferner geht aus Tabelle 52 hervor, daß sich der Übergang der maximalen Oberflächenaktivität von einem Glied zum nächsthöheren der homologen Reihe mit zunehmender Temperatur zuerst in konzentrierten Seifenlösungen zeigt und dann allmählich auf die verdünnten Seifenlösungen übergreift.

Systematische Untersuchungen der *ungesättigten Seifenreihe* hinsichtlich ihrer Oberflächenspannung sind nicht bekannt. Aus den vereinzelten Angaben der Literatur geht hervor, daß das Natriumoleat (C_{18}) oberflächenaktiver ist als das Natriumerukat (C_{22}), welches Ergebnis in Einklang mit dem Verhalten der gesättigten Seifen steht. Die ungesättigten Seifen sind in der Kälte stärker kapillaraktiv als die entsprechenden gesättigten, in der Wärme ist es jedoch umgekehrt.

Vergleicht man die Aktivitäten der Natrium-, Kalium- und Lithiumseifen untereinander, so kann man feststellen, daß ungeachtet unwesentlicher Abweichungen das *Kation* keinen wesentlichen Einfluß auf die Oberflächenaktivität ausübt[1].

2. Die Oberflächenspannung-Konzentrationskurve von Seifen.

Interessant und ausführlich untersucht ist der Einfluß der Konzentration auf die Oberflächenspannung der Seifenlösungen. Durch allmähliche Steigung der Konzentration findet nach einem anfänglich schwachen Absinken ein stärkerer Abfall der Oberflächenspannung statt. Diese erreicht ein Minimum und die Kurve verläuft dann über einen größeren oder kleineren Konzentrationsbereich fast waagerecht, aber deutlich wieder ansteigend. Von den zahlreichen Versuchen, welche dieses Verhalten bestätigen, seien auszugsweise diejenigen von A. LOTTERMOSER und E. GIESE[1] für Kaliumstearat bei 60° in der Abb. 50 abgebildet. Die Oberflächenspannung wurde nach der Ringabreißmethode unter sorgfältiger Ausschaltung des Einflusses des Luftkohlendioxyds gemessen.

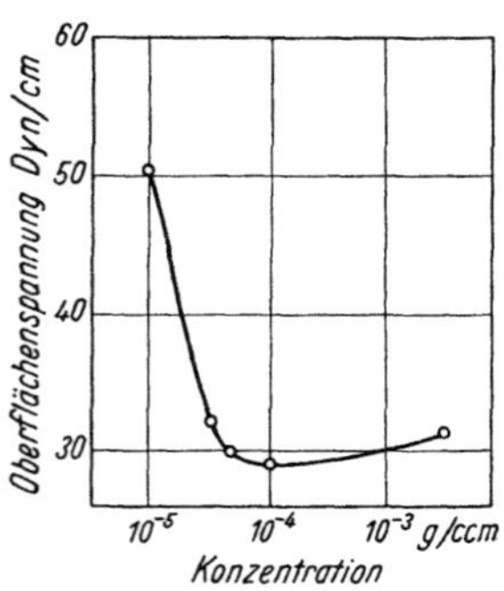

Abb. 50. Oberflächenspannung-Konzentrationskurve von Kaliumstearat bei 60°.

Die Neigung des absinkenden Astes der Kurve ist um so steiler, je höher die Kapillaraktivität der untersuchten Seife ist. Die Lage des Minimums der Oberflächenspannung-Konzentrationskurve verschiebt sich mit abnehmender C-Zahl oder mit sinkender Temperatur in die Richtung zunehmender Konzentration. Daher gelingt seine Beobachtung bei niedrigmolekularen Seifen nicht, weil es anscheinend bei unerreichbar hohen Konzentrationen liegt. Der Konzentrationsbereich des Minimums wird vom Laurat bis zum Palmitat immer größer. Die Oberflächenspannung-Konzentrationskurve zeigt somit drei verschiedene Teile, welche mit zunehmender Konzentration in folgender Ordnung auftreten: 1. flacher Abstieg, 2. steiles, geradliniges Absinken und 3. fast waagerechter Verlauf mit deutlicher Neigung zum Wiederansteigen.

---

[1] Kolloid-Ztschr. **73**, 276 (1935). Im allgemeinen sind allerdings die Kaliumseifen etwas kapillaraktiver als die Natriumseifen.

Der erste flache Abstieg zeigt, daß in sehr verdünnten Lösungen die Seife wenig kapillaraktiv ist. In solchen verdünnten Lösungen ist die Seife „echt“ gelöst und wahrscheinlich stark hydrolysiert[1]. Mit der Erhöhung der Konzentration findet eine Assoziation zu Mizellen statt. Gleichzeitig zeigt sich eine Erhöhung der Kapillaraktivität der Seife, wie das zu dem flachen Abstieg folgende steile Absinken der Oberflächenspannung beweist. Die Oberflächenspannung erreicht aber ihren untersten Wert und die Kurve wird fast waagerecht, ein Zeichen, daß die Oberfläche mit kapillaraktiver Substanz abgesättigt ist und ein Überschuß nicht weiter wirkt. Der langsame Wiederanstieg beweist, daß bei weiterer Konzentrationserhöhung die sich nun bildenden gröberen Mizellenaggregate nicht mehr kapillaraktiv sind.

3. Die Oberflächenspannung von Seifenmischungen.

Ganz allgemein läßt sich die Oberflächenspannung einer gemischten Lösung von Seifen nach der Mischungsregel *nicht berechnen*. Ausnahmen hiervon machen nach E. E. Walker[2] die Mischungen von Natriumpalmitat mit Natriummyristat, -stearat oder -oleat und die von Natriumoleat mit Natriummyristat. Nach A. Lottermoser und E. Schladitz[3] sind auch Ausnahmen bei Mischungen von Kaliumstearat mit Kaliumlaurat oder -oleat bekannt. Andere untersuchte Mischungen zeigen eine Oberflächenspannung, welche entweder über oder unter der Verbindungslinie der Oberflächenspannung der Komponenten liegt.

Im allgemeinen läßt sich sagen, daß die Kapillareigenschaften der Mischung durch die Eigenschaften der aktiveren Komponenten bestimmt werden, wie N. N. Petrowa und A. M. Wjasnikowa[4] an binären Mischungen von Seifen aus technischen Fetten zeigten. Die weniger aktive Komponente kann aktivierend oder desaktivierend auf die zweite Komponente wirken, je nach ihrer Konzentration und der der aktiveren Komponente. So wirkte ein Zusatz von Harzseife zu Hartfettseifenlösung aktivierend, solange die Konzentration dieser letzteren Seife 0,125% nicht überstieg, d. h. solange in der Lösung der Hartfettseife die Adsorptionsschichten nicht gesättigt sind, darüber hinaus dagegen wirkten dieselben Mengen Harzseife desaktivierend.

4. Die Temperaturabhängigkeit der Oberflächenspannung von Seifenlösungen.

Temperaturerhöhung bedingt ein fast geradliniges Abfallen der Oberflächenspannung; die Kurven werden jedoch bei hoher Temperatur weniger steil und kehren sogar in der Nähe des Siedepunktes zu einem flachen Minimum um. Vergleicht man aber nicht die absoluten Werte der Oberflächenspannung, sondern die Oberflächenspannungserniedrigungen, unter Beachtung des Umstandes, daß die Oberflächenspannung des Wassers durch Temperaturerhöhung sinkt, so ergibt sich, daß die Oberflächenaktivität mit zunehmender Temperatur nach

---

[1] In äußerst verdünnten Seifenlösungen (z. B. Natriumoleat) sind von Lecomte du Noüy [Philos. Magazine **48**, 664 (1924); Equilibres superficiels des Solutions colloidales. Paris. 1929] bei einer molaren Konzentration von 4,4 2,8 und 2,4 . 10^{-6} drei Oberflächenspannungsminima festgestellt worden. Ähnliche Resultate erhielten Washburn u. Berry [Journ. Amer. chem. Soc. **57**, 975 (1935)] beim Natriumpalmitat. J. Vallée [Rev. gén. Matières colorantes, Teinture etc. **40**, 313 (1936); Bull. Internat. Föd. Text. Color. Basel, S. 5. 1936] erklärt dies durch die Adsorption von hydrolytisch abgespaltenen Fettsäuremolekülen, die, je nach der Anordnung, auf Grund der Elementarzellendimension (vgl. Bd. 1, S. 52) bei den oben angeführten Konzentrationen die gesamte Grenzfläche gegen Luft besetzen.

Allerdings erhielt Cassel [Journ. Amer. chem. Soc. **57**, 2009 (1935)] im Gegensatz zu du Noüy und Washburn u. Berry in sehr verdünnten Lösungen von Seifen nur ein Oberflächenspannungsminimum. Auch dieser Autor führt dies auf Grenzflächenadsorption von hydrolytisch abgespaltener Fettsäure zurück.

[2] S. S. 131. [3] Kolloid-Ztschr. **63**, 295 (1935); **64**, 44 (1933).

[4] Zentr. wiss. Forsch.-Inst. Unters. Physikochem. Waschwirk. (russ.) **1935**, 126, Ref. Chem. Ztrbl. **1937 I**, 2706.

einem annähernd geradlinigen Anstieg ein Maximum erreicht und dann wieder sinkt. In der Abb. 51 sind, nach Messungen von TH. MADSEN[1], die Erniedrigungen der Oberflächenspannung einiger Natriumseifen in der Konzentration von 1 g Fettsäure pro Liter Lösung, bei wechselnder Temperatur graphisch dargestellt. Bei den gewählten Konzentrationen und Temperaturen ist beim Laurat, Myristat und Oleat nur der abfallende Ast der Kurven beobachtbar. Die Kurven zeigen, daß bei niedrigen Temperaturen Natriumlaurat und -myristat die maximale Kapillaraktivität besitzen; sie werden aber bei höheren Temperaturen vom Natriumpalmitat und -stearat übertroffen.

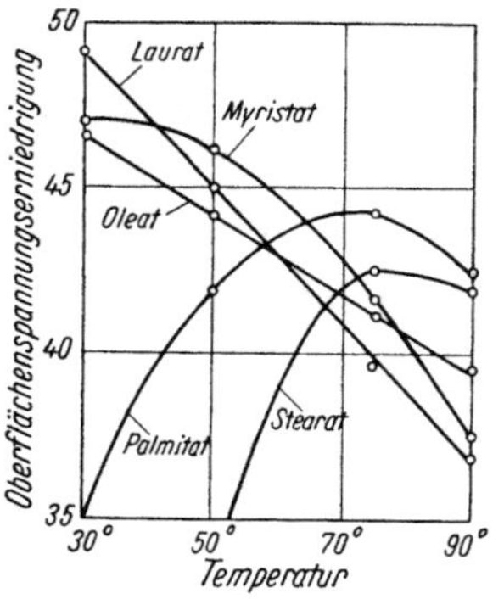

Abb. 51. Einfluß der Temperatur auf die Oberflächenspannung von Seifenlösungen.

Aus der Abb. 51 geht weiters hervor, daß sich das Temperaturoptimum der Oberflächenaktivität beim Aufsteigen in der homologen Reihe erhöht.

Der geradlinige Abstieg der Oberflächenspannung-Temperaturkurve wird um so flacher, je konzentrierter die Lösung ist und je höher die Seife in der homologen Reihe steht[2].

5. Die Wirkung von Zusätzen auf die Oberflächenspannung von Seifenlösungen.

Die Wirkung von Zusätzen auf die Oberflächenspannung von Seifenlösungen steht in engem Zusammenhang mit dem Einfluß, welche diese Zusätze auf den Dispersitätsgrad der Lösung ausüben. Es läßt sich im allgemeinen sagen, daß diejenigen Zusätze, welche die Bildung der sehr kapillaraktiven kleinen Seifenmizellen begünstigen, die Oberflächenspannung *erniedrigen*; diejenigen, welche für diesen optimalen Dispersitätsgrad nachteilig sind, die Oberflächenspannung *erhöhen*. Zu den kleinen hochaktiven Mizellen kann man entweder durch Assoziation von molekulardispersen Seifenanionen oder durch Peptisation von groben Seifenaggregaten gelangen. Es ergibt sich also, daß ein und derselbe Zusatz, je nach den Umständen, entgegengesetzte Wirkungen entfalten kann.

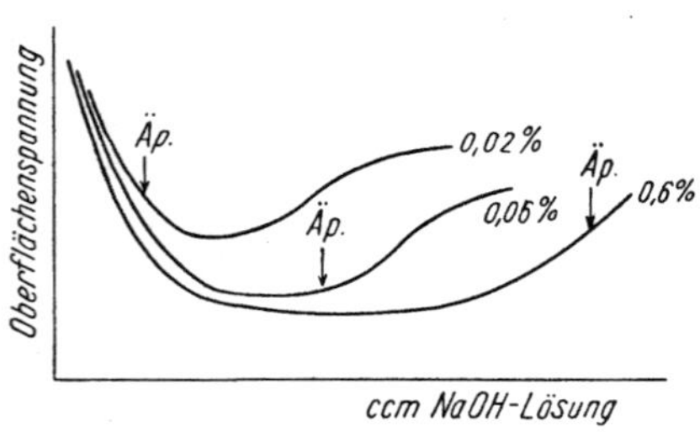

Abb. 52. Änderung der Oberflächenspannung bei der Neutralisation von Ölsäure mit NaOH-Lösungen verschiedener Konzentration.

Ein sehr deutliches Beispiel davon ist die Wirkung des *Natriumhydroxyds* auf die Oberflächenspannung von Seifenlösungen. Wenn man, wie A. LOTTERMOSER und E. SCHLADITZ mitteilen[3], Ölsäure mit wäßriger Natriumhydroxydlösung allmählich neutralisiert und die Oberflächenspannung in verschiedenen Stadien der Neutralisation mißt, so erhält man Kurven, welche bei jeder gewählten Konzentration denselben Gang zeigen. Wenn man von der Emulsion reiner Ölsäure in Wasser ausgeht und Natriumhydroxyd allmählich zusetzt, zeigen die Kurven der Oberflächenspannung zuerst einen steilen Abfall, dann ein Minimum und endlich einen wieder ansteigenden Ast. Interessant ist, daß die

---

[1] Studies in the detergent action and surface activity of soap solutions. Kopenhagen. 1930. — S. auch JE. K. WENSTREM u. A. B. TAUBMAN: Zentr. wiss. Forsch.-Inst. Fett-Ind. Unters. Physikochem. Waschwirk. (russ.) **1935**, **35**, Ref. Chem. Ztrbl. **1937**, 2704. — N. N. PETROWA: Ebenda **1935**, 49, Ref. Chem. Ztrbl. **1937 I**, 2704.

[2] LOTTERMOSER u. BAUMGUERTEL: Kolloidchem. Beih. **41**, 73 (1935).

[3] Kolloid-Ztschr. **63**, 295 (1933); **64**, 44 (1933).

Lage des Äquivalenzpunktes, d. h. die Oberflächenspannung der genau neutralen Lösung, mit der Konzentration veränderlich ist. In verdünnten Lösungen liegt der Äquivalenzpunkt im absteigenden Ast der Kurven, in mittelkonzentrierten auf dem Minimum, in konzentrierten auf dem ansteigenden Teil. Diese Verhältnisse sind schematisch in der Abb. 52 dargestellt. Links des Äquivalenzpunktes sind die Natriumoleatlösungen sauer, rechts davon alkalisch. Geht man vom Äquivalenzpunkt (Äp.) aus, so zeigt die Abb. 52, daß, wenn man zu einer verdünnten Natriumoleatlösung Natriumhydroxyd zusetzt, die Oberflächenspannung zuerst sinkt und bei weiterem Zusatz nach Durchschreiten eines Minimums wieder ansteigt. Bei mittelkonzentrierten und konzentrierten Lösungen gelingt dagegen nur die Beobachtung des ansteigenden Kurventeiles, so daß in solchen Lösungen Natriumhydroxydzusätze nur Oberflächenspannungserhöhungen verursachen.

In ähnlicher Weise wie Natriumhydroxyd wirken *alkalisch reagierende Salze*, wie Natriumcarbonat, Natriumsilicat, Natriumphosphat usw.[1]. Je nach der Seifenkonzentration werden Erhöhungen oder Erniedrigungen der Oberflächenspannung beobachtet.

Für *Fettsäure*zusätze liegen die Verhältnisse umgekehrt; die Kurve der Abb. 52 wird dann vom Äquivalenzpunkt aus nach links verfolgt. Allerdings sind die Spannungserniedrigungen (in hochkonzentrierten Solen) durch Fettsäurezusatz gering, die Erhöhungen (in verdünnten Solen) dagegen stark und am meisten beobachtet. Eine Ausnahme bilden die niedrigmolekularen Seifen. Ihre Fettsäuren sind bekanntlich wasserlöslich und besitzen eine hohe Oberflächenaktivität. Bei diesen an sich wenig kapillaraktiven Seifen ruft ein Zusatz von Fettsäure eine starke Erniedrigung der Oberflächenspannung hervor. Der Vorgang ist von W. Windisch und W. Dietrich[2] zur Titration stärkerer Säuren oder Basen unter Anwendung von niedrigmolekularen Seifen als Indikator benutzt worden. Geringer Säureüberschuß bei der Titration setzt die Fettsäure in Freiheit und zeigt sich in einem starken Sinken der Oberflächenspannung.

Neutrale Elektrolyte, wie *Natriumchlorid*, rufen Koagulation der Seife hervor; infolgedessen wird die Oberflächenspannung erhöht. Die Wirkung ist bei leicht aussalzbaren Seifen, wie Talgseifen, stark, unbedeutend dagegen bei schwer aussalzbaren Seifen, wie Cocosölseifen[3].

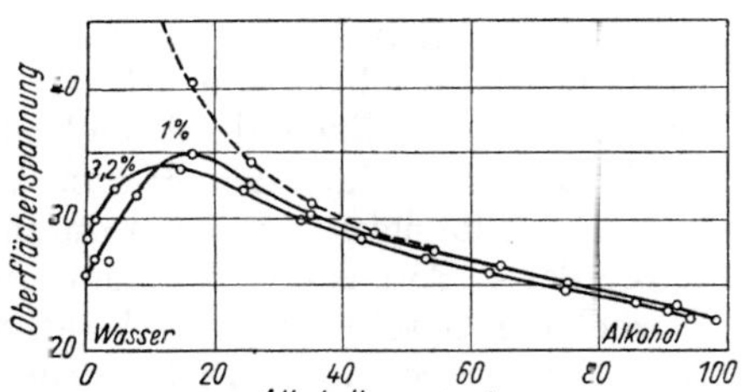

Abb. 53. Oberflächenspannung des Natriumoleats in wäßrig-alkoholischen Lösungen.

6. Die Oberflächenspannung wäßrig-alkoholischer Seifenlösungen.

Sehr ausgeprägte Wirkung auf die Oberflächenspannung von Seifenlösungen hat jede Veränderung ihrer Mizellarkonstitution, wie sie z. B. Alkoholzusatz bewirkt. Die alkoholischen Lösungen der fettsauren Salze sind bekanntlich molekulardispers. Alkoholzusatz zu einer wäßrigen Seifenlösung ruft eine Spaltung der kolloiden Seifenmizellen in einfache Seifenmoleküle hervor; die Kapillaraktivität verschwindet dabei. Abb. 53 zeigt nach Versuchen von L. L. Bircumshaw[4] die Oberflächenspannung zweier Natriumoleatlösungen

---

[1] Madsen: S. S. 131. — Petrowa: Oel-Fett-Ind. (russ.: Masloboino Shirowoje Djelo) **11**, 142 (1935); Seifensieder-Ztg. **62**, 822 (1935).
[2] Kolloid-Ztschr. **26**, 193 (1920). [3] Madsen: S. S. 131.
[4] Journ. chem. Soc. London **123**, 91 (1923). — F. A. Long, G. C. Nutting u. D. Harkins: Journ. Amer. chem. Soc. **59**, 2197 (1937).

verschiedener Konzentration in Äthylalkohol-Wasser-Mischungen. Die gestrichelte Kurve gehört zur Oberflächenspannung des reinen Lösungsmittels. Sie bewegt sich von 73 Dyn/cm für reines Wasser bis 22 Dyn/cm für wasserfreien Alkohol. Ein Maß der Kapillaraktivität der Seifenlösungen ist durch den waagerechten Abstand zwischen den Kurven der Lösung und des Lösungsmittels gegeben. Es ist ersichtlich, daß durch Alkoholzusatz die Kapillaraktivität der Seifen sehr schnell aufgehoben wird und von 45 v. H. Alkohol ab ist sie praktisch schon vollständig verschwunden. Der Mangel an kapillarchemischen Eigenschaften der alkoholischen Lösungen der fettsauren Salze rechtfertigt den Ausschluß dieser Lösungen von dem Begriff Seife.

b) Die Schaumfähigkeit der Seifenlösungen.

1. Der Vorgang der Bildung des Seifenschaumes. Die Seifenlamelle.

Die Seifenlösungen besitzen in hohem Grade die Eigenschaft, beim Schütteln haltbare Schäume zu bilden. Die Entstehung des Schaumes ist mit der vorher besprochenen Eigenschaft der Seifenlösungen, an allen Oberflächen Oberflächenhäutchen zu bilden, verknüpft. Wenn eine Luftblase im Innern einer Seifenlösung erzeugt wird, bildet sich sofort um sie ein dünnes Oberflächenhäutchen. Kommt diese geschützte Luftblase an die Oberfläche der Lösung, so findet sie dort ein anderes Häutchen gebildet und in ihrem Streben, aus der Lösung zu entweichen, wird sie dieses Häutchen mit etwas Flüssigkeit hochheben. Es bildet sich auf diese Weise eine dünne, beiderseitig durch Oberflächenhäutchen begrenzte, innen mit Seifenlösung gefüllte *Seifenlamelle,* auch *Seifenfilm* genannt, welche der Urbestandteil der Schaumblase ist.

Eine Seifenlamelle ist im allgemeinen ein sehr haltbares Gebilde. Die sie abgrenzenden Oberflächenhäutchen machen sie mechanisch besonders stark widerstandsfähig, wozu noch kommt, daß die Oberflächenspannung, d. h. die Kraft, welche den Film zu zerreißen sucht, in Seifenlösungen einen geringen Wert hat. Die Luftblase wird also an der Oberfläche der Lösung festgehalten und nimmt dort eine annähernd sphärische Form an. Eine Anhäufung solcher Schaumblasen bildet den *Schaum.*

Die Beständigkeit einer Seifenlamelle und folglich die eines Seifenschaumes wird durch den Umstand erhöht, daß die zwischen den beiden Oberflächenhäutchen sich befindende Seifenlösung um so schwerer herausfließt, je dünner die Lamelle ist. Nach dem Hagen-Poiseuilleschen Gesetz ist die Geschwindigkeit einer Flüssigkeit in einem durch zwei parallele Wände gebildeten kapillaren Raum der 4. Potenz der Wandentfernung proportional. W. Gibbs[1] hat aus dieser Formel die Geschwindigkeit berechnet, mit der eine Flüssigkeit in vertikalen Lamellen verschiedener Dicke niedersinkt. Er findet:

Dicke der Lamelle	Geschwindigkeit der Abwärtsbewegung
0,01 mm	0,1 mm in 1 Sekunde
0,001 mm	0,167 mm in 1 Minute
0,0001 mm	0,28 mm in 1 Stunde

Ganz im Anfang der Schaumbildung beträgt die Dicke der Schaumhülle etwa 0,001 mm, aber mit dem Herausfließen der Innenflüssigkeit wird diese Größe noch kleiner[2]. Anderseits ist die Viskosität der Lösung in den kapillaren Räumen der Lamellen viel höher als die der kompakten Lösung, wozu wahrscheinlich die besondere Struktur der Oberflächenhäutchen, mit den hydrophilen

[1] C. V. Boys: Seifenblasen, S. 126. 1913.
[2] S. E. Bresler u. D. L. Talmud: Kolloid-Ztschr. **63**, 323 (1933).

funktionellen Gruppen der Seifenmoleküle nach der Innenseite gerichtet, beiträgt. Die Geschwindigkeit der Flüssigkeit in den Seifenlamellen wird also außerordentlich gering sein. Wenn ein Seifenfilm eine kleine Dicke erreicht hat, ohne abzureißen, ist es sehr wahrscheinlich, daß er lange haltbar sein wird.

Die Seifenlamellen haben nicht dieselbe Dicke in ihrer ganzen Ausdehnung. In einer frisch gebildeten Lamelle ändert sich die Dicke kontinuierlich von einer Stelle zur anderen, was man am Erscheinen der Interferenzfarben erkennt, deren Nuancen stetig in die der angrenzenden Gebiete übergehen. Die kleinste Dicke in einem solchen Seifenlamellensystem ist den sog. „schwarzen Flecken", welche kurz vor dem Abreißen der Lamelle erscheinen und je nach den verschiedenen Beobachtern eine Dicke zwischen 4—7 mμ besitzen, zuzuordnen. Diese Dicke entspricht etwa derjenigen zweier Oberflächenhäutchen ohne Innenflüssigkeit. Einige Zeit nach der Bildung der Lamelle treten Veränderungen ihrer Struktur auf, die von J. Perrin[1] und von C. Spierer[2] beobachtet worden sind. Die Dicke ändert sich in diesen gealterten Lamellen nicht mehr stetig, sondern sprungweise nach Vielfachen einer Elementarstufe, deren Dicke nach J. Perrin etwa 4,5 mμ beträgt und der ungefähren Länge eines Seifendoppelmoleküls (vgl. S. 44) entspricht[3]. Die Seifenlamelle scheint also durch Überlagerung von mehreren Seifenhäutchen oder Elementarlamellen gebildet zu sein, die eine Dicke aufweisen, wie sie einem Seifendoppelmolekül, dessen beiden Einzelkomponenten mit den Carboxylalkaligruppen aneinanderstoßen, zukommt. Abb. 54 zeigt nach C. Spierer den Querschnitt einer Seifenlamelle an der Stelle des schwarzen Flecks. Man ersieht daraus die stufenartige Überlagerung der einzelnen Elementarlamellen. Diese sind durch Kreisbogen begrenzt, was ihre flüssige Natur in der Oberflächenrichtung beweist, während in der Dickerichtung infolge ihrer gegenseitigen Immobilisierung eher der Eindruck einer festen, kompakten Schicht vorliegt. Die Seifenlamellen zeigen eine Struktur, welche an die von mesomorphen Gebilden erinnert (s. S. 122).

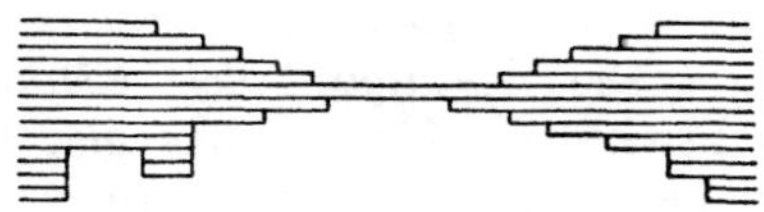

Abb. 54. Querschnitt einer Seifenlamelle.

Die Gestalt und die Anordnung der Schaumblasen in einem Schaum ist durch die Oberflächenspannung geregelt. Das Streben dieser Kraft, die Oberfläche auf ein Minimum zu verringern, bedingt, daß sich in einem Schaum niemals mehr als drei Lamellen in einer Kante oder mehr als vier Kanten oder sechs Lamellen in einem Punkte schneiden[4]. Lamellen und Kanten kreuzen sich immer nur unter gleichen Winkeln von 120°. Wenn sich zufällig vier Lamellen in derselben Kante schneiden oder die Winkel nicht genau einander gleich sind, läßt sich sofort ein Übereinandergleiten der Lamellen beobachten, bis sie in einer Stellung zur Ruhe kommen, in welcher die Gleichgewichtsbedingungen erfüllt sind. Solche Bewegungen lassen sich sehr oft in Schäumen feststellen. Aus diesen Betrachtungen folgt, daß die Schaumblasen nicht sphärisch, sondern polyedrisch sind, und daß ihr Querschnitt die Form eines unregelmäßigen Hexagons mit gleichen Winkeln von 120° hat.

Die durch das Bestehen der Oberflächenspannung bedingte Volumverkleinerung der Schaumblase findet ihr Gegenstück im Druck des im Innern der Blase eingeschlossenen Gases. Dieser Druck ist um so höher, je kleiner der Durchmesser der Blase ist. Sein Wert ist nicht zu vernachlässigen; eine Seifenblase, am Ende eines weiten Rohres gebildet, kann beim Ausströmen der Luft durch das offene Ende des Rohres eine Kerzenflamme ausblasen, wobei die Seifenblase wie ein elastischer Sack wirkt[5].

---

[1] Kolloid-Ztschr. **51**, 2 (1930). [2] Kolloid-Ztschr. **54**, 17 (1931).

[3] Hierbei sind die beiden Seifenmoleküle mit den funktionellen Carboxylalkaligruppen aneinander gebunden; die hydrophoben Kohlenwasserstoffreste ragen mit den endständigen Methylgruppen in die Luft.

[4] C. V. Boys: Seifenblasen, S. 62. 1913. [5] C. V. Boys: Seifenblasen, S. 30. 1913.

Bei der Bildung von Seifenlamellen spielt die Kapillaraktivität der Lösung eine wichtige Rolle, weil sie Voraussetzung für die Entstehung von Oberflächenhäutchen ist. Man muß also einen gewissen Parallelismus zwischen der Kapillaraktivität einer Seifenlösung und ihrer Neigung, haltbare Schäume zu bilden, erwarten. Diese Abhängigkeit ist jedoch nicht immer streng vorhanden und viele Beispiele zeigen, daß für die Bildung haltbarer Oberflächenhäutchen eine niedrige Oberflächenspannung allein ungenügend ist. Die Strukturänderungen, welche die Seifenlösung in der Oberfläche erfährt, wirken auf die Oberflächenspannung in verschiedener Weise, als auf die mechanische Festigkeit des Films. Diese letzte Eigenschaft ist aber diejenige, welche die Haltbarkeit des Schaumes bedingt. Es kann also der Fall vorkommen, daß Seifenlösungen mit relativ kleiner Kapillaraktivität sehr stabile Schäume liefern (vgl. S. 140).

2. Die Kennzeichen des Seifenschaumes.

Bei der Bildung von Seifenschäumen sind drei wichtige Punkte zu berücksichtigen, welche den Schaum kennzeichnen: die *Leichtigkeit der Schaumbildung*, die *Beständigkeit des Schaumes* und die *Schaumblasengröße*.

Die *Leichtigkeit der Schaumbildung* ist hauptsächlich von der Kapillaraktivität der Lösung abhängig. Um einen Schaum zu erzeugen, muß die Grenzfläche Lösung—Luft vergrößert werden. Dazu ist um so weniger Arbeit notwendig, je kleiner die Oberflächenspannung ist. Eine niedrige Oberflächenspannung ist auch Voraussetzung für die leichte Bildung von Oberflächenhäutchen; je größer die Kapillaraktivität der Lösung ist, um so stärker und rascher erfolgt die Oberflächenadsorption. Das Oberflächenhäutchen bildet sich unter diesen Umständen leicht und schnell. Es ist bekannt, daß die Lösungen der bereits in der Kälte stark kapillaraktiven Laurate, Myristate (Cocosseifen) und Oleate bei Zimmertemperatur stark schäumen.

Vollständig zu unterscheiden von der Leichtigkeit der Schaumbildung ist die *Schaumbeständigkeit*. Die Beständigkeit eines Seifenschaumes steht mit der Oberflächenspannung, wenigstens direkt, in keinem Zusammenhang und ist hauptsächlich nur von der *Festigkeit des Oberflächenhäutchens* abhängig. Eine Seifenlösung mag eine sehr niedrige Oberflächenspannung besitzen; wenn ihre Oberflächenhäutchen nicht genügend mechanisch widerstandsfähig sind, wird der Schaum nur von kurzer Lebensdauer sein. Die Seifenlamelle muß also, um beständig zu sein, von widerstandsfähigen Häutchen begrenzt sein. Die gegenwärtigen Kenntnisse von den Kräften, welche die Moleküle eines Oberflächenhäutchens verbinden, sind sehr spärlich; wahrscheinlich ist nur, daß je länger das Seifenmolekül ist, desto stärker die Molekülbindung im Film ist. Die beständigsten Schäume werden also von den hochmolekularen Seifen, wie Palmitat und Stearat (technische *Talgseifen*) gebildet. Die niedrigmolekularen Seifen, wie Laurate und Myristate (technische *Cocosölseifen*), bilden dagegen leicht, aber wenig beständige Schäume.

Die *Blasengröße des Schaumes* steht, als drittes Kennzeichen, mit den zwei vorbesprochenen in einer gewissen Beziehung. Ein bestimmtes Volumen Luft besitzt, in Blasen verteilt, eine um so größere Oberfläche, je geringer die Blasengröße ist. Für eine gegebene Seifenlösung und bei konstanter Ausschüttelungsarbeit wird man ein um so geringeres Schaumvolumen erhalten, je kleinblasiger der Schaum ist; denn für die Berechnung der zur Erzeugung des Schaumes nötigen Kraft kommt hauptsächlich nicht das Volumen der im Schaum eingeschlossenen Luft in Frage, sondern die gesamte zwischen Luft und Lösung erzeugte Oberfläche. Großblasige Schäume sind also leichter herzustellen als kleinblasige. In dieser Hinsicht besteht ein Parallelismus mit der Zerteilung fester oder flüssiger

Stoffe. Die Erhaltung einer groben Zerteilung gelingt leicht, während das feine Dispergieren nur schwierig erreicht werden kann. Über die Beziehung zwischen Schaumblasengröße und Schaumbeständigkeit ist zu bemerken, daß großblasige Schäume unbeständiger sind als kleinblasige, weil große Seifenblasen gewöhnlich eine geringere Wanddicke haben als kleine und die größere Stützenentfernung der Seifenlamelle jener Seifenblasen eine kleinere Zerreißfestigkeit bedingt. Dazu kommt noch der Umstand, daß unbeständige Schäume an und für sich großblasig sind, weil die Zerteilung der Luft bis zu den feinen Bläschen eines kleinblasigen Schaumes nur schwer gelingt. Es besteht also in bezug auf die Blasengröße ein Antagonismus zwischen der Leichtigkeit der Schaumbildung und der Beständigkeit des Schaumes. *Großblasige Schäume sind leichter herzustellen, sind dafür aber unbeständiger als kleinblasige.* Aus diesen Betrachtungen folgt, daß die Blasengröße eines Schaumes in einer gewissen Abhängigkeit zu den kapillarchemischen Eigenschaften der schaumerzeugenden Seifenlösung steht[1].

3. Die Bestimmung der Schaumfähigkeit von Seifenlösungen.

Die meisten für die *Bestimmung der Schaumfähigkeit* der Seifen vorgeschlagenen Methoden begnügen sich mit der Bestimmung des Schaumvolumens und des in Schaum übergegangenen Lösungsvolumens; diese letzte Größe heißt nach C. STIEPEL[2] „*Schaumzahl*". C. STIEPEL definiert die Schaumzahl als die Anzahl Kubikzentimeter der Seifenlösung, welche nach 30 Sekunden dauerndem Schütteln von 100 cm³ einer Seifenlösung, die 0,6 v. H. Fettsäure enthält, und darauffolgendem, drei Minuten dauerndem Absetzen in Schaum übergegangen und verblieben ist. Der *Schaumtestapparat* ist ein langhalsiger, auf dem Stopfen aufgestellter Kolben von 2 l Inhalt, dessen Hals eine Teilung von 0—50 cm³ trägt und eine Erweiterung von ebenfalls 50 cm³ Inhalt nahe am Stopfen besitzt. Der Schaumkolben von STIEPEL hat gewisse Abänderungen erfahren, welche das Prinzip der Methode nicht berühren. Tabellen 53 und 54 enthalten einige nach der STIEPELschen Methode erhaltene Schaumzahlen.

Tabelle 53. Schaumzahlen reiner Seifen bei 30°.[3]

Seife	Schaumzahlen der Na-Seifen	Schaumzahlen der K-Seifen
Caproat	0	0
Caprylat	0	0
Caprinat	0	0
Laurat	16,9	23,2
Myristat	48,9[4]	49,4
Palmitat	5,4	20,4
Stearat	1,6	7,3
Oleat	15,4	21,2
Linoleat	1,1	6,2
Ricinoleat	0	0

[1] Es muß aber ausdrücklich betont werden, daß sowohl das Schaumvolumen als auch die Blasengröße des Schaumes oder die Schaumbeständigkeit für die Waschaktivität der Seifen nicht charakteristisch sind [LEDERER: Fettchem. Umschau **40**, 69 (1933). — NÜSSLEIN: Melliands Textilber. **19**, 582 (1938)]. Dies gilt nicht nur für die gewöhnlichen Seifen, sondern ganz allgemein für die Anion- und Kationseifen sowie für die nichtionogenaktiven Waschmittel (vgl. S. 7).
Man kann unter Umständen ohne Schaumbildung befriedigend waschen, z. B. nach dem sog. DUHAMEL-Verfahren bei der Rohwollwäsche. Zum anderen ist das Auftreten eines beachtlichen Schaumes noch lange nicht von einem genügenden Wascheffekt begleitet, wie dies z. B. beim Saponin (vgl. S. 141) oder bei den alkylierten Naphthalinsulfonsäuren (Nekale, I. G. Farbenindustrie A. G.) der Fall ist.

[2] C. STIEPEL: Seifensieder-Ztg. **41**, 347 (1914). — Vgl. auch: R. DITTRICH: Ztschr. Dtsch. Öl-Fettind. **46**, 401 (1926). — H. DORNER: Seifensieder-Ztg. **55**, 289 (1928). — B. TJUTJUNNIKOW u. Frl. N. N. KASSJANOWA: Allg. Öl- u. Fett-Ztg. **27**, 152 (1930). — W. PROSCH: Kolloid-chemische Technologie, 2. Aufl., S. 56. — I. G. Farbenindustrie A. G.: Melliands Textilber. **18**, 812 (1937).

[3] N. N. GODBOLE u. M. SADGOPAL: Kolloid-Ztschr. **75**, 193 (1936).

[4] Nach 5 Minuten.

Tabelle 54. Schaumzahlen von Seifen aus natürlichen Fetten[1] (Fettsäuregehalt 0,4 v. H.).

Seife aus	Natriumseifen Schaumzahl nach		Kaliumseifen Schaumzahl nach	
	1 Minute	3 Minuten	1 Minute	3 Minuten
Cocosfett	53	30	72	45
Rinderfett	—	30	35	25
Schweinefett	51	30	25	12
Olivenöl	28	15	24	10
Erdnußöl	25	13	22	13
Sesamöl	23	13	20	11
Baumwollsamenöl	22	13	20	12
Weiß-Senföl	22	10	20	10
Ricinusöl	12	4	15	7
Harz	15	7	14	6
Erdnußöl, gehärtet	60	40	35	24
Sesamöl, gehärtet	65	40	45	31

Aus den Werten der Tabelle 53 ergibt sich, daß die Schaumzahlen bei 30° C sich beim Aufsteigen in der homologen Reihe zunächst erhöhen, beim Myristat ihren höchsten Wert erreichen und dann wieder fallen. Cocosöl-, Rindertalg-, Schweinefettseifen und Seifen aus gehärteten Ölen geben hohe, Ricinusöl- und Harzseifen dagegen niedrige Schaumzahlen; Ölseifen besitzen mittelhohe Schaumzahlen. Der Einfluß des Metalls ist aus diesen Versuchen nicht deutlich zu erkennen. Nach Tabelle 53 haben Kaliumseifen höhere Schaumzahlen als Natriumseifen, während Tabelle 54 die entgegengesetzten Ergebnisse zeigt. Temperaturerhöhung begünstigt bei den höheren Gliedern der Reihe die Fähigkeit, hohe Schaumzahlen zu geben. Der Einfluß des Harzes in Mischungen mit anderen Fetten ist von R. JUNGKUNZ untersucht worden; es ergab sich, daß Harz in jedem Verhältnis die Schaumzahlen der Seifen erniedrigt.

Es gibt noch zahlreiche Angaben über Schaumzahlen, welche den obigen Ergebnissen zum Teil widersprechen. Der Grund hierfür muß in der Unsicherheit der Methode und in der Unbestimmtheit des Ergebnisses erblickt werden. Die Art des Schüttelns, die Apparateabmessungen, die Gegenwart des Luftkohlendioxyds beeinflussen die Schaumzahlbestimmungen. Das Schütteln erzeugt nämlich den Schaum, kann aber auch die entgegengesetzte Wirkung haben, denn bekanntlich werden durch Schlagen die Schäume zerstört. Die Schaumzahl selbst ist eine wenig charakteristische Größe. Die Flüssigkeitsmenge, welche zwischen den Blasen eines Schaumes verbleibt, ist hauptsächlich von der Blasengröße abhängig, nicht nur weil große Blasen die Flüssigkeit schwerer abfließen lassen, sondern auch weil die großen Blasen weniger Flüssigkeit in den dünneren Lamellen zurückhalten. Aus großblasigen Schäumen ergeben sich Schaumzahlen, welche im Verhältnis zu der Schaumfähigkeit der entsprechenden Lösungen zu niedrig sind; aus kleinblasigen Schäumen erhält man dagegen zu große Schaumzahlen. So ist zu erklären, daß gehärtete Fette in Tabelle 54 Schaumzahlen zeigen, welche zum Teil größer als die des Cocosfettes sind, trotzdem man sie allgemein als schlecht schäumend betrachtet. Noch weniger charakteristisch ist die Bestimmung des Schaumvolumens, da sie in noch höherem Maße von der Größe der Blasen abhängt. Ein Vergleich des Schaumvolumens verschiedener Seifen könnte nur bei gleicher Blasengröße erlaubt sein.

Wahrscheinlich ist es überhaupt verfehlt, die Schaumfähigkeit einer Seife durch eine einzige Größe wiedergeben zu wollen, weil zwischen der Leichtigkeit der Schaumbildung und der Schaumbeständigkeit keine direkte Beziehung besteht. Eine Möglichkeit, von der Schaumfähigkeit einer Seife eine Vorstellung zu gewinnen, wäre z. B. die getrennte Bestimmung dieser beiden wichtigen Kennzeichen des Schaumes. Die Leichtigkeit der Schaumbildung könnte durch

[1] R. JUNGKUNZ: Seifensieder-Ztg. **52**, 323, 345 (1925).

Messung der Oberflächenspannung bestimmt werden, die Schaumbeständigkeit durch Bestimmung der Festigkeit der Oberflächenhäutchen, etwa mit dem von Wo. OSTWALD und A. STEINER[1] vorgeschlagenen *Membranometer*. Außerdem wäre noch die Schaumblasengröße zu berücksichtigen.

4. Die Wirkung von Fremdstoffen auf die Schaumfähigkeit von Seifen.

Elektrolyte, wie Natronlauge, Natriumcarbonat, Kochsalz, Wasserglas und Natriumphosphat, erhöhen in bedeutendem Maße das Schaumvermögen[2]. Die vom Wasserglas bewirkte Erhöhung der Schaumzahl erreicht nach H. DORNER[3] ihr Maximum, wenn das Wasserglas 25%, berechnet vom Gewicht der trockenen gewöhnlichen Seifen, ausmacht. Beim Maximum der Schaumzahl tritt ein Minimum des Schaumvolumens ein. Der Schaum wird also kleinblasiger.

Eigenartig ist die Wirkung des trotz der geringen eigenen kapillaraktiven Eigenschaften stark schäumenden Saponins.

Entgegen der starken eigenen Schaumkraft vermindern Saponinzusätze zu Seifenlösungen die Schaumfähigkeit und drücken schließlich die Schaumbildung vollkommen zurück. Erst bei relativ hohen Saponinzusätzen erscheint wieder die Schaumfähigkeit; sie steigt dann proportional mit der zugesetzten Saponinmenge an[4].

Dieses Verhalten des Saponins ist darauf zurückzuführen, daß seine Oberflächenviskosität im Vergleich zu der Viskosität im Innern vielfach, bis zu 600mal, höher ist. Es bilden sich deshalb sehr beständige Schaumlamellen aus, ohne daß die Oberflächenspannung wesentlich herabgesetzt wird. Es ist deshalb nicht angängig, Saponin gemeinsam mit Seifenlösungen zu verwenden, da ersteres die kapillaraktiven Seifenteilchen von der Oberfläche zurückdrängt und selbst an die Grenzfläche wandert. Überdies scheinen gemischte Mizellen von Seife und Saponin zu existieren, welchen eine Kapillaraktivität fehlt[5].

Der Zusatz von Glycerin zu Seifenlösungen begünstigt das Schaumvermögen. Offenbar tritt auch hier eine Viskositätserhöhung an der Grenzfläche gegen Luft und damit Schaumbeständigkeitsverbesserung ein. Diese Eigenschaft des Glycerins wird praktisch für die Erzeugung besonders stabiler Schäume verwendet, z. B. für Rasierseifen.

c) Die Grenzflächenspannung der Seifenlösungen.

Die Seifen besitzen die Eigenschaft, die Spannung an der Grenzfläche zwischen Wasser und einer mit diesem nicht mischbaren Flüssigkeit — z. B. Öl — stark zu erniedrigen. In Zusammenhang mit dieser Erscheinung tritt eine Adsorption von Seife an der Grenzfläche und eine Orientierung der Seifenmoleküle unter Bildung eines Grenzflächenhäutchens auf. Wenn Öl die zweite Flüssigkeit ist, wird die Grenzflächenadsorption dadurch begünstigt, daß die Polymethylenketten der Seifenmoleküle eine spezifische „Ölaffinität“ besitzen, welche die Heteropolarität des Seifenmoleküls verstärkt. Dank dieser Eigenschaft ist bei Seifenlösungen die Erniedrigung der Grenzflächenspannung (in Dyn/cm) gegenüber Öl *größer* als die der Oberflächenspannung, wenn gleich konzentrierte

[1] Kolloid-Ztg. **36**, 342 (1925).

[2] B. TJUTJUNNIKOW u. N. KASSJANOWA: S. S. 139. — N. N. GODBOLE u. M. SADGOPAL: S. S. 139. — N. N. PETROWA: Oel-Fett-Ind. (russ.: Masloboino Shirowoje Djelo) **11**, 142 (1935).

[3] Seifensieder-Ztg. **55**, 173, 185 (1928).

[4] M. STEFFAN: Seifensieder-Ztg. **42**, 1 (1915). — W. KIND u. F. H. ZSCHACKE: Ztschr. Dtsch. Öl-Fettind. **43**, 499 (1923).

[5] B. TJUTJUNNIKOW, N. KASSJANOWA u. R. GWIRZMANN: Allg. Öl- u. Fett-Ztg. **27**, 295 (1930).

Tabelle 55. Prozentuale Oberflächen- bzw. Grenzflächenspannungserniedrigung von 0,1 n-Natriumoleat.

Gegen	Spannungs-erniedrigung in Prozent
Luft	59
Petroleum	95
Cottonöl	92

Seifensole verwendet werden. Nebenstehende Tabelle, zum Teil aus Versuchen von G. QUINCKE[1] berechnet, zeigt dies deutlich.

Die *Natur der Seife* beeinflußt die Grenzflächenspannung in ähnlicher Weise wie die Oberflächenspannung. Versuche von F. G. DONNAN und H. E. POTTS[2] und von A. LOTTERMOSER und H. WINTER[3] zeigen, daß die Grenzflächenspannung gegen Paraffinöl stark und regelmäßig beim Aufsteigen in der homologen Reihe absinkt. Abb. 55 gibt einige mit der Ringabreißmethode gewonnenen Ergebnisse genannter Autoren in graphischer Darstellung wieder. Die Existenz ausgesprochener Optima der Kohlenstoffzahl geht aus der Abbildung nicht so deutlich hervor wie für die Oberflächenspannung. Bei 80^0 und niedrigen Seifenkonzentrationen scheint das Stearat die höchste Kapillaraktivität zu zeigen, bei höheren Konzentrationen scheint dagegen das Optimum beim Laurat zu liegen.

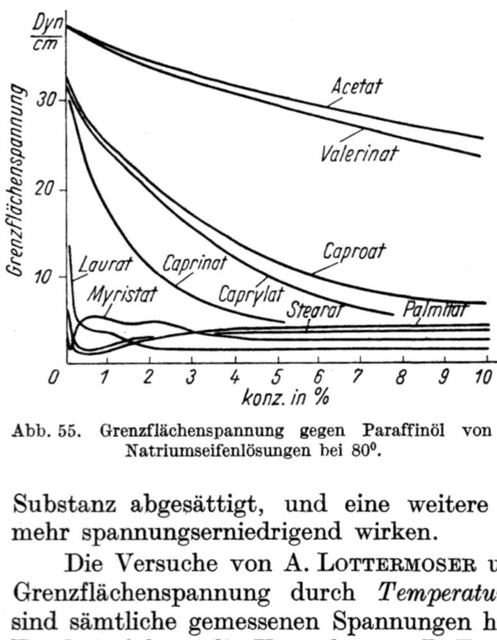

Abb. 55. Grenzflächenspannung gegen Paraffinöl von Natriumseifenlösungen bei 80^0.

Hinsichtlich des Einflusses der *Konzentration* ist der Verlauf der Grenzflächenspannung - Konzentrations-Kurven denjenigen der entsprechenden Kurven der Oberflächenspannung durchaus ähnlich. Nach einem steilen Absinken, bei allmählicher Steigerung der Konzentration, erreicht die Grenzflächenspannung ein Minimum und steigt dann langsam wieder an. Die Kurven verlaufen bei hohen Konzentrationen fast parallel zur Abszissenachse. Die Grenzfläche wird also von einer gewissen Konzentration an mit kapillaraktiver Substanz abgesättigt, und eine weitere Konzentrationserhöhung kann nicht mehr spannungserniedrigend wirken.

Die Versuche von A. LOTTERMOSER und H. WINTER zeigen ferner, daß die Grenzflächenspannung durch *Temperaturerhöhung* erniedrigt wird. Bei 20^0 sind sämtliche gemessenen Spannungen höher als bei 80^0. Zu einem ähnlichen Ergebnis führen die Versuche von B. TJUTJUNNIKOW, Frl. N. KASSJANOWA und Frl. Z. PLESCHKOWA[4].

Nach den Untersuchungen dieser letzten Autoren bewirken *Sodazusätze* eine bedeutende Erniedrigung der Grenzflächenspannung von Seifenlösungen[5], wie folgende Tabelle 56 zeigt.

---

[1] Ann. Physik (3), **35**, 592 (1888).
[2] Kolloid-Ztschr. **7**, 208 (1910).
[3] Kolloid-Ztschr. **66**, 276 (1936).
[4] Allg. Öl- u. Fett-Ztg. **28**, 165 (1931). Allerdings kommt M. HIROSE: Journ. Soc. chem. Ind. Japan, Suppl.-Bd. **32**, 115 (1929), der die Tropfenzahlen von Natriumoleat- und -physeteratlösungen gegen Erdöl bei verschiedenen Temperaturen maß, zu gerade entgegengesetzten Ergebnissen.
[5] S. S. 134. — S. auch: E. B. MILLARD: Ind. engin. Chem. **15**, 810 (1923). — W. D. HARKINS u. Frl. H. ZOLLMAN: Journ. Amer. chem. Soc. **48**, 69 (1926). — S. OGURI: Journ. Soc. chem. Ind. Japan, Suppl.-Bd. **33**, 471 B (1930).

Natriumbicarbonat und Trinatriumphosphat scheinen nach H. G. ELLEDGE und J. J. ISHERWOOD[1] keinen merklichen Einfluß auf die Grenzflächenspannung auszuüben.

Tabelle 56. Einfluß eines Sodazusatzes auf die Tropfenzahlen verschiedener Seifenlösungen gegen Toluol, bei 90°.

	Seife in Prozent	Soda in Prozent	Tropfenzahl
Natriummyristat	1,00	—	194
„	1,00	1,00	Strahl
Natriumstearat	0,75	—	83
„	0,75	0,75	144
„	0,75	1,5	123
Natriumoleat	0,4	—	87
„	0,4	0,4	234
„	0,4	0,8	Strahl

d) Die Emulgierungsfähigkeit der Seifenlösungen.

Werden reines Wasser und reines Öl zusammengerührt, so bildet sich vorübergehend eine Emulsion, welche sich von selbst entmischt, sobald das Rühren aufhört. Um eine haltbare Emulsion von Wasser und Öl zu erhalten, ist das Vorhandensein einer dritten Substanz — des Emulgators — nötig. Die Seifen gehören zu den besten der bekannten Emulgatoren[2].

Der Emulgator verursacht die Bildung von Grenzflächenhäutchen, welche die Emulsionströpfchen umhüllen und ihre Wiedervereinigung verhindern. Diese Erscheinung ist qualitativ der schon beschriebenen Bildung von Oberflächenhäutchen beim Schäumen der Seifen (s. S. 136) durchaus ähnlich, wenn man die Luft durch das Öl ersetzt. In quantitativer Hinsicht zeigen sich jedoch zwischen beiden Erscheinungen gewisse Unterschiede.

Die Neigung zur Entmischung ist in Emulsionen geringer als in Schäumen; ein innerer Druck, wie er bei Schaumblasen auftritt und die dünnen Lamellen des Schaumes zu zerreißen sucht, fehlt bei den Emulsionströpfchen; unter sonst gleichen Bedingungen sind Grenzflächenspannungen im allgemeinen niedriger als Oberflächenspannungen; endlich haben Grenzflächenhäutchen wegen der erhöhten Heteropolarität des Seifenmoleküls in der Grenzfläche Wasser—Öl eine höhere Stabilität als Oberflächenhäutchen. Aus all diesen Gründen sind im allgemeinen Seifenemulsionen beständiger als Seifenschäume.

Bezüglich der Natur der Bestandteile der Seifenlösung, welche am Aufbau der Grenzflächenhäutchen beteiligt sind, kann man wohl annehmen, daß sie hauptsächlich einfache, nicht aggregierte Seifenanionen sind. Die optimale Wirkung der Seifen ist nämlich bei niedrigen Konzentrationen zu beobachten, bei welchen die Seife im sog. Vormizellstadium (vgl. S. 31) vorkommt. Es ist natürlich möglich, daß bei höheren Konzentrationen auch die kleinen Seifenmizellen adsorbierbar sind, wenn auch die Heteropolarität des Seifenmoleküls durch die Assoziation zu Mizellen wahrscheinlich geringer wird. Völlig verfehlt ist es aber, die ausschließliche Gegenwart von Fettsäuremolekülen in der Grenzflächenschicht anzunehmen, da die Grenzflächenspannung von Fettsäure gegen Wasser bereits durch winzige Natriumhydroxydzusätze stark erniedrigt wird[3]. Durch die eigenartige mehr oder minder parallele Orientierung der sie bildenden Moleküle erhält die Grenzflächenschicht eine hohe Festigkeit und eine kristallin-gelartige Struktur, wodurch um die Öltröpfchen zähe, gelartige, ziemlich feste und widerstandsfähige Hüllen entstehen.

[1] H. G. ELLEDGE u. J. J. ISHERWOOD: Journ. Ind. engin. Chem. **8**, **793** (1916).
[2] Das Problem der Emulgierung ist in Bd. II, S. 745 ausführlicher behandelt worden. Hingegen sind die gewöhnlichen Seifen wegen ihrer Säureunbeständigkeit zur Emulgierung von Fettsäuren, z. B. Olein, wenig geeignet; vgl. Bd. II. S. 435.
[3] F. G. DONNAN: Ztschr. physikal. Chem. **31**, 42 (1899).

Die adsorbierten Bestandteile der Seifenlösung erfahren an der Grenzfläche infolge der Konzentrationserhöhung und der Nachbarschaft der Ölphase verschiedene Veränderungen ihrer Zusammensetzung. Durch die Löslichkeit der hydrolytisch abgespaltenen Fettsäure in der Ölphase muß man im voraus mit einer Erhöhung der Hydrolyse rechnen. Ob der Vorgang so weit geht, daß das Grenzflächenhäutchen alkalisch wird, wie aus Versuchen von E. GRIFFIN[1] hervorzugehen scheint, bleibe dahingestellt. Andere Wirkungen können von den Molekülen der Ölphase herrühren. Bekanntlich besitzen ölartige Substanzen eine ausgesprochene Löslichkeit in konzentrierten Seifenlösungen (s. S. 74), also auch in Grenzflächenhäutchen. Durch diese Auflösung der Ölphase im Grenzflächenhäutchen werden die sie bildenden Seifenmizellen weniger hydrophil. Das Häutchen selbst wird dadurch stabiler und widerstandsfähiger gegen die wiederauflösende Wirkung des Wassers.

1. Verschiedene Arten von Emulsionen.

Zwischen Wasser und Öl können zwei verschiedene Emulsionsarten bestehen, Öl/Wasser- und Wasser/Öl-Emulsionen, je nachdem das Öl die zerteilte (disperse) oder die geschlossene Phase ist[2]. Die Neigung des Öles oder des Wassers, disperse Phase zu sein, ist hauptsächlich von der verschiedenen Benetzbarkeit der Grenzflächenhäutchen in jeder dieser Phasen abhängig[3]. Man nimmt gewöhnlich an, daß die das Häutchen besser benetzende Phase die geschlossene Phase ist. Aus diesem Grunde geben hydrophile Emulgatoren, wie die Seifen, mit Vorliebe Öl/Wasser-Emulsionen, hydrophobe, wie die Erdalkali-, Leicht- und Schwermetallsalze der Fettsäuren (die sog. „Metallseifen"), dagegen nur Wasser/Öl-Emulsionen. Die eigentlichen Seifen sind als das Vorbild der Öl/Wasser-Emulsionen bildenden Emulgatoren gehalten worden. Indessen zeigen neuere Untersuchungen, daß sie unter Umständen auch Wasser/Öl-Emulsionen stabilisieren vermögen. Da, wie oben erläutert, die Aufnahme von Ölmolekülen in Seifenmizellen diese weniger hydrophil macht, kann unter Umständen das Grenzflächenhäutchen so hydrophob werden, daß es von der Ölphase besser benetzt wird als von der Wasserphase. Unter diesen Umständen wird sich eine Emulsion des Typus Wasser/Öl auch mit Seife bilden können. Dieser Fall ist in der Tat von J. WEICHHERZ[4] für Tetralin/Wasser-, Xylol/Wasser- und Xylol/Phenol/Wasser-Emulsionen, mit Natriumoleat als Emulgator, verwirklicht worden. Anstatt das Öl in der Seifenlösung zu emulgieren, löst J. WEICHHERZ zuerst das absolut wasserfreie Natriumoleat im Öl und gibt zu dieser Lösung langsam Wasser zu. Die Seife hydratisiert sich; aber die sich bildenden Mizellen sind mit Öl „gesättigt" und deswegen so hydrophob, daß sie die ganze vorhandene Wassermenge zunächst nicht aufnehmen können. Das überschüssige Wasser bleibt im Öl emulgiert, und die gebildete Emulsion ist wegen der geringen Wasseraffinität des Grenzflächenhäutchens vom Typus Wasser/Öl. Durch weitere Wasserzusätze wird das Öl allmählich aus der Mizelle verdrängt; die Grenzflächenhülle wird dadurch jedesmal hydrophiler und es tritt bald der Augenblick ein, in dem sie von der Wasserphase besser benetzt wird als von der Ölphase; die Wasser/Öl-Emulsion kehrt dann in eine Öl/Wasser-Emulsion um. Tabelle 57 gibt die interessanten Beobachtungen von J. WEICHHERZ für Paraffinöl/Wasser-Emulsionen an.

---

[1] Journ. Amer. chem. Soc. 48, 1648 (1923). [2] Näheres s. Bd. II, S. 753—757.
[3] S. S. BATHNAGAR: Journ. chem. Soc. London 120, 1768 (1921).
[4] Kolloid-Ztschr. 47, 133 (1929); 49, 158 (1930); 58, 214 (1932). — S. auch J. WEICHHERZ u. H. SAECHTLING: Ebenda 60, 192, 298 (1932).

Tabelle 57. Umkehrung des Emulsionstypus bei Paraffinöl/Wasser-Emulsionen.

Wasserphase in Proz. der Ölphase		1	2	3	4	5	8	10	12	15	20
Seifengehalt auf Paraffinöl berechnet	0,1%	Ö/W	Ö/W	Ö/W	Ö/W	Ö/W	Ö/W	Ö/W	Ö/W	Ö/W	Ö/W
	0,5%	Ö/W	Ö/W	Ö/W	Ö/W	Ö/W	Ö/W	Ö/W	Ö/W	Ö/W	Ö/W
	1,0%	W/Ö	Ö/W	Ö/W	Ö/W	Ö/W	Ö/W	Ö/W	Ö/W	Ö/W	Ö/W
	3,0%	W/Ö	W/Ö	W/Ö	Ö/W	Ö/W	Ö/W	Ö/W	Ö/W	Ö/W	Ö/W
	5,0%	W/Ö	W/Ö	W/Ö	W/Ö	W/Ö	W/Ö	Ö/W	Ö/W	Ö/W	Ö/W
	8,0%	W/Ö	W/Ö	W/Ö	W/Ö	W/Ö	W/Ö	W/Ö	W/Ö	Ö/W	Ö/W

2. Die Kennzeichen der Emulgierungsfähigkeit von Seifenlösungen.

Man kann bei der Emulgierung, wie bei der Schaumbildung, drei hauptsächliche Kennzeichen der Emulgierfähigkeit einer Seife unterscheiden, nämlich die *Leichtigkeit der Emulsionsbildung*, die *Beständigkeit* der schon gebildeten *Emulsion* und der *Dispersitätsgrad* der die Emulsion bildenden *Tröpfchen*.

Die *Leichtigkeit der Emulgierung* ist hauptsächlich von dem Betrag der Grenzflächenspannung Seifenlösung/Öl abhängig. Man muß bei der Emulgierung gegen die Grenzflächenspannung Arbeit leisten, welche Arbeit sich durch das Produkt aus der Grenzflächenspannung und der Größe der gebildeten Grenzfläche ausdrückt. Bei Gleichheit anderer Bedingungen muß, um gleich große Grenzflächen Wasser/Öl zu erzeugen, eine um so kleinere Arbeit geleistet werden, je geringer die Grenzflächenspannung ist.

Eine niedrige Grenzflächenspannung trägt zur raschen Bildung eines Grenzflächenhäutchens bei; für die *Beständigkeit* der schon gebildeten Emulsion ist aber die Grenzflächenspannung nur von untergeordneter Bedeutung. Viel wichtiger ist es, daß die Grenzflächenhäutchen eine genügende Festigkeit besitzen. Die mittleren Glieder der homologen Seifenreihe, wie Caprinat, geben, obgleich sie die Grenzflächenspannung besonders in konzentrierten Lösungen ziemlich stark herabsetzen, keine haltbaren Emulsionen, weil diese Seifen nur bei extrem hohen Konzentrationen gelatinieren. Die sich bei der Emulgierung mit diesen Seifen bildenden Häutchen haben eine geringe Festigkeit. Das Beständigkeitsmaximum erhält man mit Seifen der höheren Fettsäuren, wie Palmitat und Stearat, welche bei geringer Konzentrationserhöhung sehr feste und elastische Gele geben. Eine hohe Viskosität der Seifenlösung erhöht auch die Beständigkeit der Emulsion.

Der *Dispersitätsgrad* der die Emulsion bildenden Tröpfchen ist ebenfalls ein wichtiges Kennzeichen für die Güte einer Emulsion, weil feine Emulsionen gewöhnlich stabiler sind als grobe. Die Teilchengröße beständiger Emulsionen bewegt sich zwischen mikroskopischen und kolloiden Dimensionen. Nach W. D. Harkins und N. Beemann[1] liegt für die Emulgierung mit Oleaten die maximale Teilchengröße bei etwa $1{,}5\,\mu$. Die Seifenkonzentration scheint auf den Dispersitätsgrad von Einfluß zu sein in dem Sinne, daß mit hohen Seifenkonzentrationen feinere Emulsionen gebildet werden als mit geringen.

3. Die praktischen Messungen der Emulgierungsfähigkeit von Seifenlösungen.

Die Mehrzahl der Forscher bestimmten die Ölmenge, die von einer gewissen Menge Seifenlösung emulgiert wird, oder maßen die Seifenmenge, welche bestimmte Volumina von Wasser und Öl haltbar emulgieren. Der Begriff „haltbar“ kann schwerlich frei von subjektiven Einflüssen sein. Ferner ist die Art und Dauer des Rührens bei der Emulsionsherstellung bei den verschiedenen Arbeiten stark verschieden, so

[1] Journ. Amer. chem. Soc. 51, 1674 (1929).

daß die von einzelnen Beobachtern erhaltenen Ergebnisse nur einen relativen Wert besitzen und quantitativ miteinander nicht vergleichbar sind[1].

Von E. L. LEDERER[2] wird zum Kennzeichen der Beständigkeit einer Emulsion die Bestimmung des zeitlichen Verlaufes ihrer Entmischung (*Demulgierung*) empfohlen. Die Entmischung einer Emulsion folgt bei vielen von LEDERER untersuchten Emulsionen einer Gleichung, die diejenige einer chemischen Reaktion der Ordnung $1^1/_2$ ähnelt. Die Geschwindigkeitskonstante ist charakteristisch für den zeitlichen Verlauf der Demulgierung. Noch anschaulicher ist es, die Zeit zu bestimmen, bis zu welcher die Hälfte des Demulgierungsendvolumens erreicht ist; sie wird als „Halbwertzeit" der Demulgierung bezeichnet. Wenn die Geschwindigkeitskonstante k der Entmischung bekannt ist, ergibt sich die „Halbwertzeit" einfach gleich $\frac{0,766}{k}$. Systematische Untersuchungen der Halbwertzeiten verschiedener Seifenemulsionen sind leider bisher nicht ausgeführt worden.

Aus dem vorliegenden experimentellen Material sind indessen gewisse qualitative Regelmäßigkeiten über das Emulgierungsvermögen der Seifen zu ziehen.

Beim *Aufsteigen in der homologen Seifenreihe* tritt zuerst die Emulgierungsfähigkeit beim Caprylat auf und wächst allmählich bis zum Palmitat, um beim Stearat wieder etwas zu fallen. Dieses Maximum der Emulgierfähigkeit beim Palmitat ist von V. LEHNER und V. R. BUELL[3] und von N. A. JAJNIK und B. ILAHI[4] beobachtet, von S. S. BHATNAGAR[5] aber nicht bestätigt worden.

Über den *Einfluß der Konzentration* der Seifenlösung auf die emulgierte Ölmenge läßt sich sagen, daß das Emulgierungsvermögen, pro Mol Emulgator gerechnet, bei mittleren Konzentrationen am größten ist. Tabelle 58 zeigt einige von F. G. DONNAN und H. E. POTTS[6] bei der Emulgierung eines reinen Kohlenwasserstofföles mit 100 g Natriumlaurat- und Natriummyristatlösungen verschiedener Konzentrationen erhaltenen Ergebnisse.

Tabelle 58. Emulgierungsvermögen von Natriumlaurat- und -myristatlösungen gegen Mineralöl.

Seifenkonzentration n	Proz. Öl emulgiert mit Laurat	Proz. Öl emulgiert mit Myristat
0,02	0,6	—
0,01	0,7	—
0,0066	4,5	—
0,005	7,2	6,5
0,0033	9,6	14,9
0,0017	2,2	1,0

Aus dieser Tabelle kann man entnehmen, daß ein Konzentrationsoptimum bei 0,003 n-Seifenlösungen auftritt. Ähnliche Optima sind auch von anderen Autoren[7] erhalten worden. Bei der Emulgierung pflanzlicher Öle mit Natriumpalmitat- und Natriumstearatlösungen finden jedoch N. A. JAJNIK und B. ILAHI keine Konzentrationsoptima der Seifen. Die emulgierte Ölmenge ist vielmehr der Seifenkonzentration direkt proportional, wie aus Abb. 56 ersichtlich ist. Eine Temperaturerhöhung ist bei den niederen Seifengliedern der Emulsions-

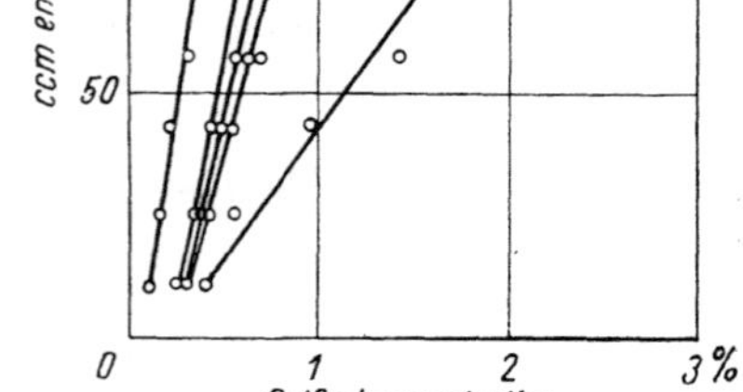

Abb. 56. Einfluß der Seifenkonzentration auf die Emulgierung von pflanzlichen Ölen bei 80°.

[1] Über den Einfluß der mechanischen Faktoren auf die Emulgierung vgl. Bd. II, S. 766 bis 768.

[2] Kolloid-Ztschr. **71**, 61 (1935).

[3] Journ. Ind. engin. Chem. **8**, 701 (1916).

[4] Kolloid-Ztschr. **37**, 139 (195).

[5] Journ. chem. Soc. London **119**, 61 (1921).

[6] Kolloid-Ztschr. **7**, 208 (1910).

[7] T. R. BRIGGS u. H. F. SCHMIDT: Journ. physikal. Chem. **19**, 478 (1915). — L. KREMNEV: Acta physico-chimica URSS. **2**, 779 (1935). — V. LEHNER u. V. R. BUELL: Fußnote 3.

bildung hinderlich, dagegen begünstigt sie die Emulgierung bei den höheren Seifen[1].

e) Die stabilisierende und peptisierende Wirkung von Seifenlösungen auf Suspensionen.

1. Das Verhalten der Seife an der Grenzfläche fest—flüssig.

Nachdem in den vorausgehenden Abschnitten die Vorgänge bei der Berührung einer Seifenlösung mit einem Gas oder einer Flüssigkeit und die entsprechende Bildung von Schäumen und Emulsionen behandelt worden ist, bleibt noch der Fall zu untersuchen, daß die angrenzende Phase einem festen, fein zerteilten Körper angehört, gleichgültig, ob es sich um eine grobe Suspension oder um eine kolloide Lösung handelt.

In Anlehnung an die bisherige Darstellungsweise sollte zuerst die durch die Seife bewirkte Änderung der Grenzflächenspannung Wasser—fester Körper behandelt werden. Leider ist eine solche Betrachtung nicht möglich, weil wir bis heute noch keine direkte Methode der Bestimmung der Grenzflächenspannung fest—flüssig besitzen und die vereinzelten, durch indirekte Methoden gewonnenen Angaben äußerst ungenau und unsicher sind. Indessen ist bekannt, daß die Grenzflächenspannung des reinen Wassers gegen feste, wenig lösliche Körper viel höher als die Spannung Wasser—Luft oder Wasser—Öl ist und unter Umständen die Größenordnung von 1000 Dyn/cm erreichen kann[2]. Daß Seifen diese hohe Spannung ebenfalls erniedrigen, beweist die gute *Benetzbarkeit* von Seifenlösungen gegenüber festen Körper. Ohne hier auf die Ursache der Benetzung näher einzugehen[3], sei nur gesagt, daß in diesem Vorgang die Grenzflächenspannung fest—flüssig eine wichtige Rolle spielt und daß eine niedrige Spannung eine unumgängliche Vorbedingung für eine gute Benetzung ist.

In Zusammenhang mit der Spannungserniedrigung muß man auch hier eine Adsorption von Seife an der Trennungsfläche fest—flüssig annehmen. Die Orientierung der Seifenmoleküle und ihre dichte Packung an der Grenzfläche führt zur Bildung einer widerstandsfähigen Membran von Seife, d. h. einer *Schutzhülle.* Wenn die angrenzende feste Phase eine Suspension ist, isolieren die Schutzhüllen die einzelnen Teilchen und verhindern ihre unmittelbare Berührung und daher auch ihre Aggregation. In dieser Weise wird von den Seifenlösungen eine *stabilisierende Wirkung* auf Suspensionen ausgeübt.

In Abwesenheit von Seife kann bei der Suspension eines Pulvers in reinem Wasser die Auflockerung des Pulvers nicht bis zu den feinsten Pulverteilchen gehen. Das Streben der Grenzflächenspannung fest—flüssig, die Benetzungsfläche beider Medien auf ein Minimum zu vermindern, verursacht, wenn diese Grenzflächenspannung, wie im Falle des reinen Wassers, hoch ist, daß sehr feine Teilchen an größeren haften bleiben. Etwaige vorhandene Luftbläschen tragen ebenfalls dazu bei. Die Suspension besteht also nicht aus den kleinsten Pulverteilchen, sondern aus Flöckchen von aggregierten Teilchen. Durch einen Seifenzusatz zu einer Suspension wird zuerst die Grenzflächenspannung fest—flüssig erniedrigt und die Luftbläschen verdrängt. Die bindende Kraft der feinen Teilchen wird dadurch geschwächt und die Flöckchen zerteilen sich in die sie aufbauenden Teilchen,

[1] H. M. FISCHER: Seifen- und Eiweißstoffe, S. 94. 1932.

[2] Die im allgemeinen für den Waschprozeß in Frage kommenden Anschmutzungen dürften allerdings wesentlich niedere Grenzfächenspannungen, die sich um etwa 100 Dyn/cm bewegen, aufweisen. Überdies ist zu berücksichtigen, daß die festen Schmutzanteile vielfach mit öligen oder fettigen Massen verkittet und verschmiert sind, wodurch die Grenzflächenspannung ebenfalls herabgesetzt wird.

[3] H. FREUNDLICH: Kapillarchemie, I, S. 222. 1930.

welche sofort durch Schutzhüllen voneinander getrennt und stabilisiert werden. Der Dispersitätsgrad der Suspension wird erhöht. Neben der stabilisierenden Wirkung können die Seifen also auch eine *peptisierende Wirkung* ausüben.

Die Seifenmoleküle, welche am Aufbau der Schutzhüllen beteiligt sind, erleiden infolge des Grenzflächengeschehens verschiedene Veränderungen. Vor allem wird die Hydrolyse begünstigt. W. Spring[1] fand, daß der Verdampfungsrückstand von Seifenlösungen, welche mit Ruß geschüttelt und dann filtriert waren, stets einen relativ höheren Aschengehalt hatte als der Verdampfungsrückstand der Originallösung. Die Schutzhülle ist also sauer und die Hydrolyse wird durch die Adsorption verstärkt. Ähnliche Versuche mit Eisenoxyd oder Kieselsäure zeigen, daß die mitgerissene Seife alkalisch, die übrigbleibende Flüssigkeit dagegen sauer ist, was sich durch eine spezifische Adsorptionswirkung des festen Körpers auf OH-Ionen erklärt. Dadurch wird die Hydrolyse ebenfalls verstärkt.

2. Beobachtungen über die stabilisierende und peptisierende Wirkung von Seifenlösungen.

Zahlreiche Beobachtungen betreffen die Stabilisierung und Peptisierung von Suspensionen durch Seifenlösungen. Von den wichtigsten Arbeiten dieses Gebietes sind chronologisch die ersten wohl die *Filtrationsversuche* von W. Spring an Suspensionen von Ruß, Eisenoxyd, Kieselsäure und Ton. W. Spring beobachtete, daß eine Wassersuspension des mit Benzol entfetteten Rußes von den Cellulosefasern eines Filtrierpapiers zurückgehalten wurde, indem die ganze Rußmenge auf dem Filter blieb und nur reines Wasser hindurchfloß, während dieselbe Suspension, mit Seifenwasser bereitet, durch das Filter ging, ohne das Papier zu schwärzen oder irgendwelchen Rückstand zu hinterlassen. Ähnliche Beobachtungen wurden mit Eisenoxyd-, Kieselsäure- und Tonsuspensionen gemacht. W. Spring dachte zur Erklärung dieser Erscheinungen an eine mögliche Bildung von sog. „Adsorptionsverbindungen“ zwischen den suspendierten Teilchen und der Cellulose einerseits und zwischen den Teilchen und der Seifenlösung anderseits. Die Adsorptionsverbindungen mit der Seife sollten fester und haltbarer als die mit der Cellulose sein. Dementsprechend wurden die Teilchen in Anwesenheit von Seife von der Cellulose nicht adsorbiert und konnten durch die Filterporen hindurchgehen. Indessen bewiesen P. Ehrenberg und K. Schultze[2], daß, wenn man nur die feinsten Teilchen einer Rußsuspension nimmt, der Ruß ohne Anwendung von Seife fast rückstandslos durch ein Filtrierpapier gehen kann. Durch Seifenzusatz wird die Stabilität erhöht. So wurde gezeigt, daß die Zurückhaltung des Rußes im Filter nicht auf der Bildung von Adsorptionsverbindungen mit der Cellulose beruht, sondern lediglich eine einfache Siebwirkung der durch Aggregation gebildeten Teilchenflöckchen ist. Durch Seifenzusatz werden die Flöckchen in ihren einzelnen Teilchen peptisiert, und diese sind dann klein genug, um durch das Filter zu dringen. Filtrationsversuche von Suspensionen in Seifenlösungen sind auch von J. W. McBain, R. S. Harborne und A. M. King[3] und in neuerer Zeit von B. Tjutjunnikow und Frl. N. Kassjanowa[4] ausgeführt worden.

Die letzten Autoren haben auch die *Absetzgeschwindigkeit* von Mangandioxyd in 1%igen Seifenlösungen bestimmt[5]. Sie erweist sich in Ricinol- und Harzseifenlösungen wesentlich größer als in destilliertem Wasser, in Oleinseifenlösungen

---

[1] Kolloid-Ztschr. **4**, 161 (1909); **6**, 11, 109, 164 (1910).
[2] Kolloid-Ztschr. **15**, 183 (1914). [3] Journ. Soc. chem. Ind. **42**, 373 T (1923).
[4] Allg. Öl- u. Fett-Ztg. **30**, 11 (1933).
[5] B. Tjutjunnikow u. A. Sobol: Allg. Öl- u. Fett-Ztg. **31**, 189 (1934).

dagegen etwas kleiner. Die erstgenannten Seifen scheinen also keine peptisierende Wirkung auf Mangandioxydsuspensionen auszuüben.

B. TJUTJUNNIKOW und Frl. S. PLESCHKOWA[1] haben als Maß der Peptisierbarkeit die *Verdrängung* eines an Kohle adsorbierten Farbstoffes mittels Seifenlösungen bestimmt. Die Verdrängung wächst mit der Seifenkonzentration und mit der Länge der Einwirkungsdauer. Von den untersuchten Seifen zeigt Ricinusseife die größte Wirkung. Ihr folgen mit abnehmender Aktivität Oleinseife, Naphthenseife und Harzseife. Der umgekehrte Vorgang der Verdrängung, d. h. die Adsorption eines Farbstoffes durch Kohle aus seifenhaltigen Lösungen ist von denselben Autoren gemessen worden. Die Ergebnisse decken sich mit denen der Verdrängung.

Im Zusammenhang mit der *stabilisierenden Wirkung* von Seifenlösungen und der Bildung von Schutzhüllen steht die durch die Seifenlösung bewirkte Veränderung des „Abreißwinkels" fester Teilchen auf einer glatten, geneigten, vollkommen flachen Grundfläche. Dieser von B. TJUTJUNNIKOW und Frl. N. KASSJANOWA[2] untersuchte Vorgang besteht in der Messung des Winkels, um welchen der flache Boden eines die Seifenlösung enthaltenden Gefäßes, auf welchem feste Teilchen liegen, geneigt werden muß, damit mikroskopisch ein Abrutschen der Teilchen beobachtet werden kann. B. TJUTJUNNIKOW und Frl. N. KASSJANOWA haben den Abreißwinkel von Quarzteilchen auf Glas und von Graphitteilchen auf Paraffin gemessen. Teilchen und Boden sind im ersten Fall hydrophil, im letzten hydrophob. Die Versuche ergeben einen grundsätzlichen Unterschied zwischen beiden Systemen. Der „Abreißwinkel" von Quarzteilchen auf Glas ist in Gegenwart von Seifenlösungen größer als in Wasser; der von Graphitteilchen auf Paraffin dagegen kleiner. Ein Haften der Teilchen auf der festen Grundlage findet nicht statt, wie die Autoren durch direkte Versuche bewiesen haben. Dieser noch nicht völlig aufgeklärte Vorgang der Veränderung des „Abreißwinkels" durch Seifenlösung scheint mit der Bildung von Schutzhüllen in Zusammenhang zu stehen. Um die hydrophilen Quarzteilchen und über den ebenfalls hydrophilen Glasboden bildet die Seife eine monomolekulare Hülle, mit den Polymethylenketten der Seifenmoleküle nach der Wasserseite gerichtet. Wenn ein Quarzteilchen auf den Glasboden zu liegen kommt, so sind die senkrechten Polymethylenketten der zugehörigen Schutzhüllen gegeneinander gerichtet. Ein Gleiten der Teilchen auf den Boden muß einen großen Widerstand entgegenfinden. Wenn sowohl die Teilchen als auch der Boden hydrophob sind — Graphit auf Paraffin —, so ist die Anordnung der Seifenmoleküle in der Schutzhülle umgekehrt; die Polymethylenketten sind zu den festen Körpern gerichtet, die COONa-Gruppen gegen Wasser. Vielleicht bildet sich, in Anlehnung an die Ergebnisse von N. A. HELD und Mitarbeitern[3] über die Adsorption von Seifen an hydrophoben Pulvern, eine bimolekulare Adsorptionsschicht. Diese Anordnung gewährleistet eine leichtere Beweglichkeit zweier Adsorptionsschichten gegeneinander.

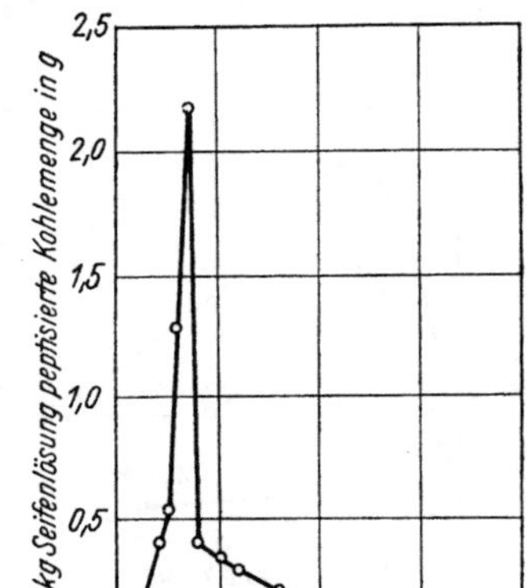

Abb. 57. Peptisation von Ruß durch Kaliummyristat bei 12—15°.

3. Der Einfluß der Seifenkonzentration auf die peptisierende Wirkung.

Die Betrachtung der zahlenmäßigen Ergebnisse vorbesprochener Untersuchungen gestattet einige Regelmäßigkeiten hinsichtlich der peptisierenden Wirkung von Seifenlösungen aufzuzeigen. Aus zahlreichen Beobachtungen ergibt sich, daß mit Steigen der *Konzentration* der Seifenlösung die peptisierende Wirkung bis zu einem Maximum wächst und dann wieder abfällt. Abb. 57 zeigt

[1] Allg. Öl- u. Fett-Ztg. **31**, 59 (1934). [2] Seifensieder-Ztg. **62**, 483 (1935).
[3] N. A. HELD u. K. N. SAMOCHWALOW: Kolloid-Ztschr. **72**, 13 (1935). — N. A. HELD u. J. A. KHAINSKY: Ebenda **76**, 26 (1936).

nach Versuchen von J. W. McBAIN, R. S. HARBORNE und A. M. KING[1] die Menge Ruß, welche von Kaliummyristatlösungen bei 12—15° unter bestimmten Bedingungen durch Filtrierpapier mitgenommen wurden. Die Kurve zeigt ein Peptisationsmaximum bei einer Seifenkonzentration von 0,175 n (4,45 v. H.). Auch mit Kaliumoleat wird zwischen Konzentrationen von 0,175 und 0,3 n (5,5—8,8 v. H.) ein Peptisationsmaximum angetroffen. Andere Beobachtungen ähnlicher Maxima findet man bei vielen Arbeiten. So gibt W. SPRING an, daß die Beständigkeit einer Rußsuspension in einer Lösung von *Sapo medicatus* bei einer Seifenkonzentration von 1 v. H. am größten ist. Ein Suspensionsmaximum liegt ebenfalls für Eisenoxyd bei einer Konzentration von 0,5 v. H., für Ton bei etwa 0,03 v. H. P. EHRENBERG und K. SCHULTZE finden bei der Suspension von Ruß in Seifenlösungen eine optimale Seifenkonzentration von 1,5 v. H., FALL[2] bei der Suspension von Mangandioxyd eine solche von 0,2—0,4 v. H., V. LEHNER und Frl. V. R. BUELL[3] bei der Peptisation von Fe_2O_3 und Mangandioxyd mit Natriumoleat eine solche von $^1/_{320}$ n (zirka 0,1 v. H.), S. A. SHORTER[4] von 0,2—0,3 v. H. Bei den Untersuchungen von B. TJUTJUNNIKOW und Mitarbeitern finden sich ebenfalls Konzentrationsoptima zwischen 0,5 und 0,75 v. H. für die Verdrängung von Farbstoffen und zwischen 0,1 und 0,5 v. H. für die Abreißwinkelversuche. Die Konzentrationsoptima der peptisierenden Wirkung liegen ungefähr in derselben Größenordnung wie die der Emulgierungsfähigkeit.

4. Der Einfluß der Gesamtmenge des „Bodenkörpers" auf die peptisierte Menge.

Die Betrachtung obiger Werte der Konzentrationsoptima der peptisierenden Wirkung zeigt, daß die Ergebnisse verschiedener Beobachter selbst für ein und denselben festen Körper stark voneinander abweichen. Das liegt zunächst daran, daß es sehr schwer ist, bei pulverförmigen Körpern mit Produkten von absolut gleicher Teilchenzahl und Teilchengröße zu arbeiten. Aber selbst wenn man von dieser Schwierigkeit absieht, sind die einzelnen Versuche nicht ohne weiteres miteinander vergleichbar, weil die peptisierte Menge von der Menge des *Bodenkörpers*, d. h. von der insgesamt vorhandenen Menge des festen Körpers, abhängt.

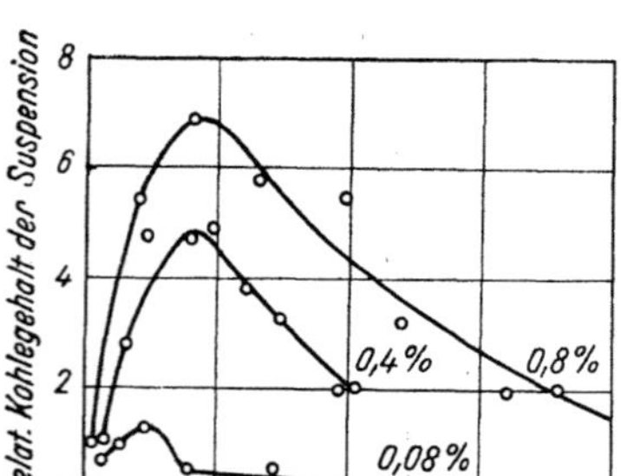

Abb. 58. Peptisation von Tierkohle mit Natriumoleat.

Diese bekanntlich von WO. OSTWALD[5] aufgestellte Regel ist von A. v. BUZAGH[6] bei der Peptisation von Tierkohle mit Natriumstearat und Natriumoleat experimentell geprüft und bestätigt gefunden worden. In der Abb. 58 ist die Tierkohlenmenge dargestellt, welche bei der Peptisation mit Natriumoleat nach 24 Stunden in Abhängigkeit von der ursprünglich eingewogenen Kohlenmenge noch in Suspension bleibt. Jede Kurve bezieht sich auf eine verschiedene Seifenkonzentration. Aus der Abbildung erkennt man, daß mit steigender Menge des Bodenkörpers die suspendierte Menge zunimmt, ein Maximum durchläuft und dann wieder fällt. Bei Erhöhung der Seifenkonzentration verschiebt sich die Lage des Maximums nach rechts. Für jede Natriumoleatkonzentration gibt es also eine optimale Menge Tierkohle, bei welcher die höchste Peptisation erreicht wird. Größere oder kleinere Bodenkörpermengen bedingen eine schwächere Wirkung. Dieses Verhalten wird nach WO. OSTWALD

[1] Journ. Soc. chem. Ind. **42**, 373 T (1923).
[2] Journ. physical Chem. **31**, 801 (1927).
[3] Ind. engin. Chem. **8**, 701 (1916).
[4] Journ. Soc. Dyers Colourists **35**, 55 (1919).
[5] Kolloid-Z. **41**, 163 (1927).
[6] Kolloid-Ztschr. **43**, 220 (1927).

wie folgt erklärt: In Gegenwart kleiner Bodenkörpermengen ist die Peptisation vollständig, so daß die peptisierte Menge symbat mit der eingewogenen Menge des festen Körpers steigt. Bei einer mittleren Kohlenmenge muß der Fall eintreten, daß die zur Verfügung stehende Seifenmenge nicht mehr genügt, um die Gesamtmenge des festen Körpers mit widerstandsfähigen Schutzhüllen zu umgeben. Jede weitere Vermehrung der Kohlenmenge bedeutet nicht nur eine Vermehrung des unpeptisierbaren Anteils, sondern auch eine Verringerung der absoluten peptisierbaren Menge, da die konstante Seifenmenge auf eine viel größere Fläche der festen Phase verteilt werden muß, so daß eine auch absolut kleiner werdende Kohlenmenge die minimale für die Schutzhüllenbildung nötige Adsorption erfahren kann.

In dieser Beziehung unterscheidet sich die Peptisation grundsätzlich von der molekularen Auflösung, bei welcher bekanntlich die maximal aufgelöste Substanzmenge konstant und unabhängig von der vorhandenen Menge der festen Substanz ist.

5. Der Einfluß von Zusätzen auf die peptisierende Fähigkeit von Seifenlösungen.

Die stabilisierende und peptisierende Fähigkeit der Seifenlösungen wird durch den Zusatz kleiner Mengen *Alkalihydroxyd* verstärkt, durch größere geschwächt. Abb. 59 bringt nach J. W. McBain, R. S. Harborne und A. M. King[1] die Änderung der von einer 0,125 n-Kaliummyristatlösung peptisierten Rußmenge, wenn man der Lösung wachsende KOH-Mengen zusetzt. Als Abszissen ist die zugesetzte Menge KOH in Prozenten der Seifenkonzentration dargestellt. Abb. 59 zeigt das Vorhandensein eines Peptisationsmaximums bei 1,5 v. H. KOH-Zusatz. Der in der linken Seite der Abbildung dargestellte Einfluß eines *Myristinsäurezusatzes* zeigt, daß auf eine geringe Erhöhung der peptisierten Menge eine starke Erniedrigung derselben folgt. Die für die Peptisation günstigste Wirkung kleiner Laugenzusätze kann durch eine Zurückdrängung der Hydrolyse und eine damit in Zusammenhang stehende Aufspaltung der größeren Seifenteilchen in kleinere Mizellen erklärt werden.

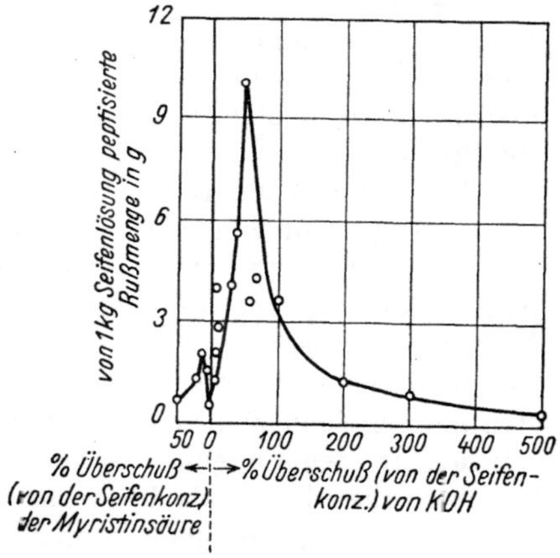

Abb. 59. Änderung der von einer 0,125 n-Kaliummyristatlösung peptisierten Rußmenge bei KOH-Zusatz.

Die Wirkung der *Soda* hängt nach B. Tjutjunnikow und Mitarbeitern von der Natur der Seife ab. Bei Fettseifen wird die Filtrierfähigkeit fester Suspensionen durch Sodazusätze, deren Menge im Verhältnis zur Seife 1 : 1 oder 1 : 2 beträgt, vernichtet und die Absetzgeschwindigkeit von MnO_2 vergrößert. Bei Harzseifen, die in reiner Lösung keine Filtrierfähigkeit zeigen, rufen *Sodazusätze* Filtrierfähigkeit hervor und die Absetzgeschwindigkeit des MnO_2 wird verkleinert.

Der Einfluß von *Saponinzusätzen* auf die peptisierende Wirkung von Natriumstearat-, -myristat- und -oleatlösungen ist von B. Tjutjunnikow, Frl. N. Kassjanowa und R. Gwirzmann[2] untersucht worden. Saponinzusätze erniedrigen die peptisierende Wirkung der untersuchten Seife gegen Rußsuspensionen und vernichten sie sogar vollständig bei genügend zugesetzter Menge. Reine Saponinlösungen haben gegen Rußsuspensionen keine stabilisierende oder peptisierende Wirkung (vgl. auch S. 141).

---

[1] Journ. Soc. chem. Ind. **42**, 373 T (1923).
[2] Allg. Öl- u. Fett-Ztg. **27**, 295 (1930).

6. Die Schutzwirkung der Seifen.

Man hat versucht, die Untersuchungsmethoden der stabilisierenden und peptisierenden Wirkung von Seifenlösungen dadurch zu verfeinern, daß man die groben Suspensionen, von denen bisher die Rede war, durch Lösungen hydrophober Kolloide ersetzt hat, d. h. durch Suspensionen sehr feiner Teilchen, deren Durchmesser 0,1 μ nicht übersteigt. Solche Kolloidlösungen besitzen die Eigentümlichkeit, durch kleine Elektrolytmengen leicht koaguliert zu werden. Ein selbst geringer Seifenzusatz (aber auch ein solcher anderer hydrophiler Kolloide, wie Gelatine, Albumin usw.) gibt der Kolloidlösung eine große Widerstandsfähigkeit gegen die fällende Wirkung von Elektrolyten. Durch die Seife wird also auf Kolloidlösungen wie auf grobe Suspensionen eine *Schutzwirkung* ausgeübt.

Für die quantitative Bestimmung der Schutzwirkung wurde von R. ZSIGMONDY[1] der Begriff „*Goldzahl*" in die Kolloidchemie eingeführt. Eine kolloide hochdisperse rote Goldlösung wird durch Elektrolytkoagulation blau. Als Goldzahl wurde nach R. ZSIGMONDY diejenige Anzahl Milligramm Schutzkolloid bezeichnet, die eben nicht mehr ausreicht, den Farbumschlag von 10 cm³ hochroter Goldlösung gegen Violett zu verhindern, der ohne Kolloidzusatz durch 1 cm³ 10%iger Kochsalzlösung hervorgerufen wird. Man kann zur Bestimmung der Schutzkolloidwirkung anstatt der Goldlösung auch kolloide Silber- und Eisenhydroxydsole, Kongorubin u. dgl. verwenden. Bei all diesen Verfahren entspricht eine hohe Schutzzahl einer niedrigen Schutzwirkung und umgekehrt.

Die Schutzkolloidwirkung von Seifen auf die genannten hochdispers verteilten Stoffe unterscheidet sich von der Schutzwirkung auf grobe Suspensionen und Emulsionen, weil die Goldteilchen der zur Bestimmung der Goldzahl benutzten Kolloidlösungen eine Größe von 10—20 mμ haben, während in Seifenlösungen die Mizellgröße zwischen 10—450 mμ schwankt. Die zu schützenden Kolloidteilchen sind also kleiner als die Schutzkolloidteilchen, und es ist schwer vorstellbar, wie sich hierbei Schutzhüllen ausbilden können. Offenbar hängen die kleinen Goldteilchen an den Seifenmizellen[2]. Jedenfalls enthalten auch die Seifenlösungen Teilchen, die kleiner als 10 mμ sind, so daß um die Goldteilchen auch Schutzhüllen von Seife entstehen können. Unter bestimmten Bedingungen kann sogar Koagulation des gesamten Kolloids durch Seifenzusatz eintreten, die Seifen also statt als Schutzkolloide flockend wirken, wie dies von W. SPRING[3] beim Zusammenbringen von Lösungen des *Sapo medicatus* auf Eisenhydroxyd- und Tonerdehydrosol beobachtet worden ist.

7. Der Einfluß der Teilchengröße des Goldes auf die Goldzahl der Seifen.

Die Schutzwirkung der Seifen auf Goldhydrosole ist von der Teilchengröße des Goldes abhängig. Die niedrigmolekularen Seifen üben nach C. F. MÜLLER v. BLUMENCRON[4] auf ein Goldsol, dessen Teilchengröße 25 mμ ist, keine Schutzwirkung aus; verwendet man ein Goldsol, dessen Teilchen 10 mμ groß sind, so zeigen die gleichen Seifen gute Schutzkolloidwirkung. Tabelle 59 gibt einige Ergebnisse von W. PROSCH über die Schutzkolloidwirkung von Seifen auf Goldhydrosole an.

[1] Ztschr. analyt. Chem. **40**, 708 (1901).
[2] R. ZSIGMONDY: Kolloidchemie, Bd. I, S. 233. 1925.
[3] S. S. 148.
[4] Ztschr. Dtsch. Öl-Fettind. **42**, 139 (1922). — Vgl. auch: W. PROSCH: Ztschr. Dtsch. Öl-Fettind. **42**, 410 (1922). — B. PAPAKONSTANTINOU: Kolloid-Ztschr., **E 36**, 329 (1925). — H. FREUNDLICH u. Frl. V. BIRSTEIN: Kolloidchem. Beih. **22**, 99 (1926). — Y. MIKUMO: Journ. Soc. chem. Ind. Japan, Suppl.-Bd. **33**, 369 B (1930).

Tabelle 59. Einfluß der Teilchengröße der Goldhydrosole auf die Schutzzahl von 0,1 n-Natriumlauratlösungen.

Durchmesser der Goldteilchen in mμ	13,5	15,1	16,1	17,0	17,3	18,6	21,2
Schutzzahl in mg	3,34	3,57	3,79	4,0	4,2	5,3	8,5

8. Die Abhängigkeit der Schutzkolloidwirkung von der Natur und von der Konzentration der Seifen.

Die Schutzkolloidwirkung von Alkaliseifen zeigt sich in der homologen Reihe zuerst bei den Lauraten. Sie erreicht je nach der Temperatur zwischen dem Myristat und Stearat einen Maximalwert, um hierauf wieder zu fallen. Bei gewöhnlicher Temperatur ist das Maximum der Schutzkolloidwirkung in Myristatlösungen, bei mittleren Temperaturen in Palmitatlösungen und in der Kochhitze in Stearatlösungen am besten ausgeprägt. Die Oleate zeigen bei feindispersen Goldhydrosolen (Teilchengröße zirka 15 mμ) gute Schutzkolloidwirkung, bei grobdispersen Goldhydrosolen hingegen schwache Wirkung. Die Kaliumseifen zeigen im allgemeinen wegen der geringeren Hydratation des Kaliumions kleinere Schutzwirkung als Natriumseifen. Die Schutzkolloidwirkung nimmt mit steigender Seifenkonzentration ohne Maximumbildung stetig zu, wie aus Tabelle 60 hervorgeht.

Tabelle 60. Einfluß der Seifenkonzentration auf die Schutzzahl von Natriumoleatlösungen.

Konzentration in %	4,33	2,6	1,72	0,866	0,0866
Schutzzahl in mg	9,7	10,1	10,4	12,6	23,8

9. Der Einfluß von Fremdstoffen auf die Schutzkolloidwirkung von Seifen.

Alkalizusatz hat auf die Schutzkolloidwirkung einen ähnlichen Einfluß wie auf die Peptisationswirkung; dies geht nach W. PROSCH aus Abb. 60 hervor. Zunächst wird die Schutzwirkung durch Natriumhydroxyd begünstigt, um bei weiterem Zusatz von NaOH infolge der aussalzenden Elektrolytwirkung sehr stark abzusinken. Ebenso verringern Zusätze von Kochsalz die Schutzwirkung von Seifenlösungen.

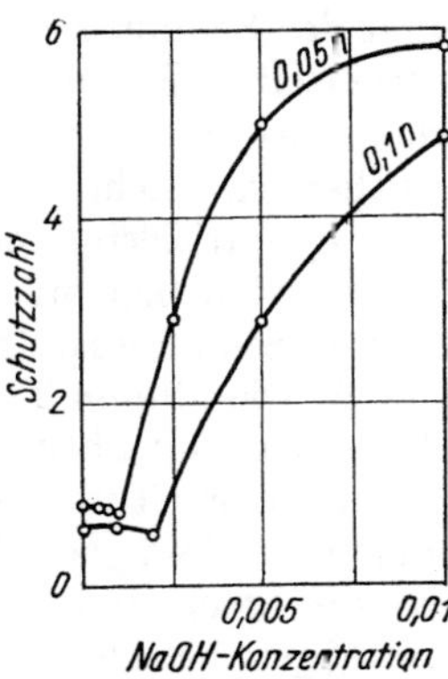

Abb. 60. Einfluß eines NaOH-Zusatzes auf die Schutzwirkung von Natriumlauratlösungen.

In Wasser-Alkohol-Gemischen zeigt sich das Verschwinden des Seifencharakters durch eine Verminderung des Schutzkolloidvermögens (E. K. RIDEAL und L. L. BIRCUMSHAW[1]) an. In Übereinstimmung damit verringert Glycerin ebenfalls die Schutzkolloidwirkung.

Die Bestimmung der Schutzzahl von Seifenlösungen hat im allgemeinen nur geringen praktischen Wert. Hingegen ist das Schutzkolloidvermögen von Seifen für Kalkseifen sehr wichtig (vgl. S. 65).

f) Die Waschwirkung der Seifenlösungen.

Die schon seit langem bekannte Waschwirkung von Seifenlösungen hat erst verhältnismäßig spät eine theoretische Erklärung gefunden. Selbst nachdem

[1] Journ. chem. Soc. London **123**, 1567 (1923).

bereits durch CHEVREUL[1] der chemische Aufbau der Seifen näher bekannt wurde, ist erst in neuester Zeit eine klare und überzeugende Theorie des Waschvorganges durch die moderne Entwicklung der Kolloidchemie möglich geworden.

Eine der ältesten Theorien bezüglich der Waschwirkung von wäßrigen Seifenlösungen stammt von BERZELIUS und von KRAFFT[1], wonach durch Hydrolyse Alkali abgespalten wird, welches auf die verseifbaren Öle „nach der Art einer chemischen Auflösung" wirken sollte. Nach den Messungen von McBAIN und seinen Mitarbeitern (vgl. S. 89) ist die Hydrolyse der Seifenlösungen wesentlich kleiner als man ursprünglich angenommen hatte. Ferner ist es höchst unwahrscheinlich, daß die geringen Mengen Hydroxylionen auf neutrale Öle verseifend wirken; Mineralöle könnten selbstverständlich überhaupt nicht verseift werden.

Andere Theorien geben der emulgierenden Wirkung[1] bzw. dem großen Benetzungsvermögen[2] der Seifenlösungen großes Gewicht für die Erklärung der Waschwirkung. Die suspendierende Wirkung der Seifen auf feste, unlösliche Teilchen ist auch zur Deutung des Waschvorganges herangezogen worden[3]. W. SPRING nimmt eine „saure Adsorptionsverbindung" (s. S. 148) der Seife mit den festen Körpern an. Weitere Theorien gründen sich auf die Oberflächenviskosität, BROWNsche Bewegung u. dgl.[4].

1. Neuere Ansichten über die Waschwirkung der Seifenlösungen.

Die modernen Ansichten über die Waschwirkung fußen auf folgenden drei Eigenschaften der Seifenlösungen.

1. Die Seifenlösungen sind kapillar- und grenzflächenaktiv. Sie besitzen deshalb ein gutes Benetzungsvermögen für flüssige und feste, durch Wasser allein wegen des großen Randwinkels nicht benetzbare Stoffe. Die Seifenlösungen treten deshalb in die submikroskopischen Kanäle und Zwischenräume der Fasern und der Schmutzteilchen ein. Infolge der Kapillaraktivität verdrängt die Seife gleichzeitig alle vom Schmutz absorbierten Luftblasen und Luftzwischenschichten, die sonst das Vordringen des Wassers bis zum Schmutz verhindern würden. Schließlich reichern sich die grenzflächenaktiven Seifenteilchen, unter Bildung von hydratisierten und polar ausgerichteten Schutzhüllen, um jedes einzelne Schmutzteilchen an und begünstigen hierdurch die Peptisation zu feinstverteilten Schmutzpartikelchen.

2. Die älteren Theorien der Waschwirkung haben ohne Erfolg die eine oder die andere der oben besprochenen kapillarchemischen Eigenschaften der Seifenlösungen als Grundlage der Erklärung für die Waschkraft benutzt. Die Kapillaraktivität allein genügt allerdings nicht für das Verständnis des Waschvorganges. Es sind genügend kapillaraktive Lösungen bekannt, die ein gutes Benetzungsvermögen besitzen, Schutzhüllen bilden usw. und trotzdem keine wesentliche

---

[1] E. M. CHEVREUL: Recherches chimiques sur les corps gras d'origine animale, S. 376. Paris. 1823. — BERZELIUS: Lehrbuch der Chemie, 2. Aufl., Bd. III, S. 438. 1828. — PERSOZ: Traité théorique et pratique de l'impression des tissus, S. 354. 1846. — KOLBE: Organische Chemie, 2. Aufl., Bd. I, S. 817. 1880. — R. HIRSCH: Fischers Jahresber. **44**, 1155 (1898). — F. KRAFFT, zit. im Seifenfabrikant **1901**, 1136. — M. H. FISCHER: Seifen und Eiweißstoffe, S. 86. 1922.

[2] WAREN-DELARUE, vgl. MORIDE-VARENNE: Traité de Savonnerie, 3. Aufl., S. 15. 1909. — KNAPP in LADENBURG: Handwörterbuch, Bd. 10, S. 574. — R. FALCK: Arch. klin. Chir. **73**, Nr. 2.

[3] J. GEPPERT: Dtsch. med. Wchschr., Febr. 1918; Berl. Intern. Wäscherei-Ztg. **1918**, Nr. 5/6. — C. STIEPEL: Seifenfabrikant **1901**, 1210. — W. SPRING: Kolloid-Ztschr. **4**, 161 (1909); **6**, 11, 109, 164 (1910).

[4] Von TH. MADSEN ist sogar (Studies in the detergent action and surface activity of soap solutions, S. 53ff. Copenhagen. 1930) eine „elektro-dynamische" Theorie der Waschwirkung entwickelt worden.

Waschwirkung ausüben. Die Kapillaraktivität ist nur eine der Voraussetzungen zum Eintreffen jenes kolloidchemischen Geschehens, das wir als Waschen bezeichnen. Wichtig ist, daß die infolge der Kapillaraktivität an jeder Grenzfläche ausgebildete Schutzhülle eine bestimmte Struktur aufweist, die vor allem in der Heteropolarität der Seifenmoleküle ihre Wurzel findet. Als Folge dieses heteropolaren Aufbaues erhält die Grenzflächenschicht eine besondere Beschaffenheit, die, wie S. 36 angegeben, als „orientierte Adsorption“ bezeichnet wird. Diese Anordnung gewährleistet eine außerordentliche Festigkeit der Grenzflächenschicht. Zwischen den einzelnen hydrophoben Hauptvalenzketten des Fettrestes, die in der Zwischenschicht parallel nebeneinanderliegen, treten intermolekulare Kräfte von der Art der Gitterkräfte auf. Wie aus Versuchen von ADAM[1] hervorgeht, ist die gegenseitige Entfernung der Hauptvalenzketten in der Grenzflächenschicht bei dichtester Packung von derselben Größenordnung wie die Entfernung der Polymethylenketten in einem Kristall einer wasserfreien Seife. Man kann deshalb bei der Grenzflächenschicht nicht mehr von einer mehr oder minder konzentrierten Lösung sprechen; diese Schicht ist *fest* und die Wassermoleküle liegen außerhalb von ihr. Die palisadenartige, dicht aneinanderliegende Packung der Fettreste läßt das Wasser nur an die hydrophilen und hydratisierbaren, funktionellen Carboxylalkaligruppen herantreten. Die Grenzflächenschicht ist mithin kristallin und von bemerkenswerter Festigkeit.

3. Als dritte Eigenschaft, die im Zusammenhang mit den beiden anderen die Waschwirkung der Seifen bedingt, ist die Fähigkeit der hydrophilen Carboxylalkaligruppen, Wasser in starkem Ausmaße zu binden, d. h. selbst zu hydratisieren, anzuführen. An den Grenzflächenschichten, wo, dem Wasser zugekehrt, die COONa- bzw. COOK-Gruppen dicht aneinanderliegen, muß die Wasserbindung außerordentlich stark erfolgen. Die ersten Wasserschichten werden deshalb so fest angezogen, daß sie nicht mehr vollkommen frei beweglich sind und in ihrer Lage mehr oder weniger fest gebunden, polarisiert, bleiben. Diese Beschaffenheit der Wasserseite der ansonst kristallinen und hydrophoben Grenzflächenschicht erinnert an die Struktur eines sehr konzentrierten Gels. Die von einer Seifenlösung gebildeten Schutzhüllen haben also die Besonderheit, kristallingelartig aufgebaut zu sein, je nachdem, ob man sie von der hydrophoben, der Luft oder den Schmutzteilchen zugekehrten Seite, oder von der hydrophilen, zum Wasser orientierten Sphäre aus betrachtet. Die Schmutzteilchen erhalten dadurch die hydrophilen Eigenschaften der Seife, weil sie äußerlich wie Seifenteilchen aussehen. Die Schutzhüllen bewirken also gewissermaßen die „Auflösung“ des Schmutzes, indem sie den starken Gegensatz zwischen den meist hydrophoben Schmutzteilchen einerseits und dem Wasser anderseits überwinden.

Zusammenfassend kann bezüglich der Waschwirkung nach dem Vorangesagten folgendes bemerkt werden: Die Seifenlösung dringt dank ihrer Kapillaraktivität in die intermizellaren und submikroskopischen Kanäle der Gewebefasern und Schmutzteilchen ein. Sie bildet sowohl um die Schmutzteilchen, die zwischendurch noch weitgehend in fein disperse Anteile zerteilt werden, als auch um die Gewebefasern sehr widerstandsfähige, nach außen stark hydratisierte Schutzhüllen, die durch beträchtliche innere zwischenmolekulare Kohäsionskräfte zusammengehalten werden, aus. Die Schmutzteilchen werden durch die Schutzhüllen von den Gewebefasern isoliert und in Suspension gehalten. Wenn zwei geschützte Schmutzteilchen zusammentreffen oder wenn ein Schmutzteilchen in der Nähe einer ebenfalls geschützten Grenzfläche — Gewebefaser oder Haut — kommt, kann die gegenseitige Berührung nur mit den äußeren Wasser-

[1] A. a. O., S. 130.

hüllen stattfinden. Ein Anhaften oder gegenseitiges Flocken kann nicht eintreten; die Schmutzteilchen bleiben in der Seifenlösung dispergiert.

2. Faktoren, welche die Waschwirkung unterstützen.

Neben den chemischen bzw. kolloidchemischen Maßnahmen, die den Waschvorgang begünstigen, ist in erster Linie der Anteil der *mechanischen* Arbeit zu berücksichtigen. Die Seifenlösungen vermögen die Schmutzteilchen von der Gewebefaser oder von der Haut nur dann zu trennen, wenn sie nicht zu fest auf ihrer Grundlage haften. Sind die Schmutzteilchen mit Fettstoffen durchsetzt, zusammengekittet oder sonst tief in den submikroskopischen Kanälen des Textilgutes gebunden, so kann eine spontane Peptisations- und Waschwirkung nicht erwartet werden; man muß vielmehr mechanisch durch Reiben, Bürsten, Schlagen, Stampfen u. dgl. die reinigende Wirkung der Seife unterstützen. Dies gilt insbesondere dort, wo mit sehr kurzen Flotten und sehr verschmutzter Wäsche gearbeitet wird, beispielsweise in der Dampf- oder Maschinenwäscherei.

Über den Wert des Schaumes beim Waschen ist man sich noch nicht völlig im klaren. Gewöhnlich wird ihm die Rolle eines Anreicherungs- oder Förderungsmittels für den bereits peptisierten Schmutz zugeschrieben. Tatsächlich zeigen Mikroaufnahmen von H. REUMUTH[1], daß sich Schmutzteilchen im Schaum anreichern. Vielfach besitzt auch der Schaum als Indikator für die Anwesenheit noch waschaktiver Waschmittelteilchen, insbesondere für den Praktiker, eine gewisse Wichtigkeit. Dagegen muß nochmals darauf verwiesen werden (vgl. auch S. 139), daß die Schaumfähigkeit an sich mit der Waschaktivität nichts zu tun hat[2]. Es sind deshalb alle Methoden zur Messung der Waschwirkung, die auf der Schaummessung aufgebaut sind, nur mit großer Reserve und bedingt zu benutzen. Sie ergeben vielfach nur relative Werte.

3. Die Methoden zur Messung der Waschwirkung.

Gegenstand sehr umfangreicher Bearbeitung ist die Frage der Messung der Waschwirkung gewesen, ohne daß man bisher zu einer zuverlässigen und allgemein anerkannten Methode gekommen wäre.

Ein Teil der vorgeschlagenen Methoden fußt auf der Bestimmung einer der kapillarchemischen Eigenschaften der Seifen, in der Annahme, daß eine Parallele zwischen diesen Eigenschaften und der Waschwirkung bestehe. So ist von E. LUKSCH[3] die Messung der *Oberflächenspannung* zwecks Waschwertbestimmung von Seifenlösungen vorgeschlagen worden; C. STIEPEL will die reinigende Kraft verschiedener Seifen durch Bestimmung ihrer *Schaumzahlen* (s. S. 139) vergleichen; denselben Zweck verfolgen B. TJUTJUNNIKOW, Frl. N. KASSJANOWA und R. GWIRZMANN[4] mit der Bestimmung der „*Saponinzahl*", d. h. der maximalen Gewichtsmenge Standard-Saponin, die der Seifenlösung nach Vernichtung ihres Schaumvermögens (s. S. 141) zugesetzt werden muß, um dieses wieder hervorzubringen; V. LEHNER und Frl. V. R. BUELL[5] wollen die Waschkraft von Seifenlösungen durch Messung ihrer *Grenzflächenspannung* gegen Kerosin oder durch Bestimmung ihrer *emulgierenden Wirkung* auf Terpentin, Tetrachlorkohlenstoff, Chloroform, Benzol, Gasolin und pflanzliche Öle bestimmen. J. W. McBAIN, R. S. HARBORNE und A. M. KING[6] messen die sog. „*Kohlenstoffzahl*", d. h. die Menge fein verteilter Kohle, welche mit Seifen-

---

[1] Melliands Textilber. **13**, 599 (1932).
[2] NÜSSLEIN: Melliands Textilber. **19**, 582 (1938).
[3] TH. MADSEN: A. a. O., S. 140.
[4] Allg. Öl- u. Fett-Ztg. **27**, 295 (1930).
[5] Journ. Ind. engin. Chem. **8**, 701 (1916). — Siehe auch V. LEHNER u. G. M. BISHOP: Journ. physical Chem. **22**, 68 (1918).
[6] Journ. Soc. chem. Ind. **42**, 373 T (1923).

lösungen unter bestimmten Bedingungen durch Filtrierpapier hindurchwandert; R. M. CHAPIN[1] die kritische Seifenkonzentration, bei welcher eine gewogene Menge Graphit die Seife nicht mehr völlig *adsorbiert*. Von W. M. URBAIN und L. B. JENSEN[2] wird die Bestimmung des elektrokinetischen ζ-Potentials als Maß für das Waschvermögen vorgeschlagen.

Den genannten Methoden ist der Nachteil eigen, daß sie nur *eine* kapillarchemische Eigenschaft der Seifenlösung gegenüber einer ganz bestimmten Testsubstanz messen. Bei der Kompliziertheit des Waschprozesses kann eine solche Bestimmung ein nur sehr unvollkommenes Bild von der Eignung der untersuchten Seife als Waschmittel geben. Oberflächen- oder Grenzflächenspannungsmessungen sind für die Bestimmung der Waschwirkung schon von vornherein aussichtslos, weil sie bekanntlich über die Festigkeit der Schutzhülle nichts aussagen. Aber selbst die emulgierende Wirkung einer Seife, einem bestimmten Öl gegenüber, läßt keine Schlußfolgerungen über die peptisierende Wirkung dieser Seife gegen feste Körper zu, weil die Bildungs- und die Festigkeitsbedingungen von Grenzflächenhäutchen durchaus verschieden sind, je nachdem die abgrenzende Phase ein Öl oder ein fester Körper ist. Auch zwischen den verschiedenen Ölen oder zwischen den verschiedenen festen Körpern bestehen Unterschiede in der Leichtigkeit ihrer Benetzbarkeit durch Seifenlösungen. Sogar bei ein und derselben Substanz sind die Verhältnisse vom Zerteilungsgrad des Stoffes abhängig; bei feinen Emulsionen oder Suspensionen wird die optimale Kohlenstoffanzahl der Seifenhauptvalenzkette oder die optimale Seifenkonzentration eine andere sein als bei groben Zerteilungen. Endlich kann bei gleichzeitiger Anwesenheit von Ölen, Fetten und verschiedenen festen Körpern die Wirkung der Seifenlösung eine durchaus andere sein als bei Anwesenheit einer einheitlichen Substanz. Das Öl kann z. B. die Hydrolyse und daher die Konstitution der Seifenlösungen ändern und somit für die Peptisation des festen Körpers andere Verhältnisse schaffen als bei alleiniger Anwesenheit des festen Körpers.

Andere von den zur Bestimmung der Waschwirkung vorgeschlagene Methoden sind mehr den wirklichen Verhältnissen beim Waschen angepaßt. Es handelt sich um Waschversuche, welche unter Nachahmung von praktischen Apparaturen unter genauer Einhaltung festgesetzter Bedingungen vorgenommen worden sind. A. A. SHUKOW und P. J. SCHESTAKOW[3] versuchen, die Waschkraft der Seifen durch Waschen von mit Lampenruß und Lanolin gefärbtem Baumwollzeug unter Innehaltung genau bestimmter Bedingungen bezüglich der Zeit, Temperatur, Seifenkonzentration usw. in einer besonderen Waschmaschine zu bestimmen; man vergleicht mit bloßem Auge die erzielte Aufhellung der Waschproben. E. LUKSCH[4] zieht es vor, die Zeit zu bestimmen, die zum Auswaschen auf bestimmte Art beschmutzter Zeugstreifen in einer Waschmaschine nötig ist. SCHIEWE und C. STIEPEL[5] bestimmen die reinigende Wirkung durch die Ermittlung der Gewichtsdifferenz von angeschmutzten Leinentüchern vor und nach dem Waschen in einem nach Art der gewöhnlichen Buttermaschinen gebauten Waschapparat. P. HEERMANN[6] mißt die zur Erreichung der höchsten Waschwirkung nötige Menge des Waschmittels, indem mit Indigokolloidpaste und Lösungen von Mineralöl in Benzin oder Äther angeschmutzte Stoffe in Porzellanschalen durch mehrmaliges Drücken mit der Hand gewaschen werden; die gewaschenen Stücke werden mit standardisierten Waschproben verglichen.

---

[1] Journ. Ind. engin. Chem. **17**, 461 (1925); Seifensieder-Ztg. **53**, 203 (1926).
[2] Journ. physical Chem. **40**, 821 (1936).
[3] Chem.-Ztg. **35**, 1027 (1911).
[4] A. a. O., S. 156.
[5] Seifensieder-Ztg. **43**, 754 (1916).
[6] Textilber. Wissensch. Ind. Handel **2**, 37 (1921); Ztschr. Dtsch. Öl-Fettind. **41**, 338 (1921).

Mit Indigokolloidpaste und Mineralölanschmutzung arbeitet ebenfalls P. P. WIKTOROW[1]; die Bestimmung der Waschwirkung erfolgt durch Beurteilung des Aufhellungsgrades im Halbschattenphotometer oder mit unbewaffnetem Auge und durch Ermittlung der Menge des nicht weggewaschenen Mineralöles. Von TH. MADSEN[2] wird für die quantitative Bestimmung der Waschwirkung ein mit ammoniakalischer Ultramarinsuspension gefärbtes Baumwollgewebe angewendet; die Farbe wird nach dem Waschen mit einer Farbskala verglichen (s. später). Auch andere Anschmutzungen, wie Ultramarin mit Lanolin, Indigokolloidpaste, Lampenruß, Eisenoxyd, schwarze Druckertinte in Benzin usw. wurden von TH. MADSEN verwendet. E. BOSSHARD und H. STURM[3] machen Waschversuche mit Wolle, welche mit Eisenoxyd und Paraffinöl-Äther-Lösung angeschmutzt wurde und bestimmen titrimetrisch das nach Veraschen des Versuchsobjekts auf der Wolle zurückgebliebene Eisenoxyd. F. H. RHODES und C. H. BASCOM[4] waschen Baumwollstoff, der mit Lampenruß und einer Mischung von Schmieröl und Talg verunreinigt ist, und messen photometrisch den Weißgrad nach fünf Waschungen mit dem Apparat nach TAYLOR. E. GÖTTE[5] verwendet als Anschmutzung eine im Verhältnis von 1 : 10 verdünnte „Pelikan"-Tusche und nach der Trocknung der damit getränkten Baumwollgewebe ein Ölbad, das eine 20%ige Lösung von gleichen Teilen Mineralöl und Olivenöl in Trichloräthylen darstellt. Gewaschen wird eine Stunde lang bei 60^0 in einer kleinen, der Trommelwaschmaschine nachgebildeten Laboratoriumsapparatur, und der Weißgehalt der Stoffe wird nach dem Waschen mit dem Stufenkolorimeter nach PULFRICH bestimmt. B. TJUTJUNNIKOW und A. SOBOL[6] beschrieben eine Methode, bei welcher als Verschmutzungen Ruß allein, eine Mischung von Ruß, Fett und Mineralöl oder eine solche von Ruß und Eiweißstoffen (Blutalbumin) verwendet werden. Gewaschen wird in einer besonders gebauten, innen verzinnten Apparatur[7], die erlaubt, das Verhältnis des Gewebegewichtes zur Menge der waschenden Lösung von 1 : 5 bis 1 : 10 zu variieren. Man bestimmt kolorimetrisch den Aufhellungsgrad der Baumwollgewebe und eine Zahl, die angibt, um wievielmal besser oder schlechter als destilliertes Wasser die Seifenlösung die Verschmutzung abwäscht, dient als Charakteristik der Größe der Waschfähigkeit des untersuchten Waschmittels. S. SZEGÖ und G. BERETTA[8] verwenden als Verschmutzungen eine Lösung von 2 g Vaselinöl, 1,6 g Talg, 0,4 g Ölsäure und 1 g Ruß in 1000 cm^3 Benzin und nach dem Waschen der angeschmutzten Baumwollstücke in einer Trommelmaschine unter bestimmten Bedingungen wird der erzielte Wascheffekt durch Messung des Weißgrades der gewaschenen Stücke mit dem PULFRICH-Photometer bestimmt.

4. Die Ergebnisse der Messung der Waschwirkung von Seifen.

Aus dem großen experimentellen Material, welches die oben angegebenen Messungsmethoden liefern, lassen sich mit Vorsicht einige Regelmäßigkeiten bezüglich des Einflusses verschiedener Umstände auf die Waschwirkung entnehmen.

---

[1] Anilinfarben-Ind. **11**, 30 (1931).
[2] A. a.O., S. 134.
[3] Chem.-Ztg. **54**, 762 (1931).
[4] Ind. engin. Chem. **23**, 778 (1931).
[5] S. S. 60. — Über Versuche nach dieser Methode berichtet W. KLING in einem Vortrag vor der Hauptversammlung des Vereines Deutscher Chemiker von 1934. — S. ein Referat in der Seifensieder-Ztg. **61**, 434 (1934).
[6] Seifensieder-Ztg. **60**, 787 (1933).
[7] Die Verwendung einer verzinnten Apparatur ist zu verwerfen, weil Alkali bekanntlich Zinn angreift. Dadurch kann die Zusammensetzung der Waschlösung unter Bildung von Zinnseife verändert werden.
[8] Giorn. Chim. ind. appl. **16**, 281 (1934).

Der *Einfluß der Länge der Polymethylenkette* ist aus den Versuchen von TH. MADSEN ersichtlich. Die Farbe der Waschproben wurde kolorimetrisch mit einer Farbskala verglichen, welche von rein weiß (Nr. 1) bis zu der Farbe des ungewaschenen, mit Ultramarin beschmutzten Stoffes (Nr. 20) ging. Die Ergebnisse derartiger Untersuchungen sind in Tabelle 61 angegeben. Die fettgedruckten Zahlen zeigen die höchste Waschwirkung an.

Tabelle 61. Einfluß der Kettenlänge auf die Waschwirkung der reinen Natriumseifen bei 100° C.

Seife	Seifenkonzentration in g/l						
	0,10	0,25	0,50	1	2	5	10
Laurat	—	18	18	17	17	**16**	—
Myristat	—	18	18	16	**13**	18	—
Palmitat	—	13	12	**12**	13	14	—
Stearat	9	8	**7**	8	10	10	12
Oleat	—	12	10	**9**	9	11	—
Linolenat	—	17	16	**16**	16	16	—
Ricinoleat	—	18	18	18	**17**	18	—
Oleat bei 20°	—	20	19	**18**	—	—	—

Aus diesen Zahlen ergibt sich, daß die niedrigmolekularen Seifen, wie Laurat und Myristat, in der Kochhitze eine kleine Waschwirkung haben, und daß diese sich bis zum Stearat erhöht. Letztere Seife zeigt bei 100° C die beste Wirkung. Natriumoleat steht dem Stearat in der Waschwirkung bei 100° C nach. Das Linoleat und Ricinoleat haben bei 100° sehr geringe Waschwirkung. Diese Ergebnisse haben nur einen relativen Wert. Sie sind mit Ultramarin und einer bestimmten Waschmethode erhalten worden. Es ist nicht gesagt — und später soll darüber noch die Rede sein —, daß mit einer anderen Anschmutzung und unter anderen Verhältnissen nicht auch andere Ergebnisse erhalten werden können.

Tabelle 61 gibt gleichzeitig Aufschluß über den *Einfluß der Konzentration* der Seife. Wie bei den schäumenden, emulgierenden und peptisierenden Eigenschaften zeigt sich auch bei der Waschwirkung, daß eine optimale Seifenkonzentration besteht, bei welcher die höchste Wirkung auftritt. Die optimale Konzentration sinkt beim Aufsteigen in der homologen Reihe und erhöht sich mit der Anzahl der Doppelbindungen. Auch von J. J. SHUKOFF und E. SCHESTAKOFF[1] sind Konzentrationsoptima zwischen 0,2 und 0,4 v. H. bei der Messung der reinigenden Wirkung von Seifen festgestellt worden.

Der *Einfluß der Temperatur* ist für Natriumoleat aus der Tabelle 61 zu entnehmen. Die optimale Waschkonzentration dieser Seife wird durch Temperaturerniedrigung nicht geändert; aber der erzielte Wascheffekt ist bei einer künstlichen Ultramarinanschmutzung bei niedriger Temperatur viel schlechter als bei hohen. Die besten Waschwirkungen wurden bei Temperaturen erhalten, die nahe am Siedepunkt lagen.

Das *Verhältnis der Seifenmenge zur Schmutzmenge* beeinflußt gleichfalls die Waschwirkung. Wie früher gezeigt worden ist (s. S. 150), läßt sich die WO. OSTWALDsche Bodenkörperregel bei der Peptisation von Suspensionen mit Seifenlösungen anwenden und wahrscheinlich auch beim Waschvorgang, obgleich hierüber keine experimentellen Ergebnisse vorliegen. Man sollte auch bei konstanter Seifenkonzentration und konstanter Schmutzmenge den Einfluß des Verhältnisses der Waschflotte zur Wäschemenge (Flottenverhältnis) untersuchen.

Bezüglich des *Einflusses von Zusätzen* interessiert am meisten die Wirkung von Alkalien und alkalischen Salzen, wie Soda, Natriumphosphat usw., welche die Reaktion der Waschflotte verändern. Von F. H. RHODES und C. H. BASCOM[2] sind Waschversuche in dieser Richtung vorgenommen worden, indem der p_H-Wert

[1] Chem.-Ztg. **35**, 1027 (1911). [2] S. S. 158.

der Waschflotte durch Zusätze von Ätznatron, Soda, Trinatriumphosphat und Borax variiert wurde. Als Waschmittel diente eine technische Seife in der Konzentration von 2,5 g/l bei einer Temperatur von 40° und die erzielte Wirkung wurde durch kolorimetrische Messung des Weißgrades von künstlich beschmutztem Baumwollstoff nach fünf gleichartigen Waschungen beurteilt. Abb. 61 gibt eine graphische Darstellung der Versuchsergebnisse. Die Ordinaten zeigen die gegenüber dem Waschen mit Seife allein mit den genannten Zusätzen erzielte relative Erhöhung des Weißgrades der Wäsche, die Abszissen den p_H-Wert der Waschlösung. Aus der Abbildung ersieht man, daß unabhängig von der Natur der zugesetzten Substanz die maximale Waschwirkung bei einem p_H-Wert von 10,7 erreicht wird[1]. Der erzielte Wascheffekt ist bei gleichem p_H-Wert stark von der Art der zugesetzten Substanz abhängig. Soda ist den anderen Zusätzen weit überlegen; ihr folgt das Trinatriumphosphat. Ätznatron zeigt ein sehr flaches Maximum bei p_H 10,7, die Kurve sinkt aber bei höheren oder niedrigeren p_H-Werten unter die Nullinie, was bedeutet, daß diese Lösungen schlechter waschen als die ohne NaOH-Zusatz. Borax bewirkt keine Erhöhung, sondern eine Erniedrigung der Waschwirkung der Seife. Die Wirkung des Alkalis erklärt sich durch eine Zurückdrängung der Hydrolyse der Grenzflächenschicht, wodurch ihre Wasserbindungsfähigkeit erhöht wird.

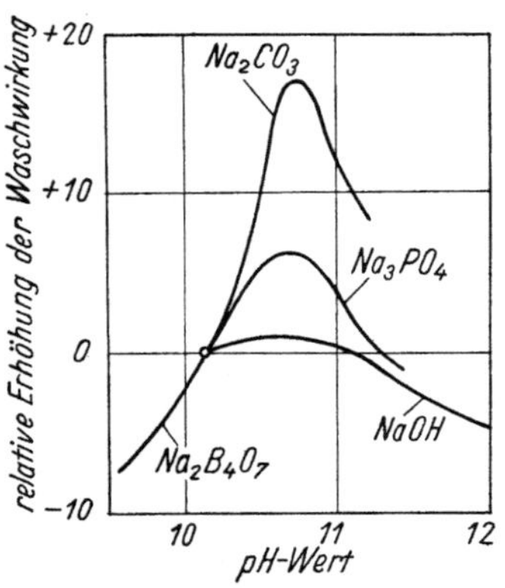

Abb. 61. Einfluß eines Zusatzes von alkalischen Salzen auf die Waschwirkung.

5. Die Eignung von Waschversuchen für die Bestimmung des Waschwertes von Seifen.

Die oben angegebenen Waschversuche und ihre Ergebnisse bedürfen einer kritischen Beurteilung. Es steht heute wohl fest, daß es unmöglich ist, die Waschwirkung der Alkaliseifen oder irgendeines anderen Waschmittels laboratoriumsmäßig durch die Messung einer oder mehrerer kolloidchemischer Größen festzulegen. Letzten Endes hat immer die Praxis das entscheidende Wort. Dies ist auch ohne weiteres verständlich, wenn man berücksichtigt, daß für den Gesamtablauf des Waschvorganges die Art und Menge der Anschmutzung, die Festigkeit der Bindung zwischen Gewebe und Schmutz, die nicht unwesentlich von der Art und Natur des Textilgutes abhängt und die chemischen sowie kolloidchemischen Eigenheiten der Waschmittel selbst von großem Einfluß sind. Bestenfalls ist es möglich, für einen bestimmten Verwendungszweck bei sonst absolut gleichbleibenden Versuchsbedingungen das optimal wirkende Waschmittel experimentell zu finden.

E. Chemische Eigenschaften.

a) Die Austauschreaktionen in Seifenlösungen.

Austauschreaktionen finden in Seifenlösungen in Gegenwart von Basen oder Salzen statt, deren Kation von dem der Seife verschieden ist. Wird z. B. zu einer Natriumseife Kaliumchlorid hinzugefügt, so bilden sich gewisse Mengen

[1] Vgl. auch E. GÖTTE a. a. O. S. 60. — Neuere Versuche von F. H. RHODES u. C. F. WYNN [Ind. engin. Chem. 29, 56 (1937)] zeigen, daß die optimale Waschwirkung bei einem p_H-Wert von 9,66 liegt. Anscheinend ist der optimale p_H-Wert von der Zusammensetzung der Seife abhängig.

Kaliumseife und ein Teil des Kaliumchlorids wird in Natriumchlorid umgesetzt. Es findet also ein partieller Austausch von Ionen statt.

In bezug auf den Ionenaustausch zeigen die Seifenlösungen, je nach ihrer Konzentration und Zusammensetzung, eine sehr verschiedene chemische Aktivität. Verdünnte Seifenlösungen, in denen die Hauptmenge der Seife in molekular- bzw. ionogendisperser Lösung vorhanden ist, verhalten sich wie gewöhnliche Elektrolytlösungen; die allgemeinen Gesetze, welche für die Ionengleichgewichte dieser Lösungen gelten, sind auch für jene anwendbar. Konzentrierte Seifenlösungen zeigen dagegen ein von der allgemeinen Regel abweichendes Verhalten. In solchen Lösungen, in denen die Seife kolloiddispers vorliegt, sind die Seifenmoleküle unter Bildung von Mizellen agglomeriert. In einer Seifenmizelle sind die an der Oberfläche liegenden Kationen frei beweglich[1], während die das Mizellengerüst bildenden Anionen gelartig starr sind. Man hat es also bei den Austauschreaktionen der konzentrierten Seifenlösungen mit einem ähnlichen Fall zu tun, wie bei den Austauschreaktionen der *Permutite* und permutitoiden Substanzen. Wie in dem genannten Beispiel sind für den Verlauf der Reaktion Ionengleichgewichte nicht ausschließlich maßgebend. Andere rein kolloidchemische Einflüsse, wie Adsorbierbarkeit der Kationen an der Mizellenoberfläche, Hydratationsgrad der ursprünglichen und der sich bildenden Seife usw., sind vorzugsweise zu berücksichtigen.

1. Austauschreaktionen mit Alkalisalzen.

Bei den Austauschreaktionen der Natriumseifen mit Kaliumsalzen und umgekehrt ist nach obigen Ausführungen zu erwarten, daß *in verdünnten Lösungen* das Gleichgewicht nur von dem Konzentrationsverhältnis der beiden Salze abhängt, weil ja verdünnte Natrium- oder Kaliumseifenlösungen annähernd gleich stark dissoziiert sind. Bei äquimolekularen Mengen von Seife und Elektrolyt sollten sich auch äquimolekulare Mengen von Kalium- und Natriumseife bilden. Einige in dieser Richtung von C. R. A. WRIGHT und C. THOMPSON[2] ausgeführte Untersuchungen mit ca. 1%igen Lösungen verschiedener Seifen zeigen, daß diese Regel nicht streng gültig ist, sondern daß sich vorzugsweise die stärker hydratisierte Natriumseife bildet. Es tritt also schon bei dieser Konzentration der Einfluß des kolloiden Charakters der Seifen in Erscheinung. Versuche derselben Autoren über die Aussalzung von Kaliumseifen mit Natriumchlorid und von Natriumseifen mit Kaliumchlorid führen zu folgenden Ergebnissen:

Tabelle 62. Austauschreaktionen von Kalium- und Natriumseifen bei der Aussalzung mit Chloriden.

Art der Seifen	Seifen-konzen-tration n	Elektrolyt-konzen-tration n	Mol-Verhältnis des Elektrolyts zur Seife	Aussalzung von Kaliumseife mit NaCl — Mol-Verhältnis nach der Aussalzung Na : K	Aussalzung von Natriumseife mit KCl — Mol-Verhältnis nach der Aussalzung K : Na
Stearat — Oleat	0,4	2,1	5,2	8,5	3,8
Stearat — Oleat	0,2	3,8	19,0	18,5	4,6
Stearat — Palmitat — Oleat	0,2	3,8	19,0	25,0	23,0
Rohes Laurat.......	0,2	3,8	19,0	17,5	3,0

[1] Diffuse Doppelschicht.

[2] Journ. Soc. chem. Ind. **4**, 625 (1885); Chemische Ind. **1886**, 56; Jahresber. chem. Technol. **32**, 990 (1886).

Aus dieser Tabelle ergibt sich, daß die Mol-Verhältnisse des Na zum K und des K zum Na in der ausgesalzenen Seife von den ursprünglichen Mol-Verhältnissen des Elektrolyts zur Seife durchaus verschieden sind. Das Verhältnis Na : K in der ausgesalzenen Seife ist beim Aussalzen von Kaliumseife mit NaCl im allgemeinen *größer* als das ursprüngliche Verhältnis Elektrolyt : Seife. Das Verhältnis K : Na in der ausgesalzenen Seife ist dagegen beim Aussalzen von Natriumseife mit KCl im allgemeinen *kleiner* als das ursprüngliche Verhältnis Elektrolyt : Seife. Es findet also in beiden Fällen eine Verschiebung des Gleichgewichtes zugunsten der Bildung der Natriumseife statt.

2. Austauschreaktionen mit anderen Metallsalzen.

Besondere Aufmerksamkeit verdienen die Austauschreaktionen mit Erdalkali-, Leicht- und Schwermetallsalzen, bei welchen eine unlösliche sog. „Metallseife" entsteht. Die Reaktionen sind nicht nur für die Herstellung dieser letzten Substanzen wichtig, sondern auch, weil sie beim Auflösen der Seifen in hartem Wasser zu der unliebsamen Bildung von unlöslichen Ca- und Mg-Verbindungen mit dem entsprechenden Verlust von Seife Anlaß geben (vgl. S. 65).

In *verdünnten Seifenlösungen* führt der Zusatz von Metallsalzen in ausreichender Menge zu einer Niederschlagsbildung von unlöslichem fettsaurem Metallsalz. Wegen dieser Reaktion erscheinen die mit hartem Wasser bereiteten Seifenlösungen immer trüb. Für die Bildung solcher Niederschläge gelten die allgemeinen Gesetze der Bildung schwer löslicher Salze. Damit sich das Salz ausscheide, muß zuerst das immer sehr kleine *Löslichkeitsprodukt* des Metallsalzes überschritten sein; dann müssen unter den gewählten Bedingungen die *Keimbildungs-* und die *Kristallisationsgeschwindigkeit* des schwer löslichen Salzes genügend groß sein; sonst würde das Metallsalz in übersättigter Lösung bleiben. Weder das Löslichkeitsprodukt noch die beiden erwähnten Geschwindigkeiten sind bei irgendeinem fettsauren Metallsalz gemessen worden. Man kann also sichere Schlüsse bezüglich der Niederschlagsbildung dieser Salze nicht ziehen. Vermutlich ist das Löslichkeitsprodukt der Erdalkali- bzw. Metallseifen klein, die Keimbildungs- und die Kristallisationsgeschwindigkeit, wegen der beträchtlichen Molekülgröße und der starken Aggregationsneigung der Kohlenwasserstoffketten, die in diesen Salzen durch eine entgegengesetzte Wirkung der nur wenig hydratisierten Erdalkaliionen nicht vermindert werden, dagegen groß. In verdünnten Seifenlösungen werden sich Niederschläge von fettsauren Metallsalzen rasch bilden.

In *mittelkonzentrierten Seifenlösungen* sind die Verhältnisse nicht mehr so einfach. Ein Teil der Seife befindet sich in kolloider Lösung und ist deswegen zum Teil reaktionsunfähig. Die Austauschreaktion wird sich höchstens auf die in der Oberfläche der Mizelle sitzenden Seifenmoleküle beschränken. Aber auch die Reaktion mit diesen Molekülen wird nicht durch einfache Ionengleichgewichte beherrscht. Es handelt sich hier, wie bei den permutitoiden Silikaten um *Oberflächenreaktionen*, welche der verschiedenen Adsorbierbarkeit der Kationen entsprechend verlaufen. Neben dem Massenwirkungsgesetz ist auch die Adsorptionsisotherme maßgebend. Es ergibt sich also, daß in mittelkonzentrierten Seifenlösungen die Niederschlagsbildung durch Zusatz von Metallsalzen nur partiell sein und sogar ausbleiben kann, wie in der Tat aus Untersuchungen von E. SAUER[1] folgt. SAUER setzte zu 50 cm^3 von Lösungen verschiedener Calciumsalze, welche einer Härte von 18—36° DH. entsprachen, 2 cm^3 einer ca. 2,5%igen Natriumstearat-, -palmitat- oder -oleatlösung hinzu. Die Seifenmenge war gerade für die vollständige Umsetzung mit der Lösung von 18° Härte ausreichend; bei den Lösungen höherer Härte war also ein Überschuß von Calciumsalz vorhanden.

[1] Chem. Umschau Fette, Öle, Wachse, Harze **36**, 129 (1929).

Es zeigte sich, daß die Niederschlagsbildung in den Lösungen von 18° Härte ausblieb. Eine wahrnehmbare Flockung trat erst mit einem Überschuß an Calciumionen von mehr als 50 v. H. ein; dabei wurde aber nur ein Teil der vorhandenen Seife ausgefällt. Es ergibt sich also, daß die Ausfällung der Calciumseifen sehr unvollkommen ist. E. SAUER nimmt an, daß das fettsaure Calciumsalz in kolloider Lösung bleibt. Nach dem oben Gesagten erscheint es richtiger zu sein, einen unvollständigen Austausch anzunehmen. Das Ausbleiben der Niederschlagsbildung bei äquimolekularen Mengen von Seife und Calciumsalz erklärt sich dann durch eine so geringfügige Bildung von Ca-Seife, daß durch sie die Stabilität der Seifenmizellen nicht ansehnlich verändert wird. Es bedarf eines sehr großen Überschusses des Ca-Salzes, um die Seifenmizellen zur Assoziation und Flockenbildung zu zwingen. Bestätigt wird diese Annahme durch die auch von E. SAUER gefundene Oberflächenaktivität der mit äquivalenten Mengen Calciumsalzes versetzten Seifenlösungen. Diese Oberflächenaktivität auf die „kolloide Calciumseife" zurückzuführen, wie es E. SAUER tut, scheint zu gewagt. „Metallseifen" sind bekanntlich in Wasser oberflächeninaktiv. Deshalb wird das obige Verhalten durch eine nur partielle Umsetzung der Seife besser erklärt.

In *sehr konzentrierten Seifenlösungen*, wie sie praktisch bei der Seifenherstellung vorkommen, sind die Verhältnisse für die Bildung der fettsauren Metallsalze noch ungünstiger. M. H. FISCHER berichtet[1], daß, wenn man verschiedene Oleate, wie die von Mg, Ca, Ba, Pb und Hg, mit Normalkalilauge überschichtet, die Salze spätestens nach einer Stunde zu quellen beginnen und sich mit gelatinösen Häutchen bedecken. Die über den Metallverbindungen stehende Flüssigkeit ist fähig, permanente Schäume zu bilden. Der Vorgang wird durch Erhitzen und Schütteln beschleunigt. Ähnlich verhalten sich die genannten Oleate mit Natriumhydroxyd. Die Umwandlung bei 75° ist so weitgehend, daß alle Gemische feste Gele bilden. Es findet also in diesen konzentrierten Systemen gerade die umgekehrte Reaktion der Ausfällung statt, nämlich die Bildung der löslichen Alkaliseife.

Die Versuche von M. H. FISCHER besagen nichts über den Grad der Umwandlung der Metalloleate in Alkaliseife. Vermutlich wird unter den erwähnten Bedingungen ein Gleichgewichtszustand erreicht, wenn das sich gleichzeitig bildende Metallhydroxyd löslich ist. Ist es dagegen unlöslich, wie im Fall der Mg-, Pb- und Hg-Oleate, so kann die Reaktion bis zur vollständigen Umwandlung in Alkaliseife gehen. Das KREBITZ-Verseifungsverfahren bietet ein Beispiel eines ähnlichen Falles. Bei diesem Verfahren wird bekanntlich mit Kalk verseift und die erhaltene Ca-Verbindung durch Kochen mit Natriumcarbonat in Natriumseife übergeführt. Die Reaktion kann infolge der gleichzeitigen Bildung des unlöslichen Calciumcarbonats zu Ende gehen; die erhaltene Natriumseife ist absolut frei von Calciumsalz.

b) Die Zersetzungsreaktionen der Seifen.

1. Die Zersetzung durch starke Säuren.

Unter der Einwirkung einer starken Säure zersetzen sich die Seifenlösungen, unter Freisetzung von Fettsäuren. Der in der analytischen Praxis wohlbekannte Vorgang wird dadurch verwickelt, daß die in Freiheit gesetzte Fettsäure sich mit der Seife verbindet und ihre Löslichkeit herabsetzt. Es scheidet sich also aus dem Wasser eine unlösliche Masse von Fettsäure und Seife aus, wenn noch die Hauptmenge der Seife unzersetzt ist. Die vollständige Zersetzung, hauptsächlich die der hochmolekularen gesättigten wenig löslichen Seifen, erfordert ein langdauerndes Kochen.

[1] M. H. FISCHER: Seifen und Eiweißstoffe, S. 52. 1922.

2. Die Zersetzung durch schwache Säuren. Die Einwirkung des Luftkohlendioxyds.

Ein besonderer, oft vorkommender Fall der Einwirkung einer schwachen Säure auf Seifen ist die des Luftkohlendioxyds. Kohlensäure ist eine schwächere Säure als Fettsäure, ihre Dissoziationskonstante ist bei 25° $3 \cdot 10^{-7}$; diejenige der niederen, wasserlöslichen Fettsäuren beträgt bei derselben Temperatur annähernd $1,5 \cdot 10^{-5}$. Wenn Kohlensäure auf Seifenlösungen einwirkt, findet eine teilweise Zersetzung statt, indem das Kation, bei Anwesenheit äquimolekularer Mengen von Fettsäure und Kohlensäure, sich zwischen den zwei Säuren im Verhältnis der Quadratwurzel aus dem Quotienten der Dissoziationskonstanten der zwei Säuren verteilt.

Die maximale Menge Kohlensäure in einer Seifenlösung ist durch die Löslichkeit des Kohlendioxyds begrenzt. Der Zersetzungsgrad einer Seife bei atmosphärischem Druck und in Gegenwart einer reinen Kohlendioxydatmosphäre ist also nur von der Temperatur und der Seifenkonzentration anhängig. Aus diesen Betrachtungen ergibt sich, daß die Zersetzung durch Kohlendioxyd in verdünnten Lösungen und bei niedrigen Temperaturen beträchtlich sein kann, wohingegen sie bei hohen Temperaturen fast unbedeutend wird.

Von diesem Verhalten der verdünnten Seifenlösungen weichen, wie bei vielen Seifeneigenschaften, die konzentrierten ab, z. B. die Grundseifen der Toiletteseifenherstellung. Man sollte in Anbetracht der kleinen Wassergehalte dieser Seifen einen sehr kleinen Zersetzungsgrad durch das Kohlendioxyd erwarten. Daß dem nicht immer so ist, zeigen Versuche von C. BERGELL[1] mit sehr fein verteilter, genau neutraler Grundseife, welche, an der Zimmerluft gehalten, nach 24 Stunden 1 v. H. freie Fettsäure enthielt. Bei einem anderen Versuch wurde eine fein zerriebene Kernseife mit 62 v. H. Fettsäuregehalt einem Strom reinen Kohlendioxyd sausgesetzt; nach 5 Stunden konnte in der Seife 7 v. H. freie Fettsäure festgestellt werden. Davon blieben immer noch ca. 2 v. H. bestehend, wenn die zersetzte Seife 5 Tage an der Luft gelagert hatte. Eine so hohe Zersetzung kann nicht durch einfache elektrolytische Gleichgewichte erklärt werden. Andere Einwirkungen nichtelektrolytischer Natur, die an den kolloiden Charakter der Seifen anknüpfen, treten dann besonders in Erscheinung und verändern sie in ihren Grundzügen.

Es zeigt sich also wieder die durch die kolloide Natur konzentrierter Seifenlösungen bedingte Abweichung vom Verhalten verdünnter Seifendispersionen.

III. Die theoretischen Grundlagen der Seifenherstellung.

Von L. LASCARAY, Vitoria.

A. Die Theorie der alkalischen Verseifung der Fette[2].

Dem Seifensieder stehen für die Überführung der Fette in Seifen zwei grundverschiedene Verfahren zur Verfügung, die sich durch die *Temperatur*, bei welcher die Reaktion verläuft, und durch die *Konzentration* der verwendeten Ätzalkalilaugen unterscheiden. Diese Verfahren sind die *Verseifung bei Siedetemperatur*, bei welcher die reagierenden Substanzen im Siedekessel bis zum Sieden erhitzt werden, und die sog. „*Kaltverseifung*", welche eigentlich nicht in der Kälte, aber bei niedrigerer Temperatur und ohne Wärmezufuhr von außen verläuft.

[1] C. BERGELL: Seifensieder-Ztg. **61**, 15, 33 (1934).

[2] Vgl. auch Bd. I, S. 316.

Wie weiter unten gezeigt werden wird, unterscheiden sich beide Verseifungsarten nicht nur durch die äußeren Bedingungen, sondern hauptsächlich auch durch *die theoretischen Grundlagen ihrer Reaktionsverläufe*. Es scheint deswegen angebracht, sie im folgenden getrennt zu behandeln.

a) Die Verseifung bei Siedetemperatur.

Das in der Praxis meistgeübte Verseifungsverfahren ist das direkte Kochen von Fett und Lauge in Siedekesseln. Zur Ausführung dieses Verfahrens stehen verschiedene Wege zur Verfügung. Man kann z. B. die ganze zu verseifende Fettmenge auf einmal in den Kessel einbringen und dann portionsweise, im Ausmaße des Reaktionsablaufes, Lauge zusetzen. Man kann umgekehrt — was sich aber nur bei stark sauren Fetten empfiehlt — die ganze Laugenmenge im Kessel zum Sieden erhitzen und das Fett allmählich zufließen lassen. Als Mittelweg kann man auch Fett und Lauge *gleichzeitig* im angemessenen Verhältnis dem Siedekessel zufließen lassen und dafür sorgen, daß sich das Fett im Maße des Zulaufes verseift. Die Reaktion kann bei leerem Kessel begonnen werden oder auf dem Leimkern eines vorigen Sudes erfolgen. Man kann endlich gemischte Verfahren anwenden, indem man z. B. zuerst einen kleinen Teil der Fettmenge zu einer entsprechenden Menge Lauge zusetzt und nach „Eintreten des Verbandes" zum nun leichtflüssigen Leim Fett und Lauge weiter zugibt usw.

Für die theoretische Darstellung der Verseifungsreaktion im Siedekessel muß ein möglichst einfaches und übersichtliches Verseifungsverfahren gewählt werden, auch wenn es den praktischen Verhältnissen in seinen näheren Einzelheiten nicht völlig entspricht. Aus diesen Gründen ist für die folgende Darstellung angenommen worden, daß sich zu Beginn der Verseifung die ganzen zu verseifenden Mengen von Fett und Lauge, im richtigen Verhältnis gemischt, im Siedekessel befinden.

Fett und Lauge sind zwei nicht mischbare oder gar gegenseitig lösliche Flüssigkeiten. Da aber eine Reaktion zu ihrer Ausübung eine innige Berührung der reagierenden Substanzen bedarf, muß man, um die Verseifungsreaktion einzuleiten, diese Berührungsfläche zwischen Fett und Lauge durch *Emulgierung* schaffen.

Eine Emulsion zweier Flüssigkeiten bedarf, um beständig zu sein, des Vorhandenseins einer dritten *kapillaraktiven* Substanz — des Emulgators —, welche sich nach unseren Kenntnissen der Emulgierung (s. Bd. II, S. 745) zwischen den zwei flüssigen Phasen lagert und ihre Wiedertrennung verhindert. Der geeignetste Emulgator für die Alkaliverseifung ist die Seife selbst, welche in kleinen Mengen, dank der in jedem natürlichen Fett vorhandenen freien Fettsäuren, sofort nach Zusammenrühren von Lauge und Fett gebildet wird.

Damit die Seife als Emulgator bei der Verseifung im Siedekessel dienen kann, muß sie in der Lauge löslich sein, denn in ausgesalzenem Zustand verliert sie jede Kapillaraktivität. Als erste Forderung für eine glatte Einleitung der Verseifungsreaktion zwischen reinem Fett und reiner Lauge ergibt sich also, daß die Laugenkonzentration unterhalb der *„Grenzlauge"* (s. S. 188) des betreffenden Fettes liegt, d. h. derjenigen Konzentration oberhalb welcher die Abscheidung der Seife in Flocken erfolgt.

Emulsionen können bekanntlich zwei Typen angehören, je nachdem das Wasser die *zerteilte* oder die *geschlossene* Phase ist. Im ersten Fall spricht man von Wasser-in-Öl-, im zweiten von Öl-in-Wasser-Emulsionen. Die Natur des Emulgators bedingt die Art der Emulsion. Verdünnte Seifenlösungen sind ausgezeichnete Emulgatoren für Emulsionen des Typus Öl-in-Wasser, dagegen ist es mit ihnen unmöglich, Wasser-in-Öl-Emulsionen beständig zu machen. Die bei der Einleitung der Verseifung bei Siedetemperatur vorhandene Emulsion enthält also die feinen Kügelchen des Fettes in der Lauge zerteilt.

Wenn man nach der Emulsionsbildung die Verseifungsgeschwindigkeit der Fette mit wäßrigen Alkalien im Siedekessel verfolgt, sind drei verschiedene Stadien der Reaktion mit dazwischenliegenden Übergängen zu erkennen. In der Emulsion verläuft die Reaktion zuerst äußerst langsam, sie beschleunigt sich allmählich in dem Maße wie sich Seife bildet, und es kommt mit dem Eintritt des „Verbandes" ein Augenblick, in dem eine stürmische Reaktion eintritt, die sehr schnell den Hauptteil des Fettes in Seife umsetzt. Dann findet wieder eine allmähliche Verlangsamung in der Reaktionsgeschwindigkeit statt und diese fällt zu so kleinen Werten, daß die Verseifung der letzten Fettspuren ein langes Kochen mit überschüssiger Lauge erfordert. Die Reaktion in diesen drei verschiedenen Stadien wird im folgenden als *Emulsionsverseifung*, *Schnellverseifung* und *Endverseifung* unterschieden.

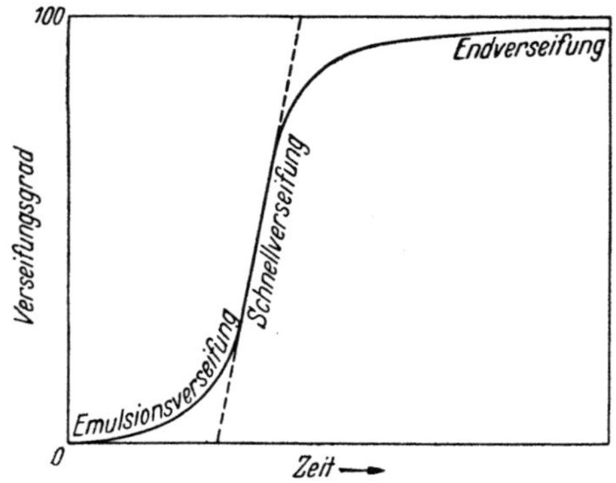

Abb. 62. Verseifung mit wäßrigen Alkalien.

Abb. 62, welche die prozentual verseifte Fettmenge oder den *Verseifungsgrad* in Abhängigkeit von der *Zeit* darstellt, zeigt schematisch diese drei Verseifungsperioden. Die Kurve hat eine S-förmige Gestalt, welche den autokatalytischen Reaktionen eigentümlich ist. Die Seifenbildung katalysiert also die Verseifungsreaktion.

1. Die Emulsionsverseifung.

Die Einleitung der Verseifung findet in einem ausgesprochen heterogenen System statt. Der Chemismus dieses Vorganges, die Bedingungen für sein Fortschreiten und die theoretischen Grundlagen, auf welchem er beruht, sind in einem anderen Abschnitt dieses Werkes (s. S. 32) behandelt worden, so daß es für das Studium des einzelnen genügt, auf das dort Angeführte hinzuweisen. Als zusammenfassendes Ergebnis sei erwähnt, daß die Verseifung sich nur in der Trennungsfläche der zwei Phasen abspielt, stufenweise, also über die Di- und Monoglyceride verläuft, durch Vergrößerung der Berührungsfläche begünstigt wird und bei gleicher Berührungsfläche um so leichter erfolgt, je weniger ungesättigte Fettsäuren das Fett enthält.

Von großer Bedeutung für die Schnelligkeit der Emulsionsverseifung ist die Beschaffenheit der Emulsion von Fett und Lauge. Die kapillaraktiven Eigenschaften der sich bildenden Seife spielen dabei eine ausschlaggebende Rolle. Die Leimfette geben Seifen, die ein höheres Emulgierungsvermögen als die Kernfettseifen haben. Schon aus diesem Grunde lassen sie sich leichter und schneller verseifen. Auch die Laugenkonzentration beeinflußt die Feinheit der Emulsion, da hohe Elektrolytkonzentrationen die Emulgierung erschweren. Der Seifentechniker hilft sich gegen diese nachteilige Eigenschaft starker Laugen, indem er während der Emulsionsverseifung, wenn der Verband nicht rechtzeitig eintritt, den Dampf oder die Rührvorrichtung zeitweilig abstellt. In der der Ruhe überlassenen Masse findet sofort eine partielle Trennung von überschüssiger Lauge statt, über welcher dann eine ölreiche Seifenemulsion schwimmt. Durch die in dieser oberen Schicht fortlaufende Verseifung wird ihre Laugenkonzentration rasch erniedrigt und damit die Reaktionsgeschwindigkeit erhöht. Man erreicht auf diese Weise eine schnellere Verseifung, als wenn man die ganze Masse ununterbrochen durchgerührt hätte.

Mit dem Fortschreiten der Emulsionsverseifung ändert sich auch das Aussehen der Emulsion. Die zuerst makroskopisch heterogene Masse wird allmählich homogen. Aus der Emulsion bildet sich ein Seifenleim, der noch viel unverseiftes Fett enthält. Dieses Homogenwerden der Fett-Seifen-Masse wird vom Seifensieder als „Eintritt des Verbandes" bezeichnet. Mit ihm fängt die zweite Periode, die Schnellverseifung, an.

2. Die Schnellverseifung.

Die „Verleimung" erfordert das Vorhandensein einer genügenden Seifenmenge, um der Masse den Augenschein eines homogenen Seifenleimes zu geben. Dieser Zustand kann schon, je nach Laugenkonzentration und Laugenmenge, durch 10—20 v. H. verseiftes Fett erreicht werden. Die stürmische Reaktion, welche in diesem Augenblick einsetzt und die in wenigen Minuten bis zur fast vollständigen Verseifung der Fette führt, deutet bereits darauf hin, daß eine grundlegende Veränderung im physikalischen Zustand der verseifenden Masse eingetreten ist.

Diese schnelle Reaktion wurde früher als eine Emulsionsverseifung betrachtet und die Geschwindigkeitserhöhung durch die Annahme einer parallelen Erhöhung des Dispersitätsgrades der Emulsion während der Verleimung erklärt. E. L. SMITH[1] focht diese Meinung an und hat als erster zur Erklärung des Verlaufs der Schnellverseifung auf die hohe *Löslichkeit* hingewiesen, die Fette *in konzentrierten Seifenlösungen* besitzen.

Erfahrungstatsache ist (s. S. 73), daß konzentrierte Seifenlösungen organische Flüssigkeiten sehr leicht *lösen*, d. h., daß diese Substanzen von der Seifenlösung aufgenommen sind und weder mit unbewaffnetem Auge noch mit dem Mikroskop wahrgenommen werden können. Daß es sich nicht um eine einfache Emulgierung höchsten Dispersitätsgrades handelt, zeigt schon die Tatsache, daß gerade die konzentriertesten Seifenlösungen, d. h. diejenigen, die am wenigsten kapillaraktiv sind, am meisten organische Flüssigkeiten lösen.

Wie groß diese Löslichkeit ist, zeigen folgende Beispiele: Eine 10%ige Natriumoleatlösung kann 1,1 g *Benzol* pro Gramm Seife lösen, eine 30%ige Lösung sogar 1,65 g. Mischungen von Dorschleberölseife und ihrem eigenen Gewicht schweren *Paraffinöles* mit etwas 36gradiger Natronlauge sind nach Angaben von E. L. SMITH homogen und durchsichtig; *Phenol, Kresol* usw. lösen sich in großen Mengen in konzentrierten Seifenlösungen. Die erhaltenen Lösungen, die technische Wichtigkeit besitzen, zeichnen sich durch ihre vollständige Durchsichtigkeit aus. Wenn man die Lösungen mit Wasser verdünnt, erhält man stark getrübte, milchige Flüssigkeiten, in welchen das Mikroskop die Phenolkügelchen erkennen läßt. Durch Verdünnung ist also aus der *Lösung* eine *Emulsion* entstanden, deren Heterogenität sich sofort zeigt. Harzseife löst beträchtliche Mengen *Harz* auf und die erhaltene zähe Lösung (Harzleim) ist vollständig homogen und durchsichtig. Beim Verdünnen zeigen sich dieselben Erscheinungen bei Phenol- und Kresolseifen. Lösungsmittelseifen enthalten bekanntlich nicht unbeträchtliche Mengen *organischer Lösungsmittel* in gelöstem Zustand. *Fett* und *Fettsäuren* lösen sich leicht in Seifen und bilden Klumpen (Zusammenfahren), welche ebenfalls homogen und durchscheinend sind. Bei der Durchführung einer Verseifung, wobei Fett und Lauge gleichzeitig in den Siedekessel eingetragen werden, fällt die Leichtigkeit auf, mit welcher das Fett im

[1] Journ. Soc. chem. Ind. **51**, 337 T (1932).

siedenden Seifenleim verschwindet, ohne daß man stark zu rühren braucht. Zum Emulgieren ist bekanntlich beträchtlich stärkere Rührarbeit nötig. Das Fett hat sich also im Seifenleim *gelöst.*

Über die Natur dieser Lösung ist bisher nichts bekanntgeworden. Von einer molekularen Auflösung des Fettes im Wasser kann selbstverständlich nicht gesprochen werden. Am wahrscheinlichsten ist, daß das Fett in das Innere der Seifenmizelle eindringt und von dieser aufgelöst wird, indem sich *gemischte Mizellen* von Fett und Seife bilden. Man erhält also nach dieser Auffassung eine Seifenlösung, in welcher das Fett, anstatt in kleinen Tröpfchen emulgiert zu sein, in den eigenen Teilchen der kolloiden Seife gelöst vorliegt.

Qualitativ ist demnach der Zustand der Seifen-Fett-Masse bei der Schnellverseifung demjenigen bei der Emulsionsverseifung durchaus ähnlich. Die Unterschiede sind nur quantitativ. Die Öltröpfchen der feinsten Emulsionen erreichen selten einen Durchmesser von 0,001 mm[1], während die Seifenmizellen Durchmesser von 0,00001 mm und weniger besitzen. Durch die Auflösung in den Seifenmizellen erreicht also die Fettzerteilung einen viel höheren Dispersitätsgrad als durch einfaches Emulgieren. Von einer homogenen Verseifung, wie etwa die Verseifung mit alkoholischen Alkalihydroxydlösungen, darf aber bei der Schnellverseifung nicht gesprochen werden. Die Fettmoleküle stehen nach der beschriebenen Auffassung der Verseifung nicht „frei" zur Verfügung. Sie sind im Innern von Seifenmizellen angehäuft und müssen nach der Mizellenoberfläche wandern, um mit dem Alkali zu reagieren. Die Reaktionsgeschwindigkeit wird also durch die Diffusionsgeschwindigkeit des Fettes in den Seifenmizellen bedingt.

Wie die experimentellen Untersuchungen zeigen[2], bleibt die Geschwindigkeit der Schnellverseifung während der ganzen Dauer dieser Periode beiläufig konstant. Ein Blick auf Abb. 62 zeigt, daß der entsprechende Teil der Kurve annähernd durch eine Gerade dargestellt wird. Die Neigung dieser Geraden ist ein Maß der Reaktionsgeschwindigkeit.

3. Die Endverseifung.

Erfahrungsgemäß verlangsamt sich die Verseifung gegen Ende der Reaktion immer mehr. Die Kurve, welche den Reaktionsverlauf darstellt, weicht mit zunehmendem Verseifungsgrad vom geradlinigen Verlauf der Schnellverseifung immer stärker ab. Sie neigt sich gegen die Zeitachse und wird zu dieser fast parallel. Die Verseifung der letzten Prozente Fett erfordert ein im Verhältnis zur Dauer der Schnellverseifung langes Sieden oder Stehenlassen in der Wärme. Diese Verlangsamung ist bedingt durch die Verarmung an Reaktionskomponenten, besonders an Fett. Anderseits vermögen die in den Seifenmizellen tief hineingedrungenen Fettmoleküle, wegen der hohen Viskosität des Mediums, nur langsam an die Mizellenoberfläche zu wandern.

Die Technik erfordert, daß die Verseifung der Fette soweit als möglich getrieben wird. Eine Höchstmenge von 0,1 v. H. für unverseiftes Fett wird von einer lagerbeständigen Seife gefordert. Es hat daher nicht an Versuchen gefehlt, die Geschwindigkeit der Endverseifung zu erhöhen[3]. Systematische Untersuchungen über die Faktoren, welche die Schnelligkeit der Endverseifung beein-

[1] W. CLAYTON: Theorie der Emulsionen und der Emulgierung, S. 12. Berlin. 1932.

[2] M. H. NORRIS u. J. W. McBAIN: Journ. chem. Soc. London **121** u. **122**, 1362 (1922). — J. W. McBAIN, H. S. HOWES u. M. THORBURN: Journ. physical Chem. **31**, 131 (1927). — J. W. McBAIN, C. W. HUMPHREYS u. Y. KAWAKAMI: Journ. chem. Soc. London **1929**, 2185. — J. W. McBAIN u. Y. KAWAKAMI: Journ. physical Chem. **34**, 580 (1930). — E. L. SMITH: S. S. 167.

[3] C. BERGELL: E. P. 313019. — S. Referat in Seifensieder-Ztg. **56**, 341 (1929).

flussen, sind aber nicht veröffentlicht worden. Hohe Seifenkonzentrationen und niedriger Elektrolytgehalt scheinen die Verseifungsreaktion am meisten zu begünstigen.

4. Die Grenze der Verseifungsreaktion.

Wenn man die Verseifung mit genau äquivalenten Mengen von Fett und Alkali durchführt, kann man sich fragen, ob die Reaktion bis zur vollständigen Umsetzung des Fettes in Seife fortschreitet oder ob sie in ihrem Verlauf durch eine entgegengesetzte Reaktion begrenzt ist, sich also ein Gleichgewicht ausbildet. Die einzig mögliche entgegengesetzte Reaktion ist die Hydrolyse, welche die Seife in Fettsäure und Alkali spaltet, denn die Rückbildung des Fettglycerids aus der Fettsäure und dem Glycerin ist bei der geringen Konzentration der hydrolytisch abgespaltenen Fettsäure sicher unmöglich.

Nach der Meinung namhafter Forscher[1] muß die Verseifung zum Stillstand kommen, wenn die Alkalikonzentration die Hydrolysenalkalität der gebildeten Seifenlösung erreicht. Gemäß der sehr geringen Hydrolyse von konzentrierten warmen Seifenlösungen berechnet man in dieser Weise, daß die Grenze der Verseifungsreaktion über 99,9 v. H. liegen muß.

Bei näherer Betrachtung ersieht man aber, daß in Wirklichkeit selbst eine solche hohe Grenze nicht besteht, weil die Seifenhydrolyse nur die Neutralisation der Fettsäuren mit Alkali begrenzen kann, nicht aber die eigentliche Verseifungsreaktion des Fettglycerids. Bei Vorhandensein von Seife kann nämlich die Spaltung des Fettes in Glycerin und Fettsäure auch ohne Alkali fortschreiten[2]. Nach dem Erreichen der Hydrolysenalkalität wird sich die Spaltung der Fettglyceride ungehindert fortsetzen können und die gebildete Fettsäure wird noch auf die Seifenhydrolyse ein wenig zurückdrängend einwirken. Der erreichbare Endzustand wird genau derselbe sein wie bei der Auflösung einer vollständig verseiften Seife in Wasser[3]. Die Verseifung ist somit eine unbegrenzte Reaktion.

5. Einfluß der Alkalikonzentration auf die Verseifung.

In jedem der drei hier betrachteten Stadien der Verseifung ist der Einfluß der Alkalikonzentration auf die Verseifungsgeschwindigkeit verschieden.

In der *einleitenden Periode*, wenn sich die Emulsion zwischen Fett und Lauge bildet, darf, damit eine Emulsion zustande kommt, die Alkalikonzentration die *Grenzlaugenkonzentration der Seife* nicht überschreiten. Man muß dabei berücksichtigen, daß die Grenzlauge einer neutralfetthaltigen Seife immer kleiner als die Grenzlauge der reinen Seife ist, da die Empfindlichkeit der Seifen gegenüber Elektrolyten durch das Vorhandensein von unverseiftem Fett erhöht wird Für Alkalikonzentrationen unterhalb der Grenzlauge bewirkt eine Konzentrationserhöhung zugleich ein Erhöhung der Verseifungsgeschwindigkeit. Die Emulsionsverseifung wird also durch Alkalikonzentrationen in der Nähe und unterhalb

---

[1] LEWKOWITSCH: Journ. Soc. chem. Ind. **26**, 590 (1907); Ztschr. angew. Chem. **20**, 951 (1907). — M.H.NORRIS u. J.W.MCBAIN: S. S. 168. — J.W.MCBAIN, H.S.HOWES u. M.THORBURN: S. S. 168.

[2] S. C.BERGELL u. L.LASCARAY: Seifensieder-Ztg. **51**, 895, 915 (1924).

[3] Die von MCBAIN und Mitarbeitern ausgearbeitete Methode zur Verfolgung der Verseifung mit Alkalien, auf der elektrometrischen Messung der OH-Ionenkonzentration fußend, mißt eigentlich nur den Verlauf der Neutralisationsreaktion der Fettsäuren mit dem Alkali, während die Spaltungsreaktion auf die Messung keinen direkten Einfluß ausübt. Obgleich während der größten Dauer der Verseifung beide Reaktionen gleichzeitig verlaufen, ist das beim Annähern der der Hydrolyse entsprechenden Alkalikonzentration nicht mehr der Fall. Die MCBAINsche Methode gibt in diesem Gebiet kein brauchbares Ergebnis über den eigentlichen Verlauf der Verseifung.

der Grenzlauge begünstigt. Bei der praktischen Ausführung der Verseifung soll man also die Anwendung zu verdünnter oder zu konzentrierter Laugen vermeiden.

Die konstante *Geschwindigkeit der Schnellverseifung* scheint dagegen unabhängig von der Alkalikonzentration zu sein. Die geradlinigen Teile der Verseifungskurven verlaufen bei Änderung der Alkalikonzentration parallel zueinander, nur ist ihre Lage, entsprechend dem Einfluß der Laugenkonzentration bei der einleitenden Periode, verschieden.

Über den Einfluß der Laugenkonzentration auf die *Geschwindigkeit der Endverseifung* liegen spärliche Angaben vor. Verseifung mit hoher Laugenkonzentration hat zur Folge, vorausgesetzt, daß kein Wasser zugesetzt wird, daß man einen hochkonzentrierten Seifenleim erhält. Eine hohe Seifenkonzentration bewirkt aber, nach Untersuchungen von C. BERGELL und L. LASCARAY, von J. W. MCBAIN, H. S. HOWES und M. THORBURN und von J. W. MCBAIN und Y. KAWAKAMI[1] eine Erhöhung der Verseifungsgeschwindigkeit der in der Seife noch vorhandenen Fettmenge. Hieraus soll man also schließen, daß die Anwendung hoher Laugenkonzentrationen und das dadurch bedingte Sieden in konzentriertem Leim die Geschwindigkeit der Endverseifung erhöht.

Alkalikonzentrationen oberhalb der Grenzlauge führen im Anfang der Verseifung zu einer Aussalzung der sich zuerst bildenden Seife. Die Bildung feiner Öl-in-Wasser-Emulsionen wird dadurch erschwert[2]. Die Geschwindigkeit der Verseifung erleidet eine starke Erniedrigung, wird aber nicht gleich Null. Die Verseifung schreitet durch die ständige Bewegung der Masse und durch die sich immer bildenden neuen Grenzflächen zwischen Öl und Lauge langsam fort. In dem sich abscheidenden Seifenkern findet gleichzeitig auch Verseifung des mitgelösten Öles statt. Eine viel verbreitete Arbeitsweise, besonders beim Sieden mit Dampf, ist das Verseifen von Anfang an mit Alkalikonzentrationen, die oberhalb der Grenzlauge liegen, um nicht unnötig viel Wasser in den Kessel hereinzubringen. Durch die fortschreitende Verseifung erreicht man bald eine Alkalikonzentration, die unterhalb der Grenzlauge der Seife liegt und der Verband wird dadurch erreicht.

6. Die Wirkung eines Alkali- oder Fettüberschusses auf die Geschwindigkeit der Endverseifung.

Eine mit genau äquivalenten Mengen von Fett und Alkali durchgeführte Verseifung verlangsamt sich gegen Ende der Reaktion. Man kann die Geschwindigkeit der Endverseifung etwas erhöhen durch Anwendung eines Überschusses einer der reagierenden Substanzen. In Frage kommt selbstverständlich nur das Alkali, dessen Überschuß allerdings so bemessen sein soll, daß die Homogenität des Seifenleimes erhalten bleibt. Praktisch können gewöhnlich nur geringe absolute Alkaliüberschüsse verwendet werden, so daß die hierdurch bewirkte Erhöhung der Verseifungsgeschwindigkeit ebenfalls gering ist.

Die Geschwindigkeitserhöhung, welche ein Fettüberschuß bewirkt, ist außergewöhnlich groß. Diese Eigenschaft kann aus naheliegenden Gründen nicht zur Erzielung einer restlosen Verseifung benutzt werden, aber die Erscheinung wird am Siedekessel oft beobachtet, wenn infolge einer zu langsamen Laugenzugabe oder einer ungenügenden Durchmischung die ganze Masse oder ein Teil derselben mit Fett übersättigt wird. Bei Eintreten eines solchen Falles beobachtet man, daß der Stich in wenigen Minuten verschwindet und eine Nach-

---

[1] S. S. 168.

[2] Bei sehr hohen Laugenkonzentrationen erzielt man wieder leichter Emulgierung. Die erhaltenen Emulsionen sind aber vom Typus Wasser-in-Öl. Die sich dabei abspielenden Vorgänge werden bei der Kaltverseifung behandelt.

prüfung im Laboratorium zeigt, daß die Seife sauer geworden ist. Die Verseifungsreaktion zwischen dem Fett und dem vorhandenen Alkali hat sich also in einer sehr kurzen Zeit bis zu ihrer Vollendung abgespielt, während dieselbe Reaktion ohne Fettüberschuß eine viel längere Zeit benötigt hätte, um zur gleichen Vollständigkeit zu kommen.

Die große Wirkung eines Fettüberschusses findet ihre Erklärung, wenn man die Alkaliverseifung der Fette als zusammengesetzte Reaktion betrachtet und sie in Spaltungs- und Neutralisationsreaktion trennt. Die Neutralisationsreaktion erfolgt augenblicklich, während die Geschwindigkeit der Spaltungsreaktion von der Konzentration des unverseiften Fettes abhängt und bei kleinen Fettkonzentrationen sehr gering wird. Die Verseifungsgeschwindigkeit wird praktisch allein von der Spaltungsgeschwindigkeit bestimmt. Mit äquivalenten Mengen von Fett und Alkali oder mit einem Alkaliüberschuß verlaufen beide Reaktionen zusammen und entsprechend der Geschwindigkeit der Spaltungsreaktion beobachtet man gegen Reaktionsende eine nur langsame Abnahme des Alkalis. Ist dagegen das Fett im Überschuß vorhanden, so ist die Spaltungsgeschwindigkeit immer noch verhältnismäßig hoch, selbst wenn das Alkali schon verbraucht ist. Das Verschwinden des Alkalis findet dann mit verhältnismäßig hoher Geschwindigkeit statt.

7. Das „Zusammenfahren". Die „Reduktion" der Verseifungslaugen.

Der schnelle Alkaliverbrauch, welchen ein Fettüberschuß bewirkt, kann als Folge die sehr gefürchtete Störung des „Zusammenfahrens" der Seife haben, d. h. des Dickwerdens des Kesselinhaltes unter starker Klumpenbildung. Dieser Vorgang, für welchen eine befriedigende Erklärung noch fehlt, hat eine gewisse Ähnlichkeit mit der Klumpenbildung, die beim Verdünnen eines konzentrierten und elektrolytarmen Seifenleimes mit reinem Wasser eintritt. Für die letzte Erscheinung wird später als Erklärung (s. S. 181) die Bildung und Abscheidung einer besonderen anisotropen Seifenphase angegeben, deren Existenz durch die Arbeiten von J. W. McBain und G. M. Langdon[1] bewiesen worden ist. Wahrscheinlich hat die Klumpenbildung beim Zusammenfahren dieselbe Ursache. Aus den angeführten Arbeiten ergibt sich, daß das Existenzgebiet der später als „*Klumpseife*" zu bezeichnenden Phase sich zwischen mäßigen Seifenkonzentrationen (25—55 v. H.) und niedrigen Elektrolytgehalten ausdehnt. Solche Zusammensetzungen entsprechen gerade denjenigen der zum Zusammenfahren neigenden Systeme, wenn infolge des schnellen Verschwindens des Alkalis die Elektrolytkonzentration eine plötzliche Erniedrigung erleidet. Daß die Klumpenbildung beim Zusammenfahren stärker ist und leichter eintritt als beim Verdünnen eines Seifenleimes, erklärt sich dadurch, daß das überschüssige Fett oder die schon gebildete Fettsäure das Existenzgebiet der Klumpseife wahrscheinlich erweitert, so daß Klumpenbildung bereits bei verhältnismäßig hohen Elektrolytkonzentrationen stattfindet.

In Übereinstimmung mit dieser Erklärung des Zusammenfahrens steht die praktische Maßnahme der „Reduktion" der Verseifungslaugen, d. h. der Zusatz von Carbonaten oder Chloriden zur Ätzalkalilauge. Die Gefahr des Zusammenfahrens wird dadurch geringer, weil auf diese Weise die Elektrolytkonzentration in der Seife niemals unter einer gewissen Mindestgrenze liegen kann.

8. Der Einfluß verschiedener Zusätze auf die Verseifung.

Die Verseifungsgeschwindigkeit ist in hohem Maße vom *physikalischen Zustand* des Systems, in dem die Verseifung stattfindet, abhängig. Zusätze, welche

[1] Journ. chem. Soc. London **127**, 852 (1925).

den physikalischen Zustand der Seife verändern, haben infolgedessen eine starke Wirkung auf die Verseifung. Solche Zusätze sind in erster Linie die *Elektrolyte*.

Während der Periode der *Emulsionsverseifung* hemmt jeder Elektrolytzusatz die Emulsionsbildung. Der Zusatz jedes Elektrolyts außer des Alkalis soll also in dieser Periode vermieden werden und die Alkalikonzentration soll die Grenzlauge der sich bildenden Seife nicht überschreiten.

Die Reaktionsgeschwindigkeit der *Schnellverseifung* erleidet, nach Untersuchungen von J. W. McBain und seinen Mitarbeitern, eine *Erhöhung* durch Natriumchloridzusätze, welche den Seifenleim nicht aussalzen. Die Wirkung ähnelt der einer Konzentrationserhöhung der Seife selbst und ist wahrscheinlich dadurch zu erklären, daß das Salz den Dispersitätsgrad der Seifenlösung erniedrigt und molekulargelöste Seife in kolloide Seifenmizellen umwandelt, welche eine höhere Fähigkeit zum Auflösen des unverseiften Fettes besitzen.

Sobald die makroskopische Heterogenität des Seifenleimes durch höhere Salzzusätze gestört wird, zeigt sich eine starke Verlangsamung der Schnellverseifung. Die Geschwindigkeit wird ungefähr bis auf die Hälfte erniedrigt. Jedoch beweisen die Versuche von J. W. McBain, H. S. Howes und M. Thorburn, daß durch sehr hohe Salzzusätze die Verseifungsgeschwindigkeit wieder erhöht wird und daß man sogar Werte erreicht, welche diejenigen der homogenen Seifenleime überschreiten.

Die Wirkung von Elektrolyten auf die Geschwindigkeit der *Endverseifung* ist noch ungenügend bekannt. Aus dem Vergleich mit den Vorgängen bei der Kaltverseifung und aus vereinzelten Angaben scheint hervorzugehen, daß niedrige Elektrolytkonzentrationen auf die Verseifung fördernd wirken.

Glycerinzusätze erniedrigen in geringem Maße die Verseifungsgeschwindigkeit.

9. Die Wärmetönung der Verseifungsreaktion.

Die Verseifungsreaktion verläuft mit *positiver* Wärmetönung, d. h., bei der Überführung des Fettes in Seife *wird Wärme frei*. Die Wärmeentwicklung während der Verseifung ist jedem Seifensieder wohlbekannt. Sie wird in sehr deutlicher Weise wahrgenommen bei der später zu besprechenden Kaltverseifung, wo eine innige Emulsion von Fett und Lauge von selbst eine Temperaturerhöhung von 50° und mehr erfahren kann. Sie zeigt sich aber auch bei der Siedeverseifung, nach Herstellung des Verbandes, durch das starke Ansteigen der Seifenmasse.

Es fehlt an Veröffentlichungen über direkte Messungen der Wärmetönung der Verseifungsreaktion. Ihr ungefährer Wert kann als Summe der Spaltungswärme der Triglyceride und der Neutralisationswärme der Fettsäuren berechnet werden. Die Spaltungswärme der Triglyceride, aus den Bildungswärmen der Komponenten berechnet, erweist sich ungefähr gleich 18 kcal pro Mol Triglycerid. Die molekulare Neutralisationswärme der Fettsäuren beträgt ca. 14 kcal. Die Wärmetönung der Überführung eines Mols flüssigen Glycerides in drei Mol gelöster Seife ist also annähernd 60 kcal. Bei einer Verseifungszahl des Fettansatzes von 210 und einem entsprechenden mittleren Molgewicht von 800 ist die während der Alkaliverseifung von 1 kg geschmolzenen Fettes entwickelte Wärme ungefähr gleich *75 kcal.*

Zu einem etwas niedrigeren Wert gelangt man durch Berechnung aus der Temperatursteigerung bei der Kaltverseifung. Ein 200-kg-Block kaltgerührter Seife erwärmt sich beim Verseifungsprozeß in der Mitte des Blockes um ca. 50°. Bei einer spezifischen Wärme der Seife von 0,6 beträgt die Wärmeentwicklung pro Kilogramm Seife 30 kcal. Berücksichtigt man, daß 1 Teil kaltgerührter Seife aus ungefähr $^2/_3$ Teil Fett entsteht, und daß, wenn die Seifenmasse in der

Form gegossen wird, schon ca. 15 v. H. Fett verseift sind, so erhält man als annähernde Reaktionswärme pro Kilogramm Fett den Wert von *55 kcal.*

Bei stürmisch eintretenden Reaktionen kann die plötzliche Wärmeentwicklung beträchtliche Werte erreichen. Werden z. B. in einem Siedekessel 1000 kg Fett verseift und tritt infolge Mangels an Wartung der Verband plötzlich ein, so kann mit Bestimmtheit angenommen werden, daß 80 v. H. der Fettmenge in wenigen Minuten verseift werden. Die dabei entwickelte Wärmemenge beträgt, wenn man als mittlere Wärmetönung den Wert 65 kcal annimmt:

$$1000 \times 0{,}8 \times 65 = 52000\ \text{kcal}.$$

War die Emulsion von Fett und Lauge schon vor Eintritt der Verseifung bis zur Siedetemperatur erhitzt, so müssen aus dem Kessel *100 kg Wasser verdampfen,* um die entwickelte Wärme abzuführen. Es erhellt daraus, daß diese in wenigen Minuten stattfindende große Wasserverdampfung nicht ohne Schaden, wie schnelles Steigen, Spritzen, Überlaufen usw. verlaufen kann.

10. Die Temperaturabhängigkeit der Verseifung.

Wegen der sehr vielen Faktoren, welche die Reaktion der Alkaliverseifung beeinflussen, ist ein konstanter *Temperatur*koeffizient schon von vornherein nicht zu erwarten; die Temperaturwirkung erstreckt sich nämlich nicht nur auf die chemische Reaktion, sondern hauptsächlich auch auf den physikalischen Zustand der in Verseifung befindlichen Emulsion oder Seifenlösung.

Bekannt ist, daß bei chemischen Reaktionen eine Temperaturerhöhung von 10° die Reaktionsgeschwindigkeit verdoppelt oder verdreifacht, während bei physikalischen Vorgängen dieselbe Temperaturerhöhung ein Steigen der Geschwindigkeit des Vorganges nur um das 1,2- bis 1,3fache bewirkt. Versuche von M. H. NORRIS und J. W. MC BAIN[1] mit Soja- und Cocosöl zeigen einen mittleren Temperaturkoeffizienten von 1,3—1,6 für 10° Temperaturerhöhung. Bei der Kaltverseifung findet dagegen E. L. SMITH[2] für 20° Temperaturerhöhung ein Steigen der Geschwindigkeit um das Zwei- bis Achtfache.

11. Die Druckverseifung.

Die vorteilhafte Wirkung einer Temperaturerhöhung auf die Verseifungsgeschwindigkeit kann ausgenutzt werden, wenn man die Verseifung bei Temperaturen über 100°, also in geschlossenen Kesseln unter Druck ausführt. Die Perioden der Emulsions- und Schnellverseifung gehen bei richtigem Arbeiten auch bei 100° rasch vonstatten. Anderseits ist die Ausführung dieser Operationen im geschlossenen Kessel, wegen der Notwendigkeit einer ständigen Beobachtung, zumindest unbequemer als in offenen[3], und wegen der Wärmetönung der Verseifungsreaktion mit einer gewissen Gefahr verbunden[4]. Die praktische

[1] M. H. NORRIS u. J. W. MC BAIN: S. S. 168. [2] Vgl. E. L. SMITH: S. S. 167.

[3] Die fehlerfreie Leitung der Verseifung erfordert sehr sorgfältige Aufsicht. Die Beschaffenheit der siedenden Masse kann nämlich in dem Bruchteil einer Minute große Veränderungen erfahren, die das unmittelbare Eingreifen von korrigierenden Maßnahmen erfordert, um das Zusammenfahren der Masse oder das „Zerreißen" des Verbandes zu verhüten.

[4] Wenn infolge mangelhafter Überwachung die Verseifungsreaktion von z. B. 1000 kg Fett in einem geschlossenen Kessel plötzlich einsetzt und dabei in wenigen Minuten 80 v. H. des Fettansatzes verseift werden, dann ist bekanntlich (vgl. oben) die entwickelte Wärmemenge gleich ungefähr 52000 kcal. Angenommen, man erhält einen 50 v. H.-igen Seifenleim, der eine spezifische Wärme von ca. 0,65 besitzt, so ist die plötzliche Temperaturerhöhung, welche die 1900 kg Seifenleim erfahren, gleich:

$$\frac{52000}{1900 \cdot 0{,}65} = 42^{0}.$$

Bedeutung der Druckverseifung kann daher höchstens in der Beschleunigung der Endverseifung liegen, welche bei 100° gewöhnlich langsam verläuft. In anscheinend befriedigender Weise wird die Verseifung unter Druck bei der kontinuierlichen Verseifung (S. 249) ausgenutzt.

Über die Beschleunigung der Endverseifung durch Temperaturerhöhung liegen keine experimentellen Untersuchungen vor. Man ist also hinsichtlich dieses Einflusses auf Voraussetzungen angewiesen. Die Ursache der Verlangsamung der Reaktion gegen Ende liegt mehr in physikalischen als in chemischen Faktoren, wie große Verdünnung der Reaktionsteilnehmer, schwierige Diffusion der Fettmoleküle aus dem Innern der Seifenmizellen usw. Für diese Vorgänge sind niedrige Temperaturkoeffizienten zu erwarten. Nimmt man ein Steigen der Reaktionsgeschwindigkeit von 1,3 für jede 10° Temperaturerhöhung an, so berechnet sich der anzuwendende Dampfdruck, um die Verseifungsgeschwindigkeit im Autoklaven im Verhältnis zu jener bei 100° um n-mal zu beschleunigen, wie folgt:

n	Dampfdruck
2	1,5 at
3	2,75 „
4	4 „
5	5 „
6	7 „
8	9 „
10	12 „

Der Dampfdruck steigt also etwas schneller als die Geschwindigkeitsbeschleunigung.

In Zusammenhang hiermit sei angeführt, daß nach Angaben von C. M. Adcock[1] die Alkaliverseifung der Fette bei Temperaturen von 250—300° und entsprechenden Drucken von 50—100 atü innerhalb von nur 30 Sekunden erfolgt.

b) Die Verseifung auf kaltem Wege.

Der wesentliche Unterschied zwischen der Verseifung bei Siedetemperatur und der auf kaltem Wege liegt in der einleitenden Periode der Reaktion, welche im vorherigen Abschnitt als *Emulsionsverseifung* bezeichnet wurde. Während bei der Verseifung bei Siedetemperatur die Reaktion in einer Emulsion des Typus Öl-in-Wasser ihren Anfang nimmt, sind bei der Kaltverseifung die die Reaktion einleitenden Emulsionen des Typus Wasser-in-Öl.

Bekanntlich vermögen verdünnte Seifenlösungen nur Emulsionen des Typus Öl-in-Wasser zu stabilisieren, während die sog. „Metallseifen“, d. h. die Verbindungen der Erdalkali- und Schwermetalle mit den Fettsäuren, nur Emulsionen des umgekehrten Typus, Wasser-in-Öl, beständig machen. Auf die Theorien, welche zur Erklärung dieses verschiedenen Verhaltens aufgestellt worden sind, soll hier nicht eingegangen werden. Es braucht nur hervorgehoben zu werden, daß Emulgatoren für Emulsionen des ersten Typus immer *hydrophile* Substanzen sind, während die Wasser-in-Öl-Emulsionen ausschließlich durch *hydrophobe* Körper stabilisiert werden (Näheres vgl. Bd. II, S. 753).

Seife stellt in bezug auf ihr Verhalten gegen Wasser insofern eine ganz eigentümliche Substanz dar, als sie durch Zusammentritt einer hydrophoben Polymethylenkette mit einer stark hydrophilen Salzgruppe entsteht. Je nach der Konzentration und der Temperatur kann Seife als hydrophil oder als hydrophob gelten. In den meisten verdünnten und mittelkonzentrierten Lösungen über-

Wenn der Druck im Autoklaven beim Einsetzen der Verseifung schon 3 at hoch war, wird die berechnete Temperaturerhöhung den Druck innerhalb kurzer Zeit bis zu ca. 10 at steigen lassen, wenn Vorrichtungen nicht vorhanden sind, welche diese plötzliche Druckerhöhung verhindern.

[1] E. P. 367513.

wiegt der hydrophile Charakter des Salzradikals; die Seife hat alle charakteristischen Eigenschaften der hydrophilen Kolloide und vermag Öl-in-Wasser-Emulsionen zu stabilisieren. Nun ist von J. WEICHHERZ gezeigt worden[1], daß mit hochkonzentrierten Seifenlösungen oder mit Seifen, welche fast wasserfrei sind, beständige Emulsionen des Typus Wasser-in-Öl erhalten werden können, welche beim Verdünnen mit Wasser in den umgekehrten Typus umschlagen. In wasserarmen Seifen vermögen sich also die hydrophilen Eigenschaften der Salzgruppe nicht voll zu entwickeln und der hydrophobe Charakter der Polymethylenkette verleiht dem ganzen Molekül seine Eigenschaften.

Die Bedingungen für die Verseifung auf kaltem Wege sind gerade solche, welche nur die Bildung von sehr wasserarmer Seife erlauben. Die Verseifung gelingt nur mit hochkonzentrierten Laugen, deren Dichte gewöhnlich zwischen 38° und 45° Bé liegt. Durch das Einrühren der Lauge in das geschmolzene Fett bilden sich an der Trennungsfläche, meist durch den geringen Fettsäuregehalt des Fettes begünstigt, sehr dünne Seifenhäutchen. Infolge der hohen Laugenkonzentration ist diese Seife stark dehydratisiert und hat den Charakter einer hydrophoben Substanz. Sie verhält sich der Emulsion gegenüber wie eine „Metallseife" und verteilt also die Lauge in kleinen Tröpfchen im Fett.

Für den Verlauf der Emulsionsverseifung ist es grundsätzlich gleichgültig, ob die Emulsion von Fett und Lauge von dem einen oder dem anderen Typus ist; denn es ist nicht ohne weiteres anzunehmen, daß die Krümmung der Grenzfläche nach der einen oder nach der anderen Phase irgendeinen Einfluß auf den Verlauf der Reaktion ausübt. Lediglich die Ausdehnung dieser Grenzfläche ist für die Verseifung maßgebend. Nun ist es aber im allgemeinen viel leichter, konzentrierte Emulsionen des Typus Wasser-in-Öl herzustellen, als ebenso hoch konzentrierte Emulsionen des umgekehrten Typus. Bei Seifen ist dieser Unterschied am auffälligsten. Die bei Anwendung von guten Neutralfetten in der einleitenden Periode der Verseifung gebildeten Seifenmengen sind immer gering. Verläuft die Verseifung in Öl-in-Wasser-Emulsionen, so ist diese kleine Seifenmenge in dem ganzen Laugenvolumen gelöst und die stabilisierende Häutchenbildung ist durch die geringe Seifenkonzentration erschwert. Bei der Kaltverseifung ist dagegen die gebildete Seifenmenge im Öl wie im Fett unlöslich und bleibt vollständig in der Berührungsfläche der Phasen als dünnes, stark stabilisierendes Häutchen. Bei gleich großen Mengen gebildeter Seife werden also viel feinere und beständigere Emulsionen bei der Verseifung auf kaltem Wege als bei der Verseifung bei Siedetemperatur erhalten.

Dieser Unterschied in der Konzentration und Feinheit beider Emulsionsarten erklärt ohne weiteres die viel leichtere Verseifbarkeit der Fette auf kaltem Wege. Bei der Einleitungstemperatur der Kaltverseifung — meist 30° — würde man eine Emulsion von Fett in verdünnter Lauge auch mit dem bestwirkenden Rührwerk nicht in kurzer Zeit vollverseifen können. Dagegen gelingt es mit konzentrierten Laugen, bei Anwendung der einfachsten Rührvorrichtungen in einer kurzen Rührzeit die Verseifung einzuleiten, welche sich dann von selbst in wenigen Stunden vollzieht.

Die experimentellen Untersuchungen über die Verseifung auf kaltem Wege beweisen, daß die Endverseifung viel schneller verläuft als bei den bei Siedetemperatur verseiften Systemen. So findet I. DAVIDSOHN[2], daß Talg in zwei Stunden bis zu 99,9 v. H. kalt verseift werden kann. Bei der niedrigen Temperatur der Verseifung sollte man eher eine langsamere Reaktion erwarten. Es mag zur Erklärung dieses

[1] Kolloid-Ztschr. **47**, 133 (1929).
[2] Seifensieder-Ztg. **54**, 281 (1927); **61**, 939 (1934).

besonderen Verhaltens die höhere Seifenkonzentration und die Elektrolytfreiheit des Systems in Betracht gezogen werden. In ihrer Zusammensetzung entspricht die Phase, in der die Verseifung stattfindet, einem geschliffenen Kern und wahrscheinlich geht die Verseifung in dieser Phase schneller als in einem dünnflüssigen Seifenleim vor sich.

Die Wirkung von „Katalysatoren" bei der Kaltverseifung.

Die Reaktionsgeschwindigkeit der Kaltverseifung kann durch Zusatz kleiner Mengen gewisser Substanzen wesentlich beschleunigt werden. Es handelt sich meistens um eine Abkürzung der einleitenden Periode der Verseifung, d. h. der Emulsionsverseifung.

Die beschleunigende Wirkung *freier Fettsäuren* ist allgemein bekannt. Fettsäurehaltige Fette lassen sich bekanntlich viel schneller mit konzentrierten Laugen in Emulsion bringen als absolut neutrale. Die Wirkung der Fettsäuren beruht lediglich in der augenblicklichen Bildung von Seife, welche eigentlich erst die Emulgierung bewirkt.

Es gibt aber eine Anzahl anderer Substanzen, welche die Verseifungsreaktion beschleunigen, ohne an ihr direkt teilzunehmen oder bei der Reaktion verändert zu werden. Von diesen als „Katalysatoren" zu bezeichnenden Substanzen sind untersucht worden die in Wasser wenig löslichen Phenole, wie *Kresol, Thymol* und *die Naphthole*[1] und die *Äthanolaminseifen*[2]. Diese letzten Substanzen — fettsaure Salze des Triäthanolamins — stellen Flüssigkeiten dar, die mit Öl in jedem Verhältnis mischbar sind.

Als gemeinsame Eigenschaft haben alle diese Körper eine höhere Löslichkeit im Öl als im Wasser und außerdem sind sie in der Seife selbst gut löslich. Sie wirken dadurch, daß sie den hydrophoben Charakter der Seifenhäutchen erhöhen und daher eine stabilisierende Wirkung auf die Emulsion von Lauge in Fett ausüben.

c) Die Carbonatverseifung.

Die Neutralisation der Fettsäuren mit Alkalicarbonaten bezeichnet man als *Carbonatverseifung.* Eine eigentliche Verseifung der Neutralfette mit Carbonaten ist damit nicht gemeint, obgleich eine solche Reaktion möglich ist.

Wenn auch Kohlensäure eine schwächere Säure als Fettsäure ist, so ist die Ausführung der Carbonatverseifung von gewissen Bedingungen abhängig. Die Neutralisation einer Fettsäure mit Alkalicarbonat läßt an die umgekehrte Reaktion denken, die auf S. 164 behandelt wurde, die Einwirkung von Kohlendioxyd auf Seife. Dort ist gezeigt worden, daß diese Reaktion begrenzt ist und daß der Zersetzungsgrad der Seife von der Seifenkonzentration und von der Löslichkeit des Kohlendioxyds in der Seifenlösung abhängt.

Aus diesen Betrachtungen folgt, daß die Carbonatverseifung nur bei *Siedetemperatur* durchgeführt werden kann. Bei einer niedrigeren Temperatur ist die Löslichkeit des Kohlendioxyds in der Seifenlösung schon groß genug, um die Reaktion praktisch ungenügend verlaufen zu lassen.

Die Austreibung der Kohlensäure wird durch die Anwendung von Rührwerken erleichtert. Von allen Rührvorrichtungen sind die Luftgebläse am wirksamsten. Mit einem gutwirkenden Rührgebläse könnte unter Umständen

---

[1] D. ROSCHDESTVENSKI: Seifensieder-Ztg. **55**, 116, 127 (1928). — E. L. SMITH: Journ. Soc. chem. Ind. London **51**, 337 T (1932). — D. SABRAMNY u. J. ITZKOWITSCH: Öl-Fett-Ind. (russ.: Masloboino Shirowoje Djelo) 18 (1928), zit. aus Seifensieder-Ztg. **56**, 355 (1929).

[2] Bull. Matières grasses 1932, zit. nach Seifensieder-Ztg. **60**, 385 (1933).

die Carbonatverseifung auch bei Temperaturen unter 100° vorgenommen werden, weil durch das ständige Durchleiten von Luft das Kohlendioxyd theoretisch vollständig aus der Seife ausgetrieben werden kann.

Allerdings ist es mit technischen Mitteln nicht möglich, besonders bei den zähen Seifenmassen, die bei der Carbonatverseifung erhalten werden, das Kohlendioxyd gänzlich zu verjagen. Deswegen ist die Neutralisation technisch niemals vollständig, so daß man, um Carbonatverlust zu vermeiden, immer mit einem geringen Überschuß von Fettsäure (5—10%) arbeitet. Die aus der Carbonatverseifung erhaltenen Seifenmassen sind also stets sauer und enthalten außerdem noch das Neutralfett, das alle technischen Fettsäuren begleitet. Diese Seifenmassen müssen deshalb einer Nachverseifung mit Ätzalkalilaugen unterzogen werden.

Die Klumpenbildung tritt bei der Carbonatverseifung sehr leicht auf, woran die hohe Zähigkeit der Masse, die überschüssige Fettsäure und das Neutralfett schuld sind. Seifenklumpen entziehen einen Teil des Carbonats oder der Fettsäuren der Reaktion und müssen auf jede Weise vermieden werden. Der gangbarste Weg ist der *Zusatz von Kochsalz*, denn bei einer gewissen Elektrolytkonzentration können Klumpen nicht mehr entstehen (s. S. 171). Aus demselben Grunde muß eine zu hohe Wassermenge im Kessel verhütet werden. Diese Vorsicht ist bei der Verarbeitung von Cocosölfettsäuren, mit welchen bekanntlich (s. S. 187) die Klumpenbildung bei höheren Seifenkonzentrationen sehr leicht stattfindet, besonders geboten. Man muß also bei der Arbeit mit Cocosölfettsäuren bestrebt sein, möglichst wenig Wasser zu verwenden. Man verfährt in der Weise, daß man nicht die ganze zum Lösen des Carbonats nötige Wassermenge von Anfang an zusetzt, sondern nur einen Teil derselben. Man läßt auf diese Weise einen Teil des Carbonats — $^1/_3$ oder $^1/_4$ — ungelöst in der gesättigten Lösung. Die Auflösung dieser Carbonatmenge erfolgt während der Neutralisationsreaktion.

Die Seifenmasse pflegt während der Carbonatverseifung sehr stark anzusteigen. Dies geschieht besonders, wenn sich über der zähen Masse ein dünner Seifenleim ausscheidet, der mit dem Kohlendioxyd stabile Schäume bildet. Die Anwendung einer geringen Wassermenge hilft gegen die Schaumbildung, weil die Konsistenz der Masse nicht unter einen gewissen Betrag fallen kann.

Die Endverseifung mit kaustischen Laugen erfolgt wie bei der direkten Verseifung von Neutralfetten. Nachdem die überschüssige Fettsäure neutralisiert ist, schreitet die Endverseifung des Neutralfettes mit derselben Geschwindigkeit fort wie bei der Neutralfettverseifung.

B. Das Sieden der Seife im Kessel. Die Kürzung.

Nachdem die Hauptmenge des Fettes verseift ist, bezweckt das Weitersieden der Seife ausschließlich das vollständige Verseifen der letzten Fettspuren. Diese Operation, welche sich in einer homogenen Masse vollzieht, wird als „*Sieden im Leim*“ bezeichnet.

Damit der Seifenleim dünnflüssig und gut beweglich ist, muß er einen gewissen Elektrolytgehalt haben. Bei der Besprechung des Einflusses von Elektrolyten auf die Viskosität von Seifenlösungen ist gezeigt worden, daß mit zunehmendem Elektrolytgehalt die Viskosität, nach Durchlaufen eines Minimums im Gebiet schwacher Elektrolytkonzentrationen, wieder steigt, ein Maximum erreicht und dann nochmals zu niederen Werten sinkt. Kurz darauf schließt sich die Aussalzungsgrenze der Seife an. Von diesem zweiten Sinken der Viskosität bei mäßigen Elektrolytkonzentrationen wird beim Sieden der Seife Gebrauch gemacht, um dem Leim die notwendige Beweglichkeit zu geben. Diese Operation nennt man „*Kürzung*" des Seifenleimes.

Das überschüssige Alkali, dessen Menge meist 0,3—0,5% nicht übersteigt, reicht gewöhnlich für die Kürzung nicht aus und man muß zu der Anwendung anderer Elektrolyte greifen. Die verschiedenen Elektrolyte haben eine sehr verschiedene „kürzende" Wirkung. Zahlenmäßige Angaben sind leider nicht bekannt. Da aber die Kürzung als eine der Aussalzung vorausgehende Wirkung der Elektrolyte betrachtet werden soll, ist es erlaubt, die für den Vergleich der aussalzenden Fähigkeit verschiedener Elektrolyte aufgestellten Zahlen auch für die Kürzung anzuwenden. Man wird also mangels direkter Messungen, die in den Tabellen 67 und 68 auf Seite 193 angegebenen „Verhältniszahlen" als ein Maß der kürzenden Wirkung verschiedener Elektrolyte ansehen. In diesen Tabellen ist ein Elektrolyt mit der Verhältniszahl 1 als Vergleichmaß angenommen. Die zu den anderen Elektrolyten gehörenden Zahlen zeigen, wievielmal höher die Konzentration des betrachteten Elektrolyts sein muß, um die gleiche Wirkung wie die des Standardelektrolyten zu erreichen.

Für *Kernseifen* wird als Kürzungsmittel fast ausschließlich Natriumchlorid verwendet. Der Elektrolyt geht auf diese Weise nicht verloren, weil seine Menge bei der darauffolgenden Aussalzung gespart wird. Viel verwickelter sind die Kürzungskompositionen der Eschweger-, Leim- und Schmierseifen. Da diese Seifen nicht ausgesalzen werden, verbleiben die verwendeten Salze in der Seife und man muß auf die Einwirkungen, welche sie auf die Eigenschaften des fertigen Produktes ausüben, Rücksicht nehmen.

Bei der *Eschwegerseife* bezwecken die kürzenden Salze nicht nur die Erhaltung eines gutbeweglichen, leicht siedenden Leimes, sondern sie müssen in erster Linie die Marmorbildung veranlassen. Für diesen Zweck scheiden die stark wirkenden Salze, wie die Chloride, aus, oder sie müssen in Verbindung mit anderen, weniger aktiven Salzen verwendet werden, weil sonst die für die Marmorbildung günstige Kürzungskonzentration sehr leicht überschritten werden kann. Viel verwendet werden daher die wenig aktiven Salze, wie Soda, Pottasche, Natriumsulfat und Wasserglas. Es muß allerdings bemerkt werden, daß sich bei der ausschließlichen Verwendung der drei zuerst genannten Salze die Seife, besonders im Winter, leicht beschlägt. Man muß also nur ausprobierte und bewährte Salzkompositionen verwenden, die in jeder Hinsicht befriedigende Resultate geben. Die richtige Auswahl einer guten Kürzungskomposition für Eschwegerseifen ist eine der schwierigsten Aufgaben, welche sich bei der Herstellung dieser Seife dem Seifensieder stellen.

Bei den *Leimseifen* liegt der Hauptwert der Kürzung in ihrer „*härtenden*" Wirkung auf die fertigen Seifen. Elektrolytkonzentrationen, welche zur Aussalzung eines Seifenleimes nicht ausreichen, setzen seine Gelatinierungstemperatur hinauf und erhöhen die Härte der erkalteten Seife. Leimseifen, welche wegen eines zu hohen Wassergehaltes weich ausfallen würden, können durch Salz gehärtet werden.

Die Kürzung der *Schmierseifen* hat einen entscheidenden Einfluß auf ihre Konsistenz. Die Schmierseife muß salbenartig weich und gleichzeitig geschmeidig streichbar sein. Zu stark gekürzte Seifen sind in der Kälte zu weich und ohne Zusammenhang. Dagegen bleiben zu „lange", d. h. zu wenig gekürzte Seifen beim Erkalten zähe und von gummiartiger Beschaffenheit. Zum Kürzen der Schmierseifen werden meistens Pottasche und Chlorkalium verwendet.

In engem Zusammenhang mit dem Kürzungsgrad, d. h. mit der Viskosität des Seifenleimes, steht das Aussehen der Seife beim Sieden. Der durch das Sieden gebildete Wasserdampf verteilt sich in kleinen Bläschen im Seifenleim, und diese kommen an der Oberfläche des Kessels zum Platzen. Die Dampfbläschen vergrößern das Volumen der siedenden Masse und erniedrigen ihr spezifisches Gewicht. Die Volumvergrößerung, welche eine Seife unter den normalen Bedingungen des Siedens erleidet, hängt hauptsächlich von ihrer Viskosität ab. In sehr zähen Seifenleimen gelangen die Bläschen nur langsam zur Oberfläche der Seife. Ihre schützende Hülle ist außerdem dick und widerstandsfähig. Solche Seifen steigen sehr stark im Kessel, sie „*sieden hoch*“, wie der Siedemeister sagt. Ein dünnflüssiger Seifenleim läßt dagegen seine Dampfbläschen entweichen und siedet mit fast unverändertem Volumen tief im Kessel.

Der erfahrene Seifensieder erkennt schon an der Art des Siedens den Zustand der Seife. Fängt z. B. während der Verseifung die Seife stark zu steigen an, so ist das ein Zeichen, daß die Viskosität infolge schnellen Laugenverbrauches zunimmt und daß die Gefahr des Zusammenfahrens droht. Durch rasche Laugenzugabe kann man wieder die notwendige Alkalikonzentration herstellen. Die Seifenmasse fällt dann wieder und siedet weiter tief. Wenn eine Eschwegerseife richtig gekürzt ist, muß sie hoch sieden. Merkt der Seifensieder, daß die Masse beim Sieden zu fallen beginnt, so schließt er daraus, daß die richtige Elektrolytkonzentration überschritten ist und muß durch Wasser- oder Fettzugabe eine Verdünnung der Kürzungsmittel und eine entsprechende Viskositätserhöhung der Masse bewirken.

C. Die Theorie der Aussalzung der Seifen.

Wenn die zu einem Seifenleim zugesetzte Menge irgendeines Elektrolyten diejenige überschreitet, welche für die Kürzung eben ausreicht, zeigt sich zuerst ein Trübwerden des sonst durchsichtigen Seifenleimes und bald darauf findet eine Homogenitätsstörung statt, indem sich die Lösung im allgemeinen in zwei Schichten trennt. Die obere Schicht reißt den größten Teil der Seife mit sich und ist elektrolytarm. Die niedere Schicht enthält dagegen sehr wenig Seife, aber fast die ganze Menge des zugesetzten Elektrolyten. Diese Erscheinung nennt man *Aussalzung*.

1. Die Anwendung der Phasenregel auf die Aussalzung der Seifen.

Die Aussalzung der Seifen ähnelt äußerlich der bei vielen molekularen Lösungen durch Löslichkeitsverminderung stattfindenden Trennung in mehrere Phasen, und man ist beim ersten Blick geneigt, die aus den Gesetzen dieser molekularen Lösungen abgeleitete *Phasenregel* auch auf die Aussalzung der Seifen anzuwenden.

Über die Anwendbarkeit der Phasenregel auf die Fällung solvatisierter Kolloide ist viel geschrieben worden[1]. Ohne hier auf den Kern der Diskussion einzugehen, sei nur als sicher festgestellt, daß eine strenge Anwendung der genannten Regel auf Kolloide nicht möglich ist und daß man stets mit mehr oder weniger großen Abweichungen rechnen muß, welche durch das Erscheinen neuer Variablen, wie Dispersitäts- und Solvatationsgrad, elektrische Ladung usw., bedingt sind.

Bei der Seifenaussalzung kann man aber, wie viele Hunderte von Versuchen verschiedener Forscher zeigen, von einer annähernden Gültigkeit der Phasen-

[1] S. eine Zusammenstellung der wichtigsten Arbeiten über diese Frage in Wo. Ostwald u. R. Köhler: Kolloid-Ztschr. **43**, 131 (1927). — S. auch Wo. Ostwald u. H. Erbring: Kolloidchem. Beih. **31**, 291 (1930). — J. W. McBain in Alexander: Colloid Chemistry, S. 137. New York. 1926. — J. W. McBain, L. H. Lazarus u. A. V. Pitter: Ztschr. physikal. Chem. **147**, 87 (1930).

regel sprechen. Besonders für technische Zwecke ist gegen die Anwendung der Phasenregel nichts einzuwenden, zumal Abweichungen vom regelrechten Verhalten innerhalb der Abweichungen liegen, welche zwischen dem Verhalten von Seifen aus ähnlichem Fettansatz, aber aus Fetten verschiedener Provenienzen bestehen.

Die Vorteile, die man aus der Anwendbarkeit der Phasenregel auf die Aussalzung der Seifen ziehen kann, sind groß. Die Existenzgebiete der verschiedenen Phasen können mit technisch hinreichender Genauigkeit begrenzt werden, man kann die Phasen voraussehen, welche aus einem in bestimmter Art zusammengesetzten Seifensystem entstehen werden, die annähernde Zusammensetzung der einzelnen Phasen voraussagen, ihr ungefähres Verhältnis im voraus berechnen und die Veränderungen bestimmen, die ein Seifensystem erfahren muß, um eine bestimmte Phasenentmischung zu geben. Solange es also keine bessere Regel gibt, wird man für die Aussalzung der Seifen auf die Anwendung der Phasenregel nicht verzichten können.

2. Die Aussalzung reiner Seifen.

Betrachtet man zuerst den einfachsten Fall der Aussalzung einer reinen Seife mit einem einzigen Elektrolyten, so hat man es mit einem typischen Dreikomponentensystem zu tun, welches aus Seife, Elektrolyt und Wasser gebildet ist. Die Phasenregel, auf ein solches System angewendet, besagt, daß, wenn P die Anzahl der Phasen und F die Freiheitsgrade bedeuten, folgende Gleichung zwischen diesen Größen besteht:

$$F = 5 - P.$$

Aus dieser Gleichung ergibt sich, daß, wenn man Druck und Temperatur unverändert hält, das System bei Vorhandensein einer einzigen festen oder flüssigen Phase noch zwei Freiheitsgrade hat, so daß man Seifen- oder Elektrolytkonzentration unabhängig voneinander variieren kann. Sind zwei flüssige oder zwei feste Phasen vorhanden, so hat das System — außer Druck und Temperatur — nur einen Freiheitsgrad und wenn man eine bestimmte Konzentration wählt, ist die Zusammensetzung des Systems vollständig bestimmt. Drei Phasen führen bei konstantem Druck und bei konstanter Temperatur zu einem nonvarianten System. Drei Phasen sollten also bei der Aussalzung von Seifen für eine gegebene Temperatur nur bei scharf bestimmten Konzentrationen von Seife und Elektrolyt bestehen.

Die Aussalzung reiner Seifen vom Standpunkt der Phasenregel ist von McBAIN und Mitarbeitern[1] behandelt worden. Fünf verschiedene Phasen, zwei feste und drei flüssige, sind bei 100° mit Sicherheit festgestellt worden. Sie sind qualitativ dieselben, die sich aus dem Zweikomponentensystemen Seife—Wasser abscheiden und in einem anderen Teil dieses Bandes behandelt wurden (s. S. 125). Das Hinzufügen des Elektrolyten ändert also nicht die Anzahl der Phasen, nur ist ihre Zusammensetzung und die Ausbreitung der entsprechenden Phasengebiete verschieden.

Außer den lamellaren, wasserfreien Seifenkristallen, die besonders oft in Kaliseifenlösungen vorkommen, besteht die andere, bei 100° feste Phase aus mikrokristallinen Fasern, die in einem wasserhaltigen Koagel eingebettet sind und welche den Hauptteil des durch Aussalzen mit starken Elektrolytlösungen

[1] J. W. McBAIN u. A. J. BURNETT: Journ. chem. Soc. London **121** u. **122**, 1320 (1922). — J. W. McBAIN u. G. M. LANGDON: Ebenda **127**, 852 (1925). — J. W. McBAIN u. W. J. ELFORD: Ebenda **1926**, 421. — J. W. McBAIN u. A. V. PITTER: Ebenda **1926**, 893. — J. W. McBAIN, L. H. LAZARUS u. A. V. PITTER: S. S. 125.

sich abscheidenden *geronnenen Kerns* bilden. Diese Phase wird im folgenden mit diesem Namen bezeichnet. Die drei flüssigen Phasen sind: der *geschliffene Kern*, die *Klumpseife* und die *gewöhnliche isotrope Seifenlösung.*

Der *geschliffene Kern* bildet jene bei der Herstellung von Seifen auf Leimniederschlag nach der Schleifung im oberen Teil des Siedekessels sich ansammelnde flüssige Schicht, welche nach dem Abkühlen die handelsübliche Kernseife darstellt. Sie enthält im Mittel 63% gebundener Fettsäure und kleine Mengen von Elektrolyt. Das kennzeichnende physikalische Merkmal dieser flüssigen Schicht ist, daß sie *anisotrop* ist, d. h., daß sie, obgleich flüssig, eine orientierte Struktur besitzt und zwischen gekreuzten Nicols betrachtet prachtvolle Polarisationsfarben zeigt.

Die *Klumpseife* ist eine vom Seifensieder befürchtete Phase, welche oft bei unvorsichtiger Wasserzugabe oder bei unsachgemäßer Leitung der Verseifung entsteht. Sie bildet stark viskose, durchscheinende Klumpen von dunklerer Farbe. Das Auftreten dieser Phase ist immer als eine Störung in der Fabrikation anzusehen, weil sie sich wegen der hohen Viskosität sehr schwer wieder auflöst, und wenn sie in die fertigen Seifen gelangt, Flecken bildet und sie weich macht. Die Existenz der Klumpseife als getrennte Phase ist durch die Arbeiten von J. W. McBain und G. M. Langdon[1] bewiesen. Sie ist von diesen Autoren „*middle soap*" genannt und später von R. H. Ferguson und A. R. Richardson[2] eingehend untersucht worden. Die Klumpseife teilt mit dem geschliffenen Kern die Eigenschaft *anisotrop* zu sein, sie zeigt aber eine stärker entwickelte optische Struktur. Was die Klumpseife makroskopisch charakterisiert, ist ihre hohe Viskosität. Sie haftet stark an den Wänden des Siedekessels, an den Rohrschlangen und Rührscheiten und mischt sich sehr schwer und langsam mit dem Leim oder dem Kern. Luft- und Dampfbläschen entweichen schwer aus Klumpseife und bilden Löcher und Höhlungen in ihrem Innern. Das gibt der Klumpseife ein charakteristisches Aussehen, welches gestattet, sie vom geschliffenen Kern zu unterscheiden, wenn beide, wie das bei Handelsseifen oft vorkommt, von ähnlicher Farbe sind. Durch langsame Kühlung kann die Klumpseife leicht als ein durchscheinender plastischer Körper erhalten werden; eine plötzliche Erschütterung veranlaßt die Bildung von Seifenfasern und die Masse wird fest und undurchsichtig weiß. Allerdings ist kalte Klumpseife niemals so weiß wie fester geschliffener Kern, weil sie immer die Unreinheiten gierig zurückhält. Vom kalten Seifenleim unterscheidet sich die Klumpseife durch ihre gummiartige Konsistenz beim Schneiden und durch die Tatsache, daß sie in Fäden und Bänder ausgezogen werden kann, was mit dem „Spinnen" gewisser viskoser Seifenleime oder Mischungen von Leim und geschliffenem Kern beim Heruntergleiten vom Spatel nicht verwechselt werden soll. Das spezifische Gewicht der luftblasenfreien Klumpseife ist höher als das vom geschliffenen Kern, aber niedriger als das vom Leim. Sie enthält 5—15% weniger Seife als der geschliffene Kern und kann mehr oder weniger Salz enthalten als dieser. Sie besitzt aber immer eine niedrigere Salzkonzentration als der mit ihr im Gleichgewicht stehende Leim.

Die *gewöhnliche isotrope Seifenlösung* umfaßt ein Gebiet, welches sich vom reinen Wasser bis zu einer bestimmten, bei gegebener Temperatur nur vom Salzgehalt abhängigen Seifenkonzentration ausbreitet. Alle verdünnten salzhaltigen Seifenlösungen gehören in dieses Gebiet. Diese Phase besitzt je nach ihrer Zusammensetzung zwei verschiedene Bezeichnungen. Die seifenarmen und elektrolytreichen Lösungen werden *Unterlauge* genannt, während die an Seife reichsten, aber an Elektrolyt ärmeren Lösungen *Leimniederschlag* oder

---

[1] S. S. 180.

[2] Ind. engin. Chem. **24**, 1329 (1932).

kurz *Leim* genannt werden. *Unterlauge und Leimniederschlag stellen somit verschiedene Erscheinungsformen derselben Phase dar.* Obgleich Gleichgewichte zwischen Leimniederschlag und Unterlauge bestehen, kann man immer von einem gegebenen Leimniederschlag durch stetiges Variieren von Seife- und Elektrolytkonzentration zu jeder gewünschten Unterlauge gelangen, ohne das Gebiet der Heterogenität zu berühren. Die isotrope Seifenlösung unterscheidet sich von den vorerwähnten flüssigen Phasen, weil sie bei optischer Betrachtung keine Struktur aufweist und unter gekreuzten Nicols gleichmäßig dunkel erscheint. Diese optische Verschiedenheit dient in Mischungen zur Differenzierung dieser Phasen von den zwei ersteren.

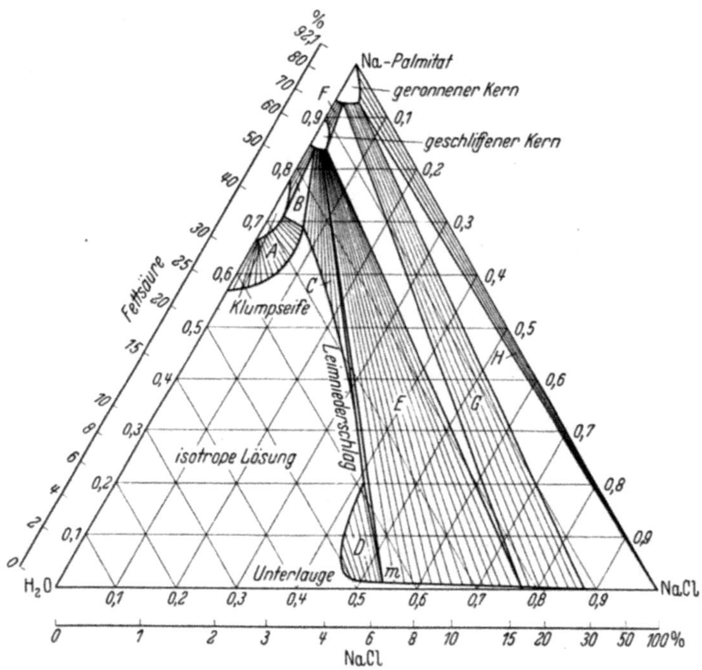

Abb. 63. Aussalzungsdiagramm des Natriumpalmitats bei 90°.

Die Gleichgewichte zwischen diesen verschiedenen Phasen sind an Hand der Untersuchungen von McBAIN und seinen Mitarbeitern für zwei Seifensysteme, Natriumpalmitat-Natriumchlorid-Wasser und Kaliumlaurat-Kaliumchlorid-Wasser, bei 90°, in den Abb. 63 und 64 dargestellt worden. Die Ergebnisse sind in den für Dreikomponentensysteme bei konstanter Gesamtmenge üblichen *Dreiecksdiagrammen* dargestellt worden. Das Diagramm ist ein gleichseitiges Dreieck, dessen Höhe als Einheit der Gesamtmenge des Systems entspricht. Durch die drei Dreiecksecken werden die reinen Komponenten dargestellt, und zwar sind als Einheiten für Seife und Elektrolyt die Molgewichte, für Wasser 1 kg angenommen worden. Die Koordinaten eines jeden Punktes werden durch Senken der entsprechenden Lote auf die drei Dreiecksseiten gebildet. Ihre Summe ist immer gleich der Dreieckshöhe, also gleich eins. Somit drücken sie Bruchteile oder „Fraktionen" der entsprechenden Einheiten aus. Diese Fraktionen sind längs der Dreiecksseiten angegeben und die Verbindungslinien dieser Punkte bedecken das Diagramm mit einem Liniennetz, welches es in kleine gleichseitige Dreiecke teilt. Um den Vergleich mit dem technisch üblichen Maßstab zu gestatten, sind auch in den zu Seife und Elektrolyt gehörenden Seiten des Dreiecks die entsprechenden Fettsäure- bzw. Salzgehalte in Prozenten der Gesamtmenge angegeben worden.

Die einphasigen Systeme sind in den Abbildungen durch die unregelmäßigen weißen Felder dargestellt. Die isotrope homogene Lösung nimmt von der Wasserecke ausgehend den größten Platz ein, entsprechend der Tatsache, daß verdünnte Seifenlösungen große Salzzugaben ohne Homogenitätsstörung aufnehmen. Die anderen reinen Phasen nehmen einen viel geringeren Platz ein.

Die Zweiphasensysteme sind in den Abbildungen durch gestreifte Felder dargestellt. Die geraden feinen Linien im Innern dieser Felder sind *Konoden*.

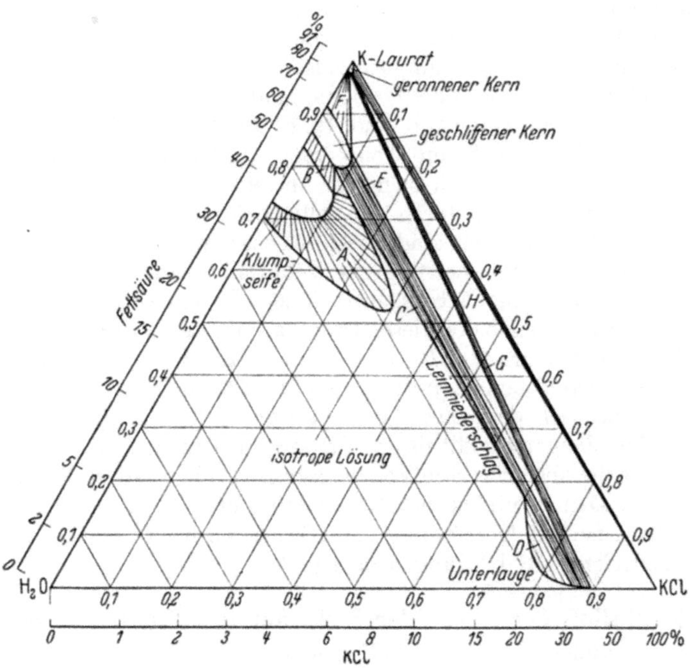

Abb. 64. Aussalzungsdiagramm des Kaliumlaurats bei 90°.

Sie verbinden Punkte der Entmischungskurven, welche die Zusammensetzung der in Gleichgewicht befindlichen Phasen darstellen. Für solche Linien gilt die *Konodenbeziehung*: Alle Punkte auf derselben Geraden entmischen sich in die gleichen Komponenten und die Abstände eines Punktes von den beiden Enden der Konode sind umgekehrt proportional dem relativen Anteil der Mischung an den diese Enden darstellenden Phasen. In den Abb. 63 und 64 sind folgende Felder der Koexistenz zweier Phasen zu unterscheiden:

Feld	Phasen in Koexistenz
A	Klumpseife und Leimniederschlag.
B	Klumpseife und geschliffener Kern.
C	Geschliffener Kern und Leimniederschlag.
D	Leimniederschlag und Unterlauge.
E	Geschliffener Kern und Unterlauge.
F	Geschliffener und geronnener Kern.
G	Geronnener Kern und Unterlauge.
H	Geronnener Kern und festes Salz.

Die bei der Seifenherstellung anzutreffenden Felder sind: Feld *C*, bei der Ausschleifung von Kernseifen auf Leimniederschlag; Feld *E*, beim Fertigmachen von Kernseifen auf Unterlauge und Feld *G*, bei scharfer Trennung auf starker Unterlauge. Feld *A* begegnet man, wenn infolge eines Sudfehlers der Kesselinhalt zusammenfährt oder sich Klumpen bilden. In das Feld *B* gelangt man, wenn man zu einem geschliffenen Kern reines Wasser oder schwache Elektrolytlösungen (z. B. zu schwach abgerichtetes Natriumsilicat) zusetzt. Die starke Viskositätserhöhung wird durch die Bildung der Klumpseifenphase bedingt. Feld *D* begegnet man in der Technik nicht, da es sich in zu niedrigen Seifenkonzentrationen befindet. Dieses Feld wurde der Gegenstand der Untersuchungen von L. Ubbelohde und Th. Richert, M. Thörl, Bätz und Wo. Ostwald und H. Erbring (s. unten).

Obgleich Dreiphasensysteme, wie oben dargelegt wurde, bei gegebener Temperatur nur bei einer bestimmten Zusammensetzung des Systems existenzfähig sein sollten, sind sie von McBain und seinen Mitarbeitern sowie von M. Thörl[1], Bätz[2], Wo. Ostwald und H. Erbring[3] und R. H. Ferguson und A. S. Richardson[4] in größeren Temperatur- oder Konzentrationsintervallen beobachtet worden. Es handelt sich hier um eine Abweichung von der Phasenregel, welche wahrscheinlich durch die kolloide Natur der Seife bedingt ist. Für die Praxis des Seifensiedens sind diese Ausnahmegebiete von keiner großen Bedeutung, denn sie sind meist in verdünnten Lösungen beobachtet worden oder sonst bei eng begrenzten Konzentrationen. In den Diagrammen der Abb. 63 und 64 sind die Existenzgebiete dieser Dreiphasensysteme durch die weißen Dreiecke zwischen den Feldern *A—B—C*, *C—D—E*, *E—F—G* und *G—H* dargestellt. Die Ecken dieser Dreiecke geben die ungefähre Zusammensetzung der beteiligten Phasen an. Innerhalb desselben Dreiecks darf sich von einem Punkt zu den anderen nur das Mengenverhältnis der Phasen, aber nicht ihre Zusammensetzung verändern. Wie die oben zitierten Versuche zeigen, scheint diese Regel nicht streng befolgt zu sein. Dem Dreiphasensystem geschliffener Kern—geronnener Kern—Unterlauge wird bei der Herstellung von Kernseifen bei zu starker Ausschleifung mit zu konzentrierten Salzlösungen begegnet.

3. Einfluß der Natur der Seife auf ihre Aussalzbarkeit.

Wie mit vielen anderen Seifeneigenschaften ist die Aussalzbarkeit beim Aufsteigen in der homologen Reihe der gesättigten reinen Seifen ein Maß ihres kolloiden Charakters. Wieder zeigt sich, daß dieser Charakter nicht nur vom Molekulargewicht, sondern gleichzeitig von der Konzentration und der Temperatur abhängig ist. So bleiben nach Untersuchungen von C. Stiepel[5] Natriumpropionat und Natriumcaproat in der Siedehitze, auch in Gegenwart gesättigter Salzlösungen, ebenso homogen wie das Acetat, sie sind dagegen in der Kälte und in konzentrierten Lösungen, nach Versuchen von M. H. Fischer[6], aussalzbar.

Die Salzempfindlichkeit der Seifen nimmt also mit ihrem Seifencharakter zu. In der homologen Reihe werden die hohen Glieder durch viel geringere Salzkonzentrationen ausgesalzen als die mittleren oder niedrigeren Glieder. In der Tabelle 63 sind nach L. Ubbelohde und Th. Richert[7] die „*Schwellenwerte*“ verschiedener homologer Seifen angegeben, d. h., diejenigen Elektrolytkonzentrationen, die gerade ausreichen, um die ersten Anzeichen einer Heterogenität hervorzurufen.

---

[1] Inaug.-Dissertation. Karlsruhe. 1918.
[2] Inaug.-Dissertation. Karlsruhe. 1918.
[3] Kolloidchem. Beih. **31**, 291 (1930).
[4] S. S. 181.
[5] Seifenfabrikant **21**, 986 (1901).
[6] Seifen und Eiweißstoffe, S. 54. 1922.
[7] Dissertation. Karlsruhe. 1911.

Die Tabelle zeigt, daß mit abnehmendem Molekulargewicht die Seifen schwerer aussalzbar werden. Natronseifen sind bei gleicher Kohlenstoffatomzahl elektrolytempfindlicher als Kaliseifen, wenn man die Aussalzung mit Elektrolyten von demselben Kation wie die Seife vornimmt. Die Elektrolytempfindlichkeit der Seifen erniedrigt sich, wenn die Anzahl der Doppelbindungen zunimmt. Seifen aus stark ungesättigten Fettsäuren sind immer schwer aussalzbar. Wie Tabelle 63 zeigt, haben Stearat, Oleat und Linoleat zunehmend höhere Schwellenwerte.

Tabelle 63. „Schwellenwerte“ verschiedener reiner Seifen.

Seife	Natronseife mit NaOH ausgesalzen in Prozent	Kaliseife mit KOH ausgesalzen in Prozent
Laurat	—	20,5
Myristat	7,7	15,2
Palmitat	4,6	9,7
Stearat	2,9	7,0
Oleat	4,2	8,0
Erucat	—	2,7
Linoleat	—	10,0

Auch die Hydroxylgruppen erhöhen die Stabilität der Seifen gegenüber Elektrolyten. Ricinusölseifen werden nur durch hohe Salzkonzentrationen ausgesalzen. Seifen aus stark oxydierten Fettsäuren sind ebenfalls sehr widerstandsfähig gegen die Wirkung konzentrierter Elektrolytlösungen. Bei der Herstellung der technischen Seifen gehen die Natriumsalze der stark oxydierten Fettsäuren fast vollständig in die Unterlauge und geben ihr eine dunkle Farbe.

Ein Vergleich der Abb. 63 und 64 zeigt den Einfluß der Änderung der Natur der Seife und des Elektrolyten auf die Aussalzungsdiagramme. Die gleichen Phasen und Entmischungsgebiete treten in beiden Diagrammen auf, aber ihre Lage und Ausbreitung ist in jedem von ihnen sehr verschieden. Beim Kaliumlaurat ist das Gebiet der isotropen Lösungen viel stärker entwickelt als beim Natriumpalmitat, entsprechend der viel größeren Stabilität niedrigmolekularer Seifen gegen die Aussalzung und dem in gleicher Richtung wirkenden Einfluß des Kaliumions. Dieselbe Stabilität des Kaliumlaurats bewirkt, daß der geronnene Kern nur ein sehr schmales Gebiet im oberen Teil des Diagramms bedeckt. Dieser Kern wird nur mit fast gesättigter Chlorkalilösung erhalten und ist sehr wasserarm. Das Gebiet der Klumpseife ist dagegen beim Kaliumlaurat stärker ausgebildet als beim Natriumpalmitat, was im Einklang mit der bekannten Tatsache steht, daß Schmierseifen und Cocosölseifen leicht zur Klumpenbildung neigen. Die Abscheidung von geschliffener Kernseife auf Leimniederschlag oder auf Unterlauge gelingt beim Kaliumlaurat-Kaliumchlorid-System nur bei einer eng begrenzten Reihe von Konzentrationen. Werden diese Konzentrationen überschritten, so gelangt man in das Dreieck zwischen E, F und G, wo drei Phasen koexistieren, indem sich geronnener Kern auf Kosten der geschliffenen Seife bildet.

4. Die Aussalzung von aus Seifen verschiedener Fettsäuren bestehenden Gemischen.

Die Aussalzung gemischter Seifen verläuft dem beschriebenen Verhalten der reinen Seifen qualitativ durchaus ähnlich. Dieselben Phasen und Entmischungsgebiete wie bei den einzelnen Individuen sind auch bei Mischungen zu beobachten. Auch in quantitativer Hinsicht zeigen sich sehr einfache Verhältnisse. Die zur Aussalzung nötigen Salzkonzentrationen sind ungefähr aus den entsprechenden Werten der reinen Komponenten nach der Mischungsregel zu berechnen. Eine gemischte Seife verhält sich also genau so, als wenn sie aus einer einzigen Fettsäure gebildet wäre, deren Eigenschaften zwischen denen der Bestandteile stehen.

Bei Seifen aus natürlichen Fetten zeigt sich diese Regel darin, daß diejenigen Fette, welche einen größeren Prozentsatz niedrigmolekularer Fettsäuren enthalten, schwer aussalzbar sind, dagegen Seifen aus harten, d. h. stearinreichen Fetten sehr leicht aus ihren Lösungen ausgeschieden werden. Dieser Unterschied in der Aussalzbarkeit hat C. STIEPEL[1] veranlaßt, die Fette in zwei große Klassen einzureihen, die *Leimfette* und die *Kernfette*. Zu den ersten gehören fast ausschließlich Cocos- und Palmkernöl. Die Fettsäuren dieser Fette bestehen hauptsächlich aus Laurin- und Myristinsäure. In 10%iger Salzlösung sind die Leimfettseifen löslich und ergeben in der Siedehitze dünnflüssige und durchsichtige Leime. Zu den Kernfetten gehört die größte Zahl der anderen Fette, deren typischer Vertreter Talg ist. Ihre Fettsäuren sind zum größten Teil aus Palmitin-, Stearin- und Ölsäure gebildet und die entsprechenden Seifen werden durch 10%ige Salzlösungen als Kern völlig ausgeschieden.

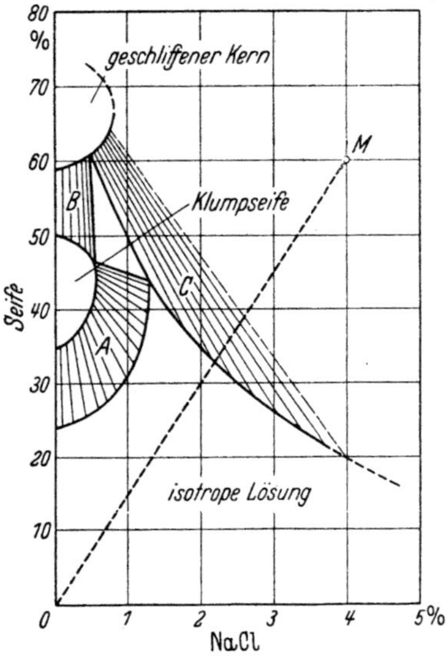

Abb. 65. Aussalzungsdiagramm einer reinen Talgseife bei 100°.

Vollständige Aussalzungsdiagramme, wie sie für reine Seifen beschrieben worden sind, fehlen für Seifen aus natürlichen Fetten, obgleich gerade solche Diagramme für die Praxis des Seifensiedens von großer Bedeutung wären. Einige interessante Untersuchungen von R. H. FERGUSON und A. S. RICHARDSON[2] beziehen sich auf die Gleichgewichte zwischen Klumpseife, geschliffenem Kern und Leim und sind für Cocosöl- und Talgseifen sowie für verschiedene Mischungen derselben aufgestellt. Sie behandeln also einen wichtigen Teil der Aussalzungsdiagramme und werden hier wegen ihrer Beziehungen zu den Verhältnissen im Siedekessel wiedergegeben und besprochen.

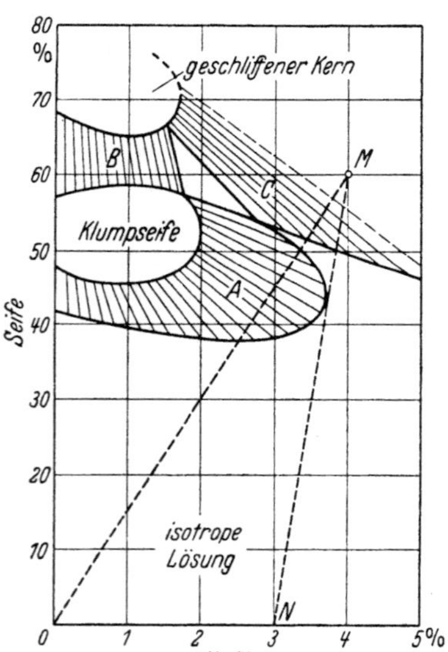

Abb. 66. Aussalzungsdiagramm einer reinen Cocosölseife bei 100°.

Abb. 65 zeigt die Gleichgewichte eines Talgnatronseife-Natriumchlorid-Wasser-Systems bei 100°, während Abb. 66 dieselben Gleichgewichte für eine Cocosölseife wiedergibt. Als Ordinate sind die Seifenkonzentrationen, als Abszissen die NaCl-Konzentrationen gewählt worden, und zwar sind beide Konzentrationen, den Verhältnissen der Praxis angepaßt, in Prozenten ausgedrückt. Die weißen unregelmäßigen Felder sind die Existenzgebiete von geschliffenem Kern, Klumpseife und Leim (isotrope Lösung). Man ersieht, daß ein geschliffener Talgseifenkern mit einem Seifengehalt zwischen 59 und 73 v. H. erhältlich ist und daß sein Salzgehalt 1 v. H. nicht überschreitet. Geschliffener Kern aus reinem Cocosöl erscheint dagegen bei einer viel höheren Seifenkonzentration — von 68 v. H. aufwärts — kann aber einen viel höheren Hundertsatz Salz, bis fast 2 v. H. enthalten. Diese Befunde stehen mit den Erkenntnissen der Praxis in Übereinstimmung, nach welchen Cocosölseifen wasserärmer und salzreicher sind als Talgseifen.

[1] S. S. 184. [2] S. S. 181.

Das Gebiet des homogenen Leims zeigt bei Talg- und Cocosölseifen eine sehr verschiedene Entwicklung. Leim ist bei der letztgenannten Seife bei viel höheren Seifen- und Salzkonzentrationen beständig als bei Talgseife, was die STIEPELsche Unterscheidung zwischen Leim- und Kernfetten rechtfertigt. Der höchste Punkt auf der Ordinatenachse in den Abb. 65 und 66, welche noch im Gebiet der isotropen Lösung liegen, gibt ein Maß der Löslichkeit der betreffenden Seifen in reinem Wasser bei 100°. Talgseife ist unter diesen Bedingungen nur bis ca. 25 v. H. löslich, während Cocosölseife eine Löslichkeit über 40 v. H. besitzt.

Die gestreiften Felder *A*, *B* und *C* sind die Existenzgebiete der heterogenen Lösungen zweier Phasen, Klumpseife—Leim, Kern—Klumpseife und Kern—Leim. Die feinen Linien im Innern dieser Felder sind wieder *Konoden* (s. S. 183). Feld *A*, welches zusammen mit dem weißen linken Felde die Gebiete der Klumpenbildung darstellt, ist bei Cocosölseifen viel breiter ausgebildet als bei Talgseifen. Mit Cocosölseifen soll man also beim Verdünnen der Seife mit Wasser mit größter Vorsicht verfahren, um nicht in das Gebiet *A* zu gelangen. Hat man z. B. ein Seifensystem mit 60 v. H. Seifengehalt und 4 v. H. Salz, welches in der Abb. 66 durch Punkt *M* dargestellt ist und will man dieses verdünnen, so soll man auf keinen Fall dazu reines Wasser nehmen, weil die Verbindungslinie *MO* dieses Punktes mit dem Nullpunkt des Diagramms, welche die wechselnde Zusammensetzung der bei fortschreitendem Wasserzusatz erhaltenen Systeme wiedergibt, das Feld *A* durchkreuzt, so daß eine Klumpenbildung unvermeidlich ist. Man soll zum Verdünnen mindestens eine Salzlösung von der Konzentration *N* nehmen, welche mit *M* verbunden Feld *A* nicht berührt. Abb. 66 lehrt, daß diese kleinste Salzkonzentration für den hier betrachteten Fall 3 v. H. ist. Wie Abb. 65 zeigt, kann eine Talgseife von gleichem Seifen- und Salzgehalt wie die Cocosölseife der Abb. 66 unbedenklich mit reinem Wasser verdünnt werden, ohne daß eine Klumpenbildung möglich ist, weil die Verbindungslinie *MO* außerhalb des Feldes *A* läuft.

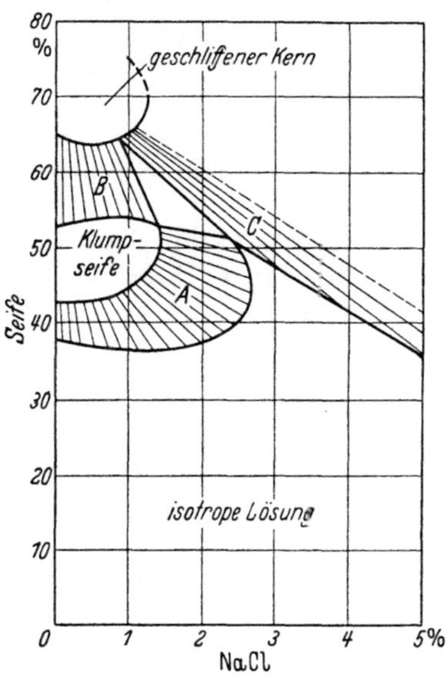

Abb. 67. Aussalzungsdiagramm einer Seife aus 50% Talg und 50% Cocosöl bei 100°.

Die Systeme, deren Gesamtzusammensetzung innerhalb des weißen Dreiecks zwischen die Felder *A*, *B* und *C* fällt, entmischen sich in drei Phasen — Leim, Klumpseife und Kern; die ungefähre Zusammensetzung der einzelnen Phasen ist durch die entsprechenden Ecken des Dreiecks wiedergegeben. Innerhalb des Dreiecks und bei konstanter Temperatur sollte nach der Phasenregel die Zusammensetzung der einzelnen Phasen nicht variieren und nur ihre relative Menge wechseln. Die analytische Bestätigung dieser Forderung ist durch die hohe Viskosität der Phasen und durch die Schwierigkeit einer vollständigen Trennung sehr erschwert. Allerdings scheint diese Bedingung nach den Zahlen von R. H. FERGUSON und A. S. RICHARDSON innerhalb der Versuchsfehler, besonders für die sich leicht abscheidende Leimphase, erfüllt zu sein, was eine neue Bestätigung der im großen und ganzen guten Anwendbarkeit der Phasenregel für die Aussalzung von Seifen darstellt.

Um eine graphische Darstellung der Veränderungen zu geben, die hinsichtlich der Aussalzungsdiagramme in Mischungen von Seifen eintreten, ist aus der Arbeit von FERGUSON und RICHARDSON noch Abb. 67 entnommen, welche die Gleichgewichte einer Seife mit 50 v. H. Talg und 50 v. H. Cocosöl darstellt. Offensichtlich stehen die Felder in betreff auf Lage und Ausbreitung in der Mitte zwischen denen der Abb. 64 und 65, welche den reinen Seifen aus Talg und Cocosöl angehören. Man kann also nach der Mischungsregel das Verhalten eines zusammengesetzten Systems berechnen.

5. Die „Grenzlauge".

Anstatt der vollständigen Aussalzungsdiagramme von Seifen aus den verschiedenen natürlichen Fettstoffen muß sich der Seifenfachmann mit dem von F. MERKLEN[1] eingeführten Begriff der *„Grenzlauge"* begnügen. Als *„Grenzlauge"* — auch *„Grenzkonzentration der Seifenlöslichkeit"* genannt — wird nach MERKLEN diejenige Elektrolytkonzentration bezeichnet, bei welcher ein in der Siedehitze vollständig getrennter Kern eben beginnt, sich in der Elektrolytlösung aufzulösen. Die Grenzlauge bezeichnet also diejenige Elektrolytkonzentration der Unterlauge, bei welcher das System geschliffener Kern—Unterlauge in das System geschliffener Kern—Leimniederschlag übergeht; sie wird gewöhnlich in Beaumé-Graden ausgedrückt. Im Diagramm der Abb. 63 wird die Grenzlauge des Natriumpalmitats bei 90° durch die zu Punkt m gehörige Zusammensetzung dargestellt. Aus diesem Diagramm ersieht man, daß tatsächlich die Grenzlauge eine Grenzkonzentration ist, denn durch eine geringe Verdünnung gelangt das System vom Feld E in Feld C, wodurch die Zusammensetzung der unteren Phase eine sprunghafte Veränderung erfährt, indem sie vom Punkt m zu dem Schnittpunkt der Begrenzungskurve von D mit der von C übergeht.

F. MERKLEN und E. BONTOUX[2] haben für eine große Anzahl von Fettstoffen die Grenzlauge ihrer Seifen bestimmt. Ihre Ergebnisse befinden sich in der Tabelle 64.

Tabelle 64. „Grenzlauge" von Seifen aus verschiedenen Fetten bei Siedetemperatur.

Seife aus	Grenzlauge mit NaOH ° Bé	Grenzlauge mit KOH ° Bé	Seife aus	Grenzlauge mit NaOH ° Bé	Grenzlauge mit KOH ° Bé
Leinöl	9	6	Sulfurolivenöl	11	6
Sonnenblumenöl	7	5	Illipéfett	7	5
Sojabohnenöl	8,5	6	Mowrahbutter	7,5	5
Mohnöl	9	6	Sheabutter	6	4,5
Maisöl	7	5	Palmöl	7,5	5
Baumwollsamenöl	8	5,5	Schweineschmalz	8	6
Rüböl	5,5	3,5	Talg	7	5
Erdnußöl	7,5	5,5	Olein	9	7
Sesamöl	8	5,5	Cocosöl	23	19
Olivenöl	7	6	Palmkernöl	19	16,5

Die Betrachtung der Zahlen dieser Tabelle zeigt den großen Unterschied zwischen Kern- und Leimfetten. Während die Seifen aus den ersten Fetten Grenzlaugen zwischen 5° und 10° haben, besitzen die Leimfette Werte in der Nähe von 20°.

[1] Die Kernseifen. Halle. 1907. (Übersetzung von F. GOLDSCHMIDT.)

[2] E. BONTOUX in UBBELOHDE-GOLDSCHMIDT: Handbuch der Fette und Öle, 1. Aufl., III. Bd., 2. Teil, S. 503ff. Leipzig. 1911.

6. Der „Ausschleifprozeß" bei Kernseifen.

Die Endoperation bei der Herstellung der Kernseifen im Kessel nennt man den *Ausschleifprozeß* und sie hat den Zweck, die Zusammensetzung der Seife in bezug auf Wassergehalt und Elektrolytkonzentration innerhalb des Feldes *C* der Abb. 63—64 zu bringen, damit sich die Seife durch das nachfolgende Absitzenlassen in geschliffenen Kern und Leimniederschlag trennt.

Die Abb. 63—66 gestatten die Vorgänge zu verfolgen, welche während des Ausschleifprozesses auftreten. Wenn man z. B. zu einer 50%igen Talgseife (Abb. 65) allmählich Salz zusetzt, so folgt die Zusammensetzung der Seife aus der zu Punkt 50 gehörenden waagrechten Linie. Bei ungefähr 1% NaCl erreicht man das Gebiet der heterogenen Gleichgewichte „geschliffener Kern-Leimniederschlag". Die entsprechende Konode wird in zwei ungefähr gleich große Teile aufgeteilt. Das bedeutet, daß man bei einer solchen Zusammensetzung nach Abscheidung der Phasen annähernd gleich große Mengen von Kern und Leim erhält. Setzt man die Salzzugabe weiter fort, so schneidet man Konoden, deren oberer Teil im Verhältnis zu dem unteren immer kleiner wird, d. h., daß die relative Menge von Kern auf Kosten der Leimmenge zunimmt. Man kann also durch Steigen der Elektrolytkonzentration oder wie man technisch sagt, durch Erhöhung der „Trennung", die Ausbeute an Kern erhöhen, die an Leim erniedrigen, bis man ins Feld *E* gelangt (Abb. 63), in dem kein Leimniederschlag mehr entsteht, sondern nur Unterlauge („Kernseifen auf Unterlauge").

Bei der Seifenherstellung ist man bestrebt, eine möglich hohe Ausbeute an verkaufsfähiger Seife, d. h. an geschliffenem Kern, zu erhalten. Dies kann, wie die Abbildungen zeigen, nicht nur durch Steigerung der Elektrolytkonzentration, sondern auch durch Erhöhung der Seifenkonzentration erreicht werden. Ist die Seifenkonzentration z. B. 55 v. H., so werden die Konoden des Feldes *C* höher geschnitten als bei einer Konzentration von 50 v. H., und dementsprechend wird bei gleichem Elektrolytgehalt eine höhere Ausbeute an Kern erhalten. Elektrolyt- und Seifenkonzentration sind daher die zwei wichtigsten Variablen, welche die Ausbeute an Kern bedingen.

In zweiter Linie ist die Ausbeute von der Konsistenz oder Viskosität der siedenden Seife abhängig. Für eine gute Phasenabscheidung ist Voraussetzung (s. weiter unten), daß die Seife leichtflüssig bleibt. Zu hohe Elektrolyt- oder Seifenkonzentrationen bedingen eine zu hohe Konsistenz der Masse, und daher eine schlechte Abscheidung von Kern und Leim. Die Ausbeute an Kern ist größer, seine Qualität ist aber unzureichend. Qualität und Ausbeute stehen also zueinander in einem umgekehrten Verhältnis. Der Fachmann muß daher bei dem Ausschleifprozeß weder eine zu hohe noch zu niedrige Seifen- und Elektrolytkonzentration wählen. Da die Grenzen des Feldes *C*, wie ein Vergleich der Abb. 64, 65 und 66 zeigt, je nach dem Fettansatz stark, variieren, gehört es zu den schwierigsten Aufgaben des Seifensieders, die für jeden Fall günstigste Zusammensetzung zu treffen.

Eine direkte Bestimmung der Mengenverhältnisse von Kern und Leimniederschlag kann durch Zentrifugieren einer Probe des Kesselinhaltes erreicht werden, wie Y. Kawakami vorschlägt (s. unten). Diese Methode hat vorläufig keine praktische Bedeutung. Der Fachmann bedient sich der „Spachtelprobe" zur Erkennung des richtigen Ausschleifgrades. Ein Holz- oder Eisenspachtel wird durch die siedende Masse bewegt, bis er sich angewärmt hat, dann gehoben und die auf den Spachtel hängende Seife durch Senkrechthalten derselben gleiten gelassen. Der zuerst homogene Seifenfilm teilt sich beim Abrutschen in mehr oder minder großen Platten mit dazwischen liegenden trockenen Stellen. Aus dem Verhältnis von Platten zu trockenen Stellen erkennt der geübte Fachmann das ungefähre Verhältnis von Kern zu Leim.

Die für eine leichte Trennung erforderliche Dünnflüssigkeit der Seife wird vom Fachmann auch auf empirischem Wege geprüft, durch Werfen von Seife mit dem Spachtel und Beobachten des „Flatterns" der Seife. Die sich bildenden Blasen sollen nicht allzu groß sein, aber transparent und erst beim Fallen auf der Seifenoberfläche platzen.

Die beste Methode zur Bestimmung des richtigen Ausschleifpunktes ist bei unveränderlichem Fettansatz die analytische Kontrolle. Die Untersuchung kann auf die Bestimmung von freiem Alkali und Kochsalz beschränkt werden. Andere Elektrolyte, wie Natriumcarbonat, kommen nur in geringen Mengen vor und können daher vernachlässigt werden. Die Seifenkonzentration (Fettsäuregehalt) kann auch analytisch festgestellt werden oder, bei einiger Übung, nach erfolgter Regulierung des Elektrolytgehaltes durch die Konsistenz der Seife geschätzt und eingestellt werden.

7. Die Leichtigkeit der Trennung von Kern und Leimniederschlag. Einfluß der Form des Kessels.

Für das gute Gelingen des Ausschleifprozesses ist Vorbedingung, daß sich die erhaltenen Phasen leicht und möglichst rasch voneinander trennen. Die die Trennung verursachende Kraft ist der Unterschied der spezifischen Gewichte beider Phasen. Nach dem STOKESschen Gesetz wird die Trennungsgeschwindigkeit v eines Teilchens von Radius r und Dichte d in einem Medium von Dichte D und Viskosität η durch folgende Gleichung ausgedrückt:

$$v = \frac{2\, g\, r^2 (D - d)}{9\, \eta},$$

wo g die Beschleunigung durch die Schwerkraft ist. Eine hohe Viskosität und eine feine Verteilung der Phasen beeinträchtigen also die Trennung.

Die Leichtigkeit der Phasenabscheidung hängt in sehr starker Weise vom Ausschleifungsgrad ab, wie von Y. KAWAKAMI[1] festgestellt wurde. Bei zu kräftiger Ausschleifung wird die Abscheidung des Leimniederschlags infolge zu großer Viskosität des Kerns verzögert, während das gleiche bei zu schwacher Ausschleifung, infolge zu geringer Dichtedifferenz zwischen Kern und Leimniederschlag und wahrscheinlich auch infolge der zu feinen Verteilung der Phasen eintritt. Bei einem mittleren Ausschleifungsgrad werden die vollständigsten Trennungen erreicht. In Zusammenhang mit diesem Verhalten steht die Beobachtung von C. BERGELL[2], daß der Salzgehalt im Kern bei immer stärkerem Ausschleifen keineswegs ständig zunimmt, sondern zuerst sinkt und nach Durchlauf eines Minimums wieder steigt. Das Minimum des Salzgehaltes wird bei mittelstarkem Ausschleifen erreicht, wobei ein leichtflüssiger Kern erhalten wird, der sich sehr leicht und vollkommen vom Leimniederschlag trennt.

Die Geschwindigkeit der Trennung von Kern und Leimniederschlag kann erhöht werden, wenn man die Schwerkraft durch die Zentrifugalkraft ersetzt. Die Trennungsgeschwindigkeit ist dann:

$$v = \frac{2\,(D - d)\, \omega^2 R}{9\, \eta},$$

wo ω die Winkelgeschwindigkeit und R der Rotationsradius ist. Die Geschwindigkeit der Leimniederschlagtrennung durch Schleudern ist also $\frac{\omega^2 R}{g}$ mal größer als bei einfachem Absitzen. Diese Methode ist von Y. KAWAKAMI zum schnellen

---

[1] Journ. Soc. chem. Ind. Japan, Suppl.-Bd. **36**, 181 B (1933).
[2] Seifensieder-Ztg. **51**, 591 (1924).

Nachweis des Endpunktes des richtigen Ausschleifens vorgeschlagen worden. Man erhält in 10 Minuten die gleichen Resultate wie bei freiem Absitzenlassen während 48 Stunden.

Die *Form* und nicht die Größe des Siedekessels hat einen entscheidenden Einfluß auf die Schnelligkeit und Vollständigkeit der Trennung von Leim und Kern. Die höchstzulässige Absitzdauer eines Kessels wird durch die Abkühlung der Seife während des Absitzens begrenzt, denn unter etwa 70° darf sich die Seife im Kessel unter keinen Umständen abkühlen. Der Abkühlungsgrad eines Kessels ist vom Verhältnis aus Gesamtaußenfläche zu Inhalt abhängig. Die Zeit bis zur vollständigen Leimabscheidung oder die Vollständigkeit der Leimabscheidung in einer gegebenen Absitzzeit hängt von der Kesselhöhe ab, d. h. von der Länge des Weges, welche ein Tröpfchen Leim zurücklegen muß, von der Kesseloberfläche bis zu seiner Abscheidung in der Leimphase.

Die mathematische Formulierung des Einflusses der zwei Veränderlichen Abkühlungsgrad und Kesselhöhe[1] führt zu der Aufstellung der für den Verlauf des Absitzens für jeden Kessel charakteristischen *Kesselkoeffizienten* α. Er hat folgenden Wert:

$$\alpha = \frac{\text{Kesselhöhe} \times \text{Gesamtaußenfläche}}{\text{Kesselinhalt}}.$$

Der Wert von α ist unabhängig von der Größe des Kessels und ändert sich nur mit seiner Form. Je kleiner α ist, desto besser erfolgt die Abscheidung. Für kubische Kessel von jeder Größe ist α gleich 6. Für zylindrische oder rechteckige Kessel von quadratischer Grundfläche ist α abhängig vom Verhältnis Höhe zu Radius bzw. Halbseitenlänge und hat obenstehende Werte (s. Tabelle 65).

Tabelle 65. Kesselkoeffizient α von zylindrischen und rechteckigen Kesseln von quadratischer Grundfläche. (H = Kesselhöhe, R = Radius, A = Halbseitenlänge)

H/R bzw. H/A	α
4,0	10,0
2,0	6,0
1,5	5,0
1,0	4,0
0,5	3,0
0,2	2,4
—	2,0

Aus dieser Tabelle ergibt sich, daß die Form des Kessels für den Absitzprozeß maßgebend ist. Zylindrische Kessel, deren Höhe gleich ihrem Durchmesser ist, sind kubischen Kesseln gleichwertig. Niedrige Kessel von großem Durchmesser haben einen kleineren α, sind also für den Absitzvorgang geeigneter als hohe aber schmale Kessel. Die für einen gegebenen Absitzgrad nötige Absitzzeit ist dem Kesselkoeffizienten α direkt proportional. Ein Kessel mit einem $\alpha = 10$ benötigt also, um einen Kern von gleicher Qualtät zu geben, doppelt soviel Zeit als ein Kessel mit einem $\alpha = 5$. Bei gleicher Absitzzeit würde die Qualität des ersten Kerns schlechter sein, als die des letzten. Der Kesselkoeffizient sollte immer beim Bau neuer Kessel berücksichtigt werden.

8. Die Fraktionierung von Seifengemischen bei der Aussalzung.

Die verschiedene Empfindlichkeit der einzelnen Bestandteile eine Seifenmischung gegenüber Elektrolyten legt die Frage nahe, ob eine Fraktionierung verschiedener Seifenindividuen eintreten kann, d. h., ob zuerst die leicht und zuletzt die schwer aussalzbaren Seifen abgeschieden werden.

Systematische Untersuchungen an bekannten Mischungen *reiner Seifen* fehlen. Die vorhandenen Angaben[2] beziehen sich auf technische Seifen von sehr komplizierter Zusammensetzung hinsichtlich der sie bildenden fettsauren Salze. Aus diesen Versuchen ist zu schließen, daß eine wirkliche Fraktionierung im Sinne einer Trennung der verschiedenen Seifenindividuen nicht stattfindet. Man beobachtet nur kleine Änderungen in den Konstanten der Fettsäuren, die aus Kern und Leim ausgeschieden werden, was eine geringe Anreicherung der leicht aussalzbaren Seifen im Leim andeutet. Die Versuche von Y. Kawakami sind an Mischungen von Talg- und Cocosölseifen ausgeführt worden. Der Verfasser

[1] L. Lascaray: Seifensieder-Ztg. **65**, 899 (1938).

[2] F. Goldschmidt: Ztschr. Dtsch. Öl-Fettind. **43**, 605 (1923). — Wolf: Seifensieder-Ztg. **48**, 680 (1921). — Y. Kawakami: Journ. Soc. chem. Ind. Japan, Suppl.-Bd. **35**, 94 B (1932).

hat 50%ige Lösungen dieser Seifenmischungen mit NaCl in geschliffenen Kern und Leimniederschlag getrennt und die Neutralisationszahlen der Kern- und Leimfettsäuren bestimmt. Tabelle 66 gibt eine Zusammenstellung der erhaltenen Ergebnisse.

Tabelle 66. Fraktionierung bei der Aussalzung von Seifen aus Talg-Cocosöl-Mischungen.

Zusammensetzung des Seifenfettes		Neutralisationszahlen der			Δ Leim-Kern
Cocosöl in Prozent	Talg in Prozent	gesamten Fettsäuren	Kern-fettsäuren	Leim-fettsäuren	
0	100	202,2	201,4	204,8	3,4
20	80	216,6	215,9	221,9	6,0
40	60	228,2	227,5	232,9	5,4
60	40	241,8	239,4	244,0	4,6
80	20	256,1	254,3	257,5	3,2
100	0	269,0	268,1	270,1	2,0

Aus dieser Tabelle ergibt sich, daß Leimfettsäuren stets eine höhere Neutralisationszahl als Kernfettsäuren besitzen. Es findet also eine gewisse Fraktionierung beim Aussalzen, welche allerdings von geringer Größe ist, statt. In der letzten Spalte der Tabelle ist unter Δ Leim-Kern der Unterschied zwischen den Neutralisationszahlen von Leim- und Kernfettsäuren angegeben. Wie die Tabelle zeigt, ist die maximale Fraktionierung bei einer Seife aus 20 v. H. Cocosöl und 80 v. H. Talg zu finden.

Y. KAWAKAMI hat noch die Wirkung verschiedener Elektrolytkonzentrationen auf dieselbe Seifenmischung in bezug auf die Fraktionierung beim Aussalzen untersucht. Die Versuche sind mit einer Seife aus 20 v. H. Cocosöl und 80 v. H. Talg ausgeführt und wie oben die Neutralisationszahlen der aus Kern und Leim abgeschiedenen Fettsäuren bestimmt. Abb. 68 gibt eine graphische Darstellung der Änderung der Neutralisationszahlen von Kern- und Leimfettsäuren bei steigender Natriumchloridkonzentration. Die untere Kurve bezieht sich auf den geschliffenen Kern, die obere auf den Leim, und die waagerechte starke Linie zeigt die ursprüngliche Neutralisationszahl der gesamten Fettsäuren. Wie zu erwarten war, läuft die Kernkurve durchwegs unter der waagerechten Linie, die Leimkurve dagegen durchwegs über ihr, entsprechend der Anreicherung der niedrigmolekularen Fettsäuren im Leim. Der Unterschied zwischen beiden Kurven vergrößert sich mit zunehmendem Salzgehalt, was bedeutet, daß die absolute Fraktionierung mit der Erhöhung der Salzkonzentration immer stärker wird. Kern und Leim verhalten sich jedoch in dieser Hinsicht verschieden. Die Fraktionierung im Kern ist mit niedrigen Salzkonzentrationen am größten und verschwindet fast völlig mit stärkeren Salzlösungen. Im Leim laufen die Vorgänge in entgegengesetzter Richtung: Am geringsten ist die Fraktionierung mit kleinen Salzkonzentrationen, am stärksten mit großen.

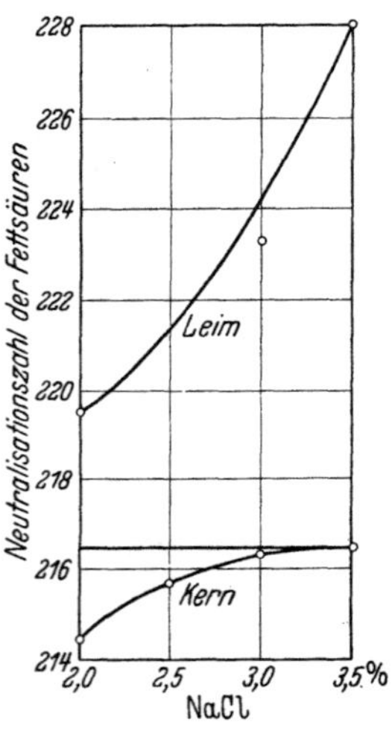

Abb. 68. Fraktionierung bei der Aussalzung.

Es muß jedoch bemerkt werden, daß Versuche an technischen Fettstoffen durch die mögliche Gegenwart von Oxyfettsäuren stets unsicher sind. Die schwer aussalzbaren Oxyseifen sammeln sich im Leimniederschlag und erhöhen die Neutralisationszahl seiner Fettsäuren. Hierdurch kann eine starke Fraktionierung der eigentlichen Seifen vorgetäuscht werden.

9. Einfluß der Natur der Elektrolyte. Die „Verhältniszahlen".

Die verschiedenen Elektrolyte geben bei der Aussalzung von reinen Seifen oder von Seifenmischungen *qualitativ* ähnliche Bilder. *Quantitativ* zeigen sich jedoch beträchtliche Unterschiede. Schon die Betrachtung der Tabelle 64 lehrt, daß Natriumhydroxyd und Kaliumhydroxyd verschiedene Fällungskraft denselben Seifen gegenüber besitzen. Es zeigt sich aber auch, daß die Unterschiede ziemlich konstant und unabhängig von der Natur der Seife sind.

Diese Schlußfolgerung ist durch die späteren Untersuchungen von L. UBBELOHDE und TH. RICHERT[1] und von J. W. MCBAIN und A. V. PITTER[2] bestätigt worden und hat die zuerst genannten Autoren zum Aufstellen der sog. „*Verhältniszahlen*" geführt. Setzt man die Wirkung irgendeines willkürlich gewählten Elektrolyten gleich 1, so ist das Verhältnis der Konzentration eines anderen Elektrolyten von gleicher Wirkung zu der Konzentration des Standardelektrolyten eine charakteristische Größe und wird nach L. UBBELOHDE und TH. RICHERT „Verhältniszahl" genannt. Aus den Versuchen dieser Forscher ergeben sich die in der Tabelle 67 zusammengestellten Verhältniszahlen verschiedener Elektrolyte.

Tabelle 67. „Verhältniszahlen" verschiedener Elektrolyte nach L. UBBELOHDE und TH. RICHERT.

Elektrolyt	Verhältniszahl	Elektrolyt	Verhältniszahl
Natriumhydroxyd ..	1,00	Kaliumhydroxyd ...	1,00
Natriumchlorid	1,15	Kaliumchlorid	1,31
Natriumcarbonat ...	1,82	Kaliumcarbonat	2,11

Die zur Berechnung dieser Verhältniszahlen zugrunde gelegten Konzentrationen sind in Prozenten ausgedrückt.

J. W. MCBAIN und A. V. PITTER haben auch eine große Anzahl von Elektrolyten auf ihre aussalzende Wirkung geprüft und sind zu Ergebnissen gekommen, die mit den eben besprochenen gut übereinstimmen. Tabelle 68 enthält die MCBAINschen Zahlen in molarem Maße und in Gewichtsprozenten ausgedrückt. Das Natriumchlorid ist als Standardelektrolyt gewählt und mit der Verhältniszahl 1 eingetragen.

Tabelle 68. „Verhältniszahlen" verschiedener Elektrolyte nach J. W. MCBAIN und A. V. PITTER.

Elektrolyt	Verhältniszahl		Elektrolyt	Verhältniszahl	
	in molarem Maß	in Gew.-Proz.		in molarem Maß	in Gew.-Proz.
Natriumhydroxyd ..	1,19	0,83	Natriumcarbonat .	0,93	1,63
Natriumnitrat	1,10	1,55	Natriumsulfat	0,87	2,00
Natriumchlorid	1,00	1,00	Natriumthiocyanat	0,80	1,10
Natriumjodid	0,95	2,19	Natriumwolframat.	0,68	3,04
Natriumbromid.....	0,94	1,61	Natriumtartrat ...	0,68	3,12
Natriumacetat......	0,94	1,30			

Aus diesen Zahlen ergibt sich, daß dem Natriumhydroxyd die größte aussalzende Wirkung zukommt. Ihm folgt in seiner Wirksamkeit das Natriumchlorid — das am meisten zum Aussalzen verwendete Salz — wenn man, wie technisch üblich, in Gewichtsprozenten rechnet. Von den gewöhnlichen Salzen ist Natriumsulfat von viel geringerer Wirkung, während Natriumcarbonat un-

[1] S. S. 184.

[2] Journ. chem. Soc. London **1926**, 893.

gefähr in der Mitte zwischen Natriumchlorid und Natriumsulfat steht. Von noch geringerem Aussalzungsvermögen ist das in den Versuchen von McBain und Pitter nicht aufgenommene handelsübliche 38grädige Natriumsilikat.

Eine Betrachtung der Zahlen der Tabelle 68 lehrt, daß die Hoffmeistersche Reihe der Ionenwirksamkeit nicht befolgt wird. Ebensowenig ist eine Beziehung zwischen Molgewicht und Aussalzungsvermögen zu finden. Nach J. W. McBain und A. V. Pitter scheint die Konzentration des Na-Ions der einzige vergleichbare Faktor zu sein, da zwischen der genannten Konzentration und dem Aussalzungsvermögen eines Elektrolyten ein gewisser Parallelismus besteht. Allerdings scheinen die Aussalzungsgleichgewichte nicht ausschließlich durch den Dissoziationsgrad des Na-Ions bestimmt zu sein.

Elektrolytmischungen verhalten sich in ihrer Wirkung additiv. Um die Verhältniszahl einer Elektrolytmischung zu berechnen, braucht man nur die Teilkonzentrationen der Elektrolyte mit den entsprechenden Verhältniszahlen zu multiplizieren. Dieses einfache Verhalten erlaubt eine leichte Übersicht der Wirkung der in der Praxis angewendeten Mischungen von Elektrolyten und gibt den Tabellen 67 und 68 eine große Wichtigkeit für die Berechnung von gleichwertigen Aussalzungslaugen bei Änderung der verwendeten Elektrolyten.

Man soll allerdings nicht außer acht lassen, daß die Zahlen der Tabellen 67 und 68 mit verdünnten Seifenlösungen erhalten wurden und sich auf das Gleichgewicht Leim—Unterlauge, d. h. auf Feld *D* in dem Aussalzungsdiagramm Abb. 63, beziehen. Eine Ausdehnung dieser Ergebnisse auf die anderen Felder und hauptsächlich auf die technisch wichtigen Gleichgewichte Kern—Leim oder Kern—Unterlauge kann nur bei Vorliegen direkter Angaben erlaubt sein.

10. Die stabilisierende Wirkung kleiner OH-Ionenkonzentrationen.

Obgleich dem Natriumhydroxyd die größte aussalzende Wirkung zukommt, ist es eine jedem Techniker längst bekannte Tatsache, daß kleine Alkalikonzentrationen nicht nur nicht so stark aussalzend wirken wie gleichkonzentrierte Salzlösungen, sondern daß sie sogar eine schützende oder stabilisierende Wirkung ausüben, indem leichtalkalische Seifenleime größerer Salzkonzentrationen zum Aussalzen bedürfen als absolut neutrale. Ebenfalls bekannt ist z. B., daß schlecht „ausgestochene", d. h. merklich alkalische Unterlaugen „leimig" oder seifenhaltig sind.

Eine wissenschaftliche Bestätigung haben diese Beobachtungen erhalten durch die Versuche von Wo. Ostwald und H. Erbring[1], die 10%ige Natriumstearatlösungen, denen wechselnde Mengen Natriumhydroxyd zugesetzt worden waren, mit 12%igem Natriumsulfat ausgesalzen haben. Abb. 69 und 70 geben in graphischer Darstellung die Ergebnisse dieser Untersuchungen. Die schon bekannten Dreiecksdiagramme sind auch hier benutzt worden, jedoch beziehen sich die Ecken des Dreiecks nicht auf die reinen Komponenten, sondern auf die verwendeten 10- und 12%igen Lösungen von Seife und Elektrolyt. Das Diagramm stellt also nur den linken unteren Teil der Diagramme der Abb. 63 und 64 dar, und das von den Kurven in der Na_2SO_4-Ecke umschlossene Gebiet der heterogenen Mischungen entspricht dem Gebiet *D* der Gleichgewichte Leimniederschlag—Unterlauge der zitierten Abbildungen. Kurve *ABC* in beiden Diagrammen bezieht sich auf die Gleichgewichte *ohne* NaOH-Zusatz. Die neben den anderen Kurven angegebenen Zahlen bedeuten die zugesetzten NaOH-Mengen. Abb. 69 zeigt, daß das Entmischungsgebiet mit zunehmendem NaOH-Zusatz zunächst kleiner wird, bis es bei einer NaOH-Konzentration von 0,44% seine niedrigste

[1] Kolloidchem. Beih. **31**, 291 (1930).

Größe erreicht. In diesen Konzentrationen übt also Natriumhydroxyd eine stabilisierende Wirkung aus, die mit seiner Menge wächst. Abb. 70, die eine Fortsetzung der Abb. 69 ist, zeigt, daß noch größere NaOH-Zusätze das Entmischungsgebiet wieder erweitern und daß die ursprüngliche Größe *ABC* sogar über-

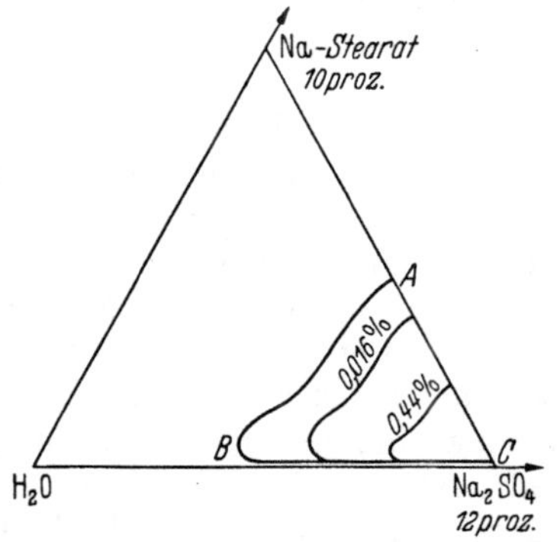

Abb. 69. Einfluß von NaOH-Zusätzen auf die Aussalzung.

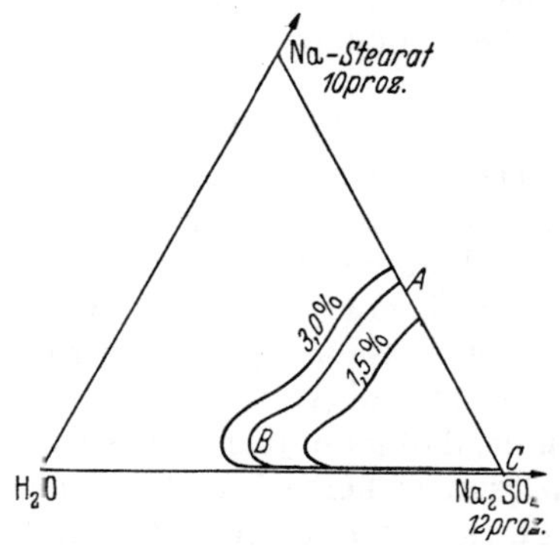

Abb. 70. Einfluß von NaOH-Zusätzen auf die Aussalzung.

schritten wird. Bei diesen Konzentrationen übernimmt also die Natronlauge selbst die Rolle des Neutralsalzes und wirkt schließlich als aussalzendes Elektrolyt.

Die stabilisierende Wirkung kleiner OH-Ionenkonzentrationen erklärt sich dadurch, daß sich aus absolut neutralem Seifenleim, wegen der im folgenden zu betrachtenden Aussalzungshydrolyse, eine saure Seife ausscheidet, welche bekanntlich elektrolytempfindlicher ist als neutrale Seife. Um einen neutralen Kern zu erhalten, muß man aber von einem schwach alkalischen Seifenleim ausgehen. Die zur Aussalzung benötigte Salzkonzentration ist dann etwas höher als bei einem neutralen Seifenleim.

11. Die Notwendigkeit eines Alkaliüberschusses bei der Aussalzung. Die „Aussalzungshydrolyse".

Die Aussalzung eines Seifenleimes wird immer bei merklichem „Stich", d. h. bei einer überschüssigen Alkalimenge, welche meistens zwischen 0,3 und 0,5% liegt, vorgenommen.

Ein Alkaliüberschuß ist bei der fertigen Seife notwendig, um ihre Lagerbeständigkeit zu sichern. Aber selbst wenn man absolut neutrale Seife anstrebt, wird man bei der Aussalzung einen kleinen Laugenüberschuß nicht umgehen können, weil beim Arbeiten in absolut neutralem Medium die erhaltene Seife nicht neutral, sondern *sauer* ist.

Der Grund dieses Sauerwerdens der Seife ist die Hydrolyse des Seifenkerns durch die neutrale Unterlauge. Diese Hydrolyse in heterogenem System kann als „Aussalzungshydrolyse" bezeichnet werden. Sucht man nach dem Mechanismus der Aussalzungshydrolyse, so erhellt, daß DONNAN-Gleichgewichte eine entscheidende Rolle spielen. In einem anderen Abschnitt (s. S. 187 u. 198) ist gezeigt worden, auf welche Weise Hydrolyse durch die Anwesenheit eines nichtdiffundierenden Ions hervorgerufen wird, so daß es sich erübrigt, auf eine nochmalige Erläuterung dieses Vorganges zurückzukommen; es sei auf das dort Gesagte verwiesen. Es braucht hier nur hervorgehoben zu werden, daß DONNAN-Hydrolyse bei der Aussalzung in stärkerem Maße auftreten wird, zumal die Heterogenität eines ausgesalzenen Systems, weil makroskopisch, viel ausgeprägter als die einer einfachen Seifenlösung ist.

Um einwandfreie Seifen zu erhalten, muß der Seifensieder mit allen Mitteln versuchen, die Aussalzungshydrolyse zurückzudrängen. Der einfachste Weg dazu ist die Aussalzung in Anwesenheit eines geringen Alkaliüberschusses, weil das überschüssige freie Alkali die Aussalzungshydrolyse zurückdrängt. Der geringe Alkaligehalt der fertigen Seifen ist für ihre Anwendung nicht nur nicht schädlich, sondern sogar nützlich.

12. Die Temperaturabhängigkeit der Aussalzung.

Die Löslichkeit der bei der Aussalzung auftretenden Phasen ist in hohem Maße von der Temperatur abhängig. Temperaturwechsel bewirkt also ausgeprägte Veränderungen der Aussalzungsdiagramme. Als allgemeine Regel gilt, daß eine Temperaturerhöhung die Löslichkeit der verschiedenen Phasen erhöht, d. h. der Aussalzung entgegenwirkt. Man braucht also höhere Elektrolytkonzentrationen für die Aussalzung bei höherer Temperatur als bei niedrigerer. Das geht so weit, daß man über eine gewisse hohe Temperatur hinaus auch mit gesättigten Salzlösungen keine Aussalzung mehr bewerkstelligen kann. So bilden, nach Untersuchungen von J. W. McBain und G. M. Langdon und von J. W. McBain und W. J. Elford[1], wasserfreies Natriumpalmitat über 316° und Kaliumoleat über 300°, wenn Zersetzung verhindert wird, isotrope, mit Wasser oder Salzlösungen in jedem Verhältnis mischbare Flüssigkeiten.

Bei niedriger Temperatur tritt schon mit geringen Elektrolytkonzentrationen die Phasenabscheidung ein. Seifensysteme, die bei 100° homogen sind, entmischen sich spontan beim Abkühlen. Dieses Verhalten ist dem Seifensieder wohlbekannt: „leimige" Unterlaugen werden durch Abkühlung von ihrer Seife befreit, die sich als gelartige, auf der klaren Unterlauge schwimmende Masse abscheidet.

Untersuchungen über den Einfluß der Temperatur auf die Aussalzungsdiagramme sind von J. W. McBain und seinen Mitarbeitern ausgeführt worden[2]. Aus den umfangreichen Versuchen sind die Aussalzungsdiagramme des Natriumpalmitats bei 80°, 160° und 250° ausgewählt und in der Abb. 71a, b und c

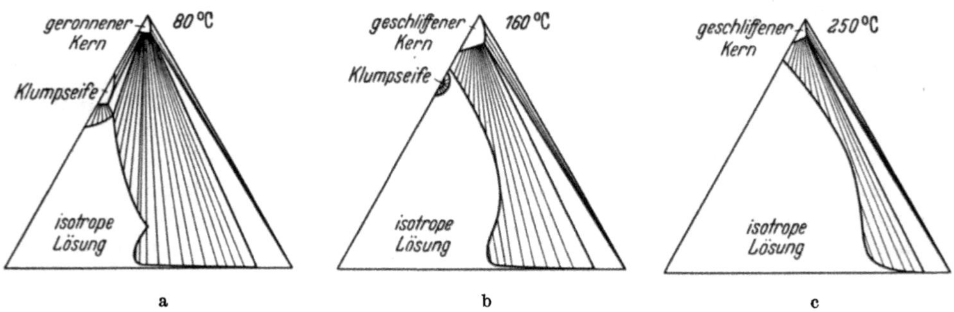

Abb. 71a—c. Einfluß der Temperatur auf das Aussalzungsdiagramm des Natriumpalmitats.

dargestellt. Abb. 71a zeigt, daß bei 80° der geschliffene Kern nicht existenzfähig ist und daß nur drei Phasen erhalten werden können, nämlich isotrope Lösung, Klumpseife und geronnener Kern. Das Gebiet der isotropen Lösung hat sich stark eingeengt. Noch niedrigere Temperaturen verkleinern noch mehr die Löslichkeit des Natriumpalmitats. Unter 68° kann sich keine Klumpseife mehr bilden und die einzig vorhandenen Phasen sind geronnener Kern und Unter-

---

[1] S. S. 180.

[2] S. Zusammenstellung von J. W. McBain, L. H. Lazarus u. A. V. Pitter in Ztschr. physikal. Chem. **147**, 87 (1930).

lauge. 10° niedriger ist die Löslichkeit des Natriumpalmitats zu einem schmalen Feld von Unterlauge eingeschränkt.

Bei Temperaturen über 100° verlaufen die Verschiebungen der Phasen in entgegengesetzter Richtung. Das Gebiet des geronnenen Kerns verkleinert sich stark und bei 160° ist, wie Abb. 71b zeigt, diese Phase vollständig verschwunden, während der geschliffene Kern eine große Fläche im oberen Teil des Diagramms einnimmt. Das Klumpseifengebiet ist zu einem schmalen Feld, das von der isotropen Lösung eingeschlossen ist, eingeschränkt, während die isotrope Lösung stark an Umfang zugenommen hat. Über 180° verschwindet nun die Klumpseife selbst. Abb. 71c zeigt, daß bei 250° nur noch geschliffener Kern und isotrope Lösung existenzfähig sind. Bei 290° verschwindet schließlich der geschliffene Kern und die ganze Seife ist als isotrope Lösung vorhanden, welche das Dreieck fast vollständig füllt.

Ein Blick auf Abb. 71b und c läßt an die Möglichkeit denken, konzentrierte geschliffene Kernseife ohne Trocknung durch einfaches Aussalzen im geschlossenen Kessel bei hoher Temperatur herzustellen.

13. Einfluß des unverseiften Fettes auf die Aussalzung.

Die Löslichkeit der Fette in konzentrierten Seifenlösungen, die wahrscheinlich durch eine Auflösung in den Seifenmizellen selbst bedingt wird, ändert die Eigenschaften der Seife und macht sie weniger hydrophil, d. h. weniger wasserlöslich. Das Vorhandensein von unverseiftem Fett in einer Seife wird sich also bei der Aussalzung in einer Erhöhung der Empfindlichkeit der Seifen gegen die fällende Wirkung von Elektrolyten zeigen.

Die Wirkung des unverseiften Fettes ist technisch vielfach beobachtet worden. Während der Verseifung im Siedekessel erschwert die Anwesenheit von unverseiftem Fett die Arbeit, indem durch verhältnismäßig kleine Laugenzugaben die Masse starke Trennung erfährt. Besonders bei Wasserarmut der Seife ist diese Wirkung sehr ausgeprägt, da Fett bekanntlich in Seife um so löslicher wird, je wasserärmer sie ist. Die Durchführung der Verseifung in konzentrierter Lösung bereitet also einige Schwierigkeiten.

Das leichte Zusammenfahren der Seife während der Verseifung ist auch auf eine erhöhte Empfindlichkeit der fetthaltigen Seifen inbezug auf Klumpseifenbildung zurückzuführen. Das Gebiet *A* der Abb. 63 wird wahrscheinlich durch die Auflösung von Fett in der Seife erweitert. Bei unvorsichtigem Arbeiten gerät man leicht in dieses gefürchtete Feld der Klumpenbildung.

14. Die Verteilung der Elektrolyte und des Glycerins zwischen Seife und Unterlauge.

Es ist von Bedeutung zu wissen, wie sich die Elektrolyte und das Glycerin zwischen den bei der Aussalzung auftretenden Phasen verteilen, insbesondere zwischen den technisch wichtigen Phasen geschliffener Kern und Leimniederschlag.

Das Glycerin zeigt, soweit es die spärlich vorhandenen Angaben übersehen lassen[1], ein einfaches Verhalten. Wenn man die Glycerinkonzentration auf das in der Seife und in der Unterlauge enthaltende Wasser bezieht, ergibt sich das Verteilungsverhältnis 1,1 : 1. Das Verhältnis Glycerin/Wasser hat also in der Seife wie in der Unterlauge annähernd denselben Wert.

Für die Elektrolyte liegen die Verhältnisse viel verwickelter. Trotz der

[1] C. Bergell: Seifensieder-Ztg. **61**, 814 (1934).

Bemühungen verschiedener Forscher[1] ist bisher eine Gesetzmäßigkeit der Verteilung der Elektrolyte zwischen Seife und Unterlauge nicht gefunden worden. Von einer Wiedergabe der zahlenmäßigen Ergebnisse verschiedener Autoren sei also hier abgesehen. Als hauptsächliches Resultat geht aus diesen Versuchen hervor, daß die Elektrolytkonzentration in der Seife ein Fünftel bis ein Zehntel niedriger als die in der Unterlauge ist. Dieses Ergebnis bedeutet, daß auch in bezug auf das vorhandene Wasser der Kern elektrolytärmer ist als die Unterlauge. Es scheint also, als ob die Seife eine Art *negative Adsorption* auf die Elektrolyte ausübe.

J. W. McBAIN und seine Schule[2] bevorzugen als Erklärung für diese verminderte Elektrolytkonzentration im Kern die Annahme, daß ein Teil des Wassers konstitutiv an die Seife gebunden und daß nur der andere mechanisch eingeschlossene Teil „frei" ist, also zur Elektrolytauflösung dient. Auf diese Weise versuchen sie die Hydratation der Seife im geschliffenen Kern zu berechnen und kommen zu dem Ergebnis, daß ungefähr die Hälfte des Wassers konstitutiv im Kern gebunden ist, während die andere Hälfte als Lösungsmittel dient. Der hauptsächliche Einwand gegen diese Erklärungsweise ist der, daß sie die Art der Verteilung des Glycerins nicht erklärt. Wäre nur die Hälfte des im Kern vorhandenen Wassers „frei", so müßte sich das Glycerin im Kern im Verhältnis zur gesamten Wassermenge in einer halb so großen Konzentration befinden wie in der Unterlauge, was aber, wie oben gezeigt wurde, nicht zutrifft.

Die sonderbare Verteilung der Elektrolyte zwischen Kern und Unterlauge läßt an die bekannten „DONNAN-Gleichgewichte" denken, bei welchen eine analoge Erscheinung zutrifft[3]. Nach der Theorie dieser Erscheinungen hat die Anwesenheit von Elektrolyten mit einer Ionenart, die aus irgendwelchen Gründen nicht nach allen Gebieten des Systems hindiffundieren kann, eine ungleichmäßige Verteilung aller anwesenden Arten von ungehemmt diffundierenden Ionen zur Folge. Einen solchen Elektrolyten stellt bei der Aussalzung der geschliffene Seifenkern dar, denn das Fettsäureion kann nicht aus der Seife herausdiffundieren, während das Na-Ion und die Ionen der bei der Aussalzung verwendeten Elektrolyte frei beweglich sind. Aus der Theorie der DONNAN-Gleichgewichte ergibt sich, daß das nichtbewegliche Fettsäureion eine Art Abstoßung auf die beweglichen Ionen ausübt, so daß die Elektrolytkonzentration im Seifenkern *niedriger* sein muß als in der Unterlauge. Das ist gerade, was die experimentellen Untersuchungen beweisen. Nichtelektrolyte, wie das Glycerin, werden durch DONNAN-Gleichgewichte nicht berührt und können sich infolgedessen gleichmäßig zwischen dem Wasser des Kerns und der Unterlauge verteilen.

15. Die Theorie des Auswaschens durch die Aussalzung.

Der Hauptzweck der Aussalzung ist die Abscheidung von Begleitstoffen der Seife, welche entweder, wie das Glycerin, wertvoll sind, oder, wie das überschüssige Natriumhydroxyd, die Farbstoffe usw., die Qualität der Seife herabsetzen würden. Eine restlose Entfernung aller dieser Substanzen ist nicht möglich. Man kann

---

[1] F. GOLDSCHMIDT: Handbuch der Fette und Öle, 1. Aufl., III. Bd., 2. Teil, S. 478ff. Leipzig. 1911. — L. UBBELOHDE u. TH. RICHERT: S. S. 184. — J. LEIMDÖRFER: Seifensieder-Ztg. **54**, 408 (1927). — E. L. LEDERER: Kolloidchemie der Seifen, S. 359. Dresden u. Leipzig. 1932. — F. MERKLEN: S. S. 188.

[2] J. W. McBAIN u. M. TAYLOR: Journ. chem. Soc. London **115**, 1300 (1919). — J. W. McBAIN u. H. E. MARTIN: Ebenda **119**, 1369 (1921). — J. W. McBAIN u. C. S. SALMON: Ebenda **119**, 1374 (1921). — M. E. LAING: Ebenda **119**, 1669 (1921).

[3] Vgl. hierzu T. R. BOLAM: „Die DONNAN-Gleichgewichte". Dresden u. Leipzig. 1934. (Übersetzung von R. KÖHLER.)

aber durch mehrmalige Wiederholung des Aussalzungsprozesses zu einer sehr weitgehenden Reinigung der Seife gelangen.

Wenn die zu entfernende Substanz in Wasser gut löslich ist und außerdem, wie im Falle des Glycerins, ihre Wasserlöslichkeit durch das Vorhandensein der Seife nicht gestört wird, kann man durch eine einfache Berechnung die nach n Aussalzungen in der Seife noch verbleibende Menge an fremden Stoffen ermitteln. Der Einfachheit halber werden im folgenden die bei der Aussalzung auftretenden Phasen als „Kern" und „Unterlauge" bezeichnet, obgleich ähnliche Betrachtungen für irgendeine andere Trennung, wie Kern—Leimniederschlag, anwendbar sind.

Es sei a der Bruchteil des ursprünglichen Seifenleims, welcher nach der Trennung als Kern erscheint; $1 - a$ wird der entsprechende Bruchteil der Unterlauge sein. Wird mit w_k der Wassergehalt des Kerns und mit w_u der Wassergehalt der Unterlauge bezeichnet, so wird das Wasser zwischen Kern und Unterlauge im Verhältnis $aw_k : (1 - a)\, w_u$ verteilt. Vom Gesamtwasser des Systems verbleibt im Kern nach der Entfernung der Unterlauge ein Bruchteil s_1, nämlich:

$$s_1 = \frac{a\, w_k}{a\, w_k + (1 - a)\, w_u} = \frac{1}{1 + \frac{(1 - a)\, w_u}{a\, w_k}}.$$

Bezeichnet man mit $w = \frac{w_u}{w_k}$ das Verhältnis des Wassergehaltes der Unterlauge zum Wassergehalt des Kerns und mit $m = \frac{1 - a}{a}$ das Verhältnis der absoluten Mengen von Unterlauge und Kern im System, so ist:

$$s_1 = \frac{1}{1 + w\, m}.$$

Wenn durch das Vorhandensein der Seife die Wasserlöslichkeit der auszuwaschenden Substanz nicht geändert wird, so ist s_1 der nach der ersten Aussalzung im Kern noch verbleibende Bruchteil der ursprünglich vorhandenen Substanzmenge.

Wird die Unterlauge entfernt, durch das gleiche Volumen Wasser ersetzt und der Leim wieder wie oben getrennt, so ist wieder $\frac{1}{1 + w\, m}$ der Bruchteil der im Anfang der zweiten Aussalzung vorhandenen Menge der zu entfernenden Substanz, welcher im Kern verbleibt. Von der ursprünglichen Substanzmenge verbleibt darnach im Kern nach der zweiten Aussalzung der Bruchteil:

$$s_2 = \frac{1}{(1 + w\, m)^2}.$$

Nach der dritten Aussalzung ist der verbleibende Bruchteil:

$$s_3 = \frac{1}{(1 + w\, m)^3}.$$

Im allgemeinen verbleibt im Kern nach der n-ten Aussalzung von der ursprünglich vorhandenen Menge der zu entfernenden Substanz der Bruchteil:

$$s_n = \frac{1}{(1 + w\, m)^n}.$$

Der Wert w ist annähernd konstant, da der Wassergehalt der Unterlauge ungefähr 90%, der des Kerns annähernd 30% ist. Es ist also $w = 3$ und

$$s_n = \frac{1}{(1 + 3\, m)^n}.$$

s_n ist außer von der Anzahl der Waschungen noch vom Mengeverhältnis der Phasen abhängig.

Es sei als Beispiel die Berechnung der Glycerinmenge, welche bei der Verseifung von 10000 kg Neutralfett nach drei Auswaschungen im Kern verbleibt, angeführt. Bei einem Glyceringehalt des Fettansatzes von 10% ist die bei der Verseifung gebildete Gesamtmenge Glycerin gleich 1000 kg. Die Trennungen werden so vorgenommen, daß zu 1 Teil Unterlauge 5 Teile Kern ausfallen, was einem Fettsäuregehalt des Seifenleimes vor der Aussalzung von 52% entspricht. Es ist also $m = \frac{1}{5}$. Der Bruchteil der Gesamtmenge Glycerin, welcher nach der dritten Aussalzung noch im Kern verbleibt, ist also:

$$s_3 = \frac{1}{\left(1 + \frac{3}{5}\right)^3} = 0{,}24$$

und die absolute im Kern vorhandene Glycerinmenge ist 0,24 × 1000 = 240 kg.

Bei einem Fettsäuregehalt des Seifenleimes von 46,5% und einem dazugehörigen Verhältnis von Unterlauge zu Kern $m = \frac{1}{3}$ wäre die im Kern verbliebene Glycerinmenge gleich $0{,}5^3 \times 1000 = 125$ kg.

Wenn die auszuwaschende Substanz sich nicht gleichmäßig zwischen dem in Kern und Unterlauge vorhandenen Wasser verteilt, sondern, wie es z. B. für Elektrolyte der Fall ist, die Konzentration im Unterlaugewasser p-mal größer ist als die im Kernwasser, dann ist der Bruchteil der Substanz, welcher nach Entfernung der Unterlauge im Kern verbleibt:

$$s_{p\,1} = \frac{1}{(1 + w\,m)\,p},$$

und nach n Aussalzungen ist der verbleibende Bruchteil:

$$s_{p\,n} = \frac{1}{(1 + w\,m)^n\,p^n}.$$

Für Elektrolyte schwankt p zwischen 5 und 10, so daß nach drei Aussalzungen die verbleibende Menge des ursprünglichen Elektrolyts 125 bis 1000mal kleiner ist, als wenn die zu entfernende Substanz ein Nicht-Elektrolyt wäre. Bestimmte Elektrolyte sind also sehr leicht durch die Aussalzung zu entfernen.

Farbstoffe, Oxysäurenseifen und organische Fremdstoffe der Seifen sind dagegen im allgemeinen im Kern viel leichter löslich als in der Unterlauge. Für sie ist p also kleiner als 1. Der Wert von $s_{p\,n}$ wird dadurch stark erhöht. Die genannten Substanzen sind daher sehr schwer durch Aussalzung zu entfernen.

Die vorangehenden Formeln gestatten noch die Frage zu beantworten, ob es für eine bestimmte Gesamtmenge von Unterlauge vorteilhafter ist, wenige Male mit je viel Unterlauge oder viele Male mit je wenig Unterlauge auszuwaschen.

Wenn U die Gesamtmenge Unterlauge ist, welche in n Aussalzungen erhalten werden soll, so wird in jeder Aussalzung die Unterlaugenmenge $\frac{U}{n}$ gewonnen. Dann ist, wenn A die konstante Kernmenge bezeichnet:

$$m = \frac{U}{A\,n}$$

und infolgedessen:

$$s_n = \frac{1}{\left(1 + \frac{3\,U}{A\,n}\right)^n}.$$

Da A und U für eine bestimmte Fettmenge und einen bestimmten Trennungsgrad konstant sind, kann man schreiben:

$$s_n = \frac{1}{\left(1 + \frac{K}{n}\right)^n},$$

wo K eine Konstante ist. Da n gleich oder größer als 1 ist, so wird s_n, wie eine leichte Nachprüfung zeigt, durch Vergrößern von n kleiner. Für eine bestimmte Gesamtmenge Unterlauge ist also die Auswaschung um so gründlicher, je öfter ausgesalzen wird.

16. Die unvollständige Aussalzung: Die Marmorbildung der Eschwegerseifen.

Es gibt Fälle, in denen die Aussalzung nicht bis zur vollständigen Trennung in zwei Schichten fortschreiten kann, weil der kleine Unterschied in den spezifischen Gewichten von Leim und Kern und die hohe Viskosität der Seife einer solchen Abscheidung entgegenwirken. Der Leim bleibt in solchen Fällen mit dem Kern in der erstarrten Seife gemischt und bildet Adern und Flecken von anderer Farbe, welche als „*Fluß*" bezeichnet werden und der Seife ein marmorähnliches Aussehen verleihen. Solche Ausbildungen werden bei der Herstellung der *Eschwegerseifen* absichtlich hervorgerufen und der Gegensatz zwischen Kern und Fluß wird durch geeignete unlösliche Farbstoffe, welche sich bei der Trennung ausschließlich in der Leimphase ansammeln, erhöht.

Bei der unvollständigen Aussalzung der Eschwegerseifen bedient man sich der Eigenschaft der Seifenleime durch Abkühlung elektrolytempfindlicher zu werden. Wird ein salzreicher, aber homogener Seifenleim abgekühlt, so findet bekanntlich eine Abscheidung vom Kern statt. Die Temperatur, bei welcher eine solche Abscheidung eintritt und die Viskosität der Seife bei dieser Temperatur sind bei der Herstellung der Eschwegerseifen von ausschlaggebender Bedeutung. Seifen- und Elektrolytkonzentration müssen so bemessen sein, daß die Homogenitätsstörung bei einer Temperatur geschieht, bei welcher die Seife noch flüssig ist, aber so viskos, daß eine „Senkung des Marmors" zu Boden ausgeschlossen ist. Anderseits darf die Viskosität bei der Abscheidungstemperatur auch nicht zu hoch sein, denn in einer hochviskosen oder gar erstarrten Seife kann eine makroskopische Trennung von Kern und Leim nicht stattfinden.

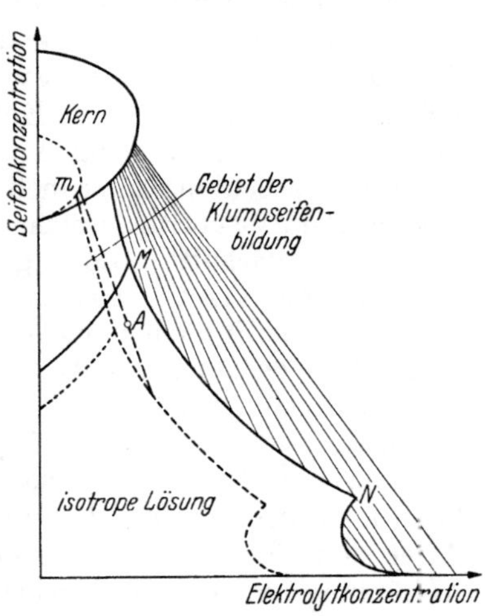

Abb. 72. Gleichgewichte in einer Eschwegerseife.

Um die Verhältnisse bei der Abkühlung eines salzreichen, aber homogenen Seifenleimes deutlicher zu zeigen, ist in der Abb. 72 in ausgezogenen Linien eine schematische Darstellung des Aussalzungsdiagramms einer Seife bei 100° gegeben. Die Zusammensetzung des betrachteten Seifenleimes sei durch Punkt A im Feld der isotropen Lösung, aber nahe an der Entmischungskurve MN dargestellt. Das Seifensystem bildet also bei 100° eine konzentrierte homogene Lösung mit keinem Anzeichen von Heterogenität.

Durch Temperaturerniedrigung wird bekanntlich das ganze Aussalzungsdiagramm nach unten und nach links, d. h. in der Richtung des Nullpunktes verschoben. Das Diagramm erhält bei einer bestimmten, unter 100° liegenden

Temperatur eine Lage, wie etwa durch die punktierten Linien dargestellt wird. In dem punktierten Diagramm hat sich die relative Lage des Punktes A geändert, der sich jetzt im Entmischungsgebiet Kern—Leim befindet. Das System wird sich also in zwei Phasen entmischen, deren Zusammensetzung durch die beiden Enden der *Konode mA* dargestellt sind und deren Mengenverhältnis durch das umgekehrte Verhältnis der Abstände vom Punkt A zu den Gebieten der entsprechenden reinen Phasen ausgedrückt wird. Wie Abb. 72 zeigt, wird bei fortschreitender Abkühlung nicht nur das Mengenverhältnis der Phasen zugunsten des Kerns verschoben, sondern auch der Unterschied in der Zusammensetzung der beiden Phasen vergrößert.

Die besprochenen Erscheinungen treten bei der Marmorbildung der Eschwegerseifen *in den Formen* auf, wenn sich die Seife langsam abkühlt. Damit sich der Marmor nicht „senkt", d. h. keine Schichtung von Kern und Fluß eintritt, dürfen die spezifischen Gewichte der beiden Phasen voneinander nicht allzu verschieden sein. Punkt A muß sich also an der oberen Ecke des Gebietes der isotropen Lösung befinden, damit er durch Abkühlung der Seife auf den kurzen Konoden liegt, welche die kleinsten Unterschiede in der Zusammensetzung und dem spezifischen Gewicht zwischen Kern und Fluß gewährleisten. Aus diesen Gründen erklärt sich, warum man Eschwegerseifen nicht mit beliebigem Fettsäuregehalt herstellen kann. Bei zu hohem Fettsäuregehalt würde man schon im Kessel in das Gebiet der heterogenen Systeme kommen; bei zu niedrigem Fettsäuregehalt und entsprechend hoher Elektrolytkonzentration läuft man Gefahr, während der Abkühlung auf die langen Konoden der Abb. 72 zu kommen und infolgedessen zwei in ihren spezifischen Gewichten sehr verschiedene Phasen mit großer Neigung zur Schichtung zu erhalten. In der Praxis hält man sich in den Grenzen um 50% Fettsäuregehalt, bei welchem erfahrungsgemäß die besten Ergebnisse erzielt werden.

Wie alle Phasenabscheidungen ist die Ausbildung des Marmors ein Zeitphänomen. Die Geschwindigkeit der Kernabscheidung hängt, außer von der Lage des Punktes A im Aussalzungsdiagramm, von der Viskosität der Seife ab. Bei zu hoher Viskosität verläuft die Kernabscheidung zu langsam um eine Heterogenität makroskopisch wahrzunehmen. Bei zu niedriger Viskosität läuft man Gefahr, daß die Abscheidung zu schnell geht und der Fluß zu Boden sinkt. Es gibt also eine mittlere Viskosität, welche die vorteilhaftesten Bedingungen zur Ausbildung des Marmors schafft. Durch geeignete Elektrolytmischungen ist man immer in der Lage, die Viskosität eines Seifenleimes beliebig zu verändern. Doch ist die systematische Untersuchung des Einflusses verschiedener Elektrolyte und Elektrolytmischungen auf die Viskosität der Eschwegerseifen und die Bestimmung der vorteilhaftesten Viskosität für die Marmorbildung noch nicht durchgeführt, so daß man gegenwärtig nur auf Erfahrungen angewiesen ist.

Durch Änderung der Viskosität und der Seifen- und Elektrolytkonzentration kann man die Mengenverhältnisse von Kern zu Fluß variieren und verschiedene Arten von Marmorierungen erzielen. Steigt die Viskosität sehr schnell bei der Abkühlung an, so ist wahrscheinlich, daß die optimale Viskosität erreicht wird, wenn Punkt A sich in der Nähe der Linie MN befindet. Die Flußmenge wird dann groß sein und auf diesem gefärbten Grund werden sich die wenigen weißen Adern des Kerns abheben. Verläuft die Viskositätserhöhung durch Abkühlung sehr langsam, so wird Punkt A in die Nähe des Kerngebietes gelangen, wenn die Seife die optimale Viskosität erreicht hat. Man erhält in diesem Falle eine Seife, welche auf dem weißen Grund des Kerns die schmalen Adern und stark gefärbten Flecken des Flusses zeigt.

Die besprochenen Bedingungen für die Ausbildung des Marmors in Eschwegerseifen sind heutzutage, mangels genügender theoretischer Untersuchungen, schwer zu verfolgen. Auf keinem anderen Gebiet der Seifenchemie würde aber die wissenschaftliche Erforschung eher zu praktischen Ergebnissen führen, als auf dem Gebiet der Eschwegerseifenherstellung, ist doch die Beurteilung der Merkmale im Siedekessel für eine gute Marmorbildung heute auch für den erfahrenen Techniker schwer und unsicher.

D. Die Abkühlung der Kernseifen.

Früher ist gezeigt worden (s. S. 196), daß der geschliffene Kern nur bei hoher Temperatur existenzfähig ist und daß z. B. Natriumpalmitat unter 81° keinen geschliffenen Kern mehr bildet. Anderseits ist Klumpseife bei derselben Seife unter 68° auch nicht beständig und die isotrope Lösung ist bei gewöhnlicher Temperatur zu einem schmalen Feld von an Seife stark verdünnten Lösungen eingeschränkt. Die einzige bei Zimmertemperatur und hoher Seifenkonzentration beständige Phase ist der *geronnene Kern*. Die Abkühlung der Kernseifen bewirkt also eine Umwandlung der als geschliffener Kern vorhandenen Seife in geronnenen Kern, indem aus der flüssigen Phase feste, mehr oder weniger stark hydratisierte Seifenkriställchen gebildet werden.

Wie bei jeder Kristallisation sind die äußeren Umstände, unter welchen die Abkühlung erfolgt, auf den Endzustand des Systems von entscheidendem Einfluß. Von technischer Wichtigkeit ist vor allem der Einfluß der *Abkühlungsgeschwindigkeit* auf die Eigenschaften der erhaltenen Seife. Bekanntlich werden die Seifen entweder *in Formen* langsam — im Verlauf von mehreren Tagen — erstarren gelassen, oder in *Kühlpressen* rasch abgekühlt. Teile desselben geschliffenen Kerns ergeben, beiden Abkühlungsarten unterworfen, Seifen, die in ihren physikalischen Eigenschaften voneinander stark abweichen. Schnell gekühlte Seifen sind härter und von hellerer Farbe als langsam erstarrte. Auch in bezug auf andere genauer meßbare Eigenschaften zeigen sich beträchtliche Verschiedenheiten. Wie E. L. LEDERER gezeigt hat[1], trocknen unter sonst gleichen Bedingungen langsam erstarrte Seifen *leichter* als schnell gekühlte.

Sucht man nach dem Grund solcher Unterschiede, so erscheint es sofort klar, daß bei Änderung der Umstände, unter welchen die Ausbildung der Seifenkristalle erfolgt, auch *die Struktur* der erhaltenen kristallinen Masse sich ändern muß. Zur Ausbildung eines Kristalls gehört die Existenz eines *Kristallisationskeimes*, um welchen sich ein *Kristallisationskern* bildet. Dann muß die Kristallisation durch Wachstum des Kerns fortschreiten. Man muß also zwischen einer *Keimbildungsgeschwindigkeit* und einer *Keimwachstumsgeschwindigkeit* unterscheiden.

Beide Geschwindigkeiten haben, je nach der Schnelligkeit der Abkühlung, verschiedene Werte. Die Keimbildungsgeschwindigkeit in Seifenlösungen ist nach Untersuchungen von P. A. THIESSEN und seinen Mitarbeitern, die S. 120 beschrieben wurden, um so größer, je tiefer die Abkühlungstemperatur und je länger die Abkühlungsdauer bei einer gegebenen Temperatur ist. Schnell gekühlte Seifen haben daher eine sehr hohe Keimbildungsgeschwindigkeit, während bei den langsam erstarrten Seifen die Bildung der Keime auch eine entsprechend langsamere ist. Über die Keimwachstumsgeschwindigkeit von Seifenkristallen liegen keine Untersuchungen vor, aber die Ähnlichkeit mit bekannten Kristallisationsvorgängen läßt weitgehende Schlüsse auf die Erscheinung ziehen. Da zum Kristallwachstum Diffusionsvorgänge gehören, beeinträchtigt eine hohe

[1] Ztschr. Dtsch. Öl-Fettind. **46**, 499 (1926).

Viskosität die Keimwachstumsgeschwindigkeit. Bei schnell gekühlten Seifen wird man also eine viel kleinere Wachstumsgeschwindigkeit finden als bei langsam erstarrten.

Schnellgekühlte Seifen sind also durch eine hohe Keimbildungsgeschwindigkeit und eine niedrige Keimwachstumsgeschwindigkeit gekennzeichnet. Infolgedessen bilden sich bei solchen Seifen sehr viele *kleine Kriställchen,* welche nur äußerst langsam wachsen können. Bei den langsam erstarrten Seifen liegen die Verhältnisse gerade umgekehrt. Keime bilden sich nur in kleiner Zahl, sie besitzen aber eine verhältnismäßig hohe Wachstumsgeschwindigkeit. Die langsam erkaltete kristalline Masse besteht also aus *großen Kristallen.*

Die verschiedene Struktur der schnell gekühlten und langsam erstarrten Seifen erklärt die verschiedenen Eigenschaften derselben. Die feine kristalline Struktur der schnell gekühlten Seife gibt ihr ein sehr glattes Aussehen, während bei der langsam erstarrten Seife örtliche Unterschiede in der Zusammensetzung oder Temperaturänderung lokale Veränderungen der Struktur der erkalteten Seife hervorrufen, was ihr ein ungleichmäßiges Aussehen verleiht. Die Seife wird mit dunkleren Adern durchsetzt, die als „Fluß“ bezeichnet werden. Härte und Farbe sind von der Struktur der Masse stark abhängig. Die aus feinen verfilzten Kristallen bestehende kristalline Masse ist immer härter und von hellerer Farbe als die aus großen geordneten Kristallen gebildete. Derselbe Unterschied ist auch in schnell gekühlten und langsam erstarrten Seifen zu finden.

E. Die Theorie der Trocknung der Seifen.

Der Luft ausgesetzt, erleiden bekanntlich die Seifen, je nach Form, Zusammensetzung, Wassergehalt, Temperatur und Luftfeuchtigkeit, eine mehr oder weniger starke Vert ocknung. Durch die Wasserverdunstung an der Oberfläche eines Seifenstückes wird die Seifenkonzentration an dieser Stelle erhöht. Es entsteht also ein Konzentrationsgefälle zwischen Oberfläche und Innerem, das einen Diffusionsstrom von Wasser aus dem Innern nach der Oberfläche erzeugt. Je nach der relativen Größe von Verdunstungs- und Diffusionsgeschwindigkeit ist der Verlauf der Vertrocknung verschieden.

Im allgemeinen ist die Verdunstungsgeschwindigkeit viel größer als die Diffusionsgeschwindigkeit. Dieser Fall kommt besonders häufig vor, weil Diffusionsvorgänge in festen Seifen sehr langsam verlaufen, so daß bei schneller Verdunstung die Wasserverluste an der Oberfläche nur in sehr geringem Maße durch das Zudiffundieren von Wasser aus dem Innern der Seifen ausgeglichen werden können. Es kommt noch der Umstand hinzu, daß der Diffusionskoeffizient des Wassers im Innern von Seifen, d. h. die Wassermenge, welche in der Zeiteinheit durch den Querschnitt 1, bei dem Konzentrationsgefälle 1 hindurchwandert, um so kleiner wird, je kleiner der Wassergehalt der Seife ist. Bei schneller Trocknung bildet sich also eine *Seifenrinde*, welche ein Hindernis für die weitere Wasserdiffusion darstellt, so daß sich die Unterschiede in den Zusammensetzungen zwischen Rinde und Innerem mit fortschreitender Vertrocknung vergrößern. Bei sehr schneller Wasserverdunstung kann der Vorgang so weit gehen, daß sich an der Oberfläche des Seifenstückes eine dicke harte Kruste bildet, während das Innere der Seife noch ihren ursprünglichen Wassergehalt behält. Diese Art der Vertrocknung kann als *Oberflächentrocknung* bezeichnet werden.

Anders liegen die Verhältnisse, wenn die Verdunstung sehr langsam erfolgt, so daß die Verdunstungsgeschwindigkeit gleich oder sogar kleiner als die Diffusionsgeschwindigkeit wird. Eine Seifenrinde kann sich in diesem Fall nicht bilden, weil die Konzentrationserhöhung an der Oberfläche sofort durch die Wasserdiffusion aus dem Innern ausgeglichen wird. Die Vertrocknung erfolgt also gleichmäßig in der ganzen Masse des Seifenstückes. Man hat eine *Massentrocknung* vor sich.

Diese Unterscheidung zwischen Oberflächen- und Massentrocknung hat technische Wichtigkeit, weil in der Praxis zwei Seifensorten vorliegen, die in bezug auf die Trocknung geradezu entgegengesetzte Forderungen stellen, die gewöhnlichen Kernseifen und die Grundseifen für die Toiletteseifenherstellung.

Bei der Kernseifentrocknung bezweckt man mit der Trocknung die Erleichterung der nachfolgenden Preßarbeit und das Verhüten des Klebens der feuchten Seifen an den Preßstanzen. Auch wird durch das Trocknen ein besserer Griff der Seife erzielt. Bei den Kernseifen handelt es sich also ausschließlich um eine *Oberflächentrocknung*, welche man durch eine schnelle Trocknung in geschlossenen Kammern oder Gehäusen mit vorgewärmter durchgesaugter Luft bewerkstelligt.

Die Grundseifen werden, um ihren Wassergehalt zu erniedrigen, in dünnen Spänen oder in flüssigem Zustand getrocknet. Konzentrationsunterschiede zwischen Oberfläche und Innerem der getrockneten Späne müssen auf jeden Fall vermieden werden, weil sich sonst die fertige Toiletteseife beim Verbrauch sandig anfühlt und leicht rissig wird. Man muß also bei der Grundseifentrocknung eine *Massentrocknung* bewirken. Um den Diffusionsweg des Wassers zu verkürzen, muß die Seife, damit die Diffusionsgeschwindigkeit des Wassers hoch sei, in dünner Schicht bei möglichst hoher Temperatur getrocknet werden. Auf jeden Fall muß aber die Trocknungsgeschwindigkeit der Diffusionsgeschwindigkeit des Wassers angepaßt und niemals höher als diese sein. Aus Versuchen von E. L. Lederer folgt, daß plattengekühlte Grundseifen eine langsamere Trocknungsgeschwindigkeit erfordern als in Formen erstarrte.

1. Die Wirkung des Kohlendioxyds bei der Seifentrocknung.

Die Luft der Trockenkammern enthält stets geringe Mengen von Kohlendioxyd, welches, seines sauren Charakters wegen, auf die Seife zersetzend einwirkt.

Man könnte zuerst denken, daß die Wirkung des Luftkohlendioxyds sich auf eine Absättigung der freien Alkalität der Seife unter Bildung von Natriumcarbonat oder -bicarbonat beschränken wird. Doch zeigen die an anderer Stelle (S. 164) erwähnten Versuche von C. Bergell[1], daß die Seife selbst eine weitgehende Zersetzung erleiden kann, wobei beträchtliche Mengen freier Fettsäuren gebildet werden können. Diese Zersetzung kann leicht eintreten beim Trocknen der Seifenspäne in einem warmen Luftstrome und die Erscheinung wird als das „Sauerblasen" der Seife bezeichnet. Die theoretische Behandlung der Einwirkung von Kohlendioxyd auf *verdünnte* Seifenlösungen läßt eine weitgehende Zersetzung der Seife nur dann erwarten, wenn die Seifenkonzentration und die Temperatur niedrig sind. Im Falle der Trocknung der festen Kern- und Grundseifen sind Seifenkonzentration und Trocknungstemperatur immer hoch, so daß man anscheinend theoretisch entgegen den experimentellen Ergebnissen eine geringe Zersetzung erwarten sollte. Der scheinbare Widerspruch verschwindet, wenn man sich vergegenwärtigt, daß es nicht ohne weiteres erlaubt ist, die bei *verdünnten* Seifenlösungen erhaltenen Regelmäßigkeiten auf *konzentrierte* Seifen auszudehnen, weil mit der Erhöhung der Seifenkonzentration die rein elektrochemischen Eigenschaften der verdünnten Lösungen verlorengehen

[1] Seifensieder-Ztg. **61**, 15, 33 (1934).

und durch kolloidchemische Eigenschaften ersetzt werden, welche schließlich die Vorgänge in den technischen Seifen vollständig beherrschen. Eine mögliche Erklärung der verhältnismäßig starken Zersetzung der festen Seifen durch das Luftkohlendioxyd wäre durch die Löslichkeit der gebildeten Fettsäuren in den konzentrierten Seifen gegeben, wodurch das Gleichgewicht zwischen Fettsäure und Kohlendioxyd zugunsten dieses letzteren verschoben wird.

2. Die Änderung der Eigenschaften und Zusammensetzung der Kernseifen durch die Trocknung.

Die Verdunstung des Wassers an der Oberfläche getrockneter Kernseifen hat eine Veränderung in der Zusammensetzung und der Eigenschaften der Rindepartien des Seifenstückes zur Folge, welche auch die Zusammensetzung und die Eigenschaften der übrigen Teile beeinflußt. Die Erhöhung der Seifenkonzentration in der Rinde ist von einer ungleichmäßigen Verteilung der in der Seife gelösten Substanzen, wie Glycerin, Kochsalz, freies Alkali und Soda, zwischen Rindenschichte und Seifeninnerem begleitet. Diesbezügliche Versuche von W. KRISTEN[1] haben ergeben, daß alle diese Substanzen sich im Innern der Seife anreichern, so daß ungeachtet der höheren Seifenkonzentration die Rinde glycerin- und elektrolytärmer ist als die ursprüngliche Seife. Dieses Ergebnis ist für die Konstitution der festen Seifen sehr interessant, weil es zeigt, daß die genannten Substanzen, mindestens zum Teil, nicht an den Seifenmizellen selbst adsorbiert, sondern im Wasser der Seife gelöst sind. Das ganze Wasser der festen Seifen ist also nicht chemisch gebunden und darf nicht, entgegen der Auffassung von J. W. MCBAIN[2], als Kristallwasser bezeichnet werden, denn es kann Elektrolyte und andere Substanzen lösen und zu Konzentrationsänderungen und Diffusionsvorgängen Anlaß geben.

Entsprechend der verschiedenen Zusammensetzung sind die Eigenschaften von Rinde und Innerem eines getrockneten Seifenstückes verschieden. W. KRISTEN[3] hat das *spezifische Gewicht* geprüft und gefunden, daß wenigstens bei plattengekühlten Kernseifen die Rinde trotz der höheren Seifenkonzentration durchwegs spezifisch leichter als das Seifeninnere ist. Der Unterschied ist zum Teil durch die Konzentrierung des Glycerins und der gelösten Salze im Innern zu erklären. Doch reicht diese Erklärung, wie entsprechende Berechnungen zeigen, nicht vollkommen aus, um die beobachteten Unterschiede zu rechtfertigen. Man wird die verwickelten Vorgänge der *Quellungskontraktion* in Seifen in Betracht ziehen müssen, die S. 76 u. 123 beschrieben worden sind. Es sei also betreffend Einzelheiten an das dort Mitgeteilte verwiesen.

---

[1] Seifensieder-Ztg. **54**, 525, 665 (1927); **57**, 423, 442 (1930).

[2] S. z. B. J. W. MCBAIN, L. H. LAZARUS u. A. V. PITTER: Ztschr. physikal. Chem. **147**, 87 (1930). Für MCBAIN ist das Wasser der festen Seifen als Hydratwasser an die Seifenmoleküle gebunden. Für Natriumpalmitat hält er z. B. die Existenz folgender Hydrate für wahrscheinlich: $NaP \cdot 9{,}0\,H_2O$, $NaP \cdot 4{,}4\,H_2O$ und $NaP \cdot 2{,}6\,H_2O$. Der Fettsäuregehalt dieser hypothetischen Hydrate ist: 58 v. H., 71,5 v. H. und 79,0 v. H. Da die Versuche von W. KRISTEN bis zu einem Fettsäuregehalt der Rinde von ungefähr 80 v. H. getrieben worden sind und immer die Abwanderung der Elektrolyte nach dem Seifeninnern beobachtet wurde, ist somit die Existenz der beiden ersten Hydrate sehr in Frage gestellt. Es wäre interessant zu untersuchen, ob die Toiletteseifen auch die besprochenen Konzentrationsänderungen zwischen Rinde und Innerem zeigen, denn in solchem Falle wäre auch die Existenz der letzterwähnten Hydrate unwahrscheinlich.

[3] Seifensieder-Ztg. **53**, 669, 689 (1926).

F. Der Einfluß der mechanischen Behandlung auf die physikalische Struktur der Toiletteseifen.

a) Die Plastizität der Seifenspäne.

Der Werdegang von den getrockneten Seifenspänen bis zu der fertigen Toiletteseife erfordert eine mechanische Bearbeitung, zuerst in der Piliermaschine und dann in der Strangpresse, unter deren Einfluß die physikalische Struktur der Seife verändert wird.

Die Piliermaschinen sind Walzenkneter, deren Walzen mit verschiedenen Umfangsgeschwindigkeiten zwangläufig angetrieben werden. Das Pilieren hat den Zweck, das Parfüm, die Farbe und eventuell die Überfettung mit den Seifenspänen innig zu vermischen. Die genannten Stoffe werden in Mischmaschinen den Seifenspänen zugegeben und die erhaltene grobe Mischung wird durch mehrmaliges Passieren zwischen den Walzen der Piliermaschine in eine homogene Masse umgewandelt. Die Reibarbeit, welche durch die verschiedene Umfangsgeschwindigkeit der Walzen entsteht, wird dazu benutzt, um die innige Mischung der verschiedenen Komponenten zu bewerkstelligen. Fast sämtliche Zusatzstoffe gehen in der Seife in Lösung. Die Farbstoffe werden meist schon als wäßrige oder alkoholische Lösungen zugesetzt; aber auch das Parfüm und die Überfettung lösen sich in der Seife, dank des Lösungsvermögens, das konzentrierte Seifen für fettartige Stoffe besitzen. Die rein mechanische Wirkung der Piliermaschine wird also durch das Lösungsvermögen der Seife unterstützt.

Die energische Reibarbeit, welche die Piliermaschinen auf die Seifenspäne ausüben, hat, außer der genannten homogenisierenden Wirkung, einen anderen Einfluß auf die innere Struktur der Seife, welcher sich dadurch zeigt, daß die *Plastizität* der Seife durch das Pilieren erhöht wird. Diese bisher wenig beachtete Wirkung des Pilierens ist für den darauffolgenden Vorgang, die Formung von Seifensträngen in der Strangpresse, von entscheidender Wichtigkeit.

Die Erhöhung der Plastizität durch die mechanische Behandlung ist eine charakteristische Eigenschaft der Seifen. Ein Stück harter Kernseife wird durch einfaches Schlagen mit dem Hammer weich und knetbar. Die Veränderung ist keine bleibende; nach einer gewissen Zeit erhält die Seife ihre ursprüngliche Härte wieder. Bei den wasserärmeren Seifenspänen ist der Vorgang des Weichwerdens durch die mechanische Bearbeitung nicht so kraß wie bei den Kernseifen. Immerhin ist die Erhöhung der Plastizität der Seife in der Piliermaschine deutlich erkennbar. Bei sehr energischer Behandlung, besonders mit untertrockneten Spänen, kann die bekannte Erscheinung auftreten, daß die Seife „schmiert", was auf eine anfängliche Verflüssigung durch die mechanische Bearbeitung hindeutet. Auch die zeitliche Abhängigkeit der Plastizitätserhöhung zeigt sich bei durchgearbeiteten Spänen. Die gleich nach der Bearbeitung plastisch weichen Späne erreichen durch einfaches Stehen, selbst unter Bedingungen, welche die Vertrocknung ausschließen, allmählich ihre ursprüngliche Härte und Sprödigkeit. Diese Erscheinung erklärt man zuweilen durch das Kaltwerden der Seifenmasse beim Stehenlassen. Ohne Zweifel kann eine Temperaturerniedrigung die Verfestigung begünstigen, sie findet aber auch unter Ausschluß jeder Temperaturänderung statt.

Die beschriebenen Vorgänge lassen u. a. an eine Erscheinung denken, welche bestimmte Kolloide und selbst gewisse Suspensionen zeigen, und als *Thixotropie* bezeichnet wird[1]. Unter dieser Bezeichnung versteht man die umkehrbare Verflüssigung eines Gels durch einfaches Schütteln. Ein thixo-

---

[1] H. FREUNDLICH: Kapillarchemie, Bd. II, S. 615. 1932.

tropes Verhalten zeigen z. B. eine Reihe von Oxydgelen, wie die des Fe, Al, Sc, V, Zr und Sn, dann Gelatinelösungen bei richtig gewählten Konzentrationen und nicht nur kolloide Lösungen, sondern auch grobe Suspensionen, wie z. B. die von Bentonit, Bolus alba, Calciumsulfat usw. Die Thixotropie ist ein umkehrbares Zeitphänomen, d. h. die verflüssigten Gele erreichen nach einer mehr oder minder langen Zeit ihre ursprüngliche Gelkonsistenz wieder. Die Ursache der Thixotropie scheint in der Art der Orientierung der thixotropen Teilchen zu liegen, denn die Teilchen der ausgesprochenen thixotropen Sole sind nichtkugelig. Bei einer günstigen Orientierung der Teilchen, z. B. bei langgestreckter Form in parallelen Bündeln, ist die Haftfestigkeit am größten und das Sol zum Gel verfestigt. Durch Schütteln werden die Teilchen von ihren festen Lagen gelockert, ihre Orientierung zerstört und durch eine regellose, für das Haften weniger günstige Lagerung ersetzt. Beim Verfestigen wird die Orientierung von neuem erreicht.

Zu einer ähnlichen Erklärung gelangt man bei der plastizitätserhöhenden Wirkung der mechanischen Behandlung, wenn man die kristalline Struktur der festen Seifen und die fadenförmige Gestalt, welche die Seifenkristalle mit Vorliebe annehmen, berücksichtigt. Beim Festwerden der Seifen neigen die Kristalle zu einer parallelen Lagerung, wodurch die größte Festigkeit erreicht wird. Die mechanische Bearbeitung zerstört diese Struktur. Die Kräfte, welche zwischen den dichtgepackten Seifenkristallen wirken, werden überwunden und die gleichmäßige Struktur durch ein Wirrsal kleiner unregelmäßig orientierter Seifenkristalle ersetzt. In dieser regellosen Mischung kristalliner Teilchen sind die intermizellaren Kräfte geschwächt, dadurch ist die Festigkeit der Seife erniedrigt und die Masse leichter deformierbar, d. h. plastischer geworden. Die Kräfte, welche, wenn auch schwach, immer noch zwischen den kristallinen Teilchen wirken, neigen dazu, diese wieder in ihre ursprüngliche parallele Lage zu bringen. Wenn also die Störung aufhört, erreichen die Seifen allmählich ihre frühere Struktur und Festigkeit.

Diese thixotropähnlichen Eigenschaften der Seifen gestatten verschiedene Verarbeitungsfehler von Toiletteseifen zu erklären, von welchen im folgenden die Rede ist.

b) Die Fehler bei der Toiletteseifenherstellung.

Als hauptsächliche Fehler bei der Herstellung der Toiletteseifen beobachtet man, daß die Seifenstränge, meist einige Zeit nach Verlassen der Strangpresse, schuppig werden und an ihrer Oberfläche Risse bekommen. Andere Fabrikationsfehler zeigen sich erst im fertigen Seifenstück, indem es reißt, abplatzt oder vorzeitig bricht, beim Verwaschen sich sandig anfühlt oder Hohlräume in seinem Innern zeigt. Diese unerwünschten Erscheinungen können aus verschiedenen Ursachen herstammen, wenn man sie aber näher betrachtet, erkennt man, daß sämtliche Fehler von einem Mangel an Plastizität der Seifenmasse herrühren.

Eine ungenügend plastische Seifenmasse kann entweder durch Fehler in der Zusammensetzung der Seife selbst oder durch Fehler in der Verarbeitung derselben erhalten werden. Es ergeben sich somit zwei Hauptgruppen von Ursachen der Fehler von Toiletteseifen.

1. Fehler in der Zusammensetzung der Seife.

Damit eine Seifenmasse beim Pilieren plastisch wird, muß sie ein Mindestmaß an Feuchtigkeit besitzen. Die verhältnismäßig wasserreichen Kernseifen werden durch eine mechanische Behandlung sehr weich und klebrig. Die Seifenspäne normaler Feuchtigkeit werden in richtiger Weise plastischer. *Zu trockene*

Späne können selbst durch langes Pilieren nicht auf die nötige Plastizität gebracht werden. Es ergibt sich somit, daß der Wassergehalt der Seifenspäne eine minimale Grenze nicht überschreiten darf. Diese Grenze kann je nach der Zusammensetzung der Seife variieren. Bei an sich wenig plastischen Seifen wird man bestrebt sein, durch einen höheren Feuchtigkeitsgehalt die nötige Plastizität zu erreichen, während man bei gut plastischen Seifenspänen den Trocknungsgrad etwas weiter treiben kann. Die einzuhaltende Grenze des Fettsäuregehaltes bewegt sich zwischen 75 und 80 v. H.

Eine Seife kann nach der Trocknung die richtige durchschnittliche Feuchtigkeit aufweisen und trotzdem Anlaß zu Fehlern geben, wenn die *Trocknung ungleichmäßig* ist, d. h. wenn neben zu stark getrockneten Spänen zu wenig getrocknete vorliegen. Der Fehler wird meist durch eine unrichtige Arbeit der Trockenapparate bedingt, wovon weiter unten noch näher berichtet wird. Die übertrockneten Späne werden durch die Weiterverarbeitung nicht genügend plastisch, um sich mit den untertrockneten zu verbinden. Sie bleiben einfach grob gemischt, lassen Risse im Seifenstrang erscheinen und beim Verbrauch des Seifenstückes fühlen sie sich sandig an. Wenn die Übertrocknung nicht zu groß ist, kann der Fehler durch einfaches Stehenlassen der Seifenstränge während einer Zeit von mehreren Tagen beseitigt werden, unter gutem Ausschluß der Vertrocknung; dann läßt man sie durch die Strangpresse passieren, damit sich durch Diffusion die Unterschiede im Wassergehalt der verschiedenen Seifenteile ausgleichen können. Die Geschwindigkeit dieser Diffusion ist abhängig von den individuellen Besonderheiten der einzelnen Teile des Fettansatzes der Grundseife. Versuche von B. Tjutjunnikow, S. Pleschkow und G. Noskow[1] haben ergeben, daß die Wasseraufnahme stark übertrockneter Seife sehr verzögert wird und daß Cocosöl bei Grundseifen insofern günstig wirkt, als es eine raschere Verteilung des Wassers in den Spänen ermöglicht.

Für die maximal erreichbare Plastizität von Seifenspänen entscheidend wichtig ist der *Salzgehalt der Seife* oder, richtiger gesagt, ihr Elektrolytgehalt. Elektrolytarme Seifenspäne erreichen eine hohe Plastizität, dagegen sind die salzreichen kurz und spröde. Systematische Untersuchungen über den Einfluß der seifensiederisch verwendeten Elektrolyte auf die plastischen Eigenschaften der Seifenspäne sind nicht ausgeführt worden, die Praxis hat aber bei normalen Fettansätzen eine Grenze von 0,4—0,6% Natriumchlorid und 0,15—0,2% freies Natriumhydroxyd bei der Grundseife als Höchstgrenze der Pilierbarkeit festgesetzt. Als Grundsatz gilt bei der Herstellung von Toiletteseifen, den Salzgehalt so niedrig wie möglich zu halten, um eine der häufigsten Ursachen des Mangels an Plastizität zu beseitigen.

Endlich ist die *Zusammensetzung des Fettansatzes* von Einfluß auf die Plastizität der hergestellten Seife. Stearinreiche Fette ergeben wenig plastische Seifen. Einen zu hohen Titer des Fettansatzes soll man also durch Mitverwendung von weichen Fetten, wie Schweineschmalz oder Cocosöl, herunterdrücken, damit der Titer maximal 38—40° beträgt. Allerdings ist dem Zusatz zu hoher Prozentsätze von Cocosöl eine Grenze gesetzt, weil Cocosseifen viel Salz aufnehmen. Grundseifen mit einem hohen Cocosölgehalt im Ansatz würden bei normaler Arbeitsweise einen unzulänglich hohen Salzgehalt aufweisen, was seinerseits einen Mangel an Plastizität verursachen würde. Man verwendet in der Regel 8—10 v. H. Cocosöl im Fettansatz und betrachtet 15 v. H. als höchste Grenze bei normaler Arbeitsweise. Höhere Prozentsätze sind natürlich auch verarbeitbar. Nach einer Angabe[2] ist es möglich, auch mit 30—35 v. H. Cocosölgehalt tadellos pilierfähige

[1] Öl-Fett-Ind. (russ.: Masloboino Shirowoje Djelo) **12**, 50 (1936).
[2] Seifensieder-Ztg. **63**, 816 (1936).

Toiletteseifen zu erzeugen, doch muß man dann eine etwas geänderte Arbeitsweise bei der Seifenherstellung anwenden, um die Seife salzarm zu erhalten und auch den Trocknungsgrad der Seifenspäne muß man in mäßigen Grenzen halten.

Als Mittel zur Behebung der Plastizitätsmängel wird oft die *Überfettung* angewendet. Sie gestattet in der Tat, bei zu spröden Seifen etwas an Plastizität und Geschmeidigkeit zu gewinnen. Doch soll man lieber auf die richtige Zusammensetzung der Seife acht geben, als durch Anwendung künstlicher Mittel die vorhandenen Fehler verdecken zu suchen.

2. Fehler bei der maschinellen Verarbeitung.

Bei richtig zusammengesetzter Seife kann der Mangel an Plastizität und deren unvermeidliche Folgen, das Schuppigwerden und die Rissebildung der Seifenstränge, an einer unzulänglichen Verarbeitung liegen.

Vorher wurde gezeigt, wie *ungleichmäßig getrocknete Seifenspäne* durch das Fehlen einer festen Bindung zwischen über- und untertrockneten Spänen Anlaß zu den erwähnten Störungen geben. Die Ungleichmäßigkeit in der Trocknung kann von einem unzweckmäßigen Bau der Trockenapparate oder von einer unsachgemäßen Bedienung derselben herrühren. Bei nicht richtig gebauten *Trockenwalzen* beobachtet man in der Mitte der Trommel einen um mehrere Prozente höheren Wassergehalt als an den Rändern. So wurden z. B. von B. TJUTJUNNIKOW, S. PLESCHKOW und G. NOSKOW[1] in einem Walzentrockner folgende Feuchtigkeitsgrade der Seifenspäne festgestellt: Rand 3,4 v. H. Mitte 13,5 v. H. Die Späne an den Rändern waren übertrocknet und wiesen in einigen Fällen sogar weniger als 2 v. H. Wasser auf.

Was von den Walzentrocknern gesagt wurde, gilt auch von den *Bandtrocknern*, bei welchen die Trockenluft ungleichmäßig verteilt wird. Die an den Rändern des Bandes liegenden Späne werden übertrocknet. Unterschiede im Wassergehalt bis zu 14% zwischen Rand und Mitte des Förderbandes sind beobachtet worden.

Die Schuppigkeit erscheint auch bei Verarbeitung von Seifenspänen, die infolge langer Lagerung *ausgetrocknet* sind. Eine viel verbreitete Sitte besteht darin, solche Späne vor dem Pilieren leicht anzufeuchten. Bei einer solchen Behandlung wird das Wasser in der Hauptmasse zuerst nur von den feuchten Spänen aufgenommen, während es in die übertrockneten nur sehr langsam eindringt. Durch diese Maßnahme wird also der Gegensatz zwischen über- und untertrockneten Seifenteilen eher erhöht als verkleinert. Erst durch mehrtägiges Aufbewahren der fehlerhaften Stränge und neuerliches Durchleiten durch die Strangpresse gelingt es, eine risselose Seife zu erhalten.

Als ein Verarbeitungsfehler zu betrachten ist es, Späne in die Strangpresse zu leiten, *die nicht gerade vorher piliert wurden*. Die plastizitätserhöhende Wirkung des Pilierens geht, wie oben auseinandergesetzt wurde, durch das Stehenlassen wieder verloren. Alte Späne, selbst wenn sie nicht vertrocknet sind, haben ihre Plastizität eingebüßt. In der Strangpresse binden sie sich schlecht und verursachen mangelhafte Seifen.

Fehlerhafte Konstruktion der *Strangpresse* kann auch die Ursache von Rissen und Schuppen im Feinseifenstück sein. Besondere Beachtung fand in den letzten Jahren[2] die Gestaltung der *Sieblochscheibe*, um ein möglichst vektoriales Strömen des fließenden Gutes zu gewährleisten und den Druck der Preßschnecke voll auf die Masse im Preßkonus wirken zu lassen. Versuche von H. GÄBLER zeigen, daß die Bewegung in der Mittelachse des Preßkonus schneller vor sich geht als an den

[1] S. S. 209.
[2] H. GÄBLER: Seifensieder-Ztg. **65**, 144 (1938). — O. MANFRED: Ebenda **65**, 431 (1938).

Kegelwandungen. Durch die Anbringung größerer Löcher an der Peripherie als an der Mitte der Lochscheibe gelingt es, diese Geschwindigkeitsunterschiede auszugleichen. Eine weitere Vervollkommnung besteht in der Ausführung der Löcher in vier- oder sechseckiger Form, an Stelle von runden Löchern (vgl. S. 290, Abb. 132). Diese geformten Seifenfäden passen sich genau einander an und ergeben einen sehr gleichmäßigen Strang. Die *Preßschnecken* sollen eine Verjüngung der Schneckenseele nach vorn und somit eine bedingte Verengung der Schneckengänge haben, damit der Inhalt der Schneckengänge der gleiche bleibt, um eine Kompression der Masse im Schneckenzylinder zu verhindern, so daß sie nur fördern. Zwischen Schneckenende und Sieblochscheibe muß ein gewisser Abstand bestehen, der nicht zu klein und nicht zu groß sein soll. Der Einbau von Füllkegeln in den Preßkopf der Strangpresse, der von B. TJUTJUNNIKOW[1] vorgeschlagen wurde, ist eher schädlich als vorteilhaft. Die *Mundlochscheibe* muß dem Durchfluß der Seife entsprechend angepaßt sein, um Wirbelbildungen und damit Einschlüsse und Hohlräume zu vermeiden. Der Form des Stranges soll diejenige des Seifenstückes entsprechen. Alles in allem kann von der Strangpresse gesagt werden, daß ihr Bau derart sein soll, daß die Formgebung der Seifenmasse möglichst hemmungsfrei geschieht, ohne den Strömungsweg zu verlegen und unter Vermeidung von Stauungen, um ein wirbelfreies, die Bildung von Hohlräumen vermeidendes Strömen der Seifenmasse zu gewährleisten.

c) Die Strukturbildung der Naturkornschmierseifen.

Die strukturellen Veränderungen, welche eine Seife beim Kaltwerden durchläuft, erfolgen langsamer als der Temperaturabfall. Eine eben erkaltete Seife befindet sich in einem labilen Zustand und ihre innere Struktur erfährt noch langsam wahrnehmbare Umänderungen, ehe der endgültige Zustand erreicht ist. Ein Fall, bei welchem diese Strukturänderungen makroskopisch befolgt werden können, stellt die Kornbildung der gekörnten Schmierseifen dar.

Bekanntlich besteht der Ansatz von Naturkornseifen aus einer Mischung flüssiger Öle und stearinreicher Fette. Die gleich nach der Herstellung homogene Seife wird allmählich beim Lagern heterogen. Es erscheinen in der durchsichtigen dunkleren Masse eingebettet einzelne weiße Körner, welche langsam anwachsen und deren Anzahl und Größe von der Zusammensetzung der Seife abhängt. Diese Körner heben sich auf dem dunkleren Grund deutlich ab und geben den Schmierseifen ein charakteristisches Aussehen.

Tabelle 69. Zusammensetzung von Korn und Grund bei Naturkornschmierseifen.

	Grund	Korn	Mittlere Zusammensetzung
Fettsäure in Prozent.....	35,5	72,7	38,6
Jodzahl der Fettsäuren .	124,1	16,2	108,4

Die chemische Untersuchung der Zusammensetzung von Korn und Grund ist von H. LIEBE[2] und von J. LEIMDÖRFER[3] durchgeführt worden. Aus den Ergebnissen von H. LIEBE seien die Zahlen der Tabelle 69 zusammengestellt:

Die Betrachtung dieser Tabelle zeigt, daß das Korn eine viel größere Seifenkonzentration aufweist als der Grund und daß die Salze der hochmolekularen gesättigten Fettsäuren sich im Korn anreichern, während die der ungesättigten Fettsäuren im Grund bleiben. Der Kornbildungsprozeß ähnelt also dem einer Kristallisation eines schwer löslichen Salzes aus seiner übersättigten Lösung.

[1] B. TJUTJUNNIKOW: Öl-Fett-Ind. (russ.: Masloboino Shirowoje Djelo) **12**, 50 (1936); zit. nach Seifensieder-Ztg. **64**, 761 (1937).
[2] Seifensieder-Ztg. **36**, 1126 (1909). [3] Seifensieder-Ztg. **37**, 923 (1910).

Bei jeder Kristallisation unterscheidet man zwischen einer *Keimbildungs-* und einer *Keimwachstumsgeschwindigkeit.* Die Form und Größe der Kristalle sind von den relativen Werten dieser zwei Geschwindigkeiten abhängig. Bei der äußeren Ähnlichkeit zwischen der Kornbildung in Schmierseifen und der Kristallisation ist man geneigt, auch bei jener den Prozeß in zwei Teilvorgängen verschiedener Geschwindigkeit getrennt zu betrachten — die Keimbildung und das Keimwachstum — und die endgültige Struktur der Seife vom individuellen Wert dieser zwei Geschwindigkeiten abhängig zu machen. Bei langsamer Keimbildung und schnellem Keimwachstum wird eine relativ kleine Anzahl von Keimen zu größeren Kristallen anwachsen, während bei schneller Keimbildung und langsamem Wachstum sehr viele Kristalle geringer Größe sich bilden werden. Im ersten Fall erhält man gut ausgebildete Naturkornseifen, im zweiten die netzartig zusammenhängende Struktur der „durchwachsenen Seifen", die als Fehlprodukte gelten. Der Seifentechniker muß also die Bedingungen schaffen für eine kleine Keimbildungs- und eine große Keimwachstumsgeschwindigkeit.

So verlockend die Ähnlichkeit zwischen Kornbildung und Kristallisation erscheint, so darf man doch den Vergleich nicht zu weit treiben. Nicht außer acht zu lassen ist, daß die Kornbildung in einem typischen kolloiden Medium stattfindet und daß die sich abscheidenden fettsauren Salze solvatisiert sind. Eine Abscheidung echter Kristalle fettsaurer Salze wird man also bestimmt nicht erwarten dürfen. Das Korn ist als eine makroskopisch große Mizelle zu betrachten, in deren Zusammensetzung die Salze der gesättigten Fettsäuren überwiegen, aber die der ungesättigten, wenngleich in geringem Maße, auch vertreten sind. Das Wasser selbst ist an dem Aufbau des Kornes beteiligt, obgleich der Hydratationsgrad der Mizelle, entsprechend ihrer Zusammensetzung aus hochmolekularen gesättigten Seifen, gegenüber der des Grundes gering ist, wie die Zahlen von H. LIEBE und ähnliche Ergebnisse von J. LEIMDÖRFER zeigen.

Beachtenswert erscheint bei den Zahlen dieser Untersuchungen, daß der Fettsäuregehalt des Kornes hohe Werte erreicht (72,7% nach H. LIEBE und 73,2% nach J. LEIMDÖRFER), während z. B. bei der Aussalzung eine so hohe Anreicherung der fettsauren Salze in einer Phase nicht erzielt werden kann. Dies erklärt sich aber zwanglos, denn erstens verläuft die Kornbildung in der Kälte und bei fettsauren Salzen, die an sich wenig hydratisierbar sind und zweitens ist die zweite Phase viel wasserärmer als eine Unterlauge, was das Gleichgewicht zu wasserärmeren Abscheidungen verschiebt.

Erwähnenswert ist auch die Tatsache, daß, damit die Kornbildung möglich ist, eine Diffusion hochmolekularer fettsaurer Salze zu den Kristallisationszentren stattfinden muß. Diese fettsauren Salze müssen also in Form sehr kleiner Mizellen oder gar in molekularer Lösung vorhanden sein, da eine Diffusion größerer Molekülaggregate im Innern der sehr viskosen Schmierseife ausgeschlossen erscheint. Im vorigen Abschnitte dieses Werkes ist gesagt worden, daß alle Umstände für die Annahme sprechen, daß die Seifenlösungen *polydispers* sind, d. h. daß in einer und derselben Lösung Mizellen sehr verschiedener Größe, von den molekularen Dimensionen bis zu sehr komplexen Aggregaten, vorhanden sind und daß zwischen allen diesen Bestandteilen ein Gleichgewicht hinsichtlich Größe und Menge besteht. Bei einem solchen Aufbau wird die Diffusion molekulargelöster fettsaurer Salze zu dem Korn das Gleichgewicht im Seifengrund zerstören und sich zugunsten der Auflösung oder Peptisation größerer Molekülkomplexe zu einzelnen Molekülen verschieben, wodurch wieder eine neue Diffusion zu dem Korn eintreten kann. Das Korn, welches an sich eine große Mizelle darstellt, bildet sich also auf Kosten der kleineren Mizellen, ein Umstand, der bei der Kristallisation molekulargelöster Stoffe seine Parallele hat, indem größere Kristalle auf Kosten der kleineren wachsen.

Eine systematische Untersuchung über den Einfluß der Zusammensetzung des Fettansatzes, des Wassergehaltes und der Elektrolytkonzentration auf die Bildung und das Aussehen gekörnter Schmierseifen fehlt. Daß der *Fettansatz* aus einer Mischung flüssig ungesättigter und fester gesättigter Fettsäuren bestehen muß, ist, wie oben gesagt wurde, Vorbedingung für die Kornbildung. Auch der *Wassergehalt* spielt eine entscheidende Rolle. Bei wasserarmen Seifen wird die Diffusion der hochmolekularen gesättigten Seifen erschwert, weil der Anteil molekulardisperser, diffusionsfähiger Seife verkleinert wird; die Kornbildung findet nicht statt. Bei einer zu wasserreichen Seife ist die Diffusionsgeschwindigkeit groß, aber ebenso die Löslichkeit des Kornes und die Übersättigung der Lösung an hochmolekularen gesättigten Seifen gering, so daß die Kornbildung wieder unmöglich wird. Körnung kann also nur zwischen bestimmten Seifenkonzentrationen stattfinden, wenn auch durch Veränderung der prozentualen Menge von gesättigten und ungesättigten Fettsäuren die Grenzen des Wassergehaltes nach oben oder nach unten verschoben werden können.

Von Wichtigkeit ist ferner die *Elektrolytkonzentration* in der Seife, weil diese bekanntlich die Konsistenz der Seife beeinflußt. Die elektrolytarmen Seifen sind sehr zähe. Diese hohe Viskosität erschwert die Kornbildung, so daß Körner sich nur langsam und in verhältnismäßig kleiner Anzahl bilden. Dagegen sind die elektrolytreichen Seifen leichtflüssig, wodurch die Kornbildung eine viel schnellere ist, aber die Körner sind sehr zahlreich und von kleiner Größe. Man soll also eine mittlere Elektrolytkonzentration anstreben, bei welcher erfahrungsgemäß die Kornbildungsgeschwindigkeit und die Korngröße den Anforderungen der Praxis entsprechen.

Zu erwähnen ist noch, daß die *Temperatur* den Kornbildungsvorgang beeinflußt, indem im Winter die Körnung schon mit niedrigerem Gehalt an stearinreichen Fetten und bei größerem Wassergehalt erreicht wird als im Sommer.

G. Die Vorgänge bei der Lagerung der Seifen.

a) Das „Schwitzen" und „Beschlagen" der Seifen.

Bei der Lagerung der Kernseifen beobachtet man oft, daß die wenig belüfteten Flächen der Seifenstücke sich mit einem ,,Schweiß" bedecken, welcher nach Eintrocknung einen weißen Beschlag auf der Oberfläche der Seife hinterläßt. Eine einfache qualitative Analyse zeigt, daß der Seifenschweiß Salze gelöst enthält, welche das Beschlagen verursachen. Beide Erscheinungen haben also einen gemeinschaftlichen Ursprung, obgleich oft Beschlagen ohne Schwitzen beobachtet wird, wenn infolge starker Belüftung der Schweiß sofort nach seiner Bildung eintrocknet.

Die Ursache des Schwitzens und Beschlagens der Seifen ist noch nicht mit absoluter Bestimmtheit bekannt. Die klassische von F. GOLDSCHMIDT[1] herrührende Erklärung sieht die Ursache des Schwitzens in der mit fallender Temperatur abnehmenden Stabilität der Seife gegen die Elektrolytwirkung[2]. GOLDSCHMIDT sagt: ,,Sind die durch Adsorption aufgenommenen Salzmengen nun bedeutender, als der Gleichgewichtskonzentration der Salze in der Seife bei

[1] F. GOLDSCHMIDT in UBBELOHDE: Handbuch der Öle und Fette, 1. Aufl., III. Bd., 2. Teil, S. 476. 1911.

[2] S. z. B. E. L. LEDERER in UBBELOHDE: Handbuch der Öle und Fette, 2. Aufl., III. Bd., 2. Teil, S. 197. 1930. Kolloidchemie der Seifen, S. 296. 1932.

Zimmertemperatur entspricht, so entsteht in der Seife ein Bestreben, sich von der Salzlösung zu trennen. Da aber ein Absetzen in Schichten in der erstarrten Seife nicht mehr möglich ist, so tritt die Salzlösung aus der Seife aus, ähnlich wie die Flüssigkeit aus einem Schwamm ausgepreßt wird."

Grundsätzliche Einwände sind gegen eine solche Erklärung zu erheben. Die Stabilität *einer geschliffenen Kernseife* gegen Elektrolytwirkung nimmt keineswegs mit fallender Temperatur ab. Seit MERKLENS Arbeiten[1] ist bekannt, daß bei niedriger Temperatur geschliffene Seifen einen höheren Salz- und Wassergehalt haben als bei Siedetemperatur hergestellte und daß die Erhöhung der Salzabsorption diejenige der Wasserabsorption übertrifft. Eine kalte Kernseife ist also nicht mit Elektrolyten übersättigt, sondern vermag im Gegenteil aus ihrer Siedelauge eine noch größere Elektrolytmenge zu absorbieren. F. GOLDSCHMIDT hat die für homogene Seifenleime geltende Gesetzmäßigkeit hinsichtlich des Einflusses eines Temperaturabfalles auf die Stabilität gegen Elektrolytwirkung ohne weiteres auf den geschliffenen Kern übertragen. Geschliffener Kern und homogener Seifenleim sind aber, wie S. 182 gezeigt wurde, zwei völlig verschiedene Phasen der Seifengleichgewichte mit vollständig verschiedenen Eigenschaften. Mit fallender Temperatur verschieben sich die Aussalzungsdiagramme nach der Wasserecke, so daß die bei 100° als geschliffener Kern bestehenden Systeme bei Zimmertemperatur in das Feld des geronnenen Kerns oder höchstens in das heterogene Gebiet Kern—Leim, aber nicht in das Gebiet Kern—Unterlauge fallen.

Anderseits sind die praktischen Folgerungen der GOLDSCHMIDTschen Erklärung nicht in Einklang mit den beobachteten Erscheinungen des Schwitzens zu bringen. Nach dieser Erklärung sollten Unterlaugetröpfchen auch im Innern der Seife zu treffen sein, was normale und doch schwitzende Seifen niemals zeigen. Die Abscheidung von Unterlauge aus salzreichen Kernseifen sollte spontan in allen Flächen des Seifenstückes vorkommen, unabhängig von den äußeren Umständen und je nach den Belüftungsverhältnissen Schweiß oder Beschlag hinterlassen. Dem entgegen steht die bekannte Beobachtung, daß das Seifenschwitzen nur bei Lagerung in geschlossenen Lufträumen auftritt, während schwitzfähige Seifen, in freier Luft gelagert, ohne jede Schweiß- oder Beschlagbildung langsam eintrocknen.

Die Lagerungsverhältnisse spielen also bei der Schweißbildung eine entscheidende Rolle. Aus zahlreichen Beobachtungen über diese Erscheinung ist zu folgern, daß der Seifenschweiß *nur auf den unbelüfteten Flächen* der schwitzfähigen Seife erscheint, *wenn Temperaturänderungen eintreten.* Dagegen sind weder Schweiß noch Beschlagbildung beobachtet worden, wenn die die Seife umgebende Luft trocken ist oder wenn die Temperatur unverändert bleibt.

Die erwähnten Bedingungen für die Schweißbildung sind gerade diejenigen, welche *eine Verdichtung von Luftfeuchtigkeit* auf der Seife verursachen. Das Schwitzen wäre also durch diese einfache Erscheinung zu deuten, wenn eine Erklärung für folgende zwei Beobachtungstatsachen gefunden würde: Daß die niedergeschlagene Feuchtigkeit die Elektrolyte der Seife gelöst enthält und daß sie nicht verschwindet, sondern auf der Seife bestehen bleibt, ohne von ihr aufgenommen zu werden.

Eine Erklärung dieser beiden Tatsachen erhält man, wenn man die Wechselwirkungen betrachtet, welche sich bei der Verdichtung eines Wassertröpfchens auf einer Kernseifenoberfläche zwischen Tröpfchen und Seife abspielen. Mit einer absolut elektrolytfreien Seife werden gleichzeitig zwei entgegengesetzte Diffusions-

---

[1] Die Kernseifen, S. 32. Halle. 1907. (Übersetzung von F. GOLDSCHMIDT.)

ströme entstehen: Ein Diffusionsstrom von der Seife nach dem Wassertröpfchen und ein zweiter vom Tröpfchenwasser nach der Seife. Als Folge beider Erscheinungen wird die Seifenkonzentration im Tröpfchen allmählich wachsen und gleichzeitig sich sein Volumen allmählich verringern. Schließlich wird das Wassertröpfchen in der Seifenmasse vollständig verschwinden.

Die technischen Kernseifen stellen aber niemals reine elektrolytfreie Lösungen der fettsauren Salze dar. Sie enthalten vielmehr stets kleine Mengen von Elektrolyten und Glycerin und diese Stoffe genügen, um den beschriebenen Vorgang der Auflösung eines Wassertröpfchens in der Seife vollkommen zu verändern. Zu der bereits behandelten Diffusion der Seife und des Wassers tritt eine Diffusion der in der Seife gelösten Substanzen zu den Wassertröpfchen hinzu. Die Elektrolyt- und Glycerinkonzentration im Tröpfchen wird dadurch allmählich wachsen. Nun zeigen die klassischen Einlegeversuche von F. Merklen, wovon auf S. 123 berichtet wurde, daß es für jede feste Seife eine bestimmte Salzkonzentration gibt, mit welcher die Seife in Gleichgewicht steht und weder Wasseraufnahme noch Wasserabgabe zeigt. Dieser Salzlösung entspricht also die Zusammensetzung einer sozusagen „*Siede*“-*Lauge* der Seife bei Zimmertemperatur, d. h. diejenige Unterlauge, mit welcher die Seife im Gleichgewicht stehen würde, wenn die Aussalzung bei Zimmertemperatur hätte vorgenommen werden können. Wenn das niedergeschlagene Wassertröpfchen diese Gleichgewichtskonzentration erreicht hat, wird es also *beständig* und bei konstanten äußeren Bedingungen, wie Temperatur, Luftfeuchtigkeit usw., wird das Tröpfchen in Berührung mit der Seife weiterbestehen, ohne seine Größe oder Zusammensetzung zu verändern. Das Nässen der Seife besteht also eigentlich nicht in einem Schwitzen, sondern in der *Stabilisierung eines Taues*.

Die unter bestimmten Bedingungen auf einer Seifenoberfläche stabilisierte *Taumenge* wird von den Diffusionsgeschwindigkeiten des Wassers in die Seife und von den der Elektrolyte und des Glycerins in das Tröpfchen abhängen. Bei rascher Diffusion der Elektrolyte wird die Gleichgewichtskonzentration erreicht, wenn die Tröpfchen auf der Seife ein noch beträchtliches Volumen haben: Die Seife „schwitzt“ stark. Bei rascher Diffusion des Wassers oder langsamer Diffusion der in der Seife gelösten Substanzen wird dagegen die niedergeschlagene Wassermenge fast vollständig aufgenommen, ehe die Gleichgewichtskonzentration erreicht ist. Solche Seifen werden keine oder nur geringe Neigung zum „Schwitzen“ zeigen.

Es ist leider nicht leicht vorauszusehen, von welchen Einflüssen die Diffusionsgeschwindigkeit des Wassers und der gelösten Substanzen abhängen, denn beide Erscheinungen sind wahrscheinlich miteinander verknüpft, so daß z. B. bei hoher Elektrolytkonzentration der Seife gleichzeitig eine rasche Elektrolytdiffusion und eine rasche Wasseraufnahme stattfinden. Dazu kommen noch die Veränderungen, welche die Gleichgewichtskonzentration des „Schweißes“ erleidet, wenn die Zusammensetzung der Seife variiert. Nur eine eingehende experimentelle Untersuchung wird Klarheit über die verwickelten Vorgänge schaffen, welche die Neigung oder Abneigung einer Seife zum „Schwitzen“ bedingen.

Eine Schwestererscheinung des „Schwitzens“ ist das *Beschlagen* der Seifen, welches meist nur in stark elektrolythaltigen Seifen beobachtet wird. In solchen Seifen ist wahrscheinlich die hypothetische Gleichgewichtskonzentration des „Schweißes“ höher als die Sättigungskonzentration der betreffenden Salze. Ein Gleichgewichtszustand kann also nicht erreicht werden. Aus der übersättigten Lösung kristallisieren die gelösten Salze aus und anstatt des „Schweißes“ entsteht ein kristalliner Beschlag, der aus der Seife noch Salze und Feuchtigkeit herauszieht und weiter wächst. Bei stark alkalischen Seifen wird die Übersättigung durch eine Carbonatisierung des freien Alkalis bewirkt. Der Beschlag ist aus Kristallen des Carbonats gebildet.

b) Das Ranzigwerden der Seifen.

Dem Licht und der Luft ausgesetzt, erleiden die Seifen zuweilen Veränderungen in chemischer Hinsicht, welche sich äußerlich durch Farbe- und Geruchsänderungen verraten. Die Seifen werden dunkler oder es treten Flecke auf und gleichzeitig läßt sich ein an ranziges Fett erinnernder Geruch wahrnehmen. Die sehr verwickelten und noch nicht völlig aufgeklärten Vorgänge, die sich dabei abspielen, werden unter der Bezeichnung „*Ranzidität*“ oder „*Ranzigwerden*“ zusammengefaßt.

Die technischen Seifen stellen komplizierte Gemische von reiner Seife, Elektrolyten, organischen Verunreinigungen der Fettstoffe, Riechstoffen und zuweilen noch von unverseiftem Fett und freier Fettsäure dar. Als erste Frage ist zu beantworten, ob die Ranziditätsvorgänge sich im Seifenmolekül selbst abspielen oder ob die Ranzidität die Begleitstoffe der Seifen allein angreift.

Die Ranzidität der Fette ist eine unter bestimmten Bedingungen in Gegenwart von Luft, Licht und Wasser verlaufende *Oxydation*. Die Verbindung eines Alkalimetalls mit einer Fettsäure scheint dieser eine größere Widerstandsfähigkeit dem Luftsauerstoff gegenüber zu verleihen. Doch darf daraus nicht gefolgert werden, daß Seifen selbst nicht ranzig werden können[1]. Die stark ungesättigten fettsauren Salze können wahrscheinlich auch der Oxydation unterliegen, denn es ist aus der analytischen Praxis bekannt, daß z. B. die Bleisalze der ungesättigten Fettsäuren leichter oxydierbar sind als die der betreffenden gesättigten Fettsäuren. Man darf also die Möglichkeit eines direkten Ranzigwerdens der Seifen aus stark ungesättigten Fettsäuren nicht außer acht lassen, und man soll deswegen Fettstoffe, die solche Fettsäuren enthalten, für die Herstellung beständiger Seifen möglichst ausschließen.

Von den Verunreinigungen der Seifen, welche die Ranzidität hervorrufen können, sind das unverseifte Fett und die freien Fettsäuren am wichtigsten. Wenn eine Seife infolge ungenügender Verseifung unverseiftes Fett enthält, ist sie der Möglichkeit des Ranzigwerdens stark ausgesetzt. Ob das unverseifte Fett direkt ranzig wird oder zuerst eine Spaltung in Glycerin und Fettsäure erfolgt, bleibe dahingestellt. Wie dem auch sei, durch die Ranziditätsvorgänge werden immer Säuren gebildet. Solange die Seife freies Alkali enthält, werden die gebildeten Säuren neutralisiert und die äußeren Kennzeichen der Ranzidität — Geruchsentwicklung und Fleckenbildung — werden nicht wahrgenommen. Mit dem Verbrauch des Alkalis fängt aber die Fleckenbildung und die Geruchsentwicklung an. Daraus erhellt, daß eine hohe Abrichtung einen positiven Schutz gegen die äußeren Merkmale der Ranzidität darstellt.

Das Luftkohlendioxyd hat einen indirekten Einfluß auf die Ranzidität von Seifen, weil es das freie Alkali der Seife in Carbonat oder Bicarbonat umsetzt und die Seife teilweise zersetzt. Solche „sauergeblasene“ Seifen werden außer-

---

[1] S. G. KNIGGE: Seifensieder-Ztg. **61**, 571 (1934). Der Befund KNIGGEs, daß der Rückstand aus der Ätherextraktion von ranzigen Seifen keinen Ranziditätsgeruch mehr zeigt, ist für eine Nichtoxydierbarkeit der Seife selbst nicht beweisend. Denn die Oxydation spaltet wahrscheinlich die Kohlenstoffketten an den Doppelbindungen auf unter Bildung von niedrigmolekularen und daher flüchtigeren Aldehydkörpern, welche die Träger des Ranziditätsgeruches sind. Diese Körper werden natürlich durch die Extraktion entfernt.

ordentlich leicht ranzig. Dieser Umstand ist bei der Trocknung von Seifenspänen für die Toiletteseifenherstellung zu berücksichtigen.

Metallsalze und *Metallspuren* haben einen beschleunigenden Einfluß auf die Ranzidität von Seifen. Die auf Veranlassung von A. GRÜN von F. WITTKA[1] unternommenen Versuche über die Wirkung von Salzen verschiedener Metalle haben gezeigt, daß die höchste Wirksamkeit den Kupfersalzen zukommt. Es folgen mit abnehmender Wirkung Kobalt, Eisen, Nickel, Mangan, Quecksilber, Blei und Zinn. Wahrscheinlich bilden sich Metallseifen, wobei die an sich leicht oxydierbaren Salze der ungesättigten Fettsäuren, die Ranzidität veranlassen. Aus späteren Versuchen von F. WITTKA[2] ist nämlich zu entnehmen, daß die hauptsächlich aus gesättigten Glyceriden bestehenden Fette der Einwirkung von Metallen ohne beträchtliche Änderungen widerstehen, während die stark ungesättigte Fettsäuren enthaltenden trocknenden Öle sehr schnell durch Metallspuren oxydiert werden.

Die Oxydation durch Metallseifen kann nur erfolgen, wenn sie sich an der Oberfläche des Seifenstückes befinden. Etwa während des Siedens in die Seife gelangende Metallverbindungen sind also ohne nachteiligen Einfluß auf die Beständigkeit der fertigen Seifen. In Gegenwart von genügend freiem Alkali ist nämlich eine Bildung von Metallseifen im Siedekessel unwahrscheinlich. Aber selbst wenn sich etwas Metallseife bilden würde, wäre sie von der Alkaliseife umschlossen und vor der Luftberührung geschützt.

Harzzusätze scheinen die Seifen gegen die Ranzidität zu schützen[3]. Es genügen dazu kleine Prozentsätze von 2—3%. Da Harz leicht oxydierbar ist, ist die Wirkung des Harzes offenbar darin zu suchen, daß es sich früher als die Fettsäuren oxydiert und Oxydationsprodukte entwickelt, die keinen Ranziditätsgeruch besitzen.

Andere *Ranziditätsschutzmittel* sind Natriumthiosulfat, Natriumsulfit und Natriumhydrosulfit, Salicylsäure und Benzoesäure, Natriumsalicylat und Natriumbenzoat, Zinnchlorür und Zinnoxydul, Natriumstannat, Paraformaldehyd, usw.[4]. Es handelt sich meist um reduzierende Substanzen, welche die Seife vor Oxydation schützen. Die zu verwendende Menge ist niedrig. 0,2 bis 0,3 v. H. genügen in den meisten Fällen.

Bekanntlich unterliegen Toiletteseifen viel leichter der Ranzidität als gewöhnliche Kernseifen, obgleich die für die Herstellung der ersteren Seifen verwendeten Fette im allgemeinen viel reiner sind und geringere Neigung zur Ranzidität zeigen. Dieser scheinbare Widerspruch erklärt sich durch die große Oberfläche, die Späne aus Toiletteseifen während der Trocknung der Luft aufweisen. Die Toiletteseifen sind sozusagen „luftgesättigt". Bei langer Berührung mit Luft erleiden die Seifenspäne eine anfängliche Oxydation, die sich später im fertigen Seifenstück an den dem Lichte zugekehrten Flächen fortentwickelt und zum Ranzigwerden der Seife führt.

---

[1] Seifensieder-Ztg. **54**, 740, 795 (1927). Vgl. auch Seifensieder-Ztg. **61**, 558 (1934).
[2] Seifensieder-Ztg. **57**, 773 (1930); **58**, 3 (1931).
[3] C. BERGELL: Ztschr. Dtsch. Öl-Fettind. **45**, 233 (1925).
[4] Vgl. u. a. P. I. SMITH: Seifensieder-Ztg. **65**, 568, 588 (1938).

Zweiter Teil.

Die Fabrikation der Seifen.

I. Die Rohstoffe.

Von H. SCHÖNFELD, London.

A. Die Fette.

a) Einleitung.

Die Eigenschaften der Seifen werden durch die Natur und prozentuale Zusammensetzung ihrer Fettsäuren bestimmt. Besser als durch die zu ihrer Herstellung verwendeten Fette könnte man die Seifen durch den Gehalt der individuellen Fettsäuren im Fettansatz, d. h. in dem zur Verseifung verwendeten Fett- oder Fettsäuregemisch charakterisieren. Eine solche Kennzeichnung der Seifen ist auch durchaus möglich, weil die Zusammensetzung der Mischfettsäuren aus den technologisch wichtigen Fetten bekannt ist.

Wie aus den vorstehenden Kapiteln des theoretischen Teiles hervorgeht, sind die Seifeneigenschaften am stärksten bei den Alkalisalzen der Fettsäuren mit 12—18 Kohlenstoffatomen ausgeprägt, mit einem etwa bei C_{14} beginnenden Optimum. Die Seifen der Fettsäuren mit noch längerer Polymethylenkette sind, soweit es sich um gesättigte und einfach ungesättigte Säuren handelt, in ihrer Waschkraft, Löslichkeit, Schaumfähigkeit usw. nicht ebenso befriedigend und vor allem allzu empfindlich gegen die aussalzende Wirkung von Elektrolyten. Nicht in dem gleichen Maße gilt das für die mehrfach ungesättigten Fettsäuren mit 20 und mehr Kohlenstoffatomen, welche zu den Hauptbestandteilen der Fisch- und Seetierölglyceride gehören. Ihre Elektrolytempfindlichkeit ist geringer als diejenige der weniger ungesättigten oder gesättigten Fettsäuren mit gleicher Kohlenstoffkettenlänge, denn die Elektrolytempfindlichkeit der Seifen nimmt mit der Kettenlänge der Fettsäureanions zu, aber mit der Zahl der Doppelbindungen im Molekül der Fettsäure ab. So ist die „Grenzlaugenkonzentration“ (vgl S. 188) des hoch ungesättigten Leinöles höher als beispielsweise diejenige des vorwiegend aus Oleoglyceriden aufgebauten Olivenöles, obzwar beide Fette in der Hauptsache aus Glyceriden von C_{18}-Säuren bestehen. Die Seetier- und Fischöle enthalten größere Mengen Glyceride von Fettsäuren mit 20 und mehr Kohlenstoffatomen, sind aber wegen der hohen Ungesättigtheit dieser Säuren leicht verseifbar und die Seifen schäumen und waschen gut. Nach der Hydrierung, d. h. Absättigung der Doppelbindungen, geben aber diese Fette schlecht schäumende und wenig lösliche Seifen. Im Gegensatz zu den Tranen ist Rüböl, welches bis 50 v. H. Erucasäure, also eine einfach ungesättigte C_{22}-Säure, enthält, schwer verseifbar und stärker elektrolytempfindlich, seine Seifen schäumen schlecht und haben unbefriedigendes Waschvermögen. Auch das Erdnußöl, welches zum Teil aus Glyceriden der Arachinsäure, einer gesättigten C_{20}-Säure, besteht, kann aus dem genannten Grunde nur im Gemisch mit anderen Fetten zu befriedigenden Seifen verarbeitet werden; die harten, Erdnußölfettsäuren enthaltenden Kernseifen zeigen infolge der geringeren Löslichkeit des Natriumerucats bei Gebrauch in kaltem Wasser Neigung zur partiellen Auflösung der Seife, was das Auseinanderfallen der Stücke verursacht (vgl. S. 359).

Die Seifen von Oxyfettsäuren und von Fettsäuren, welche infolge von Oxydation an den Doppelbindungen Hydroxylgruppen aufgenommen haben, sind viel weniger elektrolytempfindlich. Aus diesem Grunde ist die Grenzlaugenkonzentration der Sulfurolivenöle höher als die des reinen Olivenöles, während die Seifen des vorwiegend aus Ricinolsäureglyceriden bestehenden Ricinusöles sich gegenüber Kochsalz schon ähnlich verhalten wie die Seifen der „Leimfette", d. h. der Fette mit vorwiegend niedrigmolekularen Fettsäuren.

Für die Fabrikation von harten Seifen kann man nur Fette verwenden, deren Gehalt an mehrfach ungesättigten Fettsäuren gering ist. Die Seifen der höher ungesättigten Fettsäuren werden leicht oxydiert und machen die Seifen beim Lagern mißfarbig (fleckig). Für Kernseifen (vgl. S. 299) können nur solche Fette verwendet werden, deren Seifen sich in der Siedehitze normal durch Kochsalz aussalzen lassen. Soweit Fette allzu großer oder allzu geringer Elektrolytempfindlichkeit mitverwendet werden sollen, ist ihr Gehalt in den Mischfettsäuren in solchen Grenzen zu halten, daß das Seifengemisch in üblicher Weise durch Kochsalzzusatz in Kernseife und Unterlauge oder Leimniederschlag getrennt werden kann (vgl. S. 310). Die „Kern"-Fettsäuren sind in der Hauptsache Palmitin-, Stearin- und Ölsäure; für die Kernseifenfabrikation eignen sich also am besten die vorwiegend aus Glyceriden dieser drei Fettsäuren bestehenden Fette, denen allerdings (s. weiter unten) auch Leimfette zugesetzt werden. Der Seifenfabrikation steht eine größere Zahl von Fetten dieser Art zur Verfügung; sie enthalten allerdings meist noch geringere Mengen anderer Fettsäuren, wie Myristinsäure, Linolsäure u. a. m. Eine Ausnahme hiervon ist das Erdnußöl, welches, wie erwähnt, eine gesättigte C_{20}-Säure enthält; das Öl ist aber für die Kernseifenerzeugung wegen seines hohen Gehalts an Ölsäure sehr wertvoll und wird stets im Gemisch mit anderen Kernfetten verarbeitet.

Die besonderen Eigenschaften der Seifen, wie größere oder geringere Härte, Geschmeidigkeit oder Sprödigkeit, Bindigkeit, Löslichkeit, Schaumkraft usw., hängen nun sowohl von der Natur der verwendeten Säuren wie vom prozentualen Verhältnis der einzelnen Fettsäuren ab, welche zu ihrer Herstellung verwendet wurden. Aus diesem Grunde werden namentlich die harten Kernseifen nur selten aus einer einzigen Fettart hergestellt; um das richtige Verhältnis der Fettsäuren herzustellen, ist es vielmehr notwendig, Gemische von zwei oder mehreren individuellen Fetten gemeinsam zu verseifen. Auch wirtschaftliche Erwägungen zwingen häufig zur Herstellung der Seifen aus Gemischen von mehreren Fetten.

Von den technisch zugänglichen „Kernfetten" kommen hauptsächlich die Landtierfette, die beiden pflanzlichen Fruchtfleischfette (Palmöl, Olivenöl) und eine Anzahl Samenfette, wie Erdnußöl, Baumwollsaatöl, Sonnenblumenöl und noch einige weitere Individuen in Betracht.

Für die Fabrikation von harten Leimseifen werden meist neben „Kernfetten" vorwiegend die weniger elektrolytempfindlichen niedriger molekularen Fettsäuren verwendet. Die Hauptvertreter dieser Säuregruppe sind Laurin- und Myristinsäure. Die beiden Säuren sind die sauren Hauptkomponenten des Cocos- und Palmkernfettes, der sog. „Leimfette". Zu den technisch zugänglichen Leimfetten gehört noch das Babassufett. Diese Fette dienen zur Herstellung der „kaltgerührten" Cocosseifen (vgl. S. 367), sie werden aber auch den Fettansätzen für Kernseifen zugefügt, vor allem zur Steigerung der Schaumfähigkeit und Löslichkeit der Seifen. Auch eine Anzahl anderer Fette würde sich für solche Seifen gut eignen, so z. B. Muskatbutter, Lorbeerfett, Aourakernfett, Tucumakernfett[1] u. a.

[1] M. J. HAUSMANN: Seifensieder-Ztg. **65**, 30 (1938).

Die Wahl der Fettsäuren für die Kalischmierseifen (vgl. S. 447) hängt von der Art der Seife ab. Für die glatten, transparenten Schmierseifen kann man jedes Fett verwenden, welches arm an gesättigten und reich an höher ungesättigten Fettsäuren ist, weil die letzteren weniger temperaturempfindliche Kaliseifen liefern, d. h. Seifen, welche ihre salbige Konsistenz und Transparenz bei wechselnden Außentemperaturen nicht oder nur wenig verändern. Für diese Seifen kommen also die öl-, linol- und linolensäurereichen Samenfette, wie Leinöl, Sojaöl, Hanföl, Mohnöl, Maisöl usw., in Betracht, ferner die Trane, auch Olein.

Für Naturkornseifen wählt man Fette oder Fettgemische, welche sowohl die transparente, glatte salbige Seife als auch harte Seifen liefern; letztere bilden die „Körnung“. Von den individuellen Fetten eignet sich hierzu das Erdnußöl am besten. Man verwendet aber Gemische von an Stearin- und Palmitinsäure reichen Fetten mit den zur Herstellung der glatten Schmierseifen dienenden Ölen (vgl. S. 451).

Die einzige der Seifenindustrie zur Verfügung stehende Oxyfettsäure, die Ricinolsäure, wird für die Erzielung besonderer Eigenschaften in den harten Seifen verwendet, worüber in den weiteren Kapiteln mehrmals berichtet wird.

Kurz zusammengefaßt ergibt sich also folgendes: Die wichtigsten Fettsäuren der Kernseifen sind Palmitin-, Stearin- und Ölsäure. Die wichtigsten Fettsäuren der Leimseifen sind Laurin- und Myristinsäure. Die Schmierseifen werden überwiegend aus den ungesättigten Säuren mit 18 und mehr Kohlenstoffatomen hergestellt.

b) Die seifensiederisch wichtigen Eigenschaften der individuellen Fette.

Die individuellen Fette werden im dritten Band dieses Werkes in aller Ausführlichkeit beschrieben werden. Über die Zusammensetzung der Fettsäuren aus den einzelnen Fetten wurde im ersten Band, S. 64—100, berichtet, und es muß hier besonders auf diese Angaben verwiesen werden. Über das Verhalten der individuellen Natron- und Kaliseifen und der Seifen aus individuellen Fetten wurde an verschiedenen Stellen dieses Bandes berichtet. In den Tabellen 53 und 54 der S. 139ff. sind die Schaumzahlen der Seifen aus einzelnen Fettsäuren und Fetten, in der Tabelle 61, S. 159, ist das Waschvermögen der individuellen Seifen angegeben. Das Verhalten der Seifen aus individuellen Fettsäuren und Fetten beim Aussalzen wurde auf den S. 184—185 beschrieben. Die Grenzlaugenkonzentrationen ergeben sich aus den Tabellen auf Seite 188, 193 usw.

Nachdem auch die allgemeinen Reinigungsmethoden bereits im zweiten Band geschildert worden sind, können wir uns hier auf einige Angaben beschränken, welche insbesondere das Verhalten der Fette bei der Verseifung und ihre Verwendbarkeit für die verschiedenen Seifenarten betreffen.

Einige Bemerkungen seien aber der Zusammenstellung vorausgeschickt.

Wichtig ist es, daß die Fette vor der Verseifung von den nichtfetten Begleitstoffen, vor allem vom sog. Schleim befreit werden. Der Schleim (vgl. Bd. II, S. 17ff.) besteht aus Proteinen, Harz- und Gummistoffen usw., aus Stoffen also, welche sich in der Seife zersetzen und vor allem ihren Geruch und ihre Farbe beeinträchtigen; auf die Haltbarkeit der Seifen beim Lagern haben sie einen ungünstigen Einfluß. Die gründlichste Fettreinigungsmethode, die Raffination mit Natronlauge, kommt in der Seifenindustrie nur selten zur Anwendung, weil diese Methode die seifensiederisch wertvollen freien Fettsäuren entfernt und sie in den schlecht verwertbaren Seifenstock verwandelt. Die Raffination der Rohfette mit Natronlauge ist auch deswegen unzweckmäßig, weil sich neutralisierte Fette schwerer verseifen als solche, welche gewisse Mengen freier Fettsäuren enthalten; letztere erleichtern den „Verband". Ein hoher Gehalt an freien Fettsäuren ist allerdings ein Anzeichen der Verdorbenheit der Fette. Man begnügt sich meist mit der Reinigung mittels Kochsalzlösung, wenn auch diese Methode viel weniger wirksam ist. Die mit Kochsalz gereinigten Fette liefern aber ebenfalls hellere und geruchlich bessere Seifen. Im Gegensatz zur Entsäuerungsmethode zerstört die Reinigung mit Kochsalzlösung, Dampf u. dgl. nicht die Fettfarbstoffe. Seifen aus dunkleren Fetten werden deshalb noch gebleicht, und zwar auf chemischem Wege (vgl. S. 320). Auch die Entschleimung mittels konz. Schwefelsäure, welche die freien Fettsäuren unangegriffen läßt, kommt nur selten zur Anwendung. Neuerdings hat BAUSCHINGER[1] zur Entschleimung gepufferte Gemische von Phosphorsäure mit Alkaliphosphaten, welche das Kesseleisen nicht oder nur wenig angreifen und deshalb ohne Zuhilfenahme von besonderen Apparaten, wie sie bei der Raffination mit Schwefelsäure notwendig ist, durchgeführt werden könnte, vorgeschlagen.

Schlecht verwendbar sind Fette mit höherem Gehalt an Unverseifbarem, welches in der Seife verbleibt und durch Aussalzen nicht entfernt werden kann. Das Unverseifbare erschwert die Verseifung und beeinträchtigt Konsistenz, Farbe und Geruch der Seifen; besonders ungünstig wirkt es in Textilseifen, transparenten Schmierseifen u. dgl. Aus diesem Grunde sind z. B. die *Bassia*-Fette (vgl. Bd. I, S. 84) trotz seifensiederisch sehr günstiger Zusammensetzung ihrer Fettsäuren nicht besonders geeignet für die Seifenerzeugung.

c) Die wichtigsten Fettrohstoffe.

1. Talg (Rinder- und Hammeltalg).

Die Mischfettsäuren des Rindertalgs bestehen aus 2—7% Myristinsäure, 25—32% Palmitinsäure, 14—28% Stearinsäure, 39—49% Ölsäure, 1—5% Linolsäure. Die Hammelfettsäuren enthalten 1—4% Myristinsäure, 21—25% Palmitinsäure, 23—31% Stearinsäure, 36—47% Ölsäure, 3—5% Linolsäure. Titer (Erstarrungspunkt der Mischfettsäuren) von Rindertalg 38—47°, von Hammeltalg 39—52°. Übermäßige Fütterung mit Leinölkuchen u. dgl. beeinflußt bis zu einem gewissen Grade die Zusammensetzung der Fettsäuren und steigert ihren Gehalt an höher ungesättigten Säuren. Talg ist u. a. um so wertvoller für die Seifenindustrie, je höher sein Titer ist; dieser soll 43—45° betragen (für Rindertalg). Verwendung hauptsächlich für Kernwaschseifen, pilierte Seifen, Eschwegerseifen, Rasierseifen und Naturkornseifen.

Wie bei allen Fetten mit niedriger Grenzlaugenkonzentration, wird die Verseifung mit schwächerer Lauge von 8—10° Bé eingeleitet; nach Herstellen des Verbandes kann die Laugenkonzentration gesteigert werden.

Die Natronseife ist grauweiß, hart und spröde, wenn sie auf Unterlauge gesotten, schmutzigweiß bis cremegelb, sehr fest, geschmeidig, wenn sie auf Leimniederschlag hergestellt wird[2]. Ausbeute (auf Leimniederschlag) 158—160%. Die Natronseife ist in Wasser wenig löslich, der Schaum ist feinblasig (vgl. S. 139 über Schaumzahlen); sie zeigt schwachen Geruch.

Die Kaliseife dient zur Herstellung des Korns in den Naturkornseifen.

2. Schweinefett.

Fettsäuren: Myristinsäure 1—4%, Palmitinsäure 25—30%, Stearinsäure meist 9—12% (aber bis 21% im Netzfett), Ölsäure 50—60%, Linolsäure bis 10%.

---

[1] Vgl. CL. BAUSCHINGER: Fette, Seifen **45**, 385 (1938).

[2] Nach W. SCHRAUTH: Handbuch der Seifenfabrikation, 6. Aufl., S. 96. Berlin: Julius Springer. 1927.

Titer 34—42° (meist 41—42°). Verhält sich bei der Verseifung mit Natronlauge ähnlich wie Talg und liefert dieselben Ausbeuten beim Aussalzen der Seife. Die Natronseife ist weiß, geruchlos, homogen, hart, aber geschmeidiger als die Talgseife. Sie löst sich gut in Wasser und gibt einen reichlichen, feinblasigen und beständigen Schaum. Verwendung hauptsächlich für pilierte Seifen, aber auch als Zusatzfett bei der Herstellung von Cocosseifen, deren Sprödigkeit durch Mitverseifung von Schmalz gemildert wird. Zu achten ist auf Verfälschungen durch Knochenfette.

3. Knochenfett.

Das Fett wird aus (überwiegend) Rindsknochen gewonnen und fällt, je nach Gewinnungsart und Alter der Knochen, in reinen, hellen bis dunkelbraunen und unangenehm riechenden, durch Wasser, Schmutz und Kalksalze verunreinigten Qualitäten an.

Das durch Auskochen frischer Knochen gewonnene („Natur"-) Knochenfett ist hellgelb bis weiß; die mittels Wasserdampf gewonnenen Knochenfette sind gelb bis gelbbraun und lassen sich gut bleichen; die aus alten Knochen durch Extraktion gewonnenen „Benzin"-Knochenfette sind dunkelbraun, schmutzig und enthalten neben viel freien Fettsäuren auch Kalkseifen, die sich allerdings durch Behandeln mit Schwefelsäure zerlegen lassen. Die Knochenfettsäuren bestehen aus je etwa 20% Palmitin- und Stearinsäure, gegen 50% Ölsäure, Rest Linolsäure. Das Fett ist reich an freien Fettsäuren und läßt sich deshalb durch stärkere Laugen verseifen als die sonstigen Landtierfette. Zur Einleitung des Verbandes kann aus dem gleichen Grunde sodahaltige Lauge verwendet werden. Verarbeitet werden die Knochenfette gemeinsam mit anderen Fetten zu Kern- und Eschwegerseifen u. dgl. Die Seifenausbeute aus Knochenfett hängt vom Reinheitsgrad des Fettes ab. Für weiße Seifen können nur die hellsten Knochenfettsorten mitverwendet werden. Die extrahierten Fette lassen sich schwer bleichen und sind, soweit sie größere Mengen Kalkseifen enthalten, ein wenig geeigneter Seifenrohstoff.

4. Pferdefett.

Kammfettsäuren: ca. 39% Palmitinsäure, ca. 7% Stearinsäure, ca. 55% Ölsäure, ca. 7% Linolsäure und 2% Linolensäure. Titer 25—38°. Läßt sich an Stelle von Schweinefett für Waschseifen verwenden. Die Natronseife ist fest, riecht süßlich unangenehm und zeigt ähnliche Löslichkeit und Schaumfähigkeit wie Schweinefettseife. Das Fett kann auch für Naturkornseifen als Ersatz für Talg verwendet werden.

5. Abdeckereifette.

Die Abdeckereifette, zu denen auch das Pferdefett gehört, werden, wie im ersten Band, S. 817—837, angegeben wurde, durch Behandeln der Tierkadaver mit Dampf im Autoklaven erhalten. Ihre Zusammensetzung wechselt mit der Art der verarbeiteten Tiere. Die Fette sind häufig voll verseifbar und enthalten nur wenig freie Fettsäuren und Unverseifbares; es sind aber auch Produkte mit bis zu 5% Unverseifbarem, hohem Wassergehalt usw. im Handel. Die Fette sind gelb bis tiefbraun, von schwachem bis durchdringendem Geruch, je nach Sorte. Zum Bleichen wird meist Wasserstoffperoxyd oder Dichromat und Schwefelsäure verwendet. Sie ähneln im allgemeinen den weicheren Knochenfetten und können bis zu einem gewissen Grade den Talg oder das Knochenfett ersetzen.

6. Palmöl.

Das Palmöl ist wegen seines hohen Gehalts an Palmitin- und Ölsäure ein äußerst wertvoller Rohstoff für die Seifenfabrikation. Die Fettsäuren bestehen aus ca. 40% Palmitinsäure, 40—50% Ölsäure, kleinen Mengen Linol-, Stearin- und Myristinsäure.

Das rohe Palmöl ist durch seine orange bis orangerote Farbe, einen charakteristischen, vielleicht unrichtig als veilchenartig bezeichneten Geruch und durch einen sehr hohen Gehalt an freien Fettsäuren gekennzeichnet. Titer 35,8—47,6°. Das durch Lipochrome gefärbte Rohfett liefert gefärbte Seifen, das Rohfett muß deshalb vor der Verwendung gebleicht werden. Die Bleichung erfolgt meist durch Einblasen von Luft in das auf etwas über 100° erhitzte Fett (Näheres Bd. III).

Infolge der hohen hydrolytischen Spaltung läßt sich Palmöl leicht verseifen; man beginnt mit Lauge von 10—15° Bé und fährt mit stärkerer Lauge fort. Die Natronseife des gebleichten Fettes ist gelblich, fest und gibt einen feinblasigen haltbaren Schaum. Die Seife zeigt noch den an das Fett erinnernden eigenartigen Geruch. Man verwendet das Palmöl im Gemisch mit Talg, Cocosfett usw. für glatte Kern-, Eschweger- und andere Riegelseifen, für pilierte Seifen u. a. Die Kaliseife aus rohem Palmöl wird mitunter bei der Herstellung von Silber- und Naturkornseifen verwendet; sie verleiht Schmierseifen einen feurig gelben Ton.

7. Die Hartfette.

Verwendet werden ausschließlich gehärtete Trane und Fischöle. Hydrierung ist der einzige Weg zur völligen Entfernung des Trangeruchs. Die Reaktion verwandelt aber die Trane, gleichwie andere flüssige Fette, in Produkte, welche mit dem ursprünglichen Öl nichts mehr zu tun haben. Die Seifenindustrie verarbeitet große Mengen hydrierter Trane mit einem Schmelzpunkt von 28 bis etwa 47°. Die niedriger schmelzenden Hartfette sind ein Ersatz für Schmalz, die höher schmelzenden werden an Stelle von Talg verwendet. Die Seifen der gehärteten Trane sind weiß, hart, wenig löslich und schäumen schlecht. Ihre Eigenschaften hängen natürlich vom Härtungsgrad des Trans ab. Die Elektrolytempfindlichkeit der Tranhartfettseifen nimmt mit dem Grad der Härtung, d. h. mit dem Gehalt an gesättigten hochmolekularen Fettsäuren, wie Behensäure usw., zu. Die Seifen sind geruchlos, wenn das Hartfett keine hochungesättigten Fettsäuren mehr enthält. Ein besonders wertvoller Rohstoff sind die niedrig schmelzenden, selektiv gehärteten Trane (vgl. auch Band II, S. 162).

8. Olivenöl.

Das Olivenöl wird in größerem Umfange zur Herstellung von Kernseifen in den Produktionsländern verwendet (Frankreich, Spanien usw.). Das Öl ist der Hauptrohstoff für die Herstellung von Marseillerseifen. Die Fettsäuren bestehen aus ca. 80% Ölsäure, ca. 10% Palmitinsäure sowie kleinen Mengen Linol- und Stearinsäure. Die Zusammensetzung ist also seifensiederisch ganz besonders günstig. Titer 21—27°. Die technischen, in der Seifenindustrie verwendeten Ölsorten enthalten bis zu 2% Unverseifbares und größere Mengen freier Fettsäuren, weshalb sie sich leicht verseifen lassen. Die Natronseifen sind fest, erstarren aber nach Verseifung äußerst langsam (Ölseifen). Die Marseillerseifen wurden früher ausschließlich aus Olivenöl gesotten (vgl. S. 327). Die Kaliseife ist gelb bis gelbgrün, sehr leicht löslich in Wasser und schäumt vorzüglich. Die Sulfur-Olivenöle dienen zur Herstellung der grünen Marseillerseifen und Textilseifen. Das Öl ist ferner ein wichtiger Rohstoff für medizinische Seifen.

In der Zusammensetzung der Fettsäuren steht dem Olivenöl das *Teesamenöl* sehr nahe.

9. Baumwollsamenöl.

Fettsäuren: ca. 20% Palmitinsäure und kleine Mengen Stearinsäure, ca. 30% Ölsäure und ca. 45% Linolsäure. Titer 32—38°. Das rohe Öl ist durch Gossypol braun bis braunschwarz gefärbt und wird mittels Natronlauge, seltener mit chemischen Bleichmitteln zu einem gelben bis rotgelben Öl entfärbt. Das entsäuerte Öl verseift sich schwierig, man verwendet Lauge von 12—13° Bé. Die Natronseife ist gelb, verhältnismäßig weich, schwer löslich und schäumt mäßig gut. Mit größeren Mengen Baumwollsaatöl hergestellte Seifen werden beim Lagern fleckig und nehmen einen unangenehmen Geruch an. Das Öl macht aber die Seifen geschmeidig. Verarbeitet wird es im Gemisch mit Kern- und Leimfetten zu Riegelseifen.

Die Kaliseifen sind trüb und dienen hauptsächlich zur Herstellung von Naturkornseifen.

Das bei der Herstellung des Winteröles anfallende *Cottonstearin* ist viel reicher an festen Fettsäuren als das ursprüngliche Öl und wird bei der Herstellung von Riegelseifen verwendet. Aber auch mit Cottonstearin hergestellte Seifen neigen infolge des höheren Linolsäuregehaltes zum Fleckigwerden und zur Geruchsbildung.

10. Erdnußöl.

Zusammensetzung der Fettsäuren: 55—70% Ölsäure, 13—27% Linolsäure, 6—8% Palmitinsäure, 3—6% Stearinsäure und ca. 6% Arachinsäure bis Lignocerinsäure. Das Vorkommen der gesättigten Säuren mit mehr als 18 Kohlenstoffatomen ist für das Öl charakteristisch und hat einen gewissen Einfluß auf sein seifensiederisches Verhalten. Titer 22—30°. Der geringe Gehalt an gesättigten C_{20}- bis C_{24}-Säuren macht die Natronseifen des Erdnußöles schlecht löslich und schlecht schäumend und das Öl schwerer verseifbar. Die Seifen sind, je nach Ölqualität, weiß bis schmutziggelb. Das Öl wird meist nur in Verbindung mit anderen Fetten versotten.

Die Kaliseife ist hellgelb, undurchsichtig und nicht temperaturbeständig. Sie kann bei der Herstellung von Silber- und Naturkornseifen verwendet werden.

11. Sonnenblumenöl.

Die Fettsäuren bestehen zu 26—42% aus Ölsäure und 52—67% aus Linolsäure. Die Natronseife zeigt ungenügende Härte, ist aber leicht löslich und gut schäumend. Für die Fabrikation von harten Seifen ist das Öl wegen seines hohen Linolsäuregehaltes wenig geeignet. Die Kaliseife entspricht im Aussehen der Leinölseife und ist ziemlich temperaturbeständig. Das Öl verseift sich schwer.

12. Die Trane.

Die Trane enthalten größere Mengen von höhermolekularen Fettsäuren mit 4 und 5 Doppelbindungen, denen der typische Trangeruch zugeschrieben wird. Sie sind im allgemeinen leicht verseifbar und liefern lösliche, gut schäumende Seifen. Die Seifen zeigen aber den Geruch des Öles und werden deshalb nur als billige Schmierseifen gehandelt. Von den vielen Transorten kommen für die Seifenfabrikation nur Öle in Frage, welche keine größeren Mengen an Kohlenwasserstoffen (Squalen), Fettalkoholen, Wachsestern u. dgl. enthalten. In der Hauptsache werden Wal- und Robbentran, japanisches Sardinenöl und Heringsöl verarbeitet.

Die zahlreichen Versuche zur Herstellung von geruchlosen Transeifen haben noch zu keinem vollen Erfolg geführt. Die Versuche bewegen sich in zwei Richtungen: Polymerisation der Trane oder der Fettsäuren und Desodorierung der

Seifen selbst. Durch Polymerisation der Fette selbst ist es noch nicht gelungen, Produkte herzustellen, deren Seifen beim Lagern geruchlich einwandfrei bleiben. Wie es scheint, findet bei der Verseifung teilweise Entpolymerisierung unter Rückbildung der hochungesättigten Säuren statt. Die Polymerisation erfolgt durch Erhitzen in Luft- oder einer luftfreien Atmosphäre[1]. Die Polymerisation kann auch durch Voltolisierung erfolgen (vgl. Bd. II, S. 262, 720). Neuerdings wird versucht, die Polymerisation der Tranfettsäuren mit schwacher Hydrierung zu kombinieren, in der Hoffnung, daß die am höchsten ungesättigten und am schärfsten riechenden Tranfettsäuren bevorzugt zu niedriger ungesättigten Säuren hydriert werden. So erhielten S. Ueno, Z. Okamura und N. Kuzei[2] durch Polymerisation von Sardinenölfettsäuren bei 270 bis 275° in einer Wasserstoffatmosphäre in Gegenwart eines bei der Ölhärtung erschöpften Nickelkatalysators zähflüssige Fettsäuren der Jodzahl ca. 135, aus denen geruchlose Seifen hergestellt werden konnten, während die ohne Verwendung des Katalysators in gleicher Weise polymerisierten Säuren Seifen ergaben, in denen beim Lagern der Fischölgeruch wieder erscheint.

Andere Reaktionen scheinen bei der Desodorierung der verseiften Trane aufzutreten. Neben der Polymerisation dürfte hier auch Abbau zu niedriger molekularen Fettsäuren stattfinden. So hat W. Schrauth[3] vorgeschlagen, die Klupanodonsäure durch Kalischmelze zu einer gesättigten Säure abzubauen. Diese Reaktion dürfte auch bei dem Persapol-Verfahren von S. Stiepel[4] eine Rolle spielen. Das Verfahren besteht darin, daß die flüssige Transeife unter Druck bei einer Temperatur von 200—250° mit überhitztem Dampf so lange behandelt wird, bis der Dampf keinen Geruch mehr zeigt. Auf einem ähnlichen Prinzip dürfte das Verfahren von Henkel & Co.[5] — Pressen der Seifen durch enge, auf 250° erhitzte Rohre bei einem Druck von 70 at — oder die von L. Müller[6] vorgeschlagene Methode — Herunterfließen der Seifenlösung über heiße Platten, während ihr heiße Luft entgegenströmt — beruhen.

13. Trocknende Öle.

Die *trocknenden Öle*, wie *Leinöl*, *Hanföl*, *Mohnöl*, ferner das *Sojabohnenöl*, werden vorwiegend zur Herstellung von Schmierseifen verwendet. Diese Öle eignen sich besonders zur Herstellung von glatten, transparenten Schmierseifen, weil ihre Kaliseifen sehr wenig temperaturempfindlich sind. Auch *Maisöl* und *Sonnenblumenöl* können zu glatten Schmierseifen verarbeitet werden.

14. Cocosfett.

Fettsäuren: ca. 45—50% Laurinsäure, ca. 17—20% Myristinsäure, ca. 14% Capryl- und Caprinsäure, Reste Öl- und Palmitinsäure. Titer 16—25°. Das Öl verseift sich leicht, schon in der Kälte, mit Laugen von 30—36° Bé und dient u. a. zur Herstellung von kaltgerührten Cocosseifen. Die Natronseife ist weiß bis grauweiß, hart und spröde; sie ist leicht löslich in Wasser und schäumt sehr gut. Cocos- und Palmkernfett sind die Hauptvertreter der wenig elektrolytempfindlichen Leimfette. Die Natronseife läßt sich nicht vollständig aussalzen. Ihre Leimseifen nehmen große Mengen Wasser, Elektrolyte und Streckungsmittel auf, eignen sich also besonders zur Herstellung von gefüllten Seifen. Auf die Haut üben sie eine Reizwirkung aus, sie röten mitunter die Haut und machen sie spröde. Das Fett wird auch zur Erhöhung der Schaumfähigkeit und Löslichkeit verschiedener Kernseifen, Eschwegerseifen u. dgl. mitverwendet.

---

[1] Vgl. z. B. E. Böhm: D. R. P. 230123. — G. Sandberg: D. R. P. 162638. — Ellis: A. P. 1178142.
[2] Journ. Soc. chem. Ind. Japan, Suppl. **36**, 313 B (1933).
[3] Seifenfabrikant **35**, 877 (1915).
[4] D. R. P. 305702.
[5] E. P. 172250.
[6] D. R. P. 374861.

Die Kaliseife ist zäh, undurchsichtig, schmutzigweiß und sehr leicht löslich. In der Schmierseifenfabrikation findet das Fett keine Verwendung. Die Seifen neigen zur Ranzigkeit.

15. Palmkernfett.

Die Fettsäuren bestehen aus 47—52% Laurinsäure, 14—15% Myristinsäure, gegen 8% Palmitinsäure, gegen 17% Ölsäure, 6—9% Capryl- und Caprinsäure. Das Fett hat also eine ganz ähnliche Zusammensetzung wie Cocosfett. Es verhält sich auch bei der Verseifung ganz ähnlich, die Natronseife ist hart, spröde, leicht löslich und gut schäumend, hat aber einen unangenehmen Geruch, der die Verwendung des Fettes für Toiletteseifen behindert. Ebenso wie Cocosfett kann Palmkernfett mit starken Laugen, auch in der Kälte verseift werden. Es dient zur Herstellung von Leimseifen und im Gemisch mit anderen Fetten für Kernseifen. Beide Fettarten eignen sich wegen ihrer geringen Elektrolytempfindlichkeit zur Herstellung von Meerwasserseifen (S. 387).

Ein weiteres Leimfett von ganz ähnlichen Eigenschaften ist das ca. 45% Laurinsäure und ca. 20% Myristinsäure enthaltende *Babassufett*, das aber gegen Elektrolyte etwas mehr empfindlich ist als Cocos- und Palmkernfett und vorläufig in geringen Quantitäten, meist vermischt mit Cocosfett, in den Handel kommt.

16. Ricinusöl.

Fettsäuren: über 85% Ricinolsäure, Rest Öl- und Linolsäure nebst Spuren von gesättigten Fettsäuren. Das Öl läßt sich mit starken Laugen sehr leicht verseifen. Die Natronseife ist hart, weiß bis gelbweiß, sehr leicht löslich, schäumt aber sehr schwach. Enthält aber die Seife unverseifte Ricinolsäure, so schäumt sie recht gut. Sie besitzt sehr großes Aufnahmevermögen für Wasser und Elektrolyte und eignet sich als Zusatz bei der Herstellung von transparenten Seifen. Die Ausbeute auf Unterlauge beträgt 180—185%.

17. Abfallfette.

α) *Leimsiedereifette.* Diese, oft auch Leimfette genannten Produkte, fallen bei der Gewinnung von Leim aus Lederabfällen u. dgl. an. Nach Verkochen ungegerbter Hautabfälle auf Leim schwimmt das Fett auf der Leimbrühe und wird abgeschöpft. Die Hauptmenge des Leimsiedereifettes ist aber nicht dieses „Abschöpffett", sondern das „Aufschließfett", welches beim Behandeln der Lederabfälle mit Kalkmilch als ein Gemisch von Fett mit Calciumseifen erhalten wird. Nach Aufspalten mit Schwefelsäure erhält man das Leimsiedereifett als ein Gemisch von Fettsäuren mit Neutralfett, Cholesterin und anderen unverseifbaren Stoffen. Aus den Rückständen wird durch Extraktion das Extraktionsleimfett erhalten.

β) *Lederfette.* Sie werden durch Extraktion von Abfällen aus Gerbereien, Schuhfabriken, Wollabfällen u. dgl. gewonnen. Die Fette sind gelb bis braunschwarz und enthalten 15—30% Unverseifbares.

γ) *Walkfette* oder „Yorshiregrease" sind durch Behandeln der seifenhaltigen Wasch- und Abwässer der Tuchfabriken, Spinnereien usw. durch Behandeln mit Schwefelsäure gewonnene, große Mengen Unverseifbares enthaltende Fettstoffe.

δ) *Kanal- und Abwasserfette.* Sie werden aus dem Schlamm der städtischen Kanalisationsanlagen und Klärbecken durch Extraktion und auf anderen Wegen gewonnen.

Die aufgezählten Abfallfettstoffe sind natürlich ein sehr minderwertiges Rohmaterial für die Seifenfabrikation. Wegen des hohen Gehaltes an Unverseifbarem, Schmutzstoffen u. dgl. bietet die Spaltung des in den Produkten noch

Tabelle 70. Die wichtigsten Fette und ihre Natronseifen.

Seife aus	Farbe	Konsistenz	Geruch	Schaum	Waschkraft	Wirkung auf die Haut	Verwendung zu	Verseifung	Stärke der zum Aussalzen erforderlichen Salzlösung	Theoretische Ausbeute an Unterlaugenglycerin (80%ig)
Cocosöl	weiß bis gelblich	sehr hart, spröde	schwach nach Cocosöl	schnell, großblasig, unbeständig	auch in kaltem Wasser sehr gut	macht die Haut rauh	Toilette- und Riegelseifen, mit Talg zu Rasierseifen, gefüllte Seifen	schnell, mit starken Laugen	16 bis 18^0 Bé	18%
Palmkernöl	gelblichweiß bis gelblichgrau	sehr hart, spröde	nach Palmkernöl	schnell, großblasig, unbeständig	auch in kaltem Wasser sehr gut	macht die Haut rauh	Haushaltseifen und Toiletteseifen (wenig), Seifenpulver	schnell, mit starken Laugen	16 bis 18^0 Bé	18%
Palmöl (gebleicht)	gelblich	sehr hart	nach Palmöl, veilchenartig	ziemlich langsam, kleinblasig, beständig	sehr gut	sehr mild	Haushaltseifen, Seifenpulver, Toiletteseifen Oberschalseifen	ziemlich leicht, mit Laugen 10—15^0 Bé	10 bis 11^0 Bé	10—13%
Sesamöl	rötlichweiß bis hellbraun	mittelweich bis fest	kaum wahrnehmbar	gut	gut	mild	Haushaltseifen (mit anderen Fetten)	reines Öl schwer, Nachschlagöl rasch, mit dünnen Laugen	11^0 Bé	11—13%
Erdnußöl	grauweiß bis schmutziggelb	sehr fest	schwach nach Erdnußöl	langsam, wenig	ziemlich gut	sehr mild	Haushaltseifen, Eschwegerseifen, Wachskernseifen	mit Laugen 15—18^0 Bé (langsam)	$9{,}5^0$ Bé	13%
Sojabohnenöl	hell- bis grüngelb	mäßig fest	nach Sojaöl	mäßig beständig, etwas fettig	ziemlich gut	mild	Schmierseifen, Riegelseifen	mit Laugen 10—15^0 Bé	11^0 Bé	13%

Baumwollsaatöl	gelblichgrau bis gelb	relativ weich	nach Baumwollsaatöl	mäßig, aber beständig	gut	mild	Haushaltseifen, Seifenflocken, Naturkornseifen	raff. Öl schlecht, mit Laugen 10—13° Bé	12,5 bis 16° Bé (schwer aussalzbar)	12—13%
Leinöl	goldgelb	weich	nach Leinöl	fettig, beständig	gut	mild	Schmierseifen	ziemlich leicht, mit Laugen 12—15° Bé	13 bis 14° Bé	13%
Sonnenblumenöl	gelb	weich	schwach nach Sonnenblumenöl	gut	gut	mild	Schmierseifen, mit anderen Fetten und Ölen zu Riegelseifen	schwer, mit schwachen Laugen	12° Bé	12,5%
Maisöl	gelb	mäßig fest	nach Maisöl	schlecht	gut	mild	Schmierseifen	leicht, mit Laugen 11—15° Bé	11 bis 12° Bé	12%
Rüböl	unansehnlich gelb	hart, krümelig	nach Rüböl	sehr schlecht	unbefriedigend	mild	Riegelseifen, nur mit anderen Ölen u. Fetten	schwer und nur mit ganz dünnen Laugen	10 bis 11° Bé	11—12%
Olivenöl	gelb bis dunkelgrün	fest	schwach nach Olivenöl	gut	gut	sehr mild	Haushalt-, Textil- und Toiletteseifen	je nach Gehalt an freien Fettsäuren, schwer oder leicht	10° Bé	10—13%
Ricinusöl	weiß	sehr fest	fast geruchlos	wenig	ziemlich gut	mild	kalt- und halbwarmgerührte Riegel- und (transparente) Toiletteseifen (mit anderen Fetten)	leicht, mit Laugen 16° Bé	12,5° Bé	12,5%
Talg	weiß bis gelbweiß	sehr hart	fast geruchlos	langsam, kleinblasig, beständig	gut	sehr mild	Haushalt-, Toilette- und Rasierseifen, Naturkornseifen	schwer, mit schwachen Laugen	10° Bé	12,5%

Tabelle 70 (Fortsetzung).

Seife aus	Farbe	Konsistenz	Geruch	Schaum	Waschkraft	Wirkung auf die Haut	Verwendung zu	Verseifung	Stärke der zum Aussalzen erforderlichen Salzlösung	Theoretische Ausbeute an Unterlaugenglycerin (80%ig)
Schweineschmalz	weiß	hart	geruchlos	leicht, reichlich, feinblasig, beständig	gut	sehr mild	Haushaltseifen, Seifenflocken, Toiletteseifen	schwer, mit dünnen Laugen	10^0 Bé	12,5%
Knochenfett	gelb bis dunkelbraun, unansehnlich	hart	meistens unangenehm	ziemlich langsam bis schnell, feinblasig, beständig	gut	mild	Riegelseifen	ziemlich schwer oder leicht, je nach Gehalt an freien Fettsäuren	10 bis 11^0 Bé	9—12%
Kammfett	gelb bis gelbbraun	fest und geschmeidig	leicht unangenehm	leicht, feinblasig, beständig	gut	mild	Riegel- und Naturkornseifen	leicht, mit Laugen 10—12^0 Bé	11^0 Bé	10—12%
Hartfette	weiß	sehr hart	geruchlos bis Härtungsgeruch	sehr langsam, feinblasig, beständig	ziemlich gut	mild	Riegelseifen, Toiletteseifen	sehr schwer, mit ganz dünnen Laugen	8—9^0 Bé	12 bis 12,5%
Trane	gelb bis braun	ziemlich fest	unangenehm nach Tran	kleinblasig, mäßig beständig	ziemlich gut	mild	Schmierseifen	ziemlich leicht, mit Laugen 15—18^0 Bé	12^0 Bé	8—12%
Olein	gelb bis unansehnlich gelbbraun	fest	schwach	leicht und gut, nicht sehr beständig	sehr gut	mild	Haushalt-, Textil- und Schmierseifen	sehr leicht, mit Laugen 24—25^0 Bé	11 bis 12^0 Bé	—

enthaltenen Neutralfettes Schwierigkeiten. Am zweckmäßigsten erscheint die Destillation der in den Abfallfetten enthaltenen freien Fettsäuren, soweit möglich nach vorangehender Spaltung, in den modernen Destillieranlagen.

d) Die Fettsäuren.

1. Die Oleine.

Die Gewinnung und die Eigenschaften der Oleine sind im zweiten Band (s. S. **534ff.**) angegeben worden. Von den beiden Sorten des Kerzenoleins, dem Saponifikat- und Destillatolein, bevorzugte man früher in der Seifenindustrie das Saponifikatolein, wenn es auch dunkler als das Destillatolein ist; letzteres war nämlich reicher an Unverseifbarem, welches während der Destillation gebildet wurde. Die in modernen Anlagen gewonnenen Destillatoleine sind aber bis zu 99% und höher verseifbar und wegen der helleren Farbe den Saponifikatoleinen überlegen.

Olein läßt sich mit Lauge von 24—25° Bé oder mit Sodalösung leicht verseifen. Bei der Carbonatverseifung verwendet man Sodalösungen von 30° Bé oder Pottaschelösungen von 20—23° Bé.

Die Natronseifen des Kerzenoleins sind fest und homogen. Die Seife ist um so härter, je mehr feste Fettsäuren das Olein enthielt. In der Textilindustrie, in welcher die Hauptmenge der Oleinseifen verbraucht wird, bevorzugt man Seifen aus Oleinen, welche nur wenig feste Fettsäuren enthalten (entstearinierte Oleine). Von Wichtigkeit ist es, daß das Olein wenig Unverseifbares enthält, welches die Seifen weich macht und den Verband erschwert. In der Textilwäscherei kann das in den Seifen enthaltene Unverseifbare Flecke und Verfärbungen auf dem Waschgut hervorrufen. Grenzlaugenkonzentration der echten Oleinseifen: 9—10° Bé für NaOH und 7—8° für NaCl. Die Natronseife ist leicht löslich und schäumt gut. Das Olein wird entweder für sich allein zu Textilseifen oder im Gemisch mit anderen Fetten zu Riegelseifen verarbeitet.

Die Kalischmierseife ist feurig rotbraun, transparent und temperaturbeständig. Sie wird in der Textilindustrie in großen Mengen verbraucht.

2. Raffinationsfettsäuren.

Die bei der Raffination der Speiseöle mit Natronlauge anfallenden seifenhaltigen Rückstände (Seifenstock, vgl. Bd. II, S. 27) werden von manchen Fabriken unmittelbar zu Seifen verarbeitet. Im allgemeinen wird aber der Seifenstock mit Mineralsäure zersetzt und das Gemisch von Fettsäuren und Neutralöl als sog. „Fettsäuren" an die Seifenfabriken verkauft. Diese Fettsäuren enthalten die gesamten, bei der Entsäuerung ausgeschiedenen Verunreinigungen und lassen sich deshalb nicht ohne weiteres auf helle oder gar weiße Seifen verarbeiten. Ihre Bewertung erfolgt nach dem Gehalt an verseifbarem Gesamtfett, d. h. an Neutralfett + freien Fettsäuren; wichtig ist es aber auch, ihren Gehalt an oxydierten Fettsäuren zu bestimmen, welche meist sehr dunkel gefärbt und seifensiederisch wertlos sind. Festzustellen ist auch die Bleichfähigkeit ihrer Seifen.

Zu einem großen Teil werden diese, aus Neutralöl und Fettsäuren bestehenden Raffinationsabfälle zu Ende gespalten und destilliert. Die destillierten Fettsäuren sind natürlich ein durchaus normaler Seifenrohstoff, denn die in den rohen Gemischen enthaltenen Verunreinigungen verbleiben im Destillationsrückstand. Ihre sonstigen Eigenschaften hängen natürlich vom Rohöl ab, aus welchem sie herrühren.

B. Sonstige organische Säuren in der Seifenindustrie.

a) Durch Oxydation von Kohlenwasserstoffen gewonnene Fettsäuren.

Über die Gewinnung von Fettsäuren durch Oxydation von Kohlenwasserstoffen und ihre Verwendung in der Seifenindustrie wurde im zweiten Band näher berichtet (S. 648). Diese Fettsäuren, welche im Gegensatz zu den natürlichen Fettsäuren, aus Gemischen von Säuren mit paariger und unpaariger Kohlenstoffatomzahl bestehen, spielen bereits eine wichtige Rolle als Seifenrohstoffe. Dem Bericht im Band II sei eine vor kurzem veröffentlichte typische Analyse der aus Paraffingatsch gewonnenen Fettsäuren beigefügt[1].

Das nach dem Ergasinverfahren von FISCHER-TROPSCH hergestellte Paraffingatsch enthielt folgende Mengen von Paraffinkohlenwasserstoffen (in Vol.-%): C_{16}—C_{19} 27,4%; C_{19}—C_{22} 31,0%; C_{22}—C_{25} 23,65%; C_{25}—C_{27} 11,65%; C_{28} 4,0%. Die Fettsäuren enthielten (in Gew.-%): Bis C_7 7,35%; C_8 4,25%; C_9 5,7%; C_{10} 7,4%; C_{11} 6,2%; C_{12} (Laurinsäure) 7,65%; C_{13} 8,3%; C_{14} (Myristinsäure) 8,75%; C_{15} 9,0%; C_{16} (Palmitinsäure) 6,7%; C_{17} 6,25%; C_{18} (Stearinsäure) 4,25%; über C_{18} 18,2%. Das synthetische Produkt enthält also über 50% der seifensiederisch wertvollsten Säuren C_{12}—C_{18} und gegen 30% Säuren bis C_{10}; am stärksten vertreten waren Undecyl- bis Palmitinsäure.

b) Die Harze.

1. Kolophonium.

Das Kolophonium (Fichtenharz) ist der Destillationsrückstand des Terpentinöles. Es besteht zum größten Teil aus Abietinsäure und enthält noch gewisse Mengen anderer Säuren (Pimarsäure), geringe Mengen unverseifbarer Stoffe und Oxydationsprodukte. Das Harz hat die Dichte 1,07—1,09, erweicht bei ca. 70° und schmilzt klar zwischen 120—130°. Säurezahl 140—185. Verseifungszahl 145—195; Jodzahl 100—200 (meist gegen 130). Harze mit einer Verseifungszahl unter 150 sollte man nicht verwenden. Kolophonium läßt sich leicht verseifen mit Laugen von 10—15° Bé; die Seifen sind weich und klebrig, sie schäumen aber gut und haben hohes Waschvermögen. Sie lassen sich erst durch hohe Kochsalzkonzentrationen unvollständig aussalzen und werden nur als Zusatz zu verschiedenen Seifen verwendet. Über den Einfluß der Harzseifen auf die fettsauren Seifen wird auf den S. 217 und 319 Näheres mitgeteilt. Von den vielen Harzsorten verarbeitet die Seifenindustrie hauptsächlich die Marken G und J. Das Kolophonium wird nach der Farbe bewertet, die hellste Sorte wird mit W. W. (Water White), die niedrigste und dunkelste mit A (Common) bezeichnet. Natriumresinat ist leicht löslich in Wasser und macht die fettsauren Seifen weicher.

2. Tallöl (flüssiges Harz).

Beim Eindampfen der Sulfatzellstoffablauge scheidet sich durch Aussalzen eine seifenartige Masse aus, aus der nach Zerlegen mit Säuren das rohe Tallöl erhalten wird. Es ist dies eine dunkelgelb bis schwarz gefärbte, unangenehm riechende flüssige bis halbfeste Masse, welche aus Harzsäuren, Fettsäuren, Sterinen, höheren Fettalkoholen und anderen unverseifbaren Stoffen besteht. Die Harzsäuren sind zum Teil fest und mit Abietinsäure identisch; zum anderen Teil sind sie flüssig und von noch nicht bekannter Zusammensetzung.

---

[1] E. JANTZEN, W. RHEINHEIMER u. W. ASCHE: Fette, Seifen **45**, 388 (1938).

Die Fettsäuren sollen angeblich polymerisiert sein[1]; man hält sie aber allgemein für ein Gemisch von Öl-, Linol- und Palmitinsäure.

Das rohe Tallöl läßt sich wegen seines widerlichen Geruchs schlecht zur Seifenfabrikation verwenden. Es kann aber durch Destillation vom unangenehmen Geruch befreit werden. Das durch Destillation gereinigte Tallöl zeigt eine vom Rohöl abweichende Zusammensetzung; es enthält keine Abietinsäure, sondern nur noch flüssige Harze, welche in keiner Weise an Kolophonium erinnern. Das Produkt ist löslich in Kohlenwasserstoffen und anderen Lösungsmitteln, unlöslich in Wasser und Glycerin. Die Zusammensetzung einiger roher und raffinierter Tallöle ist in der Tabelle 71 angegeben.

Tabelle 71. Analysen von Tallöl[2].

Sorte	Säurezahl	Verseifungszahl	Jodzahl	Harzsäuren in Prozent	Fettsäuren in Prozent	Unverseifbares in Prozent
Amer., roh ...	140	—	—	58	18	24
„ , dest. ..	164	—	117	35	50	15
Dän., roh	158—166	173—176	—	53	50	6—7
„ , dest....	—	185	—	37	58	5
Schwed., roh .	115	129	—	—	—	—
„ , dest.	—	—	—	30	55	12

Die besseren Sorten enthalten nach SANQUIST[3] 30—50% Harzsäuren, 40—60% Fettsäuren und 8—14% Unverseifbares.

Zur Seifenfabrikation wurde das Tallöl zuerst in Schweden herangezogen[4]; es kann in einer Menge von 20—25% im Fettansatz für Riegelseifen verwendet werden. Ein höherer Tallölzusatz macht die Seifen zu weich. Die Tallölseifen schäumen und waschen sehr gut und sind vor allem sehr gute, mit Türkischrotölen vergleichbare Emulgatoren. In Finnland werden aus Tallöl Schmierseifen hergestellt und in Tuben gehandelt. Das Öl läßt sich durch Hydrierung in ein festes, geruchloses, für die Kernseifenfabrikation geeignetes Produkt umwandeln[5].

c) Naphthensäuren.

Die Naphthensäuren sind hydroaromatische, im Erdöl vorkommende Carbonsäuren, meist Derivate des Cyclopentans. Bei der alkalischen Raffination der Erdölfraktionen gehen sie, gemeinsam mit Kohlenwasserstoffen und anderen Bestandteilen der rohen Mineralölfraktionen in Lösung, aus der sie mittels Mineralsäuren in Freiheit gesetzt werden. Sie bilden also gewissermaßen die Seifenstocksäuren der Erdöle. Ihr Siedepunkt, Molekulargewicht usw. hängen von der Erdölfraktion ab, aus der sie gewonnen wurden. Sie bilden eine dickflüssige, dunkle, unangenehm riechende Masse, die sich leicht verseifen läßt. Ihre völlige Reinigung und Desodorierung gelang noch nicht. Für die Seifenherstellung verwendet man nach J. PARITSCH Naphthensäuren der Säurezahl 200—275, Siedegrenzen 240—300°, Jodzahl 0—12, Unverseifbares bis 10%. Nach A. DYMSCHITZ[6] eignen sich für Seifen am besten Naphthensäuren vom mittleren Molekulargewicht nicht über 250 und mit einem Gehalt an Unverseifbarem bis zu 7%.

---

[1] DITTMER: Ztschr. angew. Chem. **39**, 262 (1926).
[2] Vgl. J. A. WALLACH: Soap **13**, Nr. 3, 31 (1936).
[3] Ztschr. angew. Chem. **35**, 531 (1922). [4] A. POLLAK: Soap **15**, Nr. 2, 33 (1938).
[5] M. MELAMID: D. R. P. 361734. — De-No-Fa: D. R. P. 408512.
[6] Öl-Fett-Ind. (russ.: Masloboino Shirowoje Djelo) **11**, 260 (1935).

Die Naphthensäureseifen besitzen sehr hohes Schaum- und Waschvermögen, sind sehr leicht löslich in Wasser und sind noch weniger elektrolytempfindlich als die Leimfette (Cocosfett). Laut einer von J. DAVIDSOHN[1] durchgeführten Analyse entspricht das mittlere Molekulargewicht der Naphthensäuren aus Naphthenseifen etwa demjenigen der Cocosfettsäuren. Die aussalzende NaCl-Konzentration der Seife betrug 20,9%. Die Seifen schäumen besser als Cocosseifen[2].

Die Kaliseifen der gereinigten 95%igen Naphthensäuren aus kalifornischem Erdöl (Säurezahl 245) waren sehr weich, hatten sehr hohes Renigungs- und Schaumvermögen, zeigten aber trotz hoher Reinheit des Rohmaterials ebenfalls den unangenehmen Mineralölgeruch[3].

Sie lassen sich schwer mit anderen Fetten zu harten Seifen verarbeiten, weil sie die Seifen weich machen. Sie haben starke emulgierende Wirkung auf Kohlenwasserstoffe und sonstige Fettlöser und dürften für manche Reinigungszwecke der Textilindustrie gut verwendbar sein. Ihre Aufnahmefähigkeit für Kohlenwasserstoffe ist nach GURWITSCH[4] um so größer, je höher die Konzentration der Seife und das Molekulargewicht der Naphthensäuren ist. In größeren Umfange werden naphthensaure Seifen in Rußland hergestellt, und zwar wurden sie dort schon vor dem Kriege von der ärmsten Bevölkerung für Waschzwecke verwendet[5].

C. Die Alkalihydroxyde und sonstigen Elektrolyte.

Natriumhydroxyd dient zur Verseifung von Neutralfetten, Kaliumhydroxyd zur Verseifung von Fetten und Fettsäuren, Natriumcarbonat, und Ammoniak zur Herstellung von Seifen aus Fettsäuren. Alkalisch reagierende Elektrolyte, vor allem Natriumcarbonat, sind aber auch unentbehrliche Hilfsmittel der Textilwäsche. Mit Ausnahme einiger besonderer Prozesse, wie Seidenwäscherei, werden die Textilien ausnahmslos mit Gemischen von Seife und Soda, häufig auch mit anderen alkalischen Salzen, gewaschen. Der günstigste p_H-Wert der Seifenlösungen liegt oberhalb des p_H-Wertes der reinen Seifen; der Zusatz eines alkalischen Elektrolyten ist deshalb unbedingt notwendig. Soda allein hat dagegen keine genügende Waschwirkung. Das geeignetste Verhältnis von Seife zu Soda liegt nach W. und H. A. KIND[6] zwischen 2 Teilen Seife zu 1 Teil Soda (vgl. hierzu auch S. 425). Die Hauptmenge der Seifenpulver besteht deshalb aus Gemischen von Seife und Soda.

1. Natriumhydroxyd (Ätznatron).

Die zur Verseifung der Fette dienende Natronlauge ist eine wäßrige Lösung des Natriumhydroxyds, NaOH, welches von den Seifenfabriken in Blechtrommeln

Tabelle 72. Ätznatronsorten in Deutschland.

Sorte	Prozent NaOH	Prozent Fe
Technisch, fest (Ätznatron, Spezialmarke)	96,6	0,1
„ , „ („ I)	94,3	0,1
„ , „ („ II)	90,5	0,1
Gereinigt, „ („ , gereinigt)	98,0	0,02
Technisch rein, fest (Ätznatron, technisch, rein)	99,6	0,002

[1] Ztschr. angew. Chem. **27**, 2 (1914).
[2] MIKUMO: Journ. Soc. Ind. Japan **28**, 1121 (1925).
[3] D. J. BACHRACH: Soap **10**, Nr. 11, 21 (1934).
[4] Kolloid-Ztschr., **36**, Zsigmondy-Festschrift, 196 (1925).
[5] WISCHIN: Ztschr. angew. Chem. **21**, 507 (1900).
[6] Waschen mit Maschinen, S. 63. Berlin: Julius Springer. 1935.

Tabelle 73. Die handelsübliche Bewertung des Ätznatrons.

Gay-Lussac-Grade	Deutsche Grade	Englische Grade	Descroizilles-Grade	Gay-Lussac-Grade	Deutsche Grade	Englische Grade	Descroizilles-Grade
30	51,29	30,39	47,42	54	92,32	54,71	85,35
31	53,00	31,41	49,00	55	94,03	55,72	86,93
32	54,71	32,42	50,58	56	95,74	56,74	88,52
33	56,42	33,43	52,16	57	97,45	57,75	90,10
34	58,13	34,44	53,74	58	99,16	58,76	91,68
35	59,84	35,46	55,32	59	100,87	59,77	93,26
36	61,55	36,47	56,90	60	102,58	60,79	94,84
37	63,26	37,48	58,48	61	104,30	61,80	96,42
38	64,97	38,50	60,06	62	106,01	62,82	98,00
39	66,68	39,51	61,64	63	107,72	63,83	99,58
40	68,39	40,52	63,22	64	109,43	64,84	101,16
41	70,10	41,54	64,81	65	111,14	65,85	102,74
42	71,81	42,55	66,39	66	112,85	66,87	103,32
43	73,52	43,57	67,97	67	114,56	67,88	105,90
44	75,23	44,58	69,55	68	116,27	68,89	107,48
45	76,94	45,59	71,13	69	117,98	69,91	109,06
46	78,66	46,60	72,71	70	119,69	70,92	110,64
47	80,37	47,62	74,29	71	121,39	71,93	112,23
48	82,07	48,63	75,87	72	123,10	72,95	113,81
49	83,78	49,64	77,45	73	124,81	73,96	115,39
50	85,48	50,66	79,03	74	126,52	74,97	116,97
51	87,19	51,67	80,61	75	128,23	75,99	118,55
52	88,90	52,68	82,19	76	129,94	77,00	120,13
53	90,61	53,70	83,77	77	131,65	78,01	121,71

Tabelle 74. Konzentration von Ätznatronlaugen nach dem spezifischen Gewicht bei 15° C (nach LUNGE).

Spez. Gewicht	Baumé-Grade	100 Gewichtsteile enthalten		1 m³ enthält Kilogramm		Spez. Gewicht	Baumé-Grade	100 Gewichtsteile enthalten		1 m³ enthält Kilogramm	
		Na_2O	NaOH	Na_2O	NaOH			Na_2O	NaOH	Na_2O	NaOH
1,007	1	0,47	0,61	4	6	1,220	26	15,18	19,58	185	239
1,014	2	0,93	1,20	9	12	1,231	27	15,96	20,59	196	253
1,022	3	1,55	2,00	16	21	1,241	28	16,76	21,42	208	266
1,029	4	2,10	2,71	22	28	1,252	29	17,55	22,64	220	283
1,036	5	2,60	3,35	27	35	1,263	30	18,35	23,67	232	299
1,045	6	3,10	4,00	32	42	1,274	31	19,23	24,81	245	316
1,052	7	3,60	4,64	38	49	1,285	32	20,00	25,80	257	332
1,060	8	4,10	5,29	43	56	1,297	33	20,80	26,83	270	348
1,067	9	4,55	5,87	49	63	1,308	34	21,55	27,80	282	364
1,075	10	5,08	6,55	55	70	1,320	35	22,35	28,83	295	381
1,083	11	5,67	7,31	61	79	1,332	36	23,20	29,93	309	399
1,091	12	6,20	8,00	68	87	1,345	37	24,20	31,22	326	420
1,100	13	6,73	8,68	74	95	1,357	38	25,17	32,47	342	441
1,108	14	7,30	9,42	81	104	1,370	39	26,12	33,69	359	462
1,116	15	7,80	10,06	87	112	1,383	40	27,10	34,96	375	483
1,125	16	8,50	10,97	96	123	1,397	41	28,10	36,25	392	506
1,134	17	9,18	11,84	104	134	1,410	42	29,05	37,47	410	528
1,142	18	9,80	12,64	112	144	1,424	43	30,08	38,80	428	553
1,152	19	10,50	13,55	121	156	1,438	44	31,00	39,99	446	575
1,162	20	11,14	14,37	129	167	1,453	45	32,10	41,41	466	602
1,171	21	11,73	15,13	137	177	1,468	46	33,20	42,83	487	629
1,180	22	12,33	15,91	146	188	1,483	47	34,40	44,38	510	658
1,190	23	13,00	16,77	155	200	1,498	48	35,70	46,15	535	691
1,200	24	13,70	17,67	164	212	1,514	49	36,90	47,60	559	721
1,210	25	14,40	18,58	174	225	1,530	50	38,00	49,02	581	750

bezogen wird. Das feste Ätznatron wird in chemischen Fabriken durch Elektrolyse von Natriumchlorid oder durch Behandeln von Natriumcarbonatlösungen mit Calciumhydroxyd (Kaustizieren von Soda) hergestellt. Über die Handhabung und Auflösung des Ätznatrons vgl. S. 258.

Natriumhydroxyd ist eine weiße, undurchsichtige, spröde Masse von faserigem Gefüge. Spez. Gewicht 2,13; Schmelzpunkt 322 ± 2^0. Löst sich in Wasser unter Temperaturerhöhung zu Natronlauge. Zerfließt an der Luft unter allmählicher Verwandlung in Natriumcarbonat. Die Lösung zieht begierig Kohlendioxyd aus der Luft an, die Laugenbehälter müssen deshalb mit einem Deckel versehen sein. Die Prozentigkeit des Ätznatrons wird in derselben Weise wie bei Soda berechnet; 100% NaOH entsprechen 132,5% Soda (deutschen Graden), 122,5 Graden nach DESCROIZILLES, 77,5 Teilen Na_2O (Gay-Lussac-Graden) und 78,52 englischen Graden. Diese Berechnungsarten sind die Folge alter Überlieferungen, richtig wäre es natürlich, die Prozentigkeit der Lauge nur in NaOH auszudrücken.

In Deutschland sind die in Tabelle 72[1] (S. 237) angeführten NaOH-Marken im Handel.

2. Kaliumhydroxyd (Ätzkali).

Die Seifenindustrie verwendet hauptsächlich elektrolytisch gewonnenes Kaliumhydroxyd, und zwar bezieht sie es in Form einer Lösung von 50° Bé, welche rund 48,5% KOH, ca. 1,5% K_2CO_3, etwa KCl und Spuren von Aluminium, Eisen u. dgl. enthält. Die Lösung (Kalilauge) dient ausschließlich zur Herstellung

Tabelle 75. Konzentration von Kalilaugen nach dem spezifischen Gewicht bei 15° C (nach LUNGE).

Spez. Gewicht	Baumé-Grade	100 Gewichtsteile enthalten		1 m³ enthält Kilogramm		Spez. Gewicht	Baumé-Grade	100 Gewichtsteile enthalten		1 m³ enthält Kilogramm	
		K_2O	KOH	K_2O	KOH			K_2O	KOH	K_2O	KOH
1,007	1	0,7	0,9	7	9	1,252	29	22,7	27,0	284	338
1,014	2	1,4	1,7	14	17	1,263	30	23,5	28,0	297	353
1,022	3	2,2	2,6	22	26	1,274	31	24,2	28,9	308	368
1,029	4	2,9	3,5	30	36	1,285	32	25,0	29,8	321	385
1,037	5	3,8	4,5	39	46	1,297	33	25,8	30,7	335	398
1,045	6	4,7	5,6	49	58	1,308	34	26,7	31,8	349	416
1,052	7	5,4	6,4	57	67	1,320	35	27,5	32,7	363	432
1,060	8	6,2	7,4	66	78	1,332	36	28,3	33,7	377	449
1,067	9	6,9	8,2	74	88	1,345	37	29,3	34,9	394	469
1,075	10	7,7	9,2	83	99	1,357	38	30,2	35,9	410	487
1,083	11	8,5	10,1	92	109	1,370	39	31,0	36,9	425	506
1,091	12	9,2	10,9	100	119	1,383	40	31,8	37,8	440	522
1,100	13	10,1	12,0	111	132	1,397	41	32,7	38,9	457	543
1,108	14	10,8	12,9	119	143	1,410	42	33,5	39,9	472	563
1,116	15	11,6	13,8	129	153	1,424	43	34,4	40,9	490	582
1,125	16	12,4	14,8	140	167	1,438	44	35,4	42,1	509	605
1,134	17	13,2	15,7	150	178	1,453	45	36,5	43,4	530	631
1,142	18	13,9	16,5	159	188	1,468	46	37,5	44,6	549	655
1,152	19	14,8	17,6	170	203	1,483	47	38,5	45,8	571	679
1,162	20	15,6	18,6	181	216	1,498	48	39,6	47,1	593	706
1,171	21	16,4	19,5	192	228	1,514	49	40,6	48,3	615	731
1,180	22	17,2	20,5	203	242	1,530	50	41,5	49,4	635	756
1,190	23	18,0	21,4	214	255	1,546	51	42,5	50,6	655	779
1,200	24	18,8	22,4	226	269	1,563	52	43,6	51,9	681	811
1,210	25	19,6	23,3	237	282	1,580	53	44,7	53,2	706	840
1,220	26	20,3	24,2	248	295	1,597	54	45,8	54,5	731	870
1,231	27	21,1	25,1	260	309	1,615	55	47,0	55,9	759	902
1,241	28	21,9	26,1	272	324	1,634	56	48,3	57,5	789	940

[1] Nach F. ULLMANN: Enzykl. techn. Chem., II. Aufl.

von Kaliseifen, sowohl aus Neutralfetten als auch aus Fettsäuren. Wegen des hohen Preises verwendet man zur Verseifung der Fettsäuren keine Pottasche, sondern ebenfalls Kalilauge.

3. Natriumcarbonat.

α) Wasserfreie (calcinierte) Soda.

Das heute hauptsächlich nach dem Ammoniak-Soda-Verfahren hergestellte Natriumcarbonat enthält in wasserfreiem Zustande 98,5—99,2% Na_2CO_3. Weniger rein ist LEBLANC-Soda, welche gegen 97% Na_2CO_3 enthält. Calcinierte Soda wird als feines, beim Lagern zum Zusammenbacken neigendes Pulver gehandelt. 100 Teile Wasser lösen bei 0° 7,1 Teile, bei 105° 45 Teile und bei 32,5° 59 Teile Natriumcarbonat. Die Dichten und Baumé-Grade von Sodalösungen verschiedener Konzentration sind der Tabelle 76 zu entnehmen. p_H-Wert der Lösung von 1 g Soda/L. = 12,4. An der Luft zieht calcinierte Soda Wasser und Kohlensäure an und verwandelt sich dabei teilweise in Natriumdicarbonat. Für Waschzwecke verwendete Soda muß eisenfrei sein. Das spezifische Gewicht der reinen Soda beträgt 2,5325—2,5327 bei 20°; Schmelzpunkt 960°.

Von den technischen Verfahren zur Herstellung von Soda sind nur das LEBLANC- und das Ammoniak-Soda-Verfahren nach SOLVAY von Bedeutung. Nach dem LEBLANC-Verfahren wird Rohsoda durch Schmelzen eines Gemenges von Natriumsulfat, Calciumcarbonat und Kohle im Flammofen dargestellt. Das Ammoniak-Soda-Verfahren beruht darauf, daß man Kochsalz, Ammoniak, Kohlendioxyd und Wasser aufeinander reagieren läßt, wobei nach der Gleichung

$$NaCl + NH_3 + CO_2 + H_2O = NaHCO_3 + NH_4Cl$$

Natriumdicarbonat entsteht, welches infolge seiner geringen Löslichkeit in konzentrierten Chlorammoniumlösungen ausgeschieden und durch Calcinieren in Natriumcarbonat verwandelt wird[1].

Tabelle 76. Spezifische Gewichte von Sodalösungen bei 15° C, ihre Baumé-Grade und ihr Gehalt an wasserfreier und kristallisierter Soda (mit 10 Mol Wasser).

Spez. Gewicht	Baumé-Grade	Prozentgehalt an		Gehalt eines Kubikmeters Lösung an	
		wasserfreier Soda	kristallisierter Soda	wasserfreier Soda in kg	kristallisierter Soda in kg
1,007	1	0,67	1,807	6,8	18,2
1,014	2	1,33	3,587	13,5	36,4
1,022	3	2,09	5,637	21,4	57,6
1,029	4	2,76	7,444	28,4	76,6
1,036	5	3,43	9,251	35,5	95,8
1,045	6	4,29	11,570	44,8	120,9
1,052	7	4,94	13,323	52,0	140,2
1,060	8	5,71	15,400	60,5	163,2
1,067	9	6,37	17,180	68,0	183,3
1,075	10	7,12	19,203	76,5	206,4
1,083	11	7,88	21,252	85,3	230,2
1,091	12	8,62	23,248	94,0	253,6
1,100	13	9,43	25,432	103,7	279,8
1,108	14	10,19	27,482	112,9	304,5
1,116	15	10,95	29,532	122,2	329,6
1,125	16	11,81	31,851	132,9	358,3
1,134	17	12,61	34,009	143,0	385,7
1,142	18	13,16	35,493	150,3	405,3
1,152	19	14,24	38,405	164,1	442,4

$$1\ g\ Na_2CO_3 = 2{,}6994\ g\ Na_2CO_3 \cdot 10\ H_2O.$$

[1] Vgl. F. ULLMANN: Enzykl. techn. Chem., II. Aufl.

β) *Kristallsoda.*

Unterhalb 32° kristallisiert aus der wäßrigen Sodalösung das monokline Dekahydrat, sog. Kristallsoda, $Na_2CO_3 \cdot 10\,H_2O$. Zwischen 32 bis 35,37° kristallisiert das rhombische Heptahydrat, oberhalb 35,37° das ebenfalls rhombische Monohydrat, $Na_2CO_3 \cdot H_2O$. Wasserfreie Soda löst sich in Wasser unter Wärmeentwicklung.

Kristallsoda, $Na_2CO_3 \cdot 10\,H_2O$, enthält 37,1% Natriumcarbonat und 62,9% Wasser. An der Luft verwittert sie allmählich und zerfällt zu einem Pulver. Trotz des großen Wasserballastes wird sie von manchen Wäschereien bevorzugt, weil sie sich rascher löst und besser dosieren läßt als wasserfreie Soda. Hauptsächlich wird sie aber im Haushalt für die verschiedensten Wasch- und Reinigungszwecke benutzt.

Kristallsoda wird von einer Anzahl Seifen- und Seifenpulverfabriken aus calcinierter Soda durch Kristallisation hergestellt, und zwar in Form grober (Stücksoda) oder feiner Kristalle (Feinsoda).

Stücksoda. Sie wird hergestellt durch langsame Kristallisation einer bei etwa 40° gesättigten Sodalösung. Die Lösung wird auf etwa 36° Bé eingestellt, was einem Gehalt von rund 50 Teilen Natriumcarbonat in 100 Teilen Wasser entspricht. Da reine Sodakristalle leicht zerfallen, so setzt man der Lösung 2—3% kristallisiertes Natriumsulfat zu, welches die Festigkeit der Kristalle erhöht; ein noch höherer Glaubersalzzusatz macht die Sodakristalle zu spröde. Außerdem gibt man zur Lösung etwa 60 g Chlorkalk auf 100 kg Natriumcarbonat, um das Inlösunggehen von Eisen zu verhüten. Man verwendet fast ausschließlich SOLVAY-Soda für die Kristallisation. Es ist darauf zu achten, daß der Natriumsulfatgehalt der Lösung die angegebene Grenze nicht überschreitet; bei Mitverarbeitung der Mutterlaugen muß also der Sulfatzusatz entsprechend erniedrigt werden. Dicarbonat hindert die Bildung großer Kristalle und muß durch Kalkzusatz entfernt werden.

Die Lösung überläßt man nun in den gegen Wärmeverlust isolierten Lösegefäßen der Ruhe, bis die Lösung klar geworden ist und der Schlamm sich am Gefäßboden gut abgesetzt hat. Notfalls übersprengt man die Lösung mit etwas Wasserglaslösung, welche die Trübungen zu Boden reißt.

Die Lösegefäße werden zweckmäßig mit geschlossener Dampfschlange und einem Rührwerk irgendwelcher Art oder einer gelochten Schlange, durch die man Preßluft blasen kann, ausgerüstet. Die klare Lösung wird aus einem 10 bis 30 cm oberhalb des Bodens angebrachten Hahn, der Schlamm durch einen im Boden selbst befindlichen Hahn abgelassen.

Die Kristallisiergefäße sind bis zu 50 l fassende, nach unten verjüngte oder muldenförmige flache Wannen aus verzinktem Eisenblech oder aber große schmiedeeiserne Behälter mit einem Inhalt bis zu 5000 l. Die Dauer der Kristallisation hängt natürlich von der Größe der Gefäße und der Außentemperatur ab; in kleinen Gefäßen ist sie in 3—4 Tagen, in großen Behältern meist erst nach 8—14 Tagen beendet.

Die Innenwände der Kristallisierbehälter werden, um das Ansetzen der Kristalle zu verhindern, mit Wasserglas und hierauf mit Kalkmilch überstrichen. Damit die Kristallisation nicht nur am Boden einsetzt, hängt man in die Behälter Eisenstäbe od. dgl. so ein, daß sie gerade in die Lösung eintauchen.

Zwecks Entleerung werden nach vollendeter Kristallisation die Wannen auf gelochte Tische umgestürzt, wobei die Mutterlauge in untergestellte Behälter abfließt. Aus den großen Gefäßen läßt man die Mutterlauge durch eine Bodenöffnung abfließen, zerschlägt die Kristallmasse mit Hammer und Meißel, lagert sie in Haufen, damit die restliche Mutterlauge abfließen kann, und trocknet sie weiter durch Zentrifugieren. In kleineren Betrieben läßt man die Soda auf Horden in einem schwachen Luftzug austrocknen.

Die Mutterlaugen werden mit den frischen Sodalösungen weiter verarbeitet, so lange, bis ihr Gehalt an Fremdsalzen dies gestattet. Ist das wegen ihres hohen Gehalts an Sulfaten usw. nicht mehr möglich, so werden sie entweder zur Verseifung von Fettsäuren verwendet, für sich zu Kristallsoda minderer Qualität oder durch gestörte Kristallisation zu Feinsoda aufgearbeitet. Man kann die Lauge auch einengen und den gebildeten Kristallbrei calcinieren, wobei ein für viele technische Zwecke brauchbares, etwa 50—70% Na_2CO_3 enthaltendes Produkt erhalten wird.

Feinsoda. Die aus kleinen Kristallen bestehende Feinsoda wird durch gestörte Kristallisation der Sodalösungen hergestellt. Man bedient sich hierzu großer, mit Kühlmantel und Rührer versehener Apparate, in denen die Sodalösung so lange gerührt und gekühlt wird, bis ein dicker Kristallbrei entstanden ist. Das Gemisch wird hierauf in ein mit perforiertem Boden versehenes Gefäß befördert, aus dem die Mutterlauge abfließt. Die verbliebenen Kristalle werden durch Zentrifugieren von der noch anhaftenden Mutterlauge befreit. Die Mutterlauge wird mit Soda angereichert und in derselben Weise auf Feinsoda verarbeitet.

Eine Methode zur kontinuierlichen Feinsodaerzeugung hat C. STIEPEL ausgearbeitet. Die warme Lösung fließt über ein System von wassergekühlten Rohren, wobei sich aus der Lösung ein Kristallbrei ausscheidet. Das Gemisch strömt über einen kippbaren Wagen mit eingehängtem perforiertem Blech, welches die Kristalle zurückhält. Die Mutterlauge fließt im Kreislauf über die Kühlrohre, bis zur Erschöpfung. Die Temperatur des Kühlwassers wird so geregelt, daß sie im Maße der Erschöpfung der Sodalösung immer niedriger wird, damit die Kristallisationsgeschwindigkeit zu Anfang nicht zu groß ist.

Die Versuche, Kristallsoda ohne Anfallen von Mutterlauge herzustellen, haben noch zu keinem Erfolg geführt. Die vorgeschlagenen Methoden beruhen meist auf der Kristallisation von Lösungen, welche einen dem Dekahydrat entsprechenden oder nur um ein weniges höheren Wassergehalt haben. Man erhält aber aus solchen Lösungen schlecht ausgebildete Kristalle, auch läßt sich das Zurückbleiben von Mutterlauge nicht ganz vermeiden. Setzt man zur konzentrierten Sodalösung Wasserglas zu und sorgt für rasche Kristallisation, so vermeidet man zwar die Bildung von Mutterlauge, die Kristalle sind aber durch das Wasserglas verunreinigt, d. h. man erhält an *Bleichsoda*, Gemische von Soda und Wasserglas, erinnernde Produkte. Solche Gemische werden übrigens betriebsmäßig zur Enthärtung des Wassers beim Waschen hergestellt.

In den Vereinigten Staaten ist unter dem Namen „*Crystal Carbonate*" das Monohydrat, $Na_2CO_3 \cdot H_2O$, im Handel, das ebenfalls durch raschere Löslichkeit von der calcinierten Soda ausgezeichnet ist[1].

4. Kaliumcarbonat (Pottasche).

Pottasche, K_2CO_3 ist eine weiße, je nach Reinheit leicht graue oder bläuliche, lockere Masse. Sie zieht an der Luft Feuchtigkeit an und zerfließt zu einer stark alkalisch reagierenden Flüssigkeit. Es ist deshalb ratsam, die Pottasche in geschlossenen Fässern aufzubewahren. Pottasche findet hauptsächlich in der Schmierseifenfabrikation Verwendung; zur Verseifung von Fettsäuren verwendet man sie nicht, weil sie teurer als Kalilauge ist.

Pottasche wird hauptsächlich aus Abraumsalzen der Kalisalzgewinnung

[1] Vgl. ULLMANN: A. a. O. S. 239.

hergestellt; sie hat das spez. Gewicht 2,3. Ihre Wertbestimmung erfolgt u. a. auch nach dem Gehalt an Natriumcarbonat.

Tabelle 77. Volumgewicht und Gehalt von Pottaschelaugen bei 15° C (von LUNGE ber.).

Spez. Gewicht	Baumé-Grade	Twaddell	Prozent K_2CO_3	1 m³ enthält Kilogramm K_2CO_3	Spez. Gewicht	Baumé-Grade	Twaddell	Prozent K_2CO_3	1 m³ enthält Kilogramm K_2CO_3
1,007	1	1,4	0,7	7	1,231	27	46,2	23,5	289
1,014	2	2,8	1,5	15	1,241	28	48,2	24,5	304
1,022	3	4,4	2,3	23	1,252	29	50,4	25,5	319
1,029	4	5,8	3,1	32	1,263	30	52,6	26,6	336
1,037	5	7,4	4,0	41	1,274	31	54,8	27,5	350
1,045	6	9,0	4,9	51	1,285	32	57,0	28,5	366
1,052	7	10,4	5,7	60	1,297	33	59,4	29,6	384
1,060	8	12,0	6,5	69	1,308	34	61,6	30,7	402
1,067	9	13,4	7,3	78	1,320	35	64,0	31,6	417
1,075	10	15,0	8,1	87	1,332	36	66,4	32,7	436
1,083	11	16,6	9,0	97	1,345	37	69,0	33,8	455
1,091	12	19,2	9,8	107	1,357	38	71,4	34,8	472
1,100	13	20,0	10,7	118	1,370	39	74,0	35,9	492
1,108	14	21,6	11,6	129	1,383	40	76,6	37,0	512
1,116	15	23,2	12,4	138	1,397	41	79,4	38,2	534
1,125	16	25,0	13,3	150	1,410	42	82,0	39,3	554
1,134	17	26,8	14,2	161	1,424	43	84,8	40,5	577
1,142	18	28,4	15,0	171	1,438	44	87,6	41,7	600
1,152	19	30,4	16,0	184	1,453	45	90,6	42,8	622
1,162	20	32,4	17,0	198	1,468	46	93,6	44,0	646
1,172	21	34,4	18,0	211	1,483	47	96,6	45,2	670
1,180	22	36,0	18,8	222	1,498	48	99,6	46,5	697
1,190	23	38,0	19,7	234	1,514	49	102,8	47,7	722
1,200	24	40,0	20,7	248	1,530	50	106,0	48,9	748
1,210	25	42,0	21,6	261	1,546	51	109,2	50,1	775
1,220	26	44,0	22,5	275	1,563	52	112,6	51,3	802

5. Kochsalz (Natriumchlorid).

Kochsalz, NaCl, ist in der Seifenindustrie, neben Natronlauge, das wichtigste mineralische Hilfsmittel. Es dient zur Aussalzung der Kernseifen, zur Reinigung der Rohfette, es wird während der Verseifung dem Gemisch von Fett und Lauge zur Erzielung der erforderlichen Konsistenz des in Verseifung befindlichen Gemisches (vgl. S. 302) zugefügt usw.

Tabelle 78. Volumgewicht und Gehalt von Chlornatriumlösungen bei 15° C.

Vol.-Gewicht	Prozent NaCl	Vol.-Gewicht	Prozent NaCl	Vol.-Gewicht	Prozent NaCl
1,00725	1	1,07335	10	1,14315	19
1,01450	2	1,08097	11	1,15107	20
1,02174	3	1,08859	12	1,15931	21
1,02899	4	1,09622	13	1,16755	22
1,03624	5	1,10384	14	1,17580	23
1,04366	6	1,11146	15	1,18404	24
1,05108	7	1,11938	16	1,19228	25
1,05851	8	1,12730	17	1,20098	26
1,06593	9	1,13523	18	1,20433	26,395

Das in der Seifenindustrie verarbeitete Kochsalz muß nach Möglichkeit frei sein von Calcium- und Magnesiumsalzen; auch darf es keine größeren Anteile an Natriumsulfat enthalten, weil die aussalzende Konzentration des Glaubersalzes höher ist als die des Natriumchlorids (vgl. S. 193). Das in Seifenfabriken verwendete Salz wird durch Petroleum, Seifenpulver od. dgl. vergällt.

Unterlaugensalz. Beim Eindampfen der Unterlaugen zur Glyceringewinnung scheidet sich Salz aus, welches wieder zum Aussalzen verwendet werden kann. Dies ist jedoch nur dann möglich, wenn das Salz nur wenig schwefelsaures Natron enthält. Wenn Seifenfabriken, die ihre eigenen Unterlaugen auf Glycerin verarbeiten, das überschüssige Alkali mit Schwefelsäure und nicht mit Salzsäure neutralisieren und das wiedergewonnene Salz wieder zum Aussalzen benutzen, liegt die Gefahr einer allmählichen Anreicherung an Natriumsulfat vor.

Tabelle 79. Volumgewicht und Gehalt von Chlorkaliumlösungen bei + 15° C.

Vol.-Gewicht	Prozent KCl	Vol.-Gewicht	Prozent KCl	Vol.-Gewicht	Prozent KCl
1,00650	1	1,06580	10	1,12179	18
1,01300	2	1,07271	11	1,12894	19
1,01959	3	1,07962	12	1,13608	20
1,02600	4	1,08652	13	1,14348	21
1,03250	5	1,09345	14	1,15088	22
1,03916	6	1,10036	15	1,15828	23
1,04582	7	1,10750	16	1,16568	24
1,05248	8	1,11465	17	1,17244	24,9
1,05914	9				

6. Chlorkalium.

Als Hilfsrohstoff findet das Chlorkalium, KCl, in der Schmierseifenindustrie vielfache Verwendung. Das zur Schmierseifenfabrikation verwendete Chlorkalium darf keine größeren Mengen Magnesiumsalze enthalten, weil sich Magnesiaseifen und kohlensaure Magnesia bilden und in der Seife bleiben. 100 Teile Wasser lösen bei 0° 28,5, bei 15° 33,4, bei 100° 56,6 und bei 110° 59 Teile Chlorkalium.

7. Wasserglas

ist ein durch Verschmelzen von Kieselsäure (Quarzsand, Infusorienerde) mit Alkalien gewonnenes Natriumsilicat der ungefähren Zusammensetzung $Na_2Si_3O_7$, also derjenigen eines Trisilicats. Die Verbindung ist eine glasartige, amorphe, in Wasser schwer aufzulösende Masse und wird deshalb von den Seifenfabriken als fertige Lösung von 38—40° Bé bezogen. Die in Deutschland handelsübliche 38grädige Lösung enthält etwa 7,9% Na_2O und 26,3% SiO_2. Sie dient zur Streckung von Riegelseifen, zur Vermischung mit Seifenpulvern u. dgl. (vgl. auch S. 330, 432 usw.). In Perborat enthaltenden Seifenpulvern dient das Wasserglas zur Stabilisierung des Persalzes.

In der wäßrigen Seifenlösung hydrolysiert das Wasserglas zu NaOH und Kieselsäure, welche zunächst kolloidal gelöst bleibt, sich aber später als sandiges Pulver abscheidet. In hartem Wasser scheidet sich Calciumsilicat als sehr feines Pulver aus, welches sich von der Textilwäsche leichter ausspülen läßt als Kalkseifen. Die Zerreißfestigkeit von Baumwolle und Leinen soll durch Wasserglas nicht gemindert werden[1]. Wasserglas schützt ferner die Textilien vor dem Vergilben durch Eisen. Die Meinungen über die Wirkungen von Wasserglas auf die Textilfasern gehen aber weit auseinander.

Bei der Füllung von Seifen muß das Wasserglas durch Zusatz von 4—7 kg NaOH auf 100 kg Wasserglas „abgerichtet" werden. LOTTERMOSER empfiehlt, die noch flüssige Kernseife in einem besonderen Kessel mit der Wasserglaslösung zu vermischen und dann das fehlende Alkali halb als NaOH und halb als KOH und außerdem noch etwas Pottasche zuzusetzen. Durch den Alkalizusatz wird das Wasser fester an das Wasserglas gebunden und ein Auskristallisieren verhindert.

Kaliwasserglas (handelsüblich) enthält 1 Teil K_2O auf etwa 2,6 Teile SiO_2; man verwendet es zum Füllen von Schmierseifen.

[1] Fette u. Seifen **45**, 522 (1938).

8. Calgon.

Das von der Firma Joh. A. Benckiser eingeführte Seifenhilfsmittel (Zusammensetzung s. S. 67) wirkt günstig auf die Eigenschaften der Seifen, indem es bereits gebildete Kalkseifen wieder in lösliche Natronseifen zurückzuverwandeln vermag[1], so daß auch die Schaumfähigkeit der Seife verbessert wird. Auch die kosmetischen Eigenschaften des Phosphatgemisches sollen stark ausgeprägt sein. Kalkbeständigkeit wird nach KNIGGE[2] schon durch Zusatz von 2% Calgon zu Seifenspänen erreicht. Es wird als wäßrige, in der Seife erstarrende Lösung verwendet[3].

Über weitere Hilfsmittel der Seifenfabrikation, besonders die Mittel zur Parfümierung, Färbung und Überfettung vgl. S. 399.

D. Organische Füllmittel.

1. Stärkemehl.

Das zum Füllen von Schmierseifen seit vielen Jahrzehnten verwendete Kartoffelmehl soll sich nach Berichten aus den letzten Jahren sehr gut auch zur Streckung anderer Seifenarten eignen[4]. R. KRINGS hat neuerdings eine umfangreiche Druckschrift[5] veröffentlicht, in welcher er die besonderen Vorteile der Einarbeitung von Stärke in Seifen schildert. Die Stärke soll die Trockenverluste der Seifen verringern und ihre Waschwirkung erhöhen. Die Schaumbildung wird zwar durch Stärke nicht vermehrt, aber der Schaum wird kleiner und perliger. Der Waschprozeß werde beschleunigt, weil die mit Stärke gefüllten Seifen die Verschmutzungen besser emulgieren. Die Faser werde durch die erhöhte Schlüpfrigkeit der Waschlauge geschont. Nach RUEMELE[6] macht Stärke die Seife mild und wirkt ranziditätsmindernd. Der Zusatz von Stärke eigne sich laut anderen Berichten für alle Seifenarten[7] mit Ausnahme von Kernseifen und Seifenpulvern. Im Gegensatz zu diesen günstigen Berichten weist E. WALTER[8] auf die farbstoffreduzierenden Eigenschaften der Stärke und ihrer Abbauprodukte hin, die namentlich bei Küpenfarbstoffen unangenehme Folgen haben können; die reduzierende Wirkung auf mit Indigo oder Indanthrenfarben gefärbte Textilien werde durch den hohen Alkaligehalt noch begünstigt. KRÖNER und STEINHOFF[9] konnten aber auch bei hohen Stärkekonzentrationen kein Auslaufen der Farbe bei Buntwäsche beobachten.

Die Verarbeitung von Kartoffelmehl in Schmierseifen ist in Abschnitt VII beschrieben. Zur Einarbeitung in Kernseifen hat sich eine Lösung von $^1/_3$ KCl und $^2/_3$ K_2CO_3 von je 15—16° Bé bewährt, in welche die Stärke eingerührt wird. Die Mischung wird der Seife im Zubringer zur Kühlpresse zugegeben.

2. Tylose.

Tylose ist ein Methyläther der Cellulose. Es löst sich in Wasser zu einer dicken schleimartigen Lösung und wird als Füll- und Hilfsmittel der Seifenindustrie von der Firma Kalle & Co. unter dem Namen *Tylose Sap* oder *Tylose 1000* vertrieben (vgl. auch Bd. II, S. 753). Es eignet sich ganz besonders zum Füllen von Schmierseifen, die sich mit Tyloselösungen leicht bis auf 30%

---

1 A. LOTTERMOSER: Angew. Chem. **49**, 104 (1936).
2 STEINFELD: Fette u. Seifen **45**, 528 (1938).
3 Dtsch. Parfümerieztg. **1935**, 382.
4 Seifensieder-Ztg. **65**, 567 (1938).
5 Verwendung von Kartoffelstärkemehl und von Industrie-Spezialstärke in der Seifenindustrie.
6 Allg. Öl- u. Fett-Ztg. **32**, 505 (1935).
7 NIETSCHKE: Seifensieder-Ztg. **62**, 840 (1935).
8 Seifensieder-Ztg. **63**, 56 (1936).
9 Seifensieder-Ztg. **63**, 272 (1936).

Fettsäuregehalt strecken lassen[1]. Das Cellulosederivat wirkt schaumerhöhend und alkalischwächend, indem es Alkali verbraucht. Auch die emulgierenden Eigenschaften der Seife werden verbessert[2].

3. Aus Sulfitzellstofflauge gewonnene Füllmittel.

Größere Bedeutung hat das sog. *Zewapulver* erreicht, welches mit ligninsulfosaurem Natrium identisch sein soll[3].

H. PLAUSON und K. BRAUN[4] stellen ein zur Streckung von Industrieseifen geeignetes Produkt durch Behandeln von Sulfitlauge in Gegenwart von Kalk mit gasförmigem Chlor in der Kolloidmühle her.

II. Die Verseifungsmethoden.

Von **E. KÖHLER**, Budapest[5].

An dieser Stelle soll nur eine Übersicht der Möglichkeiten zusammengestellt werden, welche zu den wasserlöslichen fettsauren Salzen, d. h. zu Seifen führen, ohne Rücksicht darauf, ob es sich um Methoden handelt, welche in der Seifenindustrie verwendet werden, oder um solche, welche für die Technik ohne oder nur von untergeordneter Bedeutung sind.

A. Die Verseifung der Neutralfette.

a) Die Verseifung mit Alkalien.

Über den Chemismus der Verseifung der Fette mit wäßrigen Lösungen von Alkalihydroxyden wurde in Bd. I, S. **316** berichtet. Sie verläuft in zwei Schritten, der Hydrolyse der Glyceride zu Fettsäuren und Glycerin und der sofortigen Neutralisation der frei werdenden Fettsäuren. Die Verseifung ist also ein komplexer Vorgang, und der Ausdruck sollte eigentlich nur auf die Bildung von Seifen aus Neutralfetten beschränkt werden, denn bei der Umwandlung der Fettsäuren in Seifen handelt es sich um eine einfache, augenblicklich verlaufende Neutralisationsreaktion.

1. Die Verseifung auf kaltem Wege.

Diese Methode wird zur Herstellung der sog. Cocosseifen und von anderen billigeren Toiletteseifen verwendet. Die Verseifung erfolgt durch Verrühren der nur wenig über den Schmelzpunkt erwärmten Fettgemische mit stärkerer Lauge und Ausnutzung der bei der exothermen Reaktion frei werdenden Wärme zur vollen Umwandlung der Fette in Seife. Bei der Herstellung der sog. „kaltgerührten" Cocosseifen erfolgt die Verseifung mit weniger als der äquivalenten Menge Natronlauge, während bei anderen Fettgemischen die äquivalente Laugenmenge zugesetzt wird. Aus Cocos- und Palmkernfett erhält man bei restloser Verseifung zu spröde Produkte; man muß deshalb in solchen Fällen dem Fettansatz Öle beimischen oder einen Teil der Natronlauge durch Kalilauge ersetzen oder aber Überfettungsmittel, welche nicht oder schwer verseifbar sind, zusetzen[6].

[1] R. Herrmann Akt. Ges.: Seifensieder-Ztg. **64**, 588 (1937).
[2] Seifensieder-Ztg. **65**, 567 (1938). [3] R. KRINGS: Seifensieder-Ztg. **64**, 337 (1937).
[4] F. P. 801584; Öle, Fette, Wachse, Seifen **1937**, Nr. 4, 9.
[5] Und anderen Mitarbeitern.
[6] Vgl. hierzu J. DAVIDSOHN: Seifensieder-Ztg. **54**, 547 (1927). — DITTMER: Ebenda **54**, 563 (1927). — LEDERER: Ebenda, **54**, 851 (1927). — Wegen Angaben über Weiterverarbeitung zu Grundseifen, die offenbar fehlerhaft sind, vgl. PIEPER: Ebenda **54**, 375 (1927).

Einzelheiten und Ausführungsbeispiele für die Herstellung kaltgerührter Seifen sind an einer anderen Stelle (S. 371) dieses Bandes zu finden. Hier sei nur erwähnt, daß die Methode der vollständigen Verseifung auf kaltem Wege, welche zunächst zu Leimseifen führt, auch für die Herstellung von Kernseifen benutzt werden kann, wenn die entstandene Leimseife durch entsprechend durchgeführte Operationen ausgesalzen wird. Man hat hier das erste Beispiel für eines der heute vielfach angewendeten „Schnellverseifungsverfahren".

2. Die Verseifung auf halbwarmem Wege.

Bei dieser Methode werden die Rohmaterialien auf 80—90° gebracht; sie befinden sich also zwar weit oberhalb des Schmelzpunktes der Fette, aber noch unterhalb des Siedepunktes der wäßrigen Lösung; auch sie nützt die positive Reaktionswärme aus. Die üblichen Verfahren sind aus den späteren Darstellungen zu entnehmen; hier sei nur näher auf zwei Verfahren eingegangen, welche heute eine gewisse Bedeutung als „Schnellverseifungsverfahren" erlangt haben.

Unter dem Namen „Rapidverseifungsmethode" hat SCHAAL folgende Manipulationen in technischem Ausmaße durchgeführt: Die auf eine bei der halbwarmen Verseifung übliche Temperatur vorgewärmten Fette werden in einer Mischtrommel oder ähnlichen Vorrichtung mit der theoretisch berechneten, zur vollen Verseifung ausreichenden Menge starker Natronlauge einige Minuten innig verrührt und das Eintreten der Reaktion abgewartet; hierbei ergeben sich Temperaturen, welche weit über 100° hinausgehen. Es ergibt sich also die Tatsache, daß dieses „halbwarme" Verfahren mit Temperaturen arbeitet, die weit oberhalb derjenigen der Siedeverfahren liegen. Da in den starken Laugen (40° Bé) andere Salze so gut wie unlöslich sind, hängt die Reinheit des Endproduktes lediglich von der guten Vorreinigung des Fettmaterials ab. Die entstehende Leimseife ist ohne weitere Trocknung pilierfähig, es muß nur der richtige Zeitpunkt für das Auskippen der Seife — solange sie nämlich noch heißflüssig ist — eingehalten werden; vorher können auch der Seife Füllstoffe oder andere Beimengungen einverleibt werden. Die Verseifung ist eine vollständige; die Seifen sind sehr lagerbeständig; die Proben zeigten auch nach längerer Lagerung keine Ranziditätserscheinungen. Die Ausbeute beträgt etwa 132% (gegen 120% bei den auf dem üblichen Wege hergestellten, pilierten Seifen), was auf den Glyceringehalt der SCHAALschen Produkte zurückzuführen ist; die mit diesem zusammenhängende Hygroskopizität muß durch Zusätze oder entsprechende Verpackung (Cellophan) beseitigt werden.

Das sog. „Deschaverfahren" von SCHAAL und DETHLEFSEN[1] bedeutet eine Weiterführung des „Rapidverfahrens" zum Zwecke der Gewinnung des nach der letzteren Herstellungsmethode in der Seife verbleibenden Glycerins. Man hat es also hier — ähnlich wie bei der entsprechenden, oben erwähnten Weiterverarbeitung von auf kaltem Wege hergestellten Leimseifen zu Kernseifen — mit einem meist als „gemischtes" Verfahren bezeichneten Vorgang zu tun, indem der Verseifung auf halbwarmem Wege die Fertigmachung durch Auswaschung bzw. Auskernung folgt. Zur Verseifung, welche gemäß den unter „Rapidverfahren" angegebenen Bedingungen vorgenommen wird, können bei Wahl eines geeigneten Gefäßes 5000 kg Neutralfett gelangen und die Verseifung in etwa einer Stunde vollständig beendet sein. Geeignet ist jedoch nur ein (indirekt beheizbarer) doppelwandiger Kessel (meist als „Crutcher" bezeichnet), der mit einem Spiralrührwerk von großer, mechanischer Leistungsfähigkeit versehen sein muß, um einesteils eine gute Durchmischung des nicht flüssigen, sondern breiigen Seifenkörpers, andernteils seine Entleerung aus dem Gefäß zu gewährleisten. Die nach der vollständigen Verseifung stattfindende Auskernung mit Salzwasser bzw. mit Lauge kann zweimal — bis zu einem Restgehalt von 1% Glycerin in der Seife — oder dreimal erfolgen, wobei dann der Glyceringehalt auf $^1/_2$% sinkt; hierzu werden, je nach der Größe des Ansatzes, 6—7 Stunden benötigt. Die sich absetzende Unterlauge wird in einem neuen Arbeitsgang wieder verwendet und dadurch eine Anreicherung des Glycerins erzielt; nach dem letzten Auskernen muß der überschüssige Alkaligehalt durch Fettsäure neutralisiert und durch Eindampfen die richtige Konzentration der Seife, entsprechend einem Fettsäuregehalt von 68—70%, hergestellt werden. Diese Seife ist nach der Entleerung aus dem Gefäß unmittelbar pilierfähig,

[1] Vgl. J. SCHAAL: Fette u. Seifen **44**, 55 (1937) u. a. St.

obwohl ihr Fettsäuregehalt um rund 10% niedriger ist als der auf dem üblichen Weg fabrizierten Toiletteseifen.

Welches der theoretische Grund dafür ist, daß die nach diesem Verfahren hergestellte Seife trotz ihres niedrigeren Reinseifengehaltes beim Pilieren feste und griffige Seifenstücke ergibt, läßt sich nicht ohne analytische Kontrolle hinsichtlich des Elektrolytgehaltes sagen; eine solche liegt jedoch anscheinend zur Zeit nicht vor. Sonst käme nur noch eine besondere „Strukturanordnung" zur Erklärung in Betracht, wie sie beispielsweise imstande ist, die verhältnismäßig große Härte der kaltgerührten Seifen zu bedingen; indessen wird diese Struktur jedoch durch die mechanischen Vorgänge beim Pilieren so weitgehend zerstört, daß bei den kaltgerührten Seifen statt eines festen Stranges eine breiige Masse entsteht. Es müßten hier also schon besondere, bisher der Beobachtung entgangene Strukturformen vorliegen, welche eine derartige mechanische Beanspruchung, wie sie ihr beim Pilieren ausgesetzt sind, vertragen.

Die Vorteile des „Deschaverfahrens" gegenüber dem üblichen Siede- und Weiterverarbeitungsverfahren bei den Toiletteseifen bestehen in dem geringen Dampfverbrauch, der auf ein Viertel bis ein Sechstel herabgesetzt ist, in der kürzeren Arbeitsdauer, die nur etwa einen halben Tag beträgt, in dem Wegfallen der mitunter nur mit Unnannehmlichkeiten aufzuarbeitenden Leimniederschläge und der Trocknung der Grundseife mit ihrer Gefahr unerwünschter chemischer Umwandlungen („Sauerblasen", vgl. S. 164).

3. Die Siedeverfahren.

Hier können zunächst jene Verfahren ausgeschieden werden, welche eine Verseifung von vornherein im *homogenen* Medium erreichen wollen; nur in ganz speziellen Fällen wird man sich solcher in der Praxis bedienen können und auch da in der Regel nur, wenn es sich um die sog. „Endverseifung" handelt, d. h. um die Beschleunigung der an sich langsam erfolgenden (durch den Verlauf der Reaktionsisotherme bedingten) Verseifung der letzten noch unverseiften Fettreste. Als Lösungsmittel, in welchem sich die Seife molekulardispers löst, käme nur ein niederer Alkohol (Methanol, Äthyl- oder Propyl- bzw. Isopropylalkohol) in Frage, wie dies ja auch bei der laboratoriumsmäßigen Verseifung zu analytischen Zwecken der Fall ist. Praktisch macht man hiervon nur bei gewissen Transparentseifen (s. S. 373) Gebrauch, in anderen Fällen kann sich jedoch diese von COURTONNE[1] vorgeschlagene Methode nicht behaupten, auch wenn man versucht, das teuere Lösungsmittel durch Destillation wiederzugewinnen.

Nach Untersuchungen von E. LESTER SMITH, über die im theoretischen Teil (S. 167) ausführlicher berichtet wurde, findet die Verseifung nach Bildung des Seifenleims in der Weise statt, daß das Fett von der Seife gelöst wird, welche auch ein gewisses Lösungsvermögen für Alkalilauge hat. Trotzdem ist die dauernde Aufrechterhaltung des Emulsionszustandes notwendig, um den Kontakt der drei Phasen von Seifen, Fett und wäßriger Lauge so innig wie möglich zu gestalten. Wird die Emulsion gestört oder gar zerstört, so bildet die Seife eine Schicht zwischen Fett und Lauge, in welchem Falle die weitere Verseifung nur durch langsame Diffusion der beiden Reagenzien in die Seifenschicht erfolgen kann.

Letzten Endes muß also die Reaktionsgeschwindigkeit und die Vollständigkeit der Verseifung durch Schaffung einer möglichst großen Grenzfläche zwischen den beiden miteinander nicht mischbaren Flüssigkeiten (Fett und wäßrige Lauge), d. h. durch möglichst innige Emulgierung beschleunigt und erzwungen werden.

Es ist daher an dieser Stelle gleichgültig, ob der Zustand feinster Emulgierung, der von MÉGE-MOURIÉS als globulärer Zustand bezeichnet wurde, dadurch erreicht wird, daß von vornherein ein Zusatz von Seifenlösungen vorgenommen wird (MÉGE-MOURIÈS, KNAPP, WEINECK) oder durch vorhandene freie Fettsäure von selbst sich

[1] Literaturangaben hinsichtlich der hier zitierten älteren Autoren findet man u. a. bei MORIDE-VARENNE: Traité de Savonnerie, 3. Aufl. S. 360ff.

ergibt, oder ob die Emulgierung durch mechanische Hilfsmittel, wie Zerstäubung (RIVIÈRE) oder Zentrifugieren (KATT) oder schließlich, wie es in der neueren Zeit allgemein üblich geworden ist, durch die verschiedenen Rührwerkkonstruktionen eingeleitet und dauernd erhalten wird. Die Erfahrungen mit den „kaltgerührten“ und auf halbwarmem Wege hergestellten Seifen, daß nämlich die Endverseifung im elektrolytarmen Globularzustand viel rascher erfolgt als bei den üblichen Siedemethoden, können auch beim Siedeverfahren verwendet werden. Die zulässigen und günstigsten Elektrolyt- und Fettsäurekonzentrationen wurden besonders von BERGELL untersucht und wurde von ihm eine Vollverseifungsmethode ausgearbeitet, welche bei den harten Seifen unter Praxis der Siedeprozesse genau beschrieben ist.

Ging man in früherer Zeit von dem Grundsatz aus, daß nur die Fette, deren Seifen gegen Elektrolyte wenig empfindlich sind (Leimseifen), mit starken Laugen verseift werden können, daß aber bei den elektrolytempfindlichen (Kernfetten) mit schwachen Laugen begonnen werden müsse, so hat diese Anschauung seit einer Reihe von Jahren eine Wandlung insofern erfahren, als man bei einigermaßen richtiger Wahl des Ansatzes und Durchführung des Verseifungsprozesses eine so starke Verdünnung des Seifenleimes, wie es früher der Fall war, nicht nötig hat. Einzelheiten hierüber ersehe man aus den unter Kernseifen gemachten Angaben.

Schon im theoretischen Teil ist der Unterschied zwischen Leimseifen und Kernseifen charakterisiert worden; bei letzteren unterscheidet man wiederum bei dem an den Verseifungsvorgang sich anschließenden Weiterverarbeitungsprozeß die Herstellung „auf Unterlauge“ oder auf „Leimniederschlag“, je nachdem mit solchen Salzmengen ausgesalzen wird, welche die „Grenzlaugenkonzentration“ (vgl. S. 179) überschreiten und daher zu dem Zweiphasensystem „Unterlauge-Kern“ führen, oder mit solchen, die zwischen dieser Konzentration und dem „Schwellenwert“ liegen und daher das Phasensystem Leimniederschlag-Kern“ bedingen. Die erstere Methode dient heute fast nur zum Zwecke der Reinigung und Auswaschung des Seifenkörpers und zur Herstellung der Marseillerseifen, während sie früher zur Erzeugung der sog. „Altdeutschen Kernseife“ (s. S. 323), der echten „Oberschalseife“, gewisser Textilseifen (Walkseifen), Rasierseifen usw. herangezogen wurde.

Im allgemeinen findet die Verseifung auf dem Siedewege bei Atmosphärendruck statt; es mangelt jedoch nicht an Vorschlägen, mit erhöhtem oder vermindertem Druck zu arbeiten. In der Praxis haben sich derlei Arbeitsmethoden nicht, wenigstens nicht in größerem Umfange, einzuführen vermocht, weil sie wenig Vorteile zu bieten vermögen, dagegen große Investitionen an teuren Vorrichtungen verlangen. Ähnlich wie bei der Spaltung der Fette ist auch bei der Verseifung nicht eigentlich der erhöhte Druck ein wirksames Agens zur Erhöhung der Reaktionsgeschwindigkeit — diese wird ja nur bei Systemen mit stark veränderlichem Volumen, also Gasen oder Dämpfen, durch den Druck beeinflußt —, sondern vielmehr die durch den als unangenehme Beigabe in Kauf zu nehmenden Druck bedingte Temperaturerhöhung. Während nun bei der Spaltung die Reaktionswärme und daher — wie sich aus der Reaktionsisochore berechnen läßt — der Beschleunigungsfaktor der Reaktion sehr erheblich ist, trifft dies bei der Verseifung nur für einen Teilvorgang, die Spaltung, zu; für die Neutralisation der Fettsäure, die als Ionenreaktion ohnehin mit unmeßbarer Geschwindigkeit erfolgt, ist aber die Temperatur völlig belanglos.

Vorschläge, die Verseifung im Autoklaven unter Druck vorzunehmen, (vgl. S. 249) stammen bereits aus der Mitte und dem Ende des vergangenen Jahrhunderts (MOUVEAU, DUNN, SPINELLI, LOMBARD, MARAZZA usw.). In neuerer Zeit wurden diese Vorschläge von LÖFFL[1], KEUTGEN[2] u. a. wiederholt und auf die rasche und vollständige Verseifung hingewiesen; nach KEUTGEN war diese bei 2 atü nach etwa 3 Stunden erreicht, bei $4^1/_2$ atü nach $1—1^1/_2$ Stunden, eine weitere Druckerhöhung war ohne Einfluß. Als Nachteile der Druckverseifung werden von verschiedenen Autoren die Gefahr der Verstopfung der Sicherheitsvorrichtungen (Ventile) durch verspritzte Seifenteilchen (STIEPEL[3]; WELTER[4]), die Schwierigkeit der Beobachtung und der

[1] LÖFFL: Seifensieder-Ztg. **53**, 745 (1926).
[2] KEUTGEN: Ztschr. Dtsch. Öl-Fettind. **46**, 225 (1926).
[3] STIEPEL: Ebenda **45**, 637 (1925).
[4] WELTER: Ebenda **45**, 685 (1925).

Kontrolle des Prozesses, und bei einigermaßen größeren Chargen die notwendige große Dimensionierung der Apparatur mit den dadurch bedingten hohen Investitionskosten (GROSSER[1]) hervorgehoben.

Von den Vorschlägen, welche die Verseifung von Fetten durch andere Mittel als Ätzalkalien unter erhöhtem Druck betreffen, wird weiter unten zu sprechen sein.

Von ganz anderen Zwecken gehen Vorschläge über Verseifung unter Druck aus, die auch tatsächlich praktische Anwendung gefunden haben; es sind dies Verfahren, mit deren Hilfe entweder durch chemische Veränderungen infolge der erhöhten Temperatur die Seifeneigenschaften geändert oder ihr Geruch verbessert werden soll. Solche Verfahren stammen von STIEPEL[2]; um das zweitgenannte, als Persapolverfahren bezeichnete, vorwegzunehmen, soll der Effekt darin bestehen, daß die Verseifung von Tranen und anderen übel riechenden Rohmaterialien im Autoklaven bei Temperaturen von 200° und darüber stattfindet, die Geruchsstoffe sich in dem gespannten Dampf anreichern und durch dessen Ablassen entfernt werden. Die andere von STIEPEL[3] vorgeschlagene und von SCHRAUTH[4] befürwortete Verseifung unter Druck bzw. bei hohen Temperaturen bezweckt unter Ausnutzung der VARRENTRAPPschen Reaktion die Umwandlung von ungesättigten Fettsäuren bzw. deren Alkalisalze in gesättigte mit einer kleineren Kohlenstoffatomzahl, welche unter Abspaltung von — bei diesen Temperaturen flüchtiger — Ameisensäure erfolgt. Es soll hierdurch nicht die auf anderem Wege (Hydrierung) bequemer zu erreichende Sättigung angestrebt werden, als vielmehr die Verringerung der Molekülgröße, wodurch der Charakter der Seife sich dem einer solchen aus Leimfetten nähert, worüber schon auf S. 228 berichtet wurde.

Ein ähnlicher Vorgang scheint bei der Durchführung des D. R. P. 365271 (Henkel & Co.) stattzufinden, nach welchem nicht im Autoklaven, sondern in Röhrensystemen (ähnlich den pipe-stills in der Erdölindustrie) gearbeitet wird; im ersten Teil des Systems werden die miteinander emulgierten Komponenten vorerwärmt und im zweiten, bis auf 250° erwärmten, unter einem Druck von etwa 70 atü stehenden — wenn nötig unter Zufuhr weiterer Alkalimengen — die Verseifung beendet. Daß unter diesen Bedingungen ebenfalls VARRENTRAPPsche Abspaltungen eintreten und daher höher ungesättigte Verbindungen in einfacher ungesättigte verwandelt werden können, ist nicht von der Hand zu weisen; dadurch würden sich auch die Erscheinungen der Aufhellung und Geruchsverbesserung erklären, welche das Verfahren mit sich bringen soll.

Auf verschiedene Vorschläge älteren Datums, die Verseifung unter vermindertem Druck durchzuführen, braucht nicht eingegangen zu werden, da derartige Maßnahmen insofern unsinnig sind, als neben der Verteuerung der Apparatur lediglich Schwierigkeiten, Komplikationen und Nachteile im Arbeitsgang auftreten. Immer wieder wird aber versucht, die Verseifung im Vakuum zu ermöglichen und das gebildete Glycerin schon während der Bildung der Seife abzudestillieren[5].

4. Die kontinuierlichen Verseifungsmethoden.

Die Schwierigkeiten, welche die restlose Verseifung der Fette und die richtige Abrichtung der gebildeten Seife auf einen ganz bestimmten Gehalt an freiem Alkali bieten, lassen von vornherein die Möglichkeit der kontinuierlichen Seifenerzeugung wenig aussichtsreich erscheinen.

Bei gewöhnlichem Druck ist die Reaktionsgeschwindigkeit der Verseifung, namentlich in den Endstadien, viel zu gering, um die kontinuierliche Arbeit zu

---

1 GROSSER: Ztschr. Dtsch. Öl. Fetind. **46**, 17 (1926).
2 D. R. P. 305702.
3 STIEPEL: Seifensieder-Ztg. **41**, 950 (1914).
4 SCHRAUTH: Seifenfabr. **35**, 877 (1915).
5 Vgl. z. B. H. W. LORENZ: A. P. 2084446.

gestatten. Die Verseifungsgeschwindigkeit nimmt aber mit der Temperatur zu und wird bei Temperaturen von 250—300° so groß, daß die Seifenbildung fast augenblicklich erfolgt. So hohe Temperaturen erfordern, da die Verseifung im wäßrigen Medium stattfindet, entsprechend hohe Drucke.

Ein solches Verfahren ist im E. P. 367513 beschrieben. Einzelheiten und die Abbildung einer industriellen Anlage brachte C. M. ADCOCK[1].

Bei den für die rasche Verseifung erforderlichen hohen Temperaturen wird die Seife, wie soeben berichtet wurde, bereits zersetzt. Die Zersetzung wird aber dadurch vermieden, daß die Reaktionszeit in der kontinuierlichen Arbeitsweise sehr kurz ist — sie beträgt etwa 30 Sekunden — und daß der hohe Druck der Zersetzung entgegenwirkt. Der hohe Druck ist ferner notwendig, um die Verdampfung des Wassers zu verhindern, d. h. damit die Verseifung in flüssiger

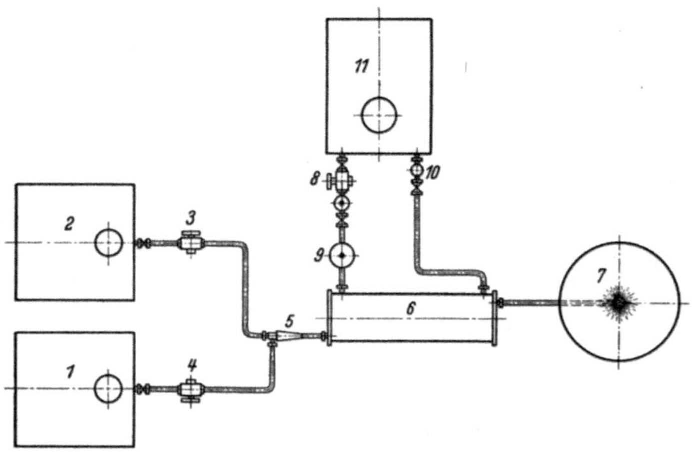

Abb. 73. Kontinuierliche Seifenherstellung nach ADCOCK.
1 Fettbehälter, *2* Laugenbehälter, *3* Laugenpumpe, *4* Fettpumpe, *5* Vermischer, *6* Verseifer, *7* Sprühkammer, *8* Heizölpumpe, *9* Ölexpansionszylinder, *10* Entlüfter, *11* Ölheizapparat.

Phase erfolgen kann. Ähnlich wie beim oben erwähnten Verfahren von Henkel & Co. wird die Reaktion in Röhren von kleinem Durchmesser durchgeführt.

Das Fett wird mit 50%iger Natronlauge im erforderlichen Verhältnis gemischt und das Gemisch kontinuierlich durch das auf 300° beheizte Reaktionsrohr getrieben. Aus diesem gelangt die verseifte Masse zunächst in ein mit Wasser gekühltes Rohrsystem, weil sie sonst ihr gesamtes Wasser durch Verdampfen verlieren würde.

Das bei der Verseifung gebildete Glycerin kann, wenn die Seife gekühlt wird, in der Seife verbleiben. Wird die Reaktionsmasse nicht gekühlt, so verdampft es mitsamt dem Wasser.

Hinter dem Kühlrohrsystem läßt man die Seife durch Düsen zerstäuben. Sie enthält dann ca. 70% Fettsäure, und ihre Korngröße wird durch die Form der Düsen bestimmt.

Wird keine Kühlung vorgeschaltet und die sehr heiße Seife direkt zerstäubt, so erhält man ein sehr feines Seifenpulver mit etwa 85% Fettsäuregehalt, welches sich nur schwer weiterverarbeiten läßt.

Die Anlage besteht im wesentlichen aus zwei Behältern (Abb. 73, *1* und *2*), einem Mischer und dem als Wärmeaustauscher ausgebildeten Reaktionsrohr (*6*).

[1] Ind. Chemist chem. Manufacturer **11**, 181, 190 (1935).

Aus den beiden Behältern gelangt das Öl und die konzentrierte Lauge im richtigen Verhältnis in den Mischapparat (*5*), in welchem die Lauge äußerst fein im Öl verteilt wird. Der „Verseifer" besteht aus nichtrostendem Stahl und wird durch Verbrennungsgase beheizt. Aus dem Reaktionsgefäß gelangt die Seife in den Zerstäuber (*7*) direkt oder auf dem Umwege über den Kühler, in welchem Falle eine Seife mit 5—10% Feuchtigkeit erhalten wird. In die Zerstäubungskammer wird zur Kühlung der Seife Luft eingeblasen.

Überschüssige Natronlauge, welche zur Sicherung der vollen Verseifung angewandt werden muß, ist insofern ungefährlich, als sie bei der Zerstäubung in Natriumcarbonat verwandelt wird.

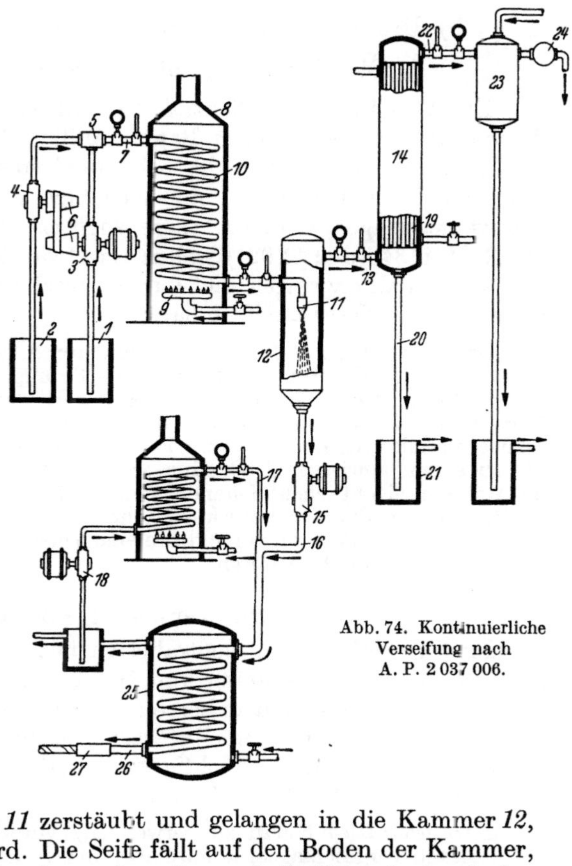

Abb. 74. Kontinuierliche Verseifung nach A. P. 2 037 006.

Ähnlich ist die Arbeitsweise der Refining Inc.[1], welche sich der kontinuierlichen Verseifung zur Herstellung von Seifen mit genau geregeltem Wassergehalt bedient.

Das Fettgemisch wird im Behälter *1* geschmolzen, während sich die Lauge im Behälter *2* befindet. Mit Hilfe der Pumpen *3* und *4* werden Fett und Lauge in die Mischvorrichtung *5* gedrückt, und zwar wird der Geschwindigkeitsregler *6* so eingestellt, daß das Alkali stets in einem geringen Überschuß zugepumpt wird.

Das Gemisch von Lauge und Fett wird durch das Rohr *7* in den Reaktionsapparat *8* gebracht, welcher aus einem Rohrschlangensystem besteht und durch den Brenner *9* geheizt wird. In dem Schlangensystem *10* wird das Gemisch kontinuierlich verseift unter Bildung von Seife und Glycerin. Die beiden Reaktionsprodukte werden durch die Düsen *11* zerstäubt und gelangen in die Kammer *12*, welche unter Vakuum gehalten wird. Die Seife fällt auf den Boden der Kammer, während das Wasser und das Glycerin verdampfen und die Dämpfe durch das Rohr *13* abgezogen werden. Sie werden durch den Brenner *9* erhitzt und zum Glycerinkühler *14* getrieben. Der auf den Boden von *12* fallende Strom der Seife ist nahezu wasser- und glycerinfrei. Die Seife ist so heiß, daß sie flüssig bleibt, und wird kontinuierlich mittels Seifenpumpe *15* in das Rohr *16* gedrückt.

In die strömende wasserfreie Seife wird nun durch das Rohr *17* so viel Wasserdampf eingeblasen, daß die fertige Seife den gewünschten Wassergehalt hat. Die Regelung geschieht durch entsprechende Einstellung der Wasserspeisung durch die Pumpe *18* im Verhältnis zur Fettzuflußgeschwindigkeit durch die Pumpe *3*.

Das Wasser- und Glycerindampfgemisch gelangt von den Rohrschlangen *13* in den Glycerinkondensator *14*; bei der Passage der Rohre *19* wird praktisch

---

[1] B. Clayton: A. P. 2037006.

alles Glycerin kondensiert und durch die Leitung *20* in den Glycerinbehälter *21* geleitet. Der Wasserdampf wird durch Leitung *22* zum Wasserkondensator *23* geführt.

Zur Erzeugung und Regelung des Vakuums in der Trennkammer *12* dienen die Kondensatoren *14* und *23* und die Luftpumpe *24*.

25 ist der Seifenkühler; die Seife verläßt den Apparat durch *26* und die Düsen *27*, welche verschiedene Formen haben kann, so daß man die Seife in Form von Fäden oder als Seifenstrang erhält[1].

b) Die Verseifung mit anderen Mitteln als Ätzalkalien.

1. Die Verseifung mit Ammoniak und anderen Basen.

Die Verseifung der Neutralfette mit schwächer dissoziierten Basen, wie Ammoniak oder organischen Basen (Anilin, Pyridin, die verschiedenen Amine und Äthanolamine), ist nicht oder wenigstens nicht bei Atmosphärendruck durchführbar und daher — mit Ausnahme von Ammoniak — wohl nie ernstlich vorgeschlagen worden. Ältere englische Verfahren und deutsche Patente (D. R. P. 43340 und 72921) wollen bei etwa 150° C unter Druck die Verseifung mit Ammoniak erzwingen und durch Umsetzung mit Kochsalz aus der Ammoniumseife die Natriumseife erhalten.

Die Verseifung mit Hydroxyden anderer Alkalimetalle als Na und K, z. B. Li, Rb, Cs, ebenso die mit Erdalkalien, wie Sr oder Ba, kommt wegen der Seltenheit dieser Metalle bzw. des hohen Preises der Hydroxyde nicht in Betracht; über die Verseifung mit Calciumhydroxyd wird weiter unten zu sprechen sein, diejenige mit Schwermetalloxyden, wie Bleioxyden u. ä., welche bei entsprechenden Temperaturen bis zu einem gewissen Grade durchgeführt werden kann, dient anderen Zwecken, die mit der eigentlichen Seifenerzeugung nichts zu tun haben (Schwermetallseifen als Bleipflaster, Sikkative, für konsistente Schmiermittel u. dgl.). In der Regel handelt es sich in diesem Falle auch nicht um eine Verseifung von Neutralfetten, sondern eine Neutralisation von Fettsäuren.

2. Die Verseifung mit Alkalisalzen.

Eine Verseifung von Neutralfetten mit Alkalisalzen kann nur in Betracht kommen, wenn die letzteren von Säuren stammen, die schwächer dissoziiert sind als Fettsäuren (und daher eine genügende hydrolytische Dissoziation besitzen) und außerdem schon bei verhältnismäßig niederen Temperaturen thermisch dissoziieren, d. h. flüchtig sind; zudem müssen sie aus wirtschaftlichen Gründen entsprechend wohlfeil sein.

Schwefelalkalien hierzu zu verwenden, wurde zwar schon vor mehr als sieben Jahrzehnten vorgeschlagen, konnte aber wegen der vielfachen Mängel, die ein solches Verfahren mit sich bringen muß (umständliche Apparatur, Schwierigkeit der Verwertung oder Unschädlichmachung des entstehenden Schwefelwasserstoffes, unangenehmer, nicht zu verdeckender Geruch der gebildeten Seife), praktisch nicht ernstlich erwogen werden.

---

[1] Schon in den siebziger Jahren des vorigen Jahrhunderts wurde versucht, die Verseifung kontinuierlich durchzuführen. Das Interesse für diese Arbeitsmethode hat in der letzten Zeit eher zugenommen. Es seien hier deshalb die einem Referat von P. D. BOONE in der amerikanischen Zeitschrift Soap, **14**, Nr. 7, 21 (1938) entnommenen wichtigeren englischen und amerikanischen Patente, welche die kontinuierliche Verseifung zum Gegenstand haben, aufgezählt.

E. P.: 1706 (1882), 13549 (1889), 15586 (1902), 71084, 213711, 237705, 266435, 367513.

A. P.: 47385 (1865), 64099 (1867), 104739 (1870), 291329 (1884), 362856 (1887), 711492 (1902), 771141 (1904), 904520 (1908), 1153625 (1915), 1473396 (1923), 1722687 (1929), 1874388 (1932), 1904021 (1933), 2019755 (1933), 2037006 (1936), 2085691.

Größere Aussicht auf gelegentliche Anwendung böte die Heranziehung der *Alkalicarbonate* zur Verseifung von Neutralfetten; es mangelt daher nicht an einer großen Zahl von dahingehenden Vorschlägen, die naturgemäß stets auf Verfahren unter Druckanwendung beruhen, da sonst eine Verseifung nicht stattfindet. Gerade deshalb muß aber wiederum nach dem Massenwirkungsgesetz ein Stillstand des Umsatzes vor der Erzielung einer vollständigen Verseifung eintreten, wenn man nicht zwischendurch dem entstehenden Kohlendioxyd Gelegenheit zum Entweichen bietet.

Im allgemeinen schwanken die Drucke, welche von den verschiedenen Patentnehmern (Bennett und Gibbs, Dunn, Tilghmann, Arledter, Rivière usw.) als notwendig angegeben werden, zwischen 8 und 20 atü, die Temperaturen zwischen 150 und 220° C. Kröber und Mammlock (D. R. P. 365618) glauben unter Atmosphärendruck bei den gleichen Temperaturen arbeiten zu können, indem sie nur geringe Wassermengen verwenden und die Verdampfungsverluste ersetzen. Sehr fragwürdig sind die Angaben des F. P. 376122, nach welchem die Carbonatverseifung in einer mit Seife emulgierten Mineralöllösung des Fettes erzwungen werden soll, ebenso die Behauptungen mancher Autoren (Dunn) der Verwendungsmöglichkeit von *Alkalisilikaten* unter den für die Carbonate geltenden Bedingungen.

3. Die Verseifung mit Calciumhydroxyd.

Wenn hier die Verseifung mit Calciumhydroxyd aus den unter 1 angeführten Verfahren besonders herausgehoben und für sich behandelt wird, so geschieht dies aus dem Grunde, weil sie — als sogenanntes *Krebitz-Verfahren* bekannt — eine gewisse Rolle in der Praxis spielte, angeblich in manchen Ländern sogar noch spielen soll. Die Kalkverseifung war schon lange bekannt und auch Gegenstand mehrerer Patentanmeldungen gewesen, ohne sich praktisch durchsetzen zu können; das Verdienst Krebitzs besteht darin, gewisse technische Schwierigkeiten überwunden und die Möglichkeit erkannt zu haben, durch das Verfahren verhältnismäßig reine und höher konzentrierte Glycerinlösungen erhalten zu können. Grundsätzlich ist seinem und allen vorangehenden Verfahren gemeinsam, daß zunächst aus den Fetten durch Emulgierung mit einer Calciumhydroxydaufschlämmung (Kalkmilch) und Erwärmung Kalkseifen gebildet, diese durch Umsetzung mit Soda in Natronseifen und kohlensauren Kalk verwandelt, vorher aber aus der trockenen Kalkseife das Glycerin ausgewaschen wird.

Für die Durchführung der Kalkverseifung ist nach dem Krebitzschen D. R. P. 155108 die Herstellung einer feinen Kalkmilchemulsion — frei von Chloriden und sonstigen Verunreinigungen, besonders Sand und Steinen — von Bedeutung; die Verseifung muß mit einem Überschuß von 0,5% über die theoretisch berechnete Hydroxydmenge nach Art halbwarmer Verseifung bei 90—100° (bei einem Verhältnis von Wasser zu gebranntem Kalk wie etwa 3 : 1) eingeleitet und durch 6- bis 8stündiges Stehen unter Ausnutzung der exothermen Reaktionswärme beendet werden; je höher der Gehalt an freier Fettsäure im Fett war, desto höher steigt die Temperatur, so daß mehr als 15% freier Fettsäure im Ansatz untunlich sind. Bei dieser Grenze soll die Temperatur der Emulsion 90°, bei fettsäurefreiem Fett 98 bis 100° betragen. Es resultiert dann nach dem Erkalten eine trockene, lockere, poröse, leicht zu mahlende Masse, die in mittelgrober Beschaffenheit in einem bis 4 m hohen, mit doppeltem Siebblechboden und Filtertuch versehenen Turm im Anreicherungsverfahren mit heißem Wasser entglyceriniert wird. Entsprechend dem Verteilungssatz verbleibt ein Rest von Glycerin in der Kalkseife, der jedoch unter 0,4% herabgedrückt werden muß.

Die Umsetzung der entglycerinierten Kalkseife erfolgt mit einer die theoretische um etwa 4% übersteigenden Menge Soda — notwendig ist dieser Überschuß zur Erzielung eines genügend dünnflüssigen Seifenleimes — in Gegenwart von rund 5% Kochsalz in der Siedehitze unter ständigem Aufwallen oder Rühren, indem die Kalkseife portionsweise in die Sodalösung eingestreut wird, welche ungefähr 30—32%ig ist. 2—3 Stunden nach Einbringung der gesamten Kalkseifenmenge ist die Umsetzung erfolgt, kenntlich daran, daß in dem klaren Seifenleim keine trübenden Kalkseifen mehr zu sehen sind. Hierauf findet die Aussalzung bei gelindem Sieden statt, bis der Kern großflockige (eschwegerartige) Beschaffenheit zeigt und die milchartige Unterlauge durchstößt. Die vollständige Trennung findet in etwa 12stündiger Ruhe statt.

Der in die Unterlage gehende kohlensaure Kalk enthält nicht zu vernachlässigende Mengen an Natronseifen adsorbiert, welche ihm aus wirtschaftlichen Gründen entzogen werden müssen; dies geschieht in mehreren Arbeitsgängen, zuerst mit reinem heißem Wasser, später zur Zurückdrängung der Hydrolyse der dünnen Seifenlösung unter Zusatz von Soda. Ohne weiteres gelingt dies bei mehr als 30% Leimfette im Ansatz enthaltenden Seifen; bei geringerem Gehalt ist nach einem späteren Patent von KREBITZ (D.R.P. 355492) ein Zusatz von Cocosöl- (Palmkernöl-) Seifen, gegebenenfalls von Harzseifen zum Kalkschlamm erforderlich. Das erste Wasser, welches man schon beim Absetzen des Kalkschlammes aus der Unterlauge erhält, kann man zum Aussalzen einer nächsten Charge wieder verwenden. Die Waschwässer werden in Filterpressen vom Kalk getrennt, das erste Filtrat kann zum Ausschleifen des Kernes Mitverwendung finden, die späteren zum Anrühren des Kalkschlammes für neue Chargen gebraucht werden.

Die Vorteile des KREBITZ-Verfahrens liegen in der hohen Ausbeute und Reinheit der leicht zu reinigenden Glycerinwässer, in der starken Aufhellung der Seifen, selbst aus dunklerem Fettmaterial, wobei die Seife praktisch neutral und frei von Unverseiftem sowie von gutem Geruch ist; sie ist daher eine ausgezeichnete Grundseife für die Toiletteseifenherstellung. Die Nachteile bestehen in einer komplizierten, sonst für die Seifenindustrie nicht nötigen Apparatur und in dem Anfall großer Kalkmengen, deren Weiterverwendung sehr beschränkt und deren Beseitigung schwierig ist. Zum Brennen des Kalkes, der sich dann übrigens wegen seiner pulverigen Beschaffenheit nur schwierig löschen läßt, sind wiederum erst entsprechende Trockenvorrichtungen und ein Glühofen erforderlich, die Operation selbst ist mit nicht geringen Kosten verbunden. Es kommt daher das KREBITZ-Verfahren heute nur noch dort zur Anwendung, wo das Ätznatron teuer ist und wo dabei Neutralfette zur Verfügung stehen, die nicht gespalten werden können.

B. Die Neutralisation und Umsetzung von Fettsäuren.

a) Die Neutralisation von Fettsäuren.

Die Bildung von Seifen durch Neutralisation von Fettsäuren kann durch Alkalihydroxyde, Ammoniak, Hydroxyde von anderen Metallen oder organische Basen erfolgen. Die beiden letztgenannten Fälle umfassen jedoch im allgemeinen nicht Vorgänge, die im weiteren zur Herstellung jener Produkte dienen, welche auch der Laie mit dem Begriffe „Seife" verknüpft, sondern meist von Sonderprodukten mit Eigenschaften für spezielle Zwecke, wie sie bereits S. 252 unter 1 angedeutet wurden.

1. Die Neutralisation mit Alkalihydroxyden.

Die Neutralisation der Fettsäuren mit Natronlauge bietet nichts Neues gegenüber dem, was bereits bei der Verseifung der Neutralfette gesagt wurde, wird aber zugunsten der später zu besprechenden Carbonatverseifung selten ausgeführt; dagegen findet sie fast ausschließlich unter Verwendung von Kalilauge zur Herstellung von Schmierseifen aus Fettsäuren statt. Einzelheiten findet man im Abschnitt „Schmierseifen" (S. 447).

2. Die Neutralisation mit Ammoniak.

Es liegt nahe, den Solvay-Sodaprozeß nachzubilden und an Stelle der Kohlensäure hierbei Fettsäuren treten zu lassen. Derartige Vorschläge, schon in der Mitte des vergangenen Jahrhunderts (LEUCHS) und zu Beginn des jetzigen (STIEPEL) gemacht, teilweise auch durch die bekannte Firma G. Schicht A. G. (Aussig a. E.) in die Praxis übersetzt, haben jedoch offenbar keine solche Rentabilität erkennen lassen, daß sie sich allgemeiner hätten einführen können, obwohl es auch in neuerer Zeit nicht an Befürwortern dieses Verfahrens gemangelt hat (GARELLI, LÖFFL, ZIPSER).

Bei Ausführung der früheren Vorschläge zeigte sich nicht nur, daß beinahe 10% des Fettsäureansatzes unangegriffen blieben, sondern auch infolge des Verteilungssatzes der in der Seife nach dem Umsetzen der Ammoniumseife mit Kochsalz zu Natronseife in dieser ein Rest von Ammoniak verblieb, der rund 2% der angewendeten Menge ausmachte und außerdem ein Gesamtverlust an Ammoniak von 8% entstand; verzichtete man aber auf die Wiedergewinnung des Ammoniaks (indem man das sich bildende Ammoniumchlorid nicht wie beim Solvay-Prozeß wieder zerlegt), so werden zwar die Verluste kleiner, die Rentabilität des Verfahrens jedoch nicht größer. Auch die späteren Vorschläge, die mit einem Überschuß an Ammoniak in starkwandigen, kommunizierenden Gefäßen arbeiten, bzw. die Umsetzung in Batterien hintereinandergeschalteter Gefäße im Gegenstromprinzip vornehmen wollen, haben diese Mängel nicht völlig beseitigen können.

3. Die Neutralisation mit anderen Hydroxyden und organischen Basen.

Die Neutralisation von Fettsäuren mit Hydroxyden der Nichtalkalimetalle wird praktisch durchgeführt, um sogenannte Schwermetallseifen für Sonderzwecke zu erhalten; hierher gehört die Herstellung von Kalkseifen zur Erzeugung der konsistenten Schmiermittel (vgl. Bd. II, S. 724) von Aluminium- und Zinkseifen (besonders Stearaten) als Pudergrundlagen und Beimengungen zu solchen, im weiteren Sinne die Herstellung von Pflastern und Sikkativen (wobei zu den Fettsäuren auch die Naphthen- und die Harzsäuren gerechnet werden sollen) und schließlich die Neutralisation freier Fettsäuren durch organische Basen (Äthanolamine, Anilin u. dgl.), sei es für kosmetische Zwecke, sei es zur Vermeidung aschebildender Bestandteile in Schmiermitteln.

b) Die Umsetzung von Fettsäuren mit Salzen.

Für die Umsetzung von Fettsäuren mit Salzen, insbesondere Alkalisalzen und nachherige Reinigung oder Weiterverarbeitung der Seifen, gelten die gleichen Gesichtspunkte, wie sie schon S. 252 für die Verseifung von Fetten mit Salzen hervorgehoben wurden mit dem Unterschied, daß hier die Umsetzung auch bei Atmosphärendruck durchführbar ist. Allgemein gilt, daß eine vollständige Umsetzung nur bei 100%igen (Destillat-) Fettsäuren — selbstverständlich mit einem dem Massenwirkungsgesetz entsprechenden Überschuß des Salzes – möglich wäre, daß aber bei Spaltfettsäuren der Neutralfettanteil schließlich mit Ätzalkalien verseift werden muß. Hiervon wird eingehender in dem Abschnitt über die Carbonatverseifung im speziellen technologischen Teil gesprochen (S. 305ff.).

Ungeeignet werden demnach *Schwefelalkalien* und — wegen der im Seifenkörper verbleibenden großen Menge von Kieselsäure, die ja auch noch wenigstens teilweise „alkalisiert" werden müßte — die *Silikate* sein. *Bicarbonate*, deren Verwendung vorgeschlagen wurde, um die Calcinierungskosten zur Überführung dieser in Soda zu ersparen, werden nur Aussicht auf (übrigens geringe) Vorteile bieten, wenn eine Seifenfabrik mit einer Solvay-Sodafabrik verbunden ist.

Eine ausgedehnte praktische Anwendung hat jedoch die Umsetzung mit *Alkalicarbonaten*, die sogenannte Carbonatverseifung der Fettsäuren erfahren; sie wird an anderer Stelle (S. 305) beschrieben.

C. Die Verseifung im nichtwäßrigen Medium.

Genauer gesprochen, handelt es sich bei den Vorschlägen, welche die Verseifung in nichtwäßriger Phase vornehmen wollen, um eine solche mit wenig Wasser, schon wegen der unter Umständen bei der Reaktion sich bildenden

Wassermengen. Als Material wurden sowohl Fettsäuren wie Neutralfette, als Verseifungsmittel feste (trockene) oder in sehr wenig Wasser gelöste bzw. aufgeschwemmte Ätzalkalien und Alkalicarbonate in Vorschlag gebracht.

Bei der „trockenen" Verseifung von Neutralfetten, wie sie nach SCHMIDT (D. R. P. 376643) durchgeführt werden soll, liegt der Hauptzweck darin, ein konzentriertes und von Verunreinigungen fast freies Glycerin zu erhalten. Die Fette sollen mit trockenen oder hochkonzentrierten Alkalien oder Alkaliperoxyden verseift, die Seife scharf getrocknet, pulverisiert und dann mit einem die Seife nicht lösenden, flüchtigen Lösungsmittel ausgelaugt werden, z. B. mit niederen Ketonen u. dgl. Es ist nicht notwendig, daß dieses Lösungsmittel das Glycerin löst, da schon das mechanische Mitnehmen beim Auslaugeprozeß genügt.

Die „trockene Carbonatverseifung" von Fettsäuren ist ebenfalls schon vor langem versucht worden; da jedoch im allgemeinen weitgehend wasserfreie Seifen einen sehr hohen Schmelzpunkt besitzen (vgl. S. 69), war eine vollständige Verseifung auf diesem Wege undurchführbar, da sich dicke Klumpen bildeten, die einerseits unverseiftes Fett einschlossen, anderseits der entstehenden Kohlensäure keine Gelegenheit zum Entweichen gaben. Lediglich die Natronsalze der Oxycarbonsäuren, als deren Repräsentant die Ricinusölsäure gelten kann, haben genügend niedrige Schmelzpunkte, um diesem Verfahren unterworfen werden zu können; indessen sind gerade diese wegen ihrer Eigenschaften — schwere Aussalzbarkeit, schlechtes Schaumvermögen — wenig geeignet, wozu noch der hohe Preis des Fettmaterials und die zu kleine Menge der auf dem Markt befindlichen Ware kommen. Ganz allgemein kranken die Verfahren der trockenen Carbonatverseifung daran, daß man sich bei ihrer Anwendung nur der höchstgespaltenen bzw. destillierten Fettsäuren bedienen kann; bei einem geringen Neutralfettgehalt (schon unter 1%) erhält man bereits eine schmierige, nicht gut aussehende Seife.

Aussicht auf praktische Anwendung boten erst die von WELTER (D. R. P. 396155 und 397222) gemachten Vorschläge, deren erster dahinging, eine hochprozentige, nicht auswitternde, haltbare, geformte oder gepulverte Seife dadurch herzustellen, daß Destillatfettsäuren oder höchstgespaltene Fettsäuren mit einer doppelt so großen Menge calcinierter, bis zu 30% Wasser enthaltender Soda als zur völligen Verseifung hinreichen würde, innig gemischt und der unter gleichzeitiger starker Wärmetönung verlaufenden Verseifung überlassen werden. Der zweite Vorschlag besagte dann, die Mischung durch Zerstäubung beider Komponenten mit warmer Luft in einem Sprühturm vorzunehmen. Dieses Verfahren wird tatsächlich im technischen Ausmaß von den Dreiring-Werken unter der Bezeichnung „Sprühkornverfahren" ausgeführt, und zwar zur Erzeugung von Seifenpulver. Das fertige Produkt enthält als Reaktionsbestandteile etwa 80—85% fast wasserfreier Seife und 15—20% Natriumbicarbonat; es läßt sich mit oder ohne einen Gehalt an Lösungsmitteln trotz seines Elektrolytgehaltes pilieren oder zu Nudeln verarbeiten, auch zu Stücken pressen, wenn man den Fettansatz — unter Berücksichtigung des zu erzielenden Effekts — richtig, d. h. mit dem entsprechenden Gehalt an Ölen wählt, deren Seifen genügend geschmeidig sind.

Das D. R. P. 433160 (SPENSLEY), welches die trockene (oder nur in Gegenwart von wenig Wasser durchzuführende) Verseifung mit Ätzalkalien oder Alkalicarbonaten durch inniges Vermahlen in einer Mühle erzielen will, scheint keinerlei Vorteile vor dem Sprühverfahren zu bieten.

D. Sonstige Verseifungsverfahren.

Eine von den bisherigen Ausführungsmethoden grundsätzlich abweichende Möglichkeit der Verseifung, das elektrolytische Verfahren, versucht die Ausnutzung solcher Salze, vorwiegend Alkalisalze, welche als Anionen die Säurereste starker Säuren aufweisen, an sich also zur Verseifung nicht geeignet wären, aus denen jedoch auf elektrolytischem Wege entstehende Laugen die Verseifung bewirken sollen; in der Tat würde ein solches Verfahren wirtschaftliche Vorteile wegen der Wohlfeilheit der Ausgangsmaterialien bieten — allerdings bei Natronsalzen weniger als bei Kalisalzen —, wenn nicht der Vorgang selbst durch Komplikationen und Nebenreaktionen (Knallgasbildung, gegebenenfalls auch Bildung von Chloraten und Perchloraten) unbequem wäre.

Alle Vorschläge gehen daher im Prinzip darauf hinaus, die Fette im Kathodenraum einer Elektrolysiervorrichtung, in welchem sich aus dem Alkalichlorid die Ätzlauge bildet, zu verseifen (Rotondi, Scriba, später Andrault: F. P. 464248; Sandreczki, D. R. P. 377218; in neuerer Zeit Imhausen: D. R. P. 410258). Die freien Fettsäuren können dabei mit schwächeren Lösungen bei gewöhnlicher Temperatur neutralisiert werden, zur Verseifung der Neutralfette bedarf es jedoch stärkerer Lösungen und höherer Temperaturen; sobald die Verseifung einen entsprechenden Grad erreicht hat und die Elektrolytlösung glycerinreicher wird, ergeben sich Störungen wegen der geringeren Leitfähigkeit und die Lösung muß durch eine frische ersetzt werden. Die noch unzersetzten Salzmengen sollen dann zur Aussalzung benützt werden. Eine praktische Anwendung ist jedoch diesen Verfahren bisher durchwegs versagt geblieben.

III. Die Apparate und Maschinen für die Seifenerzeugung.

Von **Otto E. Steuer**, Bad Homburg.

Bis gegen Ende des 19. Jahrhunderts trug die Seifenindustrie vorwiegend den Charakter eines Handwerkes. Die Seife wurde in verhältnismäßig kleinen Kesseln mit direkter Feuerung gesotten und zu ihrer Fertigstellung bediente man sich einfacher Hilfsmittel. Erst nachdem man zur Dampfbeheizung übergegangen war, konnten die Siedekessel erheblich vergrößert werden, was zur Folge hatte, daß die früheren einfachen Vorrichtungen für die weitere Bearbeitung der Seife nicht mehr ausreichten und neue Arten von Maschinen für die raschere Verarbeitung der großen Sude konstruiert werden mußten.

Die alten Geräte, in denen die in Holzformen erstarrten Seifenblöcke von Hand zerschnitten wurden, mußten durch schneller und genauer arbeitende Maschinen ersetzt werden; die Holzformen wurden übrigens später durch Eisenformen ersetzt. So waren es die Schneidemaschinen gewesen, welche zur Mechanisierung des Seifenbetriebes den Grund gelegt haben.

Eine weitergehende Mechanisierung setzte aber erst mit Beginn des 20. Jahrhunderts ein. Bei diesem Entwicklungsgang sind folgende Punkte besonders hervorzuheben:

1. Die Fettspaltung, welche die Verarbeitung von Fettsäuren ermöglicht hat.
2. Sieden der Seife mit Dampf.
3. Kühlen der Seife mittels Maschinen.
4. Pressen der Kernseifen mittels Maschinen.
5. Die Einführung der wohl zuerst in Frankreich erzeugten pilierten Fettseifen gab aber den wichtigsten Anstoß zur Mechanisierung der Betriebe, denn diese Seifen können nur auf maschinellem Wege hergestellt werden. Die ersten Spezialmaschinen für pilierte Seifen waren französische Erzeugnisse; in Deutschland wurden sie erstmalig gegen 1885 hergestellt; die Konstruktionen wurden allerdings von Jahr zu Jahr verbessert, und sie werden seit langem in Qualitäten geliefert, welche allen an sie gestellten Anforderungen gerecht werden.

Nachfolgend werden die in Seifenfabriken allgemein verwendeten Vorrichtungen beschrieben und illustriert.

A. Allgemein verwendete Vorrichtungen.

1. Laugenlösegefäße.

Die in Blechtrommeln angelieferten Ätzalkalien werden in den eisernen Lösegefäßen (Abb. 75) in heißem Wasser gelöst. Nach Abnehmen der Deckel werden die Trommeln mittels Flaschenzuges auf den Rost der mit Wasser gefüllten Lösegefäße gebracht. Die Gefäße sind mit Wasser- und Dampfanschluß und, zwecks Beschleunigung des Lösens, mit Luftrührgebläse versehen.

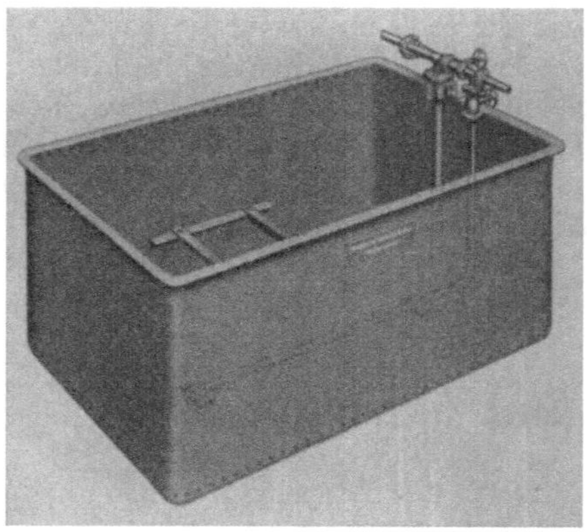

Abb. 75. Laugenlösegefäß.

Da in der Seifenfabrik, je nach der Seifenart, Laugen verschiedener Konzentration vorhanden sein müssen, wird die im Laugenlösegefäß bereitete konzentrierte Alkalilauge in besonderen Eisenbehältern auf die entsprechende Grädigkeit verdünnt. Letztere werden zweckmäßig oberhalb des Siedekessels montiert. Zur Kontrolle der entnommenen Laugenmengen sind die Behälter mit einer Anzeigevorrichtung und Skala versehen. Die Größe der Lösegefäße muß natürlich der Konzentration der Lauge angepaßt werden.

Eine Trommel Ätznatron oder Ätzkali im Gewicht von ca. 300 kg ergibt nach Lösen zu einer Lauge von 30° Bé ca. 1250 kg oder ca. 1000 l Natronlauge, bzw. ca. 1050 kg oder ca. 850 l Kalilauge. Der Behälter muß im ersten Falle eine Größe von 1,35, im zweiten Falle eine solche von 1,16 m^3 haben. Bei einem Behälter dieser Größe wird der Ablaufstutzen etwa 100 mm oberhalb des Bodens angebracht, so daß nach Entleeren 100 l Lauge im Behälter zurückbleiben.

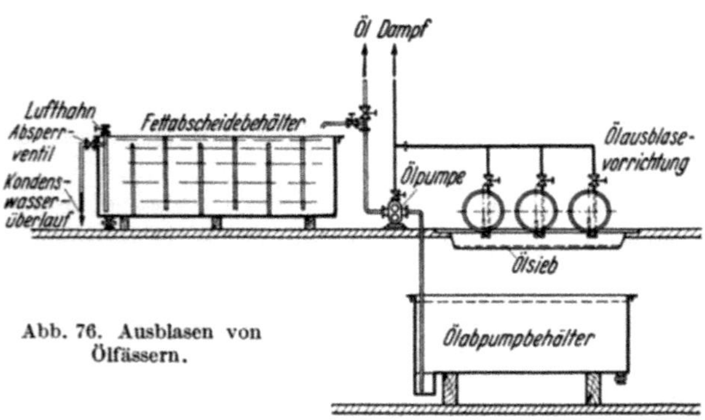

Abb. 76. Ausblasen von Ölfässern.

Zur Förderung der Lauge verwendet man eiserne Pumpen; am besten haben sich Zentrifugalpumpen bewährt, die sich zum Fördern heißer Laugen gut eignen. Weitere Fördermittel sind Dampfstrahlpumpen, bei deren Benützung aber, infolge Kondensation des Dampfes, die Lauge verdünnt wird. In kleinen Betrieben kommt man auch mit den bekannten Handflügelpumpen aus.

2. Entleerung der Fettfässer.

Die Entleerung der Fettfässer soll nach Möglichkeit außerhalb der eigentlichen Fabrikationsräume erfolgen. Die Vorrichtungen zum Entleeren und Ausblasen der Fässer wurden im I. Band, S. 756 ff. beschrieben. Hier sei nur noch eine Ausblaseanordnung erwähnt, welche sich in größeren Seifenfabriken bewährt hat und auf Abb. 76 schematisch skizziert ist.

Die Ölfässer werden auf die Ausblaserinne gerollt, deren Boden als Sieb ausgebildet ist. Der Boden hält die gröbsten mechanischen Verunreinigungen zurück, das Öl fließt in die Ölabpumpbehälter. Diese besitzen am Boden eine Vertiefung, in die die Saugleitung der Pumpe eingreift, was eine restlose Entleerung der Behälter möglich macht.

Durch den zum Ausblasen verwendeten Dampf wird das Öl mit Kondenswasser vermischt. Das durch Schleimstoffe, Farbstoffe u. a. stark verunreinigte Wasser muß vom Öl getrennt werden. Man versieht hierzu die Druckleitung der Ölpumpe mit zwei Absperrhähnen; der eine führt zum Fettabscheider, der andere zum Siedekessel oder Ölvorratsbehälter.

Zum Fördern der Öle und Fette werden Pumpen der verschiedensten Art verwendet. Da die technischen Fette meist einen höheren Gehalt an freien Fettsäuren aufweisen, so sind Bronzepumpen besser geeignet. Gute Erfahrungen liegen mit Rotations-, aber auch mit Kugelkolbenpumpen vor. Die Saug- und Druckleitungen der Ölpumpen werden zweckmäßig aus Aluminium oder V2A-Stahl hergestellt und sollen mit Dampfausblaseventilen versehen werden.

3. Die Siedekessel und ihre Armierung.

α) Die Siedekessel.

Die Siedekessel für die Seifenherstellung werden aus Flußeisenblech gefertigt; sie haben zylindrische, konische, selten quadratische Form. Die einzelnen Kesselteile werden genietet oder zusammengeschweißt. Kessel bis zu 20000 l lassen sich ohne Bedenken in geschweißter Ausführung herstellen. Bei noch größeren Siedekesseln müssen die Bleche vernietet werden.

Zum Sieden der Seifen wird, abgesehen von einigen kleinen Fabriken, Dampf benutzt. Die Kessel sind mit angenieteten oder angeschweißten Tragpratzen oder mit starken Winkeleisen versehen und können in einer Trägerkonstruktion fest verlagert werden.

Die Höhe vom Fußboden oder Bedienungspodest bis zum Kesselrand hat nach behördlichen Vorschriften 1100 mm zu betragen.

Ausnehmend große Siedekessel werden mitunter in quadratischer Form ausgeführt, doch sind solche Kessel weniger beliebt, weil in diesen das Sieden und Durchmischen ungleichmässiger ist als in den zylindrischen Kesseln. Für diese Konstruktionsart ist der Platzbedarf entscheidend. Ein quadratischer Siedekessel von 100000 l Volumen erfordert einen Raum von 4500 × 4500 mm, bei einer Höhe von 5000 mm; ein runder Siedekessel desselben Inhalts hat dagegen bei gleicher Höhe einen Durchmesser von 5500 mm. Siedekessel mit 60000 bis 120000 l Vollinhalt sind in vielen Großbetrieben zu finden.

Tabelle 80. Abmessungen von Siedekesseln.

Inhalt	Zylindrische Kessel			Oben zylindrisch, unten konische Kessel				
	Durchmesser	Höhe	Gewicht	Oberer Durchmesser	Unterer Durchmesser	Höhe des zylindr. Teiles	Gesamthöhe	Gewicht
l	mm	mm	kg	mm	mm	mm	mm	kg
2000	1350	1400	600	1450	850	850	1450	700
3000	1550	1600	650	1650	900	950	1700	900
4000	1700	1750	770	1800	1000	1050	1850	1100
5000	1850	1900	1100	1950	1100	1100	2000	1300
7500	2100	2200	1200	2250	1250	1300	2250	1500
10000	2300	2500	1700	2450	1400	1400	2500	1750
12500	2450	2700	1960	2650	1500	1500	2700	2200
15000	2550	2900	2350	2800	1600	1600	2900	2700
20000	2800	3300	2680	3100	1750	1800	3200	3300
25000	2950	3650	3300	3350	1900	1900	3400	3800
30000	3100	4000	3900	3550	2000	2000	3600	4200

Zum Verhältnis von Seifenquantum und Kesselgröße sei angegeben, daß beispielsweise ein Sud von 10000 kg abgesetzter Kernseife einen Kessel von 15000 l Vollinhalt erfordert.

Die vorstehende Tabelle 80 gibt Aufschluß über die Abmessungen von zylindrischen und im unteren Teil konisch verengten zylindrischen Kesseln.

Sollen Fettsäuren verseift oder mitverseift werden, so kann man vorsorglich die eisernen Siedekessel mit Blechen aus rostfreiem Stahl (V 2 A-Stahl) auskleiden. Wegen des hohen Preises sind aber solche Auskleidungen nur vereinzelt in Toiletteseifenfabriken zu finden. Auskleidungen mit Kacheln, welche säure- und alkalifest verkittet werden, haben sich ebenfalls bewährt.

β) *Die Heizschlangen für die Siedekessel.*

Je nach Größe der Siedekessel haben die Dampfrohrleitungen einen Durchmesser von 25—50 mm. Geheizt wird fast stets mit direktem Dampf, der gleichzeitig den Kesselinhalt umrührt. Man legt eine Schlange vom Radius 400—500 mm in die Mitte des Kesselbodens und eine zweite seitlich am Kesselbodenrand. Die Heizschlangen sind mit Öffnungen versehen, aus welchen der Dampf in die Seife dringt. Die Öffnungen haben einen Durchmesser von 3 mm und werden in Abständen von 30 mm angeordnet, und zwar in der mittleren Schlange nach außen und innen. Die Bohrungen sind so auszuführen, daß der ausströmende Dampf nach der Mitte des Kesselbodens gerichtet ist. Dadurch wirkt der Dampf auch als Rührvorrichtung und bringt selbst den Inhalt großer Kessel schnell in Bewegung. Der ganze von den Heizschlangen gelieferte Siededampf soll den Kesselboden berühren.

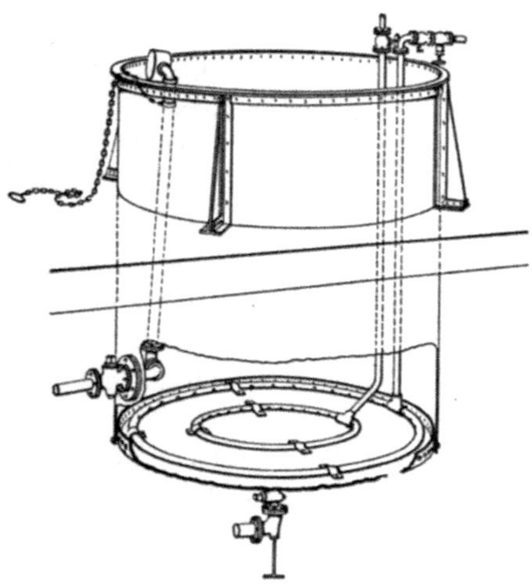

Abb. 77. Zylindrischer Siedekessel.

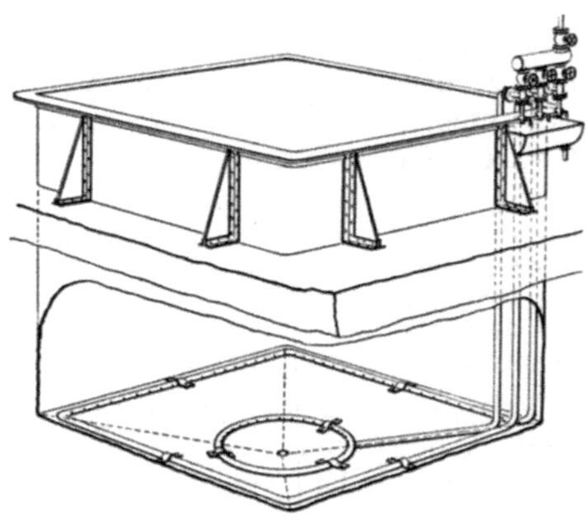

Abb. 78. Quadratischer Siedekessel.

Die Frage der Zweckmäßigkeit einer indirekten Beheizung durch Dampfrohre oder Dampfmantel ist noch nicht geklärt. Jedenfalls werden indirekte Heizflächen nur dann rationell ausgenutzt, wenn die Seife in getrenntem Zustand, also in zwei Phasen siedet.

Die Abb. 77 und 78 zeigen die Anordnung der offenen Dampfschlangen in zylindrischen und quadratischen Siedekesseln.

γ) *Die Armaturen und Entleerungsvorrichtungen für Siedekessel.*

Die Dampfventile müssen natürlich dem Druck und der Temperatur des Dampfes entsprechend gebaut sein. Sollen Fettsäuren mit Alkalicarbonaten verseift werden, so bringt man zur Austreibung der Kohlensäure, in Verbindung mit den Dampfventilen, ein Luftstrahlgebläse an (Abb. 79a). Um die Dampfventile dauernd dicht halten zu können, empfiehlt es sich, eine Sicherheitsvorrichtung nach Abb. 79b vorzusehen. Nach Absperren der Dampfzuleitung werden die unter dem Dampfventil angeschraubten Hähne oder Ventile geöffnet und auf diese Weise wird vermieden, daß weiterer Dampf oder Kondenswasser durch die Heizschlangen in die Seife gelangt, oder daß die Seife in das Ventil zurücksteigt.

Für die Verseifung von Fettsäuren mit Alkalicarbonaten zu Beginn des Sudes können Spezialvorrichtungen vorgesehen werden. Zum Beispiel werden in einer gemeinsamen Leitung die Zuleitung für Fettsäure und Sodalösung beiderseitig angeschlossen. Am Ende der gemeinsamen Leitung ist ein Injektor eingebaut, der die vorverseifte Masse in den Siedekessel befördert.

Die Vorverseifung kann auch in einem mit schnellaufenden Mischflügeln ausgestatteten geschlossenen Zylinder erfolgen, während ein im Ausgang des Zylinders eingebauter Injektor die Förderung der Seife in den Siedekessel unterstützt. Beim Arbeiten mit solchen Mischvorrichtungen ist allerdings auf die durch die Kohlensäureentwicklung entstehenden Druckschwankungen, welche zur Verstopfung der Zuleitungen führen können, zu achten.

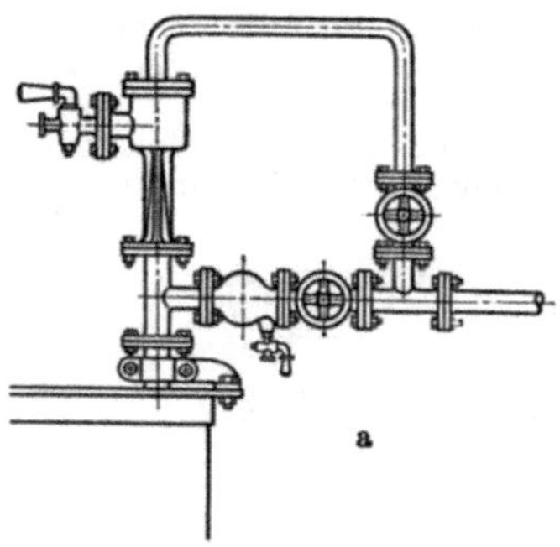

Abb. 79a. Siedekessel mit Luftstrahlgebläse.

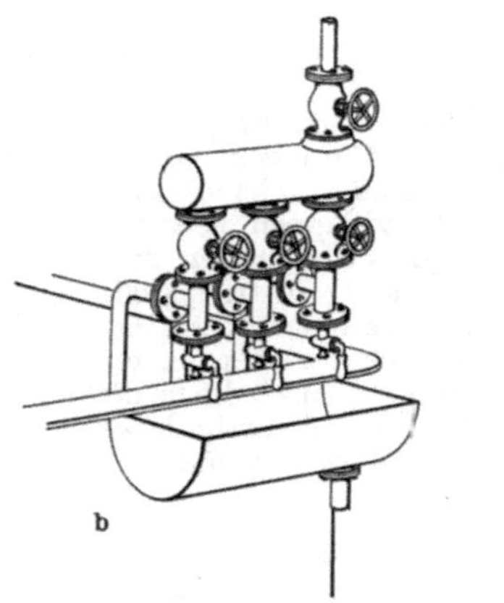

Abb. 79b. Dampfabsperr-Sicherheitsvorrichtung.

Zum Ablassen von Seife und Unterlauge dienen eiserne Hähne oder Schieberventile. In Schmierseifenkesseln erfolgt die Entleerung durch einen am Boden angebrachten Hahn. Bei Siedekesseln für Kernseife wird neben dem Bodenablaß noch eine Entleerung durch Schwenkrohr mit 80—120 mm lichter Weite vorgesehen. Die abgesetzte Kernseife läuft durch ein dem Schwenkrohr vorgeschaltetes Sieb in die Seifenformen, den Druckkessel, Rührkessel oder durch Rohranschluß in eine Pumpe zum weiteren Transport ab. Die Unterlauge wird durch den Hahn am Kesselboden abgeleitet. Die Hähne sind mit einer Durchstoßvorrichtung zu versehen, zwecks Entfernung von erstarrter Seife. Alle Seifenleitungen sind zum Vorwärmen und Ausblasen mit Dampfanschlüssen zu versehen.

δ) *Seifenpumpen.*

Man benutzt im allgemeinen für das Fördern von Seife und Unterlauge Kolbenpumpen oder Rotationspumpen mit Dampfanschluß, um die Pumpe anzuwärmen und reinigen zu können.

Der Schnitt einer Seifenpumpe ist in Abb. 80 wiedergegeben.

Dieselbe besitzt zwei halbmondförmige Flügel, die sich mit gleicher Drehzahl in dem abgeschlossenen Pumpengehäuse bewegen, wodurch einmal der Anschluß der Saugleitung und zum anderen derjenige der Druckseite geschlossen oder geöffnet wird. Durch diese wechselseitige Bewegung der Pumpenflügel ergibt sich ein saugender und drückender Effekt. Die Flügel ersetzen in diesem Falle die Wirkung von

Ventilen. Um eine eventuelle Schaumbildung durch die zu transportierende Seife zu verhindern, sind die Abmessungen der Pumpe so gehalten, daß sie mit einer geringen Tourenzahl die gewünschte Leistung liefert. Die Saughöhe beträgt 6 m, die Druckhöhe 40 m.

Die Seifenpumpen können direkt mit der Auslauföffnung des Siedekessel-Schwenkrohres verbunden werden. Aus Vorsichtsgründen wird in manchen Fabriken die Seife vom Siedekessel aus zunächst in einem Sammelreservoir aufgefangen, von wo aus die Seife der Pumpe zufließt.

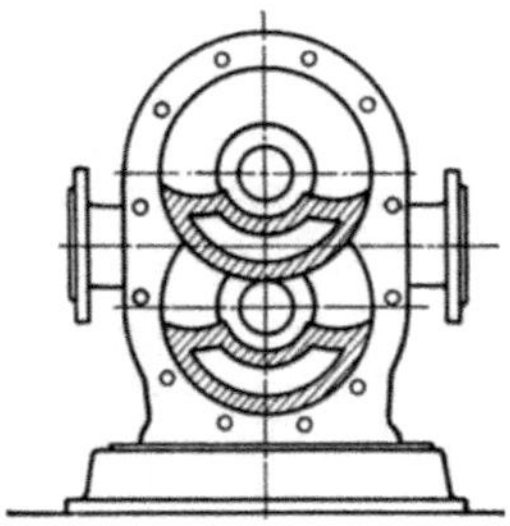

Abb. 80. Rotations-Kapselpumpe.

In Abb. 81a und 81b ist der Schnitt einer neuen Pumpenkonstruktion, der Kugelkolbenpumpe, wiedergegeben. Die Förderleistung kann durch Verstellen der Kugelkolben reguliert werden, was besonders beim Abpumpen von Kernseife durch ein Schwenkrohr von Wichtigkeit ist.

Der eigentliche Pumpenkörper ist der Kugelkolben, der aus drei massiven segmentförmigen Teilen besteht, den Seitensegmenten *a* und *b* (Abb. 81b) und dem Innensegment *c*. Das kugelförmige Innensegment zeigt zwei rechtwinklig gegeneinander versetzte parallel bis etwa zur Mitte reichende maulartige Ausschnitte, die Kammeröffnungen, und im verbleibenden Kern zwei ebenfalls rechtwinklig sich schneidende Achsbohrungen. So ergeben sich vier halbkreisförmige Lappungen, den Herzklappen vergleichbar.

Die Segmente *a* und *b*, deren obere Kanten ebenfalls Achsbohrungen tragen, sind mit der Antriebswelle *A* und mit der Blindwelle *B* fest verbunden; sie stoßen in die Kammeröffnungen des Innensegments bis zur Kernmitte vor und sind mit diesem durch die beiden Achsbolzen *d* und *e* scharnierartig beweglich zu dem Kugelkolben verbunden.

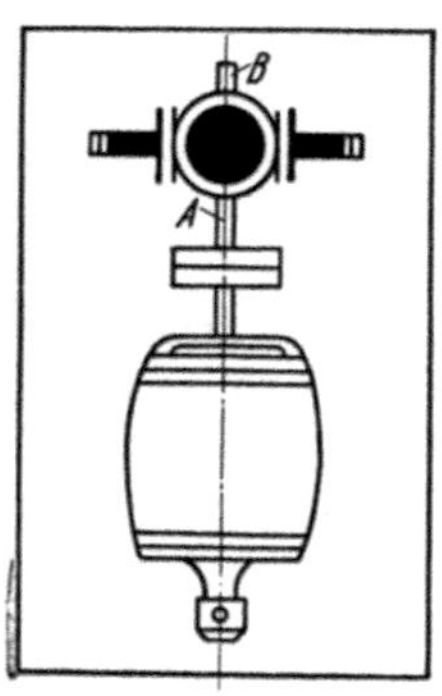

a

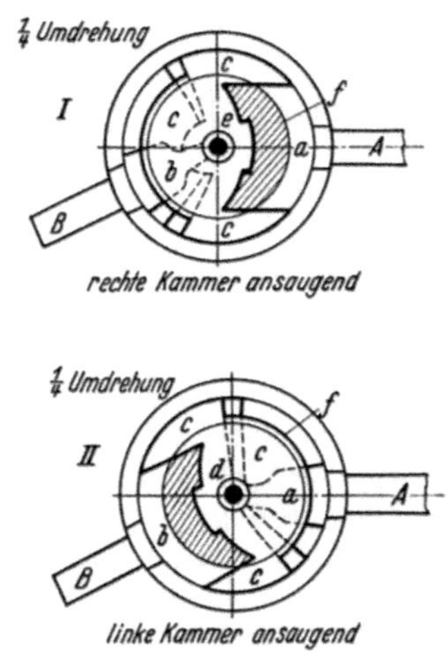

b

Abb. 81a und b. Kugelkolbenpumpe (Wilh. Straszburg, Berlin).

Der von den beiden Wellen *A* und *B* getragene Kugelkolben ist von einem Ringgehäuse *f* umschlossen, das nach der Saug- und Druckseite zu einen kreisförmigen Ausschnitt aufweist. An diese Ausschnitte stoßen die Saug- und Druckrohranschlüsse.

Die Antriebswelle *A* ist mit der Motorwelle direkt gekuppelt. Die von den Wellen *A* und *B* dirigierten Segmente *a* und *b* übertragen die voneinander abweichende Bewegung der beiden Wellen zu je einer halben Umdrehung auf das Innensegment *c*, welches dadurch im Ringgehäuse pendelt. Bei einer ganzen Umdrehung öffnen sich an der Saugseite nacheinander vier Kammern, während sich an der Druckseite vier Kammern entleeren. Bei einer Viertelumdrehung findet Ansaugen einer Kammer an der Saugseite und Schließen einer Kammer an der Druckseite statt. Der Vorgang entspricht einem Hub bei Kolbenpumpen, die Wirkung ist aber eine vierfache, da bei einer Umdrehung vier solche Hübe stattfinden.

Eine Kugelkolbenpumpe von 9000 l Stundenleistung hat einen Kugelkolben von nur 90 mm Durchmesser und eine Motorbeanspruchung von 1,5—2 PS.

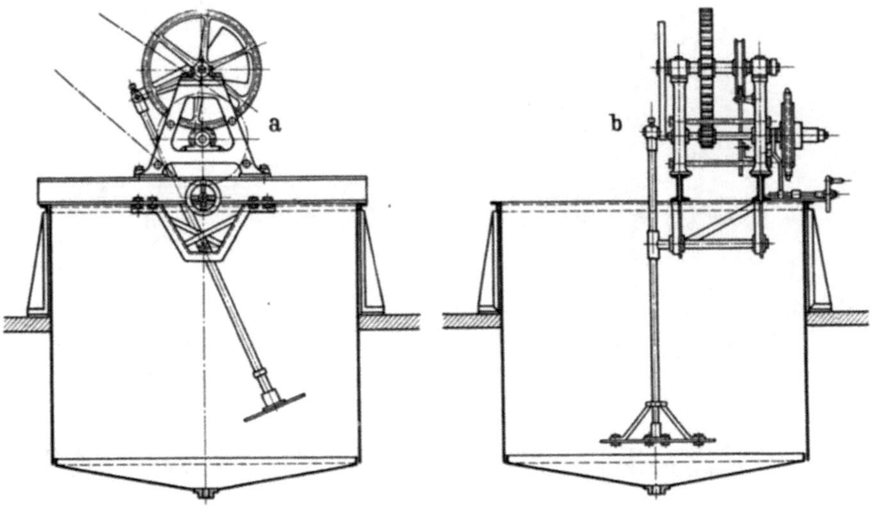

Abb. 82a und b. Siedekessel mit Krückwerk.

ε) *Krück- oder Rührwerke.*

Krück- oder Rührwerke sind notwendig, wenn der Seife nach dem Sieden weitere Stoffe zugesetzt werden sollen. Aber auch bei der Verseifung selbst und beim Aussalzen von Kernseifen sind sie von großem Nutzen. Unerläßlich sind Krück- oder Rührwerke bei der Fabrikation von Schmierseifen und von Seifen auf halbwarmem Wege.

In kleineren Fabriken werden die Zusätze in die Schmierseifen mittels Handkrücke eingearbeitet. Große Fabriken verfügen über mechanisch bewegte Krückwerke. Ein solches zeigen die Abb. 82a und 82b (Krücke in Bewegung und in Ruhestellung). Sie werden mit einer oder mit zwei Krücken, doppelwirkend, ausgefertigt.

Der gleiche Rühreffekt läßt sich natürlich auch mit Rührwerken erzielen. Abb. 83 zeigt ein einfaches Rührwerk für Handbetrieb mit verstellbaren Rührflügeln, Abb. 84 ein doppeltwirkendes Rührwerk für Kraftantrieb.

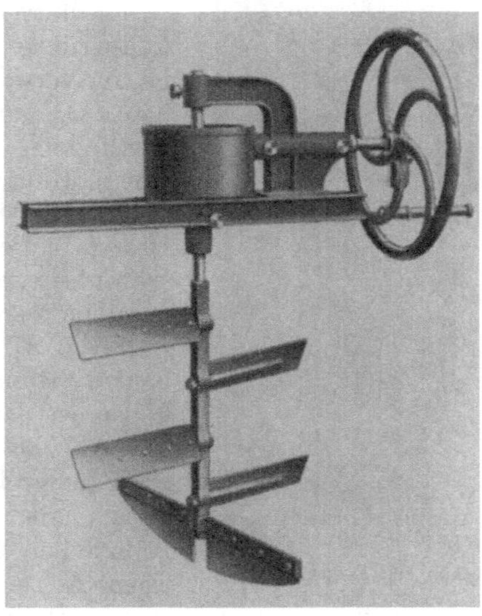

Abb. 83. Rührwerk für Handbetrieb (Joh. Hauff, Berlin-Lichtenberg).

Abb. 85 zeigt ein in den Siedekessel eingebautes Schneckenrührwerk, welches für die Schmierseifenherstellung konstruiert wurde, aber auch für andere Seifensorten verwendet werden kann. Der Zylinder, in welchem das Rührwerk arbeitet, ist mit einem Doppelmantel ausgestattet; in diesem Zylinder ist ein zweiter Zylinder *A* eingepaßt, der durch das Kurbelrad *B* gehoben werden kann. Durch Einsetzen des zweiten Zylinders kann die Masse in rührender Bewegung gehalten werden, wenn der Kessel bis oben gefüllt ist. Mittels

Abb. 84. Rührwerk für Kraftbetrieb (Weber & Seeländer, Helmstedt).

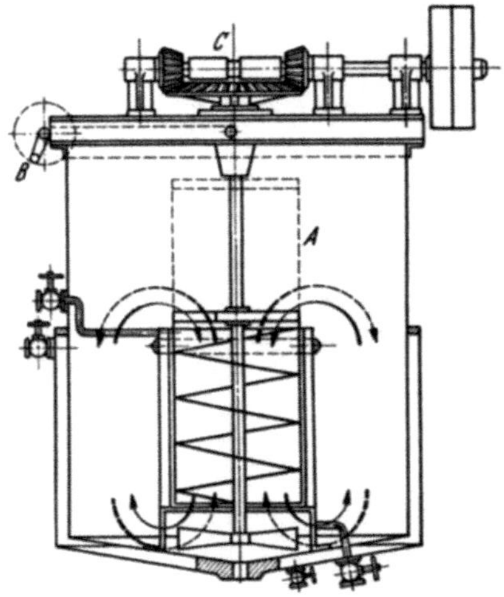

Abb. 85. Schneckenrührwerk (Weber & Seeländer, Helmstedt).

des Zahnradwellengetriebes *C* kann die Schnecke die Masse nach oben oder unten bewegen. Am Ende der Antriebswelle sitzt ein Propeller, welcher das Ansammeln von Lauge od. dgl. am Boden verhindert.

Abb. 86. Kessel mit verstellbarem Rührwerk (Joh. Hauff, Berlin-Lichtenberg).

Propellerrührwerke sind wenig in Gebrauch; ihre Mischwirkung ist gut, wenn die Seife nicht zu zäh und dickflüssig ist.

Rührwerke für kleinere Kessel, wie man sie für kaltgerührte Seifen und Seifen auf halbwarmem Wege häufig verwendet, werden in verschiedenen Konstruktionen ausgeführt. In kleinen Fabriken wird oft bei der Herstellung von kaltgerührten Seifen von Hand, mit einem Holzstab gerührt. Das in Abb. 86 dargestellte Rührwerk wirkt ähnlich wie ein mit der Hand bewegter Holzstab. Der hölzerne Rührer ist oben mit einer Flügelschraube verstellbar angeordnet und kann leicht abgenommen werden.

Abb. 87 zeigt ein in einem kippbaren Kessel eingebautes Rührwerk, das mittels Kettenzuges herausgehoben werden kann.

Abb. 88 zeigt ein doppeltes Planetenrührwerk, das auch für größere Kessel verwendbar ist. Solche Rührwerke haben eine sehr gute Mischwirkung. Die beiden Rührwellen erzeugen eine schnellere Bewegung um ihre eigene Achse und eine langsamere im Kreise an der Kesselwand. Dadurch wird die einfache Drehbewegung des Kesselguts verhindert.

Die Firma Wilhelm Straßburg, Berlin, schlägt zur Durchmischung des Kesselinhaltes die Kombination eines Pump- und Rührsystems vor, mit der sich eine sehr intensive Durchmischung ohne die Gefahr der Schaumbildung erzielen läßt. Zum Mischen dienen Flügelräder mit hohler Nabe und hohlen, nach außen winkelig abgebogenen Rohrenden. Das Flügelrad kann entweder am Boden des Kessels oder oben in den Kessel montiert werden. Durch ein Schwenkrohr wird der Kesselinhalt von oben, wenn das Flügelrad unten oder von unten, wenn das Flügelrad oben montiert ist, durch eine außerhalb des Kessels stehende Druckpumpe abgesaugt und dem Flügelrad unter hohem Druck zugeführt und durch die gebogenen hohlen Rührflügel ausgespritzt. Durch die Gewalt der heraussprudelnden Flüssigkeit kommt das Flügelrad in schnelle Umdrehung. Ordnet man

Abb. 87. Mittels Kettenzuges entfernbares Rührwerk (Joh. Hauff, Berlin-Lichtenberg).

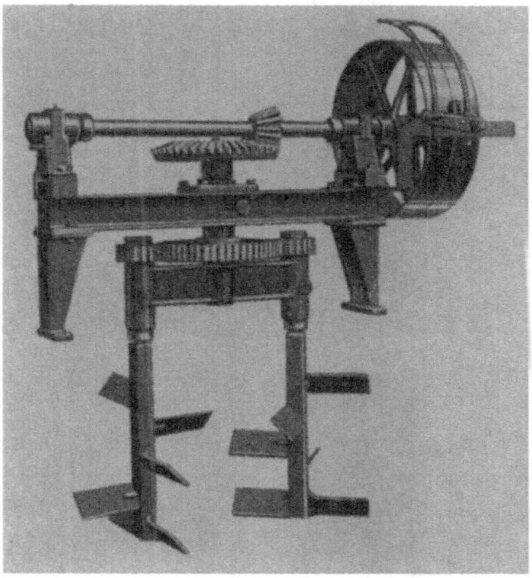

Abb. 88. Doppelplanetenrührwerk (Joh. Hauff, Berlin-Lichtenberg).

mehrere Flügelräder über- oder untereinander an, denen man durch entsprechend gebogene Auslaufenden der Rührflügel eine untereinander entgegengesetzte Drehrichtung verleiht (s. Abb. 89), so wird eine sehr intensive Aufwirbelung und Durchmischung des Kesselinhaltes erzielt.

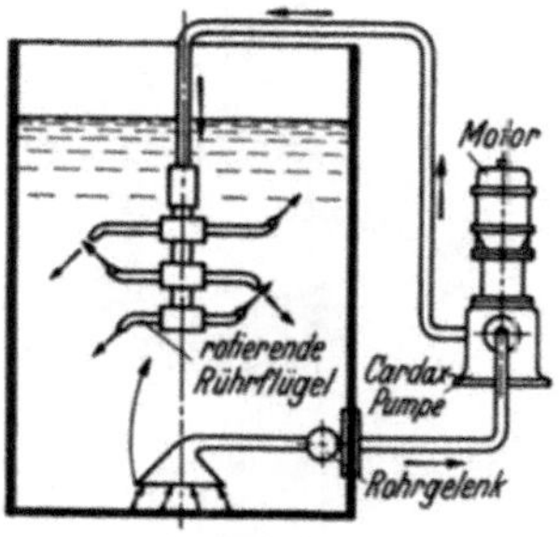

Abb. 89. Kombiniertes Pump- und Rührwerk (Wilh. Straszburg, Berlin).

Nach vollendeter Durchmischung kann das Pump- und Rührwerk auch zum Auspumpen des Kesselinhaltes benutzt werden. An dem Druckflansch der Pumpe wird zu diesem Zweck ein Dreiweghahn angeordnet, um den Kesselinhalt entweder zum Kreislauf durch die Flügelräder in den Kessel zurück oder aber durch einen Schlauch aus dem Kessel herauszuleiten[1].

[1] R. KRINGS: Seifensieder-Ztg. 63, 9 (1936).

B. Vorrichtungen für Haushaltseifen.

1. Seifenformen.

Die erste eiserne Seifenform zum Abkühlen des Sudes wurde im Jahre 1876 von der Firma Aug. Krull, Helmstedt, konstruiert. Vor dieser Zeit waren nur Holzformen bekannt. Die eisernen Seifenformen werden bis zu einem Inhalt von

Abb. 90. Seifenformen und Reserveboden (Aug. Krull, Helmstedt).

10000 l gebaut. Sie werden jetzt im allgemeinen nur noch bei Kühlung von marmorierten Seifen in verschiedenen Größen verwendet. Die wenigen Fabriken, welche noch nicht auf Kühlplattenkühlung übergegangen sind, verwenden meist nur noch Formen in der Größe von ca. 1000 l.

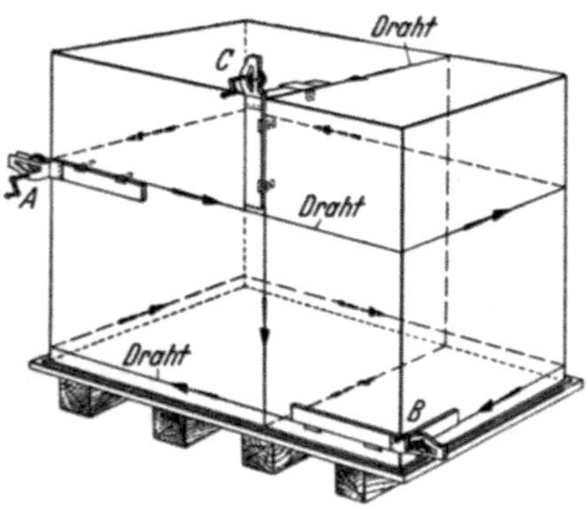

Abb. 91. Blockzerteilung (Weber & Seeländer, Helmstedt).

Die Seifenformen müssen vollkommen dicht halten, d. h. die Abdichtungsflächen müssen einwandfrei gearbeitet sein und die Verschlüsse gut schließen. Sie werden stationär oder fahrbar gebaut. Man verwendet Schraubenzwingen oder Hebelverschluß (Abb. 90). Nach dem Erstarren des Seifenblockes können die Seitenwände der Form losgenommen und mit dem Reserveboden zu einer neuen Form zusammengestellt werden. Ähnlich konstruiert sind die kleinen Seifenformen für kaltgerührte Seifen u. dgl.

2. Schneiden der Seifenblöcke.

Die in der Form erstarrten Seifenblöcke werden mittels Stahldraht zerteilt. Bei größeren Blöcken bedient man sich hierzu eines Blockzerteilungsapparates (A, B, C in Abb. 91).

Zum Zerschneiden schmaler Seifenblöcke verwendet man Plattenschneidemaschinen nach Art der in Abb. 92 dargestellten. Durch zwangsweise Kettenführung werden die im Rahmen verstellbar angeordneten Drähte durch den Seifenblock gezogen, wobei der ganze Block zerlegt wird.

Der Seifenblock kann auch auf die Weise zerschnitten werden, daß man ihn auf dem fahrbaren Boden der Seifenform beläßt und durch einen stationären Schneidedraht hindurchzieht.

Zum Transport der Seifenblöcke oder Seifenplatten dienen Transportwagen mit oder ohne Hebebühne.

Abb. 92. Seifenplattenschneidemaschine (Weber & Seeländer, Helmstedt).

3. Riegelschneidemaschinen.

Die Platten müssen weiter zu Riegeln zerschnitten werden. Nur kleinere Fabriken, welche kaltgerührte Toiletteseifen oder transparente Seifen erzeugen, zerschneiden heute noch die Blöcke zu Platten und Riegeln von Hand. Man bedient sich hierzu eines Holzriegels, dessen Höhe und Breite den Abmessungen der Platten oder Riegel entsprechen.

Der zu zerschneidende Block wird auf den Tisch gelegt und die Holzriegel werden hinter und vor dem Seifenblock übereinandergestellt. Dann zieht man den Schneidedraht über die Holzriegel durch die Seife; nach jedem Schnitt wird ein Riegelpaar entfernt und das Schneiden über dem nächsten Riegelpaar fortgesetzt.

Abb. 93. Riegelschneidemaschine (Weber & Seeländer, Helmstedt).

Die Handarbeit ist besonders für kaltgerührte Seifen geeignet. Diese Seifen sind sehr hart, so daß beim Schneiden mit der Maschine die eingespannten Drähte reißen können. Für alle sonstigen harten Seifen verwendet man Spezialmaschinen, von denen die meist verwendeten kurz beschrieben werden sollen.

Die Riegelschneidemaschine nach Abb. 93 zerschneidet den Seifenblock in Riegel bei einmaligem Durchgang. Die Maschine ist mit verstellbarem Rahmen ausgestattet, in welchem sich die kreuzweise angeordneten Schneidedrähte auf einmal lösen und anspannen lassen. Der Gegendruck wird bei den Schneidedrähten von Spiralfedern aufgenommen.

Die Maschine nach Abb. 94 kombiniert das Zerschneiden des Blockes in Platten und Riegel oder Riegel und Stücke. Die Maschine ist mit zwei verstellbaren Schneiderahmen mit Spannvorrichtungen und mit zwei verstellbaren Druckköpfen ausgestattet. Der erste Schneiderahmen ist mit waagerechten oder kreuzweise gespannten Drähten versehen. Im ersten Falle erhält man Platten, im zweiten Riegel. Im zweiten

Rahmen sind die Drähte senkrecht gespannt, die zweite Schneideoperation liefert deshalb Riegel oder Stücke.

Zum Zerteilen von Platten mit größeren Abmessungen dienen besondere Konstruktionen. Größere Fabriken verwenden zweckmäßigerweise kombiniert arbeitende

Abb. 94. Maschine zum Zerteilen des Seifenblocks in Platten und Riegel oder Riegel und Stücke (Weber & Seeländer, Helmstedt).

Schneidemaschinen, etwa nach Art der in Abb. 95 gezeigten. Die Maschinen werden für Platten von 1 × 1 m gebaut; da die Schnittfläche etwa 200 mm beträgt, können zwei bis drei Seifenplatten aufeinandergelegt und in einem Arbeitsgang in Riegel oder Stücke geschnitten werden. Nach dem zweiten Schneiderahmen kann eine Prägewalze eingebaut werden, welche die Seifenstücke mit der Firmenbezeichnung

Abb. 95. Kombinierte Zerschneidemaschine für große Seifenplatten (Weber & Seeländer, Helmstedt).

oder dergleichen versieht. Allerdings kann man dann nur eine Seifenplatte auf die Maschine legen.

Zum Schluß sei eine kontinuierlich arbeitende Riegel- und Stückschneidevorrichtung beschrieben (Abb. 96). Die Maschine hat den Vorteil, daß sie nicht nach jedem Schnitt ausgerückt werden muß. Nach Ingangsetzung der Maschine werden die Seifenplatten auf den Tisch gelegt, das Schneiden wird dann von der Maschine vorgenommen. Der Schneidetisch besitzt keinen Anschlag, das Auflegen der Platten oder Riegel kann von jeder Seite aus erfolgen. Das Schneiden wird durch eine in einer beweglichen Kettenführung laufende Druckschiene bewerkstelligt. Die Druckschiene verschwindet kurz vor dem Schneiderahmen unter dem Tisch und läuft wieder zum Ausgangspunkt zurück. Während des Rücklaufes wird die nächste Seifenplatte auf den Tisch gelegt usw. Fabriken, welche die zu pressende Seife in Riegeln vortrocknen, können die Schneide-

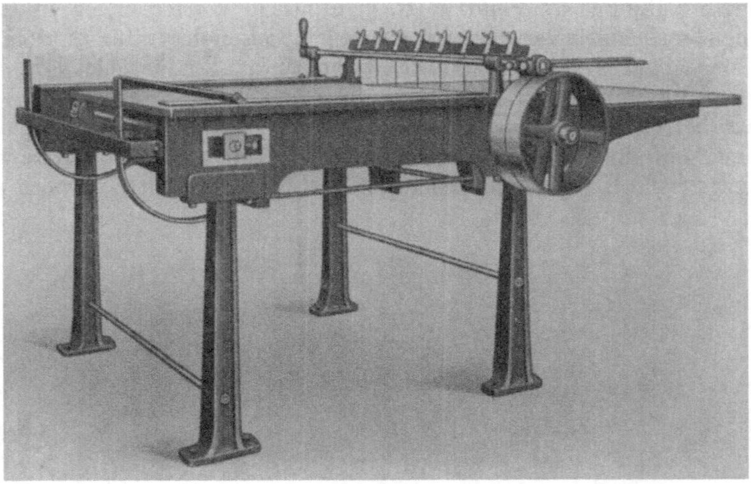

Abb. 96. Kontinuierlich arbeitende Zerschneidemaschine.

maschine dicht vor der Autopresse aufstellen und bei richtig eingestellter Tourenzahl von Schneidemaschine und Autopresse den Transport der ausgetrockneten Seifenstücke vermeiden.

Zum Schneiden der Platten aus Plattenkühlmaschinen (s. nächster Abschnitt) eignen sich selbsttätige Plattenschneidemaschinen nach Abb. 97. Je nach der Stärke

Abb. 97. Automatische Plattenschneidemaschine (Aug. Krull, Helmstedt).

der Platten können auf dieser mittels Elektromotors angetriebenen Maschine vier Platten auf einmal in Riegel und Stücke zerschnitten werden.

4. Plattenkühlmaschinen.

Die Einführung der Kühlmaschinen war für die Seifenindustrie von größter Bedeutung. Das Kühlen der Seife in den viel Raum beanspruchenden Formen dauert je nach ihrer Größe 3—10 Tage und noch mehr, während maschinell gekühlte Seife schon in 1—2 Stunden nach Füllen mit flüssiger Seife fertig gepreßt und verpackt werden kann. Auch entfällt die Notwendigkeit der Blockzerteilung.

Die Vorläufer der modernen Plattenkühlmaschinen waren die hydraulischen Seifenkühlpressen, welche aber nicht genügend leistungsfähig waren[1]. Auch die Kühlung der Seife in Riegeln, wozu Vorrichtungen in der Art der Kerzengießmaschinen verwendet wurden, hat sich nicht einführen können. Derartige Maschinen[2] arbeiten zwar zufriedenstellend, aber für jedes Format ist eine besondere Maschine erforderlich.

Am besten haben sich die weiter unten beschriebenen Seifenplattenkühlmaschinen bewährt. Die Idee der Kühlung der Seife in Platten dürfte von FELIX FISCHER, Apollo-Kerzen- und Seifenfabrik in Wien, stammen, der sich zu Beginn

Abb. 98. Plattenkühlmaschine (Aug. Krull, Helmstedt).

dieses Jahrhunderts eine der Filterpresse nachgebildete Kühlvorrichtung in einigen Staaten schützen ließ. Die Maschine besteht aus einem starken Rahmengestell mit beweglicher Kopfplatte und feststehender Druckplatte. Zwischen diese zwei Platten werden die Kühlzellen und Seifenplattenrahmen aufgestellt. In einer Operation können so beliebig viele Seifenplatten, deren Stärke von der Breite des Rahmens abhängt, gekühlt werden. Die Kühlplatten (Kühlzellen) werden mit Wasser gefüllt und sind mit Wasserzu- und -ableitung versehen.

Im Laufe der Jahre haben sich zwei Kühlsysteme eingeführt und bewährt, und zwar:

1. Maschinen, welche ohne Druck mit Seife gefüllt werden;
2. Maschinen, welche mittels eines Druckgefäßes mit Seife beschickt werden.

Die Abb. 98 zeigt eine Plattenkühlmaschine nach System 1. Durch die Öffnung im oberen Rahmenschenkel werden die zwischen den wassergekühlten Platten angeordneten Formrahmen mit der heißen flüssigen Seife gefüllt. Eine auf der ganzen Länge der Maschine aufgesetzte Rinne verteilt die Seife in den einzelnen Rahmen. Nach Erkalten der Seife in den Rahmen wird die vorher gereinigte Rinne mittels eines Kurbelantriebes nach oben gekippt. Nach Öffnen der Maschine werden die mit erstarrter Seife gefüllten Rahmen herausgekippt. Zum Öffnen und Verschließen der Kühlpresse dient eine Druckspindel. Die Formen können aus Holz oder Eisen hergestellt werden.

[1] D. R. P. 126609 und 126610.
[2] Georg Schicht A.-G. und K. Schnetzer, D. R. P. 144108.

An der ebenfalls ohne Druck arbeitenden sog. Ajag-Plattenformmaschine wird der Einlaufkanal zum Einfüllen der Seife durch die Rahmen und Platten selbst gebildet; die Rahmen und Platten sind in der Mitte mit Erhöhungen versehen, in denen sich Öffnungen befinden, welche beim Zusammenziehen der Maschine den Kanal bilden. In Kühlpressen dieser Ausführung können Formrahmen verschiedener Stärke eingehängt werden, auch kommt die Bedienung der Schwenkrinne in Fortfall.

Die Maschinen nach dem System 2 kennt man in verschiedenen Konstruktionen.

Bei den älteren Maschinentypen sind zwei feststehende Platten durch vier Träger oder U-Eisen verbunden; die eine Platte dient als Druckplatte, die andere als Führung der Druckspindel. Die beweglichen Teile (Rahmen und Platten) sind in einem Rahmengestell untergebracht.

Die neueren Maschinen sind mit zwei Zugspindeln versehen, welche in den beiden Rahmenplatten und zwei Trägern diagonal gelagert sind, wobei das bewegliche Kopfstück die Führung der Spindeln aufnimmt, die Kühlplatten und Rahmen zusammenpreßt und gegeneinander abdichtet. Das von den Spindeln geführte Kopfstück ist als die letzte Kühlplatte ausgebildet, ebenso die feststehende Platte am anderen Ende der Maschine; in letzterer befindet sich auch eine Öffnung für den Eintritt der Seife.

Abb. 99. Seifenplattenkühlmaschine (Miag, Dresden).

In Abb. 99 ist der Motorantrieb der mit zwei diagonal angeordneten Zugspindeln bewegten Druckplatte zu sehen. Ein solcher Verschluß erfordert weniger Raum als der mit einer Druckspindel.

Die wichtigsten Bestandteile der Maschine sind die Kühlplatten. Man verwendete früher Gußplatten mit Kanälen, die auf beiden Seiten durch Leisten abgedichtet waren. Durch Rostbildung kam die Seife häufig zu Schaden. Es wurde versucht, den Übelstand durch Aufschrauben und Aufkleben nickelplattierter Bleche zu beheben. Aber an den Verschraubungsstellen fand Rostbildung statt, während der zwischen Nickelbelag und Gußplatte angebrachte Klebstoff isolierend wirkte. In den modernen Maschinen werden die Kühlflächen aus nickelplattierten Stahlblechen hergestellt.

Die Abb. 100 und 101 zeigen eine normalisierte Kühlplatte.

n sind die spiegelglatten, ebenen Kühlflächen aus nickelplattiertem Stahlblech, *d* ist die Deckleiste, welche durch Entfernung der Muttern abzunehmen ist. Die Platte läuft auf zwei Rollen *r*. Jede Rolle besitzt eine Kammer für Fett- und Ölschmierung. Das Kühlwasser tritt durch den Einlaufkrümmer *e* in die Kühlplatte ein und verläßt sie durch das Auslaufrohr *a*. *u* ist der Durchtrittskanal für die Seife.

Abb. 101 zeigt die normalisierte Kühlplatte mit abgenommener Deckleiste *d*. Das Innere der Kühlplatte ist durch die gepreßten Stahlrippen gekennzeichnet. Zwischen je zwei angrenzenden Rippen befinden sich die Zugschrauben *z*. Die Reinigung kann nach Abnehmen der beiden Leisten leicht erfolgen. Die leichte Reinigungsmöglichkeit ist wichtig, denn Schmutzablagerungen im Innern der Platten hindern die Kühlwirkung.

Der Kühleffekt der Kühlplatte ergibt sich aus der Gesamtkonstruktion: Die gepreßten Stahlrippen *g* sind unmittelbar auf den nickelplattierten Stahlblechen *n*

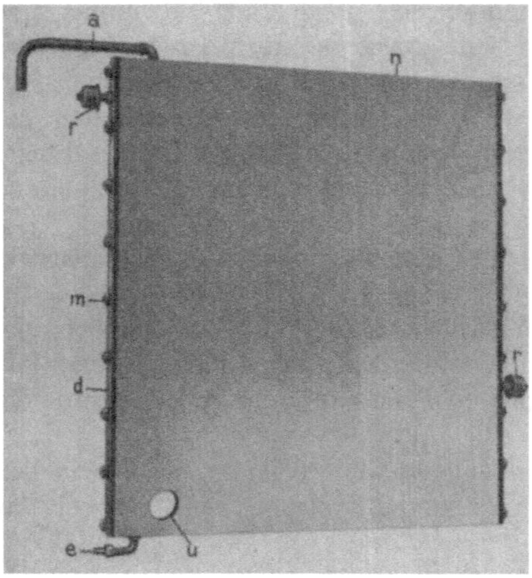

Abb. 100. Kühlplatte (Joh. Hauff, Berlin-Lichtenberg).

in einer größeren Zahl aufgeschweißt, so daß der ganze Innenraum der Kühlplatte in viele Kanäle unterteilt ist. Da die profilierten Stahlrippen an den gegenüberliegenden Enden Schlitze besitzen, so strömt das Wasser in vielfältigem Zickzacklauf durch das Innere der Kühlzelle, so daß praktisch die gesamte Kühlfläche der Platte vom Wasser bespült wird. Die engeren Wasserkanäle sowie der häufige Stromrichtungswechsel bei der jeweiligen Querschnittsveränderung durch die Schlitze in den gepreßten Rippen steigern die Geschwindigkeit der Kühlwasserströmung und verursachen dessen Wirbelung. Dadurch wird der Wärmeaustausch zwischen Kühlmittel einerseits und Seife anderseits sehr gefördert.

Eine andere, moderne Kühlplattenkonstruktion, die ebenfalls im Innern leicht und schnell gereinigt werden kann, wird durch die Abb. 102 veranschaulicht.

Die Kühlplatte besteht aus zwei Hälften, welche an den Außenkanten zusammengeschraubt werden. Die geteilte Ausführung der Kühlplatte ermöglicht jederzeit eine Kontrolle der inneren Beschaffenheit. Die Schweißstellen und der Schutzanstrich können leicht nachgeprüft werden, die Reinigung ist leicht durchführbar.

Die geteilte Kühlplatte zeigt folgende Konstruktion: Die Umrahmung besteht aus Stahlleisten, die auf die nickelplattierten Kühlbleche aufgeschweißt werden.

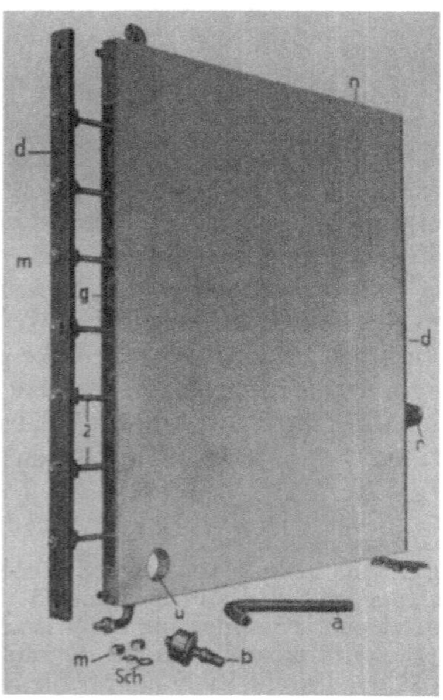

Abb. 101. Kühlplatte (Joh. Hauff, Berlin-Lichtenberg).

Abb. 102. Geteilte Kühlplatte (Weber & Seeländer, Helmstedt).

Die beiden genau zusammenpassenden Hälften werden mit einem säure- und alkalifesten hauchdünnen Gummianstrich überzogen. Die beiden Plattenhälften werden an den Rändern durch Schrauben zusammengehalten und mittels Wasserdruckes auf Dichtigkeit geprüft.

Die Formrahmen können aus jedem gut abgelagerten Hartholz bereitet werden. Die oberen und unteren Rahmenschenkel werden durch Eisenspannrahmen oder durchzogene Ankerschrauben in ihrer Festigkeit gesichert. Die an den Rahmen befindlichen Handgriffe dienen zum Herausnehmen der fertig gekühlten Seifenplatten. Auch ist jeder Rahmen mit einer Entlüftungsnut versehen, damit bei ihrer Füllung die Luft entweichen kann.

Der Arbeitsgang einer unter Druck gefüllten Plattenkühlmaschine ergibt sich aus Abb. 103 a und b. Die Seife wird aus dem Siedekessel oder Seifenbehälter in den Druckkessel *A* abgelassen. Der Druckkessel ist doppelwandig, vollständig geschlossen und besitzt eine Füllöffnung *B* und ein Rührwerk *C* zur Vermischung der Seife mit Füllmitteln, Parfüm usw. Durch den Kompressor *D* wird die Seife im Kessel unter 2—3 at Druck gesetzt und dann durch die doppelwandige, geheizte Rohrleitung *E* und durch das geheizte Ventil *Q* in die Kühlmaschine gedrückt.

Die Plattenkühlmaschine *F* besteht aus dem Gestell *G* mit verschiebbarer Druckplatte *H*, in welchem abwechselnd die Kühlplatten *J* und Formrahmen *K* gelagert sind. Die Platten haben in der Höhe des Einlaufventils eine Öffnung, durch die die Seife in die Rahmen gelangt.

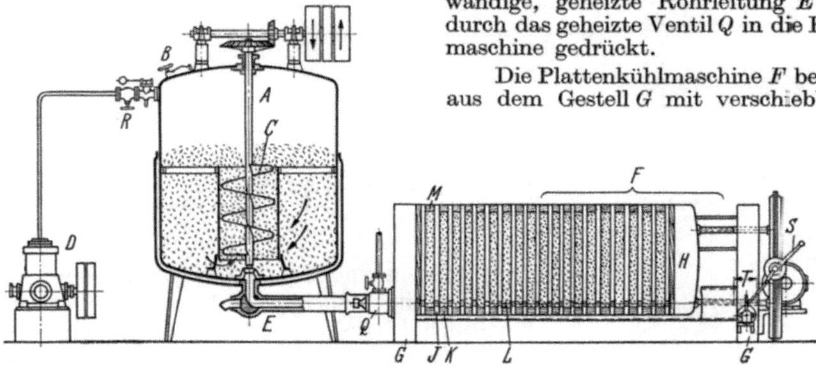

a

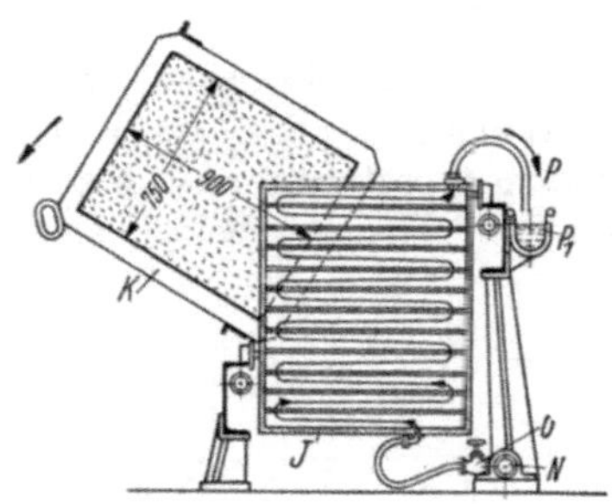

b

Abb. 103a und b. Kühlung der Seife in Plattenkühlmaschinen (Miag, Dresden).

Nach Füllen der Maschinen und Abdichten der Entlüftungsnute an den Rahmen durch die in ihnen erstarrte Seife wird der Haupthahn am Wasserverteilungsrohr *N* geöffnet. Jede Kühlplatte ist durch einen Gummischlauch an das Wasserverteilungsrohr angeschlossen. Die Schläuche sind mit einem Absperrhahn versehen, es kann daher der Wasserzulauf zu den einzelnen Kühlplatten reguliert werden. Durch die Überlaufrohre *P* fließt das Wasser in die Sammelrinne P_1.

Der Druck von 2—3 at soll in der gefüllten Maschine etwa 15 Minuten aufrechterhalten bleiben, um den bei der Abkühlung der Seife entstehenden Leerraum mit Seife nachfüllen zu können. Nach 15 Minuten wird erst das Ventil *Q* geschlossen und die Luft im Druckkessel *A* durch Öffnen des Ventils *R* abgelassen. Während der zur Abkühlung der Seife erforderlichen Zeit wird der Druckkessel für die nächste Operation betriebsfertig gemacht.

Nach beendeter Kühlung wird mittels Handkurbel *S* die Druckplatte *H* etwas gelockert, sodann durch Betätigung des Schalters *T* die Kühlmaschine automatisch geöffnet, wobei durch Kettenglieder Platten und Rahmen in gleichmäßigen Abständen auseinandergezogen werden. Die Rahmen *K* mit den erstarrten Seifenplatten werden dann herausgekippt. Die Seifenplatten können sofort nach Entnahme aus der Kühlmaschine geschnitten werden.

5. Die Trockenapparate für Seifenriegel und Seifenstücke.

Die Oberfläche der Seifenriegel muß angetrocknet werden, um genügende Festigkeit bei der Pressung oder Stempelung aufzuweisen.

Die Antrocknung einer prägefesten Schicht um die Seifenriegel geschieht noch vielfach in der Weise, daß die Riegel in einem gewissen Abstand auf Regale

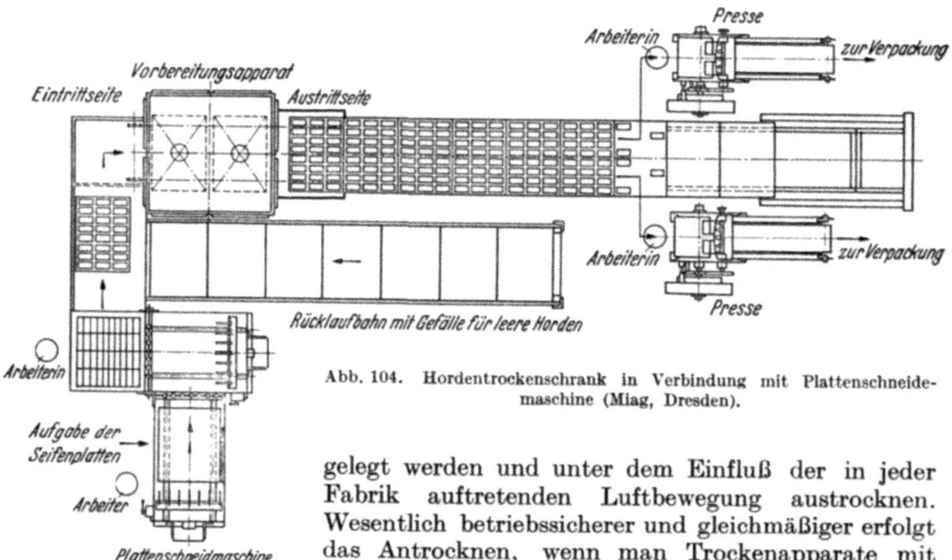

Abb. 104. Hordentrockenschrank in Verbindung mit Plattenschneidemaschine (Miag, Dresden).

gelegt werden und unter dem Einfluß der in jeder Fabrik auftretenden Luftbewegung austrocknen. Wesentlich betriebssicherer und gleichmäßiger erfolgt das Antrocknen, wenn man Trockenapparate mit künstlicher Belüftung verwendet. Diese bestehen aus einfachen Kammern (Trockenschränken), die von einem schwach erwärmten Luftstrom durchstrichen werden. Handelt es sich jedoch um größere Produktionen, so sind im allgemeinen Kanaltrockner vorzuziehen. Die Kanaltrockner bestehen aus dem Kanalgehäuse, durch welches Hordenwagen, die mit den Riegeln belegt sind, einem entsprechend (bis zu 45^0) erwärmten

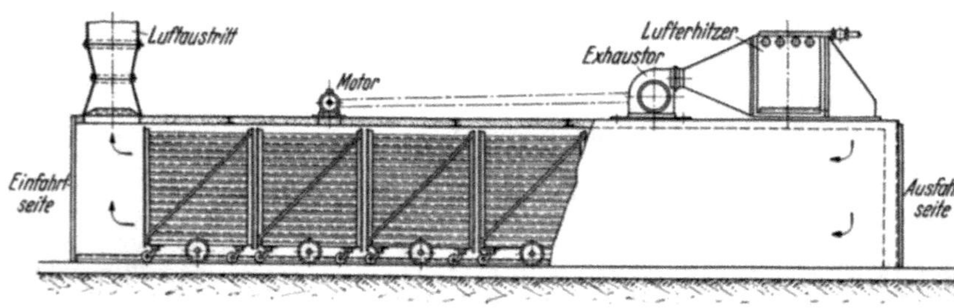

Abb. 105. Kanaltrockner.

Luftstrom entgegengeführt werden. Die Kanaltrockner ermöglichen einen nahezu kontinuierlichen Betrieb. Die Trockendauer beträgt bei richtiger Konstruktion ca. 20 Minuten, so daß spätestens eine halbe Stunde nach dem Riegelschneiden bereits mit der Prägung begonnen werden kann.

In der Abb. 104 ist eine Trockenvorrichtung gezeigt, in der die Horden mittels einer Transportvorrichtung automatisch durch den Trockenraum geführt werden, in Verbindung mit einer zweiteiligen Schneidemaschine. Die geschnittenen Riegel werden von einer Arbeiterin auf Horden verteilt, welche durch den Mechanismus des Trockenschrankes in gleichmäßigen Abständen in die erste Kammer eingezogen werden. Durch mechanische Förderung steigen hier die Horden aufwärts, und die Riegel werden der Einwirkung eines steigenden Warmluftstromes ausgesetzt. Alsdann werden die Horden mit den angetrockneten Seifenstücken automatisch der zweiten Kammer zugeführt; hier werden die Horden nach abwärts bewegt, gegen die absteigenden Seifenstücke stößt ein Frischluftstrom mit Raumtemperatur und kühlt die warme Außenschicht der Seife ab.

Am Ausgangspunkt der zweiten Kammer fördert der Schrankmechanismus die belegten Horden auf ein Transportband, welches zu den Seifenpressen führt. Die Arbeiterinnen nehmen die angetrockneten Seifenstücke von den Horden und füllen damit die Aufnahmeschächte der automatischen Seifenpresse. Eine der Arbeiterinnen legt sodann die entleerten Horden auf die Rücklaufbahn, von wo sie wieder von der Arbeiterin, welche die frisch geschnittenen Seifenstücke auflegt, bedient werden.

Abb. 105 zeigt den Längsschnitt eines Kanaltrockners.

6. Pressung der Seifen.

Die Hauptmenge der Haushaltseifen wird in gepreßter und geprägter Form in den Handel gebracht. Früher wurden die Kernseifen lediglich mit einer Stempelung versehen, wozu meist ein Stempel mit Holzhammer verwendet wurde.

Die älteste Form einer Handspindelpresse ist in Abb. 106 gezeigt.

Abb. 106. Handspindelpresse (J. Lehmann, Dresden).

Abb. 107. Friktionsspindelpresse (J. Lehmann, Dresden).

Mit der Maschine lassen sich auch schwerere Seifenriegel pressen. Das Bedienen solcher Pressen erfordert ein gewisses Maß an Körperkraft, die Leistung der Maschine ist nicht groß. Die Maschine wurde später durch eine Spindelpresse mit Kraftbetrieb (Abb. 107), eine Friktionsspindelpresse, ersetzt, wie sie hauptsächlich in der Metallindustrie in Verwendung sind. Die Kraftspindelpresse hat sich zum Prägen von Seifenriegeln und -stücken sehr gut bewährt. Der Antrieb erfolgt durch Elektromotor oder Riemenscheibe. Die Auf- und Abwärtsbewegung der Preßspindel wird durch Friktionsscheiben bewirkt, welche wechselweise selbsttätig geschaltet werden. Die Auslösung der Friktionsscheiben erfolgt durch Betätigung des Fußhebels. Der an der Presse sitzende Arbeiter legt jeweils ein Seifenstück in den

Abb. 108. Pendelschlagpresse (Wilh. Straszburg, Berlin).

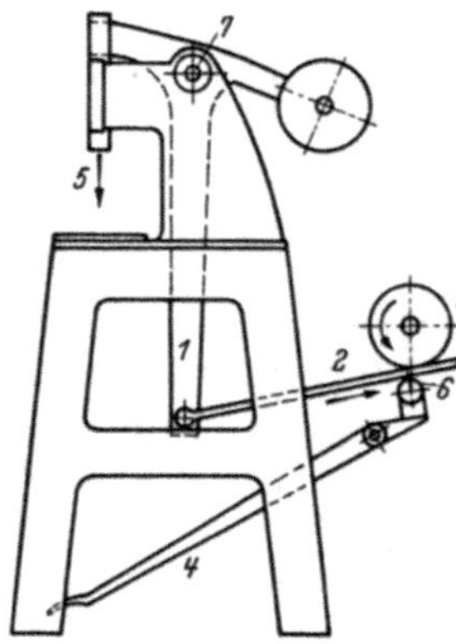

Abb. 109. Pendelschlagpresse mit Kraftbetrieb.

Stanzkasten der Presse und löst den Preßmechanismus durch Druck auf den Fußhebel aus; das gepreßte Seifenstück wird durch eine selbsttätige Aushebevorrichtung aus dem Stanzkasten herausgehoben und vom Arbeiter weggenommen. Das Arbeiten an der Friktionsspindelpresse ist völlig gefahrlos, da die Preßspindel nur dann in Bewegung gesetzt werden kann, wenn der Arbeiter beim Niederdrücken des Fußhebels gleichzeitig mit beiden Händen die Handgriffe der Schutzvorrichtung an sich heranzieht. Vielfach in Verwendung sind auch Pendelschlagpressen, für Fuß- oder Kraftbetrieb.

Abb. 110. Automatische Seifenpresse (Weber & Seeländer, Helmstedt).

Die Pendelschlagpresse besteht aus einem Gußkörper, in dessen oberen Teil der Pendel eingehängt ist. Der Schlag, welcher durch die am Pendel angebrachten Gewichte verstärkt und in der Stärke reguliert werden kann, wird bei den Pressen für Fußbetrieb durch den Fuß erzeugt, bei den Pressen für Kraftbetrieb durch Auslösen des Antriebsmechanismus. Eine Pendelschlagpresse mit Kraftbetrieb zeigt Abb. 108. Die Schutzvorrichtungen sind die gleichen wie bei der Friktionsspindelpresse.

Die Arbeitsweise dieser Presse zeigt die Abb. 109. Durch Niederdrücken des Hebels 4 mit dem Fuß preßt die Rolle 6 die Ziehstange 2 gegen die keilförmige Vertiefung der ständig rotierenden Scheibe 3. Dadurch wird die Stange 2 und mit ihr der um die Achse 7 schwenkbare Pendel 1 angezogen. Der an der Stelle 5 befestigte Stempel wird hierdurch schlagartig heruntergedrückt.

Fußpendelspressen sind ähnlich gebaut, nur ist der Pendel 1 nach unten verlängert und wird mit Fußkraft zurückgestoßen.

In Fabriken mit größerer Tagesleistung verwendet man automatisch arbeitende Pressen (s. Abb. 110). Je nach Konstruktion können auf den Preß-

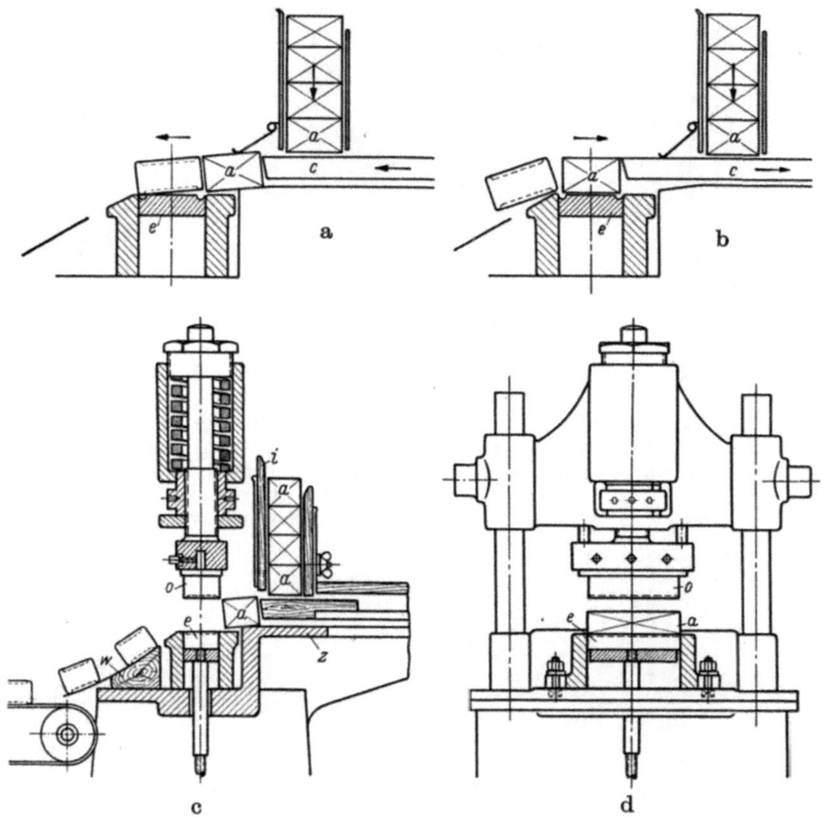

Abb. 111a—d. Arbeitsweise der automatischen Seifenpresse.

automaten mit jedem Hub ein oder mehrere Seifenstücke gleichzeitig oder auch große Riegel gepreßt werden. Sofern nicht eine automatische Zuführung der Riegel oder Stücke vom Trockenschrank aus vorhanden ist, werden die Automaten von zwei Personen bedient. Die Preßstempel werden allgemein durch Exzenterantrieb betätigt.

Das Ausstoßen der gepreßten Seifen aus den Preßautomaten ist durch die Abb. 111 a, b, c, d dargestellt.

Die Zuführung der rohen Seifenriegel oder Seifenstücke erfolgt durch den Füllschacht *i*. Nach Inbetriebsetzung des Preßautomaten bewegt sich der Vorbringer *c* nach rückwärts, und das untere der im Füllschacht liegenden Seifenstücke *a* fällt alsdann auf die Tischplatte *z*. Hier wird es von dem Vorbringer *c* erfaßt und auf die Unterstanze *e* geschoben, welche sich dann sogleich mit dem daraufliegenden Seifenstück im Stanzkasten abwärts bewegt. Der Preßbalken mit der federnd gelagerten Druckspindel folgt dieser Bewegung und der an der Spindel angeschraubte

Oberstempel *o* bewirkt die Pressung. Hiernach heben sich Ober- und Unterstempel wieder und das nächstfolgende Seifenstück, welches vom Vorbringer erfaßt ist, kippt das auf der Unterstanze liegende gepreßte Seifenstück an und schiebt es aus

Abb. 112. Automatische Seifenpresse mit seitlicher Transportbandzuführung (Aug. Krull, Helmstedt).

derselben heraus. Das rohe Stück gleitet dabei auf die letztere und es wiederholt sich dann der beschriebene Vorgang. Sobald die gepreßten Stücke aus der Stanze herausgeschoben sind, werden sie auf die schiefe Ebene *w* gekippt und gelangen alsdann auf das Transportband, welches die Seifenstücke zum Verpacken weiterführt.

Abb. 113a. Automatische Presse für sechsseitige Prägung. (Weber & Seeländer, Helmstedt).

Abb. 113b. Sicherheitsvorrichtung an Seifenpressen (Weber & Seeländer, Helmstedt).

Die Abb. 112 zeigt die seitliche Zuführung der zu pressenden Seifenstücke zum Preßautomaten auf einem Aufgabetransportband.

Für das Prägen der Seifen auf allen sechs Seiten verwendet man Pressen mit entsprechend großem Preßtisch. Die für sechsseitige Prägung verwendeten Stanzen bestehen nämlich außer dem Unter- und Oberteil noch aus vier wegklappbaren Seitenteilen, sie beanspruchen deshalb auf dem Preßtisch mehr Platz als die normalen, nur auf zwei Seiten prägenden Seifenstanzen.

Eine Presse für sechsseitige Prägung, wie sie beispielsweise bei Marseiller Seifen üblich ist, ist in Abb. 113a gezeigt („Sila-Presse“). Ihre Konstruktion weicht insofern von der üblichen ab, als sich der Preßtisch während des Betriebes nach vorne bewegt, um das bequeme Herausnehmen des geprägten Stückes aus der aufgeklappten Stanze möglich zu machen.

Von größter Wichtigkeit sind bei allen Seifenpressen geeignete Schutzvorrichtungen gegen Unfälle, welche bei diesen Maschinen sehr häufig vorkommen. Die an den Friktions- und Pendelschlagpressen beschriebenen Sicherheitshandhebel, ohne deren Auslösung die Maschine nicht in Gang gesetzt werden kann, genügen nicht, denn es hat sich in manchen Fabriken der Übelstand eingebürgert, die Hebel durch Zwischenklemmen von Gegenständen auszuschalten. Als weitere

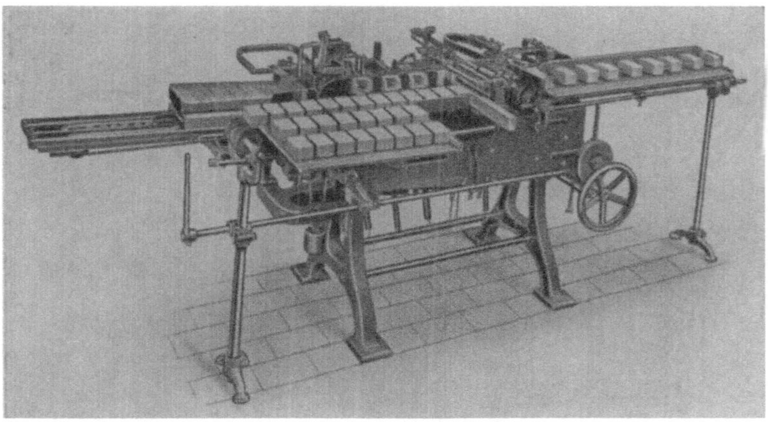

Abb. 114. Seifeneinpackmaschine (Fr. Hesser A. G., Stuttgart-Cannstadt).

Sicherung kann die in Abb. 113b dargestellte Vorrichtung dienen; sie besteht aus einer an der Presse angebrachten Schere. Das Seifenstück wird hinter der Schere in den Stanzkasten gelegt. Sobald der Preßkolben nach unten geht, wird die zufällig in der Gefahrenzone befindliche Hand des Arbeiters durch einen der beiden Scherenschenkel weggedrückt. Die Preßleistung wird nach einiger Übung durch diese Vorrichtung nicht beeinträchtigt.

Einfacher ist die Sicherung der Automatenpressen, indem man dem Stanzmechanismus ein Schutzgitter vorbaut. Während der selbsttätig vor sich gehenden Arbeit können Betriebsunfälle an der Presse kaum vorkommen, nur beim Einschalten der Maschine ist Vorsicht notwendig.

7. Automatische Einpackmaschinen.

Fabriken, welche bestimmte Seifensorten mit stets gleichen Abmessungen in großen Mengen erzeugen, verwenden zum Einpacken der Seifenstücke in Einwickelpapier oder Kartons automatische Maschinen in der Art der in Abb. 114 gezeigten.

Die Seifenstücke werden auf einem laufenden Band der Einschubstation zugeführt. Die an der Längsnaht geklebten Faltschachteln, welche in einem Magazin aufgestapelt sind, werden automatisch geöffnet. Die Seife wird eingeschoben und die beiderseitigen Verschlußkappen der Schachtel werden eingesteckt. Durch Gurttransport werden die verpackten Seifenstücke aus der Maschine herausbefördert. Derartige Maschinen können auch zum Einwickeln in einfachem oder doppeltem Papiereinschlag oder bei Toiletteseifen in Innenfutter für einen Zwischenkarton und äußeren bedruckten Umschlag eingerichtet werden.

C. Maschinen für Toiletteseifen.

Die Herstellung von Toiletteseifen aus Grundseifen erfordert eine Reihe von besonderen maschinellen Einrichtungen. Die aus dem Siedekessel kommende Grundseife kann in Seifenformen, Plattenkühlmaschinen oder auf Kühlwalzen abgekühlt werden. Die in Seifenformen oder Plattenkühlmaschinen erstarrte Seife wird mittels Spanhobelmaschinen, Plattenhobelmaschinen oder Spanfräser in Späne über geführt. Auf Walzen gekühlte Seife wird sogleich in Form von dünnen Spänen erhalten, welche dann sofort einem Trockenapparat zugeführt werden.

1. Spanhobelmaschinen.

Die Grundseifenriegel werden zunächst, damit die Seife gleichmäßig austrocknen kann, zu schmalen dünnen Spänen gehobelt. Die Spanhobelmaschinen

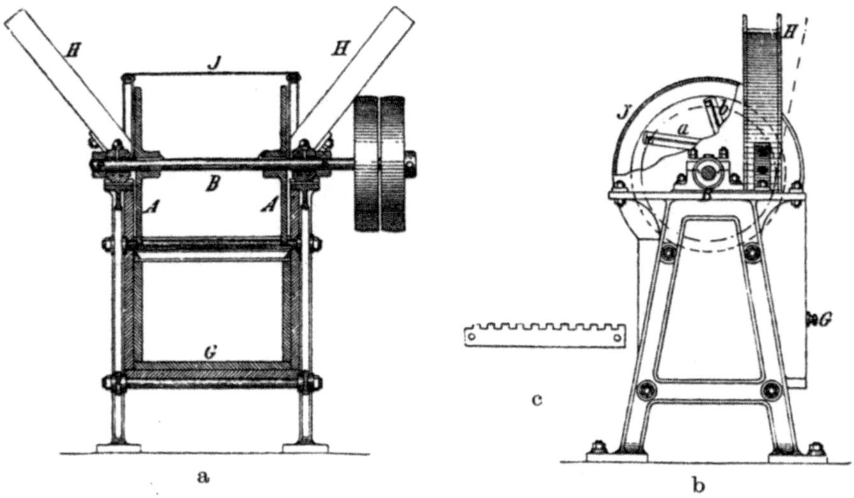

Abb. 115 a—c. Spanhobelmaschine.

bestehen aus Messerscheiben, welche auf eine waagerechte Welle verstellbar aufgesetzt sind; die einerseits eben bearbeiteten Scheiben sind mit radial angeordneten Schlitzen versehen, über denen 0,5—1 mm herausstehende, teils glatte, teils gezahnte Messer angeordnet sind[1]. Die in die seitlichen Führungsschächte gesteckten Seifenriegel drücken gegen die vorstehenden Messer. Die abgehobelten Späne werden in einem Sammelkasten aufgefangen. Die Maschinen werden mit einer oder mehreren Messerscheiben und einem, zwei oder mehreren Einführungsschächten geliefert.

Die Abb. 115a, b und c zeigen die Einzelheiten einer doppelseitigen Hobelmaschine[2] mit zwei Scheiben (*A*).

Jede Scheibe ist mit sechs scharfen Messern besetzt, wovon drei (*a*) glatt und drei (*b*) in der in Abb. 115c gezeigten Weise gezahnt sind. Die Welle *B*, auf der die Scheiben sitzen, läuft in zwei Lagern, die auf zwei gußeisernen Ständern befestigt sind. *G* ist der zur Aufnahme der Späne bestimmte, mit Zinkblech ausgeschlagene Sammelkasten. *H* sind die Zuführungsrinnen für die Seife.

Die Zerteilung der Seifenplatten in Späne kann auch in sog. *Pendelfräsmaschinen* (Abb. 116a und b) vorgenommen werden. Eine Vorschubvorrichtung,

---

[1] Nach W. Schrauth: Handbuch der Seifenfabrikation, 6. Aufl., S. 559. Berlin: Julius Springer. 1927. [2] Nach W. Schrauth: a. a. O., S. 560.

die sich mechanisch in verschiedenen Geschwindigkeiten regeln läßt, bewegt die auf den Tisch gelegte Seifenplatte durch eine elastische Führung dem Pendelfräser zu. Die Zerkleinerung erfolgt durch die Pendelbewegung zweier Messer. Die Späne fallen senkrecht in Behälter oder Transportvorrichtungen (Abb. 117).

Die zu fräsende Seifenplatte liegt schräg auf dem Tisch (Abb. 116a), um die Endschwartenbildung nach Möglichkeit einzuschränken. Die zwei Fräsmesser mit waagrecht laufender Schneidekante, deren Zahnung der gewünschten Spanform

a

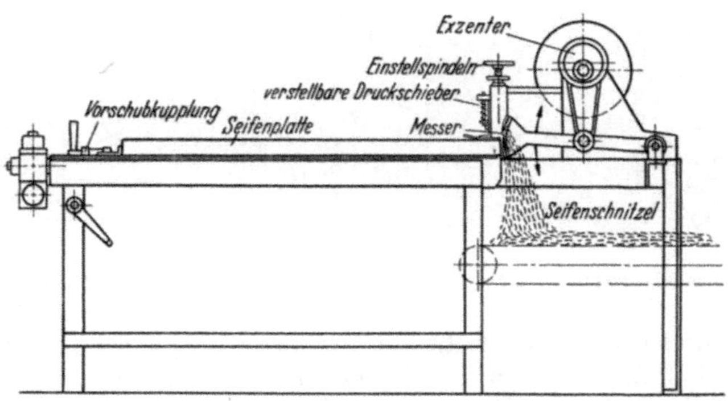

b

Abb. 116a und b. Pendelfräsmaschine (Miag, Dresden).

angepaßt wird, werden durch Verbindung mit dem Exzenterantrieb in dauernder auf- und abwärts laufenden Pendelbewegung gehalten. Die Länge der Späne wird durch die Stärke der Seifenplatte bestimmt. Die Maschine ist für eine maximale Plattenstärke von 70 mm konstruiert; die Führungsöffnung vor den Messern ist der Plattenstärke entsprechend verstellbar.

2. Trocknen der Seifenspäne[1].

Zur Herbeiführung der Pilierfähigkeit ist es notwendig, die ganze Seifenmasse gleichmäßig bis auf einen Fettsäuregehalt von 77—80% auszutrocknen. Die Trocknung erfolgt nach zwei Methoden: Entweder wird die Seife vor dem Trocknen in Seifenformen oder Plattenkühlmaschinen abgekühlt oder die Trockenapparate werden unmittelbar mit flüssiger Seife beschickt.

[1] Mitbearbeitet von H. LÜTHJE.

Für die erste Trocknungsart kommen ausschließlich *Lufttrockner* in Betracht. Die erstarrte Seife wird zunächst in Späne zerkleinert, die dann entweder in Kammer- oder Kanaltrocknern, ähnlich wie bei der Riegelseife S. 274, dem Wasserentzug unterworfen werden. Für kontinuierlichen Betrieb sieht man *Bandtrockner* vor. In letztere wird dann meistens die Zerkleinerungsvorrichtung für die Seifenplatten am Aufgabeende eingebaut. Die Bandtrockner selber bestehen aus einem mehr oder weniger langen Gehäuse, in welchem eine Anzahl endloser Bänder die Seifenspäne transportiert. Die verschiedenen Konstruktionen unterscheiden sich je nach der Art der Luftführung, der Ausbildung der Bänder und der gesamten Ausstattung. Während primitive Anlagen gewöhnliche Drahtgewebebänder besitzen, bei denen die Trag- und Führungsrollen in normalen

Abb. 117. Pendelfräsmaschine mit Transportvorrichtung zum Trockenschrank (Miag, Dresden).

Lagern ruhen und der Trockenluftstrom den ganzen Querschnitt des Gehäuses durchströmt, sind die besseren Bandtrockner mit sog. Plattenbändern ausgerüstet, deren Führungs- und Tragrollen in Kugellagern laufen und bei denen der Luftstrom der jeweiligen Laufrichtung des einzelnen Bandes entgegengesetzt ist. Sehr oft ist bei den besseren Bandtrocknern das untere Band noch mit Klappen versehen und als Kühlband ausgebildet.

Bei den Trocknern, welche unmittelbar mit der flüssigen Seife beschickt werden, entspricht derjenige Teil, welcher der Trocknung dient, den oben beschriebenen Apparaten. Sie sind jedoch mit einem Kühlwalzwerk ausgerüstet, durch welches die aus dem Siedekessel kommende Seife zunächst zur Erstarrung gebracht wird und dann in Form von Spänen auf die Bänder fällt. Bei richtiger Betriebsführung findet schon eine Vorverdampfung beim Erstarren der Seife statt, insbesondere wenn die Temperatur des abfließenden Kühlwassers immer nur wenige Grad unter dem Erstarrungspunkt der Seife gehalten wird. Auf diese Weise kann man einen gewissen Anteil der aus dem Siedeprozeß herrührenden latenten Wärme der Seifenmasse für die Trocknung mit ausnutzen.

Die Erwärmung und Führung der Trocknungsluft in den Kammern kann, wie angegeben, auf verschiedene Weise erfolgen. Bei älteren Konstruktionen tritt die

Frischluft von unten in den Apparat ein, passiert die unter dem untersten Transportband eingebauten Heizkörper und wird durch Ventilatoren oder Exhaustoren nach oben gesaugt. Ein Nachteil ist, daß die am untersten Transportband liegende Seife besonders stark erwärmt wird. Bei den neueren Apparaten wird der Heizkörper außerhalb des Trockenapparates oder an einer Stirnseite verlegt; die warme Luft kann dann eingesaugt oder mittels Druckgebläses durch den Trockenraum geführt werden.

Am besten wird die warme Luft ausgenützt, wenn sie sich im Apparat stauen kann, d. h. während einer gewissen Zeit mit den Seifenspänen in Berührung bleibt, um sich mit der abgegebenen Feuchtigkeit sättigen zu können.

Die neueste Ausführung eines mit flüssiger Seife beschickten Grundseifen-Trockenapparates (Bandtrockner mit Kühlwalze) zeigt die einer Veröffentlichung von P. TACKMANN[1] entnommene Abb. 118. Um Grundseifenspäne gleichen Fettsäuregehaltes zu erzielen, ist es nach TACKMANN notwendig, daß die Späne die entsprechende Oberfläche und Gestalt haben. Die Späne müssen von gleicher Stärke und ihre Oberfläche muß glatt sein; sie dürfen keine Spitzen und Zacken besitzen, weil alle dünnen Stellen stärker austrocknen. Für die Herstellung der Späne auf Kühlwalzen hat sich die große Kühltrommel am vorteilhaftesten erwiesen, auf der die flüssige Seife durch eine kleine Auftragswalze aufgebügelt wird. Die Abb. 118

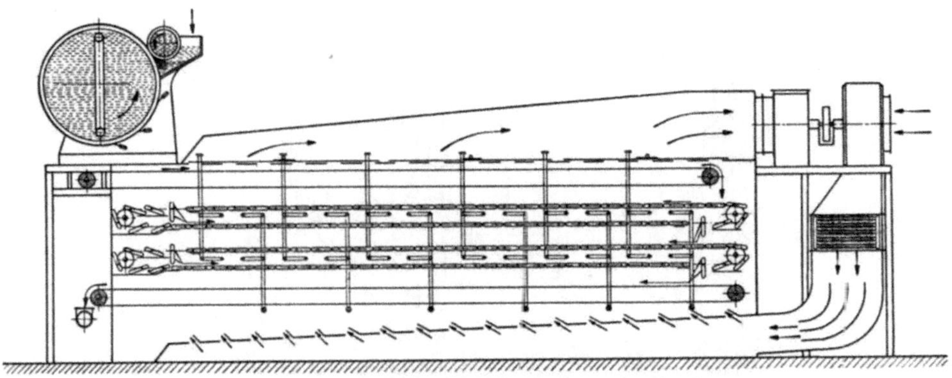

Abb. 118. Grundseifenbandtrockner (J. Lehmann, Dresden).

links zeigt, wie die flüssige Seife in dem geheizten Einschüttkasten von der Kühltrommel hochgenommen wird. Die Filmstärke der Seife wird durch eine Stellvorrichtung mit Skala genau eingestellt. Die zweckmäßigste Spanstärke ist 0,3 mm.

Von besonderer Wichtigkeit für die gleichmäßige Trocknung ist, daß die Späne im Trockenapparat dem Luftstrom gleichmäßig ausgesetzt werden. Die Luft muß deshalb gezwungen werden, einen genau vorbestimmten Weg zu gehen. Eine zuverlässige Luftführung kann durch Luftverteiler allein nicht erreicht werden. Es ist vielmehr erforderlich, der Luftbahn durch einen drückenden und einen saugenden Ventilator den Weg vorzuschreiben. Aus der Abbildung ist zu ersehen, wie die Anordnung der Luftrührelemente zu erfolgen hat, um gleichmäßige Belüftung der Seifenspäne zu erreichen. Der Luftheizer ist, um Verschmutzen der Heizelemente durch Seifenstaub zu vermeiden, außerhalb des Trockenraumes aufgestellt. Am Lufteintritts- und Luftaustrittskanal sind die Lufteintritts- und -austrittsstellen einstellbar.

Die eingeführte Luft muß, wegen der Gefahr des „Sauerblasens" durch die Luftkohlensäure, möglichst weitgehend ausgenutzt und in möglichst geringer Menge zugeführt werden. Hierzu sind, in der Abbildung erkennbar, zwischen den einzelnen Trockenbändern Zusatzheizungen eingebaut, bestehend aus glatten Heizrohren, welche die beim Durchgang durch die Späne abgekühlte Luft wieder auf die Anfangstemperatur aufwärmen. Die Luft verläßt also die Trockner etwa mit derselben Temperatur, mit der sie eintritt.

Zur Steigerung der Raumausnutzung werden sog. Klapphordenbänder benutzt[2], welche das Belegen des vor- und rücklaufenden Trums mit Spänen gestatten. Die Horden sind drehbar an den seitlich laufenden Ketten so aufgehängt, daß der Dreh-

[1] Fette u. Seifen 45, 401 (1938).

[2] D. R. P. 448575.

punkt seitlich vom Schwerpunkt der Horde liegt. An den Wendestellen sind die seitlichen Führungsschienen unterbrochen und beim Passieren dieser Stellen schlagen die Horden nach unten und legen die auf ihnen ruhenden Seifenspäne auf die darunterliegende Horde ab, wodurch die Seife um 180° gewendet wird. Die Horden bestehen aus Stahlrahmen mit eingeschweißtem leichtem Drahtgewebe.

Die Bandtrockner sind die am häufigsten zum Trocknen von Grundseifen verwendeten Apparate. In den letzten Jahren haben sich aber auch Apparate einzuführen vermocht, in welchen die flüssige Seife durch mit Dampf beheizte Walzen getrocknet wird. Es sind dies die sog. *T. A. G. Seifentrockner* (Abb. 119). Der Apparat besteht aus zwei rotierenden, mit Dampf beheizten Walzen, von denen eine verstellbar gegen die andere eingerichtet ist. Das Walzenpaar ist in einer festen Stuhlung gelagert und sowohl oben wie unten mit einer Wrasenabsaugevorrichtung ausgestattet. Der Apparat enthält ferner eine Kühl-

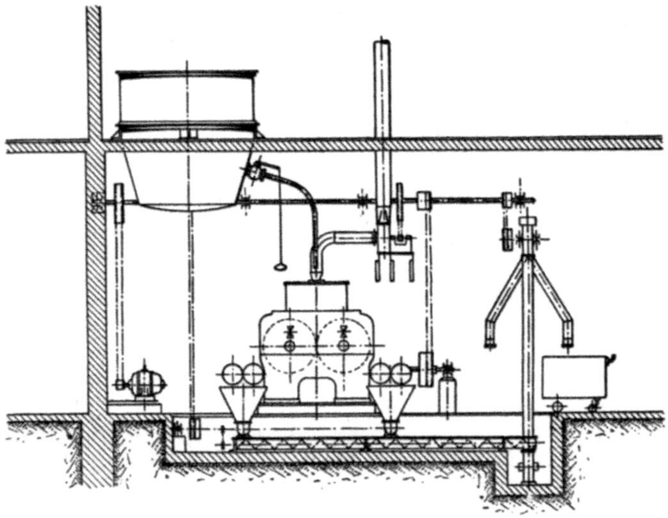

Abb. 119. T. A. G.-Seifentrockner.

vorrichtung, bestehend aus je einem Walzenpaar, das seitlich an den Apparat angebaut ist. Die Seife kann unmittelbar aus dem Siedekessel zugeführt werden; sie verteilt sich gleichmäßig in dünner Schicht auf den Trockenwalzen. Die Wasserverdunstung wird so reguliert, daß nach einer Umdrehung der Walzen der gewünschte Trockengrad der Seife erreicht ist. Die noch mehr oder weniger plastische Seife wird dann selbsttätig abgeschabt und fällt in die Kühlwalzenpaare, wo sie erstarrt und in Form von Spänen abgenommen wird. Die Trockendauer, d. h. die Dauer einer Umdrehung der Trockenwalzen, beträgt 6—8 Sekunden.

Durch geringe Erhöhung des Dampfdruckes kann die Vorrichtung auch zur Herstellung von Seife mit 84—85% Fettsäuregehalt benutzt werden, um die Seifenmasse zwecks Auswalzung zu Flocken in der Art der „Lux"-Flocken zu trocknen. Bei Erhöhung des Heizdampfdruckes auf 6—7 at entstehen wasserfreie Seifenpulver, für welche die Betätigung der Kühlwalzen nicht mehr notwendig ist.

Dem T. A. G.-Trockner können auch Seifenriegel oder Platten aufgegeben werden; diese schmelzen dann zwischen den beiden Trockenwalzen, so daß der Apparat genau so arbeitet wie bei Beschickung mit der noch flüssigen Seife.

3. Misch- und Knetmaschinen.

Zur Vermischung der getrockneten Seifenspäne mit Farbe, Parfüm usw. verwendet man Misch- und Knetmaschinen. Am häufigsten sind Eintrogmaschinen in Verwendung; die Mischarme sind auf einer Welle im Inneren des Trogs angebracht. Die Maschine muß zwecks Unfallverhütung mit einem Gitter oder Blech- oder Gitterdeckel versehen sein, der nur bei Stillstand der Maschine in gekippter Stellung geöffnet werden kann. Während der Entleerung wird die gekippte Maschine in Gang gelassen, der Deckel öffnet sich dann selbsttätig zu einem kleinen, für die Entleerung ausreichenden Spalt. Abb. 120 zeigt eine Mischmaschine in Kippstellung.

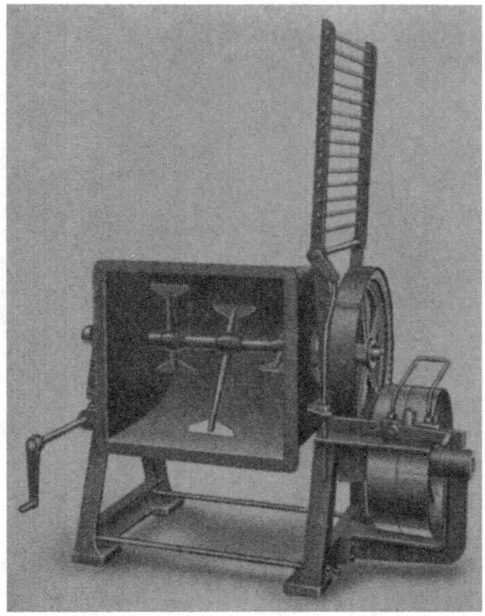

Abb. 120. Mischmaschine (J. Hauff, Berlin-Lichtenberg).

Eine robust gebaute Misch- und Knetmaschine ist auf Abb. 121 dargestellt. Die Maschine vermag die Späne mit Farbe usw. so innig zu verkneten und verreiben, daß sich die weitere Behandlung der Mischung auf Walzenmaschinen mitunter erübrigt.

Die Maschinen werden in letzter Zeit innen mit V 2 A-Stahl ausgekleidet, weil bei dem energischen Kneten und Reiben an den Eisenteilen Spuren von Eisenseifen gebildet werden können.

Abb. 121. Misch- und Knetmaschine (Joh. Hauff, Berlin-Lichtenberg).

4. Walzenmaschinen (Piliermaschinen).

Auf den Piliermaschinen werden die vorgemischten Seifenspäne zwischen Stein- oder Stahlwalzen zu einer homogenen Masse zerrieben, so daß bei der späteren Zusammenpressung einheitlich gefärbte und parfümierte Seifenstränge erhalten werden.

Die Piliermaschinen sind je nach Konstruktion mit drei bis zehn Walzen ausgestattet, man spricht daher von Drei-, Vier- usw. bis Zehnwalzwerken. Für die Leistung der Piliermaschinen sind aber in erster Linie Walzendurchmesser, Walzenlänge und Umdrehungszahl ausschlaggebend.

Zur Beschickung der Maschinen dient ein Trichter, welcher durch einen Zwischenschieber in zwei Abteilungen getrennt ist. Die vorgemischten Seifen-

Abb. 122. Piliermaschine mit wassergekühlten Walzen (Aug. Krull, Helmstedt).

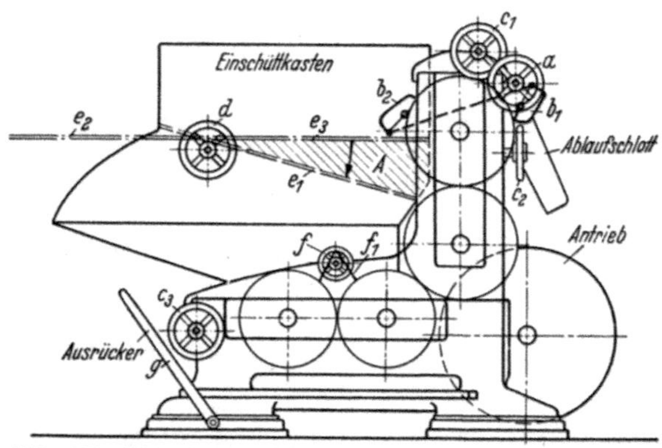

Abb. 123. Vierwalzenmaschine (Weber & Seeländer, Helmstedt).

Abb. 124. Piliermaschine mit geteilter Laufbahn (J. M. Lehmann, Dresden).

späne werden in die untere Abteilung gegeben und gelangen von dort auf das unterste Walzenpaar. Die Umdrehungsgeschwindigkeit nimmt von den unteren zu den oberen Walzen zu, die Seife gelangt schließlich in dünner Schicht auf die oberste Walze, wird von Abstreichmessern abgestreift und fällt in den oberen Teil des Trichters zurück. Hierauf wird der Zwischenschieber geöffnet und die Seife wiederum durch sämtliche Walzen von unten nach oben zermahlen. Der Arbeiter muß darüber Bescheid wissen, wie oft die Späne die Maschine passieren müssen, um einerseits die Seife mit den Zusätzen homogen zu verreiben und sie anderseits in derjenigen Konsistenz zu erhalten, welche für die weitere Verarbeitung in den Strangpressen notwendig ist. Im allgemeinen läuft die Seife zwei- bis dreimal durch die Maschine. Die Seife wird dann durch Einschalten eines auf der Rückseite der Maschine angeordneten Messerpaares von der obersten Walze abgenommen, um auf Transportwagen, Transportbänder od. dgl. zu fallen.

Die älteren Piliermaschinen waren mit Granit- oder Porphyrwalzen ausgestattet. Diese erwärmen sich aber im Betriebe so stark, daß die Maschine häufig, namentlich im Sommer, zeitweilig außer Betrieb gesetzt werden muß. Die Erwärmung ist am größten bei der obersten Walze, weil hier noch die Reibung durch die Abstreichmesser hinzukommt. Man baut deshalb die oberste Walze aus Stahl und versieht sie mit Wasserkühlung. Neuerdings werden sämtliche Walzen der Piliermaschine aus Stahl hergestellt. Bei der Verarbeitung normaler Toiletteseifen genügt es aber, wenn die oberste Walze mit Wasserkühlung versehen ist.

Die in Abb. 122 dargestellte Piliermaschine ist mit vier mit Wasserkühlung versehenen, in Pendelrollenlagern laufenden Walzen ausgestattet. Die Einstellung der Walzen erfolgt mit Hilfe der in der Abbildung sichtbaren Handräder.

Zur Herstellung von Seifenflocken kann das Walzwerk mit Rhombusschneidevorrichtung ausgestattet werden.

Eine Piliermaschine mit vier durch Handräder verstellbare Granitwalzen zeigt Abb. 123. Der Trichter faßt 120—180 kg Seifenspäne. Das Schließen und Öffnen des Zwischenschiebers erfolgt durch Zahnstangen, die rechts und links vom Trichter mit je einem Handrad korrespondieren. Von den Abstreichmessern an der obersten Walze liegt jeweilig nur ein Messer auf der Walze, während das andere vom Einstellungsmechanismus abgehoben wird.

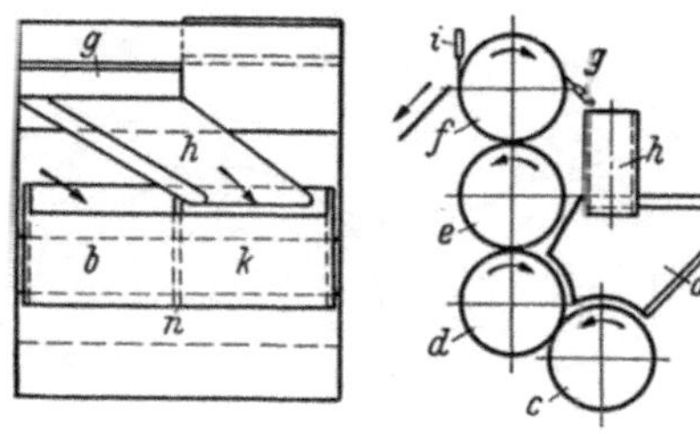

a b

Abb. 125a und b. Piliermaschine mit geteilter Laufbahn (J. M. Lehmann, Dresden).

Da die durch die Walzen bereits verriebenen Seifenbänder ein größeres Volumen haben als die aus der Mischmaschine kommenden Späne, wurde der Trichter so eingerichtet, daß er um den Raum A (Abb. 123) vergrößert werden kann, indem der Schieber abwechselnd in die Stellung e_1, e_2 und e_3 gebracht wird.

Die Abb. 124 und 125a und b zeigen eine mit wassergekühlten Stahlwalzen ausgerüstete Piliermaschine, durch deren Trichterkonstruktion die Walzen in zwei Bahnen unterteilt werden, so daß die Späne nach *einem* Durchgang durch die Walzen in der Strangpresse weiterverarbeitet werden können.

Die unteren Walzen c und d sowie auch der Einschüttkasten a werden durch den in der Mitte der Walzen angebrachten Schieber n in zwei Arbeitsbahnen geteilt. Die Seifenspäne werden in die Einschüttkastenhälfte b gegeben und laufen in der halben Breite durch die Walzen c, d, e, f; sie werden dann vom Messer g abgestreift, gelangen durch die Schotte h, in welchen durch das Aufeinanderfallen eine Durchmischung erfolgt, in die andere Einschütthälfte k, durchlaufen nunmehr die zweite Reibbahn und werden dann durch das Abstreichmesser i von der obersten Walze abgeworfen.

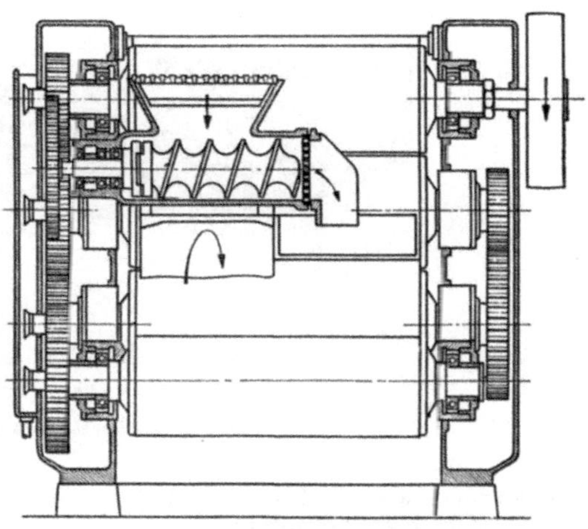

Abb. 126. Piliermaschine mit Zweibahnrichtung und Knetschnecke (J. M. Lehmann, Dresden).

Verbessert wurde diese Zweibahnpiliermaschine durch Einbau einer Misch- und Knetschnecke (Abb. 126). Die Seifenspäne werden in die eine Hälfte des Einschüttkastens unter die Schnecke geschüttet und von der einen Walzenhälfte verrieben. An der obersten Walze angekommen, werden die Späne vom Abstreichmesser abgestreift und der Schnecke zugeführt. Die Schnecke mischt und knetet die Seife und drückt sie durch eine fein gelochte Scheibe in die zweite Hälfte des Kastens, worauf die Seife die zweite Walzenbahn durchläuft. Die Schnecke ist mit einem Schnellverschluß versehen, welcher rasches Reinigen bei Farbwechsel ermöglicht.

Den Arbeitsmechanismus einer Neunwalzenmaschine zeigt Abb. 127. Die Maschine ist mit zwei wassergekühlten Stahlwalzen von großem Durchmesser und sieben kleineren Walzen versehen. Die neun Walzen ergeben, wie die Abbildung zeigt, acht Reibstellen. Ferner ergibt sich aus der Zeichnung, daß die Seifenmasse während eines Durchganges fünfmal abgestrichen und somit fünfmal durchmischt wird. In der Leistung dürfte ein derartiges Walzwerk drei hintereinandergeschalteten Vierwalzenmaschinen gleichkommen.

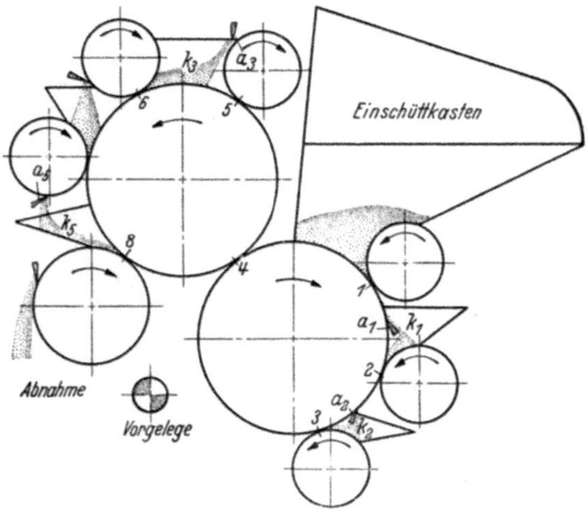

Abb. 127. Neunwalzenmaschine (Weber & Seeländer, Helmstedt).

Die in den Einschüttrichter gegebene Seife wird zum erstenmal bei *1* verrieben, bleibt an der großen Walze infolge ihrer größeren Umfangsgeschwindigkeit haften, wird bei a_1 abgestreift, fällt in den Trichter k_1, wird bei *2* wieder verrieben, von *2* nach k_2 abgestreift, um dann zwischen *3*, *4* und *5* wieder verrieben zu werden.

Im zweiten Walzensatz haben die kleinen Walzen eine größere Umdrehungsgeschwindigkeit als die großen; folglich bleibt die Seife an den kleinen Walzen hängen, wird bei a_3 nach k_3 abgestreift, bei *6* verrieben und von a_5 nach k_5 abgenommen. Die letzte Verreibung erfolgt bei *8*. Die Zwischenabstreichmesser sind so angebracht, daß sich die Seife seitlich verschiebt und dadurch neu vermischt wird.

Die Abb. 128 zeigt schematisch die Arbeitsweise eines Zehnwalzwerkes mit zehn wassergekühlten Kokillenhartgußwalzen. Bei einem Durchgang findet viermalige Vermischung und fünfmalige Verreibung der Seife statt. Das Bild unten

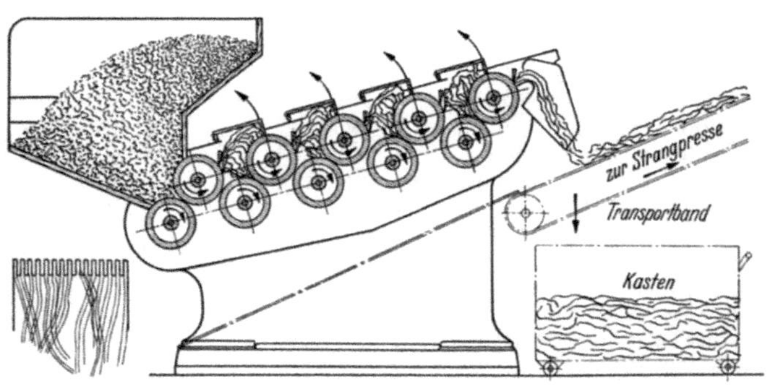

Abb. 128. Zehnwalzenmaschine (Miag, Dresden).

links zeigt, wie die Messer durch die besondere Anordnung der Zähne die abgestreiften Seifenschichten vermischen.

5. Strangpressen (Peloteusen).

In den Strangpressen (Peloteusen) wird die in der Piliermaschine gemahlene, gefärbte, parfümierte, gegebenenfalls überfettete Seife vor dem Pressen zu einem festen Strang zusammengedrückt. Die kontinuierlich arbeitenden Strangpressen bestehen aus einem eisernen Gestell, auf welchem ein mit Einfülltrichter versehener Hohlzylinder horizontal befestigt ist[1]. Der Zylinder ist mit einer durch seine Längsachse hindurchgeführten Schneckenwelle versehen, die ihren Antrieb von

---

[1] Vgl. W. Schrauth: Handbuch der Seifenfabrikation, 6. Aufl., S. 568. Berlin: Julius Springer. 1927.

hinten durch Zahnräder erhält. Der vordere Teil des Zylinders ist konisch und mit einem Doppelmantel ausgerüstet, zwecks Wasserkühlung oder -heizung. Die Schnecke drückt die Seife zusammen und preßt sie durch eine Sieblochscheibe in den Konus. Die Seife verläßt die Strangpresse mit einem Querschnitt, welcher

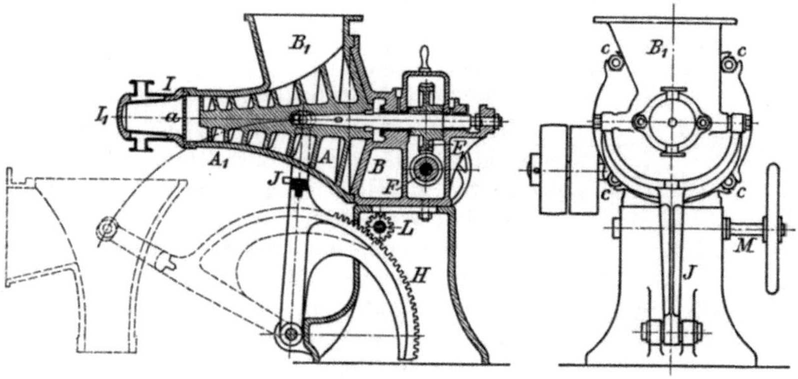

a b

Abb. 129 a und b. Strangpresse.

ihr von der (auswechselbaren) Mundlochscheibe verliehen wurde. Von der richtigen Konstruktion der Bestandteile der Strangpresse und der richtigen Einstellung der Kühlung oder Heizung hängt die Erzielung des homogenen, dichten Seifenstranges ab (vgl. hierzu S. 210). Die Schnecken haben je nach Leistung verschiedene Steigung und Durchmesser von 50—350 mm. Der Durchmesser

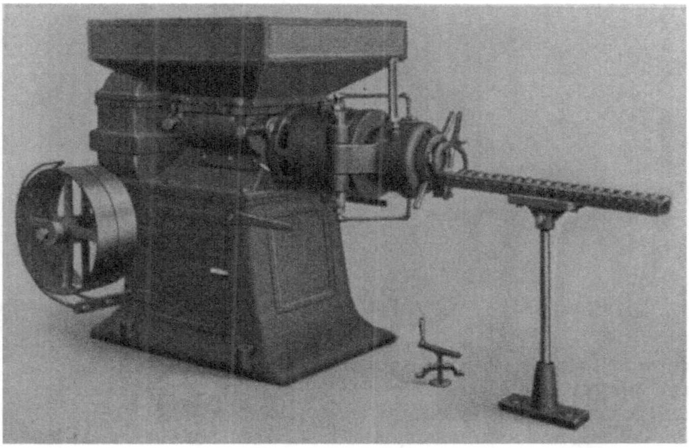

Abb. 130. Strangpresse.

und die Steigung der Schnecke sowie die Stärke der Schneckenwelle können an der ganzen Länge gleichbleibend oder abgestuft gehalten werden.

Die Abb. 129a und b, entnommen dem Handbuch der Seifenfabrikation von W. Schrauth[1], zeigen eine Seifenstrangpresse in Querschnitt und Rückansicht. Die Seife wird durch den Trichter B_1 der Schnecke A zugeführt. Die von der Schnecke zusammengepreßte Seife wird durch das Gitter a in das konische Kopfstück I gedrückt, welches durch das im Doppelmantel zirkulierende Wasser

[1] A. a. O. S. 569.

erwärmt werden kann. Der Seifenstrang verläßt die Maschine durch die kreisförmige, in dem aufgeschraubten Deckel befindliche Öffnung I_1.

Die Schneckenachse erhält ihre Drehung durch die Schraube *E* und das Wurmrad *F*, die von einem Gehäuse gänzlich umschlossen sind. Der Preßmantel A_1 wird gegen den Gestellteil *B* durch vier Schrauben *c* gehalten und von einer gegabelten Stütze *J* getragen, an welche das Zahnlager *H* angepreßt ist. Nach dem Lösen der Schrauben *c* läßt sich mit Hilfe des durch das Handrad *M* drehbaren Getriebes *L*, das in den mit Zähnen versehenen Bogen *H* greift, der Preßmantel in die punktierte Lage (Abb. 129a) bringen, worauf seine Reinigung bequem vorgenommen werden kann.

Abb. 130 zeigt die Gesamtansicht einer modernen Strangpresse.

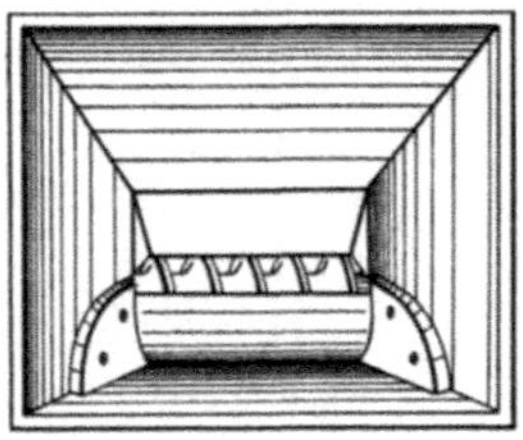

Abb. 131. Obersicht des Trichters einer Strangpresse mit Speisewalze.

Die Strangpressen werden gewöhnlich aus Gußeisen hergestellt, jedoch hat sich eine Auskleidung mit geeigneten Metallegierungen als vorteilhaft erwiesen (s. Kapitel Werkstoffe, S. 521).

Die Strangpressen sollen einen regulierbaren Antrieb für Schnell- und Langsamlauf haben. Um die gleichmäßige Zuführung der Seifenbänder zu gewährleisten, ist bei vielen Strangpressen im unteren Teil des Aufgabetrichters eine seitlich neben der Schnecke angebrachte Speisewalze vorgesehen, welche mit Greifern ausgestattet wird (Abb. 131).

Der Konus der Strangpresse wird mit Dampf, Gas oder elektrisch beheizt. Elektrische Beheizung ist wohl die vorteilhafteste, weil sich die Temperatur genau regulieren läßt: der Strom wird bei Überschreiten der beispielsweise auf 45° eingestellten Temperatur automatisch bei 46° ausgeschaltet und bei 44° wieder eingeschaltet.

Die Sieblochscheibe zwischen Schnecke und Konus nimmt der Seife die durch die Schnecke verliehene Drehbewegung; auch ist sie notwendig, um dem Seifenstrang eine gleichmäßige Struktur zu geben. Die Löcher haben gewöhnlich einen

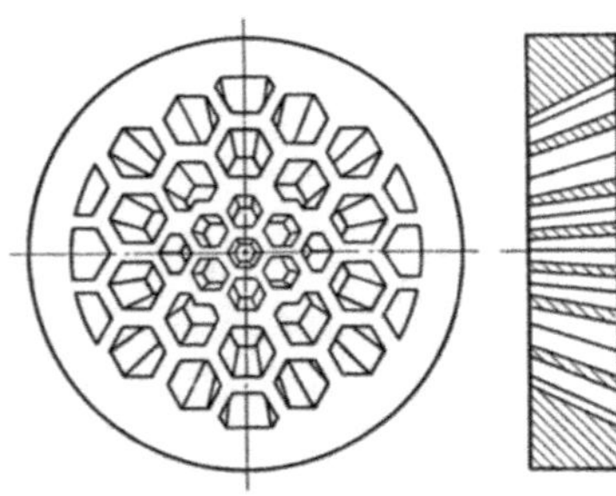

Abb. 132. Sieblochscheibe.

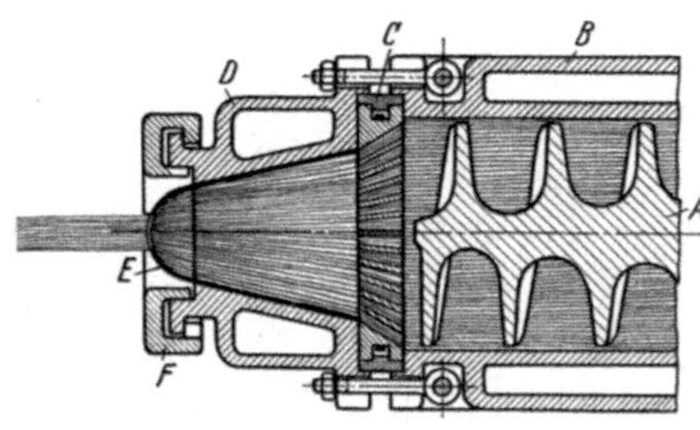

Abb. 133. Preßschnecke der Strangpresse mit verkürztem Konus (Weber & Seeländer, Helmstedt).

A Preßschnecke, *B* Preßzylinder, *C* Sieblochscheibe, *D* Preßkopf, *E* gewölbte Mundlochscheibe, *F* Verschlußstück.

Durchmesser von 4—8 mm. Je kleiner der Lochdurchmesser ist, desto größer ist der Widerstand, welcher der Seife beim Passieren der Löcher entgegengesetzt wird. Es werden auch gewölbte Scheiben verwendet, durch welche der freie Querschnitt vergrößert und ein erhöhter Druck auf die Seife im Konus ausgeübt wird.

In Abb. 132 ist eine Sieblochscheibe mit eigenartig geformten vieleckigen Löchern gezeigt, welche so gearbeitet sind, daß, wenn man die Öffnungen nach der Mitte zusammenschieben wollte, ein runder Durchgang entstehen würde. Die Löcher sind konisch und schräg angeordnet, so daß die Achsen der Löcher in einem Punkt der vorderen Hälfte des Konus zusammentreffen. Die konische Stellung der Löcher hat es möglich gemacht, den Konus zu verkürzen (s. Abb. 133, welche auch den anschließenden Teil der Schnecke zeigt).

Zu erwähnen wären noch die Mundlochscheiben, welche dem aus dem Konus heraustretenden Strang den gewünschten Querschnitt geben. Es sind dies flache Metallscheiben von ca. 5 mm Stärke, die an der Austrittsöffnung des Konus durch Verschraubung festgehalten werden.

6. Schneidemaschinen für Toiletteseifen.

Die Seifenstränge werden in Stücke gleichen Gewichts und gleicher Größe zerschnitten. Man benutzt hierfür, ähnlich wie beim Zerteilen der Haushaltseifen, einfache Schneidemaschinen mit Fußbetrieb oder automatische, unmittelbar am Austritt des Seifenstranges aufgestellte Maschinen.

Abb. 134. Einfache Seifenstrangzerschneidemaschine (Weber & Seeländer, Helmstedt).

Eine einfache Stückenzerschneidemaschine zeigt Abb. 134. Sie ist trotz ihrer Einfachheit sehr leistungsfähig, es können mehrere neben- oder übereinander gelegte Strangabschnitte gleichzeitig zerschnitten werden. Die Länge der Stücke wird durch eine Skala und den Anschlag eingestellt. Zur Bedienung der Maschine braucht man zwei Arbeiterinnen, von denen die eine den aus der Strangpresse austretenden Seifenstrang mit Hilfe eines Handbügels auf etwa Meterlänge durchschneidet und auf den Tisch legt, während die zweite Arbeiterin die Schneidemaschine bedient.

Abb. 135 zeigt eine automatische Seifenstrangschneidemaschine. Die Maschine wird mittels Skala und Anschlag auf die entsprechende Stücklänge eingestellt. Der aus der Strangpresse austretende Seifenstrang drückt ununterbrochen gegen den Anschlag, welcher den Schneidemechanismus auslöst. Die abgeschnittenen Stücke fallen auf das Transportband, welches sie zur Presse weiterleitet. Man kann den Antrieb der Schneidemaschine mit demjenigen der Strangpresse kombinieren; das ist aber nicht unbedingt notwendig, denn die Schneidemaschinen können in der Zeit, in der der Strang nicht austritt, leer laufen.

Abb. 135. Automatische Seifenstrangzerschneidemaschine (J. M. Lehmann, Dresden).

Für Seifenstücke, deren Seifenstränge mit sehr großer Geschwindigkeit aus der Strangpresse herauskommen, eignet sich die Maschine nach Abb. 136. Die Maschine läßt erst einen Strangabschnitt von 700 mm aus der Strangpresse heraustreten, der dann auf einmal in mehrere Stücke zerschnitten wird. Im übrigen wird auch hier der Schneidemechanismus durch den austretenden Seifenstrang ausgelöst, indem der Anschlag einen elektrischen Stromkreis schließt und gleichzeitig ein eingebauter Elektromagnet die Schneidevorrichtung in Tätigkeit setzt. Die Maschine leistet bis zu 1500 kg pro Stunde und die Zuschnitte werden automatisch auf ein Trockentransportband aufgelegt.

Die Schneidemaschinen werden wegklappbar eingerichtet oder auf Schienen gesetzt, um sie beim Öffnen des Strangpressenkonus wegrücken zu können.

Abb. 136. Automatische Schneidemaschine (J. M. Lehmann, Dresden).

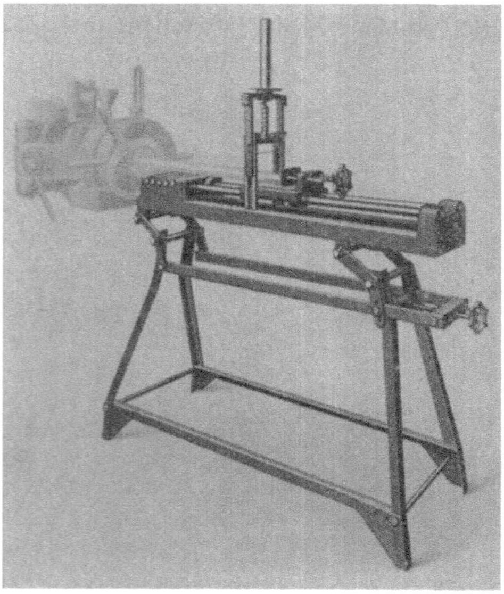

Abb. 137. Mit Strangpresse zusammenarbeitende Schneidemaschine (Weber & Seeländer, Helmstedt).

Die Schneidemaschine für Handbetrieb kann ebenso wie die automatische Schneidemaschine der Strangpresse vorgebaut werden (Abb. 137).

7. Pressen für Toiletteseifen.

Zum Pressen der Toiletteseifenstücke sind alle auf S. 275 erwähnten Pressen verwendbar. Da die Seifenstücke klein sind, werden solche Typen vorzuziehen sein, welche leicht zu handhaben sind und die Arbeiter wenig ermüden. In mittelgroßen Fabriken findet man am häufigsten die Pendelschlagpressen für Fuß- oder Kraftbetrieb (Abb. 108 und 109, S. 276).

Für die Pressung von sehr harten Seifen sind Spindel- oder Kurbelpressen, wegen des allmählich zunehmenden Druckes, am geeignetsten. Diesen Pressenarten ist auch bei runden oder abgerundeten Seifenstücken der Vorzug zu geben. Bei einfachen Seifenformen wird man dagegen die Schlagpresse vorziehen.

Für eckig geformte Seifenstücke eignen sich auch die bei Riegelseifen (S. 276) beschriebenen automatischen Pressen. Eine eigens für Toiletteseifen konstruierte automatische Presse zeigt die Abb. 138. Die Zuschnitte werden von einem Stapelband einem kurzen Füllschacht zugeführt, aus dem sie mit Hilfe von Greifern in die Preßstellung getragen werden. Der Preßmechanismus besteht aus auf einem Revolverkopf angeordneten vier Unterstempeln und einem Oberstempel für alle vier Unterstempel.

Abb. 138. Automatische Toiletteseifenpresse, Revolverpresse (J. M. Lehmann, Dresden).

Die Aufstellung einer automatischen Toiletteseifenpresse ist nur dann begründet, wenn stets nur ein bestimmtes Seifenformat gepreßt werden soll, denn die Umstellung der Automaten auf andere Preßformen ist umständlich und zeitraubend.

Abb. 139. Stanzkästen (Joh. Hauff, Berlin-Lichtenberg).

8. Seifenstanzen.

In die Seifenpressen sind Stanzen eingebaut, welche in die Seife die endgültige Form und Bezeichnung einprägen. Allgemein in Gebrauch sind aus einem

Abb. 140. Kugelschneidemaschine (Joh. Hauff, Berlin-Lichtenberg).

Stanzkasten, einem Ober- und Unterteil bestehende Kastenstanzen, welche man für Kernseifenstücke, Kernseifendoppelstücke und Toiletteseifenstücke verwendet (s. Abb. 139).

Außerdem kennt man noch sog. Quetschstanzen (s. Abb. 139, Mitte), welche aber eine Differierung des Stückgewichts nicht zulassen und das Zuviel an Seife aus der Stanze herausdrücken.

Die Stanzkästen werden aus Gußeisen oder Bronze hergestellt, die Ober- und Unterteile und ebenso die Quetschstanzen aus Bronze. Neuerdings werden für die Stanzen besondere Legierungen verwendet, nachdem man die verheerende Wirkung von Kupferspuren auf Toiletteseifen erkannt hat (vgl. S. 217 und Werkstoffe, S. 521).

9. Besondere Hilfsmittel.

Seifenkugeln lassen sich mit gewöhnlichen Stanzen nicht herstellen. Man verwendet hierzu Maschinen nach Abb. 140. Der Seifenriegel wird so geschnitten, daß er mittels einer durch Hebel betätigten Zahnstange in den Kasten der Maschine hineingepreßt werden kann. Nach Vorschieben des Seifenriegels wird der Kopf (Feder) angezogen und die Kurbel in Bewegung gesetzt, wodurch das Messer in Tätigkeit tritt. Sobald die Feder einschnappt, ist die Kugel fertig geschnitten. Hierauf wird der Riegel weiter vorgeschoben und in gleicher Weise zu Kugeln geschnitten. Sie werden dann mittels eines Polierringes geglättet.

Abb. 141. Rasierseifenabrundmaschine (O. E. Steuer, Homburg).

Zum Abrunden von Rasierseifenstangen lassen sich Maschinen nach Abb. 141 verwenden, in welchen das Seifenstück durch eine Führung gesteckt und durch ein rotierendes Messer abgerundet wird.

10. Fabriken für pilierte Feinseifen.

Die Aufstellung der Maschinen ist auf der Abb. 142 ersichtlich (s. auch S. 296).

1 ist der Vorratsbehälter für die heiße, flüssige Grundseife; er ist mit einem Heizmantel versehen, um die Seife längere Zeit flüssig halten zu können. Der Ablaßhahn *1a* kann vom Podest des Trockenapparates aus bedient werden.

Vom Behälter *1* gelangt die Seife auf die zwei Kühlwalzen *2a* des Bandtrockenapparates *2*; die auf den Walzen erstarrte Seife wird in Form von Spänen und Bändern von den Transporteinrichtungen des Trockenapparates aufgenommen. Die getrockneten Späne werden vom Becherwerk *3* nach dem Vorratsbehälter *4* abgeworfen. Der Behälter *4*, aus verzinktem Eisenblech, ist mit einem Schieber ausgestattet, durch den die erforderliche Seifenmenge nach der Mischmaschine *5* abgelassen wird. Letztere wird zweckmäßig auf eine Waage montiert, um die verarbeitete Seifenmenge genau dosieren zu können.

Die mit Parfüm, Farbe u. dgl. vermischten Späne gelangen in die Piliermaschine *6* und von hier in die Strangpresse *7*. Der aus *7* kommende Seifenstrang wird auf *8* automatisch geschnitten; die Stücke werden dann in den Pressen *9* gepreßt.

Eine selbsttätig arbeitende Anlage für 2000 kg Toiletteseife täglich zeigt die Abb. 143; sie besteht aus der auf einer Waage montierten Mischmaschine, zwei hintereinander aufgestellten Walzwerken, der Strangpresse und Stückenschneidemaschine. Zu der Anlage gehören natürlich noch die Trockenvorrichtung usw.

11. Anlagen für kaltgerührte Toiletteseifen.

Die maschinellen Einrichtungen für einen Kleinbetrieb zeigt Abb. 144.

1 ist ein Kessel mit Unterfeuerung zum Erwärmen des Fettgemisches. Der Topf *2* mit angelehntem Sieb dient zum Abwiegen des Fettes. *3* ist der Behälter für Natronlauge. Im Zylinder *4* hängt das Areometer zur Messung der Grädigkeit der Lauge. Mit dem Schöpfer *5* wird die Lauge in den vor Arbeitsbeginn leer abgewogenen, mit Ablaßhahn versehenen Topf *6* gegeben. In dem mit Handrührer ver-

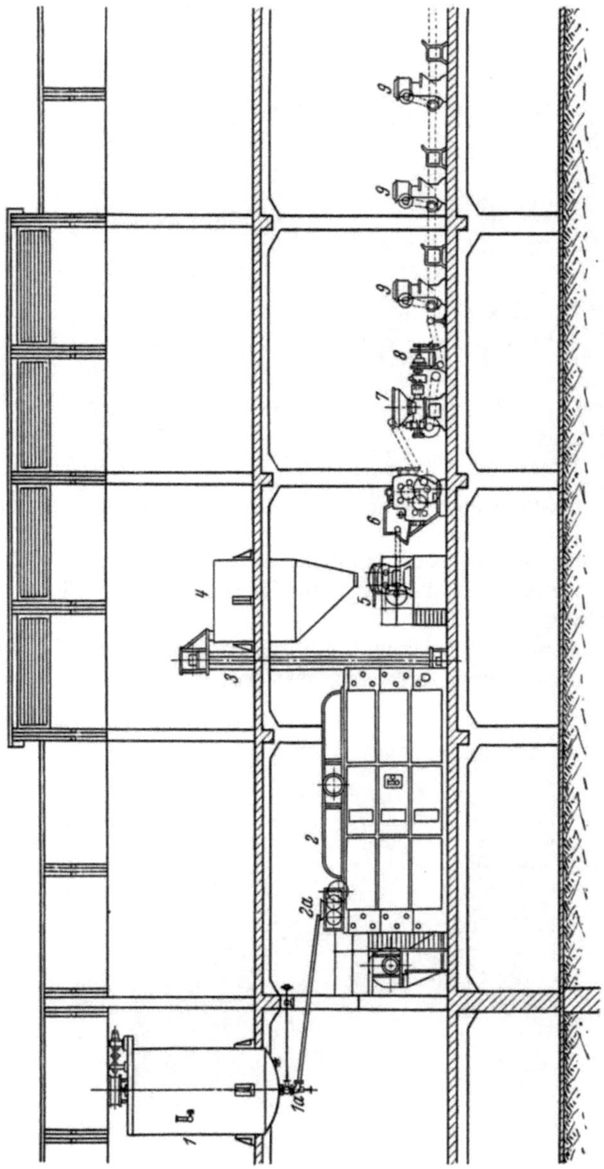

Abb. 142. Toiletteseifenfabrik (Weber & Seeländer, Helmstedt).

sehenen Kessel *7* werden Fett und Lauge vermischt. Die fertige Seife wird in den eisernen, nicht auseinandernehmbaren Formen *8* abgekühlt. Über den Formkasten sieht man die Zerschneidemaschine *9* zum Zerteilen der in den Eisenkasten erstarrten Blöcke in Platten, Riegel und Stücke. *10* ist die Pendelschlagpresse mit Kastenstanze.

D. Maschinen für transparente Seifenflocken.

Die aus sehr stark ausgetrockneten Kernseifen hergestellten Seifenflocken (vgl. S. 424) leisten bei ihrer Bereitung auf Walzen sehr starken Widerstand an den Reibstellen; die Walzen müssen deshalb sehr starke Bauart aufweisen. Steinwalzen sind ungeeignet, weil sie dem beim Reiben entstehenden Druck nicht

Abb. 143. Selbsttätig arbeitende Anlage für Feinseifen (Weber & Seeländer, Helmstedt).

gewachsen sind und sich so stark erwärmen, daß sie nur kurze Zeit betriebsfähig bleiben. Man verwendet deshalb für die Herstellung der Flocken Stahlwalzen mit Wasserkühlung.

Die Transparenz der Flocken kommt nur dann zustande, wenn die Seife einen Fettsäuregehalt von ca. 85% aufweist (vgl. S. 425) und einem bestimmten

Abb. 144. Vorrichtungen für kaltgerührte Seifen (Joh. Hauff, Berlin-Lichtenberg).

Druck und einer bestimmten Temperatur auf den Walzen ausgesetzt wird. Und zwar sollen die Walzen eine Temperatur von etwa 40—50° haben. Die transparenten Flocken lassen sich dann schon in einem Zwei- oder Dreiwalzwerk im einmaligen Durchgang herstellen. Es ist aber in diesem Fall ein Vorwalzen auf einem anderen Walzwerk notwendig. Das Vorwalzen auf nicht allzu eng gestellten Walzen ist namentlich in größeren Betrieben, zur Verringerung des Kraftbedarfs, angebracht.

Gewöhnlich verwendet man zur Herstellung der Seifenflocken Drei- bis Fünfwalzenmaschinen. Auf der oberen letzten Walze wird eine Schneidevorrichtung angebracht, welche die auf der Walze haftende dünne Seifenschicht in rhombische Plättchen zerteilt. Ein Messer nimmt dann die Plättchen von der Walze ab.

Für die Zerteilung der Seife zu den rhombischen Plättchen muß der Schneidemechanismus zwei Bewegungen ausführen: Bei der einen Bewegung wird die Seife diagonal, bei der anderen senkrecht zerteilt. Die diagonale Teilung erfolgt durch eine spiralförmige Walze, die senkrechte durch einen mit Nadeln versehenen Kamm. Oder man bringt zwei Schneidewalzen an (Abb. 145), von denen die eine diagonal, die andere senkrecht oder waagerecht schneidet.

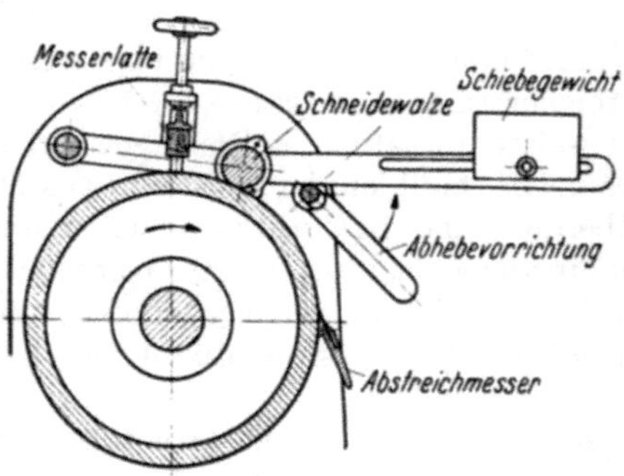

Abb. 145. Seifenflockenzerteilmechanismus.

Abb. 146. Seifenflockenwalzwerk (Aug. Krull).

Abb. 146 zeigt eine kleine Dreiwalzmaschine mit zwei Schneidewalzen. Die vordere Walze zerteilt die Seifenschicht senkrecht, die dahinter liegende führt die diagonale Schneidebewegung aus.

Auch die T.A.G.-Trockner lassen sich zur Herstellung von Seifenflocken verwenden (vgl. S. 284).

Über die zur Herstellung von Seifenpulvern dienenden Maschinen s. S. 433.

IV. Die harten Seifen.

A. Einleitung.

Von **E. Köhler**, Budapest.

Unter harten Seifen versteht man die in fester Form erhaltenen Natronsalze der Fettsäuren. Allerdings werden auch gewisse Sorten von Kaliseifen und von Gemischen von Kali- und Natronseifen in Form von Riegeln, Schnitzeln u. dgl., also als harte Seifen bereitet.

Die harten Natronseifen werden 1. als Kernseifen, 2. als Leimseifen hergestellt. Zwischen diesen beiden Seifenarten steht die Gruppe der 3. Halbkernseifen; diese stellen aber keine dritte kolloidchemische Form der Seife dar, sondern sind Gemische von Kern- und Leimseifen.

1. Die *Kernseifen* werden durch Aussalzen der wäßrigen Seifenlösung gewonnen, also durch Trennung des einphasigen Systems in ein zweiphasiges, den

aus Seife bestehenden „Kern“ und die spezifisch schwerere wäßrige Lösung. Bei starkem Aussalzen erhält man als untere Phase eine viel Salze, überschüssige Lauge und Glycerin enthaltende wäßrige Flüssigkeit, welche man als „Unterlauge“ bezeichnet. Den Vorgang der scharfen Aussalzung der Seifenlösung in Kern und Unterlauge bezeichnet man als die Aussalzung der *Seife auf Unterlauge.*

Wird weniger scharf ausgesalzen, so daß in der unteren wäßrigen Phase beträchtliche Mengen Seife gelöst bleiben, wodurch die „Unterlauge“ leimig erscheint, so spricht man von der Trennung der *Seife auf Leimniederschlag.*

Diese beiden Trennungsmethoden sind voneinander nicht scharf unterschieden, der Übergang ist kontinuierlich[1].

Durch das Aussalzen, welches bei der Siedetemperatur der Seifenlösung erfolgt, können die Kernseifen nur mit einem Fettsäuregehalt von annähernd 60% erhalten werden. Charakteristisch für die durch Aussalzen getrennte Kernseife ist es ferner, daß sie, im Sinne der Verteilungsregel, sämtliche Komponenten enthält, wie Glycerin, Salz usw., welche im Siedekessel vor dem Aussalzen enthalten waren, jedoch in weit geringeren Konzentrationen. Die ausgesalzene Seife ist deshalb viel ärmer an Glycerin und auch an Fettverunreinigungen als dieselbe Seife vor dem Aussalzen; dafür aber ist sie reicher an Salz, welches zum Aussalzen verwendet wurde. Es stellt sich bei der Aussalztemperatur ein Gleichgewicht in bezug auf den Elektrolytgehalt ein, welches beim Abkühlen der Kernseife gestört wird; beim Abkühlen des Kernes kann überdies eine Kristallisation eintreten, welche zur „Flußbildung“ führt. Auf Leimniederschlag abgesetzte Kernseifen zeigen etwas niedrigeren Fettsäuregehalt, d. h. sie sind weniger konzentriert und ärmer an Elektrolyten; sie erscheinen daher glatter als die auf blanke Unterlauge ausgesalzenen Seifen.

2. *Leimseifen* sind die erstarrten einphasigen Seifenleime. Daher können Leimseifen mit verschiedenstem Fettsäuregehalt erzeugt werden. Diese Seifen enthalten sämtliche bei ihrer Herstellung verwendeten und gebildeten Komponenten, also außer der Seife das gesamte bei der Verseifung gebildete Glycerin, die Verunreinigungen der verwendeten Fette usw. Elektrolyte können bei der Erzeugung von Leimseifen nur in solchen Mengen verwendet werden, welche beim Abkühlen der Seifen noch nicht aussalzend wirken. Die Seifen haben deshalb ein glattes Gefüge.

3. *Halbkernseifen* werden erhalten, wenn ein Seifenleim bei Siedetemperatur mit derart berechneten Elektrolytmengen versetzt wird, daß eine Aussalzung erst nach dem Abkühlen, in halbflüssiger Konsistenz erfolgt. Diese Möglichkeit besteht nur zwischen engeren Grenzen der Fettsäurekonzentration. Daher enthalten Halbkernseifen gewöhnlich ca. 50% Fettsäuren (s. S. 342). Die Elektrolytkonzentration dieser Seifen ist ziemlich hoch und das Ausscheiden von Kernseife bewirkt eine Marmorierung.

Nach der Erzeugungsart unterscheidet man 1. *auf dem Siedeweg hergestellte Seifen,* 2. *kaltgerührte Seifen,* 3. *auf halbwarmem Weg erzeugte Seifen.*

1. *Auf dem Siedeweg hergestellte Seifen* entstehen, wenn die Verseifung der Fette bei der Siedetemperatur der wäßrigen Lauge bzw. der wäßrigen Seifenlösung erfolgt. In diesem Fall wird das Umrühren meistens vom Dampf, der durch die Seifenmasse durchbricht, bewirkt.

2. *Kaltgerührte Seifen* erhält man, wenn Fettstoffe mit Alkalilauge bei Temperaturen, welche nicht viel über dem Schmelzpunkt der verwendeten Fette liegen, durch mechanisches Verrühren emulgiert werden. Die Verseifung wird durch die sich entwickelnde Reaktionswärme befördert.

---

[1] Vgl. hierzu den Abschnitt „Aussalzung reiner Seifen“, S. 180.

3. *Seifen auf halbwarmem Weg* entstehen, wenn bei der Herstellungsart der kaltgerührten Seifen noch für äußere Wärmezufuhr gesorgt wird, ohne aber die Siedetemperatur zu erreichen.

Grundsätzlich könnte jede dieser Herstellungsarten für die Erzeugung von Kernseifen, Leimseifen und Halbkernseifen benützt werden. Aus praktischen Gründen werden aber fast ausnahmslos:

Kernseifen auf dem Siedeweg,
Leimseifen kaltgerührt oder halbwarm, und
Halbkernseifen, ebenfalls auf dem Siedeweg

hergestellt.

Eine weitere Einteilungsart der harten Seifen ergibt sich aus dem Fettsäuregehalt. Seifen mit etwa 60% Fettsäuren (einschließlich Harzsäure), welche keine Elektrolyte und Fremdstoffe enthalten (außer dem Glycerin der Fette und dem Elektrolytgehalt der abgesetzten Kernseifen), werden als *ungefüllte Seifen* bezeichnet. Durch Vermehren der Seifen mit Fremdstoffen entstehen die *gefüllten Seifen* mit niedrigerem Gehalt an Fettsäuren.

B. Die Kernseifen.

Von C. BERGELL, Berlin, und E. KÖHLER, Budapest.

Wie in der Einleitung angegeben, werden Kernseifen durch Verseifen der Fettstoffe auf dem Siedeweg als Natronseifen oder größtenteils Natronseifen in einem Phasengleichgewichtszustand auf Unterlauge oder Leimniederschlag (s. S. 182) gewonnen. Individuelle Fette werden nur selten verarbeitet; fast ausnahmslos verwendet man Fettgemische für die Herstellung der Kernseifen. Diese Kombination der Rohstoffe wird als „*Fettansatz*" bezeichnet. Allgemeingültige Regeln für die Zusammenstellung des Ansatzes zu geben ist fast unmöglich und ohne praktische Bedeutung, weil bezüglich Härte, Farbe, Löslichkeit, Schaumvermögen und Preis der verschiedenen Seifensorten, welche Eigenschaften von der Art des verwendeten Fettmaterials abhängig sind, die verschiedensten und entgegengesetztesten Ansprüche gestellt werden. Daher sollen Richtlinien für die Zusammenstellung der Fettansätze nur bei der Besprechung der einzelnen Seifensorten gegeben werden. Dagegen kann mehr System in die Beschreibung der Siedeprozesse der Kernseifen gebracht werden, wenn auch die verschiedenen Siedearten voneinander abweichen. Bei der Herstellung des Kernseifenkörpers werden meistens drei Phasen durchlaufen: 1. die Verseifung der Fette, 2. Reinigung der Seife, 3. das Trennen des Seifenleimes im Siedekessel in die zwei im Gleichgewicht stehenden Phasen, von welchen die obere die Kernseife ist. Letztere Arbeit wird als „Fertigmachen der Seife im Kessel" bezeichnet.

Die Verschiedenheit der einzelnen Kernseifensorten ist vor allem durch den Fettansatz bedingt, wogegen die Wahl der Siedeart eher den Eigenschaften des Ansatzes und der Reinheit der Rohstoffe angepaßt wird, als daß damit die Qualität der Seife grundsätzlich bestimmt werden sollte. Aus diesem Grunde wurde die Einteilung des Stoffes nicht in der meist vorzufindenden Art, in „Seifen auf Unterlauge" und „Seifen auf Leimniederschlag", vorgenommen. Dies ist unzweckmäßig, weil die verschiedenen Siedemöglichkeiten innerhalb jeder der früher erwähnten drei Fabrikationsstufen in vielerlei Kombinationen zusammengestellt werden können; es ist also nicht richtig, den ganzen Fabrikationsgang der Kernseifen nach den zwei genannten und eigentlich gar nicht scharf trennbaren Arten des Fertigmachens einzuteilen. Zweckmäßiger schien folgende Aufstellung:

a) Praxis der Siedeprozesse;
b) Spezielle Vorschriften für die Fabrikation verschiedener Kernseifensorten;
c) Weiterbehandlung der abgesetzten Kernseife;
d) Verschiedene Beobachtungen bei der Herstellung der Kernseifen (Fabrikationsfehler, Ausbeute, Verluste).

a) Die Praxis der Siedeprozesse.

Nachstehend wird die Technik der verschiedenen Siedeverfahren näher beschrieben. In teilweiser Berücksichtigung des historischen Werdeganges ergibt sich hierfür etwa folgende Einteilung:

1. Die Verseifung auf Unterlauge über freiem Feuer.
2. Sieden mit Hilfe von Dampf.
3. Die Verseifung von Fettsäuren mit Alkalicarbonaten.
4. Schnell- und Vollverseifungsmethoden.
5. Die Reinigung durch Aussalzen.
6. Analytische Kontrolle des Aussalzens.
7. Das Fertigmachen der Seife im Kessel.
8. Die Einführung der Leimfette.
9. Verwendung von Harz.
10. Das Reduzieren der Alkalilauge.
11. Das Bleichen der Seifen.
12. Die Weiterbehandlung von Unterlauge und Leimniederschlag.

1. Die Verseifung auf Unterlauge über freiem Feuer.

Das Sieden der Kernseifen auf Unterlauge, d. h. im mehr oder weniger getrennten, zweiphasigen Zustande, ist heute zum größten Teil überholt. Diese Siedeweise war aber unerläßlich; solange das Erhitzen des Siedekessels auf freiem Feuer durchgeführt werden mußte. Jetzt werden, abgesehen von einigen kleinen Fabriken, die Kernseifen derart hergestellt, daß die Verseifung im verleimten Zustande erfolgt und die Trennung der Seifenlösung in Seifenkern und Unterlauge oder Leimniederschlag erst nach beendeter Verseifung erfolgt. Im Hinblick auf die bei der Reaktion stattfindenden Vorgänge ist aber die Kenntnis der Verseifung auf Unterlauge von größtem Interesse.

Bei der direkten Feuerung des Siedekessels besteht die Gefahr, daß der schwer bewegliche „Seifenleim" an den heißen Kesselwänden und am Kesselboden anbrennt und die fertige Seife dunkel gefärbt wird. Diese Gefahr kann nur dadurch behoben werden, daß die Verseifung im stärker „gekürzten", d. h. elektrolytreichen Leim erfolgt, mit anderen Worten, in einem mehr oder weniger großen Zustande der Trennung von Lauge und der dünnflüssigen Seife. Durch die stärkere „Kürzung" wird natürlich die Innigkeit der Emulsion vermindert und die vollständige Verseifung erschwert und verzögert.

Um also zu hellen und trotzdem voll verseiften Produkten zu gelangen, mußte auf schnelle Verseifung verzichtet und die restlose Verseifung des Fettgemisches durch sehr langes Sieden im getrennten Zustande erzwungen werden.

Nachdem diese Arbeitsweise bis zum Übergang auf die Heizung mit offenem Dampf jahrzehnte- und jahrhundertelang die einzige war, welche den Seifensiedern zur Verfügung stand, ist es nicht weiter verwunderlich, daß man die Verseifung auf Unterlauge, d. h. im getrennten Zustande, als die einzige Methode angesehen hat, welche zu guten Kernseifen führt. Dies gilt namentlich für die bekannten und für die Textilindustrie äußerst wichtigen Marseillerseifen. Man arbeitete wie folgt:

Zu dem im Kessel befindlichen vollen Fettansatz gab man einen Teil der berechneten Laugenmenge in geringerer Konzentration hinzu und leitete durch Unterfeuerung die Verseifung ein. Mit fortschreitender Verseifung steigerte man die Konzentration der portionsweise zuzusetzenden Lauge und sorgte dafür, daß sich die Masse im Leim weiterverseift. Mit zunehmender Seifenbildung steigt natürlich die Gefahr des Anbrennens der Seife; der Kesselinhalt mußte deshalb mit Salz immer stärker getrennt werden, bis schließlich die Verseifung auf Unterlauge weitergeführt wurde. Gleichzeitig mußte für einen ständigen Überschuß an Lauge gesorgt werden.

Nach der Hauptverseifung richtete man auf kräftigen Stich ab und ließ den Kessel weitersieden. Am Abend wurde das Feuer abgestellt und der Kessel der Ruhe überlassen. Am nächsten Morgen wurde wiederum gefeuert und tagsüber weitergesotten.

Nach einigen Tagen wurde die Unterlauge abgezogen und frische Lauge sowie Salz in solcher Konzentration zugegeben, daß volle Trennung bestehen blieb. So wurde das Sieden mehrere Wochen unter mehrfachem Wechsel der Lauge fortgesetzt, bis vollständige Verseifung ohne Schädigung der Seife erreicht werden konnte.

Der langen Siededauer bei der Arbeit in getrenntem Zustande ist die irrige, heute noch vielfach herrschende Auffassung zuzuschreiben, daß die volle Verseifung der Fette, besonders von bestimmten Fettarten, äußerst schwierig sei. Diese Auffassung wurde noch dadurch bestärkt, daß bei der geschilderten Arbeitsweise mitunter trotz der langen Siededauer Mißerfolge eintraten, besonders dann, wenn die Unterlauge allzu stark, die Trennung also zu vollständig war.

Die Methode machte überdies ein häufiges Umsalzen notwendig, nicht nur um die Seife zu reinigen, sondern auch um sie voll zu verseifen; daraus entwickelte sich die irrige Ansicht, daß für gute Verseifung mehrere „Wässer“ erforderlich seien.

Durch Mitverwendung von Harz versuchte man die Nachteile der unvollständigen Verseifung zu mindern.

Die heute selbst in modernen Fabriken noch hie und da vorzufindenden Arbeitsmaßnahmen, wie das recht überflüssige lange Sieden auf mehreren Wässern und die zu starke Kürzung der Masse bei der Endverseifung, sind auf die Erfahrungen des Siedens auf freiem Feuer zurückzuführen.

Schon diese kurzen Betrachtungen über die Entwicklung der Siedeprozesse geben Anlaß, an die alte Seifensiederregel zu erinnern: „*Jeder Kessel siedet anders.*“ Leitet man die Verseifung, nachdem das ganze Fett in den Kessel eingetragen wurde, mit dünner Lauge ein, so beobachtet man, daß sich das Kesselbild mit fortschreitender Verseifung ständig, bei jeder neuen Laugenzugabe, mit zunehmender Trennung bis zum schließlichen Sieden des Kernes auf Unterlauge ändert.

Da wegen der Anbrennungsgefahr neue Lauge vor Erschöpfung der noch vorhandenen zugesetzt werden muß, so ließ sich niemals genau feststellen, wie weit die Verseifung bereits fortgeschritten und wie stark jeweils die Kürzung ist. Der Siedemeister war lediglich auf seine Erfahrung angewiesen, was in der Praxis zu dem Ergebnis führen mußte: „Jeder Kessel siedet anders.“

Infolge des Siedens in größerer Verdünnung trat Schaumbildung auf, die selbst bei langer Absitzdauer die Qualität der Seife beeinträchtigte. Um dem abzuhelfen, wurden die Kessel vor dem Fertigmachen längere Zeit auf starkem Salzwasser gesotten; dieses „*Klarsieden*“ war unerläßlich, um zu leidlich schaumfreien Seifen zu gelangen. Nach längerer Ruhe wurde das Salzwasser abgezogen und der Kessel auf den gewünschten Trennungsgrad „*verschliffen*“, d. h. mit einer Elektrolytlösung entsprechender Konzentration ausgekocht. Ein weiterer Nachteil der Verdünnung ist, daß die Kessel, namentlich bei größerer Trennung, stark stoßen. Auch starkes Steigen der Masse im Kessel wird durch zu hohen Wassergehalt begünstigt und läßt sich nur durch Zugabe von konzentrierter Salzlösung oder Lauge beheben; je wasserreicher die Masse ist, desto größer muß aber der Elektrolytzusatz sein. Ähnliches gilt für das „*Zusammenfahren*", d. h. das Dick- und Klumpigwerden des Kesselinhaltes bei Mangel an Salz und Lauge. Diese Erscheinung tritt um so leichter auf und ist um so schwerer zu beheben, je wasserreicher der Kesselinhalt ist. Durch den hohen Wassergehalt wird auch die Glycerinkonzentration der Unterlauge zu niedrig.

Die größere Verdünnung verzögert ohne Zweifel die Verseifungsgeschwindigkeit. Ein Beispiel dafür ist die Verseifung auf kaltem Wege (S. 174). Durch konzentrierte Lauge werden die Fette schon bei niederen Temperaturen glatt emulgiert und unter Selbsterwärmung verseift. Verwendet man aber einen erheblichen Laugenüberschuß oder setzt Wasser zu, so trennt sich die gebildete Emulsion.

Unrichtige Konzentration, vor allem das Sieden in zu starker Verdünnung, ist heute noch häufig die Ursache von Fabrikationsfehlern. Diese Fehler werden stets dort gemacht, wo die fertigen Sude Schaumdecken absetzen, wo beim Ansieden gelegentliches Stoßen beobachtet wird, wo noch der Brauch des Klarsiedens herrscht, zu dünne Unterlaugen anfallen und wo noch gelegentlich Zusammenfahren oder Überkochen der Kessel eintritt. Auch übermäßig lange Absitzdauer steht damit in einem gewissen Zusammenhang. Kessel mit 10 Tonnen Fettansatz müssen spätestens nach 48 Stunden tadellos abgesetzt sein, anderenfalls waren sie nicht schaumfrei gesotten.

Solange sich aber für die Verseifung keine grundsätzlich neuen Wege boten, mußte man die geschilderten Schwierigkeiten der Verseifung auf Unterlauge bei direkter Feuerung auf verschiedenen Wegen umgehen. Das Ansetzen und Anbrennen der Seifen beim Sieden versuchte man durch Rühren mit Rühr- oder Krückwerken zu vermeiden. Nach Abstellen des Feuers am Abend wurde durch Zugabe von heißem Wasser und Durchkrücken ein besserer „Verband" hergestellt, d. h. die Seife wurde in der verdünnten Unterlauge teilweise gelöst und die Nacht für eine raschere Verseifung ausgenutzt; am nächsten Morgen wurde der Verband durch Zugabe von Lauge gemindert und das Sieden fortgesetzt. Mit diesen Maßnahmen gelang es zwar, die Verseifung auf einige Tage abzukürzen, die Dunkelung der Seife und die Unsicherheit in bezug auf volle Verseifung konnten aber nicht behoben werden.

2. Sieden mit Hilfe von Dampf.

Einen wesentlichen Fortschritt gegenüber dem Sieden über freiem Feuer brachte die Einführung der Dampfsiederei, auf welchem Wege heute der überwiegend größte Teil der Kernseifen hergestellt wird. Das Sieden mit Dampf ist die wichtigste Verseifungsmethode; der Arbeitsgang ist beim Sieden aller Seifen, unabhängig davon, ob nachher auf Unterlauge oder auf Leimniederschlag fertiggemacht wird, der gleiche. Dagegen ist die Zusammenstellung des Fettansatzes, wie wir weiter unten sehen werden, von Einfluß auf die Ausführung der Verseifung.

Im Kapitel über die theoretischen Grundlagen der Seifenherstellung (s. S. 165ff.) wurde die Verseifung bei Siedetemperatur in drei Phasen geteilt: 1. Emulsionsverseifung, 2. Schnellverseifung, und 3. Endverseifung. Wenn auch beim praktischen Verlauf des Siedens diese drei Stufen nicht scharf voneinander getrennt werden können, so erleichtert diese Einteilung doch das Verständnis und die Verfolgung der Verseifung im Kessel.

Die ältere Arbeitsweise begann damit, daß die gesamte Fettmenge (damals fast ausschließlich Kernfette) in den Kessel gebracht und mit einem Drittel der zur Verseifung notwendigen Alkalimenge zum Sieden erhitzt und schwach weitergekocht wurde. Wichtig ist dabei, daß die Lauge soweit verdünnt ist, daß sie die Grenzlaugenkonzentration der aus dem Fettansatz gebildeten Seife nicht erreicht, damit der Emulsionszustand zwischen Fett und Lauge bestehen bleibt. Bei talgartigen Ansätzen ist zu diesem Zweck eine 8° Bé starke Lauge zu verwenden. Schon nach kurzer Zeit bilden Fett und Lauge eine milchige Flüssigkeit als Zeichen der Emulsionsbildung. Verseift man ganz neutrale Fette oder besonders schwer verseifbare Rohstoffe (Baumwollsaatöl), so ist es ratsam, durch Zusatz von Seifenabschnitten die Emulsionsbildung zu beschleunigen. Soll der Leim oder der Leimkern eines vorgehenden Sudes mitverwendet werden, so ist es zweckmäßig, die Verseifung der Fette auf diesen zu beginnen, wodurch ebenfalls die Emulgierung befördert wird. Dem gleichen Zweck dient auch das Durchkrücken des Kesselinhaltes und das zeitweise Absperren des Dampfventils der Heizschlange. Während des Weiterkochens wird die milchige Masse in eine durchscheinend dunkle Form übergehen, man sagt *„der Verband ist hergestellt“*. Jetzt beginnt das zweite Stadium der Verseifung, die Schnellverseifung. Man läßt wieder ein Drittel der Lauge in größerer Konzentration, und zwar bei Ansätzen ohne Leimfette, mit 16—18° Bé langsam in den Kessel fließen. Der restliche Teil der Lauge kann dann in einer Konzentration von 25—30° Bé genommen werden.

Die heute gebräuchliche Verseifungsart unterscheidet sich von der geschilderten hauptsächlich dadurch, daß vom Fett nur ein Teil, etwa ein Zehntel des Ansatzes, im voraus in den leeren Kessel oder auf den Leimkern gegeben wird; das restliche Fett läßt man mit der Lauge gleichzeitig einfließen. Dadurch wird die Gefahr des „Überlaufens“ infolge zu stürmischer Wärmeentwicklung bei einer plötzlich eintretenden Verseifung größerer Fettmengen vermieden. Die Fettansätze enthalten heute fast immer 15—50% Leimfette (Cocos- oder Palmkernfett), welche am vorteilhaftesten mit den übrigen Fettstoffen vermischt verseift werden sollen. Diese Fette bewirken, daß der Verband rascher eintritt, und wegen Erhöhung der Grenzlaugenkonzentration kann die Verseifung mit durchweg gleich starker Lauge erfolgen. Bei 30% Leimfettgehalt kann die Ätznatronlauge 25° Bé stark sein und bei 50% Leimfetten auf 30° Bé eingestellt werden. Arbeitet man mit noch stärkeren Laugen, so muß mit dem Fett und Alkali gleichzeitig auch Wasser in den Kessel fließen. Zweckmäßig ist es, den Querschnitt der Zuflußleitungen so zu wählen, daß Fett, Lauge und Wasser bei geöffneten Hähnen im richtigen Verhältnis in den Kessel fließen. Sollen Fettsäuren mit Ätznatronlauge verseift werden, so ist es angezeigt, zuerst die 30—35° Bé starke Lauge in den Kessel zu geben und dann die Fettsäuren zufließen zu lassen. Dadurch wird die Bildung von Klumpen vermieden, welche aus in Seife eingeschlossenem und daher sehr schwer verseifbarem Fett bestehen.

Zu reichlicher Laugenzufluß führt infolge der aussalzenden Wirkung der Lauge zum *„Zerreißen“ des Verbandes.* Ist dies einmal geschehen, so ist der Laugenzufluß für eine Zeit abzusperren; auch ein Verdünnen mit Wasser kann nützlich wirken. Unzureichender Laugenzufluß kann zum *„Zusammenfahren“*, d. h. Verdicken des Kesselinhaltes und Klumpenbildungen führen, sofern dieser zu wenig Salz enthält. Dieser Fehler muß durch Laugenzugabe und längeres Sieden ohne weiteren Fettzufluß behoben werden. Um nach Verschwinden der Klumpen die nunmehr zu weit getrennte Masse wieder in Verband zu bringen, muß Wasser zugegeben werden. Um solche Zwischenfälle zu vermeiden, setzt man dem Kesselinhalt mit fortschreitender Füllung portionsweise starke

Salzlösung zu. Die „*Reduzierung*“ der Siedelauge mit Soda oder Salz (s. S. 171) soll ebenfalls das Zusammenfahren des Kesselinhaltes verhüten und eine größere Beweglichkeit des Leimes bewirken. Daher wird bei der Verseifung von harten Ansätzen (viel Talg und Palmöl) die Reduzierung empfohlen. Bei fachgemäß geführter Arbeit kann auf die Durchführung dieser Maßnahme, weil sie auch Nachteile hat, verzichtet werden. Bei zu flotter Arbeit kann es auch leicht zum Überkochen kommen, besonders dann, wenn der Kessel nach zu starker Trennung allzu schnell in Verband kommt; dem muß durch rasche Zugabe von Lauge oder Salzwasser abgeholfen werden. Sowohl das Zusammenfahren wie das Überkochen der Seifenmasse sind beim Sieden mit Dampf weniger zu fürchten als beim Sieden mit direkter Feuerung, denn erstens kann man das Dampfventil schneller abdrehen als das Feuer entfernen, und zweitens sind die durch Dampf gut durchgerührten Massen solchen Gefahren weit weniger ausgesetzt. Bei Innehaltung bestimmter Konzentrationen und Vermeidung unnötiger Verdünnung treten diese Erscheinungen schwächer und nur selten auf.

Auf das Vorhandensein von unverbrauchtem Alkali, „*Stich*“ genannt, soll während der Verseifung oft geprüft werden. Eine kleine Seifenprobe, mit 0,1% alkoholischer Phenolphthaleinlösung übergossen, muß sofort kräftige rote Färbung zeigen. Auch der „*Zungenstich*“ gibt verläßlich Auskunft über die Alkalität der Seife. Ein kleines Stück der erkalteten Seife, mit der Spitze oder Seite der Zunge in Berührung gebracht, wird ein stechendes Gefühl hervorrufen, wenn die Alkalität der Seife über 0,1% NaOH ist. Eine Alkalität von 0,5% Ätznatronlauge bezeichnet man als „kräftigen Stich“, ein Mehr oder Weniger wird als „zu scharf“ oder „zu schwach“ bezeichnet. Auf unverseiftes Fett prüft man durch die „*Glasprobe*“. Wird vom Spatel Seife auf eine Glasplatte getropft, in der Größe von einem Kreis mit 3—4 cm Durchmesser, so trübt sich diese sehr rasch und am Rand des Kreises bildet sich ein grauer Ring, wenn in der Seife noch größere Mengen unverseiften Fettes vorhanden sind.

Gegen Ende der Verseifung muß mit der Laugen- und Salzzugabe vorsichtig umgegangen werden, so daß nach Verseifung der letzten Fettmenge ein starker Stich besteht, welcher „*Abrichtung*“ genannt wird und die Seife als nicht zu dünner, aber doch gut beweglicher Leim siedet. Bei gut geführter Verseifung beträgt in diesem Zustand der Fettsäuregehalt des Kesselinhaltes 50—55%. Eine stärkere Verdünnung kann zur Schaumbildung führen und ist beim nachherigen Aussalzen mit Salzverschwendung verbunden.

In diesem verleimten Zustand mit ständigem Stich weitergekocht, vollzieht sich die dritte Phase des Verseifungsvorganges, die Endverseifung. Ein Zurückgehen der Abrichtung deutet auf das weitere Fortschreiten der Verseifung, und das verbrauchte Alkali muß ersetzt werden. Nach einigen Stunden wird dann alles Fett verseift sein, die Abrichtung geht nicht mehr zurück, worüber man sich am verläßlichsten durch Titration im Laboratorium überzeugt. Die Seife zeigt jetzt zwischen Zeigefinger und Daumen „Druck“, während sie schmierig ist, wenn noch unverseiftes Fett vorhanden ist.

Ist man so weit fertig, so wird der Seifenleim mit Salz oder starkem Salzwasser, in besonderen Fällen auch durch Ätznatronlauge „*ausgesalzen*“. Darunter ist die Erhöhung der Elektrolytkonzentration bis zur Überschreitung der Grenzlaugenkonzentration zu verstehen, wodurch die bisher homogene Masse sich in zwei Schichten trennt. Oben befindet sich der koagulierte Seifenleim, wogegen die schwerere, salzreichere Phase sich unten absetzt. Je nach der Höhe der Salzzugabe kann die untere Phase ein noch bedeutende Seifenmengen enthaltender „*Leimniederschlag*“, „*leimige Unterlauge*“ oder, nach vollständigem Aussalzen, „*blanke Unterlauge*“ sein. Das Aussalzen bezweckt die Reinigung der Seife oder wird ausgeführt, um den wäßrigen Seifenleim in *Kernseife* mit einem über 60% liegenden Fettsäuregehalt zu überführen. Diese Arbeiten des Siedeprozesses werden in besonderen Abschnitten beschrieben.

3. Die Verseifung mit Alkalicarbonaten.[1]

Im II. Band dieses Werkes wurde die Herstellung von Glycerin und Fettsäuren durch Spaltung der Neutralfette ausführlich beschrieben (S. 458—589). Die sog. technischen Fettsäuren sind ein verhältnismäßig neuer Rohstoff für die Seifenindustrie; sie können, im Gegensatz zu den Neutralfetten, nicht nur mit Natronlauge, sondern auch mit dem billigeren Natriumcarbonat in Seifen verwandelt werden. Die Frage, welche der beiden Methoden rentabler ist, die Verseifung von Neutralfetten mit Lauge und Gewinnung des Glycerins aus der Unterlauge oder die Spaltung der Fette, Gewinnung des Glycerins aus den Spaltwässern und Verseifung der Fettsäuren, hängt vom Glycerinpreis und anderen Momenten ab. Zu berücksichtigen ist hierbei, daß die durch Spaltung gewonnenen Fettsäuren meist dunkler sind als die Neutralfette und deshalb etwas dunklere Seifen ergeben als Neutralfette. Eine Ausnahme machen nur die nach den modernen Verfahren von Wecker, der Lurgi-Gesellschaft für Wärmetechnik und anderen gut bewährten Methoden (vgl. Bd. II, S. 526 und S. 528) durch Destillation gereinigten Spaltfettsäuren. Außerdem wird oft bemängelt, daß aus Fettsäuren hergestellte Seifen etwas weniger transparent und geschmeidig sind und mehr zum Beschlagen neigen als die glycerinhaltigen Seifen aus Neutralfetten.

Die in allerletzter Zeit bekanntgewordenen Hochdruckspaltmethoden führten zu einer Verbilligung der Spaltkosten und gleichzeitig zu einer Erhöhung des Spaltgrades von 85—95% (vgl. Bd. II) auf nahezu 100%; dadurch erhöht sich auch entsprechend die Glycerinausbeute; dies dürfte eine weitere Ausbreitung der „*Carbonatverseifung*", wie man die Neutralisation der Fettsäuren mit Alkalicarbonaten nennt, zur Folge haben.

Die Verseifung von Fettsäuren mit Soda bot anfänglich gewisse Schwierigkeiten. Gibt man in den Kessel, wie bei der Laugenverseifung von Neutralfetten, den Leimkern und die Fettsäuren (den Fettansatz) und setzt dann die Sodalösung zu, so bilden sich saure Seifen, weil die Fettsäuren im Überschuß vorhanden sind. Dieser Weg mußte deshalb aufgegeben und durch die entgegengesetzte Methode, Zugabe der Fettsäuren zur Sodalösung, ersetzt werden. Fettansätze, welche weniger als 50% Neutralfette enthalten, können auf diese Art glatt vorverseift werden. Man bringt die Sodalösung zum Sieden und läßt die heiße Fettsäure allmählich zufließen, so daß stets ein Überschuß an Soda vorhanden ist. Die zweite Hälfte des Fettsäureansatzes muß sehr langsam zugegeben werden, weil die lebhafte Kohlendioxydentwicklung ein starkes Schäumen verursacht. Das starke Steigen der Masse suchte man durch Krückwerke, Einblasen von Dampf oder Luft und Wehrvorrichtungen zu verhindern. Heute besorgt man das Austreiben der Kohlensäure fast ausnahmslos mit Hilfe von Dampfstrahl-Luft-Gebläsen. Die Ausnutzung des Kesselvolumens ist, infolge des Steigens der Masse, bei der Carbonatverseifung allerdings eine scheinbar schlechtere als bei der Verseifung mit Lauge, doch gleicht sich das dadurch wieder aus, daß der Leimkern des vorangehenden Sudes und die zum Ausstechen der früheren Unterlaugen verwendeten Fettsäuren und das Harz erst nach der Verseifung der Spaltfettsäuren in den Siedekessel gegeben werden, so daß der Kessel schließlich nahezu dieselbe Seifenmenge faßt wie bei der Neutralfettverseifung, bei der, zwecks Verleimung, der Leimkern von vornherein in den Kessel gegeben wird. Allzu starkes Treiben wird auch dadurch verhindert, daß man in der Sodalösung 1—3% Kochsalz (berechnet auf die Fettsäuremenge) auflöst, je nach der Zusammensetzung des Fettansatzes; die zu Anfang getrennte Masse

[1] S. auch S. 176.

läßt die Kohlensäure besser entweichen, ebenso der gegen Schluß noch immer gekürzte Seifenleim. Das lästige Steigen der Masse im Kessel kann in noch weiterem Maße vermieden werden, wenn man die Kochsalz enthaltende Sodalösung und die Fettsäuren gleichzeitig in den Kessel einfließen läßt, wobei aber die Soda stets im Überschuß vorhanden sein muß, jedoch unter Anwendung eines geringen Überschusses an Gesamtfettsäure.

Die Carbonatverseifung sei an einem Beispiel erläutert: Es seien in einem Kessel von 35—40 m^3 10 t Fettsäuren, bestehend aus 45% Cocos- oder Palmkernölfettsäuren, 40% talgartigen und 15% Erdnußöl- oder Weichfettsäuren, zu verseifen. Für einen solchen Ansatz mit 45% Leimfettgehalt sind ca. 2,4% Salz zu verwenden, d. h. 240 kg, welche in der Sodalauge gelöst werden. Die zur Neutralisation benötigte Sodamenge berechnet man aus der Säurezahl der Fettsäuren. Unbedingt soll vermieden werden, einen Überschuß von Soda zu verwenden, weil dieser durch seine aussalzende Wirkung die Endverseifung erschwert. Ist die Säurezahl des Fettansatzes im Laboratorium bestimmt worden, so verwendet man um 2—3% weniger Soda, als zur gänzlichen Neutralisation der reinen Fettsäuren notwendig ist. Ist aber die Zusammenstellung des Ansatzes nur mit technischer Genauigkeit durchgeführt worden und die Säurezahl nur aus dem durchschnittlichen Spaltgrad berechnet, so ist es besser, wenn man mit der Sodamenge 5—10% unter dem berechneten Betrag bleibt. Die Soda wird in in der doppelten Menge Wasser gelöst. Man gibt ca. 1000 kg Sodalösung in den Kessel, erhitzt zum Sieden und stellt den Zufluß der Fettsäuren an, unter dauerndem Sieden, jedoch nur durch Dampfzufuhr aus dem Mittelstutzen, um unnötiges Steigen zu vermeiden. Ist die Soda nahezu verbraucht, so läßt man weitere Sodalösung zufließen und sorgt dafür, daß sie stets im Überschuß vorhanden ist. Ein Luftgebläse erleichtert das Entweichen der Kohlensäure und verhindert allzu starkes Steigen des Kesselinhalts.

Nach Eintragen der gesamten Sodalösung und Fettsäure läßt man, zum Austreiben der Kohlensäure, noch eine Stunde unter Einleiten von Luft sieden. Dies ist notwendig, weil die Kohlensäure mit der später, zur Verseifung des Neutralfettanteils zuzusetzenden Natronlauge sich zu Natriumcarbonat umsetzen würde. Die Anwendung der Luftgebläse soll allerdings auf die Augenblicke beschränkt werden, in denen die Masse steigt, von selber nicht herunterfällt und die Gefahr des Übersteigens vorliegt. Im Übrigen besorgt der direkte Dampf — genügenden Dampfdruck vorausgesetzt — besser die Bewegung der Masse und das Austreiben der Kohlendioxyds. Sobald die Kohlensäure ausgetrieben ist, senkt sich der Kesselinhalt. Auf dem Spatel herausgenommene Seife zeigt kein voluminöses Aussehen mehr. Auf das Vorhandensein von unverbrauchter Soda prüft man durch Betupfen der Seife mit einer Mineralsäure. Ist noch Soda vorhanden, so muß noch Fettsäure zugegeben werden. Bei der Endverseifung mit Lauge wird auch die äußere Dampfschlange mitbenutzt, während bei der Verseifung der Fettsäuren mit Soda nur der mittlere Dampfring geöffnet ist.

Zur Verseifung des Neutralfettes, welches in den Spaltfettsäuren stets enthalten ist, verwendet man starke Lauge von etwa 40° Bé; schwächere Lauge würde den Sud zu wasserreich machen, und man müßte, um die Möglichkeit des Zusammenfahrens auszuschließen, den Salzgehalt erhöhen. Dann würde aber die Seife wegen der späteren Verdünnung auf die richtige Salzkonzentration schaumig ausfallen und die volle Verseifung auf Schwierigkeiten stoßen. Nachdem der Neutralfettanteil mit der starken Lauge so weit verseift ist, daß der Stich eingestellt werden kann und der Kesselinhalt blank siedet, werden die abschließenden Arbeiten in der gleichen Weise durchgeführt wie bei der Laugenverseifung.

Bei der Carbonatverseifung findet das Sieden häufig bei allzu starker Verdünnung statt; dies ist bei der später (S. 309) beschriebenen Absolutverseifungsmethode unbedingt zu vermeiden, weshalb die besonderen Bedingungen der Carbonatverseifung im Vollverseifungsverfahren weiter unten (S. 310) angegeben werden.

4. Schnell- und Vollverseifungsmethoden.

Das Sieden über freiem Feuer hat mehrere Tage langes Kochen der Seife erfordert, weil die Restverseifung im ausgesalzenen Zustand sehr langsam erfolgt. Seitdem jedoch die Dampfsiederei allgemein Eingang gefunden hat, wird stets im verleimten Zustand verseift, wodurch — bezüglich der Endverseifung — nach etwa zehnstündiger Kochzeit befriedigende Resultate erreicht werden können.

Mitunter kommt es aber doch vor, daß die Seifen beim Lagern ranzig werden, was auf die Anwesenheit von unverseiftem Fett deutet. Aus diesem Grund hat man stets darnach getrachtet, neue Verfahren auszuarbeiten, durch welche eine rasche und praktisch restlose Verseifung mit Sicherheit erreicht werden könnte. Interessant ist es, daß man bei diesem Bestreben, von falschen theoretischen Grundlagen ausgehend, doch zu einem guten Resultat gekommen ist.

Der Umstand, daß bei der Herstellung der kaltgerührten Seifen der Verseifungsvorgang viel rascher vor sich geht als bei der Siedemethode, lenkte schon frühzeitig das Interesse auf die Möglichkeit der rascheren Verseifung. Schon 1864 hat Mège-Mouriés ein Schnellverseifungsverfahren ausgearbeitet. Seine Auffassung war, daß die rasche Verseifung durch die fein emulgierte Verteilung der Fettstoffe hervorgerufen wird, und er spricht von einer Verseifung im „*globulären* Zustand", weil das Fett in der Emulsion in der Form von kleinen Kügelchen vorliegt. Wir wissen heute, daß die feine Emulsion nur zum Einleiten der Verseifung notwendig ist, wogegen im Zustand der rasch vorschreitenden Reaktion die Fette in der bereits entstandenen Seife gelöst und verseift werden (s. S. 167). Aber auch dann ist noch feinste Verteilung der einzelnen Phasen in dem heterogenen System notwendig, um das schnelle Diffundieren von Fett und Lauge in den Seifenleim zu sichern. Bei der Herstellung der kaltgerührten Seifen entsteht eine Emulsion vom Typus Wasser-in-Öl, welche Form für die Einleitung der Verseifung günstiger ist als die Emulsionsart vom Typus Öl-in-Wasser, welch letztere beim Verseifen mit verdünnten Alkalien vorhanden ist. Sobald aber durch die Emulsionsverseifung eine genügende Seifenmenge entstanden ist, löst diese, bei beiden Verseifungsarten, das noch unverseifte Fett allmählich auf. Wir sehen also, daß im zweiten Stadium der Verseifung, also gerade wenn rasche Verseifung stattfindet, die Bezeichnung „Globularleim" nicht richtig gewählt ist, weil jetzt die Fettstoffe nicht mehr an den Grenzflächen der kleinen Kügelchen, sondern im Seifenleim verseift werden. Ferner ist es klar, daß es in diesem Zustand bereits gleichgültig sein könnte, ob die Verseifung kalt oder auf dem Siedeweg eingeleitet wurde. Wenn aber die kalte Verseifung trotzdem rascher und vollkommener zum Ziel führt als die Siedemethode, so muß der Grund nicht in der Emulsionsart, sondern in einem anderen, mit der kalten Verseifung nur zufällig verknüpften Umstand zu suchen sein. Anscheinend ist für den Verseifungsvorgang der elektrolytarme dicke Leimzustand, wie er bei der Herstellung der kaltgerührten Seifen entsteht, besonders vorteilhaft, wogegen beim Sieden der Seifen durch die Anwendung eines Alkaliüberschusses und Salzzugabe getrachtet wird, statt des dicken Leimes eine gekürzte Masse zu erhalten, weil man früher der Ansicht war, daß eine gute Verseifung im leicht beweglichen Zustand besser erreicht wird.

Nach dem Verfahren von Mège-Mouriés[1] wird die Emulsion durch Verrühren mit einer 5—10%igen Seifenlösung bei niedriger Temperatur hergestellt, dann wird mit kochsalzhaltiger Lauge verseift. Die so erhaltenen Produkte enthielten noch Neutralfett, wurden daher leicht ranzig. Knapp[2] hoffte durch Emulgierung mit Stärkegummi bessere Resultate zu erzielen. Die Methode von Mège-Mouriés wurde 1881 von Weineck[3] und in 1906 von Reijst[4] wieder aufgegriffen (vgl. S. 247), doch jedesmal ohne nennenswerten Erfolg, weil das Augenmerk bloß auf die Herstellung der Emulsion gerichtet war und nicht auf den elektrolytarmen Leimzustand. Ohne sich um die Theorie zu kümmern, waren erfolgreicher die Versuche jener Praktiker, welche kaltgerührte Seifen mit Anwendung der zur vollständigen Verseifung notwendigen Laugenmenge hergestellt haben.[5] Abgesehen davon, daß auf diesem Wege keine Kernseifen

[1] Wagners Jahresber. **1864**, 640ff.; Seifenfabrikant **1901**, 1187.
[2] Wagners Jahresber. **1866**, 656.
[3] D. R. P. 16350.
[4] Seifensieder-Ztg. **1906**, 283.
[5] Vgl. Davidsohn: Seifensieder-Ztg. **1927**, 281, 547.

erhalten werden, führt diese Methode auch nicht verläßlich zum gewünschten Resultat, weil das genaue Dosieren von Fett und Alkali, wie auch eine in der ganzen Masse gleichmäßige und vollständige Verseifung auf kaltem Wege nur in ganz besonders glücklichen Fällen erreicht werden können. Man ist aber auf den Gedanken gekommen, eine kaltgerührte Seife mit einem kleinen Alkaliüberschuß herzustellen und nach erfolgter Verseifung die Seifenblöcke im Siedekessel auf Lauge und Salzwasser aufgeschmolzen zu einer Kernseife zu verarbeiten. Dieses Verfahren ist jedoch mit sehr viel Arbeit verbunden.

Zu einem guten Erfolg führten erst die Methoden, welche im Siedekessel die Erreichung des elektrolytarmen, als „Globularleim" bezeichneten Zustandes erzielten. Zu diesen Methoden gehören die „*Rapid-Verseifungsmethode*" von J. SCHAAL, das „*Descha-System*" und die „*Absolut-Verseifungsmethode*" von C. BERGELL (vgl. S. 246).

Nach der vor einigen Jahren bekanntgewordenen „Rapid-Verseifungsmethode" führt SCHAAL die Hauptverseifung im Siedekessel bei ausschließlicher Laugenkürzung durch, was etwas mehr Aufmerksamkeit erfordert als die Verseifung in Gegenwart von Salz. Ist der Kesselinhalt nahezu verseift und siedet dieser blank und gut durchmischt, so wird der Laugenüberschuß bestimmt und so viel Fett zugesetzt, daß noch eine genügende Abrichtung für die Restverseifung verbleibt. Durch die Fettzugabe wird unter kräftigem Rühren und Sieden der Laugenüberschuß, also der Elektrolytgehalt des Kesselinhaltes schnell so stark vermindert, daß der sogenannte „Globularleim" entsteht, der die Restverseifung bewirkt. Da bei dieser Herstellungsart die Seife dick im Kessel liegt, kann das Kochen und das Umrühren mit direktem Dampf nicht erzielt werden; man braucht doppelwandige Kessel mit einem kräftigen, am vorteilhaftesten mit einem Spiralrührwerk; der Ablaßstutzen für die dicke Seife soll ca. 150 mm Durchmesser haben. Man verseift in einem Arbeitsgang gewöhnlich 1000—2000 kg Fettansatz. Die so erhaltene Seife ist aber keine Kernseife, weil nach der Verseifung ein Aussalzen auf Leimniederschlag oder auf Unterlauge nicht erfolgt; daher enthält die fertige Seife nicht nur das ganze Glycerin der Fettstoffe, sondern auch alle Verunreinigungen. Dagegen kann der Fettsäuregehalt der Seife so eingestellt werden, daß man aus dem Kessel sofort ein pilierfähiges Produkt erhält. Nach den Angaben von SCHAAL kann man auf diese Weise in zwei Stunden, vom Zeitpunkt der beginnenden Vereinigung von Fetten und Alkali an gerechnet, eine fertige pilierte und gepreßte Seife erhalten.

Die „Rapid-Verseifungsmethode" wurde im Jahre 1936 von J. SCHAAL und TH. DETHLEFSEN zum sog. „Descha-System" weiter entwickelt (vgl. S. 246). Nach diesem Verfahren wird zunächst in der soeben beschriebenen Arbeitsweise eine vollverseifte Seife hergestellt, welche dann durch zweimaliges Umsalzen teilweise vom Glycerin befreit wird. Das erste Aussalzen erfolgt meistens mit Salz und die gewonnene Unterlauge enthält den größten Anteil des Glycerins, wogegen zum zweiten Aussalzen Lauge benützt wird. Die zweite Unterlauge kann dann zur Verseifung des nächsten Ansatzes verwendet werden, wodurch der Glyceringehalt der ersten Unterlauge erhöht wird. Das „Descha-System" erstreckt sich aber auch auf eine neue Art des Fertigmachens der Seife, was schon an dieser Stelle erwähnt werden soll. Nach dieser Methode wird die Seife nicht auf Unterlauge oder auf Leimniederschlag mit etwa 63% Fettsäuregehalt gewonnen, sondern sie kann nach Ablassen der letzten Unterlauge in einer den ganzen Kessel homogen ausfüllenden Form mit 68—70% Fettsäure erhalten werden. Liegt aber der Fettsäuregehalt über 70%, so wird die Seife etwas grau ausfallen. Angeblich können auf diese Weise hergestellte Seifen mit 70% Fettsäure piliert werden. Der Verseifungsvorgang von 5000 kg Fett benötigt bis zur Herstellung der fertigen Seife 8—10 Stunden.

Leider sind vom „Descha-System" keine ausführlichen Beschreibungen erschienen, welche über den Arbeitsgang und die Glycerinausbeute genaue Auskunft geben würden[1]. Bemerkt sei hierzu allerdings, daß es noch nicht bewiesen ist, daß die Endverseifung auf kaltem Wege viel rascher erfolgt als auf dem Siedewege. Die Endverseifung kann sich im ersteren Falle, bei Anwendung von äquivalenten Mengen Alkali und Fett, auch während des Warmhaltens und beim Abkühlen in der Form vollziehen. Man darf nicht vergessen, daß die Endverseifung auch in der Kälte fortschreitet, wenn nur genügend Alkali zur Verfügung steht.

Die Absolut-Verseifungsmethode von C. BERGELL benutzt einen anderen Weg für die Herstellung des dicken Seifenleimes. Die Verminderung der Elektrolytkonzentration wird durch Verdünnung des Seifenleimes mit Wasser erreicht. Diese Arbeit läßt sich aber nur dann ohne Störungen durchführen, wenn die Fettsäure- und Elektrolytkonzentration des Seifenleimes von Anfang an in ganz bestimmter Höhe gehalten werden. Die Absolut-Verseifungsmethode ist auf 50—52% Fettsäuregehalt des sog. „*Globularleimes*" eingestellt, weil aus diesem Leim nach dem Aussalzen die richtige Unterlaugenmenge entsteht. Diesen Wert wird man nur höher nehmen, wenn, bei größerem Leimfettgehalt, nach der Vollverseifung unbedingt mit Salzwasser ausgesalzen werden soll, oder erniedrigen, wo, der Art des Fettansatzes entsprechend, das Aussalzen mit trockenem Salz zu erfolgen hat (s. „Reinigung durch Umsalzen", S. 310). Die Elektrolytkonzentration in einem „Globularleim" mit 50—52% Fettsäuregehalt ist von der Zusammensetzung des Fettansatzes abhängig und beträgt bei 15% Leimfettgehalt 1% und bei 40% Leimfett 1,5% auf das Gewicht des Leimes bezogen. Hiervon beträgt der zur Endverseifung notwendige Alkaligehalt 0,5% NaOH, wogegen der Rest Salz ist. Diese Elektrolytmenge genügt aber, um die verseifte Fettmenge bei etwa 55% Fettsäurekonzentration zu einem leicht beweglichen Leim zu kürzen. Daher soll nach dem Verfahren die Verseifung, unter Einhalten der vorgeschriebenen Salzmenge und Alkalität, in gekürztem Leim vorgenommen werden, wobei sich die Fettsäurekonzentration automatisch auf ca. 55% einstellt. Sobald die Masse größtenteils verseift ist setzt man so viel Wasser zu, bis der „Globularleim" entsteht; dabei sinkt der Fettsäuregehalt auf 50—52%.

Für die praktische Ausführung des Verfahrens sei als Beispiel die Herstellung einer Talgkernseife mit 10—15% Cocosöl im Fettansatz gewählt, welche Seife gleichzeitig der meist gebräuchlichen Grundseife entspricht.

Bei frischen Ansätzen wird eine Lösung bereitgestellt, deren Salzgehalt, berechnet auf den Gesamtfettansatz, 1% beträgt. Wird auf Leimkern weitergesotten, so wird dessen Salzgehalt bestimmt und dementsprechend weniger Salzwasser beim Sieden zugesetzt. Die Verseifung erfolgt in der ersten Phase in üblicher Weise. Das bereitgestellte Salzwasser wird dabei nach Bedarf, also größtenteils erst gegen Schluß des Siedeprozesses, portionsweise zugesetzt. Wichtig ist nur, daß der Wassergehalt des stets bei normaler Kürzung siedenden Kessels eher zu niedrig als zu hoch gehalten wird, denn ersteres ist jederzeit leicht, letzteres überhaupt nicht mehr auszugleichen. Befindet sich der ganze Ansatz bis auf den Rest, der zur genauen Einstellung des Stiches zurückgehalten wurde, im Kessel, so zeigt der etwas zu wasserarme Kessel noch nicht ganz das richtige Bild, indem sich beim Werfen mit dem Probierholz noch keine Seifenblasen zeigen. Nach vorsichtiger Wasserzugabe siedet der Kessel hoch und dünn.

Nun wird die Schlußabrichtung, unter Aufrechterhaltung des geschilderten Kesselbildes, möglichst genau auf 0,4—0,5% freies Alkali eingestellt und das Sieden fortgesetzt, bis der Kesselinhalt blank siedet, d. h. seine Oberfläche blank erscheint. Der Fettsäuregehalt der Masse beträgt dann, wenn der angegebene Elektrolytgehalt eingehalten ist, mit höchstens 1% Schwankung, etwa 55%. Wird dieser Wert dann durch langsame Zugabe von Wasser auf 50—52% gemindert, so entsteht ein voll zusammen-

[1] S. Angaben in Öle, Fette, Wachse Nr. **1936, 13**, 7; ferner Seifensieder-Ztg. **65**, **143** (1938).

gezogener Leim, der auch ohne weiteres Sieden, selbst nach vielstündiger Ruhe, ja auch noch am anderen Morgen, in allen Teilen nahezu den gleichen Laugenüberschuß aufweist, also nicht absetzt. Geht der Stich an der Oberfläche beim Stehen des Kessels nach einiger Zeit zurück, so war die Salzkonzentration noch zu hoch; sie wird durch nochmaliges Aufsieden bei geringer weiterer Wasserzugabe vermindert. In diesem Zustande vollzieht sich die Endverseifung in ein bis zwei Stunden restlos, worauf mit der Reinigung durch Umsalzen begonnen werden kann.

Es wurde schon erwähnt, daß die Carbonatverseifung besondere Maßnahmen erfordert, wenn man das Entstehen eines gekürzten Leimes mit 55% Fettsäuregehalt erreichen will. Würde man den Fettansatz und die Sodalösung vor der Verseifung nicht entsprechend erwärmen und das Salz, statt in der Sodalauge aufzulösen, in Wasser gelöst zusetzen, so würde nach der Verseifung von Fettansätzen mit 45% Leimfetten der Seifenleim etwa 50%ig ausfallen. Bei dieser Konzentration wird aber mehr Salz benötigt, was wiederum eine größere Verdünnung verlangt, um die Masse zusammenzuziehen. Das Fett höher als auf 60° zu erhitzen ist nicht erforderlich, die Sodalösung durch Aufkochen mit direktem Dampf auf 100° zu bringen ist aber zweckmäßig. Die Ausführung erfolgt so, daß der Soda von vornherein um soviel weniger Wasser zugesetzt wird, als Kondenswasser entsteht. Steigt dadurch die Fettsäurekonzentration höher als gewünscht, so wird die Masse im Kessel etwas zu stark gekürzt sein, dafür aber auch weniger hochgetrieben. Das eingesparte Wasser setzt man dann teilweise vor der Laugenverseifung zu, bis der Kessel das gewünschte Bild zeigt. Handelt es sich um Ansätze mit sehr viel Leimfett, oder glaubt man aus anderen Gründen anfangs mehr Wasser einsparen zu müssen, so besteht auch kein Bedenken dagegen, die Soda nicht in der benötigten Wassermenge voll zu lösen, sondern sie in weniger Wasser nur aufzuschwemmen.

5. Die Reinigung durch Aussalzen.

Die Verunreinigungen eines Seifenleimes verteilen sich nach dem Aussalzen[1] in den beiden Phasen, Seifenkern und Unterlauge, nach ganz bestimmten Regeln. Diese Erscheinung wurde von jeher zur Reinigung der Seifenmasse benutzt. Will man bei der angestrebten reinigenden Wirkung des Umsalzens nicht enttäuscht sein, so ist die Kenntnis der Art der Verunreinigungen, der Aussalzregel und der richtigen Arbeitsweise notwendig.

Die Verteilung des Glycerins wie auch des Salz- und Alkaligehaltes wurde bereits im theoretischen Teil auf S. 197 behandelt. Außer diesen Stoffen enthält der Seifenleim noch verschiedene Verunreinigungen, welche in folgende drei Gruppen geteilt werden können:

1. Die wasserlöslichen Farbstoffe, welche vor allem in die Unterlauge gehen, also durch das Aussalzen zum größten Teil entfernt werden.

2. Die Verunreinigungen, die nur in leimige Unterlauge gehen, d. h. die Oxyfettsäuren im weiteren Sinne des Wortes, bzw. deren Seifen, ferner Eiweißkörper usw., die aber auch durch leimige Unterlauge nur dann entfernt werden können, wenn diese schon nach kurzem Absitzen abgelassen wird; andernfalls gehen diese Seifen bildenden Körper in der Ruhe und besonders beim Erkalten der Unterlauge nach oben und setzen sich als seifenähnliche dunkle Mittelschicht unter der reinen Seife ab, so daß sie beim Ablassen der Unterlauge im Kessel verbleiben.

3. Die Verunreinigungen, die durch Umsalzen überhaupt nicht zu entfernen sind. Diese Verunreinigungen bestehen aus Stoffen, die in jedem Fall im Seifenkern verbleiben. Praktisch gesprochen heißt dies, daß selbst die richtigste Arbeitsweise aus dunklen Fetten in den meisten Fällen keine weißen Seifen erzielen kann.

Die Schwierigkeiten der Reinigung bestanden früher darin, daß der Schmutz, der nur durch leimige Unterlauge zu entfernen ist, in der Seife verblieb, weil das Sieden mit Freifeuer ein Aussalzen auf Leimniederschlag wegen der

[1] Die Theorie der Aussalzung der Seifen s. S. 180ff.

Gefahr des Anbrennens nicht ermöglichte. Auch hatte das lange Sieden den Nachteil, daß die unter 2 erwähnten Verunreinigungen weit stärker von der reinen Seife emulgiert werden, als wenn das Umsalzen nach gleichmäßiger Laugeneinwirkung ohne längeres Sieden erfolgt. Die früheren Arbeitsweisen des Umsalzens haben sich ganz oder teilweise bis in die heutige Zeit hinein erhalten. Auch heute noch trennen manche Siedemeister die Kessel auf blanke Unterlauge und ziehen diese erst ab, nachdem sie voll abgesetzt ist, also am anderen Morgen. Die lange Absetzdauer führt zu einer neuen Schwierigkeit. Die noch nicht erwähnten mechanischen Verunreinigungen, welche in der Seife wie auch in der Unterlauge ungelöst schweben, setzen sich nämlich während der Nacht am Kesselboden fest und können mit der am nächsten Tag abgelassenen Unterlauge nicht mehr entfernt werden. Zweckmäßiger ist es daher, einen Teil der Unterlage bereits nach $^1/_2$—1stündiger Absitzdauer abzulassen und erst darnach den Kesselinhalt, zwecks vollständiger Trennung, der weiteren Ruhe zu überlassen. Mancherseits wurde sogar vorgeschlagen, die abgesetzte Unterlauge vor dem Ablassen durch kurzes Öffnen des Dampfventils der Bodenschlange oder mittels einer am Kesselboden aufliegenden Kette aufzuwirbeln. Aus den Auslegungen auf S. 198 geht hervor, daß die Reinigung der Seifen, gleiche Mengen der gesamten Waschflüssigkeit vorausgesetzt, erfolgreicher ist, wenn sie durch mehrmaliges Waschen mit kleineren Flüssigkeitsmengen ausgeführt wird. Diese Regel findet Einschränkungen durch den Umstand, daß die Trennung der Schichten bei Anwendung zu kleiner Mengen an Waschflüssigkeiten eher auf Schwierigkeiten stößt als beim Waschen mit größeren Flüssigkeitsmengen. Wird der Wassergehalt des Kesselinhaltes zu klein, also seine Konzentration zu groß, so ist es schwer, einen bestimmten Trennungsgrad genau zu treffen, und es tritt dann leicht der Fall ein, daß die Unterlauge schlecht und unvollständig absetzt; „die Seife bleibt naß", wie man diesen Fehler bezeichnet.

Die größte Menge Unterlauge, die pro 1000 kg Fettsäuregehalt des Kessels ohne technische Schwierigkeiten, d. h. ohne daß Schaumbildung, starkes Stoßen beim Ansieden usw. auftritt, anfallen darf, beträgt 500—550 kg. Diese Menge von Unterlauge entsteht, wenn der Kesselinhalt einen Fettsäuregehalt von ca. 46% aufweist. Die kleinste Unterlaugenmenge, die pro 1000 kg Fettsäure anfallen kann, ohne daß der Trennungsgrad ungenau und damit gutes Absitzen der Unterlauge unsicher wird, beträgt 300—400 kg, was bei 360 kg Unterlauge einem Fettsäuregehalt der Masse von 50% entspricht. Erhebliche Variationen sind hier also, wenn technische Schwierigkeiten vermieden werden sollen, nicht gut möglich, und in der Praxis wird man stets so verfahren, daß die erste Unterlauge etwa dem ersten, die zweite etwa dem zweiten Beispiel entspricht, schon weil das erste Wasser mehr Glycerin enthält.

Kann demnach hier die Auswaschregel nicht viel helfen, so ist dies doch auf einem anderen Gebiete der Fall, wo die Auswaschregel häufig sehr zum Schaden der Qualität der Fabrikate vernachlässigt wird. Der Kaufmann wie der Techniker sind meist der Auffassung, daß geringere Qualitäten bzw. unreinere Rohstoffe am besten so weggearbeitet werden, daß man sie in kleinen Portionen guten Fettansätzen zusetzt. Würde man aber die unreinen Fette zuerst durch Umsalzen für sich allein reinigen, so wäre der Erfolg erheblich größer, weil die die Verunreinigungen teilweise zurückhaltende Seifenmasse sehr viel kleiner wird, als wenn der vielmals größere Gesamtfettansatz nach Verseifung ausgewaschen wird. Die Verwendung von Harz sei dafür als Schulbeispiel angeführt. Auch das hellste Harz ist ein sehr unreiner Rohstoff und ergibt tiefdunkle und schmutzige Unterlaugen. Da nun die Reinigung reiner Harzseifen auf Schwierigkeiten stößt, wird es vielfach dem ganzen Fettansatz zugegeben oder günstigstenfalls auf dem bei Verwendung kleiner Harzmengen auch noch viel zu großen Leimkern einmal vorweg umgesalzen. Stellt man hingegen einen Kessel Harzseife aus gleichen Teilen Fett und Harz her, so macht ihr Umsalzen keinerlei Schwierigkeiten, und nach mehreren Waschungen wird die Seife so rein, daß sie, auf Lager gelegt und dann in entsprechenden Mengen zugesetzt, z. B. bei Grundseife 0,5—1% Harz, bezogen auf den Ansatz, keinerlei Nachteile mehr zeigt. Verfehlt ist es ferner, Seifenabschnitte, welche doch ein reines Produkt sind, zur Verleimung des neuen Ansatzes zu benutzen. Die Abschnitte erhöhen die Seifenmenge im Kessel, dadurch wird aber beim Umsalzen ein größerer Teil der Verunreinigungen in der Seife zurückgehalten. Aus diesem Grunde sollen die Abschnitte erst nach dem Aussalzen mit der Seife im Kessel verschmolzen werden.

Es sei noch darauf hingewiesen, wann mit Salzwasser ausgesalzen werden kann und in welchen Fällen die Verwendung von ungelöstem Salz erforderlich ist. Maßgebend hierfür ist erstens der Leimfettgehalt des Fettansatzes, also die Stärke der Grenzlauge der aus ihm gebildeten Seife, zweitens die Konzentrationen des Kesselinhaltes und drittens der Trennungsgrad vor dem Aussalzen. Was Punkt 3 anbetrifft, so sei hier stets der für das Aussalzen ungünstigste, für die Verseifung aber allein richtige Fall angenommen, nämlich der, daß die Seife vor dem Aussalzen einen voll zusammengezogenen Leim darstellt.

Für einen Grundseifenansatz, dessen Unterlauge bei einem Elektrolytgehalt von 10%, bezogen auf Kochsalz, voll trennt und der vor dem Aussalzen 50% Fettsäure und 1% Elektrolyt enthält, würde sich folgende Rechnung ergeben. Der Elektrolytgehalt der abgesetzten Kernseife geht auf etwa 0,4% zurück, so daß er in den 360 kg Unterlauge aus dem Seifenleim auf ca. 3,5% steigt, oder ca. 240 kg Unterlauge ohne Elektrolytgehalt sind mit 200 kg heißem Salzwasser von 24° Bé auf 10% Elektrolyt zu bringen. Beträgt der Fettsäuregehalt 52%, so entspricht dies einem Seifengehalt von über 1700 kg, in welchem Falle nur 180 kg elektrolytfreie Flüssigkeit mit 150 kg starken Salzwassers auf 10% Elektrolytgehalt einzustellen wären. Läge hingegen ein Kernseifenansatz mit ca. 40% Leimfettgehalt vor, so würde die Unterlauge einen Elektrolytgehalt von ca. 15% haben müssen, was nur mit Salzwasser ohne zu starke Verdünnung zu erreichen ist, wenn der Seifenleim vor dem Aussalzen erheblich konzentrierter, also auch relativ elektrolytärmer war. Bei einem Fettsäuregehalt von 55% z. B. würden sich bei obigem Beispiel aus der Seife selbst nur 200 kg Unterlauge bilden können, deren Elektrolytgehalt durch starkes Salzwasser um etwa 9% erhöht werden müßte, da in Anbetracht der geringen Flüssigkeitsmenge und des hohen Leimfettgehaltes des Ansatzes der Unterschied im Elektrolytgehalt des Seifenkernes und Seifenleimes sich stärker auswirkt. Pro 1000 kg Fettsäure würde man ebenfalls ca. 200 kg starkes Salzwasser benötigen, was einem Fettsäuregehalt der ausgesalzenen Masse von fast 46% entspricht. Wie die früheren Ausführungen zeigen, bestünde selbst bei der Carbonatverseifung eines derartigen Ansatzes die Möglichkeit, unter solchen Konzentrationen zu arbeiten, daß mit Salzwasser anstatt mit Salz getrennt werden kann. Die praktische Durchführung in der Großtechnik bestätigt vollkommen die Richtigkeit dieser Behauptung. Die Grenzen sind dann aber bei der Arbeit schon so enge, daß damit Unbequemlichkeiten und gewisse Unsicherheiten verbunden sind, besonders dann, wenn der Techniker nicht in vollstem Umfange die Vorausberechnung der Kesselbeschickung beherrscht.

Die bei verschiedenen Ansätzen angegebenen Grenzlaugenwerte wurden verhältnismäßig hoch angesetzt, und zwar aus folgenden Gründen: Der Grenzlaugenwert wird beim Aussalzen meist etwas überschritten; er erhöht sich ferner beim ersten Wasser durch den nicht unerheblichen Glyceringehalt der Unterlauge; in gleicher Richtung, d. h. verleimend, wirken die aus den Fetten stammenden Verunreinigungen. Auch muß die Salzwassermenge eher zu hoch sein, weil zu starke Verdünnungen oft Schwierigkeiten ergeben.

Die Verwendung von trockenem Salz zum Absalzen von Grundseifenkesseln gilt mit Recht als verfehlt, hingegen ist sie bei Riegelseifen mit hohem Leimfettgehalt teilweise berechtigt. Der Vorteil der Verwendung von starkem Salzwasser besteht einmal darin, daß sich kein ungelöstes Salz in der Seife oder am Kesselboden festsetzen kann und das Gleichgewicht sich weit schneller einstellt. Ferner sind die oft recht erheblichen Verunreinigungen durch Kalk- und Magnesiumsalze nach Zusatz von etwas Soda zur Salzlösung und Absitzenlassen leicht entfernbar, während andernfalls entsprechende Mengen Kalk- und Magnesiaseifen entstehen würden. Die entstandenen Kalkseifen verbleiben in der Seifenmasse und verschlechtern die Qualität der Fabrikate, da sie selbst keinerlei Waschwirkung haben.

Das Aussalzen erfolgt in der Weise, daß man zum kochenden Seifenleim allmählich Salzwasser oder festes Kochsalz zusetzt. Nach jedem Zusatz muß die gleichmäßige Verteilung des Salzes im Kessel abgewartet werden, um zu vermeiden, daß der angestrebte Trennungsgrad überschritten wird. Arbeitet man mit festem Salz, so müssen Klumpen vor dem Zusatz mit der Schaufel zerdrückt werden, es empfiehlt sich ferner, das Salz in Wasser aufzuschlämmen.

Durch die Salzzugabe wird der Leim dünnflüssiger, was daraus ersichtlich ist, daß die Dampfblasen nicht mehr unter glockenförmigem Aufwallen, sondern leichter, unter „Brodeln", die Seifenoberfläche durchbrechen. Erreicht der Kesselinhalt die Grenzlaugenkonzentration, so fällt die Seife in Flocken aus, eine Probe auf dem Spatel „läßt Lauge fließen". Die Trennung kann auf leimige, zwischen den Fingern sich glitschig anfühlende oder auf blanke Unterlauge erfolgen. Das Absetzen und die Reinigung ist auf leimiger Lauge günstiger als bei starkem Aussalzen, wobei ein *„strotziger Kern"* erhalten wird. Das Aussalzen ändert das Kesselbild. Nach dem Absperren des Dampfventils bleibt die Masse in Bewegung, die Seife trennt sich von der Unterlauge, und es werden kleine, durch Furchen geteilte Flächen sichtbar. Wichtig ist, daß die Seife vor dem Aussalzen mit gutem Stich abgerichtet ist, sonst bilden sich saure Seifen.

Das Aussalzen kann in besonderen Fällen auch mit Natronlauge oder Chlorkalium erfolgen (s. z. B. bei Descha-System, S. 308, und Altdeutscher Kernseife, S. 323). Es wurde auch vorgeschlagen, das Aussalzen bei niedrigerer Temperatur unter Umrühren auszuführen. Dadurch kann man, wegen der Erniedrigung der Grenzlaugenkonzentration, an Salz sparen. Doch wird diese Methode kaum angewandt.

Über die Verteilung des Ätznatron sei an dieser Stelle nur bemerkt, daß gleich scharf abgerichtete Kessel nur dann Fabrikate gleicher Alkalität ergeben, wenn nicht nur der Trennungsgrad, sondern auch der Wassergehalt der gleiche ist. Je wasserreicher der Kesselinhalt ist, um so stärker muß die Abrichtung sein, um zu Fabrikaten mit gleichen Gehalten an freiem Alkali zu kommen. Als praktisches Beispiel seien Zahlenwerte angeführt, welche ein normal abgerichteter Kessel beim Fertigmachen ergibt. Beträgt der Gehalt des Kesselinhaltes an freiem Alkali beim Fertigmachen auf Leimniederschlag 0,4%, so wird die abgesetzte Seife ca. 0,12% freies Alkali enthalten, wenn mit verhältnismäßig wenig Schleifflüssigkeit gearbeitet wurde. Bezogen auf das Wasser der Seife entspricht dies knapp 0,4%, wohingegen der Leim, nach dem Abpumpen der Seife mit trockenem Salz getrennt, eine Unterlauge mit einem Gehalt von über 2% freien Alkalis ergibt.

6. Analytische Kontrolle des Aussalzens.

Hier interessiert in erster Linie die verschiedenartige Verteilung des freien Alkalis, des Kochsalzes und des Glycerins zwischen Unterlauge und abgeschiedener Seife, genauer ausgedrückt im Wasser der abgeschiedenen Seife.

Analysendaten einer weißen Kernseife, hergestellt aus 85 Teilen Talg und 15 Teilen Cocosöl:

Die Analyse der voll verleimten abgerichteten Seife ergab:

Fettsäure	50,22%	Soda	0,05%
Freies NaOH	0,48%	Glycerin	5,53%
Kochsalz	0,51%		

Nach vollzogener Aussalzung zeigte der gut abgesetzte Kern folgende Zusammensetzung:

Fettsäure	61,57%	Soda	Spuren
Freies NaOH	0,17%	Glycerin	3,45%
Kochsalz	0,30%		

Die Analyse der Unterlauge ergab:

Fettsäure	0,32%	Soda	0,09%
Freies NaOH	1,89%	Glycerin	8,95%
Kochsalz	5,25%		

Wie die Zahlen zeigen, entspricht der Glyceringehalt des Wassers der Seife fast dem der Unterlauge; nach Ermittlungen aus Serienversuchen in der Praxis beträgt dieses Verhältnis etwa 10 : 11. Ganz anders ist die Verteilung des Kochsalzes und des freien Alkalis. Beide Elektrolyte gehen um das Vielfache stärker in die Unterlauge als in das Wasser der Seife. Führt man das Aussalzen weniger weit durch und trennt nur auf Leimniederschlag, so ergeben sich Zahlenwerte, die in bezug auf die Salzverteilung etwa in der Mitte stehen, d. h. der Leimniederschlag enthält bei gleichzeitiger Anwesenheit von Unterlauge erheblich mehr Salz und freies Alkali als der Kern, aber viel weniger als die Unterlauge.

Bei zunehmendem Leimfettgehalt des Ansatzes steigt auch der Elektrolytgehalt der Grenzlauge und derjenige des abgesetzten Kernes, da dessen Elektrolytgehalt mit jenem der Grenzlauge in einem gewissen Gleichgewicht steht. Weil man nun die Abrichtung des Fertigfabrikates stets gleich einstellen will, bedeutet dies ein Ansteigen des Salzgehaltes der fertigen Seife. Die Analyse einer gelben Kernseife mit 40% Kernöl im Ansatz ergab folgende Daten:

Voll verleimte, abgerichtete Seife:

Fettsäure	50,15%	Soda	0,03%
Freies NaOH	0,45%	Glycerin	5,78%
Kochsalz	1,17%		

Nach vollzogener Aussalzung enthielt der gut abgesetzte Kern:

Fettsäure	61,43%	Soda	Spuren
Freies NaOH	0,14%	Glycerin	3,63%
Kochsalz	0,47%		

Die Analyse der Unterlauge ergab:

Fettsäure	0,45%	Soda	0,06%
Freies NaOH	1,76%	Glycerin	9,34%
Kochsalz	10,58%		

7. Das Fertigmachen der Seife im Kessel.

Das Aussalzen des Seifenleimes ist notwendig, um eine fettsäurereichere Seife zu erhalten. Früher, als man nur sehr verdünnte, durch „Kaustizieren" bereitete Laugen zur Verfügung hatte und die Leimfette, welche mit starker Lauge verseift werden können, noch nicht bekannt waren, war das Aussalzen der einzige Weg, um feste Seifen herzustellen.

Je nach dem Grad des Aussalzens gelangt man, wie bereits angegeben, zu *Seifen auf Unterlauge* oder *über Leimniederschlag abgesetzten Seifen*.

Die Herstellung von Kernseifen auf Unterlauge, welche so lange eine Notwendigkeit war, als die Kessel über freiem Feuer beheizt wurden, blieb auch nach Einführung der Dampfsiedemethode weitverbreitet. Heute ist das Aussalzen auf Unterlauge nur bei leimfettfreien Ölansätzen berechtigt, wie weiter unten erklärt werden soll.

Das *Fertigmachen auf Unterlauge* wird ähnlich durchgeführt wie die Reinigung durch Aussalzen (S. 310). Weil aber hier der ausgeschiedene Seifenkern das Fertigprodukt ist, sind, um schaumfreie Seifen zu erhalten, besondere Maßnahmen erforderlich.

Die Schaumbildung tritt beim Aussalzen besonders stark auf, wenn der Seifenleim sehr verdünnt war. Der Schaum wird durch das „*Klarsieden*" vertrieben. Hierzu ist eine indirekte Beheizung des Kessels notwendig, also Außenfeuerung oder eine geschlossene Heizschlange. Ist man mit dem Aussalzen dem gewünschten Grad nahegekommen, so kocht man unter indirekter Heizung weiter. Durch diese Arbeit wird nicht nur der Schaum vertrieben, sondern auch das Gleichgewicht zwischen Kern und Unterlauge hergestellt und die Erhöhung der Elektrolytkonzentration erwirkt. Die aufsteigenden Blasen werden immer kleiner, die anfangs matte Seife wird reiner, man sagt „*die Seife steht im Glase*“. Der Dampf durchbricht die Oberfläche unter Auftreten eines charakteristischen Geräusches, was als „*Sprechen der Seife*“ bezeichnet wird. Sobald dieser Zustand erreicht ist, ist die Seife fertiggemacht. Ein Übersteigen beim Klarsieden ist durch Wehren mit Spaten zu verhindern. Entsteht ein übersalzener „*strotziger Kern*“ oder war dieser beim Sieden über freiem Feuer schon zu Beginn vorhanden, so kann nach Ablassen eines Teiles der Unterlauge das Aussalzen unter Zugabe von schwachem Salzwasser bis zum gewünschten Grad rückgängig gemacht werden.

Das Absetzen auf Leimniederschlag ergibt reinere und salzärmere Seifen als das Trennen auf Unterlauge, weil die Trennung beider Schichten bei schwächerem Aussalzen gründlicher ist. Daher sind die Seifen auf Leimniederschlag der Flußbildung, dem Verziehen und Beschlagen weniger ausgesetzt als die nach der älteren Methode hergestellten Seifen. Die auf Leimniederschlag abgesetzten Seifen sind außerdem wasserreicher als ganz ausgesalzene Seifen; wird die Seife nicht nach ihrem Fettsäuregehalt verkauft oder aufgeschnitten, so ist die erhöhte Ausbeute als ein Vorteil zu betrachten. Bei der allgemeinen Verbreitung der Dampfsiederei und der Leimfette werden die Kernseifen, mit wenigen Ausnahmen, nur noch auf Leimniederschlag fertiggemacht.

Über die richtige Art des Fertigmachens gehen die Meinungen auseinander. Der eine bevorzugt größere Verdünnung bei etwas stärkerer Trennung, eventuell bis zur Tropfenbildung bei der Spachtelprobe, der andere bei größerer Konzentration nur schwache Trennung auf Trockenstellen am Probierholz. Für den einen gilt schwache, für den anderen scharfe Abrichtung als richtig. Mitunter wird sogar nur mit Lauge verschliffen, weil der Überschuß in die Unterlauge bzw. in den Leim geht. Diese Arbeitsweise ist gefährlich, denn zu scharf abgerichtete Seifen sind der Gefahr des Beschlagens ausgesetzt. Berücksichtigt man die Regeln der Verteilung von Salz und Alkali zwischen Seife und Unterlauge bzw. Seifenleim, dann folgt daraus als eine Selbstverständlichkeit, daß für die Qualität der abgesetzten Seife (gleichen Fettansatz vorausgesetzt) nicht allein die Abrichtung und der Salzgehalt des Kesselinhaltes maßgebend sind, sondern auch die Fettsäurekonzentration, welche die Mengenverhältnisse der einzelnen Phasen bedingt. Nicht zu vernachlässigen ist ferner die Endtemperatur der abgesetzten Seife, da das Gleichgewicht bei jeder Temperatur ein anderes ist. So ist auch die Form und die Isolation des Siedekessels wie auch die Außentemperatur von Einfluß auf das Absetzen der Seife. Mit anderen Worten, will man stets gleiche Seifen erhalten, so muß man bei dem Fertigmachen der Seife die Abrichtung und die Trennung sowohl der Fettsäurekonzentration wie auch örtlichen Gegebenheiten anpassen. Daher können verschiedene Arbeitsweisen richtig sein, und mit Recht wird behauptet: „jeder Kessel siedet anders“. Dieser Umstand erklärt auch, warum das Mengenverhältnis zwischen Kern und Leimniederschlag wie auch der Seifengehalt des Leimniederschlages zwischen den weitesten Grenzen schwanken kann. Meistens wird die Arbeit so geführt, daß das Volumen des Leimniederschlages unter dem Volumen des Kernes bleibt. Will man aber besonders gründliche Reinigung erzielen, so kann auch auf mehr Leim gearbeitet werden. Der Fettsäuregehalt des Leimniederschlages schwankt zwischen 20—40%. Natürlich strebt der Praktiker darnach, einige Varianten dieses Systems konstant zu halten, um nicht bei jedem Sud vor einem neuen Problem zu stehen. Mit gewisser Übung kann die Konzentration im Kessel stets in gleicher Höhe erreicht werden. Besonders leicht ist diese Bedingung durch die weiter unten beschriebene Methode des Kernschliffes zu erreichen.

Es ist leicht verständlich, daß das Aussalzen auf eine ganz bestimmte Leimkonzentration viel schwerer erreicht wird als das Aussalzen auf Unterlauge. Aus diesem Grund eignen sich für das Fertigmachen auf Leimniederschlag die gegen Elektrolyte weniger empfindlichen leimfetthaltigen Fettansätze besser als nur Kernfette enthaltende Ansätze. Ein zu hoher Leimfettgehalt ist aber wegen Bildung zu spröder Seifen auch nicht vorteilhaft. Die Sprödigkeit kann allerdings durch Harzzusätze gemildert werden.

Seifen auf Leimniederschlag können in verschiedener Art gewonnen werden.

Man spricht vom „*direkten Weg*“, wenn ein Seifenleim mit starkem Salzwasser so weit gekürzt wird, bis eine Trennung auf Leimniederschlag erfolgt. Man bezeichnet diese Arbeitsweise auch mit „*Absalzen*“. Auf „*indirektem Wege*“ arbeitet man, wenn ein ausgesalzener Kern unter Zugabe von Wasser oder Salzwasser entsprechender Konzentration bis zur Leimniederschlagsbildung wieder aufgelöst wird, d. h. man „*verschleift*“ die Seife. Der indirekte Weg kann auf zweierlei Art ausgeführt werden. Wird nach dem Aussalzen die Unterlauge im Kessel gelassen und unter Weiterkochen oder Umkrücken mit Wasser oder ganz schwachem Salzwasser (um eine Klumpenbildung zu verhüten) so weit verdünnt, daß sich der Kern in der Unterlauge wieder teilweise auflöst, so hat man „*von oben*“ verschliffen. Zieht man hingegen die Unterlauge ab und löst den Seifenkern, unter Zugabe einer Salzlösung mittlerer Konzentration, unter ständigem Kochen wieder auf, so spricht man vom Verschleifen „*von unten*“. Bei dieser Arbeitsweise wirkt auch das Dampfkondensat auflösend.

Das Aussalzen auf direktem Weg kann auch mit Ätznatron oder Soda durchgeführt werden. Dadurch erhält man besonders salzarme Seifen (Grundseifenherstellung). Doch muß dabei berücksichtigt werden, daß zum Ausstechen des Leimniederschlages sehr viel Fettsäure verbraucht wird. Der direkte Weg wird ferner vorteilhaft benutzt, wenn sehr reine Fette verwendet wurden, wodurch ein Reinigen durch Umsalzen überflüssig wird und der Seifenleim sofort fertiggemacht werden kann. Wurde der Kesselinhalt jedoch zwecks Reinigung bereits ausgesalzen, so ist es vorteilhafter, die indirekte Methode zu benutzen.

Bei der Arbeit auf indirektem Wege hat das Schleifen von oben keinen praktischen Wert. Wenn man schon einmal ausgesalzen hat, soll man den Vorteil der Reinigung durch Abziehen der Unterlauge nicht unausgenutzt lassen. Das Verschleifen von oben hat auch den Nachteil, daß, wegen Ungleichheit der Fettsäurekonzentration und des Salzgehaltes, das Mengenverhältnis zwischen Kern und Leim den weitestgehenden Schwankungen ausgesetzt ist. Wurde z. B. die Seife zufällig übersalzen, so braucht man sehr viel Wasser, um auf die entsprechende Verdünnung zu kommen.

Da heute fast alle Seifen durch öfteres Umsalzen gereinigt werden, ist die zweckentsprechendste Methode des Fertigmachens auf Leimniederschlag der indirekte Weg, und zwar von unten durchgeführt. Diese auch als „*Kernschliff*“ bezeichnete Arbeitsweise soll hier näher besprochen werden. Nach der älteren Methode gearbeitet, wird nach Ablassen der letzten Unterlauge eine geringe Menge konzentrierter Natronlauge dem Kessel zugesetzt und dann mit direktem Dampf so lange gekocht, bis der Kessel das richtige Trennungsbild zeigt. Doch entstehen auf diese Weise stark alkalische Seifen, welche zum Beschlagen neigen. Heute verschleift man mit einer Salzlösung und stellt die Abrichtung auf 0,3—0,5 NaOH ein.

Bei zu schwachem Stich besteht nicht nur die Gefahr, daß die Seife sauer wird, sondern es ist die Möglichkeit zur Bildung einer „Mittelschicht“ gegeben, welche in ihrer Zusammensetzung zwischen Kern und Leimniederschlag steht. Dieser Seifenleim unterscheidet sich äußerlich so wenig vom Kern, daß man der Gefahr ausgesetzt ist, die „Mittelschicht“ mit der guten Seife abzuschöpfen und dadurch den Salzgehalt der Seife unerwünschterweise zu erhöhen.

Zum Ausschleifen eines Grundseifenansatzes verwendet man eine 8° Bé starke Salzlösung. Die Lösung wird auf einmal zugegeben, und nach kaum halbstündigem Sieden ist das gewünschte Kesselbild erreicht, d. h. der Kesselinhalt steigt stark, zeigt richtige Trennung und siedet nach Abstellen des Dampfes längere Zeit weiter. Die Oberfläche des Kessels zeigt große viereckige Felder, als Anzeichen des geringen Trennungsgrades. Für einen Fettansatz von 4000 kg braucht man kaum 300 kg Schleifflüssigkeit.

Der Methode des Kernschliffes wird der Nachteil zugeschrieben, daß der Seifenkern nur angeschliffen wird, ohne vorher voll verleimt zu sein; dies läßt sich aber vermeiden, wenn man zu Anfang schwächere, 4—6grädige Lauge verwendet und später starke Lauge oder starkes Salzwasser zusetzt, um die gesamte Schleifflüssigkeit auf die richtige Konzentration zu bringen. Die Verwendung geringerer Mengen Schleifflüssigkeit ist nicht nachteilig, denn die Reinigung erfolgt in diesem Stadium durch den gebildeten Leimniederschlag und ist um so gründlicher, je weniger die Masse getrennt ist.

Demgegenüber sind die Vorteile des Kernschliffes beim Fertigmachen der Sude recht bedeutend. Ein wesentlicher Vorzug ist der, daß die Arbeit in kürzerer Zeit beendet ist, als wenn ein dünner Leim auf die richtige Abrichtung und den richtigen Trennungsgrad gebracht werden muß. Beim Durchsieden stellt sich das Gleichgewicht und die volle Durchmischung sehr schnell ein, und sobald die Masse lebhaft zu steigen beginnt, kann der Dampf abgestellt werden. Das nun entstehende Kesselbild läßt selbst ohne Spatelprobe mit Sicherheit erkennen, ob der richtige Trennungsgrad erzielt ist oder nicht. Bei zu schwacher Trennung wird der Kesselinhalt schwer im Kessel sieden und nicht oder nicht genügend steigen; eine zu starke Trennung zeigt sich sofort am Kesselbild, indem dann keine großen gleichmäßigen Felder zu sehen sind, sondern sich, bei kleineren Feldern, Einzelrillen von gebogener Form ausbilden. Die etwa noch nötige Korrektur durch Zugabe von Wasser, starker Lauge oder starkem Salzwasser ist in jedem Falle gering und schnell durchführbar. Der größte Vorteil dieser Arbeitsweise besteht aber darin, daß Seife und Leimniederschlag immer im gleichen Verhältnis und mit gleicher Zusammensetzung anfallen. Der Vollständigkeit halber sei noch darauf hingewiesen, daß bei Fabrikaten, die auf dem zweiten Wasser fertiggemacht werden sollen, der Kernschliff die geeignetste Methode ist, um Seifen mit möglichst hohem Glyceringehalt zu erzielen. Auch wird behauptet, daß der Kernschliff sehr bindige Seifen gibt, was besonders beim Sieden von Grundseife wichtig ist.

Sehr wenig geeignet ist der Kernschliff für ausgesprochen weiche Fettansätze. Schon beim Umsalzen der Seifen kann man beobachten, daß harte Fettansätze, wie sie namentlich für Toiletteseifen verwendet werden, am schnellsten absetzen, wenn auf sehr schwach leimige Unterlauge getrennt wird, während Seifen aus Fettansätzen mit weniger hartem Fett, Öl, Harz usw., schneller und besser absetzen, wenn auf blanke Unterlauge getrennt wird. In der letzten Phase der Arbeit, nach dem Verschleifen, müssen sich die verschiedenen Seifensorten ähnlich verhalten, was durch die Praxis voll bestätigt wird. Bei Anwendung des Kernschliffes für weiche Fettansätze müßte man also entweder weiter trennen oder aber man würde einen Seifenkern erhalten, der nicht unerhebliche Teile Leimniederschlag zurückhält bzw. sehr langsam absetzt. Die Möglichkeit, mit Hilfe des Kernschliffes einen ausreichenden Trennungsgrad zu erreichen, ist schwer zu verwirklichen, da Leim und Unterlauge im Vergleich zum abgeschiedenen Kern viel zu klein sind, um eine genaue Einstellung herbeiführen zu können.

Auf Unterlauge werden beispielsweise die aus Sulfurolivenöl hergestellten Marseillerseifen getrennt; allerdings ist nur so viel Salz zu verwenden, als gerade zur Trennung in Kern und Unterlauge notwendig ist. Der nach der Trennung ausgeschiedene Seifenkern bleibt selbst beim Abkühlen lange Zeit flüssig und ist bei der Siedetemperatur so dünnflüssig, daß die besten Qualitäten bei der Aussalzung auf blanke Unterlauge erhalten werden; man erzielt hierbei sehr gut abgesetzte reine Seifen, welche selbst bei schwacher Abrichtung nur wenig Salz zurückhalten. Auch bei anderen weichen Fettansätzen, welche viel Kernöl, Harz oder Erdnußöl enthalten, muß beim Fertigmachen stärker getrennt werden, wenn auch nicht in dem Masse wie bei wirklichen Ölseifen. Der Titer allein ist in dieser Hinsicht nicht maßgebend. So haben die Fettsäuren aus Rindertalg und aus Palmöl den gleichen Erstarrungspunkt (Titer) von etwa 36—47°, die Palmölseifen sind aber wesentlich weicher als Talgseifen, besonders bei höheren Temperaturen, bei welchen die Palmölseifen sich schon etwas den „Ölseifen" nähern, nicht nur im Verhalten beim Aussalzen, sondern auch im Kesselbild.

Eine besondere Art des Fertigmachens der Seifen bietet die auf S. 308 beschriebene „Descha"-Methode, bei der die Seife aus dem Kessel mit 70% Fettsäuregehalt unmittelbar in pilierfähigem Zustande erhalten werden kann.

8. Die Verwendung von Leimfetten.

Die Leimfette (Cocos- und Palmkernfett) verleihen den Seifen größere Schaumkraft, besonders beim Waschen in kaltem Wasser. Im Gegensatz zu Talg und anderen Kernfetten lassen sich die Leimfette am leichtesten durch konzentrierte Laugen verseifen. Ihre Mitverwendung im Fettansatz für Kernseifen hat daher gewisse Änderungen der Siedemethode zur Folge. Die Verseifung der Leimfette kann so stürmisch sein, daß der Kesselinhalt zum Überkochen kommt und nur schwer durch Wehren u. dgl. im Kessel zu halten ist. Dem kann am einfachsten abgeholfen werden, indem das Fett in kleinen Portionen in den Siedekessel eingetragen wird. Die leicht verseifbaren Leimfette werden in sehr reinem Zustande gehandelt; sie wurden früher häufig erst nach Verseifen der restlichen Fette und Umsalzen der Seife in den Kessel gegeben und verseift. Dies hatte aber gewisse Nachteile, weil erstens Glycerin verlorenging und zweitens die leichte Verseifbarkeit der Leimfette nicht zur rascheren Verseifung und Emulgierung der sonstigen Fette des Ansatzes, d. h. der Kernfette, ausgenutzt werden konnte. Richtig war aber diese Arbeitsweise in bezug auf die Reinigung der Seife durch Umsalzen, welche in Gegenwart der Cocosseife, wegen erhöhter Emulsionskraft und Vermehrung der Seifenmasse, schlechter verläuft.

Ein Vorteil der Leimfettmitverwendung ist der, daß sich das *Klarschlagen* einfacher und wirksamer gestaltet. Ohne Rücksicht auf die Schaumbildung wurde die Seife durch Umsalzen und Bleichen gereinigt und nach Entfernen der letzten Unterlauge die zur Verseifung des Cocosfettes noch nötige Lauge zugesetzt. Der mit der Lauge strotzig ausgesalzene Kern wurde eine halbe Stunde kräftig durchgesotten, worauf der Kesselinhalt völlig schaumfrei war. Daraufhin wurde das Cocosfett portionsweise eingetragen und gegen Ende der Verseifung das noch fehlende Wasser zugesetzt. Zu achten ist bei Eintragen der letzten Fettanteile, daß die nötige Kürzung bestehen bleibt; ist der Kesselinhalt zu salzarm, so muß Salzwasser zugefügt werden, weil es sonst vorkommen kann, daß der Kesselinhalt zusammenfährt, was gerade in diesem Stadium des Fertigmachens äußerst störend ist.

Die leichte Verseifbarkeit der Leimfette führte aber auch zu einer Maßnahme, welche als verfehlt anzusehen ist und die Haltbarkeit der Erzeugnisse gefährdete. Sie bestand darin, daß man die Leimfette erst unmittelbar vor dem Fertigmachen zugesetzt und durch kurzes Sieden verseift hat oder daß man das Leimfett zur Rücknahme der zu scharfen Abrichtung verwendete; man ging sogar so weit, die fertige abgepumpte Seife durch Unterkrücken von Cocosöl zu neutralisieren, was die Möglichkeit gab, bei der Verseifung bis zum Schluß einen Laugenüberschuß zu verwenden. Das Verfahren hatte auch den Zweck, glatte, flußfreie Seifen zu erhalten. Da nämlich das Cocosfett einen Teil des in der abgeschöpften Seife enthaltenen freien Alkalis verbraucht, so wird die Grenzlaugenkonzentration auch beim Abkühlen der Seife nicht erreicht und die Seife bleibt deswegen glatt.

Durch das Unterkrücken von Cocosfett in die in den großen Formen befindliche Seife läßt sich aber weder eine gleichmäßige Verteilung des Fettes noch volle Verseifung erreichen, so daß bei der Lagerung freie Cocosfettsäuren entstehen werden. Letztere können sich mit den Seifen der Kernfette, vor allem also des Talges, zu leicht ranzig werdenden freien Talgfettsäuren und den Seifen der Cocosölsäuren umsetzen, eine Gefahr, welche bei der Herstellung der kaltgerührten Cocosseifen (S. 367) nicht besteht.

Die gleiche Umsetzung kann natürlich stattfinden, wenn man Grundseifenspäne zusammen mit Abfällen von kaltgerührter Cocosseife, welche unverseiftes Cocosfett enthält, piliert. Sowohl in diesem Falle wie nach Unterkrücken von Cocosfett in zu scharf abgerichtete Kernseife besteht die Gefahr des Ranzigwerdens der Seife bei der Lagerung. Man soll daher kein Cocosöl zur Verminderung des freien Alkaligehaltes fertiger Seifen verwenden.

9. Die Verwendung von Harz.

Das Harz (Kolophonium) wird der Seife nicht nur zwecks Verbilligung zugesetzt. In Mengen von 1—25% sind dem Harzzusatz verschiedene Vorteile zuzuschreiben. Als äußerlich günstige Erscheinungen treten zunächst erhöhte Bindigkeit, Kantentransparenz und die bei Kernseifen oft erwünschte gelbe Farbe als Folge der Harzverarbeitung auf. Außerdem hat aber das Harz noch die wichtige Eigenschaft, das Ranzigwerden der Seife zu verzögern. Beim Sauerwerden von harzhaltigen Seifen wird nämlich in der Hauptsache nur Harzsäure frei, welche sowohl für sich allein wie im Gemisch mit Fettsäuren luftbeständig ist. Ein 5% Harzseife enthaltender Seifenleim enthielt nach Aufkochen mit 3% Talgfettsäuren (vom Fettsäuregehalt des Seifenleimes) nur freie Harzsäuren. Selbst bei ausgesprochen sauren Seifen wirkt Harz stark ranziditätshemmend, ja sogar Seifen aus Leinöl oder Baumwollsaatöl zeigen bei Gegenwart von 5% Harzseifen deutlich verminderte Fleckenbildung.

Um die Vorteile des Harzzusatzes voll verwerten zu können, sollen bei seiner Verwendung ganz bestimmte Maßnahmen eingehalten werden, welche in der Praxis oft nicht genügend beachtet werden. Alle Harzsorten enthalten Verunreinigungen und färben die Seife mehr oder weniger dunkel. Dieser Nachteil läßt sich aber durch zweckentsprechende Ausnutzung der Auswaschregel hinreichend korrigieren. Man soll also, ganz allgemein gesagt, trachten, den Harzanteil der Seife möglichst oft und nur mit einem kleinen Teil des Fettansatzes durch Umsalzen zu reinigen. Daher ist es angebracht, das Harz zum Ausstechen der Unterlauge zu verwenden oder auf dem Leimkern zu verseifen und mit diesem umzusalzen. Man kann auch, wie im Abschnitt über „Reinigung durch Aussalzen“ bereits gesagt, aus Harz und gleichen Teilen eines Kernfettes eine Harzseife herstellen und durch öfteres Auswaschen reinigen. Von dieser Seife gibt man dann den einzelnen Suden die entsprechende Menge bei. Überflüssig und unrichtig ist es, das Harz mit einem Teil des Fettansatzes verschmolzen zu verseifen und dann den restlichen Teil der Fette dazuzugeben, ohne daß man die Harzseife vorher durch Umsalzen gereinigt hat.

10. Die Reduktion der Alkalilauge.

Als eine besondere Maßnahme beim Siedeprozeß sei auf die Verwendung von Soda hingewiesen, die manche Techniker, besonders bei frischen Ansätzen für nützlich halten. Vor Zugabe der Lauge gibt man in den Kessel doppelt soviel Sodalösung als zur Neutralisation der im Fettansatz enthaltenen freien Fettsäuren notwendig ist. Über den Zweck des Sodazusatzes ist man sich noch nicht im klaren. Tatsache ist jedenfalls, daß bei Verwendung von Soda an Stelle von Salz die Gefahr des Zusammenfahrens geringer ist. Außerdem ergab Soda schnelleren und besseren Verband, soweit ihre Konzentration in der Lauge nicht über 5% betrug. Die Seife wurde dadurch salzärmer und geschmeidiger. Solange noch mit raffinierten Fetten gearbeitet wurde, ließ sich bei frischen Ansätzen der erste Verband bei Gegenwart von Soda schneller und mit etwas stärkerer Lauge herstellen als mit reiner Lauge. Praktische Bedeutung hat die Maßnahme kaum.

11. Das Bleichen der Seife.

Obzwar es grundsätzlich richtiger wäre, die Fettstoffe vor der Zuführung zur Seifenfabrikation ihren individuellen Eigenschaften entsprechend zu reinigen und zu bleichen, als die ganze Seifenmasse einer einheitlichen aufhellenden Behandlung zu unterwerfen, findet die Seifenbleiche wegen ihrer besonderen Vorteile doch ausgedehnteste Anwendung. Vor allem muß berücksichtigt werden, daß für die Ausführung der Fettbleiche meistens spezielle Einrichtungen (verbleite Behälter, Rührwerke, Filterpressen) und besondere Kenntnisse notwendig sind, wogegen die Seifenbleiche während des Siedeprozesses selbst ohne spezielle Erfahrungen und Apparate durchführbar ist. In gewisser Hinsicht ist die Wirkung der Seifenbleiche derjenigen der Fettbleiche überlegen. Das wasserlösliche Bleichmittel verteilt sich in der wäßrigen Seifenlösung auch ohne Verwendung eines Rührwerkes viel feiner und wirkt daher besser auf die Farbstoffe ein, als dies bei der chemischen Bleiche der Fettstoffe erreichbar ist.

Abgesehen von der bequemen und billigen Anwendung der Seifenbleichmittel spricht noch ein weiterer Umstand für die Benutzung dieser Produkte. Die Reduktionsbleichmittel — denn gewöhnlich werden solche verwendet — besitzen die Eigenschaft, in der Seife gelöste Eisen- und Kupfersalze in der Form von unlöslichen Verbindungen auszufällen. Der so entstandene dunkelgrüne Niederschlag geht mit den übrigen Reaktionsprodukten und mit dem unverbrauchten Bleichstoff, nach dem Aussalzen oder Ausschleifen der Seife, in die Unterlauge und in den Leimniederschlag. Dadurch wird die Seife von den Metallsalzen befreit, welche bekannterweise das Ranzigwerden der Seife in hohem Maße befördern. Aus diesem Grunde ist die reichliche Anwendung der Reduktionsbleichmittel besonders zu empfehlen, wenn Fettsäuren verarbeitet werden; denn diese finden bis zu ihrer Verseifung reichlich Gelegenheit, Eisen und Kupfer aufzulösen und in die Seife zu bringen.

Verwendet werden, wie angegeben, überwiegend reduzierend wirkende Bleichmittel, obgleich reduzierend gebleichte Seifen an der Luft eher nachdunkeln als durch Oxydationsmittel aufgehellte. Die wichtigsten Bleichmittel sind die Hydrosulfite (Hyposulfite), von denen das *Blankit* das bekannteste ist.

Man verwendet auf 1000 kg Fettansatz 0,5—3 kg Blankit, aufgeschwemmt in 10 Teilen Wasser, unter Zusatz von 100 cm^3 starker Natronlauge auf je 1 kg Blankit. Die Mischung wird in den siedenden Seifenleim eingetragen. Die Bleiche muß bei gutem Stich vorgenommen werden, weil sich sonst Schwefelwasserstoff entwickelt, dessen Geruch im Fertigfabrikat verbleiben kann. Die Bleichdauer beträgt etwa 1 Stunde, unter ständigem Sieden zwecks guter Durchmischung. Dann wird erst mit dem Umsalzen begonnen. Die Bleichflüssigkeit muß jedesmal frisch bereitet werden, weil sich sonst das Bleichmittel zersetzt und an Wirksamkeit verliert.

Nach Auswaschen und Abziehen der ersten Unterlauge zeigt die Masse oft eine grünliche Färbung durch das gelöste Eisen; es muß dann eine zweite Waschung und Trennung auf schwach leimige Unterlauge durchgeführt werden, woraufhin der Kesselinhalt hell und rein erscheint.

Aus diesem Grunde pflegt man die Bleiche gleich nach der Verseifung auf dem ersten Wasser, und zwar vor dem Aussalzen vorzunehmen. Da im weiteren Verlauf des Siedeprozesses gewöhnlich mehrmals umgesalzen wird, braucht wegen des Bleichvorganges keine besondere Mehrarbeit geleistet werden. Wird hingegen weniger die Entfernung der Metallsalze, als vielmehr die bleichende Wirkung des Hydrosulfits auf die Seife bezweckt, dann kann an Bleichmittel gespart werden, wenn die Bleichung erst auf dem zweiten Wasser erfolgt, also nach der Entfernung der gröbsten Verunreinigungen. Von vielen Seiten wird angeraten, ein wenig Hydrosulfit, etwa 1 kg auf 10 t Fettansatz, vor dem Fertigmachen zur Seife zu geben, wodurch noch bei diesem letzten Arbeitsgang des Siedens alle schädlich wirkenden Metalle aus der Seife entfernt werden. Sollte dadurch die fertige Seife einen grünlichen Stich erhalten, so wird dieser auf der Seifenoberfläche infolge Luftoxydation sehr rasch verschwinden. Von STIEPEL[1] wird allerdings die Ausscheidung von Metallsalzen bei der Hydrosulfitbleiche bestritten; der Niederschlag soll aus organischen Stoffen bestehen.

Von den Oxydationsbleichmitteln kommen für weiße Kernseifen praktisch nur sauerstoffabgebende Salze, also Perborate oder Persulfate und Wasserstoffsuperoxyd in Betracht, das Auftreten eines schwachen Oxydationsgeruches läßt sich aber nicht immer ganz vermeiden. Die Methode hat den Vorteil, daß die gebleichten Seifen an der Luft nicht nachdunkeln, aber auch den Nachteil weit langsamerer Bleichwirkung und eines erhöhten Bedarfs an Bleichmittel, das bis zu 1%, bezogen auf den Fettansatz, zur Anwendung kommen muß. Auch liegt die Gefahr vor, daß der sich entwickelnde Sauerstoff die Kesselwände angreift. Die Anwendung dieser Bleichmittel, z. B. des *Peroxols*, erfolgt in der Weise, daß es in der gleichen Menge starker Lauge und unter Zugabe von Wasser kalt aufgeschwemmt der siedenden Masse zugesetzt wird. Da die Bleichung nach längerem Sieden noch nicht beendet ist, weil die Einwirkungsdauer ca. 12 Stunden beträgt, nimmt man die Bleichung am besten am Nachmittag vor, so daß am anderen Morgen mit dem Umsalzen und der Weiterverarbeitung begonnen werden kann. Diese Ausführungen machen es verständlich, daß im Vergleich mit den Reduktionsbleichmitteln die oxydierend wirkenden Mittel nur eine geringe Bedeutung erlangen konnten.

12. Die Weiterbehandlung von Leimniederschlag und Unterlauge.

Bei der heute verbreitetsten Siedemethode bleibt nach dem Herausbringen der Kernseife meistens ein Leimniederschlag im Kessel zurück, dessen Seifengehalt (entsprechend 20—40% Fettsäuren) nutzbar gemacht werden muß. Am einfachsten, aber unzweckmäßig geschieht dies derart, daß ein neuer Fettansatz auf dem Leimniederschlag verseift wird. Der Leimniederschlag enthält alle aus der Seife entfernten Verunreinigungen; bringt man diese in den Siedeprozeß zurück, so müssen die aufeinanderfolgenden Sude immer dunkler ausfallen.

Vorteilhafter ist es, den Leimniederschlag durch Aussalzen in „*Leimkern*" und in blanke Unterlauge zu trennen, weil dadurch der größte Teil der Verunreinigungen mit der Unterlauge entfernt werden kann. Das Aussalzen kann mit dem Ausstechen der Unterlauge (s. weiter unten) in einem Arbeitsgang ausgeführt werden. Sehr vorteilhaft ist es, den Leimkern für sich oder mit Seifen, welche beim Ausstechen der Unterlaugen erhalten wurden, neu zu verleimen und bei normalem Stich auf leimiger Unterlauge umzusalzen. Neben guter Reinigungswirkung besitzt diese Methode den Vorteil, daß man gut abgesetzte, daher salzarme Seife erhält, auf welcher der nächste Neutralfettansatz leicht verseift werden kann.

Unterlaugen, welche beim Umsalzen der Seife oder durch das Aussalzen des Leimniederschlages anfallen, enthalten außer den unerwünschten Verunreinigungen noch manche wertvolle Stoffe, deren Zurückgewinnung natürlicherweise angestrebt wird. Die oft noch leimige Unterlauge enthält beträchtliche Mengen Seifenreste, außerdem ist in jeder Unterlauge Alkalihydroxyd und Carbonat, Glycerin in schwankenden Mengen und ein bedeutender Anteil an Kochsalz vorzufinden. Wieweit die Zurückgewinnung dieser Stoffe vollzogen werden soll, ist Konjunkturfrage und vor allem von den jeweiligen Glycerinpreisen abhängig.

In keinem Falle darf die Unterlauge aus dem Siedekessel direkt und ungesehen in den Kanal abgelassen werden. Auf diese Weise sind schon beträchtliche Mengen Seife in Verlust geraten. Man soll unbedingt über eine genügende Zahl von Siedekesseln oder besondere Unterlaugenbehälter verfügen, in welchen die Unterlauge besichtigt und weiterbehandelt werden kann.

[1] Seifensieder-Ztg. **65**, 719 (1938).

Wird die Unterlauge nicht ausgestochen, so muß zumindest das spezifische Gewicht mittels einer Spindel festgestellt und durch Erkaltenlassen einer kleinen Probe in einem Gläschen geprüft werden, ob sie dem Fettansatz entsprechend ausgesalzen und nicht mehr leimig ist. Ist dies der Fall, so muß man noch mit trockenem Salz nachsalzen, damit die zuvor aufgelöste Seife auf die Oberfläche gelangt und abgeschöpft werden kann.

Der Alkaligehalt der Unterlauge kann durch Aufkochen mit Fettsäuren oder Harz verwertet werden. Bei dieser Behandlung, beim „*Ausstechen der Unterlauge*“, bildet sich Seife, die aber auch einen Teil der Verunreinigungen der Unterlauge in sich aufnimmt, da sich zwischen Schmutzgehalt der Unterlauge und der Seife stets ein Gleichgewicht einstellt. Die Seife ist um so stärker verunreinigt, je weiter man aussticht, d. h. je weniger alkalisch die Unterlauge wird. Wird diese Tatsache nicht beachtet, so kann unter Umständen ein unverhältnismäßig großer Teil des mühsam entfernten Schmutzes wieder dem Kreislauf zugeführt werden. Günstiger gestaltet sich das Ergebnis des Ausstechens, wenn zu diesem Zweck Harz oder dunkle Abfallfettsäuren vom Fettansatz zur Verfügung stehen. Diese Stoffe geben dunkle, sehr schmutzige Unterlaugen, selbst wenn die hellsten Sorten Harz Verwendung finden. Enthielt die zum Ausstechen gelangte Unterlauge noch viel Seife abfallender Qualität oder war ihr hiervon soviel zugesetzt, daß beim Ausstechen mit Harz sich eine Seife bildet, die halb aus Harz und halb aus Fettsäure besteht, so wird diese durch das Auswaschen mit der großen Menge noch schwach alkalischer Unterlauge eher reiner ausfallen, als wenn das Harz direkt mit der Abfallseife in Seife umgewandelt worden wäre.

Ob die Unterlauge ausgestochen werden soll, muß in jedem einzelnen Fall erwogen werden, wobei die Höhe des Alkaligehaltes, Alkali- und Fettpreise, die Möglichkeit Harz- oder Abfallfettseifen zu verwenden, ferner die Dampf- und Lohnkosten des Ausstechens ausschlaggebend sind. Wird die Unterlauge zur Glyceringewinnung weiterverarbeitet, so spielt noch in der Berechnung der Preis der zur Neutralisation notwendigen Salzsäure eine Rolle. Ganz allgemein kann man sagen, daß Unterlaugen, welche mehr als 2% NaOH enthalten, ausgestochen werden sollen, aber nur bis zu einem Alkalirest von $^1/_2$—1%. Ist die Wirtschaftlichkeit des Ausstechens zweifelhaft, so ist es am besten, wenn das Ausstechen unterbleibt und Laugenersparnisse lieber durch Vermeidung jeder unnötigen Laugenverschwendung beim Siedeverfahren selbst angestrebt werden.

Die Verarbeitung der Unterlauge auf Glycerin, womit auch die Zurückgewinnung des Salzes verbunden ist, wurde im Bd. II behandelt (S. 554).

b) Besondere Vorschriften für die Fabrikation verschiedener Kernseifensorten.

In der Einleitung dieses Kapitels wurde schon gesagt, daß die Verschiedenheit der Kernseifen vor allem von den Eigenschaften der im Fettansatz verwendeten Rohstoffe abhängt; die angewendete Siedeart kann dagegen die Beschaffenheit der Seife nur unwesentlich beeinflussen. Ob mit Unterfeuerung oder Dampf gesotten wird, hängt von der vorhandenen Einrichtung ab, heute ist wohl fast überall die Dampfsiederei eingeführt. Die Reinigungsmethoden werden der verwendeten Rohstoffart und der gewünschten Farbe der Seife angepaßt. Auch die Art des Fertigmachens soll der Zusammensetzung des Fettansatzes entsprechen und kann als Funktion des Leimfettgehaltes und der Härte der Fette so eingestellt werden, daß jeweils die günstigste Möglichkeit zum Absetzen der Seife besteht. Aus diesem Grunde wurde auch hier auf die Unterteilung in Seifen auf Unterlauge und Seifen auf Leimniederschlag verzichtet und die verschiedenen Seifensorten nach dem Aussehen und den mitverwendeten Fettstoffen in folgende Gruppen geordnet:

1. Altdeutsche Kernseife.
2. Weiße Kernseifen aus Talg und Leimfett (Wachskernseife, Grundseife).
3. Weiße Kernseifen unter Mitverwendung von anderen Fettarten.
4. Gelbe Kernseifen (Oranienburger- oder Sparkernseife).
5. Grüne Marseillerseife.
6. Oberschalseife.
7. Verschiedene Kernseifenarten von geringerer Bedeutung.

1. Altdeutsche Kernseife.

Die altdeutsche Kernseife, welche ausschließlich aus Talg hergestellt wird und früher die einzige in Deutschland fabrizierte Kernseife war, ist vom Markt so gut wie verschwunden. Sie wurde ehemals durch Verseifen mit Kalilauge auf mehreren Wässern hergestellt, das Aussalzen erfolgte mit Kochsalz und das Fertigmachen auf Unterlauge. Beim Umsalzen mit Kochsalz fand natürlich gemäß den auf S. 161 angegebenen Gleichgewichtsbeziehungen teilweise Umwandlung der Kali- in Natronseife statt, so daß im fertigen Produkt nur ein Teil der Seife als Kalisalz vorlag. Durch die Gegenwart von fettsaurem Kali wurde die Talgseife bindiger und ihr Schaumvermögen gesteigert; auf Unterlauge hergestellte reine Talg-Natronseifen wären in dieser Hinsicht sehr wenig befriedigend. Ferner ist die Grenzlauge der Natrontalgseifen niedriger als die der Kaliseifen; daher ließ sich der Talg bei der alten Siedemethode mit Kalilauge leichter und ohne übermäßige Verdünnung der Siedelauge in Verband bringen. Dadurch wurde auch die Masse weniger schaumig, so daß auch das spätere Klarsieden leichter vor sich ging. Die Seife war volkstümlich wegen ihres weichen und dichten Schaumes in warmem Wasser, ihrer guten Waschkraft und Sparsamkeit und ihrer durch die reinweiße Farbe verbürgten Reinheit. Die Seife verschwand vom Markt, weil der Ansatz und die Verseifung mit Kalilauge zu kostspielig sind und weil man mit gemischten Fettansätzen zu besseren Qualitäten gelangen kann. Infolge des Gehaltes an Kaliseife mußte die altdeutsche Kernseife besonders trocken gelagert werden.

Wollte man heute eine derartige Seife herstellen, so könnte man die Verseifung mit Natronlauge vornehmen, ohne zu befürchten, daß bei der Erzielung des Verbandes Schwierigkeiten entstehen. Nur der Salzwasserzusatz müßte im Vergleich mit leimfetthaltigen Ansätzen gemindert werden und beim Fertigmachen auf Leimniederschlag wäre dann statt Kochsalz Chlorkalium zu verwenden, um zu einer Kali-Natronseife zu gelangen,

2. Weiße Kernseifen aus Talg und Leimfett (Wachskernseife, Grundseife).

Von den weißen Kernseifen sind die aus gemischten Ansätzen (Kern- und Leimfett) bereiteten die wichtigsten. Mit Kernfett ist hier Talg, mit Leimfett Cocos- oder Palmkernfett zu verstehen. Die Verarbeitung und der Charakter der Seifen bleiben die gleichen, ob Cocos- oder Palmkernfett Verwendung finden, nur ist an Palmkernöl etwa um ein Zehntel mehr zu verwenden als an Cocosfett. Die Bindigkeit der Seifen leidet allerdings etwas, wenn statt Cocosfett Palmkernfett verarbeitet wird. Handelt es sich um Ansätze aus bestem Talg und 10—20% Cocosöl, welchen noch 1% Harzseife zugesetzt wird, so sind diese identisch mit den Ansätzen für Grundseife. Handelt es sich jedoch um solche mit höheren Leimfettgehalten, z. B. mit 40% und mehr, dann würden die Fabrikate so spröde ausfallen, daß die Mitverwendung von Schmalz oder anderen Weichfetten ratsam erscheint, also Ansätze entstehen, die bei der folgenden Gruppe abgehandelt werden.

Bezüglich der Siedeweise sei auf das Kapitel der Siedeprozesse verwiesen und an dieser Stelle nur kurz folgendes gesagt. Um raschen Verband zu bekommen, soll der Leimfettanteil mit dem Talg zusammen verseift werden und nicht erst nach dem Umsalzen am „zweiten Wasser“. Dadurch wird es möglich, schon zu Beginn der Verseifung 20° Bé starke Ätznatronlauge zu verwenden. Man kann natürlich auch mit 38—40grädiger Lauge arbeiten, wenn man mit ihr gleichzeitig auch Wasser zufließen läßt. Am ersten Siedetag verseift man den Fettansatz und kocht in schwach gekürztem Leim so lange, daß man noch Zeit hat, 2—3 Stunden vor Arbeitsschluß auszusalzen. Nach etwa 2 Stunden Absitzzeit wird der größte Teil der Unterlauge abgezogen. Am nächsten Morgen entfernt man den restlichen Teil der vollständig abgesetzten Unterlauge und verleimt den Kesselinhalt mit starker Natronlauge (auf 10 t Ansatz etwa 100 kg), verkocht die Seifenabschnitte, welche man am Tag vorher nach dem Aussalzen oder erst während der Verleimung zugesetzt hat und siedet mit starkem Stich weiter. Bis Mittag kann wieder ausgesalzen werden. Nach 2—3 Stunden zieht man die Unterlauge wieder ab und kann mit dem Fertigmachen, unter Anwenden der Kernschliffmethode, beginnen. Das Verschleifen mit ca. 300 kg 8grädigem Salzwasser, berechnet auf 10 t Ansatz, ist in $^1/_2$—1 Stunde beendet. Bei zu starker oder schwacher Kürzung können Korrekturen mit verschieden starkem Salzwasser durchgeführt werden. Nach vollkommenem Absetzen wird die Seife aus dem Kessel gebracht. Natürlich kann die Siededauer auch auf mehrere Tage verlängert werden, wobei zur Erzielung der Vollverseifung tagsüber in schwach gekürztem Leim mit starker Abrichtung gekocht wird, während man über Nacht die Unterlauge absetzen läßt. Auch die Absolut-Verseifungsmethode läßt sich mit Vorteil anwenden.

3. Weiße Kernseife, hergestellt unter Mitverwendung anderer Fette.

Bei der Herstellung von weißen Kernseifen können außer Talg und Cocos- oder Palmkernfett noch folgende Fette verwendet werden: Palmöl, Babassuöl, Schweinefett, Hartfett, Erdnußöl, Olivenöl, Ricinusöl und außerdem noch Harz. Von diesen Rohstoffen ist Palmöl der wertvollste, sofern es sich um ein in geeigneter Weise gebleichtes Fett handelt.

Auf die Vorteile der Palmölverarbeitung wurde schon mehrfach hingewiesen: Palmöl steigert die Bindigkeit der Seife, was hier ganz besonders ins Gewicht fällt, weil die Ansätze für weiße Kernseifen ziemlich hart sind. Die Palmölseifen erstarren, trotz gleichen Titers, langsamer als Talgseifen; sie setzen also auf Unterlauge die Verunreinigungen besser ab und kommen in ihrer Reinheit den aus Olivenöl hergestellten Marseillerseifen nahe. Die Palmölseifen schäumen in kaltem Wasser wesentlich besser als die Talgseifen; das Schaumvermögen sinkt nicht schnell bei höherer Temperatur, wie das bei Seifen aus flüssigen Fetten und aus Ansätzen mit hohem Leimfettgehalt der Fall ist. Bei der Verseifung verhält sich Palmöl ebenso wie reiner Talg, d. h. der Salzzusatz muß in beiden Fällen der gleiche sein.

Babassuöl steht im Leimfettcharakter etwa in der Mitte zwischen Kern- und Leimfetten. Seifensiederisch verhält es sich also wie ein Gemisch gleicher Teile Talg und Palmkernöl. Das Babassuöl wirkt, wie Palmöl, qualitätsverbessernd und macht die Seifen bindiger.

Schmalz ist das geeignetste Mittel zur Erhöhung der Bindigkeit und Minderung der Härte; man verwendet das Fett in Mengen von 10—20%. Leider ist dieser Rohstoff recht kostspielig und wird deshalb häufig verfälscht. Schweinefett ist ein Kernfett, es wird ebenso verarbeitet wie Talg. Werden dunkle, sich aber weiß verseifende Schmalzsorten verwendet, so empfiehlt es sich, diesen Teil des Fettansatzes für sich zu verseifen und umzusalzen und die übrigen Fette erst nachträglich zu verarbeiten. Sonst kann die Verseifung in der oben bei Talg angegebenen Weise erfolgen. Die Schaumkraft in kaltem Wasser wird durch Schmalz erhöht, ohne daß der Schaum bei höherer Temperatur vorzeitig absinkt. Bei Verarbeitung geringer Schmalzsorten kommt es aber gelegentlich zu Beanstandungen wegen Fleckenbildung bei der Lagerung der Seifen.

Erdnußöl ist kein so guter Rohstoff wie Schweinefett. Es macht die Seifen wesentlich weicher, in größeren Mengen verarbeitet beeinträchtigt es auch die weiße Farbe der Seifen. Schlechte Erdnußölsorten verleihen der Seife größere

Neigung zur Fleckenbildung, die guten Ölsorten sind teuer, so daß dann kein wirtschaftlicher Vorteil gegenüber Schmalz besteht. Die Erdnußölseife hat infolge ihres Arachinsäuregehalts eine etwas niedrigere Grenzlauge als Talg, da aber nur geringe Mengen mitverwendet werden, so kann man bei der Verarbeitung so verfahren wie bei Talg. Dasselbe gilt für den Trennungsgrad beim Umsalzen.

Olivenöl wird meist nur in den Erzeugerländern verarbeitet. Wie schon angegeben wurde, bleiben die Olivenölseifen sehr lange flüssig und setzen daher die Unterlauge viel besser ab als Talgseifen. Dies wird sowohl beim Umsalzen wie beim Fertigmachen ausgenutzt, und besonders beim Fertigmachen kann auf viel weniger Leimniederschlag getrennt werden. Die bei der Verseifung benötigte Salzmenge ist für Olivenöl ebenso groß wie für Talg.

Die gehärteten Fette bedeuten, namentlich in Zeiten hoher Fettkonjunktur, eine nicht unwesentliche Verbilligung der Seifenerzeugung; ihre Mitverarbeitung ist in manchen Ländern auch aus wirtschaftspolitischen Gründen erwünscht. Die Hartfette ergeben zwar sehr weiße Seifen, sie verbessern aber nicht ihre Qualität, weil sie die Schaumkraft und Bindigkeit erniedrigen und der Seife einen eigentümlichen Geruch verleihen können; letzteres gilt insbesondere für die Tranhartfette, welche für die Seifenindustrie hauptsächlich in Frage kommen. Die Reinigung ist für den aus Hartfett hergestellten Anteil der Seife überflüssig, denn die Hartfette sind völlig frei von Verunreinigungen. Da aber meist nur bis 20% Hartfett im Fettansatz enthalten sind, so wirkt sich dieser Vorteil praktisch nicht aus. Die Verarbeitung ist die gleiche wie bei der entsprechenden Menge Talg im Ansatz. Die Haltbarkeit der Seife kann durch Hartfett erniedrigt werden, wenn es noch größere Mengen höher ungesättigter Glyceride enthält. Von selektiv auf einen niederen Schmelzpunkt gehärteten Fetten lassen sich aber bis 50% ohne Schaden verarbeiten.

Ricinusöl kann in Mengen von 3—5% verarbeitet werden, um die Bindigkeit der Seife zu erhöhen. Ricinusöl ist ein ausgesprochenes Leimfett, die Seife ist sehr schwer aussalzbar. Der sonstige Leimfettgehalt des Ansatzes muß deshalb, wie schon angegeben, um etwa das $1^1/_2$fache des Ricinusölzusatzes reduziert werden. Man erhält Seifen mit besserer Bindigkeit, befriedigender Schaumkraft und milderer Einwirkung auf die Haut. Der Schaum der aus ricinusölhaltigen Ansätzen bereiteten Seifen ist weniger großblasig und dichter. Der Arbeitsgang wird durch den Zusatz von Ricinusöl nicht verändert.

Harz muß dagegen im Gemisch mit dem gleichen Teil Fett vorverseift und die Seife durch mehrfaches Umsalzen vorgereinigt werden, ehe man es zur Seifenherstellung verwendet. Die Seife wird dann nach dem ersten Umsalzen dem Kesselinhalt zugefügt. Der Harzzusatz hat vor allem den Zweck, die Haltbarkeit der Seifen zu erhöhen.

4. Gelbe Kernseifen (Oranienburger- oder Sparkernseife).

Was die Farbe anbelangt, ist man bei den gelben Kernseifen natürlich weniger anspruchsvoll als bei den weißen Seifen, weshalb hier außer den Rohstoffen der weißen Kernseifen noch folgende Fette und Öle Anwendung finden können: Knochenfett, Sonnenblumenöl, Raffinationsfettsäuren, Mischölfettsäure, Erdnußfettsäure, Kammfett, Abdeckereifett usw. Außerdem kann Harz in Mengen von 5—25% verwendet werden. Ohne jeden Schaden können für gelbe Kernseifen Spaltfettsäuren genommen werden, in welchem Fall von der Carbonatverseifung (s. S. 305) Gebrauch gemacht wird. Wegen der Mannigfaltigkeit der zur Verfügung stehenden Rohstoffe können für den Fettansatz keine Normen aufgestellt werden. Grundsätzlich könnte der Ansatz aus Kernfetten oder Leimfetten bestehen, mit Harzzugabe, doch ist es üblich und ratsam, 30—50% Leimfette zu verwenden, während der Anteil der Kernfette der verwendeten Harzmenge entsprechend mehr hart oder flüssig zusammengestellt wird. Gelbe Kernseifen dieser Zusammensetzung werden stets auf Leimniederschlag hergestellt, nur Seifen mit ganz hohen Harzzusätzen (30—50%) pflegt man heute noch auf Unterlauge absitzen zu lassen.

Die Arbeitsweise ist im wesentlichen die gleiche wie bei den weißen Kernseifen; bei der Umsalzung ist aber der Reinheitsgrad der verschiedenen Anteile des Fettansatzes zu berücksichtigen; auch die geringere Härte des Ansatzes und sein Leimfettcharakter ändern die Art des Fertigmachens der Seife bis zu einem gewissen Grade. Als Beispiel diene eine mit 75% Palmkernöl und 25% Harz herzustellende Oranienburger Kernseife. Das Harz wird mit dem gleichen Teil des an sich sehr reinen Palmkernöles verseift und durch Umsalzen gereinigt. Soll auf Leimkern weitergearbeitet werden, so salzt man den Leimniederschlag aus, läßt die Unterlauge abfließen und gibt die zur Verseifung des Harzes notwendige Menge Lauge zu. Nach Aufkochen wird das Harz, besser nach Aufschmelzen mit etwas Palmkernöl, zugegeben und das Gemisch verseift. Der Fettzusatz zum Harz wird so berechnet, daß die Seife zu 50% (im Ansatz) aus Harz besteht.

Bei Durchführung der Verseifung nach der Absolutverseifungsmethode ist zu berücksichtigen, daß der Salzgehalt eines solchen, mit 75% Leimfett hergestellten Sudes viel höher sein muß und etwa 4% vom Gesamtfett beträgt. Aber auch in diesen Fällen wird der Kesselinhalt nach Verbrauch der gesamten Lauge bei einem Fettsäuregehalt von 55% dünn sieden und nach Verdünnen mit Wasser auf 52—50% Fettsäuregehalt voll zusammengezogen sein. Die Abrichtung muß der für das Fertigmachen gewünschten Höhe entsprechen. Der Kernschliff eignet sich für solche Ansätze nicht, und zwar aus folgenden Gründen: Die hohe Grenzlauge des Ansatzes erschwert das Umsalzen, weil die Unterlaugen infolge des hohen Seifengehaltes gallertartig erstarren; ohne vorheriges Aussalzen läßt sich aber die Kernschliffmethode nicht ausführen. Dann erscheint aber, um zu einem höheren Fettsäuregehalt und einer härteren Seife zu gelangen, eine weitergehende Trennung erwünscht als der Kernschliff normalerweise ergibt. Schließlich ist es das einfachste, die vorgereinigte und voll verseifte Masse direkt fertigzumachen. Nach beendeter Verseifung wird, in Anbetracht der hohen Grenzlaugenkonzentration, nicht Salzwasser, sondern aufgeschwemmtes Salz in den siedenden Kessel portionsweise eingetragen und die Trennung so eingestellt, daß sich auf dem Probierholz große Trockenstellen zeigen oder beim Erkalten einzelne Tropfen abfließen. Das Aussalzen mit aufgeschwemmtem Salz erfordert natürlich mehr Zeit als die Arbeit mit Salzlösung. Noch ungünstiger ist es, mit trockenem Salz zu arbeiten, weil dann Salzteilchen von der Seife eingeschlossen werden können, so daß eine exakte Trennung bei nicht sehr langem Sieden überhaupt nicht zu erreichen ist. Das Kesselbild ist ein ganz anderes als bei Anwendung des Kernschliffes; die Oberfläche zeigt nicht die großen viereckigen Felder, sondern bedeutend kleinere, mit abgerundeten Grenzflächen, in denen auch einzelne mehrfach gebogene Rillen auftreten. Auch beim Werfen der Seife mit dem Spachtel zeigen sich Unterschiede zum Kernschliff; es bilden sich dabei große Seifenblasen, während die Masse viel dünner erscheint.

Für billige Fabrikate können Mischölfettsäuren verwendet werden, welche bei einer Säurezahl von beispielsweise 230 zur Hälfte aus Kernöl bestehen werden. Ein billiger Ansatz wäre 30% Mischölfettsäure, 10% Harz und 60% Knochenfett, Kammfett, Pferdefett u. dgl. Ein solcher Ansatz ist weich und liefert dunkle Seifen. Die Verseifung erfolgt nach den schon angegebenen Grundsätzen, die Seife muß aber vor dem Fertigmachen durch Bleichen mit größeren Blankitmengen aufgehellt werden. Will man möglichst nahe an den für Kernseifen zulässigen Mindestgehalt an Fettsäure von 60% herankommen, d. h. die Seife vermehren, so kann man die Seife mit Kalisalzlösung oder Wasserglas verschleifen. Zum Erstarren solcher Seifen in der Kühlpresse braucht man aber viel mehr Zeit als bei Fabrikaten normaler Härte, was mitunter den beim Einkauf der minderwertigen Fettrohstoffe errechneten Nutzen illusorisch macht. Da die Seife zu weich ist, so müssen die geschnittenen Stücke stärker ausgetrocknet werden, woraus sich empfindliche Gewichtsverluste ergeben. All das muß beim Einkauf der Fette in Rechnung gezogen werden.

Ist man aber gezwungen, billige Seifen herzustellen, so tut man gut, so viel Hartfett oder Talg mitzuverarbeiten, daß die Seifenstücke auch ohne längere Trocknung normalen Griff haben und die Bleiche allenfalls erst nach Entfernen der Hauptmenge der Verunreinigungen mit der ersten Unterlauge durchzuführen. Es ist richtiger, mit wenig Bleichmittel zu entfärben und auf drei Wässern zu arbeiten als, wie es vielfach üblich ist, auf dem ersten Wasser stark zu bleichen und auf dem zweiten fertigzumachen.

5. Grüne Marseillerseife.

Die aus Sulfurolivenöl hergestellte grüne Marseillerseife wird hauptsächlich in der Textilindustrie verwendet; sie dient insbesondere zur Reinigung empfindlicher Textilien, wie Seide und als Hilfsmittel in Färbereien, welche die Stoffe vor dem Färben bei einer Temperatur von nicht über 50⁰ auswaschen und dafür nur Seifenlösungen verwenden dürfen, welche auf der Faser keine Trübstoffe ausscheiden (s. S. 477). Von Marseillerseife wird völlige Neutralität und ein Trübungspunkt von unter 40⁰ verlangt.

Zur Herstellung solcher Seifen eignet sich am besten Olivenöl wegen des niedrigen Erstarrungspunktes seiner Fettsäuren und weil seine Seifen lange flüssig bleiben und die Unterlauge mitsamt Schmutz sehr gut absetzen. Der Trübungspunkt der Seife ist um so niedriger, je weniger feste Bestandteile im Öl verbleiben. Da die festen Anteile in den großen Ölbehältern allmählich ausfallen und zu Boden sinken, so erhält man mit dem von oben abgezogenen Öl die besten Seifen, d. h. Seifen mit niedrigstem Trübungspunkt. Das Siedewasser und die Salzlösung müssen vor Verwendung enthärtet werden, weil Kalkseifen den Trübungspunkt der Seife erhöhen; das hat aber zur Folge, daß die mit den Seifen behandelten Textilstoffe unregelmäßig anfärben. Die Olivenölseifen setzen beim Fertigmachen am besten und am schnellsten ab, wenn auf Unterlauge und nicht auf Leimniederschlag getrennt wird. Ein Salzüberschuß ist aber zu vermeiden.

Die volle Neutralität erreicht man dadurch, daß nach dem ersten Umsalzen keine oder weniger Lauge zugesetzt wird als bei normal abgerichteten Seifen und nicht etwa durch Verseifung mit kleinerem Stich, was zu Unsicherheiten führen müßte.

Lästig ist es, daß die Seifen zunächst sehr weich anfallen und daher viel länger in der Kühlpresse verbleiben müssen als die sonstigen Kernseifen. Beim späteren Auftrocknen werden aber die Olivenölseifen trotz niedrigen Titers sehr hart; sie gelangen erst nach Auftrocknen und Erhärten zum Verkauf.

Echte Marseillerseifen müssen ausschließlich aus Olivenöl hergestellt werden; die Härte und Schaumkraft läßt sich aber, ohne wesentliche Erhöhung des Trübungspunktes, durch Mitverwendung von Cocosfett steigern.

6. Oberschalseifen.

Diese heute selten hergestellte Seife stammt aus der Zeit, zu der das Fertigmachen vorwiegend auf Unterlauge erfolgte. Ihren Namen verdanken sie dem Umstande, daß die oberste, am vollständigsten abgesetzte Schicht des Kessels für sich in flachen Formen zum Erstarren gebracht wurde. Die Oberfläche der Seifenstücke war deshalb rissig und uneben, was aber als ein Zeichen der Echtheit angesehen wurde. Da die „Oberschale“ besser bezahlt wurde als die übrige Seife kamen findige Fabrikanten bald auf die Idee, die gesamte Seife als „Oberschalseife“ herzustellen.

Dies gelang auf folgendem Wege: Die Seife wurde mit freiem Feuer ausgesalzen, und zwar zunächst auf schwächere Trennung. Dann wurde so weit eingedampft, daß sich beim Sieden kein Schaum mehr bildete und ein stark ausgesalzener Kern im Kessel verblieb. Nach Absetzen über Nacht wurde der gesamte Kesselinhalt in bereitgestellte flache Formen abgeschöpft; dem Aussehen der Oberschalseife wurde vor dem Erstarren durch sog. „Blümeln" mit einem Draht nachgeholfen, d. h. es wurden mit dem Draht Furchen in die halberstarrte Seifenoberfläche gezogen, damit sie nach Erstarren rauh und rissig wird. Später nahm man es noch weniger genau und stempelte einfach gewöhnliche Kernseife mit einer Stanze, welche rauhe Oberflächen erzeugte.

Bei der Fabrikation wird der Fehler begangen, daß die Reinigung durch Umsalzen auf blanker Unterlauge erfolgt, was hier insofern besonders unzweckmäßig ist, als die spätere Reinigung durch Fertigmachen auf Leimkern entfällt.

Um aus etwas dunkleren Fetten helle, nicht nachdunkelnde Oberschalseife zu erhalten, empfiehlt es sich deshalb, die verseifte Masse ein- oder zweimal auf leimige Unterlauge umzusalzen und den vorgereinigten Kern auf Oberschale fertigzusieden. Das in Großbetrieben ungewohnte Abschöpfen der Seife läßt sich nicht umgehen, weil der strotzig ausgesalzene Kern der fertigen Oberschale schon bei geringer Abkühlung sehr hart erstarrt, so daß ein Abpumpen der Seife unmöglich ist.

Die beste Sorte ist die reine Palmöl-Oberschalseife, es wurden aber auch reine Talgkern-Oberschalseifen oder aus gemischten Ansätzen die weißen Oberschalseifen und harzhaltige Oberschalseifen hergestellt.

7. Verschiedene Kernseifenarten von geringerer Bedeutung.

Die Talgkernseife unterscheidet sich von der altdeutschen Kernseife dadurch, daß sie nicht mit Kalilauge, sondern mit Ätznatronlauge verseift hergestellt wird. Daher ist die Talgkernseife eine auf Unterlauge klargesottene reine Talg-Natronseife.

Marmorierte Kernseifen sind auf Unterlauge fertiggemachte Kernseifen aus Talg oder, was vorteilhafter ist, aus weicheren gemischten Ansätzen hergestellt. Die Marmorierung wird dadurch hervorgerufen, daß in der ziemlich stark elektrolythaltigen Seifenmasse in größeren, gegen zu rasche Abkühlung gut geschützten Formen bei der Temperaturabnahme, aber noch im halbflüssigen Zustand das Gleichgewicht gestört wird, so daß eine Trennung in Kern und Fluß erfolgt. Die so entstandene Marmorierung kann durch Beimischen eines Farbstoffes (Braunstein, Bolus, Ultramarin, Frankfurterschwarz) schärfer sichtbar gemacht werden. Auch pflegt man der Struktur des Flusses besondere Zeichnung zu geben, indem ein Eisenstab durch die Seifenmasse in der Richtung von gekreuzten Linien oder spiralenartig hindurchgezogen wird. Diese Maßnahme wird „Mandeln" oder „Blumen" genannt.

Die Stettiner Palmölseife wurde aus gebleichtem Palmöl auf Unterlauge hergestellt. Um eine glatte Struktur zu erhalten, muß die Seife in kleineren Formen unter öfterem Durchkrücken abgekühlt werden. Enthält der Fettansatz auch Harz und eventuell auch Kernfette, so spricht man von *Stettiner Palmölhausseife.* Diese wieder kann glatt oder marmoriert hergestellt werden.

Harzkernseifen werden aus Kernfetten (Talg, Knochenfett) mit 30—50% Harz im Ansatz hergestellt, auf Unterlauge ausgesalzen und nachher verschliffen. Will man die Härte der Seife erhöhen, so kann dies durch Beimischen von Wasserglas oder Sodalösung erreicht werden.

c) Weiterbehandlung der abgesetzten Kernseife.

1. Das Füllen oder Vermehren.

Die im Siedekessel abgesetzten Kernseifen werden nicht immer in reinem Zustand, mit dem Fettsäuregehalt von über 62%, gekühlt und auf Stückform verarbeitet, oft vermischt man sie noch im flüssigen Zustand mit verschiedenen Streckmitteln. Solche Seifen sind eigentlich nicht mehr als Kernseifen zu bezeichnen, weil sie Fremdstoffe und meistens weniger als 60% Fettsäure enthalten.

Die Zusätze bezwecken eine Vermehrung, d. h. Verbilligung der Seife, sie sollen aber auch in gewissem Grade zur reinigenden Wirkung der Seife beitragen. In selteneren Fällen werden Zusätze nicht zur Verbilligung, sondern wegen ihrer qualitätsverbessernden Eigenschaften verwendet.

Neutralsalze sind als nutzlose Füllungen zu betrachten. Die Alkalisalze der schwachen Säuren wirken dagegen infolge ihrer alkalischen Reaktion schwach reinigend. Geringe reinigende Wirkung besitzen auch manche als Seifenfüllung verwendete kolloide Stoffe, wie Stärke, und die anorganischen Kolloide: Aluminiumhydroxyd, kolloide Kieselsäure und kolloider Ton. Nützlichere Füllmittel sind jene organischen Kolloide, welche emulgierende oder schaumbildende Eigenschaften besitzen. Solche sind Casein, Eiweißabbauprodukte, Natriumcaseinat und Natriumprotalbinat, Polysaccharide, auf Leimbasis erzeugte Waschkolloide, ferner Schleimstoffe, Tylose und schließlich die in letzterer Zeit aus der Sulfitzellstoffablauge erzeugten Produkte, welche unter dem Namen Zewapulver in den Handel kommen. Zusätze, wie Talkum und Schwerspat, können bloß als Beschwerungsmittel betrachtet werden.

Über den Wert der Füllungen sind die Meinungen sehr verschieden. Manche behaupten, daß die allgemein verwendeten Zusätze, wie Salzlösungen, Wasserglas und Stärke, nicht nur nutzlos, sondern wegen ihrer faserschädigenden Wirkung direkt zu verwerfen sind. Diese Behauptungen sind ebenso übertrieben wie die Behauptungen der erhöhten Waschkraft, verminderten faserschädigenden Wirkung usw. Wahrscheinlich ist, daß durch die Verwendung von sinngemäß hergestellten gefüllten Seifen das Waschen billiger wird und an Fettmaterial gespart werden kann. Ganz anders zu beurteilen sind jene Zutaten, welche meist schon in geringem Prozentsatz die Seife, wenn auch nicht ihre Waschkraft, veredeln können. Als solche sind zu betrachten die überfettenden, fettlösenden, wasserenthärtenden, die Schaumfähigkeit erhöhenden Zusätze usw. Falsch ist es jedenfalls, den Füllstoffen einen günstigen Einfluß auf die Waschwirkung der Seife beizumessen.

Die Füllmasse wird der warmen, noch flüssigen Seife durch Verkrücken von Hand aus oder Vermischen mit mechanischen Rührwerken einverleibt. Meistens erfolgt der Zusatz im Zubringer der Kühlpresse.

Salzlösungen werden von Seifen mit hohem Leimfettgehalt besonders gut aufgenommen. Dagegen ist es überflüssig, die Füllung derart durchzuführen, daß der Seifenkern mit Cocosöl, Lauge und Füllösung verarbeitet wird, weil man mit den heutigen Siedemethoden die Grundseife gleich mit dem gewünschten Leimfettgehalt herstellen kann. Soll der Fettsäuregehalt der Seife weitgehend heruntergedrückt werden, so ist die Verwendung von größeren Mengen Harz und flüssigen Ölen nicht angebracht, weil diese zu weiche gefüllte Seifen geben.

Mit Lösungen von Kochsalz, Chlorkalium, Soda und Pottasche kann man den Fettsäuregehalt der Kernseifen bis auf 55% herunterdrücken. Diese Arbeit wird auch als „Ausschleifen der Seife“ bezeichnet. Kalisalze werden von der Seife leichter aufgenommen als die Natronsalze, machen aber die Seife weicher. Chloride salzen stärker aus als Carbonate, können daher nur in geringerer Konzentration und in kleineren Mengen verwendet werden. Die Zusammenstellung der Füllösung muß so beschaffen sein, daß die Grenzlaugenkonzentration in der Seife nicht erreicht wird. Ein Dünnerwerden beim Verrühren deutet bereits auf beginnende Trennung hin; man darf dann nicht weiter füllen oder muß die Füllung verdünnen. Sehr verdünnte Salzlösungen verleimen die Seife zu stark, man erhält zu weiche und leicht austrocknende Produkte. Der Wert von Salzlösungen ist überhaupt gering, weil ca. 80% der Füllung Wasser sind, das auf Lager verdunstet.

Der Austrocknungsgefahr weniger ausgesetzt sind die mit Wasserglas gefüllten Seifen, schon aus dem Grunde, weil das handelsübliche Wasserglas von 38—40° Bé nur zu zwei Dritteln aus Wasser besteht. Die Seife kann mit diesem Material bis auf 50% Fettsäuregehalt gefüllt werden. Um das Ausscheiden der Kieselsäure zu verhindern, wird das Wasserglas vor dem Gebrauch mit 5% seines Gewichtes 38°iger Natronlauge oder Natron- und Kalilauge vermischt, außerdem soll die zu füllende Seife kräftig abgerichtet sein. Das abgerichtete Wasserglas erwärmt man vor der Zugabe auf 50—60°.

Mit Salzlösungen und Wasserglas gefüllte Seifen beschlagen meistens. Schwankungen der Temperatur und der Luftfeuchtigkeit verstärken die Beschlagbildung, wogegen bei unveränderten atmosphärischen Bedingungen die gefüllten Seifen auf der Oberfläche rein bleiben. Wasserglashaltige Seifen beschlagen weniger als solche, welche nur Chloride und Carbonate enthalten. Gut lagerfähige Seifen soll man erhalten, wenn als Füllmaterial mit fester Soda vermischtes Wasserglas verwendet wird, doch läßt sich dieser dicke Brei nur schwer in die Seife einarbeiten.

Soll der Fettsäuregehalt der Seife unter 50% herabgedrückt werden, so ist es zweckmäßig, Wasserglas und andere Füllstoffe gleichzeitig zu verwenden. Zuckerlösung, Gelatine, Schleimstoffe, Casein, Eiweißabbauprodukte, Tylose, Zewapulver usw. mit Wasserglas gemischt sind gut brauchbar, wogegen sie für sich verwendet die Seife zu weich machen. Industriestärke ist ein reines und zum Füllen der Seife gut geeignetes neutrales Produkt, doch soll es mit Wasserglas zusammen nicht verwendet werden, weil das im Wasserglas enthaltene Alkali die Stärke zersetzt. Die vorhin aufgezählten Füllmittel finden bei der Herstellung der Schmierseifen ausgedehnte Verwendung (s. S. 447).

Mit Beschwerungsmitteln, wie Kaolin, Talkum, Schwerspat, Ton usw., kann die Seife in weitgehendstem Maße vermehrt werden. Die so gefüllte Seife trocknet nicht aus, dagegen verliert sie im Verhältnis der zunehmenden Füllung das seifenartige Aussehen.

Überfettungsmittel, wie auch die das Schaum- und Emulgiervermögen erhöhenden Spezialpräparate werden vorwiegend für Toiletteseifen verwendet (vgl. S. 400). Die Waschseifen mit Lösungsmittelzusätzen sind an anderer Stelle besprochen (S. 495). In den letzteren Jahren werden Phosphate, Pyrophosphate und andere Phosphorsalze auf ihre Waschwirkung und Waschzusatzwirkungen hin lebhaft untersucht, doch haben derartige Präparate in der Seifenindustrie noch nicht allgemeinen Eingang gefunden. Sicher ist, daß die Mono-, Di- und Trinatriumphosphate reinigende Wirkung besitzen (s. S. 531). Von Calgon genügen 2%, um die Abscheidung von Kalkseifen zu verhindern (s. S. 244). Außerdem sollen Phosphorsalze auf sauerstoffabspaltende Waschmittel stabilisierend wirken, Trinatriumphosphat soll die Metallfleckbildung auf der Wäsche verhindern, in Gegenwart von Glycerin das Ranzigwerden der Seife verhüten und bei alkalisch eingestelltem p_H-Wert das Schaumvermögen erhöhen. Schließlich sind Persalze bekannt, welche zur Erzeugung von selbsttätigen Waschmitteln empfohlen werden. Hinweise auf die Patentliteratur sind in der Zusammenstellung von MÖLLERING in der Seifensieder-Ztg. 65, Nr. 11 und 12 (1938) zu finden.

Ammoniak abspaltende Salze erhöhen die Waschkraft der Seife, doch zersetzen und verflüchtigen sich diese Salze zu rasch. Sulfite und Natriumthiosulfat wirken schützend gegen das Ranzigwerden, doch verwendet man sie bei Waschseifen selten. Bisulfitverbindungen der Aldehyde und Ketone wirken angeblich faserschonend. Zu erwähnen wäre noch, daß auch die neuzeitlichen Waschmittel, welche im dritten Teil dieses Bandes beschrieben sind, den Kernseifen einverleibt, unter Umständen die reinigende Wirkung und Kalkbeständigkeit der Seifen erhöhen. Die Natriumsalze von Tallöl und der Naphthensäuren sind nicht als füllende oder verbessernde Zusätze, sondern als Ersatzstoffe für Fettseifen zu betrachten.

2. Das Verarbeiten der Seife vom Siedekessel bis zur versandfertigen Ware.

α) *Das Absetzen der Kernseifen.*

Die im Siedekessel fertiggestellten Seifen werden zunächst der Ruhe überlassen. Infolge der Dichtedifferenz trennt sich der Seifenkern von der Unterlauge oder vom Leimniederschlag und sammelt sich als homogene Masse im oberen Teil des Kessels an. Die Absetzzeit muß hinreichend lang sein, damit eine vollständige Trennung erfolgen kann. Während des Absetzens darf aber die Temperatur der Seife im Kessel nicht zu tief sinken, weil dann die Seife sehr zähflüssig wird, was das gute Absetzen und das Herausbringen der Seife aus dem Kessel erschwert. Vor allzu raschem Abkühlen sollen die Siedekessel durch Vermauerung, Holzverkleidung oder Isoliermassenüberzug geschützt werden. Außerdem bedeckt man den Kessel nach beendetem Sieden mit Brettern und Strohmatratzen.

Die zum Absetzen notwendige Zeit ist von der Kesselgröße und von der Art des Fertigmachens abhängig. Es sind dazu, je nach Kesselgröße, $^1/_2$—4 Tage notwendig. Ölseifen und leichtflüssige Seifen setzen rascher ab als harte Seifen, außerdem kann man die Absetzzeit der Ölseifen verlängern, weil diese Seife auch bei tieferer Temperatur flüssig bleibt. Als durchschnittliche Absetzzeiten gelten für 5 m^3 Siedekessel ca. 16 Stunden, 10 m^3 ca. 36 Stunden und über 20 m^3 ca. 60 Stunden. Die Temperatur der Seife nach dem Absetzen schwankt zwischen 75—95^0 und soll keinesfalls unter 65^0 sinken.

Bei Kernseifen, welche auf Unterlauge ausgesalzen wurden, beeinflußt die Endtemperatur die relative Menge des Kernes nicht, dagegen ganz erheblich, wenn die Seife auf Leimniederschlag ausgesalzen wird. Bei sinkender Temperatur erhöht sich die Menge des Seifenkernes, wogegen die Menge und der Seifengehalt des Leimes sich vermindern. Daher erhält man, trotz gleicher Arbeitsweise, nur dann Seifen gleicher Zusammensetzung, wenn die Temperatur der Seife nach dem Absetzen keinen großen Schwankungen unterworfen ist[1].

β) *Das Ausbringen der Seife.*

Nach dem Absetzen wird die auf der Oberfläche erstarrte Seife und die Schaumschicht — beide zusammen nicht mehr als ein Finger dick — von der ganzen Kesselfläche mit einer langstieligen Schaufel entfernt. Gelangen Teile davon in die fertige Seife, so wird sie fleckig.

Ein abgesetzter geschliffener Kern ist im Gegensatz zum geronnenen Kern, welcher durch zu starkes Aussalzen oder zu weitgehendes Abkühlen der Seife entsteht, soweit flüssig, daß die Seife mit Schöpflöffel, durch Abfließenlassen oder Auspumpen leicht aus dem Kessel gebracht werden kann. Nicht nur das Abschöpfen, sondern auch das Absaugen der Seife soll von oben angefangen erfolgen, das Schwenkrohr darf nur allmählich immer tiefer in den Kessel gelassen werden, bis die Unterlauge oder die Leimschicht erreicht wird. Das Ausbringen der Seife muß sorgfältig durchgeführt werden, durch Unachtsamkeit gelangen Unterlaugen oder Leim in die Seife. Vor dem Abkühlen läßt man die Seife durch ein Drahtsieb mit ca. 5 mm Maschenweite gehen. Das Sieb wird entweder auf die tellerförmige Erweiterung des Schwenk-

---

[1] Siehe aus dem Werke „Soap and Glycerin Manufacture" von E. T. WEBB in der Seifensieder-Ztg. **64**, 861ff. (1937) mitgeteilte Angaben.

rohres gespannt oder man stellt eine Siebkonstruktion in den Weg der von der Rohrleitung oder vom Schöpflöffel ausfließenden Seife.

Die flüssige Seife wird in die Kühlformen, in einen Seifenbehälter oder direkt in den Zubringer der Kühlpresse gebracht. Die Formen werden am vorteilhaftesten in einem Raum unter den Siedekesseln aufgestellt. Rollbare Seifenformen können der Reihe nach zur Ausflußleitung gebracht werden. Feststehende Formen füllt man durch blechbeschlagene Holzrinnenverteiler. Besteht nicht die Möglichkeit die Seifenformen unter den Siedekesseln aufzustellen oder ist das Gefälle zu klein, so benutzt man Seifenpumpen, ebenso wenn die Seife aus dem Kessel in einen Behälter befördert werden soll. Kühlpressen vom Kessel aus direkt zu bedienen ist nicht zweckmäßig, weil bei dieser Arbeitsweise der Kessel nur sehr langsam entleert wird, die Seife kühlt dabei zu sehr ab. Wird die Seife auf einmal in den über den Kühlpressen aufgestellten Behälter gepumpt, so bietet dies auch noch den Vorteil, daß der Siedekessel für weitere Arbeiten in kürzester Zeit frei wird.

Der schmiedeeiserne Vorratsbehälter soll einen ganzen Sud fassen; er muß heizbar und gut isoliert sein. Heizschlangen in den Behälter einzubauen ist nicht zweckmäßig, weil die Verbreitung der Wärme, wegen mangelnder Zirkulation der dicken Seifenmasse, nicht möglich ist. Die Seife wird daher lokal überhitzt, ausgetrocknet und angebrannt, außerdem erschwert die Heizschlange das Reinigen des Behälters. Kleinere Reservoire können durch Heißwasser-Doppelmäntel warmgehalten werden. Größere Behälter sind auf Traversen aufzustellen und mit 5—10 cm Luftraum einzumauern. Die Dampfheizkörper können unter dem Reservoir untergebracht werden, die Seife befindet sich also in einem Warmluftbad.

Seifenbehälter erfüllen in gewissem Maße auch die Aufgabe, die verschiedenen Seifenschichten des Siedekessels halbwegs zu vermischen, was besonders dann erreicht wird, wenn die Einflußleitung ziemlich tief in den Behälter geführt wird.

Saugleitung, Seifenpumpe und Druckleitung müssen nach jedem Gebrauch mit Heißwasser durchgespült und mit Dampf durchgeblasen werden. Versäumt man dies und erstarrt die Seife, so können Verstopfungen nur durch Abmontieren der Leitungen beseitigt werden.

γ) *Abkühlen der Seifen.*

Das Abkühlen und Erstarren der Seife kann in Seifenformen (s. S. 266) oder in Kühlapparaten, meistens Plattenkühlern (s. S. 269) erfolgen. Kühlformen bieten gegenüber Kühlpressen den Vorteil geringerer Anschaffungskosten und geringeren Arbeitsaufwandes, dagegen ist das Aufschneiden der Seifenblöcke viel komplizierter, ungenauer und mit mehr Abfall verbunden als bei Verarbeitung der gleichmäßigen Seifenplatten.

Ist Flußbildung erwünscht, so müssen gegen zu rasche Abkühlung mit Matratzen geschützte Formen verwendet werden. Will man glatte Seifen erzeugen und steht keine Kühlpresse zur Verfügung, so kühlt man die Seife in kleineren Formen und krückt sie vor dem Erstarren oft und kräftig durch. Die gebräuchlichsten Formen fassen 500—5000 kg Seife.

Die Flußbildung der formgekühlten Seifen läßt sich vermeiden, wenn die Elektrolytkonzentration des Seifenkernes vermindert wird, so daß die Seife beim Abkühlen in noch flüssigem Zustand nicht in ein verändertes Gleichgewichtsgebiet gelangt. Die Elektrolytkonzentration kann durch Verschleifen der Seife oder Vermischen mit kleinen Mengen von Cocosöl oder einer reinen Fettsäure erreicht werden. Die Fettzugabe verbraucht einen Teil des freien Alkalis und vermindert auf diese Weise die Elektrolytkonzentration. Dergleichen Manipulationen sind aber auf die Haltbarkeit der Fabrikate von ungünstigem Einfluß.

In einzelnen Fällen, wenn die Seifenstücke eine besondere Oberflächenstruktur erhalten sollen, wie bei den Oberschalseifen oder bei den Szegedinerseifen, verwendet man ganz kleine niedrige Formen oder zusammenlegbare, mit Tüchern ausgelegte Holzrinnen. Die Ungleichmäßigkeit der Oberfläche kann mit einem Holzmesser noch verstärkt werden.

Von den zahlreichen Ausführungsformen der Kühlapparate haben nur die den Filterpressen ähnlich gebauten Plattenkühlpressen Verbreitung gefunden und von diesen auch nur jene, welche unter Druck gefüllt werden. Werden die Kühlpressen mit einem Zubringer aufgestellt, so kann die Seife in diesem in bequemster Art gleichmäßig vermischt, verschliffen, gefüllt und parfümiert werden. Die Arbeitsweise ist auf S. 273 beschrieben. Zweckmäßig ist, anstatt einer größeren Kühlpresse zwei oder mehrere kleine Apparate aufzustellen; erstens genügt dann ein kleinerer Zubringer und zweitens läßt sich die Arbeit des Bedienungspersonals besser einteilen. Während des Entleerens der einen Presse können die anderen gekühlt werden. Das Füllen soll rasch und ohne Wasserdurchfluß erfolgen, sonst entsteht, parallel zur Kühlfläche, eine zu starke Schichtung der Seife. Werden die Kühlflächen sauber gehalten, so kleben harte Seifen nicht an, bei weicheren Ansätzen ist ein schwaches Bestreichen mit Glycerin- oder Salzwasser notwendig. Für wasserglasgefüllte Seifen ist gegen das Ankleben ein Zusatz von 2—3% Talkum zur Befeuchtungslösung oder die Verwendung von Vaselinöl empfohlen.

Die Dicke der Platten (25—60 mm) wird so gewählt, daß die auf das gewünschte Gewicht aufgeschnittenen Seifenstücke in jeder Richtung 4—10 mm kürzer sind als die Abmessungen der Preßstanze. Die Flächenabmessungen der Platten, d. h. die Innenmaße der Kühlrahmen werden vorteilhafterweise so bemessen, daß beim Aufschneiden, mit der für die betreffende Plattenstärke meistverwendeten Einteilung, auf jeder Seite ein Streifen von etwa 10 mm Breite abfällt. Rahmen anderer Abmessungen können durch Einsätze umgebaut werden. Dadurch wird die Menge der Abfälle erheblich vermindert.

δ) *Das Aufschneiden der Seifen.*

Die in den Seifenformen oder Kühlpressen erstarrten Seifen sollen erst nach vollständiger Abkühlung aufgeschnitten werden. Das Aufschneiden erfolgt unter Benutzung der auf S. 267 beschriebenen Verteilungsapparate. Die aus der Kühlpresse genommenen Platten schichtet man zuerst auf Holzsockel in ca. 1 m Höhe übereinander. Mit Hilfe eines Hubwagens lassen sich die Seifenstöße leicht zum Lagerplatz und zu den Aufschneidemaschinen befördern. Die Seife wird in den Kühlpressen, um Zeit zu sparen, nicht vollkommen abgekühlt, daher sollen die Platten mindestens einen Tag ruhen, sonst ist die Seife noch schmierig und läßt sich nicht sauber aufschneiden.

Mit besonderer Sorgfalt ist auf die Gewichtsgleichheit der aufgeschnittenen Stücke zu achten. Diese kann nur dann erreicht werden, wenn die einzelnen Seifenplatten an jeder Stelle und untereinander gleich dick sind. Deshalb sollen die Kühlrahmen oft nachgemessen werden, und auf der Dichtungsfläche eventuell festhaftende Seifenreste sind zu entfernen. Die Flächen der Kühlzellen müssen vollkommen eben sein, was nicht immer der Fall ist. Besonders bei alten gußeisernen Kühlzellen ist oft ein Verkrümmen des nickelplattierten Blechbelages zu beobachten. Die Kühlzellen müssen oft mit einem Lineal auf Ebenheit geprüft werden, fehlerhafte Platten sind zu entfernen und zu reparieren.

Kernseifen verkauft man meistens mit einem bestimmten, garantierten Fettsäuregehalt (60, 62, 63%). Die abgesetzte Kernseife ist aber gewöhnlich höherprozentig und der Fettsäuregehalt einzelner Sude schwankt in gewissen Grenzen. Will man nicht mit einem etwaigen Fettsäureüberschuß die Kalkulation belasten, so kann — nach durchgeführter Analyse — entweder auf den gewünschten Fettsäuregehalt verschliffen werden oder man schneidet die Seife, dem höheren Fettsäuregehalt entsprechend, im Gewicht etwas leichter auf. Diese Maßnahmen sollen natürlich, wegen Ungenauigkeiten der Betriebsanalysen und des Aufschneidens, mit einem Sicherheitsfaktor durchgeführt werden.

ε) *Pressung der Seifen.*

Vor dem Pressen werden die aufgeschnittenen Seifenstücke mit Zwischenräumen auf Trockenrahmen, Trockengestelle oder Hordenwagen verteilt. Diese

Arbeit muß sehr sauber durchgeführt werden, man achte darauf, daß keine Seifenbrösel auf die Stücke fallen, weil diese, zu rasch austrocknend, die gepreßten Stücke unansehnlich machen. Ist die Seife nicht sehr hart und genügend plastisch, so kann sie nach einem Antrocknenlassen im gut temperierten Arbeitsraum nach einigen Stunden oder am nächsten Tag gepreßt werden. Rascher und schöner erfolgt das Pressen, wenn ein Antrockenapparat verwendet wird. Die Seife wird in Trockenschränken, Kanaltrocknern oder in automatisch arbeitenden Vorbereitungsapparaten (s. S. 274) in einem Luftstrom von 40—50^0 erwärmt und an der Oberfläche angetrocknet. Kurz vor dem Pressen läßt man die Stücke, außerhalb des Trockenraumes oder in diesem, durch Kaltluftventilation auf der Oberfläche abkühlen. So erhält man plastische, aber nicht schmierige Stücke, welche sich schön pressen lassen. Das Ankleben der Seife an die Preßformen wird durch Bestreichen der Stanzen mit 40%igem Glycerin oder starkem Salzwasser verhütet. Es soll nicht mehr als notwendig befeuchtet werden, sonst verliert die Seife an Glanz.

Eine einseitige Prägung erhalten die Seifenstücke durch Stempeln mit Handarbeit, durch Aufdrücken von gravierten Rollen, welche in die Aufschneidemaschine eingespannt sind, oder in Seifenpressen. Unter einer Spindelpresse mit ca. 400 mm langem graviertem Stempel kann ein ebenso langer Seifenriegel durch einen Druck mit der Prägung von 5—8 Seifenstücken versehen werden. Die geprägten Riegel werden dann in einer Aufschneidemaschine in der Querrichtung in einzelne Stücke verteilt. Sollen die Seifen zweiseitig oder gar auf allen sechs Flächen geprägt werden, so bedient man sich der Seifenpressen und Kastenstanzen (S. 293). Am schönsten, aber langsamsten arbeiten die Spindelpressen, diese sind besonders zur Herstellung allseitig geprägter „Marseillerseifen" geeignet. Für $^1/_2$ kg und leichtere Stücke sind die Fußpendel- und die halbautomatisch arbeitenden Pendelpressen vorzuziehen. Die vollautomatischen Pressen erzeugen weniger schön gestanzte Seifenstücke, aber ihre große Leistungsfähigkeit, der ersparte Arbeitslohn und die geringeren ästhetischen Ansprüche Waschseifen gegenüber begründen vollständig ihre Verwendung. Die Benutzung der Schutzvorrichtungen und deren Instandhaltung darf bei keiner Pressenart vernachlässigt werden.

Die gepreßten Seifenstücke können sofort in Kisten verpackt werden, besser ist es aber, sie, auf Rahmen verteilt, weiterzutrocknen. Dies ist besonders dann notwendig, wenn die einzelnen Stücke in Kartons verpackt werden.

ζ) *Das Vertrocknen der Kernseifen.*

Im Gebrauch sind frische Seifen weniger ausgiebig als eingetrocknete Stücke, weil wasserreiche Seifen nicht nur leichter löslich sind als die trockenen, sondern durch die mechanische Behandlung beim Waschen auch rascher abgerieben werden. Um dem Abnehmer die Investition des trocknenden Vorrates zu ersparen oder zu vermindern, ist es üblich, die Kernseifen schon in der Fabrik vertrocknen zu lassen. Natürlich kann bei einer vertrockneten Seife durch die Gewichtsbestimmung das Frischgewicht der Seife nicht festgestellt werden, weshalb trokkene Seifen meistens nur eingeschachtelt als verläßliche Markenartikel gehandelt werden.

Die Vertrocknungsgeschwindigkeit wächst mit der Erhöhung der relativen Oberfläche, d. h. kleinere Seifenstücke trocknen rascher ein als große. Erhöhte Temperatur und verminderte Luftfeuchtigkeit begünstigen ebenfalls die Vertrocknung, aber lange nicht im Maße der gesteigerten Dampftension und der erhöhten Wasseraufnahmefähigkeit der umgebenden Luft. Es handelt sich nämlich beim Vertrocknen der Seife nicht bloß um das Verdampfen von Wasser, sondern um viel kompliziertere Vorgänge, z. B. das Entquellen der Seife, Diffusion des Wassers durch die Seifenmasse (s. S. 204) usw. Der Vertrocknung wirkt die Hygroskopizität der Seifen entgegen. In jeder Atmosphäre kann eine

Seife nur bis zu einem Gleichgewichtszustand austrocknen, doch ist unter den praktisch vorliegenden Verhältnissen der Wassergehalt der Seifen in diesem Zustand viel geringer als in frischen Seifen.

Die Trocknung der Seife kann verschieden durchgeführt werden, je nachdem, ob nur eine Oberflächentrocknung oder Massenvertrocknung bezweckt wird. Eine Trocknung auf der Oberfläche wird vor dem Pressen der Seifenstücke und auch dann durchgeführt, wenn das Nässen der in Papierkartons verpackten Seifen verhindert werden soll. Eine wesentliche Gewichtsabnahme ist hierbei nicht notwendig. Die Massenvertrocknung bezweckt dagegen eine bedeutende Erhöhung des Fettsäuregehaltes der Seife. Rasches Trocknen bei hoher Temperatur in starkem Luftstrom führt zur Oberflächenvertrocknung, wogegen ein tiefergehendes Entwässern der Seife nur bei mäßiger Temperatur (30—40°) und langsamem Luftwechsel erreicht werden kann, weil das Diffundieren des Wassers aus dem Inneren der Seife auf die Oberfläche Zeit braucht und durch zu stark ausgetrocknete Krusten auf der Seifenoberfläche nicht verhindert werden darf. Ein Übertrocknen mit 3—5% Gewichtsverlust kann in Trockenapparaten, wie diese beim Vorbereiten zum Pressen Verwendung finden, in 1—2 Tagen erreicht werden. Über 10%ige Vertrocknung erreicht man in gleichmäßig geheizten, gut gelüfteten oder schwach ventilierten Räumlichkeiten in 1—2 Wochen.

Auch die Art der in der Seife enthaltenen Fettstoffe ist von Einfluß auf die Vertrocknung. Ölseifen trocknen rascher als Seifen, welche aus einem Fettansatz mit niedriger Jodzahl hergestellt wurden.

Das Verpacken in Faltkartons verhindert die Vertrocknung nicht wesentlich, im dichtgelagerten Zustand, z. B. in Kisten, trocknen sogar eingeschachtelte Seifen rascher aus als nackte Stücke.

d) Verschiedene Beobachtungen bei der Herstellung der Kernseifen.

1. Fabrikationsfehler.

Das *Rissigwerden* der Seifen zeigt sich beim Pressen oder beim Verbrauch. Der Grund dieser Erscheinung liegt entweder im schlechten Kühlen oder in der mangelhaften Bindigkeit der Seifen.

Werden die Kühlpressen zu langsam oder stoßweise mit der flüssigen Seife gefüllt und läßt man das Kühlwasser schon während des Füllens der Presse durch die Zellen fließen, so schichten sich die einzelnen, sofort erstarrenden Seifenteilchen übereinander und die erhaltenen Seifenplatten neigen zum Spalten.

Harte Ansätze, sowie ein zu hoher Salzgehalt geben meistens zu spröde Seifen, welche die Formänderung beim Pressen nicht gut aushalten. Das Rissigwerden läßt sich daher durch Verwendung von weichen Ansätzen vermeiden; besonders wirksam in dieser Hinsicht sind Zusätze von Harz, Ricinusöl und Schmalz. Ferner darf die Seife beim Fertigmachen nicht übersalzen werden.

Das *Verziehen und Krummwerden* entsteht durch Spannungsstörungen in den Seifen nach dem Vertrocknen. Bei rasch gekühlten Seifen ist diese Erscheinung nur auf der Schnittfläche der Platten in geringerem Maße zu beobachten, wogegen formgekühlte Seifen, welche schon mit freiem Auge betrachtet eine heterogene Struktur verraten, sehr zum Verziehen neigen. Am stärksten tritt diese Erscheinung bei stark wasserhaltigen, viel Leimfett enthaltenden und salzreichen Seifen auf. Vermindert wird die Neigung des Verkrümmens durch die Erhöhung des Fettsäuregehaltes der Seife auf 66—68%; dies wird erreicht, wenn man die Stücke vor dem Pressen etwas stärker antrocknet oder wenn man die fertige Seife mit entsprechend berechneten Mengen von Cocosöl oder Fettsäuren und starker Lauge innig verarbeitet.

Das *„Schwitzen" und „Beschlagen" der Seifen*. Die Erklärung dieser Erscheinung ist auf S. 213ff. beschrieben. Das Schwitzen entsteht durch Stabilisierung eines auf der Seifenoberfläche niedergeschlagenen Taues, wenn Elektrolyte aus der Seife in den Tautropfen diffundieren. Durch den Salzgehalt werden die Wassertropfen in eine Art Unterlauge verwandelt, welche mit der Seife im Gleichgewicht steht, d. h. von der Seife als Quellungswasser nicht mehr aufgenommen wird.

Das Beschlagen ist eine Folgeerscheinung des Schwitzens. Verdunstet die Nässe von der Oberfläche, so bleibt der Salz-, Alkali- oder Sodagehalt auf der Seife zurück. Dieser Vorgang kann auch ohne Auftreten des Schwitzens beobachtet werden.

Ein Nässen der Seife kann nur entstehen, wenn die Bedingungen der Taubildung gegeben sind, d. h. wenn die Seife mit wasserübersättigter Luft in Berührung kommt. Vermeiden läßt sich dies durch Lagern in gut gelüfteten, gleichmäßig temperierten Räumlichkeiten.

Der zweite Umstand für das Auftreten des Schwitzens ist das Vorhandensein von Elektrolyten. Daher neigen stark alkalische und salzhaltige Seifen stärker zum Schwitzen und Beschlagen als gut abgesetzte milde Seifen. Fehlende Alkalität führt jedoch wegen der Hygroskopizität solcher Seifen auch zum Nässen.

Vermindert wird die Neigung zum Schwitzen und Beschlagen schließlich durch ein Antrocknen der Seife, da harte Seifenkrusten das Diffundieren des Salzes zum Tautropfen erschweren, wodurch das Wasser verdunstet, bevor es noch die zur Stabilisierung notwendige Konzentration erhalten hat.

Das *Ranzigwerden* der Seifen wurde ebenfalls schon im theoretischen Teil beschrieben (s. S. 216). Die Ursache der Ranzidität ist meistens das Vorhandensein von unverseiftem Fett, wobei metallische und andere Verunreinigungen katalytisch mitwirken. Halbtrocknende Öle neigen stärker zum Ranzigwerden als Öle mit kleinerer Jodzahl. Ebenso sind auch die reinen kaltgepreßten Öle den warmgepreßten und extrahierten Rohstoffen vorzuziehen. Die wirksamsten Maßnahmen gegen Ranzidität sind die Anwendung reiner Rohstoffe, Vorreinigung durch Läutern über Salzwasser oder Entsäuern mit Natronlauge und vollkommene Verseifung.

Die schützende Wirkung der Harzzusätze wird verschieden ausgelegt, mancherseits sogar bezweifelt. Die Harzsäuren sind gegen Oxydation ziemlich empfindlich, doch besitzen die Oxydationsprodukte nicht den typischen Geruch der ranzigen Fette. Die beim Ranzigwerden der Seifen abgespaltenen Fettsäuren reagieren mit Harzseifen, wobei die Fettsäure als Seife gebunden und Harzsäure in Freiheit gesetzt wird. Die freie Harzsäure ist aber im üblichen Sinne dem Ranzigwerden nicht ausgesetzt, womit die schützende Wirkung des Harzes erklärt werden kann. Allerdings muß der Harzzusatz soweit gereinigt werden, daß die schädigende Wirkung der Verunreinigungen die schützende Wirkung nicht übertrifft.

Natürlich muß man auch trachten, alle Maßnahmen einzuhalten, welche die Verunreinigung der Seife durch Metallsalze vermeiden lassen. Zu diesen gehören die richtige Anwendung von reduzierenden Bleichmitteln (s. S. 320), das Reinhalten der Kühlpressen und Stanzformen und die — heute noch allerdings sehr teure — Verwendung von V2A-Stahl und ähnlichem Werkmaterial.

Das *Fleckigwerden* der Seifen ist zumeist eine Begleiterscheinung des Ranzigwerdens. Doch können Seifen, in welchen größere Mengen von halbtrocknenden und trocknenden Ölen enthalten sind, auch ohne das Auftreten eines ranzigen Geruches fleckig werden.

Das *Nachdunkeln* der Seifen, wenn es nicht mit Ranzidität verbunden ist, kann eine Folge der Verwendung von unreinen Rohstoffen sein. Vor allem neigen Harzseifen, besonders in der Gemeinschaft mit Ölen verseift, zum Nachdunkeln. Eine Vorreinigung der Fette und öfteres Umsalzen der Seife sind als Schutzmaßnahmen gegen dieses Übel zu erwähnen.

Über die *Wirkung der Riechstoffe* auf das Nachdunkeln, Ranzig- und Fleckigwerden der Seifen wird auf S. 418ff. berichtet.

2. Die Ausbeute.

Unter Ausbeute versteht man die Zahl, welche angibt, wieviel Seife aus 100 kg verarbeitetem Fettmaterial erhalten wird. Die Seife entsteht aus dem Fettsäureanteil der Fette, daher ist auf die Ausbeute vor allem die Art der verwendeten Fette und Öle, ihr Gehalt an freien Fettsäuren und der Reinheitsgrad ausschlaggebend. Der zweite Faktor der natürlichen Ausbeute der im Siedekessel abgesetzten Kernseifen ist deren Fettsäuregehalt. Diese ist wieder von den Eigenschaften der verwendeten Rohmaterialien, von der Aussalzart und der Endtemperatur der abgesetzten Kernseife abhängig. Die natürliche Ausbeute kann durch Verschleifen, Füllen der Seife und Vertrocknen verändert werden. Schließlich ist auch die Höhe der Fabrikationsverluste von Einfluß auf die Ausbeute. Vom Standpunkt der Kalkulation sind bei der Feststellung der Ausbeute noch die Ungenauigkeiten beim Aufschneiden zu berücksichtigen, wie auch die Möglichkeit, daß eine zu hochprozentige Seife, anstatt verschliffen zu werden, einfach auf ein kleineres Gewicht aufgeschnitten wird.

α) *Fettsäuregehalt der Rohstoffe.*

Der Fettsäuregehalt der Fette ist von ihrer Verseifungszahl abhängig und kann mit folgender Formel berechnet werden:

$$GS_N = 100 - 0{,}0226\, V. \tag{1}$$

GS_N ist Gesamtfettsäuregehalt des Neutralfettes in Prozent, V ist die Verseifungszahl.

Um die Gesamtfettsäuren eines reinen Neutralfett-Fettsäure-Gemisches berechnen zu können, muß zunächst der Fettsäuregehalt der Mischung bekannt sein, was mit folgender Gleichung geschieht:

$$FS = 100\,\frac{S}{N}. \tag{2}$$

FS ist der prozentuale Anteil an freien Fettsäuren, S die Säurezahl, N die Neutralisationszahl der reinen Fettsäuren.

Der Gesamtfettsäuregehalt eines reinen individuellen Fettes, welches aus einer Mischung von Neutralfetten und Fettsäuren besteht, ist auf Grund vorstehender Formeln folgendermaßen zu berechnen:

$$GS = 100 - \left(1 - \frac{S}{N}\right) 0{,}0226\, V. \tag{3}$$

GS ist der Gehalt an Gesamtfettsäuren in Prozent, S ist die Säurezahl des Fettes, N ist die Neutralisationszahl der reinen Fettsäuren, V ist die Verseifungszahl.

Der Leimfett- und Kernfettgehalt eines reinen Neutralfettansatzes ist:

$$L = 100\,\frac{V - V_K}{V_L - V_K} \quad \text{und} \quad K = 100\,\frac{V_L - V}{V_L - V_K}. \tag{4}$$

L ist der Leimfettgehalt in Prozent, K ist der Kernfettgehalt in Prozent, V ist die Verseifungszahl des Ansatzes, V_L ist die Verseifungszahl des Leimfettes, V_K ist die Verseifungszahl des Kernfettes.

Diese Formeln, auf reine Leimfette mit einer Verseifungszahl von 255 und auf reine Kernfette mit einer Verseifungszahl von 195 angewandt, geben folgende Werte:

$$GS_{NL} = 94{,}25\%, \tag{1a}$$
$$GS_{NK} = 95{,}59\%, \tag{1b}$$
$$N_L = 271, \tag{2a}$$
$$N_K = 204, \tag{2b}$$
$$GS_L = 94{,}25 + 0{,}0212\, S, \tag{3a}$$
$$GS_K = 95{,}59 + 0{,}0216\, S, \tag{3b}$$
$$GS_{FS} = 100\%, \tag{3c}$$
$$L = 1{,}67\, V - 325, \tag{4a}$$
$$K = 425 - 1{,}67\, V. \tag{4b}$$

GS_{NL} ist der Gesamtfettsäuregehalt des neutralen Leimfettes, GS_{NK} der Gesamtfettsäuregehalt des neutralen Kernfettes, GS_{FS} der Gesamtfettsäuregehalt reiner Fettsäuren, N_L ist die Neutralisationszahl der reinen Leimfettsäure, N_K die Neutralisationszahl der reinen Kernfettsäure, GS_L der Gesamtfettsäuregehalt des reinen Leimfett- und Leimfettsäuregemisches, GS_K der Gesamtfettsäuregehalt des reinen Kernfett- und Kernfettsäuregemisches (Voraussetzung ist, daß der Neutralfettanteil und der Fettsäureteil dieselben Fettsäuren enthalten), S ist die Säurezahl der Fette, L der Leimfettgehalt des Neutralfettansatzes in Prozent, K der Kernfettgehalt des Neutralfettansatzes in Prozent, V die Verseifungszahl des Neutralfettansatzes.

Schließlich folgt eine Annäherungsformel für die Berechnung des Gesamtfettsäuregehaltes eines reinen Fettansatzes, bestehend aus Leimfetten mit 255 Verseifungszahl, Kernfetten mit 195 Verseifungszahl und den Fettsäuren derselben Fette; dabei ist Voraussetzung, daß der Fettansatz überwiegend aus Neutralfetten besteht und daß die Leim- und Kernfette im Fettsäureanteil in demselben Verhältnis enthalten sind wie im Neutralfettanteil.

$$GS = 100 - 0{,}0226\,(V - S) - 0{,}000007\,VS. \qquad (5)$$

GS ist der Gesamtfettsäuregehalt des Ansatzes in Prozent, V ist die Verseifungszahl des Ansatzes, S ist die Säurezahl des Ansatzes.

Der Gesamtfettsäuregehalt *unreiner* Fette läßt sich aus obigen Gleichungen annähernd berechnen, wenn das Resultat mit dem analytisch ermittelten Reinfettgehalt des Rohfettes multipliziert wird. Der Reinfettgehalt wird als „Verseifbares Gesamtfett" durch Extraktion mit Äther bestimmt oder indirekt durch die Bestimmung der Summe der Verunreinigungen, bestehend aus Wasser, Asche und organischen Verunreinigungen. Die Berücksichtigung des Unverseifbaren und der an Basen gebundenen Fettsäuren in den Formeln würde zu weit führen. Die meistverwendeten Fette enthalten so wenig von diesen Stoffen, daß deren Vorhandensein in der Berechnung der Ausbeuten vernachlässigt werden kann. Enthalten die Rohfette größere Mengen von Verunreinigungen, dann sollen die ermittelten Verseifungs- und Säurezahlen auf den Reinfettgehalt korrigiert werden:

$$V_R = 100\,\frac{V}{R}; \quad S_R = 100\,\frac{S}{R}. \qquad (6)$$

V_R und S_R sind Verseifungszahl und Säurezahl der Reinfette, V und S sind Verseifungszahl und Säurezahl der Rohfette, R ist der Reinfettanteil des Rohfettes in Prozent.

Harze bestehen vorwiegend aus freien Säuren, sie enthalten kein Glycerin, dafür aber einen verhältnismäßig höheren Gehalt an Verunreinigungen. Außerdem geht ein Teil der Harzseifen mit der Unterlauge verloren. Bei praktischen Berechnungen kann der Harzsäuregehalt guter Harzsorten mit 95% angenommen werden.

Nachfolgend sind zwei Beispiele für die Berechnung des Gesamtfettsäuregehaltes von Fettansätzen angegeben.

I. Beispiel:

Der Fettansatz besteht aus: 30% Cocosfett mit einer Säurezahl 15 und mit 1% Verunreinigungen; 60% Kernfetten mit einer Säurezahl 53 und mit 3% Verunreinigungen und 10% Harz.

Somit sind Gesamtfettsäuren im Cocosfett:

$$GS_L = (94{,}25 + 0{,}0212\,.\,15)\,.\,\frac{99}{100} = 93{,}62\%. \qquad (3\,a)$$

Gesamtfettsäuren im Kernfettanteil:

$$GS_K = (95{,}59 + 0{,}0216\,.\,53)\,.\,\frac{97}{100} = 93{,}83\%. \qquad (3\,b)$$

Gesamtfettsäuren im Harz = 95%.

Gesamtfettsäuren im Fettansatz:

$$GS_A = \frac{30}{100}\,.\,93{,}62 + \frac{60}{100}\,.\,93{,}83 + \frac{10}{100}\,.\,95 = 93{,}88\%.$$

II. Beispiel:

Die Analysenergebnisse eines Fettansatzes sind:

Verseifungszahl	$V =$	207
Säurezahl	$S =$	22
Verseifbares Fett	$R =$	98%.

Der Gesamtfettsäuregehalt des Ansatzes ist nach Formel

$$GS = [100 - 0{,}0226\,(207 - 22) - 0{,}000007 \,.\, 207 \,.\, 22] \,.\, \frac{98}{100} = 93{,}87\%. \qquad (5)$$

β) *Fettsäuregehalt der Seifen.*

Seifen verschiedener Fettarten haben verschiedenes Wasseraufnahmevermögen, aber auch die Elektrolytkonzentration beeinflußt den Hydratationszustand, wie auch der Umstand, daß bei tieferer Temperatur die Aussalzwirkung stärker ist als bei Siedetemperatur. Seifen höhermolekularer Fettstoffe sind elektrolytempfindlicher als Seifen niedrigmolekularer Fette. Daher entstehen fettsäureärmere Seifen, wenn 1. viele Leimfette verwendet werden, 2. weniger stark, d. h. auf Leimniederschlag ausgesalzen wurde, 3. wenn die Seife möglichst warm aus dem Kessel gebracht wird. Seifen mit höherem Fettsäuregehalt entstehen, wenn 1. im Fettansatz viel Kernfette verwendet werden, 2. auf Unterlauge ausgesalzen wird und 3. die, auf Leimniederschlag abgesetzte, Seife im Kessel stark abkühlt. Der natürliche Fettsäuregehalt der Kernseifen schwankt zwischen 60—65%.

γ) *Die Seifenausbeute.*

Die theoretische Ausbeute ist die Verhältniszahl zwischen Gesamtfettsäuregehalt des Fettansatzes und dem Fettsäuregehalt der erhaltenen Seife.

$$A = 100\,\frac{GS}{FS}.$$

A ist die Ausbeute in Prozent, GS ist der Gesamtfettsäuregehalt des Fettansatzes, FS der Fettsäuregehalt der Seife.

Wurde die Seife verschliffen, gefüllt oder nicht mit vollem Gewicht aufgeschnitten, so ist für FS der Fettsäuregehalt von 100 Einheiten verkaufsfertiger Ware einzusetzen. Die Ausbeute aus Neutralfetten beträgt ca. 150%, aus Fettsäuren ca. 160%.

Besonders zu erwähnen sind noch die Ausbeuten von Ansätzen mit hohem Harzgehalt. Der Techniker rechnet meist so, daß er für den harzfreien Anteil die bekannte Ausbeute einsetzt, alsdann die Ausbeute des Harzes berechnet und aus den beiden ermittelten Werten die Gesamtausbeute. Die Ausbeute des Harzes wird vielfach sehr niedrig berechnet, was zu dem Trugschluß führt, daß mit der Harzverarbeitung erhebliche Verluste verbunden sind. Wohl ist das Harz ein recht unreines Material, namentlich die dunklen Sorten, so daß beim Umsalzen nicht unerhebliche Verluste an Ausbeute durch die Entfernung der Verunreinigungen entstehen. Dazu kommt noch, daß durch den nicht unerheblichen Gehalt an Unverseifbarem, den jedes Harz aufweist, die Seifen bei dem üblichen Arbeitsgang etwas fettreicher anfallen. Bezieht man nun die gesamte Verminderung der Ausbeute lediglich auf das Harz, so ist es verständlich, daß die Praktiker zu Werten kommen, die nur bei ca. 125% liegen. Bezieht man hingegen die Ausbeute auch hier auf den Gesamtfettansatz, so wird sie nur um wenige Prozente gemindert. Die Minderung der Ausbeute durch Erhöhung des Fettgehaltes der Fabrikate erfolgt aber nicht in allen Fällen direkt proportional dem Harzgehalt des Ansatzes, denn z. B. bei solchen, die nur aus Kernöl und Harz bestehen, nimmt der Fettgehalt des abgesetzten Kernes gerade bei Verarbeitung von 25% und mehr Harz wieder ab, d. h. die Ausbeute wieder zu. Diese merkwürdige Erscheinung hat ihre Ursache wahrscheinlich darin, daß — möglicherweise infolge des erhöhten Gehaltes an Unverseifbarem — das Wasserbindungsvermögen, welches anfangs sank, nunmehr wieder zunimmt; ob damit gleichzeitig eine physikalische Strukturänderung oder gar eine solche der chemischen Zusammensetzung einhergeht, ist ungewiß.

3. Fabrikationsverluste.

Die Fabrikationsverluste haben zur Folge, daß die praktische Ausbeute stets etwas unter der theoretischen bleibt. Leckage, Tara- und Vorreinigungsverluste der Fette sollen im Einheitspreis des Rohstoffes einkalkuliert werden; die Ausbeuten sind auf die tatsächlich verarbeiteten Fettmengen zu beziehen. Die Ausbeute wird vermindert durch: Verluste beim Entleeren der Emballage, Undichtigkeiten der Reservoire, der Fettleitungen und der Stopfbüchsen an den Fettpumpen, Verspritzen und Überlaufen vom Siedekessel, schließlich durch die beim Aufschneiden, Trocknen und Pressen nicht voll gesammelten Abfälle. In einer rein gehaltenen Fabrik, wo Fett und Seife nicht dicht den Fußboden bedecken, sind diese Verluste ganz gering. Viel mehr Fett geht mit der Unterlauge, in der Form von Seifen der Oxyfettsäuren und als nicht aussalzbare oder nicht richtig ausgesalzte Seife verloren. Verwendet man reine Rohmaterialien und wird fachgemäß und sauber gearbeitet, so beträgt der Gesamtverlust nicht mehr als 0,5—1% des verbrauchten Fettmaterials, d. h. die praktische Ausbeute ist 0,75 bis 1,5 tiefer als die theoretisch berechnete. Enthalten die Rohfette bedeutende Mengen von Oxyfettsäuren, so ist deren Wert vor der Berechnung der Ausbeute vom Gesamtfettsäuregehalt des Fettansatzes abzuziehen.

C. Die Eschwegerseifen (Halbkernseifen).

Von **W. FREYTAG** †, Nürnberg.

Zwischen den Kernseifen und den Leimseifen stehen die Halbkernseifen, insofern bei ihnen neben einem normal stark entquollenen „Kern" ein durch die ganze Masse in unregelmäßiger Form verlaufender, deutlich sich abhebender Leim, der als „Fluß" bezeichnet wird, vorhanden ist. Der Hauptvertreter dieser Halbkernseifen ist die — historisch nicht ganz berechtigterweise — genannte *Eschwegerseife*. Diese früher sehr verbreitete Seifensorte, die auch heute noch im östlichen und südöstlichen Europa, vor allem in Rußland marktgängig ist, verschwand langsam vom deutschen Markt, als die Konsumenten merkten, daß an Stelle der ursprünglich guten Qualität, mit einem Fettsäuregehalt von rund 60%, mehr und mehr Produkte minderwertiger Art unter dem gleichen Namen verkauft wurden.

Die Herstellung der Eschwegerseife erfolgt entweder auf dem „direkten" Wege, d. h. derart, daß in den auf übliche Weise hergestellten Seifenleim eine solche Menge an Elektrolyten als „Kürzung" gebracht wird, daß er zwar bei Siedehitze noch homogen ist und auch bei geringer Temperatursenkung, bei welcher sonst im Falle der Kernseifenerzeugung die Phasentrennung in Kern und Leimniederschlag erfolgen würde, noch homogen bleibt, die jedoch ausreicht, eine solche Trennung noch vor dem Erstarren in der Form zu veranlassen. Beim „indirekten" Wege wird jedoch das Endprodukt durch Mischen einer Kernseife mit einer — in der Regel eben im Entstehen begriffenen — Leimseife erzeugt.

In beiden Fällen kommt es, neben der richtigen Wahl des Fettansatzes, in der Hauptsache auf die Art und die Menge der angewendeten Elektrolyten an, die so beschaffen sein müssen, daß sie an der Grenze zwischen den zur Trennung in Leim-Unterlauge und den zur Trennung in Kern-Leimniederschlag-Unterlauge notwendigen Konzentrationen liegen. Da diese Konzentrationsdifferenzen oft nur wenige Prozente betragen — mitunter nur 2 bis 3 — und auch die sonstige Herstellung mancherlei Schwierigkeiten bietet, von denen weiter unten die Rede sein wird, ist die Erzeugung einer guten Eschwegerseife keineswegs leicht und sie war daher in früheren Zeiten mit Recht geradezu der Prüfstein, an dem sich die Kunst des angehenden Seifensieders erweisen mußte.

Außer den beiden genannten Siedemethoden zur Herstellung der Eschwegerseife kann man sich auch der „halbwarmen" und der „kalten" Methode bedienen.

1. Sieden der Eschwegerseife auf direktem Wege.

Der Fettansatz. Bei der Wahl der Fette für den Ansatz zu Eschwegerseifen ist man größeren Beschränkungen unterworfen als bei der Herstellung anderer

Seifenarten, denn die entstehende Seife muß nicht nur in der Siedehitze, sondern noch etwa 30—40° darunter soweit elektrolytunempfindlich sein, daß die Trennung in Kern und Fluß (Marmorierung) erst in der Form erfolgt, wenn die Viskosität der Seife bereits eine derartige Größe erreicht hat, daß eine vollständige Trennung in Leim und Kern — die sog. „Senkung des Marmors" — nicht mehr eintreten kann. Zugleich muß aber auch der Charakter der Fette so beschaffen sein, daß der Leim nicht eine konsistenzlose Gallerte bildet, sondern immer noch genügend Härte und Festigkeit (Formelastizität) besitzt. Es darf aber auch wiederum die Unempfindlichkeit der Seifen gegen Elektrolyte nicht so weit gehen, daß auch bei der Temperatur der Erstarrung noch immer keine Trennung in die beiden Phasen erfolgt und nur eine makroskopisch homogene Seife resultiert. Im allgemeinen hat man als Anhaltspunkt für die eben geschilderten Eigenschaften eines Ansatzes den Erstarrungspunkt (Titer) des Fettsäuregemisches, der nicht unter 30° und nicht weit über 40° liegen soll, ferner dessen Säurezahl mindestens 222 (Verseifungszahl demnach, wenn es als Neutralfett vorliegt, mindestens 212) betragen soll.

Der Anteil an Leimfetten (Palmkernöl, Cocosöl) kann zwischen etwa 20 und 60% schwanken, der auf die Kernfette entfallende Anteil soll dann neben den talgartigen Fetten (Talg, Hartfette) 10—15% Öle (Erdnußöl, gebleichtes Palmöl, Cottonöl, Sesamöl, Olein (auch Sulfurolivenöl), Schmalz oder Knochenfett — letztere gegebenenfalls auch in höheren Prozentsätzen) und etwa 5% Harz enthalten. Bei einem geringeren Gehalt als 40% an Leimfetten kann auch ein Ricinusölzusatz von 5% geeignet sein, wie überhaupt 40% Leimfettanteil die geeignetste Menge von diesen darstellen; bei einem höheren Gehalt an solchen ist derjenige der Öle auf 20—25% zu steigern. Was die Größe des Ansatzes anlangt, hat sich praktisch gezeigt, daß beim Heruntergehen unter eine Fettmenge von etwa 1000 kg die Herstellungsschwierigkeiten ganz bedeutend zunehmen; dies liegt einesteils an der raschen Konzentrationsänderung der Elektrolyte beim Verdampfen des Wassers aus kleineren Kesseln, anderntei1s daran, daß die Abkühlungsgeschwindigkeit kleinerer Formen so groß ist, daß der Leim keine Möglichkeit hat abzusetzen und es demnach nicht zur Ausbildung des Marmors kommt. Recht geeignet erweist sich ein Fettansatz in der Größe von 2000 kg, der auch den folgenden Betrachtungen zugrunde gelegt wird.

Im Interesse der Sicherheit des Arbeitens muß verlangt werden, daß die zur Verwendung kommenden Fette so rein wie möglich sein sollen. Sie sind daher gegebenenfalls durch Aufkochen mit Salzwasser, unter Umständen unter Wiederholung dieses Vorganges, zu reinigen, das sich — in der Regel sehr schmutzig und übelriechend — absetzende Wasser ist abzuziehen und die Schmutz enthaltende Schaumschicht auf der Oberfläche zu entfernen. Naturgemäß können auch die sonst üblichen Reinigungsmethoden der Fette vor ihrer Verwendung zum Sieden herangezogen werden. Besonders bei der Verwendung unreiner Kernfette, wie Knochenfett u. dgl., ist die Reinigung bei der „direkten" Methode unumgänglich, weil hier nicht, wie bei der indirekten, von selbst eine Entfernung der Schmutzbestandteile beim Vorsieden des Kernes statthat.

Die Elektrolyte. Das Sieden erfolgt mit einer Natronlauge von 36° Bé, die in einer solchen Menge bereitgestellt wird, wie sie der aus der Verseifungszahl des Fettansatzes zu berechnenden NaOH-Menge entspricht, also beispielsweise bei einem Ansatz von 2000 kg von der Verseifungszahl 212 etwas mehr als 1000 kg Natronlauge von 36° Bé. Von der Anwendung sog. „versetzter" (d. h. andere Elektrolyte enthaltender) Laugen ist dringend abzuraten, weil sonst zugleich mit der „Abrichtung" eine Änderung der „Kürzung" erfolgt, also jener Elektrolytmengen, welche für die Marmorbildung eben notwendig sind.

Als Elektrolyte, welche zur Kürzung dienen können, kommen neben dem wegen seiner stark aussalzenden Wirkung nur mit Vorsicht zu verwendenden Kochsalz vor allem Soda, Pottasche, Chlorkalium und Wasserglas in Betracht; in neuerer Zeit wird auch Trinatriumphosphat empfohlen. Ätznatron ist völlig ungeeignet, weil die Eschwegerseifen nur einen ganz bestimmten Stich (etwa 0,08—0,1% überschüssiges NaOH) haben dürfen.

Die Elektrolyte werden sowohl in fester Form verwendet, was nicht immer von Vorteil ist, als auch — zur Vermeidung überflüssiger und nur schwer wieder ausdampfbarer Wassermengen — in konzentrierter Lösung. Wird ein Elektrolyt in fester Form zugegeben, darf nicht an die Wirkung der Hydratation (Wasserbindung) und den damit einhergehenden Wasserentzug der Seife (Verringerung des Quellungszustandes) vergessen werden. Die Vertretung eines Elektrolyten durch einen anderen könnte mengenmäßig entweder nach den von Ubbelohde und Richert angegebenen Verhältniszahlen (vgl. S. 193) erfolgen oder im äquimolaren Verhältnis, da diesem erfahrungsgemäß auch eine annähernd gleich stark kürzende Wirkung entspricht; indes stimmen beide Zahlenverhältnisse nicht ganz mit der praktischen Erfahrung überein. Es ist deshalb in der Tabelle 81 eine Zusammenstellung von Elektrolytkombinationen angegeben worden, die sich bewährt haben; sie gelten in Kilogramm auf je 2000 kg eines normalen Fettansatzes mit etwa 40% Leimfettgehalt.

Tabelle 81. Elektrolytkombinationen für Eschwegerseifen in Kilogramm auf 2000 kg Fettansatz.

	Na_2CO_3	K_2CO_3	NaCl	KCl	Na_2SO_4
I.	80	20	20	—	—
II.	60	20	12	20	—
III.	50	50	20	—	—
IV.	—	50	7	45	—
V.	70	—	15	20	—
VI.	50	—	7	50	—
VII.	40	100	—	—	—
VIII.	30	60	20	—	—
IX.	40	20	12	30	—
X.	50	30	12	20	—
XI.	70	—	10	30	—
XII.	50	30	7	10	10

Das Wasserglas wird von manchen Siedern nicht in der käuflichen Lösung von üblicher Konzentration verwendet, sondern mit 8% einer Natronlauge von 36 bis 38° Bé und 10% siedenden Wassers angemacht. Von dieser Lösung werden 5 bis 6% des Fettansatzes der Seife zugegeben.

Da die Elektrolyte den Zweck haben, die mit der beginnenden Aussalzung einherschreitende Kürzung, d. h. also die entsprechende Änderung des Dispersitätsgrades hervorzurufen, dienen die stärkeren unter ihnen (NaCl, KCl) sozusagen nur zur groben Einstellung, während die „Feinregulierung“ bequemerweise durch die milderwirkenden vorgenommen wird. Zugleich haben aber auch diese, die ja in größeren Mengen einverleibt werden können, die Funktion der „Härtung“ des Leimes.

Wassergehalt. Ausbeute. Der Wassergehalt einer Eschwegerseife kann nur in sehr beschränktem Umfang variiert werden; dies war auch einer der Gründe für die Popularität dieser Seifensorte, weil man wußte, daß sie normalerweise nicht unter einem bestimmten Reinseifengehalt herstellbar ist. Würde man, etwa wie bei einer Leimseife, versuchen, den Wassergehalt einer Eschwegerseife zu erhöhen, so würde unter Beibehaltung der prozentualen Mengen an kürzenden Elektrolyten eine totale Ausscheidung eines Kernes auf Leimniederschlag erfolgen oder wenigstens die Leimphase, der Fluß, so wenig viskos sein, daß das ganze Seifengebilde die nötige Konsistenz verlöre. Würde man dem durch Einverleibung größerer Elektrolytmengen, in der Hoffnung auf deren härtende Wirkung, entgegenarbeiten wollen, wie dies z. B. bei hochgefüllten Cocosseifen möglich ist, so würde sich die Schichtentrennung sogar schon in der Siedehitze bemerkbar machen. Die Ausbeute hält sich daher in engen Grenzen von 202—208%, entsprechend einem Fettsäuregehalt von 46—48%, der sich durch die unvermeidlichen Vertrocknungsverluste im Durchschnitt bis auf 48—50% steigert. Über die Möglichkeit der Herstellung sog. hochgefüllter Eschwegerseifen — sie erhalten diesen Beinamen bereits bei einer Ausbeute von 230—250%, also einem Fettsäuregehalt von 38—42% — vgl. S. 349.

Färbung des Marmors. Bevor die Seife den Kessel verläßt, also nach der Kürzung, und in die Formen kommt, wird sie in der Regel mit Farbstoffen versetzt, die bei der Trennung im Fluß verbleiben und diesen anfärben. Als färbende Bestandteile kommen nur (unlösliche) Pigmentfarben in Betracht, weil sonst die Gefahr bestünde, daß auch der Kern den Farbstoff adsorbiert. Das Einverleiben geschieht durch Einkrücken der mit heißem Wasser und etwas Lauge bzw. Pottaschelösung angerührten Farbe.

In den meisten Fällen erfolgt Blaufärbung des Flusses, wozu 0,2—0,3% besten Ultramarinblaus mit 1% heißem Wasser, 0,025% Pottasche und 0,01% Natronlauge von 36° Bé (alle Hundertsätze bezogen auf die Menge des Fettansatzes) verwendet werden. Zur Erzeugung eines roten Marmors dient Englischrot (Eisenoxyd), für einen schwarzen bzw. grauen Kienruß oder Frankfurterschwarz (Rebschwarz), für einen blaugrauen eine Mischung von letzterem und Ultramarin. Die Mengenverhältnisse sind die gleichen, wie sie beim Ultramarin angegeben wurden, wobei der Satz von 0,3% bereits für ziemlich kräftige Färbungen zu gelten hat. Gefüllte Seifen, besonders aber die mit Talkum beschwerten, die ohnehin durch ihren matten Ton auffallen, sind etwas kräftiger anzufärben. Mehrfache Färbungen, wie z. B. die eine Zeitlang in Frankreich übliche „Trikolorenfärbung“ (blau-weiß-rot) erzielt man durch Mischung zweier im Kessel verschieden angefärbter Seifen in der Form vor dem Erstarren. Um einer guten Durchmischung des Farbstoffes sicher zu sein, empfiehlt es sich, nach dem Krücken noch kurz aufwallen zu lassen (durchsieden).

Der Arbeitsgang. Obwohl das Endziel bei der Erzeugung der Eschwegerseife insofern mit dem bei der Herstellung einer Kernseife übereinstimmt, als es sich, zunächst wenigstens, um die Fabrikation einer vollständig verseiften, gut abgerichteten Leimmasse handelt, weicht doch der Arbeitsgang in manchen Punkten bei beiden Verseifungsmethoden voneinander ab. Zum Teil ist hier auch in Betracht zu ziehen, daß die Fabrikation der Eschwegerseife auch heute noch vielfach von kleinen, sogar kleinsten Unternehmen vorgenommen wird, denen kein Dampfkessel, sondern nur Unterfeuer zur Verfügung steht. Hierauf ist vor allem bei der Wahl der Grädigkeit der Lauge Rücksicht zu nehmen. Wenn S. 341 davon die Rede war, daß man mit einer 36grädigen Lauge verseift, so gilt dies für eine Kesselbeheizung mit offener Dampfschlange, bei welcher infolge der etwa fünfstündigen Verseifungsdauer eine von den örtlichen Verhältnissen abhängige Menge von Kondenswasser sich ansammeln wird. Heizt man jedoch indirekt oder mit Unterfeuer, so wird man zweckmäßig statt mit der angeführten Konzentration mit einer 25grädigen Lauge, dafür aber dann für einen Ansatz von 2000 kg Fett in einer Menge von 1600 kg arbeiten.

Zu der Lauge, von der vorerst etwa die Hälfte in den Kessel kommt, gibt man von früheren Suden herrührende, insbesondere beim Stückenschneiden entstehende Abfälle, die sich in der Siedehitze lösen und zugleich die Emulgierung der Fettmengen bewirken. Das Zugeben des Fettes muß mit der nötigen Sorgfalt geschehen, weil bei der exothermen Verseifungsreaktion die Masse leicht ins Steigen gerät, vor allem wenn indirekt oder mit Unterfeuer geheizt wird. Nach Herbeiführung jenes Zustandes, den man als Verleimung bezeichnet und der wie bei den Kernseifen einen kräftigen „Stich“ verlangt, wird im allgemeinen die Seifenkonzentration zu gering für die weitere Durchführung des Fertigstellungsprozesses sein; dies gibt sich durch eine dünnblasige Schaumdecke auf dem Seifenleim zu erkennen, der selbst in diesem Stadium klar durchsichtig ist und vom Spatel in langen Fäden abtropft. Es muß daher jetzt durch Eindampfen (indirekte Dampfschlange oder Unterfeuer) der Wassergehalt der Seife im Kessel auf das richtige Maß gebracht werden, das äußerlich durch das nahezu völlige Verschwinden des Schaums und durch die besondere Art erkennbar ist, in welcher nunmehr die Seife siedet; es bilden sich nämlich bei richtigem Wassergehalt am

Kesselrand konzentrische, von den Siedern als „Rosen" bezeichnete Gebilde („Rosenbrechen" der Seife).

Nunmehr erfolgt die „Kürzung" mit den S. 342 beschriebenen Elektrolyten, bis sich als Kennzeichen des genügenden Elektrolytgehalts die Erscheinung zeigt, daß die Seife vom Spatel nicht mehr in langen Fäden abtropft („spinnt"), sondern kurz abreißt und Spitzen bildet, die durch das rasche Erstarren und die auftretenden Oberflächenspannungserscheinungen charakteristische, beinahe halbkreisförmige Bogen (Häkchen) zeigen, welche jedoch nicht zerfasert sein dürfen. Außerdem hat man noch einen Anhaltspunkt für die richtige Kürzung an der Art, wie der Seifenleim beim Darüberstreichen mit der Spatelkante infolge seiner Oberflächenstruktur die neue Oberflächenschicht bildet, ob nämlich hierbei eine charakteristische Netzstruktur deutlich wird („das Netz stellen" nennt dies der Seifensieder) und ferner an der Art des Erkaltens des Seifenleimes auf einer Glasplatte, deren Merkmale weiter unten genauer beschrieben werden (Glasprobe). Schließlich kommen für die Beurteilung noch Adhäsionserscheinungen in Betracht, die dadurch gekennzeichnet sind, daß bei der Volumverkleinerung der Seifenmasse nach beendetem Sieden und bei beginnender Abkühlung, wobei eine Senkung der Oberfläche eintritt, die Seife sich glatt von der Wandung ablöst und das Eisen des Kessels blank oder höchstens mit einem ganz dünnen Häutchen bedeckt zurückläßt. (Bei einer normal abgerichteten, ungekürzten Seife bleibt bekanntlich, infolge der hier vorhandenen stärkeren Benetzung und größeren Adhäsion, der Oberflächenrand bei einer Senkung hängen und bildet in der Nähe der Wandung des Kessels nach oben konkave Flächen.)

Nach Aufzählung dieser allgemeinen Regeln soll nunmehr der gesamte Arbeitsgang des Siedens einer Eschwegerseife an Hand eines Beispiels erläutert werden; hierbei werden auch gleichzeitig die Merkmale des richtigen Siedens bzw. der richtigen Zusammensetzung der Seife in jedem Stadium der Verarbeitung eingehender geschildert. Angenommen wird das Vorhandensein einer offenen und einer geschlossenen Dampfschlange.

Der Ansatz bestehe aus: 500 kg Talg, 300 kg Ia-Knochenfett, 200 kg gebleichtem Palmöl, 200 kg Cottonöl, 50 kg hellem Harz und 800 kg Cocosöl. An Lauge sind 1010 kg von 36° Bé vorbereitet, ferner an Elektrolyten die S. 342 unter XII in Tabelle 81 angegebenen Mengen, und zwar das Kochsalz bereits in Form von 30 kg einer (gesättigten) Lösung von 24° Bé.

Zunächst kommt in den Kessel die Hälfte der Lauge (500 kg), in welcher bei Siedehitze etwa vorhandene Abfälle aufgelöst werden, worauf man die Hälfte der miteinander verschmolzenen Kernfettanteile (samt Harz) und etwa ein Zehntel des Cocosöles (80 kg) unter ständigem, schwachem Sieden mit offener Schlange nach und nach zufließen läßt; hierbei wird die Masse im Kessel steigen, worauf der Dampf rasch abgestellt und mit einem Wehrapparat oder wenigstens mit großen Schaufeln gewehrt werden muß. Nach rund einer Viertelstunde wird sich das Niveau des Seifenleimes wieder soweit gesenkt haben, daß man wieder 100 kg der Kernfette und 80 kg Cocosöl zufließen lassen kann; siedet der Leim nun so, daß von unten keine Lauge mehr durchstößt (was in wenigen Minuten der Fall sein wird), so streut man 20 kg der (calcinierten) trockenen Soda durch ein Sieb über die Oberfläche, wodurch ein dünneres Sieden (Viskositätverminderung) erreicht wird. Nun läßt man portionsweise die restliche Menge der Kernfette mit 100 kg Cocosöl und 250 kg Lauge zufließen, wobei beim jedesmaligen Steigen des Kesselinhaltes die gleichen Vorsichtsmaßregeln einzuhalten sind, wie sie bei der Einleitung der Verseifung geschildert wurden. Lauge muß stets im Überschuß vorhanden sein. Dieses Stadium wird in etwa einer halben Stunde durchlaufen, wobei durch Zugabe von rund 20 kg Cocosöl der Laugenüberschuß in einem solchen Maße zu halten ist, daß die Seife in Formen siedet, welche eine gewisse Ähnlichkeit mit Wollflocken haben („wolligsieden"); dieses Bild ist für das Sieden einer ziemlich konzentrierten Seife so kennzeichnend, daß man auch bei anderen Seifen hierfür den Ausdruck „eschwegerartig sieden" geprägt hat. Hat die Seife in der geschilderten Art eine Stunde gesotten, so ist mit Sicherheit die volle Verseifung der bisher in den Kessel gebrachten Fettmaterialien erreicht und man kann mit der Kürzung beginnen, indem man wiederum in trockener Form durch Sieben 25 kg Soda, 25 kg Pottasche und 5 kg Chlorkalium auf die Oberfläche streut und 10 kg der konzentrierten Kochsalzlösung dazugießt. Man behält somit je 5 kg Soda, Pottasche und Chlorkalium sowie 20 kg Salzwasser und das (kristallisierte) Natriumsulfat für die später zu beendigende Kürzung zurück. Im Laufe der nächsten Stunde, während welcher die Masse schwach siedet, gibt man in zwei oder mehr Partien 480 kg Cocosöl und 240 kg Lauge zu, so daß nunmehr von ersterem noch 40 kg, von der Lauge 20 kg als Reserve für die Endabrichtung zurückgehalten sind, und hält dabei dauernd die Seife bei starkem „Stich" in der oben geschilderten wolligen Art des Siedens. Gegebenenfalls lassen sich jetzt auch die 5% Wasserglas, welche auf die S. 342 beschriebene Art präpariert sind, einverleiben; das Wasserglas soll der fertigen Seife ein gefälliges glattes (speckartiges) Aussehen geben und sie vor dem unregelmäßigen Eintrocknen (Verziehen) auf Lager schützen.

Bei der Zugabe von Wasserglas ist ein entsprechender Überschuß von Alkali besonders wichtig, weil sonst die Kieselsäure gelartig oder in Form von kleinen, fälschlich als Kristalle bezeichneten Pünktchen ausfällt oder gar sich zu Boden setzt; eine Abhilfe dieses Übels durch sofortigen Laugenzusatz ist zwar möglich, doch behaupten erfahrene Sieder, daß eine solche Seife niemals wieder in den richtigen Zustand des Siedens gebracht werden könne. Nun ist auch der Augenblick für die Zugabe der S. 343 erwähnten Farblösungen gekommen. Auch in diesem ist ein starker Stich der Seife erforderlich.

In diesem Zeitpunkt beginnt man mit der „Glasprobe"; infolge der ihr in diesem Stadium zukommenden Viskosität geht ein etwa 3 cm im Durchmesser betragender, auf eine Glasplatte gebrachter Tropfen Seife nicht auseinander, sondern bildet eine stark gewölbte Oberfläche („liegt hoch auf"). Ein wenig Elektrolyte enthaltender Seifenleim erstarrt hierbei mehr oder minder durchsichtig („stirbt glasig ab"); dies darf bei der Eschwegerseife nicht der Fall sein, sie muß einen wegen der Dispersitätsgradverminderung durch die Elektrolyte undurchsichtigen Leim bilden, sonst müßte bereits jetzt ein weiterer Zusatz der vorbereiteten konzentrierten Salzlösung stattfinden.

Nunmehr wird durch die bisher zurückgehaltenen Reserven an Cocosöl und Lauge die Endabrichtung vorgenommen, welche einen Alkaliüberschuß von 0,08 bis 0,1% aufweisen soll. Erfahrene Sieder werden sich hier auf den Zungenstich verlassen können, anderen ist — trotz des Mißtrauens, das man in Siederkreisen gelegentlich noch immer der analytischen Kontrolle entgegenbringt — eine analytische Feststellung anzuraten. Das gleiche gilt für die jetzt erfolgende Einstellung des Wassergehaltes; die Seife ist, um vollständige Verseifung gewährleistet zu haben, absichtlich zu wasserarm gehalten und muß auf den für die Fertigstellung nötigen Wassergehalt gebracht werden. Dies geschieht, indem neben dem Rest an NaCl-Lösung eimerweise, unter ständigem Durchsieden, Wasser eingebracht wird, wobei die Seifenmasse im Kessel steigt (sie „siedet hoch"). Man geht mit dem Wasserzusatz so weit, bis sich folgende Anzeichen einstellen: die Seife spinnt beim Ablaufen vom Spatel in 2—3 mm kurzen Fäden; sie zeigt auf der Unterseite der (bei Zimmertemperatur!) erkalteten Glasprobe ein glattes, bläulichweißes Aussehen und fühlt sich speckig an. Am sichersten ist es jedoch, eine Fettsäurebestimmung in der rasch durchführbaren, technischen Weise, etwa mit der Lüring-Bürette vorzunehmen, welche für diese Zwecke genügend genau ist; man berechnet hieraus die Ausbeute, welche 200% betragen soll. Ist diese durch Wasserzugabe erreicht, so schreitet man zur „Endkürzung", für welche man sich die oben angegebenen Mengen der am mildesten wirkenden Elektrolyte aufbewahrt hat. Sie werden zweckmäßig in gelöstem Zustand zugegeben und durch ständige Beobachtung ihre Wirkungsweise kontrolliert. Zur richtigen Beurteilung gehört jedoch die Einhaltung des oben angegebenen richtigen Alkaliüberschusses und des notwendigen Wassergehaltes. Dann erkennt man die fehlerfreie Herstellung daran, daß 1. die Seife „hoch siedet" und „Rosen bricht", 2. daß beim Abfließen vom Spatel sich die S. 344 beschriebenen Häkchen zeigen. Ein voller Spatel horizontal aus der Seife herausgehoben, soll eine hochaufliegende, nicht vom Spatel ablaufende Masse haben. Die Häkchen sollen an der umgebogenen Spitze rasch undurchsichtig werden, während sie an der Basis noch einige Minuten transparent bleiben. 3. Ein in die Seife getauchter und horizontal herausgezogener Spatel überzieht sich mit einem dünnen Belag, der ein Häutchen oberflächlich bildet; zieht man dieses innerhalb 15 Sekunden mit dem benetzten (feuchten) Zeigefinger ab, so bildet sich ein neues Häutchen, welches sich innerhalb der gleichen Zeit in der gleichen Weise abziehen läßt. 4. Die auf einer Glasplatte aufgetragene Probe (s. oben) muß an ihrem Rande an der sich bildenden Haut die oben erwähnte bläulichweiße Färbung aufweisen, bei der Häufelung entstehen Ringe, die in der Mitte in eine Spitze ausgehen, welche sich nicht umbiegen darf. Beim Erkalten zeigt die Oberseite auf den Ringen eine runzlige Haut. Bei einer zweiten ebenso großen

Probe macht man die „Fingerdruckprobe"; hierbei muß die Glasplatte, die der geringen Wärmeleitfähigkeit halber auf einen Holzklotz gelegt wird und vor abkühlendem Luftzug geschützt sein muß, eine Temperatur von 15—20° haben. Es wird die Zeit vom Auftragen der Probe an genau beobachtet und nach 6 Minuten der Versuch gemacht, ob sich aus ihr mit dem Zeigefinger der linken und der rechten Hand durch Druck noch ein Tropfen flüssiger Seife herauspressen läßt. Bleibt die Probe länger oder gar dauernd flüssig, so ist zu viel oder zu wenig Wasser in der Seife vorhanden, im letzteren Falle liegt außerdem die Seife zu flach auf.

Bei Einhaltung des beschriebenen Arbeitsganges werden sich nach Verwendung der letzten bereitgestellten Elektrolytmengen die richtigen Merkmale eingestellt haben. Hatte man eine zu große Wassermenge im Kessel, was sich aus der analytischen Feststellung ergibt, aber auch schon dadurch kenntlich wird, daß die Seife auf der Oberfläche einen dünnblasigen Schaum zeigt, so wird durch indirekten Dampf oder Unterfeuer bis zum Verschwinden des Schaumes und dem Auftreten einer glatten Oberfläche eingedampft. Erst dann kann an die Prüfung auf das Vorhandensein der beschriebenen Merkmale geschritten werden.

Siedefehler und ihre Behebung. Ein zu großer Überschuß an Alkali ist durch den Stich oder besser durch Titration leicht zu erkennen und ebenso leicht durch Fettsäurezusatz oder Zugabe von Leimfetten zu beheben; man merkt diesen Fehler auch an der erkalteten Seife daran, daß sie sich feucht anfühlt und näßt, doch ist dieses Merkmal nicht eindeutig, da es auch bei zu stark gekürzten Seifen auftritt.

Zu geringe Kürzung gibt sich an den verschiedenen, oben beschriebenen Merkmalen beim Sieden so deutlich kund, daß sie selten vorkommen und außerdem sehr leicht abzustellen sein wird; eher ist eine zu starke Kürzung zu befürchten, wenn z. B. die Lauge nicht carbonatfrei war oder wenn, wovon schon abgeraten wurde, mit „versetzten" Laugen gearbeitet wurde. Heute besteht nicht mehr die Gefahr einer so starken Verunreinigung des käuflichen Ätznatrons, daß dessen Beimengungen mit in Rechnung zu stellen wären, wie dies in früheren Zeiten der Fall war. Eine zu starke Kürzung macht sich bereits im Kessel durch ein zu dünnes, nicht „eschwegerartiges" Sieden bemerkbar, ferner fühlt sich eine erkaltete Probe ähnlich an, wie eine zu alkalireiche und näßt auch ebenso wie diese. Rührt die Überkürzung von Carbonaten her, so kann man so vorgehen wie bei der Reduzierung des Stiches, also Fettsäuren zusetzen, jedoch selbstverständlich keine Neutralfette. Man darf aber hierbei nicht übersehen, daß zunächst durch den Fettsäurezusatz die Alkalität verlorengeht und daher die Seife nachher von neuem abzurichten ist. Von Seiten anderer Elektrolyte dürfte kaum eine Gefahr der Überkürzung drohen, mit Ausnahme des Kochsalzes; dann ist aber der Fehler nur durch entsprechende Vergrößerung des Ansatzes zu beheben oder, falls dies wegen der beschränkten Kesselgröße nicht möglich ist, zu einer anderen Herstellungsart überzugehen, das ist die indirekte Methode.

Die Fehler hinsichtlich des Wassergehaltes sind oben ebenso ausführlich geschildert worden wie ihre Behebung, so daß hier nichts mehr hinzuzufügen ist.

Abkühlen der Eschwegerseife. Wenn die Eschwegerseife alle Merkmale des guten Gelingens gezeigt hat, läßt man sie etwa eine Stunde nach Abstellen des Dampfes noch stehen und füllt sie, sobald ihre Temperatur auf 80—90° gesunken ist, in eiserne Formen von 500—1000 kg Inhalt; im Sommer wird man sich mehr an die untere, im Winter an die obere Grenze halten. Hier gibt sich auch die Gelegenheit einer kleinen Korrektur, wenn die Seife nicht ganz der oben erwähnten Fingerdruckprobe genügt. Ist bei dieser noch nach 5 Minuten ein Tropfen in der geschilderten Weise herauszupressen, nach 6 Minuten aber nicht mehr, so formt man bei einer 4—5° höher liegenden Temperatur; erfolgte die Probe noch positiv nach 7 Minuten, so hält man die Temperatur der Formung um den gleichen Betrag niedriger und krückt außerdem in der Form noch etwas durch.

Nach dem Einbringen der Seife in die Formen werden diese mit einem Deckel bedeckt und, mit Matratzen, Säcken od. dgl. vor zu rascher Abkühlung geschützt, einen Tag lang stehen gelassen, hierauf wird meist der Deckel entfernt und weitere drei bis vier Tage erstarren gelassen.

Eine Anwendung von Plattenkühlmaschinen wie bei der Kern- und Grundseifenherstellung kommt hier nicht in Betracht, weil sich bei einer derart raschen Erstarrung der Marmor nicht ausbilden könnte. Würde man aber statt des Kühlwassers ein solches von der Temperatur der erstarrenden Seife — also 80—90° — laufen lassen, wie dies in Rußland bei dem sog. „Thermokammerverfahren" geschieht, so ist nicht einzusehen, wo hier ein Vorteil gefunden werden könnte. Die Zeitdauer der Erstarrung wird hierdurch nicht verkürzt und der Vorteil, den allerdings Platten gegenüber großen Formen beim Schneiden bringen, nämlich die Verringerung der Menge an Abschnitten, dürfte wohl durch den Aufwand an vorgewärmtem Wasser und ständiger Bedienung aufgehoben werden.

Bei Anwendung von Holzformen, welche natürlich gut abzudichten sind, genügt eine weniger dichte und isolierende Schutzhülle. Sind die Formen im Verhältnis zum Gesamtansatz klein und dauert das Einbringen der Seife in diese längere Zeit, so kann inzwischen im Kessel eine teilweise Senkung oder wenigstens Fraktionierung der Anteile vorkommen, wodurch die verschiedenen Formen ungleichartige Massen erhielten, die dann auch keinen gleichmäßigen Marmor ergäben. In diesem Falle wird jedesmal vor dem Einfüllen in eine neue Form der Kesselinhalt durcheinandergekrückt. Da der Temperaturausgleich denselben formalen Gesetzen unterliegt, wie sie E. L. Lederer für den Wasserausgleich (Vertrocknung) gefunden hat, ist es einleuchtend, daß die Erstarrung in großen Formen anders verläuft als in kleinen; man wird dem Rechnung tragen und bei letzteren dem zu raschen Erstarren vor der Ausbildung des Marmors durch einen (jedoch nur wenig höheren) Wassergehalt entgegenarbeiten.

2. Carbonatverseifung von Fettsäuren.

Grundsätzlich tritt bei der Verwendung von Fettsäuren im Ansatz an Stelle der Neutralfette und deren Verseifung mit Carbonaten statt mit Laugen keine Änderung in dem geschilderten Verfahren ein; indessen ist auf manche Einzelheiten zu achten. Beispielsweise muß die zur Verseifung genommene Sodamenge eher etwas kleiner sein als in dem analogen Fall bei der Kernseifenherstellung, weil überschüssige Soda hier noch mehr infolge ihrer Kürzungswirkung in die Erscheinung träte. Ferner macht sich der Mangel oder die geringere Menge an Glycerin hier in zweierlei Weise bemerkbar, einmal bei der Kürzung, die geringer gehalten werden muß, weil Glycerin stabilisierend wirkt, d. h. die Seife elektrolytunempfindlicher macht, und zum andernmal beim Erstarren, da glycerinhaltige Seifen einen niedereren Erstarrungspunkt aufweisen.

Man wird, unter Berücksichtigung dieser Momente, bei der Kürzung der nach dem Carbonatverfahren hergestellten Eschwegerseifen die Soda zum größeren Teil durch die weit milder wirkende Pottasche ersetzen und gleichzeitig einen höheren Wassergehalt anstreben. Besondere Sorgfalt wird auch dem völligen Austreiben des Kohlendioxyds vor der weiteren Verseifung mit Ätzlauge zu widmen sein.

3. Sieden der Eschwegerseife auf indirektem Wege.

Man könnte bei der indirekten Methode derart verfahren, daß man, für sich getrennt, eine Kernseife und eine Leimseife herstellt, diese miteinander mischt und unter den, bei der Anwendung der direkten Methode ausführlich geschilderten, Bedingungen die Eschwegerseife fertigmacht. Man zieht es indes vor, nur die Kernfette auf Kern vorzusieden und diesen in die Lauge zu bringen, welche für die Seifenleimbildung aus den anzuwendenden Leimfetten bestimmt ist, in welcher auch vorher die zur Mitverarbeitung bestimmten Abschnitte in der üblichen Weise aufgelöst worden waren; dann erst werden allmählich die Leimfettanteile hineingebracht und die Verleimung durchgeführt. Im weiteren sind dann die bereits genau geschilderten Bedingungen einzuhalten unter Berücksichtigung der Tatsache, daß hier — ähnlich wie bei der Carbonatverseifung — ein geringerer Glyceringehalt vorhanden ist.

Der Kern, der flockig und leicht sieden soll, muß wenigstens einen halben Tag gut absetzen, da er möglichst frei von Unterlauge sein soll, die bei der Kürzung außerordentlich störend wirken würde. Ferner ist zu berücksichtigen, daß infolge der nicht geringen Adsorption der Salze im Kern bereits mit diesem eine Salzmenge in den Ansatz gelangt, die dann bei der Kürzung abzuziehen ist. Man wird daher bei den in der Tabelle 81, S. 342, angeführten Elektrolytkombinationen die NaCl-Menge um etwa 7 kg vermindern oder noch besser, wenn sie nach einer dieser Vorschriften mehr als 10 kg betragen soll, nur den über 10 kg hinausgehenden Betrag anwenden.

Der Nachteil der indirekten Methode besteht in ihrer längeren Dauer, ihr Vorteil darin, daß auch weniger reine Kernfette deshalb Verwendung finden können, weil sie ja durch das Vorsieden auf Kern eine gründliche Reinigung erfahren; die Leimfette aber sind in ihrer handelsüblichen Sorte ohnehin meist schon sehr rein. Ferner bleibt sie das letzte Mittel zur Umarbeitung einer nicht gelungenen Seife auf dem direkten Weg, insbesondere wenn eine zu starke Kürzung nicht mehr anders behoben werden kann.

4. Herstellung von Eschwegerseife aus Grundseife.

Diese Methode, die angeblich in Amerika angewandt werden soll, ist im Grunde nur eine Abart des direkten Weges, indem man einen normal hergestellten Kern wie üblich verschleift und die verleimte Masse ebenso behandelt wie beim direkten Weg. Die Aussalzung des Kernes darf dabei auf nicht zu starker Unterlauge erfolgen, weil aus einem solchen zu „strotzigen“ Kern die Unterlauge zu schwer absetzt und der Kern zu salzreich ausfiele. Man hat daher vorgeschlagen, nur mit Natronlauge auszusalzen und den Alkaliüberschuß im Kern mit Cocosöl nachträglich zu neutralisieren. Wenn, nach gutem Absetzen der Unterlauge, der Kern die nötige Menge warmen Wassers erhalten hat, wird mit dem Sieden begonnen und in der Weise verfahren, wie S. 344 beschrieben.

Eine wohl nur in seltenen Fällen angewendete Variation wird die sein, daß die Grundseife auf kaltem Wege hergestellt und dann so weiter gearbeitet wird, wie dies im folgenden Absatz bei der Herstellung der Eschwegerseife auf halbwarmem Wege zu schildern sein wird.

5. Eschwegerseife auf halbwarmem Wege.

Es bestehen keine Bedenken, die für eine Eschwegerseife bestimmte, der Kürzung zu unterwerfende Seife auf halbwarmem Wege zu erzeugen; es werden dabei zunächst jene Momente hinsichtlich der Wahl des Fettansatzes und dessen Vorreinigung maßgebend und auch der Arbeitsgang der gleiche sein wie bei der Herstellung von Leimseifen auf halbwarmem Wege überhaupt. Hiervon wird in dem Kapitel „Leimseifen“ noch ausführlicher gesprochen (S. 353), auf welches hier verwiesen werden kann. Bei der Verwendung von Abfällen, die wiederum auf der Siedelauge, vor Zugabe des Fettansatzes, aufgeschmolzen werden, ist analytisch der Wasser- und Salzgehalt festzustellen und später in Rechnung zu setzen. Im ganzen ist die Herstellungsweise schwieriger als die Siedemethode, weil eine Reihe von kennzeichnenden Merkmalen, die gute Anhaltspunkte bei dieser geben, wie „Rosenbrechen“, „wolliges Sieden“ usw., hier in Fortfall kommt. Um Homogenitätsstörungen im Kessel beim Einverleiben der Kürzung hintanzuhalten, soll die Kesseltemperatur nicht unter 80^0 sinken. Die Wasserzugaben müssen mit aller gebotenen Vorsicht erfolgen, weil eine Korrektur einer zu großen Wassermenge durch Eindampfen nicht möglich ist.

Im allgemeinen ist es empfehlenswert, bei dieser Methode den Anteil der Leimfette etwas höher, nämlich auf 50%, zu halten, ja man hat sogar hier Gelegenheit, Eschwegerseifen ausschließlich aus Leimfetten — nur mit einem etwa 5% betragenden Zusatz von Harz — herzustellen. Unter Umständen werden sich aber dieser Herstellung Bedenken kalkulatorischer Art entgegenstellen, und zwar wenn das Fettmaterial höher imPreis steht, zumal da die Ausbeute nur auf 175—180% gebracht werden kann. Auch wird von erfahrenen Praktikern empfohlen, bei der halbwarmen Methode nicht über einen Ansatz von 1000 kg Fett hinauszugehen.

Während des gemäß den Angaben S. 344 erfolgenden Verleimungsprozesses wird bereits von den Kürzungselektrolyten 30 kg Soda und 10 kg Pottasche, sowie 100 kg Wasserglas — alles auf einen Ansatz von 1000 kg berechnet — hinzugetan, während 10 kg Pottasche und 20 kg KCl für die Endkürzung bereitgehalten werden. Die notwendige Laugenmenge beträgt rund 700 kg von 28° Bé; dann sind zur richtigen Einstellung in der Regel noch 30—50 kg Wasser nötig, die bereitzuhalten sind. Wenn nun nach eingetretener Verseifung im Kessel ein dicker Leim liegt, der beim Ablaufen vom Spatel Fäden zieht, die bei 2 mm abreißen, und der nur ganz undeutlich das „Netz stellt" (vgl. S. 344), so streut man das Chlorkalium und einen Teil der Pottasche über die Oberfläche, stets in kleinen Portionen, wobei man die kürzende Wirkung jeweils abwarten und beobachten muß; die Erkennungsmerkmale sind jetzt die gleichen wie bei der auf dem Siedewege hergestellten Eschwegerseife. Wenn nun die Probe auf der Glasplatte noch „glasig abstirbt" (s. S. 345), ist der Rest der Pottasche fällig. In der Form soll dann die Seife nach einmaligem Durchkrücken ein ausgeprägtes Doppelnetz zeigen; andernfalls muß noch ein wenig Pottasche oder KCl untergekrückt werden. Die Ausbeute dieser Seife beträgt wegen des Wasserglasgehaltes rund 205%.

6. Gefüllte Eschwegerseifen.

Durch Füllung lassen sich Eschwegerseifen höchstens auf eine Ausbeute von 225—230% bringen und hierbei muß man sich bereits des Talkums bedienen, welches als bloßes Beschwerungsmittel anzusehen ist, dem nicht die geringste, die Waschwirkung günstig beeinflussende Eigenschaft zukommt. Das weiter noch in Betracht kommende Füllmittel, das Wasserglas, hat wenigstens zum Teil daneben noch die Funktion der kürzenden Wirkung und der Verhinderung allzustarken Verziehens der Seife bei der Vertrocknung auf Lager.

Die höchste noch zulässige Menge von Wasserglas dürfte wohl bei 25% vom Fettansatz liegen; der Zeitpunkt des Hinzubringens ist bereits bei den Ausführungsbeispielen zu den verschiedenen Methoden angegeben worden. Die nach S. 342 präparierte Wasserglaslösung wird zu etwa einem Viertel zu der in einem Kessel bereitgehaltenen, rund 15% vom Fettansatz betragenden Menge Talkum gegeben und durchgekrückt, worauf portionsweise mit der Zugabe der Wasserglaslösung fortgesetzt wird, bis die gesamte Talkummenge gut aufgeschlämmt ist. Die Seife, in welche diese Aufschlämmung auch wiederum portionsweise hineinkommt, muß in starkem Stich gehalten sein und während der Dauer der Zugabe ständig kräftig sieden. Es gilt hier noch mehr als bei der bereits erwähnten Gelegenheit darauf zu achten, daß das Wasserglas keine Tendenz zum „Auskristallisieren" zeigt. Ist die gesamte Füllung gut aufgenommen, ohne daß sich Änderungen an den Merkmalen der siedenden Seife und der aus ihr entnommenen Proben zeigen, wird die Farblösung in dem S. 343 beschriebenen Ausmaß zugesetzt. Das weitere Fertigmachen geschieht wie bei der ungefüllten Seife, nur darf jetzt die Seife nicht mehr ganz so dick sieden und — weil die Füllung jetzt eine größere Härtung bewirkt — ist die „Fingerdruckprobe" auf 5—$5^1/_2$ Minuten einzustellen.

D. Die Leimseifen.

Von W. FREYTAG †, Nürnberg.

a) Allgemeines.

Unter Leimseifen im allgemeinen versteht man alle Seifen, welche aus dem bei höherer Temperatur herrschenden Solzustand durch Erstarrenlassen ohne makroskopische Änderung der Struktur (also ohne Homogenitätsstörung) in einen Gelzustand von größerer oder geringerer Viskosität übergehen. In diesem Kapitel wird eine Einschränkung der Allgemeinheit in der Richtung getroffen, daß erstens nur jene Seifen besprochen werden sollen, deren Konsistenz im Endzustand nicht schmierseifenartig ist, zweitens jene einer Besprechung in einem eigenen Kapitel unterliegen werden, welche zu dem besonderen und ausschließlichen Zweck der Körperreinigung dienen sollen (Toiletteseifen).

Es wird demnach Fälle geben, in denen sich eine Leimseife äußerlich überhaupt nicht von einer Kernseife unterscheidet, in welchen auch analytisch ein ausschließlich und eindeutig kennzeichnendes Unterscheidungsmerkmal zwischen beiden Seifenklassen fehlt, so daß es nur auf die Kenntnis der Herstellungsart ankommt, wenn man das Produkt in eine der beiden Klassen einordnen will. Tatsächlich sind es ja auch nur Merkmale struktureller, aber nicht chemischer Art, welche die Leimseifen von den Kernseifen unterscheiden, Merkmale also, für welche wir bisher nur unvollkommene oder langwierige, nicht immer einheitlich zu deutende Meßmethoden besitzen. Zu diesen gehört nach den Untersuchungen LEDERERS der Permanationskoeffizient und im Zusammenhang mit ihm die Löslichkeit, die Sparsamkeit im Verbrauch und vielleicht auch die Widerstandsfähigkeit gegen Alterungseinflüsse beim Lagern (Haltbarkeit), die alle bei den Kernseifen im allgemeinen günstiger liegen. Ausgenommen von diesen Überlegungen sind natürlich alle jene Grenzfälle, in welchen, aus der Art des Ansatzes folgend, bei den Leimseifen im Endzustand notwendigerweise chemische Verbindungen vorhanden sind, die in den Kernseifen fehlen oder auf ein Mindestmaß beschränkt sein müssen, wie z. B. das Glycerin, wenn von Neutralfetten ausgegangen wird, oder bei denen die Konstanten des Fettansatzes einen Hinweis darauf geben, daß eine Herstellung auf Unterlauge oder Leimniederschlag nicht stattgefunden haben kann, wenn sich dieser z. B. als ausschließlich aus Leimfetten bestehend erweist.

Fragt man nun nach den Vor- und Nachteilen, die durch die Herstellung von Leimseifen gegenüber jener von Kernseifen sich ergeben und die daher für die Wahl der einen oder anderen Erzeugungsart bestimmend sein können, so ergibt sich eine derartige Fülle von Punkten, die zu besprechen wären, daß hier nur auf eine Anzahl von ihnen eingegangen werden kann. Von den Nachteilen, die in der Minderwertigkeit gewisser Eigenschaften liegen können, wie geringere Widerstandsfähigkeit gegen Atmosphärilien, geringere Sparsamkeit im Verbrauch usw., war bereits oben die Rede. Zum Teil hängen sie mit der andersartigen Struktur zusammen, zum Teil damit, daß alle Verunreinigungen, die irgendwie im Ansatz vorhanden waren, in der Seife verbleiben; durch diesen Umstand ist auch die Notwendigkeit begründet, von weit reineren Rohmaterialien ausgehen zu müssen als bei der Kernseifenherstellung und daher die gelegentliche Schwierigkeit, Konjunkturen auf dem Fettmarkt ausnutzen zu können. Schließlich wird auch das psychologische Moment nicht zu vernachlässigen sein, daß der Konsument mit dem Begriff der Kernseife den der Güte, mit jenem der Leimseife den einer Minderwertigkeit zu verknüpfen pflegt. Dementgegen steht jedoch die geringere technische Schwierigkeit bei der Fertigstellung der Seife von dem Augenblick an, in welchem sich der Arbeitsgang bei der Kernseifenerzeugung von jenem bei der Herstellung der Leimseifen unterscheidet, und in Verbindung damit eine Ersparnis an Arbeitslöhnen und an Heizmitteln (Dampf) sowie an Elektrolyten, sofern diese nicht im Seifenkörper verbleiben. Weiterhin liegt eine größere Ökonomie bei der Leimseifenfabrikation in dem Umstand, daß nicht wie bei der Kernseife ein Teil des fertiggestellten Seifenmaterials in Form von Leimniederschlag wiederum sozusagen als Retourgang in den Verarbeitungsprozeß zurückkehrt und dadurch alle Unannehmlichkeiten und Schwierigkeiten ausgeschaltet sind, welche bei der zunehmenden Dunkelung der mehrfach verwendeten Leimkerne auftreten Über die geteilte Meinung, deren man hinsichtlich der Vorteile der Glyceringewinnung bei der Kernseifenfabrikation sein kann, wurde bereits S. 305 berichtet, wie anderseits auch das Verbleiben des Glycerins in der Leimseife und die hierdurch etwa bedingte Eigenschaftsverbesserung in kosmetischer Hinsicht oder im Hinblick auf Schaum- und Waschwirkung u. dgl. Gegenstand noch nicht entschiedener, strittiger und widersprechender Behauptungen ist.

1. Fettansatz, Elektrolyte und Ausbeute.

Für den Fettansatz eignen sich im allgemeinen nicht alle jene Rohmaterialien, welche bei der Erzeugung von Kernseifen verwendet werden können; weit mehr als bei diesen muß man sich der Leimfette bedienen, deren Anteil meist nicht unter 40% im Ansatz heruntergeht, unter Umständen aber auch 90% und darüber beträgt. Als Kernfette kommen Talg, Schmalz, rohes und gebleichtes Palmöl und Erdnußöl in Betracht, manchmal auch Harz (bis zu 20%) und gelegentlich in kleinen Mengen Ricinusöl. Die Ansatzzusammenstellung hängt auch von der beabsichtigten Atr der Herstellung (ob auf dem Siedeweg, halbwarm oder kalt), ferner von der gewünschten Ausbeute ab. Einige solcher Kombinationen werden in der Tabelle 82 angegeben.

Für die Zusammenstellung des Fettansatzes dienen folgende Richtlinien: Cocosöl kann in Mengen von 40—80% verwendet werden, wobei der erhöhte Prozentsatz für stark gefüllte Seifen unbedingt erforderlich ist. Cocosöl allein gibt sehr spröde Seifen, aus diesem Grunde ist es ratsam, neben Cocosfett flüssige Öle oder Harz mitzuverwenden; bei 80% Cocosfett soll dieser Anteil 20% betragen. Ersetzt man das Cocosöl durch Palmkernöl, so erhält man geschmeidigere Seifen, weshalb die Menge des Öles und des Harzes vermindert werden kann. Man kann sogar eine Leimseife aus Palmkernöl allein herstellen. Enthält der Fettansatz 40% Cocosöl, dann kann der restliche Teil aus einer Mischung von Talg mit Erdnußöl und Harz im Verhältnis 2 : 1 oder Talg mit Schmalz 1 : 2 bestehen. Steigt der Cocosanteil über 40%, so ändern sich diese Verhältniszahlen zum Nachteil des Talges. Talg kann teilweise oder ganz durch Palmöl ersetzt werden, wodurch geschmeidigere Seifen entstehen. Die Anwendung von einigen Prozenten Ricinusöl ist angeraten, wenn man mit viel Cocosöl arbeitet. Sulfurolivenöl mit Cocosöl zu gleichen Mengen gemischt gibt ebenfalls einen guten Ansatz.

Der Verwendung von Fettsäuren steht beim Siedeverfahren, welches dann auch in Form der Carbonatverseifung durchführbar ist, nichts im Wege; beim halbwarmen Verfahren werden sie nur schwieriger, beim kalten überhaupt nicht verwendbar sein. Bei allen in Farbe und Reinheit schon äußerlich nicht völlig entsprechenden Fetten ist eine Vorreinigung, wenigstens durch Aufkochen auf Salzwasser erforderlich; bei der indirekten Methode wird diese Reinigung durch das Vorsieden auf Kern besorgt.

Die Siedelauge hängt in ihrer Konzentration von der Erzeugungsart der Seife und der Höhe der Ausbeute ab; ihre Grädigkeit kann zwischen 20 und 38° Bé liegen. Die sonstigen zur Einverleibung kommenden Elektrolyte: Kochsalz, Soda, Pottasche, Wasserglas, haben teils den Zweck einer Füllung, teils denjenigen einer „Härtung" der Seife zu erfüllen; lediglich ein Beschwerungsmittel ist das Talkum.

Tabelle 82. Fettansätze für Leimseifen in Prozenten.

	I	II	III	IV	V	VI	VII	VIII
Cocosöl	40	—	—	50	60	80	—	—
Palmkernöl	—	40	45	—	—	—	80	100
Talg	40	40	20	—	12	—	—	—
Schmalz	—	—	35	—	—	—	—	—
Sulfurolivenöl	—	—	—	50	—	—	—	—
Erdnußöl	20	—	—	—	—	—	—	—
Ricinusöl	—	—	—	—	—	2	—	—
Harz	—	20	—	—	15	18	—	—
Palmöl	—	—	—	—	13	—	20	—

Auf die Theorie der härtenden Wirkung von Elektrolytzusätzen wurde bereits an anderer Stelle eingegangen (vgl. S. 178); es sei daher hier nur darauf besonders hingewiesen, daß es bei dieser Wirkung, ebenso wie bei der Aussalzung, nicht auf die absolute Menge der Elektrolyte ankommt, sondern auf ihre Konzentration. Ob und welche Äquivalenzverhältnisse der verschiedenen Elektrolyte hier anzunehmen sind und ob diese der aussalzenden Wirkung genau entsprechen, ist noch nicht untersucht worden. Die sonst anscheinend annähernd parallelen Wirkungen werden jedoch in manchen Fällen durch chemische Wirkung beeinflußt, indem z. B. Pottasche — offenbar wegen einer in einem bestimmten Gleichgewicht sich einstellenden Kaliseife — ein Weicherwerden veranlaßt. In anderen Fällen sind physikalische Strukturbeeinflussungen infolge einer bestimmten Wahl des Fettansatzes anzunehmen (vgl. das S. 367 über die „Härte" der kaltgerührten Cocosseifen Gesagte).

Jedenfalls darf eine Zugabe solcher Elektrolytmengen, welche die Härtung herbeiführen sollen, nicht vor Beendigung der Verseifung erfolgen, ebenso ist es die

Regel, die füllenden bzw. härtenden Lösungen nicht in Mischung — sei es auf einmal, sei es portionsweise — zuzugeben, sondern getrennt zuerst die milder und zum Schluß die stärker wirkenden. Für Ansätze von größerem Kernfettgehalt soll sich an Stelle der obenangeführten Elektrolyte Kaliumsulfat in Verbindung mit konzentrierter Kochsalzlösung (nach Leimdörfer) bewährt haben.

Zu beachten ist ferner — worauf in anderem Zusammenhange schon S. 347 bei den Eschwegerseifen hingewiesen wurde —, daß die Wirkung von Elektrolyten von einem Glyceringehalt der Seifen abhängig ist, indem bei dessen Anwesenheit die Elektrolytempfindlichkeit der Seifen verringert ist.

Bei den Leimseifen ist die Ausbeute nicht wie bei der Eschweger- oder den guten Kernseifen an bestimmte Grenzen gebunden, vielmehr können solche mit einer Ausbeute von 150% (entsprechend etwa 60% Fettsäuregehalt) ebensogut hergestellt werden wie solche mit 400 oder 1000% (= 9% Fettsäuregehalt). Solche „Edelprodukte“ verdienten indessen nicht mehr, mit dem Ehrennamen Seife bezeichnet zu werden. Sie sind es auch, die alle Leimseifen in den Ruf der Minderwertigkeit gebracht haben.

2. Arbeitsweise bei der Herstellung von Leimseifen.

Der Weg, auf welchem der Seifenleim hergestellt wird, der durch bloßes Erstarrenlassen in eine verkaufsfähige Seife verwandelt werden soll, ist im allgemeinen auf die Eigenschaften des fertigen Produktes ohne Einfluß; es werden daher sämtliche Methoden zur Anwendung kommen können, die zu einer vollständigen Verseifung des Fettansatzes führen, also der Siedeprozeß, die Verseifung auf halbwarmem, die auf kaltem Wege und jener, als indirekte Methode bezeichneter Vorgang, welcher in der Verleimung eines Kernes besteht.

α) Herstellung von Leimseifen auf dem Siedewege.

Der Siedeprozeß wird besonders in jenen Fällen anzuwenden sein, in welchen ein reelles, kernseifenähnliches Produkt von niedriger Ausbeute bis etwa 200 oder 215% hergestellt werden soll. Dann wird man auch alle jene Ansätze verwenden können, welche sich sonst für Kernseifen, insbesondere aber für Eschwegerseifen bewähren. Die Herstellung des Seifenleimes kann unter Einhaltung jener Maßnahmen, die bei den Kernseifen bzw. Eschwegerseifen in ihren Einzelheiten beschrieben worden sind, durchgeführt werden; sie alle hier anzuführen ist deshalb überflüssig. Eine gewisse Härtung mit Elektrolyten, die aber nicht zu weit gehen darf, insbesondere wenn der Anteil an Kernfetten im Ansatz beträchtlich ist, ist nötig, wobei man natürlich unter jenen Mengen bleiben muß, die bei der Kernseifenherstellung als zur Trennung in Kern und Unterlauge hinreichend genannt wurden. Bei Ansätzen nach Art der Eschwegerseifen bleibt man mit dem Elektrolytgehalt etwa 20% unter jener Menge stehen, welche zur Ausbildung des Marmors ausreicht. Stehen jedoch Möglichkeiten für eine rasche Kühlung zur Verfügung, so daß eine Marmorbildung wegen der Kürze der Zeit nicht eintreten kann, so kann man bis an die in der Tabelle 81 angegebenen Mengen herangehen.

In der Regel wird man den Siedeprozeß wählen, wenn man Fettsäuren durch Carbonatverseifung in den Leimzustand bringen will, weil sonst ein völliges Austreiben des Kohlendioxydes nicht zu erreichen ist.

Beim Sieden reeller Leimseifen, das man vorteilhaft „eschwegerartig“ vornimmt, gelten als äußere Merkmale richtiger Herstellung alle diejenigen, welche bei dieser Seifenart ausführlich geschildert wurden und ebenso alle Proben, die dort angegeben sind. Auch der gleiche geringe Alkaliüberschuß von etwa 0,1% ist einzuhalten. Nur wird man, wie oben erwähnt, die Trennung meist nicht bis zur Erscheinung des kurzen Abreißens der vom Spatel abtropfenden Seife bringen, sondern nur soweit gehen, daß der Seifenleim eben noch „spinnt“.

Anders verhält es sich bei höher gefüllten Leimseifen, zumal der Ansatz hier mit um so größerem Anteil an Leimfetten gewählt werden muß, je höher die Füllung sein soll. Im gleichen Maße steigt dann auch die Beweglichkeit und Dünnflüssigkeit des siedenden Leimes, das äußere Bild der Siedeerscheinungen ist ein anderes, die Seife „flattert“ beim Werfen mit dem Spatel, d. h. sie fällt unter Blasenbildung auf die Oberfläche zurück; die Glasprobe liegt niedrig auf und stirbt glasig ab und bleibt auch, nachdem sie sich beim Erkalten allmählich mit einem matten Häutchen überzogen hat, im Innern noch längere Zeit klar und flüssig.

Für die Erzeugung von gefüllten Leimseifen sollen zwei Beispiele herangezogen werden, die Herstellung der sog. Szegediner und der meist als Liverpooler Seife bezeichneten Sorte.

Als Ansatz für die *Szegediner Seife* werden Nr. VII (Tab. 82) für eine gelbe oder VIII für eine weiße Sorte gewählt. Die Siedelauge von 20° Bé ist in einer Menge von 115 kg auf je 100 kg Fettansatz zu nehmen und dem im Kessel befindlichen Fett bei schwacher (indirekter) Heizung portionssweise zuzugeben; zugleich mit der ersten Zugabe kommen 45 kg (immer auf den Fettansatz von 100 kg) einer 24%igen Pottaschelösung. Nach vollendeter Verseifung werden allmählich unter ständigem Krücken 50 kg gesättigter Kochsalzlösung eingerührt und nach Prüfung des Stiches (0,1% Alkaliüberschuß) 20 kg Wasserglas, das, wie auf S. 342 beschrieben, „abgerichtet“ ist, hinzugegeben; man läßt dann 12 Stunden bei 90° im bedeckten Kessel stehen, prüft nach Entfernen des dünnen Schaumhäutchens, das sich gebildet hat, und nach gutem Durchkrücken den Stich und das Spinnen des Leimes und läßt in die Formen ab. Die Ausbeute beträgt 335% (28% Fettsäuregehalt).

Die *Liverpooler Seife* ist so hoch gefüllt, daß nicht einmal Palmkernöl diese Füllung vertragen würde, so daß der Ansatz lediglich aus Cocosöl besteht; auch Cocosölfettsäure wäre nicht mehr geeignet, weil diese Menge an Elektrolyten nur noch in Gegenwart von Glycerin ohne Aussalzung aufgenommen wird. In einem Vorratsgefäß stellt man eine Lösung von je 1 Teil Pottasche und calcinierter Soda auf (zusammen) 5 Teile Wasser bereit, und zwar für je 100 kg Cocosöl 230 kg der Carbonatlösung; hiervon kommen sofort 50 kg zu dem Cocosöl in den Kessel und bei schwachem Feuer bzw. indirektem Dampf nach und nach 122 kg Natronlauge von 21° Bé. Nach Eintreten eines guten Verbandes wird der Rest der Carbonatlösung unter kräftigem Sieden eingearbeitet, einige Zeit gut durchgesotten, dann der Dampf abgestellt und in kleinen Portionen 220 kg einer Kochsalzlösung von 23° Bé eingerührt. Die Abrichtung muß etwas kräftiger sein (0,15% freies Alkali), der Leim spinnen. Schließlich kommen 330 kg Wasserglas, die mit 40 kg einer 38grädigen Natronlauge abgerichtet sind, hinzu. Das Stehen bei 90° erfolgt wie bei der Szegediner Seife, das Formen nimmt man in nicht zu großen Behältern (ca. 500 kg) vor, wobei der Leim bis zum Steifwerden gekrückt wird. Ausbeute (unter Berücksichtigung der Verdunstung) 1000% (= $9^1/_2$% Fettsäuregehalt).

β) Die Herstellung von Leimseifen auf indirektem Wege.

Ein irgendwie hergestellter, ausgesalzener Kern wird nach Ablassen der Unterlauge durch Wasserzusatz (oder bei direktem Dampf durch das Kondenswasser) und unter Zugabe der zur Härtung nötigen Elektrolyten auf eine Ausbeute von 200 bis 210% gebracht und (indirekt) schaumfrei gesotten; als Elektrolyt verwendet man am besten Kochsalz, da Soda zum Beschlagen neigt, während Pottasche nicht genügend härtet. Der Alkaliüberschuß soll dem einer Kernseife entsprechen, nur bei einer Füllung mit Wasserglas, das bis zu 30% auf den Fettansatz gerechnet hinzugegeben werden kann, muß entsprechend dem S. 342 Gesagten schärfer abgerichtet werden. Man prüft bei jeder Wasserglaszugabe, ob man nicht etwa bereits an der Grenze angelangt ist, bei welcher der Leim zu spinnen aufhört.

Dieser Weg wird zumeist beschritten, wenn weniger reines Rohmaterial durch Vorsieden auf Kern gereinigt werden mußte; er ist notwendig, wenn es sich um eine nach dem sog. Krebitzverfahren (Kalkverseifung) hergestellte Seife handelt.

γ) Die Herstellung auf halbwarmem Wege.

Die Verseifung erfolgt bei dieser, für die Herstellung von Leimseifen jeglichen Füllungsgrades wohl gebräuchlichsten Methode, bei Temperaturen von meist 85—90°, wenn schwerer schmelzende Harzmengen im Ansatz mitverwendet werden sollen, sonst aber bei 75—80° in der Weise, daß dem flüssigen Fett die vorher berechnete Menge 35—38grädiger Natronlauge zugekrückt wird, bis eine innige Emulsion entsteht. Bei hohem Harzanteil oder größeren Mengen freier Fettsäuren im Ansatz empfiehlt es sich, das Fett in die Lauge einzurühren, um die Bildung von schwer auseinandergehenden Klumpen zu vermeiden. In beiden Fällen wird auch die Lauge auf wenigstens 60° vorgewärmt. Innerhalb etwa einer Stunde ruhigen Stehens der Emulsion im Kessel ist die Verseifungsreaktion so weit fortgeschritten, daß die Füllung zugekrückt werden kann, wobei darauf zu achten ist, daß (besonders bei höherem

Füllungsgrad, in welchem Falle der Leim dünner gehalten werden muß) kein Schaumigrühren stattfindet. Man läßt sodann die Verseifung zu Ende gehen, bis der Verband unter Bildung eines gut spinnenden, flüssigen Leimes eingetreten ist und die Seife geformt werden kann.

Ausführungsbeispiel für eine gute und gut aussehende, hellgelbe, kantentransparente Seife: Der Ansatz sei der von Nr. VI der Tabelle 82, alle folgenden Zahlenangaben sind auf 100 kg dieses Ansatzes bezogen. 50 kg Natronlauge von 38° Bé und ebensoviel Wasserglas werden in den Kessel gebracht und gegebenenfalls vorhandene Abfälle darin aufgelöst, worauf das Heizen eingestellt wird, damit zur Zeit der Fettzugabe die Temperatur höchstens 80° beträgt. Inzwischen hat man in einem zweiten Kessel das Harz in etwa zwei Drittel des Palmkernöles aufgeschmolzen; man setzt die Temperatur dieses Gemisches durch Zugabe des Restes von Palmkernöl und des Ricinusöles auf 60—65° herab und krückt das Fettgemisch bis auf einen kleinen Rest (ungefähr 5%), den man für die Endabrichtung bereit hält, der Laugenlösung zu. Zweckmäßig kann man das Krücken durch Arbeiten mit einem Rührwerk ersetzen. Zeigt sich, daß keine Lauge mehr vom Boden aufgerührt wird und der Verband eingetreten ist, wird die Endabrichtung mit der hierfür zurückgehaltenen Fettmenge bis auf einen „Eschwegerstich" (höchstens 0,1% freien Alkalis) vorgenommen, der Kessel eine Stunde der Ruhe überlassen, vorsichtshalber der Stich noch einmal nachgeprüft und sodann der Leim in kleine Formen (etwa 300 kg Fassungsraum) gebracht und gekrückt, bis zum Dickwerden. Ausbeute 200% (= 47% Fettsäuregehalt).

Höher gefüllte — dann fast nur aus Leimfetten im Ansatz bestehende — Leimseifen mit Ausbeuten von 300% und darüber benötigen als Beschwerungsmittel Talkum, welches in Mengen von 100%, bezogen auf den Ansatz und in der S. 349 beschriebenen Weise angemacht der Seife einverleibt wird. Soll die Ausbeute 400% übersteigen, ist eine Füllung mit Wasserglas nicht mehr angezeigt, da größere Mengen hiervon ein Weichwerden der Seife verursachen; es wird dann nur mit Pottasche und Kochsalz gefüllt.

δ) Herstellung von Leimseifen auf kaltem Wege.

Die Erzeugung von nicht zu Toiletteseifen bestimmten Leimseifen auf kaltem Wege ist wenig gebräuchlich; übrigens wird diese Verseifungsart in dem Kapitel „Toiletteseifen" so ausführlich besprochen, daß hier von Einzelheiten Abstand genommen werden kann. Es sei nur erwähnt, daß man eine etwa gewünschte Füllung — z. B. auf 100 kg Fettansatz 4 kg Sodalösung von 16° Bé und $^1/_2$ kg Kochsalzlösung von 22° Bé — der Emulsion in dem Augenblick einverleibt, in welchem sie „aufzulegen" (zu „schreiben") beginnt. Auch mit Wasserglas lassen sich diese Seifen füllen, bei höherer Ausbeute ist aber dann die Emulgierungslauge in ihrer Grädigkeit (unter Umständen bis auf 28° Bé) herabzusetzen.

3. Das Formen der Leimseifen.

Die Erstarrung der Leimseifen läßt man in Formen von verschiedenen Dimensionen vor sich gehen; die Größen schwanken zwischen einem Fassungsraum von 250 und 1000 kg, meist sind es eiserne, mitunter auch hölzerne Behälter. Die Szegedinerseife wird üblicherweise in Holzrinnen von 2 m Länge, 20 cm Breite und 8—10 cm Höhe erstarren gelassen. Jene Seifen, bei denen nicht ausdrücklich ein Durchkrücken in der Form bis zum Dickwerden des Leimes erforderlich ist, können vorteilhaft in Kühlvorrichtungen, wie sie bei der Kernseifenherstellung verwendet werden (vgl. S. 269), zur Erstarrung gebracht werden. Diese Formung empfiehlt sich besonders bei den kernseifenähnlichen Produkten mit niederer Ausbeute, bei denen das Krücken bis zum Dickwerden deshalb nicht nötig ist, weil eine Fraktionierung bei dem geringen Elektrolytgehalt nicht befürchtet werden muß, zumal beim raschen Erstarren unter vergleichsweise niederen Temperaturen Seifenstrukturen auftreten, die eine den langsam erstarrten Seifen gegenüber höhere „Härte" bedingen.

b) Marmorierte Leimseifen (Mottledseifen).

Mottledseifen sind farbig marmorierte, mit Salzlösung hochgefüllte Leimseifen. Die Ausbeute muß wenigstens 250% betragen, sie wird aber bis auf 700% und mehr in den schlechtesten Sorten getrieben. Sie werden, namentlich in Deutschland, nur noch in beschränkten Mengen hergestellt. Die Fabrikation dieser Seifen stellt an das Können des Sieders sehr große Anforderungen, insbesondere wenn es sich um Seifen mit niedriger Ausbeute handelt.

Die Marmorierung kommt zustande durch Auskristallisieren der zugesetzten gefärbten Wasserglaslösung in der Seife. Mit Palmkernöl lassen sich die Seifen leichter herstellen als mit Cocosöl. Wird der Talg teilweise durch Palmöl ersetzt, so läßt sich ein gelblicher Grund erzielen.

Die Farblösung, welche den Marmor erzeugt, besteht beispielsweise aus 3 kg Wasserglas von 38° Bé, verdünnt mit 2 kg Wasser, 0,4 kg NaOH von 20° Bé und 50—100 g Ultramarin. An Stelle von Ultramarin können andere Pigmentfarben, wie Reinschwarz, Frankfurterschwarz, Englischrot u. dgl., je nach der Farbe der Marmorierung, verwendet werden. Auf 100 kg Seife verwendet man 0,03 bis 0,1 kg Farbstoff.

Fettansatz. Man verwendet im wesentlichen Cocos- und Palmkernfett (bis 80%) und Talg (20%). Der Talgzusatz ist notwendig, damit die Seife beim Herunterkühlen unter Krücken auf ca. 60° rascher erstarrt, so daß ein starkes Senken der Marmorierung vermieden wird.

In der Tabelle 83 sind die Ansätze für Mottledseifen verschiedener Ausbeute angegeben.

Tabelle 83. Ansätze für Mottledseifen.

Palmkernöl kg	Cocosöl kg	Talg kg	NaOH 20° Bé	Pottasche 35° Bé	Salzlösung 23° Bé	Farblösung	Ausbeute %
80	—	20	115	28	32	5,4	ca. 280
100	—	—	120	24	56	5,4	„ 330
—	80	20	120	53	65	5,4	„ 350
80	—	20	115	70[1]	70	5,4	„ 400
—	100	—	120	150	195	5,4	„ 550
—	100	—	120	210	280	5,4	„ 700

Herstellung der Grundseife. Man gibt zuerst das Fettgemisch in den Kessel und fügt die Carbonatlösung hinzu. Hierauf leitet man die Verleimung mit etwa einem Viertel der Natronlauge ein und verseift dann durch weitere Zugabe der Lauge bis auf einen Rest von ca. 3 kg pro 100 kg Fettansatz, den man zur Abrichtung des Leimes zurückläßt. Man kann sogleich die gesamte Lauge, bis auf den zur Abrichtung zurückgelassenen Teil, zusammen mit der Carbonatlösung in das verflüssigte Fettgemisch unterkrücken. Die Temperatur soll am Anfang 75—80° nicht überschreiten. Erst nachdem der Leim im Kessel schwarz und klar erscheint, bringt man ihn allmählich zum Sieden und setzt dann die noch fehlende Lauge hinzu. Der Leim muß „Faden ziehen", sonst fehlt noch Wasser. Nach Zugabe von 3 l Wasser (auf 100 kg Fett) wird nochmals geprüft. Nach Abstellen der Heizung gibt man dann nach und nach die Salzlösung (Krücken) hinzu, wobei die Bildung von Brocken infolge Abkühlung durch die Salzlösung vermieden werden muß. Die über Nacht im zugedeckten Kessel stehende Seife muß noch ca. 75° warm sein. Vorher wird der Leim so abgerichtet, daß am nächsten Morgen noch etwa 3—5 kg Lauge zur Nachabrichtung notwendig sind; die Seife wird also auf ganz schwachen Stich eingestellt.

Zur Nachabrichtung verwendet man die zurückgestellte Natronlauge, die man vorher mit dem gleichen Volumen Wasser verdünnt. Von der richtigen Abrichtung hängt das Verhalten der Wasserglas-Pigment-Lösung in der Seife ab. Ist der Gehalt an freiem Alkali zu hoch, so kristallisiert das Wasserglas in der Seife nicht aus, so

[1] Und 30 Sodalösung von 25° Bé.

daß es zu keiner Marmorierung kommt. Ist dagegen die Abrichtung zu schwach, so geht die Kristallisation zu rasch vor sich und die gefärbten Kristalle setzen sich zu Boden. Zuweilen scheidet sich auch bei falscher Abrichtung Kieselsäure in feinen Partikelchen aus. Bei richtiger Arbeit verteilt sich dagegen die Wasserglaslösung im Seifenleim geleeartig und der später gebildete Marmor unterscheidet sich kaum von dem der Eschwegerseifen. Das mit dem Pigment zugesetzte Wasserglas soll sich zunächst im Leim staubartig verteilen. Innerhalb einer Stunde zieht sich das Wasserglas nach und nach zu kleinen, zuerst etwa linsengroßen Aggregaten zusammen. Nach Fertigstellung muß die Mottledseife genau so wie Eschwegerseife aussehen, d. h. im hochtransparenten Grund dünne Marmorstreifen bilden.

Neben der richtigen Abrichtung ist auch das Verhältnis von Carbonat zu Chlorid von Wichtigkeit. Man erkennt dies an der Glasprobe (s. S. 344). Stirbt diese zu langsam ab und ist zu weich, so muß noch etwas Salzwasser zugegeben werden; stirbt sie rasch ab und näßt sich nach Erkalten, so muß man noch Carbonat zugeben.

Zugabe der Wasserglaslösung. Um die richtige Beschaffenheit des Seifenleimes vor Füllung mit Wasserglas festzustellen, macht man zweckmäßig kleine Vorversuche, d. h. man prüft, bei welcher Abrichtung und welchem Salzgehalt das Wasserglas staubartig gerinnt.

In einer Porzellanschale gibt man zu 3 kg Seifenleim ca. 40 g der Wasserglas-Pigment-Mischung und rührt 2 Minuten kräftig durch. Ist das Wasserglas noch zu grobkörnig, so versetzt man zur Wasserglaslösung noch etwas Natronlauge und prüft wieder, wie sie sich bei Zusatz zur Seife verhält usw., bis schließlich staubförmige Ausscheidung erreicht ist.

Man führt nunmehr einen größeren Versuch mit 10 kg und nach Feststellung der nötigen Korrekturen einen solchen mit 100 kg Seife, beispielsweise in einem Barrel, aus. Nach Zusatz der Wasserglasfarblösung deckt man mit der Faßscheibe zu. Nach einer Stunde müssen sich die Wasserglasausscheidungen bereits zu größeren Komplexen zusammengezogen haben und der linsengroße Marmor sichtbar sein.

Die Proben gibt man in den Kessel zurück und setzt die durch die Versuche ermittelte Laugenmenge hinzu, verdünnt mit dem gleichen Volumen heißen Wassers, zunächst nur zur Hälfte in den Leim, krückt 5 Minuten durch und macht wiederum einen Versuch mit 10 kg. Fehlt noch Lauge, so setzt man sie wiederum, aber in 2 Portionen zu, indem man wiederum einen Zwischenversuch einschaltet.

Während der Marmorausbildung muß der Leim eine Temperatur von ca. 75° haben, auch um notfalls noch kleine Mengen Natronlauge zusetzen zu können.

Ist der Seifenleim zu alkalisch, so korrigiert man durch Nachgeben der entsprechenden Mengen Cocos- oder Palmkernöl. Die Notwendigkeit hierfür zeigt sich daran, daß die mit der Farblösung versetzte Seife beim Stehen den Marmor zu langsam bildet, in welchem Falle die Seife einen bläulichen, nicht ganz weißen Grund zeigt und die Marmorierung spritzig erscheint.

Die für Mottledseifen verwendeten Formen sind mehr hoch und lang als breit und mit heizbarem Doppelboden versehen, um sie noch in der Form anwärmen oder kühlen zu können. Je kleiner die Form ist, desto höher muß die Seifentemperatur gehalten werden, um ein vorzeitiges Erstarren zu vermeiden; gefüllt werden die Formen bei 75°. Nach einer Stunde soll sich bereits in der Form linsengroßer Marmor gebildet haben. Man krückt dann die Seife etwa 10 Minuten durch und läßt wieder mit Matratzen u. dgl. stehen. Dies wiederholt man, bis der großflockige Marmor ganz ausgebildet ist. Alsdann sind die Matratzen von den Formen zu entfernen und durch rasche Abkühlung dafür zu sorgen, daß keine Senkung des Marmors erfolgt.

V. Die Toiletteseifen.

Die zur Körperreinigung bestimmten, als „Toiletteseifen“ bezeichneten Seifenprodukte unterscheiden sich von den Waschseifen im wesentlichen durch ihre erhöhte Reinheit und Milde (Neutralität), durch das gefälligere Aussehen und durch ihre Parfümierung. Daher kann jede Methode zur Herstellung der Seifen auch zur Erzeugung von Feinseifen benutzt werden. Dementsprechend unterscheiden wir auch feste und flüssige Toiletteseifen; die festen können wieder auf dem Siedewege, halbwarm oder kaltgerührt hergestellt werden. Das Parfüm, die Farbstoffe und sonstigen Zusätze können der Seife während ihrer Herstellung sofort beigefügt werden, so daß sie nach Abkühlen, Zerschneiden usw. als fertige

Feinseife vorliegt. Auf diese Art werden die kaltgerührten und die auf halbwarmem Wege erzeugten Toiletteseifen hergestellt. Die verbreitetste Methode der Feinseifenfabrikation ist jedoch die des Pilierens. Nach dieser Methode wird zunächst eine Grundseife erzeugt und dieser werden die speziellen Zusätze der Toiletteseife im kalten Zustande auf maschinellem Wege einverleibt. Ein besonderes Merkmal der pilierten Seifen gegenüber allen anderen Seifenarten ist der erhöhte Fettsäuregehalt. Die Grundseife selbst kann wieder auf kaltem, halbwarmem Wege oder durch ein gemischtes Verfahren erzeugt werden (s. das „Descha-System", s. S. 307), aber auch ein durch Anwendung des Sprühverfahrens erzeugtes Seifenpulver kann als Ausgangsstoff für pilierte Seifen dienen (s. S. 360). In den meisten Fällen werden jedoch, wenigstens heute noch, auf dem Siedewege erzeugte Kern-Grundseifen in fester Form als Ausgangsmaterial für die pilierten Seifen benutzt.

Seifen, welche zwar der Körperpflege dienen, jedoch durch ihre spezielle Zusammensetzung oder durch ihnen einverleibte gewisse Substanzen besondere Funktionen zu erfüllen haben, wie Rasierseifen, antiseptische und medizinische Seifen, werden in anderen Kapiteln behandelt. Die Zusatzstoffe der Toiletteseifen sind im Abschnitt „Überfettung, Parfümierung und Färbung von Toiletteseifen" beschrieben (S. 399).

A. Pilierte Seifen.

Von **C. Bergell**, Berlin und **E. Köhler**, Budapest.

a) Die Rohstoffe für den Fettansatz.

Für pilierte Seifen sollen nur reinste, nach Möglichkeit geruchlose Fette verwendet werden. Die wichtigsten Rohstoffe sind Talg, Cocos- oder Palmkernfett, Schweinefett, Palmöl, Olivenöl, Erdnußöl, Ricinusöl, Hartfette und helles Naturknochenfett. Der Hauptbestandteil des Fettansatzes ist Talg, dem zur Erhöhung der Schaumfähigkeit Cocosfett zugesetzt wird. Damit die mit viel Talg bereitete Seife nicht ranzig wird, ist vollkommene Verseifung und größte Reinheit der Fettrohstoffe erforderlich. Die wirksamste Reinigungsmethode, Raffination mit Lauge, kommt aber nur selten zur Anwendung.

Den weicheren Talgsorten, wie dem hochwertigen Premier Jus, sind die höher schmelzenden vorzuziehen, weil sie ärmer an ungesättigten Fettsäuren sind. Bei Talgseife erreicht man durch schwache Trennung beim Aussalzen das beste Absitzen; es muß deshalb, auch beim Fertigmachen, auf genügend Leimniederschlag gearbeitet werden, wenn man eine salzarme bindige Seife erhalten will. Das Schaumvermögen der Talgseifen ist namentlich in kaltem Wasser zu gering, es müssen deshalb noch andere Fette mitverwendet werden, wie Cocosfett u. dgl.

Aus diesen Gründen wird der Talg gewöhnlich mit etwa 15% Cocos- oder Palmkernfett vermischt. Trotz der höheren Grenzlaugenkonzentration macht Cocosfett die Seife bindiger als Palmkernfett; bei gleicher Grenzlaugenkonzentration des Ansatzes soll Cocosfett in etwas geringerer Menge verwendet werden als Palmkernfett. Für mindere Seifensorten, bei denen die Bindigkeit auch durch andere Mittel gesteigert werden kann, verwendet man Palmkernfett, während man für hohe Qualitäten ausschließlich Cocosfett zusetzt. Bei den mit Talg und Cocosfett hergestellten Seifen ist auch die Gefahr des Rissigwerdens im Gebrauch, der größeren Bindigkeit zufolge, geringer.

Die nur mit Talg und Cocosfett in dem angeführten Verhältnis dargestellten Grundseifen enthalten im pilierfähigen Zustande 76—78% Fettsäuren; der Ansatz ist noch zu hart, die Seife schäumt aber auch in kaltem Wasser ziemlich gut. Die Bindigkeit wird zweckmäßig noch weiter gesteigert, indem man etwa 10—15 Teile Talg durch das weichere Schweinefett oder ein anderes weicheres Fett ersetzt, um die Härte des Ansatzes zu erniedrigen. Es dürfen nur beste, geruchlich einwandfreie Schmalzsorten verarbeitet werden; es genügt nicht, daß sie eine weiße Seife liefern. Bei den parfümierten Seifen, um welche es sich hier handelt, ist natürlich ein Eigengeruch der Seife sehr störend, denn er muß durch Steigerung des Parfümzusatzes verdeckt werden; was man also durch die schlechteren Fettsorten auf der einen Seite erspart, setzt man an Parfümierung reichlich zu. Das gilt ganz besonders für Schmalz, aber auch für die übrigen Fette. Für den Parfümbedarf ist nicht der Geruch der frischen Seife entscheidend, sondern der Geruch, welchen die Seife auf Lager annimmt; die Geruchsverschlechterung ist aber bei minderen Rohstoffen erheblich größer als bei reinen Fetten. Vor dem Ranzigwerden der Seife kann man sich am wirksamsten durch Benützung einwandfreier Rohstoffe schützen. Es ist deshalb zweckmäßiger und wirtschaftlicher, gute Rohstoffe zu verwenden und sie schwächer zu parfümieren, als schlechte Rohstoffqualitäten zu verarbeiten, dafür aber mehr Parfüm zusetzen zu müssen.

Ein geeigneter Ansatz für pilierte Seifen besteht aus 70 Teilen Talg und je 15 Teilen Schweine- und Cocosfett. Nach Trocknung bis auf Pilierfähigkeit enthalten solche Seifen 78—80% Fettsäuren, was der Norm entspricht; die Mängel zu wasserreicher Seifen zeigen sich in solchen Produkten nicht mehr.

Der Wassergehalt des pilierten Spans muß um so größer sein, je härter der Fettansatz ist. Übermäßige Ausbeuten führen aber zu Trockenverlusten auf Lager, so daß die Seifenstücke mit der Zeit schrumpfen und unansehnlich werden.

Ein sehr geeigneter Rohstoff für pilierte Seifen ist Olivenöl; seine Verwendung beschränkt sich aber auf die südeuropäischen Länder.

Olivenöl ergibt harte Seifen und erhöht die Schaumfähigkeit der Talg-Grundseifen in kaltem Wasser. Dem Ölseifencharakter entsprechend mit stärkerer Kürzung hergestellt, setzen olivenölhaltige Seifen sehr gut ab. Man ist bestrebt, das für viele Länder zu teure Olivenöl durch andere Fette mit „Ölseifencharakter“ zu ersetzen. Solche Seifen setzen infolge des langsamen Erstarrens den Leim oder die Unterlauge besser ab, sodaß die Seifen reiner und bindiger sind. Die Lagerbeständigkeit ist bei Olivenölseifen erheblich größer als bei Talgseifen. Ein großer Teil der französischen und spanischen Toiletteseifen wird aber aus Talg und Cocosfett hergestellt.

Der geeignetste Ersatz für Olivenöl ist Palmöl; namentlich in Qualitätsseifen vermag Palmöl einen großen Teil des Talges vorteilhaft zu ersetzen. Es dürfen aber keine luftgebleichten Palmöle verwendet werden, sondern nur sehr gut vorgereinigte Öle, welche weiße geruchlose Seifen und wasserhelle Unterlaugen ergeben.

Man erhält mit Palmöl Seifen von ausgesprochenem Ölseifencharakter; die Seifen sind weiß, rein, geruchlos und sehr lagerbeständig; sie besitzen gute Schaumkraft und enthalten in richtig getrocknetem Zustande 80% Fettsäure. Das bedeutet Ersparnis an Parfüm, denn ein nachträgliches Vertrocknen wasserreicher pilierter Seifen führt zu Parfümverlusten. Gute Palmölsorten werden deshalb höher bewertet als bester Rindertalg.

Weniger erfolgreich waren Versuche, den Ölseifencharakter der Seifen durch Erdnußöl zu erzeugen. Das Öl läßt sich nur in Mengen bis höchstens 15% im Fettansatz verarbeiten. Bei Anwendung solcher Mengen an neutralem Erdnußöl neigt zwar die Seife noch nicht zum Fleckigwerden, es sind aber andere Schwierigkeiten zu überwinden. Die Seifen nehmen nämlich mit der Zeit einen erdigen, nicht ganz reinen Geruch an; dem kann allerdings durch sorgfältige Laugenraffination des Öles oder durch sachgemäßes Umsalzen auf leimige Unterlauge, ohne vorangehendes langes Sieden, abgeholfen werden. Durch den Erdnußölzusatz wird aber nur die Härte des Ansatzes vermindert, während Schaumkraft und Bindigkeit eher eine Verschlechterung erfahren.

Im Winter neigen die beim Abwaschen mit kaltem Wasser zurückbleibenden, mit Erdnußölzusatz verarbeiteten Seifenstücke zur Rissigkeit und Verminderung der Schaumkraft. Dies hängt mit dem bevorzugten Auswaschen der Seifen von Fettsäuren mit niedrigem Titer zusammen, so daß sich die Seifen der harten Fettsäuren (Stearinseifen, Arachinseifen usw.) anreichern. Zeigen die Bestandteile des Fettansatzes nur geringe Unterschiede im Titer, so tritt diese Erscheinung nicht oder nur selten auf, und darauf muß bei der Zusammenstellung des Fettansatzes geachtet werden. In warmen Ländern werden die mit Erdnußöl verarbeiteten Seifen natürlich eher verwendbar sein.

Ricinusöl ist ein ausgesprochenes Leimfett und liefert Seifen mit sehr hoher Grenzlaugenkonzentration. Es empfiehlt sich deshalb, nicht mehr als 5% Ricinusöl zu verwenden und dann den Anteil an sonstigen Leimfetten entsprechend zu reduzieren; bei 5% Ricinusöl sind an Cocosfett 7% weniger zu verwenden. Das Öl ist teuer und nur als Öl erster Pressung verwendbar; die Nachschlagsöle sind zu reich an Schleim usw. Das Öl kann nur zur Verbesserung der Bindigkeit verwendet werden, nicht aber zur Steigerung des Ölseifencharakters, d. h. der Verzögerung des Erstarrens und Absitzens. Auf die Schaumkraft hat Ricinusöl keinen so günstigen Einfluß wie Cocosfett. Das Optimum liegt bei etwa 3—5% Ricinusöl; größere Mengen steigern zu sehr die Grenzlaugenkonzentration und damit den Salzgehalt der Seife.

Eine wichtige Rolle kommt als Zusatz zum Fettgemisch dem Kolophonium zu. Die Höhe des Harzzusatzes ist bei Qualitätsseifen und Stapelware verschieden groß. Für erstere verwendet man bis zu 1% Harz. Das Harz hat hier lediglich die Aufgabe, die Haltbarkeit und Haftfestigkeit der Parfümierung der Grundseife zu erhöhen. Da das Harz unrein ist und eine sehr unreine Unterlauge liefert, empfiehlt es sich, das Produkt im Gemisch mit dem gleichen Teil Fett gesondert zu verseifen, die Seife durch mehrfaches Umsalzen zu reinigen und sie dann erst dem Fettansatz bei der Verseifung zuzusetzen.

Bei minderwertigeren Toiletteseifen kann der Harzzusatz größer sein, um die Haltbarkeit der Seifen zu erhöhen. Da man für solche Seifen Fette verwendet, welche keine Produkte genügender Bindigkeit liefern, so kommt dem Harz noch die Aufgabe zu, die Bindigkeit zu steigern; es genügen hierzu einige Prozente Harz.

Für billigere, in nicht zu hohem Prozentsatz auch für bessere Seifensorten ist Hartfett, insbesondere das sog. Weichhartfett vom Schmelzpunkt 32—38°, ein sehr geeigneter Rohstoff. Für Stapelware können 20—30% Hartfett von höherem Schmelzpunkt, berechnet auf den gesamten Ansatz, verarbeitet werden. Stapelware wird auf billige Art parfümiert und ist für raschen Absatz bestimmt. Im Aussehen muß sie etwa den Qualitätsseifen entsprechen, die Parfümierung kann aber wesentlich einfacher sein; auch an ihre Lagerbeständigkeit und das Verhalten im Gebrauch werden niedrigere Ansprüche gestellt.

Die aus Hartfetten hergestellten Seifen sind rein weiß, geruchlich aber nicht immer einwandfrei und nicht ganz befriedigend in ihrer Schaumkraft und Bindigkeit. Mit dieser Verallgemeinerung darf man allerdings nicht zu weit gehen, denn die seifensiederischen Eigenschaften der Hartfette hängen von verschiedenen Bedingungen ab, wie verwendeter Rohstoff, Härtungsgrad und Härtungsart, d. h. Gehalt des Hartfettes an Isoölsäuren und gesättigten hochschmelzenden Fettsäuren, Gehalt an flüssigen Fettsäuren und Grad ihrer Ungesättigtheit usw. Während auf der einen Seite behauptet wird, daß ein nicht homogen gehärtetes Fett mit höherem Gehalt an Stearinsäure, wie es beispielsweise nach dem Verfahren von BOLTON-LUSH erhalten wird (Bd. II, S. 170), für die Seifenfabrikation geeigneter ist, sind andere der Meinung, daß die homogen auf einen mittleren Schmelzpunkt gehärteten Fette mit höherem Gehalt an festen Ölsäuren und geringerem Gehalt an Stearinsäure und ungesättigten Säuren wertvoller seien. Letztere Auffassung besitzt mehr Wahrscheinlichkeit.

Bei Verarbeitung von 20—30% Hartfett im Fettansatz muß der Leimfettgehalt höher sein und die Härte des Ansatzes muß durch Zusatz von hellem Knochenfett oder anderen Weichfetten herabgesetzt werden. Bei Gegenwart von 20% Palmkernfett und 2% Harzseife wird meist eine gut schäumende und bindige Seife erhalten. Infolge der Notwendigkeit, den Gehalt an Cocos- oder Palmkernfett bei Verarbeitung von Hartfett zu erhöhen, sind die Seifen nicht mehr so mild, und solche Ansätze eignen sich deshalb mehr für Stapelware.

Hartfette niedrigen Schmelzpunktes beeinträchtigen zwar ebenfalls den Geruch der Grundseife, sie vermögen aber den Seifen Ölseifencharakter zu verleihen. Die selektiv gehärteten Fette dürften allenfalls infolge Fehlens höher ungesättigter Anteile besser geeignet sein.

Mit den Weichhartfetten ist seifensiederisch das helle Wasserknochenfett vergleichbar; man kann es für Stapelware an Stelle von Schweinefett verwenden; die Seifen zeigen gleiche Bindigkeit und Schaumkraft, nur im Geruch sind sie den mit Schmalz bereiteten Seifen unterlegen.

b) Herstellung der pilierten Seifen.

1. Die Grundseife.

Die Grundseife wird meistens als gut abgesetzte Kernseife hergestellt, welche nach Trocknung auf pilierte Seife weiterverarbeitet wird. Die Vorzüge und Mängel der Grundseife übertragen sich natürlich auf die fertige Toiletteseife. Es dürfen deshalb nur einwandfreie Fette verwendet werden. Auch die sonstigen Rohstoffe, wie Salz und Lauge, müssen vorgereinigt werden: Die Calcium- und Magnesiumsalze entfernt man aus der Salzlösung mittels Soda, die Siedelauge wird durch Absitzenlassen geklärt.

Die Grundseife kann auch auf anderem Wege erhalten werden, nicht nur durch Sieden. Gerade in den letzten Jahren wird die Idee der Herstellung von Grundseifen auf kaltem oder halbwarmem Wege immer häufiger aufgegriffen. Man begründet sie mit der Möglichkeit, restlose Verseifung in einfachem Arbeitsgang zu erreichen und direkt fettsäurereiche pilierfähige Seifen zu erhalten. Werden solche Seifen unmittelbar zur Pilierung herangezogen, so gilt für sie in noch weit höherem Maße als für die Kernseifen die Forderung der Verarbeitung von erstklassigen Rohstoffen, weil die Verunreinigungen in der Grundseife verbleiben. Die Seifen können aber, ebenso wie die auf dem Siedewege hergestellten, umgesalzen und auf Leimniederschlag abgesetzt werden. Unerläßlich ist das, wenn die Seifen aus Neutralfetten hergestellt wurden, weil stark glycerinhaltige Seifen nicht pilierfähig und hygroskopisch sind.

Der kürzeste Weg der Toiletteseifenherstellung ist der folgende: Reine Fettsäuren werden mit Lauge oder Soda im Sprühverfahren zu einem pilierfähigen wasserarmen Pulver verseift, das Pulver mit der Parfümierung und den Farbstoffen vermischt und dann komprimiert. Bei dieser Methode entfallen das Sieden, Trocknen und Pilieren. Wird die Grundseife auf gewöhnlichem Wege, etwa als abgesetzte Kernseife hergestellt, so kann sie im Sprühturm zerstäubt und getrocknet und nach Vermischen mit Parfüm und sonstigen Zusätzen komprimiert werden; auch in diesem Falle wird das Pilieren überflüssig.

Die Hauptmenge der pilierten Seifen wird aber vorläufig noch als abgesetzte Kernseife hergestellt. Der Arbeitsgang ist bei der Erzeugung solcher Grundseifen identisch mit der Kernseifenerzeugung und wurde auf S. 323 gelegentlich der Schilderung der weißen Kernseifen und auf S. 309 bei der Absolutverseifung bereits beschrieben. Es genügt deshalb hier eine kurze Zusammenfassung und einige Hinweise auf die besonderen Erfordernisse der Grundseifenherstellung anzugeben.

Zu unterscheiden ist zunächst zwischen Suden mit höherem und geringem Leimfettgehalt. Letzterer beeinflußt allerdings nur die beim Sieden erforderliche Salzmenge. Bei Ansätzen mit 15% Leimfett beträgt sie etwa 1% auf das Gewicht der Fette berechnet, wenn man die Seife im Kessel mit einem Fettsäuregehalt von etwa 55% erhalten will und das freie Alkali etwa 0,5% beträgt. Die handelsüblichen Seifen enthalten die angegebene Leimfettmenge, so daß diese Angaben genügen.

Bei der Herstellung der Grundseifen sind alle Maßnahmen, welche die Reinheit und Haltbarkeit der Produkte zum Ziele haben, besonders zu berücksichtigen. Der Leimniederschlag oder der daraus durch Aussalzen erhaltene Leimkern wird meistens wieder zum nächsten Grundseifensud genommen. Daher sind die im Kapitel über die Weiterbehandlung von Leimniederschlag und Unterlauge (s. S. 339) beschriebenen Reinigungsmethoden unbedingt anzuwenden, bevor der Leimkern zum nächsten Sud verwendet wird. Die richtige Behandlung des Leimkernes, d. h. das Umsalzen auf leimige Unterlauge, ist schon deshalb notwendig, weil ein strotzig ausgesalzener Leimkern zu viel und unbekannte Mengen Salz in den neuen Sud mitnehmen würde, wodurch die Vollverseifung und die Bindigkeit der Grundseife gefährdet werden.

Besonders sorgfältig ist die restlose Verseifung durchzuführen, man siedet längere Zeit in nur schwach gekürztem Leim. Natürlich kann auch mit Vorteil eine der geschilderten Vollverseifungsmethoden angewendet werden.

Die Reinigung erfolgt meistens durch zweimaliges Umsalzen. Das Aussalzen soll jedesmal auf leimiger Unterlauge durchgeführt werden. Auch ist der Großteil der Unterlauge rechtzeitig abzulassen, bevor die Verunreinigungen zu stark absetzen. Durch gutes Umsalzen ist zu erreichen, daß der zum Schluß zurückbleibende Leimniederschlag ohne Schaden zu den nächsten Suden 10—15mal mitgenommen werden kann.

Harz wird meistens in Mengen von $1/2$—2% verwendet; am vorteilhaftesten in der Form einer vorgereinigten Harzseife, welche nach dem ersten Umsalzen zugesetzt wird.

Grundseifen werden stets auf Leimniederschlag fertiggemacht. Am besten ist es, die Methode des Kernschliffes zu verwenden; sie ist verläßlich, liefert salzarme und gut bindende Seifen.

Werden besonders reine Fette verseift, dann genügt es, auf zwei statt auf drei Wässern zu arbeiten. Die Seife hält dann zwar etwas mehr Glycerin zurück, aber nicht so viel, um hygroskopisch zu werden. Das zurückbleibende Glycerin macht dann den Zusatz von Überfettungsmitteln überflüssig.

Bei Anwendung der Absolutverseifungsmethode muß von Anfang an auf die Höhe des Salzgehaltes geachtet werden, damit dieser, stamme nun das Salz aus dem Leimkern oder dem Salzwasser, in der vorgeschriebenen Höhe bleibt. Denn nur dann läßt sich die Verleimung in der entsprechenden Fettsäurekonzentration von ca. 55% durchführen.

Die Herstellung von Grundseifen aus Abfallseifen beschränkt sich auf die Reinigung der Seifen durch mehrfaches Umsalzen. Das Ausgangsmaterial für diese Grundseifen sind alte Leimkerne und sonstige Abfälle der Fabrikation. Zu diesen gehören auch die von den Unterlaugenbehältern abgeschöpften Seifenabscheidungen, sofern sie nicht zur Fabrikation von Waschseifen verbraucht werden. Ferner gehören dazu die beim Trocknen und dem Transport der Späne zu den Silos sich ansammelnden Abfälle, die Abfälle, welche bei den Piliermaschinen, Strangpressen und den Stanzen entstehen, auch gelegentliche Retourwaren von der Kundschaft usw. Die Menge dieser Abfälle dürfte normalerweise etwa 10% der Produktion betragen. Das Material ist nicht nur zum Teil unrein, sondern auch verschieden gefärbt und parfümiert.

In dem zur Verarbeitung solcher Abfälle dienenden Kessel, der nur so hoch gefüllt werden darf, daß auch bei groß bemessener Menge von Unterlauge genügend Steigraum verbleibt, werden die Abfälle nach Zugabe von Wasser und Lauge durch längeres Sieden in Lösung gebracht. Nach Verleimen des ganzen Ansatzes ist mehrfaches Umsalzen auf leimige Unterlage unter jedesmaliger erneuter Einstellung des Stiches mittels Laugenzusatz erforderlich. Infolge des hohen Wassergehaltes ist leichte Schaumbildung häufig bei solchen Suden nicht zu vermeiden; dies macht ein Klarsieden mit etwas Lauge nach Entfernen der letzten Unterlauge notwendig, ehe man wieder mit dünnem, etwa 2gradigem Salzwasser zusammenzieht. Das Fertigmachen erfolgt in der sonst üblichen Weise auf Leimniederschlag. Ist auch diese Maßnahme durchgeführt, so wird der Dampf abgestellt, der Kessel gut zugedeckt und etwa 48 Stunden der Ruhe überlassen.

Die gut abgesetzte Grundseife kann in Formen, Kühlpressen oder auf Kühlwalzen zum Erstarren gebracht werden.

2. Die Trocknung der Grundseife.

Über die verschiedenen Trocknungssysteme und ihre Apparatur wurde an anderer Stelle (S. 283) berichtet. Jedes Trocknungssystem muß die gleichmäßige Durchtrocknung der zu Spänen oder Bändern zerkleinerten Grundseife gewährleisten. Ferner muß der Prozeß so geleitet werden, daß das in der Seife vorhandene freie Alkali durch die Einwirkung der Kohlensäure der Luft möglichst wenig in Carbonat oder Dicarbonat verwandelt wird; die Einwirkung der Kohlensäure darf nicht so weit gehen, daß die Seifenspäne die Alkalität verlieren oder gar „sauer geblasen" werden.

Wird die Trocknung so durchgeführt, daß nur die Kanten stark ausgetrocknet sind, so können die Schnitzel auch in den größten Walzenstühlen (Piliermaschinen, S. 285) und bei kleinstem Walzenabstand infolge der Weichheit der Seifenmasse nicht so fein verteilt werden, daß die fertige Seife im Gebrauch nicht rauh oder sandig wird. Dieser Fehler entsteht sowohl durch ungleichmäßige Zerkleinerung wie durch ungleichmäßige oder zu weitgehende Austrocknung.

Die einfachen Spanhobelmaschinen erzeugen Späne ungleichmäßiger Form, deren fehlerlose Trocknung nicht immer gelingt.

Dem kann abgeholfen werden, wenn man die noch feuchten Grundseifenschnitzel mittels der Piliermaschine auf die Trockenrahmen auflegt und sie dann trocknet. Eine solche Arbeitsweise ist aber kostspielig und zeitraubend. Sehr gleichmäßige und daher gut trocknende Späne erhält man mit der auf S. 281, Abb. 116 beschriebenen Pendelfräsmaschine.

Die Trocknung der entsprechend zerkleinerten Seife kann, wie angegeben, in einer der auf S. 283 beschriebenen Vorrichtungen erfolgen; aber auch in einem einfachen Trockenkasten oder Trockenraum.

In Trockenschränken oder Trockenkammern werden die gehobelten Seifenspäne, auf Drahtgitterrahmen locker verteilt, getrocknet. Die Rahmen, welche natürlich nicht rostig sein dürfen, werden auf Hordenwagen, durch Einschieben auf Gleitschienen in den Trockenkasten oder auf die Gestelle der Trockenkammer gebracht. Die Entfernung der übereinander befindlichen Rahmen beträgt 12—20 cm. Die Beheizung dieser Trockenvorrichtungen kann durch eingebaute Heizkörper, die Ventilation durch Anbringen mehrerer Entlüftungsschornsteine erfolgen. Viel gleichmäßiger ist die Trocknung, wenn die Luft außerhalb des Trockenraumes in einem Kalorifer erwärmt und mittels eines Exhaustors durch den Raum gesaugt oder gedrückt wird. Trockenkasten liefern ungleichmäßig getrocknete Späne, wogegen in einem größeren Trockenraum, welcher mit einem unten eingeblasenen mäßigen Luftstrom von 40—50° geheizt und durch oben verteilte Öffnungen gelüftet wird, sehr gleichmäßig getrocknete Späne erzeugt werden können. Die Trockenkammern sollen so bemessen sein, daß der Tagesbedarf mit einmaliger Beschickung oder, falls 12 Stunden gearbeitet werden kann, zweimal beschickt geleistet wird.

Im Großbetrieb wird die Trocknung auf automatisch arbeitenden Trockenschränken oder Trockenkammern vorgenommen. Diesen Trockenvorrichtungen ist ein Kühlwalzwerk vorgeschaltet, welches die flüssige heiße Seife in Späne verwandelt, deren Stärke vom Kühlwalzenabstand abhängig ist. Die Späne gelangen auf Transportbänder, welche durch die Trockenkammern in der auf S. 283 näher beschriebenen Art transportiert und durch warme Luft ausgetrocknet werden. Die Späne dürfen nicht zu dünn sein, weil dann schon geringe Abweichungen von der mittleren Spanstärke großen Einfluß auf den Austrocknungsgrad haben und leicht an den zu dünnen Spänen Übertrocknungen auftreten, was zu rauhen Seifen führen kann.

Die von den Kühlwalzen auf die Transportbänder fallenden Späne haben in der Walzenbreite verschiedene Dicke, denn sie werden auch bei gleichem Walzenabstand um so dicker, je niedriger die Temperatur der flüssigen Seifenmasse ist. Die auf die Walzenmitte kommende Seife kühlt sich beim Fließen gegen die Walzenenden etwas stärker ab, deshalb sind die an den Walzenenden erstarrten Späne etwas dicker als in der Walzenmitte. Das ist für das gleichmäßige Austrocknen der Späne auf den Trockenbändern von Wichtigkeit. Trotz aller Vorkehrungen, welche man vorsieht, um die Luftströmung in den Trockenkammern gleichmäßig zu gestalten, hat nämlich die Luft das Bestreben, den Weg des geringeren Widerstandes zu nehmen, so daß sie den seitlichen Weg dem Weg durch die Maschen der Trockenbänder bevorzugt. Die an den Längsseiten der Bänder liegenden Späne werden deshalb stärker von der Luft durchblasen als in der Mitte. Da aber die Späne an den Seiten des Bandes stärker sind als in der Mitte, so wird trotzdem gleichmäßige Trocknung erzielt.

Zu vermeiden sind in den Kammern alle Vorrichtungen, welche das Grusen oder Zerstoßen der Späne begünstigen, wie Transportschnecken, Elevatoren und ganz besonders der gerade Lufttransport. Empfehlenswert ist es, dem einmal getrockneten Span eine neue Oberfläche zu geben, ehe man die Späne zu den Silos führt, d. h. eine Pilierung einzuschalten.

Die Kontrolle der Trocknung kann nicht nach dem Fettsäuregehalt der Seife erfolgen, denn erstens ist es schwer, ein richtiges Durchschnittsmuster zu ziehen, und zweitens richtet sich der Trocknungsgrad nach dem „Griff" der Späne, d. h. nach dem Fettansatz, seiner Verarbeitung und nach der Art der weiteren Behandlung. Wichtig hingegen ist die Kontrolle des Stichabfalles von der ungetrockneten zur getrockneten Seife, denn diese gibt darüber Aufschluß, ob Trockentemperatur, Spanstärke und Belüftung im richtigen Verhältnis zueinander gestanden haben; die Trocknung gelang um so besser, je geringer die Abnahme des freien Alkalis war.

Wärmewirtschaftlich ist die Trocknung auf den TAG-Trocknern (S. 284) die vorteilhafteste. Die Seife wird auf beheizten Walzen in einer Walzenumdrehung getrocknet, die in der flüssigen Seife enthaltene latente Wärme wird also voll ausgenutzt. Am häufigsten wird aber die Trocknung auf Transportbändern vorgenommen.

Die bei Einführung des TAG-Trocknungssystems aufgetauchten Schwierigkeiten können als überwunden betrachtet werden. Durch ungenaue Einstellung des Walzenabstandes usw. wurden teilweise übertrocknete, rauhe Seifen erhalten; das war besonders dann der Fall, wenn es sich um sehr harte Seifen handelte. Soweit die Seifen dunkel ausfielen, konnte nachgewiesen werden, daß Grundseifen vorlagen, welche nicht genügend gereinigt waren. Es handelte sich also hier um eine Erscheinung, welche sonst erst bei der Lagerung der Seifen auftrat, in einem gewissen Sinne also eher erwünscht sein konnte. Wenn auch bei gewissen Ansätzen lokale Übertrocknungen leichter auftreten können als in den Trockenschränken, so darf deswegen das System nicht verworfen werden. Es bietet nämlich keinerlei Schwierigkeiten, diesen Nachteil auszuschließen, indem man in solchen Fällen die Seifen nicht zum pilierfähigen Span austrocknet, sondern etwas weniger und die Endtrocknung auf einigen Metern Transportband vornimmt.

3. Die Verarbeitung der getrockneten Grundseife zum Fertigfabrikat.

Aus den Vorratsbehältern werden die getrockneten Grundseifenspäne in Portionen von 50—100 kg, je nach Größe der Misch- und Piliermaschinen, von unten entnommen und in den Mischvorrichtungen (s. S. 285) mit Parfüm und sonstigen Zusätzen durchmischt. Außer dem in einer Menge von etwa 1% verwendeten Parfüm bestehen die Zusätze aus Zink- oder Titanweiß, Überfettungsmitteln und Farbstoffen, letztere soweit es sich um gefärbte Toiletteseifen handelt.

Die Grundseifenspäne müssen in längstens einer Woche aufgearbeitet sein, weil sie wegen ihrer großen Oberfläche weniger lagerbeständig sind als die fertige Seife und bei längerer Lagerung muffig werden. Der Zusatz von Zink- oder Titanweiß hat den Zweck, die Seifen opak zu machen und ihnen die Transparenz zu nehmen. Man setzt davon nicht über 0,5% zu, weil bei größerem Zusatz der Glanz der fertigen Seife leidet. Die Überfettungsmittel machen die Seife bindiger und milder im Gebrauch. Lanolin ist noch immer das bevorzugte Überfettungsmittel, obgleich es nicht ganz geruchlos ist. Die Hauptmenge der pilierten Seifen kommt ungefärbt in den Handel, die weißen Seifen werden stark bevorzugt. Auch zarte helle Farben lassen sich nur mit rein weißer Grundseife erreichen.

Auf den Mischer zu verzichten und die Vermischung in der Piliermaschine vorzunehmen ist nicht ratsam, weil letztere nur nahe liegende Teile gut vermischt, nicht aber die gesamte Masse. Es kann also leicht vorkommen, daß in der Strangpresse Bänder mit verschiedenem Gehalt an Feuchtigkeit und Parfüm zusammengepreßt werden, was zu rissigen Seifen führen müßte.

Die Vermischung der Späne muß deshalb in den Mischmaschinen erfolgen. Das fertige Gemisch wird dann in den Piliermaschinen, deren Konstruktion und Arbeitsweise auf S. 285 beschrieben wurde, verrieben und zu dünnen Bändern zusammengepreßt. Dadurch erzielt man eine ganz gleichmäßige Durchmischung und Verteilung der Zusätze in der Seife.

Kleine und mittelgroße Piliermaschinen sind so konstruiert (vgl. S. 287), daß die Seife von der letzten Walze in den Einschütttrichter zurückläuft. Erst nachdem der zweite Schaber auf die letzte Walze aufgepreßt wird, laufen die Seifenbänder in den Pilierwagen. Die Seife soll mindestens viermal durch den Vierwalzenstuhl laufen; ist sie dann noch zu feucht, so kann sie durch öfteres Durchlaufenlassen nachgetrocknet werden. Sind dagegen die Späne zu trocken, so müssen sie in der Mischmaschine mit nassen Spänen vermischt werden, denn das Befeuchten der Späne in der Piliermaschine führt zu rissigen Seifen. Oft verzichtet man auf die automatische Zurückführung der Bänder von den Walzen in den Einschütttrichter und läßt die Seife nach jedem Durchgang in den Pilierwagen laufen, von wo sie mit der Hand auf die Walzen locker und gleichmäßig aufgelegt wird.

Die großen Zehnwalzenstühle mit wassertemperierten Stahlwalzen sind so konstruiert, daß die Seife nach einmaligem Durchlaufen fertig für die Strangpresse ist. Die richtige Einstellung des Walzenabstandes ist natürlich Sache des Gefühles und der Übung.

Der Pilierwagen, eine auf kugelgelagerten Rädern rollende Kiste, wird besser aus Zinkblech als aus Holz gefertigt, weil vom Holz Splitter in die Seife gelangen können.

Die pilierte Seife wird nunmehr in die Strangpresse gegeben (S. 288); sie wird in der Maschine durch Transportschnecke und Siebscheibe in den Kopf gedrückt, der sich nach vorne verjüngt und die Seife durch das Mundstück als Strang austreten läßt. Die Form des Mundstückes bestimmt den Querschnitt des austretenden Seifenstranges, der rund, oval, viereckig, dick oder dünn sein kann. Die Strangpresse ist mit Heiz- und Kühlvorrichtung versehen; die Beheizung muß mit zunehmendem Trocknungsgrad der Seife verstärkt werden. Ist die Beheizung zu stark, so zeigt sich an dem zuerst glatt und blank austretenden Strang, besonders bei feuchter Seife, Schuppenbildung. Ist die Beheizung zu schwach, so wird die Seife nicht genügend blank. Die richtige Heizung erkennt man an der Oberfläche des austretenden Stranges, der bei genauer Beobachtung noch geringe Unebenheiten der Oberfläche erkennen lassen muß und nicht einem ganz blank polierten Spiegel gleichen soll. Handelt es sich um die Herstellung großer Stücke, welche mehr zum Rissigwerden neigen als kleinere, so ist es von Wichtigkeit, daß die Presse gut komprimiert.

Die Stränge werden dann mit dünnem Stahldraht in Stücke vom gewünschten Gewicht zerschnitten; die Schnittreste werden in den Trichter der Strangpresse zurückgegeben.

Durch Stanzen (S. 293) gibt man den Stücken die endgültige Form und den Aufdruck. Zum Stanzen wird am häufigsten die Pendelschlagpresse (S. 276) verwendet, oft als halbautomatische Presse, in welchem Falle der Schlag mit dem Fuß nur ausgelöst zu werden braucht. Größere Stücke werden vorteilhafter mit einer Hand- oder Friktionsspindelpresse (S. 275) gestanzt. Es gibt auch vollautomatische Pressen, welche so konstruiert sind, daß der Seifenstrang automatisch aufgeschnitten und gestanzt wird.

Über die gelegentlich zum Prägen verwendeten Quetschformen wurde auf S. 293 berichtet.

Nach dem Stanzen ist die Seife fertig für die Verpackung. Nach Abkühlen läßt man die Stücke noch 1—2 Tage oberflächlich nachtrocknen, um sie dann zu verpacken. Für ganz große Leistungen dienen die Verpackungsmaschinen.

Bei der Herstellung der pilierten Seifen ist es besonders wichtig, alle Teile der Apparate, Maschinen und Stanzen, welche mit der Seife in Berührung kommen, peinlichst rein zu halten. Gelangen Eisen oder Kupfer als Rost oder Grünspan in oder auf die Seife, so wird Ranzidität allzu leicht auftreten. Aus diesem Grunde werden heute Metallteile, welche die Seife besonders kräftig bearbeiten (Mischmaschinen, Pilierwalzen, Innenteile der Strangpressen, Preßstempel usw.), mit Vorliebe aus V2A-Stahl und ähnlichen Legierungen hergestellt.

Um die zum Transport der Seife von einer Phase der Fabrikation zur anderen erforderliche, recht große Arbeit nach Möglichkeit zu reduzieren, empfiehlt es sich, die Toiletteseifenfabrik etwa folgendermaßen einzurichten:

Der Siederaum liegt im ersten Stock, damit die Unterlauge in die im Erdgeschoß stehenden Behälter abgelassen werden kann. Hier steht auch die Seifenpumpe, welche die heiße flüssige Seife in einen isolierten und heizbaren Behälter in der Höhe des zweiten Stockwerkes fördert. Von diesem Behälter fließt die Grundseife in den Trockenapparat, der im ersten Stock, und zwar zweckmäßigerweise etwas erhöht, aufgestellt ist. Die Späne fallen in mehrere, ebenfalls im ersten Stockwerk untergebrachten Silos oder werden, falls zwischen Trockenapparat und Silos kein ausreichender Höhenunterschied besteht, mittels Transportband in die Silos befördert. Der hohe Pilierraum befindet sich ebenerdig. Auf der einen Seite ist in entsprechender Höhe eine Tribüne errichtet, auf der die Mischmaschinen stehen. Die Seife kann dann aus den Mischmaschinen direkt in die Piliermaschinen entleert werden. Die einzelnen Garnituren, bestehend aus Mischmaschine, Walzenstuhl, Strangpresse und Formpresse, sollen in parallelen Reihen senkrecht zur Längsrichtung der Tribüne aufgestellt werden. Über den Mischern und unter den Seifensilos, dicht unter der Decke des Pilierraumes, ist auf Schienen laufend eine Seifenwaage aufgestellt. Die Waage kann von allen Seifenspeichern aus gefüllt und die gewogene Seife in jeden Mischer entleert werden. Ist noch ein Zehnwalzenstuhl und automatische Stückschneid- und Stanzmaschine vorhanden, so läßt sich die Handarbeit auf ein Mindestmaß reduzieren.

4. Fabrikationsfehler[1].

Die Fabrikationsfehler können sehr verschiedene Ursachen haben. Eine Gruppe von Fehlern zeigt sich sehr bald nach Fertigstellung der Seife. In diese Gruppe gehört auch die ungenügende Bindigkeit der Seife, und es wurde bereits mehrfach angegeben, wie sich dieser Mangel beseitigen läßt. Sie zeigt sich vor allem bei zu hartem Fettansatz, besonders bei Verwendung von viel Hartfett u. dgl. Nachteilig wirken ferner das Fertigmachen auf zu wenig Leimniederschlag, ein zu hoher Salzgehalt der Seife, Übertrocknung und zu geringer Strangpressendruck. Gesteigert wird die Bindigkeit durch Mitverwendung von Harz, Ricinusöl, Palmöl und Schweinefett und die spätere Überfettung (Lanolinzusatz). Die mangelhafte Bindigkeit zeigt sich im Gebrauch durch das Rissigwerden der Seife, sie ist aber

---

[1] S. auch S. 208 ff.

schon während der Fabrikation zu erkennen, wenn man den aus der Strangpresse austretenden Strang deformiert und zwischen den Fingern an den Enden zusammendrückt. Auch Schuppenbildung nach der Strangpressenarbeit beweist ungenügende Bindigkeit, wenn auch hier die Ursache eine andere ist. Die Schuppenbildung kann nämlich, wie auf S. 210 erwähnt wurde, auch bei normaler Grundseife auftreten, wenn die Beheizung der Strangpresse im Vergleich zum Trocknungsgrad der Seife zu hoch war. Im entgegengesetzten Falle bekommt die Seife ein „totes" Aussehen, sie hat nicht genügend Glanz. Auch ein zu hoher Zinkweißzusatz macht die Seife matt und wirkt ungünstig auf die Bindigkeit. Setzt man aber kein Zinkweiß zu, so wird die Seife „glasig", d. h. leicht transparent. Dies gilt als Fehler, weil schwach transparente Seifen nicht so weiß erscheinen wie die opaken. Diese Erscheinung wird begünstigt, wenn die Seife auf den zu eng gestellten Walzen zu warm wird.

Ein weiterer Nachteil folgt aus einem zu hohen Feuchtigkeitsgehalt der Seifen. Dieser Fehler zeigt sich erst später, wenn die Stücke auf Lager an Gewicht verlieren und schrumpfen, so daß sie nicht mehr in den Karton passen. Der zu hohe Wassergehalt ist auch für die Parfümierung ungünstig, denn ganz abgesehen davon, daß ein zu hoher Feuchtigkeitsgehalt die Haltbarkeit herabsetzt, geht bei der Verdunstung des Wassers auch Parfüm teilweise verloren.

Der gefürchtetste, in diese Gruppe gehörende Fehler ist aber das Rauh- oder Sandigwerden. Er läßt sich sofort erkennen, wenn man das frische Seifenstück in Gebrauch nimmt und einige Minuten damit wäscht; die Erscheinung verstärkt sich aber bei längerer Lagerung. Sie entsteht durch die Verarbeitung von teilweise übertrockneter Seife zusammen mit feuchterer Seife. Bei der Verwendung solcher Seifen hat man das Gefühl, als ob sie mit Sand oder anderen harten Pulvern gefüllt wären. Der Fehler wird vermieden durch gleichmäßige Trocknung von starken, gleichmäßigen Spänen.

Ist die Seife unvollkommen verseift und gereinigt, enthält sie kein freies Alkali, so treten in der Seife früher oder später Ranziditätserscheinungen auf. Die Ursachen der Ranzidität und des Fleckigwerdens der Seifen wurden bereits früher (S. 216) besprochen. Die Gefahr des Ranzigwerdens besteht stets dann, wenn die Seife neutralfetthaltig ist oder kein freies Alkali mehr enthält, wobei es gleichgültig ist, ob das Fehlen oder Verschwinden des geringen Alkaliüberschusses durch zu schwache Abrichtung, unvollkommene Verseifung, die Belüftung der Seife beim Trocknen oder durch Einwirkung des Parfüms bedingt wurde. In allen solchen Fällen besteht die Gefahr des Ranzigwerdens, welche durch das Vorhandensein von Eisen- oder Kupferspuren noch erhöht wird. Das Verderben der Seifen bei Abwesenheit von freiem Alkali wird noch dadurch beschleunigt, daß solche Seifen gesteigerte Hygroskopizität zeigen und an feuchter Luft beschlagen. Daß die Haltbarkeit durch Zusatz von Harz gesteigert werden kann, wurde bereits angegeben.

Fleckenbildung kann leicht auftreten, wenn Fette mit höher ungesättigten Fettsäuren mitverarbeitet werden; sie kann aber auch durch die Parfümierung oder die katalytische Wirkung von Metallen verursacht sein. Eine große Reihe von Riechstoffen ist in der Seife nicht beständig und in der Seife chemischen Veränderungen unterworfen, indem die Riechstoffe mit dem Seifenkörper, dem freien Alkali oder mit dem Luftsauerstoff in Reaktion treten. Dies kann nicht nur den Seifengeruch verändern oder vernichten, sondern auch die Farbe der Seife beeinflussen (s. Kap. G, S. 399).

Auf Lager zeigt sich mitunter ein Beschlagen der Seife, d. h. auf der Oberfläche der Seife bilden sich feste weiße Ablagerungen, welche meistens aus Soda bestehen und auf zu scharfe Abrichtung zurückzuführen sind. Auch dann tritt dieser Fehler auf, wenn bei der Trocknung der Späne ein großer Teil des freien Alkali in Dicarbonat oder Carbonat verwandelt wurde. Das Beschlagen kann besonders dann eintreten, wenn die Seife beim Lagern verschiedenen Temperaturen und Luft verschiedener Feuchtigkeit ausgesetzt ist.

B. Kaltgerührte Toiletteseifen.

Von **O. GERHARDT**, Innsbruck und **E. KÖHLER**, Budapest.

Die kaltgerührten, allgemein als Cocosseifen bezeichneten Toiletteseifen werden den pilierten Seifen gegenüber als minderwertig angesehen, und zwar mit mehr oder weniger Recht. Nicht nur die hochgefüllten und oft alkalischen Erzeugnisse haben zu dieser Ansicht beigetragen, sondern auch von der reinsten Qualität von Cocosseife kann nicht die Ausgiebigkeit einer pilierten Seife verlangt werden, weil ihr Fettsäuregehalt in der Form der leicht löslichen Cocosseife nur ca. 60% beträgt, gegenüber 80% Fettsäure in den pilierten Seifen. Die Tatsache, daß die Cocosseifen 6—12% unverseiftes Cocosöl als Überfettungsmittel enthalten, die zum Ausgleich der großen Härte der reinen Cocosseifen notwendig sind, ist nicht in jeder Hinsicht vorteilhaft, weil erstens dieser Anteil des Cocosfettes nicht zur Waschwirkung der Seife beiträgt und zweitens dem Ranzigwerden ausgesetzt ist. Reinen Cocosseifen kommt noch die Eigenschaft zu, auf die Haut ein Gefühl größerer Schärfe auszuüben, weshalb solche Seifen nicht von jedermann gerne benutzt werden. Nicht zu vernachlässigen ist ferner bei der Beurteilung der kaltgerührten Seifen, daß der Parfümeur bei der Zusammenstellung der Kompositionen in der Auswahl der Riechstoffe viel mehr gebunden ist als bei pilierten Seifen, weshalb Cocosseifen nicht so mannigfaltig und fein parfümiert werden können wie die pilierten. Der Vorteil der kaltgerührten Seifen, daß sie den Glyceringehalt der verwendeten Fette beibehalten und dadurch hautpflegend wirken, wird in Zeiten guter Glycerinkonjunktur als ein wirtschaftlicher Nachteil betrachtet.

Verwendet man zur Herstellung der kaltgerührten Seifen nicht nur Cocos- bzw. Cocos- und Palmkernfett, sondern auch Kernfette in der Art des Talgs, Schweinefettes und auch flüssige Öle, oder gibt man den Cocosseifen noch besondere Überfettungsmittel (s. weiter unten) hinzu, so gelangt man zu Seifen, welche im Aussehen den pilierten Seifen nahekommen. Eine große Anzahl Seifen dieser Art, auch die in kaltem Wasser gut schäumenden reinen Cocosseifen und die durch ihren billigen Anschaffungspreis zum Kauf verlockenden gefüllten Cocosseifen konnten sich neben den pilierten Seifen stets gut behaupten.

Es fehlt auch nicht an Bestrebungen, durch besondere Zusammenstellung des Fettansatzes, genau geführte Verseifung, Anwendung besonderer Überfettungsmittel und Stabilisierstoffe, feine Parfümierung und peinlichst reine Arbeit mit kostbaren nichtrostenden Einrichtungen das Aussehen, die Ausgiebigkeit und die Haltbarkeit der kaltgerührten Seifen den pilierten Seifen anzupassen. Doch fragt man in diesem Fall mit Recht, ob es nicht zweckmäßiger wäre, anstatt dieser großen Mühe gleich pilierte Seifen zu erzeugen. Der Vorteil der kaltgerührten Seifen liegt ja gerade darin, daß sie in einfacher und billiger Weise hergestellt werden können.

Die Fettstoffe. Obzwar fast alle Fette kalt verseift werden können, sind die wichtigsten Rohstoffe für kaltgerührte Seifen die Leimfette, d. h. Cocos- und Palmkernfett. Diese müssen in rein weißer und nahezu neutraler Form zur Verfügung stehen. Dunklere Rohstoffe werden zu diesem Zweck in Raffinationsanlagen entsprechend entsäuert und gebleicht und dann in den Handel gebracht. Von Natur aus, d. h. unraffiniert, ist für die Herstellung von kaltgerührten Seifen geeignet das Ceylon- und besonders das Cochinöl. Für feinste Mandel- und Lilienmilchseifen soll man nur Cochinöl verwenden. Kernfette mit einem Fettsäuregehalt über 3% (Säurezahl ca. 8) sollen nicht verwendet werden und beträgt die freie Fettsäure über 1%, so ist, besonders bei der Anfertigung ungefüllter Seifen, das Fett vor der Verarbeitung mit Natronlauge zu entsäuern. Diese Behandlung kann in der Weise durchgeführt werden, daß man in das auf 60—70° erwärmte Öl so viel einer ca. 20%igen Natronlauge unterrührt, bis die entstandenen Seifenflocken gegen Phenolphthalein alkalisch reagieren. Die Seife setzt sich zu Boden, das Öl wird abgeschöpft und zweckmäßigerweise über Salzwasser geläutert und dann noch in einem doppelwandigen Kessel zum Absetzen gebracht, bis das Öl blank ist.

Palmkernöl von reinweißer Farbe und einem Gehalt an freien Fettsäuren von etwa 2%, kann an Stelle von Cocosfett zur Herstellung farbiger Seifen verwendet werden; die gebildete Seife ist weniger spröde, jedoch macht sich der Eigengeruch des Öles auch bei stärkerer Parfümierung mit der Zeit in der Seife bemerkbar. Auch Gemische von Cocos- und Palmkernfett können für gefärbte Seifen verwendet werden.

Als weitere Rohstoffe können, im Gemisch mit den Leimfetten, Talg, Schweinefett, ferner Erdnußöl und Ricinusöl verarbeitet werden.

Die Laugen. Zur Verseifung dient Natronlauge von etwa 38° Bé (32,5% NaOH); Kalilauge verwendet man nur in einzelnen Fällen als Zusatzlauge. Die Natronlauge soll möglichst salzfrei sein. Steht eine solche nicht zur Verfügung, so wird das feste Ätznatron zu einer Lauge von 42, besser 45° Bé gelöst. Nach Absitzen des in der konzentrierten Lauge schwer löslichen Natriumchlorids wird die klare Lauge abgegossen und auf 38° Bé verdünnt. Auch die Kalilauge soll möglichst salzarm sein, indessen salzt Kaliumchlorid weit weniger aus als Chlornatrium, auch sind die verwendeten Mengen Kalilauge zu klein, um durch ihren Chlorkaliumgehalt merklich schädlich zu wirken. Man kann daher ohne Bedenken die handelsübliche 50grädige Kalilauge verwenden. Die Lauge soll in jedem Fall wasserklar sein und das spez. Gewicht soll im kalten und blanken Zustand mit einer Spindel bestimmt werden.

Die Überfettung. Bei reinen Cocosseifen übernimmt das Cocosfett selbst die Rolle des „Überfettungsmittels". Für die Herstellung reiner Cocosseifen wird nur so viel Lauge zur Verseifung verwendet, daß durchschnittlich 10%, öfter bis 15% Neutralfett, im Durchschnitt 6—12% in der fertigen Seife verbleiben, so daß eine besondere Überfettung unnötig ist. Arbeitet man mit mehr Lauge, so daß die Verseifung nahezu vollständig ist, oder mit Gemischtansätzen, welche meistens voll verseift werden können, so ist ein Zusatz eines Überfettungsmittels notwendig, um die Seife milder zu machen und ihre Geschmeidigkeit so weit zu erhöhen, daß sich der Seifenkörper schneiden und pressen läßt. Geeignete Überfettungsmittel sind Lanolin, Wachse, Weichparaffin, höhermolekulare Fettalkohole u. dgl., wie auch verschiedene mit Phantasienamen in den Handel gebrachte Produkte. Ein gut bewährtes Überfettungsmittel ist das „*Permulgin*", ein Gemisch aus einem Emulgator (von seifenähnlichem Charakter) und einem Fettlöser. Die Mitverwendung von Kalilauge dient ebenfalls der Erhöhung der Geschmeidigkeit.

Füllstoffe. Der übliche Fettansatz für kaltgerührte Seifen ergibt eine Ausbeute von etwa 150%, entsprechend einem Fettsäuregehalt von ca. 63%. Da häufig auf Ausbeuten von 175%, 250% und selbst bis 400% gearbeitet wird, so müssen Füllmittel zur Streckung verwendet werden. Ausbeute bis zu 175% werden meist mittels Soda- und Pottaschelösungen, im Verein mit Zuckerlösungen erzielt. Ferner finden Wasserglas und feste Streckmittel, wie Talkum und Kartoffelmehl, Verwendung (s. gefüllte Cocosseifen, S. 372).

a) Ungefüllte kaltgerührte Seifen.

Liegen die Rohstoffe des Fettansatzes in entsprechend reiner und neutraler Form vor, so ist es am zweckmäßigsten sie aus den Holzbarrels nicht durch Ausdämpfen, sondern durch Ausstechen, in wasserfreiem Zustand, herauszubringen. Ebenso werden die Fettstoffe in den Vorratsbehältern nicht durch direkten Dampf, sondern durch indirekte Beheizung aufgeschmolzen. Muß der Fettansatz noch durch Entsäuerung und Läuterung gereinigt werden, so soll diese Arbeit, wie schon mehrfach beschrieben, durchgeführt werden. Das Cocosöl oder der sonstige Fettansatz wird nun in einem trockenen und sauberen doppelwandigen Kessel auf die gewünschte Temperatur gebracht. Als allgemeine Regel gilt, daß die Anfangstemperatur 5^0 über dem Schmelzpunkt des Ansatzes liegen soll, dies ist bei Cocosöl etwa 35^0; die Lauge ist auf Raumtemperatur zu halten. Im Winter, wenn die Innentemperatur und auch die Lauge kälter sind, kann entsprechend höher erwärmt werden.

Der Fettansatz wird hierauf im Verseifungskessel in Portionen von 50—80 kg mit der berechneten und genau abgewogenen Menge Lauge vermischt. Die Lauge soll in dünnem Strahl unter ständigem Umrühren zum Fett laufen, weshalb die Anwendung eines hochstehenden Laugenbehälters nützlich ist. Zur Herstellung von reinen Cocosseifen, welche nur mit dem eigenen, unverseiften Fettgehalt überfettet werden sollen, wird fast ausnahmslos 38^0 Bé starke Natronlauge im halben Gewicht des Fettes verwendet; dadurch bleiben 6—12% des Cocosfettes unverseift. Werden fremde Überfettungsmittel verwendet oder enthält der Fettansatz auch Talg und andere Fettstoffe, so kann entsprechend höher oder sogar vollständig verseift werden, wobei die jeweils notwendige Menge der Natronlauge aus der Verseifungszahl des Fettansatzes berechnet werden muß, Das Rühren, sei es von Hand aus oder maschinell durchgeführt, muß so lange fortgesetzt werden, bis sich so viel Seife gebildet hat, daß sie Fett und Lauge in Emulsion hält. Dieser Zustand tritt ein, wenn 5—8% des Fettes verseift sind und er ist dadurch gekennzeichnet, daß die Masse dicker wird, „sie legt auf". Dieses „Auflegen" erkennt man daran, daß eine vom Spatel ablaufende Probe auf der Oberfläche der Seifenmasse dicke Linien „schreibt", welche längere Zeit bestehen bleiben. Sobald das der Fall ist wird die Seife parfümiert und gefärbt. Hierauf muß die Seife in die Form gekippt oder durch einen unteren Entleerungshahn des Verseifungskessels abgelassen werden. Es ist darauf zu achten, daß die Parfümierung und das Ausgießen in die Formen rechtzeitig und rasch erfolgt, daß nicht durch die stets fortschreitende Verseifung die Masse schon im Kessel fest wird, wodurch beim Entleeren Schwierigkeiten entstehen. Je weniger freie Fettsäure der Ansatz enthielt, um so langsamer erfolgt die Verseifung, dafür wird aber auch die Seife glatter. Zu viel Fettsäure, zu hohe Anfangstemperatur und mangelhaftes Rühren haben zur Folge, daß die fertige Seife harte Knoten, „Narben", aufweist.

Da die Parfümierungen und Färbungen im allgemeinen auf S. 401 besprochen sind, ist auf dieser Stelle nur folgendes zu sagen: Für kaltgerührte Seifen dürfen, wegen der langen Berührung mit freiem Alkali, nur sehr alkalibeständige Geruchstoffe verwendet werden. Wird darauf nicht oder nicht genügend geachtet, so tritt in der fertigen Seife nicht bloß eine schädliche Veränderung des Parfüms auf, sondern es können empfindliche Anteile des Parfüms unter Verfärbung mit dem Alkali reagieren. Der weniger störende Fall ist hier der, daß eine gleichmäßige Braunfärbung eintritt; meist aber tritt Fleckenbildung auf, und eine solche Seife ist vollkommen unbrauchbar. Endlich kann es auch geschehen, daß bei gefärbten Seifen der Farbstoff durch das freie Alkali während der Verseifung angegriffen wird, so daß mißfarbige und fleckige Seifen entstehen. Beide Fehler lassen sich am besten durch Verwendung von erprobten Parfümölen und Farbstoffen bzw. Präparaten aus nur verläßlichen Fabriken vermeiden.

Es können auch mehrere Mischungen in eine Form gefüllt werden. Dadurch wird die Selbsterhitzung und somit die gute Verseifung durch zu rasche Abkühlung weniger gehindert, ferner kann auf diese Art die Menge der von den Randpartien entstehenden Abfälle prozentual verringert werden. Doch soll in einer Form nicht mehr als etwa 300 kg Seife enthalten sein, weil in zu großer Menge die Aufwölbungserscheinung und das Rissigwerden nach dem Erkalten in zu starkem Maße erfolgt. Man kann die Fett- und Laugenmischung, auch kurz nachdem der letzte Rest der Lauge zugeflossen ist, sofort in 200—300-kg-Formen gießen und in diesen weiterrühren. Auf diese Weise wird der Rührkessel besser ausgenützt, man erspart viel Zeit, doch ist die Arbeit des guten Weiterrührens viel schwerer und ermüdender. Nachdem die dick gewordene Masse in der Form, welche mit Säcken gut umhüllt und bedeckt ist, der Ruhe überlassen wird, erfolgt die charakteristische Erscheinung der Selbsterwärmung, die bis 70^0 und darüber gehen kann. Die Verseifung vollzieht sich im Verlauf von mehreren Stunden bis zum völligen Verbrauch der Lauge. Vernachlässigt man die Vorsichtsmaßnahme der Umhüllung, so entsteht, insbesondere bei Verwendung von Eisenformen, leicht außen eine Schicht, welche infolge stärkerer Abkühlung den Verseifungsprozeß nicht weiter voll mitmacht. Diese Randpartien sind undurchscheinend, enthalten neben unverseiftem Fett noch unverbrauchte Lauge und müssen in den Abfall kommen.

Nach etwa 8 Stunden oder über Nacht ist die Verseifung beendet; man deckt dann ab und läßt den Block noch gut abkühlen. Wird in noch warmem Zustand aufgeschnitten, so färbt sich die Seife meist an der Luft grau und wird dadurch minderwertig. Es sollen daher die Seifenblöcke noch einige Tage stehen bleiben, ehe sie weiter verarbeitet werden.

Das Schneiden der Blöcke erfolgt durchweg von Hand, um zunächst zu Platten und darnach zu Riegeln zu kommen. Durch geeignete Wahl der Riegelgrößen ist Sorge zu tragen, daß beim Schneiden möglichst wenig Abfall entsteht. Es kann dadurch ein höherer Ausfall als 10% vermieden werden. Vor dem Pressen werden die Stücke am besten in einer Zinkblechrinne, welche mit einem Messer versehen ist, abgekantet und dann etwas vorgewärmt, um die Seife etwas plastischer zu machen, so daß sie, ohne zu reißen, die gewünschte Form erhält. Auch lassen sich die Preßstücke bei angetrockneter Oberfläche gleichwie bei den gepreßten Kernseifen leichter aus der Matritze ablösen.

Bezüglich der *Einrichtungsgegenstände* sollen folgende Angaben gemacht werden: Zum Aufschmelzen kann jeder doppelwandige Kessel dienen. Zweckmäßig ist es, diesen so zu montieren, daß im Kessel sowohl durch Dampf erwärmt, wie auch mit Wasser gekühlt werden kann. Als Verseifungs- oder Rührkessel dient ein Gefäß von 100—150 l Inhalt. Der Boden soll abgerundet sein, weil in solchen Gefäßen das Umrühren leichter durchführbar ist. Am Verseifungskessel sind entsprechende Handgriffe angebracht, welche das Entleeren erleichtern. Der Verseifungsbehälter soll unbedingt verzinnt sein oder aus nichtrostendem Blech angefertigt werden; auch bei dem Aufschmelzkessel ist dies wünschenswert. Der Laugentopf ist aus Eisenblech, zylindrisch, mit 25—40 l Inhalt angefertigt, mit Henkel versehen und soll seitlich unten einen eisernen Entleerungshahn besitzen. Für das Rührgefäß und den Laugentopf müssen entsprechend hohe Gestelle vorhanden sein. Kostspieliger, aber zweckmäßig ist die Anschaffung von mechanischen Rührvorrichtungen. Als Rührer für die Handarbeit benutzt man gewöhnlich durchlochte Hartholzspateln. Die Formen können massiv oder zusammenstellbar gebaut werden. Massive Formen müssen nach unten schwach verengt sein, um das Herausbringen der fertigen Blöcke zu erleichtern. Die Fugen der zusammenlegbaren Formen müssen mit einer weich durchkneteten Seife, am besten Kaliseife, ausgeschmiert werden, um ein Ausfließen der noch flüssigen Emulsion zu vermeiden. Durch das Belegen der inneren Wände der Eisenformen mit Gaze kann das Ankleben der Seife verhindert werden. Besser ist es aber, wenn man mit Zink- oder V2A-Stahlblech überzogene Holzformen verwendet, schon deswegen, weil die Holzformen besser gegen Abkühlung schützen. Preßformen (Matrizen), welche zur Erzeugung neutralfetthaltiger Seifen benutzt werden, sollen unbedingt verchromt oder vernickelt werden, aber noch besser ist es, sie aus V2A-Guß herzustellen.

Vorschriften für ungefüllte kaltgerührte Seifen. Wird Cocosfett für sich verseift, so benötigt man hierzu auf 100 kg Fett 50 kg 38grädige Natronlauge, um eine noch geschmeidige, etwa 10% Neutralfett enthaltende Seife zu erhalten. Wird ein Teil, etwa ein Zehntel der Natronlauge durch die äquivalente Menge Kalilauge ersetzt, so kann die Menge oder die Konzentration der Lauge so weit erhöht werden, daß nur 3—5% des Fettes unverseift bleiben. Reines Palmkernöl kann mit Natronlauge ebenfalls bis zu dieser Höhe verseift werden, die Seife wird noch nicht spröde. Noch weiter, bis auf 1—2% Neutralfett, können überfettete oder gemischte Ansätze verseift werden. Solche Ansätze sind:

90—95% Cocosöl
10—5% Permulgin[1]

50% Cocosöl
25% Talg
25% Schweinefett

50% Cocosöl
20% Hartfett
30% Erdnußöl

50% Cocosöl
20% Talg
20% Schweinefett
10% Ricinusöl

Vollkommen verseifen kann man den Fettansatz nur unter Zugabe spezieller Emulgier- und Überfettungsmittel. Doch ist zu dieser Arbeit besondere Erfahrung notwendig, denn für gewöhnlich, wenn Fett und Alkali in äquivalenten Mengen angewendet werden, bleiben wegen unvollkommener Emulsionsbildung Fett- und Alkalireste in der fertigen Seife zurück.

Das Ranzigwerden der kaltgerührten Seifen ist eine ihrer unangenehmsten Begleiterscheinungen. Die Ursache der Ranzidität liegt ohne Zweifel in der unvollkommenen Verseifung. Sicher ist außerdem, daß Metallverunreinigungen das Gelb- und Fleckigwerden beschleunigen. Aber auch in gleicher Weise hergestellte Seifen können verschiedene Haltbarkeit aufweisen. Manche Cocosseifen mit 10—15% Unverseiftem bleiben monatelang weiß, andere werden schon nach 3—4 Wochen an der Oberfläche gelb. Es scheint also, daß die Herkunft und die Vorbehandlung der Rohstoffe bereits den Keim des Ranzigwerdens in sich führen können. Die haltbarsten Seifen werden aus echtem Cochinöl erhalten, während gebleichtes Cocosöl weniger haltbare Produkte gibt. Das vorherige Entsäuern und Läutern wirkt günstig auf die Haltbarkeit der Seifen, vorausgesetzt, daß die Reinigung in sauberen und rostfreien Gefäßen vorgenommen wurde. Die Regel, daß Verunreinigung des Fettes oder der Seife durch Metalle vermieden werden soll, muß während des ganzen Fabrikationsprozesses beachtet werden. Aus diesem Grunde sind nach Möglichkeit alle Metallteile, welche mit Fett und Seife in Berührung kommen, mit einem widerstandsfähigen Überzug zu versehen (Zinn, Nickel, Chrom, Email) oder sie sollen aus nichtrostendem und fettsäurewiderstehendem Material hergestellt sein. Ein einfacher Versuch kann z. B. bestätigen, daß Seifenstücke, welche aus ein und demselben Block aufgeschnitten wurden, in Bronzestanzen gepreßt viel rascher gelb werden als Stücke, welche mit V2A-Guß gestanzt wurden oder ungepreßt geblieben sind.

Da das Ranzigwerden ein Oxydationsvorgang ist, versucht man die Haltbarkeit kaltgerührter Seifen durch reduzierende Stoffe, wie Natriumthiosulfat, zu erhöhen. Dieses Mittel scheint eine gewisse schützende Wirkung auszuüben, doch sind die Angaben sehr widerspruchsvoll; nach manchen genügt es 0,1—0,2% Natriumthiosulfat zur Seife zu mischen, andere behaupten, daß eine so große

[1] 100 Teile Permulgin benötigen 22 Teile Natronlauge zur vollen Verseifung.

Menge des Salzes verwendet werden müsse, wie sie der Seife nicht zugefügt werden kann. Vielfach wurde auch versucht, die Haltbarkeit der kaltgerührten Seifen durch keimtötende Mittel zu erhöhen, doch ist diesbezüglich noch kein durchschlagender Erfolg bekanntgeworden.

b) Kaltgerührte marmorierte Seifen.

Nimmt man statt der vollen Färbung der kaltgerührten Seifen nur eine Teilfärbung vor, so erhält man die sog. marmorierten Seifen, zu deren Herstellung natürlich nur in Wasser unlösliche Pigmentfarben verwendet werden können, um ein Verschwimmen der Farbe in der Seifenmasse zu vermeiden.

Die Herbeiführung der Marmorierung geschieht in der Weise, daß man vor dem Dickwerden der Seife die Pigmentfarbe mit einer Cocosöl-Laugen-Emulsion anrührt und sie dann beim Umfüllen in die Formen der Seife derart zufügt, daß man Einzelschichten übersprenkelt, also lagenweise, bis zur vollen Form. Man verzieht darauf, zur weiteren Verteilung der Farbmasse, die zwischenliegenden Farbteile noch mit der Seife nach Art des Mandelnziehens bei Kernseife, indem man in der Seife in ihrer Längs- und Querrichtung langsam mit einem Stab hin und her fährt.

c) Gefüllte Cocosseifen.

Auf dem Wege der kalten Verseifung lassen sich nur Seifen mit Ausbeuten bis zu ca. 250% herstellen, während die noch höher gefüllten besser auf halbwarmem Wege erzeugt werden.

Der Grund hierfür liegt darin, daß die benötigten Mengen an Füllösung die schon zum Auflegen gebrachte Seifenmasse wieder leicht zur Trennung bringen, besonders wenn die Konzentration der Füllösung zu stark war oder wenn die Temperatur infolge der Selbsterwärmung zu hoch steigt. Aus diesem Grunde vergießt man gefüllte Cocosseifen in flache kleine Formen. Leichtere Füllungen dagegen werden dem Ansatz, schwach angewärmt, nach dem Zusammenrühren von Öl und Lauge zugesetzt und gut verrührt. Sie bestehen aus Lösungen von Zucker, Salz, Pottasche und Soda in mancherlei Variationen, um zu Ausbeuten bis zu ca. 250% zu kommen. Ein Füllen mit Wasserglas kann nicht über eine Ausbeute von 170% führen, ist aber nicht zu empfehlen, weil die so gefüllten Seifen im Gebrauch bald unansehnlich, rauh und infolge Austrocknung und Auswitterung von Kieselsäure übermäßig hart werden. Eine Füllung mit Talkum geschieht in der Weise, daß dieses zunächst mit einer kleinen Menge des zu verseifenden Cocosöles angerührt, darnach der Rest des Öles weiter zugegeben und dann wie üblich verseift wird.

Je höher die Seifen gefüllt sind, um so größer ist natürlich der Schwund im Verlauf längeren Lagerns. Gleichzeitig tritt damit auch ein Verziehen der ursprünglichen Preßform sowie ein weitgehendes Unansehnlichwerden der fertigen Seifenstücke ein. Bei nur wenig oder garnicht gefüllten Seifen, deren Fettansatz lediglich aus Cocosöl besteht, kann man die letztgenannten Erscheinungen ebenfalls beobachten. Das Wasserbindungsvermögen der Alkalisalze der niederen Fettsäuren, aus denen das Cocosöl zum Teil besteht, ist niedriger als das der Seifen höherer Fettsäuren, weshalb bei reinen Cocosseifen der Schwund eher eintritt als bei solchen, welche im Gemischtansatz mit Kernfetten erzeugt wurden. Auch den Überfettungsmitteln, insbesondere dem Lanolin, aber auch den Fettalkoholen, ist eine günstige Wirkung auf das Wasserbindungsvermögen zuzuschreiben, da sie als Emulgatoren den kolloiden Zustand des Systems, der einem merklichen Entweichen des Wassers widerstrebt, begünstigen.

Zu den gefüllten Cocosseifen sind auch jene zu rechnen, bei denen das Cocosöl voll verseift wird, wo also auf 100 Teile Cocosöl 58—59 Teile 38grädiger Lauge genommen werden. Diese Produkte, die infolge ihrer Härte bzw. Sprödigkeit nicht formbar und nicht transparent sind, wie man dieses von den Cocosseifen verlangt, lassen sich nur dadurch auch im Aussehen zu normalen Cocosseifen gestalten, daß man bei der Verseifung Glycerin oder Zuckerlösung, an letzterer z. B. 6 kg einer 50%igen Lösung auf 100 kg Cocosfett zusetzt.

Verwertung der Cocosseifenabfälle. Eine solche ist in der Weise möglich, daß man die Abfälle in kleine Würfel schneidet und bei Zusammenrühren eines frischen Ansatzes in die Emulsion einträgt, wodurch man die sog. Mosaikseifen erhält, wobei man den frischen Ansatz natürlich ungefärbt läßt, wenn die Abfälle gefärbt waren. Sind sie dagegen weiß, so färbt man die Grundseife an. Die Abfälle können auch durch Umschmelzen zu einer sog. *Schmelzseife* verwendet werden.

C. Transparentseifen.

Von **H. KRÖPER**, Heidelberg.

Unter Transparentseifen versteht man alle festen Natronseifen, welche sich durch besondere Lichtdurchlässigkeit auszeichnen. Diese, auch Glycerinseife genannten Seifensorten finden guten Absatz, weil der Laie die Durchsichtigkeit als ein Merkmal der Reinheit betrachtet und das Wort „Glycerin" besondere Erwartungen bezüglich des kosmetischen Wertes hervorruft. In Wirklichkeit stellt eine Glycerinseife eine gefüllte Seife dar, denn die Transparenz erzeugenden Stoffe sind als Füllstoffe anzusehen. Die Schaumkraft einer Transparentseife ist viel schlechter, ebenso ihre Sparsamkeit im Verbrauch geringer als die einer normalen Toiletteseife. Das überschüssige Alkali, welches zur Erzeugung feuriger Transparenz notwendig ist, setzt den kosmetischen Wert herab und kann nicht durch den Glyceringehalt, der meist nur von der Verwendung der Neutralfette herrührt, ausgeglichen werden.

1. Definition, Ursachen der Transparenz.

Die Transparentseifen sind auf halbwarmem Wege erzeugte Leimseifen; sie stellen nach RICHARDSON[1] eine erstarrte Lösung dar. Durch gewisse, die Kristallisation verhindernde Stoffe, bleibt die Seife transparent. Glycerin allein vermag die gewünschte Klarheit beim Erstarren nicht hervorzubringen. Man benötigt hierzu noch Zucker, Alkohol sowie bestimmte Mengen Elektrolyte, wie Soda, Pottasche, Chlornatrium, Trinatriumphosphat. Von den Nichtelektrolyten ist keiner für sich erforderlich; man kann den einen durch den anderen ersetzen. Alkohol, der beste Transparenz*erzeuger*, ist zur *Erhaltung* der Transparenz selbst nicht nötig, denn Stücke, welche durch jahrelanges Lagern völlig frei von Alkohol geworden sind, bleiben vollkommen klar und durchsichtig. Auch gewisse Fette, wie Ricinusöl, sowie Harzsäure, tragen zur Transparenz bei. Die Ansicht RICHARDSONS, nach welcher die Transparentseifen mit den unterkühlten Lösungen vergleichbar sind, dürfte richtig sein, denn verschiedentlich zeigen die Transparentseifen Kristallisationserscheinungen. Den Nichtelektrolyten kommt die Aufgabe zu, bei einer möglichst tiefen Temperatur, unter Beibehaltung des Gelzustandes, bei gleichzeitiger Erhöhung der Viskosität (wie sie für feste Lösungen erforderlich ist), die Kristallisation zu verhindern (Zucker und Alkohol), anderseits durch hygroskopische Eigenschaften (Glycerin) dem völligen Austrocknen entgegenzuwirken. Im Exsikkator aufbewahrte Transparentseifen büßen ihre Transparenz ein.

Die Anschauungen RICHARDSONS gewinnen sehr an Wahrscheinlichkeit, wenn man sie mit den Ergebnissen der im theoretischen Teil berichteten Untersuchungen THIESSENS über die Kristallkeimbildungs- und Kristallwachstumsgeschwindigkeit in Zusammenhang bringt. Es muß eben bei der Herstellung der Transparentseifen durch die Wahl und Beeinflussung der äußeren Bedingungen jenes Gebiet, in welchem die Bildungsgeschwindigkeit der Keime äußerst klein wird, in so kurzer Zeit erreicht werden, daß es nicht zur Ausbildung der bekannten (strahlenförmigen) Kristalle kommt, also gerade die gegensätzlichen Bedingungen eingehalten werden, die zur Entstehung der „gekörnten" Schmierseifen führen.

[1] Journ. Amer. chem. Soc. **30**, 414 (1908).

Leimdörfer[1] will die Transparenzerscheinung durch kolloidchemische Überlegungen erklären. Ausgehend von der Feststellung, daß alle Seifenleime bei der Erzeugungstemperatur transparent sind, kommt es darauf an, dieses System flüssig-flüssig auch bei niederer Temperatur zu erhalten und die Ausscheidung fester Seifenteilchen (Suspensoide) zu verhindern. Diese Aufgabe komme dem Alkohol zu, dessen Menge allerdings, zwecks Erhaltung genügender Härte der Seife, möglichst knapp gehalten werden muß. Die Verhinderung der Ausbildung der Suspensoide oder die Erhaltung des emulsoiden Zustandes könne auch durch Erhöhung der Viskosität, durch Zucker und Glycerin, erreicht werden. Man benötigt dann weniger Alkohol, da man schon bei höherer Temperatur eine Viskosität erreicht, welche die Bewegung der Seifenteilchen entsprechend hemmt. Eine Transparentseife sei demnach ein in seiner Ausbildung gehemmtes Seifenemulsoid, das bis an die Grenze des Suspensoides gebracht ist. Hat sich die Seife in ihrer inneren Reibung einmal so hoch eingestellt, daß eine Bewegung in ihr nicht mehr zu befürchten ist, dann ist die Anwesenheit des Alkohols nicht mehr notwendig. Wird eine abgelagerte Transparentseife, welche keinen Alkohol mehr enthält, über ihren Schmelzpunkt erwärmt, kommen also die Teilchen in Bewegung, so verliere die Seife nach dem Erstarren ihre Transparenz.

2. Rohstoffe.

Die am häufigsten für die Transparentseife verwendeten Fette sind Cocosöl, Talg, Preßtalg, Stearin, Ricinusöl sowie Harz. Selbstverständlich können auch hydrierte Fette verarbeitet werden. Da die Transparentseifen Leimseifen darstellen, also durch Erstarrung des gesamten flüssigen Seifenleimes entstehen, enthalten sie alle Stoffe, die beim Verseifungsprozeß gebildet werden oder schon vorhanden waren, also auch alle Verunreinigungen des Fettansatzes. Alle zur Verwendung gelangenden Rohstoffe müssen deshalb hohen Anforderungen bezüglich der Reinheit genügen.

Cocosöl soll weiß und geruchlos sein und einen niedrigen Fettsäuregehalt aufweisen. *Rindertalg, Preßlinge und Stearin* sollen von heller Farbe, geruchlos und frei von Schleimstoffen, anderen Beimengungen und größeren Mengen freier Fettsäuren sein.

Kommen für die Erzeugung billigerer Produkte weniger reine Rohstoffe zur Verwendung, so ist eine Vorreinigung unerläßlich. Die Fette werden zu diesem Zweck beispielsweise bei 80° mit etwas mehr als der zur Neutralisation der Fettsäure notwendigen Menge Natronlauge erhitzt, dann mit 5% 18grädigen heißen Salzwassers versetzt, worauf sich nach dem Durchrühren die gebildete Seife in Flocken absetzt und gleichzeitig alle Verunreinigungen mit sich reißt. Das überstehende Fett wird abgeschöpft und kann noch einer Waschung mit Wasser unterworfen werden. Die Entfärbung mit Bleicherde ergibt gleichfalls gute Resultate. Werden die Verunreinigungen von Fetten minderer Qualität nicht entfernt, so kann später Verfärbung der Seife eintreten.

Das Stearin muß von heller Farbe und bester Beschaffenheit sein. *Ricinusöl* muß erster Pressung entstammen.

Natronlauge muß frei sein von Schwebestoffen, was man durch längeres Absitzenlassen in hohen eisernen Zylindern erreicht.

Glycerin muß farb- und geruchlos, sowie frei von Kalksalzen sein. Am besten verwendet man Destillatglycerin. Der Zucker wird am besten in destilliertem Wasser gelöst; man schöpft den beim Auflösen sich bildenden Schaum ab und gießt die klare Lösung vom Bodensatz, der meist Kalksalze enthält, durch ein Tuch ab.

Der Alkohol für die Glycerinseifenerzeugung wird in den meisten Ländern vergällt, z. B. in Deutschland nach den Vorschriften des Branntweinmonopols mit 1% Ricinusöl und 0,4% Natronlauge.

3. Wahl des Ansatzes.

Die Glycerinseifen weisen bei der Fabrikation einen Fettsäuregehalt auf, der zwischen 38—48%, meist aber zwischen 42 und 45% schwankt. Darunter oder aber darüber dürfte es kaum möglich sein, nach den bisherigen Fabrikationsmethoden ein Erzeugnis zu erhalten, das dem Begriff einer Transparentseife entspricht. Nach Leimdörfer[2] darf der Titer der Fettsäuren einer Transparent-

[1] Seifensieder-Ztg. **50**, 399 (1923). [2] A. a. O.

seife nicht unter 32° liegen. Es empfiehlt sich daher, bei Neuausarbeitungen den Tropfpunkt zu bestimmen, der zwischen 32 und 36° liegen soll. Bei der Fabrikation sind viele Kombinationsmöglichkeiten gegeben, deren Zusammenstellung lediglich eine Kalkulationsfrage ist.

Fast allen Transparentseifen gemeinsam ist der Gehalt an Zucker oder Glycerin. Der Zuckergehalt ist, wie man aus dem Vorhergegangenen ersieht, abhängig von der Menge an anderen, transparenzerzeugenden Mitteln (Sprit und Glycerin). Sprit, dem hauptsächlich die Aufgabe zukommt, die Seife bis zur Erstarrung möglichst dünnflüssig zu erhalten, kann, wenn auch unvollkommen, durch Elektrolyte ersetzt werden. Daraus ergeben sich folgende Kombinationen:

1. Seifen mit Sprit, mit oder ohne Glycerin;

2. Seifen mit weniger Sprit, ohne Glycerin und teilweisem Ersatz des Sprits durch Elektrolyte;

3. Seifen ohne Sprit, ohne Glycerin, vollkommener Ersatz des Alkohols durch Elektrolyte;

4. Seifen ohne Zucker, ohne Ricinusöl, mit Glycerin und Harz, wie sie die *Pears soap* darstellt, welche wahrscheinlich nach einem besonderen Verfahren hergestellt wird.

1. *Seifen mit Sprit, mit oder ohne Glycerinzusatz.*

Da in diesen Seifen Elektrolyte nicht als Ersatz für Nichtelektrolyte angewendet werden, ist die Verwendung von mehr Kernfetten, Talg, Preßlingen, Stearin möglich, wobei mit der Härte des Fettansatzes der Alkoholzusatz steigen muß.

a) *Mit Sprit, ohne Glycerin:*

Talg	35—45%
Cocosöl	40—20%
Ricinusöl	25—15%

Alkohol 12—20%, Zucker 16—10%.

b) *Mit Sprit und Glycerin:*

Talg	30—40%
Cocosöl	50—30%
Ricinusöl	25—15%

Alkohol 12—20%, Zucker 15—6%, Glycerin 4—10%.

Gehalt an Elektrolyten: 0,25% freies Alkali, oder besser, 0,15% freies Alkali und 0,15% Pottasche oder Soda. Gesamtfettgehalt 42—48%.

2. *Seifen mit geringem Spritgehalt ohne Glycerin. Ersatz des Alkohols durch Elektrolyte.*

Für diese Seifen muß der Fettansatz mehr Leimfette sowie Ricinusöl enthalten.

Talg	35—20%
Cocosöl	40—50%
Ricinusöl	25—30%
Sprit	6—12%
Zucker	9—12%

Elektrolytzusätze:

Carbonate	ca. 1—4%
Salz	2,8—0,8%

Abrichtung der Seife: 0,15% freies Alkali, Gesamtfettgehalt um 40%.

3. *Seifen ohne Sprit. Ersatz des Alkohols durch Elektrolyte.*

Im Fettansatz hoher Gehalt an Leimfetten und Rizinusöl.

Talg	ca.	30%
Cocosöl		35%
Ricinusöl		35%
Zucker		13—20%
Elektrolytzusätze:		
Carbonate	ca.	4,5—2,5%
Salz, Salpeter usw.		0,4—2,8%

Abrichtung der Seife: 0,10% freies Alkali, Gesamtfettgehalt 38—40%.

Vielfach wird eine wäßrige Lösung, welche einen Teil des Zuckers und der Elektrolyte enthält, getrennt gehalten und als Füllung am Ende der Fabrikation zugegeben.

4. Fabrikation.

Apparatur. Zur Fabrikation von Transparentseifen verwendet man hochgestellte doppelwandige Kessel, welche entweder mit Heißwasser oder Dampf geheizt werden. Vorteilhaft ist eine geschlossene Apparatur mit Rückflußkühler, um Alkoholverluste zu vermeiden, sowie Mannloch-Schauglas, Probehahn und Totalentleerungshahn (Absperrschieber) am Boden. Mit direkter Feuerung geheizte Wasserbadkessel sind wegen der durch die Mitverwendung von Alkohol bedingten Feuersgefahr nicht zu gebrauchen.

Verseifung. Die Fette werden bei ca. 60° geschmolzen, dann wird die kalte Lauge eingerührt, so daß die Emulsion eine Temperatur von ca. 50° hat. Sobald die Masse die Merkmale einer kaltgerührten Seife zeigt, überläßt man sie der Ruhe und wartet die Selbsterhitzung ab, was ca. 2—3 Stunden dauert. Dann erhitzt man weiter unter Wärmezufuhr, bis die Masse dunkel und transparent im Kessel liegt und prüft die Abrichtung, welche man auf 0,15% freies NaOH einstellt. Die weitere Fabrikation ist davon abhängig, ob Sprit mitverarbeitet wird oder nicht. Im ersteren Falle wartet man ab, bis die Temperatur der Seife auf ca. 65° gesunken ist, rührt den Sprit ein, von welchem man ca. 10—15 l zurückbehält und läßt dann die auf ca. 70° erwärmte Zucker- und Glycerinlösung rasch einlaufen. Nachdem man die Seife etwa eine Stunde der Ruhe überlassen hat, muß sie dunkel und transparent im Kessel liegen, mit einer ganz dünnen Schaumdecke überzogen, welche nach Besprengen mit Alkohol verschwindet. Bei 55—60° wird gefärbt und das mit dem restlichen Sprit vermengte Parfüm eingerührt.

Verwendet man keinen Sprit, dann erhitzt man die Seife nach der Selbsterhitzung auf 90°, rührt die auf 80° erwärmte Salz-Soda-Zucker-Lösung ein und läßt einige Zeit stehen, wobei die Temperatur nicht unter 80° sinken soll. Nach einiger Zeit liegt diese Seife ebenfalls dunkel und transparent im Kessel.

Bei der Mitverwendung von Sprit kann man diesen auch sofort zur Beschleunigung der Verseifung mitbenutzen. Das geschmolzene Fett darf dann anfangs nicht über 60° erhitzt werden. Man läßt die alkoholische, auf etwa 40° erwärmte Lauge langsam unter Rühren einlaufen, wobei der Verseifungsvorgang genau beobachtet werden muß, weil die Seife meistens ins „Steigen" gerät. Wenn die gesamte Lauge eingetragen ist, läßt man die Masse ca. 3 Stunden stehen und rührt dann Zucker- und Salzlösung ein.

Die fertige Transparentseife soll einen genügenden „Stich" aufweisen, der zur Erzielung feuriger Klarheit notwendig ist. Die Seife soll in dünnen Platten vom Spatel laufen. Zur Glasprobe füllt man ein kleines Becherglas mit Seife, läßt erkalten, wärmt das Glas durch Eintauchen in heißes Wasser an und entleert es.

Schneidet man nun dünne Scheiben ab, so müssen diese beim Betropfen mit Phenolphthalein sich gleichmäßig rot färben. Die Seife soll beim Druck mit den Fingern genügend fest erscheinen. Auf Glas aufgetropft, soll sie sich genügend fest anfühlen, ohne sich seitlich verschieben zu lassen.

Fehlermerkmale: *Schaumschicht.* Die Seife zeigt an der Oberfläche im Kessel eine zähe, mehr oder weniger dicke Schaumschicht: Es handelt sich um Kernbildung, welche, einwandfreie Abrichtung vorausgesetzt, nur durch Wassermangel hervorgerufen werden kann. Wasserzusatz bringt die Kernabscheidung zum Verschwinden.

Dünne Fäden. Die Seife läuft in dünnen Fäden vom Spatel. Die Glasprobe ergibt Seife, welche sich beim Betupfen mit Phenolphthalein streifig färbt: Die Verseifung ist unvollständig, die Seife enthält unverseiftes Neutralfett neben freiem Alkali.

Absonderung von Flüssigkeit. Die Seife rutscht beim Fingerdruck auf der Glasplatte und sondert Flüssigkeit ab: Die Seife enthält zuviel freies Alkali, was man durch Zusatz von Cocosölfettsäure korrigieren kann.

Gummiartig. Die der Glasprobe entstammende Seife ist gummiartig: Zuviel Wasser und Sprit oder Laugenmangel.

Trübung. Trübt sich die Seife nach dem Erkalten, so fehlt Alkohol, was bei Verwendung von viel harten Fetten eintreten kann. Bleibt die Trübung in der Wärme bestehen, so kann man sie nur auf unverseiftes Fett zurückführen.

Die Formung. Bei der Formung von Transparentseifen ist genaue Einhaltung einer bestimmten Temperatur nötig, welche von der Zusammensetzung der Seife abhängig ist. Seifen mit viel Sprit formt man um 50° herum, Seifen mit weniger Sprit etwa 5° höher und Seifen ohne Sprit infolge ihrer geringeren Viskosität weitere 5° höher, wobei noch auf die Raumtemperatur Rücksicht zu nehmen ist, was beim Arbeiten im Sommer bzw. Winter 3° niedrigere bzw. 3° höhere Temperatur erfordert. Als Formen verwendet man Eisenkasten von ca. 20 cm Höhe, welche am Boden etwas enger sind. Auseinandernehmbare Formen sind mangels genügender Dichtigkeit für Transparentseifen weniger zu empfehlen. LEIMDÖRFER[1] empfiehlt, die Formung in Kühlmaschinen vorzunehmen, wobei man infolge der raschen Erstarrung sehr schöne Seifen ohne viel Mißerfolge erhalten soll. Man erhält so dünne Platten, welche rasch austrocknen und sich sehr leicht weiterverarbeiten lassen. LEIMDÖRFER[1] weist auch darauf hin, daß Glycerinseifen, ebenso wie kaltgerührte Seifen, beim Erstarren keine kraterartigen Vertiefungen zeigen.

Weiterverarbeitung. Die in den Formen erhaltene Seife zerteilt man zunächst in Blöcke von handlichem Format, läßt diese 4—6 Monate lagern, schneidet sie dann in Stangen und Stücke, welche abermals der Austrocknung überlassen werden. Nach 4—6 Wochen werden die Stücke abgekantelt, um die scharf ausgetrockneten Kanten zu entfernen. Will man eine besonders schöne und glänzende Seife erhalten, kann man die Flächen der getrockneten Stangen abhobeln. Vor dem Pressen wärmt man die Seife zweckmäßig nochmals an, nach dem Pressen läßt man die Stücke wiederum ca. 8 Tage abtrocknen, worauf sie nach Abreiben mit in Alkohol getauchten Läppchen verpackt werden. (Zur Verpackung kommt nur paraffiniertes Papier in Frage.) Die Trocknung kann auch in einem Trockenschrank beschleunigt werden, wobei jedoch die Temperatur so weit unter dem Schmelzpunkt liegen muß, daß keine Formveränderung eintritt.

Verwertung der Abfälle. Die erheblichen Mengen an Abfällen, welche bei der Weiterverarbeitung der Glycerinseife anfallen, machen die Frage ihrer rationellen

[1] A. a. O.

Verwertung recht schwierig. Vor allen Dingen müssen die Abfälle, falls diese zur Umarbeitung in Frage kommen sollten, von Verunreinigungen freigehalten werden. Bei der Mitverwendung muß das verdunstete Wasser und der Sprit ersetzt werden. Man kann ungefähr mit einem Verlust von 8—10% Wasser und ebensoviel Sprit rechnen. Am besten schmilzt man die Abfälle unter Zusatz der angegebenen Sprit- und Wassermenge ein und fügt beim Auftreten einer zähen Schaumschicht an der Oberfläche so viel Wasser hinzu, bis diese verschwindet. Die so verarbeiteten Abfälle sollen wie eine Glycerinseife aussehen. Man verteilt sie in frisch hergestellter Seife, indem man sie vor dem Parfümieren hinzufügt.

Die bekannteste Transparentseife, „*Pears soap*", soll eine harzhaltige Talgkernseife mit Glycerinzusatz sein, welche in Alkohol gelöst und nach Verdampfen eines Teiles des Alkohols geformt wird. Die Analyse einer Pears soap ergab 75,10% Gesamtfettsäure, darin ca. 12% Harzsäuren, 7,85% Glycerin, 0,27% Natriumchlorid. Die Fettsäuren hatten die Neutralisationszahl 198,5, Jodzahl 56. Nach der Analyse könnte sehr wohl eine klargesottene Harz-Kernseife vorliegen. Aber nach dem niedrigen Kochsalzgehalt käme auch eine auf halbwarmem Wege hergestellte Seife in Frage.

Die Herstellung von *pilierten Transparentseifen* beschreibt die Firma Henkel & Co.[1] Die keine weiteren Zusätze enthaltende harzhaltige Seife wird von der Verseifungstemperatur auf Raumtemperatur in dünner Schicht abgeschreckt und auf den üblichen Maschinen der Feinseifenherstellung weiterverarbeitet, unter Vermeidung jeder Temperaturerhöhung. Es ist nicht ausgeschlossen, daß „Pears soap" eine derartige pilierte Seife ist[2].

D. Rasierseifen.

Von **H. KRÖPER**, Heidelberg.

a) Allgemeines.

Die Rasierseifen gehören zu den wichtigsten Erzeugnissen der Toiletteseifenindustrie. Die Friseure verwenden sowohl feste wie cremeartige und pulverförmige, in geringem Maße auch flüssige Rasierseifen, während für die Selbstrasierer in der Hauptsache Stangen (Shaving sticks) und Rasiercremes hergestellt werden.

Die Rasierseifen müssen folgenden Ansprüchen genügen: rasches, müheloses Schäumen, dicker sahniger Schaum, der die Barthaare gut benetzt und während des Rasierens nicht schwindet; haarerweichende Wirkung, vollkommene Neutralität, weiße Farbe, Haltbarkeit, sparsamer Verbrauch. Bei Stangenseifen stellt man noch die Anforderung der leichten Abreibbarkeit, bei Cremes die der leichten Verteilbarkeit auf der Gesichtshaut. Rasierpulver müssen von lockerer, nicht ballender Beschaffenheit sein.

Die festen Rasierseifen sind Kali-Natron-Seifen, deren Fettansatz aus Stearin oder stearinreichen Fetten und Cocosfett besteht. Die flüssigen Rasierseifen und Rasiercremes sind meist reine Kaliseifen, hergestellt mit weniger stearinreichen Fetten und mit Cocosfett. Die Rasierseifen enthalten ferner mehr oder weniger große Mengen Glycerin, welches entweder vom Neutralfett herrührt oder zugesetzt wird; zur Erhöhung ihres Netzvermögens werden den Rasierseifen sulfonierte Produkte, wie Fettalkoholsulfonate, sulfoniertes Ricinusöl u. dgl. m. zugesetzt.

[1] D. R. P. 574927.

[2] Seifensieder-Ztg. **65**, 545 (1938).

Die Herstellung der Rasierseifen erfolgt nach verschiedenen Methoden:

a) auf kaltem Wege, hauptsächlich für sog. Kabinettware (für Friseure);

b) auf halbwarmem Wege, für pilierte Stangenrasierseifen, Rasiercremes und bessere Kabinettware;

c) auf dem Siedewege, für pilierte und pulverförmige Rasierseifen.

Als Fettansatz verwendet man für Rasierseifen hauptsächlich besten Rindertalg oder Preßtalg mit geringem Gehalt an freien Fettsäuren, weißes, geruchloses Stearin, raffiniertes Cocosfett; verschiedentlich auch hochentfärbtes Olivenöl, Erdnußöl und Schweinefett.

Die nach den modernen Verfahren (WECKER, Lurgi usw., s. Bd. II, S. 525 und 528) gewonnenen Destillatfettsäuren lassen sich gut für auf halbwarmem Wege bereitete Rasierseifen mitverwenden; die Fettsäuren verleihen aber mitunter den Seifen einen Eigengeruch, der sich durch Parfümierung nicht immer überdecken läßt.

Die zur Verseifung verwendeten Ätzlaugen müssen frei von Trübstoffen sein und dürfen keine größeren Mengen Pottasche enthalten.

Die Neutralfette, mit Ausnahme von Cocosfett, müssen, soweit sie auf kaltem oder halbwarmem Wege verarbeitet werden sollen, vorgereinigt werden. Die Neutralfette sollen nicht über 2% freie Fettsäuren enthalten; ihre Reinigung erfolgt am zweckmäßigsten durch Raffination mit Natronlauge. Zur weiteren Reinigung empfiehlt sich Behandeln mit Bleicherde (Einzelheiten s. Bd. II, S. 523 bis 532).

Die Fettsäuren müssen in Behältern aus Spezialwerkstoffen gelagert und vor der Verseifung direkt in den Verseifungskessel filtriert werden.

b) Die Herstellung der Rasierseifen.

α) *Berechnung des Laugenansatzes.*

Da die festen Rasierseifen meisten Kali-Natron-Seifen sind, ist die Berechnung des Laugenverhältnisses, welches am besten im Äquivalentverhältnis ausgedrückt wird, sehr wichtig. Das Verhältnis von Kali- zur Natronseife sei beispielsweise 1 : 1 und der Fettansatz soll aus 20% Cocosöl und 80% Talg bestehen.

20 kg Cocosöl (erm. VZ. 256) benötigen 5,12 kg KOH.

80 kg Talg (erm. VZ. 196) benötigen 15,68 kg KOH, zusammen 20,8 kg KOH.

Kalilauge: 10,40 kg KOH = 27,5 kg Lauge von 40° Bé.

Natronlauge: $56{,}1 : 40{,}01 = 10{,}40 : x = 7{,}42$ kg NaOH = 21,2 kg Natronlauge von 40° Bé.

Führt man die Umrechnung der theoretischen Mengen Kalilauge und Natronlauge nach Tabellen aus, so setzt das voraus, daß die zur Verwendung gelangende Lauge sehr rein und genau eingestellt ist. Besser ist es, jeweils den wahren Gehalt an Ätzalkali eines Laugenvorrates titrimetrisch zu ermitteln und die Vorschriften darnach mit Hilfe eines Faktors zu berichtigen.

β) *Verseifung auf kaltem Wege.*

Nach diesem Verfahren werden hauptsächlich die großen Riegel als Kabinettseife für Friseure und kleine billige Stücke für Selbstrasierer bereitet. Zur Anwendung kommen ausschließlich Neutralfette. Der Fettansatz besteht aus 20—25% Cocosfett und 75—80% festen tierischen Fetten, wie Talg, Preßtalg, Schweinefett u. dgl. Die Fette müssen sehr hochwertig und gut vorgereinigt sein, weil die auf kaltem Wege hergestellten Rasierseifen leichter zum Verderben neigen. Zur Erleichterung der Verleimung empfiehlt es sich, Fette mit einem geringen Gehalt an freien Fettsäuren zu verwenden. Im übrigen vgl. die auf S. 245 gemachten Angaben über die Verseifung auf kaltem Wege.

Bei dieser Art der Verseifung bleiben häufig geringe Mengen unverseiftes Fett in der Seife zurück, welche zur rascheren Entwicklung der Ranzidität beitragen; durch Zusatz von Natriumthiosulfat kann ihre Haltbarkeit erhöht werden. Auch die Ester der p-Oxybenzoesäure (Nipagin, Nipasol) wurden zu diesem Zwecke vorgeschlagen. Das Thiosulfat wird in wäßriger Lösung bei der Emulgierung zugesetzt (0,2—0,3%). Nach einer Beobachtung des Verfassers hielt sich eine mit 0,2% Thiosulfat versetzte kaltgerührte Rasierseife zwei Jahre unverändert, während die gleiche Seife ohne Thiosulfatzusatz bereits nach drei Monaten Anzeichen von Verdorbenheit (Verfärbung) zeigte. Die Verseifung muß bei Verwendung von Natriumthiosulfat in emaillierten oder V2A-Kesseln erfolgen, weil sich die Seife sonst an der Berührungsstelle mit Eisen verfärbt.

Daß Rasierseifen trotz der Gefahr des raschen Verderbens und der Unmöglichkeit der genauen Abrichtung immer noch auf kaltem Wege hergestellt werden, hat seinen Grund darin, daß eine nach einem anderen Verfahren hergestellte Seife mit so niedrigem Fettsäuregehalt (ca. 65%) starke Formveränderungen durch Verziehen erleidet.

Das Fettgemisch wird in einem zweckmäßig mit Rührwerk versehenen Kessel mittels Dampf oder Wasserheizmantels vorsichtig geschmolzen, so daß die Temperatur nicht über 50° steigt. Dann läßt man die Lauge in das Fettgemisch, welches nur wenig freie Fettsäure enthalten darf, einfließen und rührt, bis die Seife „aufzulegen" beginnt, d. h. bis man mit einem Spatel auf der Oberfläche schreiben kann. Zu diesem Zeitpunkt setzt man das Parfüm und gegebenenfalls die Stabilisatoren (Thiosulfat) zu. Hierauf gießt man die Masse in auseinandernehmbare Holzformen, deren Boden mit einem Nesseltuch ausgelegt ist, deckt gut ab und läßt über Nacht stehen. Die fertige Seife darf nicht über 0,12% freies Alkali enthalten. Nach weiteren 48 Stunden wird die Seife in Stangen geschnitten und abgehobelt; die etwas abgetrockneten Stangen werden in Stücke von bestimmtem Gewicht zerteilt und nach mehrtägigem Trocknen in Pergamentpapier verpackt.

γ) *Verseifung auf halbwarmem Wege.*

Nach dieser Methode werden gewöhnlich die Grundseifen für Stangenrasierseife hergestellt. Man kann hierzu auch Gemische von Fettsäuren und Neutralfetten verwenden. Der Ansatz besteht vielfach zum größeren Teil aus Stearin, zum geringeren aus Cocosfett. Statt Stearin läßt sich aber auch Talg, Preßtalg, Schweinefett u. dgl. im Gemisch mit Cocosfett verarbeiten. Verseift wird mit Natron- und Kalilauge; das günstigste Verhältnis zwischen Natron- und Kaliseife ist etwa 1 : 1, bei einem Fettansatz mit hohem Titer 1 : 2. Stearin macht die Seife hart und gibt einen kleinblasigen, sahnigen Schaum, es wird in der Hauptmenge mit Kalilauge verseift; die Kaliseifen wirken günstig auf die Erweichung der Barthaare beim Einseifen[1].

Man arbeitet wie folgt:

1. Der Fettansatz besteht aus Neutralfett und viel Stearin:

Man erhitzt die Lauge im Siedekessel auf ca. 80°, das Neutralfett mit der Hauptmenge des Stearins in einem Aluminiumkessel auf ca. 90°. Man läßt hierauf das Fettgemisch unter fortwährendem Rühren in die Lauge einlaufen, deckt gut zu und läßt bis zur vollständigen Verseifung 2—3 Stunden stehen. Die Verseifung ist erreicht, wenn die Seifenmasse transparent im Kessel liegt und beim Rühren an der Kesselwand haftet. Dann wird das Gemisch gründlich umgerührt und das restliche Stearin zugesetzt. Bei richtiger Bemessung der Laugenmenge darf die Seife nicht über 0,1% freies Alkali enthalten und das Neutralfett muß dann vollständig verseift sein. Soll die Seife mit Stearin überfettet werden, so dürfen zur Verseifung keine Eisenkessel verwendet werden.

[1] NEUMEYER: Dtsch. Parfümerieztg. **14**, 84 (1926).

Bei gemeinsamer Verseifung von Neutralfett und Fettsäuren (Stearin) kommt es gelegentlich vor, daß das Neutralfett trotz richtiger Bemessung der Lauge nicht vollständig verseift wird. Das ist darauf zurückzuführen, daß die Fettsäure vom Alkalihydroxyd schneller verseift wird als von dem in der Lauge stets enthaltenen Alkalicarbonat. Nachdem nun die freien Fettsäuren an sich viel schneller neutralisiert werden als das Neutralfett verseift wird, bleibt schließlich für die Verseifung des Neutralfettanteiles eine mit Carbonat angereicherte Lauge zurück, in welcher das Alkalicarbonat unwirksam sein muß. Der Carbonatverlust kann vermieden werden, wenn man zuerst das Neutralfett mit der benötigten Menge Ätzlauge verseift, dann erst den Rest der Lauge und das Stearin zusetzt und zu Ende verseift.

2. Der Fettansatz besteht nur aus Neutralfetten:

Die Verseifung wird wie bei den kaltgerührten Seifen eingeleitet und 1—2 Stunden der Selbsterhitzung überlassen. Dann wird gründlich durchgekrückt und erhitzt, bis die Seife an der Kesselwandung haften bleibt. Nach genauer Abrichtung wird in Holzformen oder Plattenkühlmaschinen gekühlt. Bei Kühlen in Plattenkühlmaschinen darf die Seife vorher nicht zu weit abkühlen, weil sie sich sonst infolge ihrer Zähigkeit nicht in die Kühlzellen pressen läßt. Zweckmäßig ist es, die Kühlzellen mit Warmwasseranschluß zu versehen. Die Kühlpresse kann dann zuerst angewärmt werden, worauf man das warme Wasser durch kaltes verdrängt.

δ) Herstellung von Rasierseifen auf dem Siedewege.

Dieses Verfahren stößt bei der Natron-Kali-Seife auf Schwierigkeiten. Beim Aussalzen solcher Mischseifen mit Natrium- oder Kaliumchlorid findet nämlich Umsetzung mit den Salzen statt unter Bildung von Natron- oder Kaliseifen. Diese Umsetzung bleibt aus, wenn man zur Aussalzung ein Salzgemisch des gleichen Kali-Natron-Verhältnisses verwendet wie in der zur Verseifung verwendeten Mischlauge. In diesem Falle bleibt aber eine zu große Elektrolytmenge in der Seife zurück, welche sich auch durch sorgfältigstes, noch so dünnes Ausschleifen nicht entfernen läßt. Man trennt daher die Seife mit 40grädiger Lauge, läßt die Unterlauge ab, schleift den Kern mit heißem Wasser dünn aus, schöpft den auf dem Leimniederschlag liegenden Kern ab und neutralisiert ihn mit Stearin (über die Umsetzung von Kali- oder Natronseifen mit NaCl und KCl vgl. S. 161).

c) Verschiedene Rasierseifenarten.

1. Pilierte Rasierseifen.

Die auf halbwarmem oder dem Siedewege hergestellte Rasierseife wird mit einem Bandfräser oder Spanhobel in Späne verwandelt und diese auf einem Bandtrockner getrocknet. Empfehlenswert ist es, die Riegel vor der Weiterverarbeitung zu Spänen schwach an der Luft vorzutrocknen. Eine zu feucht durch den Bandtrockner geschickte Rasierseife nimmt leicht ranzigen Geruch an. Anscheinend wirkt sich der rasche Wasserentzug bei hoher Temperatur (50—60°) ungünstig auf die Seife aus. Die Trocknung darf nicht zu weit getrieben werden, weil übertrocknete Kaliseifen leicht transparent werden. Die Pilierung erfolgt am besten auf stark gekühlten Stahlwalzen. Man vermeide allzu hohe Erwärmung des Strangpressenkonus. Das Streifigwerden der aus der Strangpresse austretenden Seifenstränge ist nur auf falsche Temperaturen im Strangpressen-Konus zurückzuführen. Die fertigen Stücke läßt man vor der Verpackung etwas abtrocknen.

Über die Zusammensetzung der amerikanischen Rasierseifen (Shaving Sticks) sind folgende Angaben (s. Tabelle 84) in der Literatur zu finden.

Von der Colgateschen Rasierseife kann man annehmen, daß sich etwa 10—15% Cocosöl im Fettansatz befinden und daß der Kaligehalt viel höher als der Natrongehalt ist. Nach früheren Angaben soll sie eine reine Kali-Natron-Stearin-Seife sein, was aber nicht zutreffen dürfte.

Rasierseifen, welchen Mischansätze von Kali-Natron-Seife zugrunde liegen, zeigen öfter nach längerem Lagern rauhen Griff, der sich aus einem anfangs hauch-

Tabelle 84. Analysen von Rasierseifen.

	Colgatesche Rasierseife[1]			Amerikanisches Fabrikat
	1915	1925	1932	1925[2]
Gesamtfett	80,99%	81,11%	80,40%	80,63%
Gebundenes Alkali:				
K_2O	9,39%	10,05%	12,40%[2]	8,92%
Na_2O	2,78%	2,39%	1,45%	3,18%
Glycerin	3,7%	2,10%		3,84%
NZ. der Fettsäure	206	208	213	203 (VZ. 206)
JZ. „ „	7,5	9,5		
H_2O	5,4	6,05		
Erstarrungspunkt d. Fettsäuren	53			52,4

artigen Belag entwickelt. Dieser Belag nimmt allmählich grobkristalline Struktur an, die sich schon bei schwacher Vergrößerung erkennen läßt. Der Verfasser hat diesen kristallinen Belag, der sich auch an besten Seifen zeigte, untersucht. Es stellte sich heraus, daß es kristalline Seifenteilchen waren, keineswegs Soda aus überschüssigem Alkali, wie man diese viel diskutierte Erscheinung häufig deutete.

Der Hartfettanteil des Fettansatzes soll vorwiegend mit KOH verseift werden, weil die Natronseifen der Hartfette schlecht schäumen und schwer löslich sind.

2. Rasierpulver.

Rasierpulver sollen einen ebenso hohen Anteil an Kaliseifen enthalten wie alle anderen Rasierseifen, vor allem aber ein lockeres, nichtballendes Pulver darstellen. Die hierzu nötige Grundseife kann auf halbwarmem oder auf dem Siedewege hergestellt werden. Wichtig ist absolute Glycerinfreiheit. Bei der Fabrikation auf halbwarmem Wege wird man deshalb reine Fettsäuren verarbeiten. Auch ist es vorteilhaft, wegen der hygroskopischen Eigenschaften der Palmkernöl- und Cocosöl-Kali-Seifen, die Palmkern- oder Cocosölfettsäure an Natrium, das Stearin an Kalium zu binden. Zweckmäßig ist die Mischung einer reinen, leicht pulverisierbaren Stearin-Kali-Seife mit einem Toilettegrundseifenpulver von hohem Cocosölgehalt. Durch geeignete Auswahl dieser beiden Seifen gelangt man zu einem Rasierseifenpulver, welches in seiner Zusammensetzung einer Stangenrasierseife entspricht.

3. Rasiercremes.

Dieses, in den letzten Jahren bei den Selbstrasierern sehr beliebt gewordene Rasiermittel stellt in den meisten Fällen eine reine Kaliseife oder ein Kali- und Triäthanolaminseifenmisch mit einem höheren Wasser- und Glyceringehalt neben benetzend wirkenden Substanzen, wie Sulforicinate usw., dar. Die meisten der im Handel in Tuben vertriebenen Rasiercremes zeigen folgende Zusammensetzung:

30 —36 % Gesamtfettsäuren,
0,3— 3,6% (freie) Stearinsäure,
0 —12 % Glycerin.

Eine geeignete Rasiercreme dürfte der Colgatesche Rasierseifenansatz bei entsprechendem Wasser- und Glycerinzusatz ergeben. Ein Zusatz von freier Stearinsäure ist notwendig, um die Konsistenz der Creme zu kürzen und Perlmutterglanz zu erzielen. Die Arbeitsweise ist dieselbe wie bei den Seifen auf warmem Wege. Cocosöl und andere Neutralfette werden mit dem größten Teil des Stearins auf warmem Wege verseift, dann rührt man die restliche Lauge, mit Glycerin und Wasser gemengt, hinzu, deckt gut ab, hält ca. eine Stunde warm, rührt nochmals gründlich durch und trägt den Rest des Stearins ein. Die fertige Creme wird zwecks Erzielung

[1] I. Davidsohn: Seifensieder-Ztg. **52**, 696 (1925).
[2] C. Baier: Ztschr. Dtsch. Öl-Fettind. **1925**, 722.

des Perlmutterglanzes bis zum Abfüllen ca. 14 Tage in Steinguttöpfen aufbewahrt. Rasiercremes, welche in Porzellandosen in den Handel gelangen, enthalten weniger Wasser und etwas mehr Natronseife, ähneln also in der Zusammensetzung mehr der Stangenrasierseife. Rasiercremes werden oft bei höherer Temperatur fest und lassen sich schwer aus der Tube drücken. Wird der Inhalt der Tube wieder auf niedere Temperatur gebracht, so nimmt er wieder normale Konsistenz an.

4. Flüssige Rasierseifen.

Diese werden, je nach dem Alkohol- und Glyceringehalt, milchigweiß oder völlig transparent hergestellt. Ihr Fettsäuregehalt bewegt sich zwischen 20 und 30%. Der Fettansatz besteht aus Talg, Erdnuß-, Olivenöl, Stearin, Cocosöl. Der Gehalt an Glycerin und Alkohol bzw. Isopropylalkohol beträgt je nach Art des Fettansatzes bis zu ca. 20%. Sie werden mitunter als Triäthanolaminseifen hergestellt. Der ausgedehnten Verwendung von Triäthanolamin steht aber der hohe Preis und der wegen des hohen Molekulargewichts hohe Verbrauch im Wege. Der Fettansatz muß in diesem Falle aus hochgespaltenen Fettsäuren bestehen.

5. Zusätze zu Rasierpräparaten.

Mit dem Aufkommen der Fettalkoholsulfonate mehrten sich die Vorschläge, diese hervorragenden Netzmittel auch den Rasierpräparaten zuzufügen. Diese Präparate sind stets natriumsulfathaltig, und es dürfen nur die salzarmen Produkte verwendet werden. Behindert wird ihre Verwendung häufig auch durch den hohen Preis. Ein Zusatz unter 20% ist für die Verhinderung der Kalkseifenbildung meist zwecklos. Sowohl mit Fettalkoholsulfonaten als auch mit Igeponen konnte Verfasser eine Verbesserung der Schaumkraft bei hartem Wasser feststellen. Es werden sich aber für die Erhöhung der Kalkbeständigkeit der Rasierseifen immer noch die billigeren Ricinusölsulfonate behaupten. Neuerdings wird der Zusatz von Calgon empfohlen. Schaumverbesserung erzielt man auch durch Zusatz von Methylcellulose, welche von der I. G. Farbenindustrie unter dem Namen „Colloresin“ in den Handel gebracht wird. Ein ähnliches Produkt ist die an anderer Stelle genannte Tylose. Tyloseschleim kann auch als Ersatz für Glycerin dienen. Triäthanolamin oder Triäthanolaminstearatzusätze in Mengen von 2—10% erhöhen die haarerweichende Wirkung der Seife. Ein Glyceringehalt von 3—5% erhöht die Beständigkeit des Schaumes; werden Fettsäuren verwendet, so wird empfohlen diese Glycerinmenge zuzusetzen. Über 10% Glycerin vermindert die Schaumfähigkeit. Rasierseifenpulver werden oft mit Zusätzen von 5—10% Stärkemehl, Mandelkleie, Veilchenwurzelpulver oder kolloidem Kaolin hergestellt; diese Stoffe machen den Schaum dichter. Ferner kann man Rasierpulver leicht mit hautzusammenziehenden und desinfizierenden Zusätzen vermischen, wie Al-, Zn- und Bi-Salze, Tannin und Borsäure.

6. Geeignete Fettansätze für Rasierseifen.

Kaltgerührte Rasierseife.

80 kg	Oleostearin	KOH : NaOH = 1 : 1
20 „	Cocosöl	

Halbwarme Rasierseife nach Colgate.

85 kg	Stearin	KOH : NaOH = 7 : 1
	oder	
70 „	Stearin	
15 „	Oleostearin	
15 „	Cocosöl	
20 „	Talg	KOH : NaOH = 3 : 2
60 „	Stearin	
20 „	Cocosöl	

Rasiercremes.

25 kg	Oleostearin	KOH : NaOH = 7 : 1
50 „	Stearin	8 : 1
25 „	Cocosöl	

Flüssige Rasierseife.

30 kg	Olein	Reine Kaliseife
40 „	Talg	10% Glycerin
30 „	Cocosöl	10% Alkohol
		ca. 58% Wasser

7. Spezialerzeugnisse.

V. Scheffer[1] empfiehlt die Verwendung von Ammoniumstearat, welches in trockenem, pulverförmigem Zustande mit einer in üblicher Weise hergestellten Alkaliseife, z. B. Kali-Natron-Seife, zusammen zu Rasierseife verarbeitet wird; die Ammoniumseife kann in die Kali-Natron-Seife eingeknetet werden. Die sog. schaumlosen Rasiercremes sind hauptsächlich mit Ammoniak und Triäthanolamin verseifte Stearatcremes mit einem mehr oder weniger hohen Glyceringehalt und Überfettungsmitteln.

Seifenfreie Rasiermittel stellen Fr. Hecht, O. Holl und G. Marchart aus Derivaten von Fettsäuren her, in welchen die freie Carboxylgruppe durch esterartig gebundene organische Reste neutralisiert ist[2]. Erwähnt sind Ester von höheren Alkoholen, Glykolen, Amide, Amidderivate usw. Den Produkten wird Wasser einverleibt und Wollfett, Vaselin u. dgl. zugesetzt. Als Emulgatoren werden den Produkten Tragant, arab. Gummi oder Saponin zugefügt, um flüssige haltbare Emulsionen zu erhalten.

E. Spezialseifen.

Von H. Kröper, Heidelberg.

a) Sandseifen, Bimssteinseifen.

Zu ihrer Herstellung verwendet man kaltgerührte Cocosseifen. Man trägt feinen Sand in geschmolzenes Cocosöl ein, läßt langsam unter Rühren Natronlauge zufließen und gießt, sobald die Emulsion eine Viskosität erreicht hat, welche das Absitzen des Sandes verhindert, die Masse in eine Holzform. Der Zusatz an Sand beträgt ca. 25%.

Ähnlich wie die Sandseifen werden auch die Bimssteinseifen hergestellt. Zur Erhöhung der Reinigungskraft kann mit einer konzentrierten Lösung von Trinatriumphosphat gefüllt werden. Der Zusatz von Bimssteinpulver, welches außerordentlich fein gemahlen sein soll, beträgt 25—30%. Bei der Herstellung der Bimssteinseifen muß sehr gründlich gerührt werden, damit Zusammenballungen verhindert werden. Ähnlich werden die *Metallputzseifen* hergestellt, für welche man an Stelle von Sand und Bimsstein fein gemahlene Kreide und Kieselgur verwendet. Der Feinheitsgrad der Kreide muß sehr hoch sein, damit bei der Anwendung tiefe Metallkratzer verhindert werden. Die meisten Metallputzseifen werden jedoch als flüssige Präparate in den Handel gebracht, wobei es sich meistens um Emulsionen von Ammoniumoleat und Mineralölen, welche Kieselgur suspendiert enthalten, handelt.

b) Händereinigungspasten[3].

Eine durch die Entwicklung des Automobilsports sehr gefragte chemischtechnische Spezialität stellen die Händereinigungspasten dar. Es werden zwei Arten hergestellt:

1. Pasten, welche *ohne Wasser* angewandt werden; sie werden auf die beschmutzten Hände aufgetragen und dann einfach abgerieben. Die Produkte enthalten meist teilweise verseiftes Stearin oder Olein, Türkischrotöle, Spiritus, Lösungsmittel und Glycerin.

2. Pasten, die *mit Wasser* angewandt werden; sie bestehen meistens aus etwa 60 Teilen einer ca. 40%igen Kaliseife, 25% Bimssteinpulver, ca. 5 Teilen Türkisch-

---

[1] D. R. P. 575790. [2] D. R. P. 604774.

[3] Vgl. auch: Seifen mit Lösungsmittelzusätzen, S. 495.

rotöl oder anderen im Handel befindlichen Ricinusölsulfonaten, ca. 10% Terpentinöl oder Terpentinersatz. Zur Herstellung verseift man ein Gemenge von 20 Teilen Talg und 10 Teilen Cocosöl, in welchem der Bimsstein suspendiert ist, mit 17 Teilen 40grädiger Kalilauge, setzt das Ricinusölsulfonat mit den Lösungsmitteln zu und ergänzt mit Wasser bis zur gewünschten Konsistenz. Zur Verhinderung des Austrocknens ist ein Zusatz von Glycerin empfehlenswert. Auch Zusätze von Di- und Trinatriumphosphat tragen zur Erhöhung der Reinigungskraft bei.

Händereinigungsseifen für die Entfernung der Flecken von Schreibmaschinenbändern, Druckerfarbe usw. sind ähnlich zusammengesetzt, enthalten jedoch bedeutend mehr Äthylalkohol oder auch Isopropylalkohol.

Vielfach sind Händereinigungsmittel auch als streufähige Pulver im Handel. Diese bestehen aus Gemengen von Natronseife mit Di- und Trinatriumphosphat und Scheuermitteln.

c) Gallseifen.

Als Fleckenseifen wurden früher Gallseifen viel verwendet. Es sind dies meist kaltgerührte oder auf halbwarmem Wege hergestellte, mit viel Cocosöl bereitete Seifen, welche einen Zusatz von eingedickter Ochsengalle enthalten, deren Bestandteile später durch die Verseifung als gallensaure Natriumsalze enthalten sind. Die Zusatzmenge an eingedickter Galle beträgt etwa 8—10%. Die Netz- und Reinigungswirkung der Galle beruht auf den Emulgiereigenschaften der in der Galle enthaltenen Gallensäuren. Neuerdings wird auch cholsaures Natrium in reiner Form in den Handel gebracht, welches nicht die unangenehmen Eigenschaften der Galle besitzt. Natriumcholat wird in Zusätzen von 0,3—0,5% empfohlen, welche etwa 10% eingedickte Galle ersetzen sollen. Sehr wirksam in Fleckenseifen dürften sich auch Ricinusölsulfonate sowie Fettalkoholsulfonate auswirken; die Wirkung zeigt sich aber erst bei Zusätzen von mehr als 10%. Die Seifenart verschwindet allmählich vom Handel. Über die reinigende Wirkung der Gallenseifen vgl. auch S. 537.

d) Schwimmseifen.

Schwimmseifen konnten sich in Europa noch keine allzu große Verwendung sichern. In Amerika scheint Schwimmseife sehr verbreitet zu sein, und nach SCHAAL[1] werden dort große Mengen gesottene Seifen, Haushalt- wie Toiletteseifen, als „Floating Soap" hergestellt. Die Vorteile einer schwimmenden Toilette- wie auch Haushaltseife brauchen hier nicht näher ausgeführt werden. Da das Volumengewicht einer Kernseife um 1,07 liegt, so ist keine allzu große Verringerung desselben notwendig, um die Seife schwimmend zu erhalten. Es bestehen hierüber eine Reihe von Verfahren und Vorschriften.

1. *Zusatz spezifisch leichterer Stoffe*:

Korkstückchen, hohle Kügelchen aus Glas, Bicarbonat. D. R. P. 316722: Zusatz von Kapokfasern und Federn.

Vielfach wurde auch vorgeschlagen, Kohlenwasserstoffe und Wachse einzuverleiben, um das Volumengewicht herabzudrücken, doch würde die notwendige Menge solcher Stoffe die Schaumkraft beträchtlich vermindern (E. P. 13451/1904).

2. *Einverleibung eines Schwimmkörpers oder Erzeugung eines Hohlraumes auf mechanischem Wege.*

Zur Erzielung der Schwimmfähigkeit von Toiletteseifen wurde versucht, einen Schwimmkörper einzufügen, doch zerbröckeln derartige Seifen gegen Ende des Verbrauches (A. P. 625026/8).

---

[1] Seifensieder-Ztg. **60**, 81, 97 (1933).

D. R. P. 400084: Zwei konkave Hälften werden durch Pressung vereinigt. D. R. P. 423477: Einverleibung eines hohlen Metallkörpers oder spezifisch leichteren Kernes. D. R. P. 526176: Zwei schalenförmige Teilstücke werden mit Übervolumen gepreßt und dann mit einem spezifisch leichteren Schwimmkörper, der die Form des Seifenstückes hat, wieder einem Preßvorgang unterworfen. A. P. 1828361 hat eine automatische Maschine zum Gegenstand, welche durch Stanzen kleine Kanäle in der Seife erzeugt, deren Durchmesser so gering ist, daß Wasser nicht eindringen kann. D. R. P. 460375: Umsäumung eines Seifenstückes mit leichtem Material.

3. *Erzeugung der Porosität durch gasentwickelnde Reaktionen.*

Viel zweckmäßiger und rationeller sind die Verfahren, welche die Schwimmfähigkeit durch Erzeugung einer porösen Seife herbeiführen:

a) Zusatz von feinst gemahlenem, in Wasser aufgeschlemmtem Natriumperborat zu der in flüssigem Zustand befindlichen Seife. Durch Sauerstoffentwicklung wird die Seife schaumig. Dieses Verfahren eignet sich auch zur Herstellung kaltgerührter Schwimmseifen, bei welchen die Sauerstoffabspaltung während der Selbsterhitzung eintritt.

b) Das D. R. P. 549155 (Jungmann, Aussig) hat die Erzeugung schwimmfähiger Seifen durch Wasserstoffentwicklung mittels feinst verteilter Metalle (Aluminium, aktiviertem Magnesium usw.) zum Gegenstand. Diese Metalle reagieren mit dem Alkali bzw. Wasser der Seife unter Wasserstoffentwicklung.

c) Nach D.R.P. 611045 (I. G. Mouson & Co. und H. KRÖPER) wird die Porosität durch Einrühren von Silicium in heiße, normal abgerichtete Kernseife bei Gegenwart leim- oder gummiartiger Stoffe erzeugt. Diese Seife ist auch auf Kühlpressen formbar, im Gegensatz zu den nach anderen Verfahren hergestellten Schwimmseifen, bei welchen die in der Kühlpresse geformten Platten an der Oberfläche Blasen zeigen.

4. *Erzeugung der Porosität durch Einpressung von Gasen*:

D. R. P. 183673: Einpressen von Luft. D. R. P. 246479: An Stelle von Preßluft wird Sauerstoff eingeblasen. — Vgl. auch F. P. 462502.

5. *Erzeugung der schaumigen Struktur durch Kochen und Rühren*:

D. R. P. 407257: Erhitzen des ausgeschliffenen Seifenkerns unter Zusatz von etwas Wasser, bis die Masse von Dampfblasen durchsetzt wird.

Das am häufigsten angewandte Verfahren beruht jedoch auf dem Schaumigrühren von auf warmem Wege erzeugten Seifen oder der vom Leimniederschlag abgeschöpften Kernseife, wobei sich das spezifische Gewicht um etwa 10% erniedrigen läßt. Während man früher ganz allgemein das Schlagen von dünnen Leimseifen empfahl[1], verwendet man heute eigens konstruierte Rührwerke, welche die Form einer archimedischen Schraube besitzen. Die Schraube kreist in einem engen niedrigen Zylinder, der sich in einem größeren Doppelwandkessel befindet. Man nennt solche Rührwerke[2] „Crutcher". Nach den Vorschriften in Amerika werden für Schwimmseifen[3] folgende Eigenschaften verlangt:

Fettansatz 25—30% Cocosöl, Rest Talg,
Wasser und flüchtige Stoffe höchstens 34%,
Alkoholunlösliches 2%,
freies NaOH 0,1%,
NaCl bis 1%.

Daraus geht hervor, daß es sich um mit Salz und Carbonat stark verschliffene Kernseifen handelt, mit einem unter 60% liegenden Fettsäuregehalt.

[1] Seifensieder-Ztg. **39**, 415 (1912). [2] Seifensieder-Ztg. **60**, 83 (1933).
[3] Seifensieder-Ztg. **60**, 644 (1933).

e) Meerwasserseifen.

Die normal zusammengesetzten Seifen, insbesondere die aus Kernfetten hergestellten, schäumen in Meerwasser nicht. Durch den Kochsalzgehalt des Seewassers werden die Kernseifenlösungen in einen strengflüssigen Leim verwandelt. Es genügt bereits 1% Natriumchlorid, um eine 10%ige Lösung von Kernfettseifen zur Gelatinierung zu bringen. Durch die im Seewasser enthaltenen Magnesiumsalze wird ein Teil der Seife in unlösliche Magnesiumseifen verwandelt. Seifen, welche in Seewasser verwendet werden sollen, müssen deshalb elektrolytunempfindlich sein und dürfen auch keine Magnesiumseifen ausscheiden. Seifen, welche diesen Bedingungen voll entsprechen, gibt es kaum. Bekanntlich sind aber die Seifen des Cocosöles, in geringerem Grade die Seifen des Palmkernöles viel weniger elektrolytempfindlich als die der Kernfette. So sind 6% Kochsalz erforderlich, um eine 10%ige Lösung von Cocosölseifen in der Kälte zur Gelatinierung zu bringen.

Daß die Leimfette für die Herstellung der Salzwasserseifen verwendbar sind, ist auf den größeren Gehalt dieses Fettes an niedriger molekularen Fettsäuren zurückzuführen. Von den natürlichen Fettsäuren, deren Alkalisalze Seifeneigenschaften besitzen, eignen sich für diesen Zweck eben nur die ersten Glieder mit 10—14 Kohlenstoffatomen, also Caprin- bis Myristinsäure. Die höheren Fettsäuren zeigen bereits zu hohe Elektrolytempfindlichkeit in Form ihrer Alkalisalze. Durch Anreichern der niederen Fettsäuren des Cocosöles, etwa durch fraktionierte Destillation der Gesamtfettsäuren im Vakuum[1] erhält man ein noch besseres Rohmaterial für Meerwasserseifen. Ein guter Rohstoff sind ferner die niedriger molekularen Fettsäuren, welche man durch Fraktionieren der durch Oxydation von Kohlenwasserstoffen gebildeten Fettsäuregemische erhält. Häufig wurde vorgeschlagen, solche Seifen aus Gemischen von Leimfetten und Harz herzustellen, weil die Harzseifen nur unvollständig ausgesalzen werden. Geeignete Meerwasserseifen sollen sich ferner mit Hilfe von Triäthanolamin herstellen lassen[2]. Die Deutsche Hydrierwerke A. G. schlägt die Herstellung von Seewasserseifen aus den C_{12}- bis C_{16}-Fettsäuren, welche sich aus dem Körperöl des Pottwals gewinnen lassen, vor[3].

Die Elektrolytempfindlichkeit der Cocos- und Palmkernölseifen soll sich durch Zusatz von Oxy-, Halogenderivaten von Fettsäuren usw. weiter erniedrigen lassen[5]. W. SCHRAUTH empfiehlt für das Waschen in Seewasser die Verwendung von aus Cocosöl und Harz hergestellten, mit Wasserglas stark gefüllten Leimseifen[4].

Unter den neuzeitlichen Sulfonierungsprodukten, besonders den Alkylsulfonaten sind im II. Band mehrere Präparate beschrieben worden, welche auch in Gegenwart von Magnesiumsalzen und anderen Elektrolyten ihre Waschwirkung beibehalten. Diese Produkte und namentlich ihre Gemische mit Cocosölseifen[6] dürften für das Waschen in Gegenwart von Elektrolyten weit besser geeignet sein als die reinen Leimseifen.

---

[1] STIEPEL: D. R. P. 170563.
[2] A. P. 1833899.
[3] D. R. P. 563845.
[4] D. R. P. 250164.
[5] Handbuch der Seifenfabrikation, 6. Aufl., S. 324. Berlin: Julius Springer. 1927.
[6] Vgl. z. B. Deutsche Hydrierwerke A. G.: D. R. P. 406070.

F. Die Seifen als Desinfektions- und Arzneimittel.

Von C. SIEBERT, Berlin.

a) Wirkung der Seifen auf die Haut.

Die desinfizierende Wirkung der Seifen steht im engsten Zusammenhang mit ihrer Waschwirkung. Seife kann für sich allein oder nach Zusatz von spezifischen Mitteln sowohl als Vorbeugungsmittel, in gewissem Grade aber auch als Heilmittel bei gewissen, meist leichteren Erkrankungen der Haut verwendet werden.

Was die Verunreinigungen anbelangt, welche durch das Waschen mit Seife von der Hautoberfläche entfernt werden, so handelt es sich zunächst um aus der Umgebung aufgenommenen Staub, Ruß, Bakterien, welche häufig Krankheitskeime sein können u. dgl., dann aber auch um Reste der normalen oder krankhaft gesteigerten physiologischen Hauttätigkeit. Die Tätigkeit der Schweiß- und Hauttalgdrüsen läßt auf der Haut gewisse Schlacken zurück. Der Schweiß läßt Salze zurück, das Hautfett unterliegt teilweise der Zersetzung und hält wegen seiner klebrigen Beschaffenheit Schmutz und Bakterien fest. Die oberste Schicht der Haut, die Hornschicht, befindet sich in einem dauernden Zustande der Erneuerung. In den tieferen Hautschichten kommt es zu einer ständigen Zellteilung, die älteren Zellen wandern allmählich nach oben und verwandeln sich in die abgestorbenen Hornzellen, welche mit den Schweißrückständen, dem Schmutz und dem abgesonderten Hautfett eine Schicht bilden, durch welche die normale Hauttätigkeit, vor allem ihre Gas- und Wasserabgabe gestört werden kann und die überdies einen Nährboden für pathogene Keime darstellt.

Die Hauptbedeutung der Seife als Körperpflegemittel liegt indessen nicht in ihrer desinfizierenden Wirkung, sondern darin, daß sie die Hautauflagerungen mechanisch entfernt, den abgelösten Schmutz emulgiert und mit dem Spülwasser beseitigt; es handelt sich also mehr um eine indirekte Desinfektion.

Das beim Waschen mit Seife durch Hydrolyse freiwerdende Alkali ist befähigt, das Hautfett zu lösen und dann zwischen und sogar in die Hornzellen selbst einzudringen. Kaliseifen sind wirksamer als Natronseifen. Die Alkalien bringen die Keratinhüllen der Hornzellen zum Quellen und wirken peptisierend auf die Hornalbumosen. Darin liegt zugleich eine Gefahrenquelle, denn das freie Alkali kann auf empfindlicher, fettarmer Haut Entzündungen hervorrufen. Solche bis zu Ekzemen gesteigerte Alkaliwirkungen beobachtet man häufig bei Ärzten und anderen Menschen, welche der Beruf zur übermäßigen Verwendung von Seife zwingt. Auch Rasierekzeme haben die gleiche Ursache, mitunter wirken auch bestimmte Haarwässer, wie Shampoone, flüssige Teerseifen, hautreizend. Die Reizwirkung kommt dadurch zustande, daß nach dem Ablösen des Fettes die Haut schutzlos der weiteren Alkaliwirkung preisgegeben wird. Aber auch die Art des Fettansatzes spielt hierbei eine Rolle, so machen Cocosseifen nach längerem Gebrauch die Haut spröde.

Die übermäßige Reizwirkung der Seifen läßt sich durch Vermeidung eines Überschusses an freiem Alkali und, nach den klassischen Untersuchungen von UNNA, durch Überfettung zum größten Teil beseitigen. Die Überfettung der Seife verhindert auch eine zu starke Entfettung der Haut beim Waschen. Das wirksamste, bereits von UNNA vorgeschlagene Überfettungsmittel ist Lanolin. Aber auch andere Stoffe, wie Proteine (Albumoseseifen), Schleimstoffe mildern die Reizwirkung der Seifen.

b) Die Desinfektionskraft der Seifen.

Die Untersuchungen der letzten 50 Jahre lassen keinen Zweifel über die germizide Wirkung von Seifenlösungen mehr zu. Je nach der Zusammensetzung der Fettsäurekomponenten, der Art der Keime und vielleicht auch der Art des Alkaliions kann sich aber diese Wirkung in verschiedener Höhe äußern. Voraussetzung für das Zustandekommen der desinfizierenden Wirkung ist, wie bei allen keimtötenden Mitteln, eine bestimmte Mindestkonzentration der Seifenlösung und eine bestimmte Einwirkungsdauer.

Eine der ältesten Beobachtungen stammt von SERAFINI[1]. Nach SERAFINI wirken alle Seifenarten, sowohl die harten als auch die Schmierseifen desinfizierend. Die Wirkung muß den Seifen selbst und nicht dem freien Alkali zugeschrieben werden; das freie Alkali unterstützt aber in der wäßrigen Lösung die germizide Wirkung der Seife.

Die desinfektionssteigernde Wirkung der freien Alkali wurde etwas später von ROGENHAGEN[2] bestätigt; durch freie Fettsäuren wird die Desinfektionskraft der Seifen geschwächt.

Wärme fördert nach SERAFINI die Desinfektionswirkung, sowohl direkt als auch durch Erhöhung der Löslichkeit der Seife. Harz und die zum Strecken von Seifen verwendeten Mittel sollen die Desinfektionswirkung der Seifen herabsetzen. Die glycerinhaltigen Leimseifen sind weniger wirksam als die Kernseifen.

Nach JOLLES und REITHOFFER werden Cholerabakterien von einer 5%igen Seifenlösung in 15 Minuten, von einer 10%igen Lösung schon in 30 Sekunden getötet.

Auf Grund der Untersuchungen von H. REICHENBACH[3], welche später von H. A. GINS[4] bestätigt wurden, hat man den Seifen, insbesondere den Kaliseifen der gesättigten Fettsäuren weit größere bakterizide Wirkungen zugeschrieben als den Seifen der ungesättigten Fettsäuren. So waren nach REICHENBACHs Untersuchungen die Kaliseifen von Öl-, Linol- und Erucasäure nicht befähigt, *Escherichia coli* abzutöten, während das Kaliumstearat, -myristat und insbesondere das -palmitat stark germizid wirkten.

REICHENBACH machte ferner die wichtige Beobachtung, daß die Alkaliseifen der niederen Fettsäuren, die auch sonst noch nicht als Seifen anzusprechen sind, keine Desinfektionskraft äußern; die desinfizierende Wirkung nimmt zu mit dem Molekulargewicht der Fettsäuren und dem Grade der Hydrolyse der Seife in Wasser.

Später wurde aber festgestellt, daß auch die ungesättigten Seifen germizid, sogar stark germizid wirken können. Auch die überlegene Wirkung der Kaliseifen wurde von J. E. WALKER[5] bestritten; er hat zwischen der Desinfektionskraft des Kalium- und Natriumsalzes der gleichen Fettsäure keine größeren Unterschiede finden können. Derselbe Forscher fand aber große Unterschiede im Verhalten der Mikroben gegenüber den Seifen verschiedener Fettsäuren, sowohl gesättigter als auch ungesättigter.

Besonders empfindlich gegen Seifen der Laurinsäure, aber auch gegen die Alkalisalze der Öl-, Linol- und Linolensäure waren Pneumokokken; Streptokokken wurden erst bei einer höheren Seifenkonzentration getötet. *Escherichia coli, Eberthella typhi* und *Salmonella paratyphi* wurden dagegen in mäßigen Konzentrationen ($^1/_{20}$—$^1/_{40}$ n) von Laurat und Stearat getötet, während sie gegen Seifen von ungesättigten Fettsäuren sehr widerstandsfähig waren. Nach H. O. HETCHE[6] wirken die Seifen der Öl-, Linol- und Linolensäure germizid auf Staphylokokken und sind ohne Wirkung bei Colonbacillus.

---

[1] Arch. Hyg. Bakteriol. **33**, 369 (1898). [2] Chem.-Ztg. Rep. **25** (5), 44 (1901).
[3] Ztschr. Hyg. Infekt.-Krankh. **59**, 296 (1908).
[4] Chem. Umschau Fette, Öle, Wachse, Harze **28**, 48 (1921).
[5] Journ. infect. Dis. **35**, 557; **37**, 181; **38**, 127 (1924—1926).
[6] Ztschr. Immunitätsforschg. exp. Ther. **83**, 506 (1934).

M. Bayliss[1] berichtete folgendes über die Beziehung zwischen der Natur der Fettsäurekomponente der Seifen, ihrer germiziden Wirkung und der Art der Keime: Die Desinfektionswirkung der Seifen ist verschieden groß, je nach der Art der Infektionserreger. So sind Pneumokokken besonders empfindlich gegen die Seifen der Öl-, Linol-, Linolen- und Klupanodonsäure; weit weniger empfindlich sind sie gegen Seifen der Ricinolsäure und der gesättigten Fettsäuren. Gleich groß war dagegen die germizide Wirkung der Seifen von gesättigten und ungesättigten Fettsäuren gegenüber *Streptococcus lactis*.

Wie groß die germizide Kraft auch der ungesättigten Seifen sein kann, zeigt die Feststellung, daß die Vermehrung von Pneumokokken durch Natriumoleat in einer 100mal geringeren Konzentration verhindert wird als durch Natriumstearat oder Phenol.

Die Anzahl der Doppelbindungen im Molekül der Fettsäure scheint keinen Einfluß zu haben auf die Desinfektionskraft der Seife; so war Linoleat und Klupanodonat nicht wirksamer gegenüber Pneumokokken als das Alkalioleat.

Nicht gleichgültig ist dagegen die Lage der Doppelbindungen, denn die Seifen der Eläostearinsäuren waren ohne Wirkung auf Pneumokokken, während das Linolenat sich ebenso verhielt wie das Oleat.

Die keimtötende Wirkung von Alkalisalzen der α-substituierten Fettsäuren untersuchte A. H. Eggerth[2]. Die Seifen der α-Bromfettsäuren waren viel stärkere Desinfektionsmittel als die Alkalisalze der nicht substituierten Fettsäuren. Auch die Seifen der α-hydroxylierten Säuren wirken stark germizid.

Ein mächtiges Desinfektionsmittel scheint nach neueren Untersuchungen Natriumricinoleat in gewissen Fällen zu sein.

Das Wachstum von Pneumokokken und Streptokokken wird nach Larson und Mitarbeitern[3] durch kleine Konzentrationen von Ricinusölseife verhindert; Pneumokokken verlieren ihre pathogenen Eigenschaften in einer 0,1%igen Lösung dieser Seife. Gonokokken werden in ihrem Wachstum schon durch eine Ricinoleatlösung 1:200000 verhindert[4].

Die Bakterien des Verdauungstraktus sollen dagegen durch 0,1%ige Ricinoleatlösungen nicht beeinflußt werden[5]; die gleiche Konzentration der Ricinusölseife vernichte Streptokokken, genüge aber nicht zur Abtötung von Staphylokokken. Gegenüber Pneumokokken ist das Ricinoleat, wie schon angegeben, weniger wirksam als das Alkalioleat; letzteres erfordert eine Mindestkonzentration von 0,004%, während beim Oleat eine solche von 0,0004% zur Tötung genügt[6].

Ricinstearolsaures Natrium (das Acetylenanalogon des Ricinoleats) wirkt schwächer als Ricinelaidinat.

Von den Seifen unpaarer Fettsäuren zeigte das Natriumsalz der Undecylensäure germizide Eigenschaften erst in höheren Konzentrationen.

Harzseifen vermögen Pneumokokken in zehnmal geringerer Konzentration abzutöten als Phenol. Ähnlich verhalten sich die Alkalisalze der Chaulmoograsäure.

Die Desinfektionskraft der Seifen ist auch von der Wasserstoffionenkonzentration ihrer Lösung abhängig und soll bei den Salzen der höheren Fettsäuren im alkalischen, bei denen der niederen Fettsäuren im sauren p_H-Gebiet größer sein[7].

Größtes Interesse verdient die Beobachtung von Bayliss, daß die Sulfatestersalze (Alkylsulfate) desinfizierend wirken und Pneumokokken schon in 0,1%iger Konzentration zu vernichten vermögen.

Die Alkylsulfonate, wie Natriumlauryl- und Natriumoleylsulfat, entsprechen in ihren permiziden Eigenschaften den bestwirkenden Seifen von gesättigten Fettsäuren. Dies beweist, daß die Hydrolyse der Seifen in wäßriger Lösung und das freie Alkali mit der Desinfektionswirkung der Seifen in keinem engeren Zusammenhang stehen kann.

[1] Journ. Bacteriology **31**, 489 (1936).
[2] Journ. gen. Physiology **10**, 147 (1926); Journ. exp. Medicine **46**, 671 (1927); **49**, 53 (1929); **50**, 299 (1929); **53**, 27 (1931).
[3] W. P. Larson: Proceed. Soc. exp. Biol. Med. **19**, 62 (1921). — W. P. Larson u. E. Nelson: Ebenda **22**, 357 (1925).
[4] C. P. Miller u. R. Castles: Journ. Bacteriology **22**, 339 (1931).
[5] H. Violle: Compt. rend. hebd. Séances Acad. Sci. **197**, 714 (1933).
[6] L. A. Barnes u. M. Clarke: Journ. Bacteriology **27**, 107 (1934).
[7] Eggerth: Journ. gen. Physiology **10**, 147 (1926).

Die gallensauren Alkalisalze sind dagegen nur sehr schwache Desinfektionsmittel, ebenso die mineralischen Alkaliwaschmittel, wie die Alkalicarbonate, Alkaliphosphate u. dgl. mehr. In Gegenwart von Natriumoleat sollen aber diese alkalischen Waschhilfsmittel stärkere bakterizide Wirkungen zeigen; am günstigsten wirke eine Natriumoleatkonzentration von 0,1% beim p_H 10—12,6. Die Wirkung sei größer als die der reinen Oleatlösung[1].

Aus den hier referierten Beobachtungen über die Desinfektionskraft der Seifen darf natürlich nicht gefolgert werden, daß das Waschen mit Seife zur Sterilisierung der Haut genüge. Wie bereits erwähnt, kann sich die Desinfektionskraft der Seifen beim Waschen nur in bescheidenem Maße auswirken, weil der Vorgang sehr kurz ist und die Seife schnell mit Wasser abgespült wird. Durch Änderung der Applikationsart und durch verschiedene Zusätze kann aber die Seife mit einigem Erfolg als Vorbeugungs- und als Heilmittel gegen gewisse Hauterkrankungen dienen.

c) Die Anwendung der Seifen in der Therapie.

Die Anwendung der Seifen in der Medizin gründet sich nicht nur auf ihrer reinigenden und milden Desinfektionswirkung; auch ihre Fähigkeit, die Haut zu reizen, wird verwertet. Vor allem aber dient der Seifenkörper als Träger, Lösungsvermittler und Verteilungsmittel für gewisse, in der Seife nicht zersetzliche spezifische Heil- oder Desinfektionsmittel, welche auf die Haut einwirken sollen. Das Anwendungsgebiet umfaßt also sowohl reine wie mit Heilmitteln gemischte Seifen.

Die hornschichterweichende Wirkung der Seifen wird zur Heilung von Hornschichtverdickungen, Ekzemen u. dgl. verwertet, sei es durch häufige Waschungen oder durch Auftragen von Schmierseifen oder seifenhaltigen Salben. Energische Einwirkungen der Seife haben die Loslösung der Hornschicht, die „Schälung", zur Folge. Dies ruft man bei gewissen Erkrankungen mit Absicht hervor, um mit der Hornschicht auch Krankheitskeime (Hautpilze) zu entfernen, zur Heilung der Akne usw. Mitunter nimmt man die Schälung aus rein kosmetischen Gründen vor („Schälkuren"). Meist setzt man solchen Seifen allerdings besondere Mittel zu, wie Salicylsäure, β-Naphthol, Schwefel usw.

Zur Resorption der Heilmittel durch die Haut eignen sich seifenhaltige Salben besser als Seifen. Ein bekanntes Präparat ist beispielsweise das bei Rheuma verwendete, salicylsäurehaltige *Rheumasan*.

Die durch tieferes Eindringen der Seifen bis in die lebenden Hautzellen hervorgerufenen Entzündungen werden zur Beeinflussung gewisser Krankheitsvorgänge benutzt, so z. B. bei skrophulösen Drüsen, Hauttuberkulose u. dgl.

Auf dem Prinzip der Hautreizung beruht die Anwendung von gewissen seifenhaltigen Linimenten (*Opodeldok*, *Seifenbalsam*), hauptsächlich für Einreibungen bei rheumatischen Leiden. Außer Seife enthalten solche Präparate noch andere Hautreizmittel, wie Ammoniak, Campher, ätherische Öle. Anderseits werden gewisse hautreizend wirkende Heilmittel, wie Chrysarobin, Teer u. dgl., durch Verwendung in Form von Seife in der Reizwirkung gemildert.

Durch bloßes Waschen lassen sich natürlich mit den reinen oder medikamentösen Seifen keine großen Heilwirkungen erzielen. Man kann aber ihre Wirkung steigern, wenn man den Seifenschaum auf der kranken Haut eintrocknen läßt und ihn erst nach einiger Zeit mit einem Tuch abreibt.

Bei gewissen akuten Entzündungen vermag die Seife die Eiterung zu beschleunigen. So ist das Baden in Seifenwasser, Pinseln mit Seifenspiritus oder

---

[1] A. R. CADE u. H. O. HALVORSON: A. P. 1901434.

Einreiben mit Schmierseife ein bekanntes Hausmittel bei noch nicht durchbrochenen Furunkeln usw.

Innerlich findet Seife Verwendung zur Bereitung von Pillen. Darreichung von Seifenwasser ist ein leicht zur Hand befindliches Gegenmittel bei Säurevergiftung. Seifen reizen die Schleimhaut und wirken abführend. Diese Wirkung der Seifen benutzt man zum Einlaufenlassen von Seifenlösungen in den Mastdarm, zur Bereitung von Suppositorien usw.

Bekannt ist die gallentreibende Wirkung der Seifen; besonders wirksam soll ölsaures Natrium als Gallensteintreibmittel sein.

Bei Einspritzen in die Blutbahn wirken die Seifenlösungen stark toxisch, vor allem durch Lösen der roten Blutkörperchen.

d) Seifen mit Zusätzen von Desinfektions- und Heilmitteln.

Die Zusatzstoffe für medikamentöse Seifen müssen folgenden Bedingungen entsprechen:

1. Sie dürfen mit dem Seifenkörper und dem in der Seife enthaltenen Wasser nicht reagieren. Sie dürfen auch nicht mit dem freien Alkali der Seife und dem bei Auflösung der Seife gebildeten Alkali in Reaktion treten, mit anderen Worten: die Zusätze müssen in der Seife ihre Wirkung beibehalten.
2. Die Zusätze dürfen sich nicht verflüchtigen.
3. Die Zusätze sollen Haut und Wäsche nicht färben oder fleckig machen.
4. Sie sollen, soweit sie für die Hautbehandlung als Zusätze zu Toiletteseifen verwendet werden, keinen unangenehmen Geruch haben. In Desinfektionsseifen für chirurgische Instrumente, Räume u. dgl. stört natürlich der Geruch weniger.

Als Grundseifen werden meist gute, neutrale Toiletteseifen verwendet; die Medikamente werden den Seifen in der Misch- oder Piliermaschine zugesetzt.

Die salbenartigen Seifen (vorwiegend Kaliseifen) werden als Grundkörper für Salben u. dgl. verwendet. Die festen Grundseifen bereitet man hauptsächlich aus Schweinefett, Olivenöl u. dgl. Aber jede gute Grundseife ist brauchbar. Für flüssige Seifen werden meist alkoholische Seifenlösungen verwendet. Feste Kaliseifen verwendet man selten, wenn auch Kaliseifen leichter von der Haut resorbiert werden sollen als Natronseifen.

Eine Überfettung der pilierten Seifen, zwecks Milderung der Alkaliwirkung, ist unzweckmäßig, wenn das Arzneimittel die Fettschicht durchdringen soll; alle sonstigen Zusätze zur Seife sind eher schädlich als nützlich.

Von den vielen Seifen des D. A. B. seien hier zwei Beispiele für eine feste Seife und eine Schmierseife, *Sapo medicatus* und *Sapo kalinus venalis*, genannt. Sapo medicatus ist eine aus Schmalz und Olivenöl bereitete Natron-Kernseife, Sapo kalinus venalis eine aus Leinöl bereitete Kalischmierseife.

1. Phenolhaltige Seifen.

Die Desinfektionskraft der Phenole nimmt zu in der homologen Reihe von Phenol zu Kresol, Xylenol, Thymol usw.; in der gleichen Reihenfolge nimmt ihre Giftigkeit ab, Die am stärksten antiseptisch wirkenden Phenole sind also zugleich die am wenigsten giftigen[1]. Die höher siedenden sauren Teerölfraktionen haben deshalb die beste Desinfektionswirkung.

Mit Ausnahme von Phenol, das zu etwa 6% in Wasser löslich ist, sind die übrigen Phenole schwer oder unlöslich in Wasser. Ihr Zusatz zur Seife hat den Zweck, die Löslichkeit zu erhöhen (vgl. Über die Löslichkeit der Phenole in

[1] J. GIBSON: Journ. Soc. chem. Ind. **55**, 107 (1936).

Seifen s. S. 74). Anderseits wird die germizide Wirkung der Phenole durch die Gegenwart der Seifen häufig abgeschwächt. Sie setzen sich mit dem freien Alkali zu unwirksamen Phenolaten um und werden auch durch den Seifenkörper selbst in ihrer Wirkung geschwächt. Um also gut wirkende Präparate herzustellen, ist ein höherer Phenolzusatz zur Seife erforderlich. Die Phenole wirken auf den Seifenkörper erweichend und verflüssigend. In harten Seifen ist nur ein Zusatz von wenigen Prozenten an Phenolen möglich. Wirksame Präparate müssen aber viel Phenol enthalten, und aus diesem Grunde werden die bekanntesten Phenolseifen in flüssiger Form hergestellt.

Das erste Glied der homologen Reihe, das *Phenol* (Carbolsäure), hat für die Herstellung dieser Präparate nur untergeordnete Bedeutung: Es ist, abgesehen von der verhältnismäßig geringen Desinfektionswirkung, sehr giftig und reizt die Haut, wenn die Seife mehr als 3% Phenol enthält. In dieser geringen Konzentration vermag es aber nicht antiseptisch zu wirken.

Die größte Bedeutung hat das nächsthöhere Homologe, das *Kresol*, welches als Rohkresol, ein Gemisch der drei Isomeren, Bestandteil der wichtigsten Desinfektionsseifen dieser Reihe ist. Es kann im heißen, flüssigen Seifenleim leicht in jeder Menge gelöst werden. Die Handelspräparate, von denen *Lysol* das verbreitetste ist, enthalten bis 50% Kresol und mehr. Die Wirkung der Phenole in Seifen hängt vom Verhältnis der beiden Komponenten ab und scheint beim ungefähren Verhältnis 1 Phenol : 1,25 Seife ein Optimum zu erreichen.

Nach R. Voss[1] spielt auch die Natur der Seife beim Zustandekommen der antiseptischen Wirkung der Phenolseifen eine wichtige Rolle. Die Alkaliseifen der ungesättigten Fettsäuren sollen sich viel weniger eignen als die Seifen von gesättigten Fettsäuren.

Das Lysol[2] wird hergestellt durch Verseifen eines Gemisches von Leinöl und Rohkresol mit Kalilauge in Gegenwart von wenig Alkohol in der Siedehitze. In gleicher Weise kann das offizinelle Präparat *Liquor cresoli saponatus* erhalten werden; nach der Vorschrift des D. A. B wird Kresol in die Kalischmierseife bei Wasserbadtemperatur eingerührt, bis eine homogene Mischung entsteht. Vor der Verwendung müssen die Präparate mit Wasser zu einer 5—10%igen Lösung verdünnt werden[3]. Ein bekanntes Präparat ist ferner das *Kreolin*, bestehend aus einer in Harzkaliseife gelösten kresolreichen Teerfraktion. An Stelle der freie Phenole enthaltenen Präparaten werden als Desinfektionsmittel Seifen vorgeschlagen, welche die Doppelverbindungen der Phenolate mit freiem Phenol enthalten. Solche Präparate sollen sich, wie das Kresolnatrium + Kresol enthaltende *Metaklin*[4], zur Herstellung von festen Stückseifen eignen.

Hohe Desinfektionskraft besitzen das *Thymol* und die *Xylenole*. Aber auch ihre Wirkung reicht zur Herstellung von geeigneten festen Seifenpräparaten nicht aus. Weniger wirksam in Seifen sind die *Naphthole*.

Wesentlich wirksamer als die Phenole sind ihre Halogensubstitutionsprodukte, und zwar nimmt ihre Desinfektionskraft mit Zunahme der Zahl der am aromatischen Kern haftenden Halogenatome zu. Die Halogenphenole haben jetzt große Bedeutung für die Herstellung von Phenolseifen und zeigen, abgesehen von der größeren Desinfektionswirkung, noch eine Reihe von Vorzügen: Sie riechen weniger scharf als die freien Phenole und vertragen sich besser mit dem Seifenkörper. Manche Halogenphenole behalten sogar ihre volle Wirksamkeit in al-

---

[1] Seifensieder-Ztg. **60**, 855 (1933). [2] D. R. P. 52129.
[3] W. Schrauth: Handbuch der Seifenfabrikation, 6. Aufl., S. 609. Berlin: Julius Springer. 1927. [4] Seel: Ztschr. angew. Chem. **19**, 271 (1906).

kalischer Mitte. Besonders stark antiseptisch wirkt *Tribromphenol*[1]. Am häufigsten verwendet man aber *p-Chlor-m-kresol*. Halogenphenole enthaltende Seifenpräparate sind *Phobrol* (50% Chlorkresol)[2], *Sagrotan*[3], eine Lösung von Chlor-m-kresol und Chloroxylenolen in Seife, u. a.

Eine feste Seife erhält man durch Neutralisation von 6 Teilen Stearin und 5 Teilen p-Chlor-m-kresol in 70 Teilen Alkohol mit einer alkoholischen Lösung von 0,87 Teilen NaOH in der Wärme und Erstarrenlassen der Masse in Formen[4]. Die Seife ist transparent, verliert aber Alkohol beim Lagern.

Die halogensubstituierten β-Naphthole sind ebenfalls sehr wirksam, gleichzeitig ungiftig und geruchlos[5]. In Verwendung sind *Brom-β-naphthol* usw.[6]. Die Anwendung von *Tetrabromkresol* hat McCULLOCH[7] vorgeschlagen.

Die mehrwertigen Phenole, wie *Resorcin*, *Pyrogallol* u. dgl. haben viel geringere Desinfektionskraft als die einwertigen und werden kaum zu Seifen verarbeitet.

In den Vereinigten Staaten verwendet man als mildes Antiseptikum für Seifen auch Fettsäurephenolester, ferner *o-Chlorphenylphenol-Na*, dessen Phenolkoeffizient 37—38 betragen und in einer Menge von 1—2% bereits wirksam sein soll[8].

2. Teerseifen.

In der Hauttherapie spielen die Teere und Teerpräparate seit undenklichen Zeiten eine hervorragende Rolle. Für die Herstellung von Teerseifen dienen sowohl aus dem Steinkohlenteer als auch aus dem Teer von Laub- und Nadelhölzern gewonnene Produkte. Erstere enthalten vorwiegend Phenole, Kohlenwasserstoffe, Stickstoffbasen usw. In den Holzteeren sind außer Phenolen, Kohlenwasserstoffen usw. größere Mengen organischer Säuren enthalten.

Von den Bestandteilen des Steinkohlenteeres wirken außer den Phenolen und den Schwefelverbindungen wahrscheinlich auch die höher siedenden Kohlenwasserstoffe, vor allem die Naphthalinkohlenwasserstoffe antiseptisch.

Die Teerprodukte müssen, wenn sie den Seifen zugesetzt werden sollen, von den klebenden, unangenehm riechenden und färbenden Bestandteilen nach Möglichkeit und ohne Abschwächung der Wirkung gereinigt werden. Die gereinigten Präparate sind meist Gemische von Phenolen, Kreosoten und Kohlenwasserstoffen usw. Die sauren Teerprodukte halten sich in Seifen besser als die Phenole, vor allem sind sie weniger alkaliempfindlich.

Ein älteres, veredeltes Teerpräparat, welches auch heute noch für die medizinischen Seifen Bedeutung hat, ist das *Anthrasol*[9], welches aus Steinkohlen- und Wacholderteer hergestellt wird und im wesentlichen aus Phenolen und Kohlenwasserstoffen besteht; das Präparat hat helle Farbe, milden Geruch und färbt nicht Haut und Wäsche. Ein ähnliches Präparat ist das aus Steinkohlenteer bereitete *Liantral*[10] (Beiersdorf & Co.). Ein geruchloses und ungiftiges Teererzeugnis ist das *Pitral* (Lingnerwerke), ein von den sauren Bestandteilen befreites Nadelholzteerpräparat. Das bekannte Haarpflegemittel

---

[1] BECHHOLD u. EHRLICH: Ztschr. physiol. Chem. **47**, 173 (1916).
[2] D. R. P. 244827.
[3] LAUBENHEIMER: Med. Klin. **1933**, Nr. 7.
[4] Vgl. R. VOSS: A. a. O.
[5] Vgl. den Bericht über Halogenphenole in Seifen von R. VOSS, a. a. O.
[6] D. R. P. 452183.
[7] A. P. 942183.
[8] J. AUGUSTIN: Manufact. chem. pharm. cosm. & Perf. Tr. Journ. **1935**, 385. — H. O. HALVARSON, M. BAYLISS, E. J. ORDAL u. J. L. WILSON: Soap **11**, Nr. 5, 25 (1935).
[9] Knoll & Co.: D. R. P. 166975.
[10] W. SCHRAUTH: Handbuch der Seifenfabrikation, 6. Aufl., S. 603. Berlin. 1927.

Pixavon ist ein Gemisch von Pitral mit flüssiger Kaliseife; es soll bei Seborrhöe und anderen Haarerkrankungen gute Dienste leisten.

Auch durch chemische Einwirkung, vor allem durch Kondensation mit Formaldehyd, wird versucht, dem Teer die unangenehmen Eigenschaften zu nehmen. Ein solches Produkt ist beispielsweise das Nadelholzteerpräparat *Pittylen*, ein gelbbraunes, schwach riechendes Pulver, leicht löslich in verdünnten Laugen und Seifenlösungen. Die Pittylenseifen haben sich nach M. JOSEPH[1] bei verschiedenen Hautkrankheiten gut bewährt; sie reizen nicht die Haut, wirken aber, wie der Teer selbst, juckreizstillend und keratoplastisch. Ein ähnliches, aus Laubholzteer bereitetes Präparat ist das *Empyroform*. Hohe Desinfektionskraft besitzen die Buchenholzphenole, die Kreosote.

Die Herstellung der festen Teerseifen erfolgt gewöhnlich durch Vermischen der Seifen mit dem Teerprodukt in der Piliermaschine. Für flüssige Teerseifen eignet sich nach W. SCHRAUTH eine Olivenölkaliseife am besten.

3. Schwefelseifen.

Schwefel wirkt antiseptisch und schwach reduzierend. Er kann nach W. SCHRAUTH[2] mit Erfolg bei Seborrhöe, Akne, Psoriasis u. dgl. verwendet werden. Auch beeinflußt er die durch diese Krankheiten vielfach gestörte Talgdrüsenfunktion in günstiger Weise.

Die Seifen werden meist durch Vermischen mit 3—10% Schwefel in der Piliermaschine hergestellt. Je feiner der Schwefel verteilt und je leichter er der Oxydation zugänglich ist, desto größer ist seine Wirkung in den Seifen. Freies Alkali macht den Schwefel unwirksam, die Seifen müssen also möglichst neutral sein. Von den verschiedenen Modifikationen des Schwefels ist kolloider Schwefel am besten geeignet[3], trotzdem aber seltener in Verwendung als Schwefelblumen u. dgl.

Von Schwefelverbindungen, welche zur Herstellung schwefelhaltiger Seifen dienen, ist das *Ichthyol* die wichtigste. Ichthyol enthält ca. 10% Schwefel und wird durch Destillation der schwefelreichen Schieferteerölfraktionen gewonnen; das Destillat wird mit konzentrierter Schwefelsäure sulfoniert und dann mit Ammoniak oder Alkalilauge neutralisiert. UNNA empfiehlt das Vermischen (Pilieren) von 1 Teil Ichthyol mit 9 Teilen Seife. Im allgemeinen enthalten die pilierten Ichthyolseifen 5—10% Ichthyol.

Ein weiteres organisches, für Schwefelseifen geeignetes Präparat ist das *Diphenyldisulfid* (*Mitigal*); es enthält nach J. M. VALLANCE[4] 25% wirksamen Schwefel und wird bis zu 6,5% den Seifen durch Pilieren zugemischt. Besonders wirksam soll es in Verbindung mit Birkenteeröl als Antiseptikum sein.

An Fettsäuren gebundenen Schwefel enthält das *Thiosapol*[5]. Die Seifen werden hergestellt durch Erhitzen von ungesättigten Fettsäuren oder Fetten mit Schwefel auf 120—160° und Verseifen der Reaktionsprodukte. Eine analoge, gebundenen Schwefel enthaltende Seife erhält man nach dem F. P. 629214 durch Erhitzen von Harz (500 Teile) mit Schwefel (125 Teile) auf ca. 160°, Verteilen des vermahlenen Produktes in Sodalösung und Verseifung bei 100°. Es ist noch eine ganze Reihe von Ichthyolersatzprodukten vorgeschlagen worden, welche im Gegensatz zum Ichthyol geruchlos sein sollen.

Kolloiden Schwefel enthaltende Seifen erhält man nach Angaben der Maschinenfabrik Humbold[6] durch Verseifen von Fetten mit Alkalipolysulfiden.

---

[1] Dermat. Ztrbl. **1905**, Nr. 3, 66.
[2] A. a. O. S. 624.
[3] KÜHL: Seifensieder-Ztg. **48**, 400 (1921).
[4] Soap **13**, Nr. 3, 25 (1937).
[5] J. D. RIEDEL: D.R.P. 71190.
[6] D.R.P. 424499.

Geruchlose, hell gefärbte Schwefelseifen können durch Zusatz von Thiocarbamiden während oder nach der Verseifung erhalten werden[1].

Die Alkalisulfide wirken vor allem als manchmal die Haut stark reizende Depilatorien. Bedeutung haben einige Präparate, wie das *Thiopinol*[2], ein aus Nadelholzölen und Alkalisulfiden hergestelltes Präparat. ·In wäßriger Lösung entwickeln die Alkalisulfidseifen Schwefelwasserstoff.

4. Formaldehydseifen.

Formaldehydgas ist eines der mächtigsten Desinfektionsmittel, welches die Schleimhäute stark reizt, aber verhältnismäßig wenig giftig ist. Eine 40%ige wäßrige Lösung des Formaldehyds ist das Formalin, welches nach Verdünnung seit langer Zeit zur Desinfektion von Räumen dient. Seine Reizwirkung verbietet die unmittelbare Verwendung des Formaldehyds zur Hautdesinfektion. Auch ist die Tiefenwirkung der verdünnten Lösungen gering.

In der Vereinigung mit Seife läßt sich nun die Desinfektionskraft des Formaldehyds weit besser ausnutzen. Der Aldehyd hält sich in Seifen schlecht, und es sind deshalb relativ hohe Formaldehydgehalte in der Seife notwendig.

Die bekannteste Seife dieser Art ist das *Lysoform*[3], hergestellt durch Einleiten von Formaldehyd in ein Gemisch von 60 Teilen Kaliseife und 24 Teilen wäßrigen Alkohols. Das Präparat ist flüssig, leicht löslich in Wasser und wirkt nicht reizend auf die Haut. In der klinischen Praxis findet es für Desinfektionszwecke reichliche Anwendung. Der Formaldehydgehalt beträgt nach ALLEMANN[4] ca. 6—15%; nach der Patentschrift 145390 sind 10—15 Teile Formaldehyd für das Präparat vorgesehen. Nach einer anderen Vorschrift[5] sind auf 25 Teile Kaliseife 18 Teile Alkohol, 3 Teile Formalin und 1 Teil Tannoform anzuwenden.

Der Formaldehydgehalt der flüssigen Seifenpräparate des Handels schwankt in den weitesten Grenzen, bis zur Höchstmenge von 70%.

In festen Seifen hält sich der Aldehyd sehr schlecht, u. a. infolge seiner Flüchtigkeit. Geeigneter ist für feste Seife ein Zusatz von *Paraformaldehyd*, welches beim Waschen, namentlich bei höheren Temperaturen, sich allmählich zu Formaldehyd depolymerisiert. Eine solche Seife ist z. B. das *Saparaform*.

Zur Erhöhung der Haltbarkeit und Wirkung des Formaldehyds in Seifen wurde wiederholt versucht, geeignete Kondensationsprodukte des Aldehyds mit verschiedenen organischen Verbindungen herzustellen, welche beim Waschen freien Aldehyd abspalten und von der Seife nicht zersetzt werden. Ob diese Abspaltung tatsächlich bei allen für diesen Zweck vorgeschlagenen Präparaten stattfindet (vgl. hierzu auch über Pittylen, S. 395), ist allerdings fraglich. Ein Präparat, welches bei Berührung mit der lebenden Haut Formaldehyd entwickeln soll, ist beispielsweise die *Amyloform* genannte Seife, welche ein Formaldehyd-Stärke-Kondensationsprodukt enthält; das Präparat hat den Vorteil der Geruchlosigkeit. Kondensationsprodukte des Formaldehyds mit Verbindungen der Terpen-, Naphthalin- und Phenolreihe enthält die *Septoformaseife*[6]; in *Parisol* und *Lysan* sind Kondensationsprodukte des Menthols, in *Phenyformasaponat* Phenolformaldehyd-Kondensationsprodukte enthalten.

BECKER[7] schlug die Verwendung der Kondensationsprodukte des Formaldehyds mit dem Fett des Seifenkörpers selbst vor.

Die Formaldehydpräparate werden hauptsächlich in Form von flüssigen Seifen gehandelt.

---

[1] D. R. P. 412424.
[2] D. R. P. 149826.
[3] D. R. P. 141744, 145390.
[4] Ztschr. analyt. Chem. **49**, 265 (1910).
[5] Seifensieder-Ztg. **65**, 901 (1938).
[6] Vgl. W. SCHRAUTH: A. a. O. S. 620.
[7] D. R. P. 385305.

5. Spiritusseifen.

Oberhalb einer gewissen Konzentration besitzt Äthylalkohol Desinfektionskraft, welche noch durch die gute Benetzungsfähigkeit gesteigert wird. Am günstigsten wirkt in Seifen eine Konzentration von 30—60%. Noch stärker desinfizierend wirkt Isopropylalkohol. Von den Pharmakopöen werden verschiedene Spiritusseifenerzeugnisse für die Desinfektion der Hände und als Grundseifen für verschiedene Heilmittel, vor allem die Linimente, vorgesehen. Der offizinelle „Seifenspiritus" (*Spiritus saponatus*) ist eine alkoholische Lösung von Olivenölkaliseife, bereitet aus 6 Teilen Olivenöl, 7 Teilen Kalilauge (D. 1,128), 30 Teilen 90%igen Alkohols und 17 Teilen Wasser. An Stelle von Alkohol kann Isopropylalkohol, dessen Desinfektionskraft höher ist, verwendet werden. Ein weiteres Präparat des D. A. B. ist der HEBRAsche Seifenspiritus (*Spiritus saponi kalini*), eine mit Lavendelöl parfümierte alkoholische Lösung von Leinölschmierseife.

Von den mit Seifenspiritus bereiteten Linimenten sei *Linimentum saponato-camphoratum, Opodeldok* genannt, eine gallertige, Ammoniak, Campher und ätherisches Öl enthaltende Lösung von ca. 10% Natronseife. Der Opodeldok wird zu Hauteinreibungen bei Rheuma u. dgl. verwendet.

6. Sonstige organische Zusätze zu medikamentösen Seifen.

Salicylsäureseifen. Die Salicylsäure ist ein schwächeres Desinfektionsmittel als die Phenole. Ihr Alkalisalz ist völlig wirkungslos. Die Salicylsäureseifen dienen aber nicht der Desinfektion, sondern als ein Mittel zur Resorption der Salicylsäure durch die Haut bei rheumatischen Erkrankungen; die Verbindung besitzt hohe keratolytische Wirkung. In Gegenwart von Wasser setzt sich Salicylsäure mit dem fettsauren Alkali zu Alkalisalicylat und freier Fettsäure um. Haltbar sind deshalb nur mit möglichst wasserfreier und neutraler Seife hergestellte Präparate. Man verwendet am besten trockene, überfettete Seifen.

Auch die *Ester der Salicylsäure* sind verwendbar, sie werden aber durch das Alkali ebenfalls zum Alkalisalz umgesetzt. Um sie auch in wasserhaltigen Seifen haltbar zu machen, empfiehlt F. W. NITARDY[1], eine Seife zu verwenden, welche neben Stearat usw. größere Mengen einer Alkali- oder Triäthanolaminseife der Ölsäure enthält, welch letztere die Salicylsäureester in der Seife stabilisieren soll. Eine solche Seife wird beispielsweise aus 81 Teilen Stearin, 33 Teilen 30%iger Kalilauge, 20 Teilen Kaliumoleat und 260 Teilen Wasser mit Zusatz von 75 Teilen Methylsalicylat hergestellt.

Ester der p-Oxybenzoesäure. Die von SABALITSCHKA zur Frischhaltung von Nahrungsmitteln vorgeschlagenen Nipagine sollen schon in geringen Mengen in Seifen sehr wirksam als Desinfektionsmittel sein. Nach J. AUGUSTIN[2] genügt ein Zusatz von 0,5% Methyl- oder 0,2% Propylester. Die Ester sind geruchlos und irritieren nicht die Haut, im Gegensatz zu den sonst für Seifen verwendeten antiseptischen Mitteln. Besonders wirksam soll der Benzylester der p-Oxybenzoesäure sein, der zweckmäßig den überfetteten Seifen zupiliert wird.

Weitere geeignete Zusätze für Desinfektionsseifen sind *Oxychinolinsulfat*, von dem 1% genügen soll; die Verbindung riecht aber unangenehm und färbt die Seife schwach gelb.

Hohe Desinfektionskraft haben die Salze der *Halogentoluolsulfonsäuren*. Die Dichlorsulfonsäure soll einen Rideal-Walker-Koeffizienten von 45 haben[3]. Beim Waschen zersetzt sich die Verbindung unter Bildung von Hypochlorit.

[1] A. Squibb & Sons: A. P. 1951737.
[2] Amer. Perfumer essential Oil Rev. **29**, 106 (1933).
[3] S. T. STÄHLE: Schwed. P. 72557.

Desinfektionsseifen, welche die Haut nicht reizen, können auch durch Zusatz von Chloramiden organischer Sulfonsäuren erhalten werden. Die ca. 4% *Chloramin T* (p-Toluolsulfochloramidnatrium) enthaltende *Clorinaseife* hat nach E. HERRMANN[1] desinfizierende und desodorisierende Eigenschaften.

Auch einige zur Seifenparfümierung verwendete Substanzen, wie Lavendelöl, Linalylacetat u. a. besitzen schwaches Desinfektionsvermögen.

Eine gewisse Rolle spielen ferner die *Petroleum*, *Naphthalin*, *Naphthensäuren* enthaltenden Seifen in der Medizin. Seifen mit Zusatz von *Preßhefepulver* werden gegen Furunkulose, *Pyrethrum*seifen in der Veterinärpraxis, Seifen mit *Tabakextrakt* gegen Ekzeme empfohlen. Stark antiseptisch soll in Seifen das Öl aus den Blättern von *Melaleuca alternifolia*, das *Titrol* (Rideal-Walker-Koeffizient gegen Phenol 11—13) wirken.

In den letzten Jahren wurden (wie nicht anders zu erwarten war) auch Zusätze von *Vitaminen* zu Seifen vorgeschlagen. Es ist aber recht zweifelhaft, ob das Waschen mit einer Ergosterin enthaltenden Seife Heilwirkungen bei Rachitis haben wird. Eine solche, *Vitamin D* enthaltende Seife wird von A. J. LORENZ und M. H. WODLINGER[2] (10 Einheiten auf 1 g Seife) empfohlen. *Vitamin F* enthaltende Seife soll in Amerika für die Hautpflege eingeführt sein[3] und auch in der deutschen Fachpresse[4] wird über günstige Hautwirkungen solcher Seifen berichtet.

Lecithin soll als Seifenzusatzmittel die Haut beleben und kräftigen[5]. Vor allem wird aber Lecithin infolge seines starken Emulgierungsvermögens die reinigende Wirkung der Seife steigern. Für fettarme, spröde Haut sind lecithinhaltige Seifen nach RUEMELE ungeeignet.

Mit diesem Bericht ist die Zahl der für Heil- und Desinfektionszwecke vorgeschlagenen Seifen mit organischen Zusätzen nicht erschöpft.

7. Seifen mit Quecksilberverbindungen.

Die hohe Desinfektionskraft des stark giftigen *Mercurichlorids* läßt sich wegen der leichten Zersetzlichkeit des Salzes in Gegenwart von Seife nicht gut ausnutzen. Das Sublimat setzt sich mit den fettsauren Alkalisalzen zur (unwirksamen) Quecksilberseife und freien Fettsäure um; die Quecksilberseife wird dann allmählich zu metallischem Quecksilber reduziert, welches die Seife grau färbt. Ähnlich verhalten sich die anderen Quecksilbersalze.

Brauchbar erwiesen sich nur gewisse Organomercuriverbindungen, in den das Quecksilber einerseits an das Kohlenstoffatom gebunden ist. Von diesen haben sich insbesondere das *Afridol*[6], das Natriumsalz der Oxyquecksilber-o-toluylsäure und das *Providol*[7], das o-Oxyquecksilberphenolnatrium seit vielen Jahren gut eingeführt. Beide Quecksilberpräparate werden von der Haut ohne Reizwirkung vertragen und sind nur schwach giftig. Die mit diesen Verbindungen vermischten Seifen eignen sich vorzüglich zur Desinfektion des Körpers, der klinischen Instrumente usw.

Von Lever Brother's Ltd.[8] wurden für Desinfektionsseifen aromatische Quecksilberverbindungen vorgeschlagen, deren Quecksilberatom einerseits an ein C-Atom, anderseits an ein anorganisches oder organisches Säureradikal gebunden ist. Solche Verbindungen sollen die Desinfektionskraft des Afridols besitzen und ungiftig oder nur sehr wenig giftig sein. Die Patentschrift erwähnt

[1] Pharmaz. Zentralhalle 74, 503 (1933).
[2] E. P. 403083.
[3] Soap 13, Nr. 3, 77 (1937). — S. auch K. GENNON: Soap 12, Nr. 11, 30 (1936).
[4] TH. RUEMELE: Seifensieder-Ztg. 60, 628 (1933).
[5] Fette u. Seifen 45, 687 (1938).
[6] I. G. Farbenindustrie A. G.: D. R. P. 216828.
[7] Providolwerke: D. R. P. 246880.
[8] E. P. 427324.

viele Phenylmercuriderivate der allgemeinen Formel $C_6H_5 \cdot Hg \cdot R$ (R = Säurerest), u. a. Phenylmercurinitrat, -arsenat, -acetat, -ricinoleat, -benzoat usw. Es genügt ein Zusatz von 0,1% zur Seife. Bedingung für die antiseptische Wirkung ist, daß die übrigen H-Atome des aromatischen Kerns oder der Seitenkette nicht substituiert sind.

8. Silber enthaltende Seifen.

Über die Desinfektionswirkung von silberhaltigen Seifen sind in zwei Patentschriften von W. SCHULENBURG folgende Angaben enthalten[1]. Die löslichen Silberverbindungen werden vom Seifenkörper zu metallischem Silber reduziert, welches die Seife und die Wäsche färbt und fleckig macht. Auch kolloides Silberoxyd oder Silberhydroxyd, hergestellt durch Fällen der in die geschmolzenen Seifen eingetragenen konzentrierten Silbersalzlösungen mit Alkali, ist nicht verwendbar, weil es ebenfalls in der Seife reduziert wird und die Wäsche verfärbt.

Bakterizid wirkende, die Haut und Wäsche nicht färbende Seifen erhält man durch Vermischen der trockenen Seife mit sehr feinem Silberpulver oder äußerst dünnen Silberflittern (Dicke 0,0002 mm). Die bakterizide Wirkung kommt durch die beim Waschen stattfindende Speicherung des Silbers in den Bakterien zustande (gleich dem Katadynverfahren)[2].

Die germizide Wirkung kann durch Behandeln des Silbers mit sauerstoffabgebenden Mitteln, wie Wasserstoffsuperoxyd, Kaliumpermanganat u. dgl., oder durch anodische Oxydation der Metalloberfläche gesteigert werden. In gleichem Sinne wirkt ein Zusatz von Perboraten zur Seife.

An Stelle des metallischen Silbers können auch schwer lösliche Silberverbindungen verwendet werden, welche allmählich Silberionen an die Seife abgeben. Unlösliche Silberverbindungen sind dagegen ungeeignet.

Zur Herstellung von Toiletteseifen werden die Seifenschnitzel vermahlen, mit dem Silberpulver vermischt und dann in Pressen geformt.

L. LOTZIN[3] empfiehlt die Verwendung von löslichen Silberkomplexsalzen, z. B. den ammoniakalischen Lösungen der Silbersalze, welche in dem Gemisch mit Seife durch Wärme zersetzt werden.

G. Die Überfettung, Parfümierung und Färbung von Toiletteseifen.

Von **E. KÖHLER**, Budapest[4].

An das Aussehen, den Geruch, die Neutralität und andere Eigenschaften der Toiletteseifen werden weit höhere Forderungen gestellt als bei den Haushaltseifen. Um diesen Forderungen zu genügen, sind besondere Manipulationen notwendig, welche nachfolgend beschrieben werden.

1. Die Seifen sollen eine milde Wirkung auf die Haut ausüben; man erreicht dies durch die Überfettung, also durch Mischung der getrockneten Grundseifenspäne oder der Leimseife mit fettartigen Produkten.

2. Die Seifen sollen einen angenehmen Duft besitzen; sie erhalten ihn durch die Parfümierung, d. h. durch Mischung der getrockneten Grundseifenspäne mit Kompositionen (Mischungen) aus natürlichen und künstlichen Riechstoffen.

3. Die Seifen sollen durch ihr ansprechendes Äußeres bestechen, wozu neben einer bestimmten Form eine entsprechende Farbe gehört, die ihnen durch Ver-

---

[1] Deutsche Gold- u. Silber-Scheide-Anstalt: D. R. P. 592090, 632825.
[2] S. auch A. FOULON: Seifensieder-Ztg. **65**, 92 (1938).
[3] D. R. P. 609336.
[4] Das Material für diesen Abschnitt hat E. SCHIFTAN zur Verfügung gestellt.

mischen der Grundseifen bei den pilierten oder Rühren der kaltgerührten Seifen mit Farblösungen oder unlöslichen Pigmentfarben verliehen wird.

Während die erste der genannten Manipulationen mit wenigen Ausnahmen auf die Herstellung der pilierten Seifen beschränkt bleibt, werden die beiden anderen auch bei den als Leimseifen erstellten Toiletteseifen — die Parfümierung gelegentlich sogar bei Haushaltwaschseifen — vorgenommen.

Die Beschreibung der notwendigen Hilfsmittel und maschinellen Einrichtungen ist bereits an anderer Stelle erfolgt; auch kann bei der großen, leicht zur Verfügung stehenden Literatur über das Gebiet der ätherischen Öle und der Riechstoffe sowie deren Anwendung auf die Seifenparfümierung von der Beschreibung der Gewinnung und der Eigenschaften dieser Produkte, ferner auch von der Anführung von Rezepturen abgesehen werden.

a) Die Überfettung der Toiletteseifen.

Die Überfettung der Toiletteseifen wird vorgenommen, um die beim Waschen durch Hydrolyse auftretende Alkalität in der Wirkung auf die menschliche Haut zu mildern und um ihnen die Eigenschaft der Geschmeidigkeit zu verleihen. Als Überfettungsmittel kommen schwer verseifbare Fettstoffe und Mineralölprodukte zur Anwendung, sowie auch unoxydable Fettsäuren, Fettalkohole, Wachsester oder andere derartige Verbindungen. Bei der Auswahl der zur Verfügung stehenden, zum Überfetten geeigneten Stoffe müssen folgende Anforderungen unbedingt gestellt werden.

1. Absolute Neutralität.
2. Die geschmeidig machende Wirkung auf Seife und Haut.
3. Unveränderlichkeit gegen Luft, Alkali und Wasser.

Die meistverwendeten Überfettungsmittel sind die folgenden:

a) *Schwer verseifbare Wachsester.* Das bekannteste Produkt dieser Gruppe ist das Lanolin oder Wollfett (Adeps lanae anhydricum). Von diesem setzt man den Grundseifenspänen in der Mischmaschine bis 5% hinzu. Im allgemeinen entspricht das Lanolin allen Anforderungen, die man an ein Überfettungsmittel stellt. Als Nachteile wären nur der relativ hohe Preis (bei der Verwendung für billige Toiletteseifen) und der starke Eigengeruch zu nennen. In letzter Zeit stehen zwar bereits ziemlich geruchsschwache Wollfettqualitäten zur Verfügung, doch ist die vollkommene Desodorisierung noch nicht gelungen. Auch die Haltbarkeit des Wollfettes ist nicht unbegrenzt.

b) *Mineralölprodukte.* Hier sind es besonders Vaseline und flüssiges Paraffin, die als Überfettungsmittel Verwendung finden können. Ihr besonderer Vorzug besteht in ihrer unbegrenzten Haltbarkeit. Die geschmeidig machende Wirkung auf die Haut ist zwar genügend groß, doch nicht so gut wie bei Lanolin, das von der Haut besser resorbiert wird als die Mineralölprodukte, welche nur eine Oberflächenwirkung äußern. Der Zusatz soll sowohl bei Vaseline als auch bei Paraffinum liquidum nicht über 3% der Grundseifenmenge betragen, da ein zu großer Prozentsatz die Schaumkraft vermindert.

c) *Nicht oder schwer oxydierbare Fettsäuren,* welche ihres sauren Charakters wegen nur zur Neutralisation eines Überflusses an freiem Alkali benutzt werden sollen und nicht zur eigentlichen Überfettung. Außer dem Stearin ist der typische Vertreter dieser Gruppe von Überfettungsmitteln die Ricinolsäure. Je nach dem Gehalt der Grundseife an freiem Alkali kann die nötige Zusatzmenge der Ricinusölsäure errechnet werden, um auf diese Weise eine nachträgliche, teilweise Neutralisation der Grundseife zu erzielen. Die Neutralisation geht dabei in dem Pilierungsprozeß sehr gut vonstatten und man wendet dieses Überfettungsmittel daher speziell dort an, wo man durch ein bestimmtes Siedeverfahren eine verhältnismäßig stark abgerichtete Grundseife erhält. Richtig ist es, wenn man mit Stearin oder Ricinusölsäure nur den Alkaliüberschuß neutralisiert und für die Überfettung Lanolin oder Vaseline benutzt. In den meisten Fällen verwendet man allerdings außer Ricinusölsäure noch Lanolin oder Vaseline.

d) *Nicht oder kaum ranzig werdende Fettsäureester.* In diese Gruppe fallen in der Hauptsache die Fettsäureglykolester, wie Diäthylenglykolstearat, Diäthylenglykolricinoleat, oder die entsprechenden Monoglykolester. Sofern diese Stoffe wirklich neutral sind, ist ihre Verwendung sehr zu empfehlen. Sie machen die Seife geschmeidig und beeinträchtigen nicht die Schaumkraft.

Besonders bewährt hat sich auch (extrahierte) Kakaobutter. Dieses Fett ist, auch im unverseiften Zustand angewandt, jahrelang haltbar.

e) *Verschiedene Präparate.* Z. B. verwendet man zum Überfetten emulgierte Wachspräparate, wie mit Boraxlösung emulgiertes Bienenwachs, das in Mengen von 1—2% der Grundseife einpiliert wird. Beim Waschen mit solchen Seifen überzieht sich die Haut mit einer ganz dünnen Wachsschicht, die ein Gefühl von Weichheit hervorruft.

Auch Lecithin eignet sich zur Überfettung von Seifen[1]. Allgemein üblich ist ferner die Verwendung von Fettalkoholen mit 16—20 Kohlenstoffatomen (Cetylalkohol, Oleinalkohol usw.).

Die Überfettungsmittel werden am besten im geschmolzenen Zustand mit den Seifenspänen in der Mischmaschine verarbeitet.

b) Die Parfümierung von Toiletteseifen.

1. Allgemeine Richtlinien.

Die Parfümierung der pilierten Toiletteseifen geschieht durch Vermischen der getrockneten Grundseifenspäne mit Kompositionen aus natürlichen oder synthetischen Riechstoffen in der Mischmaschine. Diese Kompositionen werden entweder nach dem Vorbild der natürlichen Blumengerüche zusammengestellt oder sind reine Phantasieerzeugnisse. Für den Aufbau dieser Kompositionen ist nicht nur der zu erzielende Geruchscharakter maßgebend; zu berücksichtigen ist noch ihre Haltbarkeit und ihre Einwirkung auf den Seifenkörper. Besonders die gegenseitige Einwirkung von Geruchsstoffen und Grundseife aufeinander ist von wesentlicher Bedeutung für den Parfümierungsprozeß und ihre Kenntnis ist Voraussetzung für die Herstellung eines Seifenparfüms. Diese Einwirkungen können folgender Natur sein:

1. Veränderungen der physikalischen Eigenschaften, wie Löslichkeit, Quellung, Oberflächenspannung und daher Emulgierungsfähigkeit der Seifen, die allerdings meist nur gering sein werden und in kaum merklichem Maße bei der Härte, Viskosität, Hygroskopizität, Dichte usw. auftreten dürften. Wichtiger sind die Veränderungen der Seifenstruktur, die sich in erhöhter Sprödigkeit des Seifenkörpers äußern, wodurch schlechtere Pilierfähigkeit und Streifenbildung im Seifenstrang verursacht wird.

2. Chemische Veränderungen des Seifenkörpers und der Riechstoffe, vor allem durch Umsetzung hervorgerufene Färbungen, die dann durch den ganzen Seifenkörper hindurchgehen und die nicht notwendigerweise mit dem Auftreten von Ranzidität verbunden sein müssen. Durch sauer reagierende Geruchsstoffe oder solche, die bei der Umsetzung stärker dissoziierende Säuren freimachen (z. B. Ester der niederen Fettsäuren, wie Essigsäure), kann es aber auch zu einer Veränderung der Reaktion der ursprünglich beinahe neutralen oder sogar schwach

[1] LEDERER: Seifensieder-Ztg. **60**, Nr. 51 (1933).

alkalischen Seife kommen, indem diese nicht nur neutralisiert wird, sondern auch freie Fettsäure auftritt[1]. Die Folge ist die gefürchtete Ranzidität der Seife, die sich neben dem typischen Geruch auch durch Verfärbung kundgibt, die dann jedoch meist (wie dies auch an anderer Stelle dieses Buches hinsichtlich der katalytischen Wirkung von Metallen geschildert wird) lokal begrenzt ist (Fleckenbildung). Aber auch ohne eine solche Reaktionsänderung kann Ranzidität und ihre Folgeerscheinungen durch Geruchsstoffe hervorgerufen werden, welche als Sauerstoffüberträger wirken, wie Terpene und Sesquiterpene, so daß sich zunächst freie Fettsäuren bilden und diese in oxydierte Fettsäuren übergehen, besonders dann, wenn im Fettansatz der Seife höher ungesättigte Fettsäuren oder deren Glyceride vorhanden waren.

War bisher von der Veränderung der Seifeneigenschaften durch Geruchsstoffe die Rede, so muß nun auch die Einwirkung des Seifenkörpers auf die Duftstoffe kurz besprochen werden. Hier sind es wahrscheinlich nicht so sehr chemische Reaktionen, die den Geruchscharakter der Duftstoffe beeinflussen, sondern es dürften Adsorptionserscheinungen sein, indem sich vielleicht die Nebenvalenzen der maßgebenden (osmophoren = geruchgebenden) Gruppen im Riechstoffmolekül an die polaraktive Gruppe der Seife durch Oberflächenkräfte binden. In anderen Fällen wird die kolloide Verteilung des Geruchsstoffes durch die Seife und die demgemäß erhöhte Oberflächenaktivität beschleunigend auf die Oxydation durch den Luftsauerstoff wirken und der Grund für Geruchsänderung und Haltbarkeitsverminderung sein. Unter allen Umständen aber muß bei der Zusammensetzung der Parfüme mit der Tatsache gerechnet werden, daß fast ausnahmslos eine Komposition in der Seife anders riecht als im ursprünglichen Zustand, auch dann, wenn dies nicht durch einen Eigengeruch der Seife (wie beispielsweise bei der Verwendung von Palmöl im Ansatz) bedingt ist.

Ein Teil der Veränderungen im Geruchscharakter und in der Haltbarkeit ist jedoch jedenfalls auch chemischen Einflüssen zuzuschreiben, da ja die Seifen aus den an anderer Stelle angegebenen Gründen niemals absolut neutral sein können, sondern einen gewissen Alkaliüberschuß enthalten müssen; hierzu kommt in besonderen Fällen noch ein gewisser Gehalt an anderen Elektrolyten und Nichtelektrolyten (Glycerin, Überfettungsmittel usw.). Stets muß auch hier bedacht werden, daß die im heterogenen Medium zwar sehr geringen Reaktionsgeschwindigkeiten durch die kolloide Verteilung starke Erhöhung erfahren können.

Weiter ist auch eine Hervorrufung oder Verstärkung von hautreizenden Eigenschaften der Seife, sei es durch chemische Einwirkung der Geruchsstoffe oder auch durch deren bloße Anwesenheit, möglich.

Die Vermeidung aller dieser unangenehmen Einwirkungen sind die wichtigsten Aufgaben bei der Zusammensetzung des Seifenparfüms.

Meist sind es nur einzelne Bestandteile der Kompositionen, die eine der angeführten schädlichen Eigenschaften besitzen und die dann die Verwendung der ganzen Komposition in Frage stellen. Es ist daher erforderlich, die wichtigsten Bestandteile der zur Parfümierung von Seifen verwendeten Kompositionen zu kennen und ihre Eigenschaften in bezug auf Geruch sowie physikalisches und chemisches Verhalten gegenüber den Seifen zu charakterisieren.

Die Rohstoffe zur Herstellung des Seifenparfüms kann man in folgende Klassen einteilen:

1. *Reine ätherische Öle.* Diese sind flüchtige aromatische Öle, die durch Destillation mit Wasserdampf, Enfleurage und andere Methoden aus Pflanzen-

[1] Ausführlichere Darstellung siehe Lederer: Seifensieder-Ztg. **57**, Nr. 17 (1930), und Beiblatt „Der Parfümeur" **1930**, Nr. 39ff.

organen, Harzen, Balsamen oder Hölzern gewonnen werden und aus Gemischen von Verbindungen der aliphatischen, hydroaromatischen und aromatischen Reihe bestehen.

2. *Extraktionsprodukte*, sog. *Concrets*, *Essenzen* und *Resinoide*. Sie werden durch Extraktion mit flüchtigen oder übergangsweise nichtflüchtigen Lösungsmitteln aus Pflanzen, Harzen, Balsamen, Hölzern oder tierischen Rohstoffen gewonnen. Hierbei unterscheidet man alkoholunlösliche Produkte, die außer dem ätherischen Öl noch das natürliche Pflanzenwachs oder das nichtflüchtige Lösungsmittel (Fett u. dgl.) enthalten und meist als „Concrets“ bezeichnet werden, und die alkohollöslichen Essenzen und Resinoide.

3. *Tierische Sekrete*. In der Seifenindustrie verwendet man nur Extrakte aus Zibeth und „Castoreum“; in der Parfümerie außerdem noch Moschus und Ambra. Sie wirken hauptsächlich als Fixiermittel, aber auch abrundend auf das Parfüm.

4. *Riechstoffe*, das sind synthetisch hergestellte Verbindungen; sie werden als „künstliche Riechstoffe“ bezeichnet.

Die individuellen ätherischen Öle oder künstlichen Riechstoffe müssen vor ihrer Verwendung nach bestimmten parfümistischen Regeln gemischt werden. Die Mischungen bezeichnet man als *Kompositionen*.

Die nachstehende Tabelle 85 gibt eine alphabetische Übersicht über die wichtigsten Grundstoffe zur Herstellung von Seifenparfüms mit den nötigen Angaben der Geruchscharaktere, der Haltbarkeit, der Verfärbungseigenschaften und der Geruchsstärke. Da die Geruchsstärke sehr verschieden ist, werden in der folgenden Tabelle Vergleichszahlen von 0—10 angegeben. Hierbei sind die mit 0 bezeichneten Produkte die geruchsschwächsten Körper, während die mit 10 angegebenen Produkte die größte Geruchsintensität besitzen. Diese Angabe ist jedoch eine recht subjektive und mag bei verschiedenen Personen erheblichen Schwankungen unterliegen. Ein absolutes, objektives Maß ist bisher trotz vielfacher Bemühungen nicht gefunden worden.

Tabelle 85. Ätherische Öle[1].

Name	Wichtigste Bestandteile	Geruchscharakter	Anmerkungen über		Geruchsstärke
			Haltbarkeit in der Seife	Farbechtheit in der Seife	
Angelikawurzel- und -samenöl	Phellandren	krautig	gut	gut	10
Anisöl	Anethol, Pinen	Anis	gut	gut	10
Araucariaöl	Sesquiterpenalkohole	rosenartig	sehr gut (Fixateur)	gut	1
Bergamottöl	Limonen, Linalylacetat, Linalool	Köln. Wasser	gut	gut	4
Birkenteeröl, rekt.	Phenole	Juchten	gut	färbt	10
Calmusöl		Stengelgeruch	nicht gut	gut	6

[1] Fix = Fixateur).

Tabelle 85 (Fortsetzung).

Name	Wichtigste Bestandteile	Geruchscharakter	Anmerkungen über		Geruchsstärke
			Haltbarkeit in der Seife	Farbechtheit in der Seife	
Canangaöl	Eugenol, Linalool, p-Kresolmethyläther	Basis für Blumengerüche	gut	gut	3
Cassiaöl, chin. (s. a. Zimtöl)	Zimtaldehyd	Zimt	gut	verfärbt	10
Cedernholzöl	Cedrol, Cedren	Cedernholz	gut (Fixateur)	gut	1
Citronellöl	Citronellal, Geraniol, Camphen, Dipenten	stechend frisch	gut	gut	10
Citronenöl	Limonen, Citral	Citrone	nicht gut (verharzt)	wird gelb	4
Corianderöl	Linalool	frisch, würzig	gut	gut	5
Cypressenöl		harzig	gut	gut	9
Eucalyptusöl	Eucalyptol	campherartig	nicht gut	gut	9
Edeltannenöl	Pinen, Limonen, Bornylacetat	Tannengeruch	verharzt	färbt grau	5
Fichtennadelöl	Bornylacetat, Pinen	Fichtengeruch	verharzt	färbt grau	3
Geraniumöl, afrikanisch	Geraniol, Citronellol, Terpene	Rose	sehr gut	gut	7
Geraniumöl Bourbon	Geraniol, Citronellol, Terpene	Rose (dumpf)	sehr gut	gut	8
Gingergrassöl	Geraniol, Phellandren, Limonen	rosenartig, scharf	gut	gut	9
Guajakholzöl	Guajol	holzig; Teerose	sehr gut (Fixateur)	gut	1
Huonpineöl	Eugenolmethyläther	Nelke	gut	verfärbt	6
Ingweröl	Citral, Cineol, Camphon	gewürzig	verharzt	verfärbt	7
Veilchenwurzelöl, (Irisöl) konkret	Iron	Iris, Veilchen	gut	gut	6
Kiefernadelöl	Bornylacetat, Pinen	Tannenduft	verharzt	gut	5
Kümmelöl	Carvon, Carven	Kümmel	verharzt	gut	6
Ladanumharzöl (Cistusöl)		harzig, Ambra	sehr gut	gut	10
Latschenkiefernöl	Bornylacetat, Sylvestren	Tannenduft	verharzt	gut	7

Tabelle 85 (Fortsetzung).

Name	Wichtigste Bestandteile	Geruchscharakter	Anmerkungen über		Geruchsstärke
			Haltbarkeit in der Seife	Farbechtheit in der Seife	
Lavendelöl	Linalylacetat, Linalool	Lavendel	nicht gut	wird grau	5
Lavendelspiköl	Campher, Linalool, Linalylacetat, Eucalyptol	Lavendel, camphrig	nicht gut	wird grau	6
Lemongrasöl	75% Citral, Methylheptenon	frisch, citronenartig	gut	wird gelb	8
Linaloeöl	Linalool, Methylheptenon, Terpineol	frisch, krautig	gut	gut	4
Macisöl	Eugenol, Pinen	würzig, Nelke	nicht gut	wird braun	3
Nelkenöl	Eugenol, Caryophyllen	würzig, Nelke	gut	wird braun	7
Neroliöl	Anthranilsäuremethylester, Linalool, Linalylacetat	Orangenblüte	gut	gut	8
Opoponaxöl		würzig, süßlich	gut	wird braun	6
Palmarosaöl	Geraniol	dumpf, Rose	gut	gut	7
Patschuliöl	Sesquiterpene, Alkohole	modrig, Chypre	sehr gut	gut	8
Petitgrainöl	Linalylacetat, Linalool, Geraniol, Dipenten	Orangenblüte dumpf	gut	gut	5
Pimentöl	Eugenol, Eugenolmethyläther, Caryophyllen	Nelke, Zimt	gut	wird braun	8
Poleiöl	Pulegon, Menthol	minzig	gut	gut	10
Pomeranzenöl	Limonen, Decylaldehyd, Citral	Orange	verharzt	gut	5
Rautenöl	Methylnonylketon	fettig	gut	gut	10
Rosenöl	Citronellol, Geraniol, Aldehyde, Stearoptene, Fettaldehyde	Rose	gut	gut	10

Tabelle 85 (Fortsetzung).

Name	Wichtigste Bestandteile	Geruchscharakter	Anmerkungen über		Geruchsstärke
			Haltbarkeit in der Seife	Farbechtheit in der Seife	
Rosmarinöl	Campher, Borneol, Bornylacetat	camphrig	nicht gut	gut	9
Muskateller Salbeiöl	Linalylacetat	frisch, lavendelartig, sehr fein	gut	gut	9
Salbeiöl, spanisch	Cineol	camphrig	nicht gut	wird grau	8
Salbeiöl, dalmat.	Tujon	krautig	gut	gut	9
Sandelholzöl, ostindisch	Santalol, Terpene	holzig, balsamisch	sehr gut (Fixateur)	gut	1
Sandelholzöl, australisch	Santalol, Terpene	holzig, balsamisch	sehr gut (Fixateur)	gut	1
Sandelholzöl, westindisch	Caryophyllen Cadinen, Amyrol	sehr schwach balsamisch	sehr gut (Fixateur)	gut	2
Shiuöl	Linalool, Campher, Terpene	frisch, camphrig	gut	gut	8
Siamholzöl		holzig, balsamisch	sehr gut (Fixateur)	gut	2
Spiköl		camphrig, lavendelartig	nicht gut	wird grau	5
Storax, flüssig	Styrol, Zimtsäureester	blumig	gut	gut	6
Thymianöl	Carvacrol, Thymol	Thymiangeruch	gut	gut	10
Verbenaöl	Citral, Methylheptenon	frisch, Citrone	gut	gut	9
Vetiveröl	Vetiverol	holzig	sehr gut (Fixateur)	gut, je nach Rektifikation	2
Wacholderbeeröl	Pinen, Cadinen	krautig	nicht gut	gut	6
Wintergrünöl (Gaultheriaöl)	Salicylsäuremethylester	krautig	gut	gut	10
Ylang-Ylangöl	p-Kresolmethyläther, Linalool	blumig-süß	nicht gut	wird grau	4
Zimtblätteröl	Eugenol, Caryophyllen, Linalool	Zimt, Nelke	gut	wird gelb	8
Zimtöl, Ceylon	Benzoesäureester, Pinen, Zimtaldehyd, Eugenol	Zimt	gut	wird gelb	10

Tabelle 86. Künstliche Riechstoffe.

	Geruchscharakter	Bemerkungen über Haltbarkeit in der Seife	Bemerkungen über Verfärbung in der Seife	Vorkommen	Geruchsstärke
Octylaldehyd	Citrone, Rose	nicht gut oxydieren	gut	In vielen Blütenölen	10
Nonylaldehyd	Rose, Orange	nicht gut oxydieren	gut	In vielen Blütenölen	10
Decylaldehyd	Orange	nicht gut oxydieren	gut	In vielen Blütenölen	10
Undecylaldehyd	Jasmin	nicht gut oxydieren	gut	In vielen Blütenölen	10
Undecylenaldehyd	Jasmin	nicht gut oxydieren	gut	In vielen Blütenölen	10
Laurinaldehyd	Orange, Weihrauch	nicht gut oxydieren	gut	In vielen Blütenölen	10
Methylnonylacetaldehyd	Raute	gut	gut	In vielen Blütenölen	10
Octylalkohol	Rose	gut	gut	In vielen Blütenölen	10
Nonylalkohol		gut	gut	In vielen Blütenölen	10
Decylalkohol		gut	gut	In vielen Blütenölen	10
Undecylalkohol	Jasmin	gut	gut	In vielen Blütenölen	10
Laurinalkohol	Maiglöckchen, frisch	gut	gut	In vielen Blütenölen	10
Acetophenon	Mimosa, Bruyère	gut	gut	nicht	8
α-Amylzimtaldehyd	Jasmin	gut	gut	nicht	6
Amylsalicylat	Klee, süßlich abrundend	gut	gut	nicht	4
Anthranilsäuremethylester	Orangenblüte	gut	Verfärbt stark in Anwesenheit von Aldehyden	Orangenblüten, Jasminöl	5
Anisaldehyd	Weißdorn, Flieder	oxydiert	gut	Cassieblütenöl, Anisöl	4
Benzaldehyd	Mandel	oxydiert	wird gelb durch Alkali	Bittermandelöl	8
Benzoesäureäthylester	fruchtig, tuberosenartig	leicht flüchtig	gut	Tuberosenöl	9
Benzoesäuremethylester	fruchtig, tuberosenartig	leicht flüchtig	gut	Tuberosenöl	9
Benzylacetat	fruchtig, Jasmin	leicht flüchtig	gut	Jasminöl, Orangenblütenöl	3
Benzylalkohol	schwach blumig	gut	gut	Jasminöl, Orangenblütenöl	1
Benzylbenzoat	schwach balsamisch	sehr gut (Fixateur)	gut	Perubalsam	0

Tabelle 86 (Fortsetzung).

	Geruchscharakter	Bemerkungen über		Vorkommen	Geruchsstärke
		Haltbarkeit in der Seife	Verfärbung in der Seife		
Benzylpropionat	fruchtig, Jasmin	gut	gut	Jasminöl	5
Benzylsalicylat	blumig, fast geruchlos	sehr gut (Fixateur)	gut		0
Bornylacetat	Tannenduft	gut	gut	in allen Coniferenölen	5
Bromelia (β-Naphthyläthyläther)	billiger Orangenblütengeruch	gut	gut		6
Carvacrol	thymianartig	gut	verfärbt	Origanumnöl, Thymianöl	8
Citral	Citrone	mittelmäßig	gut	Lemongrasöl, Verbenaöl	5
Citronellol	Rose	gut	gut	Citronellöl	3
Citronellylacetat	fruchtig, Rose	gut	gut	Rosenöl	7
Citronellylbutyrat	fruchtig, Maiglöckchen	spaltet Säure ab	kann Flecken verursachen	Rosenöl	7
Citronellylformiat	fruchtig, Maiglöckchen	gut	kann Flecken verursachen	Rosenöl	7
Citronellylpropionat	fruchtig, Hyazinthen	spaltet Säure ab	kann Flecken verursachen	Rosenöl	7
Cumarin	Waldmeister	sehr gut	gut	Tonkabohnen	5
Dipenten	Terpentingeruch (Kernseifenparfüm)	gut	gut	vielen ätherischen Ölen	4
Diphenyläther	billiger Geraniumblättergeruch	gut	gut	nicht	8
Eugenol	Gewürznelke	gut	wird braun	Nelkenöl, Pimentöl, Macisöl, Zimtöl	5
Eugenolmethyläther	Gartennelke	gut	gut	Nelkenöl, Pimentöl, Macisöl, Zimtöl, Huonöl	3
Geraniol	Rose	gut	gut	Citronellöl, Rosenöl, Geraniumöl, Palmarosaöl usw.	4
Geranylacetat	fruchtig (Heckenrose)	gut	gut	Citronellöl, Rosenöl, Geraniumöl, Palmarosaöl usw.	6
Geranylbutyrat	fruchtig (Heckenrose)	nicht gut	gut	Citronellöl, Rosenöl, Geraniumöl, Palmarosaöl usw.	6
Geranylformiat	fruchtig (Heckenrose)	gut	gut	Citronellöl, Rosenöl, Geraniumöl, Palmarosaöl usw.	6
Geranylpropionat	fruchtig (Heckenrose)	gut	gut	Citronellöl, Rosenöl, Geraniumöl, Palmarosaöl usw.	6

Tabelle 86 (Fortsetzung).

	Geruchscharakter	Bemerkungen über Haltbarkeit in der Seife	Bemerkungen über Verfärbung in der Seife	Vorkommen	Geruchsstärke
Heliotropin	Heliotropgeruch (süß)	gut	gut	Vanilleschote Heliotrop	5
Heptincarbonsäuremethylester	Veilchengrüngeruch	gut	gut		10
Hyacinthin (Bromstyrol)	Hyazinthengeruch	gut	dunkelt nach		8
Hydroxycitronellal	Flieder und allgemeiner Blütengeruch	nicht gut	gut		2
Hydrozimtaldehyd	starker Blumengeruch, Hyazinthe	gut	gut	im Ceylon-Zimtöl	10
Indol	Pflanzen-Fäkalgeruch, Jasmin	gut	färbt rot	Jasmin, Orangenblüte	10
Isoeugenol	Gartennelke	gut	färbt stark	Ylang-Ylangöl	7
Isoeugenolmethyläther	Gartennelke	gut	gut		2
Jonon	Veilchen	gut	färbt grau		6
Linalool	Maiglöckchen, Lavendel	gut	gut	Linaloeöl, Shiuöl	5
Linalylacetat	Bergamotte, Lavendel	gut	gut	Bergamotteöl, Lavendelöl, Petitgrainöl	5
Linalylbutyrat	Lavendelöl	zersetzt sich	bewirkt Ranzidität	Lavendelöl	5
Linalylformiat	Lavendelöl	zersetzt sich	bewirkt Ranzidität	Lavendelöl	7
Linalylisobutyrat	Lavendelöl	gut	gut	Lavendelöl	7
Menthol	Pfefferminz	gut	gut	Pfefferminzöl	8
Methylacetophenon	Mimosa, Bruyère	gut	gut		8
Methylanthranilsäuremethylester	Mandarine-Orangenblüte	gut	verfärbt	Mandarinenöl	7

Tabelle 86 (Fortsetzung).

	Geruchscharakter	Bemerkungen über Haltbarkeit in der Seife	Bemerkungen über Verfärbung in der Seife	Vorkommen	Geruchsstärke
Methyljonon	Iris	gut	färbt grau		6
Moschus-ambrette	ambretteartig	sehr gut (Fixateur)	färbt gelb		3
Moschusketon	moschusartig	gut (Fixateur)	gut		2
Moschusxylol	moschusartig	gut (Fixateur)	färbt grau		1
β-Naphthyl-methylketon	Orangenblütengeruch	gut	gut		2
Oenanthäther	Cognac	gut	gut	Cognacöl	10
p-Kresol-methyläther	Ylang-Ylang, Canangaöl	gut	gut	Ylang-Ylangöl, Canangaöl	9
p-Kresylacetat	starker Narzissengeruch	gut	gut		10
Phenylacet-aldehyd	starker Hyazinthengeruch	polymerisiert	gut		10
Phenyläthyl-acetat	honigartig	gut	durch Säureabspaltung Fleckenbildung	Rosenöl und anderen ätherischen Ölen	5
Phenyläthyl-alkohol	sehr blumiger Geruch, Rose	gut	gut	Absolue de Rose u. anderen Ölen	3
Phenyläthyl-butyrat	fruchtig	nicht gut	durch Säureabspaltung Fleckenbildung	Rosenöl und anderen ätherischen Ölen	5
Phenyläthyl-formiat	wanzenartiger Geruch	gut	durch Säureabspaltung Fleckenbildung	Rosenöl und anderen ätherischen Ölen	6
Phenyläthyl-isobutyrat	sehr fruchtig, süß	gut	durch Säureabspaltung Fleckenbildung	Rosenöl und anderen ätherischen Ölen	5
Phenyläthyl-propionat	fruchtig	gut	durch Säureabspaltung Fleckenbildung	Rosenöl und anderen ätherischen Ölen	5
Phenylessig-säure	starker Honiggeruch	gut	gut	Wachsaroma	6
Phenylessig-säureäthyl-ester	milder Honiggeruch	gut	gut	Wachsaroma	6
Phenylessig-säuremethyl-ester	milder Honiggeruch	gut	gut	Wachsaroma	7
Phthalsäure-diäthylester	geruchlos	sehr gut (Fixateur)	gut		0

Tabelle 86 (Fortsetzung).

	Geruchscharakter	Bemerkungen über		Vorkommen	Geruchsstärke
		Haltbarkeit in der Seife	Verfärbung in der Seife		
Rhodinol	Rosengeruch	gut	gut	Rosenöl, Geraniumöl	5
Safrol	starker Krautgeruch	gut	gut	Sassafrasöl	8
Salicylsäureamylester (Trefol)	Klee, Orchidee	sehr gut	gut		6
Salicylsäurebenzylester	schwach blumig	sehr gut	gut		1
Salicylsäuremethylester (Wintergrünöl)	Wintergrün	gut	gut	Rautenöl, Ylang-Ylangöl u. a.	
Skatol	Fäkalgeruch (Zibeth)	gut	färbt rot	Zibeth	10
Terpineol	Fliedergeruch	sehr gut (Fixateur)	gut	in vielen ätherischen Ölen, wie Linaloeöl, Neroliöl,	2
Terpinylacetat	Bergamottegeruch	gut	gut	Bergamottöl	5
Terpinolen	camphriger Terpentingeruch	gut	gut		5
Thymol	thymianartig	gut	gut	Thymianöl	8
Vanillin	Vanille	gut	färbt schwarz	Vanillenschote	6
Vanillinäthyläther	Vanille (3mal stärker als Vanillin)	gut	färbt schwarz	Vanillenschote	8
Vetiverylacetat	holzig	gut	gut		4
Yara-Yara (Nerolin)	billiger Orangenblütengeruch	gut	gut		4
Zimtaldehyd	Chin. Zimtöl (Cassia)	gut	verfärbt	Cassiaöl	8
Zimtalkohol	Zimtgeruch	sehr gut (Fixateur)	gut	Storax	2

Tabelle 87. Extraktionsprodukte.
(Herstellungsort durchweg „Grasse“ [Südfrankreich], mit Ausnahme von Hyacinthen-Produkten, die in Holland hergestellt werden.)

A. Blütenauszüge.

	Geruchsbasis für	Haltbarkeit in der Seife	Färbende Eigenschaften	Bemerkungen
Cassie-concret	Veilchen	gut	färbt grün	enthält 50% Blütenwachs
Cassie-Essenz	Veilchen	weniger gut	färbt grün	zu teuer für Seifen
Cassie-Essenz aus Pomade	Veilchen	gut	färbt grün	sehr schwacher Geruch
Hyacinth-concret	Blumenbukett	gut	färbt gelb	enthält 50% Blütenöl
Hyacinth-Essenz	Blumenbukett	weniger gut	färbt gelb	zu teuer für Seifen
Jasmin-concret	Flieder, Phantasiegerüche	sehr gut	färbt gelb	enthält 50% Blütenöl
Jasmin-Essenz	Flieder, Phantasiegerüche	weniger gut	färbt gelb	sehr teuer
Jasmin-Essenz aus Pomade	Maiglöckchen, Phantasiegerüche	gut	färbt gelb	färbt stark nach
Immortelle-concret	Chypre, Heu, Fougère	gut	färbt schwach gelb	
Immortelle-Essenz	Chypre, Heu, Fougère	gut	färbt schwach gelb	
Lavendel-concret	Lavendel	sehr gut	färbt grün	kann auch entfärbt werden
Lavendel-Essenz	Lavendel	weniger gut	färbt grün	wird kaum für Seifen verwendet
Mimosa-concret	Mimosa, Akazie, Jasmin usw.	sehr gut	färbt kaum	sehr preiswert u. stark im Geruch
Mimosa-Essenz	Mimosa, Akazie, Jasmin usw.	gut	färbt kaum	sehr preiswert u. stark im Geruch
Oeillet (Nelke)-concret	Rose, Nelke, Phantasiegerüche	sehr gut	färbt wenig	Honiggeruch
Oeillet (Nelke)-Essenz	Rose, Nelke, Phantasiegerüche	gut	färbt wenig	
Orangenblüte-concret	Eau de Cologne, Phantasiegerüche	sehr gut	färbt gelb	wird wenig in Seifen verwendet
Orangenblüte-Essenz	Eau de Cologne, Phantasiegerüche	nicht gut	färbt gelb	wird wenig in Seifen verwendet
Orangenblüte aus Pomade	Eau de Cologne, Phantasiegerüche	gut	färbt grün	wird wenig in Seifen verwendet

Tabelle 87 (Fortsetzung).

	Geruchsbasis für	Haltbarkeit in der Seife	Färbende Eigenschaften	Bemerkungen
Spik-concret	Lavendel	gut	färbt schwach grün	sehr preiswert
Tuberose aus Pomade	Phantasiegerüche	gut	färbt schwach grün	wird wenig verwendet
Veilchenblätter concret (Feuilles de Violette)	Veilchen	gut	färbt schwach grün	sehr ausgiebig

B. Drogen-Auszüge (sog. Resinoide und Harze).

	Ursprungsdroge	Geruchsbasis für	Färbende Eigenschaften	Bemerkungen
Benzoe Siam	Benzoeharz Siam	alle Gerüche	dunkelt stark nach	enthält Vanillin
Benzoe Sumatra	Benzoeharz Sumatra	alle Gerüche	dunkelt stark nach	unökonomisch im Gebrauch
Ciste	Cistusblätter	Ambra, Chypre usw.	färbt grün	harziger Geruch
Galbanum	Gummi Galbanum	Fougère, Ideal usw.	färbt schwach	sehr starker würziger Geruch
Iris	Iris-Wurzeln	Veilchen, Phantasiegeruch	färbt schwach	schwacher feiner Geruch
Ladanum	Ladanum-Rohharz (Spanien)	Ambra, Chypre usw.	färbt schwach	sehr warme Note
Mousse de Chêne	Eichenmoos (Tschechoslowak.) oder Baummoos (Frankreich)	Chypre	färbt grün	sehr anhaftend
Myrrhe	Gummi Myrrhe	Fougère, Heno	färbt schwach	sehr harzig
Olibanum (Encence)	Gummi Olibanum	Fougère, Fichtennadel	färbt je nach Qualität	harziger Geruch
Opoponax	Gummi Opoponax	eigentümlicher Geruch	färbt je nach Qualität	ähnelt Galbanum
Perubalsam	Perubalsam	milde Parfüms	färbt schwach	balsamischer Geruch
Storax	Storax roh	Blumenparfüms	färbt schwach	preiswert, enthält Zimtalkohol
Tolu	Tolubalsam	süße Parfüms	färbt rot	starker Geruch
Tonka	Tonkabohnen	Fougère, Waldmeister	färbt nicht	sehr feiner Geruch, wird oft mit Cumarin verfälscht
Vanille	Vanillebohnen	süße Parfüms	färbt braun	feiner als Vanillin

C. Tierische Sekrete.

	Handelsform der Ursprungsdroge	Geruch	Färbende Eigenschaften
Castoreum	braune Drüsensäcke, hart	lederartig	schwach braun
Zibeth	braune Paste (Drüsensekret), in Hörner gefüllt	fäkal	schwach braun

2. Das Komponieren der Seifenparfüms.

Das Komponieren geschieht durch Mischen verschiedener Riechstoffe zu einem harmonisch abgerundeten Duft. Dabei bedeutet „abgerundet", daß kein einzelner Riechstoff als solcher hervorsticht, die Aromen der verschiedenen Produkte vielmehr so ineinandergreifen, daß sie einen einheitlich wirkenden Geruchskomplex bilden. Die Erzielung dieses Geruchgleichgewichtes der Komposition ist die Hauptaufgabe und das Hauptziel eines Parfümeurs. Der Charakter des zu erzielenden Endgeruches kann ganz verschiedenartig sein. Will man dabei einen bereits bestehenden Geruch nachahmen, sei es das Bukett eines natürlichen Blumenduftes, sei es ein künstlich hergestelltes Parfüm, oder versucht man ein Phantasiebukett zu schaffen, dessen einheitlicher Charakter meist erst beim Aufbau der Komposition entsteht, so sind in beiden Fällen viele Komponenten erforderlich, um einen harmonischen Endgeruch zu erzielen. Man kann erfahrungsgemäß sagen, daß eine gute Komposition mindestens 5, oft aber 60 Individuen und noch mehr enthalten kann. Hierbei ist es von großer Wichtigkeit, ob man zu einer Komposition nur natürliche oder synthetische Riechstoffe verwendet. Die Naturprodukte sind ja an und für sich schon Geruchskomplexe, so daß durch ihre Verwendung die Anzahl der nötigen Rohstoffe für eine Komposition bedeutend herabgesetzt wird. Anders ist es bei der bevorzugten Verwendung synthetischer Riechstoffe, also individueller chemischer Verbindungen. Da der Geruch eines einzelnen chemischen Körpers immer als scharf und unangenehm empfunden wird, müssen zur Erzielung eines angenehm riechenden Buketts viele Geruchsnuancen ineinandergreifen. Selbstverständlich ist es schwierig, bei der Verwendung so vieler Einzelriechstoffe zu einem idealen Geruchsakkord zu kommen, und auch rein praktisch ist die Herstellung zahlreicher Versuchsmischungen sehr zeitraubend. Man hilft sich hier durch die Verwendung sog. *Basen*, die Mischungen von ganz wenigen Riechstoffen darstellen, deren Gesamtgeruch bereits eine bestimmte Nuance ergibt. Die im Handel befindlichen Basen sind daher meistens bestimmte Riechstoffe, deren typischer Geruchscharakter durch Hinzufügung anderer Riechstoffe gemildert und abgerundet wurde. Bei dieser Arbeitsmethode, unter Zuhilfenahme von Mischungen, kann man auch, je nach dem gewünschten Geruch des Parfüms, gelegentlich natürliche ätherische Öle verwenden, da aber deren Anzahl beschränkt ist und man oft kein Naturprodukt für die gewünschte Nuance findet, so ist man auf künstliche Riechstoffe angewiesen und kann nun hier durch Verwendung der Basen seiner Komposition ebensolche Geruchskomplexe einverleiben, wie dies durch die Verwendung ätherischer Öle der Fall ist. Bei der Herstellung von Phantasiekompositionen ist man besonders auf synthetische Riechstoffe angewiesen, da man durch sie allein die Möglichkeit hat, etwas Neues zu schaffen, während alle Naturprodukte immer wieder nur altbekannte Geruchsnoten ergeben können. Im Prinzip kann man sagen, daß bei der Herstellung aller Kompositionen und besonders von Phantasiegerüchen die synthetischen Riechstoffe den Charakter der Kompositionen bestimmen, während die Naturprodukte als abrundende Beistoffe wirken. Selbst bei der Herstellung von Blütenparfüms, bei denen das aus der betreffenden Blume gewonnene ätherische Öl als Rohstoff zur Verfügung steht, kann man mit diesem allein niemals die gewünschten Noten erzielen, da durch die Erhitzung bei der Destillation, dem Fäulnisprozeß der Pflanze bei ihrer Behandlung oder andere chemische Einflüsse der Geruch des Naturproduktes keineswegs mehr dem Geruch der Ursprungspflanze entspricht.

Nachstehend folgt nun eine Tabelle, in welcher für die bekanntesten Geruchsnuancen die Stoffe angegeben sind, die zu ihrem Aufbau meistens verwendet werden. Hierbei wird auch gleich gezeigt, welche Produkte als „Spitzengerüche",

Tabelle 88. Das Komponieren von Seifenparfüms.
(Die mit einem * versehenen Stoffe können bei Kompositionen für weiße Seifen nicht verwendet werden. Sp = Spuren.)

	Spitzengeruch	Mittelgeruch	Fixativer Grundgeruch
		A. *Blumengerüche.*	
Akazie	Bergamottöl, Linalool, Neroliöl kstl.*, Geraniumöl	Jasmin für Seifen, Methylacetophenon, Geraniol, Methyljonon	Terpineol, Storax, Benzylbenzoat
Flieder	Benzylacetat, Linalool, Linaloeöl, Storaxöl, Bromstyrol*	Canangaöl, Acetophenon, Geraniol, Heliotropin, Anisaldehyd, Phenyläthylalkohol	Hydroxycitronellal, Benzylbenzoat, Terpineol, Storax-Resinoid
Hyazinthe	Linaloeöl, Storaxöl, Benzylacetat	Acetophenon, Heliotropin, Bromstyrol*, Geraniol, Phenyläthylalkohol	Benzylbenzoat, Terpineol, Zimtalkohol, Storax-Resinoid
Jasmin	Bergamottöl, Neroliöl kstl.*, Ylang-Ylangöl, Benzylacetat	Canangaöl, Amylzimtaldehyd, Indol*, Benzylalkohol	Benzylbenzoat, Terpineol, Benzoeresinoid*
Lavendel	Bergamottöl, Lavendelöl, Spiköl, Rosmarinöl	Geraniumöl Bourbon, Neroliöl kstl.*, Petitgrainöl, Linalylacetat, Linalylisobutyrat	Patschuliöl, Ladanumresinoid, Lavendel-concret
Linde	Linaloeöl, Storaxöl, Heptincarbonsäuremethylester	Amylsalicylat, Phenyläthylalkohol, Acetophenon	Hydroxycitronellal, Storax
Maiglöckchen	Linaloeöl, Rosenöl, Storaxöl, Ylang-Ylangöl, Benzylacetat	Geraniumöl, Palmarosaöl, Geraniol, Geranylacetat, Heliotropin, Phenyläthylalkohol	Guajakholzöl, Benzylsalicylat, Hydroxycitronellal, Terpineol, Zimtalkohol
Mimosa	Linaloeöl, Neroliöl kstl.*	Geraniumöl, Petitgrainöl, Acetophenon, Geraniol, Heliotropin, Methylacetophenon	Terpineol, Storax-Resinoid
Narzisse	Linaloeöl, Ylang-Ylangöl, Benzylacetat, Linalool	Palmarosaöl, Heliotropin, Indol*, p-Kresylacetat	Hydroxycitronellal, Terpineol, Benzoe-Resinoid*
Nelke (Gartennelke)	Nelkenöl*, Linalool, Ylang-Ylangöl	Huonpineöl*, Amylsalicylat, Eugenol*, Eugenolmethyläther, Isoeugenol*, Geraniol	Benzylbenzoat, Moschus kstl.
Orangenblüte	Bergamottöl, Neroliöl kstl.*, Benzylacetat, Nonylalkohol	Petitgrainöl, Anthranilsäuremethylester*, Linalool	Neroliöl, Terpineol, Benzoe-Resinoid*
Reseda	Neroliöl kstl.*, Storaxöl, Ylang-Ylangöl, Octylalkohol	Irisöl-concret., Palmarosaöl, Geraniol (Resedageraniol), Heliotropin	Terpineol, Benzoe-Resinoid*, Reseda-concret

Tabelle 88 (Fortsetzung).

	Spitzengeruch	Mittelgeruch	Fixativer Grundgeruch
Rose (rote)	Rosenöl, Nonylalkohol	Geraniumöl afrik., Geraniol, Jonon, Isoeugenol* (Sp), Phenyläthylalkohol, Phenylessigsäureester (Sp), Rhodinol	Patschuliöl (Sp), Sandelholzöl, Zimtalkohol, Rosen-concret, Diphenyläther
Rose (weiße und Teerose)	Linaloeöl, Rosenöl	Gingergrasöl, Palmarosaöl, Citronellol, Geranylacetat, Phenyläthylalkohol, Rhodinol	Guajakholzöl, Rosenconcret, Diphenyläther
Veilchen	Ylang-Ylangöl, Heptincarbonsäuremethylester	Irisöl-concret, Jonon*, Methyljonon*	Patschuliöl (Sp), Sandelholzöl, Cedernholzöl, Benzoe-Resinoid*
B. *Phantasiegerüche.*			
Ambra	Bergamottöl kstl., Linaloeöl, Muskateller Salbeiöl	Ladanumöl, Jonon	Ladanum-Resinoid, Moschus-Ambrette, Vanillin*
Chypre	Bergamottöl kstl., Linalool	Neroliöl kstl.*, Storaxöl, Rose für Seifen, Methyljonon*	Cedernholzöl, Patschuliöl, Sandelholzöl ostind.-Resinoid Mousse de Chêne*, Cumarin, Moschus kstl.
Farnkraut (Fougère)	Bergamottöl kstl., Lavendelöl	Geraniumöl Bourbon, Rosenöl kstl., Acetophenon, Heliotropin	Patschuliöl, Vetiveröl, Resinoid Ladanum, Lavendel-concret, Spik-concret, Cumarin, Moschus-Ambrette*, Terpineol
Indische Blumen	Bergamottöl, Lavendelöl	Geraniumöl Bourbon, Cassiaöl, Neroliöl kstl.*, Nelkenöl*	Cedernholzöl, Patschuliöl, Sandelholzöl ostind., Heliotropin
Kölnischwasser	Bergamottöl, Lavendelöl, Citral, Linalylacetat	Neroliöl kstl.*, Petitgrainöl, Rosmarinöl	Benzoe-Resinoid*, Spik-concret, β-Naphthylmethylketon, Orange Base
Lanolin	Lavendelöl, Benzylacetat, Citral	Canangaöl, Geraniumöl Bourbon, Heliotropin	Cedernholzöl, Resinoid Storax*, Moschus-Xylol, Terpineol
Lilienmilch	Lavendelöl, Linaloeöl	Geraniumöl afrik., Storaxöl, Rose für Seifen, Citronellol, Geraniol	Moschus-Xylol, Guajakholzöl
Millefleurs	Linaloeöl, Ylang-Ylangöl kstl., Benzylacetat, p-Kresolmethyläther	Canangaöl, Storaxöl, Jasmin kstl.* Flieder kstl.*	Irisöl-concret, Vetiveröl, Moschus-Ambrette, Terpineol

Tabelle 88 (Fortsetzung).

	Spitzengeruch	Mittelgeruch	Fixativer Grundgeruch
Opoponax	Bergamottöl, Citral, Orangenöl kstl.	Geraniol, Phenyläthylalkohol	Patschuliöl, Vetiveröl, Opoponax Resinoid, Cumarin, Moschus-Xylol, Vanillin*
Orchidee	Ylang-Ylangöl kstl.	Canangaöl, Amylsalicylat, Terpineol	Vetiveröl, Moschus-Xylol
Origan	Neroliöl kstl.*, p-Kresolmethyläther	Eugenol*, Isoeugenol*, Nelke f. Seifen, Heliotropin, Methyljonon*	Cedernholzöl, Irisöl-Concret, Sandelholzöl ostind., Moschus-Xylol
Patschuli	Neroliöl kstl.*, Linalylacetat	Geraniumöl Bourbon, Amylsalicylat, Heliotropin*, Eugenol*	Cedernholzöl, Patschuliöl, Sandelholzöl ostind., Moschus-Xylol
Sandelholz	Linalool, Linalylisobutyrat	Geraniumöl Bourbon, Eugenol*, Methyljonon*	Cedernholzöl, Sandelholzöl ostind., Moschus-Xylol
		C. *Besondere Gerüche.*	
Fichtennadeln	Fichtennadelöl, Edeltannenöl, Linaloeöl, Citral	Bornylacetat, Storaxöl, Latschenkiefernöl	Resinoid Olibanum, Fichtennadel, Fixateur, Resinoid Storax, Cedernholzöl
Mandel	Benzaldehyd, Linaloeöl	Benzaldehyd, Geraniol, Citronellol	Guajakholzöl, Benzylalkohol

welche Produkte als „Mittelgerüche" und welche Stoffe als „fixierende Grundgerüche" verwendet werden. Bezüglich dieser Einteilung sei noch kurz bemerkt, daß man die Struktur jedes Parfüms in einen sog. Spitzengeruch (Kopfgeruch), Mittelgeruch und Nachgeruch einteilt. Diese Einteilung nach der verschiedenen Flüchtigkeit[1] der Riechstoffe ist deshalb wesentlich, weil man bei der Zusammensetzung eines Parfüms auf jede dieser einzelnen Phasen bei der Verdunstung achten muß. In Seifen würden sich z. B. das Fehlen einer entsprechenden Menge Spitzengeruch durch zu schwachen Geruch, das Fehlen der entsprechenden Menge Mittelgerüche durch unharmonischen, flachen Geruch bemerkbar machen und das Fehlen der entsprechenden Menge Nachgerüche durch Mangeln der Haftfähigkeit an der Haut und mangelnde Haltbarkeit des Parfüms in der Seife auswirken.

Eine große, nicht immer richtig erkannte Bedeutung kommt daher den als „Fixateure" bezeichneten Stoffen zu; sie können entweder geruchlos sein oder einen spezifischen Eigengeruch besitzen. In letzterem Falle muß man sich vor der Verwendung in der Komposition überzeugen, ob der Eigengeruch des Fixateurs, der im Laufe der Zeit naturgemäß immer stärker zutage tritt, mit dem Parfüm verträglich ist und dessen Eigenart nicht entgegenarbeitet.

Folgende physikalische Eigenschaft muß jeder Fixateur besitzen: hohen Siedepunkt, bzw. geringen Dampfdruck, also geringe Flüchtigkeit; diese allein ist

[1] Die Flüchtigkeit steht in engstem Zusammenhang mit dem Dampfdruck; indessen ist es nicht immer gestattet, aus dem Siedepunkt einen Schluß auf die Flüchtigkeit ziehen zu wollen, da auch die Steilheit der Dampfdruck-Temperaturkurve in Betracht zu ziehen ist.

jedoch nicht in allen Fällen ausreichend, es muß vielmehr durch gegenseitige Löslichkeit und Dampfdruckbeeinflussung auch der Dampfdruck der gelösten Riechstoffe möglichst stark herabgesetzt werden. Hierher gehören die bei der Seifenparfümierung viel angewendeten fixierenden Bestandteile, wie Benzylbenzoat, die künstlichen Moschusprodukte usw. Von anderer Art ist die Wirkungsweise jener fixierenden Stoffe — meist harzigen Charakters —, welche infolge einer stark aktiven, polaren Gruppe einerseits und einer infolge ihrer kolloiden Dispersität zerklüfteten Oberfläche anderseits kräftige Adsorptionswirkung ausüben, deren Intensität über die der VAN DER WAALSschen Kräfte hinausgehend bereits an jene der Nebenvalenzbindungen heranreicht. Daher wird oft schon ein geringer Harzseifenzusatz bzw. die Mitverwendung von Harz im Fettansatz eine fixierende Wirkung besitzen.

3. Spezialriechstoffe und Kompositionen.

Wie bereits anfangs dieses Abschnittes erwähnt, verwendet man außer den obenangeführten bekannten synthetischen Riechstoffen und natürlichen Produkten auch Kompositionen, Basen oder Spezialriechstoffe, die unter Phantasienamen verkauft werden.

Die verschiedenen Riechstoffabriken arbeiten ständig an der Auffindung neuer Duftstoffe oder an der wirtschaftlich verwertbaren Synthese von Riechstoffen, die nur aus Naturprodukten isoliert werden können. Von solchen Stoffen, die fast täglich in den Laboratorien der großen Riechstoffabriken neu hergestellt werden, sind nur sehr wenige wirklich von praktischem Interesse und füllen tatsächlich eine Lücke in der Reihe der bekannten Riechstoffe aus. Um dem Seifenfabrikanten die Verwertung von neuen Riechstoffen zu erleichtern und sich anderseits auch vor Nachahmung besser zu schützen, verkaufen die Riechstoffabriken die brauchbaren Produkte oftmals nicht in chemisch reiner Form, sondern in einer Mischung, die den neuen Körper in mehr oder minder großer Menge enthält. Die Verwendung derartiger Basen ist dann verhältnismäßig einfach, da von den Riechstoffabriken alle nötigen Erklärungen ihrer geruchlichen und physikalischen Eigenschaften gegeben werden. Der Vorteil, neue Riechstoffe bzw. neue Basen zu verwenden, liegt vor allen Dingen darin, daß man mit ihrer Hilfe wirklich neue Geruchsnuancen schaffen kann, was bei der bloßen Anwendung bereits bekannter Körper verhältnismäßig schwierig ist. Komponierte Basen zu verwenden hat ferner den Vorteil, daß man durch die Verwendung von ganzen Geruchskomplexen viel leichter abgerundete Parfüms erzielen kann. Aus demselben Grunde verwendet man auch gerne fertige Blüten- oder Phantasiekompositionen zum Aufbau seiner eigenen Seifenparfüms. In allen diesen Fällen sind jedoch genaue Erklärungen oder sogar Garantien über Farbbeständigkeit und Haltbarkeit des Produktes erforderlich.

4. Veränderung der Seifen durch das Parfüm.

α) *Die Färbung der Seife durch das Parfüm.*

Wie aus den vorstehenden Tabellen hervorgeht, färben viele Duftstoffe die Seifen, und zwar entweder durch die Eigenfarbe oder durch chemische Veränderungen des Produktes. Für die Färbung der Seifen durch Eigenfarbe kommen hauptsächlich Naturprodukte, vor allem Drogenextrakte, in Frage; für die färbenden Eigenschaften durch chemische Veränderung kommen sowohl ätherische Öle als auch synthetische Riechstoffe in Betracht. Zusammenfassend seien nochmals alle diejenigen Produkte erwähnt, welche durch chemische Veränderungen färbende Eigenschaften besitzen:

a) *Ätherische Öle:* Birkenteeröl rekt., Cassiaöl chinesisch, Citronenöl, Edeltannenöl, Fichtennadelöl, Huonpine Öl, Ingweröl, Lavendelöl, Lavendelspiköl, Lemongrasöl, Macisöl, Nelkenöl, Opoponaxöl, Pimentöl, Salbeiöl spanisch, Spiköl, Ylang-Ylangöl, Zimtöl Ceylon, Zimtblätteröl.

b) *Synthetische Riechstoffe:* Anthranilsäuremethylester, Benzaldehyd, Carvacrol, Eugenol, Hyacinthin, Hydrozimtaldehyd, Indol, Isoeugenol, Methylanthranilsäuremethylester, Moschus-Ambrette, Moschus-Xylol, Skatol, Vanillin, Vanillinäthyläther, Zimtaldehyd.

Alle diese Stoffe können also ein Nachdunkeln des Seifenkörpers verursachen. Niemals sind aber diese Stoffe die Ursache von Fleckenbildungen in der Seife, denn wenn das Parfüm durch den Pilierungsprozeß homogen in der Seife verteilt ist, so können die Farbstoffe, die aus den obengenannten Riechstoffen durch chemische Einflüsse entstehen, den Seifenkörper auch nur gleichmäßig färben. Die Ursache von Fleckenbildung in der Seife beruht auf ganz anderen chemischen Einflüssen, die im nachstehenden beschrieben werden.

β) Die Ranzidität der Seife — Fleckenbildung.

Ein Ranzigwerden der Seife kann durch sauer reagierende Parfüms hervorgerufen werden, wie dies bereits geschildert wurde.

Die saure Reaktion von Seifenparfüms wird vor allen Dingen durch die Verwendung von Estern der Ameisensäure, Essigsäure, Buttersäure und Propionsäure hervorgerufen. Diese Ester spalten leicht Säure ab, ihre Verwendung ist daher nur dann zu empfehlen, wenn sie wirklich absolut neutral sind. Es empfiehlt sich, alle Ester niedrig molekularer Säuren vor der Verwendung auf ihre Reaktion zu prüfen. Ferner besitzen Destillationsrückstände oder Vorläufe, die oft zur Herstellung von Seifenparfüms verwendet werden, sauren Charakter. Auch ätherische Öle sind nicht immer neutral, entweder durch Zersetzung natürlicher Ester oder durch hinzugefügte Verfälschungsmittel, die für sich sauer reagieren. Sauer reagierende Körper sind auch die meisten Harze, die ja bekanntlich zum größten Teil aus Säure bestehen. Benzoeharz enthält einen hohen Prozentsatz an Benzoesäure, Storax wiederum Zimtsäure usw.

Außer durch den Einfluß von Säuren kann die Ranzidität, bzw. Fleckenbildung der Seife auch noch durch Metall hervorgerufen werden, das in manchen Riechstoffen in chemischer Bindung oder in fein suspendierter Form enthalten ist. Besonders solche Riechstoffe, die durch Hydrierung gewonnen werden, können noch Spuren von Metallkatalysatoren enthalten, die unbedingt eine Fleckenbildung in der Seife hervorrufen. Rein äußerlich kann man diese metallischen Bestandteile in Riechstoffen durch ungewöhnliche Farbtöne oder Trübungen erkennen.

Auch ätherische Öle oder Seifenparfüms, die saure Bestandteile enthalten (wie Harze usw.), welche längere Zeit in Eisen- oder Kupferfässern gelagert haben, können Metallverbindungen gelöst enthalten, die unter Umständen fleckenbildend auf die Seife einwirken.

Zur Verhinderung aller dieser Erscheinungen ist es vor allen Dingen nötig, vor der Verwendung eines Seifenparfüms sich von seiner Reaktion zu überzeugen. Wenn man von einem Seifenparfüm ca. 1—3% auf die Grundseife verwendet, so kann man errechnen, daß auch schon ein verhältnismäßig geringer Säuregehalt die Ranzidität der Grundseife verursachen kann.

γ) Das Sprödemachen der Seifen.

Es hat sich gezeigt, daß bei Verwendung von mehr als 1% eines Seifenparfüms der Seifenkörper oft spröde oder, wie man sich seifentechnisch ausdrückt, „kurz“ wird. In vielen Fällen können hier die obenerwähnten sauren Eigenschaften des Parfüms eine Rolle spielen, doch scheinen hier auch noch andere physikalische Umstände, wie die eingangs erwähnten Strukturänderungen, mitzuwirken.

Vergleichsweise große Mengen fester, leicht auskristallisierender Riechstoffe (beispielsweise Cumarin u. ä.) können nach dem Verdunsten der flüchtigen Lösungsmittel, in welchen gelöst sie der Seife einverleibt worden waren, gleichfalls Veranlassung zu derartigen Erscheinungen des Sprödewerdens der Seife geben. Eine Verhinderung ist hier nur durch gründliche Überfettung zu erzielen.

5. Die Parfümierung von kaltgerührten Seifen.

Die Parfümierung dieser Seifen ist von der Parfümierung pilierter Seifen grundsätzlich verschieden, da bei der Fabrikation kaltgerührter Seifen das Parfüm mit der Lauge in Berührung kommt, folglich alkalifest sein muß, während bei pilierten Seifen das Parfüm erst mit der neutralen Grundseife vermischt wird.

Aus der Tabelle 85 und 86 ersieht man, welche Produkte an und für sich nicht seifenecht sind. Diese Körper fallen von vornherein zur Parfümierung kaltgerührter Seifen weg. Von den übrigen Körpern vermeidet man besonders Ester und Aldehyde jeglicher Art. Eine Ausnahme bilden hier die Salicylsäureester, die auch gegen Alkali sehr beständig sind. Sollte man zur Erzielung einer bestimmten Geruchsnuance doch ohne Ester nicht auskommen, so kann man diejenigen, welche in der Tabelle 86 als seifenecht bezeichnet sind, ohne weiteres verwenden. Es ist dann möglich, daß sich beim Verseifungsprozeß ein Teil des Esters verseift, aber noch genug übrig bleibt, um der Seife einen angenehmen Geruch zu geben. Dasselbe gilt auch für die ätherischen Öle, die fast durchweg zur Parfümierung kaltgerührter Seifen verwendet werden können. Zu vermeiden sind hauptsächlich nur Citronen-, Pomeranzen- und Mandarinenöle. Die reichliche Verwendung von Fixateuren, die natürlich auch keine Ester sein dürfen, ist dagegen sehr empfehlenswert. Es ist selbstverständlich, daß man das Parfüm der Seifenmasse so spät als möglich zusetzt, also kurz vor dem Dickwerden; denn es ist bekannt, daß die Geschwindigkeit der chemischen Umsetzung bei Abnahme der Temperatur rasch sinkt, in gleichem Maße aber auch der Dampfdruck der flüchtigen Komponenten, d. h. deren Verdunstungsgeschwindigkeit.

6. Die Parfümierung von Transparentseifen.

Hier wird das Parfüm zwar ebenfalls dem fertig verseiften Seifenleim hinzugefügt, der aber in dem heißen Zustand stärker auf das Parfüm einwirkt als die neutrale Grundseife bei Parfümierung der pilierten Seife. Praktisch hat es sich gezeigt, daß für Transparentseifen vor allen Dingen die Gerüche Rose sowie Mischungen von Rose mit Lavendel, Maiglöckchen und Veilchen die wirkungsvollsten sind. Eine Ausnahme bildet die Transparentseife in der Art der englischen „Pears soap“, deren Parfüm aus Zimtöl, Nelkenöl, Patschuliöl und Thymianöl besteht. Eine Änderung in der Zusammensetzung der Parfüms gegenüber den pilierten Seifen ist hier nicht erforderlich.

7. Die Parfümierung von Haus- und Schmierseifen.

Die Zusammensetzung der Parfüms für Haus- und Schmierseifen wird vor allem durch den Preis bestimmt. Es kommen hierfür nur sehr billige und dabei stark riechende Körper in Frage, da man nur ca. 300 g auf 100 kg Seife verwendet. Man verwendet außer billigen ätherischen Ölen (Citronellöl, Lemongrassöl) viele Destillationsrückstände und Vorläufe, die die Riechstoffabriken schon gemischt als Hausseifenparfüm anbieten. Auch hier ist es nötig, die Parfüms sehr gut zu fixieren, da ja das Parfüm direkt mit der heißen Seifenmasse vermischt wird.

8. Die Mischung von Kompositionen.

Zur Herstellung von Kompositionen mischt man einfach die flüssigen Stoffe in einem Behälter. Die festen Stoffe werden gesondert gemischt und dann in einem Teil der flüssigen Bestandteile unter Umrühren in einem Wasserbad aufgelöst. Sollte das Parfüm nach dem Zusammenmischen aller Stoffe trübe oder schmutzig erscheinen, so ist es ratsam, vor dem Gebrauch zu filtrieren, gegebenenfalls unter Zusatz von geringen Mengen Magnesia usw. Ebenso achte man auch bei fertig gekauften Kompositionen darauf, daß diese klar sind, und filtriere sie eventuell selbst vor dem Gebrauch. Kompositionen, die viel Citrusöle enthalten, sind oft durch den geringen Wassergehalt dieser Öle getrübt. Dieses ist weiter kein Nachteil, aber es empfiehlt sich, sie auf alle Fälle nochmals zu filtrieren. Vor dem Filtrieren kann, wie erwähnt, eine Prüfung der Reaktion vorgenommen werden, da das Parfümöl nach erfolgter Auswaschung mit einer 2—3%igen Pottaschelösung sowieso filtriert werden muß.

9. Die Höhe des Parfümzusatzes und die Beimischung des Parfüms zur Seife.

Im allgemeinen verwendet man zur Parfümierung von Toiletteseifen 1% Parfüm. Für Luxusseifen werden auch 2—3% verwendet, während für billige Stapelseifen, der Kalkulation wegen, nur 300—500 g auf 100 kg Seife verwendet werden können. Im letzteren Falle bedient man sich natürlich sehr stark riechender Parfüms.

Bei der Herstellung von pilierten Seifen ist es angeraten, die Riechstoffkomposition mit den getrockneten Seifenspänen in der Mischmaschine zu vermengen, wobei gleichzeitig die Farbstofflösung und eventuelle andere Zugaben beigemischt werden können. Allgemein verbreitet ist die Gewohnheit, die Parfümkomposition erst in der Piliermaschine der Seife beizumischen und die parfümierte Seife nur zwei- bis dreimal durch den Walzenstuhl laufen zu lassen, weil man der Meinung ist, daß sich sonst zu viel vom Riechstoff verflüchtigt. Diese Arbeitsmethode ist falsch, weil die Abnahme der Geruchsintensität während des Pilierens überschätzt wird, wogegen die meisten ungenügend vermischten Parfümkompositionen sich in der Seife durch gestreifte Farbenveränderung und Rissigwerden der Seife unangenehm bemerkbar machen.

Der Zeitpunkt der Parfümierung der kaltgerührten und Transparentseifen ist bei der Parfümierung dieser Seifensorten bereits angegeben.

c) Das Färben der Seifen.

Zum Färben von Seife lassen sich sowohl wasserlösliche als auch Pigmentfarbstoffe verwenden. Die Pigmentfarbstoffe eignen sich infolge ihrer Nichtlöslichkeit in Wasser nur zum Färben von pilierten Seifen, während die wasserlöslichen sowohl für kaltgerührte als auch für pilierte Seifen verwendet werden können. Die löslichen Farbstoffe werden in kochendem Wasser gelöst, die Lösung zweckmäßig durch ein Tuch filtriert und mit der Seifenmasse im Kessel verrührt, bzw. im Knetwerk zugesetzt.

Zum Färben verwendet man für 100 kg Grundseife durchschnittlich 2—30 g wasserlöslichen Farbstoff. Zum Lösen von 100 g Farbstoff benötigt man ungefähr 3—4 l möglichst heißes Wasser. Die Pigmente werden in wäßriger Teigform der Seife in der Mischmaschine zugesetzt und in der Piliermaschine feinst verteilt.

Spezielle Seifenfarben werden von mehreren Fabriken erzeugt und man kann sich die entsprechende Farbe aus den zur Verfügung stehenden Farbenkarten oder gefärbten Seifenmuster aussuchen. Wichtig ist bei dem Einkaufen, die Licht- und Alkalibeständigkeit der Farbstoffe garantieren zu lassen.

Weißen Seifen und cremegefärbten Seifen setzt man mitunter 0,5—3% feinstes Zinkweiß oder Titandioxyd hinzu, besonders wenn man anstatt des ein wenig transparenten Aussehens der pilierten Seifen die opake Beschaffenheit wünscht.

VI. Seifenpulver, Seifenschnitzel und Seifenflocken.

Von C. **Bergell**, Berlin, G. O. **Heyer** †, Hamburg-Wandsbeck, O. E. **Steuer**, Bad Homburg, und B. **Thomas**, Konstanz.

A. Einleitung.

Die Riegel- oder Stückenform der für den Haushalt oder die Wäscherei bestimmten Seifen hat neben unleugbaren Vorteilen auch gewisse Nachteile. Aus dem Griff, dem Aussehen (Farbe, Beschlag) u. dgl. der Seifenstücke lassen sich gewisse, wenn auch nicht immer richtige Schlüsse über die Reinheit, die Beschaffenheit des Rohmaterials, den Harzgehalt usw. der Seifenstücke ziehen; die Seife muß aber, um rasch im Wasser gelöst zu werden, zerstückelt werden und sie läßt sich nicht so leicht handhaben wie Seifenpulver, Seifenflocken u. dgl. Letztere lösen sich infolge ihrer großen Oberfläche sehr rasch und in beliebiger Konzentration auch in mäßig warmem Wasser, ihre Dosierung ist äußerst einfach; für die Mitverwendung von Zusätzen, welche die Waschwirkung unterstützen oder besondere Effekte (Bleichung) hervorrufen sollen, sind natürlich die Seifenpulver die geeignetste Form. Allerdings schließt die Verwendung von Seifenpulvern die bei Stücken nicht vorhandene Gefahr in sich, daß die fremden Bestandteile, wie Soda oder Wasserglas, in beliebiger Höhe zugesetzt werden können, ohne sich am Aussehen des Pulvers zu verraten; dieser Gefahr arbeitet aber der Wettbewerb der Seifenfabriken genügend entgegen.

Dem Erzeuger bringt die Pulver- oder Flockenform der Seife gewisse rechnerische Vorteile, wie die Möglichkeit der Verwendung bestimmter, für Riegel ungeeigneter Rohstoffe, der mitunter im Vergleich zur Kernseifenherstellung rascheren Arbeitsweise, der auffälligeren Reklame usw.

Während Seifenpulver meist Gemische von Seife mit Soda, Wasserglas u. dgl. sind, sind die Seifenflocken und Seifenschnitzel reine, ohne Zusätze hergestellte Seifen. Sie werden zusammen mit den reinen Seifenpulvern im nächsten Abschnitt besprochen. Hierauf wird die Herstellung von Seifenpulvergemischen, welche keine bleichenden Zusätze enthalten und schließlich von Seifenpulvern mit bleichenden Zusätzen, den sog. selbsttätigen Waschmitteln, angegeben werden. Die seifenfreien pulverförmigen Waschmittel haben mit den vorerwähnten Produkten nichts mehr zu tun.

Den vielfach gegen Seifenpulver geäußerten Bedenken entgegen hat die rasche Entwicklung dieses Industriezweiges gezeigt, daß das verbrauchende Publikum, insbesondere die Hausfrau, gewisse Nachteile in Kauf nimmt, wenn die Handhabung des Waschmittels um so viel bequemer als bei den Stückenseifen ist.

B. Reine Seifenpulver, Seifenflocken und Seifenschnitzel.

a) Reine Seifenpulver.

Die Rohstoffe. Während für sodahaltige Seifenpulver häufig die Abfallprodukte der Seifenfabrik verwendet werden, müssen für die reinen Seifenpulver einwandfreie Rohmaterialien verarbeitet werden, weil 1. an die reinen Seifenpulver höhere Ansprüche gestellt werden und 2. weil die fein verteilte Seife in höherem Maße dem Verderben (Ranzigwerden) ausgesetzt ist als Stückenseife. Die Gefahr des Ranzigwerdens ist geringer bei den sodahaltigen Pulvern, weil sie stets ausreichend alkalisch sind.

Als Ausgangsmaterial kommen die gleichen Fette in Frage wie für gute Kernseifen, also Talg, Cocos- oder Palmkernfett, Schweinefett, Palmöl, Knochenfett, Erdnußöl, Hartfett, Harz usw.

Bei der Wahl der Rohmaterialien ist auch der Verwendungszweck, d. h. der Kundenkreis zu berücksichtigen. Ohne Bedeutung ist natürlich hier die Bindigkeit der Seife, auf volle Verseifung und entsprechend alkalische Abrichtung ist dagegen sehr zu achten. Besondere Ansprüche stellt der Verbraucher an gute Löslichkeit und Schaumkraft. Die leichte Löslichkeit beeinflußt die Rohstoffwahl nur dann, wenn mit kaltem Wasser gewaschen werden soll, aber selbst in diesem Falle werden die fein zerkleinerten Pulver meist voll befriedigen. Die Schaumkraft ist dagegen von der Temperatur des Waschwassers abhängig. Der Gehalt an Talg und anderen hochschmelzenden Fetten im Ansatz muß um so höher sein, je heißer die Seifenlösung zur Anwendung kommt, denn aus viel Cocosfett, Erdnußöl und Weichfetten hergestellte Seifen ergeben Waschflotten, welche kalt oder lauwarm gut schäumen, während schon bei 60—70^0 der Schaum zusammenfällt. Der Ansatz soll aber nicht allzu hart sein, weil dann die Wasserhärte die Calcium- und Magnesiumseifen in einer gröberen, die Wäsche stärker verunreinigenden Form abscheidet. Je feiner die Flocken der abgeschiedenen Ca- und Mg-Seifen sind, desto besser bleiben sie im Seifenwasser emulgiert, wohingegen sich gröbere Flocken auf der Wäsche niederschlagen. Ungünstig wirkt auch auf die Form der Ausscheidungen der Kochprozeß und eine langsame Zugabe des Seifenpulvers. Gibt man nur die der Wasserhärte entsprechende Seifenmenge zu, so erhält man die gröbsten Ausscheidungen; ist bei der Ausscheidung ein Seifenüberschuß vorhanden, so umhüllt und emulgiert die Seife die sich ausscheidenden Kalk- und Magnesiaseifen.

Für die Herstellung von Seifenpulvern für Haushaltwäsche, welche gewöhnlich gekocht wird, wird man deshalb neben Cocos- und Palmkernöl größere Talgmengen verarbeiten, während bei Pulvern, welche in Wäschereien bei einer Temperatur von 60—70^0 verwendet werden, der Talganteil erheblich geringer sein kann und für die Seiden- und Wollwäsche die Mitverwendung von Talg überflüssig ist.

Bei der Zusammenstellung des Fettansatzes soll man ferner darauf achten, daß keine zu weiche und schmierige Seife resultiert, weil eine solche nur schwer pulverisiert werden kann. Aus diesem Grunde sind Öle und Harz nur in kleinerem Hundertsatz zu verwenden. Wichtig ist ferner, daß die Seife nicht hygroskopisch ist, d. h. sie muß arm an Glycerin und Salz sein. Entspricht die Grundseife dieser Bedingung nicht, dann neigt das Seifenpulver zum Zusammenbacken. Deshalb soll die Seife durch mehrmaliges Umsalzen vom Glycerin weitgehend befreit und salzarm fertiggestellt auf Leimniederschlag gut abgesetzt sein. Zweckmäßig ist auch die Verwendung von glycerinarmen hellen Fettsäuren.

Der Arbeitsgang. Die verbreitetste Herstellungsweise der reinen Seifenpulver besteht darin, daß Seifenabfälle oder die in Formen oder Kühlpressen erkaltete Kernseife auf der Spanhobelmaschine (S. 280) zerkleinert und in einem für die Herstellung von pilierten Seifen gebräuchlichen Trockenschrank getrocknet wird. Die vollkommen getrockneten Seifenspäne können dann nach Erkalten in einer Seifenmühle (S. 434) leicht gepulvert werden. Bei dem Trocknen ist nicht so viel Sorgfalt notwendig wie bei der Erzeugung von pilierten Seifen, weil das Austrocknen nicht bei einem bestimmten Feuchtigkeitsgehalt unterbrochen werden muß; im Gegenteil, die Seife muß praktisch wasserfrei erhalten werden. Dies ist erreicht, wenn eine aus dem Trockenschrank entnommene und erkaltete Probe zwischen den Fingern zerbröselt werden kann. Natürlich muß darauf geachtet werden, daß die Temperatur im Trockenschrank nicht zu hoch steigt, weil hierdurch die Seifenspäne zu dunkel gefärbt werden.

Diese Arbeitsweise genügt für kleine und mittelgroße Betriebe. Großbetriebe wandeln die abgesetzte Seife durch direktes Versprühen in fertige Seifenpulver um (S. 436) oder sie stellen die Seife nach kontinuierlichem Verfahren durch Verseifen der Fettsäuren mit Soda oder der Fette mit Natronlauge her, unter Ausschalten des Siedeprozesses und Versprühen in besonderen Apparaten.

Bestrebungen, die Verseifung im Sprühverfahren selbst durchzuführen, durch Gegeneinandersprühen der Fettsäuren und der Soda bei entsprechend hohen Temperaturen, wurden ebenfalls schon technisch verwirklicht. Jedoch ist unter solchen Bedingungen die volle Verseifung nur bei Vorhandensein eines großen Alkaliüberschusses möglich, und reine Produkte können nur mit ganz einwandfreien Rohstoffen erhalten werden, da keine Möglichkeit der Reinigung durch Umsalzen besteht. Praktisch ist deshalb ein solches Verfahren nur auf die Verseifung von Fettsäuren mit Soda beschränkt, denn ein geringer Sodaüberschuß ist nicht schädlich.

Erwähnt sei hier die Anwendung des Sprühverfahrens zur Herstellung von Toiletteseifen. Die Vorteile der Herstellung der Toiletteseifen durch Versprühen der abgesetzten Grundseife und Zusammenpressen des wasserarmen Pulvers nach Parfümierung unter hohen Drucken liegen in der Ausschaltung der Kühlpressen, Hobelmaschinen, Piliermaschinen, der Trocknung usw. Die Pressen, welche man hierzu verwendet, arbeiten kontinuierlich; die Seifenpulver werden in dosierten Mengen der Presse automatisch zugeführt. Das im Sprühverfahren hergestellte Pulver ist sehr wasserarm, die Toiletteseife deshalb haltbarer, was in der Wahl der Fette eine größere Bewegungsfreiheit schafft.

b) Seifenschnitzel.

Die Seifenschnitzel finden hauptsächlich in technischen Betrieben Verwendung, wo auf leichte Löslichkeit und Dosierbarkeit Wert gelegt wird. Der Seifengehalt der Schnitzel beträgt gewöhnlich 75—80% und läßt sich am Griff leicht abschätzen. Für ihre Herstellung können billige Fettsorten, wie sie etwa für gelbe Kernseifen verwendet werden, dienen; der Geruch kann durch Harzzusatz verdeckt werden.

Man geht von abgesetzter Kernseife aus, welche ähnlich wie in der Toiletteseifenfabrikation zu Spänen gehobelt und dann im Trockenschrank getrocknet wird.

c) Seifenflocken.

Rohmaterial. Seifenflocken sind das qualitativ wertvollste Waschmittel für Wäschereien, sie können deshalb nur mit besten Rohstoffen hergestellt werden. Die wichtigsten sind Talg, Cocosfett, Palmkernfett, Schmalz, Erdnußöl, gebleichtes Palmöl, Ricinusöl und ein geringer Zusatz von hellstem Harz. Verseift wird mit Natronlauge, aber auch Kalilauge kann mitverwendet werden. Für die Wahl der Fette sind natürlich die Eigenschaften des Fertigfabrikats maßgebend.

Die Seifenflocken sind dünne Blättchen von bestimmter Form und Größe; sie müssen hohe Bindigkeit haben, um beim Transport nicht zu zerbrechen, was man als „Grusen“ bezeichnet. Die Flocken sollen weiß und leicht glasig, also schwach transparent sein; sie müssen sich schon in kaltem Wasser leicht lösen und stark schäumen, auch dürfen sie auf Lager keinen ranzigen Geruch bekommen. Um schon in kaltem Wasser leichte Löslichkeit und starke Schaumkraft zu erzielen, wäre die Verarbeitung größerer Mengen Cocos- oder Palmkernfett angezeigt, die gleichzeitig erforderliche Bindigkeit setzt aber der Verarbeitung dieser Leimfette eine Grenze bei etwa 20, höchstens 30%. Cocosfett ist dem Palmkernfett vorzuziehen, den Leimfettgehalt des Fettgemisches setzt man mit etwa 20% Cocosfett und 3—5% Ricinusöl fest. Die restlichen 75% des Ansatzes bestehen aus nicht zu harten, bindige Seife ergebenden Kernseifenfetten. Steht geeignetes Palmöl in ausreichenden Mengen nicht zur Verfügung, so ist außer Talg etwa 20% Schmalz anzuwenden und in allen Fällen etwa $^1/_2$% Harz in Form vorgesottener Seife zum Schutz gegen Ranzigkeit. Die Sude können zum Schluß, nachdem leichte Glasigkeit nicht stört, mit Kalilauge statt mit Natronlauge ausgeschliffen werden, wodurch die Löslichkeit, Schaumkraft und Bindigkeit erhöht werden. Auch sollte man nur vorgereinigte Fette verarbeiten, da allzu häufiges Umsalzen den Glyceringehalt zu sehr herabsetzt, so daß ein Glycerinzusatz zur abgepumpten Seife notwendig wird, um ein geschmeidiges Produkt zu erhalten.

Arbeitsgang. Die mit Bleicherde oder mittels Natronlauge vorgereinigten Fette werden in der gleichen Weise verseift wie die Grundseife der Toiletteseifen, nur können zum Schluß ca. 5% der Lauge in Form von Kalilauge verwendet werden. Nach Verseifung wird mit starkem Salzwasser auf schwach leimige Unterlauge getrennt, die Unterlauge abgelassen und die Seife mittels Kernschliffes fertiggemacht, der besonders bindige Seife liefert. An Stelle der 8° Bé starken Natronlauge wird man hierzu Kalilauge von 10° Bé verwenden.

Die Formgebung erfolgt, indem die auf 80—86% vorgetrockneten Schnitzel auf Stahlwalzen zu dünnen, membranartigen Platten von bestimmter Form zerdrückt werden (vgl. S. 297). Die wassergekühlten Walzapparate, welche für die Herstellung gut und einheitlich geformter Flocken unbedingt notwendig sind, sind allerdings sehr kostspielig. Versuche, für ihre Herstellung die in Toiletteseifenfabriken stets vorhandenen Steinwalzwerke zu verwenden, scheiterten aus Gründen, welche auf S. 296 angegeben wurden.

C. Die Fabrikation der Seifenpulver.

a) Seifenpulver ohne Bleichmittel.

Unter „Seifenpulver" ist ein Produkt zu verstehen, welches neben mehr oder weniger großen Mengen reiner gepulverter Seife noch gepulverte Soda und häufig gepulvertes Wasserglas enthält.

1. Hochprozentige Seifenpulver.

Die Seifenpulver werden in Großbetrieben ausgehend von einer Lösung, welche alle Komponenten des Produktes im angestrebten Mischungsverhältnis gelöst enthält, hergestellt. Diese Methode findet aber dort ihre Grenze, oberhalb welcher es nicht mehr möglich ist, die einzelnen Komponenten, besonders die Soda, in Lösung zu bringen. Diese Grenze liegt bei einem Fettsäuregehalt von über 40—45%. Seifenreiche Pulver müssen deshalb durch trockenes Mischen der Komponenten in geeigneten Mischmaschinen bereitet werden.

Ein solches Erzeugnis ist z. B. die „Suma" der Sunlicht-A. G. in Mannheim. Dieses Seifenpulver enthält ca. 60% Fettsäuren und 25% Natriumdicarbonat. Beim Erhitzen der wäßrigen Lösung bildet sich aus dem Dicarbonat Soda und Kohlendioxyd, welches in feinen Bläschen entweicht und die Entfernung des Schmutzes fördert. Die heiße Lösung enthält also Seife und Soda, ein dem Seifenpulver entsprechendes Gemisch. Die Seifenpulver-Dicarbonat-Gemische können nach dem auf S. 256 beschriebenen Verfahren von A. Welter erhalten werden.

Seifenpulver mit einem Fettsäuregehalt von über 45% findet man nur selten im Handel.

2. Handelsübliche Seifenpulver.

Ihre Herstellung erfolgt in zwei Phasen. Es wird zuerst der Seifenleim hergestellt und dieser mit Soda oder mit Soda und Wasserglas vermischt. Die Mischung wird zum Erstarren gebracht und pulverisiert, durch Zerstäuben oder Vermahlen.

Geht man von Neutralfetten aus, so wird das Glycerin durch mehrmaliges Aussalzen der Seife entfernt und dann der Kern weiterverarbeitet.

Der wichtigste Bestandteil der Seifenpulver ist natürlich die Seife selbst. Die Pulver werden nach ihrem Fettsäuregehalt als x-prozentige Seifenpulver gehandelt. Für den Fettsäuregehalt ist leider keine Grenze nach unten gezogen, während die obere Grenze etwa bei 40—45% liegt. Gute Seifenpulver haben einen Fettsäuregehalt von 30—40%.

Die Fettrohstoffe. Für erstklassige Seifenpulver sind nur gute Fettsorten brauchbar, und zwar müssen an die Fette um so höhere Anforderungen gestellt werden, je höher prozentig das Seifenpulver ist. Für die Zusammenstellung des Fettansatzes ist gute Schaumfähigkeit der Seife und ihre leichte Vermahlung oder Zerstäubung maßgebend; auch darf sich das Pulver nicht zusammenbacken. Es scheiden also zunächst Fette aus, welche viel Unverseifbares enthalten; Harz kann nur in geringen Mengen für niedrigprozentige Seifenpulver verarbeitet werden[1].

Ungeeignet sind alle trocknenden und halbtrocknenden Öle, weil sich ihre Seifen bei der großen Oberfläche der Pulver leicht oxydieren können. Ein solches Produkt kann sich nach einer Beobachtung von A. Welter[2] bis zur Verkohlung erhitzen.

Auch die nichttrocknenden Öle sind nur in kleinen Hundertsätzen verwendbar, namentlich bei der Herstellung hochprozentiger Seifenpulver.

Das schnelle Schäumen der Seifenpulver erreicht man durch Verarbeiten größerer Mengen Cocos- oder Palmkernöl. Ihre Seifen sind überdies sehr hart und lassen sich gut vermahlen. Da aber der Schaum großblasig und nicht stabil ist, müssen außerdem noch Talg, Hartfett, Knochenfett oder gebleichtes Palmöl mitverwendet werden.

Man kann z. B. das Gemisch aus 50% Palmkern- oder Cocosöl, zur anderen Hälfte aus Talg, gebleichtem Palmöl oder Knochenfett herstellen; der Anteil an hochschmelzenden Fetten muß um so größer sein, je höher prozentig das Pulver ist. Die Öle (Erdnußöl u. dgl.) sollen im Ansatz höchstens zu 20—25% enthalten sein. Gelblich gefärbte Seifenpulver kann man durch Zusatz von 5% rohen Palmöles zum Fettansatz erhalten.

Geht man von Kernseife aus, so muß der Fettansatz entsprechend gewählt werden. Soll alter Leimkern verarbeitet werden, so darf dieser nicht zu schmutzig sein und nicht zuviel Unverseifbares enthalten. Besser ist es, den Leimkern nur in kleinen Partien zuzusetzen, um auf einen normalen Ansatz zu kommen.

Die Soda. Die Herstellung des Seifenpulvers wird erst durch den Zusatz von wasserfreier Soda ermöglicht. Diese entzieht dem Leim oder dem verflüssigten Kern erhebliche Mengen Wasser und geht dabei in das Hydrat $Na_2CO_3 \cdot 10\,H_2O$ über. Der Vorgang ist natürlich nicht quantitativ, 100 kg calcinierte Soda binden etwa 100 kg Wasser, statt der theoretischen Menge von 170 kg. Weiche Fette erfordern einen höheren Zusatz an calcinierter Soda als hochschmelzende, weshalb erstere nur für niedrigprozentige Pulver verwendbar sind.

Das Wasserglas. Aus Seife und Soda allein lassen sich sehr gute Seifenpulver herstellen. Meist werden aber noch kleinere Mengen Wasserglas zugesetzt. Dieser Zusatz ist bei perborathaltigen Seifenpulvern zur Stabilisierung des Bleichmittels notwendig (s. S. **433**). Ob ein Wasserglaszusatz sonst von Nutzen oder gar schädlich ist, ist noch nicht geklärt[3]. Das Wasserglas wird in der wäßrigen Lösung hydrolytisch gespalten. Bei der Hydrolyse scheidet sich die Kieselsäure nicht sofort aus, sondern bleibt zunächst kolloidal gelöst. Die kolloidale Beschaffenheit der Silikatlösungen verleiht diesen nach W. und H. A. Kind[4] ein gewisses Adsorptionsvermögen gegenüber Schmutz. Die später gebildete sandige Kiesel-

---

[1] Das von Hellwege (D. R. P. 395974) hergestellte Harzseifenpulver gehört kaum zu den hier behandelten Produkten. A. Welter (D. R. P. 377472, 374210) stellt aus Harz mit Soda und Wasserglas ein schwer zu mahlendes ca. 10%iges Pulver her.

[2] Chem. Umschau Fette, Öle, Wachse, Harze **29**, 151 (1922).

[3] Vgl. hierzu Chem.-Ztg. **55**, 711 (1931).

[4] Waschen mit Maschinen, S. 68. Berlin: Julius Springer. 1935.

säure wirkt aber nach denselben Autoren wie ein Schleifmittel auf die Wäsche. Die Enthärtung des Wassers durch Soda soll nach KIND in Gegenwart von Wasserglas schneller verlaufen[1].

Eisen wird durch die Kieselsäure in leicht abspülbaren Flocken abgeschieden, hierauf beruht die Verwendung von Wasserglas bei der Herstellung von Bleichsoda. Daß Wasserglas tatsächlich Eisenoxyd aus verschmutzten Geweben zu entfernen vermag, zeigen Versuche von BOSSHARD und STURM[2]. Vor allem ist es von Wichtigkeit, daß das Wasserglas innerhalb gewisser Konzentrationsgrenzen auf die Seife härtend einwirkt, wodurch das Vermahlen erleichtert wird.

Wassergehalt: Einen ungefähren Anhalt für die Zusammensetzung von Seifenpulvern mit verschiedenem Seifengehalt ergibt die Tabelle 89.

Tabelle 89. Zusammensetzung von Seifenpulvern.

	In Prozenten			
Fettsäure	10	20	30	40
Natronlauge, 38° Bé	5	11	16	21
Calc. Soda	40	32	24	20
Wasserglas, 36/38° Bé	3	4	5	6
Wasser	42	33	25	13

Da während der Vermischung des Ansatzes und bei dem Trocknen ein Teil des Wassers verdampft, wird man beim Ansatz mehr Wasser nehmen, als in der Tabelle angegeben ist.

3. Die Herstellung der Seifenpulver.

Bereitung des Leims. Es wird zunächst der Seifenleim hergestellt. Werden Neutralfette verseift, so muß der Sud zur Beseitigung des Glycerins mehrmals ausgesalzen werden; der Kessel steht also nicht sogleich für den Seifenpulveransatz zur Verfügung. Zur Erhöhung der Leistungsfähigkeit empfiehlt es sich deshalb, die Verseifung in einem besonderen Siedekessel vorzunehmen und den ausgesalzenen Kern in einem mit Rührwerk versehenen Kessel weiterzuverarbeiten, d. h. mit Soda usw. zu mischen. Wird das Seifenpulver in kleinen Partien von 100—200 kg in einer Mischmaschine hergestellt, so muß natürlich der Kern in einem besonderen Siedekessel bereitet werden. Das Mischen in der Mischmaschine geht schnell vonstatten, in der Stunde lassen sich 3—4 Partien verarbeiten.

Fettsäuren können auch mit Soda verseift werden. Die Verseifung muß in beiden Fällen vollständig sein, sonst leidet die Haltbarkeit des Produktes. Die Abrichtung kann kräftig sein, denn das freie Alkali verwandelt sich bei der großen Oberfläche des Pulvers bald in Carbonat. Kalilauge darf nicht verwendet werden, weil sie das Produkt schmierig macht, ebensowenig darf ein Teil der Soda durch Pottasche ersetzt werden. Pottasche ist überdies hygroskopisch und verdirbt das Pulver beim Lagern.

Das Glycerin muß wegen seiner Hygroskopizität aus der Seife weitgehend entfernt werden. Schon aus diesem Grunde ist die Anwendung von Fettsäuren anzuraten. Bleibt bei der Verseifung von Neutralfetten infolge unzureichenden Aussalzens Glycerin zurück, so zieht das Seifenpulver Wasser an, welches von der Soda unter Volumzunahme aufgenommen wird, so daß die Pakete immer praller werden, bis sie schließlich die Hülle zerreißen können.

Der gleiche Fall kann eintreten, wenn das Pulver zuviel Salz enthält. Seifen

[1] Seifensieder-Ztg. **53**, 603 (1926). [2] Chem.-Ztg. **54**, 762 (1930).

mit höherem Salzgehalt neigen zum Schwitzen. In den Seifenpulvern scheidet sich aber das Wasser nicht aus, sondern wird von der Soda gebunden.

Vielfach wird zum Schluß auf klarer Lauge zu einem strotzigen Kern ausgesalzen. Ein solcher Kern enthält natürlich mehr Kochsalz, als wenn die Seife nur bei gutem Stich verschliffen wird. Letzteres Verfahren ist deshalb vorteilhafter. Werden aber die Fette im gleichen Kessel verseift und dann mit den Zusätzen gemischt, so muß man zum Schluß auf klarer Lauge absalzen und die Unterlauge durch das Bodenventil ablassen. Aber auch in diesem Falle wird man an Kochsalz sparen können, wenn man den Kern recht scharf hält und sich vor allen Dingen davor hütet, überschüssiges Kochsalz anzuwenden.

Zusatz der Soda. Die Soda wird nach Auflösen des Kerns zu einem Leim zugesetzt, und zwar schaufelweise, damit keine größeren Klumpen entstehen. Mischmaschinen eignen sich besser für das Vermischen als Rührkessel.

Bei der Auflösung der calcinierten Soda wird Wärme frei, und es ist darauf zu achten, daß die Mischung nicht zu heiß die Mischvorrichtung verläßt. Durch eine zu hohe Temperatur wird die Trocknung des Gemisches verzögert und der gemischte Leim kann sich, falls er nicht energisch genug durchgearbeitet wurde, in Seife und eine konzentrierte Sodalösung trennen.

Die Temperatur, mit der das Gemisch zum Trocknen gelangt, hängt vom Fettsäuregehalt des Gemisches und der Art der Aufarbeitung ab. Aus den Rührkesseln muß das Gemisch noch herausfließen können, während es in der Mischmaschine auch zu einem schwer beweglichen Produkt verarbeitet werden kann. Im ersten Falle muß also die Masse heißer sein. Bei der gleichen Temperatur ist ein niedrigprozentiger Seifenleim dünnflüssiger als ein hochprozentiger. Die Temperatur schwankt deshalb zwischen 30—80°. Hierauf ist schon beim Verdünnen des Kerns Rücksicht zu nehmen. Zuletzt wird in dünnem Strahl das Wasserglas zugemischt, welches keiner besonderen Abrichtung bedarf, soweit der Kern richtig abgerichtet war.

Das Erstarren des Leimes. Das Festwerden des Waschpulverleimes findet nicht nur infolge Erstarrens der Seifenmasse statt oder durch das Verdunsten von Wasser aus der Masse, sondern vor allem dadurch, daß die wasserfreie Soda das Wasser als Kristallwasser bindet.

Um die dickflüssige Seifenpulvermasse zum Erstarren zu bringen, kann man sie einfach auf dem Boden ausbreiten, und das ist gleichzeitig die einfachste Trocknungsmethode. Während des Erkaltens muß die Masse öfter durchgearbeitet werden, damit sie in krümeliger und lockerer Form erstarrt. Sonst erstarrt der Leim zu einer steinharten Masse, die sich nur mit Meißel und Hammer zu Brocken zerteilen läßt, welche beim Mahlen ein hartes und körniges Pulver geben, während dieses locker und weich im Griff sein soll.

Schwierig ist es, die geeignete Unterlage für das Pulver zu schaffen. Beton leidet unter der ständigen Einwirkung der sodahaltigen Mischung. Gut bewährt hat sich ein Zumischen von entfetteten Eisendrehspänen beim Anmachen des Betons. Das Auftragen eines dünnen harten Estrichs von Zement auf den Boden ist dagegen zu verwerfen, weil er schnell abspringt und das Pulver verunreinigt. Klinker haben sich nicht bewährt, weil der zwischen den Fugen befindliche Mörtel von der warmen Seifenmischung rasch zerstört wird. Je niedrigprozentiger die Seifenmischung ist, desto eher ist mit der Zerstörung der Unterlage zu rechnen.

Am besten ist es, sich zur Trocknung sog. Kühlschiffe zu bedienen. Es sind dies mit Eisenblech beschlagene Holzkästen, welche mit einem Zwischenraum von etwa 1 m aufgestellt werden, so daß sie von beiden Seiten aus bedient werden können. Die Kästen sind etwa 1—2 m breit, 20 cm tief und beliebig lang.

Während der Trocknung ist für Luftaustausch zu sorgen, damit sich die mit Dampf gesättigte Luft nicht staut und die Trocknung verzögert. Der Trockenprozeß läßt sich notfalls durch Aufstreuen von wasserfreier Soda beschleunigen, welche dann mit der Masse durchgearbeitet werden muß.

Es empfiehlt sich, die Masse aus dem Kessel oder den Mischmaschinen in den Vormittagsstunden in die Trocknungseinrichtungen zu entleeren, damit man noch im Laufe des Arbeitstages Zeit hat, sie umzuwenden und aufzulockern. Man läßt die Masse noch über Nacht stehen und vermahlt sie am nächsten Tage.

Durch Mahlen allein läßt sich kein so feines, staubförmiges Pulver erzielen, wie es von der Kundschaft allgemein verlangt wird. Die Mahlarbeit nimmt erheblich zu mit der Feinheit des Mahlguts, auch mit dem Fettsäuregehalt des Pulvers. Man versucht nun, durch Einblasen von Luft oder anderen Gasen in die noch nicht erstarrte Seifenmasse eine Auflockerung herbeizuführen. Der Gedanke ist neuerdings von Vohrer[1] aufgegriffen worden; er setzt dem Pulverbrei Aluminiumpulver zu, welches sich mit den Alkalien zu Aluminat unter Entwicklung von Wasserstoffgas umsetzt.

Andere Vorschläge gehen dahin, den Seifenpulverbrei mit oder ohne Kühlung durchzurühren, um auf diese Weise eine raschere Kühlung und Lockerung zu erreichen. So leiten Weber & Seeländer[2] die Masse mittels Preßluft auf gekühlte Platten, auf denen sie durch geeignete Vorrichtungen ständig bewegt und gewendet wird, bis sie im körnigen Zustande erstarrt (vgl. Abb. 153, S. 436). Die Firma Imhausen schlug vor, die Masse in einer offenen gekühlten Rinne durch eine Welle, die mit zerkleinernd wirkenden Förderschaufeln besetzt ist, zu bewegen[3]. Rost & Co. verwenden Kühlwalzen und Förderbänder, auf denen die Masse gekühlt und getrocknet wird.

Diese Vorschläge haben sich in der Praxis nicht immer bewährt. Bessere Erfolge wurden mit dem auf S. 435 näher beschriebenen T. A. G.-Trockner erzielt, in welchem der Pulverbrei über innen beheizte oder gekühlte blanke Walzen läuft.

Die Hauptmenge der Seifenpulver wird aber heutzutage nach dem auf S. 436 geschilderten Zerstäubungs- oder Sprühverfahren hergestellt. Es liefert weit voluminösere Pulver als die Mühlen, so daß die Packungen größer ausfallen und das Pulver selbst einen weicheren Griff hat und sich in Wasser schneller löst.

Nach Angaben der Trocknungsanlagen-Gesellschaft (T. A. G.)[4] ergeben 100 g Seifenpulver je nach der Art der Herstellung folgendes Volumen:

Auf Fußboden oder Kühlschiffen erstarrt und gemahlen	120—125 cm³
Auf Walzen erstarrt	125—135 „
Zerstäubt	140—200 „

Verpackungen. In den Kleinhandel kommt das Seifenpulver meistens in $^1/_4$-kg-Packungen. Bevorzugt werden Faltschachteln oder Pergamentbeutel. Wäschereien beziehen die Seifenpulver in Jute- oder Papiersäcken, in mit Papier dicht ausgelegten Kisten oder in Tüten.

Pakete eines 30%igen Seifenpulvers mit und ohne Perboratzusatz erlitten innerhalb von 11 Monaten[5] einen Gewichtsverlust von 25,84 bzw. 26,7%, ein 15%iges Seifenpulver verlor in der gleichen Zeit 33,3% an Gewicht. Nach dieser Zeit trat kein weiterer Gewichtsverlust ein. In der Praxis sind so große Austrocknungsverluste nicht zu erwarten.

4. Besondere Seifenpulversorten.

α) *Schnitzelseifenpulver.* Sie bestehen aus niedrigprozentigem Seifenpulver, dem eine gewisse Menge von billigen Kernseifenschnitzeln zugemischt ist. Ihr Umsatz ist in den letzten Jahren stark zurückgegangen; eine gewisse Popularität genossen sie in den Nachkriegsjahren, als der Käufer die Seife „sehen" wollte.

---

[1] D. R. P. 573818. [2] D. R. P. 285984. [3] D. R. P. 303074.
[4] Seifensieder-Ztg. **55**, 364 (1928). [5] Seifensieder-Ztg. **51**, 446 (1924).

β) *Fettlaugenmehle*, aus Kernseife und Soda oder Olein und Soda auf einfachste Weise hergestellte Erzeugnisse. Als Ansätze werden angegeben[1]:

500 kg Kristallsoda		333 kg Olein	
250 „ Kernseife	oder	333 „ Sodalauge von 25° Bé	
250 „ calc. Soda		333 „ calc. Soda.	

Die Kernseife wird in der heißen Kristallsoda geschmolzen, dann wird die calcinierte Soda zugegeben; oder man verseift das Olein mit der Sodalösung und gibt dann die calcinierte Soda hinzu. Um das Produkt leichter löslich zu machen, wurde ein Zusatz von Schmierseife vorgeschlagen. Die fertige Masse wird auf dem Fußboden ausgebreitet, energisch durchgearbeitet und endlich durch ein gröberes und feineres Sieb durchgesiebt. Man erhält ein grobkörniges Pulver.

γ) *Seifenpulver mit Zusätzen von Lösungsmitteln u. dgl.* Die sog. *Salmiak-Terpentin-Seifenpulver* haben sich nicht eingebürgert; das Terpentin verflüchtigt sich zu leicht. Haltbarer war die mit Majamin, einem Sulfosalz der hydrierten Naphthaline, hergestellte *Majaammonseife*[2]. Borax ist als Zusatzmittel zu teuer und zu wenig wirksam. Zu verwerfen ist eine Beimischung von Kochsalz, Glaubersalz, Ton u. dgl. Ton beschleunigt zwar das Erstarren des Seifenpulvers, vermindert aber das Schaumvermögen und adsorbiert größere Anteile der Seife, welche für den Waschprozeß verlorengehen[3].

Fettlösungsmittel kann man höchstens in einer Menge von 2—3% zumischen. Selbstverständlich haben so kleine Zusätze keine nennenswerte Wirkung. Sie müssen einen hohen Siedepunkt haben, wenn sie sich längere Zeit im Seifenpulver halten sollen.

IMHAUSEN[4] fügt dem Seifenpulver das Lösungsmittel bei einer Temperatur nahe dem Gefrierpunkt des Wassers zu und hält die Masse dabei in ständiger Bewegung. Dabei bildet sich ein Kristallpulver, das das Lösungsmittel fest umschließt und es dadurch haltbar macht. Nach neueren Angaben soll das Permulgin, das einen Fettlöser enthält[5], den Zusatz eines derartigen Körpers zu einem Seifenpulver in etwas größerer Menge gestatten.

Zweifellos wird den modernen, aus Fettalkoholsulfonaten u. dgl. bestehenden Waschmitteln noch eine größere Rolle als Zusätze zu Seifenpulvern zukommen.

b) Bleichmittel enthaltende Seifenpulver.

1. Die Bleichmittel.

Durch den Zusatz von sauerstoffabgebenden Persalzen zu den Seifenpulvern wird bezweckt, die Wasch- mit der Bleichwirkung zu kombinieren. Die Rasenbleiche kommt für Wäschereien natürlich nicht in Betracht; auch bei der Haushaltwäsche ist sie nur in kleinen Orten durchführbar, nicht aber in den dichter bevölkerten Städten. Um nun die Wäsche auf einfachem Wege nicht nur rein, sondern auch möglichst weiß zu waschen, setzt man den Seifenpulvern Bleichmittel zu. Man behalf sich früher mit Chlorkalk, welcher wegen der gewebszerstörenden Wirkung abgelehnt werden mußte. Das jetzt ganz allgemein als Zusatzmittel zum Waschpulver verwendete Perborat verkürzt natürlich auch die Lebensdauer der Wäsche in höherem Maße als reine Seife. Trotzdem beherrschen heute die bleichend wirkenden Seifenpulver den Markt.

Von den verschiedenen Persalzen, welche als sauerstoffabgebende Bleichmittelzusätze vorgeschlagen wurden, hat sich nur das Natriumperborat bewährt.

---

[1] W. SCHRAUTH: Handbuch der Seifenfabrikation, 6. Aufl., S. 399. Berlin: Julius Springer. 1927.

[2] Seifensieder-Ztg. **50**, 15 (1923).

[3] Seifenfabrikant **44**, 114 (1917).

[4] D. R. P. 310626.

[5] Seifensieder-Ztg. **50**, 417 (1933).

Das einfachste Persalz, das *Natriumperoxyd*, zersetzt sich sehr schnell und heftig in Wasser. Die Reaktion ist stürmisch und kann zu Explosionen und Unglücksfällen führen. Die bei der Umsetzung nach $Na_2O_2 + 2\,H_2O \rightarrow H_2O_2 + 2\,NaOH$ gebildete Natronlauge macht die Waschflotte alkalisch[1].

Natriumpercarbonat findet als Bleichmittelzusatz kaum Verwendung, wenn es auch weit günstiger wirkt als Natriumperoxyd. Das Percarbonat ist recht teuer und leicht zersetzlich. Die Deutsche Gold- und Silber-Scheideanstalt[2] schlug vor, Gemische von Natriumsuperoxyd und Natriumdicarbonat anzuwenden, welche sich zum Percarbonat umsetzen. Ein solches Produkt soll gut haltbar sein. Die Haltbarkeit kann durch Erdalkalisilicate u. dgl. Schutzstoffe gesteigert werden.

Das *Natriumpersulfat* ist im Gegensatz zum Superoxyd sehr beständig, bei der Umsetzung mit Wasser bildet sich aber freie Schwefelsäure, auch gibt das Salz den Sauerstoff viel schwerer ab als das nunmehr ausschließlich verwendete

Natriumperborat, $NaBO_3 \cdot 4\,H_2O$, ein weißes kristallinisches Pulver, welches in reinem Zustande 10,4% aktiven Sauerstoff enthält, in der Lösung weniger alkalisch als Natriumperoxyd ist und sich in der wäßrigen Lösung zu freiem Sauerstoff und dem für die Wäsche unschädlichen Borax zersetzt[3]. Das reine trockene Persalz ist verhältnismäßig gut haltbar, weniger gut im Gemisch mit Seife; die Haltbarkeit im Seifenpulver kann aber in der weiter unten angegebenen Weise leicht gesteigert werden.

Als einen guten Ersatz für das an sich ideale Bleichmittel Wasserstoffperoxyd, welches natürlich nicht mit Seifenpulver gemischt werden kann, hat C. v. GRIESEWALD[4] das Perborat schon im Jahre 1904 erkannt. Dem Salz soll die Strukturformel eines Komplexsalzes

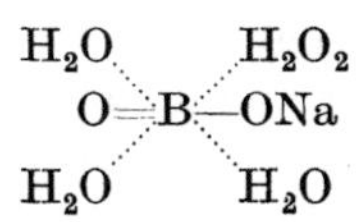

zukommen[5].

Spuren von Schwermetallen setzen die Haltbarkeit des Perborats stark herab; ähnlich wirken Chloride[6]. Gewisse Magnesium- und Calciumsalze, vor allem aber das Wasserglas wirken dagegen auf die Zersetzung des Perborats verzögernd[7], und auf der stabilisierenden Wirkung beruht die Bedeutung des Wasserglaszusatzes zu perborathaltigen Seifenpulvern.

Reines Perborat wird durch Wasser schnell zersetzt, so daß bei der Wäsche der frei werdende Sauerstoff wirkungslos entweichen würde. Das Bleichmittel darf in der Waschflotte erst bei einer höheren Temperatur den Sauerstoff abgeben, nachdem sich der Schmutz von der Wäsche abgelöst hat. Durch den Wasserglaszusatz bleibt das Perborat bis zu relativ hoher Temperatur verhältnismäßig stabil; die Sauerstoffabgabe ist auch dann nicht eine plötzliche, sondern eine allmähliche und zieht sich über eine gewisse Zeit hin; sie erfolgt zwischen 70 und 100°, bei welchen Temperaturen der Schmutz schon teilweise von der Wäsche abgelöst und teilweise erweicht ist. Der frei werdende Sauerstoff kann also auf das Gewebe einwirken, und da er in kleinen Bläschen entweicht, so unterstützt er auch mechanisch die Waschwirkung der Seife.

---

[1] Über Natriumperoxyd in Pastillen vgl. D. R. P. 134232. Über Na_2O_2 in Patronen aus Paraffin oder Stearin, welches die bei der Zersetzung gebildete NaOH binden soll, s. D. R. P. 191878, 191887, 193738.
[2] D. R. P. 357956.
[3] W. u. H. A. KIND: A. a. O.
[4] Seifensieder-Ztg. **46**, 813 (1919).
[5] Ztschr. angew. Chem. **34**, 354 (1921).
[6] JUNGKUNZ: Seifensieder-Ztg. **46**, 813 (1919).
[7] Ztschr. angew. Chem. **45**, 290 (1932).

Über die stabilisierende Wirkung von Wasserglas auf Perborat machten Grün und Jungmann schon vor längerer Zeit folgende Angaben[1]:

Bei Gegenwart von Seife zersetzt sich Perborat in destilliertem und Leitungswasser mit der gleichen Geschwindigkeit. Soda verzögert etwas die Zersetzung. Wasserglas macht eine Lösung von Perborat in hartem Wasser praktisch vollkommen beständig und stabilisiert auch die Lösung in destilliertem Wasser, wenigstens in der Kälte, nicht unerheblich.

Auch andere Stoffe wirken stabilisierend auf Perborat, so z. B. saure oder neutrale Alkalipyrophosphate und Ammoniumphosphat[2]. Die Chemischen Werke Byk-Guldenwerke[3] schlagen Zink- oder Titanverbindungen, Krämer & Flammer[4] Protalbinsäure oder deren Salze vor. Die Wirkung des billigen Wasserglases ist aber durchaus ausreichend.

2. Fabrikation der perborathaltigen Seifenpulver.

Sie besteht in der Vermischung des fertigen Seifenpulvers mit dem festen Perborat. In Lösung kann das Perborat nicht verarbeitet werden, weil es durch Wasser zersetzt wird.

Nicht jedes Seifenpulver darf mit Perborat vermischt werden. So dürfen zur Herstellung des Seifenpulvers keine Fette verwendet werden, welche reich an ungesättigten, namentlich höher ungesättigten Fettsäuren sind. Es kommen vor allen Dingen Fette mit niedriger Jodzahl in Frage[5], wie Cocos- und Palmkernöl, denen man Talg, Palmöl und Knochenfett zusetzen wird. Bauer[6] empfiehlt einen Ansatz von 40—45% Palmkernöl und 60—55% Kernfette (Talg, Palmöl).

Wegen der Empfindlichkeit des Perborats gegen Schwermetalle ist besondere Aufmerksamkeit darauf zu richten, daß die Fette oder Fettsäuren frei von Schwermetallen sind. So enthalten mit Chromsäure gebleichte Fette Chromspuren, welche die Zersetzung des Perborats veranlassen können. Unfiltriertes Wasserglas darf nicht verwendet werden. In der Seife darf kein unverseiftes Fett mehr enthalten sein, auch kein Glycerin, welches sich leicht oxydiert und deshalb die Zersetzung des Perborats einleiten kann; auch ist Glycerin hygroskopisch. Der Salzgehalt des Kernes darf nicht zu groß sein. Es muß eben alles vermieden werden, was die Zersetzung des Perborats beschleunigen könnte.

Selbstverständlich muß das Pulver vor der Perboratzugabe vollkommen trocken sein. Es empfiehlt sich, mit der Vermischung nicht zu früh zu beginnen und das gemahlene Pulver einige Tage der Ruhe zu überlassen, damit es Zeit hat nachzutrocknen und vollständig abzubinden. Die Vermischung kann dann in einer Mischmaschine vorgenommen werden. Der Perboratzusatz beträgt üblicherweise 10%.

Im Handel kommen Perborate sehr verschiedener Reinheit und Haltbarkeit vor; es dürfen natürlich nur zuverlässige, haltbare Präparate bezogen werden. Auch mit Wasserglas stabilisierte Perborate werden gehandelt. Gegen ihre Verwendung ist nichts einzuwenden, sie machen aber nicht den Zusatz von Wasserglas zum Ansatz überflüssig.

3. Haltbarkeit, Analysen.

Das Perborat ist in den Seifenpulvern nicht unbegrenzt haltbar und ihr Gehalt an aktivem Sauerstoff erleidet nach einer gewissen Zeit eine Abnahme. Erforderlich ist eine Haltbarkeit von etwa sechs Monaten, in welcher Zeit das Produkt dem Verbraucher zugeführt sein muß.

Das Wesen der „Stabilisierung" beruht darauf, daß mittels Wasserglas eine Hülle erzeugt wird, welche das Perborat vor dem unmittelbaren Kontakt mit Soda und Seife, welche seine Haltbarkeit herabsetzen, schützt. Man kann

[1] Seifenfabrikant **44**, 579 (1917).
[2] Seifensieder-Ztg. **54**, 725 (1927).
[3] D. R. P. 271155.
[4] D. R. P. 314590.
[5] Die Fettsäuren des „Persil" haben eine Jodzahl von 29—31.
[6] Seifensieder-Ztg. **55**, 10 (1928).

hierzu entweder das Perborat oder das Seifenpulver selbst mit Wasserglas umhüllen, wie von Henkel & Co.[1] vorgeschlagen wurde.

Nach einem anderen Verfahren[2] werden die Seifenteilchen mittels Wasserglas oder Paraffin mit einer Umhüllung versehen, so daß sie erst dann in Lösung gehen, wenn das Waschwasser durch die Soda oder das Wasserglas enthärtet worden ist. Die Hüllen schützen gleichzeitig das Perborat vor der Berührung mit den Komponenten des Seifenpulvers.

Der Fettsäuregehalt des bekannten Seifenpulvers „Persil" und Dr. THOMPSONS Seifenpulver betrug im Jahre 1909[3] etwa 24% und stieg im Verlaufe der Jahre auf über 40%[4].

Nachstehend folgen die Analysen von zwei Waschmitteln:

Persil[4]		Pergolin[5]	
Reinseife	43%	Fettsäure	36%
Wasserglas, trocken	2,5%	Wasserglas, trocken	2,2%
Natriumperborat	10%	Natriumperborat	8%
Calc. Soda	18,5%	Calc. Soda	19%

An Wäschereien werden Produkte mit niedrigerem Gehalt an Seife und Perborat geliefert. So enthält das für Wäschereien bestimmte Seifenpulver „Empor", nach einer von KNIGGE[6] durchgeführten Analyse, 15% Seife, 9% Wasserglas, 5% Perborat, 47% calc. Soda, 13% Borax und 11% Wasser.

D. Die Apparatur für die Herstellung von Seifenpulvern, Bleichsoda u. dgl.

a) Herstellung von Seifenpulvern durch Mischen, Trocknen und Mahlen.

Die Seife wird mit der Soda in offenen Rührgefäßen oder Misch- und Knetmaschinen vermischt. Seifenpulver mit einem Fettsäuregehalt bis 30% lassen sich ohne Schwierigkeiten in offenen, mit Rührwerk versehenen Kesseln herstellen. Seifenpulver mit einem höheren Fettsäuregehalt ergeben eine sehr dicke Masse, für deren Vermischung unter Druck (bis 3 at) stehende Kessel oder stark gebaute Mischmaschinen notwendig sind.

Damit sich die calcinierte Soda leichter verteilt, empfiehlt es sich, sie vor der Vermischung zu vermahlen und durch Siebe passieren zu lassen.

Großbetriebe erzeugen die Seifenpulver durch Zerstäubung (s. S. 436) und erhalten dabei ein sehr voluminöses Produkt. Das einfachste Mittel, um auch ohne Zerstäubung einigermaßen voluminöse Seifenpulver zu erhalten, besteht darin, daß man die pulverige Masse in einer geeigneten Rührvorrichtung so lange in Bewegung hält, bis sie schaumig wird. Leichter wird das erreicht, wenn man in die noch heiße Masse mittels eines Kompressors heiße Luft eindrückt (Abb. 147). Die Luft gelangt durch eine am Boden des Rührgefäßes befindliche gelochte Schlange in die Seifenmasse und macht sie in kurzer Zeit schaumig.

Daß die Auflockerung der Masse durch Zusatz von Stoffen erfolgen kann, welche Gasblasen entwickeln, wurde bereits erwähnt.

Dicke Massen können in den in der Toiletteseifenindustrie verwendeten Misch- und Knetmaschinen verrührt werden.

Die Seifenpulvergemische läßt man gewöhnlich auf dem Boden oder in

[1] Seifensieder-Ztg. **52**, 635 (1925).
[2] D. R. P. 415124.
[3] Seifensieder-Ztg. **36**, 560 (1909).
[4] Seifensieder-Ztg. **60**, 119 (1933).
[5] Seifensieder-Ztg. **60**, 188 (1933).
[6] Seifensieder-Ztg. **60**, 52 (1933).

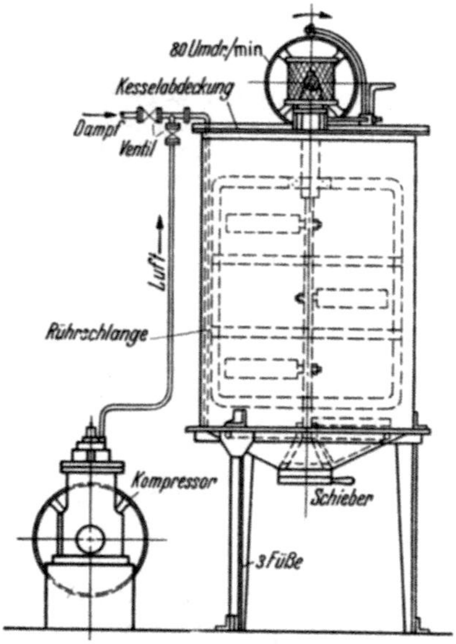

Abb. 147. Luftrührvorrichtung für Seifenpulver (Weber & Seeländer, Helmstedt).

Kühlwannen erstarren. Über besondere Vorrichtungen zur Kühlung von Seifenpulvern wird weiter unten berichtet.

Die erstarrten Massen müssen vermahlen werden. Hierzu eignet sich beispielsweise eine Mühlapparatur nach Abb. 148.

Die Maschine besteht aus dem Trichter, in welchem die Masse durch einen Vorbrecher vorzerkleinert wird. Unter dem Vorbrecher befinden sich Steinwalzen, welche die Masse pulverisieren. Das gemahlene Pulver fällt in eine Siebtrommel, welche im Unterbau der Maschine gelagert ist. Die gröberen Teile gelangen in einen Elevator, welcher sie auf die Mahlwalzen zurückwirft. Die Apparatur arbeitet zwar kontinuierlich, eignet sich aber nur für eine Tagesproduktion bis zu 1000 kg.

In der Mühle nach Abb. 149 wird die Mahlung mittels Schlagnasen und Mahlringen bewirkt; je nach den eingesetzten Siebblechen können Pulver verschiedenen Feinheitsgrades hergestellt werden.

Abb. 148. Seifenpulvermühle (Weber & Seeländer, Helmstedt).

Die Mühle laut Abb. 150 zeigt folgende Konstruktion und Arbeitsweise: Das Schlagwerk besteht aus zwei Scheiben, zwischen welchen eine Anzahl gelenkartiger Schläger angeordnet ist. Die Scheiben bewegen sich mit einer Umdrehungszahl von 900—1000 in der Minute, und die Schläger führen dabei sehr rasche, blitzartige Bewegungen aus, wodurch die Masse sehr fein zermahlen wird. Nach

Abb. 149. Seifenpulvermühle (Weber & Seeländer, Helmstedt).

Abb. 150. Schlagmühle (Drais-Werke, Mannheim).

der Vermahlung passiert das Pulver ein am Boden eingebautes Sieb, das ausgewechselt werden kann.

Zum Vermischen des Seifenpulvers mit Perborat können Mischmaschinen beliebiger Art verwendet werden. Auch Mischtrommeln (Abb. 151) sind hierzu geeignet. Durch die schräge Lage der mit einer verschließbaren Öffnung versehenen Holztrommel wird eine gute

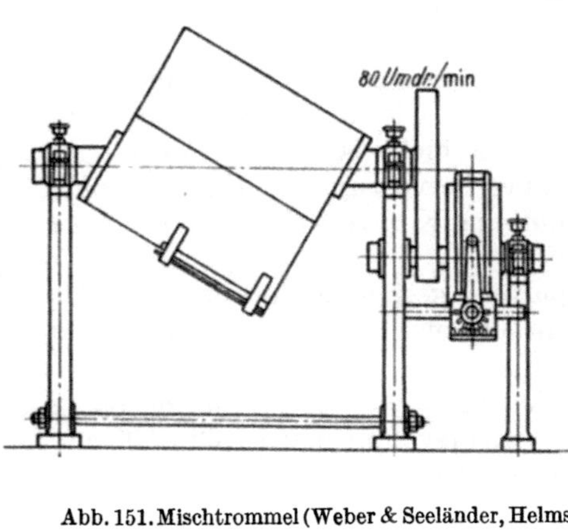

Abb. 151. Mischtrommel (Weber & Seeländer, Helmstedt).

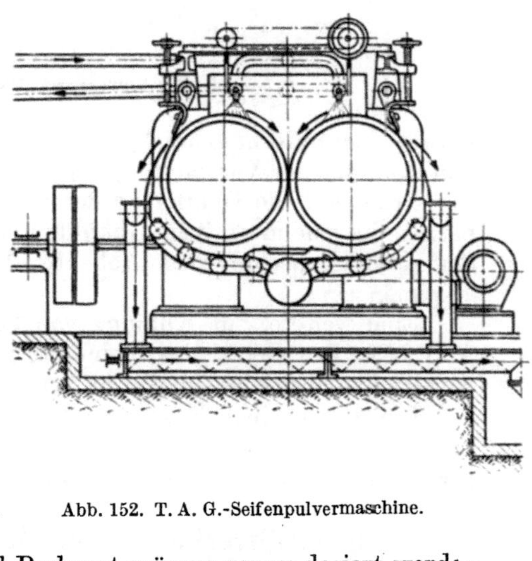

Abb. 152. T. A. G.-Seifenpulvermaschine.

Durchmischung erzielt. Seifenpulver und Perborat müssen genau dosiert werden. Es eignen sich hierzu Transportschnecken, über die man Dosierapparate montiert. Die Schnecken vermischen beide Komponenten und fördern sie weiter.

Von den Kontakttrocknern für Seifenpulver haben sich diejenigen nicht bewährt, bei welchen die Massen in doppelwandigen wassergekühlten Schnecken zur Erstarrung gebracht werden sollen. Alle diese Vorrichtungen führen sehr leicht zum Bruch der Transportschnecken oder -arme und sind infolge des leichten Anbackens und Verkrustens der gekühlten Metallfläche sehr wenig betriebssicher.

Am besten haben sich Kontaktkühler bewährt, welche mit gekühlten Walzen arbeiten. Die Konstruktion solcher Seifenpulververmahlmaschinen ähnelt der Bauart der T. A. G.-Seifentrockner (Abb. 119, S. 284), nur daß die Hauptwalzen an Stelle des Dampfes mit Wasser beschickt werden. Die Ansatzmassen werden von oben her den Walzen gleichmäßig zugeführt; die Walzen bedecken sich mit einer Schicht, deren Dicke in Anpassung an die Kühlwassertemperatur regulierbar ist. Nach einer Walzenumdrehung hebt eine starke Schabervorrichtung die erstarrte Schicht in Form kleiner Plättchen ab, die in

Abb. 153. Kühlapparat (Weber & Seeländer, Helmstedt).

seitlich oder unterhalb des Apparates angebrachte Transportschnecken fallen, um von dort aus der Vermahlung zugeführt zu werden. Gleichzeitig wird noch ein Luftstrom auf die Oberfläche der mit der Seifenschicht bedeckten Walzen geblasen, um eine intensivere Abkühlung der Massen hervorzurufen. Eine derartige Seifenpulvermaschine zeigt Abb. 152, deren einzelne Konstruktionsteile leicht zu erkennen sind.

Eine weitere, zur Kühlung von Seifenpulvern geeignete Vorrichtung zeigt Abb. 153. Das Gemisch wird ununterbrochen auf einer wassergekühlten Fläche bewegt und durch einen Kaltluftstrom umspült.

Die auf solchen Maschinen erstarrten Seifenmassen sind verhältnismäßig schwer. Hochvoluminöse Pulver mit einem Gewichtsvolumen von 160—200 cm^3 per 100 g können nur in Zerstäubungsanlagen erhalten werden.

b) Sprühverfahren zur Herstellung von Seifenpulvern und von Bleichsoda.

1. Die Anlagen.

Die Sprüh- oder Zerstäubungsverfahren stellen den kürzesten Weg für die Herstellung von Wasch- und Seifenpulvern dar. Sie sind darin von keiner anderen

Methode zu übertreffen. In einer Stunde lassen sich Mengen bis zu 15 t aus den Komponenten Seife, Wasserglas und Soda in ein abpackfähiges Produkt verarbeiten. Alle mittels der Verstäubungsverfahren hergestellten Pulver haben außerdem wegen der Eigenart ihrer Herstellung noch ein besonders günstiges Volumen. Die einzusetzende menschliche Arbeitskraft beschränkt sich auf das für die Vorbereitung der Ansätze und die Beaufsichtigung der Anlage erforderliche Mindestmaß.

Das Wesen der Sprühverfahren. Ein gut vorbereiteter Ansatz wird nach einem Verstäubungsorgan gedrückt, entweder einer Düse oder einer mit hoher Umlaufzahl rotierenden, horizontalen Scheibe, und hier, entweder mittels Preßluft oder mittels der Zentrifugalkraft, die ihm diese rotierende Scheibe erteilt, verstäubt. Bedingung dabei ist, daß sich dieser Zerstäubungsvorgang in atmosphärischer Luft von ganz bestimmter Temperatur und Feuchtigkeit vollzieht, je nach dem Ansatzmaterial, das zu zerstäuben ist. Aus diesem Grund muß der Zerstäubungsvorgang in einem abgeschlossenen Raum vor sich gehen, dem *Sprühturm.*

Zerstäubungsorgane. Man wendet *horizontale Scheiben* an (Abb. 154), die meistens eine schalenartige Form haben. Das heißt, der Rand der 500 mm im Durchmesser haltenden Scheibe ist leicht aufgebogen, um den aufgebrachten Ansatz vor dem Abfließen zu bewahren. Die Scheiben müssen von säurefestem Material sein und eine hohe Bruchfestigkeit besitzen. Ihre Geschwindigkeit ist regulierbar; sie variiert zwischen 5000 bis 20000 Umdrehungen in der Minute. Sie sind in der Mitte des Sprühturmes angeordnet, so daß die Abwurfkante der Scheibe in halber Höhe des Sprühturmes, genau ausgedrückt, 3000 mm über Turmflur liegt. Der Zerstäubungsvorgang geht in horizontaler Richtung vor sich, deshalb kann die Höhe eines Turmes in dem mit Zerstäuberscheibe gearbeitet wird, niederer gehalten werden als beim Zerstäubungsverfahren mittels Düse. Der Antrieb der Zerstäuberscheibe hat immer mittels Elektromotor zu erfolgen und nicht etwa durch Dampfturbine. Angeordnet wird der Elektromotor unter dem Turm; das Aufbringen des Materials auf die Zerstäuberscheibe geschieht von der Decke des Turmes aus mittels einer Rohrleitung auf die Scheibenmitte. Eine Dosierpumpe übernimmt die Zuführung in genau regulierbaren Mengen. Die Lufteinführung in den Turm erfolgt vom Turmfuß aus. Die Luft strömt unterhalb der Zerstäuberscheibe in tangentialer Richtung durch einen Leitapparat in den Turm ein, welcher mit verstellbaren Schaufeln ausgerüstet ist, die eine Veränderung des Einströmungswinkels gestatten.

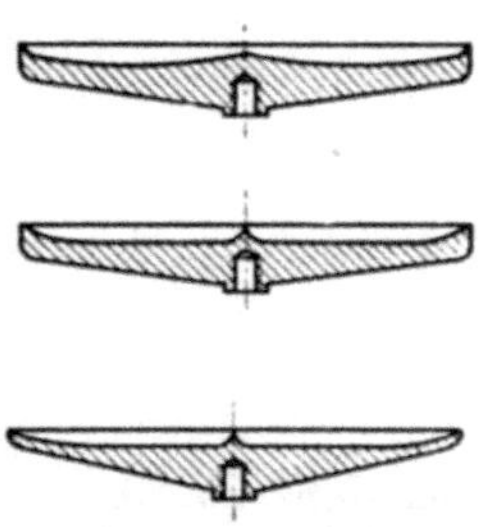

Abb. 154. Zerstäuberscheiben.

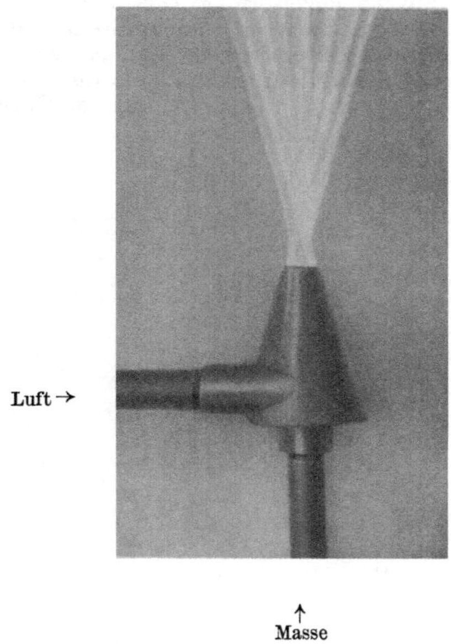

Abb. 155. Sprühdüse in Tätigkeit (Weber & Seeländer, Helmstedt).

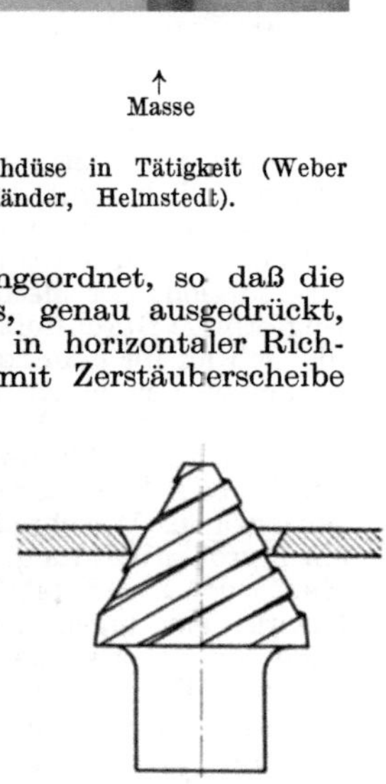

Abb. 156. Düse für hohen Pumpendruck.

Für die *Düsen* (s. das Bild der Düse in Tätigkeit, Abb. 155), die man für die Zerstäubung anwendet, besteht eine gewisse Mannigfaltigkeit. Eine Gruppe wendet den hohen Druck von Pumpen an, um den Ansatz vom Mischkessel abzusaugen und nach der Düsenöffnung zu drücken (Abb. 156). Die Düsenöffnungen sind enge, kreisringförmige Schlitze, durch die der Ansatz austritt. Nach dieser Methode kann nur gearbeitet werden, wenn man sehr hohe Drucke,

40—70 atü, anwendet, sonst ist der Ansatz ohne Störung durch die engen Düsenöffnungen nicht hindurchzubekommen. Durch den hohen Druck werden die Durchtrittsöffnungen der Düsen stark angegriffen. Ein weiterer Nachteil ist der große Kraftverbrauch der Pumpen. Ein weiterer Nachteil, der sich jedoch beheben läßt, ist noch der, daß die Ansaugarbeit aus den Mischkesseln von den Pumpen nur mangelhaft geleistet wird. Man muß die Mischkessel verschließbar machen und einen leichten Druck auf den Ansatz setzen, wenn eine kontinuierliche Materialzufuhr zur Düse erreicht werden soll.

Eine zweite Gruppe ist den Düsen, die in der Farbspritztechnik Anwendung finden, nachgebildet (Abb. 157). Der Ansatz wird im Mischkessel unter einen Druck von mindestens 5 atü gesetzt, der ihn nach der Düse drückt. Dort tritt er durch einen kreisringförmigen Schlitz in einem kegelförmigen Strahl aus. Das Mittelstück der Düse ist durchbohrt. Durch die Bohrung wird ein Preßluftstrahl geführt, der bewirkt, daß der kegelförmige Düsenstrahl, der sich mit einer großen Streuung im Raum ausbreiten würde, in seinem Brenn- oder Schnittpunkt abgelenkt wird und als gerader Strahl weiterströmt. Man erreicht dadurch eine größere Höhe des Zerstäubungsstrahles und außerdem kann man den Trocknungs- oder Kristallisationsvorgang schon kurz nach dem Austritt aus der Düsenmündung günstig beeinflussen, wenn der Luftstrahl als Heißluft oder als Kaltluftstrahl aufgeblasen wird.

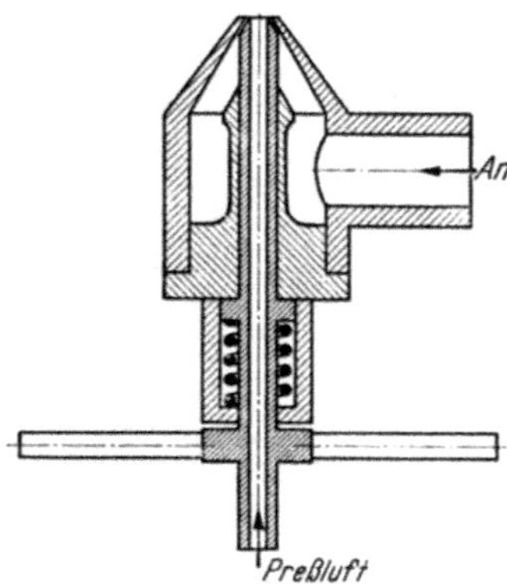

Abb. 157. Düse für Drücke von 5—8 atü.

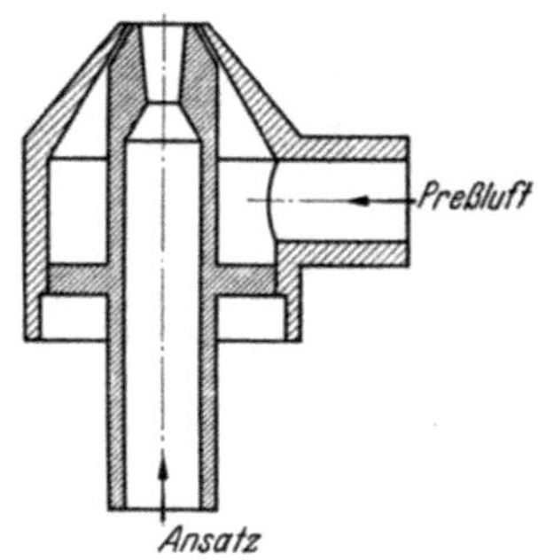

Abb. 158. Düse für Drücke von 8—10 atü.

Der Ansatz darf bei dieser Düsengruppe eine bestimmte Konsistenz nie überschreiten, sonst ist er nicht durch die Öffnungen der Düse hindurchzubekommen. Es treten auch bei gut vorbereiteten Ansätzen noch Störungen auf. Das Mittelstück der Düse ist deshalb in seiner Längsachse verschiebbar angeordnet. Ein Mann muß ständig den Düsenstrahl beobachten. Verringert sich der Strahl oder bleibt er ganz aus, so zieht der Mann mit einer Handbewegung das Mittelstück zurück, die kreisringförmige Durchflußöffnung wird für einen Moment größer, eventuelle Verhärtungen, die sich an ihr gebildet haben, werden weggerissen und das nachdrängende Material findet wieder einen freien Durchgangsquerschnitt vor. Versuche, die Regelung maschinell vorzunehmen, haben zu keinen Erfolg geführt.

Die beste Düsenkonstruktion ist die in Abb. 158 dargestellte. Der Ansatz wird bei ihr vom Mischkessel unter leichtem Druck, der bei Bleichsoda 0,5 atü, bei hochprozentigem Waschpulver 1 atü beträgt, nach der Düse gedrückt. Hier tritt er in einer großen Öffnung, die sich nach der Leistung der Anlage richtet, aus. Auf die Kante der Austrittsöffnung wird Preßluft von 8—10 atü aufgeblasen. Die Preßluft bewirkt ein augenblickliches Zerreißen und Trocknen des austretenden Ansatzes, außerdem führt sie den verstäubten Ansatz unter kräftiger Wirbelung, die noch durch geeignete Führung der Turmluft selbst unterstützt werden kann, in den Turm hinauf, in dessen oberen Teil er dann unter dem Einfluß der Schwere umkehrt und, die Luftschichten an den Seiten passierend, wieder nach unten in den Sammeltrichter fällt. Die Düse braucht wenig Aufsicht. Sie ist nicht empfindlich gegen Ungleichheiten in der Konsistenz des Ansatzes. Man kann bei ihr, was für die Betriebsökonomie der Anlage sehr günstig ist, den Ansatz sogar sehr konsistent halten. In dem für die Zerstäubung verwendeten Preßluftstrahl hat man ein Mittel, den Trocknungs- oder Kristallisationsvorgang sehr wirksam zu unterstützen.

Luft. Zum Verständnis der Vorgänge im Sprühturm, soweit sie mit der atmosphärischen Luft im Zusammenhang stehen, sind folgende Erwägungen vorauszuschicken: Bleichsoda, niederprozentige Waschpulver von 10—30% auf der einen Seite, hochprozentige Waschpulver von 40 und 50% und reine Seife auf der anderen Seite, stellen zwei Extreme dar in bezug auf die Beschaffenheit der für ihre Zerstäubung erforderlichen atmosphärischen Luft.

Bleichsoda ist meist ein Gemenge von $Na_2CO_3 \cdot 10H_2O$ und Wasserglas. Erwärmt man Kristallsoda, so tritt bei ca. 30° eine Trennung in Na_2CO_3 und H_2O ein. Damit es nun überhaupt gelingt den Kristallisationsvorgang des in den Turm eingeblasenen Ansatzes einzuleiten und dauernd aufrechtzuerhalten, ist notwendig, dauernd aus dem Turm soviel Wärme abzuführen, daß die Temperatur in ihm nicht über 20° ansteigen kann, d. h. die Luft, die in den Turm eingeführt wird, muß von niederer Temperatur sein, möglichst nicht über 15°, und darf dabei eine bestimmte relative Feuchtigkeit, 80%, nicht überschreiten. Mit anderen Worten, für die Fabrikation der ersten Gruppe von Pulvern, bei denen der Kristallisationsvorgang das Bestimmende für ihre Herstellung ist, benötigen wir kalte und trockene Luft.

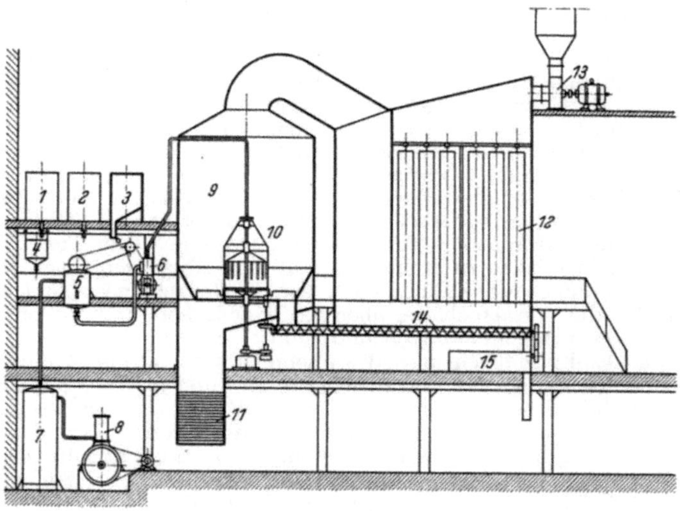

Abb. 159. Zerstäubungsanlage.

1 und *2* Vorratsbehälter, *3* Sodasilo, *4* Meßgefäß, *5* Mischkessel, *6* Dosierpumpe, *7* Luftvorratskessel, *8* Kompressor, *9* Turm, *10* Zerstäuberscheibe, *11* Lufterhitzer, *12* Luftfilter, *13* Ventilator, *14* Förderschnecke, *15* Sichter.

Beim Zerstäuben von Seife und hochprozentigen Waschpulvern, darunter verstehen wir solche mit 40% und höherem Fettsäuregehalt, ist die Aufgabe, die gestellt ist, anderer Natur. Es soll die Trockensubstanz gewonnen werden, das in der Seife oder in den hochprozentigen Waschpulveransätzen enthaltene Wasser soll verdunstet werden; die Luft, die in den Turm eingesaugt wird, muß deshalb heiß und trocken sein.

Diese Betrachtungen sind von fundamentaler Bedeutung bei der Erstellung einer Zerstäubungsanlage, wenn diese unter allen atmosphärischen Bedingungen gleich gut arbeiten soll.

Die atmosphärische Luft enthält immer Wasser in Dunst- oder Dampfform. Je höher die Temperatur ansteigt, um so höher ist die Aufnahmefähigkeit der Luft für größere Mengen Wasserdampf. So vermag 1 cm³ Luft von 0° 4,88 g, 1 cm³ Luft von 100° 580,85 g Wasser als Dampf aufzunehmen (Sättigungsgrad).

Die atmosphärische Luft ist nun nicht immer mit Luft gesättigt, sondern in der Regel nur bis zu 70%. Unter der *relativen Feuchtigkeit* der Luft verstehen wir das Verhältnis des tatsächlich in der Luft befindlichen Wasserdampfes zu dem bei der gleichen Temperatur höchstmöglichen Wassergehalt. Die atmosphärische Luft kann also nur eine bestimmte Wassermenge dampf- oder dunstförmig aufnehmen. Wird diese Grenze, d. h. der Sättigungszustand für die entsprechende Temperatur entweder durch zu reichliche Dampfzuführung oder durch Abkühlung überschritten, so wird die überschüssige Menge Wasser ausgeschieden.

Für die Praxis in der Zerstäubungsanlage folgt daraus, daß nur in wenigen Fällen die atmosphärische Luft ohne entsprechende Vorbehandlung für die Verwendung im

Turm geeignet ist. Beispielsweise haben wir im Winter normalerweise kalte Luft mit einer niederen relativen Feuchtigkeit, die ohne entsprechende Vorbehandlung im Turm bei der Fabrikation von Bleichsoda und Waschpulver verwendbar ist. Sobald jedoch im Frühling die Lufttemperaturen ansteigen und an gewissen Plätzen auch in unerwünschtem Maße die relativen Luftfeuchtigkeiten, wird die Fabrikation unter Verwendung nicht vorbehandelter atmosphärischer Luft immer schwieriger. Gelingt es dann nicht mehr, die Turmtemperatur dauernd unter 20° zu halten, muß die Fabrikation entweder in die Morgenstunden und eventuell in die Nachtzeit verlegt werden, immer unter der Voraussetzung, daß die Lufttemperaturen und Luftfeuchtigkeiten eine Fabrikation noch möglich erscheinen lassen. Will man unter allen Umständen auch am Tage und bei jedem Wetter fabrizieren, so müssen der Lufteinführung in den Turm Luftkühl- und Trocknungsanlagen vorgeschaltet werden, sog. Wettermacher, die jedoch das Unkostenkonto erheblich belasten.

Hochprozentige Waschpulver und reine Seife erfordern heiße Luft für die Zerstäubung. Der Lufteinführung nach dem Turm ist deshalb ein sog. Calorifer vorzuschalten. Eine solche Luftheizung muß in allen Fällen vorhanden sein, wenn Pulver fabriziert werden sollen, denen Bleichmittel beigemengt werden.

Die Luftmenge, die man für Bleichsoda benötigt, schwankt, je nach der Temperatur der eingesaugten Luft, zwischen 2000—4500 m³ für 100 kg Ansatz. Bei der Fabrikation von hochprozentigen Waschpulvern und Seife kommt man mit 800 m³ für 100 kg Ansatz bei entsprechender Vorbehandlung der Luft aus.

Den Aufbau einer Scheibenzerstäubungsanlage zeigt die Abb. 159. Man benötigt: 1 Vorratsbehälter für Seife, 1 Vorratsbehälter für Wasserglas, 1 Sodasilo, 2 Mischkessel, 1 Sprühturm mit Zerstäuberscheibe oder mit Düse, 1 Kompressor, 1 Luftvorratskessel, 1 Abluftfilter, 1 oder 2 Ventilatoren, 1 Lufterhitzer, 1 Sichter, 1 Transportvorrichtung für den Abtransport des fertigen Pulvers aus dem Turm.

Jede neue Anlage ist so zu orientieren, daß ihre Hauptfront nach Norden weist. Sie muß ferner so aufgebaut sein, daß nach dem Fließprinzip gearbeitet werden kann. Das bedingt, daß die Vorratsbehälter über den Mischkesseln angeordnet werden. Alle Apparaturen sollen möglichst einfach und robust gehalten sein.

Seifenbehälter. Er muß einen Sud aufnehmen können, damit die Siederei entlastet wird. Zu formen ist der Vorratsbehälter als rundes Gefäß mit Doppelmantel für Warmwasserbeheizung, außerdem ist er noch gut zu isolieren. Im Vorratsbehälter ist eine Dampfschlange für direkten Dampf vorzusehen, damit eventuell dick gewordene Seifenreste mit calcinierter Soda, dem Ansatzverhältnis entsprechend, aufgekocht werden können. An Armaturen sind anzubringen: 1 Seifenauslaufhahn, 100 mm l. W., 1 Entleerungsstutzen für den Wassermantel, 1 Heißwassereinlaufstutzen, 1 Heißwasserauslaufstutzen, 2 Anschlußstutzen für die Heizschlange.

Wasserglasbehälter. Es genügt ein zylindrischer Behälter mit einer Dampfschlange für indirekten Dampf. Für die Größe des Behälters ist das Bedürfnis der Fabrikation bestimmend.

Sodasilo. Beim Bau des Sodasilos, dessen Form rund oder quadratisch sein kann, soll man darauf achten, daß der Querschnitt unten, am Fuß größer ist als am Kopf. Diese einfache Maßnahme verhindert ein Festbacken der Soda an den Wänden. Es ist dann nicht notwendig, Rührwerke im Silo anzubringen. Die Größe eines Sodasilos ist bei einer Fabrikation von 10000 kg Bleichsoda im Tag mit 6000 kg Fassungsvermögen als genügend anzusehen. Die Zuführung der Soda in das Silo erfolgt mittels Elevators und Förderschnecke. Die Abnahme der Soda aus dem Silo in die Mischkessel geschieht mittels eines geeichten Meßgefäßes. Das direkte Einbechern der Soda in die Mischkessel mittels eines Elevators ist nicht zu empfehlen, weil die Ungenauigkeiten dabei zu groß werden.

Alle Ausläufe der Vorratsbehälter müssen so angeordnet werden, daß sie über den Mitten der Einfüllöffnungen der Mischkessel liegen.

Unter den Mischkesseln ist eine *Laufschiene* vorzusehen, an welcher die Meßgefäße für Wasserglas und Soda verschiebbar angeordnet sind. Die Auslauföffnungen der Gefäße müssen ebenfalls über der Mitte der Einfüllöffnungen der Mischkessel liegen. Für Seife benötigt man kein Meßgefäß. Man läßt sie mittels einer Rinne vom Vorratsbehälter direkt in den Mischkessel laufen. Die Menge pro Ansatz wird nach einem mehrmaligen Meßversuch mit einem Meßstab bestimmt.

Mischkessel. Der Mischkessel ist von zylindrischer Form. Beide Böden gut gewölbt. Er muß gut isoliert werden, damit keine zu starke Wärmeausstrahlung stattfindet. Im Kessel ist ein einfaches Rührwerk anzuordnen, dessen Umlaufzahl fünfzig in der Minute betragen soll. Besonderer Wert ist darauf zu legen, daß ein Paar Rührwerksarme den Kesselboden gut bestreichen, damit keine Soda haften bleibt. Die Dampfschlange für direkten Dampf, die man im Mischkessel benötigt, sitzt am unteren Ende des Kessels, dort, wo diese vom zylindrischen Teil in den gewölbten Boden übergeht. Ein Teil der Löcher für die Dampfausströmung ist gegen die Kesselmitte gerichtet, ein kleinerer Teil gegen die Kesselwand. Der Dampfabsperrhahn der Dampfschlange muß unmittelbar am Austritt aus dem Kessel angeordnet sein, weil der Luftdruck, der für das Zerstäuben auf den Kessel gesetzt wird, durch die Löcher der Dampfschlange Ansatzmaterial bis zum Hahn drückt. Sitzt der Hahn zu weit entfernt vom Kessel, verhärtet das Material in der Rohrleitung und versperrt die Dampfzufuhr zur Dampfschlange. An Armaturen sind am Kessel vorzusehen: 1 Anschlußstutzen für die Druckluft, 1 Reservestutzen in der gleichen Größe, 1 Manometer für 2 atü Überdruck, 1 Sicherheitsventil, alles auf dem oberen, gewölbten Kesselboden, 1 Auslaufstutzen in der Mitte des unteren Kesselbodens. Die Einfüllöffnung muß genügend groß sein, damit man sie auch als Einstieg bei einer eventuellen Revision benutzen kann.

Für die Größe der Mischkessel ist die Leistung der Anlage maßgebend. Es haben sich hier zwei Erfahrungswerte ergeben. Zunächst bemißt man die Menge eines Ansatzes so, daß sie in längstens 45 Minuten von der Zerstäubungsanlage bewältigt werden kann. Der Ansatz muß mit einer gewissen Beschleunigung aus dem Kessel gedrückt werden, damit er nicht zu großen Veränderungen unterworfen ist. Hier haben sich in der Praxis 45 Minuten als eine günstige Zeit erwiesen. Hochprozentige Waschpulver haben die Eigenschaft, beim Mischen stark zu treiben, dafür benötigt man große Kessel. Das Dreifache des jeweiligen Ansatzvolumens hat sich in der Praxis als ausreichend erwiesen.

Materialleitung von Mischkessel zur Zerstäubungseinrichtung: Für ihre lichte Weite ist die Größe der Anlage bestimmend; man geht damit nicht unter 40 mm. Die Leitung muß isoliert sein, an beiden Enden sind Ausblasestutzen für Dampf vorzusehen; vor dem Eintritt in den Turm ist ein Absperrhahn anzubringen. Vor diesem Absperrhahn ist noch ein auf den Boden gerichteter Stutzen anzubringen, ebenfalls mit einem Absperrhahn versehen, durch welchen man die Leitung beim Vorwärmen und beim Entleeren ausblasen kann. Bei Anlagen mit Zerstäuberscheibe und mit der zuerst angeführten Düsenart wird in die Materialleitung zwischen Mischkessel und Turm noch eine Dosierpumpe geschaltet, die den Zweck hat, eine gleichmäßige und kontinuierliche Materialzuführung zu sichern.

Kompressor. Bei Anlagen mit Zerstäuberscheibe benötigt man nur einen Kompressor kleiner Leistung, der die Preßluft erzeugt, die für das Vordrücken des Ansatzes nach der Dosierpumpe und für Reinigungsarbeiten in der Anlage erforderlich ist. Nach allen Stellen, an denen Ablagerungen vorkommen, werden Preßluftleitungen geführt, mit deren Hilfe man die Ablagerungen entfernen kann. Bei Düsenzerstäubungsanlagen benötigt man Kompressoren größerer Leistung. Je nach der Düsenkonstruktion, die man anwendet, ist der Luftbedarf verschieden. Im Maximum rechnet man für eine Leistung von 125 kg Pulver stündlich 60 m^3 Luft von 1 at absolut und komprimiert im Maximum auf 8—10 atü, so daß Zweistufenkompressoren notwendig sind. Für kleine Leistungen verwendet man stehende Maschinen. Jeder Kompressor ist mit einem automatischen Regulierventil auszurüsten, das seine Leistungsregelung übernimmt. Langsamläufer sind hochtourigen Maschinen vorzuziehen. Die Aufstellung hat an einem staubfreien Ort zu erfolgen, die Luftabnahme an einer möglichst kühlen Stelle.

Man läßt den Kompressor nicht direkt auf Mischkessel und Düse arbeiten, sondern auf einen Luftvorratskessel, von dem man alle erforderlichen Preßluftmengen entnimmt. Man rechnet auf eine Kompressorleistung von 1 m^3/min 2000 l Kesselinhalt.

Sprühturm. Der Zerstäubungsvorgang vollzieht sich in einem abgeschlossenen Raum, dem Sprühturm, in dessen Mitte das Zerstäubungsorgan angeordnet ist. Der Hauptteil des Turmes ist ein zylindrischer Mantel, auf den oben als Abschluß ein Kegelstumpf mit einem Abzugsstutzen sitzt. Die Lufteinströmung erfolgt bei Anlagen mit Zerstäuberscheibe von unten durch den Ständer, auf welchen die Zerstäuberscheibe angeordnet ist; bei Düsenanlagen oberhalb der Düse im ersten, zylindrischen Turmteil. Für den Durchmesser des Turmes existiert ein Erfahrungswert, der bestimmt ist von der Reichweite der von der Zerstäuberscheibe abgeschleuderten Staubteile mit 5 m. Man hat dieses Maß auch auf Türme mit Zerstäubungsdüsen übernommen. Für die Höhe gilt zunächst, daß die Zerstäuberscheibe mit ihrer Abwurfkante 3 m über Turmflur liegen muß. Ferner, daß der Luftabzug nach dem Filter nicht in zu großer Nähe der Zerstäubereinrichtung angeordnet sein darf. Bei Zerstäuberscheiben genügen hier 3 m, so daß man eine gesamte Turmhöhe von 6 m hat. Bei Düsenzerstäubung ist es zweckmäßig, mindestens eine Höhe von 10 m vorzusehen, bei größeren Leistungen geht man vorsichtshalber auf 15 m, damit auf keinen Fall Material an die Decke des Turmes oder in die Abzugsleitung geschleudert wird und dort haften bleibt. Bleibt man mit dem Kompressordruck, den man auf den Ansatz im Mischkessel setzt, in normalen Grenzen, für Bleichsoda und niederprozentige Pulver $^1/_2$ atü, für hochprozentige Pulver 1 atü, so ist ein Verkrusten der Turmdecke ausgeschlossen.

Der Luftabzugsstutzen nach dem Filter muß reichlich bemessen sein, sonst treten unerwünschte Unterdrücke im Filter auf. Für seinen Durchmesser gilt die Formel:

$$D = \sqrt{\frac{Q \cdot 1{,}24}{v}}$$

In der Formel bezeichnen:

D = den zu bestimmenden Durchmesser in Metern,
Q = die vom Ventilator abgesaugte Luftmenge in m^3/min,
v = die Luftgeschwindigkeit in m/sek, gleich oder kleiner als 10.

Als Baustoff für den Turm hat sich am besten verzinktes Eisenblech bewährt, Zementtürme zeigen nach überraschend kurzer Zeit Deformationserscheinungen; Holz ist wegen der bedeutenden Temperaturunterschiede, die im Turm vorhanden sind, ungeeignet, es schwindet, und damit geht ein Haupterfordernis, das man an einen guten Sprühturm stellen muß, die Dichtheit, verloren.

Der Abtransport des Pulvers aus dem Turm geschieht entweder mittels Räumer und Schnecken, in diesem Falle ist der Boden des Turmes eben und an einer Stelle ist in radialer Richtung eine Auswurföffnung angebracht, unter der die Transportschnecke liegt. Räumer und Schnecke wirken volumenzerstörend; wenn man daher auf die Erhaltung eines sehr hohen Volumens Wert legt, gestaltet man den Unterteil des Turmes trichterförmig und ordnet am unteren Ende des Trichters eine Zellenschleuse an, die gegen die Außenluft einen Abschluß herstellt, in ihren Kammern oder Zellen das Pulver, welches an den Trichterwänden zu ihr heruntergleitet, aufnimmt und kontinuierlich auf einen Sichter wirft, von dem es dann auf ein Transportband gelangt, welches es den Abpackanlagen zuführt.

Turmbelüftung. Die Bewegung der Luftmengen, die für den Zerstäubungsvorgang im Turm benötigt werden, wird von Mitteldruckventilatoren bewirkt. Der Unterdruck, den die Ventilatoren zu erzeugen haben, soll mindestens 250 mm Wassersäule betragen. Dort, wo die Anlage universellen Zwecken dienen soll, d. h., wo man Bleichsoda und auch hochprozentige Waschpulver sprühen will, empfiehlt sich im Interesse der Betriebsökonomie eine Teilung der Ventilatorenleistung, so daß man nur bei Bleichsoda und niederprozentigen Pulvern zwei Ventilatoren laufen läßt, bei hochprozentigen nur einen. Die Ventilatoren müssen so gewählt sein, daß die von ihnen verlangte Leistung in der Mitte ihrer Gesamtcharakteristik liegt. Eine Leistungssteigerung, die man durch Erhöhung ihrer Drehzahlen über ihre mittlere Charakteristik hinaus herbeiführt, verursacht bedeutende Erhöhung ihres Kraftverbrauches. Die Anordnung der Ventilatoren geschieht, möglichst unter Vermeidung langer Rohrleitungen, dicht hinter dem Filter.

Lufterhitzer. Die bei hochprozentigen Pulvern zur Erwärmung der Luft dienenden Lufterhitzer werden vor der Einmündung der Luft in den Turm angeordnet, ihre Größe ist durch die Wärmeleistungen, die für eine bestimmte zu zerstäubende Ansatzmenge pro Stunde benötigt werden, bedingt. Es gibt eine gute Anzahl marktgängiger Typen. Man rechnet pro 100 kg Ansatz in der Stunde 12700 Kalorien Wärme, die mit der Luft in den Turm eingesaugt werden müssen.

Bei Düsenzerstäubung benötigt man außer dem Lufterhitzer für die Turmluft noch eine Vorrichtung für die Erhitzung der Düsenluft. Das Hauptzuführungsrohr der Düsenluft wird für diesen Zweck vor dem Turm in ein Bündel Rohre von kleinerem Querschnitt zerlegt, die außen von Dampf umströmt werden. Die ganze Einrichtung arbeitet nach dem Gegenstromprinzip.

Will man Bleichsoda und niederprozentige Pulver bei allen ungünstigen Witterungsverhältnissen der warmen Jahreszeit fabrizieren, so wird die Vorschaltung von sogenannten *Klimaxanlagen* in die Luftzuführung zum Turm erforderlich. Die Luft wird in ihnen gekühlt und im Anschluß daran getrocknet, so daß dann beispielsweise ihre Eintrittstemperatur in den Turm, unabhängig von den Verhältnissen der Außenluft, 15° bei einer relativen Feuchtigkeit von 80% beträgt. Anlagen dieser Art sind nur wirtschaftlich, wenn genügend und billiges Kühlwasser zur Verfügung steht.

Abluftfilter. Die von den Ventilatoren abgesaugte Luft kann nicht ohne weiteres ins Freie geblasen, sondern muß vorher einer Reinigung unterzogen werden, sonst würde durch die aus dem Turm mitgeführten Staubteile eine Belästigung der Umgebung erfolgen, abgesehen von der Möglichkeit des Eintretens von Staubexplosionen und Materialverlusten.

Als zweckmäßigste Filtereinrichtung haben sich seit Jahren die sogenannten *Staubschlauchfilter* bewährt. Säcke oder Schläuche aus guter Rohnessel werden in Gruppen vereinigt, in Kammern mit dem offenen Ende nach unten aufgehängt. Die mit Staubteilen geschwängerte Luft tritt von unten in die Schläuche ein und wird unter Zurücklassung der Staubteile an den Innenseiten der Schläuche nach den Ventilatoren durchgesaugt, von wo sie dann gereinigt ins Freie geblasen wird.

Den Durchmesser der Schläuche dimensioniert man so, daß der Umfang einem Meter entspricht. Mit der nutzbaren Länge geht man bis zu fünfeinhalb Metern, so daß man in einem Schlauch eine nutzbare Filterfläche von 5 Quadratmetern hat. Das macht keine Schwierigkeiten, da man durch den Turm und die Anordnung der anderen Apparaturen ohnehin eine große Gebäudehöhe benötigt. Für die Reinigung der Schläuche von den anhaftenden Staubteilen sind Frischluftleitungen vorzusehen, welche Frischluft in der entgegengesetzten Richtung durch die Schläuche leiten. Die Reinigungsmethode hat sich als die wirksamste erwiesen.

Bei Zerstäubungsanlagen, in denen Bleichsoda hergestellt wird, muß zwischen Turm und Filter eine Vorrichtung für die Heizung der Abluft geschaltet werden, sonst verkrusten die Schläuche durch die nasse, mit Soda gesättigte Luft und machen nach kurzer Zeit einen kontinuierlichen Betrieb unmöglich. Zweckmäßig baut man eine Vorfilterkammer ein, deren Wände man heizt. Durch eine geeignete Luftführung sorgt man dann dafür, daß die nasse Abluft an ihnen vorbeigeführt wird, ehe sie zu dem Hauptfilter gelangt.

Die Filterbelastung, d. h. die Luftmenge, die durch 1 m^2 Filterfläche in der Stunde hindurchgesaugt werden kann, wird mit 100 m^3 angenommen. Der Filter ist also, sofern Bleichsoda hergestellt wird, in erster Linie für diese zu dimensionieren, da man hier etwa die sechsfache Luftmenge gegenüber derjenigen für hochprozentige Pulver benötigt. Als Baustoff für die Filterkammern verwendet man Eisenblech, die Kammern müssen gut dicht sein und müssen nach außen sorgfältig versteift werden, weil man mit äußeren Drücken von 500 kg auf den Quadratmeter rechnen muß. Unter dem Filter ordnet man eine Transportschnecke an, die den abgeschiedenen Staub aufnimmt und dem Pulver, das aus dem Turm anfällt, zuführt und mit diesem vermengt zu den Abpackanlagen weitertransportiert.

Der Transport des Pulvers zu den Abpackanlagen kann, wenn kein Wert auf hohes Volumen gelegt wird, ebenfalls durch Transportschnecke und Elevatoren geschehen. Will man jedoch das hohe Volumen beibehalten, so bleibt als einziges Transportmittel die Bandförderung. Die Transportbänder müssen zur Vermeidung von Staubentwicklung in geschlossenen Kanälen geführt werden, über denen man für eine wirksame Nachkühlung des Pulvers eine Entlüftung im Gegenstrom anordnet. Pneumatische Förderanlagen sind ebenfalls nur dann anzuwenden, wenn auf ein günstiges Volumen kein Wert gelegt wird. Bei der pneumatischen Förderung wird das Pulver mittels eines Zellenrades in die Druckleitung eines Hochdruckventilators eingeworfen, die Methode gewährleistet eine zuverlässige Arbeitsweise, bei welcher keine Ablagerungen in den Rohren auftreten. Die Leitungsführung hat möglichst gerade zu geschehen; müssen Krümmer verwendet werden, so sollen deren Radien mindestens das Zehnfache des Rohrdurchmessers betragen. Zur Anwendung gelangen Hochdruckventilatoren mit 350—400 mm Unter- bzw. Überdruck.

2. Die Ansätze.

Als Grundregel bei der Bereitung der Ansätze gilt: alle Ansätze müssen energisch gekocht werden, wenn ein guter Verband zwischen den einzelnen Komponenten erreicht werden soll, der nach Möglichkeit eine Trennung bei dem nachfolgenden Zerstäuben verhindert. Das gilt auch für Bleichsoda. Zum Teil besteht hier die irrige Meinung, daß Bleichsoda infolge der freiwerdenden Wärme der calcinierten Soda nicht gekocht werden dürfe, weil sie dann im Turm nicht zum Kristallisieren zu bringen sei. Bei jeder für Bleichsoda richtig dimensionierten Anlage ist das nicht der Fall.

Das Kochen geschieht immer bei offenem Kessel und laufenden Mischwerken. Werden irgendwelche Füllmittel oder Zusätze beigegeben, so hat das nach beendigtem Mischvorgang mit abgestelltem Dampf, aber ebenfalls bei offenem Kessel und laufendem Mischwerk zu geschehen; in diesem Fall kann die Wärme im Kessel nie über Siedetemperatur ansteigen.

Die Mischwerke werden in dem Augenblick, wo der Ansatz bei geschlossenem

Kessel an die Zerstäubereinrichtung angeschlossen wird, abgestellt. Bei Bleichsoda und niederprozentigen Seifenpulvern läßt man von 10 zu 10 Min. die Mischwerke einige Umdrehungen laufen, um auf alle Fälle eine Trennung zu verhüten und die spezifisch schwere Soda vom Boden aufzutreiben.

Vorzubereiten sind die Ansätze so, daß man auf eine möglichst hohe Konsistenz beim fertigen Ansatz hält. Mehr Wasser als erforderlich belastet die Zerstäubereinrichtung im Turm in unnötiger Weise und drückt die Leistung der Anlage herab.

Seifen, die in der Zerstäubungsanlage zur Verarbeitung gelangen, müssen reine Kernseifen sein und dürfen kein Glycerin enthalten. Die Seifen müssen sorgfältig ausgesalzen werden, dürfen aber nicht zu stark gekürzt sein, weil ein Überschuß von Chlornatrium hygroskopisch in den daraus fabrizierten Pulvern wirkt, sie „nässen". Kaliseifen sollen überhaupt nicht verwendet werden, sie sind wegen ihrer stark hygroskopischen Eigenschaften völlig ungeeignet und machen außerdem, da sie fadenziehend sind, beim Zerstäuben sowohl bei Zerstäuberscheiben als bei Düsen erhebliche Schwierigkeiten.

Seifen, deren Ansätze zum Teil aus hydrierten Fetten bestehen, dürfen nur in Waschpulvern verwendet werden. Handelt es sich darum, gesprühte Seifen zu Feinseifen weiter zu verarbeiten, so kann man mit solchem Sprühgut in den Ballmaschinen oder Pressen keine Bindung erreichen. Für diesen Zweck dürfen nur Ansätze mit gutem Rindertalg Verwendung finden.

Soda soll vor dem Eingeben in den Mischkessel immer gesiebt werden, die Zerstäubungsarbeit wird dadurch wesentlich erleichtert.

Bei Betriebsbeginn werden die Mischkessel und Materialleitungen gut angewärmt. Ein Mann übernimmt die Arbeit an den Mischkesseln im oberen Teil der Anlage, ein zweiter die Arbeit an den Umschalthähnen der Mischkessel, den Material- und Luftleitungen und die Beaufsichtigung am Turm.

In jeder Anlage müssen an Meßinstrumenten vorhanden sein:

1 Barometer für die Beobachtung des Luftdruckes,
1 Hygrometer für die Beobachtung der Luftfeuchtigkeit,
1 Thermometer für die Beobachtung der Lufttemperatur.

Die Instrumente geben bei sorgfältiger Beobachtung fortlaufend wichtige Aufschlüsse über die mit der Anlage zu erreichende Leistung. So bedeuten barometrische Minima verminderte Ventilatorenleistungen und damit auch verminderte effektive Leistungen der Anlage. Barometrische Minima in Verbindung mit hohen Temperaturen bedeuten, daß die Fabrikation von Bleichsoda und niederprozentigen Waschpulvern unter solchen Verhältnissen erschwert oder ganz unmöglich ist, sobald die Temperaturen über 20^0 liegen. Barometrische Maxima, niedere Temperaturen und niedere Luftfeuchtigkeiten sind das geeignetste Wetter für die Fabrikation von Bleichsoda. Aus der Überprüfung der Instrumente am Morgen, bei Arbeitsbeginn, kann man sofort wichtige Schlüsse auf die jeweilige Leistung der Anlage ziehen und darnach seine Dispositionen treffen.

Bei der *Aufbereitung der Ansätze* geht man beim *hochprozentigen Pulvern* folgendermaßen vor: Zuerst wird die gesamte Seife in den Kessel gegeben, dann läßt man das Rührwerk laufen und mäßig Dampf einströmen und gibt die Hälfte der erforderlichen Soda zu. Beginnt die Masse zu kochen, so wird unter fortwährendem Dampfen und Rühren das gesamte Wasserglas zugegeben. Beginnt die Masse wieder zu kochen, so erfolgt die Beigabe der restlichen Soda und des eventuell erforderlichen Wassers. Dann wird unter fortwährendem mäßigen Dampfen weiter gerührt, bis die Masse steigt und eine Spatelprobe eine sahneartige Beschaffenheit hat und sich, zwischen den Fingerspitzen verrieben, glatt anfühlt. Die Ansatzmenge soll nicht mehr als ein Drittel des Kesselinhaltes betragen. Beim Dampfen steigt sie bis zur Öffnung des Einfüllstutzens.

Bei *niederprozentigen Waschpulvern* beginnt man damit, daß man zunächst

Wasserglas und Wasser mit Dampf bei laufenden Mischwerken zum Kochen bringt, dann die Seife zugibt und wieder kocht und zum Schluß die gesamte Soda.

Bei der *Bleichsoda* geht man ebenfalls so vor, daß man Wasserglas und Wasser bei laufendem Mischwerk zum Kochen bringt, dann wird bei verminderter Dampfzufuhr die gesamte Soda zugerührt. Die Zugabe hat allmählich zu geschehen, so daß das Mischwerk Zeit hat, die zufließende Soda gut einzumischen. Ist alles glatt verrührt, läßt man nochmals gut aufkochen.

Man hat in der Waschpulverindustrie für den reziproken Wert des Schüttgewichtes die Bezeichnung „*Volumen*" eingeführt und versteht darunter den Quotienten aus dem lose geschütteten Inhalt einer Pulvermenge durch sein Gewicht.

$$V = \frac{I}{G}.$$

In der Formel bezeichnen:

V = eine absolute Zahl, deren Wert bei einem guten Produkt zwischen 1,50—1,60 variieren soll,
I = den Inhalt einer Packung im Kubikzentimeter,
G = das Gewicht der lose eingeschütteten Pulvermenge.

Nimmt also ein Pulver einen Raum von 750 cm³ ein und wiegt dabei 470 g, so hat es ein Volumen von:

$$V = \frac{750}{470} = 1{,}60.$$

Über einen Wert von 1,60 soll man nicht gehen, weil dann die Netzfähigkeit beeinträchtigt wird.

Die Volumina gesprühter Pulver sind, auch wenn sie einen geringen Wassergehalt aufweisen, immer günstiger als diejenigen nach anderen Methoden hergestellter Pulver. Vor allem wirken hier bestimmte Düsenzerstäubungsverfahren äußerst günstig, bei ihnen wird jedes zerstäubte Korn von einem Luftmantel eingehüllt, die Pulver sind locker und luftig wie Schnee.

Um die Volumina zu steigern, kann man gewisse Kunstgriffe anwenden. Beispielsweise ist die Zugabe von Kartoffelmehl zu Bleichsoda ein solcher. Die Ware verliert dadurch den körnigen, sandigen Griff, sie wird glatt und erfährt eine Auflockerung. Die Menge Kartoffelmehl, die man anwendet, beträgt im Maximum $1^1/_2$% vom Gesamtansatz. Das Kartoffelmehl wird kalt angerührt und nach beendigtem Mischvorgang bei abgestelltem Dampf und laufendem Mischwerk beigegeben.

Bei mittleren und hochprozentigen Pulvern wendet man Wasserstoffsuperoxyd oder Perborat an, und zwar in Mengen von $^1/_2$—1%. Die Zusätze haben außer der auftreibenden noch eine bleichende Wirkung. Vorgegangen wird bei ihrer Beigabe ebenfalls so, daß man sie nach beendigtem Mischvorgang bei abgestelltem Dampf und laufendem Mischwerk einrührt. Das Perborat wird vor der Eingabe ebenfalls kalt angerührt.

Die auftreibende Wirkung ist so stark, daß der Ansatz bis zur Einfüllöffnung des Mischkessels ansteigt. Die Beimengung hat ihren Zweck erfüllt, wenn bei abgestelltem Mischwerk der aufgetriebene Ansatz nicht zusammenfällt, sondern das einmal erreichte Volumen behält; dann kann der Kessel geschlossen und an die Zerstäubervorrichtung angeschaltet werden.

Für eine Anlage von 1000 kg Stundenleistung werden bei Zerstäubung mittels Zerstäuberscheibe für alle Apparaturen ca. 110 PS = 80 Kilowatt benötigt, für die gleiche Leistung mittels Verdüsungsanlage, je nach dem Düsensystem, das man anwendet, bis zu 140 PS = 106 Kilowatt. Bei einer Leistungserhöhung rechnet man mit einer Steigerung des Kraftbedarfes von 25% pro 100 kg Pulver[1].

c) Abfüllen und Verpacken.

Zum Abfüllen des Seifenpulvers in Pakete dienen Abfüll- und Dosiermaschinen. Die genaue Dosierung nimmt beispielsweise ein in die Maschine eingebaute

[1] Seifensieder-Ztg. **65**, 147, 176 (1938).

Waage vor, das abgewogene Gut fällt durch eine Schüttvorrichtung in die Packung.

Bei Maschinen anderer Art erfolgt die Dosierung mit Hilfe eines Kolbens, welcher als regulierbarer Behälter ausgebildet ist. Der Kolben bewegt sich unter dem Trichter, in welchem sich das Seifenpulver befindet. Sobald der Behälter gefüllt ist, wird er nach vorn geschoben und entleert das aufgenommene Material in das Paket.

Abb. 160. Halbautomatische Seifenpulverabfüllmaschine (F. Kilian, Berlin).

Die in Abb. 160 dargestellte Maschine bewirkt die Dosierung mit Hilfe einer Schnecke, welche im Füllzylinder eingebaut ist. Die leere Packung wird über den Zylinder geschoben, die Füllung beginnt, sobald der auf- und niedergehende Füllständer den Zylinder berührt. In diesem Moment setzt sich die Schnecke in Bewegung und drückt das Pulver in das Paket, um zum Stillstand zu kommen, sobald der Füllständer an einer vorher eingestellten Marke ankommt, welche dem Gewicht des Pakets entspricht.

Großbetriebe verwenden automatische Verpackung- und Abfüllmaschinen (Abb. 161). Die Maschine stellt erst automatisch die Pakete her und füllt sie alsdann mit Seifenpulver.

Die Arbeit beginnt mit der Zuführung des Kartons von der Rolle sowie des Umschlages und endigt mit dem Auslauf der fertig gefüllten und verschlossenen Pakete. Auf der Kartonzuführungsbahn erfolgt das Längs- und Querritzen der Faltkanten, das Ausstanzen der Kopflappen und das Abschnei-

Abb. 161. Automatische Abfüll- und Verpackungsmaschine (Fr. Hesser A. G., Stuttgart, Bad Cannstadt).

den sowie das Auftragen von Klebstoff für Seiten- und Bodenverschluß. Das mit acht Falzformen ausgestattete Revolverrad nimmt die Zuschnitte nacheinander auf und faltet und klebt sie zum Paket. Der durch Ansaugung zugeführte Umschlag wird durch Rotation mit dem Klebstreifen versehen und um die auf der Falzform befindliche Kartonpackung gefaltet und geklebt. Das offene Paket wird zum Füllrad übergeleitet. Über dem Füllrad sind je nach Material eine Dosiermaschine oder automatische Waagen eingebaut, welche jeder einzelnen Packung die Füllmenge im richtigen Gewicht zuführen. Über eine Kontrollstation zur Feststellung von Mehr- oder Mindergewicht wandert die Packung zum Schließrad, wo sie am Kopf verklebt und verschlossen wird. Auf den weiteren Stationen des Schließrades und im Paketauslauf erfolgt die Sicherung des Verschlusses durch elektrische Heizung und Druckrollen, worauf von hier aus die Packungen serienweise von der Bedienung zusammengefaßt und weggepackt werden.

VII. Die Schmierseifen.

Von R. KRINGS, Berlin.

a) Allgemeines.

1. Begriffsbestimmung.

Schmierseifen sind weiche oder halbweiche Seifen, deren Fettsäuren gänzlich oder vorwiegend an Kali gebunden sind. Das Fertigprodukt muß eine mehr oder weniger *salbenartige* Konsistenz besitzen und darf nur geringe Mengen Natronseifen enthalten. Eine aus flüssigen Ölen und Weichfetten hergestellte Natronseife, auch wenn sie geringe Mengen Kaliseife enthält und dementsprechend mehr oder weniger weich wird, ist also keine Schmierseife (derartige Erzeugnisse bezeichnet man als Teigseifen). Anderseits sind die festen Kaliseifen (s. S. 493) natürlich nicht den Schmierseifen zuzuzählen.

Sämtliche Schmierseifen sind Leimseifen.

Gesetzliche Begriffsbestimmungen für die Bezeichnung der Schmierseifenqualitäten geben, soweit solche bestehen, den unteren Fettsäuregehalt an, der in den Produkten vorhanden sein muß, wenn sie unter der Bezeichnung „reine Schmierseifen" gehandelt werden. Diese Bestimmungen verbieten also nicht den Handel mit minderwertigen Qualitäten, sondern verbieten für diese nur die obenerwähnte Bezeichnung.

Die für Deutschland rechtsverbindliche Begriffsbestimmung für die Schmierseifen vom 14. IX. 1925 ist wie folgt festgelegt:

„Die Bezeichnung ‚reine Schmierseifen' dürfen nur solche Seifen führen, welche mindestens 38% Fettsäurehydrat enthalten und in denen der überwiegende Teil der darin enthaltenen verseiften Fettsäuren an Kali gebunden ist.

Ein Harzgehalt wird als mit dem Fettsäuregehalt gleichwertig betrachtet.

Zusätze, welche den Gehalt an Fettsäurehydrat nicht unter 38% herunterdrücken, sollen nicht als Verunreinigungen betrachtet werden, sofern sie durch spezifische Wirkung zur Verstärkung oder Verbesserung der Waschwirkung beitragen."

Es war keine glückliche Wahl, als man einen Gehalt von nur 38% Fettsäure, der aus preislichen und Konkurrenzgründen natürlich möglichst innegehalten wird, für die reinen Schmierseifen vorschrieb. Im Interesse der Sieder und Verbraucher wäre die Wahl von 40% oder sogar 42% Fettsäuregehalt für die reinen Schmierseifen besser gewesen. Schmierseifen mit dem höheren Fettsäuregehalt sind in stets gleich guter Qualität leichter herzustellen als solche mit nur 38% Fettsäuregehalt.

Ferner sind derartige höherprozentige Schmierseifen auch lagerfester und erleiden geringere Trockenverluste, was für Fabrikanten und Händler gleich wichtig ist. Ein weiterer Vorzug von Schmierseifen mit einem Fettsäuregehalt von ca. 42% ist, daß sie nur bei strengerer Kälte gefrieren und dadurch schwieriger verkäuflich werden. Schmierseifen mit einem Fettsäuregehalt von 44—45% gefrieren auch bei sehr großer Kälte nicht. Dies ist erklärlich, da die Schmierseifen mit einem so hohen Fettsäuregehalt weniger Kürzungssalze — Pottasche, Soda oder Chlorkalium — enthalten und auch der Gehalt an freiem Ätzalkali — Kali- oder Natronlauge — geringer gehalten werden kann, wodurch das Gefüge der Seife stärker — fester — wird. Hierbei ist zu beachten, daß strenger Frost die Seife an sich nicht beeinflußt; bei niedrigerprozentigen Schmierseifen wirkt aber die durch den Frost eintretende sehr tiefe Unterkühlung auf die Konzentration der Kürzungslösungen — Ausschleiflösungen — aussalzend.

2. Aussehen, Verbreitungsgebiete.

Künstlich gefärbte Schmierseifen sind im Handel kaum noch anzutreffen, während sie früher häufig grün gefärbt wurden. Die Bezeichnung „*grüne Seifen*“ hat sich aber in manchen Gegenden für die transparenten Schmierseifen noch erhalten, wenn auch diese Waschmittel meist gelblich, grünlichgelb oder sogar hellgelb sind. Ebenso falsch ist die rheinländische Bezeichnung „*schwarze Schmierseife*“, denn gerade im Rheinland werden besonders hellfarbige Produkte hergestellt.

Einige Schmierseifen herstellende Betriebe färben allerdings noch die transparenten Schmierseifen und die Elain-Naturkornseifen durch einen kleinen Zusatz von rohem Palmöl (zum Fettansatz). So erzeugte Seifen erhalten ein feuriges, mehr oder weniger gelbliches bis rotgelbliches transparentes Aussehen, weshalb der Palmölzusatz zu empfehlen ist. Hoch mit Kartoffelmehl gefüllten Schmierseifen gab man nach der Füllung geringe Mengen (ca. $^1/_4$—$^1/_2$%) Zuckercouleur zu, um das mehr oder weniger starke totgelbliche Aussehen der Seifen klarer (glänzender) zu gestalten.

Seit Jahren sind aber hellfarbene oder sogar in ihrem transparenten Grund möglichst farblose Schmierseifen begehrt, weshalb jetzt auch fast alle Schmierseifenarten durch Bleichung aufgehellt werden. Die meisten Schmierseifen werden unparfümiert hergestellt und gehandelt. In früheren Jahrzehnten wurden die transparenten Schmierseifen wohl immer mit etwas Mirbanöl (Nitrobenzol) parfümiert oder ihr Geruch wurde durch Harz überdeckt. Weiße Schmierseifen werden oftmals mit $^1/_4$—$^1/_2$% Terpentinöl parfümiert. Auch erhalten sie mitunter noch einen Zusatz von Ammoniak, welches erst der möglichst stark abgekühlten Seife zugegeben wird, damit wenigstens ein Teil des Salmiakgeistes in der Seife verbleibt.

Die wichtigsten Absatzgebiete für Schmierseifen sind Mittel- und Nordeuropa, in den übrigen Ländern sind sie entweder völlig unbekannt, oder es werden nur ganz geringe Mengen als Grundlage zur Herstellung von medizinischen Seifen oder als ganz geringwertige Scheuerseifen hergestellt. Die Schmierseifenfabrikation ist in den letzten Jahrzehnten zurückgegangen und wird wahrscheinlich noch weiter zurückgehen. Dieses hat seinen Grund einmal im zunehmenden Verbrauch von Waschpulvern, besonders an Perborat-Waschmitteln, und weiter in der zunehmenden Verwendung von festen Seifen in der handlichen Form von Seifenschnitzeln, Flocken oder Nudeln. Hierzu kommt noch, daß es keine wirklich lagerbeständigen, billigen Kleinpackungen für Schmierseifen gibt, so daß es immer noch nicht möglich ist, Schmierseifen als Markenartikel abzusetzen.

Die höchsten Anforderungen an die Qualität der Schmierseifen werden in Deutschland gestellt, und hier wiederum in Mitteldeutschland, Sachsen und Ostdeutschland. Man kennt dort folgende Arten von reinen ungefüllten Schmierseifen: 1. die glatten transparenten, 2. die weißen Salmiak-Terpentin-, 3. die weißen Silber-Schmierseifen sowie 4. die Naturkorn-Schmierseifen und 5. die Elain- und Alabasterseifen.

In den übrigen Ländern sind nur ein bis zwei Schmierseifenarten bekannt, vor allem die glatte transparente Seife, die unter einer ganzen Anzahl verschiedener Namen gehandelt wird (so z. B. als Ölseife oder als grüne oder schwarze Schmierseife und bei besseren, helleren Qualitäten auch als Kristallseife oder als Kristall-Glycerin-Schmierseife). Außerdem kennt man nur noch eine mehr oder weniger rein weiße Schmierseife, die Salmiak-Terpentin-Seife oder Silberseife.

In Nordeuropa, besonders in den skandinavischen Ländern, ist der Schmierseifenhandel auch heute noch sehr bedeutend.

b) Die Fabrikation der Schmierseifen.

1. Die Fabrikationsgrundlagen.

Die Grundseife. Bei der Erzeugung von Schmierseifen wird zuerst eine stärker konzentrierte Seife hergestellt, mit einem Fettsäuregehalt von 43—48%.

Am besten ist es, die Konzentration auf 45—46% einzustellen. Diese höher konzentrierte Seife nennt man Grundseife. Damit ist der eigentliche Herstellungs- (Siede-) Prozeß beendet (nach genügender Erkaltung des Sudes); am nächsten oder übernächsten Tage wird lediglich die zur handelsüblichen Konsistenz und genügenden Ausbeute noch notwendige Ausschleiflösung dem Sude eingerührt oder eingekrückt.

Ausschleifen der Schmierseifen. Das Einrühren oder Einkrücken der notwendigen Flüssigkeitsmenge zur Grundseife mit 43—48% Fettsäuregehalt, um zur 38—40%igen Schmierseife zu gelangen, bezeichnet man als das Ausschleifen des Schmierseifensudes. Es ist nicht ratsam, sogleich eine 38—40%ige Schmierseife in einem Arbeitsgange zu sieden, weil dann das Gefüge der Schmierseife durch die in der Ausschleiflösung enthaltenen Salze (bei der beim Sieden herrschenden hohen Temperatur) gelockert werden könnte, wohingegen die Verseifung leichter und schneller erfolgt, wenn geringere Mengen der die restlose Verseifung störenden Salze (aus der Ausschleifösung) vorhanden sind.

Abrichten der Schmierseifen. Hierunter versteht man die Zugabe der notwendigen Menge von Salzen und von überschüssigem Ätzalkali, die eine ca. 40%ige Schmierseife enthalten muß, um nach dem Erkalten die handelsübliche (salbenartige) Konsistenz aufzuweisen. Diese Abrichtung muß sich der Temperatur der Jahreszeit (oder des Landes), wo der fragliche Sud gehandelt werden soll, anpassen. Die Abrichtung ist ferner anzupassen dem höheren oder niedrigeren Stearin- und Palmitinsäureanteil im Fett- und Ölansatz zum Schmierseifensude. Dann muß die Abrichtung auch noch entsprechend der Höhe der Ausbeute (d. h. des Fettsäuregehaltes) des betreffenden Sudes abgestimmt werden. Da alle diese verschiedenen Momente in Betracht gezogen werden müssen, ist es begreiflich, daß man die Schmierseifen nicht einfach auf Grund von Betriebsanalysen (Bestimmung des freien Ätzalkali, der Pottasche oder Soda und anderer Salze, wie z. B. Chlorkalium) abrichten kann. Die chemische Betriebskontrolle erstreckt sich darum auch nur auf die Bestimmung der Ausbeute, d. h. des Fettsäuregehaltes in den Schmierseifen. Die für die Verkaufsfähigkeit bzw. Lagerfähigkeit notwendige Abrichtung muß in jedem Fall durch Probenahme, durch die sogenannten Glasproben erfolgen (s. S. 461).

Die Ausbeute des Schmierseifensudes. Die Ausbeute eines Schmierseifensudes entspricht dem Fettsäuregehalt in der fertigen Seife. Stellt man aus Neutralöl und Neutralfett eine Schmierseife mit ca. 38% Fettsäuregehalt her, so hat der Sud eine Ausbeute von ca. 240%. Bei Verwendung von freier Fettsäure beträgt die Ausbeute bei 38% Fettsäuregehalt etwa 250%. Dies heißt also: man erhält aus 100 Teilen Neutralfett oder -öl 240 Teile Seife und aus 100 Teilen Fettsäuren 250 Teile Seife. So hergestellte Schmierseife kann unter der Bezeichnung „reine“ oder „garantiert reine Schmierseife“ gehandelt werden. Soll die Schmierseife eine genügende Härte (Festigkeit) besitzen, läßt sich ohne Beigabe von Streckungs- oder Vermehrungsmitteln (allein durch Mehrzugabe von Lauge oder Lösungen) die Ausbeute nicht erhöhen. Ausbeuten bis zu 400% lassen sich durch Strecken mit Kartoffelmehl, Tylose u. dgl. erreichen (s. S. 244); Kaliwasserglas- und Pottaschezusätze vermögen die Ausbeute auf etwa 260—270% zu steigern.

Bleichen. Die Verbraucher und besonders die Händler verlangen jetzt fast nur noch bestfarbene Schmierseifen. Aus diesem Grunde werden die meisten Schmierseifensude während des Ausschleifens gebleicht. Für die Qualität (Wasch- und Reinigungswirkung) der Seife ist diese Farbverbesserung, die die Seife nur etwas verteuert, völlig bedeutungslos. Es wird fast ausschließlich mit Kali-Chlorbleichlauge entfärbt. Nur bei glatten, transparenten Schmierseifen ist auch Natronchlorbleichlauge verwendbar. Auch mit Peroxol erzielt man sehr gute Bleichwirkung. Mit jedem brauchbaren Bleichmittel ist stets nur ein gewisser Entfärbungseffekt zu erreichen, der mit größeren Bleichmengen nicht weiter verbessert werden kann. Hierbei muß also der Sieder vorsichtig sein, damit nicht etwa durch Zugabe zu großer Bleichmengen eine sogenannte Überbleiche erfolgt, wobei die Wirkung wieder zurückgehen und sogar eine Rot- oder Rotbraunfärbung der Seife eintreten kann. Darum muß die Bleichmenge, wenn eine neue, noch nicht bekannte Fett- oder Ölpartie zur Verseifung gelangt, vorsichtig nach und nach zugegeben werden, unter dauernder Probenahme. (Näheres S. 464.)

Parfümieren der Schmierseifen. Parfümiert werden zumeist nur die weißen Schmierseifen und die Alabaster-Naturkornseifen, und zwar die weißen mit geringen Mengen Terpentinöl, mitunter auch noch mit Salmiak, wovon allerdings nur Spuren in der Seife verbleiben; die Alabasterseifen meist mit leichtem Campheröl. Die transparenten Schmierseifen und die Elain-Naturkornseifen werden jetzt nicht mehr parfümiert. Wenn reine, an sich fast geruchfreie Öle (Leinöl oder Sojaöl bzw. deren Fettsäuren) im Ansatz verarbeitet werden, ist ein Parfümieren der Schmierseifen überflüssig.

Der Fabrikationsgang. Die Herstellung guter Schmierseifen ist einfacher als die von festen Seifen. Je nach Kesselgröße wird man jeden Schmierseifensud in einigen Stunden bis zu höchstens zwei Tagen fertigstellen können. Die Arbeitsweise ist die gleiche, ob etwa nur 40 kg oder 50 t und mehr Schmierseife in einem Sude hergestellt werden. Es dürfte Betriebe geben, in denen nur so kleine Mengen gesotten werden, es gibt aber auch eine ganze Anzahl von Großfabriken, welche Riesenmengen auf einmal herstellen und deren Siedekessel durch mehrere Stockwerke im Sudhause reichen. Nur in den kleineren Siedekesseln wird man ohne ein zweckentsprechendes Rühr- oder Krückwerk auskommen, während man ein solches in allen größeren Schmierseifenkesseln findet und auch benötigt (s. S. 263). Am häufigsten dürften 10—25 t-Kessel benutzt werden.

Die Schmierseifen lassen sich mit direkter Feuerung (Kohlen, Holz oder Gas) oder auch mit indirektem Dampf sieden. Zumeist siedet man aber heute, besonders in Mittel- und Großbetrieben, nur noch mit direktem Dampf. Die Höhe der Dampfspannung ist gleichgültig; selbstverständlich muß diese aber wenigstens so hoch sein, daß nicht übermäßig große Mengen Dampf benötigt werden, bis die Gesamtmasse im Kessel zu sieden beginnt, denn sonst könnte der Wassergehalt im Sude zu hoch werden. Manche Sieder halten es für angebracht, den Sud, nachdem die Verseifung mit direktem Dampf völlig durchgeführt und beendet ist, noch einige Stunden mit indirekter Heizung durchsieden bzw. weitersieden zu lassen. Dies dürfte aber nur dann notwendig sein, wenn mit dem direkten Dampf zuviel Wasser in den Sud gelangt ist.

Die Herstellung der Schmierseifensude zerfällt, wie erwähnt, immer in zwei getrennte Arbeitsgänge: in die Verseifung des Fett- und Ölansatzes zu „Grundseife", mit einem Fettsäuregehalt von ca. 45%, und in die darnach stattfindende „Ausschleifung" des Grundseifensudes zum Fettsäuregehalt von 38—40%. Nach Beendigung des ersten Arbeitsvorganges läßt man die Schmierseifen einige Stunden (meist über Nacht) zur Nachverseifung stehen, worauf die auf 70—80° abgekühlte Seife mit Lösungen ausgeschliffen und fertiggemacht wird.

Am einfachsten gestaltet sich die Herstellung der glatten transparenten Schmierseifen; sie stellt auch keine besonderen Anforderungen an die Beschaffenheit der vorhandenen Kellerräume zu ihrer Lagerung. Auch können diese Seifen schon direkt nach dem Erkalten, also 1—2 Tage nach Herstellung, abgesetzt werden. Die weißen Schmierseifen (Salmiak-Terpentin- und Silberseifen) müssen nach Fertigstellung erst völlig absterben, d. h. weiß durchwachsen, was aber in einem kühlen Keller oder an einem anderen kühlen Ort in wenigen Tagen vor sich geht; eine besonders geartete Lagerung ist auch hier nicht erforderlich. Bei der Fabrikation von Naturkornseifen (Elain- oder Alabasterseifen) sind hingegen stets in ihrer Temperatur gut regulierbare Keller- (Lager-) Räume erforderlich, denn diese Seifen müssen 3—6 Wochen lang, ihren einzelnen Arten entsprechend, bei Temperaturen von 12—20^0 auskristallisieren, ehe sie verkaufsfertig sind.

Da es für die fertige Schmierseife bedeutungslos ist, ob ihre Herstellung mit Dampf oder mit direkter Feuerung erfolgte, hängt die Wahl der bestgeeigneten Siedeweise lediglich von der betreffenden Betriebsart ab.

Die zur Schmierseifenherstellung notwendige maschinelle Einrichtung ist die denkbar einfachste. Es gehören hierzu eigentlich nur ein Siedekessel und ein bis zwei Lagerbehälter. Bei kleineren Kesseln ist nicht einmal ein mit Kraftantrieb versehenes Rühr- oder Krückwerk notwendig.

Es wäre zweckmäßig, die Schmierseifenkessel als Zentesimalwaage eingerichtet bauen zu lassen. Die Feststellung des Gewichtes des Kesselinhaltes kann dann während des Sudes entweder fortlaufend durch ein Uhrwerk (mit Zifferblatt über dem Kessel) erfolgen oder aber von Zeit zu Zeit durch den Sieder mit Hilfe von Schiebegewichten ausgeführt werden. Bei einem so ausgestatteten Kessel sieht der Sieder ganz genau, wieviel Kilogramm Fettansatz er in den Kessel einbringt, und kann dementsprechend genau die notwendige Menge an Lauge, Lösungen und Wasser zulaufen lassen, so daß er bei Fertigstellung der Seife die Ausbeute ganz genau ablesen und regulieren kann. Die Endabrichtung der Seife gestaltet sich dann auch leichter und schneller, da die Laugen- und Fettmenge schon vor der Endabrichtung, wenigstens der Gewichtsmenge nach, genau stimmt. Bei einwandfreiem Öl-, Fett- oder Fettsäureansatz erübrigt sich dann auch die Feststellung des Fettsäuregehaltes in der Seife, weil man die tatsächlich gewünschte Seifenausbeute durch die Möglichkeit, das Gewicht des Gesamtkesselinhaltes festzustellen, in jedem Falle wirklich erreichen kann. Mit einer so eingerichteten kleineren oder auch mittleren Anlage lassen sich bedeutende Mengen von Schmierseife herstellen, denn an jedem Arbeitstage kann man wenigstens einen Sud durchführen und ihn gegebenenfalls zum Abkühlen und Bleichen sogleich nach seiner Fertigstellung in einen anderen Kessel oder Holzbottich ablassen.

In gut eingerichteten Schmierseifenfabriken findet man jetzt wohl immer Spezialbehälter oder Kessel, in denen die fertig gesottenen Seifen gebleicht und fertiggestellt werden. Zum Bleichen verwendet man zweckmäßig Holzbottiche oder innen emaillierte Kessel oder auch solche, die mit Glas- oder Steingutplatten ausgelegt sind.

2. Die Rohstoffe.

Bei hohen Glycerinpreisen und nicht allzuhohen Anforderungen an die Farbe der Fertigfabrikate wird man die Schmierseifen stets aus Fettsäuren herstellen. Werden die Schmierseifen aus Neutralfett oder Neutralöl hergestellt, so zeigt die fertige — ungefüllte — Schmierseife einen Glyceringehalt von ca. 4%. Nur für gut bezahlte Edelqualitäten von Schmierseifen sollte man daher durchweg Neutralöle oder -fette statt Fettsäuren verarbeiten.

Die Alabaster-Naturkornseifen und die Silberschmierseifen, an deren rein weiße Farbe besonders hohe Anforderungen gestellt werden, wird man in dieser Qualität immer nur aus besten und frischesten, reinstfarbenen Neutralfetten erzeugen können.

Bei der Herstellung reiner, ungefüllter Schmierseifen aus Neutralfetten bringt man stets zuerst den ganzen oder einen Teil des Fett- oder Ölansatzes in den Siedekessel und gibt zu diesem nach und nach die notwendigen Laugenmengen und die übrigen Zutaten hinzu. Bei der Verseifung von Fettsäuren arbeitet man umgekehrt: man gibt zuerst die gesamte Kalilauge in den Kessel und erst dann zu der siedenden Lauge nach und nach den Fettsäureansatz.

Zur Verseifung der Fettsäuren zu Schmierseifen wird fast immer nur Kalilauge verwendet, selten auch Pottasche. Kaliumcarbonat ist teurer als Kalilauge, so daß kein Anreiz zur kohlensauren Verseifung vorliegt. Sollen Schmierseifen mit Kaliumcarbonat verseift werden, so muß die Pottaschemenge genau berechnet werden, damit diese restlos zur Seifenbildung verbraucht wird, denn sonst kann die notwendige Reduzierung des Sudes Schwierigkeiten bereiten. Man bleibt daher etwas unter der berechneten Menge und richtet mit Lauge ab. Schmierseifen, deren Fett- und Ölansatz nur 60—70% freie Fettsäure enthält, wird man nie kohlensauer verseifen, sondern stets nur mit Lauge.

Bei Verwendung von Destillatfettsäuren ist vorher festzustellen, ob diese keine höheren Mengen von Unverseifbarem enthalten, was bei der Schmierseifenherstellung große Schwierigkeiten ergibt; solche Seifen vertragen keine genügend hohen Ausbeuten und ihre Reduzierung mit Pottasche usw. ist schwer durchzuführen.

α) Die Fettrohstoffe.

Zur Herstellung der Schmierseifen sind zahlreiche Fette und Öle geeignet. Nicht geeignet sind die Leimfette (Cocos- und Palmkernöl), sowie Ricinusöl und Rüböl. Wie aber bei den meisten anderen Seifenarten, werden auch die verschiedenen Schmierseifensorten fast immer nur aus einigen wenigen Öl- und Fettarten erzeugt.

Am häufigsten wird Leinöl versotten, auch Sojabohnenöl, wenn es billiger als Leinöl ist. Es ist aber zu beachten, daß alle aus Leinöl erzeugten Seifen nach kürzerer oder längerer Lagerzeit einen an Tran erinnernden Oxydationsgeruch annehmen, der bei besten Schmierseifenqualitäten mitunter beanstandet wird. Ein solcher unerwünschter Geruch tritt bei Verwendung von Sojabohnenöl (als halbtrocknendem Öl) jedenfalls erst nach viel längerer Lagerdauer und in bedeutend geringerem Maße auf. Mit beiden Ölen läßt sich eine hohe Seifenausbeute leicht erreichen; sie werden als Rohöle oder in raffiniertem Zustande verarbeitet. Die Rohöle werden zur Herstellung von glatten transparenten Seifen und dunkleren Elainseifen mitverwandt, die mehr oder weniger weit gereinigten Qualitäten zum Fettansatz hellfarbener Elain- und Alabasterseifen.

Gut verwendbar zu glatten transparenten Schmierseifen ist auch Sonnenblumenöl, dessen bessere Qualitäten hellgelb und leicht verseifbar sind. Im allgemeinen lassen sich zu glatten transparenten Schmierseifen nur solche Öle verarbeiten, deren Kaliseifen außer der Transparenz und der entsprechenden Farbe noch die Eigenschaft der Temperaturbeständigkeit zeigen, d. h. ihre salbige Konsistenz bei Temperaturschwankungen nicht verändern und insbesondere bei größerer Kälte nicht erstarren und trüb werden. Außer den genannten Ölen eignen sich hierzu noch das Hanföl, dessen Kaliseife übrigens der Typus der grünen, in Deutschland aber nicht erzeugten Schmierseifen ist, sowie Maisöl und Mohnöl.

Zur Erzeugung von Salmiak-Terpentin- und Alabasterseifen wird sehr oft Baumwollsaatöl (Cottonöl) mitverwendet. Es ergibt, je nach seiner Qualität, rein weiße oder transparent farblose bis leicht gelbliche Schmierseifen. In der letzten Zeit ging die Verwendung des Baumwollsaatöles, namentlich in Deutschland, stark zurück, weil das Öl wesentlich teurer als Lein- und Sojabohnenöl ist. Das Baumwollsaatöl läßt sich schwer verseifen, so daß man bei der Einleitung des Verbandes zur Verseifung vorsichtig sein muß. In Gemeinschaft aber mit Talg oder Fett, womit es meistens zu Schmierseifen verarbeitet wird, ist die Verseifung leichter. Mitverwendbar für diese Seifenarten ist auch das Erdnußöl.

Gut und leicht verseifbar sind die Trane (Walöle), die besonders in den Nordstaaten Europas in großen Mengen zu Schmierseifen verarbeitet werden. In ihrer Waschwirkung sind die Transeifen vorzüglich, aber wegen ihres spezifischen Eigengeruches ist die Verwendung von Tran für Schmierseifen, wenigstens in Deutschland, zurückgegangen.

β) Die Alkalien.

Zur Verseifung dienen vorwiegend Ätzkali und Pottasche, neben Ätznatron und Ammoniaksoda. An Ätzkali kommt ca. 50 %ige käufliche Kalilauge zur Verarbeitung. Sie wird meist vorher auf 35—40° Bé mit Wasser verdünnt. Die Möglichkeit des Bezuges von rein kaustischer hochkonzentrierter Kalilauge bedeutete einen großen Fortschritt und viel Arbeitsersparnis für die Schmierseifenindustrie, in welcher früher Pottasche mit Ätzkalk kaustiziert werden mußte.

Neben der 50 %igen Kalilauge ist auch festes Ätzkali (90—92%ig) im Handel. Aus dem 90—92%igen festen Ätzkali läßt sich durch Auflösen in Wasser ohne Schwierigkeiten eine 50° Bé starke oder auch schwächere Lauge herstellen.

In früherer Zeit reduzierten die Sieder die Kalilauge, d. h. sie gaben der verdünnten Kalilauge die für den herzustellenden Schmierseifensud (transparente, Silber- oder Naturkornseife) notwendige Reduzierung — Pottasche oder Soda — zu und stellten darauf mit Hilfe des Aräometers die Lauge ein. Jetzt arbeitet wohl kaum noch ein Sieder mit reduzierter Lauge, sondern man gibt die für den vorliegenden Sud notwendige Reduzierungsmenge als konzentrierte Lösung gesondert zu.

3. Die Verseifung.

Es gibt mehrere Herstellungsmöglichkeiten für beste und lagerbeständige Schmierseifen. Welche hiervon ausgeübt wird, hängt wohl stets nur von der vorhandenen Betriebsanlage ab. Auf die Güte des Endproduktes hat die Herstellungsart keinen Einfluß, so daß also nur bei der Neueinrichtung einer Schmierseifenfabrik der Fabrikant sich für eine bestimmte maschinelle Betriebseinrichtung entscheiden muß. Die Wahl der zur Ausübung einer der Siedemöglichkeiten passenden Betriebseinrichtung ist zum Teil lediglich eine Geldfrage.

Im allgemeinen siedet man die Schmierseifen mit offenem Dampf; direkte Feuerung findet man nur noch in ganz kleinen Betrieben.

Alle Siedemöglichkeiten sind im Endeffekt gleich. Je nach der Siedeart gelangt aber entweder Wasser zur Seife oder die Seife verliert Feuchtigkeit durch Verdampfung. Beim Versieden mit direktem Dampf kommt durch den in der Seife kondensierenden Dampf Feuchtigkeit zum Sud hinzu, aus welchem Grunde man gezwungen ist, mit höher konzentrierten Laugen und Lösungen zu arbeiten.

Bei direkter Feuerung geht durch die Dampfentwicklung beim Sieden der Seife Wasser verloren, so daß hierbei mit schwächeren Laugen und Lösungen zu arbeiten oder während des Sudes die verlorene Feuchtigkeit öfter durch Wasserzugaben zu ersetzen ist.

Bei Herstellung der ca. 45%igen Grundseife ist die möglichst restlose Verseifung des Fett- und Ölansatzes die Hauptaufgabe. Hierbei wird gleichzeitig schon der größte Teil der für die handelsfähige Konsistenz der Schmierseifen notwendigen Salze (Pottasche, Soda, Chlorkalium) zugegeben. Die Grundseife muß immer so gehalten werden, daß sie nicht zu wasserreich wird und es noch möglich ist, durch Zugabe von Lösungen, kleineren Laugenmengen und eventuell auch noch Bleichmitteln oder Bleichlösungen bei der Schlußabrichtung verbessernd auf die Grundseife einzuwirken. Soll die Seife mit Kartoffelmehl od. dgl. gefüllt werden, so ist es besonders wichtig, zuerst eine nicht zu wasserreiche Grundseife herzustellen, denn nur eine solche eignet sich für diese Füllungsart.

Vor der Verseifung rechnet der Sieder zuerst seinen Sud aus. Er stellt dabei fest, wie er der Jahreszeit entsprechend den Fett- und Ölansatz am besten wählt, wieviel Kali- oder Natronlauge der gewählte Ansatz erfordert, ferner wieviel Reduzierung, also Pottasche, Soda oder Chlorkalium und dazu noch wieviel Wasser zur Herstellung der ca. 45%igen Grundseife benötigt werden. Der Wassergehalt bildet in dieser Berechnung den einzigen Unterschied beim Sieden mit direkter Feuerung oder mit direktem Dampf oder auch bei der Herstellung der Seife auf halbwarmem Wege.

Bei direkter Feuerung sind 5% mehr Wasser zuzusetzen als in der 45%igen Grundseife enthalten sein sollen, denn erfahrungsgemäß geht ungefähr diese Wassermenge durch Verdampfen verloren. Beim Sieden mit offenem Dampf muß natürlich der Wasserzusatz kleiner sein als der berechnete, weil das Kondensat dazukommt. Hier lassen sich für die Wassermenge keine Zahlen angeben, der Sieder erkennt größere Fehler im Wassergehalt an der siedenden Seife oder an der Glasplattenprobe. Bei der Herstellung der Grundseife auf halbwarmem Wege wird die errechnete Wassermenge zugesetzt.

Das Sieden selbst wird ganz verschieden gehandhabt. Der eine Sieder gibt den ganzen Fettansatz in den Kessel, dazu wenig Wasser und verseift mit einer Lauge von 25—30° Bé. Der andere gibt zum gesamten Fettansatz viel Wasser, verwendet aber eine starke Lauge. Oder er gibt nur einen Teil des Neutralfettgemisches in den Kessel und beginnt sogleich mit der Zugabe von Wasser und Lauge, d. h. mit der Verseifung, so daß er nach Einbringen des gesamten Fettgemisches mit der Verseifung nahezu fertig ist. Die Lauge wird entweder vor Verseifungsbeginn reduziert oder, was häufiger der Fall ist, die Reduzierlösungen (Pottasche, Soda, Kaliumchlorid) werden getrennt neben dem Kessel gehalten. Das Endergebnis ist allerdings stets das gleiche, die engere Wahl der Arbeitsweise hängt u. a. von den örtlichen Verhältnissen ab, d. h. ob ein gutes Rühr- oder Krückwerk zur Verfügung steht, ob der Kessel genügend Steigraum für die siedende Masse hat, ob die Wärmezufuhr gut regelbar ist usw.

Ob mit schwächerer oder stärkerer Lauge gearbeitet werden soll, hängt von der Art der Fette im Ansatz ab. Gewisse Fette lassen sich leichter mit stärkeren, andere mit schwächeren Laugen emulgieren und verseifen.

Bei der Verarbeitung von schwer verseifbaren Fetten, wie frischer Talg, Baumwollsaatöl oder ganz frisches Leinöl, kann man die Verseifung durch Zusatz geringer Seifenmengen derselben Art aus einem früheren Sud erleichtern. Notfalls opfert man ein kleines Gebinde verkaufsfähiger Seife. Dies ist stets vorteilhafter, als darauf angewiesen zu sein, längere Zeit sieden zu müssen, ehe die Seife in Verband geht. Selbstverständlich kann man hierfür nur reine ungefüllte Seife verwenden.

α) *Die Verseifung auf halbwarmem Wege.*

Nur selten erfolgt die Bereitung der Grundseife für Schmierseifen auf halbwarmem Wege; ihre Ausführung ist aber billig und einfach. Sie kommt natürlich nur für die Verseifung von Neutralfettansätzen in Betracht.

Zur Verseifung kann man ebensogut 35- wie 50%ige Kalilauge verwenden. Geeignet ist jeder vorhandene Siedekessel; bei größeren Kesseln muß aber ein gut wirkendes Rühr- oder Krückwerk vorhanden sein, um die Lösungen leicht und schnell in den verseiften Ansatz einarbeiten zu können. Arbeitet man mit direktem Dampf, so ist darauf zu achten, daß nicht zuviel Kondenswasser in das Fett gelangt; dieses Wasser würde die Lauge verdünnen und die Verseifung stören. Das in der Dampfleitung angesammelte Kondenswasser wird deshalb zweckmäßigerweise abgeleitet und dann erst der Dampf in den Siedekessel gegeben. Man kann auch einen Wasserabscheider in die Dampfleitung, vor Eintritt in den Kessel, einbauen.

Vor Beginn der Verseifung wird die für den Fettansatz notwendige Laugenmenge genau berechnet und abgewogen. Der Fettansatz wird im Kessel auf 60—70° erwärmt, hierauf wird die Dampfzufuhr gesperrt oder das Feuer entfernt. Nun wird die berechnete Laugenmenge in dünnem Strahl eingerührt; nach Einbringung aller Lauge wird einige Minuten weitergerührt, bis eine innige (etwas seimige) Emulsion entstanden ist. Wenn der Fett- und Ölansatz aus ganz frischen, fast fettsäurefreien Rohstoffen besteht, so wird eine innige Emulsion schwerer zu erreichen sein; in solchen Fällen rührt man nach dem Einrühren der Lauge etwas alte Seife (Schlick) der Masse zu. Die Emulsionsbildung tritt dann sofort ein und man überläßt hierauf den Kesselinhalt der Ruhe. Die Verseifung beginnt alsbald und verläuft immer schneller, bis der größte Teil verseift ist. Die Endverseifung, bis auf geringe Restspuren an Unverseiftem, ist etwas langsamer. Man kann den Verlauf der Verseifung sehr gut mit einem im Kessel untergebrachten Thermometer beobachten. Gegen Ende der Verseifung wird die Temperatur meistens auf 94—96° ansteigen, dann eine Zeitlang konstant bleiben und darauf zu fallen beginnen. Sobald die Temperatur zu sinken beginnt, ist die Verseifung nahezu vollendet; man rührt oder krückt dann die Masse im Kessel gut durch. Hierbei geht die Verseifung in wenigen Minuten praktisch zu Ende.

Man rührt nunmehr kleine Mengen der zum Sude notwendigen Reduzierungslösung ein, die man zweckmäßig in heißem Wasser gelöst hat und möglichst warm einträgt. Dabei wird das Gemisch dünner, und in dem Maße, wie es dünner wird, lassen sich die Lösungen schneller einarbeiten. Mit der Restmenge der Lösung bringt man den notwendigen Wassergehalt ein. Die Masse braucht dann nur um wenige Grade bis zum Sieden erwärmt zu werden, worauf sofort die Abrichtung nach der Glasplatte erfolgt, wie sonst immer. Man läßt nur so lange sieden, bis etwa vorhandene (Luft-) Siedebläschen gut und leicht im Sud hochsteigen können.

Die so erhaltenen Grundseifen sind meistens etwas heller als die auf dem Siedewege bereiteten.

β) Die Herstellung der Schmierseifen auf dem Siedewege.

Der Arbeitsgang hängt davon ab, ob Neutralfette oder Fettsäuren verseift werden sollen. Bei der Verseifung von Neutralfetten wird die Lauge zum Fettgemisch gegeben. Fettsäuren werden dagegen in die siedende Gesamtmenge der Lauge allmählich eingetragen.

Der Neutralfettansatz wird entweder im ganzen in den Kessel gebracht und auf einmal verseift, oder aber man verseift portionsweise, indem man nur einen Teil des Fettgemisches in den Kessel bringt, dann wieder Fett einträgt und so fort, bis alles schließlich verseift ist. Beide Verfahren führen gleich gut zum Ziele.

Die Reduzierlösungen hält man zweckmäßigerweise von der Lauge getrennt. Man verseift $^1/_4$ bis $^1/_3$ der Fettmenge mit Kalilauge und beginnt erst dann mit dem Zusatz der Reduzierlösung, zwecks Erleichterung und Beschleunigung der Emulgierung und Verseifung. Beim Weitersieden trägt man mit der Lauge auch die Reduzierflüssigkeit nach und nach ein, auch das noch fehlende Wasser.

Bei leicht verseifbaren Fetten (Leinöl, Sojaöl, Sonnenblumenöl) gibt man zu Beginn der Verseifung etwa $^1/_5$ bis $^1/_4$ der Gesamtlauge in den Kessel. Bei schwerer verseifbaren Fetten (Talg, Schweinefett, Baumwollsaatöl) wird die Verseifung mit $^1/_{10}$ bis $^1/_8$ der Laugenmenge eingeleitet und nach Verleimen die übrige Lauge nach und nach hinzugegeben. Den Beginn der Verseifung erkennt man an der Spatelprobe. Die Proben müssen in Fäden (spinnend) vom Spatel ablaufen. Für den weniger Geübten empfiehlt es sich, auch die Zungenprobe zu Hilfe zu nehmen. Ist nur ein leichter Zungenstich wahrzunehmen oder bereits der unangenehme Fettgeschmack, so ist es Zeit, weitere Lauge zuzusetzen.

Den Beginn der Verseifung erkennt man auch am starken Steigen des Kesselinhaltes. Sobald ca. ein Drittel der notwendigen Laugenmenge im Kessel ist, bildet sich ein ziemlich dickflüssiger, gut spinnender Leim, und von da ab muß man die Verseifung genau beobachten, damit die Seife nicht etwa eine Zeitlang zu schwach siedet, also keine freie Lauge zur Verfügung hat. Siedet die Seife in der Zeit, in der ca. die Hälfte bis fünf Sechstel der erforderlichen Lauge eingebracht sind, auch nur einige Minuten lang schwach, so „fährt die Seife zusammen", d. h. sie wird dick und klumpt. Zur zusammengefahrenen Seife gibt man so schnell wie möglich die für den betreffenden Sud notwendige Lauge bis zur Gesamtmenge hinzu und eventuell auch die Gesamtmenge der Reduzierungslösung und siedet dann wenigstens 2 Stunden lang gut durch. In dieser Zeit lösen sich die entstandenen Klumpen wieder langsam auf; das Auflösen läßt sich durch gutes Durchkrücken beschleunigen. Die Seitenwände des Kessels sind aber mit einem Spaten oder einer Krücke gut abzustoßen, weil hier die geklumpte Seife am ehesten und hartnäckig ansetzt und am schwersten und langsamsten in Lösung geht. Ist die Seife einmal völlig und stark zusammengefahren, dann muß man mitunter sogar etwas mehr als die notwendige Laugenmenge zugeben, um alle Seife wieder aufzulösen. In die so erhaltene zu scharfe Seife muß man dann etwas mehr Fett oder Öl geben als beabsichtigt war, um sie normal abrichten zu können. Mitunter schwimmen am nächsten Morgen noch einige kleine Stücke der zusammengefahrenen Seife, die als vollverseifte Masse spezifisch leichter sind, oben auf dem Kesselinhalt; diese Stücke nimmt man ab und gibt sie zum nächsten Sud. Einen zusammengefahren gewesenen Sud, den man nach Lösen der Klumpen normal abgerichtet hat, muß man stets am nächsten Tage nochmals genau abrichten und hierzu eventuell nochmals zum Sieden bringen, weil solche Seifen stark nachverseifen, also meist am nächsten Tage noch Lauge benötigen. Das Zusammenfahren der Seife ist der schlimmste Fehler, der einem Sieder unterlaufen kann, weswegen auf frühzeitige Laugenzugabe während der Verseifung besonders zu achten ist.

Die bei der Verseifung zuzugebende Lauge darf also nicht zu langsam eingebracht werden, aber auch nicht schneller als notwendig, weil sonst Trennung des Verbandes erfolgen kann. Die Laugentrennung ist zwar unangenehm und zeitraubend, aber glücklicherweise für das Gelingen des Sudes nicht so verhängnisvoll wie das Zusammenfahren. Wurde die Masse durch zu schnelle Laugenzugabe getrennt, so dauert es oft sehr lange, bis sie wieder verleimt ist, und oft muß man sogar durch Wasserzugaben nachhelfen. Auch tritt die Verseifung in solchen Fällen mitunter so plötzlich und energisch ein, daß der Kesselinhalt sehr stark steigt, so daß der Sieder die Gewalt über den Sud verliert und mitunter die Seife bis zur Hälfte des Kessels überläuft. Ist stärkere Trennung eingetreten, so muß man sofort das Feuer entfernen oder den Dampfzutritt abstellen und die Seife eventuell unter Zuhilfenahme von etwas Wasser langsam in Verband krücken; nach Verleimen muß man sofort weitere Lauge zusetzen und die Wärmezufuhr in Gang setzen.

Der Wassergehalt wird während der Verseifung geregelt. Die erforderlichen Wasserzugaben richten sich nach der Konzentration der Lauge und auch Reduzierlösung. Man gibt nach und nach so viel Wasser zu, daß die fertige Grundseife ca. 45% Fettsäuregehalt aufweist.

Die Verseifung von Fettsäuren geschieht in folgender Weise:

Weist der Fettsäureansatz wenigstens 70—80% freie Fettsäuren auf, so kommt zuerst die Gesamtmenge der erforderlichen Lauge in den Kessel, dazu gibt man alle notwendigen (in Wasser oder in der Lauge gelösten) Reduzierungsmittel und die Gesamtmenge des für die ca. 45%ige Seife erforderlichen Wassers; bei der Wasserzugabe ist natürlich zu berücksichtigen, ob mit Feuer oder mit direktem Dampf gesotten wird, also ob Wasser verlorengeht oder hinzutritt. Die Laugenlösung wird zum Sieden gebracht und darauf läßt man unter gutem Durchsieden nach und nach die Fettsäure einlaufen. Die Verseifung erfolgt augenblicklich. Deshalb empfiehlt es sich, den Siedekessel mit einem Rühr- oder Krückwerk auszustatten. Infolge der momentan eintretenden Verseifung steigt der Kesselinhalt beim Zugeben der Fettsäure stark und plötzlich, fällt aber ebenso schnell wieder, man kann deshalb in kurzer Zeit bis zu vier Fünftel der Gesamtmenge der Fettsäuren einbringen. Von da ab ist die Fettsäure langsamer zuzugeben, denn die Fettsäure findet nicht schnell genug freie Lauge und klumpt als schwache Seife teilweise zusammen. In diesem Augenblick hört man mit dem Zugeben der Fettsäure auf und siedet erst so lange, bis alle Klumpen wieder gelöst sind. Darauf gibt man wieder etwas Fettsäure zu und siedet weiter, bis alle neugebildeten Klumpen verschwunden sind. Jetzt muß man aber auch Glasproben nehmen und immer wieder feststellen, ob man sich mit der Laugenmenge nicht verrechnet hat und ob auch noch ein geringer Laugenüberschuß vorhanden ist. Ein solcher ist dauernd erforderlich, weil sonst die einlaufenden Fettsäuren mit den Reduzierungssalzen (Pottasche oder Soda) reagieren könnten und eine zu kaustische (zähe) Schmierseife entstehen würde.

Beträgt der Spaltgrad der Fettsäuren weniger als 70—80%, so gibt man zu Anfang nur die den freien Fettsäuren entsprechende Menge Lauge und Reduzierung in den Kessel, bei Fettsäuren mit nur 50% freien Fettsäuren z. B. etwa 70% der erforderlichen Lauge und Reduzierungsmenge; nach Verseifen der Fettsäuren gibt man den Rest der Lauge und Reduzierung nach und nach zu.

Will man ein Gemisch von Fettsäure und Neutralfett verarbeiten, so verseift man zuerst die Fettsäuren in der beschriebenen Weise. Man kann hierzu von vornherein überschüssige Lauge in den Kessel einbringen, denn allzu große Schärfe der gebildeten Seife wird von später verseiftem Neutralfett neutralisiert.

Bei der Verseifung von Neutralfett bleibt natürlich die zur Reduzierung zugesetzte Pottasche oder Soda als solche erhalten. Bei der Verseifung von Fettsäuren kann es dagegen bei fehlender Kalilauge zu einer Umsetzung der Alkalicarbonate mit den Fettsäuren kommen. Dies kann bei Gegenwart von freier Kalilauge nicht eintreten, weil sich diese, als die stärkere Base, zuerst mit den Fettsäuren umsetzt.

Der Schmierseifensud nimmt bei Verseifung von Neutralfetten nur einige Stunden in Anspruch; die Verseifung von Fettsäuren dauert in einem praktisch eingerichteten Betriebe kaum eine Stunde.

4. Die Reduzierung der Schmierseifen.

Die „Reduktion“, d. h. der Zusatz von Kaliumcarbonat, Natriumcarbonat oder Kaliumchlorid zur Seife oder Lauge bezweckt, der Schmierseife die im Handel verlangte salbenförmige Konsistenz zu verleihen. Nur mit Lauge verseifte Schmierseifen sind zäh und gummiartig. Solche Seifen sind weder lagerbeständig noch verkaufsfähig („rein kaustische Seifen“).

Erst bei Zusatz der genannten Salze erhält man Seifen, welche der Sieder, in Übertragung der für die Siedelaugen verwendeten Bezeichnungen, als kohlensaure Seifen bezeichnet und welche das richtige Kaustizitätsverhältnis haben. Bei Anwendung der Zusätze im richtigen Verhältnis erhält man Seifen, die als richtig „kaustisch“ oder richtig „kohlensauer“ bezeichnet werden. Ist der Alkalicarbonat- oder Chlorkaliumzusatz zu gering oder zu groß, so ist die Schmierseife zu „kaustisch“ oder zu „kohlensauer“, d. h. sie enthält zu wenig oder zu viel Alkalicarbonate oder andere Salze. Erst die richtige Reduzierung gibt ferner den Schmierseifen die Fähigkeit, das zur handelsüblichen Qualität (Ausbeute) erforderliche Wasser gleichmäßig aufzunehmen.

Für die Höhe des Zusatzes der Reduziersalze haben sich in der Praxis ziemlich feststehende Zahlen herausgebildet, welche bei den einzelnen Schmierseifensorten angegeben werden (s. S. 468, 469, 471). Als Regel gilt: Je kälter die Jahreszeit und je „stearin“reicher die im Fettansatz verwendeten Fette sind, desto höher muß die Reduzierungsmenge sein, welche man, wie angegeben, der Lauge oder der Seife zufügt.

Bei getrennter Verarbeitung der Reduzierungsmittel beginnt man mit ihrem Zusatz, nachdem etwa $^1/_4$—$^1/_3$ der Lauge bereits zur Verseifung verbraucht worden ist. Je nach Größe des Sudes läßt man neben dem Siedekessel 1—2 Barrels stehen, füllt sie zur Hälfte mit Wasser und löst darin, unter gutem Durchkrücken, die Salze zu einer ziemlich konzentrierten Lösung. Aus diesen Behältern läßt sich die Reduzierlösung, je nach Bedarf, schnell über den Kesselinhalt ausschöpfen.

Ein solches Arbeiten ist aus schon angeführten Gründen praktischer als die früher übliche Verwendung von „reduzierten“ Laugen, denn durch die Abwesenheit der Salze wird bei Beginn der Verseifung die Emulgierung erleichtert.

Bei getrennter Anwendung der Reduziersalze kommt man im Betriebe mit nur einem Laugenbehälter auch bei Herstellung von verschiedenen Schmierseifensorten aus. Droht einmal die Seife im Kessel überzulaufen, so genügt schnelles Zugeben einer Portion Reduzierlösung, um den Kesselinhalt zum Fallen zu bringen, was mit Lauge und Wasser allein meist nicht gelingt. Die konzentrierte Carbonatlösung wirkt leicht trennend auf den Verband, was augenblickliches Fallen des Kesselinhaltes zur Folge hat.

Es wird häufig versucht, bei der Reduktion die Pottasche oder Soda durch Kaliumchlorid zu ersetzen. Nachdem aber Chlorkalium keine Waschwirkung hat, sollte man die Kaustizität ausschließlich mit Alkalicarbonaten reduzieren und Chlorkalium nur beim Ausschleifen der ca. 45%igen Grundschmierseife verwenden.

5. Berechnung der Schmierseifensude.

Zu berechnen sind die verschiedenen Fettsorten im Ansatz, die erforderlichen Mengen Kalilauge oder Kali- und Natronlauge, die Reduktionsmittel (Pottasche oder Soda oder ihr Gemisch) und Wasser, alles bezogen auf die 45%ige Grundseife.

Arbeitet man mit reduzierten Laugen, so erfolgt die Berechnung derart, daß zur Verseifung von 100 Teilen Neutralfett sind ca. 95 Teile mit 15% Pottasche reduzierter Kalilauge von 30° Bé (95 Teile Natronlauge von 25° Bé) erforderlich sind. Zur Verseifung von 100 Teilen Fettsäuren braucht man ca. 100 Teile reduzierter Kalilauge von 30° Bé oder 100 Teile Natronlauge von 25° Bé. Beträgt die Reduktion der Lauge 20% (wie bei Herstellung von Naturkornseifen), so muß der Laugenzusatz etwas höher sein und etwa 100 Teile Kalilauge von 30° Bé auf 100 Teile Neutralfett bzw. 105 Teile auf 100 Teile Fettsäuren betragen.

Mit diesem Mengenverhältnis von Fett oder Fettsäure und reduzierter Lauge erhält man Ausbeuten von 200—205%, entsprechend 47—50% Fettsäure in der Seife. Bei Sieden mit Dampf werden die Wassermengen, welche zur Verdünnung des Sudes bis auf 45% Fettsäuregehalt (Ausbeute ca. 220%) noch notwendig sind (15—20%), durch das Kondensat geliefert. Steht kein hochgespannter und trockener Dampf zur Verfügung, so müssen die reduzierten Laugen auf 35° Bé eingestellt werden, um das Einbringen eines Wasserüberschusses zu vermeiden.

Beim Sieden mit direkter Feuerung wird das fehlende Wasser während oder gegen Ende der Verseifung zugegeben.

Berechnung einer Schmierseifengrundseife beim Sieden mit direkter Feuerung und bei Anwendung auf 30° Bé reduzierter Kalilauge.

a) Neutralfettverarbeitung (45% Fettsäuregehalt = 210% Ausbeute):

	100 kg	Neutralfettgemisch,
	15 „	Wasser,
ca.	95 „	Kalilauge, 30° Bé, 15% Reduktion,
oder „	100 „	„ , 30° „ , 20% „ ,
„	20 „	Wasser für Verdampfungsverluste.

b) Fettsäureverarbeitung (45% Fettsäuregehalt = 220% Ausbeute):

ca.	100 kg	Kalilauge, 30° Bé, 15% Reduktion,
oder „	105 „	„ , 30° „ , 20% „ ,
	10—15 „	Wasser,
	100 „	Fettsäuren,
ca.	10—15 „	Wasser für Verdampfungsverluste.

Natronlauge wird, soweit sie mitverwendet werden soll, auf 25° Bé eingestellt. Natronseifen geben aber nur eine Ausbeute bis ca. 190, während gleich feste Kaliseifen eine Ausbeute von 240% liefern; man darf also mit dem Zusatz von Natronlauge nicht zu weit gehen.

Wesentlich leichter ist die Berechnung der Laugenmenge, wenn mit nichtreduzierter Kalilauge gearbeitet wird; sie wird nach Tabellen berechnet. Trotzdem muß aber die Grundseife und die fertige Schmierseife sorgfältig an Hand der Glasplattenprobe abgerichtet werden.

Zur Verseifung von 100 kg Neutralfett sind ca. 40—40,5 kg, für Verarbeitung von 100 kg Fettsäuren ca. 42—42,5 kg Kalilauge von 50° Bé notwendig. Die Lauge wird aber nicht in dieser hohen Konzentration, sondern nach Verdünnung verwendet (s. nachstehende Verdünnungstabelle). Man kann zwar auch 50%ige Kalilauge verwenden, sie muß dann aber mit größter Vorsicht dem Sud zugegeben werden, damit kein Zerreißen des Verbandes stattfindet.

Verdünnungstabelle für 50%ige Kalilauge bei der Verseifung von Neutralfetten und Ölen.

40 kg	50%ige	Kalilauge	entsprechen	ca.	53—54 kg	von	40° Bé
40 „	50%ige	„	„	„	57—58 „	„	38° „
40 „	50%ige	„	„	„	62—63 „	„	35° „
40 „	50%ige	„	„	„	75—76 „	„	30° „
40 „	50%ige	„	„	„	92—93 „	„	25° „

Verdünnungstabelle für 50%ige Kalilauge bei der Verseifung von Fettsäuren:

42 kg	50%ige Kalilauge	entsprechen	ca. 56 kg	von	40^0 Bé
42 „	50%ige „	„	„ 61 „	„	38^0 „
42 „	50%ige „	„	„ 66 „	„	35^0 „
42 „	50%ige „	„	„ 80 „	„	30^0 „
42 „	50%ige „	„	„ 97 „	„	25^0 „

(Diese Tabellen gelten nur für die Verseifung von Ölen und Kernfetten oder deren Fettsäuren, also von Rohstoffen mit einer Verseifungszahl von ca. 195 bzw. ca. 205. Wollte man Leimfette [Palmkernöl und Cocosöl] zu Schmierseifen mitverarbeiten, so benötigte man, entsprechend ihrer höheren Verseifungszahl [ca. 250 bis 260], ca. ein Viertel mehr als die angegebenen Laugenmengen. Leimfette werden aber fast nie oder nur in ganz geringen Mengen bei weißen Silberschmierseifen mitverarbeitet.)

Es folgen nun Beispiele für die Ausrechnung der Schmierseifensude bei Verwendung nichtreduzierter Kalilaugen,

Ausrechnungsbeispiel für das Sieden mit Feuer zur ca. 45%igen Grundseife.

1. Für Neutralfett (Ausbeute ca. 210%):

	100	kg	Neutralfett,
	15	„	Wasser,
ca.	76	„	Kalilauge, 30^0 Bé,
	6	„	Pottasche, entsprechend 15% Reduzierung (oder 8 kg Pottasche, entsprechend 20% Reduzierung), gelöst in
„	12	„	Wasser,
„	15—25	„	Wasser für Verdampfungsverlust.

2. Für Fettsäuren (Ausbeute ca. 220%):

	80	kg	Kalilauge, 30^0 Bé,
	20	„	Wasser,
	$6^1/_4$	„	Pottasche, entsprechend 15% Reduzierung (oder $8^1/_4$ kg bei 20% Reduzierung), gelöst in
ca.	12	„	Wasser,
	100	„	Fettsäuren,
„	10—15	„	Wasser für Verdampfungsverluste.

Ausrechnungsbeispiel für das Sieden mit direktem Dampf zur 45%igen Grundseife:

Zur Neutralfettverseifung (210% Ausbeute):

100	kg	Neutralfett oder Öl,
10	„	Wasser,
63	„	Kalilauge von 35^0 Bé,
6	„	Pottasche, entsprechend 15% Reduzierung (oder 8 kg bei 20% Reduzierung), gelöst in
12	„	Wasser.

Dies ergäbe eine Seife mit ca. 50% Fettsäuregehalt, entsprechend nur ca. 190 Ausbeute. Durch das Hinzutreten des kondensierten Siededampfes erhält man aber Seife mit ca. 45% Fettsäuregehalt = 210% Ausbeute.

6. Die Abrichtung der Grundseifen.

An der frischen, heißen Kesselprobe wird zunächst der Alkaligehalt geprüft; die lagerbeständige Schmierseife muß einen Überschuß von 0,2—0,3% freier KOH enthalten. Enthält die Seife kein überschüssiges Alkali, so ist das meist ein Anzeichen für unvollständige Verseifung.

Die Abrichtung der Schmierseifen muß derartig vorgenommen werden, daß die fertig lagernde Schmierseife genügende Festigkeit besitzt, nicht „lang" wird, nicht glitschig erscheint oder Lauge fahren läßt. Auch darf die Seife nicht zu „kaustisch", d. h. gummiartig fest sein oder zu „kohlensauer" erscheinen, also zu weich sein. Alle diese verschiedenen Fehlermöglichkeiten erkennt der Sieder an den vom Sude genommenen Glasproben. Hierbei wird die noch heiß- oder warmflüssige

Seifenprobe auf dem Glase beobachtet, nach einigen Minuten die erkaltete oder erstarrte Probe; bei Naturkorn- und weißen Schmierseifen wird überdies noch die einige Stunden oder über Nacht (am Lagerplatz der fertiggestellten Schmierseife, d. h. im Lagerkeller) aufbewahrte Glasprobe beobachtet.

Zu scharf abgerichtete Schmierseifen. Alle Schmierseifen müssen einen merkbaren Gehalt an überschüssigem, freiem Ätzalkali aufweisen, zumeist auch noch an kohlensauren Alkalien. (Letzteres nur dann nicht, wenn die Reduzierung bei transparenten Schmierseifen lediglich durch Chlorkalium erfolgt, was aber eine entsprechende Übung voraussetzt.) Der Gehalt an freiem Ätzalkali kann (und muß) am höchsten sein bei einer glatten Schmierseife, weniger hoch bei weißen Schmierseifen, am niedrigsten bei den Naturkornseifen. Dafür ist aber bei diesen Schmierseifenarten der notwendige Gehalt an kohlensauren Alkalien höher. Es ist nicht möglich, den Überschuß an freiem Alkali für irgendeine Schmierseifenart zahlenmäßig anzugeben, denn je nach dem Gehalt an Unverseifbarem im Fett- bzw. Ölgehalt des Sudes, der Außentemperatur in den Verkaufsmonaten der Seife ist die Abrichtung verschieden; so ist immer ein gewisser gegenseitiger Ausgleich in der Höhe des überschüssigen (freien) Ätzalkalis gegenüber der Höhe des freien kohlensauren Alkalis oder anderer Salze — Chlorkalium — notwendig. Je mehr freies kohlensaures Alkali und Chlorkalium vorhanden ist, desto geringer wird die überschüssige Menge an Ätzalkali sein, da sonst der Sud zu scharf erscheint. Ist der Gehalt an freiem Ätzalkali (einschließlich kohlensaurer Alkalien und Chlorkalium) etwas zu hoch, so wird der Sud nach dem Erkalten (auf Lager) glitschig, d. h. die kalte Seife schiebt sich in einzelne plättchenartige Scheibchen und verliert die verlangte salbenartige Konsistenz. — Ist der Alkaliüberschuß noch größer, dann näßt die Seife mehr oder weniger, d. h. sie läßt Lauge fahren, die oftmals unten aus den Fässern sickert. Hierbei handelt es sich allerdings nicht um reine Ätzlauge, sondern um eine wäßrige Lösung mit einem Gehalt an Ätzlauge, kohlensauren Alkalien und eventuell Chlorkalium. Eine solche überscharfe Seife ist unverkäuflich. — Der Fehler einer zu scharfen Schmierseife wird in den Sommermonaten selten in Erscheinung treten; er zeigt sich aber, wenn eine für die wärmere Jahreszeit hergestellte Schmierseife in kalten Monaten zum Verkauf gelangt. Darum unterscheidet man auch zwischen Sommer- und Winterseifen, und deshalb wird man die Abrichtung in den Sommermonaten mehr mit Ätzalkali ausführen, in den Wintermonaten mehr mit kohlensauren Alkalien und Chlorkalium.

Zu schwach abgerichtete Schmierseifen. Bei diesen muß man zwei Fehlermöglichkeiten unterscheiden. Der Fettansatz kann unvollständig verseift sein; dieser Fehler kommt aber kaum vor, denn die technisch restlose Verseifung bietet bei der Erzeugung von Kaliseifen (Schmierseifen) keine Schwierigkeiten. Dann kann aber, was öfters vorkommt, der Ansatz zwar voll verseift, der notwendige Überschuß an Ätzalkali, kohlensauren Alkalien und eventuell Chlorkalium jedoch zu gering sein, um den in Schmierseifen vorhandenen hohen Wassergehalt genügend (salbenartig) zu binden; auch eine solche Seife bezeichnet man als zu schwach abgerichtet. Eine zu schwach abgerichtete Seife ist nun nach dem Erkalten in den ersten Lagertagen in ihrem Aussehen und in ihrer Konsistenz befriedigend, wird aber dann mehr oder weniger „lang", d. h. sie zieht sich gummiartig und läßt sich schlecht oder gar nicht abpacken; ein solcher Sud ist kaum verkäuflich.

Zu kaustisch gehaltene Schmierseifen. Eine zu kaustisch gehaltene Schmierseife enthält zu wenig kohlensaure Alkalien oder Chlorkalium. Es fehlt ihr die notwendige salbenartige Konsistenz, sie ist gummiartig fest. Ein merkbar höherer Gehalt an freiem überschüssigem Ätzalkali (Kalilauge) kann diesen Fehler teilweise aber nicht ganz beheben, da die Seife bei den geringsten Temperaturschwankungen (Kälterwerden) glitschig werden würde. Darum gibt man einer auf der Glasprobe zu kaustisch erscheinenden Seife so lange geringe Mengen möglichst konzentrierter Lösungen von Pottasche, Soda oder Chlorkalium zu, bis der Fehler verschwunden ist. — Zu kaustische Abrichtung findet man höchstens bei Naturkornseifen.

Zu kohlensauer gehaltene Schmierseifen. Zu kohlensauer gehaltene Schmierseifen enthalten zu wenig freies überschüssiges Ätzalkali, dafür aber zu viel kohlensaures Alkali (Reduzierung) oder Chlorkalium. Die Seifen erscheinen zu weich und machen den Eindruck von Seifen mit zu hoher Ausbeute (= zu hohem Wassergehalt). Der Sieder erkennt den Fehler leicht an der Glasprobe der Grundseife: die Probe häufelt nicht und läuft dünnflüssig auseinander. War die Grundseife zu „kohlensauer", so ist leicht Abhilfe zu schaffen; es muß dann nämlich eine Ausschleiflösung niedrigerer Konzentration verwendet werden und dann die erforderliche Abrichtung mit etwas Ätzlauge nachgeholt werden. War die Schmierseife fertig ausgeschliffen, so ist es ohne Zugabe von neuer (zu kaustisch gehaltener) Grundseife nicht möglich, den Fehler zu beheben, weshalb stets das richtige Kaustizitätsverhältnis der Grundseife anzustreben ist. — Aber auch ein Fett- oder Ölansatz mit größeren Mengen (= mehreren Prozenten) an Unverseifbarem ergibt eine Schmierseife, die zu „kohlensauer" erscheint. Bei derartigen, eigentlich ungeeigneten Fett- und Ölansätzen muß der Sieder zunächst eine eher kaustische Grundseife herstellen und darauf vorsichtig nach und nach Reduzierungslösung (Pottasche) zugeben und immer wieder durch Glasproben feststellen, ob die (an sich im Normalfalle weitaus zu geringe) Reduzierungssalzmenge genügt.

Die Glasprobe. Es ist unmöglich, einen Schmierseifensud ohne die sogenannten Glasproben ordnungsgemäß und lagerbeständig abzurichten und fertigzustellen. Der erfahrene Sieder greift zur Glasprobe erst kurz vor der Endzugabe aller für die Grundseife des Sudes notwendigen Rohstoffe. Der weniger geübte Sieder muß aber schon Glasproben nehmen, wenn er vier Fünftel der notwendigen Lauge (oder der Fettsäure) der siedenden Seife zugegeben hat, weil er dann leichter und schneller die Glasprobe richtig beobachten kann. Solange die heißflüssige Glasprobe noch Fehler anzeigt, genügt es diese lediglich zu beobachten. Wenn aber dann die heißflüssige Glasprobe richtig erscheint, läßt man sie einige Minuten an einem kühlen (aber nicht kalten oder zugigen) Ort, und zwar zumeist auf dem Fußboden, erkalten und beobachtet sie dann nochmals. Zunächst wird man wohl immer an der Glasprobe feststellen, ob die Seife genügend Ätzlauge enthält, bzw. ob ein ganz geringer Überschuß von Ätzlauge vorhanden ist. Wenn die Probe nicht klartransparent (durchsichtig), sondern noch milchig, weißlich oder trübe ist, dann kann dies das sogenannte „Fettgrau", also noch unverseiftes Fett oder Öl sein, und dementsprechend fehlt noch Lauge zur Verseifung. Das gleiche Aussehen könnte allerdings auch schon einen merkbar zu hohen Gehalt an freier Ätzlauge anzeigen, weswegen der Sieder in Zweifelsfällen einfach eine geringe Menge der Seifenprobe auf die Fingerspitze nimmt und die Zungenprobe macht, was sofort den Sud richtig zu beurteilen gestattet. Will der Sieder keine Zungenprobe machen, so stellt er fest, ob die Seife (am Rande der Glasscheibe) „Spitzen" stellt. Diese Spitzen müssen bei jeder Schmierseifenart stehen bleiben und dürfen sich an ihren Enden nicht haken (umbiegen). Stehen keine Spitzen, so fehlt noch Lauge. Auch die erkaltete Probe zeigt an, ob noch nennenswerte Laugenmengen fehlen. Wenn die Probe in ihrer unteren Partie fest ist und sich darüber noch eine weiche schmierige Oberschicht zeigt, so fehlt Lauge, und zwar sogar noch Lauge zur Restverseifung. Eine klare, feste und gut gehäufelte Probe, die sich aber zu fest (gummiartig) anfühlt, bedeutet: der Sud ist zu kaustisch und es müssen noch Reduktionssalze hinzugefügt werden. In diesem Falle gibt man die fehlenden Salze (Pottasche, Soda, Chlorkalium) in stärkerer Lösung nach und nach zu, bis die Probe nach Erkalten zwar fest, aber nicht gummi-, sondern salben-schmierseifenartig ist. Eine auf dem Glase ganz dünn (flach) auseinanderlaufende Probe verrät, daß der Sud zuviel Reduzierung (Kürzungssalze) enthält oder aber, daß der Wassergehalt (die Ausbeute) des Sudes zu hoch ist. Die siedende Grundseife zeigt bei zu hohem Wassergehalt, wenn mit Feuer gesotten wird, stets eine größere oder kleinere Schaummenge. In diesem Falle muß die Seife so lange gesotten (abgedampft) werden, bis die Schaumschicht nicht größer als eine kleine Handfläche erscheint. Beim Sieden mit direktem Dampf arbeitet man mit stärker konzentrierter Lauge und höhergrädigen Lösungen, so daß, bei genügend hohem Dampfdruck in der Dampfleitung, eine zu hohe Wassermenge in der Seife kaum zu befürchten ist. Da auch bei der Arbeit mit direkter Feuerung (Kohlenfeuerung) merkbarer Wasserverlust bei der längeren Siededauer eintritt, kann ein Zuviel an Wasser im Schmierseifensude eigentlich nur die Folge eines Versehens oder eines beim Errechnen des Sudes (vor dessen Herstellung) unterlaufenen Rechenfehlers sein. Die Glasprobe beobachtet man am besten in einem etwas dunkleren Orte, indem man ein Licht oder einfach ein Streichholz seitlich unter die noch heißflüssige Seifenprobe hält. Hierbei zeigt sich bei Seifen mit etwas Überschuß an Ätzlauge und Kürzungssalzen auf der Probe die sogenannte Laugenzeichnung, „Laugenblume", nämlich grauweißliche Striche (Kreise, Adern) auf der klartransparenten heißflüssigen Probe. Je nach der Schmierseifenart und Jahreszeit muß diese mehr oder weniger deutlich und klar sichtbar sein. Bei der glatten, transparenten Schmierseife darf diese Zeichnung stärker hervortreten, und um die ganze heißflüssige Probe darf sogar ein grauweißer sogenannter „Laugenring" erscheinen. Die erkaltete Probe muß sich auf der völlig sauber — schmierseifenfrei — bleibenden Glasplatte mehr oder weniger verrücken lassen. Alle diese Merkmale sind auf der Glasprobe gut und bei einiger Übung leicht ersichtlich. Bei den verschiedenen Schmierseifenarten (transparente, Silberseifen, Naturkornseifen) und auch je nach der Jahreszeit muß nun der Sieder mit kleinen, aber wichtigen Abweichungen beim Beobachten der Glasproben rechnen.

7. Das Ausschleifen (Fertigmachen) der Schmierseifen.

Die ca. 45%igen Grundseifen läßt man nach der Abrichtung meistens über Nacht, bei großen und größten Siedekesseln auch mehrere Tage lang ruhig stehen und prüft darauf nochmals die Abrichtung. War die Verseifung bei der Grundseifenherstellung noch nicht vollendet, so kann in dieser Ruhezeit noch eine wesentliche Nachverseifung erfolgen, so daß die erneute Prüfung (Abrichtung) genauestens erfolgen muß. Hierzu wird der Kesselinhalt, bei kleinen Kesseln von Hand aus und bei großem mittels Rühr- oder Krückwerk, gut durchgearbeitet und erst dann werden die Glasproben entnommen.

Das Stehenlassen der Grundseife vor dem Ausschleifen hat weiter noch den Zweck, den Kesselinhalt möglichst weit abkühlen zu lassen, ehe man mit dem Bleichen beginnt, welches bei einer Temperatur von 60—70° die besten Ergebnisse liefert.

An einer mit offener Feuerung gesottenen Grundseife erkennt der Sieder, wie angegeben, ohne analytische Kontrolle die Ausbeute und kann deshalb die zur Fertigstellung des Sudes benötigte Menge Ausschleiflösung leicht berechnen. Man krückt erst etwa drei Viertel der Ausschleiflösung unter und stellt an Proben fest, ob der Sud die Gesamtmenge der Füllungslösung verträgt. Zeigen die Proben nach völligem Erstarren genügende Festigkeit, so wird der Rest der Ausschleiflösung eingearbeitet.

Eine gut haltbare, aus Neutralfett gesottene Schmierseife kann nur bis zu einer Ausbeute von ca. 240—245% ausgeschliffen werden, eine Schmierseife aus Fettsäuren bis zur Ausbeute von ca. 255%, in beiden Fällen also bis auf einen Fettsäuregehalt von 38½—39%. Besser ist es allerdings, nur bis zu einem Fettsäuregehalt von 39½—40% (oder noch etwas höher) zu verdünnen.

Zum Ausschleifen der Schmierseifen dient entweder Chlorkalium- oder — seltener — Pottaschelösung. Schon seit einer Reihe von Jahren verwendet man hierzu auch ganz oder teilweise Bleichlösungen, um mit der Ausschleifung gleichzeitig den Sud zu bleichen. Wenn die beim Reduzieren der Siedelauge oder der Seife verwendete Reduzierungsmenge groß genug war, genügt eine Ausschleiflösung in der Stärke von 10—14° Bé. Um den Ausbeuteunterschied zwischen 210 und 245% (oder zwischen 220 und 255%) durch Ausschleiflösung auszugleichen, benötigt man auf 100 kg Fettansatz bis zu 35 kg Chlorkaliumlösung von 10—12° Bé oder Pottaschelösung von 12—14° Bé oder aber verdünnte Bleichlauge von 10—12° Bé oder auch Mischungen der beiden Ausschleiflösungen. War die Reduzierung der Grundseife zu hoch, dann kann man durch Verwendung schwächerer Ausschleiflösung diesen Fehler korrigieren. Anderseits wählt man bei einer zu kaustischen Grundseife eine um 1—2° Bé stärkere Ausschleiflösung.

Das Ausschleifen erfolgt erst bei 70—90°; soll die Seife gleichzeitig gebleicht werden, so schleift man bei etwa 60—70°. Nach dem Ausschleifen nimmt man die Endabrichtung vor. War die Grundseife richtig abgerichtet, so wird man an der Fertigseife keine Korrekturen mehr durch Laugenzugabe vorzunehmen brauchen. Nach Zugabe der Reduziersalze zur Ausschleiflösung zeigt die Glasprobe der Fertigseife eine etwas deutlichere Blume als die der Grundseife. War aber die Grundseife etwas zu vorsichtig abgerichtet, dann wird man in der Fertigseife kleine Laugenmengen einarbeiten müssen. An sich sind die Merkmale der richtigen Abrichtung der Fertigseife die gleichen wie bei der Abrichtung der Grundseife.

Einzelne Sieder prüfen die Aufnahmefähigkeit der Grundseife für die errechnete Menge an Ausschleiflösung auch in der Weise, daß sie in einem Topf 21 kg von einer Neutralfettseife und 22 kg von einer Fettsäureseife abwiegen und in diese Grundseife 3½ kg Ausschleiflösung einarbeiten. Wenn die Glasprobe dieses Gemisches noch eine genügende Festigkeit zeigt, verträgt der betreffende Sud die errechnete Ausschleifmenge, und es kann diese also auf einmal untergearbeitet werden.

Beim Sieden der Grundseife mit direktem Dampf muß der Fettsäuregehalt der Grundseife durch Analyse festgestellt werden. Die Fettsäurebestimmung wird meistens vom Sieder selber ausgeführt.

Dann wird die Ausschleifmenge berechnet:

Festgestellt wurde ein Fettsäuregehalt von 44% in der Grundseife.

Der Fett- und Ölansatz der Grundseife bestand aus 1000 kg Neutralfett, entsprechend 950 kg Fettsäuren.

Die Seife soll durch Ausschleifen auf 39% Fettsäuregehalt heruntergedrückt werden. Die Ausrechnung lautet also:

$$950 \times 100 : 44,$$

$95000 : 44 = 2159$ kg Grundseife im Kessel vorhanden.

$$950 \times 100 : 39,$$

$95000 : 39 = 2435$ kg Fertigseife müssen nach dem Ausschleifen vorhanden sein. Demnach $2435 - 2159$ kg $= 276$ kg Schleiflösung. Es werden also 276 kg Ausschleiflösung benötigt.

Während für die 45%ige Grundseife die Ausschleiflösung 10—14° Bé stark sein soll, braucht man zum Ausschleifen einer 44%igen Seife bereits eine solche von 12—16° Bé. Ist der Fettsäuregehalt noch niedriger als 44%, so muß man die Konzentration der Ausschleiflösung entsprechend steigern, um zu genügend festen Seifen zu gelangen. Das gleiche gilt für Bleichlaugen, wenn sie als Ausschleiflösung verwendet werden. Genügt die Bleichlösung allein nicht zum Ausschleifen, so verwendet man zuerst Chlorkalium- oder Pottaschelösung und erst nachher die Bleichlösung.

Hilfstabellen für Schmierseifenansätze:

Tabelle 90. Für 100 kg Neutralfett erforderliche Menge 50%iger (käuflicher) Kalilauge.

Fett	Durchschnittl. Verseifungszahl	kg Lauge
Leinöl	193	39,8
Hanföl	192	39,6
Sonnenblumenöl	193	39,8
Sojabohnenöl	192	39,6
Maisöl	191	39,4
Cottonöl	194	40,0
Erdnußöl	193	39,8
Olivenöl	192	39,6
Waltran	188	38,8
Palmöl	199	41,0
Schweinefett	195	40,2
Talg	198	40,8
Palmkernöl	248	51,1
Cocosöl	253	52,1
Harz, hell	178	36,7
„ , dunkel	165	34,0

Tabelle 91. Für 100 kg Fettsäuren erforderliche Menge 50%iger (käuflicher) Kalilauge.

Fettsäureart	kg Lauge
Leinölfettsäure	41,7
Hanfölfettsäure	41,5
Sonnenblumenölfettsäure	41,7
Sojabohnenölfettsäure	41,3
Maisölfettsäure	41,1
Cottonölfettsäure	41,9
Erdnußölfettsäure	41,7
Sesamölfettsäure	41,1
Olivenölfettsäure	41,5
Waltranfettsäure	40,5
Palmölfettsäure	42,9
Schweinefettsäure	42,1
Talgfettsäure	42,7
Olein	40,8
Palmkernölfettsäure	54,2
Cocosölfettsäure	55,3

Es ergeben beim Auflösen in Wasser an Lösungen:

Chlorkalium.

11,7 kg	Chlorkalium	+ 88,3 kg	Wasser	= 100 kg	Chlorkaliumlösung	10° Bé
15,3 „	„	+ 84,7 „	„	= 100 „	„	13° „
18,0 „	„	+ 82,0 „	„	= 100 „	„	15° „

Pottasche.

11,0 kg	Pottasche	+ 89,0 kg	Wasser	= 100 kg	Pottaschelösung	von	15° Bé
16,5 „	„	+ 83,5 „	„	= 100 „	„	„	20° „
19,8 „	„	+ 80,2 „	„	= 100 „	„	„	25° „
24,0 „	„	+ 76,0 „	„	= 100 „	„	„	30° „

8. Das Bleichen der Schmierseifen.

Dunklere Schmierseifensorten werden von der Kundschaft, noch mehr von den Händlern abgelehnt; sie lassen sich nur für industrielle Zwecke mit geringem Nutzen absetzen. Die glatten transparenten Schmierseifen müssen hellgelb, die Naturkornseifen im transparenten Grunde hellfarbig bis farblos sein. Der Seifensieder ist deshalb gezwungen, die Seifen zu bleichen, auch wenn sie aus hellen Rohstoffen hergestellt sind. Werden Fettsäuren in der eigenen Spaltanlage hergestellt, so müssen sie vor oder nach Ablassen des zweiten Glycerinwassers gebleicht werden.

Anlagen zum Entfärben von Neutralfetten besitzen die Schmierseifenfabriken selten. Unsaubere und im Geruch nicht einwandfreie Talg- oder Fettpartien müssen vor der Verseifung mindestens mit schwachem Salzwasser kurze Zeit aufgekocht werden, wobei häufig eine gute Aufhellung und Reinigung erfolgt. Es darf aber kein Salz im Fett zurückbleiben. Aber auch bei Anwendung von gereinigten Fetten ist die Bleiche der Schmierseifen oftmals sehr mühsam.

Das für das Bleichen von Natronseifen vorzüglich geeignete *Blankit* kommt für Schmierseifen weniger in Betracht, denn es macht die glatten, transparenten Seifen leicht trübe und läßt bei weißen Seifen (Silberseifen) einen grünlichen Farbton entstehen. Soweit mit Blankit gebleicht werden soll, gibt man es in einer Menge von 0,1—0,3% zur siedenden Seife, und zwar dann, wenn der ganze Fettansatz verseift und ein schwacher Überschuß an Lauge vorhanden ist, d. h. wenn die Glasprobe Laugenblume zeigt. Das Blankit wird in der zehnfachen Wassermenge suspendiert; nach halbstündigem Durchkochen wird die Seife nochmals abgerichtet. Auch *Palidol* eignet sich wenig zum Bleichen von Schmierseifen.

Häufig wird zum Bleichen *Peroxol* verwendet, in Mengen von 0,1—0,5%. Gute Resultate erzielt man meistens schon mit 0,2%. Nach Ausschleifen und Abkühlen der Grundseife wird das in der fünffachen Menge kalten Wassers aufgeschlämmte Peroxol zugekrückt. Vor der Peroxolzugabe soll die Seife deutliche Blume bei der Glasprobe zeigen. Ist die Abrichtung zu schwach, so setzt man der Seife ebensoviel 38—40grädige Kalilauge zu wie Peroxol.

Peroxol kann für alle Schmierseifenarten verwendet werden. Ein Vorteil der Peroxolbleiche liegt darin, daß der Bleicheffekt beim Lagern nicht zurückgeht, sondern häufig noch fortschreitet. Mitunter werden die Schmierseifen nach Vorbehandeln mit 0,1—0,15% Peroxol noch mit *Hypochlorit* nachgebleicht.

Die *Kalichlorbleichlaugen* werden oft im Betriebe vom Sieder selbst hergestellt. Hierzu verrührt man 1 Teil Chlorkalk in 4 Teilen kalten Wassers zu einem gleichmäßigen Brei, setzt eine warme Lösung von 1 Teil Pottasche oder 0,8 Teilen Soda hinzu, füllt das Gefäß (Holz-, Tongefäße, Zementbehälter) mit Wasser auf 7—8 Teile, rührt nochmals gut durch und läßt das Gemisch über Nacht stehen. Die Schaumschicht wird entfernt und die gebildete Bleichlauge von 12—15° Bé zum Bleichen verwendet. Die Lauge muß eisenfrei sein. Der am Boden nach Verbrauch der Lauge zurückbleibende Schlamm kann wiederum mit Wasser zu einer schwächeren Lauge verrührt werden, von zumeist 7—9° Bé. Die Selbstbereitung der Bleichlauge ist eine schmutzige, unangenehme Arbeit. Für transparente und weiße Schmierseifen kann man Pottasche oder Soda zur Herstellung der Bleichlauge verwenden; bei Naturkornseifen muß die Lauge mit Pottasche bereitet werden. Die Bleichlösung wird in einer Konzentration von 7—9° Bé und in einer Menge von bis zu 10% der fertigen, auf 60—70° ausgekühlten Seife als Ausschleiflösung zugesetzt. Die Bleichdauer beträgt etwa 30 Minuten. Bleibt in der Seife Chlorgeruch zurück, so krückt man kleine Mengen Antichlor (Natriumthiosulfat) bis zum Verschwinden des Chlorgeruchs zu.

Die meisten Fabriken beziehen fertige konzentrierte (25—27° Bé) Bleichlösungen oder stellen sie durch Einleiten von Chlor in Kalilauge her. Man bezieht nur soviel Hypochloritlauge, als man für die nächsten 14 Tage braucht, weil der Gehalt an aktivem Chlor allmählich zurückgeht. Zur Herstellung der Kaliumhypochloritlösung leitet man in 100 kg Kalilauge von 12° Bé etwa 6,5 kg Chlorgas ein, unter Kühlen und Rühren, damit die Temperatur nicht über 35° steigt. Geprüft wird mit rotem Lackmuspapier, das bei Eintauchen in die Lösung erst blau und nach etwa 3 Minuten weiß gebleicht werden muß. Die Reaktion der Bleichlauge muß stets alkalisch sein. 100 kg Bleichlauge von 25—27° Bé sollen bis 1 kg freies KOH enthalten; bei der Bleichung ergeben 100 kg einer solchen Bleichlauge durch Zersetzung des Hypochlorits 20—21 kg Kaliumchlorid.

Vor Zusatz der Hypochloritlauge soll der Sud nur schwache, aber deutlich sichtbare Laugenblume zeigen, denn mit der Bleichlösung wird auch etwas freies Alkali zugeführt.

Die besten Bleicheffekte erzielt man bei etwa 50—65°. Nachdem es aber häufig schwierig ist, eine so starke Abkühlung des Sudes abzuwarten, ist man gezwungen, mit dem Bleichen bei 70—75° zu beginnen. Das Bleichen muß bei der höheren Temperatur sehr vorsichtig erfolgen, indem man die Lauge in kleinen Portionen mittels Brause oder Gießkanne zugibt. Ist für das Bleichen (und Ausschleifen) kein besonderer Kessel (aus Holz oder emailliertem Blech oder ein mit Stein- oder Glasplatten ausgekleideter Kessel) vorhanden, so wird die Seife nach Bleichen und Ausschleifen sofort aus dem Siedekessel entfernt. Der Bleichprozeß dauert etwa eine Viertelstunde.

Man benötigt auf 100 kg Seife etwa $^1/_2$—2 kg Kalibleichlauge von 25—27° Bé, die man je nach dem Fettsäuregehalt der Seife in dieser Konzentration oder nach Verdünnen auf 10—12° Bé einkrückt. Überbleichen ist zu vermeiden, die Seife erhält dann eine braunrote Färbung. Ist zum Ausschleifen mehr Lösung erforderlich, so schleift man die Schmierseifen zuerst mit Kaliumchlorid-, Pottasche- oder Sodalösung und gibt dann erst das Hypochlorit hinzu.

9. Das Füllen der Schmierseifen.

Als Vermehrungsmittel fand früher *Kartoffelmehl* die weitaus größte Verwendung; in mäßigen Mengen dürfte es ohne Schädigung der Seife verwendbar sein. Das Stärkemehl hat bekanntlich die Eigenschaft, mit Wasser, namentlich in Gegenwart von freiem Alkali, zu quellen, was eine starke Erhöhung der Schmierseifenausbeute gestattet.

Man verrührt 1 Teil Kartoffelmehl mit 2 Teilen Reduktionslösung, gibt das Gemisch zur Seife und setzt noch 1 Teil Lauge hinzu. Die Höhe der Füllung bezieht man auf die Menge des Fettansatzes in der Seife. 20 kg Kartoffelmehl auf 100 kg Fettansatz entsprechen also 20% Füllung; die Ausbeute beträgt dann 290% bei Neutralfett- und ca. 300% bei Fettsäureverseifung. 30% Kartoffelmehlfüllung ergeben Ausbeuten von 320 bzw. 350%, 50% Kartoffelmehl führen zu Ausbeuten von 410 bzw. 420%. Höher gefüllte Produkte sind kaum noch als Seifen zu bezeichnen. Heutzutage werden nur noch niedrig gefüllte Schmierseifen hergestellt.

Das Kartoffelmehl gibt man in einem größeren Holzfaß zu einer Chlorkaliumlösung von 10—12° Bé oder zur Pottaschelösung von 12—14° Bé. Das Mehl muß in der Lösung klumpenfrei verteilt werden. Dann krückt man in die Suspension so viel Seife ein, bis ein spinnender Leim entstanden ist, der in den Kessel eingetragen wird. Ratsam ist es, hierzu Siedekessel mit gut wirkendem, durch Kraft angetriebenem Krückwerk zur Verfügung zu haben. Nach Eintragen der Füllung muß die Seife mit einer dem Kartoffelmehl entsprechenden Menge 25—28grädiger Kalilauge abgerichtet werden.

Zur mäßigen Streckung der Schmierseifen kann man, wie bereits angegeben, Kali-Wasserglas verwenden. Hochgefüllte Schmierseifen kann man außer mit Kartoffelmehl auch mit Tylose herstellen. Eine 3—5%ige Tyloselösung ist in Verbindung mit Salzlösung oder Kaliwasserglas sehr gut dazu geeignet, die Seifenausbeute auf über 300% zu erhöhen. Bei Streckung mit Tylose muß die Seife sehr scharf abgerichtet werden odes es müssen der Tyloselösung 10—15% 40grädige Kalilauge vom Tylosegewicht zugesetzt werden[1].

Neuerdings wird zum Füllen der Schmierseifen auch Zewapulver Sap (S. 245) empfohlen.

Die gut abgerichteten gefüllten Seifen sind lagerbeständig; ihre Transparenz leidet natürlich unter der Füllung.

10. Lagerung und Abfüllen der Schmierseifen.

Die *Lagerräume* (zumeist Keller) für Schmierseifen sollen kühl und vor allem trocken sein. Ist der Kellerboden feucht, so sind die Gebinde auf Holzhorden zu stellen. Auch darf im Lager keine Zugluft herrschen, weil sonst die Seifen Feuchtigkeit verlieren, die Gebinde eintrocknen und sich auf den Seifen eine schmierige Schicht (Schlickschicht) bildet. Die Lagertemperatur richtet sich nach den Schmierseifensorten, soll aber niemals unter 4—6° sinken. Notfalls ist für den Winter Heizung vorzusehen.

Von besonderer Wichtigkeit ist die richtige Art der *Gebinde* (Fässer, Kübel, Eimer usw.) für das Abfüllen der Seifen. Am häufigsten in Verwendung sind einmal benutzte Butter-, Magarine-, Schmalzgebinde. Die Fässer sollen aus weichem Holz (Fichten-, Tannenholz), Pappel- oder Weißbuchenholz bestehen, nicht aus Eichenholz. Letztere sind wegen ihres Gerbstoffgehaltes unbrauchbar, denn die Gerbstoffe färben die Seife dunkel. Auch die harzhaltigen Holzteile, besonders von neuen Fässern und Kübeln, können helle Schmierseifen dunkel färben; die Stellen müssen deshalb vor dem Abfüllen mit Fensterkitt überstrichen und einige Tage zur Erhärtung des Kittes stehengelassen werden.

In feuchten Gebinden wird die Seife an den Faßwänden zu weich. Die Fässer dürfen keine Fett- oder Butterreste enthalten. Man darf sie aber nicht waschen, sondern man kratzt die Fettreste aus und reibt die Gebinde trocken ab. Genügt diese Reinigung nicht, so bürste man die Gebinde mit Seifenwasser gut aus und lasse sie dann gut austrocknen; das Gebinde darf aber nicht ins Wasser gelegt werden, weil sich sonst die Holzstäbe mit Wasser vollsaugen. Auch der Kundschaft muß nahegelegt werden, daß sie die Fässer vor Rücksendung nur auskratzen und nicht auswaschen soll.

Vor dem Abfüllen müssen die Gebinde noch angetrieben werden (vgl. Bd. I, S. 758). Kleine Spalten u. dgl. sind zu verkleben; es eignet sich dazu eine harzhaltige Kernseife, welche man durch Klopfen mit dem Hammer geschmeidig macht und in die Löcher hineindrückt.

Immer mehr führen sich auch für Schmierseifen Kübel und Eimer aus Metall ein. Die früher verwendeten Kübel aus starkem Zinkblech können sehr oft verwendet werden; die Seife muß aber kalt eingefüllt werden. Jetzt sind sie durch dünnwandige Eisenblechkübel ersetzt worden, die nur für ein- bis zweimalige Abfüllung geeignet sind.

Verwendbar sind auch emaillierte Eimer, besonders für den Nahverkauf. Den Bahntransport vertragen sie allerdings schlecht. Die Hauptmenge der Schmierseife wird in 100-kg-Fässern oder -Kübeln und 50-kg-Kübeln vertrieben. Letztere werden oft durch Zersägen der 100-kg-Fässer bereitet.

Nach Abfüllen werden die Fässer oder Kübel sogleich verwogen, womit gleichzeitig die Ausbeutekontrolle durchgeführt ist. Diese muß übereinstimmen mit dem analytischen Befund des Fettsäuregehalts. Da die Schmierseife beim Abkühlen und Lagern an Gewicht verliert, müssen die Gebinde vor dem Versand nochmals verwogen werden. Es empfiehlt sich, auf die Gebinde nach völligem Erkalten, also nach 1—2 Tagen, ein Stück Paraffinpapier zu legen, um den Trockenverlust herabzusetzen und sie vor Staub und Schmutz zu schützen.

Kleinpackungen. Die physikalische Beschaffenheit der Schmierseifen macht es schwierig, sie in geeigneten Kleinpackungen zu vertreiben. Infolge des hohen Wassergehalts (ca. 50%), des höheren Gehalts der Seifen an freiem Alkali (0,3—0,5%) und Alkalicarbonat (2,6—4,0%) werden an das Packmaterial hohe

---

[1] Seifensieder-Ztg. **64**, 588 (1937); **65**, 91 (1938).

Anforderungen gestellt. Das Verpackungsmaterial muß also beständig gegen Alkali und Feuchtigkeit sein und auch der Form den nötigen Halt geben.

Die Firma Otto Schmidt in Döbeln hat sich als erste ein Packpapier schützen lassen, welches aus verschiedenen, miteinander fest verklebten Papierlagen bestand und in welches die noch heiße flüssige Seife abgepackt wurde.

Weitere brauchbare Kleinpackungen sind die mit Paraffin imprägnierten runden Pappgußdosen. Man kann die Dosen mit der erkalteten oder noch 40—45° warmen Schmierseife füllen. Es ist ratsam, die mit Deckel versehenen Dosen noch mit einer Banderole luftdicht zu verkleben. Die Pappgußschachteln sind eine brauchbare Kleinpackung, aber recht teuer.

Man hat auch versucht, die erkaltete Schmierseife in Paraffinpapier einzuschlagen und den Paketen eine Banderole umzulegen. Die Packungen waren aber nicht lagerbeständig, denn die Faltstellen ließen Feuchtigkeit durch.

Als nicht brauchbar haben sich Aluminiumfolien erwiesen, auch dann nicht, wenn sie mit Paraffinpapier kaschiert waren. Das freie Alkali durchdringt das Paraffin an den Bruchstellen und greift die Umpackung der Aluminiumfolien an.

Vielfach findet man Schmierseifenpackungen, welche aus einem paraffinierten festen (zum Karton ohne Deckel gebogenen) Papier bestehen. Auf dem offenen Karton liegt Paraffinpapierblatt, und das Ganze wird in eine Faltschachtel eingeschlagen. Diese Packung hat sich gut für weiße Schmierseifen und Naturkornseifen bewährt.

Kleinere Fabriken füllen häufig die Schmierseifen in innen paraffinierte Papprohre, die nach Erkalten in $^1/_2$ kg schwere Stücke zerschnitten werden. Auf die offenen Seiten wird ein Paraffinblatt und Blechdeckel aufgesetzt.

Zweckmäßiger dürfte es sein, die Schmierseifen erst nach völligem Erkalten in die Kleinpackungen zu bringen. Für ein solches Verfahren sprechen viele wichtige Tatsachen. Man könnte hierzu die Schmierseife zunächst aus dem Kessel oder Bleichbehälter in nicht zu hohe Eisenkästen ablaufen lassen und am nächsten Tage, nach Erkalten, ihre Beschaffenheit nochmals kontrollieren. Beim Abpacken der kalten Seife würde oben kein kleiner Hohlraum entstehen, wie er sich nach Erkalten der heißen Abfüllung bilden muß; auch wäre nicht die Bildung einer geringen Schlickschicht zu befürchten, wie sie beim Abpacken heißer transparenter Seife entsteht. Die Packungen für heiße Abfüllung müssen natürlich auch wesentlich stärker geschützt sein.

Zum Abpacken der kalten Schmierseifen wird man sich besonderer Abfüllmaschinen bedienen können, deren Konstruktion keine Schwierigkeiten bieten dürfte.

Erkaltete Schmierseifen werden auch in doppelseitig paraffinierte Faltschachteln gefüllt und die Schachteln in entsprechend imprägniertes Papier eingeschlagen. Die Packung muß dann aber noch luftdicht verklebt werden, wenn sich die Seife mehrere Monate halten soll.

c) Die Schmierseifensorten.

1. Glatte, transparente Schmierseifen (Ölseifen).

Die glatten, transparenten Schmierseifen sind die bekanntesten und verbreitetsten. Die durch ihre durchscheinende, homogene Struktur gekennzeichneten Erzeugnisse werden unter den verschiedensten Namen gehandelt. Vielfach nennt man sie einfach *Ölseifen*; oder sie werden als „*glatte grüne*“ oder „*schwarze*“ Schmierseife gehandelt. Ganz helle Sorten nennt man „*Kristallschmierseifen*“, „*Kristall-Glycerinschmierseifen*“ soweit sie aus Neutralölen hergestellt wurden, und so weiter.

Ansätze. Mit der Bezeichnung ändert sich auch der Ölansatz für diese Schmierseifenarten; jedoch müssen vorherrschend stearinarme Öle verwendet werden, welche temperaturbeständige Kaliseifen liefern.

In Mitteleuropa werden sie meist nur aus Leinöl oder Sojabohnenöl hergestellt, je nach Preislage. Länder, welche über billiges Hanföl, Sonnenblumenöl oder Maisöl verfügen, verwenden diese Ölarten. Tran wird teilweise in den europäischen Nordstaaten, vereinzelt in den Küstengebieten Mitteleuropas und in Ostdeutschland verwendet. Aus blanken guten Transorten hergestellte Schmierseife hat gute Waschwirkung. Die Transeifen zeigen aber einen unangenehmen

Geruch, der in der Wäsche haften bleibt. Nicht verwendbar ist Rüböl, weil es schwer verseifbar ist und schlecht schäumende Seifen ergibt.

Bei hohen Ölpreisen setzt man dem Ölansatz bis zu 10% Harz zu. Dadurch sinkt aber die Ausbeute, denn reine Harzschmierseifen ergeben eine Ausbeute von nur ca. 190%. Harz macht die Schmierseifen etwas weicher; geringe Harzzusätze verbessern aber ihren Geruch.

Für die Zusammensetzung des Ansatzes gilt die Regel: Im Winter kann man nur blanke (stearinarme) Öle verwenden, im Sommer auch stearinreichere oder blanke Öle mit einem Zusatz von 10—20% eines billigen festen Fettes.

Arbeitet man mit reduzierter Lauge, so ist diese mit Pottasche oder calc. Soda zu reduzieren. Früher reduzierte man die Lauge nur mit Pottasche, so daß im Sommer ein großer Teil der Kalilauge durch Natronlauge ersetzt werden mußte. Das setzte die erreichbare Ausbeute wesentlich herab. Heute wird fast ausschließlich Soda zur Reduktion verwendet, was für die Waschwirkung der Seife ohne Nachteil ist. Auch die Transparenz der Schmierseife wird durch Soda nur wenig beeinträchtigt. Die wesentlich teurere Pottasche sollte deshalb für ganz erstklassige Kristallschmierseifen und beim Versieden stearinreicher Öle in der kalten Jahreszeit verwendet werden.

Für die Reduktion der Kalilauge verwendet man im Sommer 14—15%, im Winter 16—17% Pottasche vom Gewicht der 50%igen Kalilauge und stellt die Mischung auf 30 oder 35° Bé ein.

Arbeitet man mit nichtreduzierter Lauge, so braucht man auf 100 kg Ölansatz: im Sommer $5^3/_4$—$6^1/_4$ kg Pottasche (oder ca. $4^1/_2$ kg Ammoniaksoda), im Winter $6^1/_2$—7 kg Pottasche (oder 5—$5^1/_2$ kg Soda). Bei der Verseifung von Fettsäuren mit nichtreduzierter Lauge ist die Menge der Reduktionssalze um etwa 5% zu erhöhen.

Bester Fettansatz für glatte, transparente Schmierseifen im Sommer: 85—90 Teile Leinöl oder Sojabohnenöl oder deren Fettsäuren und 10—15% billiges Weichfett. Nur mit Ammoniaksoda reduzieren; ein Zusatz von Natronlauge ist dann überflüssig.

Reduziert man mit Pottasche und arbeitet ohne Zusatz eines festen Fettes, so müssen im Sommer 15% der Kalilauge durch Natronlauge ersetzt werden, um eine handelsfähige Festigkeit der Seife bei einer Ausbeute von 230—235% zu erzielen. Solche Seifen lassen sich aber mit bestechend schönem Aussehen und großer Lagerfestigkeit herstellen; bei niedrigen Ölpreisen sind deshalb solche Ansätze zu empfehlen.

Die glatten Schmierseifen müssen auf recht deutliche Laugenblume abgerichtet werden. Die erstarrte Glasprobe soll nach ca. 10 Minuten klar werden und nur noch einen kleinen Laugenring zeigen. Im Winter werden alle Schmierseifen etwas kräftiger abgerichtet als in den Sommermonaten.

Die Kristallschmierseifen unterscheiden sich von den Ölseifen nur durch ihre hellere Färbung und feurige Transparenz. Um diesen Seifen ein feurighellgelbes Aussehen zu geben, ist ein Zusatz von 1% rohen Palmöles zu empfehlen.

2. Weiße Schmierseifen.

Silberseifen. Salmiak-Terpentin-Seifen.

Weiße Schmierseifen werden in ganz Mitteleuropa hergestellt, am häufigsten findet man sie im Rheinland. Ihr Waschwert ist wesentlich höher als der der glatten, transparenten Schmierseifen.

Man unterscheidet zwei Arten von weißen Schmierseifen, und zwar erstens solche mit einem silberglänzenden, perlmutterartigen Aussehen, die *Salmiak-Terpentin-Seifen*, zweitens reinweiße Schmierseifen ohne Perlmutterglanz, die als *Silberseifen* gehandelt werden (in manchen Gegenden ist die Benennung eine umgekehrte).

Die besten Qualitäten der weißen Schmierseifen lassen sich nur aus den hochwertigsten Neutralfetten herstellen.

Als *Rohstoffe* kommen für die Herstellung von weißen Schmierseifen hauptsächlich in Frage: Baumwollsaatöl, Rinder- und besonders Hammeltalg, Kammfett, Schweinefett, Erdnußöl, Hartfett (gehärteter Tran), gegebenenfalls auch hochgebleichtes Sojabohnen- und Leinöl, seltener Zusätze von Palmkern- oder Cocosfett.

Bei der Verarbeitung von Ölen oder weicheren Fetten muß außer mit Kalilauge auch mit Natronlauge verseift werden. Durch die Natronlauge sinkt aber die Ausbeute so erheblich, daß man mitunter weiße Schmierseifen mit 50% Fettsäuregehalt vorfindet. Eine aus vorwiegend festen Fetten, nur mit Kalilauge bereitete weiße Schmierseife hat dagegen eine Ausbeute von 240—245, entsprechend einem Fettsäuregehalt von ca. 38,5%. Bei der Wahl des Fettgemisches muß man also die erreichbare Schmierseifenausbeute in Betracht ziehen.

Zur Reduktion der Siedelauge oder der Seife verwendet man entweder ausschließlich Ammoniaksoda oder Soda mit einem möglichst geringen Pottaschezusatz. Die Höhe der Reduktion ist vom Fettansatz abhängig; sie schwankt zwischen 24—30% (bezogen auf 50%ige Kalilauge) oder 9,5—12% vom Fettansatz. Je höherschmelzend die Fette des Ansatzes sind, desto größer muß der Zusatz an Reduktionsmitteln sein. Durch die Verwendung von Natronlauge zur Verseifung oder von Soda zur Reduktion wird die aus dem Kessel kommende transparente Seife schnell undurchsichtig weiß und salbenartig; der Vorgang dauert bei einwandfrei gesottener Seife höchstens 1—2 Tage.

Der bei Salmiak-Terpentin-Schmierseifen oft verlangte perlmutterartige, silberglänzende Fluß läßt sich nur unter Mitverwendung von Natronlauge zur Verseifung erzielen; man verseift deshalb etwa 5—10% des Fettansatzes mit Natronlauge.

Die weißen Schmierseifen werden jetzt meistens ungefüllt gehandelt; sie lassen sich aber mit Kartoffelmehl gut füllen, verlieren allerdings bei höherer Füllung ihr zartweißes Aussehen. Früher wurden diese Seifen ganz allgemein mit etwa 5% Kartoffelmehl (vom Fettansatz) gestreckt, weil die schwach gefüllten Schmierseifen haltbarer als die reinen Seifen sind und bei der Abrichtung nicht so leicht „lang" werden. Nachdem aber eine noch so schwach gefüllte Seife nicht mehr als reine Seife gehandelt werden darf, ist man vom Füllen der weißen Schmierseifen abgekommen.

Zum Ansatz von erstklassigen Salmiak-Terpentin-Seifen nimmt man am besten $^2/_3$ bis $^3/_4$ Baumwollsaatöl und $^1/_4$ bis $^1/_3$ Talg. An Stelle des teuren Baumwollsamenöles kann hochgebleichtes Lein- oder Sojaöl verwendet werden. Der Talg kann im Winter ganz oder teilweise durch Schmalz oder helles Kammfett ersetzt werden.

Bei solchen Ansätzen genügt es, im Winter 5%, im Sommer bis 10% des Fettgemisches mit Natronlauge zu verseifen. An Reduktion verwendet man 20—22% der 50%igen Kalilauge oder 8—8$^1/_2$% vom Fettansatz. Man reduziert mit einem Gemisch gleicher Teile Soda und Pottasche. Die Natronlauge wird entweder bei Beginn des Siedens oder nachdem ein Drittel der Fette mit Kalilauge verseift ist, zugegeben, damit keine NaOH-Alkalität in der fertigen Seife zurückbleibt. Eine so gesottene Schmierseife läßt sich auf eine Ausbeute von 240% bringen und stirbt schnell mit perlmutterartigem Silberfluß ab. Zum Parfümieren verwendet man ca. 2% Terpentinöl oder 0,5% Ammoniak (vom Fettansatz gerechnet), die man erst unmittelbar vor dem Abfüllen der fertigen Seife unterkrückt. Weiße Seifen bleicht man entweder gar nicht oder nur schwach, weil stärkere Bleichung leicht einen grünlichen Farbton verursacht. Die Abrichtung erfolgt an der Glasprobe auf deutliche, nicht zu starke Blume; sie darf nie so stark sein, daß die erkaltete Probe sich auf dem Glas verschieben läßt. Es ist zweckmäßig, eine kleine Porzellanschale voll gesottener Grundseife über Nacht im kühlen Keller absterben zu lassen. Am nächsten Morgen sieht man, ob die Seife gut und schnell abstirbt. War die Abrichtung genügend scharf und die Probe trotzdem am nächsten Morgen nicht völlig abgestorben, fehlt etwas Reduzierung; meistens genügt schon ein geringer Zusatz von konzentrierter Sodalösung, um die weiße Schmierseife zum normalen schnellen Absterben zu bringen.

Zur Herstellung einer guten Silberschmierseife (ohne Silberfluß) wird meist Talg verwendet, und zwar oft nur Hammeltalg. Verseift wird dann nur mit Kalilauge.

Die 50%ige Lauge wird mit 30—32% reduziert; es werden also auf je 100 kg Talgansatz 12—12$^1/_2$ kg Reduzierung benötigt. Man nimmt am besten $^2/_3$ Pottasche und $^1/_3$ Soda. So gute Schmierseifen bleiben immer ungefüllt und haben eine Ausbeute von ca. 240—245%, entsprechend einem Fettsäuregehalt von ca. 38$^1/_2$%. Für die Abrichtung der Silberschmierseifen gilt dasselbe wie für die Salmiak-Terpentin-Seifen. Die Abrichtung der Silberseifen ist schwierig und läßt sich nicht völlig nach der Glasprobe beurteilen. Man nimmt einen Teil der Seife von der Glasprobe und knetet (arbeitet) diesen mit einem Finger auf der Glasplatte gut durch. Man beobachtet hierbei, ob die in wenigen Minuten völlig abgestorbene Probe nicht mehr lang wird oder schon Lauge abscheidet. Man darf sich hierbei aber nicht täuschen lassen, sondern muß die durchgearbeitete Probe nach dem Durchkneten einige Minuten liegen lassen und sie dann nochmals prüfen. Es kommt vor, daß die Probe nunmehr ein ganz anderes Bild zeigt und wieder lang geworden ist oder auch schon etwas glitschig (blätternd) erscheint. Entsprechend diesem Befund ist dann noch eine kleine Korrektur im Kessel vorzunehmen.

3. Naturkorn-Schmierseifen.

Elain- und Alabasterseifen.

Die Herstellung einwandfreier Qualitäten von Naturkornseifen ist äußerst schwierig. Ihre Fabrikation stellt hohe finanzielle Ansprüche an den Erzeuger, denn die Kornbildung erfolgt durch einen langen, 3—6 Wochen dauernden Kristallisationsprozeß in gut temperierten Lagerräumen.

Für den Ansatz müssen Gemische von hochschmelzenden, stearin- und palmitinsäurereichen, feste Seifen ergebenden Fetten, wie Talg (auch Palmöl) mit flüssigen Fetten, deren Seifen weich sind, wie Leinöl, Sojaöl, Baumwollsaatöl, verwendet werden.

Die Kornbildung erfolgt durch Kristallisation der festen Seifen, vorwiegend gesättigter Fettsäuren, in der zuerst homogenen Masse der Schmierseife (Näheres s. S. 211). Die Körnung ist je nach Umständen rund oder mehr strichförmig. Die auskristallisierten Körner sind infolge ihres hohen Gehaltes an Kaliumstearat schwerer löslich und haben einen Fettsäuregehalt von über 70%. Durch das Auskristallisieren der festeren Seifenanteile wird die Seife weicher und der Fettsäuregehalt des transparenten Grundes geringer, entsprechend der Menge der gebildeten Körner.

Man unterscheidet vornehmlich zwei Arten von Naturkornseifen, die *Elain-Naturkornseifen* und *Alabaster-Naturkornseifen*. Der Unterschied besteht meist nur in der Färbung. Während die Elainkornseifen gelblich bis rötlichgelb sein dürfen, sollen die Alabasterseifen in ihrem transparenten Grunde möglichst farblos sein; sie werden um so höher bewertet, je heller sie sind. Die Alabasternaturkornseifen wurden ehemals nur aus bestem Baumwollsaatöl und Hammeltalg hergestellt; jetzt ist ihr Fettansatz wenig von dem der Elainseifen verschieden, nur werden für die Alabasterseifen hochentfärbte Rohstoffe verwendet. Für Textilseifen setzt man noch eine gewisse Menge Olein zu.

Für das Aussehen der Naturkornseifen ist es gleichgültig, ob sie mit Leinöl oder Sojaöl hergestellt wurden. Aber bei den mit Leinöl bereiteten Seifen tritt nach längerem Lagern ein eigentümlicher, tranähnlicher Geruch auf.

Im Gegensatz zu den anderen Schmierseifensorten, die sich nach richtiger Fertigstellung nicht mehr verändern, müssen die Naturkornseifen wochenlang auf Lager gehalten und die Kornbildung beobachtet werden. Die Kristallisierräume müssen temperiert, d. h. im Winter beheizt und im Sommer notfalls gekühlt werden können. Die aus dem Kessel kommende Seife ist vollkommen homogen und transparent; beim Lagern kristallisieren aus der homogenen Seifenmasse zunächst kleine Kristallkeime aus, die dann zu kleineren oder größeren und verschieden geformten Körnern auswachsen.

Die Naturkornseife muß nun so zusammengesetzt sein, daß die Kristallisation im gewünschten Sinne verläuft und eine Körnung bestimmter Art ergibt. Hierzu muß die Seife nicht nur voll verseift sein und eine entsprechende Menge Salze enthalten (Kürzung), sondern der Fettansatz muß eine ganz bestimmte Zusammensetzung haben und die für die Kornbildung erforderliche Menge an hochschmelzenden festen Fettsäuren (Talg) enthalten. Man hat also bei der Fabrikation von Naturkornseifen nicht die gleiche Freiheit in der Wahl der Fette wie bei anderen Schmierseifensorten.

An das gute Gelingen der Naturkornseifenerzeugung ist eine Reihe von Bedingungen geknüpft, die zur Vermeidung von Fehlsuden beachtet werden müssen. Diese sind:

Die anorganischen Rohstoffe dürfen keine Natriumsalze enthalten.

Der Fettansatz muß genügende Mengen „stearin"reicher Fette enthalten.

Die Seife muß mittels Pottasche richtig reduziert werden.

Die Verseifung muß vollständig sein.

Die Abrichtung darf weder zu schwach noch zu stark sein.

Die Seifenausbeute darf nicht zu hoch getrieben werden.

Die aus dem Kessel abgelassene Seife soll langsam abkühlen und nicht plötzlich abschrecken. Das Auskörnen muß bei bestimmten Temperaturen erfolgen.

Zur Verseifung darf nur Kalilauge verwendet werden. Zur Reduktion darf man nur Na-freie Pottasche verwenden (technisch reine, 98%ige Pottasche). Auch der verwendete Talg muß frei von Kochsalzresten, herrührend von der Vorreinigung, sein. Bei zufälligem Hineingeraten von Natronsalzen in die Naturkornseife kommt es nicht mehr zu einer regelrechten Kornbildung; die Seife wächst auf Lager aus, d. h. sie wird völlig weißlich und verliert ihren transparenten Grund.

Der Fettansatz muß für die Kornbildung ausreichende Mengen „stearin"-reicher Fette enthalten. Der stets gleichbleibende Ansatz für echte Alabasterseifen bestand aus 65 Teilen Baumwollsamenöl und 35 Teilen frischen und hellen Hammeltalgs. Jetzt verwendet man für Elain- und Elain-Alabasterseifen ein Gemisch von ca. 60% rohen oder gebleichten und raffinierten Soja- oder Leinöles und 40% Hammel- oder Rindertalg, oder beider Talgarten. Die mit Leinöl bereiteten Seifen werden, um ihre Haltbarkeit zu steigern und das Auftreten des Fischgeruches zu verzögern, etwas schärfer abgerichtet als die mit Sojaöl hergestellten. Rindertalg ergibt nicht so reine, weißfarbige Seifen wie gute Qualitäten von Hammeltalg, weswegen für Alabasterseifen vielfach nur Hammeltalg versotten wird. Der höhere Preis des Hammeltalgs zwingt aber oft zur Mitverwendung von Rindertalg. Im Sommer empfiehlt es sich, nur 55 Teile Öl und 45 Teile Talg und anderer fester Fette zu verwenden, um trotz größerer Wärme in 3 bis 4 Wochen die Kristallisation vollenden zu können.

Die Reduktion der Naturkornseife oder der Lauge erfolgt mit reiner, sodafreier Pottasche. Zum Ausschleifen wird auch Kaliumchlorid verwendet; meist aber Kalichlorbleichlaugen.

Die Menge des Reduziermittels richtet sich nach der Jahreszeit. Zu kaustisch, mit ungenügendem Pottaschezusatz hergestellte Naturkornseifen körnen oft erst nach sehr langem Lagern, und zwar mit sehr großem und dickem Korn. Solche Seifen sind schwer abzusetzen; man zieht die kreis- oder strichartig gekörnte Seife vor, weil sie wesentlich weißer erscheint. Eine zu stark reduzierte Seife ist zu weich.

Zur Reduktion echter Alabasterseifen aus Baumwollsaatöl und Hammeltalg verwendet man, auf 50%ige Kalilauge berechnet, im Sommer 20—22%, im Winter 22—24% Pottasche. Zur Reduktion der aus Leinöl oder Sojaöl und Talg hergestellten Seifen gehören im Sommer 16—18%, im Winter 19—21% Pottasche ($6^1/_2$—$7^1/_4$ bzw. $7^1/_2$—$8^1/_4$% vom Fettansatz).

Die vollständige Verseifung bietet, namentlich bei alleiniger Verwendung von Kalilauge, keine Schwierigkeiten. Von Wichtigkeit ist hinreichend starke Abrichtung, weil davon nicht nur die Konsistenz, sondern auch die Art der Körnung der Seife abhängt. Bei zu starker Abrichtung werden die Körner zu klein, weil schon in den ersten Tagen der Lagerung viele Kristallkeime entstehen. Bei zu schwacher Abrichtung werden die Seifen auf Lager „lang", sie ziehen sich und werden schwer verkäuflich.

Aus Baumwollsaatöl und Hammeltalg gesottene echte Alabasterseifen werden etwas schwächer abgerichtet, man richtet sie auf schwache, aber deutlich sichtbare Laugenblume ab, die Elain- und Elain-Alabasterseifen auf gut gezeichnete Laugenblume; der Laugenring auf der Glasplatte soll aber nur leicht markiert und nicht, wie bei Ölseifen, deutlich sichtbar sein. Durch etwas kräftigeres Abrichten kann man allerdings die Auskörnung beschleunigen, das Korn ist dann aber feiner.

Zu hohe Ausbeuten sind nicht anzustreben. Bei billigen Fettpreisen setzt ein etwas höherer Fettsäuregehalt den Preis nur wenig herauf, dafür aber ist die Gefahr der Fehlsude viel geringer.

Bei echten Alabasterseifen (aus Baumwollsaatöl + Hammeltalg) ist eine Ausbeute von 220—230, d. h. ein Fettsäuregehalt von 41—43% am geeignetsten. Bei

Elain- und Elain-Alabasterseifen soll die Ausbeute nicht über 235—240 getrieben werden, entsprechend 34—35,5% Fettsäuregehalt in der Seife. Zu hohe Ausbeuten machen die Elainseifen „bandig“. Eine solche Seife zeigt im Faß oben und an den Seiten gute Konsistenz, in der Mitte des Fasses bildet sich aber ein Klumpen ziehender (langer) Seife. Verursacht wird das durch Austrocknen der Seife und Aufnahme von Feuchtigkeit durch das Holz der Fässer. Um der Gefahr des „Bandigwerdens“ vorzubeugen, empfiehlt es sich, die Seifen lieber mit einem etwas höheren Fettsäuregehalt von 40—41% herzustellen.

Das Bleichen der Naturkornseifen führt häufig zu Mißerfolgen. Man soll deshalb nur helle reine Fette verwenden. Die Lauge und Reduktionslösungen müssen klar abgesetzt sein, den Schlamm kann man für glatte grüne Seifen mitverwenden.

Zum Bleichen verwendet man meistens Kaliumhypochlorit oder Peroxol. Im ersteren Falle dient die mit Wasser verdünnte Kaliblauchlauge als Ausschleiflösung für die Grundseife, nur selten verwendet man noch außerdem Pottasche oder Chlorkalium. Das Bleichen erfolgt in größeren Betrieben in Spezialkesseln.

Die fertige Seife wird in den Lagerkeller zur Kristallisation gebracht. Die Seife darf bei Entleeren des Kessels nicht schnell erkalten, um die rasche Bildung zahlreicher Keime zu verhindern. Die ersten Tage nach Abfüllen muß deshalb die Seife warm lagern; in den nachfolgenden 3—5 Wochen muß die Temperatur des Lagers ziemlich gleichmäßig bleiben und weder zu niedrig noch zu hoch sein, denn im letzteren Falle kommt es überhaupt nicht zur Auskörnung. Die Temperatur der Kristallisationslager soll bei echten Alabasterseifen zwischen 18—20°, bei Elain- und Elain-Alabasterseifen 12—14° betragen und höchstens zwischen 10—15° schwanken. Frühjahr und Herbst sind deshalb die geeignetsten Perioden für die Körnung, und viele Betriebe sieden deshalb im Frühjahr größere Vorräte von Naturkornseifen. Da Kühlanlagen für die Lagerkeller zu kostspielig wären, so ist es angebracht, die Keller so hoch abzudecken, daß sie im Sommer kühl bleiben und im Winter nicht zu kalt werden.

Von größter Wichtigkeit ist überdies vollständige Verseifung, sonst tritt bei der 3—5 Wochen langen Lagerung oft Nachgilbung ein. Der transparente Grund zwischen den Körnern ist dann dunkler bis gelblich.

Aus obigen Angaben ist zu ersehen, wie schwer es ist, gute Kornseifen herzustellen. Die ganze Mühe und Sorgfalt gilt übrigens nur dem schönen Aussehen der Seifen, auf die Waschwirkung hat dies natürlich nicht den mindesten Einfluß.

Nachstehend seien noch einige W. SCHRAUTH[1] entnommene Fettansätze für Sommer- und Winter-Naturkornseifen angegeben.

1. Hellgelbe Seifen mit reisförmigem Korn:

Im Sommer:	Im Winter:
35% Talg,	35% Talg,
3% rohes Palmöl,	2% rohes Palmöl,
16% helles Kamm- oder Schweinefett,	15% Baumwollsaatöl,
16% Baumwollsaatöl,	48% helles Leinöl.
30% helles Leinöl.	

2. Dunkelgelbe Seifen mit reisförmigem Korn:

Im Sommer:	Im Winter:
36% Talg,	35% Talg,
2% rohes Palmöl,	3% rohes Leinöl.
20% Kammfett,	62% Leinöl, Sojabohnenöl oder Maisöl.
42% Leinöl oder Sojaöl.	

3. Helle Seifen mit kleinem, roggenartigem Korn:

Im Sommer:	Im Winter:
48% Talg,	40% Talg,
2% rohes Palmöl,	1% rohes Palmöl,
15% Baumwollsaatöl,	10% Kamm- oder Schweinefett,
35% helles Leinöl.	49% helles Leinöl.

[1] Handb. d. Seifenfabrikation, 6. Aufl., S. 357. Berlin. 1927.

4. Seifen für Walkzwecke:

Im Sommer:	Im Winter:
34% Talg,	30% Talg,
6% rohes Palmöl,	5% rohes Palmöl,
40% Olein,	30% Olein,
20% Baumwollsaatöl.	35% Leinöl, Sojabohnenöl oder Maisöl.

4. Kunstkornseifen.

Als Ersatz für die Naturkornseifen, deren Fertigstellung sehr lange Zeit in Anspruch nimmt, werden ähnlich aussehende Schmierseifen einfach durch Untermischen von künstlichen Körnern aus Kalk u. dgl. Mineralstoffen in die glatte Schmierseife hergestellt.

In die abgekühlte, 39—40%ige glatte transparente Schmierseife werden die aus gebranntem Kalk bestehenden Körner eingerührt. Die Körner stellt man her durch Zerkleinern des Kalkes zu Stücken geeigneter Größe, welche man durch passende Siebe hindurchstößt.

Ratsam ist es, die Kalkkörner in die einzelnen Gebinde einzukrücken. Die Körner nehmen von der Seife etwas Feuchtigkeit auf, verändern dabei ihre Form etwas und sehen dann den Körnern der Naturkornseifen recht ähnlich.

Versuche, in die glatte Schmierseife kleine Stücke harter Seife einzuarbeiten (D. R. P. 415964), führten zu keinem Erfolg.

Über lösungsmittelhaltige Schmierseifen s. S. 499.

VIII. Flüssige Seifen.

Von O. GERHARDT, Innsbruck, und K. WÄSCHER, Krefeld.

a) Allgemeines.

Kaliseifen sind in bezug auf Wasch- und Reinigungswirkung den Natronseifen überlegen. Wenn diese Seifen nun noch in flüssiger Konsistenz vorliegen, haben sie den Vorteil der einfachen und bequemen Handhabung, da sie schon in kaltem Wasser leicht löslich sind. Allgemeine Verwendung im Verbraucherkreis konnten die flüssigen Seifen erst erlangen, nachdem die anfangs am Markt erschienenen minderwertigen Erzeugnisse durch die den verschiedenen Bedürfnissen entsprechenden Produkte verdrängt wurden.

Flüssige Seifen werden hergestellt zur Verwendung für den täglichen Gebrauch als Handwaschseifen in den Seifenspendern, als Haar- und Kopfwaschseife, flüssige Rasierseife, flüssige medizinische Seife, ferner als technische Waschmittel und Industrieseifen. Fettsäuregehalt, Schaumkraft, Alkalität, Parfümierung und eventuelle Zusätze werden den jeweiligen Bedürfnissen angepaßt. Der Fettsäuregehalt der flüssigen Seifen kann zwischen den weiten Grenzen von 6—40% schwanken, doch ist es gangbar geworden, Haushaltseifen mit 15 bis 20% und technische Seifen mit höherem, bis 40% betragenden Fettsäuregehalt herzustellen.

Lösungsmittel und emulgierende Zusätze können flüssigen Seifen viel leichter beigefügt werden als den festen Natronseifen, und der Zusatz verflüchtigt sich nicht so rasch von der in Flaschen, Kannen oder Fässern verpackten flüssigen Seife wie aus den lose verpackten Seifenstücken. Durch solche Zusätze wird das Emulgiervermögen für ölige und fettartige Verschmutzungen und das Durchdringungsvermögen der Seife erhöht. Es haben daher die zahlreichen flüssigen Kaliseifen mit Fettlöserzusätzen der verschiedensten Art sowohl in Wäschereibetrieben als auch in der Textilindustrie weitgehende Verwendung gefunden. Näheres über diese Produkte s. S. 499.

Die Fette. Flüssige Seifen sollen in klar durchsichtiger Form in den Handel gebracht werden und dürfen auch nach längerem Lagern nicht trüb und schleimig werden oder gar gallertartig erstarren. Der Fettansatz ist daher diesen Bedürfnissen entsprechend auszusuchen. Industrieseifen müssen nicht unbedingt klar sein, aus diesem Grund können zu deren Herstellung vielerlei Öle benutzt werden, wogegen man flüssige Seifen zur Körperpflege vorwiegend aus Leimfetten herstellt.

Palmkernöl ist dem Cocosöl vorzuziehen, weil es weniger hautreizend wirkt, dickflüssigere Seife gibt als das Cocosöl und auch einen beständigeren Schaum liefert. Ricinusölzusätze können der flüssigen Seife vor allem Dickflüssigkeit und gute Stabilität gegen Temperatureinflüsse verleihen, doch soll wegen der schlechten Schaumkraft der Ricinusölseifen das Ricinusöl nicht mehr als 30% der Gesamtfettmenge betragen. Sehr gut brauchbar ist Olein und kann als Destillatfettsäure besonders vorteilhaft zur Einstellung der gewünschten Alkalität verwendet werden. Außer den genannten Ölen kommen noch Oliven-, Sesam-, Soja-, Erdnuß-, Sonnenblumenöl, zu technischen Zwecken auch Sulfuröl und Leinöl für die Herstellung von flüssigen Seifen in Betracht. Die Viskosität kann durch 1—2% Talg oder Schweinefett erhöht werden, doch setzt man sich dabei der Gefahr aus, daß die Seife bei Temperaturabfall trüb wird. Verwendet man statt der Neutralöle ihre Fettsäuren, so darf man nicht vergessen, daß diese kein Glycerin enthalten, was bei der Vorschrift berücksichtigt werden muß.

Zur Verseifung dient ausschließlich Kalilauge. Diese wird in der Stärke von 50° Bé in gut abgesetzter, vom Bodensatz (Eisenhydroxyd, Aluminiumhydroxyd u. dgl.) befreiter ganz klarer Lösung verwendet.

Das verwendete Wasser soll härtefrei sein, da andernfalls Bildung von schwer filtrierbaren Kalk- und Magnesiaseifen eintritt, wodurch trübe und unansehnliche Produkte entstehen. Verwendet werden Regenwasser, ölfreies Kondenswasser, permutiertes Wasser oder am besten destilliertes Wasser.

Verflüssigende Zusätze. Um die Seife auch bei höherem Fettsäuregehalt flüssig zu halten und ein Gelatinieren zu verhindern, müssen Verflüssigungsmittel zugesetzt werden. Als solche kommen in Betracht: Alkohol, Isopropylalkohol, Glycerin, Zucker, Kaliumcarbonat, Kaliumchlorid, Ammoniumsalze usw. Alkohol und Glycerin, in Mengen von über 5%, vermindern die Schaumkraft und sind zu teuer. 1—3% Zucker verhütet das Trübwerden auch in der Kälte gut. Billigeren Produkten, wie sie als Handwaschmittel in Betrieben verwendet werden, kann man einige Prozente Kaliumcarbonat, in Wasser gelöst, zusetzen. Die Alkalität der Pottasche erhöht gerade hier die Reinigungskraft. Zur Zurückdrängung der Hydrolyse, zu welchem Zweck der Pottaschezusatz ebenfalls dienen soll, eignet sich der Zusatz von $^1/_2$—2% Kaliumchlorid in Lösung viel besser. Die verflüssigende Wirkung der Ammoniumsalze (Sulfat, Thiosulfat[1]) wird dadurch erklärt, daß durch Wechselumsetzung zwischen Kaliseife und Ammonsalz Bildung von Ammoniakseifen stattfindet. Letztere spalten leicht Ammoniak ab, so daß Bildung von saurer Seife eintritt, wodurch die durch das Entstehen von Ammoniakseife bedingte Verflüssigung noch weiter fortschreitet. Die Verflüssigung kann auch durch einen Zusatz von Carbamid oder von wasserlöslichen Carbamidderivaten verbessert werden. Empfehlenswert ist auch die Verwendung von Emulgatoren, wie sulfonierte Öle (Türkischrotöl, Monopolseife), Fettalkoholsulfonate oder Erzeugnisse mit ähnlichen Eigenschaften

---

[1] Die Verwendung von Ammoniumthiosulfat ist im D. R. P. 500627 der Firma Henkel & Co. beschrieben.

(Igepon) und von gut bewährten Handelsprodukten teilweise unbekannter Zusammensetzung, welche jedoch neben dem Emulgator zumeist auch ein Fettlösemittel enthalten und daher schon zu den flüssigen Seifen mit fettlösenden Zusätzen zählen (Permulgin von Noggerath in Hannover, Emulgade, Calmetteöl usw.). Zusätze dieser Art erteilen der Seife zumeist große Milde. Bei flüssigen Rasierseifen ist ein milchiges Aussehen erwünscht. Da Stearate meist die Neigung zum Aufrahmen haben, erreicht man das gewünschte Aussehen vorteilhafter durch die Verwendung von Lanettewachs (Deutsche Hydrierwerke A. G.) und Tegin (Th. Goldschmidt A. G.).

b) Herstellung der flüssigen Seifen.

1. Die Verseifung.

Nach BERGELL[1] können die Herstellungsmethoden der flüssigen Seifen in folgende Gruppen geteilt werden:

1. Lösen von 40%iger, normal hergestellter Schmierseife in der entsprechenden Menge Wasser.
2. Kalte oder (besser) halbwarme Verseifung des Fettansatzes, Abrichten und Verdünnen mit der berechneten Menge Wasser.
3. Herstellung einer fertigen, gut abgerichteten Kaligrundseife und Lösen nach Bedarf in der berechneten Menge Wasser.
4. Herstellung wie bei 3, wobei jedoch das Abrichten erst nach erfolgtem Verdünnen vorzunehmen ist; auf diese Weise wird wohl die erforderliche Neutralität am sichersten erreicht.

Es ist einleuchtend, daß die Methode 1, Lösen von Schmierseife, nur für billige, technische Ware taugt, denn das erhaltene Produkt hat starke Alkalität und, da die Grundseife wohl meist aus Leinöl ersotten wurde, auch durchdringenden unangenehmen Eigengeruch. — Die Methode 2 ist wohl, besonders in größeren Betrieben, die am häufigsten gebrauchte. Besteht der Ansatz vorwiegend aus Cocos- oder Palmkernöl, so ist kalte Verseifung am Platze. Die so erhaltenen Produkte sind nicht immer hochwertig, weil bei der kalten Verseifung Vollverseifung neben Neutralität schwer erreichbar ist. Für gute flüssige Toiletteseifen, für Haarwaschseifen sowie für medizinische Seifen muß die halbwarme Verseifung vorgenommen werden. Man verseift wie S. 246 beschrieben und nimmt die Abrichtung auf 0,1% freies Alkali sorgfältig vor.

Die Methode 3 ist in kleineren Betrieben oder dann am Platze, wenn die Herstellung flüssiger Seife periodisch, in größeren Zeitabschnitten, also fallweise erfolgen soll. Über die Verseifung ist hier nichts weiter zu sagen, als daß man auf eine möglichst hochprozentige, also bis zu 60% Fettsäure enthaltende salbenförmige Ware hinarbeiten muß. Die Vorratsseife muß naturgemäß sorgfältig aufbewahrt werden. Vor allem sind Metallgefäße zu vermeiden; auch guter Verschluß ist notwendig, um Eintrocknen, Verfärben und Krümligwerden der Grundseife zu verhindern.

Zur Methode 4 sei folgendes bemerkt: Nach BERGELL hat die Methode des vorerst erfolgenden Verseifens und nachherigen Verdünnens mit Wasser den Nachteil, daß der konzentrierte, etwa 40%ige Seifenleim im Kessel beim Wasserzusatz oftmals zusammenfährt und ein langwieriges Nacharbeiten bis zur Erzielung der notwendig blanken Fertigseife erfordert. Er schlägt deshalb vor, zuerst etwa 75% des Gesamtansatzes, in dem zunächst die schwerstverseifbaren Anteile enthalten sind, in konzentriertem Leim zu verseifen. Man verdünnt nach Erzielung eines richtigen Leimes mit Laugenwasser auf einen Fettsäuregehalt, welcher unter 40% liegt, kocht auf und setzt den Rest des Ansatzes, der die am leichtesten verseifbaren Fette enthält, einschließlich des Laugenrestes zu, läßt einige Stunden im Verband verseifen, richtet nötigenfalls mit Lauge auf etwa 0,5% freies Alkali ab; man beendet die Abrichtung am folgenden Morgen, nach Stehen über Nacht, durch Olein auf 0,1% Alkali, kocht kurz auf und verdünnt mit weichem Wasser auf den gewünschten Fettsäuregehalt.

2. Klären der fertigen Seifen.

Wenngleich für die Güte kein wirkliches Merkmal, ist es doch eine Hauptbedingung für die Verkäuflichkeit der flüssigen Seifen vollkommen blank und

[1] Seifensieder-Ztg. 58, 340 (1931).

klar zu sein. Um diese Eigenschaft zu erreichen, sind einige Maßnahmen notwendig: vorerst dient schon die Verwendung irgendwie von Härtebildnern befreiten Wassers diesem Zwecke. Ganz klar wird wohl, auch bei Anwendung destillierten Wassers, keine Seife direkt aus der Herstellung hervorgehen. Filtrieren bzw. vorheriges Lagern zum Absetzen der Trübungen wird also immer notwendig sein. Bei den oftmals auftretenden, sehr feinen Trübungen durch die Kalk- und Magnesiaseifen ist der Zusatz von Klärmitteln, z. B. Kaolin, Schwerspat oder Kieselgur (Hyflo), notwendig. Die sonst auch ganz feine und dichte Filter passierenden Trübungen werden dann adsorptiv gefällt und es läßt sich erreichen, daß nach einmaligem Filtrieren die Seife blank wird. Die fertige, aus dem Kessel gelangende Seife wird, mit oder ohne Klärmittel, zumindest mehrere Tage, besser mehr als eine Woche lang gelagert. Die grob geklärte Seife wird vom dicken Trub abgezogen und filtriert. Im Großbetriebe bedient man sich hier wohl ausnahmslos der mechanischen Anschwemmfilter (z. B. Seitzwerke, Kreuznach), in kleineren Betrieben genügen auch bloß durch die Schwere der darüberstehenden Schicht wirkende, am Boden von Fässern ausgebreitete Scheibenfilter oder ausgespannter Filz, auch Filtertuch, die vorteilhaft auch mit Filtermasse belegt werden. Allein durch Lagern und nachheriges Filtrieren kann man die Seifen nicht vor dem lästigen Nachtrüben bewahren. Es erfordert schon eine sorgfältige Ausarbeitung von Ansatz und Verseifung, um eine wirklich, besonders auch im Winter und dann wieder im Spender blank bleibende Seife zu erzielen.

3. Parfümierung der flüssigen Seifen.

Abgesehen von der oftmals sehr maßgeblichen Preisfrage ist diese Aufgabe darum nicht leicht, weil das Ausfindigmachen von ansprechenden, dabei aber ausreichend starken und in der Seife genügend löslichen Gemischen schwierig ist. Der Praktiker tut hier am besten, von den Riechstoffabriken ausschließlich für diesen Zweck hergestellte Parfümöle zu verwenden. — Die Parfümierung darf gerade bei flüssigen Seifen nicht hervorstechend sein, vielfach muß sie eigentlich ihren Hauptzweck darin erfüllt sehen, den Eigengeruch der Seife richtig abzudecken bzw. abzurunden. Frische Gerüche nach Art von Citronellöl und ähnlichem sind hier wohl die gebräuchlichsten Mittel.

Eine *Überfettung* flüssiger Toiletteseifen mit Überfettungsmitteln, wie sie in der Toiletteseifenindustrie Anwendung finden, um eine hervortretende Schärfe zu mildern, ist wegen ihrer Unlöslichkeit nicht möglich. Dagegen wird zu diesem Zweck ein als Trolhettaöl bezeichnetes Produkt empfohlen[1]. Trolhettaöl ist ein Fettsäureester; in 20%iger flüssiger Seife können in der Kälte 4% klar aufgelöst werden; die Lösung ist unzersetzt haltbar.

c) Vorschriften und Ansätze für flüssige Seifen.

I.	Man verseift	100 Teile	Cocosöl	mit ca.	52,5 Teilen	50°	Bé	Kalilauge,
II.	oder	100 „	Palmkernöl	„ „	51 „	50°	„	„ ,
III.	oder	100 „	Leinöl	„ „	40 „	50°	„	„ ,
IV.	oder	100 „	Sojaöl	„ „	40 „	50°	„	„ .

Gemischte Ansätze:

V.	30 Teile	Cocosöl	VI.	20 Teile	Palmkernöl
	50 „	Erdnußöl		70 „	Sojaöl
	20 „	Ricinusöl		10 „	Ricinusöl
	100 Teile			100 Teile	

[1] Seifensieder-Ztg. **65**, 585 (1938).

VII. 60 Teile Palmkernöl
40 „ Olein

100 Teile

VIII. 30 Teile Cocosöl
30 „ Schweinefett
30 „ Olein
10 „ Ricinusöl

100 Teile

Diese Ansätze werden mit der berechneten Menge 50° Bé Kalilauge nach einem der vorher besprochenen Verfahren verseift und unter Zusatz eines Verflüssigungsmittels oder eines Gemisches von diesen auf den gewünschten Fettsäuregehalt verdünnt.

IX. Seifen in der Textilindustrie.

A. Allgemeines.

Von M. KEHREN, M. Gladbach.

Die Seifen spielen trotz verschiedener Vorzüge der modernen Textilhilfsmittel, wie der Gardinole, Igepone usw. (vgl. 3. Teil, S. 560) in der Textilveredlung immer noch eine äußerst wichtige Rolle. Für bestimmte Ausrüstungsprozesse ist Seife in der Textilindustrie unentbehrlich.

Die Eigenschaften, welche an die Textilseifen gestellt werden, wechseln zwar mit dem Verwendungszweck; sämtliche Textilseifen müssen aber eine Reihe von bestimmten Eigenschaften aufweisen, wenn sie keine Schädigung der Textilfaser oder Gewebe verursachen sollen.

Als Textilseifen sollten ausschließlich Kernseifen, für bestimmte Zwecke die auf S. 494 beschriebenen Kalischnitzelseifen Verwendung finden, denn nur diese Seifen bieten dem Verbraucher die Gewähr eines Mindestfettsäuregehaltes von 60%.

Die sog. gefüllten Seifen eignen sich für textile Zwecke nicht, da die Zusatzmittel, wie Kreide, Stärke, Wasserglas, Gips, Natriumsulfat usw., den Wirkungswert der Seife herabsetzen.

Die Bezieher der „Faßseifen", wie die noch warm in Fässer eingegossenen, stark wasserhaltigen Seifen genannt werden, laufen leicht Gefahr übervorteilt zu werden, da sie ohne Analyse keinen zuverlässigen Anhaltspunkt für den Fettgehalt der Seife geben. An sich ist eine aus geeigneten Fettgemischen vorsichtig abgerichtete Faßseife für manche Zwecke, z. B. die Stückwäscherei, brauchbar; Kernseife wird aber stets wirtschaftlicher sein, denn die Preisdifferenz zwischen Kern- und Faßseife wird fast immer, namentlich bei Berücksichtigung der unnützen Frachtkosten für die wasserreiche Seife, zugunsten der hochprozentigen Kernseife ausfallen. Wassergehalte von 60—75% sind nämlich bei Faßseifen keine Seltenheit.

Die in vereinzelten Textilfabriken noch übliche Selbstherstellung von Seifen durch Aufkochen eines Fettsäuregemisches mit Lauge ohne nachfolgendes Aussalzen ist nicht zu empfehlen; denn man erhält auf diesem Wege keine Kernseifen, also keine reinen Seifen bestimmten Fettgehaltes, sondern nur zähflüssige Seifenlösungen oder Seifenpasten. Selbst bei Anwendung eines Rührwerkes gelangt man auf diesem Wege nur zu Seifen mit einem Gesamtfettgehalt von höchstens 32—33%. Auch fehlt den Textilfabriken die Erfahrung bei der Auswahl der geeigneten Rohfettsäuren, der Kontrolle des Siedeprozesses usw. Es ist deshalb vorteilhafter, fertige Seifen von zuverlässigen Fabriken zu beziehen.

Die früher bevorzugten Seifen in „Platten" werden jetzt durch Flocken und Schnitzel verdrängt. Die wirtschaftlichste Form dürfte die der Seifennudeln oder Seifenfäden sein, weil hier das Verhältnis von Oberfläche zu Gewicht am günstigsten ist. Die Platten haben den Nachteil, daß sie bei längerem Aufbewahren stark austrocknen und daß sie schlecht löslich sind.

Pulverige Seifen werden anderseits nur wenig in der Textilindustrie verwendet, weil sie sich schwer nach äußeren Merkmalen beurteilen lassen, d. h.

ein Zusatz von Soda u. dgl. ist nicht ohne weiteres erkennbar. Außerdem backen Seifenpulver bei ungeschicktem Lösen leicht zu festen Klumpen zusammen, die nur schwer aufzulösen sind.

Die hochkonzentrierten wasserarmen Seifen, wie sie in den Seifenflocken u. dgl. vorliegen, mit einem konstanten Fettgehalt, der sich auch bei langer Aufbewahrung nicht mehr ändert, erlauben ein leichtes Ansetzen von Lösungen gleichbleibender Konzentration, was mit den wasserreichen, beim Lagern austrocknenden Seifen natürlich nicht ohne weiteres möglich ist.

Von grundlegender Bedeutung für den Gebrauchswert der Textilseifen ist die *Beschaffenheit des Fettansatzes*, denn von den Eigenschaften der Fettsäuren werden Löslichkeit, Schaumfähigkeit und Waschvermögen der Seife bestimmt. Die Auswahl der Rohstoffe muß deshalb unter Berücksichtigung des Verwendungszweckes der Seife erfolgen.

Vor allen Dingen ist darauf zu achten, daß die Fette möglichst arm an höher ungesättigten Fettsäuren, also möglichst wenig oxydabel sind; bei hohen Jodzahlen besteht die Gefahr der Fleckenbildung und des Auftretens eines ranzigen Geruchs. Bei Gegenwart von Kupfer- oder Eisenspuren können die an hochungesättigten Fettsäuren reichen Seifen sehr rasch oxydiert werden. Auch der Wassergehalt der Seife soll dabei eine Rolle spielen; die größte Gefahr einer spontanen Oxydation soll bei einem Wassergehalt der Seife von 3—10% bestehen.

Selbst wenn oxydable Fettsäuren das Äußere und den Geruch der Seife nicht wesentlich verändert haben, bleibt immer noch die Möglichkeit einer nachträglichen Oxydation der im Gewebe zurückbleibenden Seifenreste bestehen. Denn trotz guten Spülens hält die Faser infolge ihrer großen Adsorptionsfähigkeit immer noch Seife als Alkali- und in der Hauptsache wohl als Kalkseife zurück. Als Folge der Oxydation stellt sich dann ein „Vergilben" von Baumwollweißwaren ein, die mit Seife gewaschen oder appretiert worden sind.

Aber auch in der Halbwoll- und Wollindustrie kann der Gehalt der Seife an oxydationsfähigen Fettsäuren zu Mißständen führen. Es ist eine bekannte Tatsache, daß der Wasch- und Spülprozeß sehr häufig ein Trübwerden oder Ausbluten der alkaliempfindlichen sauren Wollfärbungen hervorruft; deshalb behandelt man die Stücke zur Fixierung der Farbstoffe und Wiederauffrischung der Nuance nach dem Waschen auf der Waschmaschine mit Essigsäure nach; enthält nun das Gewebe, besonders nach ungenügendem Spülen, Seifenrückstände, so werden diese in dem sauren Bad unter Abscheidung der freien Fettsäuren zersetzt — und hiermit ist die Möglichkeit eines *Heißwerdens* der Faser für den Fall gegeben, daß die Stücke nicht sofort nach beendeter Wäsche weiterverarbeitet werden können. Enthält nämlich die Seife Fettsäuren von hoher Jodzahl, so oxydieren sich diese, wenn die feuchten fettsäurehaltigen Stücke aufgetafelt unter Druck längere Zeit liegen bleiben. Eine übermäßige Erhitzung der Faser muß aber unter allen Umständen vermieden werden, da sie im allgemeinen mit einer Qualitätsverminderung des Gewebes verbunden ist.

Aus diesen Gründen darf die *Jodzahl* des Fettansatzes einer Textilseife *keinesfalls über 80 liegen*; je niedriger sie ist, um so eher werden die genannten Übelstände ausgeschaltet und um so geeigneter sind die Seifen für Spezialzwecke.

In diesem Zusammenhang muß allerdings darauf aufmerksam gemacht werden, daß auch eine Jodzahl unter 80 nicht immer ein absolut sicheres Kriterium für das Nichtvorhandensein von oxydationsfähigen Fettsäuren ist. Wenn nämlich Fettsäuren mit hoher und solche mit niedriger Jodzahl im entsprechenden Verhältnis gemischt werden, so kann die Jodzahl des Fettansatzes weit unter 80 liegen, ohne daß die Gefahr der Oxydation beseitigt ist.

Es ist an sich eine Selbstverständlichkeit, daß der Fettansatz der Textilseifen keine übelriechenden Abfall- oder gar Tranfettsäuren enthalten darf; wenn es auch gelingt, den schlechten Geruch einer Frischseife in geeigneter Weise zu überdecken, so dringt dieser in der Regel später wieder durch und macht sich besonders beim heißen Pressen der gewaschenen Stückware in unangenehmer Weise bemerkbar. Bei schlechtem Spülen kann den Textilien der Geruch so hartnäckig anhaften, daß sie unverkäuflich werden.

Da die Textilseifen in der Veredlung und Ausrüstung der alkaliempfindlichen Seiden- und Wollfaser eine hervorragende Rolle spielen, dürfen sie keinen nennenswerten Überschuß an *freiem Ätzalkali* enthalten. Wolle und Seide werden durch geringprozentige heiße alkalische Laugen zerstört und aufgelöst; aber auch schwächere Lösungen haben schon in der Kälte eine Schädigung der tierischen Faser zur Folge, die sich im ersten Stadium in einem Hart- und Brüchigwerden der Faser äußert. Aus diesem Grunde wird man den Überschuß einer Textilseife an freiem Ätzalkali auf ein Minimum reduzieren müssen. Völlig neutral dürfen die Seifen nicht sein, weil sie dann beim Lagern ranzig werden. Man wird also beide Forderungen berücksichtigen und einen Ausgleich schaffen müssen, indem man den zulässigen Höchstgehalt einer Textilseife an freiem Ätzalkali so bemißt, daß eine genügende Lagerbeständigkeit erreicht wird, ohne daß man eine Faserschädigung befürchten muß. Offizielle Vorschriften für die zulässige Höhe des Alkaliüberschusses in Textilseifen bestehen nicht; jedoch haben sich für die verschiedenen Seifenqualitäten gewisse Normen herausgebildet, deren Zahlenwerte im speziellen Teil bekanntgegeben werden sollen.

Die leichte *Löslichkeit* der Seife ist besonders für diejenigen textilen Arbeitsprozesse von Bedeutung, die in kalten Seifenflotten durchgeführt werden; so arbeitet man z. B. in der Stückwäscherei in Flotten von durchschnittlich 15—20°. Nur in Ausnahmefällen wird „warm" gewaschen, aber auch dann dürfte die Temperatur 30° kaum überschreiten, weil sonst neben der erhöhten Gefahr der Faltenbildung im Gewebe — besonders in sodahaltigen Waschflotten — eine Schädigung von Wollfaser und Wollfärbung eintreten kann. Je leichter also eine Seife löslich ist, um so langsamer wird sie sich während des Waschprozesses aus ihrer kalten wäßrigen Lösung ausscheiden und um so günstiger müssen dann auch Schaumvermögen und Wascheffekt der Seifenflotte sein. Eine leichte Löslichkeit ist weiterhin auch die Vorbedingung für die gute *Auswaschbarkeit,* d. h. eine möglichst restlose Entfernung der Seifenrückstände von der Faser. Bei gut löslichen Seifen kann der Spülprozeß schneller durchgeführt werden, ohne daß ein Zurückbleiben von Seifenresten auf der Ware zu befürchten ist. Textilseifen sollen sich bei der normalen Konzentration von 0,3—0,5% in destilliertem Wasser bei möglichst niedriger Temperatur (30—50°) *klar* lösen; entstehen Trübungen oder feine Niederschläge, wie sie besonders bei Wasch- und Walkseifen beobachtet werden, so müssen sich diese bei steigender Temperatur allmählich lösen, so daß die Seifenlösung zumindest nahe der Siedetemperatur völlig klar ist.

Als Maßstab für die *Reinheit* einer Textilseife gilt der „*Trübungspunkt*", worunter man die Temperatur versteht, bei der sich die klare Lösung einer vorgeschriebenen Menge Seife in einem bestimmten Quantum heißen destillierten (kohlensäurefreien) Wassers beim Abkühlen trübt. Je niedriger der Trübungspunkt liegt, um so reiner ist die Seife; denn sowohl die im Rohmaterial vorhandenen Fremdkörper (Schleim- und Eiweißsubstanzen) wie auch mechanische Verunreinigungen und vor allen Dingen die in jeder Seife immer noch vorhandenen fettsauren Kalk- und Magnesiaverbindungen erhöhen den Trübungspunkt. Bei der Auswertung der Bestimmung für die Qualitätsbeurteilung einer Seife ist auch noch die Abhängigkeit des Trübungspunktes vom Schmelzpunkt der Fettsäuren zu berücksichtigen. So müssen z. B. Walkkernseifen, zu deren Herstellung Fettsäuren mit hohem Titer herangezogen werden, zwangsläufig auch einen höheren Trübungspunkt zeigen, ohne daß hierdurch die Brauchbarkeit der Seifen herabgemindert wird.

Auch in textilen Verbraucherkreisen hat man in den letzten Jahren dem „Trübungspunkt" eine erhöhte Beachtung geschenkt, wobei man allerdings dessen tatsächliche Bedeutung häufig überschätzt. Im Gegensatz zu der allgemein verbreiteten Auffassung, daß Seifen mit hohem Trübungspunkt auf der Ware schmierige Rückstände hinterlassen sollen, hat RISTENPART[1] nachgewiesen, daß die Faser aus einer Seifenlösung mit hohem Trübungspunkt nicht mehr aufnimmt als aus einer solchen mit einem niedrigen Trübungspunkt. Ebenso irrig ist die Annahme, daß die Waschwirkung der Seife durch einen ungünstigen Trübungspunkt beeinträchtigt wird; diese wird vielmehr durch den Gehalt der Waschflotte an Seife und durch die Temperatur bestimmt. Der textile Verbraucher soll deshalb keine übertriebenen Forderungen an die Höhe des Trübungspunktes von Wasch- und Walkseifen stellen, da er für die Qualitätsbeurteilung dieser Spezialseifen von untergeordneter Bedeutung ist. Nur bei der Marseillerseife ist aus später zu besprechenden Gründen ein niedriger Trübungspunkt anzustreben.

Die Reinheit der Seife setzt auch die *Abwesenheit unerwünschter Elektrolyte* voraus; während Soda, Natriumbicarbonat, Natriumtriphosphat, Wasserglas usw. überhaupt nicht vorhanden sein dürfen, wird für den unvermeidlichen Kochsalzgehalt als erlaubte Höchstgrenze 0,2—0,3% angegeben.

B. Die verschiedenen Verwendungen.

Von **M. KEHREN**, M. Gladbach.

Überall dort, wo es sich um die Ausrüstung hochwertiger und empfindlicher Fasermaterialien handelt, werden *Olivenölseifen* bevorzugt, weil sie wegen des sehr niedrigen Gehalts dieses Öles an höher ungesättigten Säuren und des hohen Ölsäuregehaltes die sicherste Gewähr für eine einwandfreie Qualität bieten; denn der textile Verbraucher stellt an die Olivenölseife, die fast ausschließlich als „grüne Marseillerseife"[2] im Handel ist, so hohe Anforderungen, daß der Seifensieder diesen nur durch eine sorgsame Auswahl der Rohfette und eine vorsichtig durchgeführte Siedeweise gerecht werden kann. Hieraus darf aber nicht der Schluß gezogen werden, daß nun die Marseillerseife eine Monopolstellung einnimmt; denn trotz bestimmter Vorzüge eignet sie sich noch lange nicht für alle Ausrüstungsprozesse und kann außerdem in zahlreichen Fällen durch billigere und trotzdem hochwertige Textilkernseifen ersetzt werden.

Als Hauptverwendungsgebiet ist der Marseillerseife von jeher das gesamte Gebiet der Veredlung der Naturseide vorbehalten geblieben, so daß man auch bei der Herstellung dieser Spezialseife auf die Belange der Seidenindustrie weitgehende Rücksicht nehmen mußte.

α) *Seifen zur Seidenentbastung.*

Das kostbarste Fasermaterial, die Seide, besteht aus der eigentlichen reinen Seidenfaser, dem Fibroin, welches von dem gelblich gefärbten Bast, dem Serizin, umgeben ist. Die Rohseide wird infolge ihres harten Griffes und ihres glanzlosen Aussehens nur selten im rohen Zustand (als Ecruseide) verarbeitet; man entfernt in der Regel den Bast, wodurch die Seide erst ihren schönen Glanz und ihre anderen wertvollen Eigenschaften erhält. Dieses sog. „Entbasten" erfolgt durch Abkochen der gehaspelten Seide in einem neutralen *Seifenbade.*

Das möglichst kurze Bad (20—25fache Flottenmenge) wird mit 35—40% Seife (auf das Gewicht der Seide berechnet) beschickt. In die ca. 90—95° heiße Seifenlösung

[1] Die Bedeutung des Trübungspunktes für die Waschwirkung der Seife. Deutscher Färberkalender 1929, S. 152ff.

[2] Die „weiße" Marseillerseife, auch weiße Olivenölseife oder „weiße Bariseife" genannt, wird infolge der hohen Olivenölpreise nur noch wenig verlangt. In früherer Zeit waren die Hauptkonsumenten die Seidengarnfabriken, soweit sie blendend weiße Seiden herstellten.

wird die Seide vorsichtig eingehängt und etwa 1—1$^1/_2$ Stunden behandelt. Das heiße Seifenbad greift das Fibroin nicht an, da dieses jedoch sehr empfindlich gegen äußere mechanische Einwirkungen ist, darf die Seide während des Entbastungsprozesses nur vorsichtig und schonend hin- und herbewegt werden. Unter besonderen Umständen, z. B. bei starkem, fest anhaftendem Bast oder auch dann, wenn die Seide in zarten, hellen Nuancen ausgefärbt werden soll, ist noch ein zweites Seifenbad, ein Repassierbad, erforderlich. Die beim ersten Abkochprozeß zurückbleibende Seifenlauge, die den gesamten Bast gelöst enthält, ist die sog. *Bastseife*, die beim Färben Verwendung findet. (Färben der Seide in einem mit Essigsäure oder Schwefelsäure gebrochenen Bastseifenbad.)

Von der Marseillerseife verlangt man zunächst möglichst weitgehende *Neutralität*, da schon Spuren von freiem Alkali die zarte Seidenfaser angreifen und verfilzen sollen; im allgemeinen läßt die Seidenindustrie einen Gehalt von 0,03% freiem Ätzalkali (auf NaOH berechnet) zu. Aber die Forderung nach einer niedrigen Neutralität darf nicht überspannt werden, damit die Haltbarkeit der Seifen nicht zu sehr beeinträchtigt wird. Aus diesem Grunde war die Heraufsetzung des erlaubten Höchstgehaltes auf etwa 0,05—0,1% zu begrüßen, da hierdurch eine größere Sicherheit gegeben ist, daß die Seifen auch bei längerer Lagerzeit nicht durch Kohlensäure zersetzt und ranzig werden, ohne daß die Gefahr der Schädigung der Faser allzu groß ist.

Aus der Erfahrung, daß sich die Seifenreste beim Spülen leichter von der Seidenfaser entfernen lassen, wenn sich die Seife schon bei niedriger Temperatur (40—50°) klar in destilliertem Wasser löst, und ferner aus der Tatsache, daß bei der Behandlung der Seidenstränge im Seifenbad ein Verkleben des überaus zarten Seidenfadens unter allen Umständen vermieden werden muß, ergibt sich die Forderung nach einer *leichten und klaren Löslichkeit*, zumal diese auch gleichzeitig Vorbedingung für einen *niedrigen Trübungspunkt* ist, der von einer guten Marseillerseife ebenfalls verlangt wird. Die besten Marseillerseifenqualitäten haben in der Regel einen „Trübungspunkt" von 23—30°.

Seifen mit Zusätzen von Harz oder von irgendwelchen Füllstoffen sind für die Seidenentbastung unbrauchbar.

Mit der Vornahme der Entbastung im heißen Seifenbad und der verschiedenen Abkochverfahren in Spezialfällen (z. B. Abkochen von Ecruseide und von vorerschwerter Seide, Halbseiden- und Wollseidenentbastung, Chappe-Abkochung) sind die Verwendungsmöglichkeiten der Marseillerseife in der Seidenindustrie noch lange nicht erschöpft. Denn es gibt kaum eine Operation in dieser vielseitigen Veredlungsindustrie, bei der die Seife entbehrt werden kann.

Wenn ein reines Weiß oder helle, klare Farbtöne verlangt werden, ist nach der Entbastung eine *Bleiche* erforderlich. Erfolgt der Bleichprozeß durch „Schwefeln", so zieht man die Seide durch ein kaltes, fettes Seifenbad, bevor man sie über Nacht in die Schwefelkammer einhängt. Nach beendetem Bleichprozeß spült man aus und seift im warmen Bade nach.

Bleicht man mit Wasserstoffsuperoxyd im schwach alkalischen Bad oder mit Natriumsuperoxyd in schwefelsaurer Flotte, so muß ebenfalls nach der Bleiche kochend geseift werden; von sehr günstiger Wirkung auf den Bleicheffekt ist auch ein direkter Zusatz von 5—10 g Marseillerseife pro Liter des wasserglashaltigen Wasserstoffsuperoxydbades. Auch verschiedene Prozesse der „Seidenbeschwerung" werden im allgemeinen mit Seifenbädern beendet, so z. B. die Mineralbeschwerung mit Chlorzinn allein oder in Verbindung mit Natriumphosphat, schwefelsaurer Tonerde und Wasserglas (Zinnphosphatsilikat); bei der vegetabilen Beschwerung mit gerbstoffhaltigen Substanzen dürfen die Seifenbäder nicht zu stark angesetzt werden, da sonst die Beschwerung teilweise wieder abgezogen wird.

Von den verschiedenen in der *Seidenfärberei* gebräuchlichen Färbemethoden erfordern nur zwei eine direkte Verwendung von Seife. Bestimmte substantive, basische und saure Farbstoffe ziehen im „fetten Seifenbad" auf die Seide: man färbt in einem gut stehenden, schäumenden Seifenbad (10—12 g Marseillerseife pro Liter) $^1/_2$—$^3/_4$ Stunde, spült und aviviert. Unbeschwerte Seide kann mit einer Reihe von substantiven Farbstoffen im „leichten Seifenbad" (2—3 g Seife pro Liter unter gleichzeitigem Zusatz von Glaubersalz) gefärbt werden. Über das Seifen von Küpenfärbungen wird unter „Baumwolle" im nächsten Abschnitt ausführlicher berichtet; an dieser Stelle soll nur kurz darauf hingewiesen werden, daß von den Küpenfarbstoffen hauptsächlich diejenigen auf Seide gefärbt werden, die nur einen geringen Alkalizusatz erfordern. Auch die auf der Seidenfaser diazotierten und entwickelten substantiven Farbstoffe, weiterhin die nachchromierten oder auf vorgebeizter Seide durchgeführten Färbungen und vor allen Dingen die Naphthol-Färbungen müssen zur Erhöhung der Echtheitseigenschaften nachträglich kochend heiß geseift werden.

Zahlreiche Farbstoffe aus der Reihe der substantiven, sauren und basischen Farbstoffe werden in einem mit Schwefelsäure, Essigsäure oder Ameisensäure „gebrochenen Bastseifenbad" gefärbt, wobei nur eine Lösung des Bastes in einer reinen Seifenflotte brauchbar sein soll, während die mit Ersatzprodukten erhaltenen Bastlösungen sich für den genannten Zweck nicht eignen.

β) *Seifen in der Baumwollindustrie.*

Auch für diejenigen Ausrüstungs- und Nachbehandlungsmethoden der *Baumwollindustrie*, die unter Verwendung von Seife vor sich gehen, beansprucht der textile Verbraucher häufig Marseillerseifen hochwertiger Qualität; obwohl dem Baumwollausrüster in vielen Fällen auch billigere Kernseifen mit etwas größerem Spielraum für die Grenzwerte genügen dürften, hat er die außerordentlich hohen Anforderungen übernommen, die die Seidenindustrie an die Qualität der Olivenölseifen zu stellen pflegt.

In erster Linie bieten die „Baumwollechtfärberei" und die „Gewebedruckerei" der Seife ein umfangreiches Anwendungsgebiet.

Helle und diffizile Nuancen substantiver Färbungen werden zweckentsprechend in langer Flotte bei ca. 40—60° gefärbt, wobei man je nach der Art der Farbstoffe einen Salzzusatz entweder ganz vermeidet oder zumindest stark reduziert. Statt dessen gibt man 2—3% Marseillerseife zum Färbebad, welche das Aufziehen des Farbstoffes verlangsamt und dadurch egalisierend wirkt; außerdem fördert ein Seifenzusatz ein gutes Durchfärben schwer durchzufärbender Ware.

In gleicher Weise können hochwertige merzerisierte Garne mit direkten Farbstoffen im Seifenbad gefärbt werden.

Hauptsächlich aber dienen heiße Seifenlösungen mit 2 bis höchstens 5 g Seife im Liter zur *Nachbehandlung* von Färbungen; die Eigenschaften bestimmter Färbungen sind sogar direkt abhängig von einer Seifennachbehandlung. Ganz allgemein erzielt man durch das sog. „Seifen" nicht nur eine lebhaftere und klarere Nuance, sondern man erreicht vor allen Dingen auch eine wesentliche Verbesserung der Echtheitseigenschaften.

In erster Linie müssen sämtliche *Indanthren*- und die sonstigen Küpenfärbungen kochend geseift werden, da erst hierdurch der klare, reine Farbton und die hervorragende Echtheit voll entwickelt werden. Ebenso unerläßlich ist eine gründliche Seifennachbehandlung sämtlicher *Naphthol*-Färbungen (Grießheimer Entwicklungsfarben). Nach mehrmaligem Spülen der fertigen Färbung seift man kochend $^1/_2$ Stunde mit 1—2 g Soda und 2—3 g Marseillerseife im Liter. Durch den Seifprozeß, der nach Möglichkeit durch eine mechanische Behandlung unterstützt werden sollte, erreicht man zunächst eine Verbesserung der *Reibechtheit*; außerdem erhalten die Färbungen im kochenden Seifenbad eine erhöhte *Licht- und Chlorechtheit*.

Von sehr wesentlicher Bedeutung ist das Seifen in der *Türkischrotfärberei*, bei der das sog. „Avivieren" den Färbeprozeß beschließt. Hierunter versteht man ein mehrstündiges Kochen der gefärbten Partien in einer Seifenlösung unter Druck. Der zunächst braunrote Ton des Farblackes wird hierbei in die bekannte leuchtende Nuance des Türkischrots übergeführt. Beim Neurotverfahren tritt an die Stelle der ca. 4stündigen Behandlung im Avivierkessel ein 2stündiges Dämpfen bei 1 at Druck.

Sehr geschätzt sind infolge ihrer hervorragenden Licht-, Wasch- und Wetterechtheit die nach den verschiedenen Verfahren hergestellten *Anilinschwarz*-Färbungen; durch eine Seifenpassage kann die Lebhaftigkeit des Anilinschwarz erhöht werden, wobei gleichzeitig das nicht genügend fixierte überschüssige Pigment abgezogen wird. Beim Färben von Baumwollstranggarn im Einbadverfahren ist ein gründliches Seifen bei Kochtemperatur sogar Bedingung.

Zur Erzeugung von unlöslichen *Azofarben* (Eisfarben) auf der Faser empfiehlt es sich, die Färbung nach vollzogener Kuppelung kalt zu spülen und dann bei ca. 50—60° 10—15 Minuten zu seifen; Stückware *muß* kochend geseift werden. Strenggenommen sollten überhaupt alle diazotierten und entwickelten Färbungen geseift werden, damit der der Faser lose anhaftende Farbstoff entfernt und dadurch eine Verbesserung der Echtheit erreicht wird.

Nicht unerwähnt bleiben darf, daß ein lauwarmes bis heißes Seifen eine gewisse Lebhaftigkeit und Reinheit von Färbungen mit *Schwefelfarbstoffen* zur Folge hat.

Aus den gleichen Gründen ist auch in den *Stoffdruckereien* als Abschlußoperation ein Seifen der bedruckten Stückware erforderlich, da die auf der Faser fixierten Indanthrene, Naphthole usw. erst durch eine Behandlung im kochenden Seifenbad Reinheit der Nuance und Echtheit erhalten. Weiterhin entfernt die Seifenpassage einen eventuellen Überschuß an Druckfarbe und vor allen Dingen die in den Druckmassen vorhandenen Verdickungsmittel; hierdurch treten nicht nur die Farbtöne selbst, sondern auch das in der Ware vorhandene Weiß klarer und frischer hervor.

γ) *Seifen für die Kunstseidenfärberei.*

Zum Färben von *Kunstseide* kommen fast alle für Baumwolle üblichen Färbeverfahren in Betracht, da die Kunstseiden als regenerierte Cellulosen (mit Ausnahme der Acetatseide) der Baumwolle nahe verwandt sind. Die gefärbten Kupfer- oder Viskosekunstseiden werden demnach auch den gleichen Nachbehandlungsmethoden unterzogen. Allerdings müssen für das Seifen der fertigen Färbungen Konzentration und vor allen Dingen Temperatur der Seifenlösungen reduziert werden, da die künstliche Faser besonders im nassen Zustand wesentlich empfindlicher ist als eine Naturfaser. Man seift z. B. nach dem Färben mit Diazotierungsfarbstoffen nur bei ca. 50° C; eine Anzahl von Naphthol-AS-Kombinationen in mittleren und dunkleren Tönen darf keinesfalls über 60° C geseift werden, weil die Färbungen sonst unansehnlich und blind werden. Eine Ausnahme bildet die Acetatseide, die sich als Cellulose-Essigsäure-Ester färberisch ganz anders verhält als Baumwolle; man färbt die Spezialfarbstoffe, ausgenommen die Cellit- und Cellitechtfarben, in einem leicht schäumenden Seifenbad, das bis 3 g Seife pro Liter enthält; die Cellitazolfärbungen erfordern zudem noch ein nachträgliches warmes Abseifen. Auch bei der Ausrüstung der verschiedenartigen kunstseidehaltigen Mischgewebe sind Zusätze von Seife zu den Farb- oder Waschflotten erforderlich, deren Zusammensetzung der Eigenart der Gewebe angepaßt wird.

δ) *Appreturseifen.*

Zahlreiche Baumwollartikel erhalten durch eine rein mechanische Ausrüstung — wie Rauhen, Kalandern usw. — oder durch eine kombinierte mechanisch-chemische Behandlungsweise bestimmte Eigenschaften, welche den verschiedenartigen Warenqualitäten ihren besonderen Charakter verleihen. Im vorliegenden Zusammenhang interessieren nur diejenigen Methoden der „Appretur", die mit der Verwendung von Seife verbunden sind. — Die „versteifend wirkenden" Appreturmittel Stärke, Dextrin, Leim usw. würden, für sich allein verwendet, die Ware zu hart und brettig machen, weswegen der Appreturmasse seifenartige Produkte (Türkischrotöle u. dgl.) zugesetzt werden, die einen geschmeidigeren Griff gewährleisten. Als besonders vorteilhaft hat sich ein Seifenzusatz zur Appretur bei der Ausrüstung gerauhter Artikel erwiesen. Textilbetriebe, die doppelt gerauhte gebleichte Gewebe (Velours) mit einem besonders schönen, weichen Griff herausbringen wollen, scheuen nicht die Kosten eines kräftigen Seifens der Stückware auf dem Jigger nach beendetem Bleichprozeß.

In Spezialappreturen kann die Seife auch eine ausschlaggebende Rolle spielen, wie z. B. bei der „wasserdichten Imprägnierung". Zur Herstellung wasserdichter Gewebe sind in der Textilindustrie die verschiedensten Verfahren üblich. Eine weitverbreitete Methode ist die Behandlung von Stückware auf einem Jigger mit einer Seifenlösung von ca. 60° C (5 g Marseillerseife pro Liter), der nach dem Abquetschen auf einem zweiten Jigger eine Nachbehandlung mit essig- oder ameisensaurer Tonerde folgt. Hierdurch wird auf der Faser eine unlösliche Metallseife (Aluminiumseife) gebildet, welche die Poren verklebt und das Gewebe in ausreichender Weise wasserdicht macht.

Wertvolle Dienste leistet die Seife auch beim Ansetzen der Appreturmassen, wobei ihr die Aufgabe zufällt, in Wasser unlösliche Substanzen — wie Fette, Öle oder Wachse — in feinster Verteilung, in Emulsion, zu halten; auf diese Weise erhält man eine homogene Masse, die ohne besondere Schwierigkeiten gleichmäßig auf ein Gewebe aufgetragen werden kann.

Zur Kunstseidenappretur gehören sowohl das „Avivieren“ wie auch das „*Mattieren*“ der Faser. Soll die Kunstseide aviviert werden, d. h. den bekannten krachenden Seidengriff erhalten, so ist dieser Effekt durch eine Behandlung mit organischen Säuren zu erreichen, nachdem man im Seifenbad gefärbt oder zuvor eine besondere Seifenpassage gegeben hat. Durch das Mattieren nimmt man den Kunstseiden den oft unerwünschten hohen Glanz, der sie vor den Naturfasern kennzeichnet. Behandelt man die Acetatseide ca. 1 Stunde in einem kochend heißen Seifenbad (5—10 g Seife pro Liter), so erzielt man einen wäschebeständigen Matteffekt.

Man bevorzugt auch für Appreturzwecke wieder die Marseillerseife und — wenn es sich um die Appretur von Weißwaren handelt — weiße oder zumindest hellgelbe Kernseifen, deren Fettansatz frei von unangenehm riechenden, dunkel gefärbten Fettsäuren sein und eine niedrige Jodzahl aufweisen muß. Oxydieren sich nämlich auf einem gebleichten Gewebe befindliche, aus hochungesättigten Fettsäuren hergestellte Seifen, so erhält die Ware nicht nur einen schlechten ranzigen Geruch, sondern es tritt auch ein „Vergilben“ des Weißes ein, das sich besonders schnell nach heißem Bügeln bemerkbar macht. Für Spezialappreturen von Baumwollweißwaren werden Seifen verlangt, deren Fettsäuren *eine Jodzahl unter 18 haben müssen.*

ε) *Seife für Beuche und Bleiche.*

In der Bleicherei der pflanzlichen Faserstoffe kommen der Seife keine wichtigen Funktionen zu. Vor der Bleiche der Baumwolle ist ein Abkochen erforderlich, wenn Wert auf ein gründliches Auslaugen der Schmutzstoffe und ein Erweichen der Baumwollschalen gelegt wird. Dieses Abkochen erfolgt im „Beuchprozeß“ in der Weise, daß die Bleichware in einer alkalischen Flotte 5—6 Stunden im Hochdruckkessel oder neuerdings auch in offenen Behältern gekocht wird. Durch die Wirkung des Alkalis werden zunächst die alkalilöslichen Faserverunreinigungen entfernt; von einer Verwendung der „Harzseifen“ als Zusatz zur Beuchflotte, denen man früher eine besondere Emulgier- und Bleichwirkung zuschrieb, ist man völlig abgekommen, da den normalen Ölseifen die gleichen Eigenschaften zuzusprechen sind. Mit einem Seifenzusatz will man ganz allgemein das Emulgieren des nur teilweise verseifbaren Baumwollwachses sowie der schwer entfernbaren Schmutzstoffe fördern, wodurch Ersparnisse an Lauge und eine Verkürzung der Kochzeit erreicht werden sollen. Eine wesentliche Verbesserung der Emulgierfähigkeit der Kochflotte für Baumwollwachs und ölige Verunreinigungen scheinen jedoch nicht einmal besondere Zusätze von Beuchölen bewirken zu können.

Während die Seife trotz einer zweifellos günstigen Wirkung nur selten der Beuchflotte zugesetzt wird, dient sie häufiger zur Nachbehandlung der fertig gebleichten Baumwollfaser. So können z. B. rein weiße Garne zur Erzielung eines weichen Griffes nach beendetem Bleichprozeß auf der Kufe warm geseift werden, womit gleichzeitig ein Bläuen oder Stärken verbunden wird. Auch Stückware kann in besonderen Fällen nach der Bleiche mit einer warmen Seifenlösung nachbehandelt werden. Bei der Fabrikation von Verbandwatte wird die gebleichte Cellulose als Abschlußoperation durch warmes Seifen mit 3% Kernseife und nachfolgendem Absäuren „griffig“ gemacht. Die Behandlung der geseiften Faser mit einer organischen Säure bezweckt die Abscheidung freier Fettsäure, die den bekannten „krachenden Griff“ erzeugt. Das den gleichen Zweck verfolgende Avivieren der Textilien nach dem Färben wird in der gleichen Weise vorgenommen.

Auch in der *Kunstseiden*-Bleicherei empfiehlt sich ein heißes Seifenbad als Nachbehandlung, nachdem die Faser sorgfältig gespült und mit Bisulfit oder Antichlor von den letzten Chlorspuren befreit worden ist. Wertvolle Dienste leistet die Seife beim Bleichen von kunstseidehaltigen Mischgeweben oder von kunstseidener Stückware. Ist die Kette mit der bekannten Leinöl-Wachs-Präparation geschlichtet worden, so ist zu deren Entfernung vor der Bleiche nach WELTZIEN ein 24stündiges Einlegen in eine Seifenlösung erforderlich, die außer Soda noch einen geeigneten Fettlöser enthalten muß; im Anschluß hieran erfolgt ein Abkochen mit 5—20 g neutraler Seife.

Bei der schwer zu bleichenden *Leinenfaser* kann eine Mitverwendung von Seife beim Beuchen von Vorteil sein. Außerdem werden während der Leinen-Stück-Bleiche an geeigneten Stellen Seifprozesse eingeschaltet, die fördernd auf den nur langsam verlaufenden Bleichvorgang einwirken. Bekannt ist vor allen Dingen die Behandlung der Leinengewebe auf dem „Seifenhobel". Hierunter versteht man eine mechanische Bearbeitung des mit Schmierseifenlösung durchtränkten Gewebes auf einer Art Waschbrett, wodurch die trotz der Beuche immer noch vorhandenen holzigen Teilchen entfernt werden sollen.

An Kernseifen, die Beuch- oder Bleichzwecken dienen sollen, werden die üblichen Anforderungen gestellt; schlecht riechende Abfallfettsäuren dürfen im Fettansatz nicht vorhanden sein, da sich diese in unangenehmer Weise bemerkbar machen können, wenn Seifenreste in der gebeuchten Ware zurückgeblieben sind. Ein eventueller Alkaliüberschuß der Seife stört den Beuchprozeß nicht, da dieser an sich schon eine stark alkalische Flotte benötigt. Ganz allgemein bevorzugt man für die Nachbehandlung gebleichter Textilien Marseillerseife, es eignet sich aber für diesen Zweck auch jede andere hellfarbige Textilkernseife.

ζ) *Seifen für Wollwäscherei, -bleicherei und -färberei.*

Die Rohwolle muß vor der weiteren Verarbeitung vom natürlichen Wollschweiß (d. h. dem eigentlichen Wollfett und den Wollschweißsalzen) sowie von den der Faser mechanisch anhaftenden Schmutzanteilen befreit werden.

Die Entfernung der Wollschweißsalze kann als erste Operation durch Auslaugen mit Wasser in der sog. Vorwäsche vorgenommen werden, worauf dann in lauwarmen alkalischen *Seifenbädern* die spezielle Wollwäsche — die Entfettung — erfolgt.

Größere Betriebe bedienen sich zur Wollwäsche eines „Leviathans", der ein System darstellt, das die verschiedenen Prozesse des Einweichens, Abquetschens, Entfettens und Spülens in einer kontinuierlichen Maschine vereinigt. In der Regel enthalten die drei ersten Bottiche eine *Seifen*-Soda- oder auch eine Seifen-Pottasche-Lösung zum Einweichen und Entfetten, in den weiteren Bottichen wird gespült.

Die Konzentration der Waschlaugen ist nicht einheitlich, sie richtet sich nach dem schwankenden Gehalt der Rohwollen an Wollfett und sonstigen Verunreinigungen. Da die Wollfaser sehr alkaliempfindlich ist, empfiehlt es sich, mit einem Minimum an Alkalicarbonaten zu waschen, denn ein Überschuß an Soda oder Pottasche kann Festigkeit und Elastizität des Wollhaares so beeinträchtigen, daß eine Weiterverarbeitung unmöglich wird. Bei höheren Temperaturen der Waschlaugen verändern aber auch schon geringfügige Alkalimengen die äußere Schicht der Wollfaser so stark, daß Spinn- und Walkfähigkeit herabgesetzt werden. Aus diesem Grunde ist bei der Wollwäsche nicht nur der Alkalizusatz genau zu bemessen, sondern der Waschprozeß selbst muß zur Schonung der Wollsubstanz bei möglichst niedriger Temperatur (40—45° C) vorgenommen werden.

Als Wollwaschseifen bevorzugt man entweder möglichst neutrale Natronkernseifen mit hohem Schaumvermögen oder, besonders in letzter Zeit, die Kalischnitzelseifen; die Neutralität sollte nach früheren Forderungen 0,03% (auf NaOH berechnet) nicht übersteigen. Berücksichtigt man aber, daß den Waschflotten stark alkalisch reagierende Soda oder Pottasche zugegeben wird, so war auch hier im Interesse der besseren Haltbarkeit der Seifen ein größerer Spielraum für den zulässigen Höchstgehalt an freiem Alkali wünschenswert. Selbst bei dem Alkaliüberschuß einer Seife von 0,1% wird die Alkalität einer bereits sodahaltigen Waschflotte nur ganz unwesentlich erhöht, so daß keinerlei Faserschädigungen zu befürchten sind.

Auch bei weiteren, an die Wäsche sich anschließenden Veredlungsoperationen kann die Seife nicht entbehrt werden.

So wird z. B. die Wolle vor der Bleiche mit schwefliger Säure durch ein schwaches Seifenbad genommen; die während des Bleichprozesses auf der Faser sich bildenden Umsetzungsprodukte des Naturfarbstoffes müssen durch eine sorgfältige Behandlung in einem alkalischen, seifenhaltigen Spülbad entfernt werden, da sonst ein schnelles Vergilben des Bleichgutes eintritt.

Ein heute weniger gebräuchliches Färbeverfahren ist die Herstellung der sog. Schwefelfarben auf Wolle, d. h. zarter Farbtöne auf Phantasiegarnen, Zephirgarnen usw. Die zu diesem Zweck geeigneten Farbstoffe färbt man im Seifenbad bei Temperaturen von 40—50° C und schwefelt im Anschluß hieran in der Schwefelkammer.

Ebenso hat auch die Bedeutung der „Seidenwolle" wesentlich abgenommen, zu deren Herstellung ein vorsichtiges Chloren mit Chlorkalk oder Chlorsoda mit nachfolgendem leichtem Seifen (0,5 kg Seife in 100 l Wasser) und Absäuren erforderlich war.

η) *Wasch- und Walkseifen.*

Die vom Webstuhl kommende Rohware wird in den seltensten Fällen direkt dem Verbraucher zugeführt; baumwollene, halbwollene und reinwollene Damen- und Herrenkleiderstoffe werden erst durch eine besondere „Ausrüstung" verkaufsfertig gemacht. Von den verschiedenartigsten Ausrüstungsprozessen interessieren im vorliegenden Zusammenhang nur diejenigen der Naßappretur, die mit einer Verwendung von *Seife* verbunden sind — das *Waschen* und *Walken.*

Durch das Waschen wird die Stückware von allen Verunreinigungen befreit, die im Fasermaterial selbst liegen oder die während des Fabrikationsprozesses auf das Gewebe gelangt sind. Zu den letzteren gehören vor allen Dingen Öle oder Fettsäuren, mit denen die Fasern für den Reiß- und Spinnprozeß gefettet werden. Reinwollene Streichgarne enthalten selten mehr als 6—7% Olein; der Fettgehalt der kunstwollhaltigen Streichgarne liegt wesentlich höher, da nicht nur die Lumpen in den Kunstwollfabriken vor dem Reißen mit Olein eingefettet werden, sondern auch die fertig gemischte Spinnpartie vor dem Verspinnen nochmals mit einer wäßrigen Oleinemulsion „geschmälzt" werden muß. Je nach der Qualität und Art der Garne kann der Fettgehalt bis 15% ansteigen; in Ausnahmefällen sind in Mischgarnen belgischer Herkunft sogar bis 20% gefunden worden. Im Gegensatz hierzu fettet man Kammgarne vor dem Verspinnen mit einem bedeutend geringeren Prozentsatz ($^1/_2$—1%) eines emulgierten Olivenöles oder Erdnußöles von niedriger Säurezahl. In billigeren Mischgeweben findet sich häufig Mineralöl vor, das entweder aus minderwertigen Schmälzen stammt oder durch Verarbeiten der sog. Fettabfälle in die Ware hineinkommt.

Handelt es sich um hochgefettete oleinhaltige Streichgarnartikel, so kann der Auswaschprozeß unter alleiniger Verwendung von Soda oder Ammoniak[1] durchgeführt werden; in diesem Falle wird nämlich die für den Reinigungsprozeß erforderliche Seife durch die Neutralisation der Fettsäuren mit dem Alkali gebildet. Wenn schwach gefettete Streichgarnartikel oder neutralölhaltige Kammgarnstückwaren gewaschen werden sollen, wird man außer dem Alkali noch eine ausreichende Menge Seife zusetzen müssen, damit die Waschflotte die erforderliche Schaumfähigkeit besitzt. Die Seife emulgiert außer den Schmutzteilchen auch kleinere Mengen von schwer verseifbaren Neutralölen und die selbst in den besten Oleinen immer vorhandenen „unverseifbaren Anteile". Mineralöle können dagegen im normalen Seifen-Soda-Waschprozeß nicht aus den Stücken herausgewaschen werden; zu ihrer restlosen Entfernung ist die Anwendung besonderer *Fettlöser* erforderlich.

Diese in großer Zahl im Handel befindlichen, meist flüssigen oder schmierseifenartigen, auf Seifen- oder Sulforizinatgrundlage aufgebauten Spezialprodukte (vgl. S. 495) enthalten die verschiedensten aliphatischen und aromatischen, auch chlorierte und hydrierte Kohlenwasserstoffe und Phenole usw. Feste kohlenwasserstoffhaltige Kernseifen haben vorerst keinen Eingang in die textilen Stückwäschereien gefunden; sie

[1] Die etwas teurere Ammoniak-Wäsche hat vor der Soda-Wäsche zunächst den Vorzug, daß Ammoniak selbst im Überschuß die alkaliempfindliche Wolle nicht schädigt; außerdem setzt es sich schneller mit dem Olein zu einer leicht löslichen Seife um.

werden aber zweifellos Bedeutung gewinnen, wenn es gelingen sollte, die hydrierten Phenole oder Kresole zu verbilligen oder billige geruchsschwache oder wenigstens nicht direkt unangenehm riechende Kohlenwasserstoffe herzustellen, wie sie vor mehreren Jahren in bestimmten, leicht zu reinigenden Tieftemperaturölen zur Verfügung standen. Die Gewinnung derartiger Öle ist mittlerweile eingestellt worden, weil der anfallende Koks nicht verkauft werden konnte.

Bestimmte Warengattungen müssen *gewalkt* werden, sofern sie eine dicht geschlossene Filzdecke erhalten sollen; in der Regel erfolgt der Walkprozeß unter der Einwirkung einer verfilzend wirkenden Seifenlösung[1], wodurch die Faser gleichzeitig schlüpfrig gemacht und damit widerstandsfähiger gegenüber der mechanischen Bearbeitung wird. Je nach der Art der Ware wird entweder vor der Wäsche oder erst nachher gewalkt; billige Artikel walkt man häufig vorher in der sog. „Fett- oder Schmutzwalke", um einen Arbeitsprozeß zu sparen, da die Stücke nach beendeter Verfilzung mit dem Gerber der Walke in der Nachwäsche rein gewaschen werden können. Enthalten die Stücke genügend Olein, so setzt man der Waschflotte zur Seifenbildung eine ausreichende Menge Sodalösung zu, andernfalls ist noch ein besonderer Seifenzusatz erforderlich. Bessere Ware wird nur dann im Schmutz gewalkt, wenn es aus bestimmten Gründen angebracht ist; hellgrundige diffizile Artikel müssen vorher gewaschen werden, damit nicht der beim Walken sich bildende schmutzige konzentrierte Gerber die zarten Nuancen trübt. Ein Entgerbern vor der Walke wird in vielen Fällen auch aus dem Grunde vorgenommen, weil Fachleute die Meinung vertreten, daß der eigentliche Walkeffekt erst nach der Entfernung des Schmutzes und der Fette von der Faser eintreten würde.

Nach der Ansicht der Theoretiker sollte ein prinzipieller Unterschied zwischen *Wasch-* und *Walkseifen* gemacht werden; als Waschseifen müßten Seifen mit niedrigem „Spinnpunkt" bevorzugt werden, damit die Waschflotte bei den niedrigen Temperaturen nicht gelatiniert und an Waschwirkung einbüßt. Im Gegensatz hierzu wäre für die Walke ein möglichst zähflüssiger Seifenleim erforderlich, weswegen man die Walkseifen zur Erzielung eines hohen Spinnpunktes nur aus einem Fettsäuregemisch mit hohem Titer herstellen sollte. Im allgemeinen kennt der Praktiker diese feinen Unterschiede nicht; er arbeitet in den weitaus meisten Fällen in der Wäscherei und Walkerei mit der gleichen Seife *in verschiedenen Konzentrationen*. Während für das Entgerbern eine 2—2,5%ige Seifenlösung angesetzt wird, von welcher man der sodahaltigen Waschflotte 1—2 Eimer pro Stück zugibt, walkt man in der Regel mit hochviskosen Seifenlösungen, die bis 8% Seife gelöst enthalten. Die Auffassung, daß man für eine Walke ausschließlich Seifen mit *hohem* Spinnpunkt verwenden soll, muß insofern eine Einschränkung erfahren, als bestimmte Warenqualitäten auch mit dünnflüssigen Seifenlösungen aus Seifen mit niedrigem Spinnpunkt gewalkt werden. Wenn man einen mehr oberflächlichen Filz erreichen will, empfiehlt sich eine schnelle trockenere Walke mit einer möglichst zähflüssigen Seifenlösung; soll der Filz jedoch kernig sein (Kernfilz) und tief in ein dichtes Gewebe eindringen, so muß länger gewalkt und die Walknahrung nasser und reichlicher gehalten werden.

Das ausgezeichnete „Filzvermögen" der Seife sichert ihr einen unbestreitbaren Vorzug vor zahlreichen modernen Textilhilfsmitteln. Um aber die hervorragende Kalkbeständigkeit und das Kalkschutzvermögen bestimmter Hilfsmittel, z. B. der Fettalkoholsulfonate, der Ausrüstungsindustrie nutzbar zu machen, wird in vielen Fällen eine kombinierte Anwendung von Seife und Fettalkoholsulfonat die gegebene und rationellste Arbeitsmethode sein — wie überhaupt der Ausrüster gewisse, nicht wegzuleugnende Nachteile der Seife durch Mitverwendung geeigneter Hilfsmittel ausgleichen wird.

[1] In selteneren Fällen wird auch *sauer* gewalkt (z. B. Militärtuche nach vorherigem Entgerbern), und zwar reinwollene Ware mit Schwefelsäure, halbwollene mit Essigsäure.

Die „Wasserwalke" kommt nur für ganz leichte Stoffe (Flanelle) und für in der Farbe empfindliche in Frage, sie ergibt auch nur einen leichten Filz.

Wenn eine scharfe Trennung zwischen Wasch- und Walkseifen durchgeführt werden soll, so müssen die *Kalischnitzelseifen*, die in den letzten Jahren immer mehr Eingang in die textilen Stückwäschereien gefunden haben, als typische *Waschseifen* bezeichnet werden. Ganz allgemein besitzen die Kaliseifen und vor allen Dingen auch die gemischten Kali-Natronseifen besondere Vorzüge, die ihre Einführung erleichtert haben. So schreibt man den Kaliseifen eine milde Wirkung auf Wollfaser und Wollfärbung zu und begründet diese Behauptung mit dem Hinweis, daß der Wolle Kaliverbindungen zuträglicher sein müßten, weil diese schon im Wollhaar vorhanden seien[1]. Die Beliebtheit der Kaliseifen beruht weiterhin auf der leichten Löslichkeit und der damit verbundenen schnelleren Auswaschbarkeit; Reinigungs- und Schaumvermögen sind hervorragend; von großem Wert ist auch die bessere „Emulgierfähigkeit", die sich besonders bei der Bildung von Kalkseifen beim Spülen im günstigen Sinne auswirkt. Praktisch gesprochen besitzen die Kalischnitzelseifen keinen eigentlichen Spinnpunkt, da selbst ihre 10%ige wäßrige Lösung bei Temperaturen unter 10^0 C noch nicht gelatiniert; aus diesem Grunde gelatinieren auch konzentriertere Lösungen dieser Seifen nicht und erreichen deshalb das Maximum ihrer Waschwirkung schon bei niedrigen Temperaturen.

Mit den genannten Vorzügen verbinden sich aber auch verschiedene Nachteile, die nicht unerwähnt bleiben dürfen. Kaliseifen werden schneller ranzig als die Natronseifen, so daß sich ein Einkauf auf Vorrat nicht empfiehlt. Eine allgemeine Einführung verhindert aber in erster Linie der hohe Preis; denn trotz des höheren Fettgehaltes von 70—73% kommen Kaliseifen bei dem augenblicklichen Marktpreis für die Ausrüstung billiger Artikel nicht in Frage. Sie finden hauptsächlich in der Feintuchindustrie Verwendung, weil für bessere Ware auch höhere Ausrüsterlöhne angelegt werden können. — Die Herstellung haltbarer hochwertiger, wasserarmer Kaliseifen in Schnitzel-, Faden- oder Pulverform ist bisher noch nicht gelungen.

Für sämtliche Wasch- und Walkseifen besteht zur Schonung der alkaliempfindlichen Wollfaser die Forderung nach einer möglichst weitgehenden *Neutralität*. Wenn man auch im allgemeinen die zulässige Höchstgrenze für den Gehalt an „freiem Ätzalkali" mit 0,03% (auf NaOH berechnet) sehr niedrig bemißt, so sollte man doch aus den bereits dargelegten Gründen der Neutralität keine zu engen Grenzen ziehen. Ohne Gefahr für die Wollfaser könnte der erlaubte Höchstwert an freiem Ätzalkali auf 0,15% heraufgesetzt werden. Nach dieser Richtung hin übertriebene Forderungen zu stellen ist vor allen Dingen dann unverständlich, wenn die Stücke unter Zusatz der stark alkalisch reagierenden Soda gewaschen und gewalkt werden. In einem solchen Fall steht doch die Einwirkung der minimalen Spuren des freien Alkalis in der Seife in keinem Verhältnis zu der viel schädlicheren Beeinflussung der Wolle durch die im Überschuß befindliche Sodalauge.

Es ist schon im allgemeinen Teil darauf hingewiesen worden, daß bei der Beurteilung der Brauchbarkeit einer Wasch- und Walkseife dem „Trübungspunkt" keine allzu große Bedeutung beigemessen werden darf, da die Trübungspunkte der typischen Walkkernseifen hoch liegen müssen; Trübungspunkte zwischen 50 und 70^0 können als normal bezeichnet werden. Bei sonst einwandfreien Seifen wirken sich selbst größere Unterschiede in keiner Weise störend aus und beeinträchtigen den Gebrauchswert einer Seife nicht. Außerdem verhalten sich die Wasch- und Walkseifen bei der „Löslichkeitsprobe" regelmäßig

[1] Der Wollschweiß enthält in der Hauptsache Kaliumsalze anorganischer und organischer Säuren; in Wollschweißaschen wurden bis 64% Kali gegenüber maximal 3% Natron gefunden.

ungünstiger als die Marseillerseifen; ihre 0,5%igen Lösungen sind bei Temperaturen unter 60—70° trübe und zeigen feine Niederschläge, erst nahe der Kochtemperatur werden die Lösungen klar. Irgendwelchen Einfluß auf die praktische Verwendbarkeit der Seife hat diese Erscheinung nicht, sofern die Seifenlösung nach dem Aufkochen keinen Niederschlag mehr zeigt.

Die *Spinnpunkte* der für die Wäsche und Walke angebotenen Seifen sind außerordentlich verschieden; bestimmte Grenzwerte für die Höhe des Spinnpunktes einer Waschseife zum Unterschied von dem einer Walkseife sind bisher nicht festgesetzt worden. Nach eigenen Untersuchungen von handelsüblichen Walkkernseifen schwankten die nach der Wizöff-Vorschrift bestimmten Spinnpunkte zwischen 15 und 30°. Auf Grund dieses Zahlenmaterials sollten als typische „Walk*kern*seifen" nur Seifen mit einem Spinnpunkt *über 20°* bezeichnet werden.

C. Natron-Textilseifen.

Von J. **Stockhausen**, Krefeld.

Die erste Forderung die man für eine Textilseife stellt ist die, daß sie eine klare Lösung in destilliertem Wasser ergibt. Dies deutet darauf hin, daß keine größeren Mengen unverseifbarer oder unverseifter Bestandteile, keine größeren Mengen der Seifen oxydierter Fettsäuren, kein Schmutz und keine Schleimkörper, wie sie von einer großen Zahl von Ölen und Fettsäuren in den Siedekessel mitgebracht werden, in der Seife enthalten sind.

Nicht verseifte oder unverseifbare Fettkörper schlagen sich leicht auf der Textilfaser nieder und haften dort hartnäckig auch nach einem intensiven Spülprozeß. Die Folgen davon sind immer unangenehm. Die behandelte Ware erhält leicht einen schlechten, fettigen Griff oder einen dumpfen Geruch. Die Färbung wird, wenn eine trübe Seifenlösung verwendet wird, oft unegal oder es bilden sich, besonders auf Stückware, schwer zu entfernende Flecken. Bei der Verarbeitung von strangbehandelter Ware zu Geweben jedweder Art, beispielsweise zu Krawattenstoffen oder zu Samt, bekommt die fertige Ware unter Umständen einen wertmindernden, wenn nicht wertlos machenden „Fettausschlag". Stets aber ist die Folge eine geringe Lagerbeständigkeit. Beim Trocknungsprozeß, den alles Textilgut in irgendeinem Zustande der Verarbeitung einmal durchmacht, wie auch beim Aufbewahren in warmen Lagerräumen, Warenhäusern oder Ladengeschäften verändert sich die durch nichtverseiftes Fett vermittelte Fettauflage durch die Einwirkung des Luftsauerstoffes, und wenn nicht schon von Anbeginn ein dumpfer Geruch der Ware anhaftete, dann nimmt sie ihn nach gewisser Lagerzeit an. Schließlich besteht die Gefahr, daß die Oxydationsprodukte der Ware auch eine gewisse Färbung übermitteln: das Vergilben bei gebleichter Ware, das Trübwerden heller Färbungen.

Bei den in der Lederindustrie gebrauchten Seifen wäre diese Anforderung zwar nicht vordringlich, da Seife hier zur Emulgierung der zur Fettung benötigten Öle und Fette dient; ähnlich liegen die Dinge bei der Papierfabrikation. In den Arbeitsgängen beider Industrien würde der geringe Gehalt an zusätzlichem freien Fett, wie er durch unverseiftes oder unverseifbares Fett eingebracht wird, nicht stören. Gleich scharf wie die Textilindustrie stellt aber das Wäschereigewerbe die Anforderung nach vollkommenem Fehlen von unverseiften und nach einem möglichst geringen Gehalt an unverseifbaren Fettstoffen, da bei der Nichterfüllung dieser Forderung für das Waschgut die gleichen Nachteile entstehen wie für die Textilindustrie.

Die gleichen Nachteile bringen die oxydierten Fettsäuren bzw. ihre Seifen, worauf schon hingewiesen wurde.

Dabei gelten die gleichen Unterschiede zwischen den Notwendigkeiten für die Textilindustrie und die Wäscherei einerseits und die Papier- und Lederindustrie anderseits.

Auch auf die Bedeutung des tiefen Trübungspunktes wurde bereits hingewiesen. Vor dem Weltkriege verlangte man von Textilseifen einen Trübungspunkt von 35—40°, heute werden aber Seifen mit einem Trübungspunkt von 15° und noch weniger hergestellt.

Gleich wichtig wie die richtige Verarbeitung der Textilseifen ist die richtige Zusammensetzung des Fettansatzes. Diese geschieht nach zwei Hauptgesichtspunkten. Einmal ist wichtig die Verwendung reiner gutfarbiger Qualität, nach Möglichkeit nicht alter Ware, da bei dieser immer die Gefahr eines höheren Gehaltes an oxydierten Fettsäuren besteht. Zum anderen muß der Ansatz dem Verwendungszweck der Seife entsprechen. Hier, bei der Auswahl des Fettansatzes, sollen seifensiederisches und technisches Wissen zusammenwirken. Eine Seife für die Rohwollwäsche ist eine andere als die für die Walke. Ein leichtes Damentuch erfordert zur Walke eine andere Seife als ein schwerer Mantelstoff. Seifen für die Weißwarenappretur verlangen einen entsprechenden Fettansatz, der wiederum für die Herstellung einer in der Seidenfärberei gebrauchten Seife nicht in Frage kommt.

Die Emulgierwirkung von Seifen gegenüber Ölen, Fetten und Wachsen ist je nach dem Fettansatz verschieden, was wegen der Belieferung der Leder- und Papierindustrie zu wissen wichtig ist. Ebenso ist es für die Wünsche der Weißwäscherei notwendig, über die waschtechnischen Eigenschaften der Seife einerseits und die Verwendungsgebiete innerhalb der Wäscherei anderseits Bescheid zu wissen. So sind z. B. Seifen für das Einweichen und die Vorwäsche andere als solche, die im Hauptwaschgang Verwendung finden sollen.

In diesem Zusammenhang muß besonders eine Forderung kategorisch betont werden: Kein Harzzusatz zu Textilseifen. Es ist richtig, daß der Zusatz von Harz zwar insofern günstig sein könnte, als er Ranziditätserscheinungen weitgehend zurückdrängt. Dem besseren Schaumvermögen der Harzseifen steht entgegen, daß die Harzseifen ein besonderes Aufziehungsvermögen aufweisen, sich also in prozentual höherem Maße auf der Faser befinden, als es dem Harzzusatz in der angewandten Seife entspricht. Ferner lassen sie sich schwerer ausspülen als Fettseife, verbleiben also in größeren Mengen auf der Faser. Hier können sie Vergilbungserscheinungen und schlechten Geruch verursachen. Auch weisen die Erdalkali- und Metallsalze der Harzsäuren eine besonders unangenehme zähklebrige Beschaffenheit auf und sind stärker gefärbt als die entsprechenden fettsauren Salze. Derartige Gesichtspunkte müssen notwendig bei der Herstellung von Textilseifen in Betracht gezogen werden, wenn die herstellende Firma Wert darauf legt, brauchbare Textilseifen zu liefern und nicht Seifen schlechthin.

Hinsichtlich des Harzgehaltes von Seifen für die Wäscherei sind die Ansichten der Verbraucher wie der Hersteller jedoch geteilt.

Die Forderungen nach der Neutralität von Textilseifen haben sich in den letzten Jahrzehnten etwas abgeschwächt. Man sah früher ängstlich darauf, das freie Alkali in den Grenzen von etwa 0,03—0,06% zu halten. Heute ist aber ein Gehalt von etwa 0,08—0,10% bei Textilseifen nicht selten. Sehr empfindlich ist dagegen nach wie vor die Lederindustrie, die bei der Verwendung stark alkalischer Seifen die Bildung von Ausschlägen auf dem fertigen Leder zu befürchten hat. Seifen mit einem Gehalt an freiem Alkali unter 0,1% sind für sie eine Notwendigkeit.

Von einer Textilseife muß mithin verlangt werden:

1. Klare Lösung;
2. tiefer Trübungspunkt der Lösung;
3. richtiger Fettgehalt, wie er beim Verkauf garantiert wurde;
4. die Seife darf keine unverseiften und unverseifbaren Bestandteile enthalten;
5. die Seife muß frei sein von Alkalisalzen oxydierter Fettsäuren; geringe Mengen sind oft unvermeidlich;

6. die Seife darf nur aus ausgesuchtem Rohmaterial hergestellt sein und die Art der verwandten Öle und Fette soll auf den Verwendungszweck abgestimmt werden.

Die Siedeverfahren und die Apparaturen für die Herstellung von Textilseifen unterscheiden sich im Prinzip nicht von den in der Seifenindustrie allgemein gebräuchlichen. Die maschinelle Einrichtung hat wohl manchmal einen ganz besonderen Umfang. So sind Siedekessel mit einem Inhalt von ca. 200000 l in Verwendung, die eine Produktion von 100000 kg Seife und mehr in einer einzigen Charge ermöglichen. Entsprechende Größe weisen die Laugen- und Salzwasserbehälter und die Kühlformen auf. Auf Schneidemaschinen usw. braucht an dieser Stelle ebenfalls nicht eingegangen zu werden, da die Apparate und Maschinen denen entsprechen, die im allgemeinen maschinellen Teil behandelt worden sind. Das gleiche gilt für die Apparaturen, die zur Aufbereitung der normalerweise mit 60—62% Fettsäuregehalt anfallenden Seifen zu den Flocken-, Schnitzel-, Nadel-, Nudel- oder Schuppenseifen mit einem zwischen 80 und 90% liegenden Fettsäuregehalt gebräuchlich sind.

Der Anforderung nach größtmöglicher Reinheit der Textilseifen kommt man am besten bereits vor dem eigentlichen Fabrikationsprozeß durch eine Vorreinigung des Materials entgegen. Am einfachsten und auch meist am erfolgreichsten ist das Verfahren der „Selbstklärung", das Stehenlassen der Öle bzw. Fettsäuren in erwärmten Klärbassins, bei dem sich die Verunreinigungen leicht am Boden absetzen. Es scheidet sich das stets in geringen Mengen enthaltene Wasser ab, das bei aus der Speiseölraffination stammenden Fettsäuren Mineralsäure enthalten kann. Gleichzeitig setzen sich Staub- und Saatpartikelchen und auch ein Teil der oxydierten Fettsäuren, Schleimstoffe u. dgl. ab. Sie können zusammen mit dem Wasser abgezogen werden. Speziell beim Sulfurolivenöl erreicht man so eine weitgehende Reinigung, die viel Arbeit am Siedekessel ersparen kann. Mit diesem einfachsten und billigsten Verfahren wird man aber nicht immer ganz zum Ziel kommen. Eine weitere Klärung des Öles durch Behandlung mit heißem Wasser oder einer verdünnten Kochsalzlösung, die im Siedekessel erfolgen kann, ist alsdann angebracht und meist auch erfolgreich. Bei stark durch Eiweißstoffe und Schleimkörper verunreinigten Ölen wird man jedoch ohne eine in einem geeigneten Behälter erfolgende Bearbeitung mit Schwefelsäure nicht zum beabsichtigten Effekt kommen. Bei Temperaturen von etwa 60° kann man den Säurezusatz unter 1% halten, wobei aber gleichzeitig gerührt werden muß. Das Rührwerk soll jedoch keine zu hohe Tourenzahl machen. Der Säurebehandlung muß natürlich ein mehrfach, etwa 3—4mal sich wiederholender Waschprozeß mit heißem Wasser folgen. Da man eine solche Behandlung vor dem Verseifen vornimmt, ist es nicht nötig, die vollständige Klärung des Öles abzuwarten, da eine Öl-Fettsäure-Wasser-Emulsion das leichte Eintreten des ersten Verbandes bei der Verseifung nur befördern kann.

Hierher gehört auch eine eventuell vorzunehmende Bleichung des Öles, beispielsweise bei der Herstellung von hellen Textilseifen. Es kann davon Abstand genommen werden, die einschlägigen Bleichmittel hier zu besprechen. Sie sind die gleichen, wie sie allenthalben in der Seifenfabrikation verwendet werden. Es braucht auch nicht besonders betont zu werden, daß zweckmäßig nur Weichwasser zur Verwendung kommt.

Eine gute Textilseife sollte nur auf Leimniederschlag hergestellt werden. Die erforderliche Reinheit läßt sich so am vollkommensten erreichen.

Nachdem der Fettansatz auf die richtige Temperatur gebracht ist, nach beendeter Laugenzufuhr und eingetretenem Verband, wird die Masse in ruhigem Sieden erhalten, wobei häufige Kontrolle der Alkalität angebracht ist. Bei der Prüfung des Alkaligehaltes ist aber besondere Vorsicht am Platze, da Oliven- und Sulfurolivenöle sich schwer verseifen und die restlose Verseifung dieser Öle geraume Zeit erfordert.

Die Abrichtung soll auf nicht zu schwachen Stich erfolgen, da das nachfolgende Schleifen genügend Lauge entzieht und natürlich auch beim Aussalzen ein großer Teil in die Unterlauge geht. Letzteres erfolgt wie üblich durch Zugabe von festem Kochsalz oder Salzlösung. Enthält das Salz Calcium oder Magnesium, so arbeitet man im Hinblick auf den Trübungspunkt der Seife zweckmäßigerweise mit der wäßrigen Lösung des Salzes, aus welcher vor der Anwendung Calcium- und Magnesiumsalze durch Soda entfernt wurden. Nach vollständiger Trennung wird die Seife noch einige Zeit gesotten, bis sie schaumfrei ist. Der Kessel wird dann abgedeckt und mindestens einen Tag stehen gelassen.

Nachdem die Unterlauge abgezogen ist, und zwar so vollständig, daß auch die Verunreinigungen, die sich an der Unterseite des Seifenkerns festgesetzt haben, entfernt sind, kann zum Schleifen übergegangen werden. Allerdings ergibt sich bei der Herstellung von grünen Olivenölseifen und von Walkseifen häufig die Notwendigkeit, noch ein zweites oder drittes Mal auf Unterlauge zu sieden, da die hierzu angewandten

Öle und Fette oft besonders reich an Verunreinigungen sind. In diesem Falle wird man aber durch ein einmaliges Schleifen die erforderliche Reinheit der Seife erzielen können, während man beim Sieden auf nur einem Wasser häufig nicht ohne zweimaliges Schleifen auskommt.

Das Schleifen geschieht durch Zugabe von heißem Wasser, wenn der abgesetzte Kern noch sehr salzhaltig war, meist aber durch Zugabe von Salzwasser. Man kann dann so verfahren, daß man Salzwasser bis zur beginnenden schwachen Trennung zugibt und dann mit Wasser „zurückarbeitet". Nach gutem Durchkochen überläßt man den Kessel wieder für mindestens 24 Stunden der Ruhe. Dann wird der Leim abgezogen, der in den nächsten Kessel als Zustich gegeben oder bis zum nächsten Sud gesondert aufgehoben werden kann. Die Seife ist nun, wenn die Prüfung auf Abrichtung, Fettgehalt und Reinheit zufriedenstellend ausfällt, fertig zum Abfüllen in Kühlformen, gegebenenfalls ist das Schleifen zu wiederholen. Die Salzwasserzugabe beim Schleifen richtet sich zu sehr nach dem vorhandenen Fettansatz bzw. der Elektrolytempfindlichkeit der daraus entstandenen Seife, als daß hierfür Normen gegeben werden könnten. Das eine muß aber betont werden, daß nämlich bei der Textilseifenherstellung gerade beim Schleifprozeß nicht sorgsam genug verfahren werden kann. Die an die Industrieseifen gestellten Forderungen werden bei diesem Reinigungsprozeß der Seife in erster Linie erfüllt.

Daran schließt sich das Abfüllen oder Auspumpen der Seife an, die nun in üblicher Weise entweder in Formen gebracht und nach dem Erkalten mittels der bekannten Vorrichtungen in Blöcke, Platten oder Riegel geschnitten wird oder in bekannter Weise durch Kühlmaschinen geht oder schließlich nach neuen Verfahren in heißflüssiger Form weiterverarbeitet wird.

Über die Verwendung der Textilseifen wurde im vorhergehenden Abschnitt bereits gesprochen. Welche Seifen nun für die jeweiligen Verwendungszwecke gebraucht werden, läßt sich allgemeingültig nicht sagen, da hierfür außer rein technischen auch andere Gründe ausschlaggebend sind. Die hauptsächlichen Typen der einzelnen Industrieseifen seien abschließend mit den zu ihrer Herstellung in Betracht kommenden Rohstoffen genannt.

Weiße Olivenölseife wird aus Fabriks-Olivenöl hergestellt. Für billigere Qualitäten kann ein kleiner Zusatz von hellem Erdnußöl oder Kernöl gemacht werden. Talg sollte im Ansatz nicht enthalten sein.

Grüne Olivenölseife (Näheres s. S. 226) wird aus grünem Sulfurolivenöl, dem Öl, das aus den Olivenpreßrückständen durch Extraktion mit Schwefelkohlenstoff oder Trichloräthylen gewonnen wird, hergestellt. Am besten geeignet sind Öle italienischer oder spanischer Herkunft.

Grüne Marseillerseife. Neben dem Sulfuröl kommen als Rohstoffe Erdnußöl, Cocosöl, Palmkernöl, eventuell Olein, Sesamöl, Cottonöl, Soyaöl oder deren Fettsäuren in Betracht. Die Angaben hierüber sind sehr verschieden, und ebenso vielfältig sind die in der Industrie angewandten Rezepte. Grundsätzlich sollte man trocknende Öle überhaupt nicht und halbtrocknende in nicht zu großen Mengen verwenden.

Weiße, gelbe oder braune Industriekernseife. Für derartige Seifen kommen die bei der grünen Marseillerseife genannten Rohstoffe mit Ausnahme des Sulfuröls in Frage. Nach Art des vorwiegend verwendeten Öles und nach der jeweiligen Qualität fällt die Farbe verschieden aus. Wenn bei der Verwendung der Seife kein Wert auf einen besonders niedrigen Trübungspunkt gelegt wird, können auch talgartige Fette zu einem nicht zu hohen Prozentsatz angewandt werden.

Appreturseifen sind entweder kaltgerührte Cocosöl-Natron-Seifen, bei denen auch ein Teil der Natronlauge durch Kalilauge ersetzt wird, oder

Talgkernseifen. Diese werden bei guten Qualitäten aus Talg allein oder sonst aus Talg und talgartigen Fetten etwa zu gleichen Teilen hergestellt. Die Mitverwendung von gebleichtem Palmöl ist ebenfalls möglich (vgl. S. 323).

Walkseifen werden aus Talg, Knochenfett, Leimfett, Kammfett, Abdeckereifett oder anderen talgartigen Fetten hergestellt. Ein Viertel bis ein Drittel des Ansatzes kann auch aus Palmöl bestehen.

Weiße Wachskernseife wird manchenorts gerne gebraucht und wird aus Palmkernöl, Cocosöl und Talg in wechselnden Mengen hergestellt (vgl. S. 323).

Unter dem Namen *Ökonomieseife* werden teils Natronseifen auf einer Fettbasis wie die der Walkseife gehandelt, teils aber auch Seifen, die außer den genannten Fetten 15—20% Palm- oder Palmkernöl und auch bis zu 10% Wollfettsäuren enthalten. Ein Ansatz wie der zuletzt genannte ist aber außer als Natronkernseife auch als feste Kaliseife unter dem Namen „Ökonomieseife" bekannt. Neben den genannten Ölen werden jedoch auch Cottonöl, Olein, Leinöl und sogar Tran für die verschiedenen Sorten, die alle unter dem Namen „Ökonomieseife" gehen, verwendet.

D. Feste Kali- und Kali-Natron-Seifen.

Von J. **STOCKHAUSEN**, Krefeld.

Kaliseifen hydrolysieren stärker als Natronseifen. Ihre höchste Wirksamkeit liegt bei Temperaturen zwischen 40—50°. Ersteres ist der Grund für die intensivere Wirkung als Natronseifen, wobei wegen der verhältnismäßig niedrigen Temperatur keine stärkere Beanspruchung des behandelten Textilgutes erfolgt. Daher erfreuen sich vielfach die festen Kaliseifen mit einem Fettgehalt von ca. 65% und die daraus hergestellten Schnitzelseifen einer besonderen Beliebtheit in der Textilindustrie. Während in früheren Zeiten in den Fällen, wo es sich um eine Bevorzugung der Kaliseifen für bestimmte Verwendungsgebiete handelte, Schmierseife gebraucht wurde, verwendet man heute immer mehr die feste Kaliseife, bzw. die Kalischnitzelseife, und zwar nicht nur für textile, sondern auch für andere Industriezwecke. Abgesehen von der Frachtverbilligung, hat sie den Schmierseifen gegenüber in textiltechnischer Hinsicht den Vorzug, außer geringen Mengen freien Alkalis keine zusätzlichen Alkalien zu enthalten, wie es bei Schmierseifen meist der Fall ist. Neben den erwähnten, im Vergleich zu Natronseifen günstigeren Eigenschaften haben die Kaliseifen noch den Vorzug, sich schneller als Natronseifen zu lösen und auch leichter und vollkommener ausspülbar zu sein.

Während man ursprünglich die Herstellung in der Weise vornahm, daß der Fettansatz mit Kalilauge verseift und der entstandene Seifenleim auf den gewünschten Fettgehalt — meist ca. 65% — eingedampft wurde, ging man später zur halbwarmen oder kalten Verseifung über, welche von vornherein Seifen hohen Fettsäuregehaltes liefern. Versuche, den nicht eingedampften Seifenleim mit Kalisalzen auszusalzen, setzten sich in der Praxis nicht durch, wobei auch die Kostenfrage für die Kalisalze eine Rolle gespielt haben dürfte. Die Verseifung auf halbwarmem oder kaltem Wege, vorwiegend die erstere, wird wohl heute allerorts zur Herstellung der 65%igen Kaliseifen bevorzugt.

Berücksichtigt man, daß es sich bei den festen Kaliseifen um Leimseifen handelt, um Seifen also, die während des Herstellungsverfahrens keinen Reinigungsprozeß durchmachen, und denkt man weiter an die besonderen Reinheitsansprüche bei den Textilseifen, so hat man zweierlei besonders zu beachten: Die verwendete Siedelauge muß klar und rein sein, da eventuell darin enthaltene Verunreinigungen nicht aus der Seife entfernt werden können; man verwendet im übrigen nur Laugen von 50° Bé, da sonst die Seifen nicht den gewünschten Fettgehalt haben. Weiterhin müssen Öle und Fette, die zur Herstellung fester Kaliseifen benutzt werden, ebenfalls durch gute Läuterung vorgereinigt werden und von besonders guter Qualität sein, damit der für Textilseifen unerläßliche Reinheitsgrad erreicht wird.

Man arbeitet so, daß man abgewogene Mengen des Fettansatzes, dessen Verseifungszahl zu bestimmen ist, in den Kessel gibt, wobei die Fette nicht höher als über ihren Schmelzpunkt erhitzt zu werden brauchen. Dann läßt man die aus der Verseifungszahl berechnete Laugenmenge unter gutem Rühren zufließen. Zunächst bildet sich eine Emulsion, die allmählich dicker wird. Oft färbt sich schon nach kürzester Zeit die Masse dunkler, wird klar und zeigt ziemlich starke Trennung. Diese verschwindet jedoch nach weiterem Rühren, die Seife geht in Verband, wobei sie sich stark, je nach Art der verwendeten Fette bis beträchtlich über 100°, erhitzen kann. Sie könnte jetzt schon ausgefüllt werden in Formen, die gegen Abkühlung gut zu isolieren sind, damit zwecks restloser Verseifung die Masse möglichst lange warm bleibt. Zweckmäßig richtet man sich aber so ein, daß der gut abgedeckte Kessel über Nacht stehen bleiben kann. Am anderen Morgen überprüft man den Gehalt an freiem Alkali und hat dann die Möglichkeit, durch Zugabe von Lauge oder von sich leicht verseifenden Leimfetten Korrekturen vorzunehmen. Die Einstellung des Alkalis erfolgt nach dem Verwendungszweck. So soll eine Seife für die Wäsche feiner Kammgarnstoffe möglichst keinen oder nur einen geringen Gehalt an freiem Alkali haben, während zur Wäsche von Streichgarnartikeln oder zur Walke ein kräftiger Überschuß gewünscht wird. Ist die Seife für gut befunden, so kann sie ausgefüllt werden, um nach dem Erkalten und Zerschneiden entweder in Riegel- oder Schnitzelform zum Versand zu kommen.

Hier müssen noch die, allerdings seltener gebrauchten, Kali-Natron-Schnitzelseifen erwähnt werden. Ihre Fabrikation erfolgt nach dem für die festen Kaliseifen soeben beschriebenen Verfahren der kalten oder halbwarmen Verseifung, indem statt der nach der Verseifungszahl berechneten Menge Kalilauge das entsprechende Quantum beider Laugen zugeführt wird, wobei es ein leichtes ist, die notwendigen Mengen nach dem gewünschten Verhältnis beider Laugen zueinander und nach deren Wirkungswert zu errechnen.

Die festen Kaliseifen werden vorwiegend in der Textilindustrie verwendet. Hier dienen sie der Wollveredelung zur Wäsche von Rohwolle, von Wollgarnen und von fertigen Stücken. Dabei kann der Fall eintreten, z. B. bei der Herstellung leichter Damenstoffe, daß mit der Wäsche der fertigen Stückware eine leichte Walke verbunden wird. Daneben muß aber noch das große Gebiet der gewerblichen Wäscherei genannt werden. Hier dienen die festen Kaliseifen oder die Kalischnitzelseifen zum Einweichen und zum Vorwaschen.

Für Waschseifen, auch für die in der Weißwäscherei gebrauchten, kommen als Rohstoffe Talg, Palmkernöl, Cocosöl, gebleichtes Palmöl sowie tierische oder (seltener) pflanzliche gehärtete Fette in Betracht. Auch die entsprechenden Fettsäuren können gebraucht werden. Soll neben der Wäsche auch ein Walkeffekt erzielt werden, so empfiehlt es sich, außer Talg und talgartigen Fetten keine anderen Rohstoffe zu gebrauchen.

Die gleichen Ansätze wie für feste Kaliseifen kommen auch für feste Kali-Natron-Seifen in Frage. Ein Ansatz für eine unter dem Namen „Ökonomieseife" gehandelte feste Kaliseife ist bei den unter dem gleichen Namen bekannten Natron-Textilseifen erwähnt (s. S. 493).

X. Seifen mit Fettlösungs- und Emulgierungsmitteln.

Von L. PÁNDY, Budapest.

a) Allgemeines.

Die üblichen Verschmutzungen werden auf dem Waschgut, zu welchem außer den Textilien auch die menschliche Haut zu rechnen ist, durch Fette, Harze u. dgl. fettartige Stoffe mitunter so stark festgehalten, daß die fettemulgierende und reinigende Wirkung der Seifen allein zu ihrer Entfernung nicht genügt.

Um solche festhaftende Verschmutzungen aufzulockern, d. h. vom Textilgut oder der Haut abzulösen und sie dadurch erst der Waschwirkung der Seifen zugänglich zu machen, setzt man den Seifen besondere fettlösende Mittel zu. Solche Seifen sind oft unter Werbenamen, wie „Überseife" oder „Seifen mit Doppelwirkung", nämlich der der Seife und des Fettlösungsmittels, in den Verkehr gebracht worden.

Wie diese Zusatzstoffe die Waschwirkung der Seifen beeinflussen ist mangels zahlenmäßigen Vergleichsmaterials nicht mit Sicherheit bekannt. Die Aufgabe solcher Zusätze besteht aber vor allem in der Auflockerung des am Textilgut festhaftenden Schmutzes, d. h. in der Zugänglichmachung der späteren Seifeneinwirkung.

Von den Zusatzstoffen werden im allgemeinen folgende Eigenschaften gefordert:

1. Lösungsvermögen für fettartige Stoffe;
2. Steigerung der kapillaraktiven Eigenschaften der Seifen, welche den Waschprozeß fördern, wie Schaum-, Benetzungsfähigkeit, Emulgiervermögen, peptisierende Wirkung usw.;
3. Fähigkeit, sich mit den festen, flüssigen oder Schmierseifen zu homogenen Produkten verarbeiten zu lassen.
4. Eignung, in der Waschflotte mit der aufgelösten Seife zusammen möglichst fein verteilt zu bleiben und nicht etwa als nicht emulgierte Tröpfchen zu erscheinen. (Die Bedingungen 3 und 4 werden z. B. von den besten Fettlösungsmitteln, wie Mineralölprodukten und anderen Kohlenwasserstoffen, ohne Zusatz von anderen, als Emulgatoren wirkenden Hilfsmitteln nicht erfüllt.)
5. Geringe Flüchtigkeit.
6. Möglichste Geruchlosigkeit und Ungiftigkeit der Dämpfe, vor allem im Interesse des Waschpersonals. Geruchlosigkeit ist aber auch erforderlich, um zu vermeiden, daß der Lösungsmittelgeruch sich trotz noch so gründlicher Ausspülung in der Wäsche festsetzt.
7. Keine korrodierende Wirkung auf Metalle usw.
8. Niedriger Preis, denn die mit den Lösungsmitteln hergestellten Seifenprodukte müssen verkaufsfähig bleiben.

b) Lösemittel und Lösevermittler.

Man kann die verwendeten Stoffe einteilen in solche, die 1. einfach Fettlösungsmittel sind, 2. welche außerdem gleichzeitig als Emulgiermittel fungieren und allein oder mit anderen Lösungsmitteln verwendet werden, um die Verteilung der letzteren in der Seife und in der Waschflotte zu ermöglichen, 3. die nur Emulgiermittel sind, ohne selbst eine namhafte Fettlösewirkung zu besitzen. Selbstverständlich können nicht in jedem Falle scharfe Grenzen gezogen werden.

Vorgeschlagen worden sind u. a. Terpentinöl, Benzin, Petroleum, Benzol, Toluol, Xylol, Cumol, Cymol, chlorierte Kohlenwasserstoffe, insbesondere Trichloräthylen, Tetrachlorkohlenstoff, ferner chlorierte Benzole, außerdem vorzugsweise hydrierte aromatische Kohlenwasserstoffe, wie Tetralin und Dekalin, sowie hydrierte Phenole, *Hexalin* und *Methylhexalin*. Eine wichtige Rolle spielen neuerdings die substituierten Dihydrodioxole der Deutschen Hydrierwerke (*Cyclonol*)[1] sowie die in *Wasser löslichen Monoalkyläther* des Glykols[2].

Auch sulfonierte aromatische Verbindungen, wie z. B. das *Majamin* (Tetrahydronaphthalin-o. sulfonsaures Na) werden mit gutem Erfolg verwendet. Von den verschiedenen Emulgatoren sei vor allem noch das *Triäthanolamin* erwähnt. Außerdem sind empfohlen worden: freie Fettsäuren, niedere Alkohole, wie Propyl- und Isopropylalkohol, Terpineol, höhermolekulare Fett- und Wachsalkohole, Fettalkoholsulfonate, Sterine usw. Über die Verwendung sulfonierter Öle, hauptsächlich von Türkischrotöl und ähnlichen Produkten, wie Monopolseife, „Cymol-Emulgator" usw. ist im II. Band berichtet worden[3].

Über die waschkrafterhöhende Wirkung der verschiedenen Lösungs- und Emulgierungsmittel kann innerhalb der anfangs betonten Grenzen folgendes gesagt werden: Nach Forderung 1 sollen die Zusätze Fettlösungsmittel darstellen. Bei den Verhältnissen, die in der Waschflotte vorwalten, d. h. der großen Verdünnung, erscheint es aber kaum angängig, hier von Lösungsvorgängen im physikalisch-chemischen Sinne zu reden. Wichtiger erscheint es, im Sinne der Forderung 2 zu untersuchen, inwiefern diese Zusätze den kapillarchemischen Eigenschaften der Seife beim Waschprozeß förderlich sein können. Was als erstes die Schaumfähigkeit anbelangt, so „kann allgemein gesagt werden, daß die Schaumkraft bei reinen Seifen am höchsten ist"[4]. Die meisten Zusatzstoffe, und zwar am stärksten die als beste Fettlöser bekannten Kohlenwasserstoffe, vermindern erheblich die Schaumfähigkeit, besonders bei höheren Zusätzen. Die Schaumfähigkeit hängt aber mit der Waschaktivität nicht direkt zusammen. Es gilt jedoch als bewiesen, daß die anderen waschtechnisch wichtigen Kapillareigenschaften, wie die Benetzungsfähigkeit, emulgierende und peptisierende Wirkung der Seifen durch viele der aufgezählten Zusatzstoffe verbessert werden.

Aus diesen Darlegungen geht hervor, daß die Bezeichnung „Lösungsmittelseifen" eine zumindest zu weit gehaltene ist. Man sollte statt von „Lösungsmitteln" richtiger von „Schmutzlockerungsmitteln" reden.

Die Einteilung der Lösungsmittelseifen kann nach verschiedenen Gesichtspunkten erfolgen. Erstens z. B. nach den zugesetzten Lösungs- bzw. Emulgierungsmitteln, darnach hätten wir den obigen drei Zusatzmittelgruppen entsprechend zu unterscheiden zwischen Seifen, die einfache Lösungsmittel enthalten und Seifen, die außerdem noch Stoffe enthalten, die die Einverleibung der ersteren vermitteln, aber auch selbst fettlösende Wirkung besitzen, schließlich zwischen Seifen, die keine Fettlösungsmittel, wohl aber Emulgierungs- bzw. Netzkraft erhöhende Mittel enthalten. Selbstverständlich verschmelzen auch hier die einzelnen Gruppen miteinander.

Eine andere Einteilung wäre die nach dem Verwendungszweck: 1. Lösungsmittelseifen zur Körperreinigung, 2. zu Waschzwecken im Haushalt und in der Wäscherei, 3. zur Fleckenentfernung, 4. zu technischen Zwecken (Textilfabrikation usw.).

Nach dem Gehalt an Lösungsmitteln könnte man unterscheiden zwischen Seifen, die von 5—15%, von 15—30% Lösungsmittel enthalten und Spezialseifen

---

[1] D. R. P. 542443.
[2] I. G. Farbenindustrie A. G.: F. P. 667904. — Vgl. auch VAN DER WERTH: Moderne Seifenpräparate, S. 14. Berlin. 1934. — Vgl. auch Seifensieder-Ztg. **57**, 610 (1930).
[3] S. Bd. II, S. 344, 406, 407, 422.
[4] H. ZILSKE: Seifensieder-Ztg. **64**, 55 (1937).

mit noch höherem Lösungsmittelgehalt. Nach dem Wasser- und eventuellem Seifengehalt zwischen flüssigen, pastenförmigen (Schmier-), festen und pulverförmigen (geflockten) Lösungsmittelseifen. Die verschiedenen Einteilungen greifen auch hier ineinander über.

Als Vorläufer der Lösungsmittelseifen waren die Gallseifen als besonders wirksame Waschmittel bekannt. Statt der üblichen Ochsengalle hat man auch empfohlen, cholsaures Na = Curacit zu verwenden, doch ist dies wegen des hohen Preises praktisch kaum je verwirklicht worden. In neuerer Zeit sind Gallseifen (vgl. S. 537) durch die Lösungsmittelseifen wohl ganz verdrängt worden.

c) Die verschiedenen Arten von Lösungsmittelseifenarten.

1. Feste Lösungsmittelseifen.

Terpentinseifen sind in verschiedenen Ländern im Handel. Sie mögen einst einen Terpentinölgehalt von 3—10% gehabt haben, heute haben wohl die meisten Sorten vom Terpentin den bloßen Namen bewahrt. Die seinerzeit viel angepriesene Terpentin-Salmiak-Seife ist von der Bildfläche verschwunden, wozu die leicht verflüchtigende Eigenschaft des zugesetzten Salmiakgeistes beigetragen haben mag. Zu bemerken über Terpentinseifen wäre, daß sie nicht unangenehm riechen und vielleicht den ersten Ansatz zur Parfümierung der Kernseifen mit billigen Ölen, wie Citronellöl, Eucalyptusöl u. dgl. gegeben haben. Auch wurde dem Terpentinöl eine gewisse Bleichwirkung zugeschrieben. Infolge des ziemlich hohen Siedepunktes (155—175°) glaubte man eine vorzeitige Verflüchtigung nicht befürchten zu müssen, doch hat die Praxis diese Hoffnung nicht bestätigt.

Seifen mit Zusätzen von Erdöldestillationsprodukten, wie Benzin, Petroleum usw., sind hauptsächlich in Amerika und Rußland verbreitet. Da diese Kohlenwasserstoffe sich dem normalen Seifenkörper nicht, oder nur in sehr beschränktem Maße einverleiben lassen, sind verschiedene Kunstgriffe angewendet worden. Auch so können höchstens 10—12% inkorporiert werden. Zu verwerfen ist die öfter angegebene Herstellungsweise, diese Kohlenwasserstoffe einer kaltgerührten, also Cocos- oder Palmkernölseife, während der Verseifung einzurühren, da dann der größte Teil des Lösungsmittels infolge der Selbsterhitzungswärme verdunsten muß. Die verschiedensten Emulgierungsmittel sind versucht worden, von denen sich Türkischrotöl am besten bewährt haben dürfte. Die Anwesenheit von freien Fettsäuren soll die Inkorporierung sehr erleichtern. Rezepte für die Herstellung benzinhaltiger Seifen bringt J. AUGUSTIN[1]. Diese Seifen müssen sehr gut verpackt werden, um die Verdunstung zu verhindern, in Pergamentpapier u. dgl. Sie wirken oft hautreizend und konnten sich infolgedessen als Handwaschseifen nicht verbreiten.

Fast dasselbe läßt sich über Lösungsmittelzusätze, wie Benzol[2], Toluol, Xylol, Trichloräthylen, Tetrachlorkohlenstoff und chlorierte Benzole sagen. Diese haben außerdem teils giftige Dämpfe, teils greifen sie Metallgefäße an, so daß sie selten zur Anwendung kommen.

Seifen mit hydrierten Phenolen und hydrierten Naphthalinen. Zur größten Bedeutung unter allen Lösungsmittelseifen sind wohl diejenigen gelangt, welche hydrierte Naphthaline, Tetralin[3] und Dekalin, sowie hydrierte Phenole, *Hexalin* = Cyclohexanol = Hexahydrophenol bzw. *Methylhexalin* = Methylcyclohexanol = Hexahydrokresol enthalten. Schon 1921 hebt SCHRAUTH hervor, daß die

[1] Seifensieder-Ztg. **55**, 340 (1928). — Vgl. auch ebenda **60**, 756 (1933).
[2] D. R. P. 267439.
[3] Verwendung von Tetralin: D. R. P. 312465.

mit hydrierten Phenolen versetzten Seifen geeignet sind das Türkischrotöl zu ersetzen. Er führt als Beispiel die Zusammensetzung an:

Olein	500
Kalilauge 50° Bé	200
Hexalin	600
Wasser	400
	1700

SCHRAUTH gibt an, daß es bei diesen Produkten nicht notwendig ist, wie bei den Benzinseifen, von sauren Seifen auszugehen. Er erwähnt deren Verwendung in der Textilindustrie, der chemischen Reinigung usw.

Die genannten Stoffe sind vorzügliche Lösungsmittel für fette Öle, Wachse, Harze usw., also gute Schmutzlöser. Sie beeinflussen günstig die Kapillaraktivität der Seifenlösung. Ihre Nachteile sind: meist unangenehmer, durchdringender und anhaftender Geruch, ziemlich hoher Preis und daß sie die Schaumfähigkeit der Seife merklich herabsetzen, besonders bei höheren Zusatzprozenten.

Die Löslichkeit von Tetralin in Wasser ist äußerst gering, dagegen in wäßriger Seifenlösung sehr groß[1]. Die Löslichkeit wird namentlich durch Zusatz der hydrierten Phenole außerordentlich gesteigert. Die letzteren sind selbst ausgezeichnete Lösungsmittel, dabei aber befähigt, schon in geringen Mengen zugesetzt, andere Fettlösungsmittel wasser- bzw. seifenlöslich zu machen. Da die hydrierten Phenole außerdem im Preise erheblich höher stehen, werden sie hauptsächlich mit den hydrierten Naphthalinen kombiniert verwendet[2] als Mittel zu deren Emulgierung. Dadurch werden auch kalkulativ befriedigende Lösungen erzielt. Die Aufgabe der Fettlösung und -emulgierung fällt dabei beiden Körpergruppen gemeinsam zu. Die nach diesem Prinzip dargestellten Produkte stellen sozusagen den Typ der modernen Lösungsmittelseifen dar. Diese gibt es in den verschiedensten Konsistenzen von fest bis flüssig und den mannigfachsten Zusammensetzungen zu den verschiedensten Verwendungszwecken. Rezepte dafür bringt R. HUETER[3] sowie H. ZILSKE[4].

Feste Hexalinseifen[5] können 5—15% an Gesamtlösungsmitteln enthalten. Bei höherem Gehalt werden sie zu weich. Aus demselben Grunde ist ziemlich hoher Cocosölgehalt erforderlich. Sie dienen hauptsächlich zu Zwecken der Hauswäsche und werden, wenn der Geruch entsprechend überdeckt[6] und der Preis nicht allzuhoch ist, von den Hausfrauen in vielen Ländern bevorzugt. Für eine feste Seife mit höherem Lösungsmittelgehalt gibt FRIESENHAHN im ältesten Patent[7] folgende Vorschrift an: 20 Teile Tetralin werden mit 25 Teilen Cyclohexanol und 75 Teilen einer beliebigen Waschseife in 40 Teilen Wasser bei 40° verrührt und mit 50 Teilen Soda vermischt. Eine andere Seife, dargestellt nach W. SCHRAUTH, enthielt 60% Seife, 15% Cyclohexanol und 25% Wasser. Wenn die Zusätze auf das angegebene Maß beschränkt werden, so kann man aus entsprechend zusammengesetzten Kernseifen durch Trocknung und Pilierung Seifenflocken und sogar Seifenpulver herstellen.

Das D. R. P. 335725 von A. WELTER bezweckt die Herstellung von wasserfreien festen Lösungsmittelseifen auf dem Wege, daß wasserfreie Seifen mit

---

[1] H. ZILSKE: Seifensieder-Ztg. **64**, 71 (1937).
[2] Seifensieder-Ztg. **54**, 838 (1927).
[3] Seifensieder-Ztg. **48**, 857 (1921).
[4] Seifensieder-Ztg. **64**, 72 (1937).
[5] Vgl. KASARNOWSKY: Seifensieder-Ztg. **52**, 452 (1925).
[6] Der anhaftende Geruch der Hexaline soll sich durch Triäthanolaminderivate entfernen lassen (F. P. 717031). Andere Mittel zur Überdeckung des Lösungsmittelgeruches sind: Amylacetat, Sassafrasöl, Citronellöl, Eucalyptusöl, Rosmarinöl, Nelken- und Cassiaöl usw. S. Seifensieder-Ztg. **59**, 250 (1932).
[7] D. R. P. 365160.

Fettlösungsmittel gepulvert und dann durch hohen Druck zusammengeschmolzen werden.

Cyclonol usw. enthaltende Seifen. Von den Fettlösungs- und Emulgierungsmitteln sind noch folgende zu erwähnen: *Majamine*[1], die Salze der Tetrahydronaphthalin-o-sulfonsäure, weiters die sog. substituierten Dioxole der Deutschen Hydrierwerke, von denen sich das *Cyclonol* weitgehend in der Praxis eingeführt hat.

Cyclonol soll nach Angabe der Herstellerin 2,2-Methylpentamethylen-4-oxymethyldihydrodioxol sein, mit folgenden Kennzahlen[2]: Säurezahl = 0, Verseifungszahl = 0, Acetylzahl 246, $D._{20} = 1{,}074$, $n_{20} = 1{,}474$, Siedep. = zirka 250° C. Cyclonol ist ein vorzügliches, nahezu geruchloses Emulgiermittel, erhöht die Tropfenzahl der Seife, erniedrigt also deren Oberflächenspannung, und zwar am stärksten bei Zusätzen von 10—15%. Auch die Schaumkraft wird angeblich erhöht, und zwar am stärksten bei einem Zusatz von 5%, aber noch bei 30% Cyclonolgehalt soll die Schaumkraft höher sein, als die der reinen Seife. Eine weitere Eigenschaft von Cyclonol ist die Elektrolytempfindlichkeit der Seife wesentlich herabzusetzen, so daß diese weniger zum Beschlagen neigt. Aus demselben Grunde soll der Zusatz nicht im Siedekessel, sondern nach der Abrichtung im Zubringer stattfinden. (Meist wird eine stark cyclonolhaltige, flüssige Seife, wie oben geschildert, im Zubringer eingerührt.) Mit mehr als 10% Cyclonol werden die Seifen weich und lassen sich schlecht stempeln. Cyclonol verdunstet sehr langsam, deshalb ist es besonders auch als Zusatz (10%) zu Seifenflocken geeignet, dieselben werden schön transparent und nicht brüchig[3].

Von den Emulgierungsmitteln, die, ohne selbst eine namhafte fettlösende Wirkung auszuüben, lediglich der Seife zugesetzt werden, um die Verteilung der Fettlöser zu vermitteln, soll noch das *Triäthanolamin* erwähnt sein, ferner Trioxyäthylendiamindistearat sowie die wasserlöslichen Monoalkyläther der Glykol- und Polyglykolgruppe[4]. Betreffs Verwendung von türkischrotölartigen Produkten haben wir bereits auf den 2. Band verwiesen.

2. Lösungsmittelhaltige Schmierseifen.

Wichtiger als die festen Seifen sind die schmierseifenähnlichen Produkte. Sie können enthalten von 15—30% an Gesamtlösungsmitteln. Meist sind sie Olein-Kaliseifen, können aber auch mit anderen Ölen, wie Soja-, Lein-, Rüb-, Sonnenblumenöl, Ricinus- und Cocosöl hergestellt werden und haben in der Textilindustrie eine besondere Wichtigkeit erlangt. Beispiel: eine transparente Kaliseife wird bei 60° mit einem Gemisch von Methylhexalin und Tetralin vermischt[5].

Weitere Beispiele: Eine dickviskose bis gallertartige Lösungsmittelseife: in 50—60° warme Schmierseife wird eine neutralisierte Mischung von 5 Teilen Türkischrotöl 100%ig und 5 Teilen Hexalin eingerührt und nachher noch 3 Teile denaturierter Alkohol, 10 Teile Terpentinöl und 10 Teile Tetrachlorkohlenstoff dazugefügt[6].

3. Flüssige Lösungsmittelseifen.

Von der größten Wichtigkeit sind die flüssigen Lösungsmittelseifen, in erster Linie diejenigen, die Hexalin usw. enthalten. Die Lösungsmittel werden bei

---

[1] Seifensieder-Ztg. **54**, 788 (1927).
[2] Seifensieder-Ztg. **64**, 86 (1937).
[3] D. R. P. **542443** sichert die Herstellung von Seifen und Waschmitteln mit einem Zusatz von Cyclonol der Benzit A. G., Berlin.
[4] I. G. Farbenindustrie A. G.: F. P. **667904**. — S. Seifensieder-Ztg. **57**, 610 (1930).
[5] VON SCHWARZENSTEIN: Schweiz. P. **133808**.
[6] Seifensieder-Ztg. **60**, 120 (1933); vgl. auch Seifensieder-Ztg. **64**, 87 (1937). — S. auch die Rezepte in der Broschüre der Dehydag: „Methylhexalin-Hexalin".

richtiger Arbeitsweise von den flüssigen Seifen viel leichter und in größerer Menge (bis 80%) aufgenommen. Deshalb werden diese Seifen nicht nur zu direkten Waschzwecken hergestellt, sondern auch als vermittelnde Halbprodukte, die in andere feste und Schmierseifen eingerührt werden, um ihren Lösungsmittelgehalt den letzteren mitzuteilen, bzw. deren Verteilung zu ermöglichen. Die meisten der vorher behandelten Seifen werden auf diesem Umwege hergestellt. Solche Hauptprodukte sind verschiedentlich patentiert und in den Handel gebracht worden, so z. B. das „*Benzit*" der Polborn A. G., Berlin, die „*Savonade*", Müller & Kalkow, Magdeburg, eine Ölseife mit 25—30% Methylhexalingehalt, dann das sog. „*Diaphanöl*", das besonders geruchlos sein soll. Das „*Hydralin*" der Deutschen Hydrierwerke A. G. ist ein Hexalinpräparat, das sich nicht nur in wäßriger Seifenlösung wie das Hexalin, sondern auch in reinem Wasser in jedem Verhältnis klar auflöst, dabei vorzügliche Emulgierungswirkung besitzt. Alle vier genannten Präparate werden nach D. R. P. 365160 hergestellt.

4. Waschextrakte und Trockenreinigungsmittel.

Die andere Gruppe der lösungsmittelhaltigen flüssigen Seifen bilden die Produkte, welche zu direkten Waschzwecken dienen. Hierher gehören die Waschextrakte, sog. „Dry cleaning soaps" sowie die Fleckenentfernungsmittel. Der Unterschied zwischen ihnen ist, daß Waschextrakte einen höheren Fettsäuregehalt besitzen, mindestens 30%. Die „Fleckwässer" enthalten weniger Seife und entsprechend mehr Lösungsmittel. Sie haben zwar geringes Schaumvermögen, aber große Netz- und Emulgierkraft. Bei ihnen ist die Wirkung der Seife eigentlich schon eine untergeordnete. Die Hauptaufgabe bei der Reinigung fällt dem Lösungs- und Emulgierungsmittel zu, sie können als seifenhaltige Lösungsmittel oder wasserlöslich gemachte Fettlösungsmittel bezeichnet werden.

Zum Löslichmachen von Dekalin oder Tetralin werden z. B. 50 Teile einer aus Cocosfett, Ricinusöl und Harz hergestellten Kaliseife mit einem Fettsäuregehalt von 30% mit 10 Teilen Olein, 20 Teilen Cyclohexanol und 150 Teilen Tetralin versetzt. Die Lösung ist unbegrenzt haltbar und gibt mit Wasser eine Emulsion, welche sich selbst beim Siedepunkt nicht entmischt. Um Dekalin löslich zu machen, verwendet man 50 Teile der gleichen Seife, 20 Teile Wasser, 10 Teile Olein, 1 Teil Terpineol (welches nach GOETZMANN das Trübwerden der Lösung verhindert), 20 Teile Cyclohexanol und 150 Teile Dekalin. In ähnlicher Weise lassen sich andere Lösungsmittel, wie Benzin, Trichloräthylen u. dgl. mehr wasserlöslich machen[1].

Die günstigste Zusammensetzung eines Fleckenwassers soll nach H. ZILSKE[2] sein: 40% einer 15%igen flüssigen Seife, 10% Kohlenwasserstoffe, 25% Emulgatoren (Türkischrotöl, Tresimol, Hexalin) und 25% Alkohol.

Ein in Wasser emulgierbares Trichloräthylenpräparat, s. Seifensieder-Ztg. 1925, S. 975.

5. Benzinseifen.

Nicht zu verwechseln sind die benzinhaltigen flüssigen Seifen, die zu ausgesprochenen Waschzwecken dienen mit den sog. „*Benzinseifen*", welche bei der Herstellung von Fleckputzmitteln und in Wäschereien dem Benzin zugesetzt

[1] Vorschriften für flüssige Lösungsmittelseifen unter Anwendung von *Permulgin* s. Seifensieder-Ztg. **57**, 758 (1930). — Calmetteöl als Zusatz zu Waschextrakten s. KRINGS: Seifensieder-Ztg. **56**, Nr. 17—19 (1929). — Flüssige Seifen, hergestellt unter Anwendung von Permulgin und Emulgade, s. Seifensieder-Ztg. **59**, 247 (1932). — Flüssige Seifen mit aromatischen Kohlenwasserstoffen s. D. R. P. 264439. — Flüssige Seifen mit Zusatz von Terpentinöl und Chlorkohlenwasserstoffen s. D. R. P. 445848.

[2] Seifensieder-Ztg. **64**, 86 (1937).

werden, um ihm die Fähigkeit zu verleihen, auch Sachen mit etwaigem Feuchtigkeitsgehalt zu reinigen, die einfach durch Benzin nicht benetzt werden könnten. Die „Benzinseifen" sind meist oleinhaltige saure Seifen, die in Benzin klar löslich sind — mit oder ohne Zusätze von anderen Lösungsmiteln (Benzol, Xylol, Alkohol, Essigäther, Trichloräthylen usw.). Eine weitere wesentliche Aufgabe der „Benzinseife" ist, die Leitfähigkeit zu erhöhen, um die beim Bewegen von Wolle und Seide in Benzin sich bildende Reibungselektrizität abzuleiten, damit keine Funken überspringen, die zu gefährlichen Benzinbränden führen könnten.

d) Herstellung der Lösungsmittelseifen.

Das Einrühren der beschriebenen Lösungs- und Emulgiermittel geschieht nach einigen Angaben im Siedekessel. Namentlich über die hydrierten Phenole wird angegeben, daß die Gegenwart von Hexalin usw. im Siedekessel die Vereinigung von Fett und wäßrigem Alkali vermittelt und beschleunigt[1]. Doch dürfte es kaum zweifelhaft sein, daß dieses Verfahren gerade bei den abgesetzten Seifen richtigerweise nicht verwendet werden kann, da ein großer Teil der Lösungsmittel infolge ihrer Flüchtigkeit und der Löslichkeit in der Unterlauge verlorengehen würde. Daß die Elektrolytempfindlichkeit der Seife durch viele und gerade die besten Zusatzmittel gemindert wird, also die Seifen schwerer aussalzbar werden, haben wir schon erwähnt. Eben deshalb soll der Zusatz der Lösungsmittel nach erfolgter Abrichtung im Zubringer unter kräftigem Rühren erfolgen. Bei nicht abgesetzten Seifen kann die Zugabe im Siedekessel mit indirekter Dampfheizung geschehen, wegen der Verflüchtigungsgefahr auch hier erst zur fertigen Seife. Auf keinen Fall soll das Lösungsmittel bei pilierten Seifen erst zu den trockenen Spänen in der Mischmaschine zugesetzt werden[2].

Die Fettansätze, die zur Herstellung der Seifengrundkörper dienen, sind nach dem jeweiligen Zweck und der Preislage zu wählen, hauptsächlich mit Hinsicht darauf, ob feste, flüssige oder schmierseifenartige Produkte hergestellt werden sollen. Die verschiedene Aufnahmefähigkeit für Lösungsmittel, die die Seifen der einzelnen Fette und Öle zeigen, ist nicht von bestimmendem Einfluß, da bei Fetten gleichwelcher Natur sich immer die entsprechende Arbeitsweise zur Inkorporierung finden läßt, wenn nur die Lösungsmittel dies überhaupt erlauben. Die Natur der letzteren ist also ausschlaggebend.

Die Alkalität der Seife beeinflußt die Aufnahme des Lösungsmittels. Stark alkalische oder Alkalicarbonat enthaltende Seifen nehmen die Lösevermittler schwieriger auf; ein p_H von etwa 8 ist für die Herstellung der lösungsmittelreichen Seifen am günstigsten. Z. B. nimmt eine Cocoskaliseife von $p_H = 8$ nach Vermischen mit 20% Hexalin glatt 30% Dekalin auf und verwandelt sich dabei in eine transparente, in Wasser gänzlich lösliche Seife. Zur Einstellung der günstigsten Alkalität wird die Seife mit Olein oder Sulforicinolsäure neutralisiert.

e) Verwendung der Lösungsmittelseifen.

1. Körperreinigung. Für Handwaschzwecke, besonders nach schmutzigen Arbeiten, für verschiedene Handwerker sind die Fettlöserseifen, eventuell mit Bimssteinpulver versetzt, wohl als ideale Waschmittel zu bezeichnen. Jedoch muß schon hier bemerkt werden, daß Seifen, deren Zusätze bei empfindlichen Personen Hautreizungen hervorbringen können, nicht zu empfehlen sind. Solche reizende und entzündende Wirkung können hauptsächlich Benzin, Petroleum,

[1] Schrauth, Davidsohn: Lehrbuch der Seifenfabrikation, S. 464. 1928.
[2] Seifensieder-Ztg. 58, 297 (1931).

Benzol usw. ausüben. Bei Seifen, die mit diesen Mitteln auf kaltem Wege, also mit viel Cocosöl hergestellt werden, z. B. nach dem Schweiz. P. 143405, ist dies besonders bedenklich. Auf die stark entfettende Wirkung der Lösungsmittelseifen im allgemeinen braucht kaum hingewiesen zu werden, um darzutun, daß sie als feine Toiletteseifen ungeeignet sind.

2. Zur Wäschereinigung haben sich die Lösungsmittelseifen vielseitig bewährt, vor allem auch zum Waschen stark beschmutzter Stoffe, also Arbeitskleider, Reinigungstücher u. dgl. Im Haushalt werden wohl mehr die festen bis schmierseifeartigen, in den Wäschereianstalten die flüssigen Fabrikate Verbreitung gefunden haben, im letzteren Falle auch die Waschextrakte und Fleckenentfernungsmittel. Möglichste Freiheit von anhaftenden und lästigen Gerüchen ist hier eine der Hauptbedingungen.

3. Zu technischen Zwecken verwendet werden die Lösungsmittelseifen vor allem in der Textilindustrie, wo sie den türkischrotölartigen Produkten eine wirksame Konkurrenz gemacht haben. Eine vielleicht am meisten umstrittene Frage war dabei die angebliche Kalkbeständigkeit dieser Seifen. Nach den verschiedenen Äußerungen des Schrifttums[1] darf es wohl als erwiesen gelten, daß keine der verschiedenen Lösungsmittelseifen eine wirkliche Kalkbeständigkeit besitzt, daß aber ihnen wegen ihrem stark gesteigerten Peptisier- und Dispergiervermögen für fettsaure Ca- und Mg-Salze eine gewisse Schutzwirkung gegen diese unliebsamen Ausscheidungen zukommt.

Sehr gut bewährt haben sich die Lösungsmittelseifen zu Zwecken, wo es auf höchste Waschkraft und entfettende Wirkung ankommt und wo Geruch usw. nicht stören, z. B. zur Reinigung von Maschinen, Werkzeugen, Böden, Holzgegenständen[2] usw.

Eine Zusammenstellung der verschiedenen im Handel befindlichen Lösungsmittelseifen brachte J. HETZER[3].

XI. Analytische Kontrolle in der Seifenindustrie.

Von **M. DITTMER**, Rheingönheim.

In diesem Abschnitt werden die Untersuchungen angegeben, welche in der Seifenfabrik zur Kontrolle der Rohstoffe und Erzeugnisse durchgeführt werden müssen. Die Vorschriften für die Ausführung der Analysen findet man in den entsprechenden analytischen Lehrbüchern[4].

Zu unterscheiden sind drei Richtungen, in welchen sich die analytische Untersuchung bewegen kann, entsprechend drei Aufgaben, vor welche man im Betrieb gestellt wird: 1. Kontrolle des Einkaufs durch Untersuchung des eingehenden Rohmaterials. 2. Kontrolle des Betriebes durch laufende Untersuchung der Zwischen- und Fertigprodukte. 3. Analyse und Aufklärung der Zusammensetzung fremder Produkte.

---

[1] Vgl. Seifensieder-Ztg. **54**, 685, 748, 781 (1927); ferner Seifensieder-Ztg. **64**, 56, 160 (1937).

[2] J. AUGUSTIN: Seifensieder-Ztg. **56**, 347 (1929).

[3] Seifensieder-Ztg. **63**, 495 (1936). — S. auch HETZER: Textil-Hilfsmittel-Tabellen, 2. Aufl. Berlin: Julius Springer. 1938.

[4] Z. B. Einheitsmethoden der „Wizöff". AD. GRÜN: Analyse der Fette und Wachse. Bd. I. Berlin: Julius Springer. 1925. — Holde und Bleyberg: Kohlenwasserstofföle und Fette. 7. Aufl. Berlin. 1933.

1. Kontrolle des Einkaufs.

Die Untersuchungen beziehen sich auf die Feststellung, ob die gekauften Materialien — Fette, Öle, Fettsäuren, Ätzalkalien und sonstigen anorganischen und organischen Roh- und Hilfsstoffe — den an sie zu stellenden Bedingungen genügen. Über deren Eigenschaften ist in den früheren Kapiteln eingehend berichtet worden. Anders, wenn es sich um die Erprobung neu einzuführender Rohstoffe handelt; wenn auch im allgemeinen die üblichen analytischen Untersuchungen (bei Fetten und Fettsäuren beispielsweise Säure-, Verseifungs-, Jod- eventuell Acetylzahl, Glycerin-, Schmutz-, Wassergehalt, Unverseifbares usw.) ausreichen werden, um sich ein Bild über die Brauchbarkeit eines neuen Rohstoffes zu machen, wird es sich doch in vielen Fällen nicht umgehen lassen, eine praktische Erprobung unter technischen Bedingungen in möglichst kleinem Umfang vorzunehmen und die Fertigprodukte auf ihre Eignung zu prüfen.

2. Betriebskontrolle.

Die wichtigsten, das Fortschreiten des technischen Vorgangs der Verseifung kontrollierenden Untersuchungen werden am Seifenkessel selbst durch den Sieder durch erfahrungsmäßige Beobachtung und kleinere, chemische Maßnahmen (z. B. Phenolphthaleinprobe) vorgenommen; in manchen Fällen wäre sogar eine exakte Nachprüfung schon deshalb untunlich, weil diese infolge ihrer längeren Dauer dem Fortschreiten des Vorganges zu stark nachhinken würde (vgl. z. B. das bei den Eschwegerseifen S. 344 Gesagte). Bei den Fertigprodukten hingegen ist die Kontrolle in der Regel einfach und leicht, zumal Art und Menge des verwendeten Rohmaterials bekannt sind. Sie beschränkt sich meist auf die Bestimmung des Fettsäuregehaltes, seltener des Wasser- und Glyceringehaltes.

Fabriken, welche Spezialartikel, beispielsweise für die Textilindustrie herstellen, sind noch auf die Durchführung physikalisch-chemischer Untersuchungen zur Bestimmung der Schaumeigenschaften (vgl. S. 139), der Emulgierungs- bzw. Demulgierungswirkung (S. 143), der Waschwirkung (S. 153), der Einwirkung auf die Wäschefaser oder Haut, des Verhaltens gegenüber den Härtebildnern des Wassers, Säuren und Laugen, des Trübungspunktes (S. 479), bei anderen Waschmitteln (z. B. Türkischrotöl und ähnlichen) der klaren „Löslichkeit“ in Wasser, gegebenenfalls der Verträglichkeit mit Geruchstoffen und sonstigen Beimengungen (beispielsweise bei medizinischen Seifen, vgl. S. 388) u. dgl. eingerichtet.

Im laufenden Betriebe von Unternehmen, die keine Spezialitäten herstellen oder aber solche — gegebenenfalls Markenartikel — aus stets gleichbleibendem Rohmaterial erzeugen, wird man derartiger Untersuchungen entraten können.

3. Untersuchung fremder Produkte.

α) *Reinseifen.*

Bei diesen wird es sich zunächst wiederum um die Feststellung des Gehaltes an Fettsäurehydrat, Wasser, Glycerin, freiem Alkali und sonstigen Elektrolyten handeln. In jedem Falle ist — wenn sie als Stückseifen vorliegen — auf die richtige Probenahme zu achten. Bei pilierten Toiletteseifen wird die Art der Parfümierung wohl stets durch die Nase des Geübten und nicht durch chemische Untersuchung festgestellt werden. Bei Transparentseifen wird auch noch die Alkoholmenge im Destillatwasser zu bestimmen sein, doch wird infolge der Trocknungsvorgänge diese Bestimmung nur orientierenden Charakter haben können. Bei (gekörnten) Schmierseifen, auch bei Cocos- und Rasierseifen ist eine qualitative und quantitative Feststellung von K neben Na nach den üblichen Methoden erforderlich.

Von den auf bekannte Weise abgeschiedenen Fettsäuren ist die Neutralisationszahl, die Verseifungszahl und die Menge des Unverseifbaren, ferner die Jodzahl und wenn die Möglichkeit des Vorhandenseins von Oxyfettsäuren gegeben ist, auch die Acetylzahl (oder aber nach der Petrolläthermethode quantitativ die Menge der Oxysäuren) zu bestimmen. Dann erübrigt sich die Ermittlung des gebundenen Alkalis, welches aus der Neutralisationszahl berechnet werden kann, falls nicht freie Fettsäure gefunden wurde, was jedoch — mit Ausnahme bei Cocosseifen — kaum je der Fall sein wird.

Aus der Neutralisationszahl lassen sich über die Zusammensetzung des bei der Bereitung der Seife angewendeten Fettansatzes in folgender Weise Schlüsse ziehen. Falls sich Harz qualitativ durch die MORAWSKIsche Probe zu erkennen gegeben hat, wird es quantitativ in der in den Analysenbüchern beschriebenen Weise entfernt, ebenso das Unverseifbare. Es empfiehlt sich, nicht nur die Neutralisationszahl (NZ.), sondern auch die Verseifungszahl (VZ.) des Fettsäuregemisches festzustellen und, falls diese größer ist, sie an Stelle der Neutralisationszahl zur Berechnung heranzuziehen, weil bei der Abscheidung der Fettsäuren zuweilen eine Anhydrisierung (Estolid- bzw. Laktonbildung) eintreten kann. Bei normalen Fettsäuren ist die Differenz zwischen Neutralisationszahl und Verseifungszahl allerdings gering. Der prozentuelle Anteil an Kernfetten (K) bzw. Leimfetten (L) berechnet sich aus folgenden Formeln:

$$K = 500 - 2\,\text{NZ.}, \qquad L = 2\,\text{NZ.} - 400.$$

Ist durch negativen Ausfall der Hexabromid- bzw. Dekabromidprobe die Abwesenheit von höher ungesättigten Fettsäuren sichergestellt, so gestattet die Bestimmung des Erstarrungspunktes (E) und der Jodzahl (JZ.) eine weitere Berechnung, sofern man sich auf gewisse Grundtypen von Fetten festlegt. Für die Praxis genügt die Berechnung folgender Typen:

Feste, talgartige Fette	(F)	(NZ. = 200, E = 44, JZ. = 40),
Erdnußölartige Fette	(O)	(NZ. = 200, E = 25, JZ. = 90),
Leimfette	(L)	(NZ. = 250, E = 19, JZ. = 10).

Der prozentuale Anteil dieser drei Fettypen in einem Fettsäuregemisch errechnet sich dann aus folgenden Formeln:

$$L = 2\,\text{NZ.} - 400, \tag{1}$$

$$O = 757{,}9 - 2{,}632\,(\text{NZ.} + 2\,E), \tag{2}$$

$$O = 2\,\text{JZ.} + 1{,}2\,\text{NZ.} - 320, \tag{3}$$

$$F = 100 - (L + O). \tag{4}$$

Ergeben die Formeln 2 und 3 nicht das gleiche Resultat, so geht daraus hervor, daß neben erdnußartigen Ölen eventuell Öle anderer Art (Sojaöl, Baumwollsaatöl) verwandt worden sind. Schweineschmalz und andere weichere Kernfette erscheinen nach dieser Berechnungsart als ein Gemisch aus Talg und erdnußölartigem Fett, was aber für den Wert dieser Methode unwesentlich ist, da diese selbstverständlich stets nur einen orientierenden Aufschluß geben kann. Denn auch die stillschweigende Voraussetzung, daß die Erstarrungspunkte der Fettsäuren additive Größen sind, trifft nur beschränkt zu, außerdem bewirken die stark schwankenden Konstanten der Fette und Öle schon an und für sich eine gewisse Unsicherheit. Bei Vorliegen höher ungesättigter Fettsäuren kann die Rhodanzahl mit zur Berechnung herangezogen werden[1].

Die nach den üblichen Methoden vorzunehmende Glycerinbestimmung läßt einen Schluß darauf zu, ob das Produkt eine Leimseife ist (Glycerinmenge etwa $^1/_{10}$ des Fettsäuregehaltes) oder eine Kernseife (Glycerinmenge höchstens $^1/_{40}$ des Fettsäuregehaltes); die Schlüsse versagen, wenn eine teilweise oder gänzlich aus Fettsäuren hergestellte Leimseife vorliegt. In diesem Falle wird nur der sehr Erfahrene am Aussehen, Griff, den Vertrocknungseigenschaften u. ä. einen Anhaltspunkt finden.

β) *Seifen mit Zusätzen und Füllung.*

Der Nachweis und die mengenmäßige Bestimmung von Zusätzen in Seifen beruht teils auf ihrer Unlöslichkeit in Alkohol, teils auf ihrer Flüchtigkeit mit Wasserdampf. An alkoholunlöslichen anorganischen Bestandteilen können vorkommen: Chloride, Carbonate, Sulfate, Wasserglas, Borax, Phosphate, Talkum, Zinkoxyd; an organischen: Stärke (Kartoffelmehl), Dextrin, Zucker, Gelatine, Eiweißstoffe. Mit Wasserdampf flüchtige Zusätze sind entweder wasserlöslich (Alkohol, Phenol, Formaldehyd) oder wasserunlöslich (Kohlenwasserstoffe, gechlorte Kohlenwasserstoffe, hydrierte Phenole und Naphthaline). Ihre Erkennung und Bestimmung ist in den eingangs erwähnten Werken beschrieben. Nach ihrer Entfernung wird die Seife, bzw. Fettsäure wie unter α) beschrieben weiter untersucht. Bei Seifenpulvern wird regelmäßig auf Persalze durch Messung des aktiven Sauerstoffes nach der Permanganatmethode oder jodometrisch zu prüfen sein.

Bei der Bestimmung des Wasserglasgehaltes, die durch Ermittlung der vorhandenen Kieselsäure und deren Umrechnung auf Wasserglas erfolgt, sei auf die Unsicherheit hingewiesen, welche durch die wechselnde Zusammensetzung des handelsüblichen Wasserglases bedingt ist. Meist entspricht seine Zusammensetzung

[1] Einzelheiten wegen der Berechnungen s. z. B. HOLDE-BLEYBERG: Kohlenwasserstofföle und Fette. 7. Aufl., S. 775. Berlin. 1933.

dem eines Trisilikats, zumal, wenn das Wasserglas „abgerichtet“ ist. Es ist daher das Einfachste, den Gehalt an wasserfreiem Wasserglas in Prozenten, W, aus der Formel des Trisilikats zu berechnen: $W = \frac{134{,}3 \cdot a}{e}$, worin a die gefundene Menge SiO_2, e die Einwaage bedeutet[1].

Wegen des Nachweises und der Bestimmung von Phosphatiden (Lecithin) und Sterinen (Lanolin) sei wiederum auf die analytischen Werke verwiesen. Man wird sich hier meist mit dem bloßen Nachweis begnügen, da die quantitativen Methoden schwierig und ungenau sind und der Seifentechniker ohnehin die Mengen kennt, die von diesen Stoffen erfahrungsgemäß den Seifen zur Erzielung bestimmter Wirkungen beigemengt werden oder werden können.

Die Feststellung von Art und Menge der einer Seife einverleibten Überfettungsmittel wird an dem aus einer entsprechend großen Probe der Seife abgeschiedenen Unverseifbaren vorgenommen; bei Anwesenheit von Wachsen ist darauf zu achten, daß diese wegen ihrer schwierigen Verseifung zum größten Teil mit in das Unverseifbare gehen.

γ) Seifenhaltige und seifenfreie Waschmittel.

Ein allgemein einzuhaltender Analysengang kann nicht gegeben werden; es empfiehlt sich, durch Veraschung und systematische Untersuchung der Aschebestandteile zunächst den anorganischen Anteil festzustellen, wodurch häufig schon Schlüsse auf die Art des Waschmittels gezogen werden können. Durch Extraktion des möglichst weitgehend getrockneten Waschmittels mit heißem Alkohol erhält man in diesem unlösliche Substanzen, die nach β) untersucht, eine Kontrolle für die aus der Veraschung gewonnenen Resultate ergeben.

Für seifenfreie Waschmittel, welche häufig aus sulfonierten Produkten bestehen, findet man ausführliche Analysenvorschriften in den S. 502 zitierten Werken. Zu bedenken ist jedoch, daß Sulfonsäuren zum Unterschied von Fettalkoholsulfonaten (Schwefelsäureestern) durch Kochen mit Salzsäure nicht spaltbar sind; deswegen wurde zur Ermittlung des Gehaltes von Waschmitteln an Fettalkoholsulfonaten von LINDNER und seinen Mitarbeitern[2] eine Abänderung der Methode vorgeschlagen.

In Gemischen, vor allem in Mischungen mit Seifen, ist die genaue Ermittlung des Gehaltes an den genannten, seifenähnlichen Produkten sehr schwierig und oft überhaupt nicht einwandfrei durchzuführen. Denn einerseits tragen sowohl die (durch Kochen mit Salzsäure rückgebildeten) Fettalkohole als auch die im Türkischrotöl enthaltene Ricinolsäure zur Acetylzahl bei, so daß diese kein Kriterium für sich darstellt, anderseits liefert nicht nur die Ricinolsäure neben den aus eventuell vorhandenen Seifen freigemachten anderen Fettsäuren einen Beitrag zur Säurezahl, sondern auch die nicht spaltbaren Sulfonsäuren. Schließlich kommt ebensowohl der Ricinolsäure wie auch gegebenenfalls vorhandenen ungesättigten Alkoholen eine Jodzahl zu. Eine exakte Bestimmung wird sich aber auch bei Bekanntsein aller drei Konstanten nicht immer ermöglichen lassen, weil ja weder das durchschnittliche Molekulargewicht der Fettsäuren noch der Alkohole von vornherein bekannt ist; beide können hinsichtlich ihres C-Atomgehaltes zwischen C_{12} und C_{18} liegen.

Der Gehalt eines Waschmittels an Igepon T kann durch Bestimmung seines Stickstoffgehaltes ermittelt werden; kocht man diese Substanz mit Schwefelsäure in Gegenwart eines Katalysators (Quecksilber, Kupfersulfat usw.), so bildet sich quantitativ Ammonsulfat; selbstverständlich muß bei Mitvorhandensein von Ammoniumseifen oder Aminen (Triäthanolamin u. dgl.) die Substanz durch Erhitzen mit NaOH erst von diesen befreit worden sein. Unsicher wird die Bestimmung bei gleichzeitigem Vorhandensein von Eiweißprodukten.

Saponine dürften in Gegenwart von Seifen kaum vorkommen, da ja bekannt ist, daß die Schaum- und Reinigungswirkung beider Stoffe einander nicht unterstützt, sondern im Gegenteil stört.

Im allgemeinen wird sich die Gegenwart von Sulfonierungsprodukten und sonstigen Netzmitteln neben Seifen durch manche Beobachtungen bei der Ausführung der Analyse zu erkennen geben, wie z. B. anhaltendes, starkes Schäumen bei der Abscheidung der Fettsäuren mit Mineralsäuren oder eine starke Emulsionsbildung beim Ausschütteln des Säurewassers mit Äther usw. Allerdings können aber auch bei Waschpulvern Emulsionen beim Ausschütteln infolge des Wasserglasgehaltes auftreten.

---

[1] Vgl. DITTMER: Seifensieder-Ztg. **58**, 168—185 (1931).

[2] Vgl. LINDNER, RUSSE u. BEYER: Fettchem. Umschau, **40**, 93 (1933); ferner KING u. PÜSCHEL: Melliands Textilber. **15**, Nr. 1 (1934), und JAHN: Chem.-Ztg. **39**. 383 (1935).

XII. Kalkulation und Betriebsbuchführung in Seifenfabriken.

Von **E. Köhler**, Budapest.

Die Kalkulation ist die Summe der auf die Herstellung der Seifen aufgewendeten Material-, Fabrikations- und Regiekosten. Die Materialkosten ergeben sich aus den Anschaffungspreisen der Rohstoffe, Zutaten und Verpackungsmaterialien, welche bei der Fabrikation des kalkulierten Artikels in ganz bestimmten Mengen und Zusammensetzungen mit bekannter Ausbeute verwendet werden. Die Materialkosten lassen sich deshalb leicht berechnen, im Gegensatz zu den Regiekosten.

Allerdings macht auch mitunter die Berechnung der Seifenausbeute Schwierigkeit, und sie wird nicht selten durch einen Probesud oder aus den Zahlen des Schrifttums berechnet. In der Literatur sind aber richtige Ausbeutezahlen nur für individuelle Fettrohstoffe zu finden, während man in der Praxis mit gemischten Ansätzen arbeitet, bei den verschiedensten Arten der Aussalzung, so daß eine Berechnung der Ausbeute auf Grund der theoretischen Zahlen nicht möglich ist.

Die theoretische Ausbeute ergibt sich aber aus dem Fettsäuregehalt der Seife (im Aufschneidegewicht bestimmt) und des Fettansatzes:

$$\text{Ausbeute} = \frac{\%\ \text{Fettsäure im Fettansatz}}{\%\ \text{Fettsäure in der Seife}}.$$

Die praktische Ausbeute wird bei normaler Arbeit kaum mehr als 0,5% unter der theoretischen bleiben.

Der Fettsäuregehalt des Ansatzes läßt sich aus den Fettanalysen berechnen; für gewöhnlich genügt jedoch, wenn man bei den Leimfetten 93,5% und bei den Kernfetten, auch bei Verwendung von Harz 95,0% annimmt, wobei die Verluste bereits inbegriffen sind. Den Fettsäuregehalt der Seife bestimmt man in ihrem Zustand beim Aufschneiden und multipliziert mit dem Aufschneidegewicht. Nachfolgend ist ein Beispiel für die Berechnung der Ausbeute angegeben:

Der Fettansatz besteht aus 30% Leimfett, 70% Kernfett und Harz; der Fettsäuregehalt der Seife ist aus dem vollen Querschnitt der Tafeln beim Aufschneiden mit 63,5% bestimmt worden; auf 100 kg Verkaufsgewicht wurden 98 kg Seife aufgeschnitten. Darnach beträgt die Ausbeute:

$$A = \frac{30\,\text{kg} \times 93{,}5\% + 70\,\text{kg} \times 95{,}0\%}{98\,\text{kg} \times 63{,}5\%} = \frac{94{,}55\,\text{kg}}{62{,}23\,\text{kg}} = 152\%.$$

Die Nachkalkulation der Rohmaterialien ist meistens Aufgabe des Materialeinkäufers. Er legt am besten für jeden Kauf ein Blatt oder eine Mappe auf. Auf diese notiert er alle Gewichte und Ausgaben und legt alle Schriftstücke dazu. Auf diese Weise hat man nicht nur eine Kontrolle für die Abwicklung des Kaufes, sondern kann den Nettoeinheitspreis der Ware leicht berechnen und sind in diesem die Taraverluste, Leckage, Verwertung der Emballage, Provisionen, Vergütungen, Fracht- und Zollspesen usw. bereits berücksichtigt. Ob bei der Kalkulation einzelner Fertigprodukte die Rohstoffe mit dem Tagespreis, nach dem letzten Einkauf oder entsprechend dem Durchschnittspreis der getätigten Käufe einzusetzen sind, ist der Entscheidung des kaufmännischen Leiters überlassen und wird meistens unter Berücksichtigung des Zweckes der Kalkulation entschieden.

Viel komplizierter gestaltet sich die Nachkalkulation der Regien. Darunter ist die Verteilung aller während eines Zeitabschnittes (ein Monat, ein halbes Jahr, ein Geschäftsjahr) entstandenen Spesen auf die einzelnen Warengattungen zu verstehen. Diese Arbeit läßt sich auf die verschiedenste Weise durchführen und jede Art der Kalkulation — angefangen bei der Bauernregel: der Verkaufspreis von 100 kg Seife ist gleichzusetzen den Gestehungskosten von 100 kg des Fettansatzes, bis zur genauesten Arbeit eines Kalkulationsbureaus — ist brauchbar, wenn sie den Tatsachen entspricht. Der Aufbau der Nachkalkulation ist einfacher oder komplizierter, je nachdem, ob es sich um einen kleinen, mittleren oder Großbetrieb handelt, ist aber vor allem davon abhängig, ob der Betrieb nur eine oder ob er verschiedene Warenarten erzeugt, wobei im letzten Fall die Gliederung in vertikaler wie in horizontaler Richtung geschehen kann. Zum ersten Fall wäre als Beispiel eine Waschseifenfabrik anzunehmen, zur zweiten Kategorie gehört eine Fabrik mit Ölpresserei und Ölhärtungsanlage, welche die erzeugten Rohöle teilweise verkauft und zum Teil in den eigenen Betrieben zu Margarine, Waschseife, Seifenpulver und Toiletteseife weiterverarbeitet und dabei Kisten und Kartonage selbst erzeugt. Daß im zweiten Fall die Anfertigung der Nachkalkulation komplizierter ist als bei einem Unternehmen der ersten Art, ist naheliegend. Wegen dieser Mannigfaltigkeit der Fälle kann man natürlich kein einheitliches Schema der Nachkalkulation angeben, aber als allgemein nützlich können folgende Regeln gelten:

1. Ohne eine übersichtliche Betriebsbuchführung gibt es keine richtige Kalkulation.

2. Die Produktions- und Umsatzausweise müssen so weit differenziert angefertigt werden, daß nicht zwei verschiedene Erzeugnisse, welche auch nur hinsichtlich einer Regieart verschieden belastet werden sollen, zusammengefaßt sind (z. B. genügt es nicht, wenn man weiß, daß 50000 kg Toiletteseife erzeugt wurden, man muß wissen, daß davon 30000 kg eingeschachtelte pilierte Seife, 5000 kg kaltgerührte Mandelseife usw. war).

3. Die kaufmännische Buchführung muß die Regieausgaben so weit differenziert angeben, daß unter einem Betrag nicht solche Spesengattungen zusammengefaßt werden, welche auf zwei verschiedene Warenarten in abweichender Art verteilt werden sollen (z. B. elektrische Stromkosten und Dampfspesen dürfen nicht zusammengefaßt werden, weil diese auf Waschseife, pilierte Seife und Cocosseife verschieden verteilt werden müssen).

4. Der Betrieb und die Buchführung müssen innigste Fühlung miteinander haben.

Oder ganz allgemein gesagt: Die betriebs- und kaufmännische Buchführung muß bei jeder Gebarung die Möglichkeit vor Augen halten, nachträglich Beziehungen zwischen Warenmenge und Unkosten in leichtester Art aufstellen zu können.

Wie schon vorhin gesagt, kann die Kalkulation auf verschiedene Art durchgeführt werden. Allgemeiner Brauch ist es, alle Spesen prozentual auf die Materialkosten oder auf den Verkaufspreis zu beziehen. Diese Berechnungsart ist bequem, aber nur dann verwendbar, wenn das Unternehmen nur Waren einer Art in den Handel bringt und die Rohstoffpreise nur sehr geringen Schwankungen ausgesetzt sind. Erzeugt ein Betrieb z. B. Waschseifen und Toiletteseifen, so müßte es ein Zufall sein, wenn die Spesen auf beide Warenarten prozentual gleich hoch wären. Oder steigen die Rohstoffpreise, so wäre es ungerecht, die unveränderten Fabrikationsspesen nach einem höheren Verkaufspreis mit demselben Prozentsatz zu berechnen als vor der Preiserhöhung. Da also die Berechtigung der prozentualen Kalkulation nur sehr selten vorliegt, soll diese Kalkulationsart hier nicht näher besprochen werden. Das andere Extrem der Kalkulationsmöglichkeit, welches bei Großunternehmen vorzufinden ist, besteht darin, daß im Betrieb die Rohstoff- und Fertigwarenlager von den produzierenden Betrieben getrennt sind, die Materialübergabe und Warenübernahme mit schriftlichen Belegen erfolgt, welche dann mit den Angaben der Buchhaltung im Kalkulationsbureau aufgearbeitet werden. Diese Kalkulationsart muß aber von besonders sachkundigen Personen organisiert werden, und kann nicht im Rahmen dieses Werkes abgehandelt werden. Nachfolgend wollen wir die Richtlinien zur Kalkulation einer mittelgroßen Seifenfabrik, welche sich mit der Herstellung verschiedenartiger Produkte befaßt, angeben.

a) Die Betriebsmaterial-Buchführung.

In den meisten Fällen werden zur Aufzeichnung der Vorratsänderungen der Rohstoffe, Hilfsmaterialien und Fertigprodukte getrennte Bücher oder Blätter aufgelegt. Diese sind aber unübersichtlich und schwer kontrollierbar. Viel besser ist es, wenn man einen zusammenfassenden Betriebsausweis auflegt, in welchen man die Veränderungen in jeder Warengattung (Rohstoff, Hilfsmaterial, Zwischenprodukt, Verpackungsmaterial und Fertigware) einträgt. Dieser Betriebsausweis wird täglich abgeschlossen und mit einem Durchschlag angefertigt. Die Einteilung kann etwa nach dem hier wiedergegebenen Muster vorgenommen werden. Als Unterlagen der Eintragungen dienen die Sammelberichte über Wareneingang und Warenausgang, wie auch die einzelnen Betriebsbücher. Diese sind Hefte, mit sog. französischen Kopf versehen, d. h. der Deckel ragt 3—5 cm über die Blätter hinaus, wodurch die Aufschrift der Rubriken nur auf die Innenseite des Deckels und nicht auf jedes Blatt wiederholt geschrieben werden muß. Für jeden Betrieb liegt ein Buch auf (Spaltanlage, Siederei, Pilierraum, Verpackungsraum, Glycerinfabrik usw.) und die betreffenden Meister tragen täglich die verbrauchten und erzeugten Mengen ein. Bei der Eintragung in den Betriebsausweis genügt es aber nicht, die verarbeiteten und erzeugten Mengen einfach zur Kenntnis zu nehmen, sondern man muß zwischen diesen einen Zusammenhang schaffen. Dies geschieht durch die Einführung von Spalten für Halbfabrikate, welche z. B. „Seife im Betrieb“ oder „Glycerin im Betrieb“ benannt werden. In diese werden die verarbeiteten Mengen in einer einheitlichen Form unter Berücksichtigung der Verluste und Ausbeuten rechnerisch eingetragen und mit der Erzeugung der Fertigprodukte gleichzeitig, der Beschaffenheit der Ware entsprechend, ebenfalls rechnerisch, abgeschrieben. Dies sei an einem Beispiel erklärt:

Man hat z. B. beschlossen, die Fettstoffe, welche der Siederei übergeben werden, in der Zwischenrubrik mit dem Gewicht ihres Fettsäuregehaltes zu führen. Diese Spalte heißt „Fettsäure in der Seifenfabrik“. (Ebenso könnte aber das verarbeitete Fettmaterial mit dem Gewicht einer 62%igen Seife geführt werden.) Der Betriebsbeamte findet vom vorhergehenden Tag in den Betriebsbüchern folgende Aufzeichnungen: Verarbeitet 1000 kg Cocosöl, 10000 kg Talg und 1000 kg Spaltfettsäure; erzeugt 10000 kg Kernseife, 1000 kg Textilseife und 1000 kg pilierte Toiletteseife. Aus den vorhandenen Tabellen ist ihm bekannt, daß das Cocosöl 93,5%, der Talg 95,0% und die Spaltfettsäure 99,0% reine Fettsäure enthält (Verluste bereits abgezogen), wogegen die Kernseife mit 62,0%, die Textilseife mit 65,0% und die pilierte Toiletteseife mit 80,0% Fettsäuregehalt erzeugt werden. Darnach macht er folgende Berechnungen:

Fettsäuregehalt der verarbeiteten Fette.

1000 kg	Cocosöl	935 kg
10000 „	Talg	9500 „
1000 „	Spaltfettsäure	990 „
	Zusammen ...	11425 kg

Fettsäure in den erzeugten Seifen.

10000 kg	Kernseife	6200 kg
1000 „	Textilseife	650 „
1000 „	pilierte Toiletteseife	800 „
	Zusammen ...	7650 kg

Daher sind im Kopfteil des Betriebsausweises folgende Eintragungen zu machen:

Ware	*Erzeugt*	*Verarbeitet*
Cocosöl		*1000*
Talg		*10000*
Spaltfettsäure		*1000*
Fettsäure in der Seifenfabrik...	*11425*	
Kernseife	*10000*	
Textilseife	*1000*	
Pilierte Toiletteseife	*1000*	
Fettsäure in der Seifenfabrik...		*7650*

Diese Zahlen müssen dann in die Spalten der einzelnen Warenarten übertragen werden und dort zum Stand, der zu Tagesbeginn vorlag, addiert oder von diesem subtrahiert werden.

BETRIEBSAUSWEIS[1].

am .... *193*.......

	Eingang	*Geliefert*

	Erzeugt	*Verarbeitet*

	Talg	*Cocosöl*	....	*Ätznatron*	*Salz*	....	....	....	....
Beginn									
Eingang									
Erzeugt									
Zusammen									
Verarbeitet									
Rest									
Geliefert									
Abschluß									

Die Auflegung eines derartigen Betriebsausweises bietet folgende Vorteile:

1. Wareneingang und Warenausgang sowie die Tagesleistungen liegen übersichtlich vor.

2. Die Tagesberichte können zu Monats- und diese zu Jahresberichten zusammengefaßt werden.

3. Die Zusammenstellung der Monatsberichte bietet eine Kontrolle, weil dabei eventuelle Rechenfehler aufgedeckt werden müssen.

4. Die Ausbeuten können überprüft werden. Zeigt die Inventur der Halbfabrikate ein Plus gegenüber dem im Ausweis rechnerisch ermittelten Stand, so waren die Verluste und Ausbeuten günstiger als vorausgesetzt und umgekehrt.

5. Der Verbrauch an Hilfsmaterialien (Lauge, Salz, Blankit usw.) kann in den Monats- und Jahresberichten leicht prozentual auf den Rohstoffverbrauch oder auf die Produktion bezogen werden.

6. *Die Produktionsziffern, Ausbeuten und die Verbrauchszahlen bilden die Grundlage der Kalkulation.*

[1] Die Zahl der Spalten für die verschiedenen Materialien kann nach Bedarf vermehrt werden.

b) Verteilung der Regien.

Die Buchführung darf sich nicht bloß auf die Evidenzhaltung der Debitoren und Kreditoren beschränken, sie muß auch die Möglichkeit bieten, die Einnahmen und Ausgaben nach den Warensorten und Art der Spesen detailliert angeben zu können. Die fakturierten Beträge, auf die Umsatzgewichte bezogen, geben die Durchschnittsverkaufspreise, wogegen die verschiedenen Regiespesen, auf die erzeugten und verkauften Mengen oder auf den Wertumsatz bezogen, bereits eine Durchschnittskalkulation ergeben.

Die Regien werden meistens in folgender Gruppierung und Unterteilung gebucht:

1. Fabrikationsspesen (Dampf, Strom, Wasser, produktive Arbeitslöhne, unproduktive Arbeitslöhne, Betriebsaufsicht, Hilfsstoffe, Reparaturen usw.) und allgemeine Verpackungskosten. Diese werden auf das Gewicht der erzeugten Warenmengen bezogen.
2. Fuhrwerk- und Frachtspesen; werden auf das fakturierte Gewicht bezogen.
3. Administrationsspesen (Direktionsgehälter, Beamtengehälter, Bureauspesen, Post- und Telephonspesen, Bankspesen, Repräsentationsausgaben, Spenden, Mitgliedsbeiträge usw.). Diese werden meistens — eventuell unter Anwendung von Faktoren — prozentual auf den Wertumsatz bezogen.
4. Verkaufsspesen (fixe Gehälter, Provisionen und Reisekosten der Vertreter und Reisenden, Kosten der Niederlagen usw.), Skonti, Rabatte und Insolvenzen. Diese werden ebenfalls auf den fakturierten Wertumsatz prozentual bezogen.
5. Reklamespesen; können auf Gewichtseinheit oder auf den Verkaufswert bezogen werden.
6. Amortisation und Verzinsung. Deren Berechnung erfolgt nach Geschäftsprinzipien oder nach gesetzlichen Vorschriften.

Alle diese Spesenkonti müssen für jeden Betrieb des Unternehmens parallel aufgelegt werden. Doch ist es nicht möglich, jede Art der Ausgaben sofort auf die einzelnen Betriebe zu verteilen (Dampfkosten, Fuhrlöhne, administrative Spesen usw.), aus diesem Grunde müssen auch gemischte Konti geführt werden, von welchen die Beträge in gewissen Zeitabständen auf die einzelnen Betriebe verteilt werden, wofür man mit gewisser Geschicklichkeit immer einen gerechten Schlüssel findet.

Differenzierte Betriebe müßten immer so montiert werden, daß Dampf-, Strom- und Wasserverteilungszentralen mit in den Verzweigungen eingebauten Meßinstrumenten vorhanden sind. Oft genügt aber schon, wenn die Messungen in den einzelnen Abteilungen nur zeitweise vorgenommen werden, um den auf die Produktionseinheit berechneten Verbrauch festzustellen. Auf Grund der Meßergebnisse können die Dampf-, Strom- und Wasserkosten verteilt werden.

Welche Betriebe, vom Standpunkt der Kalkulation, als unabhängige Einheiten zu betrachten sind, ist jeweils Überlegungssache. Bringt ein Unternehmen z. B. nur Waschseifen in den Handel, so ist eine Unterteilung in Fettspaltanlage und Siederei nicht notwendig. Erzeugt die Fabrik aber auch Toiletteseifen, so muß man die Arbeitslöhne sowie alle anderen Regiearten für Waschseife und Toiletteseife gesondert führen; werden dabei die Waschseifen aus Spaltfettsäuren und die Toiletteseifen aus Neutralfetten hergestellt, so kann man die Spesen der Fettspaltanlage mit den Spesen der Waschseifenfabrik vereinen. Werden die Fettsäuren aber auch zur Erzeugung der Grundseifen benutzt, dann zählt die Fettspalterei als ein eigener Betrieb. Die Materialkosten müssen in diesem Fall aus den Fettpreisen, Spaltkosten und Ausbeuten berechnet werden. Ebenso ist die Spaltanlage als ein eigener Betrieb zu betrachten, wenn Fettsäuren auch zum Verkauf hergestellt werden, weil in diesem Fall nicht alle Ausgaben der Spaltanlage die eigene Seifenproduktion belasten.

Ähnlich verhält sich auch die Bewertung des bei der Seifenfabrikation als Nebenprodukt abfallenden oder erzeugten Glycerins. Vor allem muß man wissen, welcher Prozentsatz des in den Fetten enthaltenen Glycerins gewonnen wird. Diese Zahl läßt sich aus den zusammenfassenden Betriebsberichten leicht berechnen. Verkauft die Fabrik die Unterlaugen oder erzeugt Rohglycerin und Destillatware nur aus eigenen Rohstoffen, dann müssen die Spesen der Glycerinverwertung nicht getrennt geführt werden, dagegen muß die Gesamteinnahme am Glycerin von den Spesen der Seifenfabrikation abgezogen werden. Wird hingegen auch gekaufte Unterlauge verarbeitet und fremdes Rohglycerin destilliert, so muß die Glycerinfabrik kalkulatorisch als ein gesonderter Betrieb betrachtet werden. Dadurch erniedrigen sich die Fabrikationskosten der Seife, dagegen vermindert sich aber der Gewinn am Glycerin um die Regien der Glycerinanlage.

Tabelle 92. Regietabelle der Abteilung „Waschseifenfabrik".

	Kernseifen				Eschwegerseife	Schmierseife
	$^1/_2$—$^1/_4$ kg uneingeschachtelt	$^1/_{10}$ kg uneingeschachtelt	$^1/_2$—$^1/_4$ kg eingeschachtelt	$^1/_{10}$ kg eingeschachtelt		
	in RM pro 100 kg					
Dampf	0,95	0,95	0,95	0,95	0,60	0,38
Wasser	0,08	0,08	0,08	0,08	0,03	0,00
Elektrischer Strom	0,05	0,06	0,05	0,06	0,02	0,01
Produktive Arbeitslöhne	3,03	3,61	3,51	4,61	2,85	1,40
Unproduktive Arbeitslöhne	0,45	0,45	0,45	0,45	0,30	0,20
Betriebsaufsicht	0,60	0,72	0,70	0.92	0,55	0,28
Hilfsstoffe	0,29	0,29	0,30	0,30	0,15	0,05
Reparaturen	0,63	0,68	0,63	0,68	0,40	0,28
Fabrikationsspesen	6,08	6,84	6,67	8,05	4,90	2,60
Verpackungsspesen	1,65	2,05	1,70	2,10	1,65	1,50
Fuhrwerk	0,20	0,20	0,20	0,20	0,20	0,20
Bahnfracht	1,85	1,85	1,85	1,85	1,85	1,50
Transportspesen	2,05	2,05	2,05	2,05	2,05	1,70
Amortisation, Verzinsung	1,00	1,00	1,00	1,00	0,80	0,50
	in Prozent					
Administrationsspesen	6,3	6,3	6,3	6,3	6,3	6,3
Verkaufsspesen	5,6	5,6	5,6	5,6	5,6	5,6
Kassaskonto	2,0	2,0	2,0	2,0	2,0	2,0
Insolvenzen	0,2	0,2	0,2	0,2	0,2	0,2
Reklamespesen	3,0	3,0	3,0	3,0	1,0	1,0
Prozentuale Spesen	17,1	17,1	17,1	17,1	15,1	15,1

Sind in dieser Weise die Regien für jeden Betrieb festgestellt, so kann man leicht eine detaillierte Nachkalkulation anfertigen. Man greift nacheinander die einzelnen Spesenposten eines Betriebes heraus und analysiert diese etwa in folgender Art:

Arbeitslöhne auf 960 t Waschseifenproduktion			RM 31 500,—
Mehrarbeit auf das			
Pressen von 103 t $^1/_{10}$-kg-Seife	à 5,80	RM 597,40	
Einschachteln von 251 t Waschseife	à 4,80	„ 1 204,80	
„ „ 65 t $^1/_{10}$-kg-Seife	à 10,—	„ 650,—	„ 2 452,20
Grundlohn auf 960 t Waschseife			RM 29 047,80

Grundlohn auf 1 t Waschseife $\frac{\text{RM } 29\,047{,}80}{960\,\text{t}}$ = RM 30,26.

Daher beträgt der Arbeitslohn auf 1 t Waschseife:

1/2- und 1/4-kg-Format, uneingeschachtelt		RM 30,26
1/2- und 1/4-kg-Format, eingeschachtelt	RM 30,26	
	„ 4,80	„ 35,06
1/10-kg-Format, uneingeschachtelt	RM 30,26	
	„ 5,80	„ 36,06
1/10-kg-Format, eingeschachtelt	RM 30,26	
	„ 5,80	
	„ 10,—	„ 46,06

Die Höhe der Mehrarbeit wurde durch Betriebsversuche festgestellt.

Sind alle Regiearten in dieser Art analysiert worden, so stellt man die Ergebnisse jedes Betriebes in Tabellen zusammen (vgl. Tabelle 92).

Damit ist der Aufbau der ganzen Kalkulation gegeben und man ist in der Lage, die Kalkulation eines Artikels, z. B. die der Waschseife oder einer Toiletteseife, in der Weise anzufertigen, wie aus den nachfolgenden Beispielen ersichtlich (s. Tabslle 93 und 94). Wurde inzwischen z. B. die Dampfkesselanlage rationalisiert, wodurch die Dampfkosten um 15% vermindert wurden, oder beabsichtigt man das Reklamebudget um 1% zu erhöhen, so können diese Änderungen in der Kalkulation leicht durchgeführt werden.

Tabelle 93. Kalkulationsbeispiel einer pilierten, eingeschachtelten Toiletteseife, 1 Dutzend = 1,20 kg.

Kalkulation der Grundseife:

15 kg	Cocosöl	à RM 0,36		RM 5,40
4 „	Ricinusöl	„ „ 0,50		„ 2,00
1 „	Harz	„ „ 0,28		„ 0,28
80 „	Toilettetalg	„ „ 0,52		„ 41,60
15,7 „	Ätznatron	„ „ 0,27		„ 4,24
13 „	Salz	„ „ 0,03		„ 0,39
				RM 53,91
7,1 „	Glyceringehalt der Unterlauge	„ „ 0,22		„ 1,56
94,8 kg	verseifte Fettsäure			RM 52,35
80 „	verseifte Fettsäure in 100 kg getrockneter Grundseife, ohne Fabrikationsspesen			RM 69,03

Kalkulation von 1 Dutzend Toiletteseife:

1,2 kg	Grundseife, ohne Fabrikationsspesen	à RM 0,690		RM 0,828
12 g	Riechstoffkomposition	„ „ 0,015		„ 0,180
Seidenpapier				„ 0,012
12 St.	Faltkartons	à RM 0,0065		„ 0,078
1 „	Sammelkarton	„ „ 0,05		„ 0,050
5%	Verlust an unbrauchbar gewordenen Parfümölen und Verpackungsmaterial			„ 0,016
Materialkosten				RM 1,164
Fabrikationsspesen (Siederei und Toiletteseifenfabrik)		RM 0,245 auf 1 kg		
Verpackungsspesen		„ 0,014 „ 1 „		
Fracht, Postporto		„ 0,031 „ 1 „		
Amortisation, Verzinsung		„ 0,015 „ 1 „		
Per Kilogramm berechnete Spesen		RM 0,305 × 1,2 kg		„ 0,366
Administrationsspesen			7,5%	
Verkaufsspesen			8,0%	
Rabatte im Durchschnitt			10,0%	
Skonto			3,0%	
Insolvenzen			0,3%	
Reklamespesen			5,0%	
Prozentuale Spesen			33,8%	„ 0,921
Nutzen			10,0%	„ 0,272
Verkaufspreis von 1 Dutzend Seife				RM 2,723

Tabelle 94. Kalkulationsbeispiel einer uneingeschachtelten Kernseife in $^1/_2$- und $^1/_4$-kg-Format.

30	kg	Cocosöl	à RM 0,36	...	RM 10,80
30	„	Talg	„ „ 0,45	...	„ 13,50
20	„	Hartfett	„ „ 0,38	...	„ 7,60
10	„	Abfallfettsäure	„ „ 0,30	...	„ 3,00
10	„	Harz	„ „ 0,28	...	„ 2,80
16,3	„	Ätznatron	„ „ 0,27	...	„ 4,40
15	„	Salz	„ „ 0,03	...	„ 0,45
					RM 42,55
6,9	„	Glyceringehalt der Unterlauge	„ „ 0,22	...	„ 1,52
94,55	kg	verseifte Fettsäure			RM 41,03
62,23	kg	verseifte Fettsäure in 100 kg Aufschneidegewicht			„ 27,00
		Fabrikationsspesen			„ 6,08
		Kisten usw.			„ 1,65
		Fuhrwerk- und Frachtspesen			„ 2,05
		Amortisation und Verzinsung			„ 1,00
					RM 37,78
		Administrationsspesen	6,3%		
		Verkaufsspesen	5,6%		
		Skonto	2,0%		
		Insolvenzen	0,2%		
		Reklamespesen	3,0%		
		Prozentuale Spesen	17,1%	...	„ 8,30
		Nutzen	5,0%	...	„ 2,42
		Verkaufspreis von 100 *kg Kernseife*			RM 48,50

Es sei bemerkt, daß die prozentualen Spesen und der Nutzen nach dem Verkaufspreis zu berechnen sind.

Betragen die prozentualen Spesen	17,1%
und der gewünschte Nutzen	5,0%
also zusammen	22,1%
so muß der bereits erhaltene Betrag von RM 37,78	77,9%
des Verkaufspreises ausmachen, weil die Summe beider	100,0% ist.

Darnach wurde der Verkaufspreis, nach welchem die Prozente zu berechnen sind, in folgender Weise erhalten:

$$\frac{\text{RM } 37{,}78 \times 100}{77{,}9\%} = \text{RM } 48{,}50.$$

XIII. Dampf und Wärme in der Seifenindustrie.

Von **H. GÄBLER**, Helmstedt, und **O. E. STEUER**, Bad Homburg.

Die Seifenindustrie hat einen großen Wärme- und verhältnismäßig geringen Kraftbedarf.

In Abb. 162 ist der Wärmefluß einer verschiedene Seifenarten herstellenden Fabrik graphisch dargestellt, unter Zugrundelegung durchschnittlicher, nicht allzu günstiger Betriebsverhältnisse. Wird auch die Kraft mittels Dampfes erzeugt, so werden von der gesamten Dampferzeugung etwa ein Drittel für Kraft und zwei Drittel für Wärme verbraucht.

Der Dampfverbrauch. Um sich über die für Siede- und Heizzwecke zur Verfügung stehenden Dampfmengen zu orientieren, ist es von Vorteil, wenn für die gegebenen Verhältnisse ein besonderes Wärmebild entworfen wird. Das Diagramm der Abb. 163 gibt Anhaltspunkte über die zweckmäßigste Dampfverteilung und die von jedem Arbeitsgang benötigte Wärmemenge. Das Kurvenblatt gilt für einen mittelgroßen

Betrieb, welchem Dampf von 4—6 atü Spannung zur Verfügung steht. Die Zahlen der Diagramme 2 und 1 gelten für die Erzeugung von 100 kg Seife.

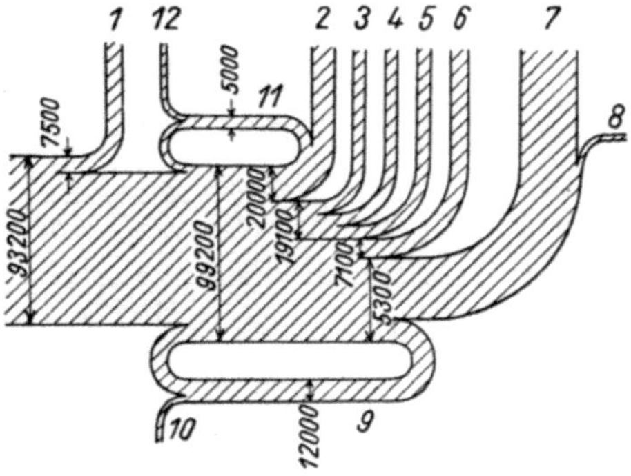

Abb. 162. Wärmefluß in Kilokalorien einer Seifenfabrik für die Herstellung von 100 kg Seife.

1 Leitungs- und Strahlungsverlust, *2* Sieden der Seife, *3* Ausdämpfen der Öle und Anwärmen der Rohrleitungen, *4* Warmhalten der Fette und Seifen, *5* Laugenbereitung, *6* Anwärmen der Strangpresse und Seifenplattenkühlmaschine, *7* Trocknen der Späne und Stücke, *8* Strahlungsverluste der Trockner, *9* Vor Trockner zurückgewonnene Wärme durch Kondensat, *10* Wärmeverlust der Kondensat-Rückleitung, *11* Vom Sieden mit indirektem Dampf zurückgewonnene Wärme durch Kondensat, *12* Wärmeverlust der Kondensat-Rückleitung.

Man sieht, daß die Dampfentnahme in der Seifensiederei sehr stark schwankt, aber mit zunehmender Zahl der Sude pro Woche gleichmäßiger wird.

Mit Hilfe der Kurven in Abb. 163 wurde die Abb. 164 ausgearbeitet; sie stellt die Wärmebilanz einer Fabrik dar, deren durchschnittliche Tagesleistung 5000 kg Kernseife, 1000 kg Feinseife, 3000 kg Schmierseife, 2000 kg Seifenpulver und 200 kg kaltgerührte Seife beträgt. Die Siededauer ist bei Kernseife mit 3, bei Feinseife mit 6 Tagen, bei Schmierseifen mit 1 Tag angesetzt. Als Siedekessel sind vorgesehen: drei Kessel mit je 20000 l Vollinhalt für die Kernseife, ein Kessel von 12000 l für die Feinseife und ein Kessel von 6000 l für die Schmierseife.

Der durchschnittliche Dampfverbrauch beträgt etwa 800 kg/h. Die Kurven *A* und *B* entsprechen der gleichen Arbeitsleistung; bei *A* sind aber drei Kernseifensiedekessel von je 20000 l, bei *B* zwei Kessel von je 30000 l angesetzt. Das Wärmebild der Kurve *A*, bei der die Siedekessel an drei verschiedenen Tagen angesetzt werden, ist gleichmäßiger als das der Kurve *B*. Die Spitzenbelastung beträgt bei *A* 1200 kg, bei *B* 1600 kg Dampf. Die erforderliche Dampfkesselheiz-

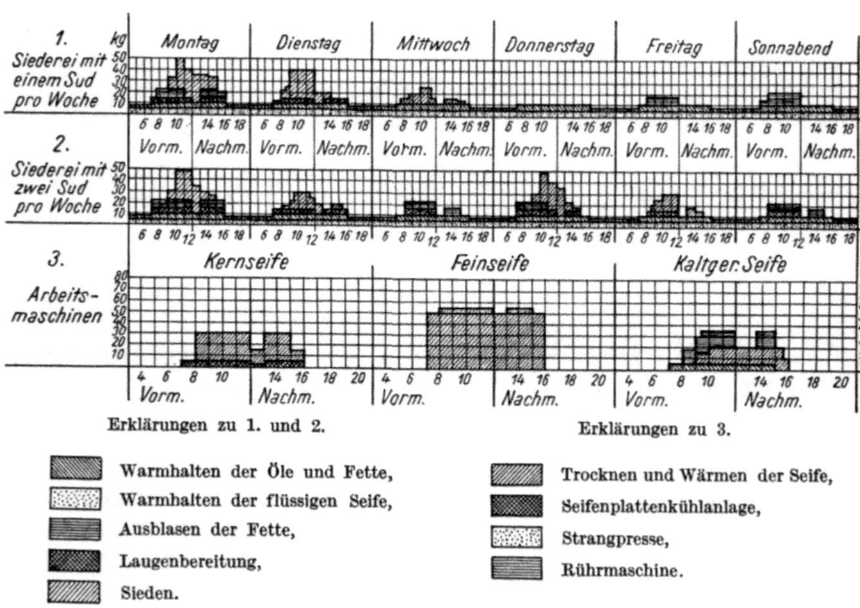

Abb. 163. Dampfverteilung in der Seifenfabrik.

fläche würde, 20 kg Dampf pro Quadratmeter Heizfläche vorausgesetzt und unter Berücksichtigung der Spitzenbelastung, für *A* etwa 60 m², für *B* etwa 80 m² betragen. Der Betrieb nach der Kurve *A* ist also der günstigere.

Der durchschnittliche Wärme- und Dampfverbrauch einer Seifenfabrik ist ferner aus der Tabelle 96 zu ersehen.

Tabelle 95. Betriebseinteilung nach Tagesproduktionen.

	Kleinbetrieb kg	Mittelbetrieb kg	Großbetrieb kg
Fettspaltung „Twitchell“	1000—3000	5000—10000	über 10000
„ „Autoklav“	1000—3000	5000—10000	„ 10000
Kernseife	1000—3000	3000—7500	„ 7500
Feinseife	200—500	500—1250	„ 1250
Schmierseife	500—1000	1000—5000	„ 5000
Seifenpulver	500—2000	2000—5000	„ 10000
Kaltgerührte Seife	100—200	200—500	„ 500

In dieser sind außer dem Arbeitdampf noch der Dampf für die Erzeugung von Kraft und Licht sowie für Raumbeheizung, ferner der Kohlenverbrauch, die Dampfkesselgröße usw. für 100 kg Seife und 100 kg Fettspaltung aufgenommen worden. Für jede Operation, wie Sieden, Eindampfen, Trocknen, Anwärmen usw., sind Reserven einbegriffen; als Brennstoff dient Braunkohle von 4500 W.E.; der Dampfkessel arbeitet mit einem Druck von 6 atü, die Beanspruchung beträgt 20 kg Dampf pro Quadratmeter Heizfläche.

Bei Auswertung der Tabelle sind die Größen der Betriebe zu berücksichtigen. Die Einteilung derselben ist aus Tabelle 96 zu entnehmen.

Legt man für einen Mittelbetrieb laut Abb. 163 oder Tabelle 95 die Werte der Tabelle 96, Spalte 2, zugrunde, so gelangt man zu folgendem Ergebnis:

Die Tagesleistungen sind in Stundenleistungen umzurechnen und die erhaltenen Werte mit den Tabellenzahlen der betreffenden Operationen zu multiplizieren. Durch Addition der fünf Werte erhält man eine durchschnittliche Dampfmenge von 757 kg/h.

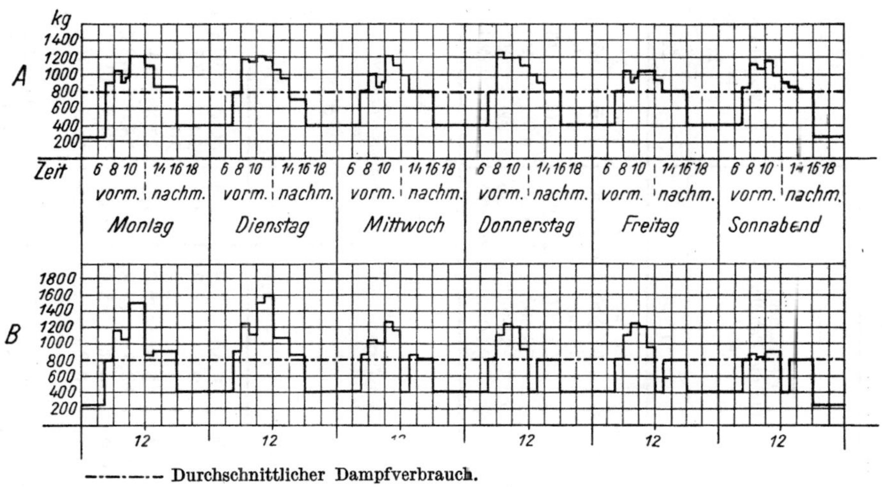

Abb. 164. Wärmebilanz der Seifenfabrik.

Der Mittelwert aus der Kurve 2 Abb. 164 beträgt 800 kg/h, ist also von dem aus der Tabelle berechneten nur wenig verschieden. Beide Methoden führen also zum gleichen Ergebnis, aber das Wärmebild ergibt noch eine Übersicht über die zweckmäßigste Wärmeverteilung.

Tabelle 97 stellt den monatlichen Dampfverbrauch einer Seifenfabrik aus der Praxis dar sowie die erzeugten Mengen an Seifen. Inbegriffen sind sämtliche wärmeverbrauchenden Operationen, mit Ausnahme der Trocknung der Kern- und Grundseifen.

Die Tabelle 97 ergibt einen Jahresdurchschnitt von 79,29 kg Dampf von 6 atü pro 100 kg Seife. Laut Tabelle 96, Spalte 2, würden sie für einen solchen Mittel-

Tabelle 96. Kraft-, Dampf- und Kohlenverbrauch für 100 kg Seife bzw. 100 kg Fett (Fettspaltung).

Operation	1			2			3			4			5		
	Wärmemenge für die Fabrikation kcal			Dampfmenge pro Stunde für: Fabrikation ca. 5 atü kg			Kraft und Licht ca. 10 atü kg			Raumbeheizung und Wärmeverlauf kg			Gesamte Dampfmenge kg		
	I	II	III	I	II	III	I	II	III	I	II	III	I	II	III
Fettsp. „Twitchell“	66 000	76 000	84 000	100	120	130	50	11	4	20	6	4	170	137	138
„ „Autoklav“	86 000	97 000	107 000	135	150	160	40	25	4	18	5	3	193	180	167
Kernseife	63 000	41 000	37 000	95	60	30	30	20	18	27	12	10	152	92	78
Schmierseife	26 000	23 000	21 000	40	35	30	50	25	13	30	18	9	110	78	52
Pilierte Seife	66 000	59 000	52 000	100	90	80	140	125	120	58	48	36	298	263	236
Kaltgerührte Seife	14 500	13 000	12 000	22	20	15	80	60	50	36	8	6	138	88	73
Seifenpulver	27 500	25 000	22 000	40	35	30	70	25	4	18	5	3	128	65	37

Operation	6			7			8			9			10		
	Dampfkessel-Heizfläche m^2			Kohlenverbrauch kg pro Stunde			Kraftbedarf für: Arbeitsmaschinen kW			Lichtmaschine kW			Gesamte Kraft kW		
	I	II	III	I	II	III	I	II	III	I	II	III	I	II	III
Fettsp. „Twitchell“	8,5	6,85	6,9	37,8	30,5	30,8	3	0,95	0,37	0,64	0,28	0,14	3,64	1,23	0,51
„ „Autoklav“	9,65	9	8,35	43	40	37	3,6	1,2	0,34	0,58	0,18	0,1	4,18	1,38	0,44
Kernseife	7,6	4,6	3,9	34	20,5	17,3	2,4	1,65	1,5	0,85	0,4	0,35	3,25	2,05	1,85
Schmierseife	5,5	3,9	2,6	24,5	17,3	11,5	4,2	2,3	1,2	1	0,57	0,28	5,2	2,87	1,48
Pilierte Seife	14,9	13,15	11,8	66	58,5	52,5	13	12	10,5	1,85	1,5	1,15	14,85	13,5	11,56
Kaltgerührte Seife	6,9	4,4	3,65	30,7	19,5	16	6	4,8	4,2	2,8	1,7	1,15	8,8	6,5	5,35
Seifenpulver	6,4	3,25	1,85	28,5	14,5	8,2	6,6	2,1	1,6	1,15	0,3	0,2	7,75	2,4	1,8

Pro Operation sind alle Koch-, Siede-, Trocken-, Anwärme-, Eindampf- usw. Prozesse inbegriffen. Angenommen: Braunkohle bei normaler Verbrennung, 4800 kcal und 4,5facher Verdampfung, 20 kg Dampf pro Quadratmeter Heizfläche. I = Kleinbetrieb, II = Mittelbetrieb, III = Großbetrieb.

Tabelle 97. Dampfverbrauch per 100 kg Seife in kg Dampf.

Monat	Grund- und Kernseifen kg	Leim-, kaltgerührte, halbwarme Seifen kg	Gesamterzeugung kg	Gesamtverbrauch Dampf kg	kg Dampf per 100 kg Seife
Januar	116886	11286	128172	103500	88
Februar	75900	8998	84898	81500	96
März	179850	13750	193600	145600	75
April	111600	11460	123060	100100	81
Mai	55220	8206	63426	69800	110
Juni	78650	10300	88950	90700	102
Juli	49500	13970	63470	63000	99
August	67100	7865	74965	67500	90
September	109670	12320	121990	101100	83
Oktober	113850	12430	126280	101000	80
November	96140	11880	108020	84200	78
Dezember	83050	9075	92125	97800	105
	1137416	131540	1268956	1105800	

Jahresdurchschnitt 79,29 kg Dampf für 100 kg Seife.

betrieb 75 kg Dampf ergeben; setzt man den Dampfverbrauch für Kernseife mit 60 kg und für pilierte Seife mit 90 kg ein, so erhält man die Durchschnittszahl von 150 : 2 = 75 kg Dampfverbrauch. Das Kurvenblatt *I* sieht einen Wärmeverlust von 10% der Gesamtwärme vor; in Wirklichkeit ist er etwas größer. Die Gegenüberstellung des berechneten mit dem in der Praxis festgestellten Wert (75 und 79,29 kg Dampf) beweist jedenfalls die volle Brauchbakeit der für die Berechnung angegebenen Schaulinien und Tabellen.

Die Kurventafel der Abb. 165 gibt den Gesamt- und Arbeitsdampf an in der Verteilung auf die einzelnen Seifenarten und für verschiedene Höhen der Erzeugung. Die Arbeitsdampfkurve betrifft sämtliche Operationen des Siedens, Trocknens usw., die Gesamtdampfkurve umfaßt außerdem noch den Dampf für die Krafterzeugung und Raumbeheizung.

Dampfkessel. Zu berücksichtigen sind bei der Wahl des Kessels und seiner Größe die in Seifenfabriken plötzlich eintretenden großen Dampfentnahmen, was die Notwendigkeit schafft, die Druckverminderungen so schnell wie möglich auszugleichen, damit der Fabrikationsvorgang nicht gestört wird. Dieser Belastung sind die Großwasserraumkessel gewachsen.

Für kleinere Betriebe eignen sich die stehenden Quersieder- oder Heizrohr-Dampfkessel mit 1,2—10 atü Überdruck, welche bis zu 20 m² Heizfläche ausgeführt werden. Die Kessel beanspruchen wenig Platz und Wartung.

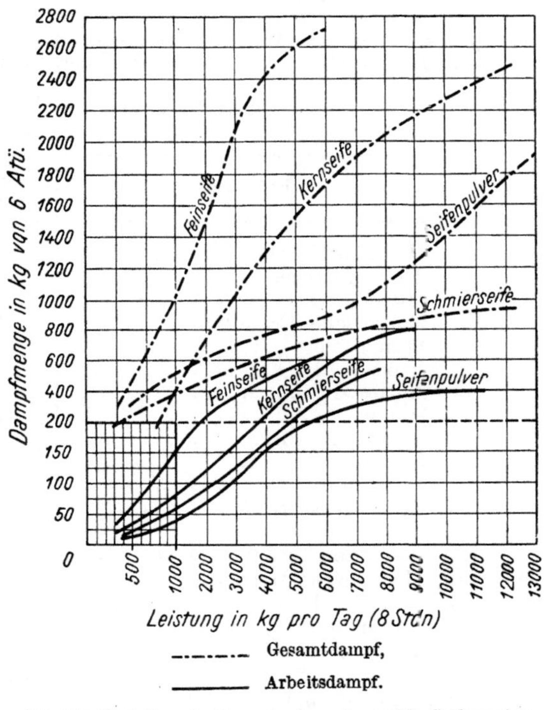

Abb. 165. Verteilung des Dampfverbrauches auf die Seifensorten.

Für größere Betriebe kommen Flammrohrkessel in Betracht mit einem Betriebsdruck bis zu 15 atü (Einflammrohrkessel für 10—30 m² und Zweiflammrohrkessel für 25—120 m² Heizfläche). Sie werden auch als Doppelkessel, d. h. als zwei übereinander angeordnete Kessel ausgeführt.

In Großbetrieben verwendet man Siede- bzw. Heizrohrkessel mit einer Heizfläche von 200—500 m² und bis zu 20 atü Überdruck. Schrägrohrkessel sind für hochwertige Brennstoffe, wie Steinkohle, Kohlenstaub. Heizöl u. dgl., Steilrohrkessel für die sonstigen Brennstoffe geeignet. Sie haben den Vorteil schneller Dampfentwicklung und verhältnismäßig geringer Raumbeanspruchung.

Auch in Kleinbetrieben findet man diese Kesselart mit einem Druck bis zu 6 atü. Gemeint sind die Schnellverdampfer, bestehend aus einem Bündel von nahtlosen Röhren von nicht über 100 mm lichter Weite, welches von Heizgasen umspült wird, während der Oberkessel isoliert gegen Heizgase mit dem Röhrenbündel verbunden ist. Sie können auch unter bewohnten Räumen aufgestellt werden.

Die Dampfkesselgröße kann mittels Tabelle 96 bestimmt werden; in Spalte 6 ist die zur Fertigstellung von 100 kg Seife benötigte Kesselheizfläche angegeben, unter Berücksichtigung von Kraft und Raumbeheizung.

Um mit dem Dampf, dessen Verbrauch groß ist, möglichst wirtschaftlich umgehen zu können, empfiehlt es sich, für jeden Betrieb ein Wärmebild nach Art der Abb. 163 auszuarbeiten.

Wärmespeicher. Der Dampfkessel kann in gewissem Grade schon als Wärmespeicher dienen; man kann aber auch die Wärmeerzeugung von der Wärmespeicherung baulich trennen und neben den Kessel besondere Wärmespeicher legen. Zur Lagerung von Dampf von über 1 atü Betriebsdruck dienen die Glockenspeicher, in denen der Dampf in ausziehbaren Behältern gesammelt wird, so daß sich das Volumen des Behälters um das Volumen des gespeicherten Dampfes vergrößert. Der eigentliche Wärmespeicher soll neben der Spitzendeckung auch einen Leistungsausgleich bewirken und als Augenblicksersatz bei Kesselstörungen dienen, während die im Dampfraumspeicher aufgespeicherte Wärme zum Anwärmen, Trocknen usw. verwendet werden kann.

Die Zweckmäßigkeit einer Wärmespeicheranlage, deren Kosten hoch sind, hängt von der Größe des Betriebes ab. Für Kleinbetriebe genügt der Dampfkessel selbst als Wärmespeicher.

Brennstoffe. Der Heizwert der wichtigsten Brennstoffarten ist in Tabelle 98 angegeben. Für die Wahl der Brennstoffart kommt aber nicht nur der Heizwert, sondern die örtliche Fabriklage und andere Momente in Betracht.

Tabelle 98. Heizwerte und Verdampfungsziffer verschiedener Brennstoffe.

Brennstoffe	Heizwert kcal	Mittlere Verdampfungsziffer
Holz, lufttrocken	3000	1,8—3
Torf, lufttrocken	2400	1,5—2,4
Mitteldeutsche Braunkohle	4500	2,5—4,5
Böhmische Braunkohle	5000	3—4,8
Steinkohle	7500	5,3—7,8
Koks	6500	4,9—7,1
Anthrazit	8000	6,4—8,7
Rohöl	10000	10—15
Masut, Teeröl	9000	9,2—12,4
Kokereigas	4500	4,1—4,9
Leuchtgas	5000	4,5—5,5
Elektrizität 1 kW	880	1,25

Am häufigsten findet man noch für die Heizung der Dampfkessel die Kohlenfeuerung. In neueren Betrieben ist man aber schon zur Heizung mit flüssigen, staub- oder gasförmigen Brennstoffen übergegangen. Bei Kohlenfeuerung läßt sich die Leistungssteigerung der Kessel schwer durchführen. Nach den Schaulinien der Abb. 163 kann aber der Dampfbedarf der Seifenfabrik bis über 50% des Durchschnittsverbrauches steigen. Mit den mechanisch arbeitenden Feuerungen für flüssige, staub- und gasförmige Brennstoffe läßt sich der Ausgleich schnell schaffen. Sie sind ständig betriebsbereit und besitzen größere Regulierfähigkeit, denn die Regulierung kann automatisch durch Dampfdruck erfolgen; sie können deshalb einer Spitzenbelastung leicht angepaßt werden.

Die am wenigsten wirtschaftliche Art der Heizung der Siedekessel ist die Unterfeuerung mit Kohle oder Holz. Wirtschaftlicher gestaltet sich die Feuerung mit Heizöl. Beiden aber ist die Heizung mit direktem Dampf weit überlegen.

Elektrische Heizung. Es bestehen bereits Betriebe, in denen mit Erfolg *elektrische Dampferzeuger* benutzt werden. Man könnte auch daran denken Siedekessel, Trockenapparate usw. direkt elektrisch zu beheizen. Selbstverständlich spielt dabei immer der Strompreis eine Rolle. Bei Heizen des Siedekessels mit Elektrizität würde man etwa 130 kW brauchen. Ein Seifenspäne-Trockenschrank für etwa 2000 kg getrockneter Späne würde pro Stunde etwa 120 kW benötigen. Bei beiden Beispielen ist von vornherein schon mit einem Strahlungsverlust von 25% gerechnet worden. Abgesehen von den Anschaffungskosten ist es somit wohl möglich, elektrischen Strom zur Heizung zu verwenden.

Wärmeschutz. Abgesehen vom unvermeidlichen Wärmeverlust im Kesselhaus selbst, der je nach den Verhältnissen 35—40% des Heizwertes der Brennstoffe beträgt und niemals ganz behoben, wohl aber durch Feuerungen für restlose Verbrennung verringert werden kann, entstehen größere Wärmeverluste durch ungünstig angebrachte Rohrleitungen. Diese müssen so angelegt werden, daß sie den Dampf ohne beträchtliche Kondensation an die Wirkungsstelle bringen.

Leitungen, Siedekessel, Verdampfapparate usw. müssen gegen das Ausströmen der Wärme durch Isolierung geschützt werden.

Als Wärmeisoliermittel dienen die in Tabelle 99 benannten Stoffe. Organische Wärmeschutzmaterialien halten nur Temperaturen bis zu 150° stand. Sie können deshalb nur im Gemisch mit Kieselgur verwendet werden. Unter der Isolierschicht wird noch, um den Luftzutritt und ein Abfallen der Isoliermasse zu verhüten, eine Umhüllung von in Dextrin getauchtem Nesseltuchband angebracht und dann mit einem Ölanstrich versehen. Strohseile, Lehm- und Sackleinwand sind als Schutzhüllen für Dampfleitungen nur wenig wirksam.

Tabelle 99. Die gebräuchlichsten Wärmeschutzstoffe.

Material	Gewicht	Wärmeleitzahl bei 0° mittlerer Temperaturen	100°	200°	300°
Kieselgurerde	667 kg/m³	0,090	0,094	0,098	0,104
Kieselgurerde mit Korkzusatz	320 „	0,058	0,067	0,077	0,087
Gebrannte Kieselgursteine	326 „	0,070	0,083	0,100	0,115
85% Magnesiaschalen	235 „	0,057	0,067	0,077	0,087
Asbest	576 „	0,130	0,167	0,180	0,186
Glasgespinst	200 „	0,030	0,044	0,056	0,070

Isolierungen sollen 5 Jahre intakt bleiben. Ihre Dicke ist so zu bemessen, daß der beste Wirkungsgrad zu der Wärmefortleitung erreicht wird; dieser ergibt sich aus dem Verhältnis der am Ende der Leitung vorhandenen Energie zur Energie der Eintrittsstelle.

Siedekessel und Kochgefäße, welche durch den Boden durchhängen, sind unterhalb der Decke mit Wärmeschutzmasse zu umkleiden, während der über dem Fußboden stehende Teil mit Holzverkleidung versehen und der Zwischenraum mit Schlacke oder Korkmasse ausgefüllt wird. Ähnlich verfährt man mit den Seifenvorratsbehältern usw. Wird die Isolierung mit Ziegelmauerwerk durchgeführt, so ist zwischen Behälter (Siedekessel) und Mauerwerk ein Zwischenraum von mindestens 6 cm als Luftpolster vorzusehen.

Durch sachgemäße Isolierung lassen sich die Wärmeverluste bis auf 13% reduzieren (vgl. Tabelle 100, S. 520).

Werden Dampfleitungen nur zeitweise gebraucht, so muß die Rechnung ergeben, inwieweit eine hochwertige Isolierung angebracht ist. Als Anhalt kann dienen, daß sich bei Tag- und Nachtbetrieb ohne Sonntagspause eine gute Isolierung bei einer Rohrleitung von 8 mm lichter Weite in 3 Monaten bei einem Brennstoffpreise von RM 15,— pro Tonne bezahlt macht.

Kondensat. Der Kondenswasserableitung und Rückspeisung ist besondere Aufmerksamkeit zuzuwenden. Die regelmäßige und vollständige Entfernung des Kondenswassers ist von größter wärmewirtschaftlicher Bedeutung, denn durch das Ansammeln des Kondensats in den Leitungen wird deren Durchgangsquerschnitt für Dampf vermindert und außerdem entzieht das Kondensat dem durchgehenden Dampf Wärme, um sich in Dampf zu verwandeln. In beiden Fällen wird die Leistung der Leitung und die Temperatur des Dampfes erniedrigt. Den Kondenstöpfen muß deshalb besondere Beachtung geschenkt werden. Häufig sind die Kondenstöpfe zu groß, was eine stärkere Abkühlung des Kondensats zur Folge hat.

Tabelle 100. Dampf- und Wärmeersparnis durch die Umhüllung von Dampfleitungen.

Temperaturgefälle zwischen Dampf und Luft	Wärmeverlust für 1 m in 1 Stunde			Dampf- und Wärmeersparnis	
	Nackte Leitung W. E.	Umhüllte Flanschen frei W. E.	Leitung Flanschen umhüllt W. E.	Flanschen frei in Prozent	Flanschen umhüllt in Prozent
	Lichte Weite der Leitung = 150 mm				
100	655	161	105	75	84
110	756	186	116	75	85
120	873	210	131	76	85
130	992	232	146	77	85
140	1118	258	161	77	86
150	1245	281	176	77	86
160	1385	308	191	78	86
170	1535	330	206	79	87
	Lichte Weite der Leitung = 70 mm				
100	328	92	66	72	80
110	369	103	73,5	72	80
120	411	113	81	72,5	80,5
130	456	120	89	73,5	80,5
140	510	131	97	74,5	81
150	567	141	103	75	82
160	629	149	110	76,5	82,5
170	693	159	118	77	83
180	766	173	127	77,5	83,5

Ein Bild von den Folgen, welche *undichte Kondenstöpfe* für die Betriebswirtschaft haben können, zeigt die Tabelle 100. Diese praktischen Daten besagen, daß ein einziger Quadratmillimeter Undichtigkeit eines Kondenstopfes in einem Jahr zu 300 Arbeitstagen 300 × 8 = 2400 Arbeitsstunden die in der Tabelle angegebenen Dampfverluste in Kilogramm ergibt.

Tabelle. 101 Dampfverluste für 1 mm² Undichtigkeiten an Kondenstöpfen.

Betriebsdruck	1	2	3	5	6	8	10	12	kg/cm²
Dampfverlust	3079	4789	6369	9618	11250	14454	17647	20848	kg
Kohlenmenge	685	1060	1420	2140	2500	3240	3930	4640	kg
Kohlenpreis 15 RM/t . .	10,25	15,90	21,30	32	37,50	48,50	59	69,50	RM

Ein Dampfkessel von 50 m² Heizfläche liefert pro Stunde etwa 1000 kg Dampf, was etwa 1 m³ Wasser entspricht, in 8 Stunden folglich 8 m³. Angenommen, es sollen wenigstens 50% als Kesselspeisewasser zurückgewonnen werden: Vor dem Ableiten steht der Dampf noch unter Druck und hat immer noch über 100° C. Im Sammelbassin für Kondenswasser werden gewöhnlich 40° gemessen, was einem Wärmeverlust von 8000 × 60 = 480000 W.E. entspricht. Rechnet man diesen Wert in Kohlen um, so erhält man:

Es werde mit deutscher Braunkohle gefeuert von 4800 W.E. Heizwert, bei einem Kesselwirkungsgrad von 0,7; die Kohle würde darin nur 0,7 × 4800 =

3360 W.E. liefern. Umgerechnet auf den jährlichen Kohlenverbrauch (300 Arbeitstage) würde sich ergeben:

$\frac{480000}{3360} \times 300 = 42750$ kg Kohlen oder etwa 43 Tonnen pro Jahr. Bei einem Kohlenpreis von RM 15,— pro Tonne bedeutet das RM 645,— pro Jahr. Da nur 50% Kondenswasserrückverwertung angenommen sind, kann mit etwa RM 325,— gerechnet werden.

Diese RM 325,— können nun nicht voll eingespart werden, weil im Kondenswasserbehälter die Wassertemperatur stets unter 100° sein wird; aber ein großer Teil davon wäre für den Betrieb zu retten, wenn man die Kondenswassertemperatur im Sammelbehälter so hoch wie möglich halten würde. Das hat noch den weiteren Vorteil, daß der Wirkungsgrad der Dampfkesselfeuerung um so größer ist, je höher die Temperatur des Kesselspeisewassers ist. Auch für die Laugenbereitung und das Sieden wären große, wirtschaftliche Nutzen zu ziehen, wenn viel Wärme enthaltendes Kondensat für diese Arbeit zur Verfügung stünde.

XIV. Werkstoffe der Seifenindustrie.

Von H. Kröper, Heidelberg.

Die Werkstofffrage spielt in der Seifenindustrie eine äußerst wichtige Rolle. Die verwendeten Behälter und Apparate müssen aus Gründen, welche nicht erst genannt zu werden brauchen, aus Stoffen gebaut sein, welche durch die in ihnen verarbeiteten Produkte, wie Fettsäuren, Ätzalkalilösungen, Kochsalzlösungen, Bleichlaugen usw., nicht angegriffen werden. Auch die fertigen Seifen dürfen kein Metall aus den Maschinen und Behältern aufnehmen. So haben die von Ad. Grün angeregten und von Wittka durchgeführten Untersuchungen, wie an anderer Stelle berichtet wurde, ergeben, daß schon geringe Metallspuren auf die Seifen äußerst schädigende Wirkungen haben können.

Nachfolgend sind die wichtigsten Prüfungsergebnisse über das Verhalten von Werkstoffen verschiedener Art gegenüber den in der Seifenindustrie verwendeten Rohstoffen und Chemikalien angegeben. Sie können vielfach nur orientierenden Wert beanspruchen, und in Zweifelsfällen kann nur geraten werden, das Verhalten des Metalls oder der Legierung unter den in Frage kommenden Betriebsverhältnissen und gegenüber den Stoffen, welche darin behandelt werden sollen, gesondert zu prüfen.

Als erste Orientierung zur Beurteilung eines Werkstoffes in Berührung mit verschiedenen Chemikalien wird meist der Lösungsversuch ausgeführt. Man taucht kleine Platten des betreffenden Werkstoffes in die Lösung ein und stellt während einer ausreichenden Versuchsdauer mehrmals den Gewichtsverlust fest. Vielfach ist es auch angebracht, die Festigkeitsveränderungen des so vorbehandelten Materials zu prüfen. Ersetzt man eine Apparatur durch eine mit einem neuen Werkstoff konstruierte, so führt man am besten Vorversuche mit kleinen Werkstoffproben aus, welche an Ort und Stelle in der alten Apparatur eingebaut werden. Man verwendet dann, soweit es sich um Metalle handelt, ein geschweißtes Stück, um gleichzeitig die Widerstandsfähigkeit der Schweißstelle zu prüfen, welche bei großen Apparaten meist wegen der Bearbeitungsfrage nicht zu umgehen ist. Bei der Anbringung von Werkstoffproben ist zu berücksichtigen, daß die Probe gegenüber den Metallen der Apparatur und Befestigungsvorrichtung kein elektrochemisches Potential besitzen darf. Die Korrosion wird vom Reichsausschuß für Metallschutz definiert als eine Zerstörung, welche durch unbeabsichtigte chemische oder elektrochemische Angriffe von der Oberfläche des Materials ausgeht. Erscheinungen der Erosion, welche z. B. durch Aufprallen und Reibung kleiner Teilchen eintreten kann und oft das Aussehen einer Korrosion zeigen, dürfen hiermit nicht verwechselt werden.

Die Korrosion kann auf verschiedenen Wegen bekämpft werden:

1. *Durch Schutzüberzüge*, deren Sicherheit immer fraglich ist und die nie den geeigneten Werkstoff ganz ersetzen können. Es besteht die Gefahr undichter Stellen und Anfressungen des Grundmaterials.

Zu unterscheiden sind:

a) *Metallische Überzüge.* Durch Aufwalzen, Ausschlagen, Auflöten und Tauchen (für dicke Auflagen), abhängig von der Größe des Werkstückes; Schoopsches Spritzverfahren, Eindiffundieren (Sherardisieren, Alitieren), oberflächliche Legierung, weniger an die Größe gebunden, aber nicht so homogen; Elektrochemische Auflagen.

b) *Nichtmetallische Überzüge.* Oxydschichten, Email, Auskleidungen, Anstriche, Gummierungen usw.

2. *Durch Verwendung von Legierungen*, hauptsächlich des Eisens, Kupfers, Nickels, Aluminiums.

3. *Durch Verwendung nichtmetallischer Werkstoffe.*

a) Anorganische: keramische Werkstoffe, Email.

b) Organische: Holz, Kunstharze, Kautschuk, Asphalt und Bitumen.

A. Metallische Werkstoffe.

1. Eisenlegierungen.

In Betracht kommen:

a) Eisenkohlenstofflegierungen: Flußeisen (unter 0,4% C), Flußstahl (0,4 bis 1,7% C), Gußeisen über 1,7% C.

b) Legierungen mit anderen Elementen: *Formgebung durch Guß*: Monelgußeisen (Niresit); Monelmetall 2% Cr; Monelgußeisen mit 14% Ni, 5% Cu, 6% Cr; Termisilid (Krupp), Duracid, Acidur (Maschinenfabrik Golzern, Grimma); Duriron, Corrosiron, Tantiron; Termisilid E (mit besonders hohem Si-Gehalt).

Formgebung durch Schmieden, aber auch durch Guß: Ternäre Stähle (außer C noch ein besonderes Element). Nickelstahl (5% Ni). Antikorrostähle (Poldihütte) AK 1, AK 1b, AK 2, AKS; 12—17% Cr, geringe Mengen Mn, Ni und Si. VM-Stähle (Krupp): V1M, V3M, V5M, V2M; 13—14% Cr, 1—2% Ni und geringe Mengen Si und Mn. Quarternäre Stähle (außer C noch zwei besondere Elemente). Säurefeste Stähle: V2A, V4A (Krupp); 18—25% Cr, 8—9% Ni. Antikorrostähle (Poldihütte) AKVW, AKV extra, AKC; 4—25% Cr, 8—25% Ni. Remanit (Zusammensetzung ähnlich) Deutsche Edelstahlwerke, Krefeld.

α) *Verhalten der Eisenlegierungen gegen alkalische Flüssigkeiten.*

Die alkalischen Lösungen (NaOH, KOH, Wasserglas, Natriumcarbonat, Pottasche, Ammoniak, Seifenlösungen) sind in bestimmten Grenzen Verzögerer für das Rosten oder unterbinden es ganz von einer gewissen Konzentration an, weshalb alle Eisenlegierungen gegen alkalische Flüssigkeiten in jeder Konzentration, auch bei höheren Temperaturen beständig sind. Nur die Gußeisenlegierungen mit hohem Siliciumgehalt, wie Termisilid, sind gegen konzentrierte kochende Laugen wenig beständig. Als Schwellenwerte gelten bei NaOH 3—5 g pro Liter, bei Na_2CO oder K_2CO_3 10—12 g pro Liter. Chloride und bereits vorhandener Rost erhöhen die Schwellenwerte.

Natriumchloridlösungen verursachen nur Rostbildungen bei gewöhnlichem Schmiede- oder Gußeisen und Stahl. Alle anderen Eisenlegierungen sind gegen jede Konzentration bis zu hohen Temperaturen beständig.

β) Verhalten gegen anorganische Säuren.

Flußeisen und Stahl sowie Gußeisen sind gegen verdünnte Säuren wenig beständig oder unbeständig. Die legierten Gußeisen (Monelgußeisen) sind gegen verdünnte und konzentrierte Schwefelsäure und 5—20%ige Salzsäure genügend bis vollkommen beständig. Termisilid, Duracid, Acidur usw. sind beständig gegen 10—50% Schwefelsäure, ebenso genügend beständig gegen 5—38% Salzsäure. Gegen Salzsäure unbeständig sind die Legierungen mit hohem Siliciumgehalt Duriron, Corriron, Tantiron, Termisilid E. Die Nickelstähle V1M, V2M, V5M von Krupp sowie die Antikorrostähle AK, AK 1b, AK 2, und AK 5 sind nur in feingeschliffenem Zustand, V3M in poliertem Zustand rostsicher. Gegen saure Korrosion müssen sie blank poliert werden. Gegen Schwefelsäure sind sie unbeständig. V2A, V4A sowie die Antikorrostähle AKV, AKVW, AKV extra, AKC und AKS sind in metallisch blankem, unpoliertem Zustand säurebeständig gegen Schwefelsäure und Salzsäure bei Zimmertemperatur. Bei Siedehitze sind sie unbeständig.

γ) Verhalten gegen Fettsäuren und organische Säuren.

Schmiedeeisen und Gußeisen werden von Fettsäuren wenig angegriffen, eignen sich aber nicht zum Aufbewahren derselben. Es entstehen geringe Mengen Eisenseifen, welche später, falls sie der Reinigung entgehen, durch katalytische Erscheinungen Verfärbungen hervorrufen können. Die Eisenlegierungen mit Ni und Cr sind gegen Fettsäure auch bei höheren Temperaturen vollkommen beständig.

2. Nichteisenmetalle.

a) Kupfer und Kupferlegierungen: Legierungen mit Silicium: Cuprodor (V. D. M. A. G. Frankfurt); Rotoxyl; mit Zinn-Phosphor: Phosphorbronzen (Nida VDM); mit Mangan: Manganbronze MnM (V. D. M.); mit Aluminium: Aluminiumbronze Aeterna-W. F. 26 (V. D. M.); mit Zink: Messing.

Reinkupfer verfärbt sich mit Alkalilaugen und ist nicht geeignet zum Arbeiten mit Ammoniak. Hingegen sind die Legierungen des Kupfers gegen Ätzalkalilaugen, Seifenlösungen, Wasserglas vollkommen beständig. Fettsäuren lösen geringe Mengen Kupfer, besonders bei Luftzutritt, unter Bildung von Kupferseifen. Kupfer und seine Legierungen sind gegen Schwefelsäure in verdünntem Zustande bei niederer Temperatur genügend beständig.

b) Nickel und Nickellegierungen: Nickel-Kupfer-Legierungen mit über 50—67% Ni; Monelmetall mit 67—70% Ni.

Gegen Ätzalkalilaugen und alkalische Flüssigkeiten ist Nickel und seine Legierungen vollkommen beständig, ebenso gegen Fettsäuren. Ziemlich beständig ist Nickel und seine Legierungen gegen verdünnte Schwefelsäure, ungenügend beständig gegen Salzsäure.

c) Blei: Weichblei, Hartblei mit Antimongehalt.

Blei ist unbeständig gegen alle alkalischen Lösungen, hingegen beständig gegen Schwefelsäure und Fettsäuren, wenig beständig gegen Salzsäure.

d) Aluminium und Aluminiumlegierungen: Legierungen: *Pantal*, *Antikorrodal* (0,8—0,9% Si, 0,64—0,72% Mn, 0,66—1,25% Mg, 0,26—0,3% Eisen); *Silumin* (9—13% Si), alle V. D. M., Frankfurt; *Hydronalium*, KS Seewasser Aluminium, 2,5% Mn, 2,5% Mg, 0,2% Sb; *AL AW 15*, 0,15% Si, 1,65% Mn, 0,31% Fe (beide Aluminium-Werk Singen).

Aluminium und seine Legierungen sind unbeständig gegen alkalische Flüssigkeiten mit Ausnahme von Ammoniak. Die Korrosion von Sodalösungen bis zu 10% und verdünnten Seifenlösungen wird durch Zusatz von 0,5% Wasserglas verhindert.

Aluminium und seine Legierungen sind wenig beständig gegen Schwefelsäure und unbeständig gegen Salzsäure. Hingegen sind sie hervorragend widerstandsfähig gegen Fettsäuren. Nur in wasserfreiem Zustand greifen Fettsäuren Aluminium bei höheren Temperaturen stark an. Geringe Mengen Wasser verhindern diese Korrosion.

Die Aluminiumlegierungen sind vor allem salzbeständiger als Reinaluminium.

B. Nichtmetallische Werkstoffe.

1. Keramische Werkstoffe.

α) *Steinauskleidungen.*

Eine besondere Gruppe von Werkstoffen stellen die säurefesten Platten und Formsteine dar, von denen die Erzeugnisse des Stellawerkes — jetzt Didier-Werke A. G., Bonn a. Rh. — am bekanntesten sind. In der Seifenindustrie haben säurefeste Steinauskleidungen bisher gelegentliche Verwendung gefunden in Raffinations- und Spaltanlagen, Zisternen, Fettsäurevorratsbehältern, Fettabscheide- und Waschgefäßen, Ablaufrinnen, Klärgruben und Abwasserkanälen, an Stelle der sonst üblichen Holzgefäße oder Auskleidungen aus Kupfer, Aluminium und Bleiblech. Da sich nach Angaben der Didier-Werke auch laugenfeste Ausmauerungen herstellen lassen, käme auch ihre Verwendung zu Unterlaugenreservoiren und Vorratsbehältern für flüssige Seife usw. in Frage.

Keramische Erzeugnisse weisen eine gewisse Porosität auf. Man verlegt deshalb die Steine in doppelter Lage, so daß die Platten der oberen Lage die Kittfugen der unteren Lage überdecken. Im allgemeinen stattet man Behälter aus Eisen mit Plattenbelägen aus, indem man die Platten mit Kitt auf das Eisen heftet. Aber auch Betonbehälter können ausgekleidet werden, wenn man zwischen Beton und Platten eine Isolierschicht von säurefestem Asphalt anbringt. Als Kitt verwendet man „Säurekitt Höchst" (I. G. Farbenindustrie A. G.), ein Wasserglaskitt, der unter Luftabschluß erhärtet, aber alkali- und wasserempfindlich ist, oder Säurekitt S. W., der auch wasserbeständig ist, oder den auf S. 525 beschriebenen alkalifesten Asplitkitt der I. G. Farbenindustrie A. G. Verwendbar sind noch die Kitte: Keralith — Keramchemie Gießen, Securith A. G. Mannheim, Elasticon — Berg & Co., Andernach. Der Kunstharzkitt „Havegit" und der Bitumenkitt „Prodorit" sind weiter unten beschrieben.

β) *Steinzeug.*

Steinzeuggefäße sind, abgesehen von ihrer geringen mechanischen Festigkeit gegenüber harten Stößen, ein sehr brauchbarer Werkstoff für Gefäße zum Aufbewahren von Schmierseife, flüssigen Seifen usw. (Hersteller: Charlottenburger Steinzeugwerke u. a.).

γ) *Email.*

Email ist ein Glasfluß aus Quarz, Feldspat, Soda und Borax, welcher auf metallischen Unterlagen aufgeschmolzen wird. Es stellt einen idealen Werkstoffschutz dar, der beinahe allen in der Öl- und Fett- und Seifenindustrie vorkommenden Korrosionen — mit Ausnahme sehr starker Alkalilösungen — vollkommen Widerstand leistet. Leider hat Email eine Reihe schwerwiegender Nachteile, vor allem seine geringe Festigkeit gegenüber harten Stößen und schroffem Temperaturwechsel sowie sein verhältnismäßig hoher Preis.

Die bekanntesten Erzeuger emaillierter Geräte sind die Pfaudler-Werke, Gebler-Werke A. G., Radebeul/Dresden, Schütze A. G., Oggersheim, Vögele A. G., Mannheim, Eisenwerk Kaiserslautern.

Über eine elastische Emaille „Elastema III“ der Vulkan-Tankbaugesellschaft, Dortmund, berichtet KNIGGE. Elastema III ist beständig gegen Carbonatlösung in kaltem und heißem Zustand sowie gegen Öle, Fettsäuren und Laugen bis zu 47% bei gewöhnlicher Temperatur.

2. Organische Werkstoffe.

α) *Holz.*

Holz konnte bisher, besonders in der chemischen Industrie, keineswegs vom billigeren Eisen verdrängt werden. Es setzt Säuren und Salzen bedeutend größeren Widerstand entgegen als Eisen, so daß es sogar als Gefäß- und Rohrmaterial verwendet wird.

Gegen alkalische Flüssigkeiten, z. B. Kalilauge und Natronlauge in verdünntem Zustand, ist Holz recht beständig. Mit steigender Temperatur tritt jedoch rasch Zersetzung ein. Verdünntes Ammoniak greift wenig an. Salzsäure und Schwefelsäure greifen in sehr verdünntem Zustand bei gewöhnlicher Temperatur nur schwach an.

Ebenso beständig ist Holz gegen Lösungen von Chloriden und ziemlich beständig gegen verdünnte Carbonatlösung. Von Fettsäuren und Seifenlösungen wird Holz nicht angegriffen. Hölzer mit dichtem Gefüge sowie harzreiches Holz (Pitch-pine) halten dem chemischen Angriff länger stand, weil die Aufsaugefähigkeit geringer ist. Außer dem chemischen ist Holz auch dem Angriff durch tierische und pflanzliche Schädlinge unterworfen, wogegen es durch Konservierung geschützt wird.

In der Seifenindustrie wird Holz verwandt als Konstruktionsmaterial zu Kühltürmen, Silos, Trockenschränken, Seifenformen, Behältern für Fette und Fettsäuren, ferner zu Rührspateln und als Verpackungsmaterial.

β) *Kunstharze und Kunststoffe.*

Die chemische Indifferenz der Phenolformaldehydkunstharze, deren chemisch und mechanisch stabilste Form das Bakelit darstellt, macht sie für den Bau von chemischen Apparaten besonders geeignet.

Ein bekannter Werkstoff ist das von der Säureschutz G. m. b. H. Berlin-Altglienicke hergestellte „*Haveg*“, ein Phenolformaldehyd-Kunstharz mit langfaserigem Asbest und hohem Kieselsäuregehalt als Füllmaterial.

Für die Seifenindustrie kommt die Marke Haveg 41 in Betracht, welche gegen Fettsäuren, neutrale Seifenlösungen, Soda- und Pottaschelösungen und Schwefelsäure bei zu 50% beständig ist. Das Produkt ist nicht beständig gegen Ätzalkalilaugen. Es lassen sich daraus fugenlose Gefäße bis zu 3 m Durchmesser in einem Stück herstellen. Bei größeren Apparaten kommen Konstruktionen aus mehreren fugenlosen Elementen in Frage. Die Oberfläche ist glatt, dicht und leicht zu reinigen. In der Seifenindustrie kann „Haveg“ Anwendung finden als Behältermaterial für Salzlösungen, Spaltgefäße, Filterrahmen usw.

Havegit-Säurekitt. Havegit-Säurekitt ist eine Abart des „Haveg“ und dient zu Ausmauerungen sowie Reparaturen. Havegit-Ausmauerungen haben sich bei Fettsäurelageranlagen im Dauerbetrieb gut bewährt. Die chemische Beständigkeit ist die gleiche wie bei „Haveg“. Von den wasserglashaltigen Säurekitten unterscheidet er sich dadurch, daß die Erhärtung von innen heraus erfolgt und ein nachträgliches Absäuern wegfällt. Er ist den sonstigen Kitten durch seine große Dichte, Härte und Spülfestigkeit überlegen. Auf Eisenunterlagen oder basischen Zementen ist vor dem Auftragen ein Kautschuk- oder Asphaltanstrich erforderlich.

In neuerer Zeit wurde von der I. G. Farbenindustrie A. G. ein sehr brauchbarer, aus Kunstharz hergestellter Kitt in den Handel gebracht („Asplit“). Für die Seifenindustrie von Bedeutung ist die Marke „*Asplit A*“, welche laugenbeständig ist. *Asplitkitt A*, welcher außerdem auch als Auskleidungsmaterial für Behälter verwendet werden kann, ist beständig gegen 10%ige Natronlauge sowie gegen Säuren (HNO_3 bis zu 20%, H_2SO_4 bis zu 70% bei gewöhnlicher Temperatur). Asplitkitte sind praktisch flüssigkeitsdicht und spülfest, besitzen eine 4—5fache Druckfestigkeit gegenüber Wasserglaskitten und sind beständig bei Temperaturen von 180° C.

Mipolam. Über einen neuen Werkstoff „*Mipolam*“ für Rohrleitungsbau aus der Reihe thermoplastischer Materialien aus Polyvinylchlorid der Dynamit-A.-G., vorm.

Alfred Nobel & Co., Troisdorf, berichtet H. Lutz[1]. Er vereinigt eine erstaunliche Beständigkeit gegenüber Säuren und Laugen mit guten mechanischen Festigkeitswerten.

Spezifisches Gewicht	1,38
Zerreißfestigkeit	etwa 600 kg/cm²
Ausdehnungskoeffizient	$65{,}10^{-6}$.

Der Erweichungspunkt liegt bei 80°, so daß Rohre aus Mipolam leicht verformt werden können. Mit Hilfe einer Klebelösung lassen sich flanschenlose Verbindungen herstellen. Es lassen sich die verschiedenartigsten Werkstücke — Bogen, Krümmer, Abzweigungen und T-Stücke — herstellen.

Von anderen Kunstharzmassen ohne größere technische Bedeutung sind noch erwähnenswert: *Juvelith, Condensit, Carbolit, Acreolite* (Glycerin-Phenol-Kondensationsprodukte), *Glyptal* (Bd. I, S. 297), *Pollopas* (Formaldehyd-Carbamid), *Formolit, Faturan, Trolitul* (Polystyrol).

γ) *Bitumenlacke und -kitte.*

Prodoritlacke sind kaltflüssige, streichfertige Anstrichstoffe auf bituminöser Grundlage, unter Verwendung vollkommen teer- und phenolfreier Lösungsmittel.

Eigenschaften: Wasserabstoßend, wetterbeständig, beständig gegen saure und alkalische Flüssigkeiten, nicht aber gegen Öle und Fette.

Prodoritlack E: Schutzanstrich für Eisen- und Metallteile.

Prodoritlack B: Schutzanstrich für Beton, Mauerwerk, Holz, Fundamente über und unter der Erde, Gruben, Bassins und Klärbecken.

Die Anwendung erfolgt durch Aufspritzen auf die gut gereinigte, entrostete, trockene, fett- und staubfreie Unterlage (Feuer fernhalten).

Prodoritkitte sind Verguß- und Spachtelmassen aus hoch säurefesten Materialien, vollkommen flüssigkeitsdicht und korrosionsbeständig, homogen, porenfrei, von großem Haftvermögen und genügend elastisch gegen Temperaturschwankungen. Schutzwirkung besteht gegen Säuren jeder Konzentration ohne oxydative Eigenschaften, Schwefelsäure bis 50%, Alkalien bis 10%ige Lösung, Salzlösungen, jedoch nicht gegen Fette und Öle.

Anwendung: Verlegen und Ausfugung von Böden und Auskleidungsplatten. Herstellung von Schutzschichten auf mechanisch gering beanspruchten Flächen (Behälter für saure, alkalische und salzhaltige Lösungen). Herstellung von säurefesten, flüssigkeitsdichten Isolierschichten unter Platten und Steinen bei Auskleidungen von Betonreservoiren.

Teer-, Asphalt-, Bitumenanstriche. Die Peche, Teere und Bitumina stellen für die Anstrichtechnik recht brauchbare Materialien dar. Sie sind chemisch beständig gegen verdünnte Säuren und Alkalien sowie Salzlösungen, werden jedoch von heißen konzentrierten Säuren und Laugen angegriffen. Zum Undurchlässigmachen von Zement und Beton sind Anstriche auf bituminöser Grundlage besonders wertvoll, besonders gegen alkalische und saure Flüssigkeiten. Zum besseren Aufbringen von Asphalt empfiehlt es sich, schon in den Beton grobe Asphaltkörner einzuarbeiten; der Asphaltbelag haftet dann besonders gut. Asphaltbeläge auf Fabrikböden haben den Nachteil, daß sich schwere Gegenstände eindrücken, wodurch Unebenheiten entstehen.

δ) *Natürlicher und synthetischer Kautschuk.*

Gummi und Hartgummi. Das Anwendungsgebiet von Kautschuk, insbesondere von Hartgummi, als Schutz gegen Korrosion wird immer umfangreicher. Mit geeigneten Füllstoffen zusammen ist es möglich geworden, Werkstücke mit Gummierungen auszustatten, die bis 120° gegen Laugen und Säuren widerstandsfähig sind.

Das spezifische Gewicht von Kautschuk liegt je nach Art der Zuschlagstoffe zwischen 1 und 2. Die kubische Ausdehnung beträgt $8 \cdot 10^{-6}$.

Die Notwendigkeit einer Armierung mit Metall ist nach Angaben der Newyork Hamburger Gummiwaaren Comp. bis 60° nicht nötig. Darüber hinaus empfiehlt sich

[1] Chem. Fabrik **9**, 441 (1936).

zur Aufnahme der mechanischen und thermischen Beanspruchung Metallarmierung, während dem Hartgummi der Korrosionsschutz überlassen bleibt. Für besonders hohe chemische Ansprüche verwendet man die nach dem Verbundverfahren hergestellten, besonders harten Hartgummiqualitäten. Durch das Verbundverfahren ist es möglich geworden, Apparate mit Gummierungen auszustatten, welche jeder mechanischen Beanspruchung bis etwa 120° standhalten. STIEPEL berichtet über Versuche mit „*Kniepert*“ *180* (Löbau/Sa) nach dem Verbundverfahren ausgekleideten Behälter auf ihre Eignung gegen Öle und Fette. Die Behälter zeigten nach einem halben Jahr keine Veränderung und das Öl war in seiner Farbe unverändert. Trotzdem empfiehlt es sich, bei Verwendung von Hartgummibehältern zur Lagerung von Ölen und Fetten eingehende Versuche zu machen. Hingegen ist Hartgummi beständig gegen Salzsäure jeder Konzentration. Schwefelsäure nicht so hoher Konzentration, Salzlösungen, Seifenlösungen, Laugen bis 10% bei 100 °.

Synthetischer Kautschuk — Buna. Die Fabrikation der synthetischen Kautschukarten hat in Deutschland, Rußland und Ver. St. A., großen Umfang erreicht. Diese Rohstoffe sind infolge ihrer Ölbeständigkeit dem natürlichen Kautschuk weit überlegen.

Verwendung in der Seifenindustrie: Auskleidung von Behältern für Salzlösungen, Seifenlösungen, Spaltbottichen, Armaturen, Hähnen, Filterpressen usw. Erwähnenswert sind hier noch die Gummifilter der Dartex A. G. für Kautschukverarbeitung, Frankfurt a. M., welche sich zum Filtrieren von Salzlösungen, nach Versuchen der Gesellschaft sogar von Seifenlösungen, eignen.

Chlorkautschuk. Eine große Zukunft als Werkstoffschutz hat der Chlorkautschuk. In Anwendung kommt Chlorkautschuk in Form von Lacken, nachdem er mittels geeigneter Weichmachungs- und Lösungsmittel in streichfertige Form gebracht wurde. Chlorkautschuklacke, welche natürlich auch mit Pigmenten versetzt werden können, sind beständig gegen Säuren und Alkalien sowie Salzlösungen jeder Art, jedoch nicht gegen Neutralfette und Fettsäuren, Benzol und andere aromatische Verbindungen.

Verwendung in der Seifenindustrie: Zum Anstreichen von Laugen-, Salz- und Seifenbehältern. Gute Ergebnisse hat man beim Imprägnieren von Gefäßen für Schmierseife erzielt.

Tabelle 102. Verwendung der Werkstoffe.

Einrichtungsgegenstand, Maschine, Apparat	Konstruktionsmaterial	Werkstoffe, Auskleidung, Schutzüberzug, Anstriche
Armaturen, Ventile, Hähne für Laugen, Fette, Salzlösungen, Säuren usw.	Gummi, Steinzeug, Bronze, Haveg, Termisilid, Monelgußeisen, Silumin	Gummimembran-Ventile
Bodenbelag	Beton, Portlandzement mit Traß, Klinker	Asphaltmassen, Fluatisieren nach KESSLER
Filterpressen für Fette und Öle für Seifenlösungen	Holz, Haveg, Hartgummi	Chlorkautschukanstriche
Formen für Seife	Schmiedeeisen, VM-Stahl, Pitchpine für kleinere Formen, Haveg	hartgummierte Eisenformen, Chlorkautschukanstriche
Kühlpressen: Rahmen Plattenbelag	Hartholz, Monelmetall, Nickelplattierung, V2A-, VM-, Nickelstahl	Haveg und Hartgummi als Rahmenmaterial (noch nicht erprobt)
Mischmaschinen: Auskleidung	VM-Stahl, V2A-Stahl, Antikorrostahl, Monelmetall, Nickel	Haveg und Hartgummi (noch nicht erprobt)

Tabelle 102 (Fortsetzung).

Einrichtungsgegenstand, Maschine, Apparat	Konstruktionsmaterial	Werkstoffe. Auskleidung, Schutzüberzug, Anstriche
Pumpen für Seife Salz, Laugen Säuren	V-, V2A-Stahl und Monelguß Bronzen, VM-Stahl Haveg, Hartgummi, Steinzeug	
Rührwerke für kaltgerührte und halbwarme Seifen	Schmiedeeisen, VM-, V2A-, Antikorrostahl, Monelmetall	Email
Piliermaschinen: Stahlwalzen Einschüttkasten	 VM-Stahl, Antikorrostahl, V2A-Stahl, Monelgußeisen Holz	Monelmetall, Nickel
Siedekessel	Schmiedeeisen	
Seifenstanzen	Bronze, Monelguß, V2A-Stahl	Verchromung
Strangpressen: Konus Schnecke	 Monelgußeisen, V2A, Remanit V2A	
Spaltbottiche	Blei, Kupfer, Haveg	Stellakacheln, Hartgummi, Email
Vorratsbehälter: für Fette und Fettsäuren für Laugen für Wasserglas für Salzlösungen für flüssige Seifen und Schmierseifen	 Schmiedeeisen, Aluminium und Aluminiumlegierung, Monelmetall Schmiedeeisen (weniger, weil zu teuer: VM-Stähle, Monelmetall, Nickel) Schmiedeeisen (VM-Stahl, Monel und Nickel zu teuer) Schmiedeeisen, Haveg, Aluminium SK Schmiedeeisen, Nickel und Monel	 Email, Stellakacheln auf Beton oder Eisen Hartgummi, Chlorkautschuk Hartgummi und Chlorkautschuk Hartgummi und Chlorkautschuk Chlorkautschuk
Unterlaugen	Schmiedeeisen, Haveg, Hartgummiauskleidung	Stellakacheln auf Beton und Eisen, Chlorkautschukanstriche, Asplit A
Glycerin	Schmiedeeisen, Aluminium	

Dritter Teil.

Waschhilfsmittel, Seifenersatzstoffe und synthetische seifenartige Stoffe.

I. Anorganische Waschhilfsmittel.

Von R. HUETER, Dessau-Rosslau.

a) Elektrolytsalze.

Die anorganischen Waschhilfsmittel, also Ammoniak, Soda, Borax, Wasserglas, Alkaliphosphate und andere in wäßriger Lösung zumeist ausgesprochen alkalisch reagierende Salze sind dem gegenwärtigen Stande unserer Kenntnisse zufolge nicht mehr den seifenartig oder seifenähnlich sich verhaltenden Produkten zuzuzählen. Ihnen fehlt besonders eine Eigenschaft der Seifen, nämlich das Schaumvermögen und die Kapillarität ihrer Lösungen. Sie setzen also die Oberflächen- und Grenzflächenspannung der Flotten an sich nicht in ausgesprochenem Maße herab, wie dies für die Seifen und die modernen Seifenersatzmittel und Netzmittel charakteristisch ist. Trotz des Fehlens dieser bereits von PLATEAU[1] als charakteristisch für Seifenlösungen bezeichneten, ihr hohes Netz- und Durchdringungsvermögen verursachenden Eigenschaften hat man bis in die zwanziger Jahre unseres Jahrhunderts hinein immer wieder versucht, mit Hilfe alkalisch reagierender Elektrolytsalze Seifenersatzmittel herzustellen, zumeist einfach, indem man diesen an sich häufig ebenfalls in keiner Weise seifenartig sich verhaltende Zusätze, wie Bisulfitverbindungen der Aldehyde[2], Naphthalin oder dessen Hydrierungsprodukte[3], bleichend wirkende Persalze oder Superoxyde[4], Kolloide[5] anorganischer oder organischer Natur zufügte, oder einfach Wasserglasgallerten Fettlösungsmittel einverleibte[6]. Mehrfach wurden während des Weltkrieges auch Seifenersatzmittel empfohlen, welche lediglich eine durch erhärtend wirkende Zusätze rein äußerlich in Form von Stück- oder Schmierseifen gebrachte Mischung von Silicaten, Soda und dergleichen darstellten[7]. Aber die zahlreichen im älteren Schrifttum enthaltenen Meinungsäußerungen über den Wert oder Unwert dieser Produkte sind gegenwärtig nur noch von historischem Interesse; denn sie basieren durchweg auf der irrtümlichen, auf BERZELIUS[8] zurückgehenden und später von KOLBE[9] und nach ihm bis in die neuere Zeit von zahlreichen chemischen Lehrbüchern übernommenen Anschauung, derzufolge auch die Seife durch das hydrolytisch abgespaltene Alkali zunächst nur rein chemisch, also verseifend auf die Schmutzstoffe einwirke, während der Seifenschaum durch Umhüllen der Schmutzpartikel zu ihrer Entfernung nur beitragen soll. Die neueren, auf exaktes physikalisch-chemisches und kolloidchemisches Tatsachenmaterial sich stützenden Vorstellungen über den Mechanismus der Wasch- und Reinigungswirkung (Näheres vgl. Teil I) haben, wie wohl nicht

[1] Statique des liquides II, S. 41ff. (1873).
[2] D. R. P. 394861.
[3] D. R. P. 358008.
[4] D. R. P. 357957.
[5] Vgl. D. R. P. 308609, 311160, 312220.
[6] D. R. P. 339026.
[7] Vgl. beispielsweise D. R. P. 311160, 311963 u. a. m.
[8] BERZELIUS: Lehrbuch der Chemie, 2. Aufl., Bd. 3, S. 438. 1828.
[9] KOLBE: Organische Chemie, 2. Aufl., Bd. 1, S. 817. 1880.

näher dargelegt zu werden braucht, die Haltlosigkeit der früheren Anschauungen überzeugend dargetan. Als Folgeerscheinung dieser neueren Entwicklung ist daher die Tatsache zu bezeichnen, daß die alkalisch reagierenden anorganischen Elektrolytsalze sowohl für den Technologen wie auch den theoretisch eingestellten Physikochemiker uninteressant wurden; rein mengenmäßig betrachtet werden aber, auch wenn man von der umfangreichen Verwendung als Seifenstreckungsmittel absieht, diese Mittel in einem Umfange gebraucht, der vielleicht noch größer ist als der Umfang der Seifenverwendung; denn Soda, Ammoniak und die Alkalien werden nicht nur bei Reinigungsprozessen von Textilien, bei welchen beispielsweise die Rohwollwäsche häufig lediglich durch Alkalizugabe, ohne Seifenzusatz, durchgeführt wird, sondern auch bei der Reinigung und Entfettung verölter Maschinenteile, bei der Entfettung von Metallgegenständen vor der Emaillierung oder vor der Behandlung im galvanischen Bad (Vernickelung, Verchromung usw.), ferner zum Spülen von Haushaltsgegenständen, zum Scheuern, überhaupt für Reinigungszwecke der allerverschiedensten Art gebraucht. Während aber der Mechanismus der Reinigungswirkung durch Seifen auf Grund der neueren Untersuchungen im Prinzip als geklärt erscheint, sind wir über die Wirkung der anorganischen Hilfsmittel in weit unbefriedigenderem Ausmaße unterrichtet. Sicherlich aber sind bei diesen Mitteln in erster Linie andere Wirkungsfaktoren maßgebend als bei den Seifen; sie sind also nicht eigentliche Seifenersatzmittel, sondern Wasch- und Reinigungsmittel von besonderer, gegenüber den seifenähnlichen Mitteln andersgearteter, zumindest aber weniger stark ausgesprochener Wirkung. Sie unterstützen ferner in beachtlichem Ausmaße die Seifenwirkung, so daß sie gleichzeitig auch ein zusätzlich zu verwendendes Reinigungsmittel darstellen.

Alkalisch reagierende Elektrolytsalze scheinen im übrigen bereits länger zur Reinigung zu dienen als die Seifen. Man nimmt an, daß die in LUTHERS Bibelübersetzung als „Seife“ bezeichneten Reinigungsmittel „Laugensalz“[1] waren, also wahrscheinlich Natriumcarbonat, welches im Orient, aber auch an zahlreichen anderen Stellen der Erde als Auswitterungsprodukt sodahaltiger Quellen und Seen natürlich vorkommt und im Abendland schon lange vor dem Bekanntwerden des LE BLANC-Prozesses aus der Asche von Meerespflanzen gewonnen wurde, während die Landpflanzen, insbesondere Holz, eine Kaliumcarbonat enthaltende Asche ergeben. Den Römern des klassischen Altertums diente gefaulter Harn als Waschmittel, welcher Ammoniumcarbonat neben Ammoniak als wirksamen Bestandteil enthält[2]. Neueren Datums ist das Natriumtetraborat (Borax), das als mild wirkendes Alkali namentlich für kosmetische Zwecke empfohlen wurde und als Emulgens für kosmetische Zubereitungen auch heute noch dient. Das Wasserglas wurde, lange bevor es als Perborat stabilisierendes Zusatzmittel den modernen sog. selbsttätigen Waschmitteln und als Fällungsmittel für kolloidales Eisenoxydhydrat der als Enthärtungs-, Einweich- und Wasserreinigungsmittel viel gebrauchten „Bleichsoda“ zugesetzt wurde, als Seifenersatzmittel angesprochen[3]. Bedeutung als solches hat das Wasserglas jedoch in früherer Zeit niemals gehabt, wohl aber als Mittel zur Herstellung von bis ins Uferlose überstreckten Schwindelseifen. In neuerer Zeit wird aber namentlich in Amerika das stark alkalische Natriummetasilicat (Brytex, Metso, Quartz Cy, Philadelphia) als wirksames Entfettungs- und Reinigungs-

---

[1] KOPP: Geschichte der Chemie, Bd. 4, S. 383. Braunschweig. 1847.
[2] Vgl. hierzu FELDHAUS: Chem.-Ztg. **32**, 837 (1908).
[3] FRIEDLÄNDER, LÖWE u. STEPHAN: Dinglers polytechn. Journ. **149**, 372 (1852). — Die Wirkung des Wasserglases in Seifenpulvern beschreibt KIND: Seifensieder-Ztg. **53**, 603ff. (1926); ferner OHL: Melliands Textilber. **15**, 462ff. (1934).

mittel in größerem Umfange verwendet. Ebenfalls neueren Datums ist die Verwendung des Di- und Trinatriumphosphats für die gleichen Zwecke. In Deutschland wird unter der Bezeichnung „P_3" (Henkel, Düsseldorf) ein solches Mittel zum Entfetten und Reinigen von Maschinenteilen vertrieben, während ein ebenfalls Phosphat enthaltendes Mittel unter der Bezeichnung „Imi" (Henkel, Düsseldorf) als Spül- und Reinigungsmittel für Küchengeschirr u. dgl. sich großer Beliebtheit erfreut und augenscheinlich für diese Zwecke der früher hier vorzugsweise verwendeten Soda überlegen ist[1].

Was nun die Wirkung dieser Produkte anbetrifft, so ist in Fällen, in denen es sich um freie Fettsäuren oder hochmolekulare saure Bestandteile enthaltende Verschmutzungen handelt — als Beispiel sei auf die Wäsche roher, Wollschweiß enthaltender Schafwolle hingewiesen —, mit Sicherheit anzunehmen, daß eine intermediäre Seifenbildung an den Grenzflächen stattfindet und daß diese Seife in wesentlichem Ausmaße Träger der Reinigungs- und Entfettungswirkung ist[2]. Die Reaktion der Flotte kommt aber noch in anderer Weise zur Wirkung, indem sie die elektrische Ladung der Zwischenfläche und damit das Zerteilungsvermögen der Schmutzstoffe sowie die Stabilität der entstehenden Dispersionen beeinflußt. Die hydrolytisch dissoziierenden Alkalisalze unterstützen daher auch den Waschvorgang bei gleichzeitiger Gegenwart von Seife (Näheres vgl. S. 154). Ähnlich ist die Wirkung der alkalischen Reaktion, wenn an Stelle der an sich ja bereits hydrolysierenden Seife neutrale Seifenersatzmittel vom Typus der Fettalkoholsulfonate verwendet werden[3]. Das Maximum der Reinigungswirkung liegt stets zwischen 10 und 11, ein Minimum bei etwa 5, während in stärker sauer reagierenden Flotten wieder eine die Wirkung im alkalischen Gebiete allerdings nicht erreichende Erhöhung der Waschkraft zu beobachten ist.

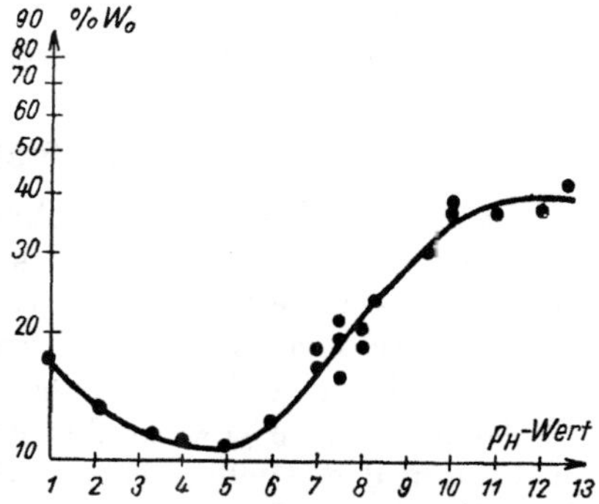

Abb. 166. Waschwirkung wäßriger, seifenfreier Flotten bei verschiedenem p_H-Wert. Die Waschwirkung ist ausgedrückt durch den optisch gemessenen prozentuellen relativen Weißgehalt[4].

Aber auch der p_H-Wert der Lösungen ist nicht allein ausschlaggebend für das Schmutzablöse- und Verteilungsvermögen anorganischer Elektrolyte. Chwala konnte zeigen, daß das nur schwach alkalisch reagierende Natriumpyrophosphat in vielen Fällen ein ausgezeichnetes Zerteilungsmittel für verschiedenartige Sedimente darstellt[5]. Auf Unterschiede im Verhalten der verschiedenen Alkalien lassen ferner Beobachtungen von Baker[6] schließen, welcher die Benetzung von Glasplatten durch wäßrige Lösungen studierte und feststellte, daß Natriummetasilicat wirksamer ist als Natronlauge, Soda usw. Götte[7] wies schließlich auf die Bedeutung der Wertigkeit der Anionen hin, indem er zeigte, daß auch neutral reagierende Salze mehrwertiger Anionen, wie $K_4Fe(CN)_6$, den Waschwert einer wäßrigen Flotte in geringem Ausmaß erhöhen, Salze einwertiger Säuren, wie KCl, ohne Einfluß sind, solange sie nicht in Mengen zugesetzt werden, die auf die Schmutzsubstanzen durch Aussalzung koagulierend wirken, während

---

[1] Stadlinger: Chem.-Ztg. **54**, 354 (1930).
[2] Vgl. hierzu die Versuche von Foster Dee Snell: Chem. Ztrbl. **1932 II**, 3349; **1931 I**, 2887; **1931 II**, 3349.
[3] Vgl. Götte: Kolloid-Ztschr. **63**, 327 (1933).
[4] Entnommen aus Kolloid-Ztschr. **64**, 226 (1933).
[5] Kolloidchem. Beih. **31**, 222 (1930).
[6] Ind. engin. Chem. **23**, 1025 (1931).
[7] Kolloid-Ztschr. **63**, 333 (1933).

Salze einbasischer Säuren mit mehrwertigen Basen, wie $BaCl_2$ und $AlCl_3$, hemmend auf die Waschkraft der wäßrigen Flotten einwirken, wobei allerdings zu berücksichtigen ist, daß Aluminiumchlorid auch den p_H-Wert der Flotte in das saure Gebiet verschiebt.

In den meisten und wichtigsten Anwendungsfällen sind aber die Wirkungen der anorganischen Salze der Wirkung der Seife gegenüber weit unterlegen. Ihre Verwendung für Reinigungs- und Entfettungszwecke außerhalb der eigentlichen Wäsche und der Textilwarenveredlung ist zum großen Teil auch durch wirtschaftliche Gesichtspunkte bedingt. Bei der eigentlichen Wäsche dienen sie hauptsächlich als puffernd wirkende Zusatzstoffe, ferner als seifensparende Streckungsmittel sowie als Enthärtungsmittel bei Anwendung harten Gebrauchswassers. In der Textilveredlungsindustrie sind sie ferner unentbehrliche Hilfsmittel bei Beuchprozessen sowie bei der Filzbildung usw., auf welche in vorstehendem Zusammenhang aber nicht näher eingegangen werden soll. Eine Sonderwirkung als Zusatzmittel übt schließlich das Natriummetaphosphat aus, welches mit Kalkseife wasserlösliche und stark schäumende Komplexverbindungen ergibt. Das Kalkseifen lösende „Calgon" (Joh. A. Benkiser, Ludwigshafen; vgl. S. 67) ist ein Natriumhexametaphosphat und dient als Spülwasserzusatz beim Waschen.

b) Walkerde und Tone.

Auch die Tone und die ihnen zuzuzählende Walkerde steht gegenwärtig nicht mehr im Vordergrunde des Interesses, nachdem die während der Zeit des Weltkrieges hergestellten, mit Tonen übermäßig gestreckten Seifen und Seifenpulver durchweg eine vernichtende Kritik erfahren haben und unverkäuflich wurden, als die üblichen Seifen und Seifenpräparate wieder erhältlich waren. Trotzdem ist eine gewisse Wirkung guter Walkerden nicht anzuzweifeln; denn nicht nur das Tuchmachergewerbe des Mittelalters, sondern auch zahlreiche Textilfachleute der Gegenwart erkennen die Wirkung einer guten Walkerde als reinigendes Mittel in der Tuchwalke und -wäsche durchaus an. Es ist daher vielfach die Vermutung ausgesprochen worden, daß die seinerzeit geübte wahllose Verwendung beliebiger Ton- und Kaolinqualitäten an Stelle der sog. „fetten" Tone, die allein seifenähnlich wirken sollen, den Fehlschlag verursacht habe. Auch soll das Mischungsverhältnis von Ton zu Seife nicht den optimalen Bedingungen entsprochen haben, so daß der Ton die Seife mehr oder weniger vollkommen adsorbierte und durch Bildung dieser Adsorptionsverbindungen die Seife ihrer eigentlichen Aufgabe entzog[1]. Es sollen ferner nur bestimmten kolloiden Bestandteilen des Tones seifenartige Wirkungen zukommen[2], und von besonderer Wichtigkeit sollen Verunreinigungen des Tones, insbesondere die Huminsäuren sein, die als solche oder auch in Form ihrer Alkalisalze wie Seifen peptisierend wirken und daher auch die Feinverteilung des Tones in Wasser ermöglichen[3]. Einige Tone ergeben den „Springeffekt", d. h. ihre kolloidalen Teilchen adsorbieren in ähnlicher Weise wie die Seifenmizellen Ruß und Schmutzteilchen und lösen diese hierdurch von ihrem ursprünglichen Substrat. Andere Tonqualitäten zeigen aber wiederum diesen Effekt gar nicht[4]. Unter dem Einfluß eines elektrischen Spannungsgefälles, im Kataphoreseversuch, wandern die „Tonmizellen" zum positiven Pol, sie sind also in wäßriger Aufschwemmung Träger einer negativen Ladung. Nach WESTON[5] erniedrigt der Tonzusatz auch die Oberflächen-

[1] Vgl. SCHRAUTH: Handbuch der Seifenfabrikation, 6. Aufl., S. 176. 1927.
[2] KÜHL: Chem.-Ztg. **51**, 601 (1924).
[3] Vgl. hierzu NEUBERT: Kolloidchem. Beih. **4**, 261 (1913).
[4] WEISSENBERGER: Kolloid-Ztschr. **1920**, 69.
[5] Seifensieder-Ztg. **47**, 519 (1920).

spannung des Wassers. Der gleiche Autor gibt an, eine Seifen-Ton-Mischung, die 20% „hochwertigen Kolloidton" enthält, ergäbe gegenüber der Reinseife eine 7- bis 9%ige Erhöhung der Kapillarwirkung. Auch die Schaumkraft der Mischung soll ausgeprägter sein wie die der Reinseife.

Zu diesen günstigen Äußerungen über den Ton als Waschhilfsmittel soll hier ebensowenig Stellung genommen werden wie zu den mehrfachen den Wert des Tones verneinenden Ausführungen in der Fachpresse. Wenn aber in neuester Zeit auf Grund experimenteller Ergebnisse von REHBINDER[1] Kern- und Halbkernseifen hinsichtlich ihres Gebrauchswertes als „überwundene Größen" bezeichnet werden und die völlige Ersetzbarkeit des in diesen Seifen enthaltenen schwer löslichen Natriumstearats und -palmitats durch Ton und tonartige Silicate behauptet wird[2], so darf demgegenüber darauf hingewiesen werden, daß eine solche erst in Frage kommt, wenn die widerspruchsvollen Erfahrungen der Vergangenheit eine restlose Erklärung finden und für eine zuverlässige Eignungsprüfung der Tone und tonartigen Silicate Mittel und Wege gefunden werden, so daß Mißerfolge, wie sie die Tonwaschmittel der Kriegszeit ausnahmslos ergaben, mit Sicherheit vermieden werden.

II. Natürlich vorkommende und synthetisch gewonnene fettfreie organische Produkte als Seifenersatzmittel.

Von R. HUETER, Dessau-Rosslau.

a) Alkalisalze höhermolekularer Carbonsäuren.

Die Eigenschaften der Alkalisalze höhermolekularer Carbonsäuren nähern sich um so mehr den Eigenschaften der Seife, je ähnlicher sie in ihrer chemischen Konstitution den Salzen der Fettsäuren sind. Voraussetzung ist natürlich stets auch ein entsprechend hohes Molekulargewicht. Bei genügend hohem Molekulargewicht des Kohlenwasserstoffrestes nehmen mehr oder weniger sämtliche Carbonsäuren wenigstens andeutungsweise seifenartige Eigenschaften an. Daher sind auch Carbonsäuren, die ringförmige Komplexe enthalten, häufig Fettsäureersatzprodukte, wie die Pentamethylenringe enthaltenden, aus Erdöl isolierbaren Naphthensäuren[3], die trotz ihres starken und unangenehmen Geruches im östlichen Europa vielfach zur Seifenherstellung herangezogen werden. Reine *Naphthensäureseifen* ähneln den Leimfettseifen (S. 235). Nach STIEPEL[4] dissoziieren sie weniger stark als Fettsäureseifen und sind daher in Fällen, in denen die alkalische Reaktion der Flotten störend wirkt, mehrfach empfohlen worden. Voraussetzung für ihre Verwendung wäre eine restlose Entfernung des auch ihren Alkalisalzen anhaftenden, durch nichts zu überdeckenden, dem Waschgut zudem äußerst zäh anhaftenden Geruches. Die für diesen Zweck vorgeschlagenen Desodorisierungsmethoden[5] haben anscheinend nicht voll befriedigt.

Seifenartige Eigenschaften weisen in gewissem Ausmaße auch die *Alkalisalze der Harzsäuren*, insbesondere der Abietinsäure auf, einer vom Dimethyl-isopropyl-

[1] REHBINDER: Untersuchungen über Physikochemie der Waschwirkung. Leningrad. 1935.
[2] Seifensieder-Ztg. **62**, 215 (1935).
[3] Zur chemischen Konstitution der Naphthensäuren vgl. v. BRAUN: Ztschr. angew. Chem. **45**, 658 (1932); **46**, 653 (1933); **44**, 661 (1931).
[4] STIEPEL: Seifenfabrikant **1901**, 1187; Seifensieder-Ztg. **35**, 331 (1908).
[5] Vgl. D. R. P. 361397, 390847.

dekahydrophenanthren sich ableitenden Carbonsäure; die Abietate sind in allen aus Harz oder Tallöl enthaltenden Fettansätzen gewonnenen Seifen zugegen, so daß sie wenigstens in Amerika und Deutschland kaum als Seifenersatzprodukt, sondern vielmehr als normaler Bestandteil zahlreicher Seifenqualitäten angesehen werden. In ihrem Verhalten zeigen aber die Abietate derart weitgehende Abweichungen gegenüber den fettsauren Alkalien, daß reine Harzseifen für normale Wasch- und Reinigungszwecke nicht verwendbar sind. In der Textilindustrie wird sogar großer Wert darauf gelegt, daß die für die Woll- und Seidenbehandlung vorgesehenen Seifen völlig harzfrei sind. Das kolloidchemische Verhalten der Abietate wurde von OSTWALD und LORENZ eingehend studiert[1]. Ihr Gelbildungsvermögen ist nur sehr gering. Erst eine 18%ige Lösung erstarrt bei Zimmertemperaturen gelatinös. Ultramikroskopisch lassen sich beim Natriumbietat auch in konzentrierter Lösung keine kolloiddispersen Anteile nachweisen, die Lösung ist im Dunkelfeld optisch leer. Verdünnte Lösungen sind gegenüber reinem Wasser nur unbedeutend viskoser; die Abietate sind ferner ausgesprochen kapillaraktiv. Die Oberflächenspannung ihrer Lösungen ist aber nicht konstant und zeigt charakteristische Alterungserscheinungen. Die Diffusionsgeschwindigkeit der Abietate liegt in der Größenordnung der des Rohrzuckers, so daß ein molekularer oder nahezu molekularer Dispersitätsgrad angenommen werden muß. Zu dem gleichen Schluß führt das Verhalten der Natriumbietatlösungen bei der Ultrafiltration. Lösungen, deren Konzentration zwischen 1 und 5% liegt, lassen sich rückstandfrei durch ein Ultrafilter filtrieren. Die durch hydrolytisch abgespaltene Abietinsäure getrübten, stark verdünnten Lösungen, die weniger als $^1/_2$% Abietat enthalten, lassen sich jedoch nicht mehr ultrafiltrieren.

Die Lösungen der Abietate zeigen also gegenüber den Lösungen der fettsauren Alkalien charakteristische Unterschiede; sie vermögen an sich infolge des Fehlens ausgesprochener kolloider Lösungsbestandteile nicht waschend zu wirken; die in verdünnter Lösung ausfallende freie Harzsäure zieht ferner auf die Faser und verleiht ihr einen klebrigen Griff. Als Streckungsmittel Seifen zugesetzt, erhöhen sie aber die Löslichkeit des stearinsauren bzw. palmitinsauren Alkalis und unterstützen durch ihre kapillaraktiven Eigenschaften auch die Schmutzablösung. Eine bestimmte Grenzen nicht überschreitende Mitverwendung von Harzsäure ist also in keiner Weise bei der Herstellung von Kern- und Leimseifen zu verwerfen.

Andere Säuren, die seifenartige Alkalisalze bilden, sind die *Laminarsäure*, die *Alginsäure*, überhaupt aus Meeresalgen (Tangen) gewinnbare Säuren[2], über deren Verhalten in jüngster Zeit Einzelheiten bekannt wurden[3]. Sie stehen chemisch den Pektinsäuren nahe und sind wie diese Polymerisate der Uronsäuren. Wegen ihrer kolloidalen Eigenschaften werden sie allerdings in erster Linie als Appreturmittel vorgeschlagen[4]. Ferner wurden Natronsalze von Stickstoff enthaltenden Eiweißabbauprodukten, also der *Lysalbinsäure* und *Protalbinsäure*, unter der Bezeichnung *Cardosal* (Chem. Fabr. Grünau, Landshof u. Meyer) als Seifenersatz empfohlen. Bedeutung in der Textilindustrie haben aber diese Mittel nur als Schutzmittel zur Verhütung von Alkalischäden der Wolle (*Nutrilan* und *Metasal*, Landshof u. Meyer, Grünau)[5] ferner unter der Bezeichnung „*Egalisal*“ (gleiche Firma) als Schutz und Egalisiermittel beim Färben von Wolle gewonnen. Waschmittel sind ferner auch die auf S. 385 kurz erwähnten Alkalisalze der *Gallensäure*, auf die im nächsten Abschnitt noch näher ein-

[1] Kolloid-Ztschr. **32**, 119 (1923).
[2] D. R. P. 231449, 328631; Österr. P. 89195.
[3] Kolloid-Ztschr. **33**, 196ff. (1938).
[4] Angew. Chem. **50**, 731 (1937).
[5] Melliands Textilber. **11**, 610 (1930).

gegangen werden soll. Den natürlichen Fettsäuren auch in bezug auf die Eigenschaften ihrer Alkalisalze sehr ähnlich verhalten sich ferner die durch Oxydation des Paraffins gewonnenen sog. „*synthetischen Fettsäuren*“ (vgl. hierzu Bd. II, S. 653ff.), deren großtechnische Gewinnung gegenwärtig wieder eingehend studiert wird; sie entsprechen den neuesten Erfahrungen zufolge weitgehend den aus natürlichen Fetten gewinnbaren Fettsäuren, wenn durch gewisse Raffinations- und Destillationsprozesse für die Entfernung unbrauchbarer Vor- und Nachläufe, gleichzeitig gebildeter Oxysäuren und unverseifbarer Bestandteile Sorge getragen wird. Eine in Form ihrer Alkalisalze kapillaraktiv wirkende rein synthetisch erhaltene Säure ist endlich die Perhydrophenylnaphthylmethancarbonsäure[1], deren kapillaraktive Wirkung als geringfügiger bezeichnet wird als die Wirkung der Seifen aus Fettsäuren gleichen Molekulargewichtes.

Versuche auf kompliziertem Wege derartige Fettsäureersatzstoffe zu gewinnen, sind selbstverständlich zurzeit nicht mehr von überragendem Interesse, nachdem in neuester Zeit auf relativ einfachem Wege auch die Synthese der Stearinsäure, also einer echten Fettsäure, aus technisch leicht zugänglichen Ausgangsmaterialien, nämlich Crotonaldehyd bzw. Acetaldehyd, gelang[2]. Man darf wohl annehmen, daß auch dieser Erfolg, dem zunächst wegen des wenig befriedigenden Verlaufes der Kondensation des Crotonaldehyds zu Hexadecaheptaenal eine technische Bedeutung noch nicht beizumessen ist, die Bestrebungen der Ersetzung der natürlichen Fettsäuren durch synthetische Produkte in neue aussichtsreichere Bahnen lenken wird. Da die katalytische Hydrierung des Hexadecaheptaenals direkt den Cetylalkohol ergibt, ist gleichzeitig auch ein Weg zur Synthese der Palmitinsäure aufgedeckt, da die Gewinnung dieser Säure aus Cetylalkohol auf verschiedenem Wege leicht durchführbar ist.

b) Rindergalle und Inhaltsstoffe der tierischen Gallenflüssigkeit.

Die rohe, direkt vom Schlächter bezogene Gallenflüssigkeit der Säugetiere stand bei unseren Voreltern wegen ihres Reinigungsvermögens in hohem Ansehen und wurde bei der Reinigung von Wollwaren, Teppichen, Vorhängen, Polstermöbeln u. dgl. der Seife vorgezogen. Es ist durchaus nicht die mangelhafte Wirkung der Gallenflüssigkeit, welche dies alte Hausmittel in Vergessenheit geraten ließ. Vielmehr darf man annehmen, daß infolge der unbequemen Handhabung dieses einen nicht gerade ansprechenden Schlachthausgeruch aufweisenden, wegen seiner Neigung, in Fäulnis überzugehen, auch stets nur in frischem Zustande verwendbaren Mittels an Stelle der natürlichen Galle sich die sog. „*Gallseifen*“ durchsetzen konnten. Gallseifen waren ursprünglich neutrale Wollseifen mit Zusatz von eingedickter Ochsengalle, jedoch enthielten die späteren Gallseifen häufig auch einen derartigen Zusatz nicht mehr, so daß also späterhin die Bezeichnung Gallseife nichts anderes bedeutete, als eine neutrale, für die Wäsche von Wollwaren bestimmte Spezialseife, welcher durch Zusatz grüner Farben, wie Seifengrün, Alizarin-Cyaningrün oder Ultramaringrün, die den Galle wirklich enthaltenden Produkten eigene grüne Farbe künstlich erteilt war.

Man hat auch die wirksamen Bestandteile der Ochsengalle isoliert. Als Träger der Seifenwirkung wurden die *Cholsäure*-Alkalisalze angesehen, die unter der Bezeichnung *Curazit-Natron* (Boehringer, Niederingelheim) in der Walke sowie als Netzmittel für alkalische und neutrale Flotten der Seife[3] überlegen sein sollen. Auch als Seifenzusatz für die bequeme Herstellung wirklicher

[1] D. R. P. 325714, 336212; Ber. Dtsch. chem. Ges. **54**, 1420 (1921); Seifensieder-Ztg. **48**, 320 (1921).

[2] Kuhn, Grundmann u. Trischmann: Ztschr. physiol. Chem. **248**, IV—V; Chem. Ztrbl. **1937 II**, 2339.

[3] Vgl. D. R. P. 318217, 326573, 324575.

Gallseifen wurde dieses Produkt empfohlen. Ob tatsächlich den Salzen der Gallensäuren eine solche überlegene Wirkung zukommt, ist schwer zu entscheiden. Konstitutionell stehen sie dem Cholesterin und ähnlichen Sterinen nahe[1]. Charakteristisch für die Gallensäuren ist ihre Eigenschaft, mit zahlreichen organischen Substanzen Molekularverbindungen zu bilden, die häufig in alkalischen Flotten löslich sind, Wirkungen, die auch bei der Seife sowie anderen seifenartigen Verbindungen, insbesondere Sulfonsäuren usw., festgestellt wurden[2]. Die natürliche Galle enthält aber diese Säuren in Form der sog. „gepaarten" Gallensäuren als acidylierte Taurin- und Glykokollderivate, deren Alkalisalze nicht nur eine hohe Beständigkeit gegenüber den Härtebildnern des Wassers, sondern sogar die Eigentümlichkeit aufweisen, ausgefällte Kalkseifen wieder in Lösung zu überführen[3]. Die ursprünglichen Inhaltsstoffe der Gallenflüssigkeit stehen also sowohl konstitutionell als auch in bezug auf ihr Verhalten gegenüber den Härtebildnern des Wassers den in Bd. II, S. 395ff. beschriebenen, durch Kondensation von Methyltaurin sowie von Aminosäuren mit Fettsäuren synthetisch erhaltenen Waschmitteln nahe und können daher als natürlich vorkommende Analoga von *Igepon* und *Medialan* bezeichnet werden.

c) Saponine und Neutralkolloide.

Die Erwähnung pflanzlicher Seifenstoffe findet sich verschiedentlich in der wissenschaftlichen Literatur des ausgehenden 17. Jahrhunderts; doch beweist der Name mancher saponinführenden Pflanze, daß die Benutzung ihrer Extraktstoffe für Waschzwecke viel älter ist und vielleicht sogar bis in die Zeit des klassischen Altertums zurückgeht[4]. Die Bezeichnung Saponin tritt jedoch zum ersten Male bei GMELIN[5] auf, und man faßt gegenwärtig unter dieser Bezeichnung eine Gruppe von Glykosiden zusammen, deren hervorstechendes Merkmal darin besteht, daß sie auch in kleinsten Konzentrationen ihren wäßrigen Lösungen die Fähigkeit erteilen, einen dem Seifenschaum recht ähnlichen dauerhaften Schaum zu entwickeln. Saponine führende Pflanzen finden sich in zahlreichen Pflanzenfamilien, und zwar zumeist in solchen, die nicht zur Bildung ätherischer Öle neigen[6]. Der Saponingehalt erstreckt sich häufig auf alle Teile der Pflanze, zumeist ist aber das Saponin im Samen, der bei *Sapindus utilis* bis zu 68% Saponin enthalten soll, oder in der Wurzel, aber auch in der Rinde, wie die zur Saponingewinnung handelsübliche Seifenrinde (*Cortex Quillajae*), oder den Blättern angereichert. Sowohl durch Extraktion gewonnenes Saponin als auch Saponin enthaltende Drogen sind wichtige Handelsartikel. Die Saponine sind größtenteils wasserlöslich und reagieren neutral; einige sauer reagierende Saponine sind nur bei Gegenwart von Alkali wasserlöslich. Auch in wasserhaltigem Alkohol oder Methanol sind die Saponine löslich, nicht aber in organischen wasserfreien Lösungsmitteln. Es sind daher nur wenige Saponine bisher rein dargestellt, wie Digitonin, Aescin u. a.

Was die chemische Konstitution der Saponine anbetrifft, so hat man auf Grund von Arbeiten von O. DIELS zwei Gruppen zu unterscheiden gelernt,

---

[1] Vgl. WIELAND: Die Chemie der Gallensäuren (NOBEL-Vortrag 1928) in Ztschr. angew. Chem. **42**, 421 (1929). [2] Vgl. HUETER: Kunststoffe **13**, 13—15 (1923).

[3] Vgl. NEUMEISTER: Lehrbuch der physiologischen Chemie, 2. Aufl., S. 221. 1897.

[4] SANDER zitiert in Seifensieder-Ztg. **64**, 980 (1937) Stellen aus einem Buch ROCHEFORTS, Historische Beschreibung der Antillen-Inseln, Übersetzung Frankfurt 1668, denen zufolge der Gebrauch von Fruchtfleisch und Wurzeln des Seifenbaumes als Waschmittel bei den Eingeborenen bekannt war.

[5] GMELIN: Handbuch der theoretischen Chemie 1819.

[6] ROSENTHALER: Pharmaz. Zentralhalle **72**, 417 (1931).

von denen die eine Derivate des hydrierten Cyclopentenophenanthrens umfaßt, die in dem Aufbau ihres hochmolekularen Restes eine gewisse Ähnlichkeit mit dem Skelett der Gallensäuren und vieler Sterine zeigen, während die Vertreter der zweiten Gruppe bei der Selendehydrierung „Sapotalin", das 1,2,7-Trimethylnaphthalin ergeben[1]. Als zuckerartige Konstitutionselemente sind sowohl Hexosen, vor allem Glykose, aber auch Pentosen, wie Arabinose, ferner die Methylpentose Rhamnose sowie auch Glukuronsäure und Galakturonsäure festgestellt worden.

Im Gegensatz zu den Seifen verhalten sich die Saponine weit mehr wie Nichtelektrolyte bzw. schwache Elektrolyte. SPRING[2] beobachtete bei Lösungen des handelsüblichen Saponins nur eine geringe Leitfähigkeit. Im Kataphoreseversuch erweisen sich jedoch die Saponinmizellen als negativ geladen. Die Lösung der meisten Saponine in Wasser ist ausgesprochen kolloidal, ihr Dialysiervermögen durch Membranen ist daher nur gering. Die Lösungen sind überaus kapillaraktiv. In noch höherem Ausmaß als bei Seifenlösungen tritt bei Saponinlösungen eine Adsorption an Grenz- und Oberflächenschichten ein. Die Konzentrationserhöhung des Schaumes gegenüber der Restlösung ist daher wesentlich größer als bei fettsauren Alkalien[3]. Der Saponinschaum ist weniger elastisch als Seifenschaum. Saugt man aus einer Blase, die man an einer Pfeife aufgeblasen hat, die Luft rasch heraus, so sinkt die Saponinblase zu einem faltigen Sack zusammen, der bei erneutem Blasen wieder zu einer glatten Kugel wird. Die Seifenblase zeigt demgegenüber eine elastische Spannung, die Blase verkleinert sich, ohne die Kugelgestalt zu verlieren, von selbst, indem sie die Luft unter meßbarem Druck aus dem Pfeifenrohr austreibt[4]. Bei zahlreichen Saponinen, insbesondere dem Digitonin, ist endlich eine dem Komplexbildungsvermögen der Gallensäuren entsprechende Neigung zur Bildung von Additionsverbindungen mit Sterinen und zahlreichen verschiedenartig konstituierten Produkten beobachtet worden.

Trotzdem das seifenartige Verhalten der Saponine wohl niemals ernsthaft bestritten wurde, ist gegenwärtig die Bedeutung dieser Stoffgruppe als Seifenersatz im weiteren Sinne des Wortes nicht überragend groß. In geringerem Umfange werden zumeist aus Drogen, wie Panamarinde, Seifenwurzel oder der Roßkastanie, gewonnene Produkte als mildes, nicht alkalisch reagierendes Reinigungsmittel für Woll- und Seidentuche noch benutzt. In früheren Zeiten spielten Saponine auch als Zusatz beim Färben und Imprägnieren eine Rolle. Die zur Feuerbekämpfung üblichen Schaumlöschpulver enthalten als Schaummittel häufig Saponin. Auch kosmetische Mittel, wie schäumende Haarwässer, in Amerika auch Rasiermittel, enthalten mitunter als wirksamen Bestandteil Saponine. In der Pharmazie dienen sie ferner als Emulgens beispielsweise für Lebertran, Ricinusöl, ferner Teerpräparate u. dgl.

Als Waschmittel für die Weißwäsche sind die Saponine nicht sonderlich geeignet, wie Vergleichswäschen von BERGELL im SCHIEWE-STIEPELschen Waschtestapparat erwiesen[5]. Auch die früher mitunter geübte Zusetzung von Saponin zu Seifenpulvern als Mittel zur Erhöhung der Schaumkraft muß als zwecklos bezeichnet werden, da die Schaumkraft und die Kapillarwirkung der Seife durch diesen Zusatz merkwürdigerweise zumeist stark beeinträchtigt wird[6].

Die Saponine verdanken ihre Wirksamkeit ihrer polaren Konstitution; sie

---

1 Einzelheiten zur Konstitution der Saponine brachte ein ausführlicher Aufsatz von TSCHESCHE: Angew. Chem. **48**, 569ff. (1935).
2 Bull. Soc. chim. Belg. **24**, 446 (1910).
3 ZAWIDSKY: Ztschr. physikal. Chem. **42**, 613 (1903).
4 BOYS: Seifenblasen, übersetzt von G. MEYER, Leipzig 1913, S. 82/83.
5 Seifensieder-Ztg. 51, 647 (1924).
6 TJUTJUNNIKOW, KASSJANOWA u. GWIRZMANN, vgl. S. 141, Fußnote 5.

enthalten einen hochmolekularen Kohlenwasserstoffrest und einen die Wasserlöslichkeit verursachenden, Hydroxylgruppen enthaltenden Zuckerrest. Wegen ihres kolloiden Lösungszustandes ist aber auch mehrfach anders konstituierten Kolloidsubstanzen eine seifenartige Wirkung zugesprochen worden, die diese Produkte zwar nicht zur völligen Ersetzung der Seife befähigen, wohl aber eine weitestgehende Streckung der Seife unter gleichzeitiger Verbesserung ihrer Wirkung ermöglichen sollte. Solche Mittel sind angeblich Blutalbumin[1], aufgeschlossene Mucine[2], Keratin[3], Weizenkleber[4] sowie Leim und aus Leim hergestellte Abbauprodukte[5]. Im Handel befanden sich ferner die sogenannten *Haasschen Waschkolloide*[6], ferner die *Polysaccharidschleime* der Polydynwerke Prag, die bereits bei 4—6%igem Zusatz der Seife ein „enormes Reinigungsvermögen verleihen" sollten[7]. Auf diese und ähnliche, ohne jede Bedeutung gebliebenen Mittel näher einzugehen, dürfte sich erübrigen. Festgestellt sei aber, daß die Zusetzung von Eiweißstoffen, Buttermilch, Casein u. dgl. zu Toiletteseifen ganz andere Zwecke verfolgt und ebenso wie die Zusetzung von Überfettungsmitteln zu Toiletteseifen[8] durchaus als zweckmäßig bezeichnet werden kann. Derartige Mittel beeinflussen den Schaum, indem sie diesem eine größere Fülle verleihen. Diese Wirkung ist aber nur bei höher konzentrierten Seifenlösungen, wie sie sich bei der Handwäsche bilden, festzustellen, nicht aber bei den verdünnteren Lösungen, die bei der Weißwäsche im Textilveredlungsgewerbe usw. zur Verwendung gelangen.

Ein wirksames Reinigungsmittel, das auf Grund der chemischen Konstitution seiner wirksamen Bestandteile hier kurz angeführt werden soll, ist schließlich ein unter der Bezeichnung „*Burnus*" (Röhm und Haas, Darmstadt) seit vielen Jahren im Handel befindliches Präparat, das eiweißspaltende und fettemulgierende tierische Fermente enthält[9]. Es hat sich anscheinend bei der Vorwäsche von stark mit Blut, Eiter oder Eiweiß verschmutzten Wäschestücken bewährt. Die Eiweiß und Fett lösende Wirkung beruht dabei auf Vorgängen, die der tierischen Verdauung völlig entsprechen. Seifenähnliche Eigenschaften weist also das Produkt nicht auf; es handelt sich mehr um ein die Seifenwirkung ergänzendes Mittel als um ein Seifenersatzmittel.

d) Alkalisalze von Sulfonsäuren, Netzmittel vom Typus der Nekale.

Der Gruppe der Sulfonsäuren und Schwefelsäureester gehört die Mehrzahl der modernen seifenartigen Mittel an; soweit diese aus Fetten oder fettähnlichen Ausgangsmaterialien hergestellt werden, sollen dieselben aber in einem späteren Kapitel gemeinsam mit anderen synthetisch aus Fetten hergestellten Mitteln eingehender beschrieben werden. Gegenüber diesen neueren Mitteln sind die älteren aus Nichtfetten erhältlichen Sulfonate nur von geringer Wirkung, wie die durch Sulfurierung der Solventnaphtha[10] oder des Benzylanilins[11] hergestellten Produkte, ferner bestimmte als Gerbmittel wirksamen aromatischen Sulfonsäuren (*Neradole*)[12] und die Ligninsulfosäure, die in Zellstoffablaugen enthalten ist. Bereits die rohe *Zellstoffablauge* soll nach D. R. P. 313840 in Mischung mit Alkalien und Endlaugen der Kaliindustrie ein fettloses Waschmittel ergeben. Neuerdings wird ein gereinigtes ligninsulfosaures Natrium wieder als Seifenzusatz

[1] D. R. P. 265538. [2] D. R. P. 393568. [3] D. R. P. 349325. [4] D. R. P. 248958.
[5] A. P. 1523074. [6] Seifensieder-Ztg. **52**, 69, 599 (1925).
[7] Vgl. Seifensieder-Ztg. **54**, 646 (1927), und die dort angeführte weitere Literatur; ferner ebenda **55**, 165ff., 198, 222, 231 (1928).
[8] Vgl. D. R. P. 112456, 122354, 134933, 193562; ferner SCHAAL: Die moderne Toilettenseifenfabrikation, 2. Aufl., S. 180ff. 1926.
[9] D. R. P. 264785. [10] D. R. P. 312087. [11] D. R. P. 381108. [12] D. R. P. 304024.

unter der Bezeichnung *Zewapulver* empfohlen[1]. Älter ist die Verwendung des ligninsulfosauren Salzes in der Textilindustrie. Hier dient es unter der Bezeichnung *Dekol* (I. G. Farbenindustrie A. G.) als Egalisierungsmittel und als Mittel zur Verhinderung des Zusammenballens von Kalksalzen und Seifen in Auskoch- und Färbebädern und der hierdurch verursachten Fleckenbildung auf dem Fasergut[2]. Auch die sulfonsauren Salze des Naphthalins haben die Eigenschaft, auf zahlreiche schwer lösliche Substanzen lösend und zerteilend einzuwirken (Hydrotropie)[3] und sollen daher die Wirkung der Seifen unterstützen bzw. ergänzen[4]. Die Sulfonsäuren des Tetrahydronaphthalins haben jedoch als Seifenzusatzmittel stärkere Beachtung gefunden, da ihre Löslichkeit in wäßrigen Seifenflotten höher ist. Die unter der Bezeichnung *Majamin* (Deutsche Hydrierwerke A. G., Rodleben) in den Handel gebrachten Sulfonate des Tetrahydronaphthalins werden nicht nur Pulverseifen, sondern auch Lösungsmittelseifen und ähnlichen Seifenpräparaten zugesetzt[5]. NORRIS, FALKNER und PRICE[6] haben derartige ringförmige aromatische Radikale enthaltende Sulfonsäuresalze auf ihren Lösungszustand hin untersucht. Jedoch sind die Sulfonate des Naphthalins den Befunden dieser Forscher zufolge in erster Linie molekulardispers gelöst und enthalten weit weniger kolloid gelöste Anteile als eine Seife von angenähert gleichem Molekulargewicht, das Kaliumdecoat. Die β-Naphthalinsulfosäure enthält aber etwas größere Mengen kolloid gelöster Anteile als das α-Isomere. Anthrachinonsulfosäure ist nur wenig stärker aggregiert als die Sulfonate des Naphthalins. Es ist also sehr wohl verständlich, daß diese Sulfonsäuren durchweg nur andeutungsweise wirkliche Seifenwirkungen zu ergeben vermögen, denn sie sind nicht wie die Seifen ausgesprochene Kolloidelektrolyte, sondern vorwiegend kristalloid gelöste einfache Elektrolyte.

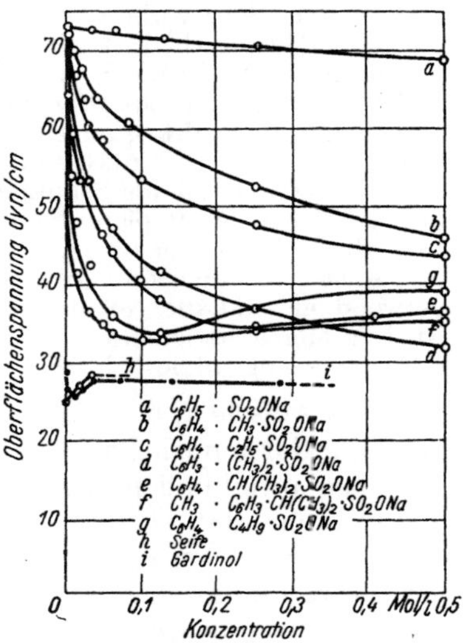

Abb. 167. Oberflächenspannung der Lösungen von Natriumsalzen aromatischer Sulfonsäuren bei 18° in Abhängigkeit von der Äquivalentkonzentration. Nach NEVILLE und JEANSON.

Im Gegensatz zu den vorbesprochenen aromatischen Sulfonsäuren kommt jedoch einer besonderen Gruppe dieser Klasse große technische Bedeutung zu, nämlich den durch höhermolekulare Alkyle oder Benzylreste im Kern substituierten Sulfonsäuren, namentlich des Naphthalins[7]. Durch den Eintritt von Alkylresten bereits mittleren Molekulargewichts in den Kern erhalten die aromatischen Sulfonsäuren in erstaunlich hohem Ausmaße kapillaraktive Wirkungen, welche von NEVILLE und JEANSON[8] auch an Sulfonaten von Benzolhomologen nachgewiesen werden konnten. Das benzolsulfonsaure Natrium ergibt (s. Diagramm a!) keine wesentliche Wirkung. Mit höher werdendem Molekulargewicht steigt aber die Wirkung rapid und erreicht beim cymolsulfosaurem Natrium Werte, die sich den bei Seifen festgestellten nähern. Die technisch verwendeten

[1] Seifensieder-Ztg. **64**, 337 (1937); vgl. auch S. 245.
[2] D. R. P. 313840; Seifensieder-Ztg. **42**, 431 (1915).
[3] Vgl. NEUBERG: Biochem. Ztschr. **76**, 108 (1916); Seifensieder-Ztg. **50**, 209ff., 223ff. (1923).
[4] D. R. P. 332649.
[5] D. R. P. 317293. — SCHRAUTH: Seifensieder-Ztg. **50**, 97, 200, 209, 223 (1923).
[6] Journ. chem. Soc. London **121**, 2161—2168 (1922).
[7] D. R. P. 336558, 438061.
[8] Journ. physical Chem. **37**, 1000 (1933).

Isopropyl-, Benzyl- und Isobutyl-Gruppen enthaltenden Naphthalinsulfonate, welche unter der Bezeichnung *Nekal* und *Leonil* (I. G. Farbenindustrie A. G.) in der Vergangenheit ferner als *Betan* (I. D. Riedel A. G., Werk Rodleben) oder *Oranitpulver* (Oranienburger Chem. Fabrik, Oranienburg) Textilhilfsmittel von überragender Bedeutung darstellen, sind aber noch wesentlich kapillaraktiver und übertreffen auch die Wirkung der Seife sowie der früheren Türkischrotöle, namentlich bei Anwendung in kalten Flotten, um ein Erhebliches. Die überraschend hohe Wirkung dieser Produkte ist nach BERTSCH[1] weniger durch die Eigenwirkung der den Hauptbestandteil dieser Produkte ausmachenden Sulfonsäuresalze bedingt; die aus den technischen Mitteln isolierten Reinsulfonate sind vielmehr verhältnismäßig wirkungsschwach, so daß an der hohen Wirkung des Gesamtproduktes ein geringer Gehalt an für sich unlöslichen Beimengungen in wesentlichem Ausmaße beteiligt ist[2].

Die *Nekale* (Herstellung, vgl. Bd. II, S. 380—382) sind Textilhilfsmittel von recht universeller Anwendbarkeit. Sie werden (Nekal BX) Spinnschmälzen zugesetzt, um eine gleichmäßigere Durchschmelzung zu erzielen. Ihr Zusatz gestaltet den Beuch- und Abkochprozeß energischer; der Bleichvorgang mit Hypochlorit wird durch den Nekalzusatz abgekürzt. Nekal enthaltende Schlichten besitzen ein hohes Durchdringungsvermögen. Als Netzmittel Farbflotten zugesetzt, macht es bei der Stranggarnfärberei Abkochen und Vornetzen entbehrlich und wirkt egalisierend bei der Färberei von Mischwaren. Sehr verbreitet war ferner die Verwendung von Nekal in der Naphthol-AS- und Küpenfärberei sowie beim Drucken. Wichtig ist ferner die Anwendung von Nekal (*Nekal S*, *Leonil S*, *Leonil SB*) als Zusatz zu den stark sauren Behandlungsbädern bei der Carbonisation und der Säurewalke (Hutfabrikation), in welchen die älteren Mittel durchweg ungenügend beständig waren[3]. Zum Emulgieren von Fetten, Olein, auch Paraffin wird, wie in Bd. II, S. 436, angegeben, *Nekal AEM*, eine Mischung aus Nekal mit Leim, als Schutzkolloid empfohlen. Außerhalb der Textilindustrie sind die Nekale in der Papierindustrie als Zusatz zu Wachsemulsionen bekannt (Glanzpapierherstellung); eine auch gegenwärtig noch wichtige Anwendung ist das Annetzen und Ansteigen von schwer benetzbaren Farben und Farbpigmenten (*Nekal A*). Nicht verwendbar sind die Nekale als Zusatz zu Farbflotten mit basischen Farbstoffen. Auch in Merzerisationsflotten würden sie ebenso wie Seifen und die meisten Türkischrotöle ungenügend löslich sein.

Das Aufsehen, das die Mittel vom Nekal-Typus seinerzeit erregten, ist also nicht nur durch die hohe netzende und durchdringende Wirkung bedingt, die diese fettfreien Mittel in den Textilbehandlungsflotten entfalteten, sondern auch durch die Tatsache, daß sie in zahlreichen Fällen bedenkenlos verwendbar waren, in denen die Seife wegen ihrer Zersetzlichkeit bereits durch schwache Säuren bzw. durch ihre Empfindlichkeit gegenüber Härtebildnern des Wassers, Schwermetallsalzen u. dgl. überhaupt nicht in Frage kam, während Türkischrotöl sich den Nekalen auch in dieser Richtung als unterlegen erwies. Für Wasch- und Reinigungszwecke sind die Nekale jedoch nicht bedeutungsvoll geworden, wenigstens wenn man von Entfettungs- und Entfleckungsmitteln, die Nekal und Fettlösungsmittel enthalten, absieht. Diese wurden allerdings mehrfach vorgeschlagen und weisen neben starker Netzwirkung eine ausgesprochene Entfettungswirkung auf[4]. Mittel dieser Art sind beispielsweise *Hydraphthal* und *Neomerpin* (Chem. Fabrik Pott & Co., Pirna-Copitz), ferner einige *Laventin*-Marken (I. G. Farben-

[1] Melliands Textilber. **11**, 779ff. (1930).

[2] Bei exakten Messungen der Oberflächenspannung von Lösungen seifenartiger Substanzen ergeben sich häufig erhebliche Differenzen auch infolge der Wirkung eines Elektrolytgehaltes, ferner durch Verunreinigungen, so daß durchweg die Oberflächenspannungs-Konzentrationskurve der technischen Präparate gegenüber der des Hauptbestandteiles verzerrt erscheint. Diese Verunreinigungen wirken zumeist erhöhend auf die Kapillarität.

[3] Vgl. Melliands Textilber. **11**, 610 (1930); **9**, 759 (1928); **10**, 196 (1929).

[4] Vgl. D. R. P. 474658.

industrie A. G.). Gegenüber der Seife und den meisten auf Fettbasis hergestellten neueren Mitteln sowie dem Türkischrotöl, welche eine ausgesprochene Affinität zur Faser aufweisen, ziehen die Nekale auch bei Anwendung höherer Konzentration nicht auf die Faser auf. Sie wirken also nicht fettend oder „avivierend" und verleihen der Ware leicht einen trockenen, strohigen Griff und gefärbter Ware mitunter ein stumpfes Aussehen, so daß also in zahlreichen Fällen durch Nachbehandlung mit weichmachenden Fettderivaten, etwa Türkischrotöl, der Ware ein verbesserter Griff und Glanz in einem besonderen Arbeitsgang erteilt werden muß.

Aus diesem Grunde sind bei zahlreichen Arbeitsgängen die Mittel vom Nekaltypus gegenwärtig durch andere aus Fetten bzw. Fettprodukten gewonnene synthetische Produkte verdrängt worden. In anderen Fällen, wie etwa bei der Carbonisation, sind auch heute noch die Nekal-Marken üblich. Die Bedeutung der Nekale für die Entwicklung des gesamten Gebietes der seifenartig wirkenden Textilhilfsmittel ist aber nicht nur dadurch begründet, daß sie zum ersten Mal als gleichberechtigte, ja häufig als überlegene neuartige Mittel an die Seite der bis dahin lange Zeit allein bekannten Universalmittel, nämlich die Seife und das Türkischrotöl, treten konnten, die Nekale leiten vielmehr eine neue Epoche in der Entwicklung der Technologie des Gesamtgebietes ein. Ihre vernichtende Konkurrenz zwang die Hersteller von Türkischrotöl und Textilseifen, alte ausgetretene Bahnen zu verlassen und auf Grund wissenschaftlicher Durchforschung der Materie neue Wege zu suchen, die dann zu den in einem späteren Kapitel zu beschreibenden seifenartigen Stoffen auf Fettgrundlage führen. Auch die Wissenschaft wurde dazu angeregt, sich mit einem lange Zeit brachgelegenen Gebiete intensiver zu beschäftigen, so daß gegenwärtig nicht mehr Verseifung, Fettspaltung und Fettsulfonierung neben analytischen Operationen die einzigen Maßnahmen des Fettchemikers sind, sondern sämtliche bei der Farbstoff- und Heilmittelsynthese bekannten Methoden auch auf das Fettgebiet übertragen werden, und die Seifen und ihre Lösungen, einst von NERNST als „inhomogenes, chemisch undefinierbares Material" bezeichnet[1], gegenwärtig wohl die am weitestgehenden durchforschten kolloiden Systeme darstellen.

e) Fettfreie Netz- und Durchdringungsmittel für Merzerisationslaugen.

Die Merzerisation ist anscheinend die erste Veredlungsoperation in der Textilindustrie, bei welcher eine besonders rasche und gleichmäßige Durchnetzung und Durchdringung der Ware durch die verwendeten konzentrierteren Natronlaugen von etwa 25—35° Bé als wesentliche Voraussetzung für eine gleichmäßige Glanzbildung auf der Baumwollfaser, also das Gelingen der Operation erkannt wurde. Bereits das grundlegende Patent MERCERS[2] betonte dies Erfordernis, aber bis in neuere Zeiten hinein konnte die erforderliche leichte Durchnetzbarkeit lediglich durch eine sorgfältige vorherige Abkochung der Ware, der sich gegebenenfalls eine Behandlung in einem Vornetzbad anschloß, mit genügender Sicherheit erzielt werden; denn weder die Seifen noch die früheren Türkischrotölmarken sind in derart konzentrierten Laugen genügend löslich bzw. in diesen Lösungen genügend beständig. Verhältnismäßig sehr spät gelang es, Fettsulfonate darzustellen (vgl. die späteren Ausführungen über rotölartige Fettsulfonate), deren Beständigkeit und Löslichkeit gegenüber derart konzentrierten Laugen genügend hoch war, so daß auch nichtabgekochte Baumwollwaren direkt mit befriedigendem Erfolg merzerisiert werden konnten und vorbereitende Maßnahmen nur für Waren höchster Qualität noch üblich blieben.

Will man die überraschend hohe Wirkung der nachfolgend beschriebenen recht einfachen Netzmittel für Merzerisierbäder verstehen (vgl. auch Band II, S. 424 und 425), so muß man berücksichtigen, daß in Elektrolytlösungen derart hoher Konzentration, wie sie in den Merzerisationslaugen vorliegen, der Lösungs-

[1] Vgl. NERNST: Theoretische Chemie. 1. Aufl. Stuttgart. 1893, S. 333ff.
[2] E. P. 13296 (1850).

zustand löslicher organischer Zusätze ein ganz anderer ist als in rein wäßriger Flotte oder in den für andere Zwecke vorgeschriebenen Flotten, die durchweg nur geringe Mengen von Alkalien, Säuren oder Salzen gelöst enthalten. Die hohe Elektrolytkonzentration wirkt zumeist vermindernd auf die Löslichkeit der Zusätze, und diese Verminderung des Lösevermögens wirkt erhöhend auf die Aggregation und das Adsorptionsbestreben der Zusatzstoffe an Grenzflächen, welches ja für das Zustandekommen jeder kapillaraktiven Wirkung vorbedingend ist. In diesem Zusammenhang sei auf exakte Untersuchungen von WORLEY sowie von BERCZELLER hingewiesen. Der erstere zeigte, daß wäßrige Lösungen von Anilin, denen er steigende Kochsalzmengen zusetzte, eine Verringerung ihrer Oberflächenspannung aufwiesen, und zwar sank die Oberflächenspannung bei sukzessiver Erhöhung der Kochsalzkonzentration[1]. BERCZELLER beobachtete das gleiche Verhalten bei Lösungen von Phenol, Thymol, Naphthol u. a., denen er Elektrolyte wie Kalium-, Natrium- oder Ammoniaksalze zufügte[2].

Es ist daher sehr wohl möglich, daß bereits die in der älteren Patentliteratur[3] vorgeschlagenen Mittel, wie Spiritus, Phenole u. a. m., eine gewisse, das Netzvermögen der Merzerisationslaugen erhöhende Wirkung zu entfalten vermögen. Die modernen Mittel enthalten jedoch stets mehrere Stoffe, und zwar stets ein in konzentrierter Natronlauge lösliches Produkt, wie Phenole od. dgl. und außerdem in geringerer Menge eine an sich in Laugen unlösliche und erst bei Gegenwart des Phenols in Laugen löslich werdende Substanz. Der relativ geringfügige Zusatz dieser an sich unlöslichen Substanz bewirkt erst eine außerordentliche Steigerung der Durchringungsgeschwindigkeit. Da die Wirkung der Natronlauge beim Merzerisieren mit einem Zusammenziehen und Schrumpfen der Fäden parallel verläuft, läßt sich der Einfluß der Netzmittelzugabe leicht durch Messung des Schrumpfungsverlaufes verfolgen. Nebenstehende Abb. 168 zeigt, daß die Lauge nach Zusatz des Netzmittels eine erhebliche Wirkungsbeschleunigung erfährt. So wurde das älteste derartige Mittel durch Mischung von Kresol (90 Teile und darüber) mit dem als wirksames Seifenzusatzmittel bereits anderweitig vorgeschlagenen Methylhexalin (Deutsche Hydrierwerke, Rodleben) bzw. mit Methylhexalin enthaltenden Hydrierungsprodukten des Naphthalins (10 Teile und weniger) hergestellt[4]. Unter der Bezeichnung *Merzerol* (Chem. Fabrik Sandoz, Basel) hat sich diese Mischung überraschend schnell eingeführt, da bereits ein etwa 1%iger Zusatz derselben zu der Merzerisationslauge die Einwirkungsgeschwindigkeit auf ein Vielfaches erhöhte und mit Sicherheit eine gleichmäßige Merzerisation ergab. Wie Methylhexalin wirken auch andere in Mischung mit Kresol löslich werdende Zusätze, wie höhere Alkohole der aliphatischen Reihe, Derivate des Glycerins u. a. m. Als „Löslichkeitsvermittler" für diese Stoffe sind außer Phenolen, Kresolen und Xylenolen auch Schwefelsäureester von Alkoholen mittleren Molekulargewichts wie Amylalkohol[5], sowie Sulfonate von Glykoläthern, Glycerinäthern usw. vorgeschlagen worden[6]. Mittel dieser Art sind daher recht verschiedenartig zusammengesetzt. Zu den bekannteren Präparaten gehören, wie in Band II angegeben, das kresolhaltige *Floranit* und die Sulfonate von aliphatischen Alkoholen mittleren Molekulargewichts neben unsulfonierten, an sich in der Lauge unlöslichen Alkoholen, neuerdings auch butoxyessigsaures Natrium enthaltenden *Leophene*.

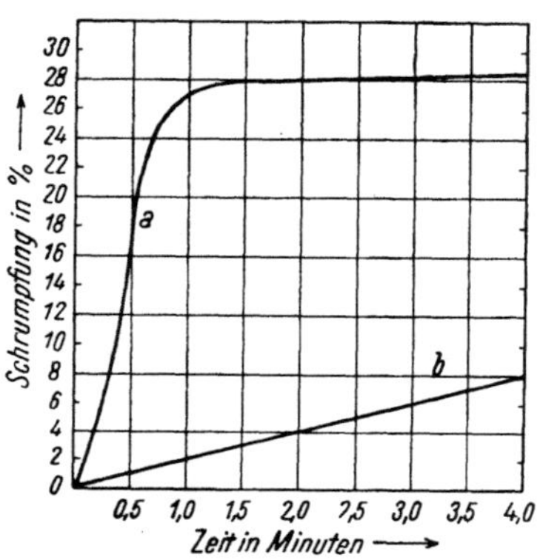

Abb. 168. Schrumpfungskurve von Makoperlgarn, ungebleicht 9/2 in Lauge von 30° Bé. *a* Nach Zusatz von 1% Merzerisationsnetzmittel, *b* ohne Zusatz.

---

1 Journ. chem. Soc. London **105**, 263—264 (1914).
2 Biochem. Zeitschr. **66**, 173 (1914).
3 A. P. 1346802, 1346803; E. P. 202067, 306913, 252360; F. P. 469242; D. R. P. 430085, 512638.
4 D. R. P. 591923.
5 F. P. 713664.
6 F. P. 714029; 715756; 722026 u. a. m.

III. Seifenartig wirkende Mittel auf Fettbasis.

Von R. HUETER, Dessau-Rosslau.

a) Allgemeines.

Das in voranstehendem Abschnitt zusammengefaßte Tatsachenmaterial zum Problem des Seifenersatzes durch fettfreie Substanzen läßt deutlich zwei Richtungen erkennen, welche die Bestrebungen früherer Bearbeiter beherrschten. In überwiegendem Ausmaße waren diese bemüht, die Seife durch billigere Mittel zu ersetzen, bzw. durch Mittel, deren Erstellung unabhängig von Konjunktureinflüssen des internationalen Fettmarktes und den die Fetteinfuhrmöglichkeit beschränkenden politischen Verhältnissen sein sollten. Die Nekale und die Merzerisationsnetzmittel ließen aber deutlich erkennen, daß innerhalb bestimmter Anwendungsgebiete und in bezug auf bestimmte Zwecke gewisse Mittel Vorzüge vor den Seifen aufweisen können, und die wirtschaftlichen Erfolge dieser neuen Mittel ließen das Ziel der Verbilligung der Seife zurücktreten gegenüber dem Bestreben, Mittel von höherer Qualität und Eignung aufzufinden, welche ferner auch bei solchen Arbeitsgängen anwendbar sind, bei welchen die Seifen versagen. Da bestimmte wichtige Effekte nur durch auf Fettbasis gewonnene Mittel erzielbar erschienen, wandte man sich wieder den Fetten als Ausgangsmaterial zu. Erst in neuester Zeit macht sich in Deutschland, aber auch in Amerika und Holland das Bestreben geltend, auf Grund der mit synthetischen Seifenersatzstoffen auf Fettbasis gewonnenen Erfahrungen den Fettprodukten in ihrem Verhalten ähnliche Mittel ohne Zuhilfenahme von Fetten synthetisch zu erhalten. Diese noch im Anfangsstadium ihrer Entwicklung befindlichen Produkte, die also eigentlich den fettfreien Mitteln zuzuzählen wären, sollen späterhin im Anschluß an die Seifenersatzmittel auf Fettbasis in einem besonderen Abschnitt besprochen werden.

Die neuen synthetischen Seifenersatzmittel auf Fettbasis sind, soweit sie sich in die Praxis einführen konnten, in mehrfacher Richtung den Seifen überlegen und lassen durchweg bestimmte mit der Seifenanwendung verbundene Mängel vermeiden, mit denen man früherhin sich abfinden mußte und die in zahlreichen Arbeitsgängen, in denen an sich ein Seifenmittel erwünscht erschien, die Anwendung der Seife unmöglich machten.

Die Anwendung der Seifen, also der fettsauren Alkalien, ist zunächst auf alkalisch reagierende Bäder beschränkt. Sie reagieren bereits an sich infolge ihrer hydrolytischen Dissoziation[1] alkalisch, und zwar entspricht die Reaktion der bei Textilveredlungsprozessen zumeist verwendeten 0,25%igen (auf Fettsäure berechnet) Seifenflotten einem p_H-Wert von 9,5—9,6[2]. Erteilt man der Flotte durch entsprechende Zusätze eine mehr im neutralen bzw. sauren Gebiete liegende Reaktion, die also kleineren p_H-Werten entspricht, so tritt augenblicklich eine Zersetzung der Seife unter Fettsäureabscheidung auf: die fettsauren Alkalien sind also in höchstem Grade „säureunbeständig" und können nur im alkalischen Bade ihre Wirkung entfalten.

Bereits in einem früheren Abschnitte[3] wurde darauf hingewiesen, daß an sich die alkalische Reaktion der Flotten für den Vorgang der Schmutzablösung vorteilhaft ist, so daß also beispielsweise bei der Wäsche von pflanzlichem Fasermaterial auch bei Anwendung neutraler synthetischer Waschmittel zweckmäßig unter Zusatz von alkalisch reagierenden Elektrolytsalzen gearbeitet wird. Fasern tierischen Ursprungs quellen jedoch unter dem Einfluß der Alkaliwirkung.

[1] Vgl. S. 85.

[2] Vgl. BLEYBERG u. LETTNER: Chem. Umschau Fette, Öle, Wachse, Harze 39, 241 bis 272 (1932).

[3] Vgl. S. 533.

Nach MEUNIER und REY erleidet Wolle bei einer Wasserstoffionenkonzentration, welche dem p_H 4—5 entspricht, die geringste Einwirkung[1], während in stärker saurem oder im alkalischen Gebiete Quellungs- und Schrumpfungserscheinungen eintreten, die unter Umständen zu Verfilzungen und zum Eingehen der Gewebe führen, so daß also zum Waschen von Trikotagen, Kleidern und Vorhangstoffen sowie lockerer offener Gewebe, deren Gewebebild unverändert erhalten bleiben soll, nicht alkalisch reagierende Waschmittel erwünscht erscheinen. In ausgesprochenstem Ausmaß neigt ferner die Naturseide zur Bildung von Alkalischäden. Ebenso wird das menschliche Haar durch Alkalieinwirkung spröde, verliert also seine natürliche Elastizität und seinen Glanz, und auch für kosmetische und therapeutische Zwecke, bei Seifensalben, Seifen enthaltenden Medikamenten u. dgl.[2], ist die alkalische Reaktion der einfachen Seifen häufig unerwünscht. Die synthetischen Seifenmittel auf Fettbasis sind im Gegensatz zu den fettsauren Alkalien fast durchweg „säurebeständig", und sowohl im alkalischen wie neutralen, als auch im sauren Medium anwendbar.

Recht unangenehm wurde ferner bereits in früheren Zeiten die „Härteempfindlichkeit" der gewöhnlichen Seife empfunden. Die fettsauren Alkalien setzen sich bekanntlich mit den Härtebildnern des Wassers, also den im Grund- und Flußwasser enthaltenen Kalk- und Magnesiasalzen, aber auch mit Eisen- und Mangansalzen sowie mit den in Behältern und Leitungen sekundär in das Betriebswasser gelangenden Schwermetallsalzen zu unwirksamen, in Wasser unlöslichen Metallseifen um. Hierdurch ist bei Anwendung harten Wassers ein bereits bei der Weißwäsche ohne weiteres bemerkbarer Mehrverbrauch an Seife bedingt. Es läßt sich leicht errechnen, daß 1 m^3 Wasser von 10^0 deutscher Härte (1^0 DH. entspricht einem Gehalt von 10 g CaO im Kubikmeter) 1,5 kg der handelsüblichen Kernseife in unlöslichen, unwirksamen fettsauren Kalk zu überführen vermag, was einem sehr erheblichen Teil der den Waschflotten zumeist zugesetzten Seifenmenge entspricht.

Es ist aber weniger die wirtschaftliche Einbuße, welche das Interesse der Textilfachkreise immer wieder auf das Problem der Kalkseife lenkte, denn in gewerblichen Betrieben lassen sich durch Enthärtung und Reinigung des Gebrauchswassers die Verluste durch Kalk- und Magnesiaseife auf ein erträgliches Maß herabsetzen. Weit schwerer wiegen die Qualitätseinbußen, die die Faserstoffe durch Beladen mit Kalkseifen oder Magnesiaseifen erleiden, und diese wurden auch dann noch immer wieder beobachtet, wenn Seife stets nur in enthärtetem Wasser zur Verwendung gelangte und nur zum Spülen nicht enthärtetes Wasser benutzt wurde, weil die gewaltigen, zum Spülen erforderlichen Wassermengen aus wirtschaftlichen Gründen nicht in gleicher Weise wie das Flottenwasser der Seifenbäder einer Vorbehandlung in der Enthärtungsanlage unterzogen werden konnten. Es ist das Verdienst von ULLMANN[3], die Fachkreise eindringlich darauf hingewiesen zu haben, daß die meisten Schädigungen der Textilfasern durch Einlagerung von Kalk- und Magnesiaseifen nicht bei der Behandlung in der Seifenflotte selbst, sondern erst beim Spülprozeß eintreten. Bei Gegenwart von überschüssiger Alkaliseife im Seifenbade scheint also die dispergierte[4] Kalkseife nicht auf die Faser zu ziehen; wird im Spülwasser das Verhältnis Kalk zu Seife zugunsten des Kalkes verschoben, so verschwindet die als Schutzkolloid wirkende Alkaliseife und es ist nur noch Kalkseife zugegen, die sich namentlich in der Wärme zu einer schmierigen Masse zusammenballt, welche

[1] Journ. Amer. Leather Chemists Assoc. **11**, 508 (1927).
[2] RUEMELE: Alkalische und saure Kosmetika, Seifensieder-Ztg. **62**, 827ff. (1935).
[3] Melliands Textilber. **7**, 940, 1021 (1926).
[4] Vgl. FRISCH u. VALKÓ: Chem.-Ztg. **50**, 333 (1926).

ein hohes Anhaftungsvermögen an Faserstoffe, Cellulose u. dgl. aufweist[1]. Die hierdurch erzeugten Flecken sind häufig zunächst unsichtbar; wird die Ware aber gefärbt, so machen sich ungefärbte Reservagen („Seifenläuse"), ungleiche Ausfärbungen u. dgl. bemerkbar, welche die Ware unverkäuflich machen.

Die durch die Kalk- und Magnesiaseifenbildung bedingten Schwierigkeiten bei Textilveredlungsprozessen hat man auf verschiedensten Wegen zu beheben versucht. Der Vollständigkeit halber seien Produkte bereits hier erwähnt, die an sich keine seifenartige Wirkung auszulösen vermögen, aber mit fettsauren Kalk- und Magnesiasalzen lösliche Doppelverbindungen zu bilden vermögen, wie die bereits erwähnten Metaphosphate und Pyrophosphate, ferner gewisse Aminosäuren bzw. deren Alkalisalze, wie die Iminodiessigsäure, die Nitrilotriessigsäure („*Trilon*" *A* der I. G. Farbenindustrie A. G.), ferner *Trilon B* u. a. m.[2]. Der gewöhnlichen Seife zugemischt, steigern diese Mittel ihre Härtebeständigkeit, oder aber sie werden als Spülmittel den Nachspülbädern zugesetzt und verhindern so das Zusammenfahren der kolloid gelösten Kalkseife und das Aufziehen unter Bildung von Kalkseifenflecken und Kalkseifenreservagen. Auch die Mehrzahl der späterhin eingehender zu besprechenden synthetischen Seifenmittel weist zum großen Teil nicht nur kapillaraktive Eigenschaften u. dgl., sondern auch häufig ein gegenüber der Seife gesteigertes „Kalkseifendispergierungsvermögen" auf.

Eine radikale Behebung der durch die genannten unzulänglichen „Beständigkeitseigenschaften" der Seifen verursachten Schwierigkeiten ist aber erst durch Einführung von „beständigen" synthetischen Seifenmitteln möglich gewesen. Neben einer gesteigerten Wirkung in bezug auf spezielle Effekte, sei es der Wasch- oder Reinigungseffekt, das Netzvermögen, die weichmachende Wirkung auf die Faser od. dgl., ist die Beständigkeit in sauren oder Salze enthaltenden Bädern das wichtigste Charakteristikum der neueren synthetischen Seifenmittel auf Fettbasis.

b) Türkischrotöle und sulfonierte Fette als Seifenersatzstoffe.

Das Türkischrotöl in seiner ursprünglichen Form ist ein recht komplex zusammengesetztes Produkt[3]. Bereits CHEVREUL[4] isolierte aus dem Schwefelsäure-Einwirkungsprodukt auf Olein die „acide sulfoadipique" und FREMY[5] stellte bereits fest, daß die Schwefelsäure in zwei Richtungen auf die Triglyceride ungesättigter Fettsäuren einwirkt, daß sie verseifend wirkt und daneben einen Teil der Ölsäure in ein wasserlösliches Umwandlungsprodukt überführt. Das Rotöl aus ungesättigten Fetten, wie Olivenöl, ist also im wesentlichen nicht ein reines Schwefelsäureanlagerungsprodukt des Ölsäureglycerinesters, sondern enthält neben diesem, also dem Natriumsalz des Schwefelsäureesters der Oxystearinsäure und seiner Glycerinester, noch erhebliche Mengen freier Fettsäuren, unzersetzte Glyceride, auch Diolein und durch Neutralisation aus freier Fettsäure entstandene Seifen. Noch komplizierter ist die Zusammensetzung der aus Ricinusöl gewonnenen Rotöle, in welchen Estersäuren bzw. Polymerisationsprodukte der Ricinolsäure nachgewiesen wurden[6], aber auch hier sind in Wasser an sich unlösliche Fettsubstanzen neben Fettschwefelsäureestersalzen und Seifen der Ricinolsäure bzw. Polyricinolsäure zugegen.

---

[1] Vgl. SAUER: Chem. Umschau Fette, Öle, Wachse, Harze **36**, 129 (1929).
[2] Vgl. F. P. 811938 u. S. 67. [3] Vgl. hierzu Bd. II dieses Werkes, S. 315ff.
[4] Recherches chimiques sur des corps gras, S. 467—470 (Paris 1823).
[5] Ann. Chim. Phys. **65**, 113 (1831).
[6] Näheres vgl. HERBIG: Die Öle und Fette in der Textilindustrie, 2. Aufl., S. 253 bis 277 (1929).

Die Frage, welcher Bestandteil als Träger der Türkischrotölwirkung anzusehen ist, kann in dieser allgemeinen Form nicht beantwortet werden, da Türkischrotöl in der Textilindustrie bei zahlreichen Operationen verwendet wird, bei welchen es sich um ganz verschiedene Effekte handelt. Insbesondere bei der ältesten Verwendung in der Alizarinrotfärberei als Ölungsmittel handelt es sich weniger um eine rein physikalisch zu deutende seifenartige Wirkung, als um eine chemische Umsetzung des auf die Faser aufgebrachten Rotöles mit den in der darauffolgenden Beize enthaltenen Aluminiumsalzen sowie dem bei der nachfolgenden Fixierung auf die Faser gebrachten Calciumcarbonat, und HERBIG[1], der das Tonerdebindungsvermögen sulfonierter Öle quantitativ verfolgte, nimmt an, daß die Ölbeize mit sulfonierten Ölen eine um so intensivere Wirkung auf die zu bindenden Körper, Alizarin, Tonerde, Kalk usw., ausübt, je mehr Hydroxylgruppen im Ölmolekül enthalten sind, so daß also der Gehalt an Oxyfettsäuren und ihrer Glycerinester für die Ölpräparation bei der Alizarinfärberei von ausschlaggebender Bedeutung ist.

Dagegen scheint beim Färben mit Entwicklungsfarben vom Typus des Paranitranilinrots, des Naphthols AS usw. die Wirkung des Türkischrotölzusatzes zu den Grundierungsflotten auf seifenähnlichen Wirkungen des Türkischrotöles zu beruhen, obwohl der Ölzusatz bei dieser äußerst wichtigen Färbemethode recht auffällige Nuanceverbesserungen, auch eine Steigerung der Licht- und mitunter der Reibechtheit bewirkt, so daß auch hier bei der Entstehung des Farbstoffes in Gegenwart von Rotöl zunächst eine Lackbildung angenommen wurde[2]. Tatsächlich handelt es sich hier aber um eine rein physikalische Beeinflussung des Dispersitätsgrades des entstehenden Farbstoffpigments, bedingt durch die Gegenwart von oberflächenaktiven, im Rotöl enthaltenen seifenartigen Mitteln[3], wobei nicht entschieden werden soll, ob diese durch Schutzkolloidwirkung oder durch Beeinflussung der Farbstoffbildungsgeschwindigkeit zustande kommt[4].

Bei anderen Färbemethoden, etwa beim Färben mit substantiven Beizen- oder Schwefelfarbstoffen, ferner beim Färben mit sauren Wollfarbstoffen wirkt der Zusatz von Fettsulfonaten ebenfalls vorwiegend seifenartig, und ebenso dienen die Rotöle beim Bleichen, Schlichten usw. als rein physikalisch wirkende Netzmittel. In der Appretur und Avivage zeigen sie gleichzeitig auch fettende Wirkungen, die, wie STEINER nachweisen konnte, im wesentlichen Ausmaße durch den Gehalt des Türkischrotöles an nichtsulfonierter Fettsubstanz bedingt sind[5]. Als eigentliche Reinigungsmittel sind die Rotöle für sich dagegen weniger geeignet. Sie sind aber Bestandteile zahlreicher Spezialpräparate für Zwecke der Fleckentfernung (Detachiermittel), ferner von Mitteln zur Reinigung stark mit Öl, Fett, Pech od. dgl. verschmutzter Ware. Auch Lösungsmittel enthaltende Netzmittel auf Basis des einfachen Rotöls wurden empfohlen; eine erheblichere Bedeutung dürfte jedoch diesen älteren Mitteln zur Zeit nicht mehr zuzusprechen sein[6].

Um das Türkischrotöl den Anforderungen der verschiedenartigen Verwendungszwecke anzupassen, hat man bereits früher bei der Ricinusölsulfurierung eine niedere Sulfurierung bei Anwendung von etwa 15% Schwefelsäure (auf Fettsubstanz berechnet) und eine mittlere Sulfurierung (25% Schwefelsäure) sowie eine hohe Sulfurierung (35% Schwefelsäure) unterschieden[7]. Die Umsetzung der

[1] Lehnes Färber-Ztg. **1912**, 80. [2] Färberztg. **1898**, 41.
[3] Vgl. SAZANOFF: Melliands Textilber. **8**, 275 (1927).
[4] Vgl. SCHWALBE u. HIEMENZ: Ztschr. Farbenind. **1906**, 106.
[5] Fettchemische Umschau **42**, 201 (1935).
[6] Eine recht eingehende Besprechung dieser Präparate ist in dem Buch von ERBAN: Die Anwendung von Fettstoffen und daraus hergestellter Produkte in der Textilindustrie (Halle 1911), enthalten. [7] Lehnes Färber-Ztg. **1915**, 187.

Ricinolsäure mit Schwefelsäure verläuft jedoch nicht quantitativ, auch ist die Art und Weise der Aufarbeitung des Sulfonats, also das Auswaschen und die Neutralisation, von hohem Einfluß auf den Gehalt an Schwefelsäureestersalzen, so daß auch die nach obiger Klassifizierung als „hochsulfonierte“ Öle bezeichneten Produkte noch erheblich höhere Mengen an schwefelsäurefreien Fettprodukten als an Fettschwefelsäuresalzen enthalten. Berücksichtigt man, daß die nichtsulfonierten Bestandteile in neutraler oder alkalischer Flotte als Seifen vorliegen, so ist ohne weiteres einzusehen, daß die Beständigkeit des Rotöles gegenüber Härtebildnern des Wassers nur in geringem Ausmaße höher sein kann als die einer einfachen Ricinolsäureseife, und ebenso ist das gewöhnliche Türkischrotöl nur in sehr bescheidenem Umfange säurebeständig.

Das erste in dieser Richtung wesentlich verbesserte Fettsulfonat ist die von Stockhausen & Traiser, Crefeld, in den Handel gebrachte, erheblich höhere Beständigkeitseigenschaften aufweisende *Monopolseife*, deren Herstellung und Eigenschaften bereits an anderer Stelle dieses Werkes eingehender besprochen wurden[1]. Als Ursache der höheren Beständigkeit dieses auch gegenwärtig noch wichtigen Mittels wird im früheren Schrifttum durchweg der höhere Gehalt an polymerisierten Ricinolsäurederivaten angegeben. Insbesondere soll der Diricinolsäureschwefelsäureester, der in diesen und ähnlichen Produkten in höherem Ausmaße zugegen sein dürfte, durch besonders günstige Wirkungen ausgezeichnet sein. Unter Berücksichtigung neuerer Erfahrungen wird man jedoch auch dem Sulfurierungsgrad eine ausschlaggebende Bedeutung zubilligen müssen; denn dieser wurde von Landolt bei Monopolseife mit 39%, bei einem Gesamtfettgehalt von 71,5%, festgestellt, während im gewöhnlichen Türkischrotöl das Fett nur zu 22% in sulfurierter Form vorliegt[2]. Es ist wohl nicht verwunderlich, daß ein derartig hoher Unterschied im Gehalt an beständiger seifenartig wirkender Substanz die bereits im gewöhnlichen Rotöl nachweisbaren Eigenschaften in bedeutend erhöhtem Ausmaße in Erscheinung treten läßt. Allerdings ist die Säurebeständigkeit lediglich derart, daß Monopolseife in der Wollfärberei nur schwach sauren Bädern zugesetzt werden kann. Jedoch ist auch hier gegenüber dem Türkischrotöl ein erheblicher Fortschritt gegeben. Im übrigen kommt die Monopolseife für die gleichen Zwecke in Betracht, wie sie bereits beim gewöhnlichen Türkischrotöl angegeben wurden. Seine Verwendung in Verbindung mit Seifen (Hydrosan-Verfahren) als Kalkseifen dispergierendes Mittel ist endlich bereits in einem früheren Abschnitt dieses Werkes beschrieben worden[3]. Für Reinigungszwecke sowohl für sich als auch in Verbindung mit Soda oder Seife dient ein Kombinationsprodukt aus Monopolseife und Perchloräthylen, das *Tetrapol* (Stockhausen & Traiser). Der Monopolseife ähnliche Fettsulfonate sind das *Türkonöl* (Buch & Landauer, Berlin), *Isoseife* (Blumer, Zwickau) und das *Avirol KM* (Böhme Fettchemie G. m. b. H., Chemnitz).

Die Monopolseife ist seit 1896 bekannt. Bis etwa 1924 blieb sie das Standardprodukt, welches durch andere Fette enthaltende Mittel nicht wesentlich in bezug auf seifenartige Wirkungseffekte und Beständigkeitseigenschaften übertroffen werden konnte. Wie bereits erwähnt wurde, waren es die fettfreien Netzmittel vom Typus der *Nekale*, deren Erfolge die an der Fettsulfonierung interessierten Kreise zu neuen Anstrengungen anspornte. Die zahlreich in und nach dieser Zeit zur Veröffentlichung gelangenden Vorschläge zur Erzielung eines „hohen Sulfonierungsgrades“ bei der Fettsulfonierung sind in einem besonderen Abschnitt bereits besprochen worden[4], so daß eine lückenlose Aufzählung der nach dieser Zeit bekanntgewordenen Verfahren und Produkte sich

[1] S. Bd. II, S. 336.
[2] Melliands Textilber. 9, 760 (1928).
[3] S. Bd. II, S. 337.
[4] Vgl. Bd. II, S. 338.

erübrigt. Erwähnt möge jedoch werden, daß es gelang, Fettsulfonate fast beliebigen Sulfonierungsgrades herzustellen. Das durch besonders hohe Beständigkeitseigenschaften ausgezeichnete *Prästabitöl V* (Stockhausen, Krefeld) ist praktisch frei von unsulfonierter Fettsubstanz. *Floranit M* (Böhme Fettchemie G. m. b. H., Chemnitz) und ebenso *Prästabitöl BM* und *KG* (Stockhausen, Krefeld) wurden als auch durch hochkonzentrierte Laugen nicht aussalzbare Merzerisationsnetzmittel empfohlen. Allerdings ist es nicht bekanntgeworden, ob diese Mittel durch direkte Sulfonierung erhalten werden oder ob nicht vielmehr die Reindarstellung durch nachträgliche Entfernung des Gehaltes an unsulfoniertem Fett durch Fettlösungsmittel stattfindet[1]. Die Tatsache aber bleibt bestehen, daß es den Türkischrotölfabrikanten in relativ kurzer Zeit gelang, ihre Produkte den durch das Auftreten der *Nekal*-Marken außerordentlich gestiegenen Ansprüchen der Textilindustrie an die Qualität und besonders die Beständigkeitseigenschaften der Textilhilfsmittel restlos anzupassen. Daß aber die hochsulfonierten Fette von rotölartiger Konstitution nicht in jeder Beziehung vollwertige Seifenersatzmittel sind, wird ohne weiteres klar durch den Hinweis, daß sie in bezug auf Wasch- und Reinigungswirkung der Seife unterlegen sind, also für Waschzwecke nur ausnahmsweise bzw. in Mischung mit Seifen in Betracht kommen[2].

Gleichzeitig mit den durch die genannten Produkte näher gekennzeichneten Bestrebungen, die netzenden Eigenschaften sowie die Beständigkeitseigenschaften des Türkischrotöles zu verbessern, hat man auch vereinzelt versucht, das Türkischrotöl in bezug auf seine Eignung in der Alizarinfärberei zu verbessern. Unter der Bezeichnung „*Oxyoleate*“ (Union A. G. f. chem. Ind., Prag) wurden Produkte empfohlen, die vermutlich Hydratationsprodukte der Ölsäure oder Ricinolsäure darstellten. Durch Sulfonierung derartiger Hydratationsprodukte[3] stellte ferner die Firma Schmitz in Heerdt a. Rh. kalk- und magnesiabeständige Sulfonate her, die ähnliche Eigenschaften wie die Monopolseife aufwiesen und unter verschiedener Bezeichnung, wie *Universalöl*, *Diaminöl*, als Zusatz zu Farbflotten bzw. als „*Entbastungsöl*“ als beständiger Seifenersatz bei der Seidenentbastung empfohlen wurden. Zahlreich sind ferner Vorschläge, Fettsulfonate aus anderen Fetten und Ölen als Ricinusöl und Olivenöl darzustellen. Auch Harze, Harzöle, Naphthensäuren, pechartige Destillationsrückstände u. dgl. sollen durch Sulfonieren in türkischrotölähnliche Produkte überführt werden können. Bedeutungsvoll sind schwach sulfonierte Trane sowie Klauenöle für sich oder in Mischung mit Kohlenwasserstoffölen als in Wasser emulgierbare Fettungsmittel in der Lederindustrie geworden. Auch als Gleitmittel bei der Metallverarbeitung (Walzfette, Ziehöle, Bohröle u. dgl.) werden neben Spindelöl enthaltenden Türkischrotölen u. dgl. auch Sulfonate des Talgs und anderer Fette u. dgl. verwendet. Zahlreiche Vorschläge, Fettsulfonate aus weniger gebräuchlichen Grundstoffen herzustellen, sind bereits in Bd. II, S. 332—336 referiert worden, so daß sich auch hier eine eingehendere Besprechung erübrigt, zumal gegenwärtig bei Textilbehandlungsmitteln nur in seltenen Fällen, wie etwa beim Emulgieren von Paraffinkohlenwasserstoffen in Wasser, bei Mitteln für die Trockenreinigung, also beim Reinigen von Textilwaren mit Benzin, in welchem geringe Wassermengen emulgiert sind, auf derartige Mittel zurückgegriffen wird.

Daß die netzenden Eigenschaften der hochsulfonierten Fette durch ein-

---

[1] D. R. P. 614702.

[2] Weitere Einzelheiten betreffend hochsulfonierte Öle unter Berücksichtigung spezieller Anwendungszwecke s. HUTTENLOCHER: Melliands Textilber. **8**, 538ff. (1927); FISEL u. MÜNCH: Ebenda **9**, 44ff. (1928), ferner ebenda **12**, 196 (1931).

[3] E. P. 8245; vgl. auch Chem.-Ztg. **31**, 461 (1907).

fachere synthetische Abwandlungen noch erhöht werden können, zeigte BERTSCH[1], welcher mit verschiedenen Alkoholen in der Carboxylgruppe veresterte reine Monoschwefelsäureester der 9,12-Dioxystearinsäure mit Hilfe des TRAUBEschen Stalagmometers sowie durch Messung der Untersinkzeiten von auf der Flottenoberfläche schwimmenden Makoperlgarnfäden miteinander verglich. BERTSCH stellte zunächst fest, daß die Schwefelsäureester des in der Carboxylgruppe durch Alkoholreste veresterten dioxystearinschwefelsauren Natriums kapillaraktiver waren als die gleichen Produkte, welche an Stelle der Estergruppe die Carboxylnatriumgruppe enthielten. Das Sulfonat der Ricinolsäure war wirksamer als das Sulfonat der Dioxystearinsäure. Von den Alkylestern waren am wirksamsten die Butyl- und Amylester der einen Schwefelsäurerest enthaltenden Dioxystearinsäure.

Den Beobachtungen von BERTSCH ist also zu entnehmen, daß die Hochsulfonierung von Fettsäurebutyl- oder -amylestern zu wertvolleren Produkten führt als die Sulfonierung von Triglyceriden. Ein Netzmittel, welches bei Färbe-, Bleich- und anderen Behandlungsbädern eine recht weite Verbreitung gefunden hat und den wirksamsten Kaltnetzmitteln zum Vornetzen von Kunstseide, Baumwoll-, Leinen- und Halbwollmaterialien zugezählt wird, ist daher das Sulfonat des Ricinolsäurebutylesters, das unter der Typenbezeichnung *Avirol AH extra* (Böhme Fettchemie, Chemnitz) in den Handel gelangt. Dies äußerlich dem Türkischrotöl gleichende Fettsulfonat weist auch hohe Beständigkeiten gegenüber Wasserhärte und Säurewirkung auf[2], in alkalischen Bädern ist natürlich mit einer Verminderung der kapillaren Eigenschaften infolge Abspaltung von Butylalkohol zu rechnen. Auch gegenüber der Wirkung von Alkalien beständige Sulfonate von im übrigen ähnlichen Eigenschaften sind nach D. R. P. 595173 durch Sulfonierung von Fetten herstellbar, in denen die Carboxylgruppe nicht durch Veresterung, sondern durch Amidierung „blockiert"[3] ist. Ein durch Sulfonierung von Ölsäuredialkylamid gewonnenes Mittel liegt *im Humektol C* (I. G. Farbenindustrie A. G.) vor[4], das durch hohes Netzvermögen auch in alkalischen und heißen Bädern ausgezeichnet ist. Namentlich in ausländischen Patentschriften sind endlich auch zahlreiche andere Fettsäureabkömmlinge als Ausgangsmaterial zur Herstellung von Fettsulfonaten vorgeschlagen worden[5]. Inwieweit diese Vorschläge industriell verwirklicht wurden und ob beispielsweise Sulfonate von Fettsäureanhydriden, Fettsäurechloriden u. dgl. charakteristische Vorteile vor den beschriebenen Produkten aufweisen, ist schwer zu entscheiden; Fettsäureanhydride sind selbstverständlich befähigt, das bei der Sulfonierung entstehende Reaktionswasser zu binden und wirken vielleicht vorzugsweise in gleicher Weise wie die bekannten Wasser bindenden Zusätze, also Essigsäureanhydrid u. dgl. Bei zahlreichen anderen, insbesondere weniger bedeutungsvoll gewordenen, unter verschiedensten Phantasienamen propagierten Mitteln ist die Herstellungsweise sowie die nähere Zusammensetzung in weiteren Kreisen nicht bekanntgeworden, so daß die vorstehende Zusammenstellung sich auf die Besprechung einzelner als charakteristisch für die Entwicklung des Gesamtgebietes anzusprechender Mittel beschränken mußte[6].

---

[1] Melliands Textilber. **11**, 381, 781 (1930); vgl. E. P. 316132, 315832; F. P. 755627.
[2] Vgl. Seifensieder-Ztg. **59**, 46 (1932).
[3] Vgl. KLING: Melliands Textilber. **12**, 112 (1931).
[4] Vgl. auch Chem. Umschau Fette, Öle, Wachse, Harze **39**, 218 (1932).
[5] Vgl. Bd. II, S. 356.
[6] Eine über 900 Produkte umfassende, auch Lösungsmittelseifen u. dgl. berücksichtigende Zusammenstellung veröffentlichte HETZER in Buchform unter dem Titel „Textilhilfsmitteltabellen". Berlin: Julius Springer. 1933. 2. Auflage 1938.

Lediglich eine Gruppe von Verbindungen, die dem Türkischrotöl und den hochsulfonierten Fetten konstitutionell wie auch in bezug auf ihre Eigenschaften nahestehen, soll bereits in vorstehendem Zusammenhang besprochen werden: die Salze der echten C-Sulfonsäuren der Fettsäuren. Diese enthalten also nicht mehr die für die Fettsulfonate charakteristische Schwefelsäureestergruppe, sondern an ihrer Stelle die direkt mit der Kohlenstoffkette verbundene Sulfosäuregruppe als neuartiges Konstitutionselement. Echte Sulfocarbonsäuren sind in geringeren Mengen häufig bereits in den üblichen hochsulfonierten Ölen zugegen, insbesondere wenn diese durch Einwirkung von Oleum oder durch Sulfonierung in Gegenwart von Essigsäureanhydrid gewonnen wurden[1]. Chlorsulfonsäure lagert sich ebenfalls an Doppelbindungen der Fettsäuren an: BAUER und STOCKHAUSEN erhielten so bei der Einwirkung von Chlorsulfonsäure auf Undecylensäure die (9)-Chlor-(10)sulfoundecansäure(1), die leicht unter Salzsäureabspaltung mit Wasser die entsprechende Oxysulfocarbonsäure bildet[2]. TWITCHELL gewann Sulfofettsäuren durch Sulfonierung von Ölsäure unter besonders intensiv wirkenden Reaktionsbedingungen, erkannte auch bereits ihre seifenartigen Eigenschaften und benutzte sie als Emulgiermittel bei der sauren Hydrolyse der Fette, der als ,,TWITCHELL-Spaltung" allgemein bekannten Fettsäure- und Glyceringewinnungsmethode[3]. Die Ölsäuresulfosäure war also das erste TWITCHELL-Reaktiv[4]. Auch gesättigte Fettsäuren ergeben bei erhöhter Temperatur mit Oleum oder Chlorsulfonsäure behandelt vorzugsweise in α-Stellung durch die Sulfonsäuregruppe substituierte Fettsäuren[5]. In der Patentliteratur wurde auch mehrfach die Umsetzung von durch Halogene substituierten Fettsäuren mit Alkalisulfiten zur Gewinnung dieser Substanzen vorgeschlagen[6].

Eine nach nicht näher bekanntgewordenem Verfahren hergestellte derartige Sulfocarbonsäure ist die *Amphoseife DN* (I. G. Farbenindustrie A. G.), die übrigens einer Angabe von NÜSSLEIN zufolge bereits im Jahre 1926 zum Patent angemeldet wurde, auch bereits wesentlich säure- und härtebeständiger war als Seife und gute Eigenschaften als Waschmittel, insbesondere für ölverschmutzte Wollstückwäsche, aufwies. Gegenüber den Fettalkoholsulfonaten und den neueren Fettsäurekondensationsprodukten vermochte sie sich jedoch nicht mehr durchzusetzen[7].

Auch die durch BENEDIKT und ULZER[8] bekanntgegebene Herstellungsmethode von Sulfocarbonsäuren durch Oxydation von geschwefelten ungesättigten Fettsäuren wird in neueren Patentschriften wiederum empfohlen[9]. Obwohl also zeitweise den ,,echten" Sulfosäuren der Fettsäuren von Seiten der Technik ein recht großes Interesse entgegengebracht wurde, sind im übrigen Textilhilfsmittel auf dieser Basis nicht bedeutungsvoll geworden, auch konnten die hauptsächlich Schwefelsäureester enthaltenden Mittel durch diese neuartigen Sulfonate nicht verdrängt werden.

Die Ersetzung der Schwefelsäureestergruppe durch die Sulfonsäuregruppe bewirkt selbstverständlich eine erhebliche Steigerung der Säurebeständigkeit. Die C-Sulfonsäuren sind ganz allgemein ,,absolut" säurebeständig und widerstehen auch dem Angriff hochkonzentrierter Mineralsäuren, welche die beständigen Estersulfonate und ebenso die später zu besprechenden synthetischen Mittel auf Fettalkoholbasis sowie die synthetischen Fettsäurekondensationsprodukte restlos zerstören würden. Eine solche ,,Absolutbeständigkeit" ist aber zwecklos, solange

[1] F. P. 624425.
[2] Journ. prakt. Chem. (2), **130**, 35—44 (1931).
[3] Seifensieder-Ztg. **44**, 482ff. (1917); A. P. 601603.
[4] Vgl. Bd. II, S. 499ff.
[5] Hemilian A **176**, 10; E. P. 288612.
[6] Vgl. Bd. II, S. 350.
[7] Melliands Textilber. **18**, 248 (1937).
[8] Monatsh. Chem. **1887**, 210.
[9] D. R. P. 545693.

das Fasermaterial, also die Cellulosefäden, die Wolle und Seide, nur geringere Säurekonzentrationen vertragen und Flotten mit höherem Gehalt an stark wirkenden Säuren nirgends zur Anwendung gelangen können. Für Zwecke der Carbonisation, bei welcher vorübergehend höhere, organische Verunreinigungen der Wolle zerstörende Konzentrationen der Schwefelsäure auftreten, stehen zudem die fettfreien, absolut beständigen Mittel vom Typus der *Nekale* als hochwirksame Netzmittel zur Verfügung.

Von den im wesentlichen aus C-Sulfonaten von Fettsäuren bestehenden Mitteln ist lediglich eins, das *Intrasol* (I. G. Farbenindustrie A. G.) bekannter geworden, ein durch Sulfurieren von Diricinolsäure mit erheblichen Überschüssen starken Oleums bei niederer Temperatur gewonnenes, äußerlich den handelsüblichen Rotölen gleichendes Produkt[1], das netzende, egalisierende und in besonders hohem Ausmaße Kalkseifen dispergierende Wirkungen auszulösen vermag. Intrasol wird empfohlen als netzendes Zusatzmittel beim Färben von Baumwolle und Kunstseide sowie beim Färben mit Entwicklungs- und Küpenfarben, ferner als Mittel zur Verhütung von Kalkseifenausscheidungen, Kalk enthaltenden Niederschlägen in Färbeflotten, Naphthollösungen u. dgl. und besonders als Nachspülmittel für geseifte Ware sowie als die Beständigkeit gegen Härtebildner erhöhendes Zusatzmittel zu Seifenflotten[2]. Infolge seiner hohen Beständigkeit gegenüber Magnesiasalzen kann es auch höher konzentrierten Bittersalzappreturen zugesetzt werden. Für Wasch- und Reinigungszwecke ist dagegen auch Intrasol für sich allein nicht geeignet.

Die Fettsulfonate vom Typus des *Avirol AH extra* sowie des *Intrasols* können als charakteristisch für die Entwicklung des Gebietes Ende der Zwanzigerjahre dieses Jahrhunderts angesehen werden. Die nach dieser Zeit bedeutungsvoll gewordenen Mittel weisen durchweg eine andersartige chemische Konstitution auf, welche als Ursache ihrer auch in bezug auf Wasch- und Reinigungswirkung ausgesprochenen Seifeneigenschaften angesehen wird. Die wichtigsten Vertreter dieser Gruppe werden daher in den folgenden Abschnitten eingehender besprochen werden.

c) Synthetische anionaktive Seifenmittel.

Grundlegend für die modernen Anschauungen über die Zusammenhänge zwischen Seifenwirkung und der chemischen Konstitution der Seifenmittel sind zunächst von Seiten der Technik nur wenig beachtete Arbeiten von REYCHLER[3], welcher Hexadecansulfonsäure sowie deren Salze und palmitinsaures Natrium in bezug auf ihre Reinigungswirkung miteinander verglich und feststellte, daß die Sulfosäure in gleicher Weise wie die Palmitinseife auf durch Öl verschmutzte Faserstoffe reinigend einwirkte. Er wies darauf hin, daß beide Produkte eine polare Konstitution aufwiesen und beide die gleichartige „hydrophobe“ Gruppe, nämlich einen normalen gesättigten hochmolekularen Alkylrest und eine „hydrophile“ Gruppe, also einen die Wasserlöslichkeit verursachenden Rest enthielten, und zwar im Falle der Palmitinsäureseife die COONa-Gruppe und im Falle der Hexadecansulfonsäure die SO_3H- bzw. SO_3Na-Gruppe. NORRIS und Mitarbeiter[4] konnten sodann zeigen, daß diese rein aliphatische Sulfonsäure im Gegensatz zu rein aromatischen Sulfonsäuren in ausgesprochenem Ausmaße die Eigenschaften kolloider Elektrolyte aufwiesen, daß also ihr Lösungszustand in Wasser identisch

[1] D. R. P. 591196; s. auch Band II, S. 348, 411, 414, 418, 454.
[2] Vgl. FISCH u. MÜNCH: Entstehung und Bekämpfung der Kalkseife in Leipziger Monatschr. Textilind. **43**, Heft 10 (1928); ferner Melliands Textilber. **11**, 610 (1930); 12, 196 (1931).
[3] Bull. Soc. chim. Belg. **27**, 110—128, 300—303 (1913).
[4] Journ. chem. Soc. London **121**, 2162—2168 (1922).

mit den bei Seifen vorliegenden Verhältnissen ist, während rein aromatische Sulfonsäuren nur in sehr geringem Ausmaße kolloidal aggregierte Bestandteile aufweisen. Dagegen ist auch die Stearonaphthalinsulfosäure, das als TWITCHELL-Reaktiv bekannte Kondensationsprodukt aus ungesättigten Fettsäuren und Naphthalinsulfosäure und ebenso der nach Verfahren von PETROFF aus Petroleumkohlenwasserstoffen gewonnene „*Kontaktspalter*" in saurem Zustande eine typische „*Wasserstoffseife*", während die Alkalisalze dieser Spaltreaktive als hydrolytisch nicht dissoziierende Neutralseifen bezeichnet wurden[1]. Die Hexadecylsulfonsäure weist auch anderweitig weitgehende Analogien gegenüber der Palmitinseife auf. Charakteristisch für beide ist die auffallend starke Temperaturabhängigkeit der Löslichkeit. Sie unterscheiden sich jedoch durch die neutrale Reaktion der wäßrigen Lösung der Sulfosäuresalze gegenüber der stets alkalisch reagierenden Seifenlösung. Die Sulfosäure ist demnach säurebeständig. Auch in ihrem Verhalten gegenüber Erdalkali-Metallsalzen unterscheiden sich beide Substanzen, indem das Sulfosäurealkalisalz zur Bildung unlöslicher, stark anhaftender Salze mehrwertiger Metalloxyde im Gegensatz zu den Seifen nicht befähigt ist.

Aufklärend in bezug auf Zusammenhänge zwischen chemischer Konstitution und Seifenwirkung waren ferner physikalisch-chemische und kolloidchemische Untersuchungen von ZSIGMONDY und seiner Schule[2], welche die Bedeutung und den Einfluß der Kettenlänge der Alkylreste der verseiften Fettsäuren durch exaktes Zahlenmaterial veranschaulichten und zu ähnlichen Anschauungen gelangten, wie sie LANGMUIR zur Erklärung von Adsorptions- und Grenzflächenerscheinungen „aktive Gruppen" enthaltender Derivate der Paraffine entwickelt hatte[3] und welche nach MEES eine eindeutige Erklärung der Waschwirkung ermöglichen. Bei endständig durch hydrophile Gruppen substituierten Paraffinen sind diesen Vorstellungen zufolge zwei Sphären vorhanden, die bei genügender Kettenlänge, also bei genügend großem Abstand, in ihrer Wirkung sich nicht überdecken, so daß derart konstituierte Verbindungen, die also an verschiedenen Stellen ihrer Moleküle ein entgegengesetztes Verhalten dem Wasser gegenüber zeigen, sich an Grenzflächen sowie an der Oberfläche anreichern und mit der hydrophilen Gruppe zum Wasser hin orientierte Grenzschichten bilden[4], also die wichtigste Voraussetzung der Seifenwirkung, das Erfordernis der „Oberflächenaktivität" zu erfüllen vermögen.

Diese in bezug auf Einzelheiten und ihre dynamischen Grundlagen erst in neuerer Zeit durch zahlreiches exaktes Material näher begründete Anschauungsweise ließ bereits damals die Unzulänglichkeit von Verbindungen erkennen, die, wie die Fettsulfonate von rotölartiger Konstitution, mittelständige hydrophile Gruppen enthalten, die also unmöglich in gleich übersichtlicher Anordnung wie die Seifen polar orientierte Grenzflächenschichten bilden können, und es ist das Verdienst von SCHRAUTH, als erster auf die konstitutionellen Unzulänglichkeiten der zahlreichen früheren, als Seifenersatz vorgeschlagenen synthetischen Sulfonsäuresalze sowie auf das Erfordernis einer den Seifen entsprechenden Konfiguration hingewiesen zu haben, wobei jedoch die Carboxylnatriumgruppe durch die Sulfonsäuregruppe ersetzt werden könne[5]. Die Fettsulfonierungstechnik bezeichnet solche Sulfonate darnach als „externe Sulfonsäuren", die also eine endständige Sulfonsäuregruppe direkt oder durch Brückensauerstoff mit dem Alkylrest verbunden enthalten, während die älteren Produkte die gleichen Gruppen mittelständig substituiert enthalten.

Die zahlreichen inzwischen bekanntgewordenen Wege zur Herstellung von

---

[1] Vgl. Band II, S. 319; s. auch Seifensieder-Ztg. **44**, 482/83 (1917).
[2] Ztschr. Dtsch. Öl-Fettind. **1924**, 297, 313, 349. — ZSIGMONDY: Kolloidchemie, 5. Aufl., Bd. II, S. 167. [3] Journ. Amer. chem. Soc. **39**, 1849—1906 (1917).
[4] MEES: Chem. Weekbl. **1932**, 82ff.
[5] SCHRAUTH: Handbuch der Seifenfabrikation, 6. Aufl., S. 151. 1927.

derart konstituierten Sulfonsäuren und synthetischen Seifen auf Fettbasis lassen sich in zwei Gruppen einteilen; die eine bedient sich als Ausgangsmaterial der Fettalkohole[1], deren Verwendung auf SCHRAUTH zurückgeht, oder anderer, Carboxylgruppen nicht mehr enthaltender Alkylverbindungen, die zweite Gruppe umfaßt Herstellungsmethoden, die zu Kondensationsprodukten der Fettsäuren führen, in welchen aber die Carboxylgruppe chemisch „blockiert", also ihrer Salze bildenden Eigenschaften beraubt ist[2]. Auch diese letzteren Verbindungen enthalten die hydrophile Gruppe, also zumeist die Sulfonsäuregruppe, endständig.

Als Fortschritt der neuen Produkte gegenüber der Seife wurde die Behebung der bereits eingehender besprochenen, mit der Seifenverwendung verknüpften Schwierigkeiten angesehen, die ihren Grund in der Unbeständigkeit der Carbonsäuresalze gegenüber Härtebildnern des Wassers sowie neutraler und saurer Flottenreaktion haben. Wenn in den durch SCHRAUTHs erste Veröffentlichungen[3] veranlaßten weiteren zahlreichen Meinungsäußerungen als wesentliche Ursache der Unzulänglichkeiten der alten Seife die Carboxylalkaligruppe bezeichnet wird, und ihre „Elimination oder Blockierung" lange das alleinige Ziel der Seifensynthese war, so müssen dieser Auffassung allerdings die neueren Erfahrungen gegenübergestellt werden, derenzufolge auch Carboxylseifen durch entsprechende synthetische Eingriffe in ihrem Verhalten weitgehend verbessert werden können, derart, daß ihnen die Eigenschaft, klebrige, die Ware verschmutzende Kalkniederschläge zu bilden, genommen wird, und unter den späterhin zu beschreibenden einzelnen Seifenersatztypen befinden sich daher auch vereinzelt synthetische Carboxylseifen, die zwar nicht säure-, wohl aber kalkbeständig sind. Anscheinend verliert die Carboxylgruppe dann häufig ihre Fähigkeit, schädlich wirkende oder unlösliche Kalk- und Magnesiasalze zu bilden, wenn sie nicht direkt mit dem hochmolekularen Alkylrest verbunden ist, sondern vermittels Heteroatome oder Atomgruppierungen, also wenn der Alkylrest ein- oder mehrfach durch andersartige Gruppierungen, wie Äthersauerstoff, Schwefel, die $CONCH_3$ od. dgl. unterbrochen ist[4], oder aber in der Nähe der Carboxylgruppe, also in der α-Stellung, der Alkylrest durch bestimmte Heteroatome enthaltende Reste substituiert ist[5]. Ausführlichere Angaben über diese Verbindungen sind im vierten Abschnitt des zweiten Bandes von K. LINDNER gemacht worden.

1. Fettalkoholderivate, soweit sie nicht durch direkte Sulfonierung erhältlich sind[6].

Von den seifenartigen Fettalkoholderivaten sind die Monoschwefelsäureester bzw. die durch direkte Schwefelsäureeinwirkung erhältlichen Sulfonate weitaus die wichtigsten; nur in wenigen Ausnahmefällen haben auch andere wasserlösliche Derivate eine beschränkte technische Bedeutung erlangen können, etwa als Emulgatoren, Fettungsmittel od. dgl. An sich können die Fettalkohole durch jede organisch oder anorganisch konstituierte Gruppe, die geeignet ist, ein wasserlösliches Derivat zu ergeben, in seifenartig sich verhaltende Produkte überführt werden[7]. Inwieweit die in Patentschriften erörterten, nachfolgend kurz referierten Möglichkeiten technisch verwirklicht wurden, läßt sich jedoch zumeist nicht mit Sicherheit sagen, da die chemische Konstitution zahlreicher weniger bedeutungsvoll gewordener Spezialmittel nicht mit Sicherheit bekannt ist.

---

[1] Vgl. Bd. II, S. 365. [2] Vgl. Bd. II, S. 352.
[3] Chem.-Ztg. **55**, 3, 17; Seifensieder-Ztg. **58**, 61 (1931).
[4] Vgl. E. P. 427899, 434356. [5] Vgl. E. P. 455310, 456142.
[6] Vgl. hierzu auch Bd. II, S. 374—376.
[7] Vgl. HUETER: Chem. Umschau Fette, Öle, Wachse, Harze **34**, 27 (1932).

An Stelle der sauren Schwefelsäureester sind so Fettalkoholester der Phosphorsäuren, und zwar sowohl der Ortho- wie der Pyro- und Metaphosphorsäure in Form ihrer Alkalisalze als Seifenersatzmittel vorgeschlagen worden[1]. Durch Umsetzung mit Schwefelkohlenstoff und Natriumhydroxyd sind die hochmolekularen Alkylxanthogenate[2] herstellbar. Auch die Veresterung mit mehrbasischen organischen Säuren führt zu sauren Estern, deren Alkalisalze Seifen sind; empfohlen wurde die Veresterung mit Sulfoessigsäure[3], Phthalsäure bzw. Sulfophthalsäure und Hexahydrophthalsäure[4]. Den Alkylrest ätherartig gebunden enthalten die Alkalisalze der Monoalkyldioxypropansulfonsäure[5] sowie die Octadecyl-isäthionsäure[6]; kalkbeständige Seifen sind angeblich auch Polyäther von folgender Konstitution: $R\cdot O\cdot CH_2\cdot CH_2\cdot O\cdot CH_2\cdot CH_2\cdot O\cdot CH_2\cdot COONa$ (R ein langkettiger normaler Alkylrest), also Umsetzungsprodukte von Äthylenoxyd (2 Mol) und Fettalkohol, die durch Kondensation mit Chloressigsäure endständig durch einen eine Carboxylgruppe enthaltenden Rest substituiert sind[7]. An Stelle des Äthersauerstoffes kann beispielsweise Schwefel treten. Auch die Dodecylmerkaptoessigsäure bildet seifenartige Alkalisalze[8]. Aus Cetylmerkaptan und Halogenhydrinen sind Hydroxylgruppen enthaltende Sulfide darstellbar, die nach Veresterung mit Schwefelsäure Seifen ergeben[9]. Durch Oxydation geht der Thioätherschwefel in die Sulfongruppe über. Diese Gruppe ist zugegen in Produkten vom Typus der Schwefelsäureester des Dodecyl-dioxypropyl-sulfons[10]. Die Sulfoxydgruppe ist enthalten in der Octadecyl-thionyl-äthansulfonsäure bzw. der Octadecyl-thionyl-äthancarbonsäure[11]. Auch für die synthetische Darstellung der Cetylsulfonsäure REYCHLERS und ihrer Homologen wurden neue Darstellungsmethoden ausgearbeitet[12]. Es wurde jedoch nachgewiesen, daß diese echten Sulfonsäuren den entsprechenden Schwefelsäureestern in bezug auf Netz- und Waschkraft unterlegen sind[13]. Ferner wurde die Sulfonierung der aus Fettalkoholen leicht erhältlichen ungesättigten Kohlenwasserstoffe vom Typus des Cetens empfohlen[14]. Auch die Thiosulfonsäuresalze[15] scheinen sich ähnlich wie die Schwefelsäureester zu verhalten. An Stelle von Fettalkoholen sind ferner Monoäther der Fettalkohole mit Glycerin und Glykol[16], Glukoside der Fettalkohole[17], Halogensubstitutionsprodukte der Fettalkohole[18] usw. als Ausgangsmaterial zur Herstellung synthetischer Seifen vorgeschlagen worden.

Produkte, die den langkettigen Alkylrest im aromatische Kerne substituiert enthalten, werden durch gemeinsame Sulfonierung von Naphthalin bzw. anderen aromatischen Kohlenwasserstoffen mit Fettalkoholen gewonnen[19], aber auch durch Sulfonierung von nach bekannten Methoden aus Fettalkohol oder Alkylchloriden und aromatischen Kohlenwasserstoffen oder Phenolen herstellbaren fettaromatischen Verbindungen, also in gleicher Weise wie die unter Verwendung ungesättigter oder hydroxylierter Fettsäuren hergestellten Produkte vom Typus des TWITCHELL-Spalters und Nekals[20]. Die hierhergehörigen Vorschläge sind bereits an anderer Stelle[21] dieses Werkes besprochen worden. Auf einige dort nicht genannte Produkte von andersartiger Konstitution sei aber hier nur noch kurz hingewiesen. So sind fettaromische Carbonsäuren als Seifen-

---

[1] D. R. P. 560916; E. P. 419868. [2] D. R. P. 566027. [3] F. P. 716605.
[4] Österr. P. 148986; Schweiz. P. 168725, 177226, 181431. [5] F. P. 752756.
[6] Österr. P. 140848; E. P. 378867; F. P. 715585. [7] E. P. 456517.
[8] E. P. 427899. [9] E. P. 435039. [10] A. P. 2017004.
[11] E. P. 461614. [12] E. P. 433312 usm.
[13] Journ. Soc. Dyers and Col. **51**, 233 (1935).
[14] A. P. 2027896; vgl. auch LASARENKO: Ber. Dtsch. chem. Ges. **7**, 125 (1874).
[15] D.R.P. 578568; Schwed. P. 171352. [16] D. R. P. 635903; E. P. 436209.
[17] E. P. 421318; Österr. P. 141867. [18] E. P. 462202. [19] F. P. 794995.
[20] Vgl. hierzu Bd. II, S. 382—390. [21] Bd. II, S. 380.

ersatzmittel vorgeschlagen worden, wie etwa die Octylphenoxyessigsäure[1]. Ein komplizierter zusammengesetztes Sulfosäuresalz ist das dodecylphenoxyäthansulfonsaure Natrium[2]. Durch Umsetzung von aromatischen Sulfinsäuresalzen mit den Halogeniden der Fettalkohole gelangt man zu fettaromatischen Sulfonen, die durch Sulfurieren wasserlöslich gemacht werden können[3]. Doch ist anzunehmen, daß diese weniger leicht zugänglichen Produkte nur dann eine wirtschaftliche Verwendung als Seifenersatzmittel zulassen werden, wenn die ihrer Herstellungsmethode zugrunde liegenden chemischen Reaktionen außerordentlich glatt verlaufen, was infolge der gegenüber niedermolekularen Verbindungen häufig recht ausgesprochenen Reaktionsträgheit höher molekularer Verbindungen durchaus nicht immer der Fall ist. Auch die Abscheidung von durch Nebenreaktionen entstandenen Verunreinigungen ist zumeist nicht derart leicht durchzuführen wie bei niedermolekularen Substanzen, die durch charakteristische Löslichkeitseigenschaften ausgezeichnet sind.

2. Schwefelsäureeinwirkungsprodukte der Fettalkohole.

Durch Behandlung mit überschüssiger Schwefelsäure, der theoretischen Menge Chlorsulfonsäure, aber auch durch Einwirkung anderer Sulfurierungsmittel, wie Oleum, Sulfurylchlorid usw., gehen besonders die gesättigten Fettalkohole in glatt verlaufener Reaktion in die sauren Schwefelsäureester über, die sehr beständig sind und daher auch ohne Zerfallserscheinungen unter Bildung der alkylschwefelsauren Salze neutralisiert werden können. Die zahlreichen andersartige Sulfurierungsmethoden betreffenden, ebenfalls in Band II dieses Werkes referierten Patente[4] entsprechen daher, solange es sich um die Sulfonierung gesättigter Fettalkohole handelt, weniger einem technischen Bedürfnis, sondern sind zum größten Teil nur von patentrechtlicher Bedeutung; auch die bei der Türkischrotöldarstellung bewährten neueren Sulfonierungsmethoden wurden nach Bekanntwerden der neuen Ausgangsprodukte häufig einfach auf diese übertragen. Tatsächlich aber werden bei der Sulfonierung von gesättigten Fettalkoholen Komplikationen wie bei der Ricinusölsulfonierung nicht beobachtet, vielmehr sind Sulfonate von praktisch fast 100%igem Sulfonierungsgrad ohne weiteres erhältlich.

Weniger übersichtlich ist der Reaktionsverlauf bei der Sulfonierung ungesättigter Fettalkohole. Hier werden durch die Einwirkung überschüssiger Schwefelsäure die normalen Schwefelsäureester der ungesättigten Fettalkohole nicht ohne weiteres in reiner Form gewonnen. Während die Sulfonierung der gesättigten Alkohole zu Sulfonaten führt, die in ihrem Verhalten den Seifen von gleicher Kettenlänge sowohl in bezug auf ihre Löslichkeitseigenschaften als auch in bezug auf ihr seifentechnisches Sonderverhalten gleichen, ergibt die Sulfonierung des Oleinalkohols (also des Octadecen-9-ol-1) keine Sulfonate, die durch ihre Klarlöslichkeit bereits in der Kälte die typischen Eigenschaften reiner Ölsäureseifen aufweisen[5], vielmehr enthalten diese Sulfonate Hydratationsprodukte des Oleinalkohols und nach SECK und DITTMAR ringförmige Pyrankomplexe[6], also hochmolekulare gesättigte Fettstoffe, welche die Eigenschaften der Sulfonate weitgehend zu beeinflussen vermögen. Die ersten Patentschriften auf diesem Gebiet behaupten allerdings auch die Entstehung von Dischwefelsäureestern, die sich von dem durch Hydratation gebildeten Octadecenglykol ableiten sollen. Es kann kaum bezweifelt werden, daß derartige Dischwefelsäureester intermediär tatsächlich gebildet werden, indem je nach den Reaktionsbedingungen auch eine

---

[1] F.P. 808852. [2] F.P. 798728. [3] A.P. 2010754. [4] S. 369ff.
[5] HUETER: Melliands Textilber. **13**, 83/84 (1932).
[6] Chem. Umschau Fette, Öle, Wachse, Harze **39**, 227 (1932).

Schwefelsäureanlagerung an die Doppelbindung in geringerem oder höherem Ausmaße eintritt[1], doch ist die an dem sekundären Hydroxyl gebundene Schwefelsäure relativ leicht, also bereits während des Neutralisationsprozesses abspaltbar. Es ist bei den technischen, bereits in kaltem Wasser löslichen Oleinalkoholsulfonaten daher nicht die Konstitution von Dischwefelsäureestern des Octadecendiols anzunehmen[2], als vielmehr die Konstitution eines normalen Schwefelsäureesters des Oleinalkohols, in dem die Doppelbindung intakt geblieben ist. Daß dagegen durch Sulfonierung mit stark wirkenden Sulfonierungsmitteln und bei der Sulfonierung gesättigter tertiärer Fettalkohole auch C-Sulfonate gebildet werden können, wurde bereits früher erwähnt, ebenso wie die Tatsache, daß durch vorsichtige Sulfonierung von Oleinalkoholacetat sowie Octadecenylalkyläthern auch lediglich eine Anlagerung der Schwefelsäure an die Doppelbindung durchführbar ist, bei welcher also keine Veresterung der endständigen Hydroxylgruppe eintritt[3].

Die für die Gewinnung der Schwefelsäureester ungesättigter Fettalkohole in Betracht kommenden Sulfonierungsmethoden bieten daher auch vom technischen Standpunkte aus gesehen ein besonderes Interesse. Die mehrfach erwähnte Zusammenstellung von Sulfonierungsmethoden in Bd. II dieses Werkes soll daher nachfolgend durch eine kurze Zusammenstellung von Verfahren ergänzt werden, die eine Sulfonierung ungesättigter Fettalkohole ohne Veränderung der Doppelbindung gestatten. Einem Verfahren der Deutschen Hydrierwerke entsprechend ergibt bereits die vorsichtige Sulfonierung des Oleinalkohols mit Chlorsulfonsäure bei tiefen Temperaturen ein Sulfonat mit Sondereigenschaften[4], die durch ein Intaktbleiben der Doppelbindung erklärt werden können. In reinerer Form wird der Monoschwefelsäureester des Oleinalkohols durch Anwendung der VERLEY-BAUMGARTENschen Sulfonierungsmethode[5] gewonnen, bei welcher als sulfonierend wirkende Agentien Anlagerungsverbindungen des Schwefeltrioxyds oder der Chlorsulfonsäure an tertiäre Basen, insbesondere Pyridin, dienen, denen die Fähigkeit der Anlagerung an Doppelbindungen aber abgeht[6]. Auch die Sulfonierung mit Chlorsulfonsäure in Gegenwart von Äther[7], ätherartigen Verbindungen[8], auch Dioxan[9] und anderen mit der Chlorsulfonsäure labile Additionsverbindungen ergebenden Verdünnungsmitteln wirkt in gleicher Richtung. Ferner soll die Einwirkung von Pyrosulfat auf Oleinalkohol lediglich eine Veresterung der OH-Gruppe ergeben[10]; in gleicher Weise wirken aus Kochsalz und Chlorsulfonsäure, ferner aus Kochsalz und SO_3 erhältliche Salze der Chlorpyrosulfonsäure bzw. das Natriumchlorsulfonat[11].

Vorstehenden Ausführungen zufolge sind also die Fettalkoholsulfonate ihrer Konstitution nach in vier Gruppen einzuteilen. Durch Sulfonierung von gesättigten Fettalkoholen entstehen die normalen gesättigten Schwefelsäureester. Die Sulfonierung von ungesättigten Fettalkoholen ergibt normalerweise Schwefelsäureester, die Derivate gesättigter Fettstoffe enthalten und demzufolge in ihren Eigenschaften den Schwefelsäureestern aus gesättigten Fettalkoholen mehr oder

---

[1] Vgl. die in Bd. II zitierte Mitteilung von RIESS: Collegium **1931**, 557.
[2] Vgl. die Erklärung des Sonderverhaltens des *Gardinol KD* durch CHWALA: Allg. Öl- u. Fett-Ztg. **34**, 180 (1937).
[3] Vgl. Bd. II, S. 369, 372; D. R. P. 652433.
[4] F. P. 776044.
[5] VERLEY: Chem. Ztrbl. **1901**, 313. — BAUMGARTEN: Ber. Dtsch. chem. Ges. **59**, 1976 (1926).
[6] Vgl. Schweiz. P. 149091; F. P. 719328, 743017; vgl. auch D. R. P. 645608.
[7] F. P. 693814.
[8] E. P. 456214.
[9] A. P. 2098114, 2099214.
[10] A. P. 2079347.
[11] A. P. 2075914/5; D. R. P. 639625. — Salze der Chlorpyrosulfonsäure beschrieb TRAUBE: Ber. dtsch. chem. Ges. **46**, 2513 (1913).

weniger nahestehen. Diese beiden Gruppen weisen in bezug auf ihr seifenartiges Verhalten ähnliche Eigenschaften auf wie Seifen, die gesättigte Fettsäuren enthalten. Die dritte Gruppe umfaßt Fettalkoholsulfonate der ungesättigten Fettalkohole, die nach Methoden hergestellt wurden, bei welchen eine Absättigung der Doppelbindung vermieden wird, und die vierte Gruppe würde Sulfonate anormaler Konstitution, also etwa mit mittelständiger Schwefelsäureestergruppe, C-Sulfonate u. dgl. umfassen. Berücksichtigt man weiterhin, daß durch die Methode der Hochdruckhydrierung Fettalkohole beliebiger Kettenlänge herstellbar sind, so resultiert eine große Variationsfähigkeit bei der Herstellung von Seifenmitteln auf Fettalkoholbasis, zumal wenn entsprechend den Gepflogenheiten in der Seifensiederei zumeist nicht einheitliche Ausgangsstoffe, sondern Mischungen von Fettstoffen zur Verarbeitung gelangen.

Unter Berücksichtigung dieser Verhältnisse ist es natürlich schwer zu entscheiden, welcher Gruppe die einzelnen unter verschiedenster Bezeichnung im Handel befindlichen Wollwasch- und Textilhilfsmittel zuzuzählen sind, und die Äußerungen in der Fachpresse zu dieser Frage sind zumeist nur als Vermutungen zu werten; denn auch die Feststellung der analytischen Kennzahlen, also der Hydroxylzahl und der Jodzahl der durch Hydrolyse aus den Sulfonaten erhältlichen Fettstoffe ergibt, wenn Oleinalkohol zugegen ist, nicht in allen Fällen die der ursprünglichen Fettgrundlage entsprechenden Werte. Gesättigte Fettalkohole relativ niederen Molekulargewichts (C_8—C_{12}) dienen zur Herstellung von Kaltnetzern, häufig unter Zusatz von Lösungsmitteln. Wollwaschmittel enthalten vorwiegend Sulfonate der Fettalkohole mittleren Molekulargewichts (C_{12}—C_{16}), aber auch Sulfonate ungesättigter Fettalkohole. Für reine Fettungs- und Avivagezwecke, insbesondere für die Kunstseidenavivage dienen Derivate des Oleinalkohols und der hochmolekularen Fettalkohole (C_{16}—C_{18}). Von den zahlreichen Handelsmarken, die zum größten Teil schon im II. Band genannt wird, sind die bekanntesten *Fewa* (Böhme, Fettchemie, Chemnitz), welches als nicht filzendes, auch in neutraler oder schwach saurer Flotte zur Reinigung von Wollwaren, Trikotagen, Kunstseiden u. dgl. verwendbares Mittel sich auch in der Hauswäsche durchsetzen konnte, ferner die den verschiedensten Zwecken der Textilveredlungsindustrie angepaßten zahlreichen *Gardinol*-Marken (Böhme, Fettchemie, Chemnitz), das *Texapon* und *Ocenolsulfonat* (Deutsche Hydrierwerke), *Cyclanol* (I. G. Farbenindustrie A. G.), *Jokalin* (Bauer, Gaebel & Cie.), die *Inferole* (A. Th. Böhme, Dresden), „*CFD 1931*" (Zschimmer & Schwarz, Chemnitz), *Melioran F 6* (Oranienburger Chem. Fabrik) und zahlreiche andere. Kaltnetzmittel sind die *Breviol*-Marken (Böhme Fettchemie, G. m. b. H., Chemnitz). Für Zwecke der Weißwäsche wurde ein Mittel „*Sekurit*" (Böhme Fettchemie, G. m. b. H., Chemnitz), empfohlen. Als Avivagemittel für Kunstseide, Baumwoll- und Seidenwaren dienen die *Brillantavirole L 142, L 144* und *L 168* (Böhme Fettchemie, G. m. b. H., Chemnitz).

Außerhalb der Textilindustrie dienen Fettalkoholsulfonate als Schaumpulver für Feuerlöschzwecke (*Focant*, Böhme Fettchemie, G. m. b. H., Chemnitz), ferner als Emulgierungsmittel bei der Herstellung von Fettungsmitteln für Zwecke der Lederindustrie sowie von Putz-, Reinigungs- und Poliermitteln. Für diese Zwecke sowie auch zur Herstellung von Appreturmitteln, Salben, Cremes, kosmetischen Emulsionen u. dgl. dienen emulgierbare Wachse, die als emulgierenden Bestandteil Fettalkoholsulfonate enthalten (*Lanettewachs S X* und *Emulgade* der Deutschen Hydrierwerke Rodleben). Als seifenfreies Haarwaschmittel gelangen Fettalkoholsulfonate in Pulverform als auch in Form konzentrierter Lösungen unter der Bezeichnung *Onalkali* (Schwarzkopf, Berlin) in den Handel, auch seewasserbeständige Toilettenseifen auf Fettalkoholsulfonatgrundlage befinden sich im

Handel. Man kann wohl sagen, daß die Fettalkoholsulfonate ein allgemein verwendetes Hilfsmittel der chemisch-technischen und kosmetischen Industrie in wenigen Jahren geworden sind. Da das Verhalten der Fettalkoholsulfonate bei Textilveredlungsprozessen sich weitgehend mit dem Verhalten der Fettsäurekondensationsprodukte deckt, sollen die hier in Betracht kommenden Eigenschaften beider Gruppen in einem besonderen Abschnitt gemeinsam behandelt werden.

3. Fettsäurekondensationsprodukte.

Die seifenartigen Fettalkoholsulfonate enthalten keine Carboxylgruppe mehr, sie ist durch einen die Wasserlöslichkeit verursachenden Rest, nämlich die Schwefelsäureestergruppe ersetzt. In den Fettsäurekondensationsprodukten wird ein gleichartiger Effekt durch „Blockierung" der störenden Carboxylgruppe vermittels solcher Reste erzielt, die gleichzeitig eine andersartige Wasserlöslichkeit erzeugende Atomgruppierung enthalten. Anscheinend weisen jedoch die Fettsäurederivate der als Zwischenprodukte der Farbstoffsynthese bekannteren aromatischen Oxy- und Amidosulfonsäuren im allgemeinen weniger günstige Eigenschaften auf als die gleichen durch hochmolekulare Fettsäurereste acylierten rein aliphatischen Sulfonsäuren. Denn derartige aromatische Reste enthaltende Verbindungen sind zwar mehrfach in Patentschriften erwähnt worden, haben aber gegenüber den aliphatischen acylierten Amino- und Oxysulfonsäuren vom Typus der *Igepone* nur in wenigen Fällen Bedeutung erlangen können. Bekannter geworden sind von fettaromatischen Verbindungen aber die *Ultravone* (Gesellschaft für chemische Industrie Basel), die sulfosauren Salze von Alkylbenzimidazolen, welche durch Kondensation von Fettsäure mit o-Phenylendiamin leicht erhältlich sind[1]. Auch den *Melioranen* (Chem. Fabrik Oranienburg), sulfonierte Kondensationsprodukte aus aromatischen Kohlenwasserstoffen und Fettsäuren bzw. Fettsäurederivaten, Fettsäureanhydriden und -halogeniden u. dgl. wird mitunter die Konstitution fettaromatischer Phenon- oder Ketonsulfonsäuren zugeschrieben[2]; soweit diese jedoch unter Verwendung ungesättigter Fettsäuren bzw. der Ricinolsäure hergestellt werden, sind sie als Varianten des TWITCHELL-Reaktivs anzusehen.

Erst in neuester Zeit bekannter gewordene, aber bereits in Patenten aus dem Jahre 1929 als Seifenersatz bezeichnete Produkte, die im Prinzip auch schon die Konstitution der modernen Mittel aufweisen, sind die Sulfonate der Monofettsäureester des Glycerins bzw. ähnlicher mehrwertiger aliphatischer Alkohole[3]. Derartige Fettsäure-schwefelsäure-glycerinester werden unter der Bezeichnung *Vel* von der Firma Colgate-Palmolive-Peet Co., Jersey Ver. St. A. als Wollwaschmittel sowie unter der Bezeichnung *Halo* als Haarwaschmittel in den Handel gebracht. Die Herstellung dieser Mittel ist recht einfach: Cocosöl und Glycerin in etwa dem theoretischen Mengenverhältnis werden mit Schwefelsäure behandelt. Es tritt zunächst eine Umesterung zu Monofettsäureestern ein, welche im Entstehungsstadium zu Schwefelsäureestern sulfoniert werden[4]. Die Fettsäureestersulfonate des Glycerins sind Seifenersatzstoffe von recht hohen Beständigkeitseigenschaften. Sie sind auch im härtesten Wasser löslich und kochbeständig. Ihre Säurebeständigkeit entspricht etwa den Türkischrotölen von höherem Sulfonierungsgrad[5]. Die Reinigungswirkung ist höher als

---

[1] F. P. 774707. [2] Vgl. hierzu Bd. II, S. 386—389; D. R. P. 649156.
[3] D. R. P. 635903 (Dehydag); F. P. 702626 (I. G. Farbenindustrie A. G.); vgl. ferner Schweiz. P. 171359, 174511—174514, 175866—175870. [4] Ind. P. 22960.
[5] Abweichende Behauptungen gründen sich auf Beobachtungen von GRÜN an unreinen Difettsäure-monoschwefelsäureestern [Ztschr. angew. Chem. **15**, 669 (1912)], die als überholt zu bezeichnen sind.

bei gewöhnlichen Seifen. Alkalien bewirken jedoch eine Verseifung unter Bildung fettsauren Alkalis.

Das in europäischen Ländern als erstes derartiges Mittel bedeutungsvoll gewordene Fettsäurekondensationsprodukt ist aber das *Igepon A* (I. G. Farbenindustrie A. G.), ein Ölsäureester des isäthionsauren Natriums (Oleyl-α-oxyäthan-β-sulfonsaures Natrium)[1]; die esterartige Bindung der Ölsäure bedingt auch hier eine Zersetzlichkeit des Produktes durch Alkalien, insbesondere in heißen Flotten. In stark alkalischen Bädern, wie sie beispielsweise in der Küpenfärberei angewendet werden müssen, verliert es also seine besonderen Wirkungen, da die entstehende Ölsäureseife nicht mehr kalkbeständig ist. Empfohlen wurde *Igepon A* zunächst hauptsächlich als Waschmittel für Wolle, aber auch zur Nachbehandlung von Ausfärbungen, und zwar auch für Baumwollfärbungen, ferner als Zusatz zu Behandlungsbädern bei der Kunstseideverarbeitung und als Waschmittel für Acetatseide u. dgl. Gegenwärtig sind jedoch die *Igepone* der A-Reihe, also die Fettsäureisäthionsäureester in der Textilindustrie nicht mehr von großer Bedeutung; ihre Verwendung ist auf wenige Spezialgebiete beschränkt, wie etwa als netzender Zusatz von wasserabstoßenden Pigmenten u. dgl. Sie sind in weitgehendem Ausmaße durch die 1930 aufgefundenen Igepon-Marken der T-Reihe ersetzt worden, welche Acylderivate der Methyltaurinsalze darstellen (N-methylaminoäthan-sulfonsaures Natrium[2]) und infolge der schweren Hydrolysierbarkeit der Säureamidgruppe weit höhere Beständigkeitseigenschaften gegenüber sauren und besonders alkalischen Flotten aufweisen. Allerdings sind die Igepone der T-Reihe nach Nüsslein in bezug auf ihr Waschvermögen den Igeponen der A-Reihe unterlegen[3]. *Igepon-T* ist aber auch gegenwärtig noch eines der bekanntesten in ähnlicher Weise wie die Fettalkoholsulfonate universell verwendbaren Textilhilfsmittel sowohl für die Veredlung von vegetabilischen und künstlichen Fasern als auch in der Wollindustrie[4]. Außer dem Oleyl-methyltaurin (*Igepon-T*) werden auch den Fettsäuren des Cocosöls entsprechende Acylreste enthaltende Igepone hergestellt (*Igepon K T*). Anscheinend identisch mit den Igeponen sind die *Neopol-T*-Marken (Chem. Fabrik Stockhausen & Cie., Krefeld).

Als Carboxylanalogen den *Igepon-T* ist ferner das durch Acylierung von Methylglykokoll (Sarkosin) hergestellte *Medialan A* (I. G. Farbenindustrie A. G.) von Interesse. *Medialan A* ist ein Oleylsarkosinnatrium[5]. Es ist gegenüber Wasserhärten bis etwa 15—30° DH. beständig. Auch gegenüber einer neutralen und schwach sauren Flottenreaktion ist es ziemlich unempfindlich; die Beständigkeitseigenschaften des Igepon-T werden aber in keiner Weise erreicht. *Medialan A* soll ferner weitaus besser reinigen als Seife. Auch ist die filzbildende Eigenschaft gesteigert und das Egalisiervermögen für Direktfarbstoffe in der Baumwolle und Kunstseidenfärberei erhöht[6], so daß also Waschmittel vom Typus des *Medialans* zwar nicht die universelle Verwendbarkeit der Igepone und Fettalkoholsulfonate aufweisen, wohl aber in speziellen Fällen der Färberei- und Textilausrüstung recht beachtliche Vorteile bieten.

Ein Fettsäurekondensationsprodukt ist endlich auch das *Lamepon* (Chem. Fabrik Grünau, Landhoff & Meyer A. G.), welches durch Acylierung von Eiweißspaltungsprodukten, Lysalbinsäure und Protalbinsäure mit Fettsäurechloriden hergestellt wird[7]. Das bekannter gewordene *Lamepon A* enthält als Fettrest den

[1] F. P. 705081, 720590; D. R. P. 652410.
[2] F. P. 693620, 712121, 720590, 721988, 814166.
[3] Melliands Textilber. **13**, 28 (1932). Vgl. auch Ramskav: Dyer, Textile Printer London **78**, 531 (1937).
[4] Melliands Textilber. **13**, 147—150 (1932).
[5] D. R. P. 635522 (1930).
[6] Melliands Textilber. **18**, 248 (1937); **19**, 651 (1938).
[7] F. P. 749228; Schweiz. P. 172359.

Ölsäurerest. Die Lysalbinsäure und Protalbinsäure wird nach PAAL durch Hydrolyse von Lederabfällen, Leim oder Casein gewonnen[1]. Die Lamepone enthalten also als hydrophilen Rest kondensierte Aminocarbonsäure-Komplexe. Sie sind daher gegen Mineralsäure enthaltende Flotten unbeständig. Gegen Kalk- und Magnesiasalze sind sie aber völlig indifferent. Empfohlen wird Lamepon A als Waschmittel für Woll-, Baumwoll- und Seidenwaren, ferner als Zusatzmittel in der Baumwollfärberei mit substantiven und Küpenfarbstoffen. Auch als Emulgiermittel für Spinnschmälzen soll es Vorteile aufweisen. Während die Fettalkoholsulfonate sowie die voranstehend beschriebenen Fettsäurekondensationsprodukte zumeist in Form von Pulver, seltener auch als Pasten in den Handel gelangen, stellen die Lamepone hochviskose Flüssigkeiten dar.

Zahlreiche andere Fettsäurekondensationsprodukte sind ferner im Patentschrifttum als Seifenersatzmittel empfohlen worden[2].

4. Spezielle Eigenschaften der synthetischen Seifenersatzmittel vom Typus der Fettalkoholsulfonate und Igepone.

Bereits kurze Zeit nach Erscheinen der neuen Mittel im Handel erschienen in der Fachpresse zahlreiche Meinungsäußerungen über den Wert oder Unwert der synthetischen Waschmittel gegenüber der Fettseife. Soweit die zur Kritik sich berufen fühlenden Autoren lediglich von veralteten theoretischen Vorstellungen ausgehend, ohne Beibringung exakter Beobachtungen, die neuen Mittel anfeindeten, kann wohl auf eine Besprechung ihrer Ausführungen verzichtet werden, zumal ganz offensichtlich auch wirtschaftliche Gesichtspunkte und Interessen den klaren Blick für Vorteile und Mängel der als Konkurrenten gegenüberstehenden Substanzgruppen trübten. Man hielt es ferner durchweg auch gar nicht für nötig, auf die konstitutionellen Unterschiede der synthetischen Mittel näher einzugehen, und lange Zeit hindurch wurden beispielsweise die Igepone als Fettalkoholsulfonate bezeichnet, obwohl jedem Fettfachmann geläufige Analysenmethoden den Nachweis der in diesen Mitteln enthaltenden gebundenen Fettsäure zu erbringen gestatteten. Als aber die konstitutionellen Unterschiede zwischen Igeponen und Fettalkoholsulfonaten allgemeiner bekannt wurden, fand man sehr bald auch „charakteristische“ Unterschiede zwischen beiden Körperklassen, indem man nämlich ein beliebiges Fettalkoholsulfonat (anscheinend *Gardinol-R*) mit Igeponen verglich und stellte bei den Fettalkoholsulfonaten ein höheres Avivagevermögen fest, während die Igepone auch in hartem Wasser klarere Lösungen ergaben[3]. Man berücksichtigte also in keiner Weise, daß die Vergleichsprodukte von zwei ganz verschiedenen Alkylresten sich ableiteten, nämlich in einem Falle von gesättigten Alkylresten, die stets in kaltem Wasser schwerer lösliche Seifen ergeben, im anderen Falle von ungesättigten Fettresten, die stets Produkte ergeben, die in bezug auf Leichtlöslichkeit der Oleinseife ähnlich sind. Aus gleichem Grunde wird man aus der Beobachtung von SZEGÖ und BERETTA[4], der zufolge der Cetylschwefelsäureester eine höhere Waschkraft aufweist als das *Igepon T*, nicht auf eine allgemeine Unterlegenheit der Fettsäurekondensationsprodukte schließen dürfen. Die Klarlöslichkeit der Ölsäurederivate der Isäthionsäure und des Methyltaurins bereits in der Kälte und in Gegenwart von Härtebildnern des Wassers veranlaßte ferner die Behauptung, Igepone seien im Gegensatz zu den Fettsäureseifen „molekulardispers“ gelöst[5], ein Irrtum, der von LEDERER einwandfrei widerlegt wurde[6]; aber noch in neuester Zeit wurde

[1] Ber. dtsch. chem. Ges. **31**, 2195 (1902).
[2] Vgl. Bd. II, S. 390—394.
[3] Melliands Textilber. **15**, 558 (1934).
[4] Soap **10**, 61 (1934).
[5] BOEDECKER: Melliands Textilber. **13**, 436—438 (1932).
[6] Chem.-Ztg. **57**, 515 (1933); Ztschr. angew. Chem. **46**, 410/11 (1933).

wieder von HENK auf die angebliche Unterlegenheit der synthetischen Seifen in bezug auf Waschwirkung hingewiesen, die dadurch bedingt sein soll, daß das synthetische Produkt im Gegensatz zum fettsauren Alkali „echte“ Lösungen ergäbe[1].

Solchen irrtümlichen Auslassungen gegenüber muß die Forderung aufgestellt werden, daß man sich zunächst mit den grundlegendsten Zusammenhängen zwischen Eigenschaften und chemischer Konstitution sowie mit den Zusammenhängen zwischen Eigenschaften und der technischen Wirkung vertraut macht. Und hier ist auf die bereits bei der gewöhnlichen Fettsäureseife jedem Fachmann geläufige Regel hinzuweisen, daß im wesentlichen Ausmaße die Eigenschaften des Fertigproduktes von dem Molekulargewicht des als Ausgangsprodukt dienenden Fettes bzw. der Kettenlänge der hydrophoben Alkylgruppe, ferner von der Gegenwart oder Abwesenheit von ungesättigten Bindungen in der Alkylgruppe abhängig sind. Diese Regel gilt für synthetische Seifen insbesondere dann, wenn der hydrophile Rest gegenüber dem hydrophoben nur verhältnismäßig niedermolekular ist, also einen wesentlich kleineren Teil des Gesamtmoleküls ausmacht. Mit wachsender Kettenlänge des hydrophoben Restes nimmt also auch bei synthetischen Seifen die Löslichkeit im Wasser ab, die Aggregation der gelösten Teilchen nimmt zu, und in stark verdünnter Lösung steigen ferner auch die kapillaraktiven Eigenschaften der synthetischen Seife[2] mit der wachsenden Kettenlänge. In recht interessanter Weise konnte ferner GÖTTE den Einfluß der Kettenlänge des hydrophoben Alkylrestes der Fettalkoholsulfonate auf die Waschkraft durch exakte Vergleichsversuche quantitativ bestimmen. Darnach ist die Waschkraft des Sulfonats des Cetylalkohols höher als die der Sulfonate der homologen Alkylsulfate (Waschtemperatur 60°), wenn in weichem Wasser gewaschen wird. Bei Wasser von 10° D. H. liegt das Optimum beim Myristylsulfat (C_{14}). Die Schaumkraft in weichem Wasser ist nach GÖTTE am höchsten beim Laurylalkoholsulfat (C_{12}) in kalten Flotten; wird die Flotte auf 40° gebracht, so liegt das Optimum des Schaumvermögens beim Myristinsulfat (C_{14}), bei 60° warmen Flotten schäumt innerhalb der homologen Reihe wieder das Cetylsulfat (C_{16}) am besten (s. Diagramm).

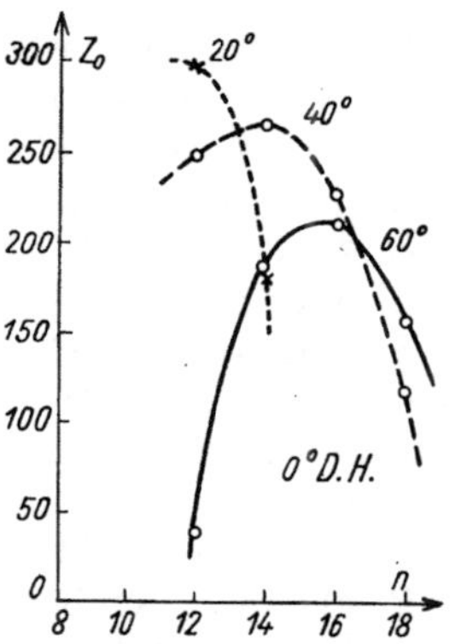

Abb. 169. Abhängigkeit des Schaumzahlmaximums von der Kettenlänge der Fettalkoholsulfonate bei verschiedenen Temperaturen. Nach GÖTTE.

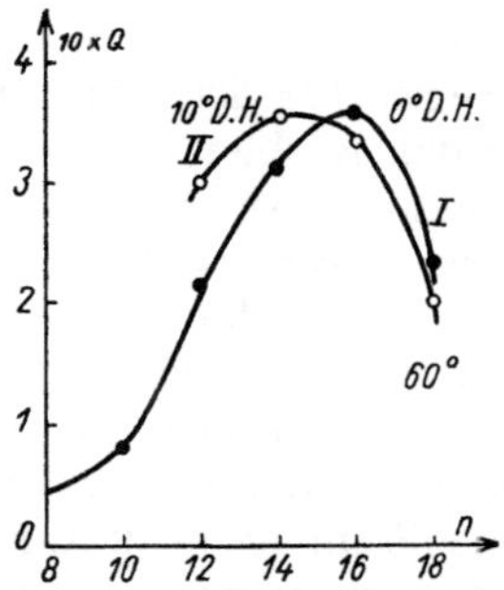

Abb. 170. Abhängigkeit des Maximums der Waschwirkung von Fettalkoholsulfonaten von der Kettenlänge des Alkylrestes bei verschiedenen Wasserhärten. Nach GÖTTE.

Die Struktur des hydrophoben Restes ist ferner von grundlegendem Einfluß auf die fehlenden und avivierenden Eigenschaften der synthetischen Seife. Leicht

[1] Seifensieder-Ztg. **64**, 705 (1937).
[2] Vgl. SCHRAUTH: Seifensieder-Ztg. **58**, 61ff. (1931); ferner LOTTERMOSER u. STOLL: Kolloid-Ztschr. **63**, 49 (1933).

lösliche Fettalkoholsulfonate auf Oleinalkoholbasis ergeben, solange die Doppelbindung des Oleinalkohols intakt ist, ebenso wie Fettsäurekondensationsprodukte auf Ölsäurebasis wesentlich geringere Weichmachungseffekte als schwer lösliche gesättigte hochmolekulare Alkylgruppen enthaltende Avivagemittel vom Typus der Brillantavirole (Böhme Fettchemie, G. m. b. H., Chemnitz), die Sulfonate des Cetyl- und Stearylalkohols enthalten. Auch die hochsulfonierten Türkischrotöle weisen als Schwefelsäureester ungesättigter Fettsäuren nicht mehr die Eigenschaft der unsulfurierte Fettbestandteile enthaltenden Rotöle auf, die Faser durch Fettung geschmeidig und griffig zu machen[1]. Angaben von LINDNER[2] ist zu entnehmen, daß in kolloider oder in Emulsionsform verteilte Seife leichter auf der Faser niedergeschlagen wird als gelöste Seife.

Die Löslichkeitseigenschaften der synthetischen Seifen sind ferner auch zuweilen im Zusammenhang mit ihrer Kalk- und Härtebeständigkeit diskutiert worden, und es ist darauf hingewiesen worden, daß die Kalksalze der Cetyl- und Octadecylschwefelsäure und in ähnlichem Ausmaße die Kalksalze der entsprechenden Sulfonsäuren an sich derart schwer löslich seien, daß die Löslichkeitsunterschiede gegenüber den fettsauren Erdalkalisalzen allein keine genügende Erklärung für das Ausbleiben von Kalkseifenschäden böte[3]. Tatsächlich ist die Zusammensetzung der im Handel befindlichen synthetischen „kalkbeständigen Seifen" eine derartige, daß Kalkseifenschäden mit Sicherheit vermieden werden. Den praktischen Erfahrungen zufolge ist es ferner nicht nötig, ja aus theoretischen Gründen sogar durchweg unmöglich, daß die im harten Wasser stets anwesenden Kalk- und Magnesiasalze der Fettsäure- bzw. der synthetischen Seife sich völlig in molekularem Lösungszustand befinden; denn ein solcher liegt nicht einmal bei Alkaliseifenlösungen in destilliertem Wasser vor. POMERANZ[4], der bereits lange vor dem Bekanntwerden der synthetischen Seifenmittel den Einfluß der Monopolseife als Kalkseifendispergierungsmittel studierte, wies darauf hin, daß Kalkseifenausscheidungen bereits dann unschädlich sind, wenn die Ausscheidungen nicht „käsig" seien, sondern in genügend feiner Emulsion aufträten. Gleiche Anschauungen vertritt ULLMANN[5]. Die in der Praxis allgemein anerkannte Kalkbeständigkeit auch der synthetischen Waschmittel mit gesättigten Alkylresten ist daher vielleicht weniger durch die höhere echte Löslichkeit der ihnen entsprechenden Kalk- und Magnesiasalze bedingt, als durch die gegenüber dem fettsauren Kalk stärker ausgesprochene kolloide Löslichkeit ihrer Kalksalze sowie dadurch, daß ihre Kalksalze in keiner Weise dazu neigen, käsig zusammenfahrende, klebrige und stark anhaftende Niederschläge zu bilden. Wie bei der Herstellung der Fettsäureseife auf die Mitverwendung der in der Kälte außerordentlich schwer lösliche, aber hochwirksame Alkalisalze ergebenden Palmitinsäure nicht verzichtet wird, so enthalten auch zahlreiche synthetische Waschmittel in der Kälte schwerer lösliche Alkaliderivate, die sich vom Cetylalkohol ableiten und in gleicher Weise wie das palmitinsaure Natron in den üblichen Seifen durch niedermolekulare Bestandteile in kolloider Lösung gehalten werden.

Aber auch der hydrophile Rest beeinflußt unter Umständen sogar in wesentlichem Ausmaße die Eigenschaften des Gesamtmoleküls. Die hochmolekularen echten Alkylsulfonsäuren sowie ihre Alkalisalze weisen durchweg eine etwas geringere Löslichkeit auf als die ihnen entsprechenden O-Sulfonsäuren, also die Schwefelsäureester und ihre Salze. Noch größer ist die Löslichkeit der Schwefel-

---

[1] STEINER: Fettchemische Umschau **42**, 201 (1935).
[2] Melliands Textilber. **15**, 416 (1934).
[3] VALKÓ: Kolloidchemische Grundlagen der Textilveredlung, S. 577.
[4] Leipziger Monatsschr. Textilind. **1916**, 35.
[5] Ztschr. angew. Chem. **39**, 837 (1926).

säureester der Alkyläther des Glykols und Glycerins[1]. Die Löslichkeit läßt sich anscheinend also durch Einführung noch stärker hydrophil wirkender Gruppen erhöhen; jedoch muß angenommen werden, daß eine ausgeprägte Reinigungswirkung bei derartigen Produkten nicht mehr in gleich hohem Ausmaße gegeben ist; das Optimum der Wirkung scheint vielmehr bei solchen Produkten vorzuliegen, bei welchen weder der Einfluß des die Wasserlöslichkeit herabsetzenden Alkylrestes noch die Wirkung der die Wasserlöslichkeit verursachenden hydrophilen Gruppierung erheblich überwiegt.

Produkte mit stärker betonter hydrophiler Gruppierung und hoher Wasserlöslichkeit werden aber häufig weniger als Waschmittel, als vielmehr dazu empfohlen, gemeinsam mit Seife verwendet zu werden; sie sind dann hauptsächlich Kalkseifendispergierungsmittel. Die Frage der Zweckmäßigkeit der Verwendung derart von ihrer Schädlichkeit in hartem Wasser befreiten gewöhnlichen Seife gegenüber der ausschließlichen Verwendung beständiger synthetischer Seifen wurde auch in letzter Zeit wiederholt im Fachschrifttum erörtert. Man war anscheinend der Meinung, daß in ähnlicher Weise wie die auch als Kalksalze noch waschend wirkenden Fettalkoholsulfonate und Igepone auch die Kalkseife in peptisierter Form eine den Alkaliseifen entsprechende Wirksamkeit entfalten könne. Nach Lindner[2] ist dies nicht der Fall, vielmehr deuten praktische Erfahrungen sowie experimentelle Untersuchungen darauf hin, daß die zur Dispergierung, also zur Umhüllung der Kalkseifenteilchen dienenden Anteile des Zusatzmittels gleichfalls der Waschwirkung entzogen werden. Dies gilt insbesondere auch für die Igepone, von denen das *Igepon T* ein erhebliches Waschvermögen mit einem auffallend hohen Kalkseifendispergierungsvermögen verbindet; bei den Igeponen wird ebenfalls eine Zusetzung von Seife normalerweise als nicht günstig bezeichnet, da das mit der Aufgabe der Kalkseifenpeptisation belastete Igepon wenigstens teilweise seiner eigentlichen Aufgabe der Reinigung und Entfettung entzogen würde[3], und selbst bei einem ideal reinen Flottenwasser niemals sämtliche Störungsfaktoren, die eine unbeständige Seife beeinträchtigen können, vermieden würden.

Über den Einfluß der chemischen Konstitution des hydrophilen Restes auf die Waschkraft des Gesamtproduktes ist es zurzeit noch schwierig, exaktere Angaben zu machen. Die bereits mehrfach genannten Arbeiten von Götte, Szegö und Beretta usw. stellen eine Überlegenheit der Sulfonsäurereste bzw. Schwefelsäureesterreste enthaltenden Mittel gegenüber der Carboxylalkaligruppe einwandfrei fest. Nachdem die Seife Jahrhunderte hindurch das Universalreinigungsmittel für praktisch alle Zwecke war, ist man aber gegenwärtig noch geneigt, den Waschvorgang als einen auch in quantitativer Hinsicht stets gleichartig verlaufenden Prozeß anzusehen, bei welchem also die Sonderbedingungen des einzelnen Falles zu vernachlässigen seien. Tatsächlich aber ist weder das Substrat noch die Art des Schmutzes und ebensowenig die Art des den Schmutz auf dem Substrat fixierenden Mittels, wie Fett, Harz, Eiweiß u. dgl., gleichgültig, und zur völligen Charakterisierung des Waschvermögens bestimmter Mittel reicht eine Vergleichswäsche mit den Standardanschmutzungen der genannten Forscher nicht aus, vielmehr müßte insbesondere auch auf das verschiedenartige Verhalten der den Schmutz fixierenden Mittel durch Einzelversuche mit diesen Rücksicht genommen werden, wenn eine befriedigende Auskunft über das technische Verhalten eines Reinigungsmittels angestrebt wird.

[1] Vgl. D. R. P. 635903.
[2] Monatsschr. Textilind. **50**, 65, 94, 120, 145 (1935); Melliands Textilber. **16**, 782 (1935).
[3] Erfahrungen der Versuchsfärberei der I. G. Farbenindustrie A. G. mit Igepon in Melliands Textilber. **13**, 148 (1932).

In besonders hohem Ausmaße scheint den praktischen Erfahrungen zufolge ein gegenüber der Seife höheres Reinigungsvermögen der Fettalkoholsulfonate und Igepone bei fettartigen Schmutzstoffen und durch Fette fixierten Schmutzpigmenten vorzuliegen. Bereits die ältesten Prospekte der Herstellerfirmen sowohl einzelner Fettalkoholsulfonatmarken wie auch des *Igepon A* betonen, daß eine Verwendung von Fettlöserseifen durch die neuen Mittel in weitestem Ausmaße entbehrlich geworden sei, soweit es sich nicht um örtliche Detachur, Pechspitzenentfernung od. dgl. handle. Der Einfluß des Substrates erhellt beim Vergleich der Erfahrungen bei Wollwaschprozessen und der Weißwäsche. Bei der Wäsche von Wollwaren wird allgemein nicht nur das Nichteinlaufen, das Ausbleiben jeder Filzbildung, die Erhaltung des reinen Maschenbildes u. dgl. den neuen Mitteln nachgerühmt, sondern auch durchweg ein höherer Reinheitsgrad als mit fettsaurem Salz erzielbar ist, der durch leuchtenderen Ausfall von Farbwaren, durch höheres Wassersaugevermögen bei gewaschenen Filzen usw. klar in Erscheinung tritt. Die zum Waschen benötigte Menge ist ferner durchweg kleiner als bei Seifen. Trotzdem die handelsüblichen Mittel infolge Streckung mit Natriumsulfat u. dgl. meist nur 30%ig sind, wird für sie nur ein zwischen 0,5—3 g liegender Zusatz pro Liter vorgeschrieben. Anderseits sind bei alleiniger Verwendung der neuen Mittel in der Weißwäsche von Leinen, Hauswäsche u. dgl. auch Mißerfolge beobachtet worden[1]. Eine Erklärung dieses verschiedenartigen Verhaltens der neuen Mittel auf Grund der kolloidchemischen Verhältnisse einerseits in den Seifenlösungen, anderseits in den Fettalkoholsulfonatflotten veröffentlichten CHWALA und MARTINA[2]. Diesen Forschern zufolge weist die Cellulosefaser im Gegensatz zur Proteinfaser wegen des Mangels örtlich konzentrierter Ladungen und stärker wirkende Restvalenzkräfte entfaltender Gruppierungen nur geringe Affinität zu Kolloidelektrolyten mit stark betonter ionogener Gruppe auf, während Kolloide, die wie die Fettseifen auch Neutralteilchen von höherem Mizellargewicht und einem über das ganze Aggregat verteilten Restvalenzkraftfeld zu bilden vermögen, eine größere Verwandtschaft zur Cellulosefaser besitzen sollen. Vom Standpunkte des Praktikers aus wird man demgegenüber die Frage aufwerfen müssen, warum wiederum bei Kunstseiden, die doch auch aus Cellulosefasern, allerdings von andersartiger und günstigerer physikalischer Oberflächenbeschaffenheit bestehen, ganz ausgezeichnete Wascheffekte mit synthetischen Seifenmitteln ergeben. Waschmittel mit stark ionogen wirkender hydrophiler Gruppierung sind aber offensichtlich imstande, bei genügend hoher Adsorption ihrer aktiven Ionen an den Grenzflächen ein hohes elektrisches Grenzflächenpotential zu erzeugen. Jedoch auch die Annahme einer derartigen Wirkung erklärt nicht restlos das Verhalten synthetischer Waschmittel, und es soll auf die diesbezüglichen theoretischen Vorstellungen erst bei der Besprechung der ionogene Gruppen nicht enthaltenden Mittel näher eingegangen werden.

Klarer liegen die Verhältnisse bei der Anwendung der Sulfonatseifen in der Wollfärberei als Egalisierungsmittel. Auch hier ist die Kapillarwirkung, welche die Durchdringung des Fasermaterials durch die wäßrige Flotte erleichtert, von wesentlicher Bedeutung. In saurer Flotte reagieren ferner die Sulfonatseifenionen durchweg mit den basischen Aminogruppen der Wolle, indem sie unter Salzbildung auf die Faser aufziehen[3]. Sie besetzen also die für die Anionen

[1] Vgl. UHL: Seifensieder-Ztg. **62**, 687 (1935); ferner FRIEDRICH u. KESSLER: Melliands Textilber. **14**, 78 (1933). [2] Österr. Chem.-Ztg. **41**, Heft 11 (1937).

[3] NEVILLE u. JEANSON: Journ. physical Chem. **37**, 1000 (1933). Vgl. ferner SCHWEN: Melliands Textilber. **13**, 485 (1932); **14**, 22 (1933); NÜSSLEIN: Ebenda **16**, 49 (1935).

des sauren Wollfarbstoffes verfügbaren Plätze an der Faser und verursachen so eine Verlangsamung der Farbstoffaufnahme. Das rasche Aufziehen mancher sauren Farbstoffe läuft aber parallel mit schlechtem Egalisierungsvermögen, so daß die Verlangsamung der Farbstoffaufnahme durch die Faser ebenso wie die bessere Durchdringung eine gleichmäßigere Ausfärbung zur Folge hat. In gleicher Weise wie Fettalkoholsulfonate und Igepone wirken auch hochsulfurierte Rotöle und die Nekale. Verwickelter ist das Verhalten basischer Farbstoffe bei Gegenwart derartiger Seifenmittel. In saurer Flotte steigert der Zusatz von Gardinol die Aufnahme von Methylenblau durch Wolle. In alkalischer Flotte wirkt Gardinol verlangsamend offenbar infolge Bildung schwer beweglicher und langsam aufziehender Neutralsalze des Farbstoffes mit dem Anion des Seifenmittels. Auf egalisierende Wirkungen von Seifenmitteln bei Färbeprozessen mit basischen Farbstoffen wird im übrigen in späteren Abschnitten noch näher eingegangen werden.

d) Kationaktive seifenartige synthetische Mittel auf Fettbasis.

Höhermolekulare Alkylamine bzw. Alkylammoniumsalze, deren Alkylrest identisch ist mit der Kohlenwasserstoffkette des Cetylalkohols bzw. der seifenbildenden Fettsäuren, stellte bereits KRAFFT dar, und REYCHLER verglich Salze des Cetylamins, des Diäthylcetylamins sowie des Triäthylcetylammoniumhalogenids mit der entsprechenden Palmitinsäureseife sowie den Salzen der Cetylsulfonsäure, wie auf S. 53 bereits angegeben worden ist. Beide Forscher beobachteten bei derartigen Produkten ein seifenähnliches Verhalten, und REYCHLER bezeichnete sie als „invertierte Seifen", weil der Ladungssinn des oberflächenaktiven Ions in diesen Verbindungen der umgekehrte (positive) gegenüber der negativen Ladung der aktiven Ionen und Ionmizellen normaler Seifen und der Cetylsulfonsäure sei. FOURNEAU und PAGE[1] kondensierten Fettsäuren mit Äthylenhalogenhydrin und stellten aus den so erhaltenen Fettsäureestern des Äthylenhalogenhydrins durch Umsetzung mit Trimethylamin Salze der Fettsäurecholinester dar, welche in Wasser gelöst sich wie Seifen verhalten und als die invertierten Analoga des später erst dargestellten *Igepon A* bezeichnet werden können. Die Eignung invertierter Seifen für technische Zwecke bearbeiteten als erste HARTMANN und KÄGI[2], welche dem *Igepon T* entsprechende kationaktive Seifen bereits zu einer Zeit studierten, als synthetische anionaktive Seifen vom Typus der Fettsäurekondensationsprodukte dem Gesichtsfelde des Seifensynthetikers noch vollkommen fern lagen. Die uns gegenwärtig nicht mehr recht verständliche Bezeichnung der von HARTMANN und KÄGI dargestellten Fettsäurederivate des unsymmetrischen Diäthyläthylendiamins, also etwa des Diäthyl-oleyl-äthylendiamin-chlorhydrats als „saure Seife", begründen die genannten Forscher durch die Tatsache, daß sie auch in saurer Flotte anwendbar seien. Diese Bezeichnungsweise hat sich aber, man kann wohl sagen glücklicherweise, nicht durchgesetzt, da sie zu Mißverständnissen führen muß, nachdem für saure und basische Farbstoffe sich gerade die umgekehrte Bezeichnungsweise seit langem ganz allgemein durchgesetzt hat. Die von GÖTTE[3] eingeführte Unterscheidung von kation- und anionaktiven Seifen ergibt dagegen eine eindeutige Nomenklatur, die sich besonders bei kolloidchemischen Bearbeitungen allgemein eingeführt hat. In der Praxis blieb aber die Bezeichnung „Seifen" den fettsauren Salzen vorbehalten. Außer Aminen und quaternären Ammonium-

[1] Bull. Soc. chim. France (4), **15**, 544 (1914).
[2] Ztschr. angew. Chem. **41**, 127 (1928).
[3] Kolloid-Ztschr. **64**, 333 (1933).

salzen wurden auch Phosphonium-[1] und Sulfoniumverbindungen[2] als gleichartig sich verhaltende Seifenmittel vorgeschlagen.

Was nun die Eigenschaften dieser Substanzen anbetrifft, so sollen nachfolgend die physikalisch-chemischen und kolloidchemischen Analogien zwischen anion- und kationaktiven Seifen nicht näher erörtert werden, nachdem CHWALA in einem besonderen Abschnitt dieses Werkes die in den letzten Jahren bekanntgewordenen Ergebnisse eingehend besprochen hat[3], und es genügt daher, die technischen Anwendungsmöglichkeiten kurz zusammenzustellen. Nach REYCHLER wirkt auch das Triäthylcetylammoniumjodid und -chlorid unter Schaumbildung weitgehend reinigend auf fettes Wollgarn. Neuerdings hat auch EVANS bei Anwendung einer künstlichen Anschmutzung aus Ruß und Lanolin auf Baumwolle eine erhebliche Waschwirkung des Cetylpyridiniumbromids beobachtet[4]. Im Gegensatz hierzu ergaben GÖTTEs Waschversuche, daß der Zusatz von Alkyltriäthylammoniumchlorid (Alkyl vom durchschnittlichen Molgewicht der Cocosfettsäuren) das Waschvermögen der Flotten verringerte, und daß der Waschwert durch Zusatz derartiger Stoffe deutlich meßbar abnehme und negative Größenanordnung annehme. Nur in Sonderfällen, nämlich wenn Verschmutzungsarten und Substrate vorliegen, die abweichend von den praktisch bei der Faserstoffreinigung in Betracht kommenden Verhältnissen leichter durch positive Aufladung peptisierbar sind, ist nach GÖTTE eine Waschwirkung durch kationaktive Seifen denkbar. Mischungen von kationaktiven Seifenprodukten mit Anionseifen ergeben ferner, worauf ebenfalls GÖTTE zuerst aufmerksam machen konnte, unlösliche und damit unwirksame Niederschläge. Für normale Waschzwecke kommen kationaktive Seifen also nicht in Betracht, da normalerweise die den Schmutz fixierenden Bindemittel Fettsäuren oder leicht Fettsäure ergebende Neutralöle enthalten, die also in den zumeist alkalisch reagierenden Flotten Anionseifen und durch Umsetzung mit den Kationseifen unwirksame Niederschläge ergeben würden.

Anderseits aber vermögen anscheinend die kationaktiven Waschmittel infolge des Ladungssinnes ihrer aktiven Ionen leichter auf in wäßriger Flotte negative Aufladung annehmende Faserstoffe, also namentlich Cellulosefasern, aufzuziehen als anionaktive, deren Adsorption durch die abstoßende Wirkung der gleichartigen Ladung verzögert wird[5]. Für Fettungs-, Avivage- und Imprägnierungszwecke bieten daher die kationaktiven Seifen Vorteile, insbesondere wenn sie durch ungesättigte Alkylreste substituiert sind, die infolge ihrer hohen Löslichkeit und Hydrophilie an sich weit weniger leicht von Faserstoffen absorbiert werden, als Seifen, deren Kohlenwasserstoffrest gesättigt ist, und die daher eine nur geringe echte Löslichkeit aufweisen. Die aufziehenden Kationseifenionen vermögen ferner anorganische und organische, gefärbte und ungefärbte Pigmente auf der Faser niederzuschlagen und sie dort wasser- und reibecht zu fixieren[6].

Während die anionaktiven säurebeständigen Seifen in saurer Lösung mit der amphoteren Wolle salzbildend zu wirken vermögen und hierdurch das Aufziehen der ebenfalls unter Salzbildung mit Wolle reagierenden sauren Farbstoffe verzögern, wirken die kationaktiven Seifen völlig analog gegenüber basischen Farbstoffen. Mit Kationseifen vorgebeiztes Textilgut zeigt ferner, wie bereits HARTMANN und KÄGI an ihren „sauren Seifen“ feststellten, eine erhöhte Affinität

[1] D. R. P. 624374.
[2] E. P. 464116, 465200, 779096; F. P. 777558, 782143 u. a. m.
[3] Vgl. S. 53.
[4] Journ. Soc. Dyers Colourists 51, 233 (1935). — Vgl. auch ROBINSON in Wetting and Detergency, S. 144. London: Harvey. 1937.
[5] Vgl. F. P. 746440; Schweiz. P. 175323.
[6] BERTSCH: Ztschr. angew. Chem. 47, 425 (1934).

gegenüber sauren Farbstoffen in gleicher Weise wie mit anionaktiven Seifen vorbehandelte Ware basische Farbstoffe leichter aufnimmt. Eine Nachbehandlung von Färbungen mit Seifen, deren aktive Ionen eine dem Ladungssinn der Farbionen entgegengesetzte Aufladung besitzen, wirkt erhöhend auf die Waschechtheit und Reibechtheit der Anfärbung[1]. Merkwürdigerweise vermindert zumeist eine derartige Behandlung aber die Lichtechtheit. Die Tatsache, daß kationaktive seifenartige Verbindungen hochwertige, gleichzeitig kapillaraktiv wirkende Desinfektionsmittel darstellen, wurde bereits anderweitig erwähnt[2]. Lediglich hingewiesen sei schließlich auf die „demulgierende" Wirkung der Kationseifen auf Emulsionen, die anionaktive Emulgatoren bzw. negativ aufgeladene Teilchen enthalten. Selbstverständlich ist anderseits eine anionaktive Seife ein „Demulgens" für Emulsionen, die positiv aufladende Emulgatoren oder Emulsionsstabilisatoren enthalten. Die Zerstörung von stabilen Emulsionen ist beispielsweise wichtig bei Raffinationsprozessen in der Mineralölraffination u. dgl.[3] Auch um die Fällbäder in der Viskosekunstseideindustrie von Kolloidalteilchen zu reinigen, wurde der Zusatz von Kationseifen empfohlen, die auf die Teilchen koagulierend wirken sollen[4].

Aber auch für textilistische Zwecke sind die geschilderten technischen Eigenschaften der kationaktiven Seifen sehr wertvoll[5]. Die ersten in die Textilpraxis eingeführten derartigen Produkte waren die *Sapamine* (Ges. f. chem. Ind., Basel)[6], Oleylderivate des unsymmetrischen N-Diäthyläthylendiamins, also die bereits oben erwähnten *„sauren Seifen"* von HARTMANN und KÄGI. Sie gelangen unter der Typenbezeichnung *A* als Acetat bzw. *CH* als Chlorhydrat in den Handel. Die späteren Typen *MS* sowie *KW* sind alkalibeständiger als die vorgenannten und dürften eine analog konstituierte quaternäre Base enthalten. Die *Sapamine A und KW* werden empfohlen als Egalisierungsmittel beim Färben mit basischen Farben (infolge Herabsetzung der Aufziehgeschwindigkeit des Farbstoffes und der dadurch bedingten Unegalität). Gleichzeitig bewirken sie eine Verbesserung der Reibechtheit der Färbung infolge Peptisierung und Ablösung von nur mechanisch fixierten basischen Farbteilchen. Sie sind wirksame Avivage- und Weichmachungsmittel, insbesondere für Kunstseiden. Die Type *MS* wird auch als Nachbehandlungsmittel empfohlen und erhöht als solches die Wasser- und Überfärbeechtheit der Ausfärbungen von sauren Farbstoffen.

Ein in bezug auf seine chemische Konstitution mit dem Cetyltriäthylammoniumbromid REYCHLERS identisches Produkt wurde ferner in England als Zusatzmittel zu Abziehbädern, also beim Entfernen von Ausfärbungen von der Faser durch Reduktionsmittel, unter der Bezeichnung *Decamine* (ICI) empfohlen[7]. Die Wirksamkeit der kationaktiven Seifen bei derartigen Prozessen, insbesondere beim Abziehen von Küpen und Naphtholfärbungen, ist aber noch nicht einwandfrei geklärt. Vielleicht wird durch Salzbildung der von der Faser abgezogene, durch das ebenfalls zugesetzte Hydrosulfit reduzierte Farbstoff am Wiederaufziehen verhindert, so daß unter der oxydierenden Wirkung des Luftsauerstoffes keine Regeneration der Färbung auf der Faser eintreten kann. Ähnlich wirkende Produkte sind *Lissolamine A* (für substantive Färbungen) und *Lissolamine V* (für Küpenfarbstoffe)[8] der gleichen Firma, die anscheinend hochmolekulare Alkylpyridiniumsalze enthalten[9].

---

[1] Vgl. hierzu VALKÒ: Kolloidchemische Grundlagen der Textilveredlung, S. 595—599. Berlin. 1937. [2] Bd. II, S. 187. [3] A. P. 2050924. [4] Österr. P. 147162.
[5] Betreffend Anwendung der quaternären Seifen vgl. auch Amer. Dyestuff Reporter **25**, 561 (1936). [6] D. R. P. 464142, 567921, 582101.
[7] Chem. Ztrbl. **1933 II**, 2059, 2343, 2895; **1934 I**, 292, 2041.
[8] ROWE u. OWEN: Journ. Soc. Dyers Colourists **52**, 6, 205 (1936). [9] E. P. 748510.

Die bereits erwähnten, von BERTSCH zuerst festgestellten Eigenschaften der Kationseifen, leicht auf die Faser zu ziehen und auf ihr Pigmente niederzuschlagen und zu fixieren, sind ferner zur Herstellung von Kunstseidemattierungsmitteln ausgenutzt worden. Diese in Form einer wäßrigen weißen Paste unter der Bezeichnung *Radium-Mattine* (Böhme Fettchemie, G. m. b. H., Chemnitz), im Handel befindlichen Produkte enthalten Pigmente und ebenfalls Alkylpyridiniumsalze, deren Alkyl den Fettsäuren des Cocosöles entspricht[1].

Eine kationaktive Seife liegt auch dem unter der Bezeichnung *Soromin A* (I. G. Farbenindustrie A. G.) empfohlenen Avivage- und Fettungsmittel für Baumwollgarne und Stückware, Kunstseiden, Strickwaren u. dgl. zugrunde. Der wirksame Bestandteil dieses ebenfalls pastenförmigen Produktes ist das Formiat der Stearinsäureester des Äthanolamins bzw. des Triäthanolamins[2]. Als weitere Mittel, die ihrem Verhalten nach als kationaktive Seifen anzusprechen sind, wären *Solidogen B* (I. G. Farbenindustrie A. G.), ferner *Repellat* (Böhme Fettchemie, G. m. b. H., Chemnitz) zu nennen, die hauptsächlich bei der Nachbehandlung substantiver Färbungen verwendet werden. Ein hochmolekulares Alkylpyridiniumbromid wird für den gleichen Zweck auch unter der Bezeichnung *Fixanol* (ICI) empfohlen.

Als wichtig und interessant sind schließlich Bestrebungen zu bezeichnen, mit Hilfe wasserlöslicher quaternärer Ammoniumbasen Fettreste und Alkylreste chemisch auf der Faseroberfläche zu fixieren und die Aufnahmefähigkeit der Fasern für Farbstoffe dadurch zu modifizieren oder eine beständige chemische, insbesondere wasserabstoßend wirkende Imprägnierung auf diese Weise zu bewirken. Soweit dieser letztgenannte Effekt angestrebt wird, handelt es sich also um Verfahren, die eine Fortbildung der bereits in einem früheren Abschnitt beschriebenen Oberflächenacylierungsmethoden zum Zwecke der Wasserdichtimprägnierung darstellen[3]. Die dort genannten Mittel, wie Fettsäureanhydrid oder Fettsäurechlorid sind jedoch nur in organischen Lösungsmitteln anwendbar. Die von quaternären Ammoniumbasen sich ableitenden Produkte weisen demgegenüber den Vorteil auf, in wäßriger Lösung gleichartige Effekte zu ergeben. Da erst in allerneuester Zeit Einzelheiten über diese Mittel bekannt wurden, ist eine lückenlose Darstellung dieses Gebietes noch nicht möglich. Zum erstenmal erwähnt wurden derartige Mittel in Patenten der Deutschen Hydrierwerke[4], denen zufolge Alkyl-chlormethyläther in Gegenwart von Pyridin sich nach intermediärer Bildung einer Pyridiniumverbindung durch chemische Oberflächenreaktion mit der Cellulosefaser verbinden und beständige, durch Seifenwäsche oder Behandlung mit Fettlösungsmitteln nicht zerstörbare Fettungseffekte auf der Faser hervorrufen. Ein Patent der Imperial Chemical Industries[5] beschreibt die Darstellung derartiger Pyridiniumverbindungen, die durch Umsetzung von Pyridin mit Chlormethyläthern höhermolekularer Fettalkohole entstehen, wie etwa das Octadecoxymethyl-pyridiniumchlorid von der Formel:

$$C_5H_5N\begin{cases} Cl \\ CH_2\cdot O\cdot C_{18}H_{37} \end{cases}$$

Ähnlich verhalten sich aus Fettsäureamiden erhältliche Verbindungen vom Typus des Stearoylamidomethyl-pyridiniumchlorids[6]. Diese seifenartig schäumenden, in Wasser unzersetzt löslichen Substanzen ziehen aus wäßrigen Flotten auf die

[1] E. P. 424672; Melliand Textilber. **17**, 236 (1936).
[2] Deutsche Patentanmeldung J. 39848 IVa/29b.
[3] Vgl. Veresterung von Cellulosegeweben in Bd. II, S. 634.
[4] E. P. 426482.
[5] E. P. 466871; vgl. auch E. P. 475119.
[6] E. P. 475170.

mit ihnen behandelten Faserstoffe auf. Wird das Fasergut getrocknet und darnach auf 100° erhitzt, so zersetzt sich das quaternäre Pyridiniumsalz unter Abspaltung von Pyridin bzw. Pyridinsalz und der Octadecylrest wird als Methylendiacetal auf der Faser fixiert: $\text{Cellulose—O}\cdot CH_2\cdot O\cdot C_{18}H_{37}$[1].

Der Vollständigkeit halber sei schließlich hier eine Gruppe von Verbindungen erwähnt, bei welcher ebenfalls seifenähnliche Eigenschaften zu erwarten sind, nämlich polar konstituierte höhermolekulare Alkylderivate, die sowohl basische Substituenten, also etwa Aminogruppen od. dgl., als auch saure Substituenten, also Carbonylnatrium oder Sulfonsäurereste od. dgl. enthalten. Man würde derartige Produkte als amphotere Seifen bezeichnen müssen. Sie werden jedoch erst in neueren Patentschriften häufiger erwähnt[2]. Auffälligerweise wird in diesen Waschmittel betainartiger Struktur beschreibenden Patenten auch die Verwendbarkeit bei der Leinen- und Weißwäsche ausdrücklich betont. Sie sollen ferner sowohl in alkalischen wie in sauren Flotten anwendbar sein, zumeist wird ihnen ferner hohe Kalkbeständigkeit nachgerühmt.

e) Grenzflächenaktive synthetische Mittel auf Fettbasis, die keine ionogene Substituenten enthalten.

Nach McBain[3] ist für seifenartige Mittel nicht nur der kolloidale Lösungszustand, sondern auch gleichzeitig die elektrolytische Dissoziation ihrer Lösungsbestandteile charakteristisch, die natürlich vorkommenden Saponine, die bereits eingangs näher besprochen wurden, weisen aber ionogene Konstitutionselemente nicht auf und werden daher im Schrifttum zumeist den Neutralkolloiden zugezählt; sie enthalten hochmolekulare hydrophob wirkende Kohlenwasserstoffreste neben die Wasserlöslichkeit verursachenden, zumeist als elektroneutral bezeichneten Zuckerresten.

Die hier zu besprechenden synthetischen Mittel sind ähnlich konstituiert. Als hydrophobe Gruppierung enthalten sie, soweit sie aus Fetten, Fettalkoholen od. dgl. hergestellt wurden, höhermolekulare normale Alkylreste. Als hydrophiles Strukturelement kommen, wie bei den Saponinen, Polysaccharide, hochmolekulare Zuckeralkohole, ferner Polyglycerine in Betracht. Die als Hilfsmittel in der Färberei bekannt gewordenen Produkte sind jedoch überwiegend hochmolekulare Alkyläther des Polyglykols, welche leicht erhältlich sind, wenn man Äthylenoxyd in Gegenwart von wenig Ätzkali auf Fettalkohole einwirken läßt[4]. Die Umsetzungsprodukte aus Äthylenoxyd und Fettalkoholen haben folgende Konstitution:

$$R\cdot O\cdot CH_2\cdot CH_2\cdot O\cdot CH_2\cdot CH_2\cdot O\ldots CH_2CH_2OH.$$

Es muß hier also der Äthergruppe eine hydrophile Wirkung zugesprochen werden, denn die einzige im Molekül anwesende endständige Hydroxylgruppe reicht nicht aus, um das gesamte recht große Molekül wasserlöslich zu machen. Es ist aber bekannt, daß der Äthersauerstoff zur Bildung von Additionsverbindungen neigt[5], also durch Restvalenzen auch Strukturelemente des Wassers unter Bildung von Hydroxyle enthaltenden Additionsverbindungen locker zu binden vermag, die

[1] Silk: Journ. Rayon World **14**, Nr. 161, 36 (1937); Journ. Soc. chem. Ind. London **56**, 883 (1937); Text. Mercury Argus **97**, 461/62 (1937); Text. Weekly **20**, 601—603 (1937).

[2] F. P. 789004; Chem. Ztrbl. **1936 I**, 4992; Schweiz. P. 186269; Chem. Ztrbl. **1937 I**, 5078; E. P. 459039; Chem. Ztrbl. **1937 I**, 3243; A. P. 2097864.

[3] Melliands Textilber. **18**, 248 (1937).

[4] D. R. P. 544291, 605973; E. P. 404931; Chem. Ztrbl. **1934 I**, 3819.

[5] Collie u. Tickle: Journ. chem. Soc. London **75**, 710 (1899). — Bayer u. Villiger: Ber. Dtsch. chem. Ges. **34**, 2679, 3612 (1901).

dann den Zuckerderivaten ähnlich zu wirken vermögen, und es ist im vorstehenden Zusammenhange gleichgültig, ob man die Bildung dieser Oxoniumverbindungen nach BAYER, HANTSCH usw. auf die Annahme eines vierwertigen Sauerstoffs stützt, oder ob man nach WERNER und PFEIFFER Koordinationsverbindungen annimmt. Im übrigen ist die Wirkung der einzelnen Äthergruppe wie auch der einzelnen Hydroxylgruppe nur gering und es müssen etwa 12—20 Äthylenoxydmoleküle auf ein Molekül Fettalkohol einwirken, um eine befriedigende Wasserlöslichkeit zu erzielen. Im Gegensatz zu den meisten ionogene und salzbildende Gruppen enthaltenden synthetischen Seifen macht also bei diesen Verbindungen der hydrophile Rest einen sehr erheblichen Anteil des Gesamtmoleküls aus.

Auf Grund der ZSIGMONDYschen Theorie der Wirkung kolloider Elektrolyte beim Waschvorgang ist man versucht, den „elektroneutralen" Seifen eine Waschwirkung abzusprechen; denn nach ZSIGMONDY, THIESSEN usw. ist es die durch Seifenionenabsorption bewirkte gleichartige elektrische Ladung von Schmutzpartikel und Substrat, welche dem Anhaftevermögen des Schmutzes entgegenwirkt und seine mechanische Ablösung ermöglicht[1], und noch vor kurzem glaubten URBAIN und JENSEN[2] die Höhe des Grenzflächenpotentials als Maß für das Waschvermögen seifenartiger Substanzen bezeichnen zu können. Tatsächlich aber ist bei ionogene Gruppen nicht enthaltenden Mitteln wie den Igepalen eine Waschwirkung einwandfrei festgestellt worden[3]. Auch werden die Fettsäureester der Polyglycerine in Mischung mit Alkaliphosphaten ausdrücklich als Waschmittel bezeichnet[4]. Man wird also auch den nichtionischen Seifenmitteln eine über viele Stellen des hydrophilen Restes verteilte, schwache elektrische Aufladung zusprechen müssen. Im übrigen bedarf es zur Klärung der hier erst in allerletzter Zeit auftretenden Fragen weiterer exaktwissenschaftlicher Untersuchungen, um zu den sich ergebenden, mehr vom theoretischen Standpunkt aus wichtig erscheinenden Widersprüchen endgültig Stellung nehmen zu können, Eine Bezeichnung der hier zu besprechenden Mittel als elektroneutralkolloide Seifenmittel ist aber nicht mehr voll berechtigt.

Es ist aber Versuchen von WILLIAMS, BROWN und OAKLEY[5] zufolge das Waschvermögen der nichtionischen Seifen gegenüber Wolle in weit geringerem Umfange von der Flottenreaktion abhängig als das Waschvermögen der ionischen Seifenmittel. Diese Eigentümlichkeit hängt mit der Tatsache zusammen, daß die nichtionischen Seifen weder aus alkalischen noch aus neutralen oder sauren Flotten sich in wesentlichem Ausmaße mit Strukturelementen der Wolle salzartig verbinden können, also unter keinen Bedingungen zum Aufziehen auf dieses Fasermaterial neigen. Die genannten Forscher benutzten bei ihren Vergleichsversuchen als nichtionische Seife einen nach E. P. 439435 hergestellten Monoester der Cocosfettsäuren mit einem polymerisierten Glycerin, etwa entsprechend dem Pentaglycerin, als kationaktive Seife Sapamin und als anionaktive, synthetische Seife Igepon. Der Gehalt der Flotten an diesen Waschmitteln war gegenüber den im allgemeinen als notwendig erachteten recht gering, nämlich 0,03%. Während nun Igepon bei diesen Konzentrationsverhältnissen unzureichende Effekte bei saurer Flottenreaktion (p_H 1—3), etwas bessere im isoelektrischen Bereich (p_H 5—6) und optimale im alkalischen Gebiet (p_H 7—8) ergab und Sapamin umgekehrt nur im sauren Gebiet waschend wirkte, wurde die Waschkraft des Polyglycerinesters nur unwesentlich durch die Flottenreaktion

[1] ZSIGMONDY: Kolloidchemie, 5. Aufl., Bd. II, S. 175. 1927.
[2] Chem. Ztrbl. **1937 I**, 464.
[3] Vgl. NÜSSLEIN: Melliands Textilber. **18**, 248ff. (1937). — CHWALA: Ebenda 999.
[4] E. P. 439 435. — HILDITCH: Chem. Age **35**, 558 (1936).
[5] Wetting and Detergency, S. 163ff. London. 1937.

beeinflußt, indem unterhalb p_H 5 ein sehr geringer Abfall in der Wirkung eintrat. Stets wurde in den nicht waschend wirkenden Flotten der ionischen Seifenmittel ein rasches Verschwinden des Schaumes beobachtet, welches auf Verarmung der Flotten an Waschmittel infolge Aufziehens desselben auf die Faser zurückzuführen ist. Bei der nichtionischen Seife blieb die Schaumkraft erhalten.

Zunächst wurden die ionogene Gruppen nicht enthaltenden Seifenmittel jedoch nur für Spezialzwecke in der Färberei empfohlen. Sie dienen insbesondere als Peptisiermittel für Farbstoffpigmente, welche bei Entwicklungsfärbungen sich bilden können, aber, soweit sie nur mechanisch an der Faser haften, die Reibechtheit der Ausfärbung herabsetzen. Sie adsorbieren ferner Farbionen zu gemischten Mizellen, setzen deren Affinität zur Faser herab und verursachen so ein zwar langsameres, aber gleichmäßigeres Aufziehen und eine bessere Durchdringung. Die Egalisierwirkung dieser Mittel beruht also nicht auf einer besseren Zerteilung des Farbstoffes an sich und ebensowenig auf einer Wechselwirkung zwischen Egalisiermittel und Faser, wie bei den anionaktiven Seifen in der Färberei mit sauren Farbstoffen, sondern auf der Bildung lockerer, kolloidlöslicher Additionsverbindungen von geringer Affinität zur Faser. So wird an Stelle des Türkischrotöles in der Naphthol-AS-Färberei eine nicht ionische Seife unter der Bezeichnung *Diazopon A* (I. G. Farbenindustrie A. G.) als Zusatz zu den Entwicklungsbädern empfohlen, da es Färbungen von erhöhter Reibechtheit ergibt[1]. Gleichzeitig mit diesem Produkt wurde als Zusatzmittel für das Färben mit Palatinechtfarben (Chromkomplexe von o-Oxyazofarbstoffen, welche eine einbadige Anwendung gestatten) das ähnlich zusammengesetzte *Palatinechtsalz O in Lösung* (I. G. Farbenindustrie A. G.) in den Handel gebracht. Die Palatinechtfarben bzw. Neolanfarben, die nur bei Gegenwart anormal hoher Säuremengen gleichmäßig auf Wolle aufziehen, ergeben bei Zusatz von Palatinechtsalz als Egalisierungsmittel auch bei Verwendung geringer Säuremengen gleichmäßige Ausfärbungen. Ein weiteres, den genannten Mitteln ähnliches Erzeugnis ist endlich das *Peregal O* (I. G. Farbenindustrie A. G.). Auch dies wird als Egalisierungsmittel in der Färberei gebraucht. Ähnlich den bereits beschriebenen kationaktiven Seifen übt es gleichzeitig auch eine günstige Wirkung als Zusatz zu reduzierenden Abziehflotten aus[2]. Inwiefern die genannten Produkte chemisch voneinander verschieden sind, ist nicht bekanntgeworden. Sie kommen in den Handel als hochkonzentrierte wäßrige Lösungen von hoher Viskosität. Da sie salzbildende Reste nicht enthalten, sind sie gegenüber Wasserhärte und Säureeinwirkung gänzlich unempfindlich.

Fettalkoholpolyglykoläther sind ferner auch die auf S. 58 erwähnten, unter der Sammelbezeichnung *Emulphor* (I. G. Farbenindustrie A. G.) bekanntgewordenen Emulgatoren für Olein (*Emulphor O* und *Emulphor EL*), Neutralöle (*Emulphor A*) sowie Wachse, insbesondere die Kunstwachse der I. G. Farbenindustrie A. G. (*Emulphor O*). Ihre wichtigste Verwendung bei der Herstellung von Schmälzölen ist auch in Band II[3] dieses Werkes beschrieben worden. Das dort ebenfalls angeführte *Emulphor FM öllöslich* gehört jedoch chemisch nicht zu der gleichen Gruppe, sondern dürfte ein Fettsäurederivat darstellen. Vom wissenschaftlichen Standpunkte aus studierte SCHMALTZ die Stearoylglykose, welche als wirksamer Emulgator für Paraffinöl bezeichnet wird[4].

---

[1] Journ. Soc. Dyers Colourists **50**, 204—209 (1934).

[2] Weitere Angaben über die Erfahrungen mit diesen Produkten in der Färberei s. SCHÖLLER: Melliands Textilber. **15**, 357 (1934); **18**, 234 (1937); ferner SCHWEN: Ebenda **14**, 22 (1933).

[3] S. S. 436, 437, 440.

[4] Kolloid-Ztschr. **71**, 234 (1935).

Die wegen ihrer Verwendung als Waschmittel besonders interessanten, bereits oben erwähnten *Igepale* (I. G. Farbenindustrie A. G.) sind infolge ihrer Konstitution als ätherartige Verbindungen mit höhermolekularem Polyglykolrest ebenfalls als nichtionische Seifen zu bezeichnen. Da sie aber fettfreie Mittel sind, die einen synthetischen, fettartig sich verhaltenden hydrophoben Rest enthalten, wird dieser neueste Waschmitteltyp im Zusammenhang mit den übrigen synthetischen, höhermolekulare Alkylreste enthaltenden Mitteln besprochen werden.

Dagegen soll hier noch eine Gruppe von Verbindungen kurz erwähnt werden, die infolge ihrer Unlöslichkeit bzw. Schwerlöslichkeit in Wasser ein seifenartiges Verhalten nicht mehr aufweist; es sind dies Fettsäure- bzw. Fettalkoholderivate, die gegenüber den eigentlichen Fettstoffen, also den Fettsäuren einen stärker hydrophil wirkenden endständigen Substituenten enthalten, dessen Wirkung aber nicht ausreicht, um eine völlige Löslichkeit im Wasser zu erzeugen. Derartige Substanzen nehmen namentlich bei Gegenwart von Spuren Seife leicht große Mengen Wasser in sich auf und bilden dann salbenartige Massen von großer Beständigkeit. Sie lassen sich ferner durch Seifen leicht emulgieren, ja sie unterstützen die emulgierende Wirkung der Seifen auf nicht polar konstituierte Substanzen, wie Kohlenwasserstoffe, aber auch Triglyceride usw., häufig in ähnlicher Weise wie Schutzkolloide. Als typische Vertreter dieser Gruppe seien die Monofettsäureester des Glycerins oder des Diäthylenglykols genannt[1]. Derartige Produkte werden zur Herstellung von Salben und Cremes vielfach benutzt, wie etwa die unter der Bezeichnung *Tegin* (Th. Goldschmidt A. G., Essen) als Zusatzmittel bei der Herstellung kosmetischer, Wasser enthaltender Salben empfohlenen Monofettsäureester des Diäthylenglykols. Auch die Wirkung anderer, erst in Seifengegenwart wirksamer Emulgatoren, wie *Emulphor FM öllöslich*, der Fettsäureamide und -anilide[2] (*Duronschmelze* der Hansawerke, Hemelingen), sowie natürlich vorkommender, in Fettstoffen enthaltender Emulsionsstabilisatoren, wie des Lecitins, dürfte auf gleichem Prinzip beruhen. Diese Produkte sind Zwischenglieder einer Reihe, deren Anfangsglieder, die Paraffinkohlenwasserstoffe, völlig unverträglich gegenüber Wasser sind; die polar konstituierten Fettprodukte, also Fettsäuren, Fettalkohole usw. bilden auf der Wasseroberfläche bereits Oberflächenfilme, durch Verstärkung der hydrophilen Gruppe erhalten diese Stoffe die Fähigkeit, mit Wasser kolloidal sich zu mischen, und die Seifen ergeben mit Wasser klare Lösungen, in denen nur ein Teil des gelösten als kolloidales Lösungselement zugegen ist. Für die Herstellung von Emulgatoren wird in neueren Patentschriften daher die Forderung eines Gleichgewichtes zwischen hydrophober und hydrophiler Gruppe aufgestellt (balanced emulsifying agents)[3]. Insbesondere die Wirkung von Emulgierungsmitteln in der Margarinefabrikation (Antispritzmittel) ist den diesen Patentschriften zugrunde liegenden Vorstellungen zufolge von im Gleichgewicht befindlichen hydrophoben und hydrophilen Konstitutionselementen abhängig.

---

[1] D. R. P. 545763, 551403; F. P. 690330. — Vgl. auch Band II, S. 753.
[2] Vgl. D. R. P. 188712.
[3] A. P. 1917256; vgl. auch E. P. 366909, 378372, 378373; ferner vgl. Bd. II, S. 755.

IV. Fettalkoholartige synthetische Produkte und Seifenmittel aus fettähnlichen Produkten.

Von **R. HUETER**, Dessau-Rosslau.

Die auf Fettbasis synthetisch hergestellten, in voranstehenden Abschnitten eingehender besprochenen Mittel haben sich allgemein bei Arbeitsgängen der Textilveredlungsindustrie eingeführt. In allerneuester Zeit haben aber auch wiederum aus Nichtfettstoffen gewonnene Produkte Aufsehen erregt, und in den gegenwärtig zur Bekanntgabe gelangenden Patenten sind mehrfach Vorschläge enthalten, die auf ein Ersetzen der aus Fetten und Fettderivaten gewonnenen Seifenprodukte durch Mittel hinauslaufen, die aus Nichtfetten gewonnene höhermolekulare Kohlenwasserstoffreste enthalten. Einer exakten Systematik entsprechend würden also diese neuesten Vorschläge und Mittel im Zusammenhang mit den bereits in einem früheren Abschnitt besprochenen älteren, aus Nichtfetten synthetisch gewonnenen Seifenersatzprodukten zu behandeln sein, zumal da diese neuen Vorschläge zum Teil auch wieder an ältere, den Nekalen u. dgl. zugrunde liegende Vorstellungen anknüpfen. Wenn trotzdem diese neueren Bestrebungen hier in einem besonderen Abschnitt behandelt werden, so sind hierfür zunächst historische Gründe maßgebend. Über ein Jahrzehnt hindurch waren nämlich fast ausschließlich die aus Fetten gewonnenen Produkte Träger des technischen Fortschrittes und Gegenstand der Forschung, und es darf wohl erwartet werden, daß die vielfachen neuartigen Gesichtspunkte, die sich hier ergaben, nunmehr auch bei den neueren fettfreien Mitteln nach Möglichkeit ausgewertet werden. Also auch rein sachlich gesehen, werden die neuen Mittel von der Überzahl der früheren fettfreien Seifenersatzmittel sich mehr oder weniger scharf unterscheiden und Merkmale aufweisen, die für die aus Fetten gewonnenen Produkte als charakteristisch und wesentlich bezeichnet werden. Zu berücksichtigen ist allerdings, daß die Ergebnisse der augenblicklichen Bestrebungen bisher nur vereinzelt und noch sehr unvollständig zur Veröffentlichung gelangten, so daß eine abschließende Darstellung des Gebietes gegenwärtig wie in der näheren Zukunft kaum möglich erscheint. Es ist daher auch nur in Einzelfällen möglich, über die textilistischen und waschtechnischen Eigenschaften der einzelnen Produkte schon jetzt etwas zu sagen.

Die neuerdings vorgeschlagenen Methoden führen durchweg nicht zu endständig substituierten Derivaten normaler, also unverzweigter aliphatischer Kohlenwasserstoffe. Anscheinend bewirkt eine Verzweigung der aliphatischen Kette eine Erhöhung der Löslichkeit in der Kälte. Auch in bezug auf das Netzvermögen sollen verzweigte Alkylreste von günstiger Wirkung sein[1]. Mehrfach werden auch wiederum fettaromatische Verbindungen vorgeschlagen, die also eine Fortbildung der Nekale bzw. Leonile darstellen und gegenüber diesen älteren Typen höhermolekulare und stärker verzweigte aliphatische Seitenketten als Substituent eines Benzol- oder Naphthalinkohlenwasserstoffes oder eines Phenols od. dgl. enthalten. Derartige fettaromatische Verbindungen entstehen leicht bei der Kondensation von Isobutylen, Diisobutylen sowie Tri- oder Tetraisobutylen mit aromatischen Verbindungen, beispielsweise in Gegenwart von Schwefelsäure. Das Isobutylen fällt beim Krackprozeß an und ist wie seine Polymeren ein leicht zugängliches Ausgangsprodukt geworden. Die Herstellung sulfonierter Kondensationsprodukte aus Isobutylen bzw. Polyisobutylen und aromatischen Kohlenwasserstoffen bzw. Phenolen ist Gegenstand mehrerer Patente der Firma Röhm

---

[1] Vgl. F. P. 805706; Chem. Ztrbl. **1937 I,** 3064.

und Haas, Philadelphia[1]. Soweit Phenole mit Isobutylen bzw. Isobutylenpolymerisaten kondensiert werden, ist in diesen Patenten auch die Überführung in nichtionische Seifen vermittels Äthylenoxyd beschrieben. Durch Kondensation beispielsweise von Tertiärbutylphenol mit Formaldehyd und Dimethylamin kann ferner auch eine fettfreie kationaktive Seife hergestellt werden[2]. Ein in ähnlicher Richtung liegender Vorschlag der I. G. Farbenindustrie A. G. betrifft kernalkylierte Phenole mit mehr als drei Kohlenstoffatomen in der Alkylgruppe, die durch Äthylenoxydeinwirkung in Polyglykoläther überführt werden sollen[3]; nach einem von Henkel & Co., Düsseldorf, ausgearbeiteten Verfahren werden die durch Hydrierung von kernalkylierten Phenolen erhältlichen Alkylhexahydrophenole durch Äthylenoxydkondensation in seifenartige Mittel überführt[4].

Der alicyclischen Reihe gehören Produkte an, die von Henkel & Co., Düsseldorf, als Ersatz für Fettalkohole in den verschiedensten Anwendungsgebieten dieser Substanzen vorgeschlagen wurden[5]. Als solche sollen die perhydrierten, eine Hydroxylgruppe enthaltenden Diarylmethane bzw. Diarylalkane, also beispielsweise die Hydrierungsprodukte der Kondensate aus Benzylchlorid und Naphtholen od. dgl. vorteilhaft sein. Auch nichthydrierte Oxydi- und Oxytriarylmethane, also Kondensationsprodukte aus Phenolen mit Aldehyden sollen seifenartige Sulfonate ergeben[6].

Für die Gewinnung rein aliphatischer hochmolekularer, als Fettalkoholersatz in Betracht kommender Hydroxylverbindungen sind ferner ähnliche Wege beschritten worden wie bei der Fettsäuresynthese durch Paraffinoxydation. Bei entsprechender Beeinflussung des Oxydationsprozesses entstehen beide Oxydationsstufen, also Fettalkohole und Fettsäuren nebeneinander, für die Trennungsmethoden ausgearbeitet wurden. Die diesbezüglichen Vorschläge sind jedoch bereits in anderweitigem Zusammenhang an früherer Stelle dieses Werkes erörtert worden[7], so daß sich hier eine nähere Besprechung erübrigt.

Aus Krackdestillaten des Erdöles sind aber auch durch Einwirkung von Schwefelsäure und Abtrennung der nichtsulfonierten und gesättigten Kohlenwasserstoffe Schwefelsäureester von hochmolekularen Alkoholen mit anscheinend sekundärem Hydroxyl und verzweigter Kette isolierbar, die ebenfalls kapillaraktiv sind und als Seifenersatzmittel empfohlen werden[8]. Jedoch ist über die Eignung dieser Produkte anscheinend zur Zeit noch nichts veröffentlicht worden.

Sekundäre, durch ihr höheres Molekulargewicht den Fettalkoholen nahestehende Carbinole sind ferner nach Patenten der amerikanischen Carbide and Carbon Chemicals Corporation durch Kondensation von Ketonen mit Aldehyden in Gegenwart von Alkalien und nachfolgende katalytische Reduktion leicht erhältlich. Die Kondensation von Methylisobutylketon mit Äthylhexylaldehyd ergibt so ein ungesättigtes Keton, aus welchem durch katalytische Hydrierung das 7-Äthyl-2-methylundecan-4-ol[9], also ein sekundärer Alkohol vom Molekulargewicht des Myristinalkohols entsteht. Das für diese Synthese verwendete Methylisobutylketon ist in bekannter Weise aus Mesityloxyd durch Hydrierung erhältlich. Der Äthylhexylaldehyd ist durch Hydrierung von Äthylpropylakrolein erhältlich, welches wieder aus Butylaldehyd durch Einwirkung von Alkalien oder wasserentziehenden Mitteln darstellbar ist.

Durch Kondensation von Äthylhexylaldehyd mit Aceton entsteht in gleicher Weise ein ungesättigtes Keton, welches durch Hydrierung in das 5-Äthylnonan-

[1] A. P. 2072153, 2073316, 2075018.
[2] A. P. 2033092.
[3] Ital. P. 346328.
[4] F. P. 801683.
[5] D. R. P. 651414, 652603.
[6] F. P. 861959.
[7] S. Bd. II, S. 698—700.
[8] F. P. 791964, 791966.
[9] F. P. 782835.

2-ol, also einen sekundären Undecylalkohol mit verzweigter Alkylkette überführt werden kann[1]. Das gleiche ungesättigte Keton, also das 5-Äthyl-3-nonen-2-on, erneut mit Äthylhexylaldehyd vermittels einer alkoholischen Alkalilösung kondensiert, ergibt ein Nonodecylenketon, das bei der katalytischen Hydrierung in einen gesättigten sekundären Nonodecylalkohol übergeht[2].

Derartige sekundäre Alkohole von hohem Molekulargewicht ergeben allerdings bei der Einwirkung von Schwefelsäure nicht in gleich glatter Reaktion die entsprechenden Schwefelsäureester wie die aus Fettsäuren durch katalytische Hochdruckreduktion hergestellten Fettalkohole, die als primäre Alkohole in keiner Weise zur Abspaltung von Wasser und zur Bildung von Olefinen neigen wie ihre sekundären Isomeren. Die Umsetzung mit Chlorsulfonsäure erfolgt aber bei den synthetischen sekundären Alkoholen glatt und ohne Nebenreaktion bei Gegenwart von β,β-Dichloräthyläther[3] als Verdünnungsmittel.

Trotz der verhältnismäßig recht weitläufigen, über mehrfache Zwischenstufen verlaufenden Darstellungsweise werden in Amerika Sulfonate der genannten synthetischen Fettalkohole von der Carbide and Carbon Chemicals Corporation unter der Bezeichnung *Texitol* bzw. *Tergitol*[4] in den Handel gebracht. Den Tergitolen wird ein hohes Waschvermögen nachgerühmt. Sie zeichnen sich auch durch ein hohes Netzvermögen aus, welches sowohl in kalten wie in warmen Flotten fast gleich stark ausgebildet ist. Sie sind ferner kalk- und säurebeständig. Inwieweit sie die anionaktiven Mittel auf Fettbasis zu ersetzen vermögen, ist im übrigen noch nicht einwandfrei festgestellt. Einen anderen Weg zur Herstellung von Netzmitteln aus verhältnismäßig niedermolekularen Alkoholen beschreibt die amerikanische Patentschrift 2028091: Dialkylester der Maleinsäure werden mit Natriumdisulfit in die gleichen Ester der Sulfobernsteinsäure überführt. Ein derartiger Di-isooctylester des Mononatriumsalzes der Sulfobernsteinsäure scheint die wirksame Komponente des in Amerika unter der Bezeichnung *Deceresol* bekannten Netzmittels (Americ. Cyanamid and Chemicals Corp., New York) zu sein.

In Deutschland haben synthetisch aus Nichtfetten hergestellte Waschmittel in neuester Zeit unter der Bezeichnung *Igepale* Eingang gefunden. Diese von der I. G. Farbenindustrie A. G. empfohlenen Produkte wurden von NÜSSLEIN[5] eingehender beschrieben. Von Einzeltypen wird das *Igepal C* als Waschmittel für Cellulosefaserstoffe und Kunstseiden, *Igepal W* für die Wollwäsche und für Mischgespinste empfohlen. Für Zwecke der Detachur und Fleckentfernung wird eine Kombination mit Fettlösungsmitteln als *Igepal L* empfohlen, während eine durch besonders leichte Löslichkeit ausgezeichnete Type *Igepal F* zum Reinigen von Bettfedern dienen soll (vgl. S. 59).

Wenn auch bei sämtlichen rein synthetischen Produkten einschließlich der Igepale ein abschließendes Urteil zur Zeit noch verfrüht erscheint, so darf doch auf die Bedeutung der Tatsache hingewiesen werden, daß eine Loslösung der Waschmittelindustrie von den Konjunktureinflüssen des internationalen Fettmarktes auf Grund der neuesten Ergebnisse durchaus möglich erscheint und daß ein lange Zeit als unlösbar betrachtetes Problem infolge der neueren Erfahrungen seiner endgültigen Lösung sich nähert. Denn die zahlreichen früheren Bemühungen um ein Seifenersatzprodukt betrafen zunächst nicht die Qualitätsverbesserung der gewöhnlichen, aus Alkalisalzen der Fettsäuren bestehenden Seifen, sondern die Herstellung von Seife ohne Zuhilfenahme von Fetten, die in vielen Ländern mit höchstem Seifenkonsum nun einmal selten sind und nur in

[1] F. P. 786734. [2] F. P. 789406. [3] F. P. 789405.
[4] Vgl. WILKES u. WICKERT: Ind. engin. Chem. 29, 1234 (1937).
[5] Melliands Textilber. 18, 248ff. (1937).

den Tropen in überreichlichen Mengen zur Verfügung stehen. Die neuen Verfahren bedienen sich aber solcher Ausgangsmaterialien, die in den industriell hochentwickelten Ländern aus leicht zugänglichen eigenen Rohstoffen hergestellt werden können, und es ist klar, daß bei einem weiteren Ausbau der sich hier ergebenden Möglichkeiten die Frage: „Fettseife oder synthetische Seife auf fettfreier Grundlage" nicht nur von rein technologischen, sondern von wirtschaftspolitischen Gesichtspunkten aus zu beurteilen sein wird. Gegenwärtig aber muß ein einseitiges Betonen dieser wirtschaftspolitischen Gesichtspunkte noch als verfrüht bezeichnet werden; denn die Fettverseifung ist immer noch ein überaus einfaches und infolge seiner Einfachheit auch ein unübertroffen billiges Verfahren zur Waschmittelerzeugung, für welches in neuester Zeit auch aus Paraffin durch Oxydation gewonnene Fettsäuren in einer den natürlichen Fettsäuren recht weit entsprechenden Qualität als Ausgangsmaterial zur Verfügung stehen. Die neuen synthetischen fettfreien Mittel sind daher nur in solchen Fällen ernsthafte Konkurrenten der Fettseife, wo besondere Qualitätsansprüche gestellt werden, bzw. sie werden ebenso wie die synthetischen Seifen auf Fettbasis vorzugsweise dort anzuwenden sein, wo die Fettsäureseife versagt oder infolge ihrer geringen Beständigkeitseigenschaften erhebliche Unzulänglichkeiten und Unsicherheiten bei der Verarbeitung verursacht.

Namenverzeichnis.

Sachverzeichnis.

Manzsche Buchdruckerei, Wien IX.

Zur Beachtung.

Über die *Waschmittel* wird im Rahmen der HEFTERschen Technologie zum erstenmal berichtet. Dieser Band bildet deshalb nicht nur die zweite Auflage, sondern auch die Ergänzung des von HEFTER begonnenen Werkes.

Die Aufgabe, vor welche sich der Herausgeber bei der Planung dieses Bandes gestellt sah, ging weit darüber hinaus, was in früheren, ja noch vor wenigen Jahren veröffentlichten Lehrbüchern der Waschmittelerzeugung abzuhandeln war. Denn noch bis zum Beginn dieses Jahrzehnts waren Waschmittel praktisch mit den Alkalisalzen der höheren natürlichen Fettsäuren identisch.

In den letzten Jahren hat sich aber das Gebiet der zum Waschen verwendbaren Erzeugnisse wesentlich erweitert, und es sind viele Verbindungen und Verbindungsklassen bekannt und erforscht worden, welche analoge Eigenschaften wie die eigentlichen Seifen besitzen, neben vielen Eigenschaften, welche den fettsauren Alkalien fehlen, für den Waschvorgang aber günstig und wichtig sind. Es sind dies vor allem die Fettalkoholschwefelsäureester und die im II. Band näher beschriebenen Igepone, außerdem aber noch neutrale, nicht ionogen-aktive Verbindungen und eine Reihe von anderen Produkten.

Mit der Entwicklung dieser neuen Waschmittelindustrien hat auch die theoretische Forschung des Waschens einen großen Aufschwung erlebt. Über die modernen seifenartigen Produkte besteht zwar eine recht umfangreiche Literatur. Dem Herausgeber fiel aber die Aufgabe zu, das große Gebiet der Waschmittel, d. h. die fettsauren Alkalien und die Verbindungen, welche mit den eigentlichen Seifen keine gemeinsamen Strukturmerkmale zeigen, gemeinsam behandeln zu lassen.

Diese Aufgabe wurde von den Herren A. CHWALA, R. HUETER und L. LASCARAY übernommen. A. CHWALA, E. KÖHLER und L. LASCARAY haben dem Herausgeber bei der Bearbeitung dieses Bandes auch sonst wertvolle Hilfe geleistet.

Seinen Zielen entsprechend wurde dieser Band in die drei Teile: Theorie, Seifenfabrikation und Fabrikation der sonstigen Waschmittel eingeteilt. Er beginnt mit theoretischen Betrachtungen über das Gesamtgebiet der ionogenen und nichtionogenen Waschmittel, behandelt dann im besonderen die theoretischen Grundlagen der fettsauren Alkalien, welche immer noch die weitaus bedeutendsten Waschmittel sind und schließlich die Technologie dieser Verbindungen.

Das Kapitel über sulfonierte Öle im II. Band dieses Werkes ist als eine Ergänzung dieses Waschmittelbandes aufzufassen. Dies wurde von R. HUETER bei der Darstellung der modernen Waschmittel im dritten Teil dieses Bandes in vollstem Maße berücksichtigt.

Das Kapitel über die Fettrohstoffe für die Seifenfabrikation wurde mit Absicht sehr kurz gehalten, um Wiederholungen mit der später erscheinenden Darstellung der technologisch wichtigen Fette zu vermeiden. Es wurde versucht, die Seifen durch ihre Fettsäuren zu kennzeichnen und sich im übrigen auf die seifensiederisch wichtigsten Eigenschaften der individuellen Fette zu beschränken. Auf diese Fragen wird ausführlich im III. Band eingegangen werden.

Die synthetischen Fettsäuren, gebildet durch Oxydation von Kohlenwasserstoffen, spielen bereits eine wichtige Rolle als Fettrohstoffe der Seifenfabrikation. Die Gewinnung dieser Verbindungen wurde schon im II. Band beschrieben.

März 1939.

Herausgeber und Verlag.

GPSR Compliance

The European Union's (EU) General Product Safety Regulation (GPSR) is a set of rules that requires consumer products to be safe and our obligations to ensure this.

If you have any concerns about our products, you can contact us on ProductSafety@springernature.com

In case Publisher is established outside the EU, the EU authorized representative is:

Springer Nature Customer Service Center GmbH
Europaplatz 3
69115 Heidelberg, Germany

Batch number: 10584556

Printed by Printforce, the Netherlands